上海制冷史

SHANGHAI ZHILENGSHI

主　编 / 董天禄

副主编 / 邵乃宇

上海科学技术文献出版社

Shanghai Scientific and Technological Literature Press

图书在版编目（CIP）数据

上海制冷史 / 董天禄主编；邵乃宇副主编．—上海：上海科学技术文献出版社，2022

ISBN 978-7-5439-8546-9

Ⅰ．①上… Ⅱ．①董…②邵… Ⅲ．①制冷—工业史—上海 Ⅳ．① TB6-092

中国版本图书馆 CIP 数据核字 (2022) 第 045016 号

责任编辑：祝静怡
封面设计：袁　力

上海制冷史

主编　董天禄　副主编　邵乃宇
出版发行：上海科学技术文献出版社
地　　址：上海市长乐路 746 号
邮政编码：200040
经　　销：全国新华书店
印　　刷：常熟市人民印刷有限公司
开　　本：787mm×1092mm　1/16
印　　张：40
字　　数：848 000
版　　次：2022 年 12 月第 1 版　2022 年 12 月第 1 次印刷
书　　号：ISBN 978-7-5439-8546-9
定　　价：368.00 元
http://www.sstlp.com

编写委员会

主　　编：董天禄

副 主 编：邵乃宇

编　　委（按姓氏笔画为序）：

丁国良　马伟骏　王伟勇　王如竹　王　贤　毛华仁
龙惟定　卢士勋　叶大法　史伟勤　吕林泉　刘正宇
刘传聚　孙文哲　寿炜炜　杨燚华　吴　恺　吴兆林
何　焰　何广钊　余昱暄　谷　波　张人俊　张小力
张　华　张　旭　张　敏　张　勤　张蓓红　陈芝久
陈江平　陈怀琴　陈雨忠　邵乃宇　范存养　金和平
周亚素　周　华　周　易　周祖毅　郑建东　施　俊
姜尔宁　耿惠彬　夏仰玲　顾安忠　顾建中　徐文华
徐雪琴　殷光文　唐文杰　唐利平　黄　晨　黄永正
曹渊明　龚青伟　章镛初　董天禄　蒋能照　曾仲国
谢　晶　谢晋康　潘家兴　戴永庆

编委会秘书：徐雪琴（兼）

序　一

《上海制冷史》，一部记载上海地区制冷空调行业发展轨迹的巨作，展现在我面前时，我是既惊讶又兴奋，更是敬佩。上海冷冻空调行业协会作为一个地方协会，组织如此规模的编写人员，历经7年的奔波、访谈、调研、翻阅资料，尊重史实，花费了大量心血，编写了6个篇章60余万字的《上海制冷史》。该书详尽记载了上海地区制冷空调行业发展历程中人和事的轨迹，实乃功不可没，必将载入行业史册。实际上，这部《上海制冷史》从一个侧面也真实地记载了中国制冷空调的发展历程，就是半部中国制冷空调发展史。

《上海制冷史》中记载的众多企业的许多事，我或有耳闻，或有经历，读来回味无穷。特别是书中介绍的多位行业资深专家，都是我敬仰的前辈、老师。感谢编写人员为这些资深专家树立的丰碑，使我们能常忆起他们的音容笑貌，也是对前辈们毕生贡献的一种纪念。

上海乃至长三角地区是中国制冷空调产品最早应用、维修、制造的地方，改革开放后，也是行业外资进入中国最早的地方，如开利、特灵、大金等；同时也是中国民营经济最活跃地区之一，一大批民营企业如双良、三花、盾安、天加、扬子等崛起发展。更可贵的是，该地区高校、科研院所众多，这些都为行业发展起到了积极推动作用。

各位同仁，以史为鉴，目的是使我们行业能更好地发展，小平同志告诫我们"发展是硬道理"。由于改革开放，中国经济得到了空前发展，制冷空调行业也得到了迅猛发展，现在的中国制冷空调行业已经迈入了世界前列，正在从空调制造大国向空调制造强国迈进。

众所周知，我们既有良好的发展机遇，也正面临着前所未遇的问题，即气候变暖、环境保护等一系列关系人类生存发展的全球问题。我国基于推动构建人类命运共同体的责任担当和实现可持续发展的内在要求做出了重大战略决策，即中国将力争在2030年前实现碳达峰、2060年前实现碳中和。

上海冷冻空调行业协会是一个很有影响力的地方协会，在政府和企业之间发挥了很好的桥梁和纽带作用，为上海地区企业做了大量服务工作，深受企业好评和拥戴，同时也为政府相关部门提供了许多有益的信息和建议，受到了政府相关部门的充分肯定和支持。在这行业发展的关键时刻，祝愿上海地区制冷空调行业再创辉煌！

祝贺《上海制冷史》成功面世！

愿更多人通过读史，懂史，受益。

樊高定

2021年7月于合肥

❄序　二

2020年底，在上海冷冻空调行业协会的换届改选中，上海海立（集团）股份有限公司（以下简称“海立公司”）当选为理事会会长单位，我时任海立公司副董事长，出任协会第十届理事会会长。

海立公司目前是一家市值70多亿元的上市公司，其主营业务空调压缩机年产3 000万台，销售额位列世界前三，占有全球1/7的市场份额。我在海立公司工作了33年，亲历了它的发展过程，可以说，海立的成长历程，是上海制冷空调行业发展的一个侧面，一段缩影，也是精彩的一页。

对于协会开展的《上海制冷史》编写工作，我非常赞同和支持！

《上海制冷史》从协会第八届理事会开始立项，并于2015年正式启动，直至现在的第十届理事会，历经7年，现在，60多万字的《上海制冷史》，终于面世了！

在此表示热烈祝贺！

《上海制冷史》涵盖工业制造、应用、高校、社会组织与专业活动、资深专家、优秀企业等6个篇章，写出了上海地区制冷空调技术的发展历程。特别值得一提的是随着我国改革开放，国外技术和资本的进入，行业得到快速发展，与此同时，促进了更多的国有和民营企业的奋起直追和开拓创新。《上海制冷史》不仅写出了技术发展史，也写出了行业人的精气神！上海地区制冷空调行业已然成为长三角地区经济发展中不可或缺的重要组成部分，亦成为其中的一段百年佳话。

本书的编写成功，离不开众多行业专家的热心支持和倾情付出，也离不开历届协会理事会及会长的积极推进，在此表示衷心的感谢！

《上海制冷史》编委会持之以恒7年的工作，今天终于开花结果。

记住一段历史是为了更好地向前走，写史为志，读史为鉴。

衷心祝福上海制冷空调行业不断前进发展，期待涌现更多的世界领先技术和一流企业！

郑建东

2021年7月于上海

前　言

《上海制冷史》历经7年的编写，今天终于和读者见面了。

这是一本反映上海地区制冷空调行业发展的历史画卷，向世人展现“制冷空调”作为20世纪最伟大的发明之一，在上海地区成长和壮大的历史轨迹。

在20世纪30年代，制冷空调作为“舶来货”，人们仅仅在和平饭店和大光明电影院等高档场所才能享受到，空调制造业更是一片空白。中华人民共和国成立后，根据国民经济需要，将众多的空调修理铺合并成较有规模的空调专业厂，计划经济年代，这些数量极少的工厂也仅仅是为国家建设需要的装备服务。制冷空调真正走向民生经济还是改革开放以后，随着市场经济的发展，制冷空调在工业、农业、商业、教育、卫生、国防和科学技术的应用也越来越广。上海地区作为中国制冷空调制造业的发源地吸引了众多外资著名品牌落户，民营企业如雨后春笋般蓬勃发展。上海地区制冷空调产业欣欣向荣，新的产品和新的技术不断开发，新的应用持续不断。上海地区高校为全国行业持续提供了创新人才，制冷技术社会团体和专业活动形成了上海地区制冷空调产业特有的风景线。

本书共分6个篇章。

第一，制造篇介绍了上海地区制冷空调制造业的形成和制冷空调产品的技术发展，前半部分着重叙述了从中华人民共和国成立后到改革开放前，行业自力更生、艰苦创业的发展历程；后半部分则反映了改革开放后，制冷空调行业引进技术、利用外资，与国际同步发展的大好形势，充分展现了改革开放为制冷空调制造业带来的勃勃生机。

第二，应用篇介绍了制冷空调应用产业的发展，分冷冻冷藏、商业建筑、交通运输、低温技术和工业应用5个部分，不仅体现制冷空调应用技术在各行各业的发展，更从侧面凸显长三角地区中国经济中心之一的地位。

第三，高校篇介绍了上海高校制冷空调专业学科的发展，叙述了各高校学科的起源以及专业变革发展的历史、专业领域的研究特点以及科研和教学成果。作为中国高校最早成立的制冷空调专业学科，历经70年形成了各自的专业方向和特色，为中国制冷空调产业的发展做出了不朽的功绩。

第四，社会团体及专业活动篇介绍了上海制冷空调行业在发展的过程中建立的专业团体，并通过这些团体长期开展的专业活动形成上海地区制冷空调行业专业特色和发展土壤，这正是上海地区制冷空调能够长盛不衰的原因所在。

第五，资深专家篇介绍了行业内的资深专家，这些专家有的是在国外学成回国，有的是中国制冷空调专业培养的第一代毕业生。他们有的是高校教授，培养了一代又一代的学生；有的是设计院的专家，为国民经济的发展贡献了一个又一个工程佳作；有的是制造业的专家，一个又一个“中国第一”的产品在他们的手中成为不朽的经典。

第六，优秀企业篇介绍了上海地区制冷空调行业的优秀企业，它们有的是老国有企业，有的是著名的中外合资（独资）企业，有的是民营企业，也有的是从小企业发展起来的上市公司，还有的是制造企业，有些工程公司同时也是研究院等。这些优秀企业不仅在制冷空调行业发展的过程中做出了卓越的贡献，同时也继续在行业的竞争中领跑。

在历时 7 年的编写过程中，许多企业和专业人士提供了众多的宝贵资料，编写人员花费无数心血挖掘和整理了历史文献，很多企业和个人为本书的出版提供了资金支持，在本书出版之际，谨向他们表示由衷的感谢和崇高的敬意！

限于编者的水平和历史的缘故，本书难免存在错漏之处，竭诚期望广大读者予以指正。

《上海制冷史》编写委员会

2021 年 6 月

鸣　谢

谨向如下单位和个人表示由衷感谢，在《上海制冷史》的编辑过程中他们提供了宝贵的资料和中肯的意见。

中国制冷空调工业协会
上海通用机械行业协会
上海冷链协会
上海空调清洗行业协会
上海交通大学
上海理工大学
上海海事大学
上海工程技术大学
华东建筑设计研究总院
上海市建筑科学研究院有限公司
上海市化工研究院有限公司
华东电力设计院有限公司
上海电子工程设计研究院有限公司
上海宝钢工程技术有限公司
中国船舶及海洋工程设计研究院
中国石化集团上海工程有限公司
上海市食品（集团）工程设计所
大金空调（上海）有限公司
上海汉钟精机股份有限公司
双良节能系统股份有限公司
堃霖冷冻机械（上海）有限公司
上海海立（集团）股份有限公司
常州祥明智能动力股份有限公司
丹佛斯（上海）投资有限公司
金鑫美莱克空调系统（无锡）有限公司
上海嘉顿商业工程发展有限公司
上海第一冷冻机厂
上海科泰运输制冷设备有限公司
上海金翅鹏实业有限公司
上海市制冷学会
上海家用电器行业协会
上海市冷冻食品行业协会
国际铜业协会上海办事处
同济大学
上海海洋大学
东华大学
上海应用技术大学
上海建筑设计研究院有限公司
上海市机电设计研究院有限公司
中国海诚工程科技股份有限公司本部
中国科学院上海技术物理研究所
上海纺织建筑设计研究院
中国船舶集团公司第七〇四研究所
中国船舶集团公司第九设计研究院工程有限公司
同济华润建筑设计研究院有限公司
上海绿食建筑设计有限公司
上海一冷开利空调设备有限公司
浙江三花制冷集团有限公司
上海俊乐制冷自控元件有限公司
上海百富勤空调制造有限公司
上海三菱电机·上菱空调机电器有限公司
艾默生环境优化技术（苏州）有限公司
东芝开利空调销售（上海）有限公司
上海市安装工程集团有限公司
上海冷气机厂
上海加冷松芝股份有限公司
上海良机冷却设备有限公司
上海上枫制冷工程有限公司

华域三电汽车空调有限公司　　上海新晃空调设备股份有限公司
上海申雁制冷设备有限公司　　上海富田冷冻空调设备有限公司
上海恒温控制器厂有限公司　　上海开利运输冷气设备有限公司等单位
郁天祥　叶振邦　钱立新　王幼新
黄庆鸿　林文兰　林　枞　戴伦华　吴晓伟
张　华　徐文华　刘俊飞等（排名不分先后），一并致谢。

在组织编写《上海制冷史》的过程中，我们也得到了如下众多单位和个人的支持：

上海市安装（集团）有限公司　　上海市建筑科学研究院有限公司
双良节能系统股份有限公司　　浙江三花制冷集团有限公司
上海俊乐制冷自控元件有限公司　　上海百富勤空调制造有限公司
上海海立（集团）股份有限公司　　上海一冷开利空调设备有限公司
大金空调（上海）有限公司　　上海三菱电机·上菱空调机电器有限公司
常州祥明智能动力股份有限公司　　艾默生环境优化技术（苏州）有限公司
上海汉钟精机股份有限公司　　丹佛斯（上海）投资有限公司
堃霖冷冻机械（上海）有限公司　　东芝开利空调销售（上海）有限公司
上海嘉顿商业发展有限公司　　金鑫美莱克空调系统（无锡）有限公司等单位
殷光文　何小渝　吴献忠　董秀军
乔春红　毛华仁　张卫黎　潘福明
罗小星　房新定　张忠宝　黄礼明
刘黄炳　张盟杰　明圣宏　唐正才
石海生　奚海剑　殷尧其　邵乃宇
龚青伟　潘家兴　黄永正　徐晓光
鲍耀敏　刘　明　周小筠　吴　靖
张小力　余晓明　余　坚　陈　萍
徐雪琴等（排名不分先后），在此表示由衷感谢。

《上海制冷史》编写委员会

目录

一、制造篇

参编人员

统 稿 人：董天禄　邵乃宇

编　　者（按姓氏笔画为序）：

王正根　方晓青　史剑春　冯志军　吕林泉　朱伟涛　伍伯阳
华榴宏　刘　刚　刘　明　刘建康　刘黄炳　汤有为　汤成忠
苏申基　李仕迅　李晨华　吴海玲　何开旦　宋丹丹　张小力
陆东铭　陈　胜　陈伟德　陈国平　郁惟昌　周　华　周　易
胡亚宁　查小欢　姜尔宁　姚子铭　姚宏雷　袁　明　耿惠彬
晋能龙　钱　凯　翁　琪　陶　峰　黄伟文　梅勤光　彭园媛
庾永康　樊　灵　潘家兴　戴永庆　魏跃文

分　序

作为制冷界的老人，我和制冷空调设备制造技术打了一辈子的交道。

中华人民共和国刚成立，我从上海交大毕业，就来到被誉为中国制冷空调第一家的上海合众冷气工程公司，也就是上海第一冷冻机厂的前身，从事产品的设计开发和制造，后又调入上级公司负责行业的产品技术和行业规划，这个时期经历了社会主义工商改造，将许多小作坊、小公司实行兼并，才有了较有规模的生产企业和较为完整的行业。

当时的中国一穷二白，一方面国民经济发展需要制冷设备，另一方面面临国外部分国家的封锁，我们克服了种种困难，解决了许多国家重点建设项目的需要。

没有进口设备，我们在老的进口设备上测绘，进行革新；没有新的技术资料，我们边摸索、边实践，创造出了中国制冷空调工业无数的"第一"。

直到改革开放，我们才有机会接触国外先进的技术和装备，引进了一批项目。

1980 年，上海市通用机械技术研究所成立，我担任了副所长兼总工程师。我们在学习国外先进技术的同时，积极开发国民经济发展急需的产品，尤其是完成了国外技术标准的翻译和编辑，对推动整个行业的技术进步做出了积极的贡献。特别是 1992 年邓小平的"南巡讲话"极大地鼓舞了制冷空调行业技术人员的积极性，焕发了空前的创造热情。

1987 年中外合资企业"通惠开利"、"合众开利"和"新晃空调"的成立，为许多国外知名品牌进入中国市场起到了引领作用，更多更新的制冷空调技术不断进入中国，特别是长三角地区成为国外知名品牌的集聚地。推动了这个地区乃至中国制冷空调工业的迅速壮大和高质量发展。

作为服务于这个行业近 70 多年的老人，经历了自力更生年代的创业，更为我们这一代建设者而感到自豪；同时也欣喜见证《上海制冷史》成为上海百年工业发展历史中的重要组成部分，制冷空调工业在改革开放年代的迅速发展，已然成为制冷空调"世界大国"；我更坚信不久的将来，中国制冷空调工业成为世界强国的目标一定会实现。

让我们共同在本篇中寻觅制冷空调工业的发展轨迹。

董天禄

2021 年 6 月于上海

1 上海地区制冷空调设备制造业的发展

1.1 上海地区制冷空调设备制造业的初步形成和发展（1950—1980年）

1.1.1 制冷空调设备制造业基地的形成

中华人民共和国成立前，上海地区制冷空调设备制造业基本处于空白状态，没有一家专业制造制冷空调设备的企业。上海地区食品冷藏、制冰以及影院的空调设备均依赖进口，一般由外商经营进口业务。1926年陈三才会同他在留美时的同学美国人温德华合伙创办美商北极冰箱公司，经营空调工程的安装和维修业务，兼营冰箱进口业务。1936年北极冰箱公司又增开中国通惠机器股份有限公司。当时上海大光明、国泰、兰心、新华和沪光等影院的空调均由该公司安装调试，同时也培养了一批工程技术人员和技术工人。1934年郁鑫尧、马德祥等创建了“合众冷气公司”，经营进口小型压缩机和维修配件业务。1945年改名“合众冷气工程股份有限公司”。1949年中华人民共和国成立后，随着国民经济的恢复，全国各行业对制冷机的需求迅速增长，但由于国外对我国实行经济封锁，无法再从国外进口设备，必须自力更生进行生产。

1951年合众冷气工程公司由江西中路搬迁至江浦路1206号新建厂房，扩大生产。1954年公私合营改名为“公私合营合众冷气机械厂”，1957年进一步壮大，成为上海和全国的制冷设备重点企业之一，1967年正式改名为“上海第一冷冻机厂”。职工人数增至926人。全厂建筑面积16 058 m^2，除金加工车间外，增设了钣金车间，添置卷板机、油压床，还建立铸工车间，形成大型成套氨制冷设备制造能力。隶属上海市机电局通用机械制造公司。

新中国成立初期除合众冷气工程公司外，上海地区经营生产氟利昂中小型制冷设备的企业大大小小有40余家，1956年随着政府对私营企业的改造政策，将上海地区这些小厂组织起来，进行分区分组合并，成立了4个氟利昂冷冻机行业的中心厂：雷电冰箱行中心厂、江南冷气工程中心厂、万国冰箱行中心厂和中华冷气工程行中心厂。隶属于上海市第二重工业局上海电讯电器公司。

随着行业分工和结构调整，雷电冰箱行中心厂和江南冷气工程中心厂后期合并组建成上海冷气机厂。1956年上海市电讯电器公司选址上海共和新路1301号，建立了上海冷气机厂新厂。1960年上海冷气机厂划归上海市机电局通用机械制造公司。

中华人民共和国成立前中华冷气工程行建厂于东大名路601号，主要从事各种氨氟制冷设备的冷库主机安装调试维修业务，1954年公私合营后改名为“中华冷气机厂”，1966年又改名为“东风冷气机厂”，隶属上海市机电局重型机械制造公司，1972年改名“上海制冷设备厂”。

万国冰箱行中心厂后来成为万国冰箱厂，1958年由万国冰箱厂、上仪冰箱厂和胜利冰箱厂等合并组成上海冰箱厂，当时称“公私合营上海电气冰箱厂”，隶属上海市电讯电器公司，1962年划归上海市机电局通用机械制造公司。1979年和上海第三压缩机厂合并，成立上海空调机厂。

1951年上海建新理化器械制造厂原是一家白铁和钣金产品作坊，专业制造细菌培养箱、电热干燥箱等产品。1956年公私合营后取名“上海建新机械厂”，主要生产烘箱、家用取暖器、通用风管及少量冰箱外壳和配件，1961年归口上海市机电局通用机械制造公司，1964年迁入原通惠机器厂重庆北路厂址。1968年起由通用公司规划，专业生产为各厂配套的制冷机自控阀门和元器件，改变行业各主机厂分散各自制造自控阀门和元器件的不合理现象。自此建新厂改名“上海恒温控制器厂”。

中华人民共和国成立前上海通惠机器股份有限公司（以下简称“通惠公司”）和美商北极冰箱公司由同一机构经营，由北极冰箱公司从美国进口冰箱、通风机和空调设备，通惠公司负责安装维修。中华人民共和国成立后，外贸联系中断，通惠公司开始自行制造阻汽排水器、散热器和离心式通风机，1956年公私合营后改名中国通惠机器公司，后改名为上海通惠机器厂，隶属上海市机电局通用机械制造公司。

至此，1960年起上述6个工厂形成了上海地区主要的生产制冷空调设备的制造业基地。通过二三十年的不断扩大，总产值超过全国同行业的50%。不断开发新产品，同时对老产品进行改革和革新，大力扩大生产，积极赶超世界先进水平，为上海地区制冷空调设备制造行业以后的发展打下了扎实基础。

上海市机电局为适应上海地区通用机械行业产品技术的发展，于1980年成立上海市通用机械技术研究所，是以制冷、空调、真空、流体机械和阀门等专业为主的集研究、开发、生产和经营为一体的综合性实体，下设5个技术研究室和技术情报研究室以及试制车间。

除此之外，上海市各行各业还有一些小的制造和配套企业，尤其是商业系统，如上海商业冰箱厂等。

1.1.2 主要大类产品技术的开发和提高

1. 中小型活塞式制冷压缩机的开发和国家新系列压缩机的试制和发展

上海第一冷冻机厂（以下简称“一冷厂”）在50年代初开始，首先利用美国约克公司（YORK）技术生产立式双缸顺流式氨制冷压缩机及管壳式冷凝器、贮液器、V形管蒸发器冷水箱以及全套氨阀（含浮球控制阀）等辅助设备和配件，先后设计制造了2AV76、2AV100、2AV130、2AV165、2AV230和2AV330等6个型号的低速双缸立式氨压缩机，转速360 r/min，缸径为76～330 mm，标准制冷量4 750～143 000 kcal/h[1]。其中2BAV330是用于低温冷库的低压级压缩机。初步形成较大冷量的成套氨制冷设备的能力，为"一五"期间的国家建设提供了必要的制冷和空调设备。1957年根据苏联图纸改型设计了2/4缸氨活塞式压缩机系列的80 mm和150 mm缸径的4个品种：2AL8、4AL8、2AL15和4AJ15型。标准制冷量从15 000～150 000 kcal/h，转速从原来的双缸立式型的360 r/min提高至720 r/min和960 r/min，广泛应用于中小型冷库和小化肥生产厂。

1964年，一冷厂参加了中华人民共和国原第一机械工业部（以下简称"一机部"）通用机械研究所组织的全国中小型活塞式制冷压缩机系列典型样机的联合设计。新系列采取体积小、重量轻、便于控制和调节的高速多缸逆流式结构，1964年上半年完成典型样机的设计工作，一冷厂参加8AS12.5和8AS17的联合设计，并同时进行试制。于1964年底和1965年初先后完成试制工作，并经500小时试验和鉴定。其中8AS12.5由一冷厂为主进行试制和鉴定。1966年一冷厂又在研制成功8AS12.5型制冷压缩机基础上，又先后制造了4AV12.5和6AW12.5氨制冷压缩机。随后一冷厂根据产品发展需要，又成功研制S6-12.5、S8-12.5型单机双级氨制冷压缩机。新系列产品技术经济指标显著提高，产品质量明显好转，为我国各工业部门提供了大量的制冷空调设备，在国民经济建设中发挥了重要作用。但由于工厂场地限制，工厂选择发展125系列而放弃了170系列的产品制造。由于缸径为125 mm的压缩机的特点是高转速、多缸构造，机器的驱动方式为直联，所以占地面积大为缩小，操作安全，活塞、轴瓦等都和内燃机通用，采购方便，成本低，质量好。同时采用了铝活塞，往复惯性力大大减少。所以高速多缸压缩机不光性能好而且成本低，成套性好，零件的互换性好，提高了工厂的效益。同时也方便了用户的维护，降低了能耗和使用成本。在通过了样机改进和产品技术鉴定后，很快就全面替代了仿苏产品。工厂生产的125压缩机也实现了我国首台可以NH_3、R12、R22三工质通用的压缩机。由于工厂借鉴了上海市内燃机行业的先进加工技术，建立了曲轴、连杆、机体、缸体等一系列专用加工设备和生产线，产品加工精度和质量大为提高。装配车间的工人师傅们还通过技术攻关解决了行业内困扰已久的油耗问题。并在上海第一压缩机厂的帮助下，攻克了气阀寿命问题。工厂还组织实施了125压缩机8 000小时无故障运转试验。在用户选取的全部样品达到了试验要求，经机电部质监部门的认可，工厂125压缩机系列成为国内第一家也是行业唯一获得质量银质奖的产品。与此同时，125压缩机也曾做过提速试验，做过四极电机1 440 r/min直接驱动试验，由于磨损较大，技术上没采用。应外贸需要125压缩机做过

1 制冷量单位，1 kcal/h ≈ 1.163 W。

1 200 r/min 的皮带拖动试验，经短期试验没问题，因不能直接驱动，国内市场无需求，所以一直没有进入市场。

上海市通用机械技术研究所在 20 世纪 80 年代开展中小型活塞式制冷压缩机系列提高效率试验研究，在该所新建的 35 ～ 350 kW/R22 制冷压缩机型式试验台上进行试验。选择制冷压缩机系列产品中较先进的 8A-12.5 型 R22 制冷压缩机为样机进行试验研究，采用了计算机数据采集和处理、气缸示功图以及气阀运动规律等测量装置，通过改变单个气缸中气阀结构参数进行试验，寻求提高压缩机效率的有效途径。其结果在仅仅改变气阀部分零件的情况下，使该机的效率（Ke 值）有了明显的提高，使压缩机在空调工况下较改进前提高 5.1%，标准工况下提高 3.78%，在整个空调使用温度范围内较改进前提高 5% ～ 9%。

上海冷气机厂（以下简称“上冷厂”）在 1958 年开始，着手 2F6.3 氟利昂压缩机（2 缸、缸径 63 mm、标准制冷量 4 000 kcal/h、转速 600 r/min）的试制工作，于 1960 年试制成功，为发展各种 R12 的成套产品创造了条件。接着试制仿美产品 4Φ76 和 4Φ100 制冷压缩机（4 缸、缸径分别为 76 mm 和 100 mm），同年试制成功并投入生产。1961 年上冷厂自行设计制造了 2F10/4F10 逆流开启式 R12 工质的活塞式制冷压缩机（缸径 100 mm、行程 70 mm、转速 960 r/min）。1962 年承接出口古巴的任务时，为了保证出口任务的质量，上冷厂针对在小批量生产和试用中出现的问题，听取了同行和专家意见，对产品设计进行了有效的改进，并通过较长时间的台架试验。1962 年 6 月通过了上海市机电局组织的扩大鉴定，顺利地完成了出口任务。由于该产品批量生产后性能稳定，质量可靠，用途广泛，深受国内用户欢迎，产量不断上升。1963 年一机部为解决 2F10 和 4F10 制冷压缩机供不应求的紧张局势，决定将产品扩大到武汉冷冻机厂和北京冷冻机厂生产。后又增加宁波冷冻机厂、南京冷冻机厂和芜湖冷冻机厂等。

1964 年，上冷厂也参加一机部通用机械研究所组织的全国中小型活塞式制冷压缩机系列典型样机的联合设计中 100 mm 缸径系列的设计，上冷厂任组长，参加单位有一机部通用机械研究所、北京冷冻机厂、天津冷气机厂、武汉冷冻机厂等，1965 年 3—5 月，100 系列联合设计组在上冷厂完成了 8FS10、6FW10 和 4FV10 压缩机的全部图纸。1965 年工厂组织了典型样机的试制、试验、鉴定、改进和定型工作。

1965 年四季度，上冷厂受一机部通用机械研究所委托，又担任了 50 mm 缸径系列半封闭压缩机的联合设计组组长，参加单位有一机部通用机械研究所、重庆冷冻机厂、广州冷冻机厂，设计完成了 4FS5B 和 3FW5B 两个半封闭压缩机的图纸，1966 年工厂继续组织了 3FW5B 半封闭压缩机的试制和试验，后因历史原因未作正式鉴定。

此后在“文革”期间，在制冷压缩机的进一步开发中，做了以下工作。

1）氟利昂制冷剂由 R12 逐步转向 R22

首先将 2/4F10 压缩机使用范围扩大至 R22 低温和冷库工况，最后发展到应用于空调工况，并将转速由 960 r/min 提高至 1 200 r/min，以适应 60 Hz 地区使用。

新系列100 mm缸径原设计R12工质的转速1 440 r/min，R22工质的转速为960 r/min，以后通过试验，克服了轴封寿命、旁通启动和回油困难等技术关键，将R22转速也提高至1 440 r/min。

2）半封闭压缩机耐氟电机的攻关

为了解决R22工质对线缆的腐蚀问题，上海市机电一局指定上海电缆研究所负责解决，由上海电磁线三厂负责生产耐氟电磁线，上海五一电机厂负责生产耐氟电机，上冷厂全程配合试验研制工作。

3）新系列70缸径开启式和半封闭压缩机的开发

由于70系列缸径压缩机的排量和2/4F10压缩机排量相差不多，因此没有量产。待半封闭技术逐步成熟后，重点开发了半封闭系列压缩机，将原行程55 mm增加至70 mm，1981年开发成功8FS7BC半封闭压缩机。

上海制冷设备厂在上世纪50年代初利用美国二战剩余物资、压缩机和配件为部队制造医药冷库等。1954年起试制成功仿美2FV102型和4FV102型R12制冷压缩机（缸径101.6 mm、行程102 mm、转速500 r/min，气缸数2缸和4缸、标准制冷量分别为11 000 kcal/h和22 000 kcal/h），并配置了壳管式水冷凝器，组成水冷压缩冷凝机组。利用这些机组为空调、冷库、恒温恒湿、制冰等工程提供主机机组，并建成上海市第一座150吨级R12制冷剂的自动化综合冷库—通州冷库。1958年因工厂场地狭小，转而生产2F4.8和2F6.3等小型制冷压缩机，利用这些主机开发了一批工厂组装的冷饮水机、低温箱、棒冰机、冷藏箱和去湿机以适应市场需要。1972年自行设计并试制成功2F6.5型氟利昂制冷压缩机以取代2F6.3型压缩机，该机性能优于2F6.3型（气缸直径65 mm、行程76 mm、双缸、转速760 r/min、轴功率4 kW、标准制冷量5 000 kcal/h）。曾是很长一段时间内工厂采用的主机型号。1978年曾参加一机部通用机械研究所组织的50系列压缩机的全国联合设计。设计了2、4、6、8缸半封闭压缩机的试制图纸，并且试制了多台样机和投入试验，但没有形成批量。

上海冰箱厂在1958年由三家中心厂合并前，各中心厂已开始生产小型开启式2F4.8和2F6.3氟利昂压缩机，用于厨房冰箱、小型冷库、低温箱等的配套。合并后的上海电气冰箱厂开始批量生产上述两种压缩机，1962年划归上海市通用机械制造公司后，首次仿制成功我国第一台2FM4型R22全封闭制冷压缩机，制冷量3 800 kcal/h。气缸直径40 mm、活塞行程27 mm、2缸、转速1 440 r/min。1969年又试制成功2FM4G高转速全封闭压缩机（7 600 kcal/h）并投入生产。1971年试制成3FM4G全封闭压缩机（11 500 kcal/h），G代表高转速，即电机转速达2 950 r/min。由于转速提高，阀片很容易断裂，工厂技术人员攻关解决了该问题，成功开发了高转速全封闭压缩机。相继配套于CKT3、CKT3A、CKT4等窗式空调器和柜式空调器中。

1977年6月，一机部全封闭式制冷压缩机联合设计在上海机械学院进行。

2. 离心式压缩机和离心式冷水机组的开发

离心式压缩机是大型中央空调系统所必需的产品，一般都和冷凝器和蒸发器组成整套冷水机组供应市场。上海合众冷气机械厂60年代初首次为北京十大建筑的中央空调项目设计制造了我国第一台100万kcal/h、转速7 800 r/min、制冷剂为R11的离心式冷水机组，参考了外滩中国银行早期在建时配套的美国20年代进口的R11离心冷水机组，叶片为钢制铆接结构。1971年上海第一冷冻机厂与上海机械学院合作为人民大会堂空调设备的更新提供新一代FLZ-1000型单级封闭式R11离心式冷水机组，制冷量100万kcal/h，转速7 780 r/min，电机功率300 kW，在设计中首次采用了铝合金三元铸造叶轮，内藏增速箱及水冷却密封电动机。该机组取代了60年代初仿制的老一代机组使三级叶轮简化为单级。机组体积大大缩小，重量降低，当时被广泛使用于高层建筑和宾馆之中。1979年该厂进一步参考金山石化涤纶厂进口的R11离心冷水机组，叶轮为三元流动半开式，试制成功第三代单筒体FLZ1000A型R11离心冷水机组。1980年为泰国泰美纶纺织厂提供了15套机组。1985年又为金山石化总厂二期工程试制成功FLZ-1000B离心式冷水机组，该机组在FLZ1000A的基础上进一步采用氟利昂喷液冷却、高压电机、钢丝绳传动进口导叶机构等新技术，并增大蒸发器、冷凝器的传热面积，整机性能有了大幅度提高。

在发展R11离心冷水机组基础上，1966年开始合众冷气机械厂还为市重点工程上海高桥化工厂设计试制了年产2万吨乙烯装置的关键设备300万kcal/h丙烯透平压缩机，经过全厂工程技术人员努力，克服种种困难，历时4年时间，终于在1969年底试制成功我国第一台采用易燃易爆的化工原料为工质、6级压缩、制冷量300万kcal/h、转速12 000 r/min、电机功率1 600 kW的丙烯透平压缩机。

1976年，一冷厂为毛主席纪念堂提供了50万kcal/h的FLZ-500型R11离心式冷水机组4套，转速11 000 r/min，电机功率125 kW。该机原为上海冷气机厂于1973年和上海交通大学合作设计开发，采用高精度圆柱斜齿轮增速，悬浮式滑动轴承润滑和水冷却电机，采用蒸发器和冷凝器一体的单筒体形式，当年试制成功，次年安装于上海大众剧场试运行。1976年转产上海第一冷冻机生产。经一冷厂修改设计后运抵北京。

1974年，我国开始自行设计制造第一套年产30万吨合成氨及24万吨尿素大型成套设备。此项设备用于吴泾化工厂。一冷厂承担1 600万kcal/h大型氨离心式压缩机。该机由高低压两缸组成，共三段十一级，低压缸6 720 r/min，−33.3 ℃，807万kcal/h；高压缸8 930 r/min，−7.2 ℃/13.3 ℃，822万kcal/h。整机由11 000 kW汽轮机拖动，是我国最大的透平制冷压缩机。在试制过程中得到西安交大、上海汽轮机厂、上海鼓风机厂、上海吴泾化工厂、七〇四所等单位在试验、加工、技术、材料等方面的大力协助。当时上海市承担的三大主机中，一冷厂的氨离心式压缩机运转状况最好，并连续运转了很多年。

3. 螺杆式制冷压缩机的开发

1975 年一冷厂应上海金山石化总厂腈纶厂的配套需要，在上海第三压缩机厂的配合下开发成功我国第一台氨螺杆式制冷压缩机，型号为 25CF，标准制冷量 90 万 kcal/h，转速 2 950 r/min，电机功率 500 kW。一批共生产了 22 台，解决了当时大型空调和工艺用低温水的制冷设备用的制冷压缩机。

4. 溴化锂吸收式制冷机的开发和发展

溴化锂吸收式制冷机组是以热能为动力，天然工质水为制冷剂，以溴化锂水溶液为吸收剂，这种机组作为中央空调系统的冷热源机在 20 世纪 60 年代开始得到重视。1963 年，中船重工集团第七〇四研究所为在舰船空调装置中应用溴化锂吸收式制冷机组，率先在国内开始了溴化锂吸收式制冷机组研制的前期工作，他们委托上海试剂二厂成功地制取了溴化锂水溶液，并针对溴化锂水溶液对金属材料腐蚀性强的课题，进行了添加缓蚀剂的溴化锂水溶液对金属材料的腐蚀试验等基础性研究，取得了阶段成果。委托原一机部通用机械研究所（以下简称“合肥通用所”）与上海人民电机厂、上海水泵厂合作进行了屏蔽电泵的研制，又与上海阀门二厂合作研制了真空隔膜阀，在开展研制工作的同时，进行了大量的国内外文献信息的搜集、编译、分析和消化工作。

1966 年初，一冷厂承接了国家 09 工程重点任务，与七〇四研究所和合肥通用所联合研制舰艇用溴化锂吸收式制冷机。同期，为了减少上海地区地下水的应用，合理利用低压蒸汽，一冷厂还承接了为上海国棉 12 厂研制纺织厂用溴化锂吸收式制冷机的任务。

在一冷厂、国棉 12 厂、七〇四研究所、合肥通用所组成的联合设计攻关小组的共同努力下，于当年完成了我国第一台制冷量 100 万 kcal/h，工作蒸汽压力 1 kg/cm^2[1]（G）溴化锂吸收式制冷机组的设计和制造，用于纺织厂的空调降温。由于当时的技术和制造水平有限，加之国家对铜管等有色金属的控制使用，致使设计中不得不采用传热效果与耐腐蚀较差的全钢结构，使机组的技术经济指标显得落后，并且在运行过程中出现制冷量逐渐衰减现象。使用了 10 多年后，更换铜传热管，又继续使用了数年，寿命在 15 年以上。通过它的设计和制造，为发展溴化锂吸收式制冷机在技术、设计和加工制造方面打下了良好的基础，积累了一定的技术资料和设计制造的实际经验。与此同时，上海国棉 21 厂与上海纺织设计院等单位合作，亦研制成功了制冷量为 60 万 kcal/h 的溴化锂吸收式制冷机。

为进行 09 工程用溴化锂吸收式制冷机的研制，1967—1968 年由国防科工委组织七〇四研究所、合肥通用所和一冷厂组成的联合设计组，七〇四研究所还委托复旦大学完成了溴化锂水溶液的物性参数的测定，编制了国产溴化锂水溶液的各类物性及热力性能曲

1　压力单位：1 kg/cm^2=98.07 kPa。

线；进行了溴化锂水溶液对金属材料的腐蚀和防腐蚀研究，确定了铬酸锂作为缓蚀剂。此外，七〇四研究所还委托西安交大完成了溴化锂水溶液的传热试验，对溴化锂水溶液在发生器与吸收器中的传热性能进行了试验。这些工作为溴化锂吸收式制冷机的研制提供了基础技术资料。其中，国产溴化锂溶液的各类物性及热力性能曲线至今仍是设计溴化锂吸收式机组的重要参考资料。

与此同时，一冷厂先后试制了 5 万 kcal/h 与 2 万 kcal/h 两台船用、三筒型溴化锂吸收式制冷机样机，安装于七〇四所试验室进行性能试验与船用条件试验，历时一年余，获得了预期的效果。在样机研制成功的基础上，1968 年和 1971 年，通过联合设计组的设计研究，一冷厂先后制成两台 09 工程舰船用溴化锂制冷机组，制冷机采用圆形三筒体与长方形单筒体两种结构形式，不锈钢壳体，铜镍合金传热管，并配有制冷量调节与冷却水量调节机构，采用多点铂电阻温度检测显示装置，自动开停机，具有一定的自动化程度。该两型机组历经半年时间的全性能试验、传热与自控性能试验，并在设计负荷范围内进行全自动运转，证明机组的研制是成功的。积累的大量试验资料，对促进我国该型机组的发展有一定的推动作用。该研制项目获 1978 年全国科学大会奖。

1979—1980 年，一冷厂的工程技术人员在分析、研究引进的日本日立公司 30 万 kcal/h 样机的基础上，根据制冷机行业制定的溴化锂吸收式制冷机产品系列参数，与上海机械学院合作研制成功了 150 万 kcal/h 蒸汽型单效溴化锂吸收式制冷机，这是我国 1974 年制定该产品系列参数标准以来的第一台产品。它采用单筒结构，使用 1 kg/cm^2（G）蒸汽压力，经调试后结果证明：各项技术指标均达到了设计要求。随后又在此基础上研制发展了 30 万 kcal/h、50 万 kcal/h 至 350 万 kcal/h 等多种规格 7 ℃出水的单效溴化锂吸收式制冷机。1980—1981 年，一冷厂在七〇四研究所的协助下研制成功了国内第一台蒸汽压力 8 kg/cm^2（G）、7 ℃出水的 150 万 kcal/h 蒸汽双效溴化锂吸收式制冷机。紧接着七〇四研究所也设计开发了蒸汽压力为 4 kg/cm^2（G）、出水温度为 10 ℃的 30 万 kcal/h 双效溴化锂吸收式制冷机。

5. 冷（盐）水设备的开发和提高

冷（盐）水设备是空调和工艺过程制冷所必需的制冷设备。20 世纪 50 年代，上海合众冷气机械厂采用约克公司技术生产以氨为制冷剂的成套冷（盐）水设备，蒸发器采用水箱中设置 V 形盘管蒸发器并配有立式搅拌器，其后蒸发器改用仿苏直管式形式。后期由车间工人改革成螺旋管式蒸发器，大大减小了占用体积并节省了工时。随着生产不断扩大，发现此种冷（盐）水设备辅机所耗的材料太大，主辅机所占重量比例达 1 ∶ 10。1973 年在广大技术人员的努力下，参照当时国外冷水设备向机组化发展趋势，第一冷冻机厂试制成国内第一台机组化的 FLZ 型 R22 活塞式冷水机组，将原来散装的氨制冷系统变成一个占地面积大大减小、主辅机重量比 1∶2 的 30 万 kcal/h 活塞式冷水机组，机组配用 6FW12.5 型活塞式压缩机。首台试制样机在东海电影院现场通过鉴定，此后年产量达 600 台，深受用户欢迎。

上冷厂也在 1978 年试制成 LS-270 整体式活塞式冷水机组，采用 8F10 型高速多缸开启式 R22 压缩机，低螺纹翅片铜管壳管式水冷凝器和壳管式干式蒸发器，取代老产品盘管式蒸发器冷水箱。其后先后开发完成 LS-200、250、400、500 型的整体开启式压缩机的冷水机组。

80 年代前，上冷厂也生产 N 型盐水冷却设备，型号有 N3、N4、N5、N6 4 种规格，分别匹配 2F10、4F10、6FW10、8FS10 开启式压缩机，蒸发器为无缝钢管蛇型盘管，冷凝器为壳管式水冷凝器，随机带有电磁阀、膨胀阀、搅拌器等，除 N3 是带有盐水箱由工厂组装后供用户外，其余型号均以散装件形式供给用户，用户须在现场连接管道，进行检漏、抽真空、加注制冷剂 R12，整套设备体积较大，安装麻烦。

6. 空调设备的开发和发展

1）窗式空调器

1965 年上海冰箱厂开发生产我国第一台“解放”牌 CKT-3 型窗式空调器，制冷量 3 000 kcal/h。之后又开发生产了 CKT-3A 热泵型窗式空调器，制冷 / 制热量都是 3 000 kcal/h。当时 CKT-3A 没有融霜系统，仅适用于室外温度 5 ℃以上的地区，热泵中的关键部件换向阀由上海冰箱厂自行研制生产。空调器主机采用 2FM4 全封闭活塞式压缩机。70 年代末上海市通用机械制造公司根据行业规划将上海冰箱厂和上海第三压缩机厂进行合并成立上海空调器厂，80 年代初又先后开发 CKT-4、CKT-6 等大冷量窗式空调器。制冷量分别为 4 000 kcal/h 和 6 000 kcal/h。主机分别采用 2FM4G 和 3FM4G 全封闭活塞式压缩机。这些空调器广泛用于宾馆、医院，还出口到斯里兰卡等国家。

2）柜式空调机和恒温恒湿机

上海空调机厂 80 年代初相继开发了水冷和风冷立柜式空调机 LS7R、LS12、LS20 和 LS6R 等水冷柜式空调机。冷凝器采用套管式，外圈是钢管，内圈是低肋螺纹铜管。风冷柜式空调机冷凝器采用铜管套铝片结构。

1958 年，刚成立的上冷厂已经能少量生产 P1 恒温恒湿机和 P2、P3 冷风机。1959 年在仿制成功 10 HP[1] 和 20 HP 压缩机的基础上开发了 P-10、P-20 冷风机。后改为 KD-10、KD-20 冷风机和 KD-10/1、KD-20/1 恒温恒湿机，但都是压缩机组外置的分体式空调机。

改革开放后，采用了进口的日本日立 3、5、7.5 和 10 HP 4 种全封闭压缩机，设计模块式的套管水冷凝器，开发了 3、5、7.5、10 和 15 HP 水冷式柜式空调机（型号 SL-10、15、20、30 和 40）。1980 年上冷厂又试制成功同规格的风冷式柜式空调机。

1　功率的英制单位马力，1 HP = 745.700 W。

此后，工厂利用自制的3FW5B半封闭压缩机改造原有的恒温恒湿机（SH-10A、15A、30A），1982年利用4FV7B半封闭压缩机开发了SL-50B、SH-50B恒温恒湿机。

7. 低温设备的开发和发展

–40 ℃～–120 ℃低温设备是国防科研和电子行业所必需的设备。上海地区各制造厂都根据各自的主机容量开发用户所需的各类低温设备。常规压缩式低温制冷循环使用R12/R22/R13/R14制冷剂的多级或复叠制冷循环来完成。早在1956年上海冷气机厂前身之一雷电冰箱厂就曾为部队试制了–60 ℃和–80 ℃低温试验箱。

上冷厂于1962年试制成功–100 ℃低温箱，1963年又试制成功1 m^3/–70 ℃真空低温箱，1964年开始利用F10系列压缩机开发–40 ℃～–60 ℃双级低温机组（1/3F10、2/4F10）和–60 ℃～–80 ℃复叠式低温机组（2×2F10、2×4F10），并进行系列定型生产，满足不同用户的低温设备要求。

上海制冷设备厂也在1964年起先后试制开发自0.1～1.0 m^3的–40 ℃～–120 ℃各种低温箱，其中–120 ℃低温箱采用了R22/R13/R14三元复叠式制冷系统。当时的R14制冷剂由上海制冷剂厂负责试制成功。1972年起为军工任务试制了高低温/高真空试验箱，其中用于8513工程项目的高低温高真空试验箱采用了水冷半封闭制冷压缩机组，1978年获全国机械工业科学大会奖。

一冷厂根据市科委的要求，在1964年承担了–100 ℃～–120 ℃工业用低温装置的研究任务，并成立上海市低温技术研究室。在上海交大等单位的协作下，完成了较大容量–100 ℃的R22/R13复叠式低温装置和–120 ℃乙烯低温装置的试制，为石油化工、军工科研单位和乙烯低温分离装置、单晶硅生产、原子能研究提供大型低温设备打下了基础。

除了上述各厂生产了各种用于不同用途的–40 ℃～–120 ℃压缩式制冷系统外，还为军工尖端仪器仪表行业开发试制了各种超低温设备，其中上海制冷设备厂自1965年开发生产过5 L/h、10 L/h和50 L/h的4.2 K氦液化器，共60余台套，氦气液化器采用高压多级氦压缩机作为主机，液化循环采用带单阀膨胀机的卡皮查循环和带节流阀的焦—汤节流循环。氦杜瓦瓶采用高真空不锈钢桶，真空度达10^{-6}mmHg[1]。1967年上海制冷设备厂和中科院上海技术物理研究所合作进行651项目，为该所的红外摄像仪提供回热式斯特林循环微型低温制冷机，工作介质为氦气，工作压力为6 MPa。

1966年上冷厂在杭州制氧厂的协助下，开始研制回热式制冷机，1970年为长春第一汽车制造厂试制成功利用二空间回热式制冷机的–180 ℃低温箱，同年也试制成功氦液化4.2 K低温设备。上海市通用机械技术研究所1983年也试制成功为超高真空泵配套的冷头温度可达20 K的GM循环低温机组。1970年上海制冷设备厂与上海交通大学、上海曙光

1　压力单位，1 mmHg≈0.133 kPa。

机械制造厂等单位合作进行 701 工程会战，经过多年的努力，完成我国首套大型空间环境模拟试验装置的设计制造。其 20 K 低温设计和施工由上海制冷设备厂完成。

8. 集中式空调系统用低噪声通风机、变风量空调机组、风机盘管机组和组合式空调机组等设备的开发和发展

上海通惠机器厂（以下简称“通惠厂”）1956 年公私合营后的一个时期内，主要生产集中式空调系统用的表面式换热器、阻汽排水器和小批量的离心通风机。换热器有 UII 型、S 型、GL 型三个系列千余种型号。

1960 年通惠厂试制成功仿苏产品 4-62 型通风机，1962 年与上海综合机械研究所合作，前后花了 4 年时间参照美国“勃发罗”（Buffalo）风机的样式试制成功了 HDG（后倾低噪声高效率板式叶片）、QDG（强后倾低噪声高效率板式叶片）和 SDG（S 型低噪声高效率扳式叶片）三大系列中低压低噪声通风机。由于效率高、噪声低等优点广为高级宾馆、大会堂、棉纺、造纸、化工等行业选用，并为国家定为援外产品。为了保质保量的批量生产，1965 年制造成功既可圈扁铁圈又可加工风机外壳的三芯滚筒卷板机、集风器毛边切割机、铁板形剪机和键槽拉床等专用设备，保证了新产品的质量。为了保证叶轮前盘和吸风器的形状，1975 年又试制成功 1 200 吨油压机，为进一步大型号风机生产提供了有力保障。

当时行业组长厂——沈阳鼓风机厂、沈阳鼓风机研究所，华东地区组长厂——上海鼓风机厂生产制造的风机是仿苏联的空心机翼形叶轮叶片，坚持要通惠厂停止生产英制的仿美 QDG、HDG 系列风机，执行统一的国家系列设计的机翼形空心叶片的 4-72 和 4-79 风机。但通惠厂认为该国家系列风机制造工艺麻烦，并且在长期使用时如遇泥沙石子，风轮叶片容易磨穿而造成叶轮损坏。最后通惠全体员工经过数年努力，完成了板式叶片公制的压力系数为 4、比转数为 72 的 T4-72 系列风机的设计和试制工作，形成了中国独有的风机结构、性能优越、制造工艺简单的两种系列风机，T4-72 系列和 4-79 系列风机，分别取代 QDG 和 HDG 两个系列的通风机，并且性能效率有了很大提高，为标明由通惠厂制造设计的产品故在 4-72 前面加注英文字母 T。两个系列的风机随着用户需要，不断扩大品种和数量。机号从 3 ～ 20 号，最高空气效率达 91%。

1977 年 7 月通惠厂承担了由北京建筑设计院设计的“中国革命纪念馆”项目组下达低噪声风机试制任务，设计院从日本等世界各国调研后，提出一套集中式空调设计的新的理念：改变过去大风道远距离送风浪费能源的设计方案，因为噪声大要将机房置于远处，然后加隔声、加消音器，因此风机要求全压很高，导致耗电很大。新方案提出风机能安装于空调现场，用小风量 4 000 m^3/h，全压 40 mm H_2O[1] 风机为主攻目标。通惠厂通过试验

1　压力单位，1 $mmH_2O \approx 9.81$ Pa。

和测试，取得一些成果，但总离不开风机轴加两个轴承，再加电机轴和两个轴承以及联轴器，噪声一直降不下来。最后在上海人民电机厂帮助下提供一台国外进口的“外转子”电机，这样省去了风机轴和一对轴承，又省去了联轴器，在国内首次试制成功了采用外转子电机的11-62低噪声风机。风机噪声下降至60 dB（A），1978年通过鉴定后即获得上海大厦和上海电视机四厂批量采用。1980年获得上海市科技成果三等奖。

1966年开始，通惠厂根据一机部的计划，和上海交大、西安交大、沈阳暖风机厂、银川新生风机厂、哈尔滨空气调节机厂等单位联合设计了LN冷暖空调器、HK恒温空调器等系列空调机组。1968年2月，在上海举行了由一机部组织，有关高等院校、建筑设计院、研究所等单位专家参加的部级鉴定。结论是：机组结构合理，技术性能基本达到要求。LN冷暖空调器共有500/1 000/2 000/3 000/6 000/9 000/12 000（m^3/h）共7个规格，供冷量从2 302～73 664 W，除500～3 000 m^3/h规格的产品出口静压为0 Pa外，6 000～12 000 m^3/h三种规格出口静压为250～300 Pa。

1978年通惠厂在试制成功11-62低噪声风机的同时，由于11-62外转子电机风机可以调节电压来达到无级调节转速，就利用该风机在国内首次开发成功BFP系列变风量空调机组，机组可满足多种工况运行。根据用户实际运行比LN同等机组节约用电30%，节约材料25%，节约工时25%，噪声约低8～10 dB（A）。1982年通过鉴定，荣获上海市节能设备奖，除了台湾地区，国内各省市都广泛使用，并出口安装在埃及的国会大厦，国内各个厂家后来也都效仿，生产这个系列的BFP产品。在整个BFP系列空调机组产品开发过程，通惠厂的空调机组产品热工性能试验方面得到了同济大学热工试验室的大力帮助，在学校进行了为时近一年的工况试验，与同济大学老师们克服了种种困难，完成了各种工况的试验。由于BFP机组的超薄性能（一般高度在400～450 mm），可以暗藏在建筑的大梁空间中，而且噪声特低，冷量大，获得了很好的效果，为大商场超市提供了大批新型超薄型吊顶空调机组。

1976年通惠厂自行设计试制成功用于毛主席纪念堂遗体保护系统用的专用冷风机组。该产品荣获机电一局科技成果三等奖并得到毛主席纪念堂工程指挥部表扬。

9. 制冷空调自控元件的开发和发展

制冷空调自控元器件是制冷空调设备的重要配件，1960年前各设备制造厂都自行生产，产品品种不齐全，技术规格不统一。1965年起上海市通用机械制造公司（以下简称“通用公司”）规划由上海建新机械厂（以下简称“建新厂”）集中生产，并组织行业各主机厂技术人员到建新厂集中，对当时各厂所需的自控阀门进行统一设计工作，1966年通用公司通过进出口公司为建新厂进口了72种世界名牌的各种自控阀门和元器件作为技术参考，为工厂很长一段时间开发产品提供了帮助。为此，1968年建新厂改名为上海恒温控制器厂。

1）压力和温度控制器

1965年上海恒温控制器厂（以下简称“恒温厂”）开始开发试制PF214型压力控制器，它是制冷压缩机必需的安全保护器件，技术人员和工人通过艰苦奋斗，设计制造了压力控制器产品中的主要零件波纹管的生产设备，包括管坯引伸机，波纹管液压成形机，磷铜材料波纹管零件蒸汽保护连续热处理炉，不锈钢波纹管材料氧气保护高温热处理炉等，保证了压力控制器产品的试制成功。1966年又继续开始试制了适用于R12和R22的APF217型压力控制器。至20世纪70年代中期，恒温厂完成了控制器全系列的设计开发计划，包括高低压型、单高压型、单低压性、油压差型等压力继电器，全部满足主机厂的需求。1966年恒温厂又试制成功WJ35型空调用温度控制器，1979年继续开发成功新一代WJ10和WJ15型温度继电器。

2）热力膨胀阀

1965年恒温厂根据上级公司的转厂生产计划，进行FPF型Dg0.8～Dg5适用于R12制冷剂的内平衡式热力膨胀阀的设计开发，于1966年初完成了样机试制，1966年4月25日由上海市重型机械公司组织了上冷厂、上海冰箱厂、中华冷气机厂、武汉冷冻机厂、上海建新机械厂等5个单位，由董天禄等12人组成的鉴定小组对产品进行鉴定。因产品设计存在缺陷，产品性能测试项目不全，鉴定没有通过，并提出改进要求和措施，经改进和调整后，1966年5月20日进行了第二次鉴定，结论：“产品改进后装在上海冰箱厂的厨房冰箱上和中华冷气机厂的5-3冷饮水机上运行，情况良好，产品达到设计要求可以投入生产”。由此，国内第一代专业生产的热力膨胀阀诞生了，并投入生产。进入20世纪70年代，FPF型热力膨胀阀已不能适应制冷工业的发展。1973年初以恒温厂为主，武昌车辆厂、上海海运学院、四方车辆研究所和上海市铁路局机保站等4个单位派员参加，成立了新一代热力膨胀阀联合开发小组，制定了R12、R22制冷剂用内平衡、外平衡两种型式的系列产品技术条件，通过18个月的合作和努力，恒温厂完成了国内第一代RF12W-6外平衡型热力膨胀阀的样机试制，采用了CO_2吸附式温包充注，并适用于R12和R22两种工质，技术性能达到丹麦样机水平。恒温厂在开发全系列RF型热力膨胀阀的同时，自行设计制造了国内第一台液泵循环型R12热力膨胀阀的流量性能测试台，为产品开发和试制创造了良好的试验条件。至1979年基本完成了阀口规格自0.8 mm至17 mm共17种，内/外平衡两种型式的名义制冷量自1 000 kcal/h至200 000 kcal/h的全系列RF型热力膨胀阀的试制和生产，完全满足行业各厂需求。

3）电磁阀

1965年前恒温厂已生产了Dg6、Dg8两种规格橡胶膜片式制冷用电磁阀。由于橡胶老化快，膜片卡死故障多，性能不可靠，且不适用于R22工质。1965年恒温厂将膜片结构改为活塞式结构，通过几年的努力改进，到1973年已能生产五大系列产品，包括FDF、2FDF、ADF、DF、DFS1和DFS2等直动式和先导式系列产品，但由于橡胶材料原因，仍不能用于R22工质。1981年恒温厂和上海化工学院合作共同研制能适用于R12和R22两种制冷剂的聚氯乙醇橡胶，解决了制冷剂中橡胶的老化寿命问题，同时将FDF型和2FDF型两种制冷剂用电磁阀合并为FDF型的一种能适用于R12、R22等各种制冷剂和润滑油、压缩空气等介质的电磁阀。

4）特殊用途自控阀门配件

恒温厂20世纪60年代至80年代曾为我国国防工业开发成功一批特殊用途自控阀门。其中主要有：为701工程承接了卫星姿态控制电磁阀的加工、装配和出厂性能试验任务。在试制过程中，在上海冶金研究所的帮助下解决了软磁材料的磁滞性能，使产品试制成功，获得嘉奖。恒温厂还为09工程配套制造了液压控制开启球阀、29工程中自动控制系统部件以及舰艇用电磁阀和比例调节器等，为国防工业发展做出贡献。1976年承接708工程中的灭火电磁阀加工、装配和试验任务，在上海化工研究所的帮助下，解决了铝制活塞的耐腐蚀问题，成功地完成任务。

1.2 上海地区制冷空调设备制造业的迅速发展和壮大（1981—2018年）

1.2.1 改革开放促进了上海地区制冷空调制造业的迅速发展

十一届三中全会后，特别是上海浦东开发，给上海地区制冷空调设备制造业带来了勃勃生机，从最初的引进国外先进产品制造技术、技术改造到利用外资、合资（合作），再到现在引进消化和自主创新，上海地区制冷空调设备制造业走过了一条迅速发展的道路，上海地区制冷空调设备制造业继续领跑中国制冷空调工业，是中国制冷空调工业的主要生产基地之一。

从1980年国家“六五”计划起，国门打开之初，上海制冷空调制造业就率先引进国外先进企业的产品制造技术，加快缩短与国外先进技术的差距，毕竟我们已经关闭了国门30年。作为当初制冷行业仅有的国有企业，一冷厂引进美国特灵（TRANE）公司溴化锂吸收式制冷机组制造技术，上冷厂和上海空调机厂共同引进美国特灵公司全封闭活塞式制冷压缩机和空调机制造技术，上冷厂引进日本大金（DAIKIN）公司船用半封闭活塞式制冷压缩机制造技术及空调机制造技术，上海制冷设备厂引进德国亨内基（HENNECEK）公司组合式冷库库板制造技术，恒温厂引进美国艾柯（ALCO）公司热力膨胀阀制造技术，并在引进技术的同时争取到国家和地方的技术改造项目和外资银行贷款项目，形成了一定的生产能力，为国民经济的发展起到了积极的作用，也为今后的外商合资（合作）打下了基础。

中国制冷空调制造业的迅速发展以及改革开放带来的经济发展和中国大陆广阔市场引起了跨国公司的关注，从1985年开始，上海率先开始利用外资合资（合作）发展行业的举措。1987 年一冷厂以双阳支路压力容器车间的场地与美国开利（CARRIER）公司合资成立了上海合众—开利空调设备有限公司，上海市石油化工通用机械公司以通惠厂全厂投入与开利公司合资成立了上海通惠—开利空调设备有限公司，上海市工业设备安装公司与日本新晃（SINKO）公司合资成立上海新晃空调设备有限公司，这些合资公司在引进先进的产品制造技术的同时也将先进的产品设计理念和先进的管理方法带入中国，促使了上海制冷空调制造业的革命性变革，产品技术和产品质量水平迅速提高。

进入 90 年代，合资公司的产品凭借其特有的优势在中国经济发展中得以迅速发展，也吸引了更多的境外资本的持续投入，1991 年上海通用机械（集团）公司（以下简称"通用公司"）以上海空调机厂全厂投入与香港（上海）实业有限公司合资成立上海实业空调机有限公司，上海电视机一厂与日本夏普（SHARP）株式会社合资成立了上海夏普空调设备有限公司，1992 年上海冰箱压缩机股份有限公司与日本日立（HITACHI）制作所在浦东金桥成立了上海日立电器有限公司。1994 年上海家用空调器总厂和日本日立制作所合资成立上海日立家用电器有限公司，上海双鹿电器有限公司与日本中野（NAKANO）株式会社、日本茶谷贸易株式会社共同成立上海双鹿中野冷机有限公司，通用公司与日本塔库玛（TAKUMA）株式会社共同出资组建了上海塔库玛冷热设备有限公司，上冷厂与德国哈格诺克（HAGENUK CONTROLS）公司合资成立了上海哈格诺克空调设备有限公司，恒温厂与美国江森（JOHNSON）公司在外高桥保税区合资成立了上海江森空调设备有限公司。1995 年开利公司扩大在上海的投资，通用公司以上海第一冷冻机厂全厂投入与开利公司合资成立上海一冷开利空调设备有限公司，开利公司入股上海实业空调机有限公司重组成立上海豪申开利空调设备有限公司，并组建了合作性的联合开利（上海）有限公司，上冷厂与开利公司在嘉定开发区合资成立了上海开利运输冷气设备有限公司。在长三角地区江苏双良公司与美国特灵公司合资建立了江苏双良–特灵溴化锂制冷机有限公司，并在江苏太仓成立了特灵空调系统（中国）有限公司，约克公司在无锡成立了独资的约克空调设备有限公司。日本大金株式会社与上海协昌缝纫机有限公司在上海莘庄工业区合资成立了上海大金空调设备有限公司。1996 年通用公司与日本富士电机（FUJI ELECTRIC）株式会社在青浦工业园区合资成立上海通用富士冷机有限公司。

随着两岸关系的不断改善，台资企业也陆续进入大陆，堃霖冷冻机械（上海）有限公司、上海汉钟精机有限公司、复盛实业（上海）有限公司、台佳机电有限公司、上海富田冷冻空调设备有限公司、上海金城制冷设备有限公司、上海良机冷却设备有限公司等一大批台商独资企业进入上海及江浙地区，为上海地区制冷空调设备制造业增添了新的产品和新的规模。

与此同时，江苏和浙江地区的制冷空调制造业也如雨后春笋般发展起来，如泰州春兰空调机厂、江阴溴化锂制冷机厂（双良股份的前身）、新昌制冷配件总厂（三花股份的前身）、常熟白雪制冷设备厂、太仓江南空调机厂、上虞风机厂、绍兴市制冷设备厂等企业都是当时名动一方的企业，特别是春兰空调，在中国大地刮起了一股“春兰旋风”。

随着市场经济的发展和国有企业的改革和改制，民营资本也成为制冷空调设备制造业的活跃因素，一大批民营企业应运而生，上海科泰运输空调设备有限公司、上海松芝车辆设备有限公司、上海俊乐制冷自控元件有限公司、上海百富勤空调设备有限公司以及国有企业改制的上海第一冷冻机厂有限公司、上海新豪申空调设备有限公司、上海恒温控制器有限公司等企业都成为上海制冷空调设备制造业的新生力量。

进入新世纪，在长江三角洲地区的浙江和江苏，一大批民营资本的强势崛起，通过资本运作取得上市机会，成为股份制集团，包括三花控股、双良集团、盾安集团、天加环境、奥克斯空调、亿利达风机等，成为民族品牌的佼佼者。

1.2.2 主要大类产品的开发与提高

1. 活塞式制冷压缩机的引进和提高

1980年，由上海空调机厂（以下简称“上空厂”）和上冷厂共同引进的美国特灵公司的CRHH型全封闭活塞式制冷压缩机是当初最为典型的全封闭机型，该产品压缩机缸径52 mm，行程18.5/22.4/25.9/28.1 mm，转速2 880 r/min，制冷剂R22，有035/042/050/062/073/083共6个规格，空调制冷量在4.4 ℃/40.5 ℃工况时为8 710～21 750 kcal/h，可以满足单元机的配套，被国家计划委员会列为“以产顶进”产品，并经过多项技术改造，上空厂形成了2万台规模供行业各厂选用，而上冷厂有3 000台的规模，主要自用。1991年，上冷厂由于生产列车空调机的需要，利用H-075开发了车用全封闭压缩机。

1985年底，上海市商业二局设计室为中外合资的桂林市文华大酒店设计制造多间多温活动式冷库，由于商业二局设计室一直以氨机制冷为主，希望上空厂与他们共同设计活动冷库的压缩冷凝机组，上空厂利用技术引进的产品H型压缩机与套管式冷凝器组合成压缩冷凝机组，使冷库温度达到了 –20 ℃。1986年7月，上海市冷冻空调机械协会与上海市制冷学会在现场召开了产品评议及应用推广会，获得了专家们的广泛好评。他们一致认为，此活动冷库为全封闭压缩机配套于冷库开创了先例，使机组体积缩小，重量减轻，密封性好，值得推广。

1985年，上冷厂利用军工项目争取到“平台（船用）半封闭制冷压缩机和柜式空调机项目”，从日本大金公司引进6HC582SEC-FKYE与6HC752LB-FYE两种规格的船用半封闭制冷压缩机，缸数2～8缸，缸径58 mm/75 mm，行程55 mm/60 mm/62 mm/69 mm，转速1 450 r/min，共9种规格，额定工况（55 ℃/5 ℃）制冷量41 600～127 000 kcal/h，Ke值2.18～2.31，1988年3月该系列产品获1987年度上海市优秀新产品二等奖。

1987年，上海合众开利空调设备有限公司成立，引进了开利06D/E系列半封闭制冷压缩机制造技术，产品D系列缸径50.8 mm，行程25.4 mm/31.8 mm/34.9 mm/36.5 mm/

37.3 mm/39.7 mm/49.2 mm，转速 1 450 r/min（50 Hz），排气量 12.6 ～ 58.2 m^3/h；产品 E 系列缸径 68.3 mm，行程 50.4 mm/55.6 mm/73.0 mm，转速 1 450 r/min（50 Hz），排气量 71.4 ～ 140.4 m^3/h，两个系列共有 30 种规格，除了使用常规的制冷剂（R12、R22 和 R502）以外，还可以使用很多新型的制冷剂，如 R507、R404A、R407C 和 R134a 等，以 06DM808 为例，在冷凝温度 40 ℃，蒸发温度 + 5 ℃，吸气温度 18.3 ℃，过冷度为 0 ℃时，压缩机制冷量为 10.02 kW。功率为 2.17 kW，Ke 值为 4.61。压缩机的技术特点为：①高效率的阀片系统，利用低压阀片和大流量孔来减小阀损失，使效率最大化，并减小阀片的应力。阀片由瑞典钢制成，阀片设计适用于 HFC/POE 工况，并经过重新设计以避免迟滞作用；②具有特定轮廓的活塞和有通孔的连杆，使得吸气阀片与活塞的凹槽配合，减小间隙，提高容量和效率。连杆具有通孔，可以提供良好的轴承润滑，延长使用寿命；③自动双向高流量的油泵，容积式滑片型油泵耐久性极佳，可以得到很高的油流率，在使用新型的 HFC 制冷剂和 POE 油（溶解性更好）的情况下，油泵能快速产生油压，从而降低油压突然急速下降的可能性；④超大尺寸油槽，在其他设计中，由于关机时润滑油被制冷剂所稀释，所以当启动时，油平面可能会临时下降很多，从而导致不必要的磨损，超大尺寸油槽可以在曲轴箱中保存过量的油，从而防止正常的油迁移使油平面降低到安全润滑范围的以下；⑤高效率的重载电动机，拥有最新的绝缘系统，有助于防止电动机烧毁，尤其是在当操作压力、温度和电流都很高时的高温条件下；⑥吸气滤网可以防止设备的氧化皮或锈斑进入压缩机，提高电机和压缩机的使用寿命；⑦超大尺寸的吸气通道可减少湍流、减小压降以及提高吸入气体对电机的冷却效率，从而降低电机的温度，使之运行更经济耐用；⑧钢基铝合金或锡基巴合金的主轴承和运转表面，在轴承表面上使用铝或锡基巴合金材料，能提供比其他材料更大的承载能力，也不易由于过热或液态制冷剂腐蚀而发生损坏；⑨曲轴箱加热器，这个可选的附件能加热曲轴箱内的润滑油，从而减少关机过程中发生的制冷剂迁移；⑩能量调节系统，所有四缸和六缸压缩机都可选用吸气截断卸载方法，它一次切断两个气缸的吸气，不仅高效，而且运行温度比热气旁通设计要低得多。

2. 滚动转子式制冷压缩机

早在 20 世纪 80 年代初，上空厂和上海制冷设备厂都研究过滚动转子式制冷压缩机技术并试制了产品样机，但由于加工手段无法到位，产品性能达不到进口样机的水平。

1984 年，上海浦江发动机厂（上海冰箱压缩机厂的前身）引进了日本三菱电机（MITSUBISHI ELECTRIC）的滚动转子式家用冰箱压缩机制造技术，这是国内最早引进滚动转子式压缩机制造技术的项目，引进产品规格为 76.5 W/90 W/104 W/116 W，主要为上菱冰箱配套，年产 40 万台。在不断开发扩产冰箱压缩机的同时，上海冰箱压缩机厂也在摸索空调压缩机的制造技术，1992 年，上海冰箱压缩机厂沈建芳项目组开发成功 QJ-13 旋转式空调压缩机。

1993 年上海日立电器有限公司（上海海立电器有限公司的前身，以下简称“上海日立”）成立。12 月，引进的第一台 G 系列压缩机成功下线，实现当年建厂和当年投产，SG 系列压缩机是上海日立第一个技术引进机种系列，共 4 个机种：SG133BB1/SG333DB1/SG433EB1/SG533QB1，排气量分别是 10.4 mL/12.5 mL/14.1 mL/16.2 mL，采用 R22 制冷剂，在 ASHRAE 美国采暖、制冷与空调工程师学会（American Society of Heating, Refrigerating and Air-Conditioning Engineers）测试条件下压缩机 COP 在 2.88 左右，首批产品供货给上海夏普电器有限公司。

1994 年，为满足上海日立家用电器有限公司对于系统大制冷剂充注量的需求，上海日立首个自主设计压缩机 SG533QB2，经过设计、试制和试验确认，开发成功，于 1994 年 6 月满足了上海日立家用电器有限公司的批量供货，新产品采用直径 70 mm 储液器，替代原先的直径 65 mm 储液器。

1995 年上海日立再次从日本引进 SH 系列产品，共 3 个机种：SH833JB1/SH933RB2/SHY33MB2，排气量分别是 21.1/25.3/30.7 mL，采用 R22 制冷剂，SH 系列压缩机是在滚动转子式压缩机行业率先采用上缸盖和壳体焊接的结构，可有效降低泵体焊接变形量，在 ASHRAE 测试条件下最高 COP 可达到 3.17（业内效率最高）。1995 年 4 月，SH 系列投入批量生产至今，在行业内获得很好的口碑。

1996 年，上海日立计划开发了第一个大幅设计变动的压缩机 SG633G/PB1-S。1996 年国家技术监督局进一步提高了空调机的国家标准，其中冷量测试的合格下限从 93% 提高到了 95%，为此许多空调器厂的一些产品不得不采用稍大规格排气量的压缩机，上海日立为满足市场主导产品 1 HP 压缩机的需求，及时开发出超越公司已有 SG533QB1 最大排气量的机种，在泵体及电机的设计方面做出了大幅变动后，成功开发了排气量达到 17.3 mL 的 SG633PB1-S，排量提升了 6.8%，拥有引进消化吸收后的再开发，具有完全的自主知识产权。同年开发第 1 个低电压启动压缩机 SHY33MC4-G。上海日立针对国内市场销售的技术引进机种的额定电源普遍均为 220 V/240 V 的现状，而实际由于国内的电网建设还不是很完善，在一些地区的用电高峰时段，时常发生由于电压偏低造成空调压缩机无法正常起动的问题。珠海格力电器股份有限公司希望上海日立提供能在低于 180 V 电压条件下启动的 2 HP 压缩机。为此上海日立通过设计增加电机叠高，提高电机的启动力矩及最大力矩，同时选用了更合适（适用于低堵转电流及高负载电流）的内置式保护器，开发而成的 SHY33MC4-G 压缩机不但满足了低电压起动的要求，效率也有了显著提高。从 1997 年开始，越来越多的空调器厂家开始使用上海日立的低电压系列压缩机。

1997 年，上海日立成功注册了“海立”品牌商标，同年上海日立引进变频压缩机产品，和日本日立签署了《房间空调器用变频旋转式压缩机技术转让合同》，作出了“关于 SH 系列增产 40 万台及引进变频压缩机技术项目”的规划。

1998 年 2 月上海日立电器有限公司技术中心被国家经贸委认定为国家级企业技术中

心，这也是至今制冷压缩机行业唯一一家拥有国家级技术中心的企业，强大的研发投入和人才培养，确保了海立电器的技术一直站在行业的最前沿。同年上海日立又在SH系列基础上开发出突破排量上限的SHV33Y**-G的机型，其COP在ASHRAE测试条件下达到3.10。

1999年，为应对市场上开始出现的大功率变频压缩机的需求，上海日立在定速电机平台上，自主开发成功2 HP单缸交流变频压缩机SHU20K**-Y，除了电机变化之外，主要在泵体的耐磨性能和电机转子平衡量方面做出了创新设计。同年，开始了第一个和日本日立的联合开发项目3 HP定速双缸压缩机，这个项目是针对中国国内房型的变化（大厅小卧室）趋势进行的开发，在这个项目之前，世界上的空调用3 HP压缩机份额基本由涡旋压缩机所占据，滚动转子式要想进入这个领域，必须在性能/噪音/振动等方面克服很多技术难题。中日双方组成联合开发项目组进行工作，取得了突破性进展，开发过程中申请成功多项专利（尖劈型吸气管储液器/中间连接部眼型曲轴/高低差吸气有孔储液器等），经过两年半的努力，2002年，3 HP定速双缸压缩机THU33WC6-U开发成功并投入量产，排气量为48.8 mL，产品在ASHRAE测试条件下压缩机COP达到3.10以上，性能及振动特性和涡旋压缩机相当，首个用户为四川长虹电器股份有限公司。这个项目的成功开启了滚动转子式压缩机在3 HP家用空调领域应用。

到2000年，上海日立空调压缩机年产达到318万台，国产化零件比例小规格系列为92%，大规格系列为91%，变频系列为88%。

2003年，联合开发的第二个项目SL系列空调压缩机项目建成投产，替代原来的壳径较大成本较高的SH系列，主力产品1.5 HP定速系列，在ASHRAE测试条件下压缩机COP超过3.2，该项目被列为国家重点新产品，并获得上海市科技进步二等奖，中国国际工业博览会铜奖。同年开始与日本日立合作开发成功R410A制冷剂的ASC/ATC092集中绕线电机的C系列产品（排气量为9.2 mL），该产品应用了稀土磁铁技术，该项成果获得上海市科技进步二等奖。这一年开始在产品设计开发中全面采用全3D建模设计及CAE分析。

2004年，在电机外径仅为107 mm基础上的D系列大排量空调压缩机SD156CV自主开发成功，D系列的覆盖面扩展到1 HP空调，同年，首个单缸R410A直流变频压缩机ASC092开始批量生产，电机外径105 mm，采用了稀土磁铁和4极6槽集中绕组电机技术，大幅度地提升了压缩机的电机效率；G系列自主开发R410A定速压缩机批量生产；第一台环保制冷剂R407C定速CSL232SV量产。

2005年，上海日立完成收购上海森林电器有限公司，形成上海的东西厂格局，在原单缸的C系列生产线基础上的首个R410A双缸直流变频压缩机ATC092开发成功并开始批量生产，与此同时，第一台R410A制冷剂定速ASL145SV量产，上海日立以“环保制冷剂R410A转子式压缩机制造技术”的项目名义先后获得上海市科技进步二等奖，中国机械工业科学技术二等奖等，并被列为国家重点新产品和上海市重点新产品。

2006 年，无喷射热带压缩机系列开发成功，替代原来系统复杂的喷液降温的压缩机。同年，在滚动转子压缩机排量的向上扩展方面再次取得突破，具有自主知识产权的 TE 系列空调压缩机（5 HP 定速双缸压缩机，排气量 84.8 mL，电机外径 159.7 mm）开发成功并投产，这个项目的成功，标示着滚动转子式压缩机渗透涡旋压缩机的应用领域的范围从 3 HP 扩展到了 5 HP，该项目获得上海市科技进步二等奖，中国轻工业联合会科学技术进步二等奖和中国国际工业博览会铜奖。

2008 年，海立印度技术研发中心成立。同年，南昌海立电器有限公司建成投产，南昌技术中心成立，全球首家推出 WHP 热泵热水器专用压缩机，采用 R134a 和 R417A 制冷剂。

2010 年，上海日立第一亿台压缩机—睿能 4X POWER 热泵热水器专用压缩机下线。首个基于 TE 系列的商用热泵热水器专用压缩机开发完成，基本覆盖热泵热水器市场需求，热泵热水器专用压缩机被列入 2010 年度上海市引进技术的吸收与创新计划，先后获得中国轻工业联合会科学技术进步二等奖，中国机械制造工艺科技成果二等奖，中国机械工业科学技术三等奖，上海市科技进步三等奖，并被列为国家重点新产品。同年第一台 3 HP R410A 双缸变频压缩机量产，采用了独特的定子扭斜的稀土磁铁分布绕组电机，有效地降低了压缩机噪声；应对新能效一级产品的 SL203HV 和 SL190UV 压缩机量产，在 ASHRAE 测试条件下压缩机 COP 达到 3.25。

2011 年，BSA-U 系列高效机开发完成并实现量产，在更换了高效电机平台（电机外径 88 mm）并优化了泵体吸排气流道等技术措施后，能效较普通机种提高 20%。当年稀土价格暴涨，为应对市场需求及成本压力，D 系列铁氧体变频产品开发紧急实施，实现当年开发、当年投资、当年量产。专门针对印度市场的“RY”“UY”压缩机也开发成功。

2012 年，洗干一体机用 R134a 直流变频压缩机 BSA586SD 开始批量生产。针对中国 SEER/APF 标准的 ASD 稀土 4 极 6 槽集中卷压缩机产品完成开发并实现量产，该产品获得中国国际工业博览会铜奖，中国家电科技进步二等奖，中国机械工业科学技术二等奖。

从 2013 年开始上海日立加快了以“海立”品牌扩展的步伐。2013 年，成立海立印度电器有限公司，首个海外海立品牌压缩机诞生。与此同时，在意大利米兰成立海立欧洲技术服务中心。同年上海日立首个在小壳径 A 系列机种上使用一体式内置保护器的除湿机用压缩机 BSA725SV 开发成功；专为北美高能效 10K 窗机对应 ASD082UW 压缩机，70 品脱[1]除湿机用压缩机均完成开发并实现量产。D 系列上的首款 R410A 制冷剂 2 HP 双缸稀土变频压缩机开发完成并实现量产；同年，H 系列上的 R410A 工质的 5 HP 双缸稀土变频压缩机也开发成功。

1　容积单位：1 品脱≈ 568.26 mL

2014 年，绵阳海立电器有限公司成立，东京技术中心成立，向北美 30 ～ 45 品脱（17 ～ 26 dm^3）除湿机供货的 SA330CW ～ ASA458CW 用压缩机实现量产；行业内首个采用 R290 制冷剂的除湿机用压缩机 PSA586SV 实现量产；D 系列首个中东向 12K 窗机产品 ASD092DG 直流变频压缩机实现量产；首个 R32 制冷剂压缩机 GSD092TV/GSG125UY 开发完成并批量生产，R32 压缩机采用了适用的冷冻机油，提高了电机绝缘等级和泵体耐磨特性，该产品荣获得中国制冷展创新产品称号。同年，新一代 ASD 变频压缩机开发完成，电机升级为更高效静音的 6 极 9 槽电机，并在泵体提效方面运用了多种手段；R410A 制冷剂的 2 HP 中东机型 ASL150DG 量产，4 HP 使用 R22 制冷剂的 TH508SG 也在这一年应对市场需求开发成功。

2015 年，海立美国技术服务中心在芝加哥成立。上海日立电机新槽型机种 ASL175DG 量产；通信机柜用 Mini 系列微型压缩机 BSW 系列开发完成，该微型变频压缩机采用独特的 H 型无壳体一体化机架专利结构，控制器采用 48 V 直流供电，采用 R134a 制冷剂。该产品先后获得中国家电科技进步一等奖，中国制冷展创新产品称号，中国机械制造工艺科技术成果三等奖等。同年环保制冷剂 R290 压缩机被列入年度第一批上海市引进技术的吸收与创新计划。

2016 年，在美国制冷展上，上海日立发布了业界最大能力的 16 HP 滚动转子式稀土直流变频压缩机，产品在电机外径为 159.7 mm 的 TE 系列基础上开发而成，采用了独特的轴系双支撑稳定结构，使用 R410A 制冷剂，排气量达到 84.8 mL，设计最高转速 7 200 r/min，该产品获得中国节能协会“节能减排科技进步”二等奖、中国制冷学会科技进步二等奖、中国制冷展创新产品称号等。

2017 年，上海日立电器有限公司更名为上海海立电器有限公司。

3. 涡旋式制冷压缩机

涡旋式制冷压缩机是 20 世纪 80 年代后期发展起来的新技术，由于加工精度要求高，一直是小型制冷压缩机的尖端产品，1999 年，艾默生（Emerson）电气（中国）投资有限公司（以下简称“艾默生”）投资人民币 1.8 亿元、亚洲最大及最具竞争力的谷轮压缩机生产线在苏州落成并投产，标志着这项技术在中国生根开花。艾默生涡旋压缩机独有的径向柔性和轴向柔性专利设计提供了前所未有的耐液击和容忍杂质的能力，确保了压缩机的高可靠性。

2002 年，艾默生将创新的谷轮数码涡旋压缩机引进中国，为中国空调市场带来了领先的理念和产品。艾默生谷轮数码涡旋压缩机产品涵盖 3 ～ 10 HP，额定制冷量范围 10.3 ～ 36 kW，COP 最大可达 3.4，转速 2 900 r/min，排气量范围 48 ～ 112.3 mL，使用制冷剂包括 R22、R407C、R410A。艾默生谷轮数码涡旋技术，通过改变负载状态时间和卸载状态时间，使压缩机拥有宽广的容量调节（10% ～ 100%）。与其他压缩机技术相比，具有高可靠性、高能效比、精确温控、极少电磁干扰等卓越性能优势。2006年，中国建设部授予采用艾默生谷轮强热型数码涡旋技术（Copeland Digital Scroll[R] Heating）的格力低温热泵多联机组以最高技术认可，评定其为“世界领先”技术，这是自1999年以后，近7年来行业内首个得到中国建设部这一最高评价的新技术。

2004年艾默生引进了5G系列高能效涡旋式制冷压缩机，共有单相13个规格，三相7种规格，涵盖1.3～4.8 HP，制冷量从4 555～16 700 W的范围，COP最高达3.15，转速2 900 r/min，排气量范围15.1～53.5 mL。使用的制冷剂主要是R22、R407C、R410A和R134a。

2005年，艾默生又将谷轮EVI涡旋强热技术（喷气增焓）引进到中国。EVI涡旋强热技术是谷轮涡旋压缩机的又一核心技术。EVI技术覆盖艾默生多个产品系列，如常规定速、数码涡旋、直流变频等；产品涵盖3～25 HP，使用制冷剂有R22、R404A、R407C、R410A和R32等。该技术是在涡旋盘创立一个第二吸气口，通过第二吸气回路，增加制冷剂流量，并加大主循环制冷剂的焓差。这一技术一举解决了多年来困扰行业的低环境温度制热效果不佳和能效不足等技术难题，为用户提供制热强劲、运行可靠、高效节能的供热解决方案。这一技术应用于空调、制热、冷冻多个压缩机产品平台上，尤其近年来，北方地区“煤改电”“煤改清洁能源供暖”和清洁空气行动的利国利民工程中，作为低温热泵供暖系统的关键技术，发挥了重要的作用。

2006年10月20日，艾默生Summit生产线在苏州生产基地投产，可生产涡旋式压缩机7～12 HP，以后又扩展到15 HP，制冷量范围22～44 kW，COP最高达3.25，转速2 900 r/min，排气量范围84.1～167.1 mL。使用制冷剂有R22、R404A、R407C、R410A等。

2009年，艾默生开发了ZW热泵热水专用涡旋压缩机，产品规格3～25 HP，额定制热量8.7～52.2 kW，COP最高达4.33，转速2 900 r/min，排气量范围7.1～29.2 m^3/h，适用于R22、R407C、R134a和R410A多种制冷剂，该系列产品独有的轴向柔性压力平衡装置使压缩机可以在比普通热泵空调压缩机更宽的工况下运行，同时配备高效大功率电机，满足热泵热水器在极端应用工况下的需求，将热泵热水器制热范围扩展至 –20 ℃的环境温度，成为北方地区“煤改电”热泵产品的首选，与此同时，ZW系列产品还可以制取85 ℃的高温热水，并将制热能力提高约40%，能效提高22%。

2012—2013年，艾默生推出VPV/VPW高能效5 HP变频涡旋压缩机，实现从数码涡旋到变频涡旋的转变。该系列VPV/W产品后来扩展到3～8 HP，名义制冷量范围12.25～20.38 kW，转速范围900～7 200 r/min，排气量范围29.5～48.5 mL，COP可达3.31，采用R410A制冷剂，是针对变制冷剂流量空调系统和机房空调的超高能效设计，IPLV（综合能源系数）表现优异达到6.04，比市面上同等容量转子压缩机高约5%，APF（全年能源效率）效果更佳；该系列产品还具有更低的转矩脉动，噪声更低，比市面上同等容量转子压缩机低 3 dB（A）。

与此同时，艾默生将先进的 LCS 大冷量涡旋技术引进中国市场，共有 8 种规格，涵盖 20 ～ 60 HP，使用 R22 和 R410A 制冷剂，名义制冷量从 57 ～ 180 kW，COP 值 3.25 ～ 3.49，排气量范围 217.2 ～ 663.7 mL，50 Hz 转速 2 900 r/min，60 Hz 转速 3 500 r/min，通过多机并联多回路的方式可以为最大 700 kW 的冷水机组系统提供解决方案，不仅可以实现 10 级精确的部分负荷控制要求，同时还可以获取 4.0 以上的 IPLV，可以满足许多商用的场合。

2015 年 4 月在上海举办的中国制冷展上，艾默生宣布谷轮涡旋变频压缩机商用系列 JPV/JPW 全面上市。该系列产品涵盖 8 ～ 12 HP，名义制冷量范围 22 ～ 32.7 kW（@75 Hz），转速 1 200 ～ 8 400 r/min，COP3.05 ～ 3.14，排气量 53 ～ 79 mL。该系列产品搭载多项创新技术，如双向柔性专利技术、集成 CoreSense 安全保护技术、EVI 涡旋强热技术等，以业界顶级能效水平助力中央空调进入能效升级新时代。高达 140 Hz 超宽频电机运转，结合喷气增焓技术，支持系统强劲制冷热，提供用户更加舒适的使用环境。同年，用于机房空调、冷水机、屋顶机的商用变频涡旋压缩机 ZPV 系列发布面世，涵盖 10 ～ 15 HP，名义制冷量 33.1 ～ 49.2 kW（@90 Hz）转速 1 000 ～ 7 200 r/min，COP 可达 3.28，排气量 66 ～ 96 mL。

2016 年 11 月，艾默生推出了专为中国冷水机市场设计的新一代能泉 20 ～ 25 HP 谷轮大型商用涡旋空调压缩机，以卓越性能、全面提升的可靠性、宽范围运行能力为客户带来行业领先的创新解决方案。制冷量范围 57 ～ 71.5 kW，COP3.37，转速 2 900 r/min，排气量 210.2 ～ 262.8 mL，使用 R410A 制冷剂。该压缩机具有如下优势：①卓越性能，制热 COP 高达 3.37，帮助客户在系统设计时实现能效和成本的最大优化；②可选喷气增焓（EVI）技术，有效扩展压缩机运行范围，提升系统低环境温度下制热能力；③集成 CoreSense 技术全面提升系统可靠性，保障系统长时间高效运行。

2017 年 8 月，艾默生发布 ZWW 热泵专用变频压缩机整体解决方案。ZWW050SP 型号的压缩机，名义功率 6 HP，排气量 47.7 mL，转速范围 1 800 ～ 4 800 r/min，名义制热量 21.3 kW，COP3.5，使用 R410A 制冷剂。该系列专为北方极寒地区的应用而设计。该款压缩机搭载 EVI 涡旋强热技术和直流变频技术，配合智能化的变频驱动器和主控，在 −30 ℃低温环境下，依然强劲制热、出水温度 50 ℃以上、制热 COP 达 3.5，同时有效降低机组运行能耗，为机组全天候高效稳定运行保驾护航，助力节能减排和大气污染治理向更广阔的区域推进。

2012 年，艾默生又开发了用于冷冻冷藏的 10 ～ 15 HP 飞迅（QF 系列）半封闭涡旋制冷压缩机，排气量 19.3 ～ 36.9 m^3/h，转速 2 900 r/min（50 Hz），共有 6 种规格，使用 R22 和 R404A 制冷剂，根据应用环境的不同，制冷量范围也有所不同。中温冷库制冷量范围 14 ～ 22.3 kW（蒸发温度 −7 ℃ / 冷凝温度 50 ℃ / 回气温度 20 ℃）；低温冷库制冷量范围 7.5 ～ 14.2 kW（蒸发温度 –25 ℃ / 冷凝温度 45 ℃ / 回气温度 20 ℃）；中温展示柜制冷量范围 11.8 ～ 19 kW（蒸发温度 –12 ℃ / 冷凝温度 50 ℃ / 回气温度 20 ℃）；低温展示柜制冷量范围 5.5 ～ 10.8 kW（蒸发温度 –32 ℃ / 冷凝温度 45 ℃ / 回气温度 20 ℃）。整合了 EVI 喷气增焓技术，蒸发温度可至 –40 ℃，针对冷冻应用的高能效涡旋盘设计使压缩机的能效更高。

2015 年，艾默生带 CoreSense 模块的谷轮涡旋 ZSI 系列压缩机面世，适用于在低温及中温冷冻工况下运行，主要应用于冷库。该系列压缩机涵盖 2 ～ 7.5 HP，中温应用下制冷量 3.6 ～ 12 kW（蒸发温度 –7 ℃，冷凝温度 50 ℃，回气温度 18.3 ℃，过冷度 0 ℃）；低温应用下制冷量 1.9 ～ 6.6 kW（蒸发温度 –25 ℃，冷凝温度 45 ℃，回气温度 18.3 ℃，过冷度 0 ℃）。排气量 6.1 ～ 18.8 m^3/h，转速 2 900 r/min，使用 R22、R404A 制冷剂。这款压缩机的独门秘籍是“喷液技术”，不但能够避免高温排气温度导致的压缩机故障，还可有效扩展压缩机的运行范围。

同年，艾默生顺应环保的要求，开发出专用 R32 制冷剂的涡旋式压缩机，共有标准型、喷液型和喷气型三种形式，涵盖 4 ～ 13 HP，制冷量从 12 ～ 38.1 kW，COP 最高可达 3.46，转速 2 900 r/min。与此同时，艾默生还开发了 R744 和 R290 制冷剂的涡旋压缩机。

2003 年，丹佛斯（上海）投资有限公司（以下简称“丹佛斯”（DANFOSS））在中国建立涡旋压缩机生产线和工厂。从法国丹佛斯引进成熟的 S185 和 S120 两个型号技术开始试生产，这是典型的空调系统用涡旋压缩机，分别对应 15 HP 和 10 HP 两种输入功率，是市场主流型号。

2007 年，丹佛斯建立了压缩机试验室，建造了焓差室，声学测试室，堵转测试台，可靠性测试台等等。继而在 2009 年，丹佛斯在中国成立了研发中心，开始了新型压缩机设计工作。从生产测试开始，逐步过渡到压缩机的自主研发。

2010 年开始，丹佛斯引进 MLM/MLZ 涡旋压缩机，该系列产品专为中温冷冻冷藏应用开发。产品覆盖 2 ～ 10 HP，有 20 多种不同产品，采用柔性涡旋技术及丹佛斯专利热保护等技术，为冷冻冷藏市场提供高能效和高可靠性的压缩机方案。

2012 年，丹佛斯 PSH 喷液热泵涡旋压缩机研发成功，从 7.5 ～ 15 HP 共有 6 个型号，采用 R410A 制冷剂，酯类油，喷液热泵是将制冷剂液体通过专门通路直接喷到涡旋压缩机涡旋盘中间，用来冷却涡旋盘高温，从而保证在冬季条件下的制热，防止压缩机损坏。而喷液技术还可以将涡旋压缩机用在低温应用场合，拓宽了使用领域，为北方地区“煤改电”做出了积极的贡献。

2013 年，丹佛斯专门为中国模块机市场开发了 25 HP 的 CH290 涡旋压缩机，采用 R410A 制冷剂，尺寸小，重量轻，一台压缩机就可匹配一个机组，有效降低了系统的整机成本，提升了系统效率，引领模块机市场主流逐渐从 65 kW 模块向 130 kW 模块发展。

同年，丹佛斯又推出 4 ～ 10 HP LLZ 低温涡旋压缩机，能够为包括低温冷库、商场超市制冷等市场提供低温方案。LLZ 压缩机最低蒸发温度 –40 ℃，可运行于经济器喷气、喷液和标准压缩机三种模式，为不同客户的需求提供通用压缩机产品。

2014 年，丹佛斯中国研发中心 CXH140 设计完成，此压缩机也是中国设计团队的首个产品。CXH140 压缩机是 12 HP 的主流产品，销量大，新产品的设计是根据国内市场和客户要求，体积小，重量轻，安装空间小，实现了小机型、高能效、低成本的设计目标，深受用户好评。CXH140 压缩机还申请了发明专利，并获得了翌年的制冷展创新产品奖，2016 年获天津市的重点新产品奖。

2015 年，丹佛斯开发了 DSH 系列中间排气的高季节能效比压缩机，在部分负荷条件下，性能比普通压缩机提升 2% ～ 16%，DSH 系列压缩机是在以前的涡旋压缩机静涡盘上方增加中间排气阀，从而在夏天中午最恶劣环境条件下使用时（这种条件占全年使用时间的 90% 以上），压缩机可以提前排气，而不产生过压缩后再膨胀，减少了压缩机电机功耗，提高了全年能效，节省了运行费用。经实际运行计算，使用 DSH 压缩机，两年运行节省的电费，就抵一台新压缩机。

在不断开发新品的同时，丹佛斯中国申请了大量的涡旋压缩机专利，包括喷液和喷气控制专利、电机支架专利、3D 打印涡旋盘铸件模具专利、油平衡装置专利等，为新产品快速开发和压缩机串并联应用打下坚实的基础。

与此同时，丹佛斯还制定了零缺陷的质量目标。对生产线进行了大规模改造，改建了涡旋压缩机氦测试站，对压缩机进行全尺寸、百分之百的氦测试，着重解决压缩机的泄漏问题，保证压缩机整机制冷剂年漏率小于 3 g。

对具有安全风险的生产岗位，比如转子热装配工位，转子温度 400 ℃左右，重量 6 kg，手工安装具有很大的安全隐患；还有压缩机外壳焊接工位，压缩机外壳焊接后，温度也高达几百度，重量大，大的压缩机超过 100 kg，为了降低员工劳动强度和危险性，对高危高强度岗位进行了机器人岗位改造，大量使用机械手和机器人作业，同时也提高了产量和质量。

2016 年，丹佛斯针对中国市场专门开发了 15 HP MLM/MLZ116 中温涡旋压缩机，拓展了原有 MLM/MLZ 中温涡旋系列，用于 –18 ℃冷库等低温应用，制冷快，效率高，占地少。

同年，丹佛斯的直流变频涡旋压缩机也推向了市场，不但高效节能，还可为客户提供精准温控的手段。2017 年，直流变频涡旋压缩机通过鉴定，VZH088/117/170 三个型号，制冷量 4.5 ～ 26 RT[1]，而 VZH170 直流变频涡旋压缩机成为世界上最大的变频涡旋压缩机。

与此同时，丹佛斯还积极开发绿色制冷剂压缩机，开发了使用 R32 制冷剂，从 DSF090/100 一直到 DSF485/530 两个平台，共 13 个型号的压缩机，建立了可燃制冷剂压

1　制冷量单位冷吨，1 RT ≈ 3.517 kW。

缩机实验室，绿色压缩机设计，也是丹佛斯的一个突破，敏捷设计，模拟计算，不但加速了研发过程，也降低了对实验资源的依赖，通过图纸规范的集中管控和更改升级关联提示，杜绝了图纸规范升级中的可能疏漏，保证了研发成果转化产品的准确和及时。此外天河超级计算机引入使得压缩机设计的计算时间大大缩短，计算结果更加精准。

2018 年，丹佛斯 25 HP 的 PCH065 喷气增焓的热泵压缩机在中国制冷展会上获得创新产品奖，加上以前的 PSH 系列喷液热泵涡旋压缩机，丹佛斯热泵系列压缩机型谱更加完善。同年，丹佛斯商用涡旋压缩机工厂被达沃斯世界经济论坛评为工业 4.0 的“灯塔工厂”，全球 16 家之一。

4. 离心式压缩机和离心式冷水机组的开发

20 世纪 80 年代，一冷厂的 FLZ-50/1000 离心式冷水机组还是市场畅销产品，并延续了相当长的一段时期，由于离心式压缩机制造要求高，全国市场除了进口产品，仅一冷厂和重庆通用机器厂有此类产品。

1987 年，上海合众—开利空调设备有限公司（以下简称“合众开利”）引进开利 19DK 系列封闭式离心式冷水机组技术，采用 R11 制冷剂，空调工况名义制冷量 872 ～ 1 686 kW（75 万 kcal/h ～ 145 万 kcal/h）共 6 种规格，离心压缩机从国外进口，机组采用封闭式电机，一级压缩，DynapoiseR 悬浮式传动机构，根据工况自动调节制冷剂流量的导叶阀，自动抽气回收装置，换热器采用高效传热技术，并带有微处理系统，能效比达到 5.18。

为了淘汰 R11 制冷剂，合众开利继而更新了使用 R22/R134a 制冷剂的 19XL 系列封闭式离心式冷水机组，R22 制冷剂 1 055 ～ 2 100 kW（300 ～ 600 RT）共 7 种规格，R134a 制冷剂 1 055 ～ 1 758 kW（300 ～ 500 RT）共 5 种规格，该系列产品采用了完美的制冷剂保持系统如标准隔离阀、焊接接头、航空设计的 O 形密封环等，有效防止了制冷剂泄漏；离心压缩机采用航空发动机制造技术，固定的锥管状扩压器提供了运行高效率及宽广的工况范围；采用巴氏合金钢衬轴承具有耐磨性强、使用寿命长的优点，机组经受 2 586 kPa（375 psig[1]）的气压试验后再进行 2 069 kPa（300 psig）压力下严格的泄漏测试，确保长期、可靠地运行；机组还采用开利最新的超高效传热技术用于冷凝器和蒸发器和开利专利的线性浮阀节流装置，不仅可动态匹配负荷变化的调节，而且彻底解决了固定双孔板节流造成制冷量急剧下降和运行效率降低的严重缺陷。1996 年 19XL 系列封闭式离心式冷水机组获得上海市科技进步二等奖，上海市新产品一等奖，上海市质量攻关一等奖。

在此基础上，1998 年合众开利又进一步开发针对 R134a 制冷剂的 19XR 系列封闭型离心式冷水机组、19XRV 变频离心式冷水机组和 19XRD 封闭型双压缩机离心式冷水机

1　压力单位，1 psi = 6.895 kPa

组，机组名义制冷量 1 055 ～ 10 548 kW，共 23 种规格，其离心压缩机 02XR 采用后弯叶片和分离叶片组成的新型高效叶轮，使单级压缩达到多级压缩的水平；没有运动和磨损部件的静止锥管状扩压器和进口导叶结构，提高部分负荷的性能；机组平稳可靠运行的巴氏合金钢背轴承、Kingsbury 自平衡推力轴承及 AGMAII 级优质单级斜齿轮传动系统；保证密封的航空 O 形密封环；压缩机超转速按 125% 达到 14 375 r/min 设计等，在冷水机组设计中采用高效传热技术，蒸发器和冷凝器分别采用开利专利的 TURBO BIII 和 SPK FINII 高效管；采用开利专利特有的 AccuMeter 线性浮阀节流装置，保证 25% ～ 100% 的部分负荷性能；微电脑集成控制系统，自动检测、调节和保护；先进的楼宇群控功能。2000 年和 2001 年该系列 19XR4、19XR5 封闭式离心冷水机组分获上海市新产品二等奖。

2000 年初期，上海汉钟精机股份有限公司（以下简称“汉钟精机”）引进中国台湾工研院的科研成果与美国 NREC 公司设计软件进行离心式压缩机研发。

2007 年，汉钟精机开发了 RT 系列离心式压缩机，并以子公司柯茂机械（COMER）品牌推出离心式冷水机组，压缩机采用完美的流力造型的后倾式全封闭叶轮，以铝合金精密锻造；刚性滚珠轴承，满足机组频繁启停需求；半封闭电机采用液态制冷剂冷却，恒温工作，延长电机的使用寿命。2009 年，柯茂开发出 C 系列定频离心式冷水机组，制冷量 500 ～ 3 000 RT，2014 年又继续开发出 C 系列变频离心冷水机组，制冷量 500 ～ 1 500 RT，变频冷水机组高效节能 IPLV ≥ 9.2；相对传统定频机组，节能 25% ～ 30%；还具有低启动电流特点，启动电流永远小于满载额定电流，对电网无冲击；变频机组能实现用户侧水泵变频变流量调节，冷冻水侧采用大温差小流量，流量范围 40% ～ 100%，变化率可达到每分钟 30%。

2007 年，上海富田冷冻空调有限公司开发了 FTLX 系列离心式水冷冷水机组，该系列产品共有 15 种规格，制冷量从 1 762 ～ 5 300 kW。机组特点：①采用汉钟精机 RT 系列离心式压缩机；②采用高效换热的壳管式换热器，独特的内部结构设计，机组冷凝温度比一般机组下降 1 ℃～ 2 ℃；③采用专利技术的降膜式蒸发器，独特的喷淋式内部结构设计，合理的蒸发空间，降低蒸发阻力，提升系统蒸发温度，使用制冷剂流量控制循环泵完成制冷剂液体再循环；④采用经济器，油冷却器及回油热交换器三合一技术，提高系统的可靠度与性能。系统运行产生的“中压闪气”和“中压饱和液态制冷剂”在经济器中有效的分离，“闪气”导入压缩机完成二级压缩，来自蒸发器的富油液态制冷剂在经济器中被加热为制冷剂蒸气与冷冻油，冷冻油再回到压缩机油箱，与此同时来自压缩机油箱的高温冷冻油则进入经济器中冷却至适当油温，再注入压缩机需润滑的部件；⑤高智能的 FTLX 离心机组随机配备 Seasons@ 控制器可以方便有效地实现空调系统设计工程师所提出的八大系统节能及控制方案，让冷水机组达到极致的节能效果。

2009 年，上海柯茂机械有限公司（以下简称“柯茂机械”）开发了 H 系列离心式水源热泵机组，制冷量 600 ～ 1 200 RT，冷热水机型，制冷工况冷冻水出水温度 5 ℃～ 15 ℃，制热工况热水出水温度 40 ℃～ 50 ℃，全年综合性能系数 ACOP 可达 6.5 以上，水源要求 15 ℃～ 25 ℃；为满足北方地区“煤改电”集中供暖的要求开发的单制热机型，制热工况出水温度 50 ℃～ 70 ℃，COP 5.5 ～ 6.5，水源要求 25 ℃～ 45 ℃，其产品特点为：①全系列压缩机采用二级压缩设计，提升效率 7% ～ 10%，COP 高达 6.3，运行范围宽，不易喘振，RT 系列离心式制冷压缩机，额定转速根据不同机型，从 8 900 ～ 12 000 r/min；②采用高效降膜式蒸发器，较传统满液式蒸发器，高效降膜式蒸发器换热性能提升 10% 以上，制冷剂充注量减少 30% 以上；③采用高效壳管式冷凝器，特殊设计的导流板，可将管阵上部所冷凝的液态制冷剂导流至筒壁两侧，与常规冷凝器相比，在使用相同换热面积的情况下，可有效降低冷凝温度 0.5 ℃～ 1 ℃；④三效经济器，集成回油加热 / 油冷却 / 闪蒸式经济器，系统集成度高；⑤多段式节流孔板，采用多片固定式孔板节流装置，无活动部件，在变负荷和变工况下可及时调整制冷剂流量，确保机组运行稳定，在任何负载状况下可靠运行。

2014 年，柯茂机械开发了 M 系列磁悬浮离心式冷水机组，此系列产品制冷量 400 ～ 1 000 RT，压缩机采用了永磁同步高速直驱电机，转速 14 000 r/min，磁悬浮轴承；与常规增速齿轮驱动的离心式压缩机对比，最大的优势在于无油，高效，2016 年 3 月 18 日，磁悬浮机组通过技术成果鉴定，鉴定委员会一致认为：产品技术性能达到“国际先进”水平，在 2016 年中国制冷展上获“创新产品”称号，根据合肥通用院按 HARI550/590-2011 标准实测，机组 IPLV 达 11.57，2017 年使用环保制冷剂 R1234ze。

2001 年，全球第一台无油磁悬浮压缩机 Turbocor TT300 被安装应用在美国加利福尼亚州。2004 年，丹佛斯收购 Turbocor 50% 股份并展开全球性合作，与此同时进入中国市场，丹佛斯自动控制管理（上海）有限公司开始正式在国内推广 Turbocor 磁悬浮压缩机。到 2010 年，压缩机系列实现从原有单台 60 ～ 90 RT 扩展到 4 个型号 60 ～ 200 RT 的冷量范围，形成 Turbocor TT 全系列产品：TT300、TT350、TT400 和 TT700，制冷剂为 R134a，在随后的应用中又进一步优化兼容更低 GWP 的 R513A 制冷剂，TT300/TT350/TT400/TT700 的具体参数为，最大转速 40 000 r/min/35 000 r/min/29 000 r/min/23 000 r/min；最大压比 4.8/5.2/3.5/3.5；电压 380 V/400 V/460 V；外形尺寸 788 mm × 518 mm × 487 mm；质量分别为 120 kg/132 kg/132 kg/144 kg。TT 系列成功地将离心机技术拓展到了传统的螺杆压缩机领域。

相对于其他传统技术的制冷压缩机，采用磁悬浮轴承技术的 TT 系列压缩机具有如下特点：①节能，磁悬浮轴承，内置变频系统，确保压缩机卓越的满负荷及部分效率，压缩机综合部分负荷能效 IPLV 可达 10 以上，与传统定频螺杆压缩机相比，全年节能超过 40%；②卓越可靠性，磁悬浮轴承技术避免了轴承表面磨损，赋予压缩机优异的可靠性及长久使用寿命；③性能零衰减，压缩机 100% 无油无摩擦，确保压缩机在全寿命周期内性能无任何衰减；④体积小重量轻，TT 系列磁悬浮压缩机体积仅为同冷量螺杆压缩机的

50%，重量仅为 20%；⑤静音，压缩机噪声等级只有 70.0 dB（A），无须降噪措施，从而节约系统成本并提高使用舒适性。

2013 年，针对低 GWP 制冷剂要求，丹佛斯首次推出了采用 R1234ze 制冷剂的 TG 系列产品，包括 TG230、TG310、TG390、TG490 和 TG520 共 5 种规格。该系列产品基于成熟的 TT 系列压缩机技术平台，通过对压缩机内部软密封材料变更和空气动力元件设计优化，使其完美匹配 R1234ze 的运行物性。TG 系列压缩机相关技术参数为制冷量 40 ～ 150 RT；使用制冷剂 R1234ze/R515B；最大转速 40 000 r/min/35 000 r/min/29 000 r/min/35 000 r/min/23 000 r/min；最大压比 4.8/5.2/3.5/5.2/3.5；电压 380 V/400 V/460 V；外形尺寸 788 mm × 518 mm × 487 mm；质量分别为 120 kg/132 kg/132 kg/132 kg/144 kg。

2015 年，针对大冷量磁悬浮压缩机的需求，尤其是中国市场的需求，丹佛斯又推出全新的 VTT/VTX 系列压缩机，制冷量范围从 325 ～ 450 RT，使 Turbocor 压缩机的制冷量范围继续扩大。在扩大压缩机冷量的同时，经过空气动力元件的进一步优化，结合磁悬浮轴承技术和变频控制技术，VTT/VTX 压缩机提供了卓越的满负荷及部分负荷性能，标准水冷工况下满负荷 COP 高于 6.8，综合部分符合能效 IPLV 高于 11.5。其中，VTT1200 压缩机技术参数为制冷量 325 ～ 400 RT；使用制冷剂 R134a；最大转速 14 000 r/min；最大压比 3.5；电压 380 V/400 V/460 V；外形尺寸 1 130 mm × 684 mm × 750 mm；质量为 433 kg。VTX1600 压缩机技术参数为制冷量 375 ～ 450 RT；使用制冷剂 R134a/R1234ze/R515B；最大转速 14 000 r/min；最大压比 3.5；电压 380 V/400 V/460 V；外形尺寸 1 108 mm × 676 mm × 596 mm；质量为 375 kg。

2017 年，丹佛斯在浙江海盐建立磁悬浮压缩机生产工厂，主要生产 TT 系列产品，以满足国内业务的快速增长需求。

2018 年，针对热泵市场的需求，丹佛斯又推出了全新的 TTH、TGH 系列高压比无油磁悬浮离心式压缩机，同 Turbocor 其他系列磁悬浮压缩机相比，TTH、TGH 系列压缩机最大的特点是运行范围更宽，排气饱和温度可以达到 72 ℃，将磁悬浮离心式压缩机的应用从传统的水冷冷水机组及部分区域风冷冷水机组扩大到覆盖全球范围的风冷冷水机组、水地源热泵机组和部分区域空气源热泵机组的应用范围。这个系列产品的推出把磁悬浮离心压缩机技术再次提到新的水平。其中 TTH375 压缩机技术参数为制冷量 107 RT；使用 R134a/R513A 制冷剂；最大转速 35 000 r/min；最大压比 6.2；电压 380 V/400 V/460 V；外形尺寸 932 mm × 590 mm × 487 mm；质量为 163 kg。而 TGH285 压缩机技术参数为制冷量 82 RT；使用 R1234ze/R515B 制冷剂；最大转速 35 000 r/min；最大压比 6.2；电压 380 V/400 V/460 V；外形尺寸 932 mm × 590 mm × 487 mm；质量为 163 kg。

截至 2019 年底，已经有超过 9 万台丹佛斯磁悬浮压缩机在全世界各地稳定高效的运行，应用场所也拓展至整个商用空调领域。其中，舒适性空调应用包括酒店、剧院展馆、办公楼宇、医院、公交运输站、学校图书馆等；工业制冷领域应用包括工厂厂房、数据中心等。

Turbocor 磁悬浮无油压缩机主要有如下特点及优势：①变频调速，高效节能。根据负载和 / 或冷凝温度调整转速，满足负荷需求；杰出的部分负荷效率和一流的满负荷效率降低了全寿命周期的运行成本；变频控制系统里的软启动模块可以显著降低启动时的电流冲击，减少了对电网的影响；无油技术彻底消除了润滑油膜在换热器内产生的热阻，减少了传热损失；②系统简单，可靠性高。磁悬浮轴承实现了 100% 无油运行，只有一个主要运行部件，消除了油路系统、油冷系统和油路控制系统，简化了整机系统；降低了机械结构的复杂性，减少了维保成本；润滑失效是传统压缩机最主要的失效模式，无油使得磁悬浮压缩机具有传统离心式压缩机无法比拟的可靠性；③低噪声、低震动，易安装。磁浮轴承消除了转子和轴承之间的机械摩擦，使机组运行噪声更低，震动更小；同样流量下，磁悬浮离心式压缩机具有更小的外形尺寸、更紧凑的结构、更轻的重量，使运输和安装更加便利；④数字控制。实时监控内置的数字控制系统管理和优化压缩机运行，使压缩机始终运行在最优工况；在无须增加硬件成本前提下，利用其固有的传感器和数控系统，实现了机器实时状态的监测和故障识别，并且利用互联网技术实现远程监控；⑤超低压比应用。磁悬浮离心机的无油特性尤其适合数据中心冷却、温湿度独立控制系统等超低压比的应用，杜绝了传统机器在低压比下的回油问题。

5. 螺杆式制冷压缩机的开发

自从 20 世纪 70 年代一冷厂为上海石化总厂提供开启式氨螺杆制冷压缩机及七〇四所研发的半封闭螺杆冷水机组后，由于螺杆压缩机的噪音大，跑油严重、功耗大等原因，同时鉴于投入较大、资金短缺等方面的因素，一直没有深入研发和形成生产规模，为此，上海制冷空调设备制造业一直有补上螺杆式制冷压缩机这一“短板”的愿望和计划。

1988 年，一冷厂率先利用亚洲开发银行项目，提出开发新型螺杆制冷压缩机的计划，经立项和可行性分析，并与日本前川（MYCOM）公司进行了广泛深入的交流，1992 年开发了 MWF200-1000（100 万 kcal/h）螺杆式冷水机组，转子直径 200 mm，4 + 6 齿型，转速 2 960 r/min，COP 值 4.2，产品通过了市级鉴定，其产品配置的冷水机组销售到苏州振亚丝织厂、重庆百货、上海电力和泰安供电局等用户，随后又开发了低温冷水机组 MBF 系列，采用乙二醇 0 ℃出水，用于齐鲁石化。1994 年又开发了 MWF250-1750（150 万 kcal/h）螺杆式冷水机组，用于武汉神龙汽车项目。与此同时，仿日立的 125 螺杆压缩机开始研制，转子直径 125 mm，单机空调制冷量 10 万 kcal/h 和 15 万 kcal/h，后因与开利合资进展加快，转而寻求引进开利最新的螺杆式制冷压缩机技术。

1995 年，上海一冷开利空调设备有限公司（以下简称“一冷开利”）引进了开利 23XL 系列螺杆压缩机技术，1996 年批量生产，23XL150/200/250/290 共 4 档规格，齿形 6/7，电机转速 2 960 r/min，制冷剂用 R22，经改良也可使用 R134a，该系列 23XL290 产品 1997 年获市优秀新产品三等奖。

1998 年，一冷开利继续引进 Carlyle 品牌的新型 06N 系列螺杆制冷压缩机技术，06N 半封闭螺杆制冷压缩机专为 R134a 制冷剂（同时也可使用 R404A 和 R22 制冷剂）设计，齿轮增速，专利型线转子 5 + 6 齿，转子直径 104 mm，转速 2 950 r/min（50 Hz），排量 171 ～ 416 m^3/h，共有水冷和风冷各 6 种规格，带经济器，冷量覆盖 30 ～ 80 RT，可实行 100%-66%-33% 三段式能量调节。

1994 年，汉钟精机 RA 系列第一代螺杆压缩机开发成功，该系列产品，共有 8 种规格，排气量从 137 ～ 785 m^3/h（50 Hz），压缩机采用 9 颗轴承设计。其中用于热泵工况的压缩机有 6 种规格，单机制冷量为 100 ～ 315 kW（55 ℃ / + 2 ℃）。1996 年在 RA 系列基础上进行了优化后形成了 RB 系列产品，主要是压缩机采用 11 颗轴承设计，使得压缩机能在大压比的工况下稳定运行，延长压缩机使用寿命，型号比 RA 系列增加了 3 种规格达到 11 种规格，排气量从 103 ～ 785 m^3/h（50 Hz）。同时热泵工况压缩机的型号也增加到 9 种规格。单机制冷量为 73 ～ 463 kW（55 ℃ / + 2 ℃）。

2002 年，汉钟精机 RC 系列螺杆式制冷压缩机开发成功，型号增加到 17 种规格，排气量从 103 ～ 1 520 m^3/h（50 Hz），全系列压缩机采用铸造油分离器，使得压缩机在不同工况下的运行噪声大幅降低，分油效果更好，产品不仅限于商业用空调冷冻冷藏领域，更扩展了在军品、船用、核电、高电压等特殊高端领域的应用。2006 年 RC2 系列产品问世，RC2 产品主要是在 RC 产品基础上作了性能方面的优化改善，压缩机在同等排量下的 COP 效率更高，主要表现在：①压缩机在部分负载下实现经济器的使用（浮动中压设计）；②根据应用领域和制冷剂特性的不同，开发了相匹配的 A、B 版电机；③根据使用工况变化实现自动调节最佳匹配的内容积比，使压缩机能发挥最佳性能，压缩机型号继续增多，达到 26 种规格，排气量 98 m^3/h/118 m^3/h ～ 1 539 m^3/h/1 847 m^3/h，转速 2 950 r/min/3 550 r/min（50 Hz/60 Hz）。其他的技术特点为：①高效率多国专利转子——新一代 5 + 6 转子是专为环保制冷剂特性所设计，在不同制冷剂应用上皆能获得较高的能效，采用表面备有冷却沟槽的顶级低磁损铁芯，有效导引制冷剂气体冷却电机线圈；②高寿命轴承，压缩机总计采用 11 个径向和轴向的轴承组合，透过 α- 型平衡鼓有效延长轴承寿命与提升压缩机的可信赖度；③双机壳转子保护设计——双机壳结构辅以补强肋设计，有效减少运转噪音并确保机构牢固。轴承座采用 FC25 强化铸铁制成，较高的稳定性，使得压缩机在高压运转的情况下也不会膨胀；④高效油分离器设计，采用 FC500 延性铸铁作为外壳，有效承受高压及降低震动噪音，精简的油路控制、三段油气分离及低压力损失滤材设计；⑤精密容量调节控制——利用电磁阀控制油路带动滑阀组件实现多段或无段的容量精密调节；⑥全系列压缩机均能实现不带油分滤网的设计，方便用户实现多机并联，增加单一机组的制冷量。

2015 年，汉钟精机还派生开发 RC2-AVI 系列可变内容积比变频螺杆压缩机和 RC2-G/

T 系列余热回收超高温热泵螺杆压缩机，RC-AVI 可根据工况的变化，实现压缩机内容积比自动调节，使压缩机在部分负载时达到最佳 IPLV 值。而 RC2-G/T 系列产品则是专为高温工况设计，RC2-G 系列使用 R134a 制冷剂，应用低余热回收工况，最高冷凝温度达 85 ℃，产品型号共 7 种规格，排气量 100 ～ 790 m^3/h（50Hz）。RC2-T 系列使用 R245fa 制冷剂，针对高余热回收工况开发，最高冷凝温度高达 125 ℃，可直接产出蒸汽，RC2-T 系列共 17 种规格，排气量 200 ～ 930 m^3/h（50 Hz），RC2-G/T 两款产品在 2015 年中国制冷展上被评为“创新产品”，并且已经在北方地区“煤改电”项目中得到了大力推广和好评。

2014 年，汉钟精机又开发成功 RE 系列 R134a 制冷剂专用的高效螺杆制冷压缩机，排气量 232 ～ 1 156 m^3/h（50 Hz）共 14 种规格，压缩机齿型根据 R134a 制冷剂的热力特性进行设计，提高了压缩机的整体能效，同时，在结构设计上改变了传统的阴阳转子左右放置模式，而采用阴阳转子上下摆放，大大缩小压缩机的体积。

与此同时，汉钟精机在低温螺杆机开发方面也颇有建树，2005 年，汉钟开发了 LA 系列低温螺杆压缩机，单机最低蒸发温度可以达到 -50 ℃。压缩机型号共计 9 款 LA90 ～ 280，排气变位量从 90 ～ 280 m^3/h（50 Hz）。其设计特点是：①采用可手动调节的 VI 设计，以防止过压缩或者欠压缩；②浮动式中压设计（经济器的使用），使得压缩机在部分负载时也能达到较佳的效率；③全系列压缩机均为无滤网设计，方便冷凝机组实现压缩机多机并联。

2012 年，汉钟精机 LB 系列高效低温螺杆压缩机问世，压缩机排气量 106 ～ 416 m^3/h（50 Hz）共 9 种规格，转速 2 950 r/min，可使用 R22 和 R404A 制冷剂，最低蒸发温度可达 -50 ℃，设计特点为：①吸气控制阀设计，配合吸气控制阀上的旁通电磁阀逻辑设置，既可在压缩机开机时降低启动电流，又能在压缩机停机时截断高低压反串气流，有效减少压缩机转子的反转时间；②无容调机构，固定 VI 设计，与传统螺杆式压缩机相比，避免容调机构繁琐控制，配合吸气控制阀的使用，同样可以实现低负载启动的目的；③电机独立冷却设计，保证电机在理想温度下运行，有效延长电机使用寿命。不再因需冷却电机而增加吸气制冷剂的有害过热，冷却电机后的制冷剂进入压缩室进行补气，不会因冷却电机而造成冷量损失，实现更高的能效比，低温工况应用尤为明显；④电机冷却膨胀阀，自主研发的电机冷却用膨胀阀，具有特殊设计的内部限流孔，保证电机腔内压力，防止气流反窜。膨胀阀感温包固定在机壳内插孔使得电机温度控制更加精确；⑤可单机系统，可多机并联运用，单机系统自带油分，并联系统可自由搭配冷量，适用于各种应用领域，可选择不同排气出口方向；⑥接线部分远离吸气口，避免影响电气绝缘，与传统低温螺杆压缩机相比，电气部分减少了结霜现象提高了安全性；⑦高效多段式油分，超低压降，专利设计，保证了压缩机运行时的最低抛油率。

2014 年，汉钟精机开发了 LT 系列单机双级低温速冻螺杆压缩机，主要用于超低温冷冻、速冻、低环温空气源热泵的应用领域，使用 R22 和 R404A 制冷剂，单机在低温工况下蒸发温度最低可以达到 –65 ℃，应用于低环温空气源热泵领域，能够在 –35 ℃的室外环境温度下产出 65 ℃的热水，广泛应用于北方地区“煤改电”项目。机型共计有 8 种规格，低压级 / 高压级排气量 201/99 m^3/h ～ 804/396 m^3/h（50 Hz），设计特点为：①高低压级的模块化搭配设计，实现了不同高低压级间的互换性，扩展了机型种类，能够更依据客户实际工况搭配最适合的排量比，以实现机组最佳运行性能；②专利设计高压级自动卸载 VI 块结构，纯机械结构设计，不需要额外配置电磁阀等外部零配件，简单、有效地实现压缩机轻载启动；③针对较大的机型，采用了内建吸气止回阀的结构设计，极大缩减了安装空间且更加方便客户配管；④优化了电机冷却流道设计，在保证压缩机高效率的同时，实现了对电机的可靠冷却，从而使压缩机能运行非常宽广的范围内，适应性更强；⑤内建经济器过滤器，实现对压缩机的可靠保护且简化客户系统配置。

6. 溴化锂吸收式制冷机的开发和发展

20 世纪 80 年代，随着国民经济的发展，电力紧张矛盾日趋严重，也促使了溴化锂吸收式制冷机的迅速发展。

1984 年，一冷厂引进了美国特灵公司“溴化锂吸收式制冷机制造技术”，对改进提高生产加工工艺检测手段起了一定的作用，产品的清洁度和制造质量明显提高。引进美国特灵公司溴化锂吸收式制冷机组制造技术，当初产品要求的是钛管，而后来消化引进技术改用紫铜管，最有效的是采用对中机，实现溴化锂机组总装“由里到外”的工艺改革，保证了机组的内部清洁。在消化引进产品的基础上根据国内蒸汽压力较低等现状，陆续开发出低蒸汽压力溴化锂机组、温水型溴化锂机组和直燃型溴化锂机组。

1985 年，江阴溴化锂制冷机总厂（双良节能系统股份有限公司的前身，简称“双良公司”）在七〇四研究所帮助下，分别试制了蒸汽双效溴化锂制冷机组。

1989 年，上海市通用机械技术研究所，在国内首次建成 30 kW 容量高温吸收式热泵（第二类溴化锂吸收式热泵）模型实验装置，通过试验可以将 78 ℃～ 80 ℃的蒸汽提高温度 30 ℃，COP 值达到 0.38 ～ 0.40，达到国外同类型研究课题的水平，1989 年通过市科委组织鉴定。同年，上海交通大学、上海第一冷冻机厂和上海溶剂厂联合研制的 350 kW（30 万 kcal/h）热水温度 90 ℃第二类吸收式热泵机组通过鉴定。

1990 年，七〇四研究所与双良公司研制生产了当时国内最大的 100 万 kcal/h 热水型溴化锂吸收式制冷机，该产品热水进出口温度 105 ℃ /95 ℃、冷水进出口温度 12 ℃ /7 ℃、冷却水进出口温度 32 ℃ /38 ℃，用于华北制药厂回收发酵罐的余热利用。

1990 年，双良公司建成了国内第一座溴化锂吸收式制冷机组全性能测试台，并经合肥通用所鉴定认可，保证了机组的出厂性能。1991 年，双良公司试制成功国内最大型制冷量 500 万 kcal/h 蒸汽单效型溴化锂制冷机，机组参数为：饱和蒸汽压力 0.1 MPa、冷水进出口温度 12 ℃ /7 ℃、冷却水进出口温度 32 ℃ /38 ℃。1992 年试制成功了国内最大型制冷量 500 万 kcal/h 蒸汽双效型溴化锂制冷机，机组参数为：饱和蒸汽压力 0.6 MPa、冷水进出口温度 12 ℃ /7 ℃、冷却水进出口温度 32 ℃ /38 ℃。

1992 年，上一冷开发了采用高效传热管，以 PC 机自动控制的新型溴化锂吸收式制冷机，机组的自动化水平有了新的发展。

1994 年，上海华源前进制冷空调公司试制成功了制冷量 30 万 kcal/h 燃气型吸收式冷（热）水机组并通过鉴定。该公司还于 1995 年试制了制冷量 105 kW（9 万 kcal/h）的小型吸收式冷（热）水机组。

1994 年，双良公司试制成功了 30 万 kcal/h、50 万 kcal/h、100 万 kcal/h 三型燃油吸收式冷（热）水机，燃料为轻油，冷水进出口温度 12 ℃ /7 ℃，冷却水进出口温度 32 ℃ /38 ℃，并通过机械工业部鉴定。

1994 年，通用公司与日本塔库玛株式会社共同出资组建了上海塔库玛冷热设备有限公司，后改名为上海田熊冷热设备有限公司。

1995 年，上海一冷开利空调设备有限公司（以下简称“一冷开利”）成立，引进了开利 16 系列溴化锂吸收式制冷机组，在刚完成的一冷厂“溴化锂扩建基建项目”宝山杨行生产基地建成了生产流水线，并实现了批量生产，成为我国溴化锂吸收式制冷机组主要生产基地之一。一冷开利最先引进的是开利 16JT 双效蒸汽型溴化锂吸收式冷水机组，冷量范围从 30 万～ 510 万 kcal/h，机组制冷性能系数 COP 达到 1.20。该系列产品获得 1996 年上海市优秀新产品二等奖。与此同时，还引进美国开利 16DF 双效直燃型溴化锂吸收式冷热水机组，冷量范围从 40 万～ 300 万 kcal/h，并自行研发带生活热水型选项产品、扩充冷量范围至 454 万 kcal/h。16DF 机组制冷性能系数 COP 达到 1.05。该系列产品获得 1998 年上海市优秀新产品二等奖。1997 年，一冷开利继续引进美国开利 16JH 热水和单效蒸汽溴化锂吸收式冷水机组，冷量范围从 30 万～ 420 万 kcal/h。第一阶段的引进的 16JT、16DF、16JH 系列产品均带有免真空泵的自动抽气装置，低温防结晶性能佳。这些产品都广泛应用于国内重大项目工程，上海通用汽车公司采用了 15 台 16DF100（1 000 RT）的机组。

1999 年，一冷开利引进美国开利 16JB 热水和单效蒸汽溴化锂吸收式冷水机组，主要用于欧洲等海外市场。

1997—2005 年，一冷开利参与，并在 2003 年后负责开利全球新一代溴化锂产品平台开发，开发出 16DE 双效蒸汽型溴化锂吸收式冷水机组、16DN 双效直燃型溴化锂吸收式冷热水机组产品，16DE 冷量范围 30 万～ 500 万 kcal/h，机组制冷性能系数 COP 达到 1.41。16DN 冷量范围 45 万～ 500 万 kcal/h，其中 242 万 kcal/h 以上产品由一冷开利负责开发，机组制冷性能系数 COP 达到 1.36。16DE 和 16DN 机组采用更合理的设计结构、高效板式换热器、高效凝水换热器（16DE）和溶液泵变频技术。

2003—2005 年，一冷开利负责开利全球新一代溴化锂产品平台开发，开发出 16JL/

JLR 单效蒸汽 / 热水型溴化锂吸收式冷水机组，冷量范围 33 万～ 303 万 kcal/h，产品结构紧凑，机组制冷性能系数 COP 达到 0.8。

1995 年，双良公司与美国特灵公司合资建立了江苏双良–特灵溴化锂制冷机有限公司，建成了国内首条溴化锂吸收式制冷机 DFM 生产流水线。

1997 年，上海申马集团空调机有限公司推出了双效单泵型吸收式机组，在蒸发器中采用了特制的高效传热管，省去了传统的冷剂泵。

1998 年，双良公司首次在国内推出了型号为 RXZ（120/68）-116D 的热水两段型溴化锂吸收式制冷机组，该机组大幅度利用加热水的温差，热水进口温度为 120 ℃时，出口温度可降至 68 ℃，性能系数 COP 可达 0.75。

2000 年，双良公司推出了 H 型溴化锂吸收式冷（热）水机组，其中蒸汽型溴化锂吸收式制冷机组性能系数 COP 达到 1.35，直燃型溴化锂吸收式冷热水机组制冷性能系数 COP 为 1.31。

为了进一步优化能源结构，提高能源利用率，溴化锂吸收式热泵机组得以迅速发展。双良公司开发了各种型号的第一类和第二类吸收式热泵机组，在油田、石化等企业得到了实际应用，取得了显著的节能效果。几年来共获专利 10 余项。90 年代末，双良公司与大连理工大学为北京燕山石化厂橡胶分厂提供了工艺生产用的 550 万 kcal/h 第二类吸收式热泵机组，吸收式热泵机组在工业中得到了实际应用。2002 年，双良公司为胜利油田生活区采暖提供了 3 种型号共 5 台蒸汽型第一类溴化锂吸收式热泵（2 台 XRI4.5-54/44-360（60/72）、1 台 XRI5.3-50/38-400（50/72）、2 台 XRI5.3-54/44-500（65/78））。2002 年，又为胜利油田生活区采暖提供了 XRI 系列 7 种规格共 22 台蒸汽型第一类溴化锂吸收式热泵，其中 3 台型号为 XRI5.3-48/38-550（60/75）、3 台型号为 XRI5.3-50/38-570（60/75）、3 台型号为 XRI5.3-53/41-520（60/75））、3 台型号为 XRI4-53/42-520（60/75）、3 台型号为 XRI5.3-48/36-650（60/75）、6 台型号为 XRI5.3-53/39-770（60/75）、1 台型号为 XRI5.3-53/44-200（60/75）。2005 年为大庆石化总厂橡胶厂提供了由多组分蒸汽驱动的型号为 XRII55/46-5/13-200（57/72）的第二类吸收式热泵。

2006 年，上冷厂取得军工质量管理体系认证证书、三级保密资格单位证书、武器装备科研生产许可证。2008 年，09 工程用溴化锂吸收式冷水机组由一冷厂转到上冷厂制造，为此项目上冷厂增添了两台燃油锅炉，由合肥通用机械研究院改造了冷水机组试验台位，建造了陆上弹性安装试验台架，购买了专用焊机、进口涨管机、氦检漏仪器等一批设备。由于 09 工程用溴化锂吸收式冷水机组所用的材料与一般机组不同，为此由上海电站辅机厂培训了专用材料电焊工，进行了 20 多项焊接工艺评定，制定了 10 多项工艺规程。2010 年年初，由上冷厂制造的 09 工程用溴化锂吸收式冷水机组通过了用户组织的鉴定会验收，各项性能指标达到设计要求。随后几年，上冷厂又陆续交付了多台 09 工程用溴化锂吸收式冷水机组。

7. 冷（盐）水机组的开发与提高

1）上海冷气机厂

1980 年，上海冷气机厂（以下简称“上冷厂”）开始整顿并完成开启式冷水机组系列产品的开发，包括 LS-200/250/400/500 四个机型，以销量较多的 LS-250 冷水机组为例，与老产品相比有如下特点：①机组采用 8FS10 高速多缸开启式压缩机作为主机，制冷剂为 R22，机组体积小，制冷量大（制冷量 25 万 kcal/h）；②机组整体式，就位后连接冷却水水管、冷冻水水管，接通电源，便可开机使用，极大地简化了用户现场安装的工作；③试压、检漏、抽真空、加注制冷剂、电气接线、运行试验等均在工厂中完成，相比散装件出厂到现场组装的老产品，产品质量得到了可靠的保证；④采用壳管式水冷凝器，换热管为低螺纹翅片铜管，制冷剂侧换热得到强化，与无缝钢管换热管老产品相比，冷凝器的体积和重量降低很多；⑤蒸发器为壳管干式蒸发器，换热管采用铜管，制冷剂在管内高速蒸发，制冷剂回油问题得以解决，可省去制冷系统中的油分离器。水在壳程流动，由于壳体内部设有多片折流板，水的流速可高达 1 m/s，与老产品中蛇型盘管式蒸发器相比，传热效果提高很多，体积和重量都减小得多；⑥机组自带电气控制箱，除配有压缩机电机交流接触器外，还配有冷却水泵、冷却塔、冷冻水泵交流接触器；⑦机组空载启动，降低了启动电流对电网的冲击，并配有电机过载、断水、高压、低压、安全阀等保护，确保用户的使用安全。LS 系列冷水机组试制成功后，受到用户的青睐，当时上海星火电影院等 20 多家影剧院采用了该产品。

与此同时，1982 年上冷厂又开发了半封闭冷水机组 LSB-50（配用 4FV7B 半封闭压缩机）、LSB-125（配用 8FS7BC 半封闭压缩机）及 LSB-250（配用 2 台 8FS7BC 半封闭压缩机），该系列冷水机组由于采用了半封闭压缩机，避免了开启式压缩机轴封泄漏问题，同时机组运行时的噪声大为降低。1988 年 LSB-250 冷水机组获上海市优秀新产品三等奖。

1993 年，上冷厂利用大金引进技术制造的半封闭压缩机试制成功半封闭活塞式冷水机组：LSB（PLC）-70、120、170、340、700，该系列冷水机组冷凝器采用高效换热铜管，蒸发器采用带内翅的波纹铜管，折流板为带飞边的聚丙烯板，装入蒸发器筒体后，折流板上的飞边紧压筒体内侧，避免了原用金属折流板由于与筒体间有间隙而引起的冷媒水短路，提高了换热效果；同时该系列机组自控方面应用 PLC 微机控制技术，采用了一台带模拟量的国产 PC-20A 可编程序控制器，改变了以前传统的继电器接触控制方式，使机组能按要求自动调节运行，并提高了控制的可靠性。1993 年为上海地铁一号线 8 个车站提供 LSB（PLC）、LS 系列冷水机组 20 多台。1995 年该系列产品获上海市优秀新产品三等奖，1996 年 11 月 LSB（PLC）-170、340 半封闭氟利昂冷水机组获 1996 年度上海市科技进步三等奖。

1997 年，上冷厂开发成功大型全封闭螺杆式冷水机组系列 LSQLG-530、880、1050、1180、1400、1880，该系列冷水机采用进口顿汉布什（DUNHAM-BUSH）全封闭立式螺杆压缩机为主机，应用了进口专用可编程序控制器控制机组运行，控制箱正面装有触摸式控制屏，机组运行状态以图形及文字方式显示，可随时查询机组各点运行参数及运行故障，机组自动化程度较高。1998 年 4 月 LSQLG 系列全封闭螺杆冷水机组获 1997 年上海市优秀新产品二等奖，同年 9 月 LSQLG-1400 全封闭螺杆冷水机组再获国家经贸委 1998 年度国家级新产品奖。

1999 年，上冷厂开发了 LSB 系列多机头半封闭活塞式冷水机组 LSB-115、230、350、465、580、700、810、930，该系列冷水机组采用同一种半封闭活塞式压缩机，压缩机数量由 1 台逐步增加到 8 台，工厂组织生产较为方便，同时也可降低制造成本，提高机组市场竞争力。

1999—2000 年，上冷厂开发 LSBLG 系列半封闭螺杆冷水机组 LSBLG 系列（300、360、430、480、600、720、850、950、1090、1280）共 10 个规格，该系列机组采用意大利莱富康（REFCOMP）及汉钟半封闭螺杆压缩机，冷凝器与蒸发器均采用高效传热管，进口专用可编程序控制器控制机组运行，通过机组的触摸显示屏进行操作和查询机组运行信息，还有楼宇控制系统的电脑集中管理。2005 年，又进一步扩展了机组制冷量范围，制冷量为 90 ～ 1 860 kW，产品型号由 LSBLG 系列改为 SRSW 系列，品种规格由 10 个扩展为 20 个，满足了不同用户的需求。

随着改革开放，影剧院和大型涉外商场夏季都增设了冷气设备，但是冬季都没有取暖设备。1980 年，上冷厂应南京东路友谊商店要求，试制 8FS10 热泵型冷（热）水设备（制冷量 15 万 kcal/h），冷热转换为手动，使用制冷剂为 R12，供冷水 7 ℃，热水 55 ℃，空调面积 1 200 m^2，运行效果一直很好。机组专供 2 ～ 3 层外宾商场使用，工程由上海手工业局设计室设计，是国内第一套空气 / 水热泵空调系统。

由于国产压缩机无法满足 R22 风冷工况，直到引进日本大金半封闭压缩机成功后，1989 年试制成功 LSBF-120 冷水（热泵）机组，1992 年试制成功 LSBFR-140 冷水（热泵）机组，都采用大金半封闭制冷压缩机。

1994 年，上冷厂开发了全封闭活塞式风冷热泵冷水机组 LSQFR-65、130、195、260、325 和风冷冷水机组 LSQF-65、130、195、260、325。该系列机组采用多机头、同冷量全封闭活塞式压缩机，组成各自独立的制冷系统；空气侧换热器采用 V 型排列，结构紧凑；冷却风机采用低转速、大叶角轴流风机，噪声较低；机组采用 PLC 微机控制技术，具有自动能量调节、自动融霜、故障查询等功能。该系列产品 1995 年获上海市优秀新产品二等奖和 1996 年上海市科技进步二等奖，1996 年 8 月获国家经贸委 1996 年度国家级新产品奖。与此同时，上冷厂将该系列产品中全封闭活塞式压缩机改为全封闭涡旋压缩机（前期用布里斯托（BRISTORL）全封闭活塞式压缩机，后改为丹佛斯全封闭涡旋压缩机），同时开发了以半封闭螺杆压缩机为主机的风冷热泵冷水机组和风冷冷水机组，冷量范围进一步扩展。1998 年 4 月 LSQ-70/140/210/280 全封闭涡旋冷水机组获 1997 年上海市优秀新产品三等奖。

1996 年，上冷厂与同济大学合作，研制出 LSQFR（H）系列风冷式热回收冷热水机组（制冷量为 65 kW、130 kW、195 kW、260 kW、325 kW）及 LSBLG（H）系列水冷式热回收冷热水机组（制冷量为 280 kW、340 kW、400 kW、560 kW、680 kW、800 kW），热回收机组热水温度可达到 60 ℃。1997 年，海南南丽湖国际垂钓俱乐部率先使用了 LSQFR（H）风冷式热回收冷热水机组，随后 1999 年上海楚天大酒店、安徽安庆风韵酒店等单位也使用了上冷厂的热回收冷热水机组，均取得了明显的节能效果。

80 年代初，随着 LS 系列冷水机组开发成功，上冷厂开发了 YS-90 盐水机组，使用 R22 制冷剂，该机组采用壳管式蒸发器，将冷凝器、蒸发器、8FS10 压缩机等组装成一体，在工厂中完成制冷系统的连接，以整体机组形式出厂，用户连接冷却水泵、盐水泵，接通电源，便可投入使用。相比老产品 N 型盐水设备，YS 盐水设备体积大为减小，用户安装方便，首台 YS-90 盐水机组交付上海某制药厂使用，紧接着又开发了 YS-180 等盐水机组，形成了 YS 盐水机组系列产品。2000 年上冷厂又开发了以半封闭螺杆压缩机为主机的 LSBLG 系列盐水机组（规格有 110、150、180、210、300），在盐水进出水温度为 −10 ℃ /−15 ℃、冷却水进出水温 30 ℃ /33 ℃时，制冷量分别为 110 kW、150 kW、180 kW、210 kW、300 kW。该系列机组与半封闭螺杆冷水机组一样，采用进口 PLC 可编程序控制器控制，全中文触摸式显示屏操作，自动化程度较高。2005 年，上冷厂将 LSBLG 系列盐水机组改型为 SRSB 系列盐水机组，制冷量从 50 kW 至 610 kW，规格由 5 个扩展为 19 个，制冷剂为 R22，盐水出水温度 0 ℃～ −35 ℃，盐水出口温度低于 −25 ℃时采用汉钟低温半封闭螺杆压缩机，制冷系统中除配有喷液冷却外，还匹配油冷却器及经济器，以保障制冷系统正常运行。

2）合众开利和一冷开利

在与开利公司合资前，我国空调冷水机组主要是单台压缩机通过卸缸来调节负荷，比如，一冷厂的 FLZ 系列活塞式冷水机组，空调制冷量 30 万 kcal/h，其负荷调节是通过 6FW12.5 活塞式压缩机不同气缸的工作得以实现，调节范围窄、能效低。

1987 年，上海合众开利空调设备有限公司（以下简称“合众开利”）从法国开利引进 30HK/HR 系列冷水机组制造技术，名义制冷量 87 ～ 930 kW（7.5 万～ 80 万 kcal/h）共 9 种规格，相比老的国产产品，带来的是全新的产品理念：①在 87 kW ～ 930 kW 的冷量范围，系统采用双制冷剂回路、1 ～ 8 台半封压缩机的不同组合，机组实现 48 档冷量的调节；②采用框架式结构，不需要专门的机房和基础，其特定的结构可实现一门移动；③机组全自动化运行，无人值守，并采用均衡转换开关，调节压缩机的开停顺序，均衡压缩机的磨损，延长机组使用寿命。开利 30HK/HR 系列冷水机组推向市场后收到用户一致好评，并获得 1999 年度上海市重点产品质量攻关成果二等奖，成为今后行业产品发展的成功模式，原来国产开启式活塞式冷水机组陆续退出市场。

1994年，合众开利从东洋开利引进开发了30AQA240/480SC空气－水热泵机组，制冷剂R22，配用06EF299半封闭活塞式制冷压缩机，最大6台配置，制冷量620 kW/1 240 kW，制热量680 kW/1 360 kW。其机组特点：①整体式设计、结构紧凑，安装方便，W型高效冷凝器，减少机组尺寸，大大降低机组安装空间，无须安装冷却塔和冷却水泵，只需简单连接水管路和电器线路，现场安装简单方便；②效率高，运行工况范围广，高效翅片盘管和传热铜管，保证机组在10 ℃～43 ℃的环境温度范围内有效制冷，−15 ℃～24 ℃范围内有效制热。制冷循环冷水出水温度5 ℃～15 ℃，制热循环热水出水温度35 ℃～55 ℃；③多风扇结构可根据环境温度，通过上下载调整机组运行工况。微处理器精确控制出水温度，提供防冻结和过热保护，并根据机组运行工况控制盘管化霜；④电子膨胀阀（EXV）不仅能精确控制每个制冷回路的吸气过热度，而且能根据负荷变化调节制冷剂循环量。⑤所有压缩机都安装在固定的弹簧隔振器上，以降低机组振动，采用低噪声闭式轴流风机，有效降低机组噪声。2000年该产品获国家级新产品奖，上海市优秀新产品二等奖，2001年获上海市科技进步三等奖。

以后合众开利又从东洋开利引进开发了30GH/GQ空气—水热泵机组，30GH风冷冷水机组，冷量399～817 kW，共4种规格，30GQ风冷热泵机组制冷量209.3～314 kW，制热量232.6～349 kW，共3种规格；制冷剂使用R22，这些产品无不例外都采用低噪音的大直径轴流风机冷却技术，多机头双制冷剂回路技术，电子膨胀阀和微电脑控制技术，高效传热技术，成为市场“宠儿”，其中30GH系列产品获得1999年上海市优秀新产品二等奖，2000年又获得上海市科学技术进步二等奖，30GQ获得上海市优秀新产品三等奖。

1999年，一冷开利在引进开发06N螺杆式制冷压缩机的基础上，引进30HXY/HXC螺杆式冷水机组，名义制冷量50～800 RT（197～3 084 kW）共19种规格，并有水源热泵拓展型产品，中温型出水温度47 ℃，高温型出水温度60 ℃，共15种规格。该系列产品主要技术特点是：①独特的多机头、双回路设计，部分负荷效率高，可实现不停机维修；②使用R134a环保制冷剂，对大气臭氧层无破坏；③并排式半封闭双螺杆压缩机，采用电机喷液冷却及3 μm油过滤器，两级油分，高效安全；④压缩机采用柱塞式能量调节，运行可靠；⑤特设的预润滑油泵，冷却水温低于13 ℃也能正常运行；⑥采用开利专利的1 500级电子膨胀阀及高效传热技术，机组效率高；⑦先进的控制系统及人机操作界面，远程访问及控制；⑧机构紧凑，占地小，适合老机房改造；⑨框架式结构，整机振动极小，内外置式消音器，机组噪声低。该系列产品分别获得2000年上海市新产品一等奖、2001年上海市科技进步二等奖、2002年上海市新产品二等奖。

2004年，一冷开利引进30RB/30RQ和30RA/30RH涡旋式风冷冷水（热泵）机组，30RB/30RQ系列制冷量39～780 kW，制热量42～1 070 kW，其中NGA子系列共10种规格，Starfire子系列单冷9种规格，热泵15种规格；而30RA/30RH系列则是小冷量机组冷量从6.7～14.8 kW，冷热各7种规格，此两个系列产品，采用丹佛斯涡旋式制冷压缩机；使用 R410A 环保制冷剂；多机头、多回路设计；使用开利专利飞鸟 4（FB4）静音风扇；机组群控；静音箱设计，30RB/30RQ 系列还带有热回收功能。

2006 年，一冷开利引进开发成功 30XW 系列螺杆式冷水机组，该系列产品包括普通型，名义制冷量 472 ～ 3 452 kW，所有机组性能达到国家二级能效标准，高效型 30XW-P 系列机组性能全部达到一级能效标准，拓展应用的 30XW-HP 水源热泵系列分为中温型（最高出水温度 50 ℃）和高温型（最高出水温度 63 ℃），冷量 512 ～ 3 753 kW，在消化引进技术的基础上对二级分油、消音效果、改善控制、提高换热和精密制造方面进行了二次创新。

从 2004 年开始，一冷开利从法国开利引进 30XA/XQ 螺杆式风冷冷水（热泵）机组，历经 2 年完成了整系列的产品开发，采用 06T 螺杆压缩机，其中，30XA 是风冷冷水机组，名义制冷量 254 ～ 1 551 kW，输入功率 77.2 ～ 471.1 kW，共 12 种规格，能效比（COP）涵盖 2 ～ 3 级；30XQ 是风冷冷水（热泵）机组，名义制冷量 322 ～ 1 500 kW，输入功率 90.3 ～ 420.8 kW，共 14 种规格，能效比（COP）都达到 2 级，在完成消化吸收的基础上，一冷开利进行了二次开发，①运用 E-CAT 电子选型计算程序进行机组选型和性能模拟；②运用 Pro-E 软件进行零件和协调的再设计；③运用《SW-98 过程设备强度计算软件包》对压力容器进行再设计。产品投入市场 5 年就销售了近 2 500 台，为北京奥运会和上海世博会做出了贡献。

2008 年，一冷开利引进开利 23XRV 三转子半封闭螺杆式冷水机组，制冷剂为 R134a，制冷量 300 ～ 550 RT（1 055 ～ 1 934 kW）共 6 种规格，提供 25% ～ 100% 的能量调节，满负荷机组 COP 值达到 6.3，IPLV 值 10.72，变频控制 50% 负荷时 IPLV 达到 12.4。其中 Forfire 压缩机是三转子压缩机，取消滑阀，减少了运动部件和润滑油数量，增强了机组运行的可靠性。

3）上海富田空调冷冻设备有限公司

成立于 1995 年 12 月的上海富田空调冷冻设备有限公司（以下简称“富田公司”）从 1996 年起就向市场不断推出了水冷和风冷的螺杆式冷水机组。

1996 年富田公司开发了 FTW 系列水冷螺杆冷水机组，该系列产品使用 R22 制冷剂，共有 37 种规格，单压缩机型制冷量 113 ～ 947 kW，双机型制冷量 704 ～ 1 894 kW，1997 年再推出三机和四机型，共 10 个规格，三压缩机型制冷量 1 990 ～ 2 841 kW，四压缩机型制冷量 2 286 ～ 3 788 kW，该系列产品主要特点为：①采用汉钟半封闭螺杆式压缩机，电机直接驱动螺杆，杜绝漏油、漏气；压缩机采用压差给油，省却油泵供油系统，安全可靠，无抛油现象；电机为制冷剂回气冷却；每个压缩机有 100%-75%-50%-25% 四段容调；②壳管式换热器，采用高效内外螺纹铜管，管程四回路排列，制冷剂流阻小，热交换温差大；端板与内隔板由中碳钢板一次性综合精密钻铣加工而成，隔板上下左右分割水流，使水与制冷剂铜管形成最佳热交换；③完善的自动保护系统，包括电源保护、压缩机内部保护、系统压力保护、防冻保护、最低水流量保护等；④采用先进的微电脑控制系统，真正实现对整机的完美控制，不仅保证了机组的安全运作，还对水温实行精确控制（设定精度 0.1 ℃），容量调整范围：单机 15.0% ～ 100%；双机 7.5% ～ 100%；三机 5.0% ～ 100%；四机 3.75% ～ 100%，达到有效节能的目的；⑤机组带有远程监控功能。

2002 年富田公司继续开发了 SNOWING 系列满液式半封闭螺杆冷水机组，该系列产品同时适用于 R22 和 R134a 制冷剂，其中使用 R22 制冷剂的共有 50 种规格，制冷量 112 ～ 2 260 kW，使用 R134a 制冷剂的共有 36 种规格，制冷量 126 ～ 1 412 kW。2006 年在 SNOWING 系列满液式基础上开发推出 SNOWING 系列降膜式半封闭螺杆冷水机组，该系列产品同样适用于 R22 和 R134a 制冷剂，其中 R22 制冷剂的共有 98 种规格，制冷量 146 ～ 4 230 kW，R134a 制冷剂共有 71 种规格，制冷量 175 ～ 2 826 kW；该系列产品除了沿用富田原有技术特点外，还增加了新的特点和功能：①高效能喷淋式（降膜式）蒸发器，液态制冷剂喷洒在高效换热管外壁，达到高效能的换热效果，机组蒸发温度比一般干式蒸发器蒸发温度高 3 ℃～ 4 ℃；②采用孔板节流和控制制冷剂流量，机组中采用 2 到 3 片孔板串联作为一组节流装置，第一块孔板造成液封，第二、三块孔板降压节流，利用制冷剂的动态平衡达到调整流量的目的，以保证机组在不同工况下能可靠、高效运转，每组孔板按压缩机和机组性能量身定做，达到极佳的匹配程度；③机组使用喷射泵作为回油元件，在无机组能量损失的状况下完成低压侧回油功能；④智能化的机组控制系统集控制、保护、自检、故障处理和记录等功能；⑤远程监控和集中控制。

2008 年在此基础上进一步优化后推出 SNOWING 节能型水冷冷水机组，产品经合肥通用机电产品检测院的检测，性能指标符合企业标准 Q/SWJW1-2008《节能型水冷冷水机组》和国家标准 GB/T18430.1 的要求，机组的制冷性能系数为 5.96，达到国家标准 GB19577—2004《冷水机组能效限定值及能效等级》规定的一级能效水平。2008 年 7 月 12 日由上海市闵行区经委组织对“SNOWING 节能型水冷冷水机组”进行产品鉴定，并经中国科学院上海科技查新咨询中心查新检索，证实该产品具有先进性、新颖性和创新性，节能效果明显，综合技术处于国内领先并达到国际先进水平。

1996 年富田公司开发了 FTA 系列风冷螺杆热泵机组，适合于 –15 ℃以下环境温度使用，该系列产品使用 R22 制冷剂，共有 14 种规格，单压缩机型制冷量 103 ～ 353 kW，双压缩机型制冷量 543 ～ 701 kW，1997 年在此基础上再扩展了 14 种规格，单机制冷量 103 ～ 799 kW，双机制冷量 543 ～ 1 598 kW，1999 年在此基础上再研发出了四压缩机型机组，共 5 个规格，制冷量 1 532 ～ 2 872 kW。2000 年又在此基础上扩展了 R407C 制冷剂的风冷热泵机组，共有 29 个规格，单机制冷量 98.8 ～ 766.7 kW，双机制冷量 521.1 ～ 1 533.4 kW；四机制冷量 1 470.1 ～ 2 756 kW。机组采用高效铜管铝翅片换热器，铝翅片为牌号 JIS H4000 A1200-H220. 12 mm 厚的优质铝箔，作二次翻边及冲制波纹强化换热处理，表面外敷透明亲水膜层，延缓结霜及滴水速度，换热器面积加大设计，使机组满足环境温度 45 ℃的极端高温制冷，及环境温度 –15 ℃的低温制热。

4）堃霖冷冻机械（上海）有限公司

2000 年，堃霖集团进入大陆，首先在上海成立堃霖冷冻机械（上海）有限公司（以下简称“堃霖公司”）。2001 年堃霖公司推出首款 KLFW-200S 高效螺杆满液式冷水机，使用 R22 制冷剂，制冷量 725 kW，输入功率 120.5 kW，COP 达到 6.02，以后又陆续扩展规格和机组形式，包括使用 R134a 环保制冷剂，共形成 KLFW-100S ～ 900D（制冷量 60 ～ 550 kW）系列共 28 种规格。其产品特点为：①拥有独特专利技术的高效壳管式冷凝器和满液式蒸发器，带有流量分配器，分液均匀，换热效果好；双道密封槽胀管，杜绝泄漏；并采用高效挡液板，防止液击；②采用智能的 PLC 控制系统和电子膨胀阀节流技术，确保整个系统运行调节精准，更加稳定，并为机组可靠运行提供全面保护；③机组的外观结构有卧式、框架式，还可根据客户需求做模块组合式，多机串联形式，合并成一个水系统管路，节省空间，方便客户配管；④可根据客户需求选配部分热回收或全热回收机型。

2002 年，堃霖公司开发成功 KLSH-100S 水 / 地源热泵机组，制冷量 341 kW，制冷输入功率 59.2 kW，制热量 372 kW，制热输入功率 85.9 kW，使用 R22 制冷剂。该产品既可制冷，又可供热，还可提供生活热水，一机多用，系统除了可单独配置热回收器，还可以采用堃霖专利的一体式热回收冷凝器，实现 30% ～ 100% 的热回收。该机组在智能控制方面还具有先进的超前控制功能，在故障发生前及时地采取相应的措施避免机组因报警而突然停机，机组还可以编制以一周为周期的运行时间表，实现全自动控制机组的启停，实现无人值守、自动运行。产品开发后深受市场欢迎，又陆续扩展从 KLSH-050S ～ 440D 共 20 种形式和规格，使用制冷剂从 R22 扩展到 R407C 和 R134a。

2003 年，堃霖公司开发成功国内首款 KLAW-050S-M 风冷蓄冰一体式机组，制冷量 166 kW，制冷消耗总功率 60.6 kW，制冰量 83.3 kW，制冰输入功率 37.2 kW，该产品集制冷主机、蓄冰槽、水力模块、自控系统、风冷热泵、蒸发式冷凝器为一体，使用 R22 和 R407C 制冷剂，后又扩展了 6 个形式和规格。

2006 年，堃霖公司继续加快开发力度，推出 KHAH-025D R410A 环保制冷剂的风冷模块机组，一机多能，制冷供热加卫生热水，该产品制冷量 65 kW，制冷输入功率 19 kW；制热量 69 kW，制热输入功率 20 kW，以后又陆续完成从 KHAH-010S ～ 080D 共 8 个规格的产品开发。该产品特点为：①螺杆系列压缩机采用比泽尔（BITZER）半封闭螺杆式压缩机，在部分负荷时仍能体现高能效的性能；涡旋系列机组压缩机采用丹佛斯品牌；②冷凝风机采用工程塑料制成的轴流扇叶，相比金属扇叶，电机功耗大幅降低，噪声更低；③空气侧换热器采用亲水铝箔和高效内螺纹铜管胀接而成，采用 V 型 /H 型结构布置，风量分布均匀，配合堃霖专利技术的系统部件和经优化设计后更加合理的管路结构，使制冷剂管路阻力损失降至最低；④机组采用西门子可编程控制器和彩色触摸屏，具有完善的通讯功能，方便与楼宇控制系统联接，实现一键式自动启停，监控机组的温度压力、电磁阀件开启状态、累计运行时间等运行参数。

2013 年，堃霖公司 KLAH 系列双源一体式螺杆热泵机组问世，该机组夏季制冷 + 60 ℃的生活热水，采用水 + 空气联合冷却方式进行制冷，机组运行能效远高于常规风冷热泵机组，并媲美于水冷冷水机组；冬季供热 + 生活热水一体式解决方案，采用空气作为热源，无须打井或地埋管，投资费用低；机组创新型地内置多种换热系统，采用了先进的智能化控制技术，实行自动控制，并可接入楼宇自控系统，被誉为“全能王”系列风水一体式冷（热）水机组。该系列共有 KLAH-040S/060S/070S/100D/120D/140D 共 6 种规格，以最大规格 KLAH-140D 为例，制冷量 515 kW，制冷消耗总电功率 115.6 kW，制热量 506 kW，制热消耗总电功率 156.8 kW，制冷剂有 R407C 和 R22。

在长江三角洲地区生产同类产品的企业还有很多，包括美资的江森自控、特灵，台资品牌的台佳，还有国产品牌的盾安、天加、扬子、国祥、清华同方等，还有一些主要生产小型热泵产品的中广、正理、天舒、丹特卫顿等。

8. 空调机组的开发和提高

1）窗式空调机

上海空调机厂（以下简称“上空厂”）生产的“燕”牌 CKT 窗式空调机的生产一直延伸的 20 世纪 80 年代中期，单班 2 万台的生产流水线是当时行业的模板，1987 年，上海空调机厂从美国飞达斯（FEDDERS）公司进口了 1 万台窗式空调器散件进行 CKD 组装，但是发现空调器的噪音比较高，机组不能在 43 ℃环境温度下工作，后来了解到美国在空调器的噪音方面是没有技术标准的，白宫也用此空调，机组不能在 43 ℃环境温度下工作是由于压缩机的热保护器选配不当，最后，经谈判飞达斯将合适的热保护器调换给上空厂并赔了款。

1995 年，上海豪申开利空调设备有限公司成立，引进开利 77/51 型两档规格的窗式空调机产品技术，并成功转化为 KC（R）20/25/32/45 等 4 种规格的冷暖窗式空调机，该机型批产后，1996 年产量就达到 2 万多台，后来因为挂壁式空调机的发展而停产。

上海家用空调机总厂生产的“爱特”牌窗式空调机一度是上海家用空调机市场的主要品种，但好景不长，由于挂壁式空调机更受市场欢迎，故转而为美国飞达斯公司定牌生产窗式空调机，主要用于出口。

2）挂壁式空调机

相比窗式空调机，挂壁式空调机噪音低、美观，故更受中国市场的欢迎，当时市场上都是松下、日立、夏普等日系品牌的进口挂壁机。1991 年，上海实业空调机有限公司（以下简称“实业空调”）曾经组装了一批大金公司的挂壁式空调机，尽管价格高，但还是成为市场的抢手货。1991 年，实业空调仿日立的 KFC 挂壁式空调机开发成功，并在开利入股后的 1996 年引进大宇开利挂壁式空调机产品，并继续开发了 KFR-25/KFR-35 热泵型挂壁机，由于当时选用大宇开利的压缩机吸气腔容积小，造成热泵循环时压缩机冲缸，1998 年改用日立压缩机后，质量明显提高。当初生产挂壁机还是比较先进的，除了压缩机需申请配额进口，其他如内机塑料面板和贯流风叶都需要从国外开模具。

1992 年 5 月上海夏普空调机器有限公司成立，以生产家用分体空调 1 HP、1.5 HP 机为主，产品主要特点为静音、节能，产品能效 COP 值 2.8 左右，在当时尚属一流。1994 年，在中国以 SKD 首创引进开发了 AY-25CX 1 HP 直流变频挂壁式空调机，使用电子膨胀阀，并在人民日报进行一个整版的广告宣传，引起了市场轰动。

1994 年 6 月，公司更名为上海夏普电器有限公司，产品由单一空调生产扩充为空调、电饭煲、电热水瓶产品生产，同时为后来的电冰箱、洗衣机、除湿机、吸尘器、空气净化器诸产品生产预留了空间。1995 年 8 月开始向市场推出国产首台交流变频 1 HP 家用空调 AY-28/41EX 产品。该厂品已经具有较高的国产化率，冷凝器和蒸发器由公司内制，电脑板在国内生产，并在无国标标识定义状态下与家电标委会协调备案，并推动该产品进行标准制定。

1994 年 4 月 4 日，由上海家用空调器总厂和日本日立制作所、中国台湾日立公司共同投资建立的上海日立家用电器有限公司正式成立，5 月 12 日第一台“凉霸”挂壁式空调迅速问世，“日立凉霸”的市场口碑由此而唱响。首先下线的型号是 KF-26GW，2 600 W 制冷量，其强劲的制冷能力和速度获得消费者的青睐。1995 年，日立凉霸空调取得国家 CCEE 和 CCIB 质量安全认证及标志，一直到 21 世纪初，日立凉霸空调都占据着上海家用壁挂式空调机市场的领先地位。之后日立开发了全系列挂机及 2 ～ 3 HP 家用柜机、5 HP 的商用柜机，满足了不同需求。其中有代表性的“一触急冷”“中央开门”“不锈钢抗菌”“过滤网自动扫除”等技术搭载的产品，成为日立空调的代名词。

上菱电冰箱厂（以下简称“上菱”）从 1990 年 11 月开始家用空调机的研究，最初研究团队设立在上菱冰箱研究所，1992 年 1 月 18 日成立空调分厂，1992 年 6 月开始生产第一款产品 KF-20GW 外形仿制“三菱电机”的挂壁式空调机产品，同年第二款产品为 KF-25GW，购买“富士通将军”的室内机，上菱自己研制室外机的组合。两产品分别于 1992 年 5 月 26 日和 1992 年 6 月 13 日通过技术鉴定。空调分厂期间还设计、生产了 KF-22GW，KFR-22/25/28GW 等产品。原型机均源自三菱电机产品，控制部分由上海第二工业大学设计，压缩机采用松下、三洋的产品。1993 年 10 月 20 日，与日本三菱电机株式会社开始技术合作，引进了三菱电机 MSH-12LV 全套图纸，上菱型号为 KFR-34GW，其中 RH231 压缩机、室内外控制基板、遥控器等关键零部件均从日本进口。

1995 年 12 月 28 日上海上菱电冰箱有限公司与日本三菱电机株式会社合资成立上海上菱空调机电器有限公司，后更名为上海上菱・三菱空调机有限公司（以下简称“上海三菱电机”)，1999 年开发的 MSZ-J34HW 挂壁式空调机，该产品首次导入“凉感控制”技术，利用软件控制送风方向，达到凉爽的感觉，制冷量 3 450 W，EER 值达到 2.74，制热量 4 800 W，COP 值 3.0。同年家用柜机 PSH-2GJ-S 下线，制冷量 5 350 W，EER 值达到 2.65，制热量 6 700 W（含辅电），COP 值 2.89。

2000 年，上海三菱电机在分体挂壁式空调系列开发中，独创地推出加装红外线探头，可对室内人体、物体温度进行检测，以控制空调机节能、舒适运行的 MOVE EYE 功能，称为“动态地面测温”。在高端系列中延续采用，并不断提升技术。

MOVE EYE 功能的目的是从用户的使用习惯方面来达成节能的效果，变“全室温度控制”为“人居局部温度控制”。同时达到速冷速热的目的。第一代产品 MSZ-ZFJ12VA，可探测房间环境温度的分布，指导定向送风消除温度差；第二代产品 MSZ-ZHJ12VA 探头像素为 8，可区分环境和人体，检测人体温度，指导针对人所在区域的风对人、风避人；第三代产品 MSZ-JL12VA 探头像素达到 32，检测人体各部位温度、测量精度达 0.1 ℃，风对人、风避人更精准。

2001 年 6 月，上海三菱电机第 100 万台空调机下线，同年设计生产了 MSH-J11TV 产品，噪音达到当时行业最低的 26 dB（A），EER 达到 3.11。

2006 年上海三菱电机开发成功 MSZ-ZB09VC、MSZ-ZB12VC 挂壁式空调机，SEER 值分别达到 6.99 和 6.29，均达到国家 1 级能效指标，2006 年开始在变频机上使用 R410A 制冷剂，首款使用新制冷剂 R410A 的产品为 MFZ-XC 系列家用变频柜机，到 2009 年结束 R22 变频空调机机的开发。

1999 年，上海大金空调设备有限公司（以下简称“上海大金”）开发了 FTX52VILC 的三冠王挂壁式变频空调，其制冷量为 4.5 kW，制热量为 6.58 kW，冷热比为 1∶1.46，如此大的冷热比，在当时国内实属罕见，机组采用了大金独特的小型高效卧式涡旋式压缩机而不是行业中普遍采用的转子式压缩机。

2005 年，上海大金又开发了“E-MAX”直流变频家用中央空调机组，采用大金专利的摆动式压缩机，能根据室内负荷自动调节输出功率，将温度控制在人体舒适的范围；通过平稳的运转达到节能省电静音的效果。除此之外，大金首次推出幻彩系列（彩色水晶面板），使得空调的面板色彩能更大程度上满足不同装修风格的要求。

3）单元式空调机

1980 年，上空厂和上冷厂在引进特灵公司 CRHH 型全封闭活塞式制冷压缩机的同时也引进了特灵柜式空调机的制造技术，从 3 ～ 15 RT，共 5 种规格，有水冷、风冷、风冷热泵等形式，机组配置 H 型全封闭活塞式制冷压缩机，风冷换热器采用铜管套铝翅片，室内机组采用多叶前倾式离心风机。经过努力，引进产品的零部件国产化率达到了 98% 以上，居上海引进产品国产化前列，许多产品都为宝钢和重点工程配套。样机性能符合国际化标准，得到了美国特灵公司的书面认可证书，特灵水冷、风冷立柜式空调机系列，被评为了1984年度上海市新产品二等奖。3 HP柜机SPUA/CPHA-B304，5 HP柜机SPUA/CPHA-B504风冷热泵空调机被评为1985年度上海市优秀新产品二等奖。这些产品不仅作为一个完整的系列产品，当时弥补了国内柜式空调机系列的空白，更主要的是它的设计理念和热泵技术中很多先进的设计方法填补了国内技术空白。

（1）提高了热泵的制热量。增加室外换热器面积，提高制热量，这在当时是更新了我国空调机设计的理念，当初国内设计的空调机制冷量和制热量是基本相同的，很多空调机还是以制冷量为主来设计的，空调机的制热量要比制冷量小，引进特灵公司的热泵是制热量大于制冷量，这是因为同样面积的房间在制冷制热时需要的热负荷是不一样的，因此，引进的立柜式空调，其制热量都要比制冷量大，这就使得同一间房间在制冷和制热时都能达到体感最佳的状态。

（2）工作范围扩大。当时国内的热泵只能用于–5 ℃～43 ℃的环境。而引进的产品能在–15 ℃～46.1 ℃的环境下使用。也超过了美国制冷空调工业协会标准ARI240-81的热泵低温运行工况–8.1 ℃/–9.3 ℃的规定，这是由于当时国内的热泵空调融霜的技术没有过关，因此，只能用于–5 ℃以上的环境。而特灵的技术中采用智能融霜技术解决了这个问题，这使得上空厂以后所有的热泵产品都受益于此项技术，从而提高了热泵制热的性能。由于加大了冷凝器的面积，在制冷时，空调机适应的室外环境温度也得到了提高。因而，该机组不仅能够立足江南，还能进驻广大的华北地区，使我国辽阔的区域都能使用热泵空调。

（3）系统中增加了汽液分离器。引进的柜式空调系统配置了汽液分离器，主要的作用是：①可以存储过多的制冷剂，防止液击；②有助于在冬天制热时低温下回油；③提高蒸发器的效率，汽液分离器作为蒸发器的外延而使蒸发器的面积得到了充分的利用。由于蒸发器内制冷剂的干度减小，换热得以增强；④有助于减少脉冲，相当于一只吸入侧的消音器。

（4）合理的融霜控制系统。引进产品的融霜系统在当时是全新的理念，使融霜在最合理的情况下。原来国内的融霜一般是采用时间继电器来控制的，定时融霜，而特灵的技术通过感应探头，确实感应到室外换热器结霜后，才进行融霜，减少了不必要的融霜次数，提高了融霜的效率。

（5）增加了很多辅助功能。原来国内设计的空调机功能比较单一，引进的产品增加了很多的辅助功能，使用户可以根据自己的需要灵活应用，扩大了空调的应用范围，如：①有辅助热水加热器，蒸汽加热器，可以满足人们不同热源加热的需要；②可采用风帽直吹，也可以接风管远距离送风。当初国内的柜式空调机一般无机外静压，或机外静压很小，引进的柜式空调机的机外静压可达15 mm H_2O；③可以配置遥控器，当初国内的柜式空调机还不具备遥控器。

1985年，上冷厂在引进大金半封闭压缩机的同时还引进大金US3～20FC船用水冷柜式空调机组（制冷量 8 100 ～ 67 500 kcal/h）和 USD25 ～ 50F 船用水冷集中式空调机组（81 000 ～ 135 000 kcal/h）制造技术，1989 年 3 月平台船用 USD40F、US5FC 立柜式空调机获 1988 年度上海市优秀新产品三等奖。

1987 年，上海通惠-开利空调设备有限公司引进开利 50BL 水冷柜式空调机，使用 R22 制冷剂，制冷量 23 ～ 263 kW（8 ～ 80 RT）共 10 种规格，20 HP 以下产品采用全封闭活塞式制冷压缩机，水冷冷凝器采用套管式换热器，毛细管节流，20 HP 以上产品配用 06E 半封闭制冷压缩机，水冷冷凝器用壳管式换热器，热力膨胀阀控制，广泛应用于工厂、餐厅、商场等较大空间场所。

1991 年实业空调开发了仿日立秀丽型的 2 HP/3 HP/5 HP 的柜式空调机产品，其中小规格产品采用进口转子式压缩机，5 HP 以上采用 H 型全封闭活塞式制冷压缩机，因秀丽型产品比较厚，于是在 1994 年开发了仿三菱的 12 000 W 超薄型空调机，改进了蒸发器等边三角形为等腰三角形，同时加宽风道，增强了蒸发器的换热，收到很好的效果，接着又成功试制了 15 000 W 柜式空调机，这两种机型机组厚度仅为 290 mm 和 305 mm。与此同时，实业空调根据消化特灵的技术，开发成功 KF（R）20/30 大冷量风冷柜式空调机组，制冷量 20 000 W，制热量 28 000 W，配用 H 型全封闭活塞式压缩机，以后也配用谷轮和丹佛斯的全封闭涡旋式压缩机，主要用于较大空间的场所，比如餐厅、超市和办公室等，而当初也仅有“豪申”和“春兰”有此类产品，这类产品一直生产到 2008 年上海新豪申空调设备有限公司时期，主要为宝钢配套，并从前进前出，派生出后进前出、前（后）进顶出、带风帽高静压等进出风形式，换热器为防止钢厂铝氧化而采用铜翅片，微电脑控制。

1996 年，上海豪申开利空调有限公司引进开发了 2/3/5 HP 柜式空调机，包括单冷、热泵及热泵辅助电加热等形式，其特点是，超大型冷凝器，独具设计的“笑脸”型超薄型室内机，强劲送风的下置式高效离心风机等，配用谷轮全封闭涡旋式压缩机，此款产品由于成本较高，在 2004 年后陆续退出市场。

1999 年，上海三菱电机第一款家用柜机 PSH-2GJ-S 下线，该机型在日方派遣人员的帮助下，自主设计完成。2006 年，推出第一代家用变频柜机 MFZ-XC 系列，而且也是首次在家用柜机产品上使用 R410A 制冷剂，在外观上，设计了独特的滑动式升降出风面板机构，开机时出风面板下降，关机时出风面板上升关闭，外观新颖。在性能上，产品远超上海市地方标准 DB31355—2005《变速（变频）房间空气调节器能效限定值及能源效率等级》的 SEER1 级能效的要求。次年又推出了舒适性改良，更适合冬季使用的 MFZ-XD 系列的家用变频柜机。

GB 21455—2008《转速可控型房间空气调节器能效限定值及能源效率等级》标准出台后，能效指标从制冷季节能效 SEER 转变为制冷、制热能效兼顾的全能季节能效系数 APF。2011 年和 2012 年上海三菱电机分别推出 MFZ-XEJ（制冷 5 000 ～ 7 200 W/ 制热

6 700 ～ 9 000 W）和 MFZ-XFJ（冷量 5 000 ～ 7 500 W/ 制热 8 400 ～ 11 000 W）两个家用变频柜机系列。APF 均达到国家能效 1 级指标。特别是 MFZ-XFJ 系列，首次使用了触摸式操作面板，其新颖的外观设计获得用户的一致好评。为了考虑市场的多元化，2014 年和 2015 年也推出了能效 2 级的 MFZ-VJ 系列和能效 3 级的 MFZ-GL 系列变频柜机。

2017 年，上海三菱电机推出了全新金属面板的 MFZ-XS 系列家用变频柜机。XS 系列产品在功能上导入了全新的立体送风、速冷、速热功能。在气流上对房间全方位送风，提升了用户实际使用舒适性。

从 1999—2006 年，上海三菱电机仅仅生产 R22 的商用定速机，内机形式有立柜式、风管式、四面出风嵌入式三大系列，每一档冷量范围的机组分别搭载这三种形式的室内机组，2 HP、2.5 HP 为单相电源，3 HP 以上为三相电源；产品具有超长配管安装，对应超高低落差的安装环境；机组配有远程监控功能，除了商铺，也能应用于机房、电信局等长时间连续运转的高负荷场所。

2006 年，上海三菱电机开始生产 R410A 的 PUHZ 系列单相电源变频商用机。产品除了延续 R22 产品的“多室内形态”“超长配管安装”“远程监控”的特点，更具有静音化、高能效、室外一键式制冷剂回收的特点。第一阶段的产品，室外机采用母公司进口的 R410A 变频室外机，室内机仍延续了 R22 定速商用室内机形态，柜机和风管机通过设计改良，提升性能，四面出风嵌入式室内机则采用了全新的 B-TYPE 系列，采用直流电机，并取消了辅助电加热，提升了节能效果、丰富了产品系列。2007 年下半年室外机实现国产化生产。在压缩机选型上采用了和冷量相匹配的 SNB 和 TNB 系列的压缩机，优化了性能。在控制上导入了室外机运转静音化功能，扩展了应用场所的范围。

2009 年底，上海三菱电机 PUHZ 系列 2 ～ 3 HP 商用变频机组，室内机搭载类型中增加了厚度 200 mm/ 深度 700 mm 的薄型风管机 PEAZ-RP 系列的类型，该机型不仅具有商用机的一切特性，其小巧的室内机构造、低静压标准配置也适合家庭用暗装式的使用要求，同时满足家用和商用的市场需求。随着 2008 年 GB 21455—2008 能效标准的出台，2010 年商用 PUHZ 变频系列又推出了性能改进的新机型，搭配四面出风室内机的 PLA 系列机组，2 ～ 3 HP 的 APF 指标达到了 1 级能效，5 HP 达到了 2 级能效。2015 年在 PUHZ 产品 5/6 HP 系列上推出了高能效的产品，使用 R410A 制冷剂，室内机组延续了商用立柜式、四面出风嵌入式，中静压风管式三个系列的内机搭配组合，给客户提供了定速机和变频机的多重选择。次年又推出了高性能的 5 HP/6 HP 单相电源 PUHZ 系列商用变频机组。

9. 制冷剂变流量空调机组

于 1995 年成立的上海大金空调设备有限公司（以下简称“上海大金”），在 1997 年即向市场投入了 3 ～ 5 HP 的商用空调，款式有柜机，天吊及天花板嵌入式。天花板嵌入机组是日本大金 80 年代的专利产品，其结构特点是高高嵌入天花板中，面向地面，美观大方，不占用地面空间。回风从面板中央进入，通过大直径多叶前倾式离心风机，将通过室内盘管的冷（热）气流由面板四侧的导向板鼓入室内，由于冷空气易于从高处扩散至地面，实现了气流合理，温度场均匀，令人倍感舒适，加之机组换热面是 360° 环状，迎风面及换热面积大，连同较大的循环风量，使此款内机的能源效率较之同规格的风管机增加 10% ～ 15%。由此种种优点，产品一进入市场，就受到高档会所，高档客厅及一般店铺，餐馆的极力推崇，打破了“商用机就是柜机”的传统概念。首次推出此款机的规格仅限于国内市场多见的 3 HP 和 5 HP 两种，其中 3 HP 有单相与三相两种电压。

1999 年，正值国内房地产市场蓬勃兴起之时，上海大金又适时推出一款由日本大金开创性的产品，即变制冷剂流量的多联式空调系统（VRV System）。该产品由一个外机带动多个内机，通过电子膨胀阀的作用将膨胀后的制冷剂输送到所需要的空间，实现局部冷却。这种可连接多种型式内机（吊顶，挂壁，低柜，嵌入，风管等），多种规格（0.8 ～ 5 HP），一个外机至多可连接 60 个内机的全新理念的系统，加之室内外机连接管可长达 100 m，室内外机高低落差可达 50 m（16 层），室内机高低落差可达 15 m，室内机可视要求，单独开关或群控，极大地融合了房地产（家居，商务楼）等的适时需求，该产品相比冷水机组少了水路系统，相比风管式空调机组可以实现远距离的调节控制，节能美观，引领了制冷空调系统新的技术发展趋势。第一批多联机 RHXY 系列产品采用定速压缩机，外机有 6 ～ 16 HP 等多种规格。此款产品经过权威的专家评定后上报，于 2005 年 6 月荣获由国家科学技术部、商务部、国家质监总局和国家环保总局四部委联署批准的国家重点新产品证书的殊荣。

当时国内尚无多联机产品标准，后由全国冷冻空调设备标准化技术委员会起草该产品国家标准草案时采纳了大金和艾默生的提案。鉴于多联机产品的主要运行区间 50% ～ 75% 负荷，据此特点参照先进国家关于部分负荷性能系数（IPLV）的方法更加合适。于是以大金多联机设计手册部分负荷性能的参数正式引入至新的国标中，作为能效标准 IPLV 的说明参照。由此，多联机能效 IPLV 表现了极大的技术活力，整个行业从一开始的平均数不到 3.0，经过 20 年的发展，普遍已超过 6.0，少数优秀者甚至达到 9 ～ 10。GB/T 18837—2004《多联式空调（热泵）机组》系首个多联机国家标准，当时仅日本有此产品的行业标准，因此自然成为其他国外（行业）的参照标准。2015 年该标准完成了换版。

2003 年，上海大金 VRV- Ⅱ型多联机系统诞生，外机配有大金变频涡旋式压缩机，通过组合外机达 48 HP（135 kW），室内外机管长也延长至 150 m，由于变频压缩机的加入，定时将以高速运行来确保安全回油。

2006 年，上海大金又向市场推出第三代 VRV Ⅲ型多联机，较之前第二代机型，VRV Ⅲ型的特点在于：①高效节能。采用高转速的 G 型涡旋压缩机，机组效率有较大提高，加上热交换器内螺纹管和面积增加，过冷增加，使能效大为提高，制热能力也相应增加 5% ～ 12%；②设计减少有害物质。完全符合 ROHS 要求，实现大金集团的基本方针：在全球范围内实行全部产品对应环保要求；③故障自动信息记录。所有数据可通过 VRV-Checker 进行采集，便于排除故障，更换部件；VRV Ⅲ系列融合了过冷却技术、直流变频技术、回油技术、制冷剂控制技术、高制热性能技术、热交换技术、静音技术、环保技术等八大技术强项。在此基础上，根据中国房地产的特点，首次推出了家用 VRV Ⅲ系列，有 4/5/6 HP（冷量从 11.2 ～ 15.5 kW，热量为 12.5 ～ 18 kW），且将制冷环境温度扩展至 –5 ℃～ 46 ℃，制热环境温度 –20 ℃～ 15.5 ℃。

2007 年针对北方寒冷地区供暖需求，上海大金推出 VRV 二级压缩机寒冷地机种，可以实现 –25 ℃环境温度下有效的制热。2018 年又推出了改进版的 VRV 寒冷地 H 系列产品，该系列产品制冷量 / 制热量从 22.4/25 kW ～ 135/150 kW，共 21 种规格，单模块从 8 ～ 16 HP 平均 IPLV（C）9.6，最高可达 10.0。新款高压腔压缩机采用喷气增焓技术，增加压缩机排气量，大大提升压缩机的制热量和能效；嵌入式内机与风管式内机装有人体感应智慧眼，感应人体位置，根据反馈调整送风角度至最佳出风位置，力求避免直吹人体；还有地板温度感应智慧眼，以此感应地板温度，根据感应回馈自动调节室内机运转工况，营造自下而上的舒适感受。此外，上海大金所有多联机都可选配全新风处理机和全热交换新风系统。

针对设备过了使用年限（13 ～ 15 年），多联机系统部分置换（可能外机要换，内机尚好，冷凝水管，内机信号线，遥控器，连接管等尚还可用）的状况，2012 年上海大金推出了专供更新用的 VRV 系列 Q 系列产品。该产品的优点是利用压力传感器和室外温度感应器，在试运转时以污染混合器进行油污收集，一次性解决管路中残留的杂质和油污，使用户得以在最短时间内，以最小的成本，安全可靠地进行置换和改造。该系列产品制冷量 / 制热量从 22.4 kW/25 kW ～ 151.2 kW/169.5 kW，共 24 种规格。上海机场（集团）有限公司，国家电网浙江省电力公司，华为技术有限公司等单位都是该产品的受益方。

针对梅雨季节，南方湿度较大，令人不适的状况，2016 年上海大金开发了一款室内外三管式的等温除湿的多联机组，产品以高温除湿、温湿平衡（合理的温湿度），无风感模拟自然风的 3D 气流（V ≤ 0.3 m/s），新风净化洁净式气流以及兼带有厨房，浴室，衣帽间，儿童房等不同用途的室内机组合而被推崇备至，被客户誉为金制全效家用中央空调，由合肥通用机电产品检测院（以下简称“合肥通用院”）检测并颁布了首张特性认证证书。同时，该款机组（11.2 ～ 45 kW）还可连接地暖模块，通过互联网将 VRV 家用中央空调，地暖智能化集成系统，金制空气 APP 定制系统以及专属客服团队与用户连接，实现智能化与空气可视化，集高品质与优质服务为一体。

2016 年，上海大金又推出突破性的 VRVX7 系列产品，该系列产品制冷量 / 制热量从 22.4 kW/25 kW ～ 184.5 kW/207.0 kW，共 30 种规格，单模块从 8 ～ 22 HP，以 2 HP 为单位递增，最大容量可达 66 HP，与之配套的有 19 类内机品种，163 种室内机，室内外机连接管长可至 1 000 m，最大等效单管长 240 m，该系列产品拥有七大亮点：①新 V 动力技术高中压腔涡旋式压缩机；②芯片采用液态冷剂进行有效冷却，而不是以往的散热片；③超高效率的室外直流变速外转子式超扭矩电机；④全新气流模拟技术的大风量高机外静压（110 Pa）的轴流风扇；⑤一体四面 360° 布置的室外热交换器，增加了热交换器面积与效率；⑥人金独特的 FLYHIGH 二级制冷剂过冷回路（提高液态制冷剂在换热器中的比例）确保整机稳定高效运行；⑦ VOS6.0 逻辑控制，不仅能控制冷剂流量，且能有效调整蒸发与冷凝温度及室内循环风量，以实现最节能运行，整个系列产品基本能效 $IPLV_{(C)} \geqslant 9.3$，8 HP 机甚至 $IPLV_{(C)} \geqslant 10$，这个破纪录的成绩被合肥通用院二次纪录在案。

2003 年，东芝开利空调进入中国，2006 年东芝开利空调销售（上海）有限公司（以下简称“东芝开利”）成立，引入日本全变频多联式中央空调 SMMS 系列，该系列产品单模块 5 ～ 12 HP，组合模块最大至 48 HP，系统采用 R410A 制冷剂。其技术特点是：①采用东芝特有专利的直流双转子压缩机，体积小、重量轻、能耗低，特别是采用独特的压缩机内部油分离机构，减少润滑油的排出，再配合外部回油系统的运行，提升了压缩机的可靠性，特别是在制热工况条件下吐油量是涡旋式压缩机的 1/40，更多的润滑油留在压缩机里，减少了润滑油在蒸发器和冷凝器上附着，热交换效率更高，化霜间隔时间大幅延长；②采用全变频控制技术，抢占行业变频技术的制高点，机组变频压缩机电机、室外风扇电机、室内风扇电机三大核心电机都采用了直流无刷电机，第一代的压缩机调节精度为 0.6 Hz，变频级数达到 623 级，节能效果明显，特别是在减低噪声方面，室外机有夜间运行模式功能，最低可以降低 17 dB（A）；③完善的后备运行体系，单个模块 2 台压缩机可以单独运转，构成一个独立的系统，相互备用，在整个系统中，任意一个模块都可以成为系统中的主机，模块和模块之间又相互备用，从而确保空调系统的正常运行；④高效率四面换热型热交换器和室外机全防腐处理，顶出风室外机具有良好的防腐性能，包括风机部件、换热器翅片、框架和面板、紧固件和电气元器件等都进行表面防腐处理，E 级绝缘以上（含 E 级），符合 IPX4 及防水保护要求，经得住日晒雨淋和防风防尘，全天候使用。SMMS 系列全变频多联式中央空调一经入市就获得消费者的钟爱，2005 年成功牵手上海地铁项目，凭借设备的高品质、稳定性、节能性以及设计方案的合理性，至今仍保持着压缩机“0”烧毁的记录，以后又入驻全国十一大城市 40 余条地铁交通线，2008 年，该系列产品中标上海虹桥国际机场项目，总容量为 2 500 HP。使用区域为航站楼登机桥、候机长廊、能源中心、南北灯光站、航站楼主楼、公务机楼、机库、动力站等。2005 年，该系列产品为北京故宫博物院所选，总容量 1 100 HP。

2006 年，东芝开利推出侧出风全变频中央空调 MiNi SMMS 系列，从最早开始的日本进口双风扇 4 ～ 6 HP，经过不断研发扩容，产品系列扩展到 3 ～ 16 HP。同年，“大清快”一拖一家用变频空调也来到中国。作为高品质的产品，MiNi SMMS 系列产品受到众多高端楼盘的青睐，2011 年完成了位于市中心上海凯德茂名公馆项目，总容量 4 000 HP。2013 年完成了新江湾城板块的尚浦领世规模约 90 万 m^2 的大型城市综合体项目，总容量 6 742 HP。2015 年又完成了南外滩融创滨江壹号院项目，采用东芝开利直流变速多联式中央空调系统 SMMS-i/MiNi-SMMS 系列，总容量 6 000 HP。

2010 年，东芝开利全球同步推出第二代全直流变速多联式中央空调 SMMS-i 系列，单模块扩大至 5 ～ 16 HP，组合模块最大至 48 HP，其主要技术特点在于：①在单台室外机中创新采用 3 台压缩机和 3 组变频器，对于东芝开利及整个空调界也都是个全新的变革。无限可变控制技术实现对于压缩机变频转速的 0.1 Hz 调节，精确、实时地对应容量需求变化的同时，降低了频率变化产生的能耗损失，并创造了对应最小温度变化的舒适环境。东芝开利 SMMS-i 系列产品对于控制达到了非常高的精度，变频级数达到 1 200 级是业界主流产品的 10 倍多，故在业界提出了无限可变控制技术，奠定其变频技术在业界的领先地位；②制冷剂循环控制技术的提升，最大当量接管长度从 175 m 扩大到 235 m，最大室内外机间高差从 30 m 扩大至 40 m；③新型大直径推进风扇设计，直径从 630 mm 增大到 740 mm，凹型的扇叶曲线减少了相邻扇叶运行时的气流阻力，气流更平稳，扇片数量从 3 片增加到 4 片，机外静压提升至 110 Pa。

2014 年初，东芝开利杭州新工厂投产，加快了新产品的开发，2016 年，东芝开利向市场推出了第三代全直流变速多联式中央空调 SMMS-e 系列产品，在前一代的基础上，又提升了压缩机的排量，继而将单模块扩充至 22 HP，组合模块最大扩充至 60 HP，总管长达到了 1 000 m，最大当量接管长度 235 m，室内外机最大高差可达 70 m。其主要技术提升特点为：①压缩机滑片设计的改善，采用了 2 段滑片的设计，同时采用了硬度更高的 DLC（类金刚石碳）涂层密封滑片，润滑油黏附力强，从而减少摩擦，使用寿命更长，性能更优越；②新型反向弧叶片设计，每个单一叶片都具有独特的外形，这种解决方案确保了气流顺畅，在同等的风量的情况下，声压级更低，噪声降低 1.5 dB（A）；③智能近场通信诊断，使用 Wave Tool 智能近场通信诊断工具，无须连接电脑或打开机柜，即可在智能手机上直接读写室外机数据，完成测试和调试。无论是产品数据、系统数据、故障历史，还是测试和调试，即使在服务维护或电源故障的情况下，也都可以轻松获得。无须离开办公室，即可通过电子邮件接收系统数据，对运行条件进行检查。

随着全直流变速多联式中央空调 SMMS-i 和系列 SMMS-e 的开发成功，东芝开利继续在市场上发力，上海轨道交通采用机组总容量已达到 27 000 HP，全国轨道交通项目总规模已达到 86 000 HP。2010 年，东芝开利凭借之前项目上的良好的品质和服务，获得了浦东机场 T1/T2 航站楼改造项目，采用了直流变速多联式中央空调 SMMS-i 系列产品，机组总容量为 1 000 HP。此外，还完成了许多城市的地标性项目，如位于珠江畔的广州双子塔采用 SMMS-i 系列，机组总容量为 4 500 HP；深圳海王大厦 SMMS-e 系列，机组总容量 2 250 HP；“杭州印”地处钱塘江边，尊踞杭州滨江 CBD 绝版地段，采用 SMMS-i 系列产品，最大室内外机高差 40 m，于 2016 年完成，机组总容量为 4 200 HP；苏州恒宇广场，室内外机最大高差从 7F 到 23F 高达 63 m，选用 SMMS-i 系列，从 2009 年一期到 2015 年三期完成，机组总容量 5 000 HP。

上海外滩 1 号和 27 号两栋大楼作为历史建筑选用 SMMS-i 系列，于 2010 年完成，机组总容量为 1 300 HP，室内机形式除了常见的风管机以外，还采用了东芝开利独有的坐地式室内机来配合此历史建筑风格。地处南外滩的绿地黄浦湾占地面积约 4.7 公顷，总建筑面积约 26 万平方米，采用国际现代化滨水建筑风格，园区还精心保留着不同时代的老建筑，是绿城集团开发的楼王项目，此项目采用 SMMS-i 系列，于 2015 年完成，机组总容量为 4 920 HP。

随着 SMMS 系列顶出风全变频多联式中央空调产品一代一代不断地推陈出新，东芝开利的各种类型的室内机组合也在不断完善，包括风管式、壁挂式、柜式、吊顶天花式、四面（多面）出风嵌入式、座地式等共 16 大类 233 种型号的各种形式的室内机可以满足室内环境的需求。其主要产品及特点为：①全部采用直流无刷电机，高效降噪、精准调控；②具备水净自洁功能，水净自洁涂层在室内机热交换器表面形成保护层，制冷或除湿时产生的冷凝水流过表面涂有水净自洁的翅片，自动将附着于表面的油污、灰尘、霉菌等污物清洗掉，然后通过冷凝水排水管排掉；③小巧超薄风管机采用独有的 Z 型热交换器，将 3 块热交板分割组合成 Z 形，减少 24% 的热交换器体积空间，实现室内机的小型化，产品范围从 1.7 ～ 8.0 kW，共有 13 种容量；④四面出风嵌入式室内机，360° 广角送风，气流均匀；最大送风高度可达 4.3 m，制热效果更佳；银离子技术有效抑制细菌；预留新风吸入口，产品范围从 2.8 ～ 16.0 kW，共有 12 种容量；⑤双向气流坐地式，2003 年进入中国市场，便引进了和日本同步的坐地式室内机。2011 年在引进第二代多联机产品的 SMMS-i 系列的时候，又推出了东芝独有的双向气流座地式室内机，该产品有向上和贴地两个独立的出风口，可以单独出风，也可联动出风。特别是在冬季制热，贴地出风可以获得更佳的制热效果，产品范围从 2.2 ～ 5.6 kW，共有 5 种规格，该系列产品特别适合无法改造的历史建筑，故宫和外滩大楼均采用此系列产品；⑥所有室内机都具有灵活多样的安装方式和便利的维护结构。

2007 年 5 月，上海三菱电机开始生产多联机产品，首先开始的是大力家用多联机 MXZ 系列产品。最大能力为 6 HP，采用在分歧盒内电子膨胀阀进行集中分流控制，而室内机的无电子膨胀阀的设计，消除制冷时制冷剂流动声音的影响，为用户提供单纯风声的高音质享受。2008 年 2 月 GB 21454—2008《多联式空调（热泵）机组能效限定值及能效等级》发布，MXZ 系列 IPLV（C）指标均超过 1 级能效 3.60。2009 年 12 月厚度 200 mm 第一代薄形风管机 MEXZ-KF 系列引进生产，丰富了室内机阵容，迎合了家庭装潢对低静压暗藏式内机的需求。

2011—2014 年，性价比更高的根元式家用小多联机（3 HP/4 HP/5 HP）引进生产，

IPLV 指标均超过 1 级能效 3.60。2014 年 9 月厚度 200 mm/ 宽度 450 mm 第二代薄形风管机 MEXZ-SK 系列引进生产，2017 年 11 月完成 MEXZ-SK 系列低噪声化开发，室内机风机电机和排水泵实现全直流化，2018 年获得三菱电机中国降本成果优秀奖。

上海三菱电机在开发家用多联机的同时，2008 年 10 月商用多联机产品 CITY MULTI 引进生产。该系列产品为模块式机组，单模块能力从 8 HP 到 20 HP，组合能力最大为 60 HP，室内机采用水道管形式。从 8 ～ 20 HP 冷量范围中，共有 21 个规格，除了超高效机组还有标准型和高效型机组，以满足各种需求，以 8 HP 机组为例，标准型机组 APF 为 4.2，高效型机组 APF 为 4.65，而超高效型机组 APF 达到 5.78，超高效型机组比标准型机组 APF 指标高了 37.6%。2015 年 3 月单模块能力扩大到 22 HP，组合能力同步扩大为 66 HP。

10. 运输空调产品

改革开放以来，伴随着国民经济的发展，交通运输行业成了发展的“瓶颈”，因此，改善解决这一“瓶颈”矛盾也带来了制冷空调制造业新的发展空间，包括轿车 / 乘用车空调、公交车辆空调、铁路空调、地铁 / 轻轨空调等。

1）上海华域三电汽车空调有限公司

上海华域三电汽车空调有限公司是上海最早生产汽车空调机的企业，其前身是 1956 年公私合营由慈丰车料厂等十几个小厂合并成为力车制造企业，经上海市轻工业局自行车制造公司定名为上海力车配件一厂，主要产品为力车的大轴、轴档、轴碗、花固筒等，后几经调整于 1979 年 12 月更名为上海内燃机油泵厂，隶属上海市机电一局拖拉机汽车制造公司。1980 年，工厂以日本大发（DAIHATSU）公司“翔马牌”轿车空调装置为样机，试制为上海牌 SH760A 轿车配套的空调压缩机，并在同年 10 月完成了汽车空调三套样机的仿制任务和压缩机、冷凝器、蒸发器、膨胀阀、储液罐五大部件的测绘和材料分析，1983 年 1 月 21 日，中汽总公司在上海召开了“SH760A 上海轿车国产空调装置”鉴定会。

1985 年 3 月中德合资上海大众汽车公司成立，标志着我国轿车工业进入新的发展阶段，而桑塔纳轿车零部件国产化成为上海汽车工业的首要任务。1987 年 7 月 20 日，上海市经委批准该厂为桑塔纳轿车配套生产汽车空调压缩机、储液罐等，从此正式成为汽车空调定点生产企业。

1990 年，上海汽车工业总公司以该厂为基础与泰国正大集团、龙华乡工业公司合资成立上海易初通用机器有限公司（以下简称“易初公司”），同年 8 月引进日本三电（SANDEN）公司 SD 汽车空调压缩机装配线、离合器装配线、压缩机性能试验设备等，并于 1991 年 4 月试制成功首台 SD508 空调压缩机，送三电公司检测验证获得通过。SD508 压缩机为国内最早引进的汽车空调压缩机，引进时采用的制冷剂为 R12，随后易初公司在 SD508 压缩机中更换制冷剂，为上海大众桑塔纳轿车国产化进行了送样，1992 年易初公司在5辆桑塔纳轿车上改装R134a制冷剂，通过有关标准的道路试验，与原先采用的R12制冷剂的性能相近。同年8月11日在上海市科委组织的新闻发布会上，得到科技界、新闻界的赞赏，列入市科委“八五”期间重大科研项目，并获得上海市赶超国际先进水平产品证书。1994年1月“SD5汽车空调压缩机”获德国莱茵公司ISO9002质量认证证书和国家级质量认证证书，1995年10月获第三届市科技博览会金奖。后经过自主研发，局部变更压缩机零件后，更名为SE5H14，压缩机排量为138 mL，为国内最早的R134a轿车空调压缩机，1996年“SE5H14压缩机”荣获国家机械工业部三等奖，获上海市经济委员会颁发获市优秀产品一等奖。市科技进步三等奖，被国家经贸委评为“96国家级新产品”。

1997年易初公司在引进成功SD508的基础上又开发成功SD-7H产品，相比SD-5H压缩机，SD-7H为在5缸压缩机基础上增加两缸形成的另一系列产品。由于排量不变，缸数增加，所以压缩机的振动得到改善。1997年底，新增44万台汽车空调压缩机技改项目竣工，形成了以R134a为制冷剂的SD-5H、SD-7H年产60万台空调压缩机生产能力。

2000年6月，易初公司引入战略合作伙伴日本三电公司，并开发了7V16变排量压缩机和涡旋压缩机，该产品为7缸摇摆斜盘式内控变排量压缩机，最大排量为160 mL，2004年4月，公司的SE7PV16汽车空调压缩机被中国国际专利与名牌博览会组织委员会评为“中国国际专利与名牌博览会金奖”。

2004年易初公司经资产重组成立由上汽、龙华工业公司和日本三电、德国贝洱（BEHR）合资的上海三电贝洱汽车空调有限公司（以下简称“三电贝洱”）。同年12月23日，国内首套二氧化碳汽车空调系统通过了国家技术鉴定。排量为28 mL，为旋转斜盘定排量压缩机，制冷量与150 mL排量的R134a压缩机制冷量相当。

2010年12月17日，三电贝洱第2 000万台汽车空调压缩机在石龙路工厂总装三车间成功下线。该下线产品系自主研发的SEBX系列压缩机总成，产品为自主开发的双向斜盘变排量压缩机，体积小、重量轻、噪声低，为上海通用科鲁兹轿车和上汽通用五菱等车型配套。

2014年，三电贝洱开发了PXE压缩机，该产品为外控变排量压缩机，是合资后引进的三电最新开发的产品，产量占公司总产量的30%以上，为上海大众、一汽大众、上海通用等高端客户配套。同年，为上汽新能源轿车配套的SEE27s-4为自主开发的第四代电动压缩机，排量为27 mL，EMC特性与进口产品水平相当，得到认可正式进入产业化阶段。10月，三电贝洱取得了上汽通用PHEV插电式混合动力轿车226、K227项目定点。2015年SD6V12为排量为120 mL的摇摆斜盘内控变排量压缩机试制成功。连续多年的产品持续开发为三电贝洱赢得了广泛的市场，2015年第4 000万台空调压缩机顺利下线。

2）上海冷气机厂／哈格诺克公司／法维莱公司

我国于1958年开始运行铁路空调客车，但数量极少。1981年在上海—北京的13/14

次列车软卧车厢上首次采用国内生产的空调机组，随后在 22 型、25 型客车上进行了推广应用，从而开启了中国轨道交通车辆空调的发展。在这种背景下，上冷厂的轨道交通空调业务应运而生，上冷厂也是中国开展轨道交通空调业务的最早企业之一。

1980 年上冷厂与铁道部四方机车车辆厂联合研制列车空调，试制成功 LCK-20 车顶单元式空调机组，从而减少了该类产品的进口而节约了外汇。该产品型号中的 LCK 为列车空调前三个字的拼音首字母，20 代表其制冷量为 20 000 kcal/h。该空调机组结构形式为平底侧出风，制冷剂采用 R22，制冷量 20 000 kcal/h，电加热量 4.5 kW，送风量 4 000 m^3/h，主电路采用三相交流电（380 V/50 Hz），控制回路采用单相交流电（220 V/50 Hz），压缩机采用全封闭活塞压缩机，蒸发器和冷凝器采用铜管铝翅片换热器，节流装置采用毛细管，冷凝风机采用多叶片轴流风机，通风机采用双轴离心风机。

1985 年，上海冷气机厂根据铁道部“七五”科研项目计划，设计制造了 LCK-25 型车用空调机组。该空调机组结构形式为平底侧出风，制冷剂采用 R22，制冷量 25 000 kcal/h，电加热量 9 kW，送风量高低速为 4 500 m^3/h 和 3 000 m^3/h，主电路采用三相交流电（380 V/50 Hz），控制回路采用单相交流电（220 V/50 Hz），压缩机采用三菱全封闭活塞式压缩机，蒸发器和冷凝器采用铜管铝翅片换热器，节流装置采用毛细管，冷凝风机采用多叶片轴流风机，通风机采用双轴离心风机。

1987 年，为配合铁道部浦镇车辆工厂研制“七五”期间国家重点攻关项目 25.5 m 双层空调客车的配套需要，上冷厂自行设计并制造的 LCK-35G 双层客车用空调机组问世，结束了我国双层客车没有空调的历史，填补了国产双层客车空调机组的空白。1989 年 8 月 8 日，LCK-35G 双层客车用空调机组在北京铁道部科学研究院环线试验基地进行环线运行，试验结果表明。产品运行良好，完全达到规定的要求，其间，李鹏、宋健、邹家华和国务院原秘书长罗干等领导到试验基地视察了双层客车环线运行。该空调机组结构形式为平底侧出风，制冷剂采用 R22，制冷量 35 000 kcal/h，电加热量 12 kW，送风量高低速为 6 000 m^3/h 和 4 000 m^3/h，主电路采用三相交流电（380 V/50 Hz），控制回路采用单相交流电（220 V/50 Hz），压缩机采用 2 台 5.5 kW 的三菱全封闭活塞压缩机，蒸发器和冷凝器采用铜管铝翅片换热器（冷凝器 4 组，蒸发器 2 组），节流装置采用毛细管，冷凝风机采用多叶片轴流风机，通风机采用双轴离心风机，配用总功率 18.4 kW（不包括电加热器功率），外形尺寸 3 700 mm × 2 120 mm × 515 mm，质量 950 kg。1991 年 3 月 LCK-35G 型车顶单元式列车空调机组获 1990 年上海市优秀新产品二等奖，1991 年 10 月上海科技博览会评审委为 LCK-35G 型列车空调机颁发首届上海科技博览会优秀奖，1992 年 12 月 LCK-35G 列车空调获得上海市科技进步三等奖。

1991 年，上冷厂根据铁道部和上海机电局新产品计划。设计制造的 LCK-25G 型双层软座客车用空调机组通过专家鉴定。该机组通过沪宁、京津线运行，性能可靠，温控灵敏，能适应车辆运行中各种条件的影响及振动冲击等考验。该空调机组结构形式为平底侧出风，制冷剂采用 R22，制冷量 25 000 kcal/h，电加热量 9 kW，送风量高低速为 4 500 m^3/h 和 3 000 m^3/h，主电路采用三相交流电（380 V/50 Hz），控制回路采用单相交流电（220 V/50 Hz），压缩机采用三菱全封闭活塞式压缩机，蒸发器和冷凝器采用铜管铝翅片换热器，节流装置采用毛细管，冷凝风机采用多叶片轴流风机，通风机采用双轴离心风机。1993 年 3 月该产品获 1992 年上海市优秀新产品三等奖。

在 1980—1993 年的十几年时间内，在 LCK-20，LCK-25 和 LCK-35 等平台上，根据车辆的结构要求，上冷厂还陆陆续续的开发了 LCK-25B（平底侧出风）、LCK-25Y（圆弧底下出风）、LCK-35A（圆弧底下出风）、LCK-35B（平底下出风）、LCK-35Y（圆弧底下出风）等系列产品。

1994 年，随着铁路标准 TB/T 2430-93《铁道客车车顶单元式空调机组型式与基本参数》的颁布与实施，空调机组的命名方式发生改变，原先的 LCK-20、LCK-25 和 LCK-35 机组分别改为 KLD-29PQ、KLD-35PQ 和 KLD-40PQ。新的命名方式中 KL 代表单冷空调，KLD 代表带电加热器的空调，数字为制冷量，单位为 kW，P 代表平底，Q 代表前出风。

1994 年 3 月 KLD-40PQ（LCK-35）型车顶单元式列车空调机组获 1994 年上海市优秀新产品一等奖。同年 12 月该产品荣获 1994 年度上海市科技进步三等奖。

1994 年，上冷厂和德国哈格诺克公司合资成立了上海哈格诺克冷气机有限公司（以下简称“上海哈格诺克”），当年合资，当年形成生产规模，当年实现盈利。

在 1994—2001 年，国内轨道交通市场仍然以铁路普通旅客列车为主，穿插了一些探索性的尝试，如铁路准高速列车的引进和仿制、地铁轻轨车辆的仿制等。由于和国际先进水平的技术差距悬殊，车辆子系统配套能力严重匮乏等原因，这些尝试基本以失败告终，但参与其中的国内主机厂、科研院所、主要子系统供应商都从中获益匪浅，找到了差距，培养了技术队伍，积累了经验和教训，为后续中国高铁和城市轨道交通技术的全面赶超埋下了伏笔。

在此期间，上海哈格诺克积极参与到相关车辆的配套空调产品开发工作中，先后为北京铁路局准高速列车开发了 KLD-25Z、KLD-40Z 型空调机组，为新曙光号 180 km/h 内燃双层动车组开发了 KLD-40H、KLD-35H 型空调机组，为蓝箭号 200 km/h 高速动车组开发了 KLD-35HB、KLD-26HB 型空调机组，为北京铁路局快速双层动车组开发了 KLD-40KS、KLD-35KS 型空调机组。

随着旅客列车空调的普及，机车驾驶室加装空调被提上议事日程，作为影响行车安全的重要因素，铁道部决定为新造机车配置专用的驾驶室空调机组。1998 年，上海哈格诺克引进外方技术，为韶山 4B 型电力机车开发了国内首台机车空调 VP-LS51C，填补了国内空白，解决了加装普通民用空调频繁烧损的问题。该空调机组结构形式为平底下出风，制冷剂采用 R22，制冷量 5 kW，送风量为 800 m^3/h，主电路采用单相交流电（220 V/50 Hz），压缩机采用谷轮全封闭涡旋式压缩机，控制回路采用单相交流电

（220 V/50 Hz），冷凝器和蒸发器采用铜管铝翅片换热器，节流装置采用毛细管，冷凝风机采用多叶片轴流风机，通风机采用双轴离心风机。此后，随着机车空调的推广使用，上海哈格诺克进一步为韶山系列电力机车、东风系列内燃机车开发了 JCK-5PX-N 系列、TTK3-5.0 型机车空调机组，同时引进外方技术配套提供 JKD-5.0 系列逆变电源产品。

与此同时，上海哈格诺克还参与了国内地铁轻轨车辆的前期探索工作中，2001 年，参考上海地铁 1 号线进口德国哈格诺克空调的设计，先后为大连机车厂开发了大连轻轨空调机组 KLD-35PQDT，为湘潭电机厂开发了长春轻轨空调机组 KLD-35PQDT-B。该系列空调机组结构形式为平底侧出风，制冷剂采用 R407C，制冷量 35 kW，电加热量 9 kW，送风量为 4 000 m^3/h，主电路采用三相交流电（380 V/50 Hz），控制回路采用直流 110 V 供电，压缩机采用谷轮全封闭涡旋式压缩机，蒸发器和冷凝器采用铜管铝翅片换热器，节流装置采用毛细管，冷凝风机采用多叶片轴流风机，通风机采用双轴离心风机。为实现线路断电时情况下车内紧急通风功能，机组内配置了紧急逆变器，可在车载蓄电池供电下向车内提供全新风的紧急通风。

在老产品技术改进和提升方面，上海哈格诺克首先在合资外方的帮助下，对既有产品进行了加工工艺方面的优化，将空调不锈钢钣金壳体从焊接结构改为铆接结构为主辅以小部分焊接的成型工艺，显著提高了生产效率，改善了外观质量，获得用户的一致好评；其次，顺应空调行业发展趋势，对既有产品的关键零部件进行了更新换代，将三菱活塞压缩机逐步替换成谷轮涡旋压缩机，将 R22 制冷剂逐渐替换成 R407C 等。原有 KLD-29PQ、KLD-35PQ 和 KLD-40PQ 系列产品分别升级为 KLD-29PQU、KLD-35PQU 和 KLD-40PQU 系列，继续作为公司主打产品占据国内市场领先地位。1999 年 4 月，上海哈格诺克的 KLD-（U）40/29/9PQ 型车顶单元式列车空调机组获 1998 年度上海市优秀新产品一等奖。同年 12 月上海市政府为 KLD-（U）40/29/9PQ 型车顶单元式列车空调机组颁发上海市科技进步三等奖。

2000 年，上海哈格诺克配合青岛四方-庞巴迪-鲍尔铁路运输设备有限公司开发了 25T 高档软卧车空调系统。上海哈格诺克第一次与具有外资背景的车辆工厂进行了合作。该空调机组结构形式为平底侧出风，制冷剂采用 R22，制冷量 35 kW，电加热量 9 kW，送风量高低速分别为 4 500 m^3/h 和 3 000 m^3/h，主电路采用三相交流电（380 V/50 Hz），控制回路采用 DC 110 V，压缩机采用谷轮涡旋压缩机，蒸发器和冷凝器采用铜管铝翅片换热器，节流装置采用膨胀阀，冷凝风机采用多叶片轴流风机，通风机采用双轴离心风机。

2001 年，上海哈格诺克因外方股份调整，更名为上海法维莱交通车辆设备有限公司（以下简称“上海法维莱”FAIVELEY）。

2001 年后，国内城轨车辆空调市场开始进入新一轮快速增长期。在首轮上海地铁 1 号线、2 号线以及广州地铁 1 号线向欧洲进口整车之后，由于车辆购置价格昂贵、维修费用高等问题，国家计委在 1998 年对新规划地铁线车辆国产化率提出了严格的要求，从而推动了一轮技术引进的热潮。为满足国产化率的硬指标要求，世界领先的主要车辆制造商通过建立合资企业（如上海阿尔斯通、长客庞巴迪），或成立项目合作联合体（如阿尔斯通和南京浦镇车辆厂、西门子和株洲电力机车厂）等形式向国内传递先进的城轨车辆技术而获取市场。上海法维莱借助合资外方与这些国际领先企业已有的长期合作关系，再加上深耕列车空调领域20年，特别是合资多年来在国内奠定了坚实的行业地位和技术基础，成为这些客户的车辆空调系统首选供应商。

2002年，上海法维莱配合阿尔斯通（ALSTOM）率先开发了上海地铁莘闵线（轨道交通5号线）空调机组，同时配套提供了配置车辆空调专用PLC的空调控制系统，以及整车风道系统，开始了上海法维莱在地铁空调史上的新发展。该空调机组为车顶单元式，制冷剂采用R407C，制冷量35 kW，送风量为4 500 m^3/h，主电路采用三相交流电（380 V/50 Hz），控制回路采用DC 110 V，压缩机采用谷轮涡旋压缩机，蒸发器和冷凝器采用铜管铝翅片换热器，节流装置采用膨胀阀，冷凝风机采用多叶片轴流风机，通风机采用双轴离心风机。该项目的开发过程得到了外方强有力的支持，上海法维莱也第一次真正接触到世界最先进的车辆制造商，并消化、适应基于欧洲标准的技术规范，接受客户各阶段的设计评审，进行严格的第三方型式试验，参与客户主导的整车试验，接受由最终用户和客户组织的首件检查。这一系列活动中，上海法维莱的设计团队从欧洲法维莱接受了先进的设计理念，诸如RAMS（可靠性、可用性、可维护性、安全性）和LCC（生命周期成本）等概念，熟悉了轨道交通相关国际标准体系，建立了从系统设计、机械设计、电气设计、软件设计、到RAMS&LCC设计的全过程设计开发体系，为接轨世界轨道交通先进技术做好了充分的准备。

随后的两年内，上海法维莱接连获得国际先进车辆制造商的青睐，先后为长客庞巴迪（BOMBARDIER）开发了深圳地铁1号线空调，为株洲西门子（SIEMENS）开发了上海明珠线二期（4号线）、广州地铁3号线空调，成为城轨车辆空调国产化项目的主要承担者，参与了国内城轨车辆及配套技术引进–消化–吸收–再创新直至自主创新的整个历程。

随着国内城市轨道交通（以下简称“城轨”）市场的高速增长，尤其是2008年北京奥运会、2010年上海世博会等重大活动所激发的城市建设的爆发式发展，城轨车辆行业迎来了前所未有的发展契机，上海法维莱也抓住机遇扩大了城轨空调的市场占有率，获得了突飞猛进的提高，先后为上海轨道交通1号线、4号线、5号线、6号线、7号线、8号线、9号线、11号线、12号线配套提供了车辆空调系统，并拓展了北京、广州、深圳、武汉、大连等城市的城轨车辆市场。

在国内城市轨道交通高速发展的同时，铁路的跨越式发展也开始萌发。2003年，铁道部在总结前期铁路技术发展的一系列探索前提下，为满足国民经济高速发展对铁路运输的要求，正式提出了实施铁路跨越式发展的战略。就是要直接利用世界最新科技成果，把引进、消化、吸收先进技术与自主创新结合起来，在较高起点上实现铁路技术发展的跨越。作为铁路跨越式发展的重要组成部分，在高速客运和重载货运两方面实现对世界先进水平的赶超成为铁路装备制造业面临的重大课题。

“中华之星”设计时速 270 km/h，曾创造 321.5 km/h 的行驶速度记录，是中国自行研制的第一列高速列车。2002 年，作为“中华之星”唯一的空调制造商，上海法维莱为之开发了一台分体式空调机组，从而开启了上海法维莱的高铁之旅。该空调机组包括空气处理单元和压缩冷凝单元两部分，空气处理单元安装在车顶，压缩冷凝单元安装在车底，制冷剂采用 R134a，制冷量 44 kW，电加热量 30 kW，电加热采用 DC 600 V 供电，送风量为 5 000 m^3/h，主电路采用三相交流电（440 V/60 Hz），控制回路采用 DC110 V，压缩机采用比泽尔全封闭螺杆压缩机，蒸发器和冷凝器采用铜管铝翅片换热器，节流装置采用膨胀阀，冷凝风机采用多叶片轴流风机，通风机采用双进风离心风机。然而，由于大量基础技术的缺乏，“中华之星”样车试验过程中暴露出大量问题，其技术水平、产品可靠性完全无法胜任铁路跨越式发展的需求。

2004 年，铁道部在第六次铁路大提速前夕，启动了时速 200 km/h 动车组招标，明确投标企业必须是“在中华人民共和国境内合法注册的，具备铁路动车组制造能力，并获得拥有成熟的时速 200 km/h 铁路动车组设计和制造技术的国外合作方技术支持的中国制造企业（含中外合资企业）”。这“高铁第一标”，开启了中国高铁技术全面引进–消化–吸收–再创新直到完全自主创新的征途，展开了波澜壮阔的历史画卷。

作为首轮引进的和谐系列 200 km/h 高速动车组，CRH1A 型由庞巴迪和南车四方的合资企业开发，CRH2A 型由南车四方和日本川崎重工等联合体合作开发，CRH5A 型由北车长客和阿尔斯通的联合体合作开发。2005 年，上海法维莱获得青岛四方庞巴迪的订单，为 CRH1A 型动车组（200 km/h）开发 KLDF-54BSP 高速动车组空调系统，成为国内首批运用世界最先进高铁成熟技术动车组的关键系统配套商。该空调机组包括空气处理单元和压缩冷凝单元两部分，空气处理单元安装在车顶，压缩冷凝单元安装在车底，制冷剂采用 R134a，制冷量 54 kW，电加热量 18 kW，送风量高低速为 6 500 m^3/h 和 4 500 m^3/h，主电路采用三相交流电（380 V/50 Hz），控制回路采用 DC 110 V，压缩机采用谷轮全封闭涡旋压缩机，蒸发器和冷凝器采用铜管铝翅片换热器，节流装置采用膨胀阀，冷凝风机采用多叶片轴流风机，通风机采用双进风离心风机。上海法维莱还配套提供具备 MVB 网络通信功能的空调控制系统，实现了整列车空调的网络集中控制。此后，上海法维莱又陆续开发了 CRH1B-200 km/h 长编组动车组空调、CRH1E-250 km/h 卧铺动车组空调，形成了成熟、完整的高铁动车组空调设计开发能力。

2010 年，上海法维莱再次获得青岛四方庞巴迪的订单，为代表当时世界高铁最先进水平的 CRH380D 型（380 km/h）高速动车组配套开发空调系统。该空调机组为车顶单元式，制冷剂采用 R134a，制冷量 42 kW，电加热量 30 kW，送风量高低速为 4 500 m^3/h 和 3 000 m^3/h，主电路采用三相交流电（380 V/50 Hz），控制回路采用 DC 110 V，压缩机采用谷轮全封涡旋压缩机，蒸发器和冷凝器采用铜管铝翅片换热器，节流装置采用膨胀阀，冷凝风机采用多叶片轴流风机，通风机采用双进风离心风机。为满足车辆最高设计速度 380 km/h 的运用要求，空调系统配套提供了压力保护系统，通过探测列车内外的压力波动，瞬时关闭整车新风、废排开口，以缓解列车高速进出隧道以及高速会车而产生的压力波对乘客舒适度的影响。同时，空调机组外形在空气动力学方面作了大量的模拟和优化，内部结构也为满足几近严苛的整体气密性要求进行了大量的特殊设计。该产品的精心设计获得了客户的一致好评，空调系统所创造的车内整体舒适性和同期开发的另外 2 个 350 km/h 高速动车组平台产品相比，有明显优势。

2014 年，国内完全自主知识产权的中国标准动车组项目启动后，上海法维莱由于在 CRH380D 空调系统开发中的优异表现，在北车长客开发的国内首列复兴号 350 km/h 标准动车组招标中脱颖而出，获得独家配套开发空调系统的订单，为中国高铁技术最终实现对世界先进国家的全面赶超画上了浓墨重彩的一笔。该空调机组为车顶单元式，制冷剂采用 R407C，制冷量 45 kW，电加热量 30 kW，送风量高低速为 4 500 m^3/h 和 3 000 m^3/h，主电路采用三相交流电（380 V/50 Hz），控制回路采用 DC110 V，压缩机采用谷轮全封卧式涡旋压缩机，蒸发器和冷凝器采用铜管铝翅片换热器，节流装置采用膨胀阀，冷凝风机采用多叶片轴流风机，通风机采用双进风离心风机。在 CRH380D 型车空调系统中积累的大量成功经验，均被运用到标准动车组空调的开发中并得到进一步优化，为国内高铁车内舒适性水平的提升做出了贡献。

作为铁路跨越式发展的另一个重要组成部分，重载机车技术的引进-消化-吸收-再创新直至自主创新的过程也于 2005 年开始全面启动。上海法维莱首先为株洲电力机车公司引进西门子技术开发的 HXD1 型交流传动重载电力机车、大同电力机车公司引进阿尔斯通技术开发的 HXD2 型交流传动重载电力机车分别配套了两种车型用机车驾驶室空调机组，再一次成为世界先进技术引进工作的领跑者。通过借鉴法维莱在该两种引进车型原型车上的配套产品设计，并结合以往国内机车空调多年的运用经验，上海法维莱顺利地完成了两种机型的国产化工作，并经受了大秦线复杂运用环境的考验。该两种机车空调一改以往自行研制机车的设计思路，增加了大量舒适性功能，控制系统从简单手动控制升级为 PLC 控制，实现了温度和风速的多级调节，司机台远程控制以及后墙加热、足部加热等的联动控制，增加了新风引入和预处理系统。

伴随着重载机车引进技术的消化吸收和再创新过程，上海法维莱充分发挥技术优势，连续开发配套了 HXD1B、HXD1C、HXD2B 和 HXD3 等和谐系列重载机车用空调机组。在引进消化吸收的基础上，进行大量的适应性创新和集成创新。通过对原有功能和性能的详尽分析和研究，取消了一些不必要的功能，对原有功能及其实现方式等进行了整合和优化，并确保可靠性、可用性、可维护性及安全性等不下降，满足了用户在降成本等方面的需求。最终，和谐系列机车实现了完全自主知识产权的体系建设，自主开发并形成了

HXD-B 系列 9 600 kW 六轴电力机车、HXD-C 系列 7 200 kW 六轴电力机车、HXD-D 系列 160 km/h 客运六轴电力机车、HXN3 和 HXN5 型内燃重载机车等系列化产品平台，并在此基础上不断根据需要拓展平台产品。上海法维莱也紧密跟踪市场需求，不断为和谐系列机车配套开发空调机组，满足铁路重载货运发展的需要。

经历了国内城轨车辆、高铁动车组和重载机车技术的引进–消化–吸收–再创新直至自主创新的整个过程，上海法维莱形成了完整的开发体系，技术能力直接接轨世界先进水平，涌现出了一批批优秀的技术人才，活跃在轨道交通空调行业，如今已成为各企业的技术领军人物。

由于上海法维莱具备的技术优势，再加上国内配套供应链的成本优势，上海法维莱走向国际市场的步伐不断加大。从一开始借助国内车辆制造商整车出口项目实现借船出海，直到获得国际车辆制造商的青睐实现直接出口，产品品种、市场范围越来越广。不仅出口到巴西、智利、秘鲁、委内瑞拉、印度、伊朗、伊拉克、沙特、阿联酋、突尼斯、土耳其、尼日利亚、泰国、乌克兰、马来西亚、希腊、哈萨克斯坦等发展中国家，更实现了向美国、加拿大、法国、意大利、奥地利、荷兰、澳大利亚、新西兰等发达国家的出口。上海法维莱出口空调产品配套的有机车、普通旅客客车、地铁轻轨车辆、有轨电车、旅客捷运系统等。

2003 年，上海法维莱为青岛四方车辆厂出口伊朗的卧铺车开发了 KLDF-41 型分体式空调机组，上海法维莱的空调产品第一次走出国门，服务世界。该空调机组包括空气处理单元、压缩单元和冷凝单元三部分，空气处理单元安装在车顶，压缩单元和冷凝单元安装在车底，制冷剂采用 R134a，制冷量 41 kW，电加热量 12 kW，送风量高低速为 6 000 m^3/h 和 4 000 m^3/h，主电路采用三相交流电（380 V/50 Hz），控制回路采用单相交流电（220 V/50 Hz），压缩机采用比泽尔全封闭活塞压缩机，蒸发器和冷凝器采用铜管铝翅片换热器，节流装置采用膨胀阀，冷凝风机采用多叶片轴流风机，通风机采用双进风离心风机。

低气压、缺氧、高寒、高太阳辐射以及紫外线辐射、气候多变等特殊条件，给青藏铁路空调系统的研发提出了许多特殊的高性能要求。2006 年，上海法维莱为青岛庞巴迪的青藏列车开发了满足高原气候条件的高原列车空调系统，上海法维莱的空调第一次走上了海拔 5 000 多米高山，为乘坐青藏列车的旅客带去了一个健康舒适的旅行环境。该空调机组结构形式为平底前出风，制冷剂采用 R407C，制冷量 49 kW，电加热量 18 kW，电加热采用 DC 600 V 供电，送风量高低速为 6 000 m^3/h 和 4 000 m^3/h，主电路采用三相交流电（380 V/50 Hz），控制回路采用 DC 110 V，压缩机采用谷轮涡旋压缩机，蒸发器和冷凝器采用铜管铝翅片换热器，节流装置采用膨胀阀，冷凝风机采用多叶片轴流风机，通风机采用双轴离心风机。

3）上海开利运输冷气设备有限公司

1995 年，上冷厂与开利公司合资成立了上海开利运输冷气设备有限公司（以下简称

“开利运输”），引进开利先进的客车空调产品技术，1996年7月，C280 D/D型非独立顶置式空调机组首先在上海公交46路车上安装试运行，市民们踊跃乘坐，享受炎夏出行的凉爽。该机组制冷量28～31 kW，风量4 800 m^3/h，新风量0～2 080 m^3/h，额定电流电压27 V/90 A，适用车型11～12 m，其产品特性为：①采用数字式电子温控器和微电脑进行控制，能设定车厢内环境温度和对空调系统发生的故障进行识别并显示，相比当时国产客车空调机组通常使用的机械式温控，控制更为先进，使用更为方便；②机组车用压缩机采用比泽尔公司的4TFCY压缩机，排量470 mL，高效可靠，运行平稳，噪声低；③机组制冷系统使用环保制冷剂R134a；④冷凝器和蒸发器均采用正弦波纹铝翅片/内波纹高效紫铜管，采用意大利斯佩尔（SPAL）公司的风机，冷凝器风机数量5个，1 400 m^3/h，蒸发器风机数量6个，800 m^3/h，高效节能；⑤机组结构为整体顶置式（长3 847 mm×宽1 308 mm×高234 mm），蒸发器的风机叶轮、蜗壳、电机外壳及冷凝器风机的风叶采用工程塑料，蒸发器冷凝器外壳采用高强度玻璃钢制造，相比相同制冷量的其他客车空调机组，开利运输机组重量要轻30%左右；⑥机组独特的设计使维修人员不必爬上车顶就可在车厢内对许多部件进行修理，维修极为方便。该产品获得1998年度上海市优秀新产品二等奖和科技进步二等奖。

开利运输此后又引进开发了10 m车的CN268型顶置式空调机组，制冷量31～35 kW，风量5 200 m^3/h，新风量0～2 080 m^3/h，额定电流电压27 A/95 V；结构型式为整体顶置式（长4 088 mm×宽1 800 mm×高180 mm），冷凝器风机数量4个，风量1 550 m^3/h，蒸发器风机数量6个，风量870 m^3/h，压缩机采用比泽尔4PFCY，排量560 mL。

由于非独立式空调机组靠车辆发动机带动，怠速状态下机组制冷量下降，特别是从上海的交通路况较差、乘客较多的状况考虑，1996年开利运输又推出了C280P独立式空调机组，动力由久保田（KUBOTA）柴油发电机驱动，满足了上海公交的实际需要，该产品获“2000年度市优秀新产品三等奖”和“国家经贸委新产品奖”。以后又开发电车用空调机组，由直流发电机驱动。

1997年开利运输引进德国舒车（SUTRAK）公司（被开利冷冻收购）的AC663型空调机组，车型7～8 m，乘员数24～30人，制冷量13 000 kcal/h，风量2 800 m^3/h，压缩机采用博克（BOCK）公司的DKS-32压缩机，排量313 mL/rev，电流电压47 A/DC 24 V。

1998年开利运输引进AC112空调机组，在消化吸收后经过二次开发，于2002年12月通过市级鉴定和项目验收，该产品针对8～9 m高档商务客车设计，使用R134a环保制冷剂，设计制冷量16 kW，风量2 800 m^3/h，新风量0～1 680 m^3/h，额定电流电压12 V/24 A，结构型式为整体顶置式，压缩机采用开利05K压缩机，排量404 mL，转速2 000 r/min，该产品主要特点为：①采用开利05K压缩机，功耗低、冷量大，机组经合肥通用院检测，实际制冷量达到16.69 kW；压缩机曲轴连杆机构对称平衡，高速2 500 r/min，低速600 r/min，保证了压缩机始终处于高效平稳运行状态；压缩机底座框架合理，避震效果好，平均震动值仅 1.04 g；②蒸发器风机和风道按最新空气动力学设计，改电阻调速为电压无级调速，提高供风的舒适性，同时噪声大大降低，经上海市机电产品质量检测中心实测，机组噪声 67 dB（A），远低于交通部行标 JT/T-95《客车空调系统技术条件》Ⅰ类车怠速状态 70 dB（A）和 50 km/h 行驶状态 78 dB（A）的要求；③采用美国 Prestolite 公司的无电瓶发电机，消除了空调电气系统与客车电气系统共用一个电瓶相互干扰引发故障的隐患，这是行业首创。2002 年“AC112 型非独立式客车空调机组”获 2001 年度市优秀产品三等奖。

2000 年开利运输引进 AC310 型空调机组，制冷量 21 000 kcal/h，风量 4 000 m^3/h，压缩机采用开利 05K 压缩机，排量 404 mL，额定电流电压 70 A/DC 27 V，结构型式为整体顶置式，壳体材料为玻璃钢，蒸发器和冷凝器换热器均为正弦波纹铝翅片 / 内波纹高效紫铜管，蒸发器外形尺寸长 2 022 mm × 宽 1 340 mm × 高 180 mm，风机数量 6 个，冷凝器外形尺寸长 1 722 mm × 宽 1 340 mm × 高 180 mm，风机数量 3 个。

4）上海加冷松芝汽车空调股份有限公司

1988 年成立的上海松芝汽车空调有限公司（以下简称“松芝公司”），是一家集运输空调和制冷机组及其零部件系统研发、制造、销售服务于一体的上市企业集团。

2000 年松芝公司第一代大型客车空调产品 KFD 系列空调研发并装车成功，产品采用全玻璃钢迎风式壳体结构。

2002 年，以 KFD 系列空调产品技术为基础，研发成功 SZA 系列大型客车空调产品，采用全玻璃钢壳体结构，蒸发器与冷凝器前后排列，通过加大冷凝器进风口以提高产品的能效。同年，从环保及轻量化出发，全铝合金壳体的 BBP 系列空调及为高端公交客车配套的 LUX 系列空调研发成功，与全玻璃钢结构的 SZA 相比，BBP/LUX 外壳全部采用高强度不锈铝 LF21，钣金模具冲压焊装成型，整体浸透式表面钝化，烤漆，故产品外壳的耐候性和抗震性很好，且回收性好，对环境无污染。前后导流罩采用 SMC 模压成型，重量轻，强度高，外形美观，最大限度地降低了产品重量，间接地降低了空调能耗。且其积木式设计原理，使产品最大限度地实现了通用化、标准化。LUX 系列与 BBP 系列的主要区分是压缩机、风机等关键零部件品牌不同，LUX 系列全部采用进口品牌。

2004 年，为在长度上满足客户要求，松芝公司采用铝合金底壳，玻璃钢顶盖的三体并联式 HLA 系列空调研发成功，蒸发器左右并联于冷凝器上，产品长度可缩短 50%，此系列产品制冷能力与其他系列产品相当，由于冷凝器进风面积受限，高温适应性略差，故主要用于车顶空间受限的天然气公交车等。2006 年在 BBP 系列的基础上更进一步轻量化的 SZC、SZD 系列空调研发并装车成功，产品采用铝合金底壳、玻璃钢顶盖设计，冷凝器采用框架式结构，抛弃底壳，进一步减少重量。

2007 年，伴随纯电动大型客车的出现，松芝公司第一代纯电动新能源客车空调 JLD-II-D 研发并装车，该产品采用全变频技术、交流变频压缩机技术、铝制大涡壳风机技术和高效、轻量化换热器技术等5项新技术。电动空调采用整体单元式，控制系统、电源系统及压缩机，全部置于空调顶置内，与常规动力空调相比，主机厂无车身管路、压缩机支架等安装，也不在主机厂进行抽真空、加制冷剂等，安装极其简便。由于压缩机采用了变频的涡旋电动压缩机，容积效率高，重量轻，且能根据整车热负荷进行变频，空调能效大大提升的同时，还能在冬季实现热泵制热。

2010年，为满足市场上兴起的天然气客车需要，兼容天然气动力及燃油动力的SZE系列空调研发并装车成功，产品采用纯铝合金、一体迎风式壳体结构，空调长度能与三体并联式HLA系列空调相当，但由于冷凝器进风改善，并可利用车辆行驶产生的迎面风，空调能效得到提升。为天然气客车车顶安装气包节省了空间。2011年松芝公司第一代适用于中型客车的SZH系列空调研发成功。

2012年，松芝公司采用平行流微通道冷凝器的SZG系列中型客车空调及同结构电动客车空调JLD-XG开发成功，重量减轻而性能提高，由于产品外形长度尺寸小，填补了电动空调在中巴车上的空白，特别是7 m以下的中巴电动中小型车，从而取代SZH系列成为中巴空调市场的主流产品。2013年以SZC系列为基础、改用平行流微通道冷凝器的SZQ系列空调问世，减少了制冷剂加注量，重量、成本下降，技术性能、可靠性提高。

2014年，松芝公司采用迎风式结构的JLD-IIE电动客车空调系统研发成功，大规模配装比亚迪纯电动客车。同年下半年，为满足客户的不同需求，在SZQ系列的基础上，开发出回归采用管片式冷凝器的SZR系列空调机组，采用较玻璃钢更美观的SMC材质顶盖。由于采用小管径换热器，实现了轻量化设计，并采用自主专利的变流程技术，SZR系列产品的能效大大提升。

2015年，松芝公司产销各类客车空调4.8万台，其中新能源客车空调近1.6万台，达历史最高水平。轻量化的大型纯电动客车空调JLD-IIG空调开始大规模配装各客车厂，轻量化的ES中型客车空调系列开发项目正式启动。

2004年6月，松芝公司对研发力量进行重组，将客车空调和乘用车空调研发团队拆分，设立上海研发中心，专职负责乘用车、商用车和工程机械空调系统的研发工作。2005年开始，陆续引进了日本大西热学株式会社的汽车空调系统性能试验台等具有国际先进水平的试验设备，建立起较完善的乘用车空调试验能力。2005年6月，在新建上海二期厂房内，乘用车空调生产线投产，与厦门金旅、南京依维柯、东南汽车、东风柳汽、江淮汽车、长安汽车等汽车厂开展合作，比如与长安汽车的某平台车型空调箱就是代表性项目，原型车采用偏置式空调箱，考虑到该平台车型分左右舵，结合该车型空调布置空间，在参考原空调箱整体布局的基础上进行了适应性开发，将其调整为结构紧凑的中置式空调箱，在保证性能的前提下实现空调箱在左右舵车型上的通用设计，降低了产品成本，安装更为方便。

2009年，松芝公司并购为江淮配套空调的Modine公司，成立江淮松芝。将Modine的乘用车、商用车空调技术与自有技术相结合，融合技术规范和标准体系，研发出为江淮瑞风乘用车配套的双蒸发器自动空调系统，该空调系统采用前蒸（80 mm 层叠式蒸发器）+ 顶蒸（管片式蒸发器）的组合，通过系统匹配，满足了 MPV 大空间的制冷性能；通过车内外的温度传感器以及蒸发器传感器等自动感应温度，自动控制风量的大小以及温度的高低，为整车提供更加合理的恒温及出风量；整套空调系统具有制冷量大，噪音小，可靠性高，性能良好，平台化适应性五大特点。该产品的开发成功在显著降低成本的同时，提高了产品性能和可靠性。并在此基础上开发了一系列包括江淮轻、中、重型载货汽车和一些特种车辆配套空调系统，为江淮第 1 ～ 4 代电动车开发了电动压缩机驱动、空气 PTC 采暖的电空调系统，并针对电动车的特点，进行了相应的控制逻辑开发。

2011 年，松芝公司制冷空调研究院成立，主要负责产品开发系统、标杆分析、制冷系统、管路和附件、虚拟工程、空气流动及模块、电子及控制系统、动力总成冷却、热交换器设计、试验和认证、样件制造、系统集成和应用等 12 个领域的技术开发工作。在此阶段，松芝公司的研发能力得到显著强化，大量三维建模、CFD 和 FEA 等先进 CAE 工具和手段得到广泛应用，试验设备和手段持续完善；一大批核心零部件，如 TT38 mm 平行流蒸发器、T27 mm 暖风芯体设计定型并批量生产，形成比较完善的冷凝器产品系列；风机、控制器等关键零部件的开发和供货得到了集团的有力支持；空调产品设计质量得到进一步提升，并形成一大批设计标准和专利。通过与上海交通大学等高校持续开展产学研合作，建立外部专家支持团队，拓宽技术来源，广泛获取相关领域先进技术，在此基础上，研发体系基本建立，创新开发能力趋于完善；产品开发范围也从原先的空调系统，逐步拓展到包括前端冷却模块、电池热管理模块的新能源车热管理系统。以东南汽车某车型空调系统为例，其开发过程摆脱了原有的全部或部分仿制的方式，走出了一条自主创新开发的模式，通过对标杆车型空调系统分析，进行空调系统的设计定义；基于 CAE 手段、结合松芝公司自有技术，进行空调箱结构设计、仿真验证和快速样件；通过对快速样件的性能测试来验证设计结果，最后进行数模冻结、模具件设计和验证，该空调系统连续多年获得客户颁发的产品开发优秀奖。

2013 年，松芝公司开始启动三期厂房建设，主要采用自动装配进行乘用车空调系统及零部件生产，还投资在试验中心内建造国内最先进的整车模拟气候风洞（CWT）。与此同时，在研发方面，松芝公司继续进行完善体系建设、规范开发流程，提升自主创新能力；大力推行“文件化开发体系”“开发过程中的阶段评审”“8D 问题解决方案”“经验教训数据库”等工作；深化 CFD、FEA、一维系统仿真等 CAE 能力建设；持续着力于“高效空调技术”“空气质量提升技术”“轻量化技术”“先进控制技术”等热点技术；建立专门团队，进行“高效换热技术”“低温热泵空调”“电池冷却”“环保制冷剂”等前瞻技术开发工作，取得了丰硕成果：高效空调相关技术已应用于多款车型上、客户油耗测试反映效果明显；低 VOC 壳体、PM2.5 过滤器、AQS 传感器、离子发生器、纳米水发生器等技术的应用，有效提升车内空气质量；空调箱轻量化工作取得明显进展，壁厚减薄 25% 的空调箱壳体已在部分项目中得到应用；部分内循环技术已用于上汽等空调箱设计中，电动车控制策略中开始引入蒸发温度控制技术，基于神经网络的车内舒适度模型也在合作开发过程中。前瞻技术领域的成果也层出不穷：核心零部件开发方面，12 mm 冷凝器、2 代 16 mm 冷凝器的开发，完善了冷凝器型谱；TT48 mm、TT28 mm、串片式和蓄冷式蒸发器的开发，拓展了蒸发器在高性能、低成本、轻量紧凑和新能源的应用，T20 mm 暖风芯体实现了成本和性能的进一步优化；两代 IHX 的设计定型、为空调系统节能减排提供了部件支持；chiller 和电池水冷带 / 板的设计定型，为电动车电池热管理模块开发工作提供了可靠保障。并在低温热泵空调、电池冷却技术、环保制冷剂应用研究等方面也取得了可喜的成果。在试验能力建设方面，空调零部件、系统试验能力基本齐备，CRM 试验管理系统被引入，试验管理体系建立并持续完善；2014 年 12 月，松芝公司与上海交大等多家单位联合申报的“微通道管材与换热器制造技术及其应用”项目获国家科学技术进步二等奖，同年，获批设立“上海新能源汽车空调工程技术研究中心（筹）”。2015 年，与上海交大联合申请并获批“上海张江国家自主创新示范区人才培养产学研联合试验室”。

2017 年 3 月 23 日由中国制冷空调工业协会组织召开“新能源汽车低温变频热泵空调系统关键技术开发与应用”技术成果鉴定会在松芝举行，其成果包括：①优化四通换向阀结构设计，使其稳定热泵工况运行；②采用带双向流通能力的热力膨胀阀，提升系统调节能力；③蒸发器采用 5 mm 小管径换热器及高效分液器，提高单位面积制冷量，改善低温下的结霜现象；④适用于车用热泵空调的全新自动控制系统。这些成果已应用于 JLD、JLE、JLN 和 ES 系列新能源汽车空调产品中。

2009 年 9 月，松芝公司投资成立上海松芝轨道车辆空调有限公司，致力于城轨车辆、铁路客车、铁路机车等轨道交通车辆空调系统以及风道和相关辅助设备的研发、生产、销售和服务。空调技术设计团队包含系统设计、机械设计、电气及软件设计、试验以及标准化组。核心技术按轨道空调的型式来分涵盖定频单冷系统、定频热泵系统、交流变频热泵系统、直流变频热泵系统以及数码涡旋系统等。除新产品的开发外，松芝公司也承接轨道车辆空调的架修 / 大修空调业务。截至 2016 年 6 月，累计提供城市轨道新造车辆空调 800 台，干线铁路车辆空调 1 200 台，城市轨道车辆架修 / 大修空调近 2 000 台。

2009 年，松芝公司为北京复八线研发的全铝合金结构的超薄型地铁 B 型车空调，高度仅为 220 mm，且空调机组自带风道系统。此空调机组是松芝公司开发的第一个轨道车辆空调产品。制冷系统采用 R407C 制冷剂，在性能上超过初始的制冷量≥ 29 kW、送风量≥ 2 000 m^3/h、新风量≥ 750 m^3/h 的设计要求，并且重量不超过 300 kg。可通过松芝控制器与车辆 TCMS 进行通信与控制，在集控和本控模式之间灵活切换。

2010 年，上海轨道发展有限公司承接了科技部 A 型试验列车的项目，松芝公司为该项目开发了整套空调系统，包括空调机组、控制系统以及风道系统。制冷系统采用四压缩机并联方式，实现制冷量多级调节，制冷剂采用 R134a，空调的耐高温能力达到 53 ℃，能效比达到 2.4。在空调机械 / 电气接口和性能条件上可直接对上海地铁 7/9 号线进行替换。首次采用松芝公司自主知识产权的轨道车辆空调专用控制器，新风门自动调节，全不锈钢壳体结构，空调控制板配备了触摸屏，方便维修操作。这是松芝列车空调产品首次在上海地区装车运行。同年，松芝公司向以上海地铁 9 号线为平台的国产化、本地化列车提供空调机组。此空调机组采用双压缩机制冷系统，使用 R407C 制冷剂，首次采用 7 mm 小管径冷凝器和空调冷凝水回收利用技术，有效降低了能耗。

2011 年，松芝公司开发了重庆地铁 6 号线车辆空调机组，单台客室空调制冷量达到 35 kW，送风量为 4 000 m^3/h，使用 R407C 制冷剂，可在 45 ℃高温工况下运行。重庆地区湿热、酸雨的气候环境对空调机组提出了特殊的，特别是耐蚀性方面要求。此空调机组为适应重庆地区的特殊运行条件，风机组件（叶轮、电机）、换热器等关键部件进行了耐腐性设计，并在空调壳体的制造和总装工艺上进行了改进，有效适应了重庆地区的气候环境。并于 2012 年获得了松芝公司在城轨车辆空调方面的首个批量订单。后续还应客户的要求开发了定频热泵空调机组以及交流变频机组，并装车运行，进行节能、降耗的对比试验分析。

2012 年，松芝公司为上海浦东张江有轨电车进行了空调国产化，并装车使用，包含客室空调机组、司机室空调机组、调试用控制柜及维护软件等。空调壳体采用铝合金材质，控制系统集成在机组内部，机组电加热采用 DC 750 V 供电。实现了全进口列车的空调国产化。

2013 年，松芝公司承接了大连地铁 1、2 号线车辆空调项目。此空调机组为典型的地铁 B 型车空调机组。机组的噪声得到了优化，空调整机噪声仅为 70 dB（A），远低于行业标准要求。

2014 年 6 月，松芝公司了解到重庆 3 号线一期、二期车辆空调存在噪声和共振问题（重庆 3 号线为跨座式单轨车，采用胶轮行走，对噪声及振动要求高），原有的两家空调供应商一直无法有效解决，公司抓住这个契机，迅速地开发了重庆 3 号线交流变频空调机组，通过被动式降噪、风机叶轮调整、变频器频率优化等措施，在同年 9 月装车试用中，有效地解决了噪声和共振问题，整机噪声声压级测试达到 72.4 dB（A），大大低于客户 78 dB 的要求，随后在重庆地铁 3 号线车辆段试验室与其他两家原供货商的新造机组性能比武中，松芝公司空调机组在制冷量、送风量、噪声及振动等主要技术指标上均名列第一，并因此取得了重庆 3 号线后续的批量订单。针对重庆特殊的气候条件，松芝公司对风机轴承、换热器翅片都进行了设计优化和材料更新，通过轴承密封性能的提升和铜管铜翅片的换热器，更好满足了客户的使用需求。

2015 年，松芝公司的轨交新产品开发进入了发展阶段，相继开发了武汉大汉阳有轨电车空调机组、重庆 5 号线及重庆环线空调机组、上海松江有轨电车空调机组。

依托武汉大汉阳有轨电车示范线项目，松芝公司开发了有轨电车直流变频热泵空调机组。客室空调采用DC 750 V直流供电非隔离处理，电压输入的波动范围为DC 420～950 V，此技术的应用属国内首例，并集成了空气净化系统，有效改善了车厢内空气质量品质。司机室空调机组采用3相AC 400 V供电，压缩机直流变频。这两种空调机组压缩机均采用永磁同步电机、正弦波输出控制，业内领先的压缩机抖动抑制技术，采用R410A制冷剂等，这些都代表了轨道列车空调的最新技术方向。

重庆5号线及重庆环线作为松芝公司迄今为止单次最大的批量订单，共计105列，包含客室空调机组、客室控制柜以及司机室通风单元，这是松芝公司首次大批量独立提供空调控制系统。空调换热器采用全铜形式，冷凝器采用并联结构，部分负荷下的能效显著提高。空调控制柜配备的触摸屏，界面功能丰富，操作方便。

松江有轨电车空调机组结构紧凑，控制系统集成在机组内部。其中客室空调机组采用数码涡旋热泵系统。数码涡旋系统作为变容量的方式之一，是利用涡旋压缩机的轴向柔性技术，动静涡旋盘能沿轴向脱离一段距离实现加载与卸载，具有能力输出范围广（10%～100%能力输出）、系统可靠性高（控制相对简单、压缩机能顺利回油、电磁兼容性能好等）、除湿效果好等主要优势。这是数码涡旋系统在行业内的首次商业应用。司机室采用直流变频系统。宽广的能力输出范围搭配电子膨胀阀流量调节以及车内温湿度控制，提升了车内环境的稳定性与舒适性。

松芝公司自2010年起，相继为国内外客户开发了普速列车空调机组以及机车空调，包含KLD-09、KLD-29、KLD-35、KLD-40、KLD-45共计5种产品序列，并分别在各个铁路局应用。

2011年借助于松芝公司的海外销售网络，轨道车辆空调开始了海外市场的拓展并取得了成效，为马来西亚提供了火车改造空调项目。东南亚地区高温、高湿的运行环境，为空调设计、部件开发与应用提出了更严格的要求，同时项目团队也积累了海外项目沟通、运作，国际设计标准的经验。

2012年，松芝公司依托国内机车车辆公司的出口项目，开始对机车空调进行开发。2012年6月，组织开发了出口澳大利亚昆士兰的PN机车配套空调系统，包含空调机组、电气控制柜等，机组采用R134a制冷剂，可在环境温度50 ℃条件下满负荷运行。

2013年10月，松芝公司取得了CRCC（中铁检验认证中心）认证，是国内第四家取得该认证的铁路车辆空调厂家。2014年6月开始了KLD系列铁路产品的批量供货。同时，2014年10月松芝公司又组织开发了R407C制冷系统的KLD系列产品，并于2015年8月完成了新一轮认证。于2015年10月份取得了覆盖干线铁路10种产品全系列的CRCC证书，产品进入了国内18个铁路局中的15个。

随着城市轨道车辆相继大规模进入架修和大修期，2011年底松芝公司开始了地铁车辆空调架修的业务，为用户解决原有空调系统中老化、故障、缺陷、备品备件的替代与国产化等问题，同时更贴近用户来深入了解空调系统使用、维修、维护的要求，从而为开发用户需求的产品提供有力支撑。另外，由于维修空调机组来自国内外的不同的品牌，型式众多，在维修过程中积极吸收各家优势、取长补短，提高松芝公司自身产品开发及生产制造的能力。具有代表性的维修业务有：上海地铁1号线一期、二期、三期；3号线、4号线；6号线一期、二期；张江有轨电车等；大连地铁3号线一期、二期、三期等。

松芝公司围绕“自主创新，二次创新，集成创新”的技术发展战略，在大中型客车空调、乘用车空调、轨道车辆空调、冷冻冷藏车空调机组以及空调系统零部件等领域，积极开展具有自主知识产权的高技术产品研发，提升企业技术创新能力，并最终使之产业化。截至2016年核心技术已累计申请专利227项，其中发明专利55项。

松芝公司作为主要参编单位参与制订了国家标准GB/T 21360—2008《汽车空调用制冷剂压缩机》和GB/T 21361—2008《汽车用空调器》两项标准，该两项标准2012年获得中国机械工业科学技术二等奖。负责起草了国家标准GB/T 27942—2011《汽车空调用小排量涡旋压缩机》，负责起草了行业标准QC/T 945-2013《乘用车空调系统》，参与制定的行业标准QC/T 986-2014《车用空调冷凝水雾化装置》。围绕新技术、方法、零部件，共批准发布企业标准146份，制定15项上海市企业标准。

主导产品获得国家科技进步二等奖1项，国家机械工业科技进步二等奖1项，国家发明展“发明创造奖”项目奖金奖1项，上海市科技进步二等奖和三等奖各1项、上海市产学研合作优秀项目一等奖1项，国家重点新产品2项。

5）上海科泰运输制冷设备有限公司

成立于2002年的上海科泰运输制冷设备有限公司（以下简称“科泰公司”）是一家专业化研发和制造运输制冷行业各类高端产品合资企业。产品包括大客车空调、城市公交新能源大客车电动空调、轨道交通列车空调、有轨电车空调、卡车与拖挂车冷冻（温控）机组及特种空调等。

2003年，科泰公司开始研发城市公交新能源大客车节能型交流变频电动空调产品。第一代产品为CA353N单冷型空调机组，制冷量为10～20 kW，采用比泽尔DC 24 V开启式压缩机，使用R407C制冷剂。2005年开发了CA356N单元式热泵冷暖空调机组，制冷量10～22 kW，作为第二代产品，功能上扩展了制热，压缩机采用博克AC 380 V全封闭活塞式压缩机，使用R407C制冷剂，风机采用浙江双双风机的轴流风机（AC 220 V，30 Hz/40 Hz/50 Hz分档）。

2008年，科泰公司开始开发变频空调机组，开发的CA358N全变频单元式空调机组，制冷量10～24 kW，使用R407C制冷剂，压缩机采用三洋（SANYO）C-SWS225H00A压缩机（AC 380 V 30～100 Hz变频），风机采用佛山盈塞公司的产品（AC 220 V，30 Hz/40 Hz/50 Hz分档）。

2012年，科泰公司第四代产品CA359N-R全变频单元式空调热泵机组开发成功，制冷量10～24 kW，使用R134a制冷剂，配置三洋C-SWP205H02A压缩机（DC 380 V，

30 ～ 100 Hz 变频），EBM 无刷风机（DC 24 V 无级调速），重量轻、能效高。

科泰公司在产品开发中的技术特点为：①率先提出“四级能调”的设计理念，采用四个小压缩机两两并联或者两个卸载式压缩机，根据车厢的温度变化，控制压缩机的工作和制冷量，提高系统的综合能效比；②采用高效的管翅式换热器，科泰公司特制的 7 mm 内螺纹铜管的换热效率比常规内螺纹铜管换热器高 12%，换热器独特的轻量化设计，比常规换热器重量轻 20 kg；③采用“可调式电控新风门”技术，根据车厢载客重量及 CO_2 浓度控制新风门的开启度，客室新风量随乘客数量进行实时调节，在保证空气质量的前提下最大限度地降低新风热负荷耗能；④运用“冷凝盘管交叉排列”的设计理念，大幅度提高空调在部分负荷工况下的能效比和高温工况下系统性能，即在部分负荷制冷时，增加冷凝换热面积将近一倍，可减少压缩机功耗近 25%。

科泰公司不仅在公交客车上使用这些技术，还把这些特点运用到轨道交通上，2010 年，科泰为上海地铁 6 号、8 号线增购新列车项目研发的节能型列车空调，采用了“四级能调”和“可调式电控新风门”两项节能技术。经过当年夏季高温季节（环境温度高达 42 ℃）的在线运行，经上海地铁用户和同济大学在线耗电检测并出具了检测报告：与未采用上述两项节能技术的其他品牌列车空调相比，科泰公司列车空调节能效果明显，降低能耗 24% ～ 27%。

十年多来，科泰公司新能源客车空调机组已在上海、北京、大连、青岛、济南、成都、深圳、长沙、南京等地城市公交的新能源车上批量使用，上海公交车辆 18 年来新增客车 60% 以上采用科泰（COOLTEK）空调机组，保有量超过 1 万台。科泰公司在应用中持续改进，不断推出的新产品，在节能低噪、安全绝缘性能上居国内领先水平。除此之外，科泰公司产品还远销海外，批量进入澳大利亚、新加坡、中东等公交客车市场，2006 年以来，科泰公司客车空调在澳大利亚主要客运公司的客车上配套使用超过 1 200 台，占当地新增的公交客车空调市场 50% 以上，根据澳洲当地的 ABC（澳洲公交和团体客车杂志）统计，科泰公司产品在澳洲市场销量第二位。

6）上海金翅鹏实业有限公司

上海金翅鹏实业有限公司（以下简称“金翅鹏”）于 1991 年开始组建。1992 年成为德国舒车（SÜTRAK）车用空调在华独家代理商，为北京尼奥普兰和丹东黄海客车配套。随后曾为西安沃尔沃、安徽凯斯鲍尔、亚星奔驰、广州五十铃、常州佛莱西宝、沈飞客车和上海骏马等品牌大客车配套，以独立式空调为主。2002 年起，以改进设计为切入点，组装生产客车空调，主要是宽体非独立顶置空调，总高度 180 mm。并形成适用于公路旅行车的 AC 系列和适用于公交客车的 AB 系列。AC 公路车用空调系列—AC 383 客车空调机组，制冷量 29 kW，使用 R134a 制冷剂，蒸发器风量 8 000 m^3/h，冷凝器风量 15 000 m^3/h。AB 公交车用空调系列—AB 330 客车空调机组，制冷量 25 kW，使用 R134a 制冷剂，蒸发风量 6 900 m^3/h，冷凝风量 11 700 m^3/h。

2010 年金翅鹏委托合肥通用院按 GB/T 21361—2008《汽车用空调器》标准要求设计、承建了全天候汽车空调性能试验室及检测设备，投入 3 000 多万元建设新的车用空调组装生产线，当年 12 月由国家质检总局授予“车用空调生产许可证”（2015 年 11 月再次获得）。由此开始以自主创新为主的生产经营方式。金翅鹏将小管径平行流热交换器技术用于传统客车空调器，形成 ABxxxK 空调系列，换热效率提升 30% 以上。与此同时还研发、生产了 ACD 系列新能源全电动空调，该系列产品单冷 / 热泵型、采用变频卧式涡旋压缩机，直流变交流逆变器、PLC 集中控制模块组成变频控制系统，在 –30 ℃时仍能制热，用于电动中型客车、电动大客车、电动工程车、商务车等电动汽车。后置空调 ACH 系列，该系列产品适用于 10 ～ 12 m 单层、双层客车及 11 ～ 14 m 旅游客车。一体式金属框架结构，冷凝器芯体防腐设计。金翅鹏还开发了燃气客车用 ABxxxY 系列，ABxxxY 系列产品适用于 8 ～ 12 m 公路、旅游和公交燃气客车。整体式结构，铝合金底座，冷凝器芯体防腐设计，无触点控制技术。

2011 年起金翅鹏成为上海市高新技术企业，“凯希（Cachet）”商标被认定为上海市著名商标，连续多年被评为上海市“专精特新”中小企业。

7）金鑫美莱克空调系统（无锡）有限公司

金鑫美莱克空调系统（无锡）有限公司（以下简称“金鑫美莱克”）是德国克诺尔（KNORR-BREMSE）集团以美莱克（MERAK）公司的名义与无锡金鑫集团共同投资的合资企业，公司成立于 2008 年 6 月。美莱克在轨道空调系统的设计、生产和维修方面居世界领先地位。

在金鑫美莱克空调系统（无锡）有限公司成立之前，2001 年，美莱克公司就在上海成立了美莱克轨道车辆技术（上海）有限公司（以下简称“上海美莱克”）。负责全球性的空调产品的生产，是一家集生产，售后支持和技术支持于一体的独资企业。

2002 年，上海美莱克引进欧洲技术研制了上海地铁 3 号线的空调机组，该机组为嵌入式机组，制冷量 42 kW，送风量 5 000 m^3/h，铝合金喷漆壳体，车辆厂为阿尔斯通。2003 年，上海美莱克研制了广州地铁 2 号线的空调机组，该机组为顶置式机组，制冷量 40 kW，送风量 4 300 m^3/h，不锈钢壳体，车辆厂为长客庞巴迪。2004 年，上海美莱克得到了上海 1 号线增购的订单，研发了上海 1 号线的空调机组，该机组为顶置式机组，制冷量 44 kW，送风量 4 700 m^3/h，不锈钢壳体，车辆厂为长客庞巴迪。2006 年，上海美莱克引进欧洲技术生产了 CRH5 高速车的空调机组，该列车运营时速 250 km/h 该机组为顶置式机组，制冷量 44 kW，送风量 4 200 m^3/h，不锈钢壳体，车辆厂为长春中车轨道车辆有限公司。2007 年，上海美莱克得到了深圳 1 号线增购的订单，该机组为顶置式机组，制冷量 42 kW，送风 5 000 m^3/h，不锈钢壳体，车辆厂为长春中车轨道车辆有限公司。

2008 年，金鑫美莱克联合上海美莱克研制了上海 10 号线的空调机组，该机组为嵌入式机组，制冷量 44 kW，送风量 5 000 m^3/h，选用比泽尔 ELH736BY-40S 卧式涡旋压缩机，使用 R134a 制冷剂，不锈钢喷漆壳体，车辆厂为中车南京浦镇车辆有限公司。机组整体配置了两台涡旋式压缩机，两个冷凝器盘管，两套冷凝器风扇-马达组件，两个干燥过滤器，两个带干燥指示器的视液镜，两套蒸发器风扇-马达组件，两个蒸发器盘管，两个恒温膨胀阀，两个液体管路电磁阀，两个气体管路单向阀，两个回风过滤网，一个供风温度传感器，一个回风温度传感器，一个新鲜空气温度传感器，两个新鲜空气风门，两个回风空气风门。同年，金鑫美莱克研制了广州 3 号线的地铁空调，该机组为顶置式机组，制冷量 41 kW，送风量 4 250 m^3/h，不锈钢壳体，车辆厂为株洲电力机车。

2009 年，金鑫美莱克收获了“和谐号”CRH380 系列高速列车空调系统项目，该列车运营时速 350 km/h。该项目由西班牙美莱克进行研发设计，金鑫美莱克引进该技术，并对产品进行生产，制造，维护以及后续类似项目的设计改进。CRH380 项目供货范围包括客室空调机组，司机室蒸发单元，司机室冷凝单元，废排机组单元，混合箱，新风格栅压力波保护单元，风扇加热器，压力波检测控制单元，客室送风道系统，司机室送风道系统和整车废排风道系统。其中客室机组制冷量为 44 kW，制热量 35 kW，新风量 1 300 ～ 1 740 m^3/h，总风量 4 500 m^3/h，三相交流电源 440 V/60 Hz，输入制冷的交流电源 27 kW，输入加热的交流电源 59 kW，直流电源 110 V，制冷双系统，双速蒸发风机，G4 级空气过滤网，铝翅片换热器，多叶片型轴流风机，密封型冷凝电机。该机组配置了两台谷轮 ZR94 KTE-TFD522 涡旋式压缩机，使用 R407C 制冷剂，两台冷凝风机，两台蒸发电机，两个冷凝器，一个蒸发器，一台电加热，单个混合风滤网，两个旁通电磁阀，两个液路电磁阀，两个视液镜，四个压缩机避震管，两个干燥过滤器，一个防冻开关。同时，该机组还配备了压力传感器，系统压力开关等，整体机架壳体采用铝合金。机组重量小于 1 000 kg，机组总高 730 mm，超出 230 mm。同时，控制系统采用微处理电子器件，以 M 车体 VB 总线作为列车通信网络，通过连接 RS-232 来监控系统和故障诊断。

2010 年，金鑫美莱克自主研发了第一个海外地铁空调项目——孟买地铁空调。该机组为顶置式机组，制冷量 36 kW，送风量 5 200 m^3/h，铝合金喷漆防腐壳体，车辆厂为斯科米铁路有限公司（Scomi Rail Berhad）。

2011 年，金鑫美莱克自主研发无锡地铁 1 号线，该机组为顶置式机组，制冷量 37 kW，送风量 4 250 m^3/h，不锈钢壳体，车辆厂为中车南京浦镇车辆有限公司。

2012 年，金鑫美莱克自主研发了第一个运营时速 250 km/h 的 CRH3G 高铁项目的高铁空调系统，车辆厂为中车唐山车辆有限公司。该项目供货范围含客室空调机组，司机室空调机组，废排机组单元，送风道系统及废排风道系统。其中客室空调机组制冷量为 45 kW，制热量 27 kW，主回路电源为三相交流 440 V/60 Hz，控制回路 DC 110 V，总风量为 4 800 m^3/h，新风量为 1 760 m^3/h。该项目的空调系统的特点为，采用谷轮 ZR94 KTE-TFD522 涡旋式压缩机，使用 R407C 制冷剂，铜管铝翅片换热器，同时采用防腐铝合金机架确保结构坚固且轻量化，同三型车（CRH380）一样采用微处理控制系统。

2013 年金鑫美莱克成功研发了四方标准动车组运营时速 250 km/h 高寒车的空调机组（从兰州到新疆的线路），该机组的特点是耐高寒，耐高海拔，抗风沙，抗辐射，耐高温，耐高湿，抗雨雪。美莱克通过不断对机组零部件的选型，验证和试验，比如，对相应的非金属材料考虑温湿度，高海拔，高紫外线等要求来进行选型，并在新风入口首创了融雪电加热和雨水分离器一体的机构，以确保雨雪无法进入蒸发腔，在机组外部的油漆选择上采用了特殊油漆外加清漆的方式来确保风沙对外观油漆的磨损不产生影响等，终于通过铁路系统的严苛考核。该项目历时两年并填补了行业空白。

2014 年，中车集团启动中国标准动车组运营时速 350 km/h 的“复兴号”空调系统的研发，金鑫美莱克受邀共同参与 CRH400AF 和 CRH400BF 的空调系统设计。该项目供货范围包含客室空调机组，司机室空调机组，废排紧急逆变器，混合箱，新风格栅压力波，风扇加热器，消音风道，压力波检测装置及配套附件等。客室空调机组制冷量 45 kW，制热量 30 kW，机组形式为顶置嵌入单元式前送侧回空调；主回路电源为三相交流 380 V ± 10%/50 Hz ± 5%，控制回路 DC 110 V（电压范围：0.7 ～ 1.25 Un），总风量 4 800 m^3/h，新风量 1 800 m^3/h，机外静压不小于 250 Pa，采用谷轮 ZRH100KTE-TFD 涡旋式压缩机，制冷剂采用 R407C，一体式压风型冷凝风机，一体式蒸发风机，双向系统管路，同时还配备了压力传感器，系统压力开关，安全阀，电磁阀，干燥过滤器，视液镜，旁通阀调节冷量，压缩机排气温度保护，单向阀等，机组壳体采用铝合金喷漆的形式，整机重量不超过 800 kg。与和谐号相比，冷凝风机采用了国内盈赛公司研制的压风结构，并结合美莱克自主研发冷凝风进风格栅，相比 CRH380 和谐号的凸出车顶系列，金鑫美莱克首创机组与车体顶部齐平技术，这一系列均为高铁嵌入式空调机组的首次技术运用。最终成功进入中车集团下的所有车辆厂的标准动车组项目平台。

2015 年，金鑫美莱克研发了第一台国内 LRV 的单轨空调——上海松江 LRV，该机组为顶置式机组，单台制冷量 45 kW，送风量 4500 m^3/h，铝合金喷漆壳体，采用谷轮 ZR94KTE-TFD-592 涡旋式压缩机，使用 R407C 制冷剂，换热器采用铜管亲水铝箔翅片，并采用防腐电泳漆，膨胀阀采用外平衡式，管路钎焊连接。车辆厂为上海阿尔斯通。单轨空调一般都是应用于人口密集的城市，环境负荷变化大，开关门频繁，故其制冷量远比地铁空调的制冷量要高，与高铁空调相近，但是由于车型小，安装位置狭窄，机组冷量有限。故单轨空调在设计上挑战的是轻量化，大冷量，难度更高。

2016 年，上海美莱克工厂转移至金鑫美莱克，金鑫美莱克开始生产西班牙，澳洲等国外车辆空调设备。

2017 年，金鑫美莱克自主研发了海外地铁空调机组——马尼拉地铁空调项目，该机组为顶置式机组，制冷量 45.6 kW，送风量 4 400 m^3/h，不锈钢壳体，车辆厂为韩国现代集团旗下的罗特姆（Rotem）公司。

同年，金鑫美莱克又研发了海外第一台高铁空调机组，同时整个空调系统均由美莱克进行设计，该机组为顶置嵌入式机组，供货范围含客室机组，司机室机组，废排机组单元，控制盘，风道系统等。机组制冷量 44 kW，送风量 4 800 m^3/h，铝合金喷漆防腐壳体，车辆厂为韩国罗特姆公司，整个设计开发历时 2年。

2018 年，金鑫美莱克研发了海外第一台单轨空调机组——泰国黄粉线空调项目。该机组为顶置式机组，制冷量 42 kW，送风量 5 100 m^3/h，铝合金喷漆防腐壳体，车辆厂为罗特姆公司。

2019 年，金鑫美莱克启动“COP 3.0 节能项目”，公司前期的产品 COP 一般为 2 左右，该“COP 3.0 节能项目”的产品制冷量 40.4 kW，能效比达到 2.91，送风量 4 000 m^3/h，重量从 800 kg 下降到 680 kg，该项目特点空调机组能效提升 26.5%，重量减轻 15% 以上，制冷剂充注量减少 20%，噪声降低 5 dB（A）。采用谷轮 ZR81KTE-TFD-522 立式涡旋压缩机，U 型蒸发器和冷凝器、背向离心送风机、双压缩冷凝腔等部件和结构，有效利用机组内部空间，增大换热器面积，优化空调机组内部风侧阻力、空调机组与送风道连接处阻力和制冷剂侧阻力，优化空调系统控制逻辑，降低压缩机、冷凝风机和送风机功耗，提高制冷系统能效比，降低空调机组全年能耗，从而达到节能降噪减重等目的。2020 年，凭借此研发项目，成功竞标了京投 200 公里的城际车辆空调项目。

除此之外，上海及周边地区生产客车及轿车空调的企业还有德尔福、光裕空调国际、南京奥特佳、常州康普瑞、常州新誉集团等。

11. 冷冻冷藏产品的发展

1）家用电冰箱

20 世纪 70 年代末，国家实施了改革开放的基本国策，首先在经济建设领域制定了一系列引进国外技术、设备和资金，提升我国的工业制造水平，对外开放国内市场的政策。在上海的工业领域，许多企业派员出国访问、学习。在他们出访回国时，根据当时的政策，能带回少量的家用电器。为了方便出国人员购买像电冰箱、洗衣机之类的大家电，上海还开办了一家出国人员免税商店，供出国人员用节余的外汇购买进口的冰箱、洗衣机等家用电器。

这些都大大提升了国内消费者对家用电器特别是家用电冰箱的需求热情。许多轻工企业都敏锐地看到了市场的这个商机，纷纷打报告给上海的主管部门，要求引进家用电冰箱生产线和相关的制造技术，以满足人民群众日益增长的物质生活需求。

当时上海电力供应较为紧张，难以满足电冰箱等家用电器的用电需求，同时当时大部分消费者的食品、副食品的购买量有限，电冰箱的市场需求也刚刚起步，因此许多申请电冰箱生产项目的立项都夭折了。尽管如此，1978 年 7 月 20 日，在上海甘泉五金厂诞生了该厂与上海家电研究所共同研发的 75 L[1] 的直冷式家用电冰箱。

1979 年，得改革先机的广东家电企业批量面市了国产家用电冰箱——万宝冰箱。接

1 升，旧称“公升”“立升”，1 L = 1 dm^3。

着，全国各地的电冰箱项目如雨后春笋般纷纷上马。这大大鼓舞了上海制冷行业的技术人员和企业领导层，再次提出了家用电冰箱生产和引进项目。上海主管部门也不失时机地先后批准了4个电冰箱生产项目，它们是轻工局（原二轻局）的双鹿、上菱冰箱厂项目，航天局的航天冰箱厂项目和崇明区（原崇明县）经委的远东冰箱厂项目。

（1）上海双鹿电冰箱厂。上海第二轻工业局把两家街道工厂合并，试制成功了上海第一台BY75L单门家用电冰箱，并于1979年11月15日成立上海电冰箱厂（以下简称“双鹿厂”），成为国内最早生产家用电冰箱四大厂家之一，品牌定名为“双鹿”商标。工厂土法上马，制造了单门家用电冰箱的简易生产流水线。与此同时，还开发生产了BY100L、BY145L单门家用电冰箱，采用进口松下和日立的1/10 HP、1/8 HP压缩机，使用R12制冷剂，电磁启动带电容，为家用电冰箱在上海发展奠定了基础，到1980年已生产了3 339台，使第一代双鹿电冰箱走向了市场，走进了寻常百姓家。1983年9月BY100L、BY145L单门家用电冰箱荣获轻工部重大科技成果四等奖。

1984年7月，双鹿厂成功地与日本三洋公司签订了第一次技术合作生产电冰箱单班年产10万台生产流水线的协议。从匈牙利引进了与其配套的箱体喷涂线，从意大利引进箱体发泡线，总装线是日本三洋的，检测配用的测温仪等都是日本横河（YOKOGAWA），工厂先后三批赴日本三洋公司和匈牙利进行了为期60天的技术培训。

1985年，双鹿厂一边引进和安装日本进口流水线，一边组装SKD家用电冰箱BCD-131、BCD-170，成功地培训了一批电冰箱流水生产、装配和检测人员的技术骨干，完成组装了10万台电冰箱。1986年9月，引进的电冰箱产品BCD-145D、BCD-154D、BCD-180D和生产流水线正式投入生产，当时电冰箱配置的是三洋1/8 HP、1/6 HP压缩机，使用R12制冷剂，引进产品包括123 L和145 L单门冰箱，此两款产品再加装30 L冷冻室，就变成154 L和180 L双门冰箱，还有一款是168 L大单门冰箱，该产品曾荣获上海市科学技术进步三等奖。

随着人民生活水平的不断提高，家庭用的小冷冻室冰箱已不能满足要求，1989年双鹿厂进一步开发了BCD-182、BCD-185、BCD-185D、BCD-203、BCD-218W等节能型大容量产品，比如BCD-185D双门冰箱就是123 L单门冰箱加装60 L冷冻室成为大冷冻室双门冰箱，比之前30 L冷冻室足足大了一倍，为此BCD-185D电冰箱先后获得国家级新产品奖，上海科技进步二等奖，上海优秀新产品二等奖，上海市1996年优秀发明选拔赛一等奖等奖项。

1992年双鹿厂与日本三洋公司签订了第二次技术合作协议，引进三洋最新技术开发无霜大容量冰箱，诞生了新一代双鹿无霜大容积电冰箱BCD-251W、BCD-302W、BCD-418等，此产品采用进口转子式压缩机，后改为上海冰箱压缩机厂生产的卧式转子式压缩机，进一步完善了有霜、无霜电冰箱系列，1995年又开发了218 L和251 L的三门冰箱。

随着业务的发展，从1992年起双鹿厂相继成立了电冰箱二厂、电冰箱三厂，空调器厂、中日合资日立双鹿冷柜有限公司，中日合资双鹿中野冷机公司等，拓展了双鹿冷藏柜、冰柜、展示柜、挂壁式、立柜式空调等，1992 年 7 月 18 日上海电冰箱厂获准试行股份制，组建了上海双鹿电器股份有限公司，成功登录上海证券交易所，股本总额 13 822.8 万元（每股面值 1 元），其中发起人股 7 546.9 万元，社会法人股 5 075.9 万元，社会公众股 1 200 万元，成为上海家电第一股。

（2）上菱电冰箱厂。1985 年上海市经委考虑到当时全国所有的家用电冰箱企业只能生产有霜电冰箱，无霜电冰箱（或称自动融霜冰箱）在国内是个空白，决定将任务下达给上海市第二轻工业局。经调研和规划决定成立上海电冰箱二厂，后更名上菱电冰箱厂（以下简称“上菱厂”），厂址选在浦东洋泾的上海光明锚链厂。耗资 1 500 万美元，引进日本三菱电机的无霜风冷电冰箱及全套生产流水设备。这些设备有电冰箱箱体成型加工设备，金属件前处理和涂装设备，箱体和门体真空成型以及对应的发泡设备，总装流水线中的自动控制设备以及成品自动包装设备等。以上这些设备当时在国内均处于领先水平。

从 1985 年年初开始，基建工程全面开工。原车间改造、新增的车间和各种试验室的建造、设备安装、调试等工作，历时近 2 年，1987 年 12 月 19 日，上海电冰箱二厂举办试生产开工仪式。

在设备调试接近完成阶段，1986 年 10 月开始，以 SKD 组装了 2 万台 BCD 170W 和 BCD 158W 两款无霜冰箱。两款冰箱投入市场后用户反应良好，使用过程中不需要人工除霜，极为方便。

1989 年初开始试生产。主要型号有 BCD-180W 和少量的 BCD-165W。流水线生产节拍是 28.8 s/ 台，单班年产 20 万台。BCD-180W 冰箱由于冷冻室比较大，进入市场后深受消费者欢迎。此两款冰箱的压缩机均采用了高效的旋转式压缩机，制冷速度快，耗电量比同规格的活塞式压缩机下降了 15% 以上，由上海冰箱压缩机厂提供配套。同时又解决了恼人的除霜的麻烦，所以需要凭票购买，一票难求。

1988 年 8 月，轻工业部组织举办全国电冰箱质量评比。在生产现场抽取了 BCD-180W 冰箱送到北京家用电器检测中心检测，参与评比。1988 年 12 月评比结果揭晓，上菱厂 BCD-180W 冰箱以产品实物测试总分第一的成绩，荣获国家电冰箱质量金奖。此后，上菱电冰箱享誉上海享誉全国，企业进入了一个新的时代。

1989 年底至 1993 年 8 月轻工业部指定上菱厂参加联合国计划发展署援助中国轻工业部关于家用电器质量控制系统和质量体系认证的国际考察活动，全国仅上菱厂一家电冰箱厂参与。通过德国、美国、荷兰和英国等十多个国际著名企业的观测考察学习，进一步认识到企业建立质量控制系统和开展全面质量体系认证的重要性和必要性，为此组织培训各级有关人员开展质量认证工作，产品返修率明显降低，整机一次合格率进一步提高。1994 年下半年成立质量管理体系机构，全面推进质量管理体系建设，1996 年 5 月，经中国方圆标准委员会质量认证中心的现场审核，按照 GB/T 19001.94 体系标准，全面严格检查审核通过，是当时全国电冰箱行业首批获得国家质量中心 ISO9001 体系认证的企业之一。

经过不断的积累，操作人员技能提高明显，从 1992 年中期开始，上菱厂生产流水线的节拍，从以前的 28.8 s/ 台提高到 24 ～ 26 s/ 台。国产化进展也不断加快，到 1992 年年底，已实现了全部零部件国产化和主要原材料的国产化目标，包括温控器、自动风门、低温定时器、低温化霜器、低温风扇电机、低温导线和旋转式压缩机、脱氧铜管等。1996 年全厂三条流水线的产量共达到 86 万台。

1992 年 7 月 10 日，上海上菱电冰箱总厂与香港天安中国工业投资有限公司合资成立上海上菱天安电冰箱有限公司，总投资 1 500 万美元，注册资金 1 000 万美元，上菱占 60%，港方占 40%，主要生产 208 L、234 L 和 418 L 的“上菱牌”电冰箱。

1993 年，为加速企业发展，上菱厂改制为上菱电器股份有限公司（以下简称“上菱公司”），登陆上海证券交易所，股本总额 20 365.09 万元（每股面值 1 元），其中国家股 17 665.09 万元，社会法人股 900 万元，社会公众股 1 800 万元。

1993 年，上菱公司推出 BCD216W 无霜冰箱，此冰箱冷藏室装有自动控制风门，是当时国内唯一的冷藏室具有自动风门的双门双温控电冰箱，能分别调整冷冻室和冷藏室的温度。1993 年底，上菱公司和香港新鸿基集团合资新建上海天安电冰箱厂，其生产流水线及设备，一部分由英国进口，一部分由国内制造。主要生产大规格的电冰箱。如 BCD 251W 三门电冰箱。半年计划单班 10 万台。同时上菱公司又组建了洋泾分厂，该生产流水线主要生产 BD 110W 全冷冻冰箱，还有 BCD-180W 和 BCD-202W 等产品。该生产流水线上的设备，全部由上海设计制造。

1994—1996 年期间上菱公司自行设计的电冰箱 202 系列（BCD-202W/203W/204W）和 234 系列（BCD-234W/230W）等。

1995 年开始上菱公司的无霜冷藏冷冻电冰箱，多次被评为“上海市名牌产品”。

（3）上海航天冰箱厂。上海航天冰箱厂（以下简称“航天厂”）前身是上海新中华机器厂一个生产家用电冰箱的车间。上海新中华机器厂是军工单位，当时一方面军工任务不足，另一方面家用电冰箱有较大的市场需求，于是上海航天局决定，利用航天系统中大批机械制冷工程技术人员和厂房的空余，自行设计、制造和组装了多条电冰箱部件流水线、总装流水线及检测流水线，为自动化和大批量生产奠定基础。同时自行设计、制造了第一代航天牌双门电冰箱，各项性能指标达到国家标准的要求。航天牌电冰箱面世后，得到广大消费者的青睐，并和航天局的上海牌电视机并列为该局的两个“姐妹花”民用产品。由于电冰箱生产规模的不断扩大，逐渐成为新中华机器厂的主打产品，因此航天局决定成立独立编制的上海航天冰箱厂，人员、场地、设备、资金等生产要素脱离新中华机器厂，冰箱设计、生产人员相对稳定。

依托军工航天的技术优势，航天厂将许多先进的航天技术、材料、工艺，移植到电冰箱生产、检测上来。例如航天厂较先采用邦迪管的冷凝器，节约了大量有色金属；为解决铝蒸发器与铜管的焊接难题，他们采用摩擦焊接的工艺，制造了专用的铜铝接头，不仅内配使用，还可提供业内其他企业；为解决双门单温控冰箱在冬天不易启动，致使冷冻室温度偏高的质量问题，用加装冬用开关的临时措施，解决问题。类似这样的事例不胜枚举，在当时全国电冰箱行业一窝蜂地引进技术、引进设备、引进产品，甚至引进工夹模具热潮中，独立自主，自力更生，成就了一代航天人的骄傲。

（4）上海远东冰箱厂。20世纪70—80年代，上海远东冰箱厂（以下简称“远东厂”）是上海外贸定点生产出口冰箱的企业，专门生产“葵花牌”100 L双门家用电冰箱，并由上海外贸包销。可以说，远东厂是上海批量生产家用电冰箱最早的企业。远东厂址在上海崇明县（现为崇明区）南桥镇，由崇明县经委批准成立，也是崇明县出口创汇大户。建厂初期，该厂与上海七〇四所合作，共同设计了100 L电冰箱，自制了许多专用设备。80年代中期，崇明县经委决定引进技术、设备，提升企业技术能级和生产规模。在七〇四所专家的推荐下，引进意大利阿里斯顿（ARISTON）公司的技术和冰箱生产设备，由于专家共同参与进口谈判，参与设备配套和产品选型，以及一系列工夹模具、材料、工艺的全面引进，使远东厂的引进工作后来居上。最后，在全国8家引进阿里斯顿的冰箱厂中，是引进技术最完整，项目进度最快，投产最早的一家。1986年，和上海的三家冰箱厂一起，获得第一批国家颁发的电冰箱生产许可证。

引进项目后，远东厂设计生产了上海第一台205 L的双冷冻室三门电冰箱，是当时冷冻冷藏容积比较大的品种，很受消费者的欢迎，打开了国内市场，工厂在技术水准、生产规模、市场占有各方面，上了一个台阶，也成功地实现了以前只做外销到内外销齐头并进的华丽转身。

（5）上海夏普电器有限公司。1997年9月上海夏普电器有限公司增资生产电冰箱、洗衣机产品，开发了BCD-245WA/B、BCD-285WA/B风冷无霜冰箱，导入左右开门独一无二的技术，其中，BCD-245WA/B总有效容积245 L，外形尺寸（宽 × 高 × 深）570 mm × 1 500 mm × 665 mm，冷冻能力7.5 kg/24 h，耗电量1.46 kW · h/24 h；BCD-285 WA/B总有效容积285L，外形尺寸（宽 × 高 × 深）570 mm × 1 665 mm × 665 mm，冷冻能力7.5 kg/24 h，耗电量1.52 kW · h/24 h。

90年代中期，一方面上海的冰箱消费市场是全国各地冰箱企业销售的风向标，最优惠的价格，最新款的产品不断进入上海市场，加之上海的制造成本高，对上海的冰箱行业形成了极大的挑战。另一方面上海作为全国的工业重镇，许多高精尖产品，大型工业装备，具有独特的技术优势，在有所不为而有所为的思想指导下，政府部门审时度势，提出了抓大放小的政策，家用电冰箱与其他许多行业一样，成为放小的对象。与此相反，全国许多地方都大力支持扶持家电行业，形成了全国家电产业大发展，上海电冰箱企业的发展陷入了强弩之末的境地。

90年代末期，国家逐步取消工业生产许可证制度，陆续用3C认证（China

Compulsory Certification）的管理方式取而代之，以技术限制替代行政限制，与国际接轨。家用电冰箱被列为第一批 3C 强制认证产品之一。随着电冰箱行业的生产许可制度取消，其他地区大批家电企业，纷纷上马冰箱，在激烈的市场竞争中，上海的冰箱企业陷入难以为继的地位，双鹿、上菱成了外地企业的并购对象，上市股票逐渐进入 ST、PT 阶段，面临停牌退市的局面；航天厂的冰箱销路也由畅转疲，好在军工任务回升，因此工厂停产，员工转岗；远东厂也在此轮竞争中销声匿迹。

进入 21 世纪，浙江一些原先上海冰箱企业的配套厂利用低成本制造和灵活的营销政策，经过多年的发展，逐步成为冰箱制造厂。鉴于上海的冰箱品牌有相当的知名度，于是他们收购“双鹿”“上菱”的品牌，组建上海双鹿上菱企业集团有限公司，在上海松江建设工厂，延续上海的电冰箱制造业。

在 20 世纪 80—90 年代家用电冰箱大发展的同时，南京晨光机器厂的“伯乐”牌冰箱和宁波凤凰电器制冷工业公司的“凤凰”牌冰箱都曾经是市场的畅销产品，还有合肥美菱电冰箱总厂“美菱”牌电冰箱、常熟白雪电器股份公司的“白雪”牌冰箱（柜）、台州星星集团的“星星”牌冰箱（柜）等。在上海，目前有经改制成立的上海双鹿上菱企业集团有限公司继续生产“双鹿”和“上菱”电冰箱和冷冻冷藏柜，中国尊贵电器集团的“尊贵”牌电冰箱，上海杜氏集团的“申花”和“坂田”牌的电冰箱，上海索伊电器有限公司的“索伊”牌冰箱（柜）。

2）装配式冷库

1982 年，上海制冷设备厂从德国亨内基公司引进装配式冷库制造技术，投资 685 万元（579.6 万联邦德国马克）这是当初国内第一条聚氨酯库板生产流水线，流水线具有薄板平整、上膜、预热、自动灌注等先进工艺，还引进了聚氨酯库板生产的各类检测设备，包括抗压、抗拉、抗弯、强度和化学分析等，聚氨酯库板厚度 50 ～ 200 mm，宽度最大 1 200 mm，嵌口结构，钢板采用宝钢彩色薄板，年产库板 8 万 m^2，重量轻，绝热性能好，是当时比较先进的产品。

1998 年上海申雁制冷设备工程有限公司引进了全套先进的生产流水线，解决了高低温试验箱体（房）的保温板、门框等技术难题，保温板采用耐高温的硼硅泡沫玻璃板和高密度的聚氨酯板结合再发泡的方式制作，门框结构采用金属型材与硅橡胶型材相结合的工艺，达到既有强度，又能隔热的效果，高低温试验箱体的耐温范围达到了 –100 ～ + 150 ℃，并取得了 1 项国家级发明专利，8 项国家级实用新型专利。

在上海周边地区还有许多冷库库板生产厂，特别是在常州武进区洛阳镇形成了以冷库库板为中心的冷冻冷藏设备生产基地，全镇有 60 多家生产厂，尤以“月仙”“晶雪”为代表，经过多年的发展，单个工厂的冷库库板生产规模都达到 200 万 m^2。

3）食品冷冻冷藏陈列柜

早在 20 世纪 80 年代末，上海制冷空调行业就提出过引进开发食品冷冻冷藏陈列柜产品，以适应人民生活水平的不断提高的发展规划。1994 年，上海双鹿电冰箱有限公司、日本中野冷机株式会社和日本茶谷贸易株式会社共同投资，在浦东新区金桥开发区成立了上海双鹿中野冷机有限公司，主要生产食品冷冻冷藏陈列柜，年生产能力 1.2 万台。

1996 年，上海通用富士冷机有限公司成立，引进富士电机冷机的产品，其主导产品包括冷冻冷藏陈列柜、玻璃陈列柜、一体式岛柜，采用三洋压缩冷凝机组，多段拼装式结构、采用世界独创的“风机、逆转除霜方式”+ 微电脑模糊控制技术，与电加热除霜相比省电 75%。公司设在青浦开发区，占地 5 万 m^2，建筑面积 2.4 万 m^2，生产设备包括钣金、发泡以及 4 条装配流水线，其中发泡生产线是富士电机专为合资公司设计的，比日本本土的设备还要先进，公司单班生产能力为 5 000 台，公司于 1998 年投产，由于经营优异，一直是富士电机的海外样板，当时国内市场佳世客、21 世纪便利店和家得利超市指定采用通用富士产品，部分零部件出口提供给富士电机海外其他工厂。

4）运输冷冻冷藏产品技术的发展

1996 年，开利运输引进开发了一系列冷藏车制冷机组，共有敏风、雪辉、雪山、雪峰、威那等系列，其中非独立式由底盘发动机直接驱动 / 交流电机两用机组，型号有 VIENTO350/XARIOS 500/XARIOS 600，行驶过程由发动机驱动供冷，停驶期间可有插电驱动供冷。还有供 3 ～ 34 m^3 冷藏车厢独立型自备柴油或汽油发动机 / 交流电机两用机组，前置式车用冷冻机组 Supra 550/750/850/950，底置式车用冷冻机组 Supra 850U/950U。供 12 ～ 90 m^3 冷藏车厢低温冷板型低温 –30 ℃储运交流电操作机组 V305H/V306H/V407H/V408H。供 3 ～ 20 m^3 冰激凌冷藏车厢沙漠型 OASIS 独立柴油发动机 / 交流电机两用机组。供 12 ～ 74 m^3 冷藏车厢凤凰型 ULTRA 专业冷藏挂车型机组，适用于≥ 90 m^3 冷藏挂车车厢机组，开利大凤凰 X2-1800/X2-2100/X2-2500/V1850。

松芝公司于 2011 年联合中国国际海运集装箱（集团）股份有限公司共同投资创建超酷（上海）制冷设备有限公司，研发冷冻冷藏车制冷机组和冷链相关制冷设备。并积极与欧洲 LUMIKKO 公司合作，引进国外先进的全电驱动技术，应用于半挂车机组。

2009 年河南冰熊电器股份有限公司在上海金山成立上海冰熊专用汽车有限公司，主要生产液态食品运输车、保温车、冷藏车及箱式运输车。2017 年，上海冰熊专用汽车有限公司开发了“地面移动式屠宰车组”，车组由屠宰车、下水车和冷藏运输车组成，车体相互之间可配合联通，车内都设有制冷设备，屠宰车组可依靠北斗导航，实现牛羊全冷链就地屠宰和冷藏运输，包括远程检疫检验、屠宰全过程画面输送和温度实时传输控制，该项目首先在内蒙古鄂尔多斯市伊金霍洛旗实施。

12. 空调末端产品

1）上海通惠机器厂 / 上海通惠开利空调设备有限公司

1980 年，通惠厂在广泛吸收国内外同类机组优点的基础上试制成功了 FP 系列风机盘管机组。在试制过程中，选择常州微特电机厂开发盘管机组用的电机，并帮助他们制定出厂的质量标准，保证了风机盘管机组的研发和批量生产的进度。

1982 年，通惠厂开发 BFP 变风量空调器产品，产品结合了通惠厂在 70 年代开发 11-62 低噪声变风量外转子风机和 UII 散热器并配置变风量控制器，产品获得 1983 年上海市优秀新产品奖。

1983 年，通惠厂为中美合资的北京长城饭店设计制造了四种新型空调机设备，包括全新风组装式空调机组、新回风组装式空调机组、立式组装式空调机组和蒸汽、电加热暖风机暖气片。这些设备首次设计使用了日本的全自动调节门机构，为了节能，在春秋季采用 100% 全新风设计，在机组停机时调节门全关闭防止冬天冻坏热交换器。机组启动时调节门调开 15% 位置，然后依据室外温度决定调节门开启度，在当时是一个最新节能理念的设计。上述设备的设计制造成功，为通惠厂以后开发组装式空调机组系列打好了扎实基础。

在我国空调技术发展初期，空调末端产品较稀少，行业中对产品的划分还只能“粗线条”，对产品的命名与归类也无标准可依。在当时的有关手册中，被称为“冷暖风器”的 LN 型系列产品归类于窗台式空调器，这种不规范状况在 80 年代行业细分和专业技术标委会成立后才逐渐理顺。

1985 年，由上海通惠机器厂、天津暖风机厂、沈阳暖风机厂、苏州电表厂（后改名为苏州空调设备厂）、哈尔滨空调机厂等厂，一机部六院、兵器部五院、北京有色金属设计研究院、中国建筑科学研究院空调所等设计院所，以及同济大学、天津大学、湖南大学等高校和行业技术归口单位合肥通用所风机室，组建了机械工业部冷暖通风设备标准化技术委员会。为了指导业内产品的发展，并结合当时国内设计、应用情况，空调末端产品开始细分为三大类：风机盘管机组、柜式空调机组和组合式空调机组，并制定了这三大类产品的行业标准（风机盘管机组 JB/T 4283.1-1986 是其中之一）。

世纪之交，国家对于产品标准的制定归属作了调整。其中将空调末端设备相关标准隶属于建设部建筑科学研究院空调所管辖，并制定了 GB/T 19232—2003《风机盘管机组标准》。

1987 年 3 月在长沙由各地行业厂和专业相关的大学如清华大学、西安交大、同济大学、湖南大学等近十所高校及机械工业部情报室等共 46 家单位的 67 名代表参加，在合肥所的主持下成立了全国冷暖通风设备行业科技情报网，并选出上海通惠开利空调设备有限公司为第一届全国冷暖通风设备行业科技情报网理事长单位。

在通惠厂时期，为我国许多重大工程项目提供了空调设备。如为我国第一座秦山核电站（七二八工程）提供核级空调设备，为卫星远洋测量船（七一八工程）提供了船用空调设备，为毛主席纪念堂提供了冷冻空调设备等。

1987 年中美合资上海通惠开利空调设备有限公司（以下简称“通惠开利”）成立，

1988年，通惠开利从东洋开利引进投产了42系列风机盘管产品，包括42CM卧式暗装型、42CL卧式明装型、42VL立式明装型、42VM/42VP立式暗装型，覆盖风量范围340～2 380 m^3/h，采用开利第三代高效换热的双正弦开窗波纹蓝色亲水铝翅片，利用其独特的扰流式翅片形状增强换热效率，采用大直径宽叶轮前向多翼风机以及NSK品牌轴承，有效降低空气和机械运动噪音，保持运行安静，全面满足商用市场对风机盘管的产品需求，在20世纪末以年产30万台的规模持续保持市场占有率第一。

1993年通惠开利继续从东洋开利引进了42CW/42CH高静压型风机盘管。2003年通惠开利又从意大利开利引进了42GWC天花板嵌入型风机盘管。针对销量最大的卧式暗装型风机盘管产品，通惠开利又在实际使用中不断更新技术，历经42CMT，42CE，42CN，42CT各代产品迭代，不断拓宽产品应用，可通过选配UV杀菌灯、湿膜加湿器和引入新风，保证室内空气品质（IAQ），提高人体舒适度；提供二管制2排、3排和四管3＋1排组合盘管以及12 Pa、30 Pa和50 Pa的机组，满足各种应用场合；2008年采用直流无刷电机取代传统的交流电机，覆盖42CN全系列的风量范围，风机盘管的运行能耗可降低50%；2010年倡导在高效换热同时实现风机盘管产品的节能节材，在行业内率先在风机盘管产品上应用7 mm铜管选项配合高效换热的扰流式亲水铝翅片。1997年42C/V风机盘管机组获上海市优秀新产品二等奖和上海市科技进步二等奖。

与此同时，1988年，通惠开利引进了东洋开利的40RW（落地风管型，风量范围覆盖2 000～30 000 m^3/h）和40SW（落地直吹型，风量范围覆盖2 000～10 000 m^3/h）系列柜式空调机组，外壳钣金涂装，形象美观，填补商用落地式高静压及直吹式空调的市场需求，1995年又引进了40CW/HW系列，产品也同样覆盖了2 000～30 000 m^3/h风量范围，产品适应高静压吊顶式风管安装需求，节省地面空间，提供不同水盘管排数选项，满足新风工况运行要求。1996年后，在此基础上又先后自主开发了DBFP/DFP系列吊顶式空调机组，风量范围1 000～15 000 m^3/h，进一步降低了机组高度，更好地满足吊装空间紧凑的需求。凭借不断消化引进技术和持续的创新开发，这些产品收获了许多奖励，1998年BFP2-BFP36变风量空气调节机组获1997年上海市优秀新产品二等奖，1999年BFP变风量空气处理机组获第五届上海科学技术博览会金奖，2000年DBFP12-15变风量空气处理机组获上海市科技进步二等奖，2000年DBFPX2-X6超薄型变风量空气处理机组获2000年度国家级新产品奖，2002年通惠开利40GKX型卡式分体空调机获市优秀产品三等奖。

1988年通惠开利从美国开利引进了39F系列组合式空调机组产品，覆盖2 000～60 000 m^3/h的风量范围，凭借灵活的组合形式，多样的功能选项和优质的箱体性能，迅速成为新的业务增长点，并且通惠开利持续参与开利公司内部的产品设计更新，1997年在25 mm面板厚度的空调箱上又投产了开利亚太区联合开发的39G系列。2003年从荷兰开利引进了39CBF系列50 mm面板厚度的空调箱产品，风量2 000～100 000 m^3/h，并于2004年在国内率先取得了组合式空调箱的欧标（EUROVENT）产品认证，推动业内面向不同的应用场景采用不同箱体性能的组合式空调机组产品，2005年继续关注更高的空调箱箱体性能，又从荷兰开利引进了39XT系列组合式空调箱，风量范围2 000～200 000 m^3/h，并在2007年取得了空调箱产品的欧标认证最高等级（传热系数T1，防冷桥TB1，漏风率L1），适应更宽广的组合式空调机组运行环境要求。在面向国内外空调箱市场逐步激烈的竞争环境下，通惠开利又分别于2006年和2014年自主开发了39CBFI和39CQ两款50 mm面板厚度的空调机组，尤其是39CQ，采用专利的箱体设计，提升成本竞争力的同时，在空调机组内壁采用光滑表面设计，取得了机组的欧标和盘管的AHRI双重认证，进一步拓宽了开利组合式空调机组在净化行业的应用。

多年来，通惠厂和通惠开利在冷暖通风设备标准化方面起草多项国家和行业标准，其中，1989年由通惠开利负责起草的ZB J72 027-1989《柜式风机盘管机组》行业标准获得机电部科技进步三等奖，1990年由通惠开利负责起草的ZB J72 046-1990《前向多翼通风机》行业标准获得机电部科技进步三等奖。

2）上海新晃空调设备有限公司

1987年，中日合资上海新晃空调设备有限公司（以下简称“上海新晃”）成立，首次通过技术转让方式引进日本新晃产品生产技术，生产卧式明装（暗装）标准型SC（R）-200～600、卧式暗装高静压型ECR-200～600、立式明装（暗装）标准型SF（R）-200～600等系列化风机盘管机组（FCU）空调末端产品，以卧式暗装标准型为例，额定风量310～1 000 m^3/h，额定供冷量1 745～5 400 W，额定供热量3 170～9 225 W，输入功率27～80 W，盘管水阻力35～44 kPa，噪声35～43 dB（A）。

1994年，上海新晃通过技术转让方式继续扩大引进并生产大规格卧式明装（暗装）标准型SC（R）-800～1 400、立式明装（暗装）型SF（R）-800～1 200、卧式暗装高静压型ECR-800～1 400（30 Pa），以及大风量MEGA-I系列立式/卧式暗装型MV/MH-204～504等多品种系列风机盘管空调末端产品，单机额定风量增扩至3 540 m^3/h，额定供冷量增至16 300 W，额定供热量增至26 110 W，满足了项目用户的差异化需求；1999年，根据市场中不断涌现出新建建筑外立面围护结构采用整体大面积玻璃幕墙这一从设计到建造的建筑物新变化新需求新发展新趋势的出现，引进开发并生产低矮立式明（暗）装SL（R）-200～800、卡式CP-200～1 200等系列规格风机盘管产品，其中卡式CP系列为当时国内市场中首个实现空调末端机组单机二方向出风送风型式的末端产品。这些新技术产品的先后引进，既为市场丰富了空调末端产品的类型，也一定程度地满足了国内市场中产业以及城市高档建筑建造发展之需。

上海新晃风机盘管机组产品拥有的技术特点主要包括：①采用不等径双圆弧曲面结构的风机叶片叶形，具有在相同风量条件下，出口静压更高、功率消耗更小、噪声更低等优点，从而直接提高风机盘管机组的送风量、出口静压、机外噪声等主要关键性能指标水平，在同等运行工况条件下，机外噪声指标参数比国标规定值降低 1 ～ 1.5 dB（A）；②采用铝合金材料制造的风机，耐锈蚀、抗形变等特性更好，充分延长产品使用寿命（大于 10 年）；③采用交叉逆流程结构设计，盘管换热管内水流方向与流经盘管空气前进方向呈相互交叉且相反的流向，具有出口气流温度分布均匀、换热量大和换热效率高的优点，在同等运行工况条件下，供冷量、供热量指标参数相比国标规定值平均高出 5%；鉴于上海新晃产品各项技术指标优越的突出特点，于业界享有风机盘管中的“劳斯莱斯”美誉。

1994 年，完成技术转让引进并生产组合式空调机组 D 系列立式 / 卧式标准型组合式空调机组 DV/DH-3 ～ 50 系列规格空调末端产品，额定风量 2 660 ～ 58 850 m^3/h，额定供冷量 32.97 ～ 1 287.02 kW，额定供热量 20.05 ～ 824.84 kW，电机功率 1.1 ～ 75 kW，机外静压 300 ～ 1 600 Pa。其主要特点有：①符合日本 JRA 标准，主要性能指标优于当时国内 ZK 型同类产品；②盘管水流程采用交叉逆流型式，不仅使得气流温度在出口处的横截面上达到均匀分布，也使得空气与换热管内的水充分热交换，因而具有出口气流温度分布均匀、换热量大、换热效率高的优点；③在同等工况条件下，供冷量、供热量指标参数相比国标规定值平均高出 5% ～ 8%；④新晃自行设计并制造的机翼型多叶前向 / 后向型双进风离心风机，结合通过风机蜗壳背板–蜗轮蜗杆机械式风量调节装置，在风机定转速工况下风机出口处风量实现连续线性可调节；⑤当时国内空调厂家产品中唯一集“产品多功能组合、结构尺寸紧凑、主要技术性能优越、漏风率最小（0.7%/1 000 Pa 机外静压时）、完全定制化设计、制造、安装、运行”等诸多特点的先进技术产品，同样享有组合式空调机组“精品”的美誉。

1997—1998 年，上海新晃在完成引进消化的基础上，自主研发并生产 SDK 系列立式 / 卧式标准型 SDK-L/W-2 ～ 36 系列规格柜式风机盘管机组、标准型 SDK-C-1.5 ～ 12 系列规格吊顶式风机盘管机组等产品。以卧式标准型机组为例，额定风量 2 000 ～ 36 000 m^3/h，额定供冷量 14.2 ～ 256 kW，额定供热量 20.3 ～ 364 kW，电机功率 0.37 ～ 5.5 kW，机外静压 188 ～ 589 Pa，噪声 54 ～ 78 dB（A）。1998 年，又自主开发并生产了符合国内一般用户群体大众化需求的组合式空调机组 SGT 系列立式 / 卧式 SGT-220 ～ 11220 系列规格产品，额定风量 2 000 ～ 201 640 m^3/h，额定供冷量 35 ～ 3 528 kW，额定供热量 28 ～ 2 987 kW，电机功率 3 ～ 220 kW，水阻力 4.9 ～ 50 kPa。产品在功能组合、结构尺寸上实现模数标准化设计与制造。另外，功能段框架结构型式又可分为角钢 A 型、方型钢 M 型和铝合金型材 B 型三大类，实现配置选用多样化。

2000 年，上海新晃完成自主研发并生产全新无刷直流电机风机盘管机组 SDCR 系列的卧式暗装型 SDCR-200 ～ 1400 系列规格（E12/E30）、卧式暗装型 SDCR-200 ～ 1400 系列规格（E50）等空调末端产品。额定风量 330 ～ 2 380 m^3/h，额定供冷量 1 870 ～ 11 720 W，额定供热量 2 705 ～ 20 000 W，水阻力 4 ～ 30 kPa，机外静压 12 Pa、

30 Pa 和 50 Pa，输入功率 10 ～ 169 W，噪声 36 ～ 50.5 dB（A）。其特点包括：①设计采用了风量三档或 PWM 连续调节等两种运行调节控制方式，满足了不同设计及用户对产品性能参数上的差异化调节要求；②相对于常规交流电机风机盘管机组的能耗而言，无刷直流风机盘管产品可以实现运行节能 20% ～ 70%；③风量—温度智能化啮合运行连续调节控制，舒适性与可控性极佳；④产品各项技术性能指标符合中国国标、达到国内领先、国际先进水平；⑤是我国建筑空调风机盘管产品中首家、首个具备技术标准化和量产能力的、配用国际先进国内领先的无刷直流电机的风机盘管产品，是体现产品技术升级和进步的具有“里程碑”意义的产品。

2001 年，上海新晃完成技术转让引进并生产了新型组合式空调机组 GT 系列标准型 GTV/GTH-3 ～ 80 系列规格空调末端产品，它是 D 系列组合式空调机组的第二代升级产品。额定风量 2 950 ～ 19 190 m^3/h，额定供冷量 47.87 ～ 1 167 kW，额定供热量 31.19 ～ 711 kW，水阻力 26.5 ～ 50 kPa，电机功率 3 ～ 75 kW，机外静压 287 ～ 1 630 Pa。

2002 年，上海新晃完成自主研发生产卧式暗装高静压型 ECRN-300 ～ 1400 系列规格（30 Pa/50 Pa）风机盘管机组，用以满足出口东南亚市场之需求。额定风量 702 ～ 3 074 m^3/h，额定供冷量 1 870 ～ 12 430 W，额定供热量 3 770 ～ 22 520 W，输入功率 80 ～ 375 W，水阻力 1 ～ 32 kPa，噪声 46 ～ 53 dB（A）。同年，又自主研发生产了柜式风机盘管机组 SDG 系列空调末端产品，包括立式 SDG-4 ～ 20 系列规格、吊顶 SDG-D-4 ～ 12 系列规格。

2003 年，“非典”疫情暴发，上海新晃完成与同济大学产学研项目合作，并自主研发并生产了“医用多用途隔离病房及其无凝水空调末端与系统”相关的 SMY（G）、SMA、SMF 等系列空调末端产品。一是医用净化无凝水机组立式 / 卧式 SMY（G）-7.5 ～ 20 系列，名义风量 750 ～ 2 000 m^3/h，名义供冷量 4 050 ～ 10 500 W，机组余静压 250 Pa，水阻力小于 40 kPa，噪声小于 42 dB（A）。二是大焓差低露点新风机组产品卧式 SMA-034 ～ 5 系列规格。三是高静压小流量排风机组产品卧式 SMF-7.5 ～ 20 系列规格。它们的技术特点包括：①小风量、高风压、低噪声、高能效；②送风不带水；③翅片具备耐蚀亲水性；④配置特殊型式高效过滤器；⑤机组有立式、卧式型式用于不同安装条件；⑥结构紧凑，体积小，安装空间小，机组保温绝热性高；⑦新型银系列无机抗菌特殊工艺抗菌处理，具有长效抗菌功效，无抗菌剂析出及气化可能；⑧具备室内热、湿负荷解耦并独立处理的温湿度独立处理能力，并与整个空调系统、水系统、自控系统集成控制运行特点。在其应用功效上的特点包括：①杜绝致病菌通过空调凝水或凝水管道系统传播的可能性，彻底消除微生物滋生的隐患和水患；②提供合适的温、湿度控制，有效除菌、除尘；③结合气流分布技术与压力控制技术，确保居住于保护性无菌病房患者的无菌环境，为隔离性传染病房提供可靠隔离措施，有效保护医患人员与室外环境安全。“医用多用途隔离病房及其无凝水空调末端与系统”项目产品，通过了上海市科委的鉴定，其关键技术“无凝水空调末端机组与系统”受到高度评价，被誉为医用空调第四代控制技术，并荣获上海市科技进步三等奖。

2003 年，上海新晃又完成技术转让引进生产组合式空调机组 DGT 系列立式 / 卧式 DGV/DGH-3 ～ 80 系列规格产品，它是 D 系列组合式空调机组的第三代升级产品。额定风量 3 000 ～ 80 000 m^3/h，额定供冷量 50 ～ 1 200 kW，额定供热量 35 ～ 811 kW，水阻力 26.5 ～ 50 kPa，电机功率 3 ～ 75 kW，机外静压 287 ～ 1 630 Pa。

2004 年，自主研发生产管道式风机箱机组 SDF 系列的标准型 SDF-1.5 ～ 36 系列规格、吊顶型 SDF-D-1.5 ～ 20 系列规格等产品。

2005 年，完成自主研发并生产中国国标标准型风机盘管机组 SGCR 系列卧式暗装型 SGCR-200 ～ 1400 系列规格（E12/E30/E50）空调末端产品，额定风量 360 ～ 2 600 m^3/h，额定供冷量 2 080 ～ 12 720 W，额定供热量 3 200 ～ 200 020 W，水阻力 3 ～ 36 kPa，输入功率 28 ～ 330 W，噪声 36 ～ 52 dB（A）。它也是国内同业中首家不仅全性能符合国家标准，而且实现抽查首检一次性全部合格的产品。

2006 年，上海新晃自主研发生产国标标准型 SGCP 系列（SGCP-200 ～ 800）新型卡式风机盘管机组。

2007 年，上海新晃通过技术转让首次引进并生产 AJ 系列标准型（SAJBD-40 ～ 300 系列）超薄紧凑型多功能组合式空调机组。额定风量 2 400 ～ 18 000 m^3/h，额定供冷量 15.54 ～ 112 kW，额定供热量 15.52 ～ 113 kW，水阻力 26.5 ～ 50 kPa，电机功率 1.5 ～ 15 kW，机外噪声 50 ～ 68 dB（A）。该产品的特点包括：①较传统空调机组而言节省机房占地面积 45%；②首次提出建筑室内空调系统多分区设计新理念，通过空调设备分区布置型式，极大提高了室内空调的舒适性与可控性；③功能配置齐全，实现机电仪一体化智能控制、运行；④施工安装灵活便捷；⑤机组型式为立式；⑥是国内首开先河技术引进、本土化生产的首款“资源集约型空调设备”。它是符合中国 GB 标准、日本 JRA 标准的超薄紧凑型组合式空调机组产品，其功能组合、结构尺寸实现模数标准化设计与制造，也是当时国内市场中唯一的超薄紧凑型组合式空调箱产品，大量应用于高档甲级商业办公楼宇建筑和工厂实验室等工业建筑中。

2011 年，完成自主研发与生产大温差小流量型空调末端 SFCR 系列（SFCR-300～1000）卧式暗装型风机盘管机组产品，被广泛选用于绿色建筑中的节能集中式空调系统之中。

2013 年，与上海新晃制冷机械有限公司合作研发与生产直膨式空调机组 SAG 系列标准型 SAG-058 ～ 155 规格的空调末端产品，服务应用于医院建筑空调系统。

2015 年，上海新晃自主研发与生产建筑玻璃幕墙翅片盘管散热器 CL（R）系列明装（暗装）型 CL（R）系列末端产品，服务应用于“上海中心大厦”建筑玻璃幕墙加热除雾和幕墙周边区域供热。

3）上海百富勤空调制造有限公司

上海百富勤空调制造有限公司（以下简称“上海百富勤”）1992 年完成 SLB 离心风机项目研发。1993 年完成 DBKA-2-36X-W/L 变风量空调器研发，风量 2 000 ～ 36 000 m^3/h，供冷量 13 ～ 293.95 kW，余压 100 ～ 706 Pa，水量 2 230 ～ 50 560 kg/h，1993 年 10 月该产品获上海市星火科技二等奖和上海市名牌产品，1997 年被上海第二届玉兰杯评委会评为名牌产品。2000 年 3 月完成 DBKA 风量空调器改进空调器盘管回路系统项目，使用铝翅片结构，2003 年 11 月获“上海市节能产品”称号。

1993 年 7 月，上海百富勤完成 FP 型风机盘管科研项目，该风机盘管机组型号有 FP-3.5/5/6/7.1/8/10/12/14/16/20，风量 350 ～ 2 050 m^3/h，供冷量 2 055 ～ 10 845 W，余压 0 Pa/12 Pa/30 Pa/50 Pa，水量 360 ～ 1 800 kg/h，产品性能达到国内先进水平，1993 年 10 月获上海市新产品奖，1999 年 12 月获第十一届全国星火杯创造发明竞争优秀产品金奖。2000 年 3 月完成 FP 型风机盘管技术改进科研项目，2000 年 10 月获“上海市节能产品”称号。

2003 年，上海百富勤沪方收购港方全部股份，独资成立上海百富勤空调制造有限公司，投资了新产品研发中心和中央空调风机盘管实验中心，并通过了国家空调检测中心的测试认证，与华东建筑设计院、上海交通大学、上海应用技术大学等院校建立长期产学研合作关系，先后开发了变风量空调器、超薄型风机盘管、变风量调节阀等 28 项新产品，多次荣获国家新产品奖。自主研发的 BFCD 系列直流无刷风机盘管 2006 年 7 月经上海市科委组织的新产品鉴定会，鉴定意见为国内先进，认定为上海市重点新产品。

紧接着开发了直流无刷大温差风机盘管 FPDW-DC 系列产品，型号 FPDW-51/68/85/102/136/170，风量 510 ～ 1 700 m^3/h，供冷量 2 750 ～ 8 550 W，进出水温度 5 ℃～ 14 ℃，温差 7 ℃～ 9 ℃，采用直流无刷电机，经上海市建筑科学研究院实测，节电最高 65%，最低 30%，平均功耗减少 50%，在不减冷（热）的情况下，减低用电量 20% ～ 30%。

2013 年 9 月，上海百富勤与中科华核电技术研究院有限公司上海分公司联合开发核电空调机组，经过两年多时间的努力，2015 年 12 月完成了 BZKH 系列核电厂模块化空气处理机组、BZKS 新风量时间控制节能空调机组，机组整机通过抗震等级 Ⅰ 类（IA）抗震试验，机组性能达到 GB/T14294—2008《组合式空调机组》的要求。产品主要性能参数为风量 8 950 m^3/h，制冷量 150 kW，机外静压 570 Pa，电机功率 7.5 kW，抗震等级 Ⅰ 类（1A），设备等级 D 级，辐射剂量 10 Gy，质保等级 QRA1，噪声 75 dB（A），充分发挥机组模块化的优势，设备造价下降空间大，经济性好，填补了核电厂组合式空气处理机组的国产化研究空白，满足了我国 AP1000 核电自主化、标准化、批量化及我国第三代核电技术标准体系建设的需要。

4）上海富田冷冻空调设备有限公司

从 2011 年起，上海富田冷冻空调设备有限公司开始研发直流无刷风机盘管，该产品风量 1 427 m^3/h，供冷量 7 208 W，输入功率 107 W，噪声 45 dB（A），该产品采用直流无刷电机，2012 年经上海科技情报所查新，对该产品的两大创新点，一是风机蜗壳整体冲压技术，二是一个电机带动四个风机的配置技术进行查新，该专利“一种低噪音风机盘管机组”的查新结果为达到国际先进水平。2012 年 3 月 15 日，由上海冷冻空调行业协会组织对富田公司研制开发的“CFCX 系列新颖节能风机盘管”进行了产品鉴定。此后，富田公司又陆续完成了整个系列产品的开发。

5）上海冷冻空调行业协会

2012 年，为贯彻上海市节能减排工作要求，上海冷冻空调行业协会（以下简称“协会”）组织行业相关企业开展产品能效标准的制定，根据当时风机盘管产品的特点，协会向上海市质量技术监督局申报制订《风机盘管机组能效限定值及能源效率等级》的标准，并列入《沪质技监标〈2012〉765 号上海市质量技术监督局关于下达 2012 年下半年地方标准（节能减排类）制定项目计划的通知》的计划，协会组织了十多家行业知名企业共同参与，深入研究，历时 6 个多月，终于完成了此项目，当时风机盘管生产商都按照 GB/T 19232—2003《风机盘管机组》这个标准进行生产，此标准没有关于产品能耗方面的指标要求，项目组参照了欧盟的最新 RS6/C/002-2011 的标准，提出了风机盘管单位能耗供冷量值 FCEER 的概念，并经过项目组专家的研究达成了共识，提出了能效限定值和能效等级的具体指标，并将直流无刷技术的应用也直接引用到标准中，这些指标都远高于国标规定的合格品指标要求，其中能效限定值指标比国标规定的合格品指标高 17%；一级能效指标比国标规定的合格品指标高 62% ～ 77%，2013 年 5 月 9 日在项目专家审查会上获得专家们的一致好评，通过审查。

2013 年，紧接着协会又提出了《组合式空调机组能效限定值及能源效率等级》申请，上海市质量技术监督局以《沪质技监标〔2013〕375 号上海市质量技术监督局关于下达 2013 年上半年上海市地方标准（节能减排类）制定项目计划的通知》列入计划，协会邀请行业生产商组成项目组，在广泛调研并深入讨论的基础上达成了共识，当初行业主要贯彻 GB/T 14294—2008《组合式空调机组》的产品标准，与风机盘管标准一样，缺乏一个包括供冷量、供热量、整机输入功率等关联性能指标来衡量组合式空调机组产品能耗及能效优劣的指标，为此新标准《组合式空调机组能效限定值及能源效率等级》首次提出了单位功率能耗风量值这项指标，确定了能效限定值和能效等级指标，这些指标都优越于国标规定的合格品指标要求，与此同时，项目组还专门设计了一个对每一台机组在任何压头下、任何风量下的能效情况都可以判定的计算软件，获得了审查专家的一致好评。

13. 制冷自控元器件

1）膨胀阀与电磁阀

1982 年上海市通用机械技术研究所和上海恒温控制器厂合作，在国内首次对 R12 热力膨胀阀在不同工况下流量系数和温包充注对膨胀阀性能的影响进行了试验研究，通过试验首次在国内提出计算膨胀阀流量系数的新公式以替代陈旧的 Wiles 公式，并在 1984 年《流体工程》杂志上发表。

1984 年恒温厂在市科委支持下，和华东化工学院、上海市通用机械技术研究所合作，立题开展提高热力膨胀阀性能的试验研究，重点进行温包的新型交叉充注、不锈钢膜片焊接技术和膨胀阀弹性元件性能的试验分析等，获得了很好成果，为工厂以后的产品开发提供了良好基础。

1984 年上海市通用机械技术研究所建立了国内最大的大容量 R22 制冷剂自控阀门流量试验台，可以在该台的液体、吸气和排气管路上进行自控阀门流量在各种不同工况下的流量进行测定。建成后曾为国内各自控阀门生产厂的各类产品进行了流量测定和全性能试验。

1985 年，恒温厂从美国艾柯（ALCO）公司引进热力膨胀阀制造技术，引进的热力膨胀阀产品共两个系列，一是 TCL（E）系列拼装式产品，名义工况制冷量为 1/4 ～ 12 RT，另一个是 HC（E）系列整体式产品，名义工况制冷量为 1/4 ～ 5 RT，两个系列产品均适用于 R12、R22 制冷空调系统。产品有 8 种充注形式，适用于 R12 制冷系统的有 5 种，即 FW，FC，FWZ，FW15，FW55；适用于 R22 制冷系统的有 3 种，即 HW，HW35，HW65，蒸发温度适用范围为 –46 ℃～ + 10 ℃。引进产品主要特点是充注形式多样化，能与各种不同用途的制冷系统相匹配，在不同的蒸发温度范围内均能获得良好的等过度控制，制冷速度快，提高了制冷效率；另一个特点是动力头中膜片采用不锈钢材料，它与上下膜盖采用氩弧焊焊接，所以耐压强度特别高，充注剂不易泄漏，产品寿命长，经过三年的消化、攻关，于 1988 年通过产品鉴定。在引进消化的同时，又开发了 8 ～ 100 RT 的 TRF（E）双阀口大容量膨胀阀，形成 9 万件的生产规模。

1995 年，恒温厂又开发了 FDF-M 电磁阀，采用膜片式结构取代老的活塞式结构，新系列产品共 9 种规格，最大工作压力 3 MPa（液压强度 ≥ 4.5 MPa），开阀压差 AC：5 kPa ～ 2.2 MPa，DC：5 kPa ～ 1.7 MPa，工质温度 –25 ℃～ + 100 ℃（适用环境温度：≤ 65 ℃），1995 年获上海市优秀产品奖，1996 年获国家级新产品奖。

浙江三花制冷配件总厂（三花集团的前身，以下简称“三花”）自 1981 年 10 月开始研制 RF 热力膨胀阀，1984 年批量生产。1986 年在此基础上与上海交通大学、上海海运学院合作开发 RF-AH、AX 新型热力膨胀阀，于 12 月 22 日通过省级新产品鉴定，1987 年投入生产。新型热力膨胀阀适用于 R12 制冷剂，结构紧凑，外形尺寸小，重量轻，调节控制特性好（特别是低温区）。其中 AH 型系交叉混合充注式热力膨胀阀，达到国内领先水平，尤其是节能显著，主要型号有 RF12N0.5 ～ 0.7AH/RF12N0.8 ～ 1.0AH/RF12N1.0 ～ 1.2AH/RF12N1.2 ～ 1.5AH/RF12N1.5 ～ 1.9AH/RF12N2 ～ 2.5AH/RF12N3 ～ 5AH 等，AX 型系带限压气体交叉混合充注式热力膨胀阀，可以对最大工作压力进行限止，可作为电机过载保护器，填补了国内空白，主要型号有 RF12N0.5 ～ 0.7AX/RF12N0.8 ～ 1.0AX/RF12N1.0 ～ 1.2AX/RF12N1.2 ～ 1.5AX/RF12N1.5 ～ 1.9AX/RF12N2 ～ 2.5AX/RF12N3 ～ 5AX。1988 年新型热力膨胀阀研制获国家教委重大科技成果二等奖，1991 年该系列热力膨胀阀获“七五”全国星火计划成果博览会金奖，RF-AH/RF-H 热力膨胀阀获浙江省优质产品奖，RF-AH 热力膨胀阀获农业部优质产品奖。

2009 年，三花启动商用热力膨胀阀的二次开发，陆续开发了 RFKA、RFGB、RFGD10、RFGD20、RFGF、RFGH、RFGK 等系列产品，分为 RFG 内制阀芯和 RFK 可换阀芯两大类，可提供带 MOP 保护功能，保证压缩机可靠运行，应用于宽广的蒸发温度范围 –40 ℃～ 15 ℃，过热度调节性能可靠稳定。适用于所有常见的 HCFCs 和 HFCs 制冷剂，适用环境温度 –35 ℃～ + 55 ℃，适用流体温度 –40 ℃～ + 70 ℃，容量范围 0.35 ～ 11 RT（R22 名义容量）。除了适用不同机型的产品结构开发外，主要在充注工艺、流量调节精度、系统匹配、可靠性、制造过程自动化等多个方面进行了开发，使产品达到了国际同类产品水平。从 2012 年的 RFKA、RFGB 系列投入市场，到 2017 年的 RFGF、RFKH、RFGK，2018 年的 RFGD20，形成了产品不同容量、多应用领域的覆盖，形成一个完整的系列化产品。

三花 FDF 系列电磁阀，产品种类包括直动式常闭电磁阀 FDF2A、FDF2AT、FDF2AS，先导式常闭电磁阀 FDF2.5A、FDF3A、FDF4A、FDF5A、FDF6A、FDF8A、FDF11A、FDF13A，长寿命电磁阀 FDF2A08/16，油用电磁阀 FDF2A50/88/93/95，交流直动式常开电磁阀 FDF2AK，直流常开除湿电磁阀 FDF6DK、FDF8DK 等。FDF2A、FDF6A、FDF2AK、FDF11A、FDF13A 电磁阀，广泛用于空调机、除湿机及制冰机等制冷系统的自动控制和一些保护回路中。FDF6DK、FDF8DK 电磁阀应用于带恒温除湿功能的家用空调。

三花从 1991 年开始研制 FDF2A 电磁阀，1993 年通过省级新产品鉴定，填补了省内空白，达到国内同类产品领先水平。在此基础上 1998 年开发了 FDF6A 型电磁阀，通径 Φ5.8 mm、内漏≤ 500 mL/min、最高使用压力 4.2 MPa、最大动作压差 3.4 MPa、最小动作压差 0.01 MPa，经省级鉴定，结论为产品技术达到 90 年代初国际同类产品水平。2001 年 FDF6A 型电磁阀获得国家火炬计划项目及国家级重点新产品，2003 年通过省级高新技术产品认定。

2008 年三花开始往商用电磁阀延伸，MDF 系列电磁阀从 2009 年开始研制，到 2012 年完成了 MDF2 ～ 40 整个系列共 10 个规格的开发，在性能上达到国内领先水平，广泛应用于螺杆、离心等商用空调制冷系统中。2014 年 MDF 系列规格进一步向冷冻冷藏系统延伸，性能进一步提高，达到了国际先进水平。2014 完成了应用于高温高压场合的活塞式电磁阀 HDF 系列的开发。2015 年完成压缩机用卸载电磁阀 XDF 系列战略客户的突破。在此基础上，根据市场应用，商用电磁阀系列不断细分延伸，改进完善，市场份额也越来越大。

三花从1987年开始研发汽车空调热力膨胀阀，分为QRF型、QRF-H型。于1990年10月通过省级新产品鉴定，1992年向北京吉普和广州标致配套，1994—2001年与日本不二工机株式会社（FUJIKOKI）合资开发生产。

2000年受全国汽车标准化技术委员会委托，由三花不二工机起草的QC/T663-2000《汽车空调HFC-123a用热力膨胀阀》于2001年11月由国家机械工业局批准发布。

2002年，三花回购日本不二工机股权后重新启动汽车空调膨胀阀系列开发，2005年12月通过新产品鉴定，2006年被认定为省级高新技术产品，2007年获国家级重点新产品，并向德尔福、法雷奥、贝洱、三电、豫新、松芝等批量供货，和通用、大众、宝马、戴姆勒、一汽、上汽等国内外汽车厂家稳定合作。产品包括铝阀、铜阀，型号有ENA、ENB、EWB、ENC、EAH、EBH、ECH、EDH、EFH、EGH等40多种。

2）电子膨胀阀

20世纪90年代中期，制冷空调产品新技术迅速发展，特别是变频技术的大量应用，用于控制流量的电子膨胀阀应运而生，电子膨胀阀主要用于变频空调系统中，实现制冷剂流量的自动调节，从而使空调系统始终保持在最佳的状况下运行，达到快速制冷、精确控温和节能等效果。电子膨胀阀的结构类型很多，但主要有热动式、电动式和电磁式三种。

上海俊乐制冷自控元件有限公司（以下简称“俊乐公司”）从90年代起就与上海交大合作开发电子膨胀阀，第一代开发的电子膨胀阀主要是采用500脉冲系列中小口径产品，使用制冷剂为R22、R407C、R410A，该系列共6种规格，制冷量从5.3～26.3 kW（R22），制冷剂工作温度 –30 ℃～ + 70 ℃；环境温度 –30 ℃～ + 60 ℃；驱动方式为四相永磁型步进电机、直动式；励磁方式1-2相励磁，单极驱动，励磁频率为30～90 PPS；驱动电压DC 12 V ± 10%，驱动电流0.25 A/相。

2000年，受全国冷冻空调设备标准化技术委员会（以下简称“冷标委”）委托，由俊乐公司牵头起草的国家机械行业标准JB/T 10212-2000《制冷空调用直动式电子膨胀阀》通过审查，并于2000年8月31日首次正式发布，该标准适用于以R22制冷剂，R407C等制冷剂可参照采用，阀径不大于5 mm的制冷空调用直动式电子膨胀阀。标准主要内容：①定义了电子膨胀阀是“一种可按预设的程序，调节进入制冷装置中制冷剂流量的控制元件，因电子式调节并具有膨胀阀功能故称电子膨胀阀”。而直动式电子膨胀阀则是“利用步进电机旋转，由电机转子直接驱动阀针，改变膨胀阀的流量大小”；②标准规定阀的名义工况：冷凝温度 + 40 ℃，进入膨胀阀的液体制冷剂温度 + 38 ℃，蒸发温度 + 5 ℃，额定电压为直流12 V、24 V和36 V，脉冲频率30～90 Hz，阀的流动方向可逆；③标准规定了闭泄漏量、最大开阀压差、电压变化、气密性等一系列的计算要求；④标准规定应对阀进行从关闭到全开的不同脉冲下的制冷剂名义工况流量试验，并绘制制冷剂流量–脉冲数之关系曲线。

2002年开始，俊乐公司开展了2 000脉冲减速式的大口径电子膨胀阀的研究工作，把电子膨胀阀的口径从 Φ1.6 ～ 3.0 mm 扩大到 Φ1.6 ～ 6.4 mm，适用于 R134a，R22，R407C，R410A 等多种制冷剂，共 7 种规格，制冷量从 8.8 ～ 35.1 kW（R22），可应用于各种商用和集中式空调系统。工作压力 0 ～ 3.6 MPa；驱动方式为四相永磁型步进电机，减速式；励磁方式两相励磁，励磁频率 100 ～ 250 PPS。该系列产品获得了多项发明专利和实用新型专利。

三花从 1999 年开始研发家用空调电子膨胀阀，2001 年完成第一代 DPF（L）电子膨胀阀开发并形成年产 50 万套的生产能力，2002 年 4 月通过省级新产品鉴定，2003 年 DPF1.8 获省科技进步二等奖。产品系列共 4 种规格 DPF（L）1.6/1.8/2.2/2.4，适用于 R22 制冷剂，其主要性能指标为：最大动作压力差 2.26 MPa；逆向开阀压力差 1.47 MPa 以上；开阀脉冲数 32 ± 20；全开脉冲 500；阀口泄漏 600 mL/min 以下；绝缘电阻 100 MΩ 以下；线圈温升 60 K 以下；噪声 60 dB（A）以下；寿命 10 万次。适用环境温度 –30 ℃～ + 60 ℃（通电率 50% 以下）；适用流体温度 –30 ℃～ + 70 ℃（通电率 50% 以下）；适用环境湿度 95%RH 以下；电源 DC12V ± 10%，矩形波；动作方式四相永磁型步进电机，直动式；介质流动方向正反皆可；使用压力 0 ～ 3.0 MPa。

为了满足环保要求，2003 年，三花研究开发适用于 R407C、R410A 环保制冷剂的 DPF（Q）电子膨胀阀，2004 年被列入省经贸委重点技术创新项目，2005 年获国家级重点新产品，2006 年获国家级火炬计划项目，2005 年 9 月 Q 系列电子膨胀阀开始批量生产。Q 系列电子膨胀阀针对全球市场开发，主要用于家用变频系统中，适用制冷剂为 R22、R134a、R404A、R407C、R410A，容量范围 1 ～ 8 RT（R22 名义容量）。该阀具有可逆性，能实现制冷制热状态下的流量自动控制，是 L 系列电子膨胀阀的升级换代产品。性能指标为：最大动作压差 3.4 MPa；寿命 10 万次；内泄漏 ≤ 600 mL/min；耐高温 100 ℃以上；耐腐蚀 72 h 以上（实测值可达到 240 h 以上）。该系列产品包括 DPF（Q01）1.3/1.65/1.8/2.0、DPF（Q02）2.2/2.4 和 DPF（Q03）3.0/3.2 共 8 种规格。

O 型电子膨胀阀是三花 2004 年立项的，2007 年完成开发并形成年产 30 万套的生产能力，主要用于一拖多变频空调室内机，低噪声，反应快，输出扭矩大，控制精度高，容量范围 1 ～ 13.3 RT，性能指标为最高使用压力 4.2 MPa，30 cm 处噪声 ≤ 45 dB（A），寿命 10 万次以上。该系列产品共有 8 种规格，包括 DPF（O）1.3/2.0/2.4/3.2/4.0/5.2/6.4/8.0。该系列产品完成后共申报专利 8 项，其中发明专利 3 项。

2009 年，三花同时开发了 DPF（R）和 DPF（S）系列电子膨胀阀。R 系列是专为 CO_2 制冷剂系统设计，S 系列产品主要是提升电子膨胀阀抗腐蚀能力，主要用于家用或商用非多联机变频系统中，容量范围 1 ～ 30 RT（R22 名义容量）。S 系列产品 DPF（S01）1.3 ～ DPF（S03）6.5 共有 11 种规格。

2010 年，三花继续开发 DPF（T）电子膨胀阀，该系列产品主要适用于多联机、无油或少油空调设备，容量范围 1 ～ 8 RT（R22 名义容量），生产更环保，贵重金属消耗更低，产品标准化、模块化设计，通用性高。性能指标为最大动作压差 3.5 MPa，寿命 10 万次，内泄漏≤ 600 mL/min，耐高温 120 ℃，耐腐蚀 72 h 以上（实测值可达到 500 h），该产品系列共 12 种规格 DPF（T01）1.3/1.65/1.8/2.0 和 DPF（TS）1.3/1.65/1.8/2.0/2.2/2.4/3.0/3.2。

在持续成功开发电子膨胀阀系列产品并取得良好的市场效应基础上，三花不断的主导行业新的产品标准，2001 年，三花负责起草了 JB/T 10302-2001《家用和类似用途电子膨胀阀》标准，2001 年由中国机械工业联合会批准发布。2002 年，三花作为第一起草单位负责起草了 JB/T 10386-2002《家用和类似用途空调电子膨胀阀》标准。2011 年，三花作为第一起草单位负责修订 JB/T 10212-2011《制冷空调用直动式电子膨胀阀》。

3）四通换向阀

20 世纪 80 年代，新昌制冷配件厂（三花集团的前身）从上海空调机厂拿到一只大金产的四通阀，1991 年开始，对四通阀实物进行解剖、测绘、试制和试验，拿出了小批样品免费供国内空调机厂试用，1992 年该产品列入浙江省新产品试制计划，1993 年 4 月 SHF-7 四通换向阀通过省级鉴定，鉴定会结论为：换向阀设计合理、构思新颖，其中电磁阀采用脉冲原理，有所创新，工作可靠性好，使用寿命长，是国内节能产品，热泵型空调器急需配套的关键部件，产品经上海市通用机械技术研究所测试，其主要技术性能指标达到了机电部 JB/T 7230-94《四通电磁换向阀》(报批稿）的规定，并达到国际 80 年代末同类产品先进水平，填补了脉冲型电磁阀的国内空白。1994 年 10 月，SHF-7 四通换向阀获国家级新产品称号。

从 1999 年起，三花开始了第二阶段的产品开发，开始研制 R22、R410A 和 R407C 三种制冷剂兼容的四通换向阀，并于 2001 年开发成功，获省级高新技术产品，2002 年列入国家火炬计划项目，2003 年评为国家级重点新产品。1999 年 SHF-4H/SHF-7H 四通换向阀获浙江省优秀科技产品奖，2002 年获省科技进步三等奖，2003 年获中国机械工业联合会科技进步三等奖。最大工作压力 4.2 MPa，最大动作压力差 3.1 MPa，最小动作压力差 0.1 MPa，适用介质温度 –30 ℃～ + 120 ℃。2003 年，热泵空调四通换向阀特性研究项目获上海市科技进步三等奖。

第三阶段的产品是为了降低能耗、提高产品的整机性能系数及安全、环保的目标。2002 年三花与松下合作开发节能环保的直流控制四通换向阀，并于 2004 年 12 月通过省级新产品鉴定。产品采用创新的直流电磁线圈并优化了导阀结构，电磁线圈结构小型化，以额定电压启动，低于额定电压保持。同时三花研究开发了双稳态四通换向阀，其控制方式是只在换向瞬间才通电，而换向结束后则断电，依靠永久磁场的磁场力、弹簧力和摩擦力的综合作用，使产品处于所需的工作状态，产品几乎不消耗电能，该产品获得浙江省星火二等奖。

第四个阶段的产品开发是为进一步响应国家节能减排的号召，推动行业绿色可持续发展，2009 年末，三花为松下开发了不锈钢四通阀，通过采用导热率更小的不锈钢材料，代替导热率高的黄铜材料，进行产品结构设计开发，实现空调系统 COP 能效提升，进而实现 APF 的整体提升。在产品工艺开发方面，采用节能环保的隧道炉焊接工艺，替代火焰钎焊工艺，实现质量提升的同时，减少了三废排放，生产过程更加环保。不锈钢四通阀一经面市，受到高端空调厂家的广泛青睐，在松下、大金、富士通、三菱电机、日立、海尔等国内外主流客户中广泛使用，深受好评。

同期，三花在四通阀领域有了突破性的技术发展，双流道结构的应用，大大提升了大型商用四通阀的流通能力，提高了产品性能。

三花四通换向阀经过多个阶段的研发，产品种类从最初的 R22 交流普通型，发展到 R22、R410A、R407C 交流环保型，进而直流控制型、双稳态型，不锈钢阀。型号规格从 SHF-3 到 SHF-420 型共八大系列 206 种，满足了 120 HP 以下的空调机配套需要。

2011 年，三花主持起草了 JB/T 8592-2013《家用和类似用途电自动控制器电磁四通换向阀》，2013 年 12 月 31 日由工信部发布。

4）二位三通电磁阀

1987 年，新昌制冷配件厂与上海交大成立了“星火联合体”，第一个产品就是使用在电冰箱上的 FDF0.8 3/2D 二位三通电磁阀，此产品针对琴岛-利勃海尔 220 型大容量双门电冰箱设计，要求是①绝对不泄漏；②电磁阀电耗要最低；③工作可靠寿命长（20 万次开关寿命）；④尺寸小重量轻，便于安装。样品试制后经测试，寿命试验 20 万次，电磁阀工作正常，连续运行功耗为 3.56 W，不仅低于设计指标，也低于国外同类产品的功耗，产品送琴岛-利勃海尔 220 L 冰箱试用，情况良好。1988 年 12 月通过交大尉迟斌教授为鉴定委员会主任的省级鉴定，结论为：FDF0.8 3/2D 型家用冰箱用电磁阀设计合理、结构紧凑、自身耗能小、工作寿命长，是国内大容积电冰箱急需解决配套的关键部件。经测试和使用结果表明，研制是成功的，填补了国内空白，电磁阀主要性能参数达到了国际 80 年代同类产品水平。1989 年，首期实施的“年产 30 万套 FDF0.8 3/2D 型电冰箱用电磁阀技术改造项目”被农业部列为“全国小型节能示范项目”。1990 年，新昌制冷配件厂与上海交大发起并举行了“双毛细管电冰箱制冷系统设计与二位三通电磁阀应用研讨会”，与会的都是全国的冰箱主流企业，研讨会有交大尉迟斌教授主持，新昌制冷配件厂介绍了产品的设计、研制、使用及质量保证情况，交大陈之久教授作了“双毛细管电冰箱制冷系统技能机理与匹配要点”、阙雄才教授作了“节能型直冷式电冰箱稳态工况分布参数设计法思路”的学术报告，这次会议达成如下共识：①冷冻室、冷藏室可以实现温度独立控制；②可以大大增加冷冻室容积，两室冷量匹配平衡方便；③冬季关闭冷藏室，使成为冰柜使用，扩大了冰箱使用功能；④保持直冷式制冷效率高、省电和替代间冷式能实现独立控制的特点，有明显的节能效果。该次会议对国产二位三通电磁阀的替代进口和形成三花拳头产品起到了积极的作用。

1992 年开始，新昌制冷配件总厂受冷标委委托，起草 JB/T 7223-1994《小型制冷系统用两位三通电磁阀》，并于 1994 年 7 月由机械部批准发布。

随着冰箱技术进步，节能降耗要求的提高，1999 年，三花开发了 BDF0.8/99 的双稳态二位三通电磁阀，成本低、低能耗并且在噪声降低方面有较大的改善，2001 年 12 月通过省级鉴定，产品性能达到国际先进水平，国内属首家生产，2002 年列入国家新产品计划，2004 年列入国家级火炬计划项目，2006 年认定为省级高新技术产品。2011 年受冷标委委托，三花厂主持修订了行业标准 JB/T 8053-2011《小型制冷系统用双稳态电磁阀》行业标准。

从 2002 年开始，0 ℃保鲜、–7 ℃软冻区、带变温区概念的三温区冰箱成为市场高端冰箱的主流产品，三花及时开发了 DDF-1、DDF-2 系列电动切换阀，应用于三循环冰箱制冷系统中用于流量控制切换：①驱动方式将电磁阀的直动式改为电动切换阀的步进电机驱动，基本上消除了撞击的噪声；②系列化功能设计替代现有组合电磁阀的使用，降低了成本。2007 年开始提供样品供客户装机验证，被浙江省科技厅列入 2007 年度省级新产品试制项目，2008 年通过新产品鉴定。

5）压力变送器

压力变送器是为变频空调设备所配套，压力变送器对系统的压力进行实时的监控，以控制压缩机的转速和电子膨胀阀的开度，当时此产品大都从国外进口。2009 年俊乐公司开始研发压力变送器，2010 年 5 月，在通过上海市质量监督检验技术研究院的测试并取得第三方出具的 CE 证书后宣布开发成功，2011 年起，俊乐公司开始了产品系列化开发，同时在各家主流厂进行性能测试。广东美的空调按照国外同类产品标准，对俊乐公司压力变送器进行了包括试验后产品精度需要满足初始要求、电气强度、绝缘电阻等 20 多项性能测试，并在规定的压力下进行动作 10 万次的试验，为了进一步考验产品的性能，在通过预定的 10 万次的寿命合格后，美的空调又进行了持续的寿命测试，每 10 万次做一次检查，结果，该产品做到 100 万次测试，性能几乎没有影响，100 万次寿命测试合格大大超过了原先国外进口产品的 10 万次的寿命测试要求，主要性能指标完全达到制冷空调行业用压力变送器的要求。2013 年俊乐公司以“制冷和暖通空调行业用压力变送器”的课题申报了上海市科委的基金项目，进行了提升设计和技术改造工作，开发出特有的压力变送器结构，有效地解决了制冷空调行业制冷剂硬密封的问题；确保了行业规定的 17.6 MPa 爆破压力要求；解决了特别介电强度 AC1 500 V/min 的问题，以及宽工况、长寿命的要求，共取得了二项发明专利和三项实用新型专利，形成 PT 型五大系列近百种产品，并从制冷空调领域扩展到化工、汽车、工业控制等领域。以专为制冷空调系统配套的 1PT 系列产品为例，规格型号，工作温度 –30 ℃～ + 135 ℃，可使用 R12、R22、R134a、R404A、R407C、R410A、R502、R507 等制冷剂，工作压力 0～400 bar[1]，工作电压 4.5～5.5 Vdc，

1　流体、压力计量单位，1 bar = 100 kPa。

全温区误差 ±2.5%FS，寿命 100 万次压力循环，特别适用于宽温度区控制的环境要求，包括制冷系统压力升降监测、压缩机升降压力控制和油压监测、远程系统压力诊断和趋势判断、配套电子膨胀阀控制、冷凝风机控制。

6）压力压差控制器

压力控制器是一种传统技术产品，在制冷空调系统中它主要起压力保护作用，1980 年上海恒温控制器厂吸收了日本鹭宫（SAGLNOMIYA）同类产品的优点，在原 KD 系列的基础上开发了 YK 系列压力压差控制器，1980 年 2 月 27 日上海市通用机械制造公司组织了一冷厂、上海第一压缩机厂等 8 个单位，由董天禄等 15 位技术人员组成的鉴定小组对该产品进行鉴定，结论为“产品性能达到设计要求，能满足当前制冷机的配套。主要性能指标与鹭宫产品接近，同意小批生产”。在不断完善产品质量及扩大规格的基础上，1995 年，恒温厂起草完成了机械行业标准 JB/T 7961-95《制冷用压力压差控制器》。并于 1996 年 7 月 1 日颁布执行。

90 年代初，国内控制器厂很多，俊乐公司发现国外有一种体积小，重量轻，灵敏度、精度非常高的小巧玲珑的压力控制器，但突跳式金属膜片是关键部件，于是委托上海钢铁研究所、上海材料研究所等单位专门进行冶炼试验，通过潜心研究、反复试验，终于试制成性能指标胜过国外的材料。以这种特殊材质制成的金属膜片，压力控制器的产品技术性能大幅提升，经过 2 年多的辛苦努力，开发出具有自主知识产权的 H20PS 系列压力控制器（切换值 0.2 ～ 3.41 MPa），并于 1992 年组织进行新产品鉴定，专家组鉴定意见为“结构新颖、实用、技术性能稳定、具有抗震性能；并具有重量轻、体积小、全封闭、抗污染、外形美观等优点，达到美国得克萨斯仪器（Texas Instruments）公司 80 年代后期同类产品的水平，可以作为我国压力控制器的更新换代产品，也可以替代同类型的进口产品”。1997 年该 H20PS 系列压力控制器产品荣获第四届上海科学技术博览会金奖。

俊乐公司不断持续的改进使 H20PS 系列压力控制器有了更大的技术和质量的提高，从传统人工焊接到半自动闭环控制焊接；压力控制器宣称压力值和电气额定值由原来的 4.5 MPa；240 V，3 A 提高至 5.2 MPa；240 V，6 A；修改材料微量元素技术要求，改变材料热处理工艺，产品机械动作寿命提升至 25 万次（国标 3 万次，国内同行 10 万次），远超国内同行业水平，获得了多项发明专利和实用新型专利，并取得了 UL、VDE、CE、CQC、PED 多项认证。

1993 年成立的上海江森控制器有限公司也生产压力压差控制器，并出口国外。长江三角洲地区生产此类产品的企业还有奉申、春晖、常恒、合力等，其中位于宁波奉化的宁波麦吉克自控设备有限公司生产了全国 50% 以上的压力（压差）控制器和温度控制器。

14. 微通道换热器

微通道换热器的使用起始于汽车行业，得益于全铝的设计，在同样的散热能力条件下，微通道换热器可以大幅降低整个换热器的重量，进而降低整车油耗，目前除少数工程车外几乎所有的车用换热器都采用了微通道换热器。在汽车行业里的成熟应用也推动了该产品在空调和制冷行业的应用。

丹佛斯在国内是首家将微通道换热器技术应用推广到空调产品市场的企业，在2006年以合资公司的形式开始了在空调行业的拓展，并迅速做到了行业的领先地位。2012年在嘉兴成立独资企业，继续在该行业深耕拓展，在提升换热效率，性价比以及可靠性方面进行了不断地开发。

2012年，丹佛斯首先专注屋顶机的细分市场，从商用和轻商冷凝器产品为突破口，开发了配套的25.4 mm产品系列。针对该应用优化了扁管、翅片和集流管的设计。该产品的微通道孔径较小，充分发挥了微细孔径的高传热效率的优势，同时降低产品的厚度，减少了对原材料的消耗。单位面积的冷量接近30 kW，以业内最高设计压力R410A为整体设计承压标准，同时可用于R22、R134a、R407C等常用制冷剂。相对于传统的铜管铝翅片换热器，产品重量降低50%，制冷剂充注量降低30%左右。该产品的推出赢得了客户的认可。

2012年，丹佛斯开发了商用运输车系列，使用的产品类型也是25.4的产品系列，但是由于车载产品其特殊的应用环境，对可靠性要求极高，因此着重对工艺技术提升以及耐腐蚀性能方面的关键技术开展研究，使该产品通过了客户端的严苛验证，该产品现在已经应用在全球各地的冷藏车系统中。

2013年，随着数字化和信息化在各行各业的推进，数据中心冷却用精密空调业务也出现了旺盛的需求，基于此，丹佛斯将新拓展的业务聚焦在该领域，公司开发了相应的20 mm的产品。该产品继续继承了25 mm的微细孔和高传热效率的特点，减少了产品的宽度，继续在产品的高性价比上进行提升。主要应用于数据中心空调的冷凝器产品和轻商空调产品中。单位面积冷量在25 kW左右，适用于R410A、R134a、R22等制冷剂。

2014年，丹佛斯继续在商用空调的领域进行扩展，一方面向更大冷量的风冷冷水机市场发展，对原有25 mm产品向上拓展，以配合水机市场的应用特点和客户需求，该产品优化了微通道孔径，更好的平衡了传热和制冷剂的压降的关系，即便在较大冷量条件下，制冷剂压降也可以保持在一个可以接受的范围内。单位面积的冷量在35 kW左右。该产品的设计压力秉承了之前系列的行业最高设计压力的标准，可应用于R410A等常规制冷剂，而且对R134a等低密度制冷剂更加能体现出其优势。该产品一经推出，就得到了欧洲市场的充分认可，已成为丹佛斯在该领域的主打产品。另外一方面是朝向更小冷量市场进行开拓。开发出了12 mm系列产品，该产品面向的市场主要是针对家用和小型商用机市场，由于冷量小，该产品得以更加紧凑的结构提供需求冷量，可以更加的节省空间，提升性价比。同年，该产品的优势在家用3 HP柜机的开发中得到了充分的体现。

2015年，丹佛斯在冷水机行业继续夯实基础，开发出了V形换热器，充分提升换热面积的利用率，在机组占地面积不变的条件下，整体换热面积提升达到25%左右。由于换热能力的提升，可以减少制冷机组使用的总的台套数，运输成本降低10%以上，同时降低了项目的安装、维护等费用。该产品引起了各大商用主机厂家的兴趣。在2015年的美国制冷展中获得了“最佳创新奖”。

为了应对市场对能效标准日益增长的需求，在2015年开发了32 mm系列产品，该产品覆盖了高性价比和高性能两个优化方向，高性价比方向的产品依然采用高传热效率的细孔径结构，而高性能产品则针对低压制冷剂平衡了性能和压降的要求。该产品的单位面积换热量可以达到40 kW左右，设计压力依然是以R410A为标准进行设计。同时覆盖低密度制冷剂的应用，而且针对低密度制冷剂为了进一步的降低制冷剂侧压降，也开发出了对应的大管径集流管，进一步提升换热器整体性能。该产品在大客户的高能效产品中得到了较好的应用。

同年，丹佛斯将空调换热器的应用从室外侧的冷凝器产品推广到了室内侧的蒸发器应用上，扁管继续使用原有25 mm扁管设计，针对蒸发器会出现冷凝水的特点，对其翅片从传热和排除冷凝水两个角度进行设计优化。在搭配室外侧微通道冷凝器使用时，将制冷剂的充注减少量从30%继续降低到50%左右，即采用全微通道换热器的空调机比用铜管铝翅片换热器空调机的制冷剂充注量减少一半。由于室内外侧同时使用微通道换热器，换热器内容积内外侧更加匹配，使得系统控制更加稳定。该产品的推出扩大了微通道换热器的适用范围，进一步开拓了微通道换热器的应用市场。

杭州三花微通道换热器有限公司（以下简称“三花”）成立于2006年，是国内空调行业第一家专业设计生产家用和商用的微通道换热器的企业。主营家用、商用空调及运输制冷领域的微通道换热器，产品包括微通道冷凝器，微通道蒸发器及热泵换热器，水箱散热器、热泵热水器换热器等。

2008年，三花开发了16 mm产品系列，并应用到冷凝器上，此系列冷凝器产品作为行业首发，开始批量供应北美市场。该应用的扁管，翅片和集流管均进行了优化设计。微通道孔径较小，传热效率高，同时降低产品的厚度，减少原材料的消耗。相对于传统的铜管铝翅片换热器，产品重量降低50%，制冷剂充注量降低30%左右。该产品的推出赢得了客户的认可。

2010年，三花开发了北美家用蒸发器，此系列产品为全球首发，使用的是25.4 mm和16 mm系列产品。蒸发器的工作原理，注定其对排水性能要求极高，为此，三花开发出了排水极佳的翅片，用户使用反馈良好，在北美市场占据一席之地。

2011年，微通道水箱产品在运输制冷市场应用。三花新开发了25.4 mm系列产品，专门用于水箱换热器。此系列产品优化了孔数，降低了液体的流动阻力，提高产品换热效率。水箱换热器由于车载产品其特殊的应用环境，对可靠性要求极高，因此三花着重在工艺改进和耐腐蚀性能方面开展研究和提升。

2012 年，三花继续在北美市场拓展，微通道热泵产品作为全球首发，应用到了北美市场。该产品使用的是 16 mm 和 20.6 mm 系列产品。该产品优化了翅片设计，使得热泵换热器在排水和除霜性能方面优势明显。同时，该产品首创折弯使用工艺，进行了大量的专项研究，成功完成了热泵产品的开发，并顺利应用到市场。

2014 年，三花开发的微通道热泵热水器产品投入到市场使用。在原有 25.4 mm 产品的基础上，开发了 25 mm 产品系列，强度方面进一步提高，以适应热泵热水器的应用特点和客户需求。

2015 年，三花继续在商用空调领域发力，开发了商用模块机热泵机组换热器，该产品继续使用 20.6 mm 系列产品，V 形布置，整体换热面积提升 25% 左右，并由此减少制冷机组使用的总的台套数，运输成本降低 10% 以上，同时也降低了安装和维护成本。

同年，三花开发的全铝板式换热器应用到市场。

2016 年，三花在家用领域进一步拓展，开发出了家用热泵换热器，该产品使用 20.6 mm 系列产品。家用热泵对换热性能的要求比较高，而微通道热泵换热器和铜管铝翅片换热器对系统的匹配性不一样，为此，三花为客户提供合理的产品和系统改进意见，最终使产品成功应用到家用热泵领域。

2017 年，三花拓展了冷冻冷藏业务，冷柜蒸发器应用到市场。该产品在管型和翅片上做了较大改进设计，适应了市场需求。

2018 年后，数据中心冷却用精密空调业务也出现了旺盛的需求，基于此，三花将新拓展的业务聚焦在该领域，公司开发了相应的 16 mm 的产品，并应用到市场。该产品增加了高度，提高了强度，具有高传热效率的特点。主要应用于数据中心空调的冷凝器产品和轻商空调产品中。

2019 年，三花微通道开始涉足燃气热泵领域，开发出了 32 mm 系列产品，进一步扩展了公司的业务。

15. 冷却塔

1996 年，良机集团在上海松江成立了独资上海良机冷却设备有限公司（以下简称“上海良机”），刚开始主要引进生产台湾良机开发的一系列产品，从 1999 年起，根据中国大陆市场的需要，上海良机不仅独立开发新产品，而且形成了具有特色的自主研发体系。

1996 年，上海良机引进台湾良机 LRC-H 机械通风开式方型横流式冷却塔，将原台湾的冷吨机型修改为水吨机型，并在型号后增加 M（Mainland 意为大陆使用机型），即 LRCM-H，表示方型横流式小机型冷却塔，依据 GB 7190.1—1997《玻璃纤维增强塑料冷却塔　第一部分　中小型玻璃纤维增强塑料冷却塔》标准工况 Ⅰ（进水 37 ℃ / 出水 32 ℃）的规定，共有单台处理水量 50 m^3/h/65 m^3/h/80 m^3/h/100 m^3/h/125 m^3/h/150 m^3/h/175 m^3/h 计 7 个塔形，额定制冷量 2.5×10^5 ～ 8.75×10^5 kcal/h，风机配套电机功率

1.5 ～ 5.5 kW，噪声标准达到国标低噪声型（D 型）冷却塔要求。LRCM-H 系列冷却塔采用低噪声风机组和良机低转速皮带式减速机，风机组采用轴流式宽幅流线型设计，风叶角度可调整，每组风机均经过动、静平衡校正，运转平稳，铝合金材质强度高、排风顺畅、噪声低、风量大、使用寿命长。散水方式为重力槽式布水，水流速度缓慢，无水滴声，噪声低。悬挂式散热材均采用高品质原生 PVC 材料，经吸塑成型，内外蜂窝巢式收水结构，独特的波形设计，免胶水黏结，具有布水均匀，气流通畅，漂水率极低。

与此同时，引进的 LRCM-HS 机械通风开式方型横流式冷却塔同样按中国标准改“冷吨”为“水吨”，为大机型冷却塔，在标准工况下，单台处理水量 200 ～ 1 000 m^3/h，共计 13 个塔形，额定制冷量 1×10^6 ～ 5×10^6 kcal/h，风机配套电机功率 7.5 ～ 37 kW，噪声标准满足国标低噪声型（C 型）冷却塔要求。

1999 年，上海良机继续改进 LRCM 系列产品，自主开发了升级换代型的 LRCM-HL 机械通风开式方型横流式超低噪声型冷却塔，噪声标准达到国标超低噪声型（C 型）冷却塔要求。该机型通过加高塔体结构，增加散热材体积，增大了有效容积，降低了空气负荷，并采用先进的静音型风叶，降低风叶转速，从而达到降低冷却塔运转噪声的目的。该产品不仅噪声超低，而且耗电少，运行成本低，首次应用于南京地铁项目，后多应用于居民楼、医院、办公楼等对噪声要求严苛场所的项目。

除了方形横流冷却塔，上海良机还同时向市场推出了 LBCM- 机械通风开式圆形逆流式冷却塔，在标准工况 Ⅰ 下，单台处理水量 3 ～ 900 m^3/h，共计 25 个塔形，额定制冷量 1.5×10^4 ～ 4.5×10^6 kcal/h，风机配套电机功率 0.12 ～ 37 kW，噪声标准满足国标普通噪声型（P 型）冷却塔要求。LBCM- 系列冷却塔采用高性能自动旋转散水装置，自动旋转喷头采用高级强化塑胶或铝合金制造，散水管下部的散水孔径和孔间距根据散水管上位置不同而不同，此种设计使散水更均匀，效果更佳。散热材采用高级 PVC 硬布热压成型，片状散热材黏结成块，保证了波形，片材厚度均匀，强度及韧性高，可获得极大的热交换面积及较小的空气阻力。

紧接着上海良机又推出了低噪声的 LBCM-LN 机械通风开式圆形逆流式冷却塔，噪声标准满足国标低噪声型（D 型）冷却塔要求。该机型通过在 LBCM 机型的塔体结构上增加散热材高度，增大了有效容积，降低了空气负荷，并在水盆内增加消音毯，在出风口增加消音罩，从而达到降低冷却塔运转噪声的目的。

LDCM- 机械通风开式方形逆流式冷却塔，在标准工况下，单台处理水量 50 ～ 300 m^3/h，共计 10 个塔形，额定制冷量 2.5×10^5 ～ 1.5×10^6 kcal/h，风机配套电机功率 1.5 ～ 11 kW，噪声标准满足国标普通噪声型冷却塔要求。该系列产品特点为：①塔体优化设计，采用管网式布水，均匀的水流分布，利用良机专利离心直流喷头，消除中空现象，适用于较大的压力变化范围，也有较好的喷洒效果，需求压力低，压损小，布水均匀，使用经济。材质为 ABS 工程塑料，不易变形及堵塞，与喷管连接采用螺栓固定，便于清洗，可提供充分的散水面积；②采用良机薄膜式散热材，容积散质系数高，换热效率好，能够提供较大之水气热交换面积，同时具有较好的气流通过性，通风静压小，降低电机能耗。散热材采取块形拼装，重量较轻，便于组装、拆卸及清洗。③采用高效挡水器，结构设计独特，使得挡水器可在气流通过的三个方向做气水分离，有极佳的收水效果，而气流通过阻碍小，飞溅损失小，节省水资源的同时有效降低了环境的影响。

1998 年，上海良机向市场推出了 LFC- 无风机冷却塔，根据流体动力学原理，借用循环冷却水泵的压力，利用良机专利的特殊结构喷管和喷嘴，将循环冷却水向上喷出，使其形成水幕，高速喷出的水幕带动临近空气一起运动，水与空气在运动过程中发生动能转换，并同时进行热交换。混合后的水和空气进入扩散器后进一步增压，到达塔体顶部时，由高效挡水器做气水分离，热气排出塔外，冷却水落至填料层，与进入塔内的空气进行二次热交换，使循环冷却水达到良好的降温效果。该系列产品的技术特点为：①以流体动能转换取代了风机，排风速度较机械通风式冷却塔低 60% 以上，再配合高效率的挡水器，使该塔形漂水率极低；②无风机结构，全塔均由静态部件组成，无传动部件，故整塔的噪声及振动明显低于机械通风式冷却塔；③由于无风机、电机和传动结构，杜绝了突然停机检修影响运行，也免去了机械设备的维修费用。日常维护保养工作时只需注意保持循环水质清洁即可；④采用模块化设计，不同规格的塔体均由基本单元模块排列组合而成，实现了高度的标准化生产，使产品的性能和质量稳定可靠。综上优点，2001 年 LFC- 无风机冷却塔获得“上海市高新技术成果转化项目”，并取得了一系列的专利。该系列产品单模块处理水量 50 ～ 700 m^3/h，共计 16 个塔形，额定制冷量 2.5×10^5 ～ 3.5×10^6 kcal/h，噪声标准满足国标超低噪声型冷却塔要求。

2002 年上海良机开发 LCCM-N 系列机械通风横流闭式冷却塔，在标准工况Ⅰ下，单台处理水量 20 ～ 200 m^3/h，共计 11 个塔形，额定制冷量 1×10^5 ～ 1×10^6 kcal/h，风机配套电机功率 1.5 ～ 7.5 kW，噪声标准满足国标低噪声型（D）冷却塔要求。该塔形是台湾良机总公司与台湾工业技术研究院合作开发，采用多层耐高压无缝脱氧铜管及不锈钢外框架构成盘管组，耐腐蚀性能极佳；盘管结构模块化，方便现场组装，与散热材上下分层多段式排布，热交换效果极佳，维护保养方便，循环水水质不易受污染，有效避免主机和管路积垢而影响性能，因此主机效率高，可节省能源，又可免除经常清洗，降低维护费用，特别适用于洁净水质的循环冷却水系统。

2008 年，上海良机与东华大学环境学院进行产学研合作，开发了 LNCM- 机械通风逆流闭式冷却塔，经过两年多的研发、测试和改进，终于在 2010 年向市场推出了这一系列产品，依据 GB 7190.1—2008 新版的要求，在标准工况Ⅰ下，单台处理水量 10 ～ 250 m^3/h，共计 15 个塔形，额定制冷量 5×10^4 ～ 1.25×10^6 kcal/h，风机配套电机功率 0.75 ～ 22 kW。该系列产品主要技术特点为：①冷却塔单塔模块化设计，将冷却塔分为上箱、中箱、水盆等模块，结构坚固，于工厂内组装完成，现场拼装即可，安装方便，施工周期短，无积层等化学污染，绿色环保；②塔内设计散热材，采用二次侧自循环预冷却技术，使二次侧循环水温度更低，换热效率较纯铜管式冷却塔高 20% 以上；③逆流式全封闭结构，出风口设置 S 形挡水器，漂水损失小，入风口设置三防一体（防飞溅、防尘、防阳光直射）整流器，有效抑制藻类滋生，喷淋水质更洁净；④冷却循环水在盘管内流动，有效避免主机和管路积垢而影响性能，效率高，同时降低维护费用。适用于洁净水质的循环冷却水系统。

LHC- 机械通风横流式工业型冷却塔，可处理污水等水质极差的循环冷却水。中国台湾地区的 LHC-300/400 系列在标准工况 Ⅰ 下，单台处理水量 135 ～ 1 008 m^3/h，共计 30 个塔形，额定制冷量 6.75×10^5 ～ 5.04×10^6 kcal/h，风机配套电机功率 11 ～ 55 kW。随着市场对单风室处理水量要求越来越大，良机公司在 2000 年开发了 LHC-5000 系列产品，LHC-5000 系列在标准工况 Ⅱ 下，单台处理水量 840 ～ 2 750 m^3/h，共计 12 个塔形，额定制冷量 8.4×10^6 ～ 2.75×10^7 kcal/h，风机配套电机功率 55 ～ 160 kW。该产品主要特点为：①采用横流式设计，入风面积大，换热充分，稳定性好。槽式配水结构设计，散水头组采用大孔径，无堵塞型和固定喷洒瓣的设计，可使用于各种条件下的循环水，包括非常浑浊的循环水质，易于安装，清洗和更换。配水均匀，不易堵塞，便于检修；②宽敞的塔内空间栈道设计，便于在运转中维护及进出检查。塔体桁架可用钢筋混凝土、钢架、防腐木材及 FRP 拉挤型材等不同材质设计。优化设计的各种塔形，冷却效率高，性能好，可进行余量调节；③散热材由经过真空防腐处理的木材制成，亦可采用 FRP 材质条状散热材或 ABS 材质网格状散热材，并由材质为 FRP 的散热材支持网支持固定，条状散热材间距大（36 mm 或 72 mm），即使浑浊或接近泥沙状的水流通过，也不会堵塞。木材耐高温性好，最高工况温度可达 95 ℃；④风胴外型设计符合“文氏效应”（VENTURIEFFECT），有效降低风阻，增加排风效率，并采用优质传动部件，满足客户的需求。

与此同时，上海良机还有 LDC- 系列机械通风逆流式工业型冷却塔，在标准工况 Ⅱ（进水 43 ℃ / 出水 33 ℃）下，单台处理水量 500 ～ 5 000 m^3/h，共计 12 个塔形，额定制冷量 5×10^6 ～ 5×10^7 kcal/h，风机配套电机功率 22 ～ 200 kW。该系列产品也融合了良机高效淋水、管网布水、离心直流喷头、薄膜散热材、高效挡水、符合“文氏效应”风胴外型设计等众多的技术优势。

1998 年上海良机公司投资 1 000 万元建造了冷却塔测试场，设计测试能力为单台循环水量 50 ～ 650 m^3/h，是一座符合美国冷却塔协会（CTI）标准的专业冷却塔测试场，可对良机方形逆流 / 横流冷却塔，圆形逆流冷却塔以及 LFC- 无风机冷却塔产品进行冷却塔性能测试，水泵性能测试和噪声测试。与此同时，上海良机还与上海交大、同济大学、东华大学等院校开展“产学研”合作。2014 年底上海良机再次与东华大学环境学院合作，进行了闭式冷却塔热湿传递特性研究，开发新一代产品。2006 年上海良机还投资创建可供学术界及业界专业交流的冷却塔知识馆。

1992 年上海上枫制冷工程公司（上海上枫制冷设备有限公司的前身，以下简称“上枫制冷”）与上海交通大学试制成功国内第一台蒸发式冷凝器，该产品采用双进风、加填料、循环水冷却、蒸发式冷凝的方法，集壳管式冷凝器、水泵、冷却塔和水池为一体，其产品特点为：①高效省电，因换热效果好，冷凝压力低，相比传统的配置，配用功率降低至少 15%；②节水，水的飘逸率仅为 0.001%，特别适合北方地区；③设备紧凑，不仅占地面积小，并省却了大量的管路；④运行维护方便，采用了热镀锌换热器芯子，特别耐腐蚀，而且易损件少，年运行费用低。上枫制冷第一台 SFL-488 蒸发式冷凝器安装在广东广香雪糕厂，至今未有氨泄漏，仍在使用。上海地区第一个应用的是上海洁康冷饮厂，先使用了一台 SFL-980 蒸发式冷凝器，因效果好，即拆除了 3 台立式冷凝器和 2 台冷却塔，再加装一台，据用户反映，使用两台 SFL-980 蒸发式冷凝器，配用功率 33 kW，而拆除的冷凝器和冷却塔，其风机和水泵配用功率则 60 kW，按工厂实际生产量每年节电 10 万 kW · h 以上，而且压缩机排气压力从未超过 14 kg/cm^2，制冷系统运行平稳。2002 年上枫制冷继续与交大合作陆续开发扩充了产品规格，形成了 SFL260 ～ 2100 的系列十多个规格，产品不仅用于冷冻冷藏，还扩展到制药、化工等领域。2003 年，上海水产集团龙门水产品营销中心冷冻厂冷凝器改造，使用上枫制冷 5 台蒸发式冷凝器，配用功率从原来 225 kW 下降到 80.9 kW，年耗电费用从 52.3 万元下降到 21.9 万元，受到业主方的好评。2003 年 12 月，经上海科学技术情报研究所科技查新，对比国家行业标准、国内同行和国外厂商三方对比，该产品单位面积换热量为 5.41 kW，达到国际先进水平，2004 年该系列产品获上海市高新技术成果转化项目，2002 年起连续九年被评为上海市节能产品。2008 年 12 月，上枫制冷以“高效节能蒸发冷却机组关键技术”项目名义获得上海市科技进步三等奖。

冷却塔产品在长江三角洲地区比比皆是，特别是苏州吴江被誉为“冷却塔之乡”，目前上海地区美资的益美高（EVAPCO）主要生产蒸发式冷凝器，还有民营的廷亚冷却塔等。

1.2.3　重大引进技术、技术改造项目及中外合资（合作）项目

1. 全封闭活塞式制冷压缩机及空调机组引进及技改项目

20 世纪 80 年代初，上空厂和上冷厂联合引进美国特灵公司的 CRHH 型全封闭活塞式制冷压缩机制造技术和立柜式空调机组制造技术，压缩机共 6 种规格，空调制冷量 8 710 ～ 21 750 kcal/h（制冷剂 R22，蒸发温度 4.4 ℃ / 冷凝温度 40.5 ℃），还有 3 ～ 15 RT 共 5 种规格的水冷、风冷和风冷热泵柜式空调机组，经过努力，引进产品的零部件国产化率达到了 98% 以上，样机性能符合国际化标准，得到美国特灵公司的书面认可证书，水冷、风冷立柜式空调机系列，被评为了 1984 年度上海市新产品二等奖。3 HP 柜机 SPUA/CPHA-B304、5 HP 柜机 SPUA/CPHA-B504 风冷热泵空调机被评为 1985 年度上海市优秀新产品二等奖，这些产品不仅作为一个完整的系列产品，当时弥补了国内柜式空调机系列的空白。在

引进产品的在完成技术引进的同时，围绕形成量产的目标，在原机械工业部和上海市的支持下进行了一系列的技术改造，其中，上空厂以沪经技改（84）489号文批复“精镗气缸及主轴孔专机及设备引进”项目投资635万元（162万美元），沪机规（84）185号文批复“柜式空调机用全封闭压缩机车间技术改造项目”投资300万元，建造了5 500 m^2的车间，以及为进口设备配套的275万元的大连组合机床厂设备，形成了2万台的生产规模，被国家计划委员会批准为“以产顶进”产品，提供全行业配套。而上冷厂则自力更生形成3 000台的生产规模，主要自用。

2. 溴化锂吸收式制冷机组引进及改造项目

一冷厂是国内最早生产吸收式溴化锂制冷机的工厂，尽管为很多重点项目配套，但是制造质量和效率却还是不尽如人意。80年代中期，上一冷引进了美国特灵公司蒸汽型溴化锂冷水机组的制造技术和关键设备对中机和数控多头钻机，特灵溴化锂机组的制造工艺彻底颠覆了行业原来的制造工艺。行业传统的溴化锂制造工艺是先制作筒身，然后人钻在筒身内部焊接装配各部件折流板和水盘等零件，由于内部空间的限制，操作体位不合理，很难保证装配的精度和焊接的质量，直接影响机组内部各部件之间的密封性和最后穿管的顺利进行。特灵公司溴化锂机组的制作方法是先用对中装备将两块管板正确定位，然后在开放的空间逐一装配各部件水盘和折流板，确认各零部件位置正确无误，最后把外壳部分装配到位。这种“由内至外”的工艺解决了传统工艺中影响机组质量的关键因素—清洁度和密闭性；而数控多头钻则改变行业以前对管板单孔加工的工艺，最多可一次加工七孔，大大提高了劳动生产率。

3. 船用（平台）制冷用热力膨胀阀制造技术的引进

1985年，恒温厂根据机械工业部批准（84）机技函字第2481号文“船用（平台）制冷自控元件”的计划，从美国艾柯公司引进热力膨胀阀制造技术，项目投资418万元（89.5万美元，软件55.67万美元，硬件33.50万美元），引进的热力膨胀阀产品共两个系列，一是TCL（E）系列拼装式产品，名义工况制冷量为1/4～12 RT，另一个是HC（E）系列整体式产品，名义工况制冷量为1/4～5 RT，两个系列产品均适用于R12、R22制冷空调系统。产品有8种充注形式，适用于R12制冷系统的有五种，即FW，FC，FWZ，FW15，FW55；适用于R22制冷系统的有三种，即HW、HW35、HW65，蒸发温度适用范围为–46～+ 10 ℃。引进产品主要特点是充注形式多样化，能与各种不同用途的制冷系统相匹配，在不同的蒸发温度范围内均能获得良好的等过度控制，制冷速度快，效率高，另一个特点是动力头中膜片采用不锈钢材料，它与上下膜盖采用氩弧焊焊接，所以耐压强度特别高，充注剂不易泄漏，产品寿命长，经过三年的消化、攻关，于1988年通过产品鉴定。

4. 船用半封闭压缩机及柜式空调机技术的引进

1985年，上冷厂与日本大金公司签订了“平台（船用）半封闭制冷压缩机和柜式空调机专有技术合同”，总投资295万元，生产纲领压缩机500台，空调机组200台/套，1987年试制成功船用半封闭压缩机6HC582SEC和6HC752LB，1988年试制成功船用柜式空调机US5FC和船用集中式空调机USD40F，并获得日本大金公司的认可，1989平台船用USD40F、US5FC平台船用立柜式空调机获得1988年度上海市优秀新产品三等奖，特别是引进的半封压缩机极大地丰富了上冷厂的产品型谱，不断地应用于新产品开发的配套。

5. 旋转式冰箱制冷压缩机引进及森林电器的合资项目改造项目

上海冰箱压缩机股份有限公司（前身是上海浦江发动机厂）从1986年起引进日本三菱电机旋转式冰箱压缩机制造技术。从1987年开始生产8万台起步，到1995年达到90万台的生产规模，冰箱股份上市后，与日本三菱电机双方决定从技术合作发展到合资合作，于1995年12月，双方各出资50%，总投资1.6亿美元，注册资本6 000万美元，成立合资公司-上海森林电器有限公司，公司地处金桥开发区，占地10万m^2，规划形成绿色冰箱标记配套的年产300万台旋转式冰箱压缩机生产能力，2000年9月日方三菱电机50%的股份被上海日立电器有限公司所收购。

6. 合众开利、通惠开利合资项目

1987年，在各方的努力下，中国制冷空调行业首批合资公司正式成立，一冷厂以双阳支路容器车间的土地厂房和设备出资，占股份49%，开利公司以技术和资金占51%成立了上海合众-开利空调设备有限公司，合资公司投资总额1 092万美元，注册资本728万美元，主要生产半封闭制冷压缩机、活塞式冷水机组和离心式冷水机组产品。与此同时，上海市石油化工通用机械公司以通惠厂全厂投入占49%股份，开利公司以技术和资金占51%，成立了上海通惠-开利空调设备有限公司，合资公司投资总额475万美元，注册资本350万美元，主要生产商用空调系统末端产品。这两家合资公司在当时制冷空调行业飞速发展的时期依托开利的技术和管理，在中外双方及合资公司员工的共同努力下创造了中国制冷空调行业的“神话”，1997年当年，合众开利300人的工厂实现销售7.2亿元，实现净利2.3亿元。2000年，为整合资源，合众开利与通惠开利均并入上海一冷开利空调设备有限公司。

7. 上海新晃空调设备有限公司合资项目

1976年，当时的上海市工业设备安装公司（以下简称“上安公司”）通风工程队成功试制了国内第一台F-76型风机盘管空调机组，并持续开发了多种规格形成了产品系列，为了继续提升产品性能，从1982年秋至1987年5月，上安公司与日本新晃工业株式会社

经过多次在不同地方相互参观和考察，并经过3年的7轮艰辛会谈后，1987年5月28日上海新晃正式成立，注册资金266万美元，中外双方各50%的比例，全部现金投入，公司注册地曲阳路930号，占地面积2 640 m^2。

1993年，随着公司业务的发展，投资双方决定增资到1 000万美元，全部现金投入，中外双方仍各占50%，上海新晃在浦东新区建造了建筑面积近2万 m^2 的全新厂房，生产国际先进技术水平的D型组合式空调箱等末端产品，与此同时公司注册地也迁到浦东。1997年5月，上海新晃为进一步扩大公司经营规模和集中高效化管理，公司的生产和办公基地，全部搬迁到杨浦区淞沪路518号。生产办公场所占地5万余 m^2。同年10月，公司被上海市外资委、上海市外经贸委、上海市科委等联合审定为上海市外商投资企业享受技术密集型、知识密集型项目优惠待遇的“双密集型企业”。为今后在建筑空调末端设备科研领域中、在基础研究、应用研究和试验发展这三个主要方面的长足发展与进步打下基础。1999年，组建上海新晃空调试验室，建造了全消声室、半消声室、混响室以及国内同业唯一的空调气流模拟实验装置——“气流明视室”；2002年，完成建造当时国内一流的风机盘管机组、组合式空调机组全热工性能试验台系统装置，并获得国家空调设备质量监督检验中心的性能标定和认可。

2005年10月，根据上海市政规划，上海新晃又从杨浦区搬迁到松江区泗泾镇三祥路518号，占地面积又增至7万余 m^2，同时上海新晃整体变更为外商投资股份制有限公司，更名为“上海新晃空调设备股份有限公司”，注册资本达15 992万元人民币。2007年7月，公司收购上海新晃制冷机械有限公司70%的股权。开始了从中央空调末端产品到主机的设计、制造和开发的新的领域。2015年建立上海新晃空调技术中心，获“上海市企业技术中心”资质认定认可，建立了集合空调、热工、环境、声学四位一体的综合性全功能检测研发设施，形成以冷媒、气流、温度、湿度、洁净度、噪声为基础研究对象的产学研综合研发及检测能力，在建筑空调制造领域形成了一定的技术科研行业地位。

8. 世界银行上海制冷机行业改造项目

1988年，上海工业系统加快利用外资进行改造的步伐，从80年代初利用国内有限的外汇储备引进先进国家的制造技术到可以外资进行行业的技术改造，当时还有少量的中外合资项目，但由于国内政策不完善，中外合资还是属于“吃螃蟹”阶段，但利用国外资本的渠道如国外政府贷款、世界货币组织贷款等则越来越多，在这种情况下，当初上海通用机械总公司［上海通用机械（集团）公司的前身］在上海市机电工业管理局的支持下，集中申报世界银行改造上海制冷机行业的项目，在上海投资咨询公司的协助下，完成了项目的可行性研究报告，该项目包括，由上海第一冷冻机厂承担螺杆制冷压缩机的开发和改造项目；由上海冷气机厂承担列车空调及特种空调设备改造项目；由上海空调机厂承担房间空调机引进项目；由上海制冷设备厂引进食品冷冻冷藏陈列柜项目；由上海恒温控制器厂引进电子膨胀阀项目，还包括树脂砂铸造工艺的改造，整个项目投资美金 1 600 万元，配套人民币 2 000 万元，项目建设期 3 年，投资回收期 7 年，项目通过了世行的评审，后来由于某些原因停止。

9. 亚洲开发银行螺杆制冷压缩机项目

一冷厂早在 60 年代曾经开发试制了开启式双螺杆制冷机组，用于上海石化总厂，没有形成量产。80 年代利用日本技术，试制了半封闭螺杆压缩机，由于加工技术的限制，也没能形成批量生产。所以，90 年代初，在世界银行项目停止后，上一冷转向利用亚洲开发银行贷款来完成螺杆制冷压缩机项目，引进先进的螺杆压缩机技术和加工设备。后因螺杆技术引进的技术转让费太高，无法实现，最后决定只购买加工设备，突破螺杆制冷压缩机制造的瓶颈。

当时，国内市场上一流的螺杆制冷压缩机品牌，基本上来自欧美和日本。压缩机体的加工方法，主要采用加工中心等柔性加工设备，这些设备的制造商也基本在欧美和日本。通过充分的调研和比较，上一冷引进了一套瑞典萨夭（SAYO）公司的柔性加工单元。该单元由两台 5 轴联动的加工中心和一条包括自动上下料以及自动交换工作台输送的系统组成，它可以从机体毛坯上线到机体成品下线实现全自动无人操作，加工精度 0.01 mm。该系统无论是加工精度、加工效率，还是自动化程度都属当时国际先进水平，它不仅保证了螺杆压缩机体加工的能力，推进了上一冷螺杆制冷压缩机开发和投产的进度，而且还承担了当时尚有一定批量的 125 系列活塞式压缩机体的加工任务，取代了原来的由专用机床组成的 125 活塞式压缩机体的加工流水线。

与此同时，一冷厂还利用亚行贷款从瑞典乌斯维肯（USVIKEN）公司进口了 8 m 宽的折弯机和朗度（ROUNDO）公司 8 m 长的卷板机，使大型溴化锂机组外形的钢板拼缝减少到了最低程度。同时还进口了 ABB 公司的焊接机器人以及意大利卡那奇（KANAGIE）公司的大型龙门钻削中心，工作台面 2 000 mm × 4 000 mm，定位精度 0.005 mm，大大提高了焊接速度和质量，也明显地改善了管板的质量和生产效率。

10. 溴化锂制冷机技改基本建设项目

1989 年，原机械工业部在规划行业骨干企业技术改造项目时，仅安排一冷厂 500 万元的技改盘子，而当时 80 年代后期，由于治理整顿，用电相当紧张，促使国内溴化锂冷水机组市场快速发展增长，一冷厂江浦路工厂溴化锂车间 1 000 m^2 的场地和 15 吨行车的生产条件已不适应溴化锂机组制造的发展需求。为此，经反复争取，90 年代初，上一冷“八五”基建项目“溴化锂迁扩建工程”在机械工业部的大力支持下正式立项并通过可行性审查，计划在宝山杨行征地 6.7 万 m^2，并由当初国家轻纺投资公司（国家开发银行的前身）贷款 3 000 万元，建成了 16 000 m^2 厂房，并配备 30 吨行车，8 m 宽的折弯机和 8 m

长的卷板机，焊接机器人以及大型龙门钻削中心的溴化锂制冷机制造基地。在提高产品的质量和性能的同时，形成350台套的生产能力。该项目于1993年竣工，使一冷厂的溴化锂制冷机的生产能力得到迅速扩张，产品质量大大提高，赢得国家轻纺投资公司的赞赏，并希望将项目贷款转为股本金参股，尽管当时此事未能如愿，但为今后与开利的合资打下了基础。

11. 上海易初通用机器有限公司合资项目

上海易初通用机器有限公司的前身是1956年公私合营的上海力车配件一厂，后随着业务的变更继而更名为上海拖拉机附件厂和上海内燃机油泵厂，1980年开始试制轿车空调产品。1990年3月7日，企业同泰国正大集团易初投资有限公司签订了合资协议，总投资2 960万美元、注册资金1 184万美元。上海市拖拉机汽车公司40%，上海龙华乡工业公司10%，泰国正大集团易初投资有限公司50%，同年7月7日，中泰合资的“上海易初通用机器有限公司”成立，主要为上海大众桑塔纳轿车空调的国产化配套生产车用空调压缩机。至1997年底形成年产R134a制冷剂60万台空调压缩机的能力。

2000年6月公司重组为上汽和日本三电合资的企业，2004年公司再次重组成立由上汽、龙华工业公司和日本三电、德国贝洱合资的上海三电贝洱汽车空调有限公司，2015年5月因股东方贝洱公司的退出进行股权变更，并改名为“上海华域三电汽车空调有限公司”。

12. 上海实业空调机合资项目

80年代后期，空调行业开始孕育着勃勃生机，而作为行业老大的上海空调机厂多年来缺乏资金改造，企业老旧不堪，而上海实业（香港）有限公司是上海市政府在香港的实业机构，对支持上海老企业的改造积极主动，经过近一年的洽谈，双方确定了合资意向，1992年1月，上海空调机厂全厂与上海实业有限公司合资，成立了“上海实业空调机有限公司”，所生产的产品品牌由“燕牌”改为“豪申”。上海实业有限公司出资300万美元占30%的股份，通用公司以上海空调机厂原有的厂房和土地作为出资占70%的股份。这300万美元为上空厂在以后的技术改造方面起到了关键的作用。

从1992年开始，公司规划设计了总装生产流水线，规划了将工厂原有的6个车间打通成一片，形成立体式的总装生产流水线（包括房间空调的室内室外生产线与柜式空调室内室外生产线）。根据各个工位的要求，由南京晨光机械厂承担建设，特别是在流水线上加强质量控制手段，进口了德国莱宝（LEYBOLD）公司的真空泵，氦检漏仪，氟利昂充灌机，出厂测试台等，以保证空调机的质量。经过近一年的努力，建成了全国第一条年生产能力11万台（单班）的空调器总装生产流水线。流水线于1993年2月开始试生产，由于这么大规模的空调装配流水线在当时我国还是第一条，使用新的流水线安装空调机，使空调机的质量大大提高，产量得到了很大的提升，受到了用户的好评，当年的销售额比往年翻了一番，也为与开利公司的入股合资打下了基础。

13. 上海夏普空调机器有限公司合资项目

上海夏普空调机器有限公司于 1992 年 5 月成立，由上海电视一厂、日本夏普、日本三菱商事、美国夏普电子公司四方以各 40%、40%、11%、9% 股权比例组成，投资额 2 950 万美元，在浦东金桥开发区落户，1994 年在中国首创引进开发（SKD）了使用电子膨胀阀的 AY-25CX 1 匹直流变频挂壁式空调机。1994 年 6 月公司更名为上海夏普电器有限公司，产品由单一空调生产扩充为空调、电饭煲、电热水瓶产品生产，同时为后来的电冰箱、洗衣机、除湿机、吸尘器、空气净化器等产品生产预留了空间。

从 2006 年开始，公司股份结构屡次调整，至 2007 年形成日本夏普 60%、广电 40% 的股权结构，2009 年广电 40% 的股份转入仪电控股集团。

14. 空调压缩机项目的开发及日立电器有限公司合资项目

1992 年，中国开放股票市场，上海冰箱压缩机厂改名为“上海冰箱压缩机股份有限公司”，成为较早实行股份制改造的企业之一，并于 1992 年 11 月和 1993 年 1 月，公开发行 4 000 万股 A 股和 5 000 万股 B 股，在上海证券交易所上市。海立集团利用募集的资金，抓住中国家电业加快发展机遇，与日本日立制作所合资合作，于 1993 年 1 月 18 日合资组建国内最大空调压缩机生产商——上海日立电器有限公司，引进日立先进的 SG、SH 两个系列共 7 个规格的滚动转子式空调压缩机产品制造技术。海立集团占 75% 股份、日本日立占 25% 股份，总投资 1.3 亿美元，首期投资 5 000 万美元，在浦东金桥开发区 26 号 17.5 万 m^2 的土地上建起了 4.2 万 m^2 的厂房，安装了 200 多套进口设备，整个工期从 830 天压缩至 11 个月，1993 年 11 月 28 日，第一台压缩机下线，实现了当年开工，当年竣工，当年投产。1996 年 2 月，第 100 万台空调压缩机下线；2000 年 11 月第 1 000 万台下线；2006 年 3 月第 5 000 万台空调压缩机下线；2010 年 6 月 21 日，第 1 亿台空调压缩机下线，日立电器创造了名副其实的“上海速度”。

15. 上海江森控制器有限公司合资项目

1993 年 2 月上海恒温控制器厂与美国江森公司在上海外高桥保税区合资成立了上海江森控制器有限公司，项目总投资 375 万美元，注册资本 300 万美元，江森占 51%，恒温厂占 49%，全部现金投入。新建厂房 9 000 m^2，合资 11 年期间主要专业生产压力控制器、温度控制器、风机等制冷配件，大多出口。2004 年 6 月上海恒温控制器厂撤资终止合资。

16. 上海日立家用电器有限公司合资项目

1994 年 4 月 4 日，由上海家用空调器总厂和日本日立制作所及中国台湾日立公司共同出资成立了合资公司上海日立家用电器有限公司，地址位于上海市普陀区丹巴路361号，注册资金2 000万美元。1998年、2002年两次进行增资，注册资金达到4 867万美元，中方股份40%，日方股份60%，制造和销售“日立”品牌的家用空调，其早期“小凉伴”窗式空调机和“凉霸”分体空调以出色性能和良好的质量深受上海市民的欢迎，一度成为上海市场占比最高的空调品牌。合资期间，股权屡经变更，2004年中方投资方上海电气股份有限公司变更为上海输配电股份有限公司，2006年公司动迁到浦东金桥出口加工区金湘路1100号，厂区占地总面积4.7万m^2，2008年日方接受中方上海输配电股份公司转让的35%股份。

在产品上，上海日立作为中国市场最早的直流变频空调倡导者和产品制造商，长期以来积极致力于节能且功效更为强大的直流变频空调的开发和创新，向市场推出了一系列广受消费者欢迎的直流变频空调机产品，以后又陆续开发了变频风管式空调机和多联式空调机产品，以满足新生代消费者多样化的需求。

17. 上海双鹿中野冷机有限公司合资项目

1994年8月上海双鹿电器股份有限公司、日本中野冷机株式会社和日本国茶谷产业株式会社共同投资的上海双鹿中野冷机有限公司成立，总投资2 360万美元，注册资本1 716.1万美元，其中，双鹿占比43%，中野占比52.11%，茶谷占比4.89%，公司地处上海浦东金桥开发区，占地面积4.5万m^2，厂房3.23万m^2，主要生产销售冷冻冷藏陈列柜、冷冻冷藏库、陈列用货架及冷冻机、冷凝装置等相关设施和陈列柜相关部件，年生产能力1.2万台。全部工程于1995年5月竣工并投入生产。2002年11月，双鹿电器43%的股份转由海立集团持有。

18. 列车空调设备合资项目

上海冷气机厂在大力开发列车空调的同时也在积极寻找国外合作伙伴以期引进新的技术和资金，经多方考察与洽谈，在1994年1月完成了对德国普鲁士集团哈格诺克公司莱比锡工厂的实地考察，并于同年6月合资成立上海哈格诺克冷气机有限公司，投资1 500万马克，注册资本1 050万马克，中方股份49%，以原上冷厂四车间（共和新路1481号）的厂房土地及设备作为投资，外方以现金和技术作为投资，占51%股份，主要生产轨道交通车辆空调机组，合资公司实现当年完成考察，当年签约，当年开工，当年完成900多台空调机组的生产并盈利。合资以后，公司陆续开发了高铁列车空调、地铁列车空调等各种轨道交通车辆的空调机组。2000年，法国法维莱运输集团收购了合资公司的外方股份，更名为上海法维莱交通车辆设备有限公司，除了生产空调机组还生产车辆自动门、车站屏蔽门系统，2007年工厂扩大生产搬迁到宝山开发区，上海哈格诺克冷气机有限公司（上海法维莱交通车辆设备有限公司）为中国轨道交通业的发展做出了卓越的贡献。

19. 开利扩大合资（合作）项目

由于开利公司前期投资的合众开利和通惠开利项目获得巨大成功，1993 年年底，开利公司与通用公司开始洽谈全面合作的项目，此一揽子计划包括：开利参股上海实业空调机有限公司，在家用空调领域引进开利的产品；开利与一冷厂在溴化锂产品和螺杆制冷压缩机及冷水机组产品的合作；与此同时，为协调整合开利在华合资公司的销售体系，拟成立以开利为首，包括通用公司等其他投资方的联合销售公司，这是国外跨国公司在中国最早的联合销售公司。经过一年多的谈判，1995 年，三家合资（合作）企业成立，即上海豪申开利空调设备有限公司，投资总额 2 980 万美元，注册资本 2 176.4 万美元，开利占 51% 的股份，通用公司占 33% 的股份，上海实业占 16% 的股份，公司所在地浦东新区源深路 1111 号（原上海空调机厂）；上海一冷开利空调设备有限公司，投资总额 2 988.5 万美元，注册资本 2 988.5 万美元，开利占 51% 的股份，通用公司占 49% 的股份，公司所在地宝山（原上一冷杨行工厂）；联合开利（上海）工程服务有限公司，投资总额 600 万美元，注册资本 300 万美元，开利占 51% 的股份，通用公司、一冷厂、上海机电实业有限公司、上海实业、天津机修五厂和天津国际信托有限公司共占 49% 股份。

20. 运输冷冻空调项目的合资

1995 年 3 月，上海冷气机厂与美国开利运输冷冻空调公司（CARRIER TRANSICOLD）合资成立上海开利运输冷气设备有限公司，合资公司总投资 1 000 万美元，注册资本 625.5 万美元，上冷厂占股份 49%，开利公司占股份 51%，全部以现金投入，主要生产客车空调及冷藏运输用制冷机组产品，合资公司初期借用上冷厂部分厂房先行生产，同时在嘉定工业开发区叶城路 1235 号置地 1.3 万 m^2，建设厂房 3 000 m^2，并于 1997 年搬入新址。2005 年 9 月，通过股权并购，开利公司完成了对上海开利运输冷气设备有限公司中方股份 49% 的收购，公司成为开利运输空调冷冻在中国的独资企业。

21. 大金空调合资项目

上海实业空调机有限公司在 1991 年和日本大金工业株式会社（以下简称“大金”）开展合作，进口 1 000 台挂壁式空调机零部件进行组装，以优质的品质赢得了市场的美誉。1993 年双方进行家用空调产品的合资谈判，但在一年后，大金认为应该将最先进的产品引入中国，即当时的一拖多（VRV）商用空调机组，为此通用公司安排产品形式与此更为相似的上冷厂继续承担项目的谈判。经过又一个年度的谈判，1994 年底，当双方准备签署合资合同时，因开利扩大合资项目存在排他性条款，故项目终止。但大金未放弃在上海成立合资项目的计划，而转向轻工系统，由上海协昌缝纫机厂承担项目的继续。1995 年 11 月，由大金工业株式会社、上海轻工业对外经济技术合作有限公司、大金（中国）投资有限公司三方共同投资的大金协昌空调有限公司成立，1999 年更名为上海大金空调有限公司，2006 年继续更名为大金空调（上海）有限公司。

22. 上海三菱电机·上菱空调机电器有限公司合资项目

1995 年 12 月 28 日由上海上菱电冰箱有限公司与日本三菱电机株式会社合资成立上海上菱空调机电器有限公司，落址于上海浦东新区南洋泾路 505 号。资本金 5 800 万美元，中日双方股份各为 50%，使用"上菱"商标，其后曾一度改为"Mr.Slim"商标。1997 年 11 月日方增股 1%，公司改名为上海三菱电机·上菱空调机电器有限公司，商标变更为"三菱电机"。2006 年 3 月中方股份转让，母体由上菱集团变更为上海电气实业有限公司。产品为家用空调机和燃油取暖器。1997 年终止燃油取暖器项目，拆除了流水线。1998 年库存取暖器消化完毕，燃油取暖器正式退出公司经营。

23. 上海通用富士冷机有限公司合资项目

1995 年，通用公司在完成与开利全面合作后，开始转向冷冻冷藏方面的业务。1995 年，在日本汤浅（YUASA）株式会社的引荐下，开始与日本富士电机株式会社（以下简称"富士电机"）洽谈冷冻冷藏陈列柜的合资项目。当初，富士电机在北方和南方都有一家非常有实力的企业作为合资备选，但通用公司提出了更好的政策、配套、人员等条件。经过一年的谈判，于 1996 年成立上海通用富士冷机有限公司，公司投资 2 200 万美元，注册资本 1 280 万美元，富士电机占 51%（富士电机株式会社 25.5%，富士电机冷机株式会社 25.5%），通用公司占 49%，合资公司落户青浦工业开发区，占地 5 万 m^2，建造厂房 2 万 m^2，4 条生产流水线，形成 5 000 台冷冻冷藏陈列柜的生产规模。

24. 三花收购兰柯项目

2007 年 9 月 13 日，三花斥资 1 600 万美元，收购英国英维思集团（INVENSYS）旗下美国兰柯公司的家用空调部件四通换向阀的全球业务，收购范围包括美国兰柯和日本兰柯的资产和市场，常州兰柯的全部股权，以及兰柯在全球四通阀领域的品牌及人才等。这是三花以及中国制冷空调行业一个里程碑式的并购，全球制冷空调控制元器件行业的竞争格局从此被改写。

美国兰柯（RANCO）是四通换向阀产品的原创者和发明者，享有原理性专利权，以及多项涉及设计和开发的技术专利。四通换向阀于 1953 年在美国兰柯发明、制造，1967 年开始在日本兰柯生产，并得到技术改进和大批量生产。兰柯的四通阀拥有悠久的历史和强大的品牌商誉，造就了这一领域的"兰柯时代"，统治全球四通阀业务 40 年，是该领域四通阀所有厂家中规格最全、专利最多、生产线自动化程度最高和检测能力最强的企业。在 30 RT 以上的产品中处于市场的垄断地位，在 60 RT 以上的产品中则属于独家垄断，没有竞争对手。此外，兰柯公司的四通阀全球业务销售网络最全，遍及欧、美、日本、韩国、中国等全球主要市场。

1989 年，三花的前身新昌制冷配件总厂与上海交通大学联合，开始研制热泵型空调用四通换向阀，至 1993 年 3 月 28 日通过省级新产品鉴定，为国内首家成功开发四通阀的厂家。到 1999 年生产能力达到 200 万台。

1999 年 1 月，三花董事局主席张道才率团出访美国兰柯，美方向三花提出愿出资 2 500 万美元（约 2.5 亿元人民币）收购三花四通阀产品 80% 的股权，但被三花拒绝，此后在与兰柯竞争的 8 年间，三花取得了长足的进步。确立了“成本领先”向“技术领先”的跨越，至 2007 年 6 月共申报专利 285 项，获得授权专利 197 项，积极推进与国际一流客户同步研发前沿技术，逐步进入全球行业标准的制订，把握行业话语权。

从 1999 年到 2007 年，三花的四通换向阀全球销量从 110 万套增加到 3 000 多万套，销量稳居全球第一，全球市场占有率达到 50%。与此同时，兰柯相继关闭了美国和日本的工厂，全部转移到中国“常州兰柯”生产。在这一竞争态势下，兰柯公司的母公司英维思集团从其全球战略定位出发，决定向三花出售兰柯公司的四通阀全球业务，退出这一行业，因为英维思集团相信三花不会把这个市场做乱，三花也不会把四通阀这个产品做烂。

实际上从 2004 年起，英维思集团就开始和三花接触，讨论有关出售兰柯四通阀业务的想法。但兰柯公司当时仍具备相当的市场和技术优势，英维思集团一直下不了决心出售，和三花之间的谈判，延续了近 3 年时间，三花控股集团有限公司与英维思国际控股有限公司终于在 2007 年 9 月 13 日正式签署了《为出售兰柯四通阀业务的出售框架协议》并对外公开宣布。

25. 微通道项目的国际合作与国际并购

微通道换热器是一种新型的换热设备，采用含多个微孔结构的铝制扁管，与铝开窗翅片焊接而成。换热效率高、分量轻、体积小，且制冷剂充注少，可以广泛应用于制冷空调系统及其他化工、医药、汽车等领域。三花较早涉足此领域。2006 年 8 月三花投资 2 亿元，在杭州下沙经济技术开发区成立了浙江三花热交换器有限公司。同年年底，三花与丹麦丹佛斯公司签署了合资合作协议，2007 年 1 月，政府批准了合资项目协议，三花向丹佛斯转让 50% 的股份，投资总额 2 亿元，注册资本 1.3 亿元，双方各占 50% 的股份，并更名三花丹佛斯（杭州）微通道换热器有限公司，生产包括 R410A、R134a 和 CO_2 系统的微通道换热器，生产纲领第三年达到 500 万台。2008 年新工厂开工，2010 年实现销售 21 523 万元，净利润 2 119 万元。由于经营理念相悖，2013 年 3 月，合资公司解体，三花收购合资公司中丹佛斯的全部股份。与此同时，2012 年底，三花斥资 1 000 万美元收购了美国 R-Squared Puckett Inc.（以下简称“R2 公司”）。R2 公司位于美国密西西比州 Puckett 市，是一家专注精密传热系统的制造商，具有健康的业务和良好的团队，三花收购 R2 公司就是进一步强化了三花微通道在北美市场的战略地位，其客户包括开利、雷诺士等。

1.2.4 制冷空调专业研究机构——上海市通用机械技术研究所

上海市通用机械技术研究所（以下简称“上通所”）创建于 1980 年 1 月 18 日，所址在上海市长宁路 113 号（原上海第三压缩机厂），隶属于上海市机电一局通用机械制造公司。当时研究所成立的方向、任务是：为通用机械行业技术进步服务，为企业新产品开发服务。逐步形成通用机械行业产品的技术开发和设计中心。建所初期，成立了真空、冷冻、流体、阀门、和技术情报等专业研究室和一个试制车间。从事制冷空调设备与自控元件、真空设备与装置、真空仪器仪表、特种阀门、水泵、压缩机、风机和通用机械产品噪声振动等方面为主的科研课题研究和新产品开发工作。其后根据专业规划又设立了机械部真空仪器产品质量检测分中心和上海市通用机械产品质量监督检查站。至 1991 年，上通所建设已初具规模，机构设置扩展为 8 个专业研究室、2 个车间和 4 办一科，全所职工达 246 人。其中科技人员占三分之二。根据 1995 年统计，全所共取得科技成果 169 项，获得部、市、局的科技奖的有 50 项。挂靠在上通所的学术团体有上海市真空学会和上海市流体机械工程学会。1996 年上通所被批准为上海通用机械（集团）公司技术中心，并被国家经贸委等认定为国家级企业技术中心。研究所在 2001 年转制为科技企业，2005 年转制为民营上海市通用机械技术研究所股份有限公司，主要业务为制造特种阀门。

上通所从成立到转制 25 年中，在制冷空调设备与制冷自控元件等领域的科研成果有以下三个方面。

（1）在筹建研究所期间，结合国家经委下达的重点科技攻关项目，在市机电一局领导和支持下，设计建成以下 5 项产品性能测试装置，并先后在 1986—1987 年通过技术鉴定。为后期的科研活动和为行业服务奠定了扎实的基础。其中包括以下项目。

- 35 ～ 350 kW 大型 R22 气环式制冷压缩机型式试验台；
- 多用途液泵式制冷用 R22 大流量气 / 液管自控阀门流量试验台；
- 通用机械噪声声功率测量用混响室；
- 轴流式离心式风机模型级试验台；
- 船用通用机械振动摇摆试验台。

以上产品性能测试台建成后不仅为业内外企业进行了产品性能测试服务，也结合科研任务的课题利用试验台进行了试验研究工作。

（2）结合上级下达的科研计划和公司行业各厂和社会的需求进行制冷空调技术方面的科研研究。先后完成 30 多项主要科研课题，其中重点成果如下。

一是由李著琦和何小渝为主对制冷用中小型活塞式压缩机国家系列典型产品 8S12.5 型 R22 压缩机通过运用气缸示功图和气阀运动规律的测量装置进行试验研究，对气阀进行改进设计，使压缩机的标准工况和空调工况的制冷效率分别提高了 5.1% 和 3.8%。在整个空调使用温度范围内制冷效率较改进前提高 5% ～ 9%。该项目于 1990 年 12 月通过市科委鉴定。接着将改进后的多台压缩机在用户进行定点 5 000 小时长期寿命试验合格。该成果在一冷厂生产中进行了应用，并在全国行业中推广。该产品量大面广，单按一冷厂当年年产量 600 台计算可为用户年节电达 540 万kW · h。

二是制冷用 R12 热力膨胀阀性能规律试验研究。由上通所和恒温厂合作研究，是国内首次对热力膨胀阀流量系数和温包充注对阀的性能影响进行的试验研究。该项目由田定国、许雄杰等负责，试验是在恒温控制器厂的 R12 液泵循环流量试验台上进行，通过对不同阀口尺寸、阀针形状、进出口压力、温度等工况做了大量的试验和测定，首次在国内提出计算阀流量的新公式，代替过去技术书籍杂志沿用的英国 WILES 的陈旧公式，并在中国机械工程学会流体工程学会《流体机械》杂志 1984 年第 4 期上由课题组发表《制冷用 R12 热力膨胀阀流量系数的试验研究》论文。该课题以后得到西安交大试验中再次证实。

三是 9N15 型直接式牛奶冷却罐制冷和热回收系统研制。该项目是农机部聘请美国专家直接指导下的重点科研项目“直接式牛奶冷却罐”的关键配套科研项目。直接式牛奶罐主要用于广大牧场冷却贮存鲜牛奶的设备，它由奶罐体、搅拌器、洗涤器、冷冻机组、余热回收节能装置等部件组成。由董天禄和孙慰仲承担其中关键部分-余热回收节能型制冷系统的研究和设计，解决了蒸发器进出口方位、进口气液分离以及热回收系统的设计关键技术问题。主项目于 1982 年 5 月在西安由农机部组织全国鉴定，认为新装置与老设备相比，节约能耗，提高冷量并减少设备投资，填补了国内空白，并于 1984 年荣获上海市技术进步二等奖。

四是高温溴化锂吸收式热泵模型级装置试验研究。该项目是市科委下达的节能科技项目中以上通所为主的前期科研课题，其目的是通过模型级装置的研制和试验，为第二阶段生产应用装置的设计试制提供技术基础。上通所通过该课题的进行，在国内首次建成 30 kW 容量高温吸收式（也称第二类吸收式）溴化锂热泵的模型级装置。整个项目由董天禄领衔负责进行。进行了 78 ℃、83 ℃、88 ℃和 100 ℃等 4 种热源下的性能测定，并测得 78 ℃热源温度下不同冷却水温度下的温升特性和 COP 值，证明在 21 ℃冷却水温度下最大温升可达 37 ℃～ 38 ℃，制冷系数 COP 值 0.38 ～ 0.40，达到了国外同类型产品的试验研究水平。项目于 1989 年通过上海市科委组织鉴定，并在 1991 年上海市制冷学会年会上和同年日本东京国际吸收式热泵学术会议上发表论文。

五是 CC100B 型微机采集冰箱压缩机性能测试台。微机采集冰箱压缩机性能测试台是按照国标 GB 9098—88《电冰箱用全封闭型电动机—压缩机》而研制的冰箱压缩机综合性能测试台。它能测试冰箱压缩机的输入功率、输入电流、制冷量、能效比、绕组温升、表明壳体温度升降压启动性能等七个主要指标。实现参数计算机自动采集、数据自动处理、部分参数微机自动控制。该项目由华小龙、徐永杰领衔，并于 1990 年 10 月通过市机电一局组织的鉴定，认为试验台设计合理，操作方便，测试精度达到国外先进水平。并于

1990 年荣获上海市优秀新产品二等奖，全国首届青年科技博览会“新星奖”。

六是新型大容量闭式循环冷热水混合法冷水机组性能试验装置研制。该项目是由合众开利委托上通所开发研制的高精度机电一体化新型冷水机组性能试验装置。具有以下特点：采用闭式管道混合法，取消国内当时试验装置普遍采用的大容量混合水池。制冷量测试范围达 116 ～ 4 200 kW，采用集散型控制方式，能脱机自控，自控先进，性能测试精度高于国标要求；采用能直观显示系统流程及所有待测参数以及各控制阀门的启闭状态的大型模拟显示屏。试验装置于 1998 年 10 月通过上海市经委鉴定，整体性能指标达到国际先进水平，1999 年先后获上海市优秀新产品二等奖和上海市科学技术进步三等奖，课题组主要成员为华小龙、贺琪华、董天禄、吴献忠等。

（3）应机械部全国制冷机标准审查委员会（现全国冷冻空调设备标准化技术委员会）的委托，1983 年 1 月上通所与上海市制冷学会联合成立了由 10 个单位 13 名专家组成美国供暖制冷空调工程师学会（ASHRAE）标准译文汇编的编审领导小组，由上通所董天禄任组长兼主编，上通所王绍基和中船七〇四所耿惠彬任责任编辑。编审领导小组组织上海市制冷学会和上通所等 32 位从事制冷空调工程技术人员参加翻译，并聘请 18 位制冷空调行业老专家负责初复校工作，于 1985 年在国内首次编译完成 53 本合计 150 余万字的美国供暖制冷空调工程师学会（ASHRAE）标准译文汇编。接着又根据中国制冷学会的建议，于 1985 年 7 月成立美国制冷空调工业协会（ARI）标准译文汇编工作小组，并于 1988 年年底完成 59 本合计 94 余万字的美国制冷空调工业协会（ARI）标准译文汇编，以上两种标准译文汇编先后提供全国制冷机械制造行业各厂参考。在整个汇编翻译、校对、印刷和发行期间上通所和中船七〇四所的技术情报研究室全体工作人员做了大量的组织工作。译文汇编完成后对当时推动全国制冷机行业加快采用国际标准起到了很大的促进作用。在 ASHRAE 标准编译汇编完成后的 1985 年，上通所和上海市制冷学会同时获得机械部通用总局嘉奖。作为汇编的主编兼主审董天禄个人被评上总局级优秀标准工作者。

二、应用篇

参编人员

统 稿 人： 顾建中　寿炜炜　章镛初　顾安忠　周祖毅

编　　者（按姓氏笔画为序）：

马伟骏　王世良　王伟勇　王增先　毛华仁　卢士勋　叶智来
田长荣　由成良　史伟勤　曲晓萍　朱伟民　刘宝林　孙永明
李福建　杨一心　杨东明　吴亦农　何　焰　邹　琼　张继龙
张焕良　陈安扬　陈怀琴　陈美华　陈　勇　陈勤俭　林　津
周志刚　荣佩芳　俞　建　夏仰玲　顾　众　徐　烈　徐家心
陶　晖　曹书淳　曹昀昭　章炎生　舒建国　裘志文　鲍士雄
赵育川　臧建彬

分序

改革开放四十多年，随着国民经济的大发展，制冷技术在食品冷冻、建筑空调及各个工业领域的应用空前发展、日新月异。承蒙上海业内各位专家教授齐心协力，应用篇以翔实的史料、科学的归纳，总结了这段大家身临其境、共同参与、有目共睹的辉煌历史，为上海制冷空调行业的传承做了件大好事，可喜可贺。

上海地区从20世纪70年代起，食品冷库建设进入较快、较好、较新的发展时期，建成了一大批享誉国内外的典型项目。制冷工艺和设备应用不断发展。涌现了商业设计院、食品公司设计室、禽蛋公司设计室、蔬菜公司设计室等一批专业设计院室。

20世纪80年代起，办公、商业、酒店、观演、会展、医疗、交通、学校等公共建筑舒适性制冷空调系统应用呈现井喷式发展。建筑规模从几万、几十万到几百万平方米，建筑高度从多层、高层到超高层，空调系统日趋复杂，空调设备日臻完善。就空调冷热源方式而言，从早期的活塞式发展到后来的吸收式、螺杆式、离心式、磁悬浮冷水机组，制冷效率稳步提高；从最初的锅炉供热优化到以后的水源热泵、风冷热泵、水环热泵，走出了一条可再生能源低温热泵供热路线；从单一的楼宇冷热水系统扩展到现在的多联机系统、蓄能系统、燃气冷热电联供系统、区域能源系统并存，交相辉映、相得益彰。建筑空调技术的繁荣反过来也促进了上海制冷空调行业的发展。可以自豪地说，在响应国家碳达峰、碳中和目标方面，上海制冷空调行业成绩斐然、自信满满。几十年来，华东院、上海院、同济院、上海建科院等设计研究院所茁壮成长，涌现了一大批国内颇具影响力的制冷空调专业人才。

几十年来，在上海的交通运输、低温工程、机械电子、纺织轻工、生物医药、化工电力、钢铁造船等工业项目中制冷技术也得到了广泛的应用和长足的进步。新技术、新工艺、新设备层出不穷。促成了机电院、电子院、纺织院、医工院、中船九院、轻工院、冶金院、华东电力院、中船七〇四、七〇八所等一大批工业设计院所在各自专业领域内百花齐放、争奇斗艳。

我作为一个在暖通空调专业执教半个多世纪的老教师，目睹了上海制冷空调行业的发展。从20世纪60年代初仅限于少量恒温、净化、纺织的工艺性空调，发展到现在住宅、公共建筑舒适性空调的全覆盖，成为人们生活的必需品。我为制冷空调行业的欣欣向荣、后继有人而欢欣鼓舞、无比欣慰。衷心希望上海制冷空调行业同仁，继续努力为我国制冷空调技术的进一步发展，百尺竿头更上一层楼。

范存养

2021年7月于同济新村

2 上海地区制冷空调工程技术的应用和发展

制冷空调技术在上海的应用已经有百年的历史，改革开放以来现代制冷技术越来越多地渗透到国民经济的各个领域，从人们的衣食住行的不断改善一直到国家重点建设、国防科技以及太空探索，制冷空调技术扮演了越来越重要的角色。上海，作为中国最早的通商口岸和最发达的经济中心，同样也成为现代制冷空调应用技术的“体验者”和“领跑者”，本篇介绍的就是制冷空调技术在食品冷冻、建筑空调、冷藏运输、低温、工业领域中的应用和发展。

2.1 上海食品冷冻冷藏工程技术的应用和发展

2.1.1 食品冷冻冷藏工程技术的发展历程

曾经在人类历史上创造过光辉古代文明、勤劳智慧的中华民族，远在 3 600 年以前，已开始了对冰、雪等天然冷源的应用（在上海至少也有 800 多年历史），几乎我国历史上的每个朝代都有这方面的文字记载，不仅记载的时间为世界最早，而且应用范围、规模、水平在同时期也最高。上海从 1880 年就把天然冰用于渔业保鲜，建造了许多天然冰厂，至 1930 年达到了 160 家之多。从 1840 年鸦片战争开始直至 1949 年中华人民共和国成立的百余年中，上海在食品制冰业应用人工制冷也已有了 100 多年的历史，例如开办于 1880 年的英商“上海机器制冰厂”，还有 1890 年的德商“新上海制冰厂”等。

中华人民共和国成立之初，上海市人民政府就做出了恢复冷藏企业生产的决定，上海益民食品一厂于 1950 年 5 月恢复冷饮生产，还诞生了民族品牌“光明牌”冷饮；上海水产公司修复了复兴岛水产冷冻厂，保证了渔业用冰；上海宰牲厂（后改名上海肉类加工厂）、上海禽蛋一厂和二厂则通过改造扩大了冻肉、冻禽和冰蛋的产量，以满足国内市场需求和对苏联、东欧出口任务的需要。此后在 20 世纪 60 年代新建的上海江浦冷冻厂是自行设计建造扬名东南亚的大型冷藏企业。

1970 年起上海的冷库建设进入了较快、较好和较新的发展时期，70 年代建造的上海市食品公司大场肉联厂、上海市外贸公司冷冻三厂和上海市水产公司军工路冷冻厂等都是国内著名的大型冷藏企业；还有上海市果品公司冷库和上海市食品公司张家浜冷库是我国采用国产冷库自控元件实现冷库自动控制的首批试点单位；还从日本引进了全套冷库，即上海市蔬菜公司江桥脱水厂的 1.2 t/h 螺旋冻结机、500 t 低温库和上海市外贸公司冷冻三厂的 1 000 t 低温库。改革开放之后上海的冷库和冷藏链建设更是进入了蓬勃发展的时期，新建冷冻食品加工厂、冷库和冷藏链建设全面开花，特别是上海吴泾冷藏公司、上海益民食品一厂等在全国同行业中都是规模最大的企业并享有很高的声誉。至 2003 年底，全市冷库总量已达 35.4 万 t，是解放初的 35 倍。上海冷库冷藏链建设的制冷技术也同时得到了长足的进步，

2000 年进入新世纪以来，食品冷冻冷藏工程得到了更快更新的发展，食品冷链及其配送中心得到了举国上下的重视，相关的政策不断出台、政府的支持力度不断加大。冷链配送中心形成了发展的主体、组成冷链主体的冷库和食品加工的规模不断扩大、技术不断创新。10 万 t 左右的立体自动化冷库多处可见、制冷设备及其系统的新技术广泛应用、安全和节能环保备受重视，自然工质氨（R717）和二氧化碳（R744）尤其是二氧化碳的应用正在逐步推广。上海的东方航空食品配送中心、临港的单体 8.5 万 t 立体冷库、吴淞罗吉冷藏有限公司采用氨为制冷剂、二氧化碳为载冷剂的 1.5 万 t 冷库，都是近期涌现的标杆性工程，我国与先进国家的水平正在不断缩小。

1. 食品冷冻冷藏工程的起始应用到初步发展（1970 年以前）

1）起始应用（1949 年以前）

继天然冰雪源的利用，制冷技术在人类生活领域中的最早应用是制冰，随之用于水产品等食品保鲜、冰蛋制作、鱼和肉类冻结还有空调等诸多方面。在起始应用阶段由于食品业的规模不是很大、各单位之间经营食品种类的分工不是太细，主要集中在以下两个方面。

Ⅰ. 制冷在制冰渔业和肉禽蛋行业的应用

据宋代范大成编《吴郡志》记载：上海地区用天然冰对鱼类进行保鲜始于南宋乾道、淳熙年间（1170—1174 年），当时“沿海大家始藏冰，悉以冰养，鱼遂不败”。到了清代，鱼商已广泛用天然冰对鱼类进行保鲜，鱼行业主自备或租用木帆船，装上天然冰到渔场去收购鲜鱼，加冰保鲜后运回城市销售。

上海的天然冰厂始建于 1880 年，在上海浦东白莲泾和杨思港各有天然冰厂一座，总容量约为 700 t。到 1930 年，上海天然冰厂已经发展到 160 家，大部分集中在浦东。其中，以高桥和六里桥为多。一般大厂每冬藏冰约 750 t，小厂约 500 t，天然冰年产销约 3.5 ～ 4 万 t。1936 年以前，上海鱼行用的天然冰几乎都来源于浦东一带的天然冰厂。20 世纪 30 年代后机制冰出现，当时机制冰产量少价格也高故仍采用天然冰。随着时间的推移采用机制冰的总量逐渐增加而天然冰的应用逐渐萎缩，到 1949 年上海天然冰厂减至 79

座、储冰量 4.5 万 t。中华人民共和国成立初期水产品增多而机制冰产量少，机制冰供不应求，故在渔业生产上每年仍须采用 2 万 t 天然冰。直至 1967 年上海停止天然冰生产，天然冰的应用完全被机制冰所取代。

上海于 1843 年开埠后英、法、美等国商人进入上海办厂设店，随后亦有民族资本家介入，开始了人工制冷应用的篇章，至今已有 100 多年历史。

1949 年以前，我国食品冷冻、冷藏加工业非常落后，冷藏库的座数和容量都很少。1949 年中华人民共和国成立之初，全国冷藏库约 23 座，总容量为 3.3 万 t 左右。其中上海到 1949 年 5 月时冷库总容量约 1 万 t，其中蛋品、肉类库约 7 000 t，水产冷藏库 2 500 t（其中冻结 70 t/d、制冰 138 t/d）。

据《上海渔业志》记载，1880 年 1 月 29 日上海制冰厂（天然冰）讯，说上海正在筹建人造冰厂，公司准备夏季开始营业。该厂为英国人在上海开办的“上海机器制冰厂”。

据《上海禽蛋商业志》称：1899 年，洋商同茂伙食公司冷藏库开业，这是目前可以查到有文献记载的上海地区最早开业的冷藏库。1943 年华商承购洋商同茂伙食公司冷库改组成立大沪公司，1946 年改名为“大沪冷藏制冰厂”。

1913 年由日商东方制冰株式会社投资，开设在济宁路 521 号的冷冻厂，制冰能力为 20 t/d，附带生产汽水，机器间内只有日式氨压缩机 2 台。抗日战争期间，该厂受日商华中水产株式会社管理，压缩机增至 4 台，制冰能力扩大至 50 t/d。1945 年抗战胜利后改为中华水产公司华济冷冻厂，即上海水产供销公司冷冻总厂一分厂的前身。

1923 年，英商屈臣氏（WATSONS）公司在上海市霍山路 420 号新建屈臣氏汽水厂，有工人近百人，只有一台 9in（230 mm）缸径美国约克活塞式制冷压缩机，主要生产汽水，附带日产冰 18 t。该厂后由华商买下，1940 年又被日商收购，改名为华中水产株式会社第二冷藏库，压缩机增至 4 台，日制冰能力增至 58 t，并扩建搁架式冻结间 2 间，日冻结量为 20 t。1945 年抗日战争胜利后，改名为中华水产公司华汇冷冻厂，即上海水产公司冷冻总厂的前身。

1923 年由华商承余公司与葡商洋行合资以承业顺记蛋业公司为基础集资 20 万银元建厂于黄浦路并改名为茂昌蛋业股份有限公司（茂昌蛋厂），主营冰蛋加工兼营冷藏制冰。冷藏容量 2 000 t，1925 年扩大为 5 000 t，机制冰日产量由 15 t 增至 35 t。1929 年又在十六铺建造拥有 2 000 t 冷库的沪南冷藏部（南厂），1931 年又在虹口闵行路扩建 3 200 t 冷库，称“沪北冷藏部（北厂）”，是华商冷藏制冰业规模最大的一家，跻身上海八大蛋厂之一。1939 年被日商强行“合资”改组为杨子蛋品冷藏株式会社，抗战胜利后被国民政府以敌产接管，次年由茂昌出资收回，中华人民共和国成立前夕资方抽资去香港，生产处于瘫痪状态。

1929 年 2 月，当局将九龙路宰牲场迁至沙泾路 10 号重建新场，1932 年竣工投产，俗称“四卡子桥杀牛公司”隶属于上海工部局；每天可宰牛 300 头、羊 500 头、猪 300 头，在国内首先使用麻醉和电锯分割，是我国当时规模最大和设施最好的屠宰加工厂；用于储存的冷库中还设有带臭氧消毒的冷风库。这种规模和布局的宰牲场当时在全世界也只有三座（英、美、中），其多角形的主体建筑结构都一模一样，现已成为上海市历史优秀建筑。1935 年 7 月，上海市政屠宰场（工部局新屠宰场冷藏工厂）建成，1935—1936 年又扩建了冷藏库（共有 4 间冷却间、2 间冷藏间）并设有约 200 t 的带臭氧消毒的冷风库、（蒸汽熬油）代制站等，其制冷机由约克公司提供。重力供液系统，制冷压缩机为约克三台 6.5in（165 mm）缸径立式氨制冷压缩机组，制冷能力为 33 RT（116 kW），还有一台约克 9in（230 mm）缸径立式氨制冷压缩机组，卧式管壳式冷凝器等辅助设备均设于同一机房内，冷却水采用深井泵抽取地下水（后改为循环水，溅滴式冷却塔冷却），库房蒸发器有光滑排管和冷风机两种形式，冷库用于牛肉、猪肉等肉类冷藏储存。1954 年又在同一厂区内新建了由 7 间冷却间组成的冷却肉冷库，专供当时出口二次冻结需要的前道冷却所用；制冷系统为氨制冷重力供液系统，库房采用干式冷风机，机房布置两台美国氟里克（FRICK）缸径为 9in 立式氨制冷压缩机组和管壳式冷凝器等辅助设备，亦采用深井地下水冷却（后改为循环水，溅滴式冷却塔冷却）。1973 年冷库改造将原有两座冷库的制冷系统合并，采用上海第一冷冻机厂生产的 8S—12.5 和 S8—12.5 氨制冷压缩机组和自行设计的干、湿混合型油氨分离器以及卧式低压储液器氨泵强制供液系统。

Ⅱ. 制冷在冷饮和啤酒行业的应用

我国的冷饮起源于 3 000 年前的商代；到了周朝还设有转掌“冰权”的“凌人”；到了春秋末期诸侯们爱喝冰镇米酒；到了唐代已公开出售冰制品；到了宋代发展更快而且品种繁多，出现了冷饮专卖店；到了元代，冷饮有了新的突破，记载有用牛奶、水果、蜂蜜等与冰雪混合制成的饮料和餐后点心（即冰冻果汁和冰激凌的雏形）。据说意大利马可波罗就是得到了当时皇帝钦施的秘方后才把冰激凌传到西方的；到了明清时还相继出现不少美味冷饮名品。

我国第一座较大规模采用机械方式制造冷饮品的是美商上海海宁洋行，1926 年在上海沙泾港路 250 号原有冰厂（1913 年创办）的基础上再从美国引进冷饮设备开始生产圆柱形的棒冰，日产量 2 000 ～ 3 000 支，商标名为“美女牌”（Hazel Wood）。1932 年又建造了一栋四层楼钢筋混凝土结构的冷饮生产车间，陆续引进美国冰激凌设备，生产长梯形的棒冰和雪糕，并采用棒冰冻结缸大量生产；产品品种也从棒冰雪糕扩大到冰激凌（冰砖、纸杯等）。1947 年海宁洋行将工厂卖给国民政府联合勤务总司令部之后，携带一部分冷饮设备和职工到杨树浦路 1500 号的怡和洋行（后改名为海和洋行）继续生产“美女牌”冷饮，直至中华人民共和国成立初期。

1855 年英国人亨利·埃凡在上海开设埃凡馒头（面包）店时曾生产啤酒（小作坊形式）。中华人民共和国成立前，上海形成工业化生产的啤酒厂有三家，即 1912 年斯堪的那维亚啤酒公司（上海啤酒厂前身），1930 年国民啤酒公司（后改为酒精厂，即上海酒精厂前身），和1934年怡和啤酒公司（华光啤酒厂前身）。

1912年，德国人在上海最早创建的斯堪的那维亚（SKANDINAVIA）啤酒公司，年生产能力2 000 t，公司后转由挪威人汉骥经营。1932年，汉骥为了扩大业务，请当时上海大商人沙逊入股，在宜昌路130号建立新厂，改名为英商上海啤酒有限公司。1935年6月建成投产，年生产能力2万t，成为当时全国最大的啤酒厂。该啤酒厂由德国F.H.施密特（F.H.SMIT）公司承建，设备由德国日耳曼（GERMANIC）啤酒设备厂提供，采用瑞士苏莱尔（SULLAIR）公司1931年生产的冷冻机2台，每台制冷量21×10^4 kcal/h（244.23 kW），严格按照《德国啤酒酿造法》进行生产。1941年，最高产量9 914 t/年，其中，出口2 735 t。1949年5月上海解放时，公司资金全部转移国外而停止了生产，1956年9月由上海市人民政府接管。

1923年英商屈臣氏公司在上海市霍山路420号新建的“屈臣氏汽水厂”是上海最早的汽水生产厂。

在牛奶领域，上海可的牛奶公司于1913年就进口制冷压缩机用于制冰，1916年使用机制冰来冷却牛奶。1921年自由牧场率先引进使用美国制造的全套巴氏杀菌设备和冷却设备，首先在国内市场供应了消毒牛奶。1923年可的牛奶公司率先生产搅拌型发泡稀奶油（上海俗称“掼奶油”）。1928年上海路阩牛奶公司最早工厂化生产酸牛奶。1946年起在上海虹口码头的同茂冷库存放奶油、黄油等乳制品。1931—1935年，经巴氏杀菌和冷却的消毒奶的日均产量为3～3.6万lb[1]，1949年增至46家牧场日产奶3.89万lb（有5万个订户）。

2）初步发展（1949—1969年）

Ⅰ. 人造冰生产和渔业冷冻冷藏的初步发展

1950年，上海中华水产公司和渔业善后物资管理处合并组成的上海水产公司，随即开始了海上的渔业生产。由于接收的华济等制冰厂均在市内，要用汽车把冰块运至复兴岛码头上轧碎后，再用竹筐运入鱼仓，加冰时间长，冰的融化率高。为此，上海水产公司决定投资新建上海复兴岛冷藏制冰厂。1951年初建成投产，建有机制冰90 t/d、冻结间30 t/d、−18 ℃冷藏库约500 t/次、冰库约1 200 t/次。该厂还参考台湾地区使用的输冰桥、碎冰楼向渔船加冰的方法，建设了提冰机、输冰桥、碎冰楼的加冰系统，碎冰可直接加入鱼仓，一艘250 HP的渔轮存冰量为30 t，只需1 h就能加好冰，大大缩短了加冰时间。该厂的冻结间为隧道吹风式（光滑管束式，上吹风），用冻鱼车装冻结盘，能在12 h内把2 kg的鱼块冻至−15 ℃，比从前的搁架式冻结间时间缩短了一半。冻结间和冷藏库采用重力式供液、单级氨压缩制冷系统。上海复兴岛冷藏制冰厂的建设，是1949年之后在三年国民经济恢复时期建设的第一座渔业制冰厂。

1　质量的英制单位，1 lb≈0.45 kg。

1953 年上海江浦路鱼市场改名为上海水产市场，并建造了冷藏制冰厂，日制冰能力 30 t，并设有 1 000 t/ 次贮冰库，冷库（6 间）1 500 t/ 次，冻结 44 t/ 次。1952 年 12 月动工，1953 年 9 月投产，之后更名为“上海水产供销公司冷冻总厂三分厂”，于 1973 年 7 月并入江浦冷冻厂。

1954 年上海水产公司和上海水产市场合并，对周家嘴路（水产冷冻总厂四分厂）、峨眉路（水产冷冻总厂二分厂）、霍山路（水产冷冻总厂）等旧厂进行了厂房扩建和设备更新，在修复和扩大机制冰生产的同时还统销全市天然冰，形成了较完整的制冰体系。其中霍山路水产冷冻总厂改建后的规模为：冻结能力 60 t/d、制冰能力 180 t/d、冷藏库容量 3 500 t/d、冰库 800 t/ 次，该厂的生产规模和技术力量当时在水产系统乃至全市都具有一定的影响；2002 年因市政动迁被拆除。

1965 年开始在上海张华滨建设日制冰 240 t、贮冰 3 400 t、日冻结 250 t 和冷藏 5 400 t/ 次的中转冷藏库，并建设了 5 个卸渔场和铁路专用线。

商业、轻工系统在 50 年代也建了一些制冰厂。所生产的冰，主要用于肉类、蛋品加工的冷却、菜场副食品保鲜、冷饮冰镇和出售给化工、制药厂作车间降温用。规模较大的是 1958 年设计 1960 年 4 月投产的上海江浦冷冻厂（当时属上海市第二商业局），低温库 1.8 万 t/ 次，冻结 150 t/ 次冰库，设有 4 只盐水制冰池，日产冰 160 t，冰块重量为 100 kg，制冷采用重力供液系统。此外上海市在 50 年代还在各区、县建了一批小型制冰厂如长宁、卢湾和杨浦冷库（制冰厂）等。

冰是渔业生产非常重要的保证，在冷藏制冰厂建设的同时，人造冰的制冰技术同样被十分重视。五六十年代的制冰技术基本上都采用“盐水桶冰法”即以制取氨为制冷剂、盐水为载冷剂的间接制冷的方法制取桶冰（倒梯形体的块状冰）；冰块有白冰和透明冰两种。还有一种直接蒸发结冰的快速制冰法。

至 20 世纪 60 年代末水产系统的冷库规模为：冻结 531.6 t/d、冷藏 26 300 t/ 次、制冰 820 t/d、冰库 5 500 t/ 次。

Ⅱ. 肉禽蛋以及果品和外贸冷冻冷藏加工业的恢复和初步发展

1949 年后，国家对外商投资的加工企业开始接管和承购并进行修复、改建。对民族资本所办的加工企业，则根据扶持工商业的方针，由国营公司采取加工订货，统购包销等一系列政策措施，扶持恢复生产；之后还执行了对私营企业改造、公私合营和归口管理等政策措施。冷库建设技术也在不断学习和实践的基础上，对多年的设计建造和运行管理进行了总结提升并开始了自主设计和自行建设的历程。

上海在这二十年间，对应于全国冷库的发展可以分成 5 个阶段，基本情况如下。

第一阶段：接管、承购和修复、改建（1949—1956 年）

1949 年 6 月，华东区国外贸易总公司接管中央信托局储运处上海第一仓库管理所（简称“第一仓库”，前身是日商上海仓库信托株式会社）。随着隶属关系的改变，企业名称几经更迭，先后称中国食品出口公司华东区公司东大名路仓库、东大名路加工厂、中国食品公司上海供应站鸡鸭加工厂和上海禽蛋一厂。1950 年，中国蛋品公司上海分公司以市军管会贸易处第十军管专员办事处名义，接管了英商和记、怡和、培林、英国华懋和美商班达（腾越路 2 号，建于 1921 年）等 6 家蛋厂。培林蛋厂则于 1954 年 12 月，由中国食品公司华东区公司出资 5.6 万元，外加照顾费 3.2 万元承购。1955 年 1 月，改组为中国食品公司上海供应站蛋品加工厂，并于 1958 年 9 月改名为禽蛋三厂，主要从事再制蛋加工业务。又如，在 1950—1952 年的 3 年里，国营公司委托茂昌蛋厂加工了大宗蛋品 4.7 万多吨。上海禽蛋一厂（即原鸡鸭加工厂）1952 年承接了外贸部门对苏联出口冻鸡进行了试生产。当年出口合格品 38 t，开创我国批量生产冻禽的历史。

1952 年，苏联要求我国供应猪肉，而上海宰牲厂没有冻结设备。于是，决定借用上海复兴岛冷藏制冰厂冻结间进行冻结。苏方人员亲自来复兴岛检测，白条肉能在 16 h 内冻好，比当时苏联标准规定的 72 h 要快得多。1952 年 3 月起上海宰牲厂向苏联出口冻猪肉，日宰杀量由原 3 000 头增至 5 000 头，从 3 月至 7 月共对苏出口冻猪肉 10 981 t。冻猪肉在上海火车站加人造冰后用冰保列车运输，沿途再在徐州、天津、沈阳、哈尔滨 4 处加冰站加天然冰。1954 年起又增设锦州札蓝屯加冰站，确保长途运输中冻肉质量不受影响。以后，白条肉还曾向捷克斯洛伐克和民主德国等国家大量出口。

冷藏加工业开始了复苏和再生，要求加快对旧冷库的修复、改扩建，加快新冷库建设的步伐，以满足国民经济发展的需要。肉、禽、蛋类商业冷库的修复和建设是从 1953 年春开始的，上海首先确定修复的是茂昌冷库。这段时间修复、改扩建的冷藏库均为单层或多层土建冷库，大多采用稻壳作为墙、顶部的隔热材料。地坪有采用软木或炉渣的，防潮层则多采用油毡。所用制冷压缩机多数都是中华人民共和国成立前从美、日进口的立式双缸单级活塞式氨制冷压缩机，有美国约克和氟里克厂生产的，也有日本日立厂生产的。茂昌冷库用过美国韦尔特（VILTER）厂生产的卧式双缸氨压缩机，压缩机转速为 60 r/min。

1954 年由中国食品公司，对全国肉禽蛋加工、储藏企业进行统一组织、统一规划和投资实施，开始了全国肉禽蛋各产、销城市和地区不同规模的肉禽蛋冷藏加工企业修复、扩建、新建。从此，机械化屠宰厂、冷库在全国迅速发展起来，使肉禽蛋加工业的发展很快有了起色。其中，以上海最具代表性。

原私营企业上海茂昌蛋厂，1952 年申请公私合营。1954 年 4 月 1 日，经批准组建公私合营茂昌蛋业冷藏公司，成为上海首批大中型公私合营企业。1955 年底，又将建于 1933 年位于闵行路拥有 2 000 t 冷藏库的怡和冷藏制冰厂和位于十六铺的洽茂冷藏制冰厂并入茂昌蛋厂，进一步集中了资金、技术力量和设备，增强了生产能力，日产冰蛋从合营前的 30 t 提高到 60 t；日产全蛋粉由 2 t 提高到 2.8 t。50 年代，该厂年均蛋品产量均在 6 400 t 以上。1959 年 1 月，改名为上海禽蛋二厂。

自 1954 年 4 月起，上海的禽蛋加工企业除代理加工出口冰蛋外，又增加内销冰蛋的自营加工业务，试销 500 g 纸杯装和 2 500 g 纸盒装冰蛋，以及供食品工业做原料的复制冰蛋。

1955 年 10 月接管了前美商班达洋行蛋厂，通过技术改造，淘汰了低转速的卧式氨制冷压缩机，采用了约克立式 230 mm 缸径氨制冷压缩机，改建成库容量为 4 500 t 的外贸冷冻一厂。

第二阶段：调整发展（1956—1957 年）

1956—1957 年，是我国冷库建设的第一个调整发展期。上海肉类加工厂冷库的改建和扩建等冷库建设就是在这段时间完成的；其制冷系统为氨重力供液系统，制冷压缩机组采用约克和氟里克公司的 165 mm 和 230 mm 缸径制冷压机，库房蒸发器采用蛇形光滑顶、墙管（自行制造，用于冻结物冷藏间）和冷风机（国产设备，用于冷却间）。

第三阶段：建设高潮（1958—1959 年）

1958 年至 1959 年掀起了第二轮冷库建设高潮。全国 169 个城市，几年时间新建大中型冷库 210 座，其中上海江浦冷冻厂是最具有代表性和影响力的典型工程。该库为一座生产、分配贮备的综合性冷库，加工任务以鱼为主，肉类的其他食品为辅。设计能力为：速冻 290 t/d、制冰 160 t/d；平均冷藏量为 18 000 t/ 次（如贮藏肉为 12 600 t，贮藏鱼为 2 万 t）。主库占地面积为 3 000 m^2，共 7 层。底层为速冻间、二至七层为冷库，总建筑面积为 2.1 万 m^2。主库制冷系统采用当时国际上最先进的氨泵强制循环供液系统。引进瑞士苏莱尔公司氨制冷压缩机和国产杭州制氧机厂生产的制冷压缩机。设备间配有立式低压循环储液桶和丹麦双翼双级氨泵。机房屋顶上设有冷却塔，冬季为立式壳管式冷凝器提供冷却循环水，夏季与深井水同时使用。该库当时不仅在我国，甚至在亚洲也是容量最大的冷库，被誉为“远东最大”冷库。

1958 年建成的上海果品公司新闸桥冷库是当时国内规模最大的高温冷风库，库内采用冷风机和风道送风、氨（制冷剂）和氯化钙盐水（载冷剂）间接制冷。

第四阶段：总结提高（1960—1962 年）

在这段时间里制冷工质的选用方面除少数菜市场小冷库采用 R12 外，其余绝大部分冷库均采用氨。制冷系统设计上，多层冷库主要采用溢流式重力供液；−15 ℃、−28 ℃、−33 ℃三个蒸发温度系统分立，冷藏、冷却、冻结设于冷库同一库体内，低温穿堂和敞开式站台，冻结间纵向吹风配带条缝的天花板向下送风或者采用搁架式冻结架，冻结物冷藏间用翅片或光滑排管，冷却物冷间由风道两侧喷口射流送风，冷却间用干式冷风机或盐水湿式冷风机，卧式冷凝器、油分离器、水泵同在设备间内，机房紧贴冷库外墙；滴溅式冷却塔等。

第五阶段：自成体系（1962—1970 年）

从 1960 年起冷库建设开始走上自主设计、自行建设的道路。例如 1966 年新建的外贸冷冻三厂（军工路 465 号）万吨冷库就是自行设计并采用丹佛斯自控元件，控制制冷压力容器液位的供液和高液位报警；冷库库体四角采用圆弧形设计，避免了冷库温度应力对结构的影响。浦东陆家嘴的 500 t 肠衣冷库也是 60 年代新建的专用冷库。

通过 5 个阶段的发展，上海的冷冻冷藏和食品加工厂都归入了具有明显分工职责的专业公司，不但恢复了生产，提高了技术，得到了较好的修复和改扩建，还新建了一些自主设计和建设的冷冻厂。

Ⅲ. 乳品冷饮的生产起步

1949 年 10 月，上海市人民政府将原粮服实验厂更名为“国营新华蛋品厂”。1950 年 2 月更名为“上海益民工业食品一厂”，同年 5 月，该厂自制了棒冰冻结缸、凝冰机等设备开始恢复冷冻饮品的生产，当年共生产冷冻饮品 867 t，其主要生产工序则多为手工操作，劳动强度高。

1958 年 11 月，上海益民食品三厂并入益民一厂，并立即进行了技术改造，将棒冰冻结缸缸体接长，改手工推盘为油压自动推盘，包装台采用输送带，提高了工效，在消毒方式上统一采用冷杀菌工艺，节能并提高了产品的合格率，还新建了 900 t 冷藏库一座，使该厂在 20 世纪 60 年代初冷冻饮品的产量得到了快速增长。

2. 较快发展时期（1970—1999 年）

上海从 20 世纪 70 年代起，尤其是十一届三中全会以后，在计划经济向市场经济转轨的新形势下，食品加工和冷藏企业对内深化体制改革、发展多种经营、扩大经营规模、调整产品结构；对外扩大与国外同行的技术交流与合作，有的企业还成套引进分割肉小包装生产线、快速连续冻结装置、预装配式冷库等国外先进设备，提升了产品的附加值，壮大了企业的规模和实力。上海商业系统各专业公司根据商业部大搞“三库”（冷库、糖库、粮库）的指示精神，以冷库建设和技术改造为中心，以扩大生产能力、提高技术水平、调整商品结构、增加经济效益为目的，进行了大规模的基本建设和技术改造，食品、禽蛋、蔬菜等专业公司的冷藏库容量在 20 世纪 70—80 年代均有了成倍增长。全市的冷藏库容量在此期间增加约 20 万 t，在食品冷冻加工和建库技术方面也有了长足的进步，预制装配式冷库、制冷装置的自动控制、各种新颖快速冻结装置都得到了研究开发和广泛应用。

改革开放以来企业的格局也发生了很大的变化，民营和中外合资冷藏企业进入了市场。以前本市的冷藏企业主要分属于商业、供销、轻工、外贸和区县五大系统，其中商业系统的冷藏库容量要占全市的二分之一以上。20 世纪 90 年代初，日本的日冷、中国台湾地区的龙凤和世达食品公司（桂冠速冻食品）纷纷涉足上海的冷冻食品生产业，后来又有河南思念食品公司、江苏苏阿姨食品公司等相继在上海建立加工基地；近几年来，美国、日本和中国港台地区的企业及国内民营企业又纷纷在本市投资食品冷藏业或组建低温物流配送公司，如21世纪冷藏运输公司（台商，4 000 t冷库）、都乐食品厂（美商，2 000 t冷库）、新天天大众低温物流公司（中日合资，1.1万t冷库）、龙吴港果蔬批发市场（民营，1 000 t冷库）等，冷藏业已形成多种经济成分共存的格局。

至2003年底，上海冷藏库总容量为35.4万t，其中冻结物冷藏库（低温库）26.3万t、冷却物冷藏库（高温库）8万t，另有储冰库1.1万t。上海冷藏库35.4万t的总容量折成容积计约100万m^3，相当于全市人均占有冷藏库容积59 L，高于全国人均占有量16 L。

1）食品业（肉、禽、蛋）

1966—1976年，虽然大部分地区肉类冷库的建设基本停顿，但是上海相对而言还能保持基本发展。1979年之前基本上是以各行业条线为主发展和建设中、小型冷库为多，大型冷库仅上海市食品公司大场肉类加工厂万吨冷库和外贸食品进出口公司冷冻五厂（从日本全套引进的万吨冷库）。外贸食品进出口公司冷冻四厂冷库（1.5万t）、上海市果品公司的龙华果品冷库（6 000 t）、中国水产上海公司冷冻厂（第一座冷库8 400 t，第二座冷库1万t）、上海水产公司隐沙路冷库（14 200 t）。中小型冷库有上海市食品公司波阳路冷库（1 200 t）、上海市食品公司张家浜冷库（500 t）、上海市食品公司龙华肉联厂冷库（4 000 t）、上海市南汇、金山、宝山等各县的冷库（均为600 t以下）、四座山洞冷库、宝钢冷库（500 t）、禽蛋五厂冷库（800 t）、禽蛋一厂冷库（500 t）、天钥桥路蛋品冷库（1 500 t）、光复路蛋品冷库（1 500 t）、上海市蔬菜公司江桥脱水厂冷库（500 t）、国庆路冷库（750 t）、杨家桥冷库（2 000 t）、曹杨路冷库（2 500 t）、上海市果品公司新闸路冷库（5 000 t）、上海市烟酒糖业公司四平路冷库。

1979年之后随着改革开放和国民经济发展的需要，上海地区的制冷行业同样得到了快速发展。冷库的规模和数量尤其是大型冷库得到了较快的发展，综合性的大型食品加工厂也不断建成。在此期间原来行业公司的界限逐渐被淡化、经营的业务范围相互渗透，以正大集团大江公司为代表的外资公司也以较快的速度进入了上海的食品行业。到80年代末在上海市商委的领导和安排下又先于其他地区开始了食品冷藏链的建设。其间比较有代表性的项目有：上海市食品公司大场肉联厂万吨冷库改建、上海市食品公司薛家浜冷库（1.3万t）、上海吴泾冷库（5.3万t冷库、新建和扩建日冷速冻食品工厂，低温冷库和冷藏链配送中心工程改造等）、龙华肉联厂冷库改造（5 000 t）、吴淞肉联厂冷库改造（1.3万t）、清真厂牛羊肉冷库改造（2 000 t）、杨思冷库（5 000 t）、吴中路特供冷库（3 000 t）、上海市禽蛋公司北宝兴路冷库（7 200 t）、禽蛋三厂冷库（6 000 t）、禽蛋一厂冷库（9 000 t）、龙华蛋品批发部（9 646 t）、天天配送中心和蔬菜公司塘桥冷库（2 500 t）、彭浦蔬菜冷库（2 500 t）、大江食品三厂冷库（3 000 t）和四厂冷库（4 000 t）、大盛食品公司冷库（1 800 t）、都乐食品厂冷库（2 000 t）、嘉定气调库（800 t）、二十一世纪冷库（4 000 t）、外高桥保税区冷库（6 000 t）、福乐冰激凌厂、英特尔食品厂、上海伊利爱贝食品有限公司等工程。其中许多项目的设计、建造和管理水平处全国领先水平。

2）水产业（渔业和制冰）

Ⅰ. 70 年代水产品冷藏加工及制冰

70 年代，即使在大城市中，水产品的供应都十分困难，是政府长期希望解决的问题之一。为此，即便是在“文化大革命”期间国家经济十分困难的情况下，仍十分重视渔业生产基地和冷藏加工设施的建设。上海水产系统建成了我国最大的水产品中转基地和我国第一座万吨级贮冰库。

（1）我国最大的水产品中转基地建设。1970 年上海水产品中转基地的建设项目—上海水产冷冻装卸站冷库投入使用，为缓解当时“城市吃鱼难”发挥了作用。该冷库的生产能力为：冻结 250 t/d；冷藏 5 400 t/ 次；制冰 240 t/d。配置大连冷冻机厂氨压缩机 14 台，主要型号为 8AS170，3 000 t 自来水厂一座，日处理 1 000 t 污水处理厂一座，3 000 kVA 变电站一座，并在黄浦江边设有 5 个卸货码头和一条铁路专用线。这座冷库为东海区的水产品通过上海中转到全国发挥了很大的作用。1974 年年中转量达到 20 万吨的全国最高纪录。

此外，该单位还在国内首次采用托板运输，改变了过去冷库生产作业全部靠人工搬运的状况，使工人从繁重的体力劳动中解放出来。当时采用的托板是该单位自行设计的木制托板 1 m × 1.2 m，一个托板（垛）上可堆放 15 kg 冻鱼块 65 块，每垛净重 975 kg，在冷库中可以叠加堆高 2 垛～ 3 垛，使用平衡式叉车搬运，使用效果良好。

（2）我国第一座万吨级贮冰库建成。1978 年上海水产供销公司冷冻装卸站万吨冰库投产。这是我国第一座库容量为上万吨级的贮冰库。它和上海水产中转基地原有的 3 500 t 的贮冰库组成了 13 500 t 的贮冰能力，有效地提高了对渔船的供冰能力。冰库高 18.4 m，单层建筑。库内设有运冰行车 2 辆。行车除了用吊篮运送冰块外，还配有国内首创的真空吸冰吸盘。利用真空吸盘可将冰块吊起，改善了工人的劳动条件，实现了冰库的作业机械化。该冰库使用冷风机降温。

Ⅱ. 80 和 90 年代的水产冷藏加工及制冰业

80 年代捕捞业、养殖业的大发展，促进了水产冷藏加工及制冰业的快速发展，既有养殖基地的兴起和发展也有大型渔业基地的建设和发展，上海在 80 年代初期就与一些沿海省、市一样，已经形成了大型渔业基地。

随着水产养殖业的兴起和发展，农村、社队乃至个人纷纷起来大力兴办鱼、虾等水产品养殖场和新建中小型冷藏制冰厂，例如上海奉贤等郊县兴办了对虾养殖场和小规模水产用生产性冷库。随着大型渔业基地的建设和发展，大型水产综合性冷库的规模和性能也不断扩大和提高，例如上海隐沙路冷库。

到 90 年代随着水产品产量和要求的提高，不但促使了水产冷冻、冷藏和制冰业的发展，还使水产冷藏加工设施形成自有的特征，主要体现在以下几方面。

（1）比较低的冷藏库库温。由于水产品含有不饱和脂肪酸，因此对于多脂鱼、虾、金枪鱼等一些价值较高的水产品，标准的 –18 ℃的冷藏温度已不能适用。1990 年，全国重点水产冷库中供进出口使用的冷间温度，一律降到 –22 ℃～ –24 ℃，并正向 –29 ℃的国际标准靠拢。亦开始筹建成 –30 ℃的水产冷库和 –60 ℃金枪鱼超低温冷库。

（2）水产冷库多建在渔港和水产品集散地。因水产品极易腐败变质，为了以最佳程度保持水产品的鲜度，水产冷库的选址多建在渔港码头边。渔船靠岸水产品起卸后可以直接进入冷库，同时通过输冰桥可以直接向渔船供应人造冰。

（3）所配置的冻结和制冰能力较大。鱼汛季节，短时间内到港的水产品可能会集中很大的量，所以配置了足够大的冻结量来尽可能快的完成冻结，以保持水产品的鲜度。此外，还要估计到以足够的人造冰来供应渔船保鲜用冰的补给，以及对卸上岸还尚未处理水产品的保鲜。所以，水产冷库需配置足够冷冻机和制冷设备容量，以满足水产品冷却、加工、冷冻、制造人造冰、低温贮藏、中转分配等所需要的冷量。如：冷藏能力 1 万 t/ 次的上海水产供销公司所属隐沙路冷库，冻结能力 250 t/d，制冰能力 240 t/d，冰库 5 000 t/次，总制冰量达 3 349 kW。

（4）冷库规模以中小型为主。由于水产品生产的季节性较强，很难做到均衡生产，因此，从经济角度出发，水产冷库的建设规模以中小型为多数。国家水产总局规定，按冷库贮藏设计能力分类，冷库容量在 3 000 t 以上为大型水产冷库，1 000 t 以上为中型冷库，1 000 t 以下为小型冷库；按制冰设计能力分类，制冰能力在 200 t/d 以上为大型、100 t/d 以上为中型、100 t/d 以下为小型。

（5）重视冻结和制冰装置的更新换代。水产冷库的利用率和经济效益一般比其他冷库高，水产品冻结装置更新换代较快，配备冻结设施及制冰设施比较先进。多数企业从原来以筑造式冻结间为主体，转向以隧道连续式冻结器、螺旋式冻结器、强冻柜等各类快速冻结装置为主体的格局。冻结温度也进一步降低到 –40 ℃～ –42 ℃。同时，冰块的形式也由盐水间接式制冰的大块桶冰向管冰、片冰、板冰、颗粒冰发展。

至 20 世纪 80 年代末，水产系统共有 7 家冷藏企业，其冷库规模为：低温库 50 600 t/次，冰库 26 450 t/ 次，冻结 860 t/d，制冰 1 280 t/d。根据 1970—1989 年对水产系统冷库的冻结物储藏量、冻结量和制冰量的实际为数据进行统计并转化成平均值的情况为：冻结物储藏量 585.62 万 t/ 年、冻结量 3.15 万 t/ 年、制冰量 25.43 万 t/ 年。

20 世纪 90 年代后，由于沿海海洋水产资源枯竭，近海水产品捕捞量逐渐减少，机冰需用量和冻结水产品数量也随之锐减。此外，化工厂和制药厂生产用冰也逐渐被工业空调和快速制冰机所取代，造成部分制冰池停产、部分冰库已被改造。餐馆、家庭或市场的食品贸易中盐水机制冰的需要同样不断减少，亦被多种小型快速制冰机（如片冰、颗粒冰、管冰等）所取代。

3）果蔬业（果品和蔬菜）

水果蔬菜采摘后仍是有生命的有机体，仍需进行呼吸维持其生命。由于受环境温度、湿度等因素的影响加上自身消耗，将逐渐失去鲜度、萎蔫、腐烂变质，最终丧失食用价值。水果蔬菜品种繁多，生产季节性强，淡旺季节供应悬殊性强，受经济发展的制约，果蔬冷库始终得不到应有的发展，直到70年代起专用的果蔬冷库才得以发展并领先于其他城市，先后建起了奉贤果品冷库（500 t）、上海市果品公司龙华冷库（6 000 t）、新闸桥冷库改建（5 000 t）、北郊果品冷库（8 000 t）、龙吴港果品冷库（1 000 t）、都乐食品厂香蕉库（2 000 t）、上海市蔬菜公司系统的江桥和天丰速冻食品厂（各500 t）、国庆路冷库（750 t）、杨家桥冷库（2 000 t）、曹杨路、塘桥和彭浦蔬菜冷库（各2 500 t）。

我国较大规模的水果蔬菜冷藏库建设是在20世纪80年代开始的，1984年国家批准进行粮库、棉花库、果品冷库（简称“三库”）建设。90年代中后期水果蔬菜的产量迅速增长，高附加值的新品种不断涌现，促进了水果蔬菜加工储存价值不断提升，促进了水果蔬菜冷藏加工业和冷藏库的发展。

80年代后期，我国水果蔬菜贮藏中应用气调贮藏和减压贮藏保鲜新技术逐步发展了起来，并于90年代获得了快速的发展。上海嘉定建成了一座500 t的气调库。

4）饮品业（乳品、冷饮和酒类）

乳品行业的发展同样也随着制冷技术的发展而得到了不断的发展。20世纪70年代开始陆续引进国外的先进冰激凌生产线、同时自行研发配套设备，不但提高了冷饮品的质量和档次，还满足了日益提升的消费的需要。冰激凌的生产工艺和设备也在不断发展，从间歇式凝冻机到连续式凝冻机；冰激凌和其他冷饮的品种也在不断增多，从紫雪糕、软冰激凌到各种花色冰激凌（即在冰激凌中添加各种果料等添加剂），提高了冰激凌产品的档次。

上海益民食品一厂从20世纪70年代起，从丹麦引进了生产设备（连续凝冻机、大雪糕冻结转缸等），配以工厂自行研制的枕式自动包装机，在国内率先实现了半机械化冷饮生产线。1983年9月至1985年8月，该厂又先后从丹麦海耶（HOYER）公司、意大利马克（MARK）公司引进凝冻连续灭菌、连续速冻硬化设备和紫雪糕生产线、奇形冰激凌生产线，实现了生产线自动化。不仅产量质量均有所提高，还扩大了新品种，娃娃雪糕、三色杯、紫雪糕等各种花式新品，就是那个时期最受市场青睐的产品。到1990年已经建立起冰激凌生产线12条，雪糕生产线5条，实现了连续化、机械化生产。且品种增多，产品结构逐渐调整为以生产冰激凌、雪糕为主。产量有了大幅度提高，年产冷饮量从1950年的867 t到1990年已达14 708.8 t，增加了17倍。

20世纪80年代禽蛋二厂实行转产，利用企业的制冷资源，开发多品种、高质量的冰激凌产品。1984年7月从美国安培威（APV）公司引进花色冰激凌生产线一套（产量1 000 L/h），另有国内配套设备。1985年8月设备进厂安装，1986年1月投产，产品有杯装、加仑、夹心、冰砖4个类型7个品种。截至1987年11月底，共生产各类冰激凌

1 861 t；与此同时，1986 年该厂又从美国祁伯科公司引进时产 220 ～ 380 L 冰激凌配料添加剂设备一套（包括糖果条酱注入器 1 台），这样可将核桃、花生、橘子等硬质果料和草莓、菠萝等软质果料的添加物直接加入冰激凌中，增加了花色冰激凌品种，还提高了质量档次。在此期间，上海禽类蛋品公司大达家禽批发部也从丹麦海耶公司引进时产 600 L 冰激凌的生产线一条。

在以上海益民食品一厂“光明牌”为代表的国企单位大力发展冷饮冰激凌生产的同时，国外的设备制造和冷饮冰激凌生产厂，还有台商和内地的民营企业亦陆续不断地进入了上海的市场，例如丹麦海耶、意大利马克、美国 APV、美国祁伯科、雀巢（Nestle）、和路雪（Walls）、哈根达斯（Haagen-Dazs）、福乐（后来为雀巢公司所收购）、思诺贝（大唐）、伊利、蒙牛（其中和路雪和蒙牛的生产基地分别在太仓和金华）。经过十余年的市场竞争，经历了品牌收购、企业兼并的激烈动荡，生产厂从 90 年代初期的 120 余家降至了 2002 年的 25 家左右。还有一些零星的小企业为大型冷饮企业代加工产品或少量生产棒冰、雪糕，以供应上海周边地区。

饮品行业各单位基本上都有自己的冷库而且以前都是生产上自用的中小型冷却物冷藏库（牛奶系统俗称“保鲜库”），后来随着生产和冷链发展的需要冷库规模就越来越大了，而且以冻结物冷藏库（牛奶系统俗称“物流库”）占的比例为大。例如上海牛奶公司系统 36 个冷库中 10 个保鲜冷库共 57 494 m^3（其中：0 ℃～ 10 ℃冷库 9 个计 56 925 m^3，–20 ℃～ –18 ℃冷库 1 个 569 m^3），26 个物流冷库共 348 949 m^3（其中：–20 ℃～ –10 ℃冷库 21 个计 270 079 m^3，–10 ℃～ 0 ℃冷库 5 个计 78 870 m^3）。冷库规模总计 406 443 m^3。

牛奶系列饮品已逐渐成为人们饮食的必需品之一，然而在相当长的时间里它是需要凭票供应的“奢侈品”，1980 年时日产量还只有 50 万瓶，是上海市民“缺奶吃”的阶段。制冷技术的发展为牛奶饮品行业的发展起到了保驾护航和相互促进的作用，1991 年鲜奶日产量增至 216 万瓶（袋），直到 1999 年的 10 年里供需平衡，是上海市民“有奶吃”的阶段。21 世纪开始牛奶类饮品供应的种类繁多、数量充沛，不但可以“挑奶吃”甚至还会“挑花眼”，当然这也离不开冷链物流技术的保障。

5）冷藏链的应用和初步发展

所谓食品冷链，是指从生产者到消费者之间流通的所有环节，即从原料采购、生产加工、储藏、运输配送、零售直到家庭冰箱等各个环节都能维持适度的低温状态。这种连续的低温处理好比用低温的链把各个环节连接起来，由此形成的一个完整的系统称之为“冷藏链”。在这一系统中，食品始终处于设定的温度状态和温度环境中，以最大限度保证食品的安全和营养。

食品冷链的发展亦体现了食品加工和制冷技术的发展。我国的食品冷链建设和发展，可以说始于食品冷藏库的建设、食品冷藏运输的建设。冷链中各个环节的发展亦从很不平衡逐渐趋于平衡并形成一条完整的食品冷链。初始时期冷链基本上局限于食品的冷却、冻结加工和贮藏。70年代冷库建设的进一步发展和速冻装置及其成套冷库的引进消化，还有国产制冷设备的大力发展均为冷藏链的发展起了很好的促进作用。80年代速冻装置的研发、小包装冻结食品和家用电冰箱的基本普及。90年代超市和连锁商业的发展还有公路、铁路特别是高速公路的发展促使冷藏车等冷链运输和分配环节的很大进步。可以说，通过几十年的努力，至20世纪末，我国食品冷藏链已初步形成。

上海冷藏链建设的开创和发展，从市委市政府直至基层、从市长到相关行业的员工和科技人员，齐心协力、勇于创新，为我国冷链建设的开创和发展起到了十分重要的作用。从20世纪70年代起就十分重视老百姓的“吃菜问题”和冷库建设。1982年春节原市长汪道涵家访上海交大教授夏安世，提出了“吃菜问题基本解决后，该怎么办?”的课题。之后市政府出具了红头文件，夏安世牵头调动和组织各路人马在“上海工程技术咨询公司”成立咨询小组，历时两年由上海交大鲍世雄教授主笔完成了涉及冷藏链方方面面的咨询报告，其中心内容是所附5篇专论之《上海市食品冷藏链专论》。汪道涵还被誉为“蔬菜市长”，之后裴先白、江泽民、朱镕基和庄晓天等时任市领导均十分致力于引领上海的“菜篮子工程”和冷藏链建设。

Ⅰ. 20世纪70—80年代的基础阶段

在改革开放以前，由于副食品产量很低，只能实行按人头计划供应的办法。全国兴建的各类冷藏库，主要是为了保障供给，起到低温贮存和调节淡旺季节供应的作用，重要副食品的品种基本上是猪半胴体、盘装禽和鱼，所以对完整食品冷链的要求不很迫切。

小包装冷冻食品是实现冷藏链的重要基础，上海是我国冷冻食品发展最早的地区。1973年上海江桥速冻食品厂（后改名为“华东速冻食品厂”）从日本引进成套制冷装置生产速冻青豆、刀豆、蒜苗等速冻蔬菜，并加工小笼包、云吞、雪菜肉丝、梅菜肉等十几种方便食品，主要供出口，年产量2 000～3 000 t。此后，商业、外贸及各区县的冷冻食品厂（如：天丰速冻厂、上海外贸五厂、徐汇区美心食品厂、供销社的佳味速冻食品厂）相继组织生产速冻蔬菜、速冻点心（小笼包、春卷）和速冻菜肴（回锅肉、五香肉丝、速冻虾仁、速冻炒饭等品种）。水产系统1982年起也生产了500 g和1 000 g包装的鱼虾类小包装产品。

随着引进设备的不断增加和国产速冻装置的研制成功，80年代各类速冻食品工厂如雨后春笋般地在全国发展起来。速冻食品种类也从原有的肉类、水产类扩展到果品、蔬菜、面食点心和调理食品。速冻食品加工及其制冷系统和制冷设备逐渐向国际水平靠拢。

1987年上海市食品公司龙华肉联厂就开始生产各类小包装冷冻肉类产品。1989年成立了上海冷冻食品公司。1989年还成立了我国商业冷冻食品行业首家合资企业——上海日冷食品有限公司。该公司是上海吴泾冷藏公司与日本株式会社日冷合资经营生产速冻食品的企业，于1989年3月试生产，1990年8月正式验收，产品全部出口。该公司的制冷系统及其所有制冷设备（除了速冻装置进口）均为我们自行设计和安装的原有吴泾冷库制冷系统（其中，添加了两台大连冷冻机厂的螺杆制冷压缩机组）。

Ⅱ. 20 世纪 90 年代的发展和冷链示范工程

20 世纪 90 年代起，小包装冷冻食品发展迅猛，上海日冷、龙凤食品、桂冠食品等中外合资和港台企业相继加入上海冷冻食品市场，使上海市的冷冻食品生产量和消费量有了大幅度提高，到 1992 年上海生产冷冻食品的厂商已达 37 家，年产销量为 6 000 t，品种有 40 多个。之后，每年产销量的增长率 10% 左右。21 世纪初，产量稳定在 18 万 t ～ 20 万 t 的水平。生产品种也已扩大至速冻畜肉、家禽、水产品、蔬菜和速冻米面食品等五大类数百种；人均消费冷冻食品量已达 10 kg 以上，居全国前列。

1998 年起，龙华和大场肉联厂，通过引进国外分割肉小包装流水线和自行开发研制配套设备进行技术改造，改变了传统的猪半胴体上市方式，畜肉制品的加工和包装形式发生了重大变革，小包装分割肉受到了消费者的欢迎。

上海市副食品加工业从半胴体冻结到分割小包装冻结加工，从冷冻方便食品到近年开发的冷却肉和冰鲜水产品，既满足了市民饮食结构的变革，也推动了我国食品加工业的开发和应用，同时为上海市建立和发展食品冷藏链创造了基础。

建立和发展食品冷藏链的另一基础是冷库建设，在 20 世纪 90 年代同样也得到了很快的发展，除了新建工程还通过改扩建工程得以发展，这些工程的特点是使冷链更趋完善。例如铁路上海杨浦站二十一世纪 4 000 t 装配式冷库的定温穿堂、封闭站台和与冷藏车对接的密闭接口（升降平台、保温卷帘门和软接垫）为实现冷藏链不断链提供了关键保证；由北宝兴路冷库改建成的天天配送中心和禽蛋一厂改建的新天天配送中心；蔬菜公司曹杨路冷库改建的净菜配送中心以及吴泾冷库改扩建形成的大型低温物流中心等案例，都为冷藏链配送和低温物流提供了榜样。这些发展推动了制冷系统及其各类制冷装置设备、冷藏设施、冷藏运输、营销业的设备——各类冷藏柜、小冷库直至家用冰箱的发展和进步，使食品冷链更趋完善。

上海的冷链示范工程是 1997 年 9 月，在国家国内贸易局支持下，上海市商委立项制订了三条冷链示范工程的研究课题。具体内容是：冷却肉（生产能力为 3 t/h）、蔬菜真空预冷（生产能力为年产 1 500 t）和水产冻品（生产能力为年产 6 000 t）。由上海市食品集团公司、上海市蔬菜集团公司和上海市水产集团总公司组织力量实施，经过近三年的试验于 2000 年 11 月通过了由国家国内贸易局组织的专家验收会。这三条示范冷藏链设施完善，从加工、储藏、配送到零售店，整个流通过程处于低温环境下，能保证食品的鲜度和品质。验收会认为："生鲜蔬菜的真空预冷工艺技术、冷却肉加工和包装生产线，其工艺技术先进，整体技术在国内居领先水平。"水产冻品冷链设施完善，保证了冷冻水产品的质量。这三条示范冷藏链工程同时也为全市乃至全国建立和完善食品冷藏链提供了宝贵经验。

3. 食品冷冻冷藏工程的飞速发展（2000 年起）

至 20 世纪末，我国食品冷藏链亦已基本形成、国内外的技术交流渠道十分畅通，为 2000 年起始的新世纪制冷事业的飞速发展奠定了扎实的基础。进入新世纪后，创新性人才辈出、自主知识产权科技成果不断涌现，"中国创造"十分普遍，食品冷藏链在与国际接轨的同时也在不断完善。

20 世纪以来的 10 多年，冷藏链建设发展的主要特点体现在如下四方面。

➢ 冷库的规模不断扩大（单体冷库和冷库群的最大容量记录被不断刷新，全国各地的冷库总容量直线上升）；

➢ 各行业的大型配送中心不断涌现；

➢ 食品安全、环保制冷工质、新型制冷系统（例如二氧化碳制冷系统）、互联网技术自动控制和安全节能技术备受重视，GB50070—2010《冷库设计规范》也修改颁布；

➢ 制冷技术的应用范围不断扩大，从食品冷链、医药化工、运动娱乐等各个领域，都得以应用并发展。

1）各类制冷系统的应用

Ⅰ. 氟制冷系统的应用进入了大、中型冷库

我国冷库的制冷系统历来都以氨制冷系统为主，只有一些几十吨最大也是百吨级的冷库会采用氟利昂制冷系统。20 世纪 70 年代初从国外引进的一些冷库和制冷装置采用了氟利昂制冷系统，其中包括了上海蔬菜总公司的江桥脱水厂和外贸冷冻五厂。前者是 500 t 的装配式冷库和 1.2 t/h 的螺旋冻结装置；后者是 1 万 t 装配式冷库。两者都是以 R22 为制冷剂的氟利昂制冷系统，前者采用直接膨胀供液，后者采用氟泵强制供液系统。我们引进的目的不仅仅是应用氟制冷系统，更是学习其大中型装配式冷库包括制冷装置及其系统的整体建造技术。20 世纪上海除了在闸北区建了一个 500 t 的冷库采用氟制冷系统，其他百吨级以上的冷库全部采用氨制冷系统。当时编制的采用氟制冷系统的冷库通用图，只是 30 t、50 t 和 100 t 的冷库。

当时不采用氟制冷系统的主要原因并非出于环保和节能而是基于我国制造业的现状和引进国外设施的困难。到了 20 世纪末，21 世纪初随着改革开放的发展，国外制冷公司的进入和我国制造厂引进的设备制造流水线等因素的综合，氟制冷系统的应用也得到了发展。上海航空公司虹桥机场飞机维修厂自行设计建造了一座 30 t（高 / 低温各 15 t）的装配式冷库；是采用德国进口的半封闭制冷压缩机组和冷风机、自动融霜和自限温防冻的全自动冷库，此库仅压缩机和冷风机为外购设备，其余设施和库体，包括制冷及其水电系统，还有自动控制等均为自行设计制造。当时其他冷库历来都采用 2F6.5 和 2F10 开启式活塞式制冷压缩机组，库房蒸发器为紫铜管或无缝钢管制成的顶、墙排管，制冷和自控效果均不理想。

氟制冷系统在冷库的应用得到较快发展的时间始于 21 世纪初，2001—2003 年开利冷

冻空调（上海）有限公司先后承建了上海梅林集团的太仓冷库，上海吴泾冷藏公司的二期冷库改扩建，配送中心冷库改扩建理配货场地和定温穿堂，上海氯碱总厂的防爆冷库，还有洪泽湖大型水产品加工厂等项目。在这些项目中，中小型冷库或制冷量不太大的项目往往采用一对一或一对多的分散式氟制冷系统；大型冷库往往采用并联机组的准集中式氟制冷系统。2009 年上海吴淞罗吉冷藏有限公司采用 R22 双级压缩制冷系统用于 –55 ℃库温的超低温冷库。2010 年之后，海尔开利、西克（后来的百尔）和大连三洋等一些单位先后承建了不少采用氟制冷工质大型冷库，例如东方航空公司食品配送中心（含 52 个航空食品生产、配送所需的装配式冷库）、普菲洛斯配送中心冷库、郑明物流嘉定物流园的上海顺丰冷链物流中心 27 400 t 冷库（公称容积 137 000 m^3）和 12 500 t（公称容积 50 040 m^3）的嘉定冷库、上海和泽园冷链物流的 16 433 t（公称容积 67 053 m^3）浦东冷库、上海三和国际物流的 15 734 t（公称容积 63 446 m^3）浦东龙新路冷库、上海宇培（集团）的 6 600 t（公称容积 30 900 m^3）桃浦冷库。冰轮集团还在上海五丰食品肉联厂的氨制冷系统冷库中，于 2016 年增建了冷却速度为 1.5 h、能力为 600 头 /h 猪白条肉快速冷却流水线，该快速冷却设施以 R404A 为制冷剂，与吴泾冷库一样在一个企业内并用了氨和氟两种制冷系统。

Ⅱ. 一些不应该发生的重大事故，阻碍了氨制冷系统的应用

随着冷藏链发展，冷库的需求不断增加、规模不断扩大，但是冷库建设和运营管理的队伍和素质远远跟不上发展的需要，再加上工程建设中不合理的压价、不正当的竞争、偷工减料粗制滥造，这些负面因素都给冷库埋下了安全隐患，一旦触发就会引发事故乃至重大事故。2013 年 6 月，吉林禽业公司发生厂房火灾并引发氨制冷系统超压，制冷设备之一的氨泵泵体爆裂，大火和氨气夺走了一百几十条生命的特大事故。时隔不久，2013 年 8 月 31 日上海市宝山区翁牌冷藏实业有限公司在上午 10:50 左右，由于氨泄漏事故致使 15 人死亡 25 人受伤（其中 5 人重伤）。市委书记和市长立即批示，市消防、公安、检察和医疗等有关部门及时全力抢救处理。事故的直接原因是融霜操作不当致使施工焊接质量存在隐患的管路管帽脱落而造成氨大量泄漏；还查出该工程是在主体建筑竣工验收之后违法建设的加工车间，涉嫌违规设计、违规施工。一系列的事故引起了政府和各职能部门的高度重视，接二连三的检查和整改接踵而至。但是在执行过程中也发生了由于缺乏专业知识而产生的一些不妥当情况，例如把原本好好的氨制冷系统改成了 R22 氟制冷系统，又如报批新建冷库时一旦涉及氨，立即被否决而不能立项建造。安全事故的频发和环保意识的加强，对冷库建设提出了更高的要求，专业水平和认知的差异又使冷库建设陷入了不应有的瓶颈。随着制冷界人士的努力，先进制冷系统及其设备的应用推广，政府有关职能部门亦将会从“封堵”渐变为“引导”。

Ⅲ. 氨和二氧化碳结合的制冷系统备受重视并正在健康发展

鉴于对《保护臭氧层维也纳公约》《关于消耗臭氧层物质的蒙特利尔议定书》《京都议定书》的贯彻和落实，环保制冷剂的使用和安全、节能备受重视。氨和二氧化碳是十分理想的天然环保制冷剂，其制冷系统的节能效果亦为可观。继欧美和日本等发达国家之后，我国在此领域的研究和实践也已开始，到 2017 年建成的以氨和二氧化碳为制冷剂的冷库已达一百多座。

上海氨和二氧化碳系统开始应用在超市的制冷系统，在冷库的应用有 2013—2015 年建成的上海吴淞罗吉冷藏有限公司新建邮轮配送 5 000 t 冷库（由上海商业设计研究院参建），是上海首座采用氨和二氧化碳制冷系统的冷库。随后天谱乐食品有限公司牛肉精加工项目的单冻机、冻结和冷藏间采用了 R717/R744 复叠制冷系统，2018 年建成了上海润稼农业科技有限公司的加工车间和 1 万 t 低温立体库（由冰轮集团参建）。2017 年还建成了富有特色的上海靖安自动化立体冷库，其公称容积 151 200 m^3，货位 2.8 万余托，在低温库内还包含一个超低温冷库（由京科伦公司参建）。如果包括其他工质和二氧化碳的制冷系统，到 2018 年上海已建成了十来座以二氧化碳为制冷剂或载冷剂的冷库。

2）冷库规模的扩大

冷库规模的扩大主要体现在冷库单体容量和冷库群总容量两方面。到 20 世纪冷库单体最大的是华南冷库（20 000 t，90 000 m^3）最大的冷库群是吴泾冷库（53 000 t，241 000 m^3），这两个冷库前者位于深圳蛇口，后者位于上海吴泾，均由上海市商业设计研究院设计并指导安装。21 世纪以来，这个记录不断被刷新，到目前为止，上海最大的单体冷库是浦东新区临港普菲斯的 8.5 万 t 冷库。该库由美国普菲斯（PREFERRED）公司租赁并按美方提供的图纸和要求建造。该库是内结构、外保温的钢结构装配式自动化低温立体冷库。

3）冷链各环节的发展趋势（大规模食品加工企业、冷库、配送中心和冷藏运输）

Ⅰ. 大型食品加工厂逐渐迁离上海，落户边远地区

随着国民经济的发展、产业结构的调整、生产成本的变化、安全环保的要求和市政府的规划，一些生产型的食品加工企业，尤其是带饲养和屠宰加工类的大型食品加工厂陆续迁至边远的产地，极个别的迁至上海远郊。例如，正大集团属下的肉食品加工厂先后迁至吉林和辽宁等地；上海食品公司的大场肉联厂停止屠宰加工后，上海五丰肉类加工中心就建到了上海嘉定区；水产品批发市场也迁到了江杨路。

Ⅱ. 新的城市规划将市中心的冷库迁出或关闭

按上海市城市发展规划，多数加工厂和批发市场也被拆迁或搬迁到外环线外甚至更远。首批被陆续拆迁的有新闸桥果品冷库、复兴岛上海鱼品厂（水产冷库）、上海水产供销公司冷冻总厂及其几个分厂、各区副食品公司所属的多家冷库。按照上海市政府充分利用黄浦江两岸的规划，结合 2010 年世博会场馆的建设，黄浦江沿线的十多座冷藏库，如

上海水产供销公司第二批发冷冻厂、食品公司薛家浜万吨冷库和上海江浦冷冻厂等都逐步拆迁，被拆迁的冷库总库容量超过 10 万 t。同时，结合上海物流园区发展规划，按现代低温物流配送的要求，将会新建一些冷藏库，使上海的冷链和低温配送体系更趋合理和完善。

在新的城市规划中市区的冷库、批发市场、大型食品加工企业到 2016 年基本上已全部被迁离、拆迁或停业关闭。

Ⅲ. 新型先进的冷库、配送中心和食品加工企业得到发展

大型分配性冷库和低温物流配送中心的兴起：随着本市超市店的迅速增长，从连锁经营角度，有计划地建设一批物流配送中心，集中采购，然后向各零售店配货、发送，则有利于提高流转效率，保证商品质量和降低成本，各超市门店可以基本上不设小冷库。联华、华联、农工商等各商业集团都拥有自己的配送中心。联华超市生鲜食品配送中心就是兼并原上海食品集团公司的北宝兴路家禽批发部，利用它的家禽加工车间和拥有 8 500 t 冷库改建而成。

从 1998 年起，上海市还诞生了几家面向社会开放的所谓“第三方低温物流配送”企业，设施较为完善的有上海吴泾冷藏公司，上海新天天大众低温物流有限公司和上海二十一世纪冷藏运输有限公司等。进入 21 世纪又有一些自带物流配送运输甚至可以面向终端客户的低温物流配送企业，如希杰荣庆物流有限公司、上海郑明现代物流有限公司、上海光明领鲜物流有限公司和上海盒马网络科技有限公司等十多家。作为低温物流配送中心，它的功能和经营业务范围比冷藏库有所拓展，一般都具有以下主要特征和技术措施。

（1）库房温度带较宽，以适应多品种商品储存。供客户选择的储存温度，从传统的 0 ℃、–18 ℃等几个设定温度点拓宽至 –25 ℃～ 20 ℃。既能储存畜肉、水产、冷饮、冷冻食品，又能储存蛋品、水果、蔬菜、乳制品、可可粉、南北干货乃至花卉、中药材等商品。

（2）建造封闭式站台、完善食品冷藏链。将装卸食品进出库用的公路站台做成 5 ℃～ 10 ℃的封闭式站台，并设有滑升式冷藏门，软性密闭接头和液压升降平台，各种规格的冷藏汽车均可直接停靠到站台上，实行“门对门”式装卸作业，使进出库货物基本不受外界气温的影响。

（3）冷库内货物采用货架形式储存，以实现“先进先出”。商品置于托盘并堆垛在库内货架上，建立货架、托盘、搬运机械和计算机紧密结合的库存管理系统。

（4）配置了多功能理货间，以适应现代物流配送要求。配置一定面积并有一定温度要求的多功能理货间，以供商品接收及检验、分拣、包装、流通、配送、暂存等之用。

（5）配置符合环保、节能要求的制冷装置，要保证各房间不同储藏温度的要求，有完善的冷藏库库温自动检测、记录和控制装置。

（6）建立了完善的计算机网络系统，使低温物流配送管理科学化。包括：订单处理、库存管理、运输管理、配送管理、数据统计、费率结算、签收确认反馈和追踪查询等。

随着一些企业的迁离和关停，适应冷藏链发展需要的新型企业随之兴起。其中既有大型分配性冷库和配送中心，还有一些精细加工的食品加工兼配送企业，还出现了专为快递公司建立的配送冷库。例如，临港冷库（8.5 万 t）普菲斯配送中心、外高桥中外运普菲斯 4 万 t 冷库、东方航空公司食品配送中心（52 个冷库）和 DHL 快递公司为星巴克（STAR BUCKS）配送的冷库、联华超市 5 000 t 冷库、上海东方水产商贸城 8 000 t 冷库、上海长翔冷藏物流公司 4.7 万 t 冷库、上海罗吉冷藏有限公司 1.5 万 t 邮轮配送冷库、上海郑明现代物流有限公司松江、浦东冷库还有武威路 2 万 t 冷库、恒孚物流的嘉定 2.5 万 t 冷库、奉商实业的奉贤 1.8 万 t 冷库、上海海博西虹桥冷链物流园一期工程 5 万 t 冷库、上海大宛食品 3 万 t 物流冷库、上食五丰肉类加工中心和长兴岛渔港 5 万 t 冷库等。

Ⅳ. 旧冷库的改造体现了对安全、环保和节能的重视

上海的冷库改造也彰显了制冷技术的发展和对安全、环保、节能的重视。例如上海吴泾冷藏公司的冷库几次改造，逐步使单一的低温分配性冷库变成了多温区的冷库、储藏品种多样化的冷库、带有冷冻食品厂的生产性冷库、冷藏链不断链的冷库、货架储藏的冷库、面向社会服务的低温配送中心、全国单位能耗最低的冷库。

冷库改造涉及最多的内容是敞开式的常温穿堂和站台改造成封闭式的定温穿堂和站台。具体做法是用保温库板作外围护，货物进出库的装卸口采用滑升式保温门、升降平台和软接头的组合措施，避免外界热量入侵。另一个内容就是改用安全环保型制冷剂。

Ⅴ. 库内储运作业，逐渐普及货架体系

率先采用货架储运和冷链无缝对接的一些冷库有吴泾冷库（80 年代末率先采用货架布置，另加自行开发的笼式货架堆垛）、福乐食品有限公司（90 年代初 12 m 高的高货架冷库）、二十一世纪冷库（90 年代初全货架高低温冷库）和临港普菲斯冷库（21 世纪初最大的自动化立体冷库）等。

4）安全、环保、节能等自动控制技术的强化

关于安全、环保和节能的工作，历来得到上海制冷界的重视。早在 1973 年就确立了以安全保护为重点的自动控制技术，随后逐步实现了冷库制冷系统的全自动控制，到 80 年代初实现了制冷系统运行和冷库仓储管理的计算机控制。由于当时一些国产自控元件的质量不够稳定，冷库管理和操作人员的相关水平亦未能及时跟上，造成了许多单位相关自动控制的运行不能持久。随着国际交流的加强和国内外相关设备、产品的丰富供应，尤其是国内制冷技术水平和产品质量的不断提升，为冷库的安全、环保和节能提供了坚实的保障。由此 21 世纪以来建成的正规冷库基本上都有比较完善的安全保护措施、可靠的温度调节系统和节能、环保的方案。

进入 21 世纪以来，安全、环保和节能越来越被重视。安全主要体现在消防法规的强

化和对氨制冷系统的限制，取得了一定的成效但也有尚待进一步完善之处，主要是要制定能针对冷库低温特性的规范内容而不是套用普通仓库的规范内容。

环保技术主要体现在制冷剂的使用和管理，一些新的制冷剂尤其是天然制冷剂氨和二氧化碳的应用得到了重视正在健康地得到发展，对原有制冷系统就是加强日常运行管理，减少甚至杜绝制冷剂的泄漏。

节能技术主要体现在设备和系统的节能均在原有的基础上得到了提升，机电一体化的设备和智能系统使能源的节约更好的落到了实处。此外，定温穿堂、封闭站台及其装卸作业的软性密闭口，不但使冷藏链不断链，同时也减少了外界热量的侵入而达到了节能效果。

2.1.2 食品冷冻冷藏工程制冷工艺和设备应用的发展

我国各地制冷工程技术的发展既有共性又有个性，上海由于历史原因，在初期应用中受英美等西方技术的影响较多。例如低温库房蒸发器，上海设计的冷库一般都采用光滑蛇形无缝钢管制成的顶排管和墙排管在库房内均匀铺设，而其他不少城市的冷库则采用光滑U形顶排管，不设墙排管。

制冷工程技术应用和发展与以冷库为代表的食品冷链的建设和发展是相辅相成、相互依赖和相互促进的关系。食品冷链制冷工程的应用又是一项系统工程，是以制冷技术为主、相关技术配套的综合技术应用工程，包括了制冷工艺、制冷系统、制冷设备和装置、隔热防潮、仓储运输、安全节能环保和自动控制等。这些技术的应用在上海许多方面都走在全国前列。

1. 围护结构隔热技术

围护结构是指具有隔热、防潮功能的冷库库体的外围墙体、内墙、地坪和楼板等保温构造。围护结构为冷库保温而设，围护结构中最为关键的是防汽层（亦称隔气层）和保温层（亦称隔热层）。防汽层防止外界水蒸气渗入库内并使隔热层受潮而降低乃至丧失隔热效果。隔热层阻挡外界热量侵入库内。

20世纪70年代之前，防汽层基本上都是采用油毛毡并用沥青黏贴，有一毡二油和二毡三油两种做法。隔热层大多采用稻壳、软木、炉渣和膨胀珍珠岩等材料填充或黏贴而成。70年代开始，新型材料逐渐得到应用和推广：隔热材料有发泡型聚苯乙烯泡沫塑料（EPS）、挤出型聚苯乙烯泡沫塑料（XPS）、硬质聚氨酯泡沫塑料（PU）、聚乙烯泡沫塑料（PEF）和以EPS、PU和岩棉为芯材的彩钢隔热预制板等。防汽材料有聚乙烯塑料薄膜、青宁、PU等。70年代技术资金比较匮乏，波阳路冷库和龙华肉联厂冷库利用玻璃纤维厂废弃的玻璃纤维边角料做外墙和屋顶的隔热材料，取得了不错的效果。90年代龙华肉联厂冷库大修，又以泡沫玻璃转为隔热材料，在冷库的外墙敷贴，成功地在冷库不停产的情况下修复了多年来由于外墙玻璃纤维下沉而造成的冷桥。

以往传统冷库围护结构的防汽和隔热层都需要现场施工制作，施工工艺要求较高，相应的建设周期也较长。自 70 年代起出现了采用以玻璃钢、彩钢、不锈钢或铝合金板等为面材的隔热预制板为围护结构的新型冷库。起初新型装配式冷库的造价较高（约为传统土建冷库的 1.6 倍），之后两者的造价差距逐渐缩小，直至基本等同；90 年代后半期至 21 世纪初两者的建设总规模也基本相等。

在围护结构隔热技术中还有一个特殊的做法，即不用隔热材料（也有个别工程使用了薄薄一层），利用庞大的山体作为隔热围护结构，建成了山洞冷库。这是以往“备战、备荒、为人民”特殊时期的产物，上海只有几座丘陵山体，共建造了三座小型和一座中型冷库。

1973 年 4 月，上海市 743 工程指挥部在松江佘山、辰山和天马山各建造了一座山洞冷库（445 t、361 t、471 t），当初是为了储备军需物资，专门从岩石中挖出来的，由于岩石的特殊传热性能，所以外围护只做了很薄一层隔热层，而墙体的冷耗仍较低。1975 年 9 月竣工后交付商业二局，该 3 座冷库建筑面积共 2 597 m^2，冷库容量为 1 277 t（表 2.1）。

表 2.1　三座山洞冷库容量

库容量 山洞冷库	−18 ℃低温冷藏库 /t · 次 $^{-1}$	0 ℃高温冷藏库 /t · 次 $^{-1}$	−23 ℃冷冻间 /t · d^{-1}	冷库总容量 /t · 次 $^{-1}$
佘山冷库	406	39	5	445
辰山冷库	322	39	4	361
天马山冷库	426	45	5	471

该冷库储藏的商品为猪肉、水果、鲜蛋和血浆，制冷设备用电源除外接电源外，还备有柴油发电机，以应对外接电故障。

1982 年，上海市果品杂货公司利用市郊驻沪部队所属的一个山洞坑道兴建了一座山洞冷库，于 1983 年 6 月投入使用。冷库建筑面积约 6 300 m^2，总库容量为 3 000 t，库温为 0 ℃～＋2 ℃。坑道共有 7 个出口，其中 5 个供商品出入用，另 2 个供操作管理人员出入使用。制冷系统采用 R22 直接膨胀、单级压缩、卧式冷凝器和机力通风水冷却塔、每个冷库区配一台冷风机。设备及照明用电除电网引入外，配备柴油发电机组备用。

2. 制冷工艺

制冷工艺涉及的面很广，主要体现在冻结、冷却、高低温和变温储藏、解冻、气调储藏和真空技术（真空冷却、真空保鲜和真空冷冻干燥）等方面。以下就上海地区冷库和冷链企业所涉及或经历过的一些内容作如下叙述。

1）冻结工艺

上海冻结工艺的技术进步主要体现在：从二次冻结到一次冻结的改革、从慢速冻结到快速冻结的进步和冻干技术的应用三大内容。冻结工艺的进步是随着制冷技术的进步和先进冷冻加工设备的不断出现而进步的。

Ⅰ. 一次冻结工艺

1949 年之后我国的肉禽蛋产品不断扩大出口，其中猪肉等半胴体基本出口苏联和东欧，起先的加工工艺要求需先在冷却间把宰后中心温度约 38 ℃的胴体经 18 h 左右冷却，使胴体中心温度降到 2 ℃～ 4 ℃；再转入冻结间冻结，约 18 h 左右将肉体的中心温度冻至 –15 ℃。后来经过严密的科学论证和试验，将先冷却后冻结的二次冻结工艺改革成一次冻结工艺，在冻结间经过 18 h 左右的冷加工，直接将胴体中心温度从 38 ℃冻至 –15 ℃。不但提高了冻品质量还达到了节能和降低劳动力的效果。上海肉类加工厂和复兴岛鱼品加工厂等企业均参与了一次冻结的实施。

1968 年上海市禽蛋公司禽蛋一厂将禽肉单体在库房内吊轨上缓慢移动进行了连续冻结，把原来的冻结时间从 72 h 缩短到 6 h 左右。1975 年 12 月 26 日，作为群众性技术革新的成果，该厂完成我国第一套快速连续冻结装置。冻结室内设置悬式输送机，将经塑料包装的肉用鸡置于吊篮中，悬挂于输送机轨道上，鸡进入冻结室被强烈冷风吹 10 多分钟，使禽体表面快速冷却，然后用 –24 ℃～ –25 ℃、质量分数为 40% ～ 50% 的乙醇溶液喷淋 5 ～ 6 min，使禽体表面层快速冻结，随后再在冷空气中进行均温并完成全部冻结过程。整个冻结过程仅需 3 h，禽体中心温度即达 –16 ℃。该项目于 1978 年 3 月获全国科学大会奖。该方法由于比较复杂而未能推广应用。

1990 年左右，大江公司的肉食品三厂和四厂将鸡的单体或分割产品置于冻结车中，推入铺有地轨的冻结间内，经有组织、气流场均匀的强力吹风冻结，7 ～ 8 h 就能将产品一次直接冻至 –15 ℃，与禽蛋一厂的老方法相比，既避免了复杂又达到了很快的冻结速度。

Ⅱ. 快速冻结工艺

早期的冻结大多是在打箱包装或在盘装之后，置于搁架管的冻结间内完成的，一般要 72 h 才能将冻品的中心温度冻至 –15 ℃。后来的吹风冻结时间也要 20 h 左右（搁架管冻结约 36 h）；即使采取了自动传输等配套技术，冻结温度的均匀性提高了、冻结时间的降低并不明显。后来随着冻结设备的改进尤其是新型冻结装置的不断出现，终于实现了 2 h 之内甚至是几分钟之内就可以完成的快速冻结工艺。江桥脱水厂的螺旋冻结装置、天丰速冻食品厂的流态化快速冻结，个别使用液氮冻结装置的单位，还有龙凤和桂冠等冷冻食品企业的冻结装置，都体现了快速冻结工艺的进步和发展。

Ⅲ. 冻干工艺

冻干工艺是把食品先冻结，然后再放入真空装置使食品中的冰晶升华干燥，冻干后的食品又干，又轻，又脆，能很好地保持食品的营养成分，甚至还能还原到原来食品的模样。冻干食品最早供应登山运动员和航天人员，现在已经得到了很大的发展，在休闲食品中也有很多冻干品种。

2）冷却工艺

冷却工艺有空气冷却、水冷却和冰水混合冷却，还有真空冷却等多种冷却方式。上海的不少肉禽类和果蔬加工厂、冷冻食品和食品加工厂等企业均有较多不同冷却方式的应用。

最早的冷却都是在装有顶、墙排管的库房内进行的，1954 年在扩建后的上海肉类加工厂实现了冷风机吹风的冷却间，可以在 18 h 左右将 38 ℃的猪半胴体的中心温度降至 2 ℃～ 4 ℃；还有一些猪分割肉（Ⅰ号、Ⅱ号、Ⅲ号、Ⅳ号肉）和家兔之类的块状物则还是放在低温冷库内快速冷却至 2 ℃～ 4 ℃。70 年代末之后，吹风冷却逐渐普及并开始了快速冷却工艺。21 世纪初大江食品在 –35 ℃的隧道式库房内完成鸡肉产品的快速冷却，上食五丰的猪半胴体快速冷却在屠宰生产流水线上就可以完成而直接进入冷却肉分割。

3）冷藏工艺

冷藏工艺主要有不同温度带的低温储藏、气调储藏和真空保鲜等内容。不同温度带的低温储藏有冷却物储藏（–2 ℃～ 18 ℃）、冻结物储藏（–55 ℃～ –15 ℃）、变温储藏（冷却物和冻结物两种储藏温度可切换的变温储藏）和冰鲜储藏（食品冰点左右的温度）等多种储藏工艺。气调储藏简单来说是带有气体调节系统的安全和气密要求很高的冷却物储藏。真空保鲜还是在研究开发的冷藏工艺。这些冷藏工艺在上海的冷库和配送中心得到了较好的应用，尤其是吴泾冷库和冷链配送中心、天天和新天天配送中心、普菲斯低温冷库、多乐公司香蕉冷库、农科院种子库、花卉市场的花卉冷库、嘉定气调库、吴淞超低温冷库和邮轮配送中心等冷库得到了很好的应用。

4）解冻工艺

解冻工艺有空气解冻、水解冻、微波解冻等很多种，但是出于解冻的速度和经济成本的要求，各食品加工厂最常用的方法还是水和空气两种解冻方法。

5）制冰工艺

Ⅰ. 盐水制冰工艺

盐水制冰工艺是制冷剂通过蒸发器冷却制冰池中的盐水（载冷剂），再由盐水冷却浸在盐水池中的冰桶（冰模）中的水，使桶内的水结成冰块。早期的制冰盐水使用氯化钙盐水，而以后改为氯化钠盐水。制冰池中的盐水采用横向流动和纵向流动的设计，各地均有使用。

盐水制冰池所使用的蒸发器，在上海和南方省市大多采用 V 形管式蒸发器（北方省市以使用立管式蒸发器的为多）。制冷供液方式为重力供液系统。70 年代后，大多数制冰池开始使用制作方便的螺旋管式蒸发器；供液方式还是以重力供液系统为主，但也有成功采用氨泵强制供液系统而使制冰产量提高 10%～15% 的案例，例如上海川沙冷库制冰池。

盐水桶冰法使用的历史悠久，虽然其耗材较多、占地大、结冰时间长、制冷系统需要现场安装建设周期较长和盐水的腐蚀性较强等缺点，但是由于其制冷系统运行工况稳定、冰块质地紧密且形状整齐规则易于贮存堆放、运输方便并不易融化，所以仍被广泛应用。早期的块冰规格多为 200 lb/ 块和 300 lb/ 块，改公制后冰块大小有 25 kg/ 块、50 kg/ 块、100 kg/ 块和 135 kg/ 块等多种规格。国家标准的块冰规格为：50 kg/ 块、100 kg/ 块以及 125 kg/ 块。大多数冰块为白冰（冰块的颜色为不透明的白色）。1952—1953 年，上海市食品公司对沙泾路宰牛公司制冰池进行技术改造，采用“吹气法”向冰模中心水中吹空气，制造过透明冰（冰块呈透明状形似玻璃，俗称“玻璃冰”），日产透明冰约 20 t。此法一度被效仿使用，至 50 年代末。60 年代以后由于其制冰工艺较复杂、耗电量较大、价格较贵等原因而不再采用吹气法生产透明冰，仍然采用白色不透明冰块的生产。然而到了 90 年代又有少部分制冰厂根据市场需要开始生产透明冰。例如上海景龙制冰厂不但制作与白冰相同规格的透明冰供高级宾馆的餐饮冰雕和冰雪展馆的冰雕所用，而且还为客户定制更大规格的非标形状的透明冰（例如上海通用汽车公司在上海建厂后首次销售展中 1 ： 1 大小的透明汽车模型）。其实，在中华人民共和国成立前上海的哈尔滨路上海制冰厂是生产过透明冰的，而且在每个冰块的中心位置放有鲜花或金鱼（金鱼还能在尚未结冰的冰块中心游动），当时这样的透明冰放在上海百乐门舞厅的舞池四周，这种最早的“空调”使舞者仿佛置身于鲜花和游动金鱼的玻璃围墙中跳舞，彰显浪漫高贵。还有，香港市场至今仍然制取透明冰，因为它比白冰更为坚硬美观且不易融化。上海市第二商业局设计室和吴泾冷库等单位曾在 1982 年和 1994 年参与香港兴伟冰厂冷库和透明冰生产的调试运行和透明冰制冰池的大修工程。

Ⅱ. 快速制冰工艺

快速制冰工艺在早期有上海水产公司复兴岛水产冷冻厂和禽蛋一厂自行开发的使用浮式快速制冰法和洛阳制冷机械厂仿制的 15 t/d 自动化指形制冰机（用于龙华肉类联合加工厂）。快速制冰工艺均采用制冷剂直接蒸发制冷，制冰速度快还节能，但是浮式快速制冰的冰块体积过大，不利于输送和储存；指型冰易碎、易融化，所以后来均未被推广使用。日后随着制冰装置化的发展，快速制冰工艺均由制造厂商完成并以各类快速制冰机投入市场以满足用户对各种类型冰的需求。

3. 制冷设备

制冷设备可以分成主机、辅助设备和各类装置。

1）主机

主机经历了从单一的活塞式制冷压缩机组到多品种制冷压缩机组（回转式、转子式、螺杆式和涡旋式等）并用的局面。在 20 世纪 70 年代之前基本上都是国外的活塞式制冷压缩机组，包括1960年投产的江浦冷冻厂还采用了瑞士苏莱尔公司的ICV系列压缩机7台，但同时也采用了杭州制氧机厂的270活塞式制冷压缩机，用于制冰系统。1970年投产的上海鱼品加工厂和上海水产冷冻装卸站也采用了杭州制氧机厂270和多台一冷厂的8AS170活塞式制冷压缩机组。计划经济时代制冷压缩机属于国家统配物资，即使是当时新建的大场肉联厂万吨冷库也因此采用了一台旧的苏联生产的需要5 000 V高压电机驱动的阿特卡卧式活塞式压缩机（后来由不需要统购指标的大连冷冻机厂试生产的第一台8AS250压缩机替代）。从70年代起，一冷厂的12.5系列的单级和双级活塞式制冷压缩机组成了中小型冷库主机的首选，大连冷冻机厂生产的170系列单、双级活塞式制冷压缩机组也被上海的大型冷库采用。螺杆式制冷压缩机组在上海于1973年在上海食品进出口公司冷冻五厂使用了日本前川的螺杆式制冷压缩机组，1975年在大场肉联厂万吨库使用了日本神户制钢（KOBELCO）和一冷厂生产的LG-90螺杆制冷压缩机组，1984年在上海吴中路冷库使用了大连冷冻机厂生产的单级和第一台国产带经济器的螺杆制冷压缩机组。之后在众多工程中螺杆制冷压缩机组得到了广泛应用，例如大江肉食品三厂和四厂等每一个工程都会用到十多台大型开启式螺杆制冷压缩机组。20世纪末，国内外众多品牌的螺杆式制冷压缩机组成了制冷系统主机的主力军，其次就是涡旋式制冷压缩机组和活塞式制冷压缩机组。以上各种类型机种（主要是螺杆和涡旋，其次是活塞式）的半封闭或全封闭机头组成的一体化机组并联制冷压缩机组也在吴泾冷库、东方航空公司食品配送中心、洪泽湖水产加工厂和普洛斯（GLP）配送中心等21世纪初新建的项目中得到了广泛的应用。

2）辅助设备

辅助设备主要体现在冷凝器、冷风机等各类蒸发器、各类压力容器等方面。

Ⅰ. 冷凝器

在冷库工程中以往早期使用最多的是立式或壳管式冷凝器，还有卧式壳管式冷凝器和淋激式冷凝器；在设备供应匮乏的年代淋激式冷凝器还经常由使用或施工单位自制。蒸发式冷凝器虽然早已问世，但由于设备制造和使用水平等综合因素，没有取得成功的案例。直至1984年在上海市友谊公司特供冷库使用美国BAC（Baltimore Aircoil Company）公司的蒸发式冷凝器获得成功。成功的关键是在设备高质量的前提下配以水处理、倍量补充水和定期更换水盘水的“三水措施”，使友谊特供冷库的蒸发式冷凝器持续使用了30余年。后来上虞风机厂测绘仿制生产了蒸发式冷凝器、美国BAC和益美高相继进入中国，还有上枫、宝丰等企业亦投入了蒸发式冷凝器的制造，使现在的冷库和冷链工程基本上都采用了蒸发式冷凝器。

Ⅱ. 蒸发器

作为冷库的蒸发器使用最多的是冷风机和光滑排管，冻结物冷藏间的蒸发器以往基本上是现场制作的顶排管和墙排管的一统天下，到现在为止仍然还有不小的市场，而且还增加了太阳管和各类铝排管等新型蒸发器。一冷厂在1970年代开发研制了170吊顶式冷风机，用于冻结间。冷风机在大中型冷库冻结物冷藏间的使用起于1973年建成的江桥500 t冷库，由于库内气流场不够均匀风速偏大，致使食品干耗增加，所以阻碍了冷风机在冻结物冷藏间的应用。随着设备制造技术的提升和包装食品的普及，以及方便冷库自动化程度的提高，冷风机在冻结物冷藏间的应用亦得到了肯定。

20世纪90年代前，由于设备供应及其品种的不足，自行制造冷风机的情况经常可见。例如绕片和套片式冷风机、变片距冻结间冷风机等。21世纪以来自行制造冷风机的局面已基本消失，民营、中外合资和外方独资的制造企业发展众多，满足了冷库冷链发展的需要。

Ⅲ. 桶泵机组

1993年由商业部设计院研制开发的氨用卧式桶泵机组，在烟台冷冻机厂通过正式鉴定验收。1996年用于氟利昂制冷系统的卧式桶泵机组也通过了产品鉴定验收。上海市食品公司冷冻食品机械厂是定点的生产厂之一。桶泵机组为我国制冷辅机增添了新的产品，使我国制冷辅机向机组化、自动化迈进了一大步，减少了冷库制冷机房内安装施工和设计的工作量。

3）各类装置或设施

各类装置主要体现于冻结、冷却、制冰、气调和真空技术等装置，还有机电一体化的成套装置。20世纪90年代之后各类新型先进的装置发展快速、门类齐全、品种繁多，而且还在不断地升级换代，以满足冷库冷链发展的需要。20世纪90年代之前由于制造业跟不上使用和发展的需要，由使用单位或相关的设计研究院自行设计制造的装置也不在少数。

Ⅰ. 冻结装置

随着社会的发展，我国食品的冻结方式，经历了由20世纪50—60年代以库房式和管架式冻结器、慢速冻结为主，至70年代出现平板冻结装置到90年代的快速连续式冻结装置（螺旋式、隧道式、流态化）、库房式强力通风冻结为主的冻结方式的发展过程。产品的生产也由业主自用的单台试制，到专业批量的生产。

各类冻结装置的发展过程，实质上是针对不同种类食品进一步提高冻结速度的过程。为了对冷冻产品质量进行细分，国际制冷学会C_2专业委员会曾对食品冻结速度做出了定义：冻结速度在5～20 cm/h为快速冻结，冻结速度在1～5 cm/h为中速冻结，冻结速度在0.1～1 cm/h为慢速冻结。即食品表面与热中心点的最短距离与食品表面温度达到0 ℃后，食品热中心点温度降至比冻结点低10 ℃所需的时间之比（cm/h）。

国内生产的各种冻结设备，由于型式和性能的不同、被冻结食品的品种不同，冻结速度有很大差异。一般鼓风式冻结设备的冻结速度为0.5～3 cm/h，属慢速和中速冻结；流态化冻结设备的冻结速度达5～10 cm/h，液氮喷淋冻结设备的冻结速度为10～100 cm/h，均属快速冻结设备。

（1）螺旋冻结、流态床冻结和冻结间强力通风式冻结设备。1973年江桥脱水厂引进了螺旋冻结装置，冻结装置的进步使小包装食品的品质得到了提高。在小包装食品及其众多冷冻食品不断发展之时，对高品质的速冻装置需求很大。然而此时进口装置价格昂贵、进口手续烦琐，相应的国产装置又尚未问世。于是，上海市第二商业局设计室开始研发流态化速冻装置。于1980年代研制成功1.2 t/h的流态化速冻装置和一系列速冻蔬菜加工设备，并在天丰速冻蔬菜厂成功投入使用。

上海市商业设计院对用于冻结间的强力通风冻结装置的研制重点，有蒸发器设计（蒸发面积、变片距、风机布置和装置融霜等）、库内风速和气流组织、自动输送轨道、装货装置、进出货方法和减少能耗等内容。在禽蛋一厂、大江肉食品三厂和四厂等工程中均取得了成功。

（2）平板冻结装置。平板冻结装置属于接触式冻结装置，20世纪70年代初，商业部提出了试制平板冻结器的任务，1977年鄂州市肉类联合加工厂试制的立式平板冻结器，开始进行定型批量生产，又于1979、1980年试制成功1T、2T系列卧式平板冻结器并开始批量生产。80年代该厂累计生产型号WB-2T的卧式平板冻结器近400台，供有关肉类冷藏加工企业应用。之后上海等一些地区亦有开发和应用，平板冻结器成为90年代肉类副食品、水产品冻结的主流产品之一而被广泛应用。

（3）箱式翅片搁架管强力吹风或箱式搁架强力吹风冻结装置。箱式翅片搁架管强力吹风或箱式搁架强力吹风冻结装置属于半接触式或非接触式冻结装置，一般由专业设计单位或小型生产制造厂开发制造。哈根达斯冰激凌在上海颛桥的加工厂由于产量增速很快，原有的小型冻结箱跟不上需要，但是加工车间场地狭小无法放置标准化的速冻装置，为此在不停产的前提下特制了一台轻盈小巧的搁架吹风式冻结装置，为哈根达斯在上海颛桥的加工车间解了燃眉之急。

（4）液氮和二氧化碳液体喷淋（LN_2、LCO_2）速冻装置。液化气体快速冻结食品技术是一种较先进的冷冻工艺，它具有冻结速度快、冻结质量高和不需用常规制冷设备等特点。1972年8月开始，商业部设计院等5家单位联合组成了液氮快速连续冻结装置研制小组，先后在北京、上海、南京、杭州和洛阳等地进行调研和数据收集，而后又与日本大同酸素株式会社进行了液氮制冷技术交流。同时，还通过展览会，购置了一套日本产液氮速冻装置。禽蛋五厂于1974年从日本引进4150型液氮连续速冻装置一套（包括冻结机、立式液氮储存桶、液氮运输车及氮泵各一台），1975年4月经安装、调试试用，液氮温度 −196 ℃。由于当时的食品的价格与LCO_2和LN_2冻结成本的不对称而未能得以推广和发展。但这种冻结方式产出的高保鲜食品质量对高品位食品仍然具有相当的吸引力，在1990年有个别用户使用，只是应用案例不多。作为制造，也只有江苏省南通冷冻设备厂专为客户定制生产这类产品。

在牛奶公司系统干冰（固态二氧化碳）和液氮罐被用于速冻和储存公牛精液。1958

年，上海浦东牧场与医药工业研究所协作研究干冰冷冻公牛精液，未被应用于生产。1967—1969年，再次开展研究获得成功，1970—1972年投入生产应用。1967年，首次领得农垦部进口的第一个液氮罐和冻至 –196 ℃的267剂丹麦红牛精液，用于生产。1971年，上海自行试制液氮冷冻精液成功，1975年，上海种公牛站进口法国设备大量制作塑料细管用于液氮冷冻精液，使上海乃至全国都能普遍用上液氮冷冻精液。

Ⅱ. 冷却装置

冷却装置应用较多的有风冷、水冷、冰水混合冷却和真空冷却等装置。其中真空冷却装置由于设备价格和运营成本比较昂贵，目前应用的普及程度不高，国产真空冷却设备的品质也在提高之中。风冷、水冷和冰水混合冷的冷却装置一般都是非标设备，由专业设计单位或食品加工设备厂商设计制造。冰水混合冷却装置所需之冰，大多数由配套的片冰机提供，例如在大江肉食品厂使用的螺旋推进冷却装置。风冷的冷却装置除了利用环境温度的吹风冷却之外，还有采用低温强力吹风的快速冷却装置（类似速冻间的做法），前者大多用于果蔬食品加工的冷却，后者大多用于肉禽类产品的快速冷却。

Ⅲ. 制冰装置

人工制冷的最早应用是制冰，人造冰的制取历史悠久、应用广泛，制冰装置始终跟随需要而发展，基本情况如下。

（1）盐水制冰池（传统制冰和液压推进制冰）。制冰的传统方式是盐水池制冰，其制冰速度慢、操作劳动强度大、设备占地面积大、系统复杂需要现场安装；不少制冷设备厂商均有成套供应。为了减轻劳动强度、提高制冰效率和质量，上海商业系统长期来作了不少的努力。有水产和禽蛋公司系统开发的快速制冰池、江浦冷冻厂和长宁、杨浦等冷库开发的液压推进制冰池和定点吊冰装置，还有川沙食品公司冷库开发的氨泵制冰供液系统。

1979年，上海江浦冷冻厂自行研制了制冰能力为100 t/d的液压推进制冰池投产使用，它反映了我国的制冰行业在不断地探索适合中国国情的快速制冰技术的同时，也对传统的“盐水桶冰法”技术进行改进所取得的新的进展。

这种形式的制冰池是将冰桶架两端安装轮子，可以沿冰池纵向滑动。将原先不移动的冰桶架各排吊冰改为定排吊冰。加好清水的冰桶架用行车吊到冰池的另一端后，用液压推进杆将冰桶架向前推进一格。同时也将前面所有的冰桶架向前推进一格。排列在最前面的已经结成冰的冰桶架，经过融冰、倒出冰块后，继续重复进行加清水、用行车吊到冰池的另一端，如此不断循环。由于每排冰桶架均经过冰池的全部区域，因此可以消除由于制冰池盐水温度和速度不均匀所引起的冰块重量的不均匀。在操作中只需开启冰池两端的盖板，中间的盖板无须开启。所以冰池的隔热效果好，盐水的吸湿性也大大降低，这些都降低了制冰的成本。这种制冰池的技术在部分水产制冰厂中得到推广。除了用液压推进杆外也有使用螺旋推进杆。

（2）浮式快速制冰。20 世纪 50 年代后期，由于制冰能力难以满足渔业用冰的需求，而用“盐水桶冰法”生产块冰所需的时间又较长，生产效率不高，因此上海复兴岛水产冷冻厂（后改名为上海鱼品厂）于 1959 年成立了快速制冰试验小组，参考荷兰的一份产品样本，开始研制国内第一台以氨为制冷剂的快速制冰装置。其工作原理为在制冰池中有规则地装置多个指状套管蒸发器，制冷剂进入指状套管蒸发器后即制冷，水沿指状套管蒸发器逐渐结冰并最后形成冰块，然后将热氨通入指状套管蒸发器脱冰，近似于正方体的冰块即浮上水面。该装置于 1959 年底试验成功后，1960 年开始动工兴建，并于 1961 年正式投产使用。

（3）管冰机。管冰机是一种间歇式快速制冰装置，制成的冰为空心管状冰。制冰器的主体是一个立式管壳式蒸发器，沿管内壁淋水，管壳之间通过制冷剂直接蒸发冷却，使水在管内壁上结冰，当冰层结到一定厚度时，向制冰器内充入热制冷剂蒸气脱冰，管状冰柱靠重力向下滑落时，管冰机下部转刀将冰柱切成一定长度的圆柱形空心管冰而输出机体。管冰机结构紧凑、占地面积小、操作方便，制成的冰块透明密实。

1981 年 5 月，中国政府和联合国开发计划署签署了用于鱼类保鲜的“管冰机”引进项目。主项费用由联合国开发署拨款，配套设施费用由中国政府承担。中国国家水产总局和联合国粮农组织为项目执行单位。对丹麦、挪威进行考察后，建议引进日产 36 t 的管冰设备。招标结果，由澳大利亚 W.S. 工程公司中标。1984 年 4 月顺利投产，并通过了联合国开发署、联合国粮农组织和中国农牧渔业部等部门的联合验收。这套管冰机设备由管冰机（36 t/d）、冰库（150 t/ 次）及其制冷系统，还有库内冰耙、库外输送和称重等一整套设施组成。这套管冰机每年产量超过 1 万 t，为我国的渔业发展发挥了作用。

1981 年 5 月，上海水产供销公司与联合国开发署签订援助引进项目，并确定将一套管冰机设备安装在第二批发部（王家码头鱼货起卸基地）内，1983 年该项目由澳大利亚 W.S. 工程公司中标并与之签订合同。1984 年 4 月基本安装完毕，6 月生产性试运转。1987 年月，由上海市水产局举行管冰机设备移交生产签字仪式。管冰机的生产能力为 36 t/d，冰库容量为 150 t/ 次。管冰机的投产，也为王家码头鱼货起卸基地填补了制冰设备的空白。

1986 年，农牧渔业部上海渔业机械研究所（以下简称“上海渔机所”）完成了消化吸收管冰机的研制任务，首台国产的 GBS-50 型管冰机及其配套设备诞生，安装在浙江舟山外贸新港水产冷冻食品厂试用，1989 年，自动管冰机又在上海铁路局杨浦站投入应用。随后渔机所完成了日产管冰能力分别为 9 t、14 t、23 t 的 GBS-20、GBS-30、GBS-50 型管冰机系列产品的开发。

（4）片冰机。片冰机也是食品加工和保鲜常用的应用十分广泛的制冰机，片冰机是一种连续式快速制冰装置，制冰器的主体是一个旋转的夹层圆筒式换热器，夹层内有直接蒸发的制冷剂起冷却作用，当向圆筒的外壁和内壁喷淋水时，在 10 ～ 15 min 内即可结成一层厚为 2 ～ 4 mm 的冰壳，借助于刮刀把冰壳刮下即成小块片冰。

1974 年，上海渔机所开始研制直接蒸发式片冰机，1975 年研制出我国第一台 PBW-75 型卧式片冰机（最高日产量 5.3 t）。1983 年研制的日产 15 t 立式片冰机通过鉴定。该机采用双筒立式布置，行星减速齿轮传动，氨泵强制供液系统结构，在圆筒形蒸发器的冷却表面喷水，结成 1 ～ 4 mm 的冰层，经冰刀刮脱，形成不规则的圆弧形片冰。片冰与被冷却物接触好，不损伤食品本体，冷却快速。1989 年又完成了日产冰 1 ～ 30 t 的片冰机系列产品。

片冰机具有通电供水后很快即可产冰的优点，在渔业生产和鱼市场还有禽类加工厂和大型超市中应用较广。

（5）板冰机。在 1975 年，国家农林部水产局引进过一批挪威制造的板冰机。分别安装在山东、江苏、浙江、福建等地。该批板冰机单台生产能力 10 t/d。板冰是在冷却表面淋水结成厚 15 mm 左右的平板状冰层，再对平板用热氨加热而使冰块融脱，并轧碎成小块冰块而成。板冰厚度大于片冰，比较坚硬密实，冰的过冷度也比较大。但是，由于使用不当和售后服务跟不上等原因致使板冰机不能正常使用而直接影响了生产，所以这批设备陆续被弃而不用。由此也影响了国产化板冰机的开发和应用，上海应用的案例亦不多。

4. 制冷系统

制冷系统的技术主要体现在不同制冷工质的应用、不同压缩形式的应用、不同供液系统的应用，还有在不同规模冷库中的应用。制冷工质在冷库中的应用曾经有 R12、R22、R507C、R134a、R404A、R717 和 R744 等多种工质，在 20 世纪时期，100 t 以上冷库的制冷系统基本上由 R717 氨制冷系统一统天下，小型的制冷系统和几十吨的小冷库则采用氟制冷系统。进入 21 世纪 R22、R507C、R134a 和 R404A 等制冷剂得到了较多的应用，而 R717 的应用曾一时受阻；同时由于环保要求的逐步严格落实，天然环保制冷工质 R717/R744（也有采用 R507 或 R404a 与 R744）组合的制冷系统（以 R744 作为载冷剂或者复叠式制冷系统低压级的制冷剂）正在得到较快的推广应用，例如罗吉冷藏公司邮轮配送冷库、上海恒孚物流冷链配送中心冷库、郑明上海武威路京东冷库和上海奉商实业有限公司冷链冷库。压缩形式在冷库中的应用有单级压缩、双级压缩、带经济器的准双级压缩、复叠压缩制冷系统，还有中间冷却器带负荷的双级压缩制冷系统（最早在二十一世纪冷库应用）。冷库制冷的供液系统有直接膨胀供液、重力供液、氨泵溢流供液、氨泵强制供液和气泵（以高压气体为动力）供液等多种供液系统，以往基本上是重力供液一统天下。自 20 世纪 60 年代氨泵强制循环供液系统在江浦路万吨冷库得到应用之后，70 年代起基本替代了以往的重力供液系统，仅 90 年代的上海铁路杨浦站 4 000 t 冷库和厦门商业冷冻厂的一台流态化冻结装置由上海市商业设计研究院设计分别采用了 R717 和 R22 自动控制的重力供液系统。随着制冷剂应用的多样化和制冷系统规模的不同，相应的制冷系统也各有不同，可以分为分散式制冷系统、准集中式（并联机组式）制冷系统和集中式制冷系统三大类。

不同工质、不同供液系统和不同规模制冷系统在冷库、冷链中的应用概况可见表 2.2 所示。

表 2.2　各类制冷工质及其系统在冷库、冷链中的应用概况表

序	时　　间	工程名称	采用的制冷系统	备　　注
01	1970 年以前	冷库、制冰厂等	氨制冷、重力供液系统、集中式制冷系统	大多数是中小型冷库
		宾馆、餐饮业等	氟制冷、直接膨胀供液系统、分散式制冷系统	基本采用厨房冰箱和小冷库
02	1970—2000 年	冷库、食品加工厂、配送中心	氨（氟）制冷、液泵强制供液系统、中冷带负荷的单、双级混合系统、集中式制冷系统	个别工程采用重力供液系统
		宾馆、餐饮业等	氟制冷、直接膨胀供液系统、分散式制冷系统	
03	2000 年之后	冷库、食品加工生鲜快送、大型冷链配送中心等	氨、氟、二氧化碳制冷；直接膨胀、液泵和重力供液；分散式、准集中式和集中式制冷系统	氨和二氧化碳结合的制冷系统正在逐步推广发展

5. 自动控制

环保和节能是冷库建设和管理的重点。节能在冷库中主要体现是节电，一些大型冷库的装机容量往往可达 1 500 ～ 3 500 kW，其电耗约占整个仓储成本的 20%，由此足见其节能的重要和潜力之可贵。冷库自动控制从 20 世纪 60 年代开始经历了从国外引进、自主开发，到国际接轨、相互融合的漫长历程。自动控制水平不断提高、普及面不断扩大，越来越得到应用者的认可，自动控制能进一步提高冷库节能的效果已形成普遍的共识。

冷库自动控制的普及早在 GBJ72—84《冷库设计规范》中得以体现，规范规定凡新建冷库都应做到“老三样”即安全保护、氨泵回路和温度遥测。2001 年批准执行的 GB50072—2001《冷库设计规范》，作为国家标准专列了“安全保护和自动控制”内容，尤其对安全保护还作了许多详细的规定。鉴此情况，可以说冷库自控的普及率达到了 100%。

冷库自控虽然得到了全面普及，然而大多数冷库的侧重面只是安全保护，或者还增加了库房温度巡回检测和部分自控，对于全系统的自动调节和冷库的节能运行还很少涉及。据上海冷藏库协会（现为冷链协会）对 2000 年之前建成的 57 座冷库自动控制应用情况的调查，能做到整个制冷系统自动控制并注重节能运行的冷库占 9%，均是 1990 年之后新建的冷库。随着电子技术的发展，自控元件越来越先进、可变程序控制器（PLC）和微机的功能越来越强大、自控程序越来越完善，系统优化和节能的意识也越来越强。冷库的节能和自动控制的关系越来越紧密，要把冷库的节能做好和做得更好，就必须把自动控制搞好和搞得更好。

自控元器件及其自控内容在上海冷库中的应用和发展可以分成如下 5 个阶段。

1）国产冷库用制冷自控元件和仪表开发成功及其在上海冷库的应用

为自行研制冷库自动化元件和仪表，1973 年商业部和机械工业部签订协议，由商业部出试制费，商业部设计院主持产品设计和样机试用，由机械工业部相关工厂组织试制。1974 年第一批由商业部设计院和武汉仪器仪表公司联合设计研制的制冷自控仪表在武汉诞生，并集中用于上海张家浜 500 t 冷库技术改造中，将该库手动控制制冷系统改为自动控制，1975 年投入正常运行。经过一年冷库实际生产运行的考验，1976 年顺利通过了验收。自 1973 年 8 月至 1977 年 8 月，历时四年共设计、研制出七大类 23 个系列 142 个型号的冷库制冷自控仪表。当时武汉仪器仪表公司安排由武汉流量仪表厂和武汉江新仪表厂生产制造这些自控仪表，后来又先后有宁波自控元件厂和辽宁岫岩自控仪表厂加入生产。自此，我国氨制冷装置在液位控制、流量控制、温度测控方面，基本上代替了过去 50—60 年代沿用的机械式浮球阀和手动流量控制阀，避免了人工跑库测温的落后作法，使我国冷库的自动化程度大大前进了一步。改革开放后，使用国外先进的自控元件不再有障碍，还有一些国外的制造厂商落户中国，使原有的国产制冷自控阀门不断萎缩、市场份额越来越少。

2）步进程序控制器等自控元件和自控程序编制在冷库制冷系统中的应用

20 世纪 70 年代，我国氨制冷系统冷库自动控制的内容在自行开发研制的自控元件的基础上在设计规范中规定了三项内容：安全保护、氨泵回路和温度遥测。这三项内容首先在上海龙华果品冷库试点应用，又在张家浜冷库和光复路冷库应用。上海的技术人员在全面应用国产自控元件和仪表的基础上还利用其他行业的先进技术和自控元件结合氨制冷系统的特点和需要，主要增加了上海交通电器厂生产的工业用 16 位步进程序控制器和一些自行开发的元器件并编制了自控程序，在张家浜冷库实现了冷库制冷系统的全自动控制。当时将液压元件中的二位三通电磁阀进行防腐改造并组合于自行设计的油路控制板上，使当时一冷厂生产的 S8—12.5 压缩机实现了开机、停机和能量调节的自动控制；又增加和自制了浮子式油位计和氨制冷系统的视镜并配以光电管控制，实现了制冷系统各压力容器的自动放油（其中低压循环储液器放油因视镜结霜而未能实现自动放油）和制冷压缩机组的自动加油。

后来在龙华肉联厂和泰州肉联厂冷库的实践中进一步完善了制冷系统自动控制的内容，实现了三级安全保护和完善充实了各回路自动控制的内容形成了完整的冷库制冷系统自动控制体系。其三级安全保护由低到高分别为：单台设备、某个蒸发温度系统和整个制冷系统。在自控设计中又把所有制冷对象的内容分门别类、细化区分成不同的回路，既有不同回路的控制设计又有每个蒸发温度系统的控制设计，还有全制冷系统的控制设计，如果某个回路过于庞大则又可以把这个回路分成若干单元，按需进行分别或联合控制。自控设计的过程由制冷工艺设计人员提出自控要求并编制自控流程，然后由电气自控设计人员通过布尔代数的运算求得最佳控制流程，再返回制冷工艺设计人员共同论定实施。龙华肉联厂还使用了自行设计制造的实现冷库全自动控制的程序控制柜。

随着改革开放不断发展，虽然自控元器件不断更新换代并推动了冷库自动控制的发展，但是以往研发的自控程序和实施方法为冷库自控的发展打下了坚实的基础。

3）小型工业控制机（小型计算机）在冷库制冷系统和仓储管理中的应用

20 世纪 80 年代初，冷库制冷系统自动控制的主要发展是在吴泾冷库使用小型工业控制机（小型计算机）在冷库制冷系统自动控制和仓储管理中得到了应用。随着微机的问世和发展，小型计算机在冷库的应用成为了历史。

4）PLC 可变程序控制器和微机的应用

PLC 程序控制器可以分为二大类。一是自动化制造厂商为设定的自控程序制造的 PLC 控制器，可以做到体积小、成本低。另一类是采用通用的 PLC 程序控制器，具体控制程序自行写入，其优点是可以根据变化需要更改程序、寻求最佳控制。在冷库行业最早使用通用 PLC 程序控制器的是 20 世纪 90 年代吴泾冷库扩建高温库工程。中小型冷库用 PLC 即可实现自动控制，大中型冷库往往以 PLC 作为下位机，以微机作为上位机实现制冷系统乃至仓储管理的自动控制。

5）互联网和智能化

21 世纪伊始，互联网的普及，区块链的出现，物联网技术、大数据与智能化技术的发展，这一切都促使自动控制和智能化运行从制冷系统走向仓储管理、冷藏运输和冷链配送。从冷库走向全厂、全程冷链乃至社会。从食品的源头直至消费者个人。相对而言在冷库环节，吴泾冷库和普菲斯立体冷库是较好的表率；在冷链物流物流配送方面，郑明、盒马和京东亦起到了引领作用。例如京东推出了京东云冷链计划，还上线了全国首个冷链自动化分拣中心与冷仓“货到人”拣选系统。

2.1.3 冷库冷链建设中的典型项目简介

1. 上海江浦冷冻厂——1960 年上海自行设计和施工安装的第一座远东最大的万吨冷库

上海江浦冷冻厂坐落在黄浦江北岸，杨树浦路 1080 号，沿江可使用岸线长 204 m，有浅水码头可以停泊渔轮，原来这里是鱼市场，陆运、海运都较方便。1958 年初，由原上海市第二商业局下达计划任务书，并于 1958 年设计、施工，1960 年 4 月投产。土建由上海华东工业建筑设计院设计，制冷工艺由上海船舶工业管理局和上海市第二商业局设计室承担。该库为一座生产、分配、贮备的综合性冷库，加工任务以鱼为主，肉类和其他食品为副。设计能力为：−23 ℃冻结 150 t/d、制冰 160 t/d，−18 ℃低温冷藏库平均冷藏量为 1.8 万 t（如贮藏肉为 12 600 t，如贮藏鱼为 2 万 t）。该库基地面积为 1.2 万 m^2，主库占地面积为 3 000 m^2，共 7 层，层高 4.06 m，底层为冻结间，二至七层为冷藏库，总建筑面积为 2.1 万 m^2，冷库采用无梁楼盖，内净高 3.8 m。冷库外墙隔热层采用稻壳层厚 0.5 m，屋面为 0.225 m 厚软木。主库东、南、北三面设汽车站台，使用 3 t 货梯 5 台，冻品吞吐能力 24 h 约为 1 000 t。主库制冷系统在国内首次采用当时国际上最先进的氨泵强制循环供液系统。建库时全部制冷能力为 2 756.3 kW，氨机房引进瑞士苏莱尔公司生产的 1CV-280 氨压缩机 3 台和 2CV-250 氨压缩机 4 台，以及国产杭州制氧机厂生产的 270 压缩机 5 台（用于制冰系统）。设备间有 D1200 立式低压循环贮液筒 7 台和多台丹麦产双翼双级氨泵。机房外有立式冷凝器和高压贮液器屋顶上设有 600 t/h 水冷却塔，冬季用于立式壳管式冷凝器冷却循环水，夏季与深井水同时使用。该库当时不仅在我国，甚至在亚洲也是容量最大的冷库，被誉为“远东最大”冷库。

江浦冷冻厂在 1973 年 4 月划归上海市水产局领导，同时将上海水产供销公司冷冻三厂并入，扩大了速冻能力。1976 年对原制冰池改造重建，并首先采用“液压顶推装置”，即冰池后端放入装满水的冰桶，液压顶推后在冰池前端吊出冰桶，实现了“定点加水，定点吊冰”，免除了以往每吊一批冰，揭一次冰桶盖的繁重体力劳动，还使每批冰质量保持一致和防止冷气外逸，节约了能源。

2. 吴泾冷库——20 世纪中国最大的冷库群暨首座大型低温物流中心

1）吴泾冷库——20 世纪中国最大的冷库群

1980 年，商业部立项投资在上海兴建中国最大的冷库群——吴泾冷库。上海市第二商业局设计室承担设计并负责除土建之外的施工和安装。工程分两期进行，A、B 库为一期工程，C、D 库为二期工程。1981 年开工，1982 年 B 库建成投产，1983 年 A 库建成投产。C、D 库也相继于 1984 年及 1985 年建成并全面竣工投产。该冷库群占地面积 7 万 m^2，建筑面积 10 万 m^2，由冷藏库总容量为 26 万 m^3 的 4 座万吨（1.3 万 t/ 座）单体冷库构成。拥有低温冷藏库 5.2 万 t，高温冷藏库 1 200 t 及冻结间 52 t/ 次。配有完整的铁路、水路和公路运输设施，建有三股道铁路专用线，可供 24 节车厢同时装卸作业；有万吨级的固定深水码头和千吨级专用浮动码头；有 8 个公路月台，可供近百辆汽车同时装卸作业，形成陆上、水上交通网络。它是我国 20 世纪最大的冷库群。

制冷系统与设备：制冷系统采用大连冷冻机厂往复活塞式制冷压缩机和螺杆式制冷压缩机组，氨泵强制循环供液系统，4 幢库房的蒸发器均由机房集中供液。机房设自控室，对各冷间设库温远距离检测、记录和自动控制，各贮氨容器设液位控制和越限报警。压缩机设安全保护装置和能量调节装置。可自动控制压缩机容量和各冷藏间温度。1985 年起应用计算机对冷库进行仓储管理，在同行业中属首创。

1984 年 8 月，上海市科委批复立项，上海市第二商业局设计室、吴泾冷库、上海电子计算机厂共同开发“吴泾冷库小型计算机冷藏仓储管理系统”。该系统具有仓储调度、费用结算、统计和经济指标分析（如贮藏量、库容利用率、电耗、氨液和润滑油的损耗、干耗、劳动生产率、利润等），并有工资管理和人事管理，热负荷计算等附加功能。1985 年 6 月投入使用，并于同年 11 月 28 日通过上海市科委组织的专家验收。

该项目一期工程设计获得 1984 年国家级优秀设计金质奖；工艺安装及非标设备制作由商业二局组织下属企业成立安装队，进行制作安装，4 座冷库均一次调试成功，同年荣获优质工程银质奖。

该工程是上海大项目建设中首次采取“包工期、包造价”双包合同，钢台模现浇施工新技术和“三自行”（自行设计、自行制作、自行安装）等行之有效的方法，取得了“进度快、质量好、投资省、成效快”等可喜成果。商业部曾在上海召开全国冷库建设现场会，介绍和推广吴泾冷库建设经验，《人民日报》也曾发表过专题文章。工程验收委员会结论是“布局科学合理，外形简洁美观，制冷系统符合国情，技术先进，使用操作方便，库温稳定，生产能耗低，商品保温质量好”。

在计划经济时期，吴泾冷藏公司担负着储藏全市猪肉供应量 40% 的重任。20 多年来，已收回相当于 4 倍的建设投资额。最高年吞吐量达 37 万 t；冷藏库用电单耗仅为 0.14 kW · h/（t · d），比原国家二级企业标准 0.3 kW · h/（t · d）下降 54%。吴泾冷藏公司是全国同行业中效益好、管理优的名牌企业。

1988 年，该公司与日本株式会社日冷合资成立上海日冷食品有限公司，投资各为 50%。公司利用冷库架空层，建有两个生产冷冻食品车间。设计、安装分别由商业二局设计所和吴泾冷库承担，主要设备从日本引进，拥有两条速冻点心的生产流水线，并配有两套隧道式鼓风冻结装置和一套流态化冻结装置。产品主要出口日本、加拿大、澳大利亚、美国、韩国等国家，出口达 70% 以上。品种有饺子、包子、菜卷、炒面等 90 余种，其出口量和创汇量位居同行榜首，还连续 14 年被市外商投资委员会评为创汇、创利先进企业。

2）吴泾冷库低温物流配送中心——我国首座大型低温物流中心

进入市场经济后，该公司改变了原有单一的冷藏储存方式，向现代低温物流配送业拓展。1996 年由上海商业设计研究院设计并于同年投产，投产的吴泾冷库低温物流配送中心的构成及其功能分成如下 4 部分。

Ⅰ. 信息系统

订单处理、库存处理、费率计算、签收确认、反馈、追踪、查询等。

Ⅱ. 冷库管理系统

进货、冷藏保管、加工、包装、拣选、装卸等。为了保证货物先进先出和存取货作业机械化，冷藏库内设有货架，货物的库存管理由计算机指令，商品的存取装卸作业由人工配以电瓶叉车和平板车执行。

Ⅲ. 配送系统

出货、装卸、运输、交通等。设有温度为 0 ℃～ 10 ℃的配货间，并与封闭站台连成一个整体，可作为整理、包装、拣选场地。原敞开式公路站台加做 100 mm 厚 PE 双面彩钢板，改造成 5 ℃～ 10 ℃的封闭站台。站台门设软性密闭接头（门套）、保温滑升门和液压升降平台。

Ⅳ. 制冷系统

制冷压缩机车间、–20 ℃～ –25 ℃的冷藏库房、10 ℃定温穿堂及 5 ℃～ 10 ℃封闭月台的制冷设备控制。制冷自控系统较完整，控制精度较高，并增设数据采集系统，采用工业控制机和支持 Windows 环境的图形化组态软件。用两台 21 in（53.34 cm）彩色监视屏对系统 136 个模拟量和 192 个开关量以动态图形方式监视。该系统具有越限报警、事故打印以及每日设备运行工况数据的报表打印功能。能满足畜肉、冷冻食品、冰激凌、水产品、鸡蛋和果蔬等各类商品的贮藏要求。

1999 年和 2000 年，又分别对冷库进行了 6 项技术改造：拓宽了库房温度带（–25 ℃～ 20 ℃）；改建了封闭式定温（5 ℃～ 10 ℃）站台；建立了货架、托盘、电瓶叉车和计算机紧密结合的库存管理系统；新建 3 000 多 m^2 的多功能理货间（分拣、包装、流通加工）；改造制冷自控系统和完善公司的计算机仓储管理网络系统等，吸引了众多新客户，提高了经济效益。该项改造工程曾在中国制冷学会组织召开的全国冷藏链会议上作介绍，在全国冷藏界产生巨大影响。

3. 中国水产上海公司冷冻厂——上海最大的水产加工基地

该厂原名“上海水产冷冻装卸站”位于军工路 2855 号，占地面积 108 491 m^2，建筑面积 49 920 m^2，沿黄浦江岸线长 250 m，起卸码头 6 座（其中 1 座为加冰码头），两条长 1 494 m、一次可停靠 28 节车厢的铁路专用线，专为水产品中转服务。该公司冷冻厂有三座冷库。

第一座冷库，根据国家计委（65）计商字第 789 号文批准设计为中转性冷库，担负我国主要渔场——东海渔场的水产品中转全国各地以及水产品出口等任务，大部分人造冰供应渔轮、火车。该冷库于 1970 年投产，造价 729.7 万元。主库建筑面积 10 294 m^2，共 6 层楼面，底层为 7 间冻结间，冻结能力为 250 t/d；二、三、四层为冷藏库，其冷藏容量为 5 400 t/ 次（–18 ℃）；第五层为冰库，其储冰能力为 3 000 t/ 次；第六层为桶冰制冰池，其制冰能力为 240 t/d。为了将冰从冰库运往停靠在加冰码头的渔轮和加冰月台上的火车，设置了 250 m 的滑冰道和加冰月台。1986—1988 年，国家投资 800 万元对冷库进行大修改造，其中，对有 17 台压缩机的机房进行改造，并增设了电脑监视系统，了解系统的各个状况。后又增加冷却塔，使原来的壳管式冷凝器，不再用黄浦江一次性用水，改为循环水。

第二座冷库，由于当时渔轮加冰量剧增，原来 3 000 t 冰库无法适应，故于 1978 年扩建一座万吨单层冰库，冰库建筑面积 3 385 m^2，高度 18.4 m。由于冰库高度高，原设计想用真空泵将冰块作垂直上下运输，因冰块从冰生产处经滑道后，冰表面不平整，真空泵无法作业，故改用吊车人工堆桩，但最多贮冰量仅 5 000 t。

第三座冷库，为了增加冷藏品贮量，1986 年，投资扩建一座 8 000 t 冷库，建筑面积 11 101 m^2，冷藏库为 5 层楼面，冷藏温度 −18 ℃。

4. 吴中路特供冷库——第一座多用途综合性土建变温冷库暨微型冷链配送中心

该冷库位于上海市中山西路吴中路，占地 1.5 万 m^2。该冷库于 1983 年由上海市第二商业局设计室设计，1985 年建成。该项目获 1991 年度商业部优秀工程三等奖。

该冷库是根据商业部基建局提出建造新型变温冷库的设想并组织赴美冷藏技术考察后，结合我国国情在上海试建的科学试验项目，同时作为上海友谊食品公司经营服务的配套工程。当时，该公司的供应对象主要是各国驻沪领事机构，外籍专家，市委招待所，市机管局、旅游局下属的宾馆、饭店以及民航、长航、海运客轮、中国远洋轮，南黄海、东海石油开发等单位。供应商品为猪、羊、禽、蛋、水产、蔬菜、烟糖、酒、罐头、干鲜果品、调味品等。这样的服务范围和服务内容，造就了它实际上就是一个最早的冷链物流配送中心。

冷库整个平面划分为 6.2 m × 6.2 m 柱网的 4 × 6 跨（带悬臂），每层库房建筑面积为 1 330.6 m^2，穿堂、楼电梯间每层建筑面积为 322 m^2，库房高度根据特供商品堆垛低、体积小的特点，每层净高为 4.3 m，共 5 层，库房建筑总高度为 25.84 m，建筑总面积为 8 676 m^2，机房、配电间 566 m^2。

该库要求储藏商品品种多，贮藏温度范围宽，仓间分隔多，库内各种商品须按品种分堆储藏，各层的布置如下。

底层为架空层，共有 4 类库房：作为荤食品的营业分配场地，设有 0 ℃的冷却和暂存间各一间，共 23 t。另有 20 ℃熟食分配暂存间一间，2 t/d。并设 −23 ℃搁架式冻结间两间，冻结量共 10 t/d。

二层为高温冷藏库，库容量 534 t，库温为 0 ℃，分隔为 6 个仓间，储藏商品为根茎类蔬菜、花色蔬菜、蛋品、果品、南北货。

三层为变温库，库容量 534 t，分为两大间。每间冷间温度可按生产需要作高、低温变换，即从 0 ℃调整到 −20 ℃，以适应不同品种的商品贮藏，提高冷库的利用率。每间库房净面积为 575 m^2，各配落地式冷风机一台及炮筒送风的均匀送风道，双侧贴附射流送风。冷风机的供液、回汽管分别接 −30 ℃及 −10 ℃蒸发温度系统。当库房需要变温时，将供液、回气阀门切换至相应系统，为防止库房土建结构损坏，变温速度应缓慢进行。

四、五层为 –20 ℃的低温冷藏库，库容量共 1 856 t。储藏商品为猪肉、水产（河、海鲜）、牛羊肉、禽类等。

该库以氨为制冷剂，根据制冷对象的不同要求，分别采用氨泵强制供液系统和重力供液系统。

该库制冷设备选用当时国内第一台带经济器的螺杆式制冷压缩机，由大连冷冻机厂提供的 –30 ℃低温系统 3 台（JZKA16）、–10 ℃高温系统 2 台（JZKA125），使用情况良好，为在食品冷冻冷藏行业使用螺杆制冷压缩机积累了经验。

该库还是上海市冷藏行业第一次引进美国 BAC 公司生产的蒸发式冷凝器，该蒸发式冷凝器风机噪声较大，后请上海交通大学任世瑶老师更换新型风机，降噪效果良好，并设置一套防结垢的水处理装置。为了保持蒸发式冷凝器的高效运行，设置一套防结垢的水处理装置；同时制定了日常运行的使用和管理方法，使两台蒸发式冷凝器的使用寿命高达 30 余年。

5. 嘉定果蔬气调库——上海首个气调冷库

气调保鲜贮藏是果蔬最佳的保鲜方法之一，它是在传统的冷藏环境下，即有效降低果蔬新陈代谢的同时，降低冷藏室内的氧气和乙烯浓度，适当控制二氧化碳浓度，以最大限度降低其呼吸强度，延缓养分的分解过程，使其保持原有的形态、色泽、风味、质地和营养，即延长储存期。

气调贮藏在国外已有 60 年历史，我国于 20 世纪 70 年代中期开始研制气调库及其气调装置，80 年代初又引进了国外成套气调设备，90 年代开始出现了兴建气调库的高潮，尤其在山东、陕西等省。上海市第一座气调库于 20 世纪 90 年代末诞生，即位于嘉定区江桥镇附近的上海绿全蔬果保鲜有限公司。该气调库采用单层预制装配式结构，共 8 间，总容量为 800 t/ 次，并设有定温穿堂和封闭式站台。该气调库由库体结构、气调系统（设备及控制）和制冷、加湿（设备及控制）系统构成。

库体采用 150 mm 厚阻燃聚苯乙烯夹芯板，净高 4.5 m。冷间采用分散式供冷方式，每间配一台 R22 半封闭式制冷压缩机组、直接膨胀式供液系统；每间配空气冷却器一台，融霜采用电加热方式。该库气调设备和技术均从意大利水果气调贮藏设备公司（FCE）引进，主要设备有降氧系统（制氮机组）、二氧化碳脱除机和除乙烯机等。该气调系统配有电脑控制装置一套，自动显示每个气调间的温度、氧气含量、CO_2 含量及相对湿度等，并控制降氧机和 CO_2 脱除机的自动工作。每个气调间还装有从意大利引进的超声波加湿器各一台，安装在空气冷却器的出口处。

6. 上海二十一世纪冷藏运输有限公司——采用先进制冷系统和设备的第一座冷链不中断冷库

该库位于上海东北部的上海铁路分局杨浦站内，1997 年 5 月动工，1998 年 8 月投产。冷库容量为 4 000 t/ 次，主库库体采用大跨度单层预制装配式库板的组合结构，设有两个冻结物冷藏间（–25 ℃），每间容量为 1 500 t/ 次，及两个变温间，每间容量为 500 t/ 次（可作 –25 ℃冻结物冷藏间或 0 ℃冷却物冷藏间使用）。库内的冷却均采用吊顶式冷风机直射送风方式，库内不设送风道。机房内配置日本前川公司的螺杆式压缩机三台，制冷工质为氨，机房屋顶上安置两台美国 BAC 公司生产的蒸发式冷凝器。冻结物冷藏和变温间的冷风机均采用重力供液方式，穿堂与汽车站台的冷风机则采用氨直接膨胀方式。汽车站台为封闭式（5 ℃），并配有滑升门和站台高度调节板。库内货物堆垛采用高货架与叉车相结合的方式。该库尤其适合“铁陆联运”供应链式低温物流配送业务。

7. 上海福乐食品有限公司——12 m 高货架冷库，更是制冷管道氩弧焊工艺的先行者

上海福乐冰激凌冷库是上海牛奶公司和台湾福乐冰激凌公司合资的现代化冰激凌厂，其设备和工艺全套引进，其中制冷压缩机组采用美国约克公司的螺杆式制冷压缩机组，蒸发式冷凝器采用美国 BAC 公司产品，压力容器亦为美国产品。由上海市商业设计研究院设计并负责制冷系统的安装和调试。

其冷库是 12 m 的外结构、内保温装配式高货架冷库，在 20 世纪 90 年代初属上海首个高货架冷库。当时冷藏工人有些不适应高货架操作，又由于冰激凌产量增加造成了冷库容量不足，所以曾经一度把 12 m 高的冷库分割为两层使用。

对于制冷系统管道的安装，约克工程师提出要实行约克最新规定的氩弧焊工艺。这一新的焊接工艺不但在我国（包括全套引进的冷库项目）还从未实施而且还要增加不少造价。几经交涉最后还是实施了氩弧焊工艺而且得到了非常好的效果，全系统管道无一漏点，仅三天就完成了试压检漏（以往一个大系统的试压检漏甚至会长达一个月左右）。后来普遍实施的氩弧焊工艺，始于福乐冰激凌工程。

8. 普菲斯临港冷库——我国最大的单体自动化立体冷库

普菲斯临港冷库是上海临港国际物流发展有限公司仓储转运物流园区一期仓库的单层冷库项目，位于上海临港新城仓储转运物流园区 C1201 地块内，由上海临港物流发展有限公司投资建设，上海市机电设计研究院有限公司负责设计。2008 年 5 月开始设计，2009 年 10 月在临港新城仓储转运物流园正式开工建设，2011 年年初建成并投入试运行。一期仓库单层冷库项目包括一幢由冷间、卸货区、办公区、设备区组成的单层建筑物和门卫等，总建筑面积 25 291 m^2（其中冷间建筑面积为 19 390 m^2）。普菲斯临港冷库是目前我国最大的单体自动化立体冷库。

由于冷库主体的面积大大超出了冷库设计规范的许可。虽然在美国这样的规模是被允许并有实例的，但是在我国是无法通过消防审批的。在上海市消防局的重视和组织下，由上海市消防协会组织专家论证，专家组根据国外冷库建设的实例和相关规定，结合我国的实际情况，尤其是我国的消防法规和消防能力，还考虑了冷库的特点和实际使用情况，一致认为只要消防设施到位、控制确保无误，这样规模的冷库还是可以建造的。专家组还优化了设计单位的消防设计。可以说临港 8.5 万 t 冷库的建设不但适应和满足了冷库规模发展的需要，还为我国冷库的建设和发展添上了浓重的一笔。

9. 上海吴淞罗吉冷藏有限公司——上海首个超低温冷库和采用氨 / 二氧化碳复合制冷系统的配送冷库

上海吴淞罗吉冷藏公司的前身是吴淞肉联厂，2009—2010 年改建冷库的工程中包括了上海首个超低温冷库，2013—2015 年建造了上海首座采用氨 / 二氧化碳复合制冷系统的邮轮配送冷库。

2009 年，上海吴淞罗吉冷藏有限公司扩建冷链物流项目，在原有 6 000 t 低温库、300 t 高温库的基础上，扩建一幢 5 层土建冷库，总容积 41 360 m^3，其中 –20 ℃低温库容积 30 856 m^3（可贮藏水产品冻结物约 9 000 t），–20 ℃～ 0 ℃变温库容积 8 386 m^3（可贮藏水产品冻结物约 2 400 t 或水果约 1 600 t），–55 ℃超低温库容积 2 118 m^3（可贮藏金枪鱼等水产冻品约 550 t），是上海首家超低温库。

超低温冷库的库体建在冷库的顶层 5 楼 –20 ℃低温库内，分为 1#，2# 两个库房，内净面积分别为 171 m^2、182 m^2，净高 6 m，库房温度为 –55 ℃。采用 R22 双级压缩全自动控制制冷系统。主机采用 2 台日本原装的神钢 KS13STH 型半封闭单机双级螺杆制冷压缩机（运行参数为蒸发温度 –62 ℃，冷凝温度 +40 ℃，制冷量 46 kW，散热量 111 kW，每台电机功率为 55 kW）。冷凝器采用卧式壳管式冷凝器，配闭式冷却水系统，使用一台闭式冷却塔。库房冷风机采用德国昆腾（GÜNTNER）产品，按超低温冷库的要求定制。在冷风机风扇的出风口套一小段布质风管，电热融霜时布质风管自动下垂，盖住风扇出风口，可减少冷风机电热融霜时热量和水汽外溢，从而加快融霜速度和降低库房湿度的波动。

上海吴淞罗吉冷藏有限公司新建邮轮配送冷库，共两层 6 间低温库，约 5 000 t，采用氨为制冷剂，二氧化碳为载冷剂的制冷系统。2013 年设计，2015 年竣工。该项目为上海首个氨 / 二氧化碳复合制冷系统。该项目利用原有的氨机房制冷系统蒸发式冷凝器、贮氨器等辅助设备和系统，增加两台约克公司生产的 KII40E 型带经济器螺杆式氨制冷压缩机，一套伐德鲁斯（VAHTERUS）公司生产的氨 / 二氧化碳板壳式冷凝蒸发器，一套国产的二氧化碳桶泵机组。按业主要求的库房温度 –25 ℃设计，二氧化碳液、气相饱和温度 –33 ℃，氨蒸发温度 –37 ℃，库房采用 36 台卡佩欧（OPEC）公司生产的二氧化碳冷风机（水冲霜），每台制冷量 25.6 kW，风量 16 200 m^3/h，目前使用情况良好。

10. 上海五丰上食食品有限公司——具有历史渊源的现代化肉类加工企业

随着城市对食品卫生、环保和节能要求的提高，以及制冷技术在肉类供应链（屠宰、冷藏、运输、配送）的普遍采用，使得畜肉屠宰场更为集中成为必然趋势。近 30 年来，国外的经验已经证明这点，上海市人民政府也在考虑最终只保留几座大型的屠宰场。其次，肉类的消费方式正在发生较明显变化，冷却肉销售在市内超市业中迅速增长，而冻肉只有在国际贸易中占有很大份额。同时为了减少干耗，多数国家提倡肉类快速冷却。国际上这些肉类冷加工发展的趋向对上海近年来新建肉类加工企业也产生了一定影响。上海的肉类加工企业在此发展潮流中较具规模的有大场、龙华和吴淞肉联厂，还有生产“爱森牌”冷却肉的上海农工商肉食品有限公司。其中最具代表性的是大场肉联厂，追溯历史渊源，其前身是 20 世纪 30 年代远东最大的四卡子桥宰牲厂。70 年代按市府规划迁出市中心，到位于大场镇的大场饲养场成立了大场肉类联合加工厂，2003 年在嘉定区又成立了与香港合资的五丰上食公司。在这一系列的演变中厂址变了，主要骨干和技术人员也都随之迁移，规模和技术设施变得越来越大、越来越先进。

2003 年，上海锦江国际集团（上海市食品集团公司）与香港五丰行有限公司共同投资，在上海市嘉定区内建设了一座大型现代化肉类加工中心。该中心占地 147 726 m^2，总建筑面积约 4.6 万 m^2。其屠宰能力为 300 万头 / 年，日屠宰 8 400 头；分割肉生产能力为 2.4 万 t/ 年，日分割能力 2 000 头（约 80 t）。2004 年 4 月 28 日动工建造，2005 年 9 月竣工投产。该中心采用三点式全自动电击晕系统，可保证最有效的击晕效果和肉的最佳品质，并采用国际先进的快速三段冷却工艺，使肉的外观和卫生质量好，并减少干耗。除屠宰车间和分割肉车间外，还建有相应的连续自动快速冷却间（–25 ℃～ –15 ℃）、冷却均衡间（0 ℃～ 4 ℃）、冻结间（–25 ℃及 –35 ℃库温、60 t/d）、冻结物冷藏间（1 000 t/ 次）及冷却物冷藏间（400 t/ 次）等设施。库房围护结构全部采用组合式库板（聚氨酯或聚苯乙烯），制冷主机采用配组大连冷冻机厂双级螺杆机，中间冷却器带空调负荷，冷风机采用热氨自动定时除霜。该厂建成后，对全市消费者提供安全、优质的冷却肉起到保障作用。

2.1.4 食品冷冻冷藏工程专业设计院所的建立和发展

食品冷冻冷藏工程设计的专业性强涉及面广然而其应用面不广，所以直到 1954 年才成立了我国第一个专业设计院——商业部基本建设处设计所（现国内贸易工程设计研究院），继而于 1958 年成立了上海市服务局（后改名为上海市第二商业局设计室）。1954 年约克洋行归于船舶工业管理局二室领导，成为船舶工业管理局二室（七〇八所的前身），是上海最早承担制冷工程设计的单位。

21 世纪以前，食品冷冻冷藏工程技术的应用基本上都集中在商业食品系统。以冷库为例，全国 80% 的冷库属于商业食品系统，因此以食品冷冻冷藏专业为主要业务的专业设计院基本上也就集中在商业食品系统，仅以上海第二商业局系统而言，最高峰时有二商局、食品、禽蛋、蔬菜、果品和烟糖公司 6 个设计院所。在其他综合或专业设计院所中仅有上海民用设计院、上海华东工业设计院和上海轻工业设计院等有过大中型冷库设计的案例。

21 世纪以来，冷藏链建设的迅猛发展使冷冻冷藏专业的应用同样得到了飞速发展，该专业设计也越来越得到重视，能够从事该专业设计的设计院所也越来越多，有些设计院所还专设了从事冷库设计的分院（例如上海市机电设计研究院）。食品冷冻冷藏工程专业的设计和应用随着安全环保和节约能源发展的需求不断得到提升。

上海市商业系统的设计院所以上海市商业设计研究院为代表，高峰时共有 8 家单位（除了上述 6 家，还有水产和食品进出口公司）。后来，随着需求侧的变化和单位体制改革的浪潮，有些单位关停、有些单位合并，到 20 世纪末 21 世纪初只剩下了上海市商业设计研究院、上海市食品（集团）工程设计所（由原上海市食品公司设计室和上海市禽蛋公司设计室合并而成）和上海绿食建筑设计有限公司（原上海市蔬菜总公司设计室）三家单位。

1. 上海市商业设计研究院（现在的同济华润建筑设计研究院有限公司）

上海市商业设计研究院（原上海市服务局设计室）成立于 1958 年，开始时拥有林修钺、林泽柱等近 20 名工程技术人员，主要承担上海市商业系统冷藏库的设计建设任务，先后为 10 多个区、县及市属菜场设计了一批 50 ～ 500 t/ 次冷藏库、盐水制冰池、棒冰厂和食品加工厂工程，如长宁冷库、杨浦冷库、卢湾冷库等。1959 年上海市第二商业局设计室还参加了当时国内最大也是亚洲最大的冷库工程——江浦冷冻厂的制冷工艺设计，1966 年该设计室解散，直至 1979 年 9 月才恢复并扩大，后来随着业务的拓展和规模的扩大先后更名为“上海市第二商业局设计所”和“上海市东华商业设计研究院”，直至上海市第一商业局设计室并入后又改名为“上海市商业设计研究院”。1992 年时员工达 108 人，是我国规模较大和较有代表性的专业设计研究院。该院长期从事食品加工、冷却、冻结、冷藏和制冰等冷库、食品加工厂以及各类商业和民用建筑的设计，拥有商业行业工程设计甲级资质和以设计为龙头的工程总承包资质。技术人员中有众多中高级工程师，其中数十位国家注册建筑师、结构师和公用设备工程师，还有 5 位专家享受国务院特殊津贴。设计业务遍及全国 20 多个省市，还延伸到中国香港特区和柬埔寨、越南和缅甸等国家和地区。50 多年来先后承接各类工程设计 600 余项，在设计、施工和科研工作中成果显著，荣获商业部以及上海市众多科研成果奖项，其中荣获国家优秀设计金质奖一项、优质工程银质奖二项、上海市优秀设计一等奖一项、三等奖二项。2003 年在国家关于事业单位改制成企业单位的统一规定中，与同济大学设计研究院重组成上海商业建筑设计研究院有限公司；2014 年又与华润公司组合，现名“上海同济华润建筑设计研究院有限公司”，为上海商业建筑设计研究院有限公司、华润置地有限公司、同济大学建筑设计研究院（集团）有限公司和上海市商业投资公司共同投资的股份公司。

上海市商业设计研究院成立初期的设计以制冷工艺为主，与上海华东工业设计院合作设计了江浦冷冻厂。20 世纪 60 年代建成的江浦冷冻厂不仅在我国而且在东亚地区也是最大的冷库，曾作为上海科学画报的封面并予以专题介绍。上海许多著名的冷库均由上海市商业设计研究院设计并参与工程建设。在 20 世纪 70—80 年代自行设计和安装，建成全国最大的 5.3 万 t 上海吴泾冷库、上海市食品公司大场肉类加工厂、龙华果品冷库（国产冷库自控元件在自动保护和氨泵回路的首批应用单位）、上海市禽蛋公司北宝兴路冷库、上海友谊食品公司变温冷库。90 年代为香港南联集团公司在深圳蛇口设计和安装了当时中国单体最大、库体最高、储藏量为 2 万 t/ 次的华南冷库，还有正大集团上海大江公司肉食品三厂和四厂等日冻结能力为 200 t 的大型食品综合加工厂，上海外联发集团的外高桥保税区冷库（自行设计采用全部进口国外先进制冷设备的多蒸发温度制冷系统冷库），1994 年在福乐冰激凌厂的总承包工程中，首次采用了氩弧焊打底或直接氩弧焊的技术，开创了我国冷库制冷系统管道氩弧焊焊接的先河。

自 2003 年事业单位体制改革与同济大学设计研究院重组至 2014 年华润公司参与，目前上海同济华润建筑设计研究院有限公司在编设计人员 30 多名，其中中级以上职称设计人员占 2/3。近十年来，依托同济大学建筑设计研究院（集团）有限公司，在大中型商场，购物中心，冷藏库，食品冷冻冷藏厂设计的同时，在大中型住宅小区，办公楼，综合楼，学校，医院，宾馆酒店，体育场馆，大型综合体等民用建筑设计方面有了较快的发展，取得了良好的业绩。2003—2016 年设计的大中型冷藏库工程项目有 10 多项，这些项目的特点是：规模大，很多是万吨至数万吨的冷库；多工质，有 R717、R22、R404A、R414 等多种制冷剂和载冷剂；涉及面广，有食品、水产、内贸、外贸、食品厂、农产品市场、物流公司、冷链物流园和邮轮配送中心等行业。

2. 上海市食品公司设计室

上海市食品公司设计室成立于 1970 年，位于上海市南京东路东海大楼二楼，隶属于上海市食品公司。设计室的规模从 1970 年 4 位成员开始，随着业务的发展逐渐扩大至 16 人左右。设计室承担了上海市食品公司系统和上海市各郊县食品系统所有冷库的设计并参与制冷工艺及其水电系统的安装调试和运行管理；还为系统外的一些单位提供设计和指导安装等服务，例如奉贤果品公司冷库、蔬菜公司定西路菜场、宝山钢铁厂冷库、宝山县水产冷库和外贸冷冻五厂（成套引进的万吨库）等。

上海市食品公司设计室一贯注重新技术在冷库的应用和创新。在冷库建筑方面有外墙预制板、升板（楼板）和特殊防腐技术；在隔热材料方面有玻璃纤维、发泡型聚苯乙烯泡沫塑料（EPS）、硬质聚氨酯泡沫塑料（PU）、挤出型聚苯乙烯泡沫塑料（XPS）、和聚乙烯泡沫塑料（PEF）等新型隔热材料；在自动控制方面有安全保护、设备运行、各回路自动控制和制冷系统运行的全自动控制，均在行业内率先或首批得到应用。取得较好成效的有波阳路腌腊肉冷库（受商业部基建大会表彰，1971 年）、南汇食品公司新场冷库（关于 PU 和 EPS 在冷库应用的科研项目，1973 年）、张家浜冷库（国产冷库自控元件首批应用试点单位，1974 年）、龙华肉联厂（采用自行设计和制造的自动程序控制柜自动控制制冷系统运行，1975 年）和薛家浜冷库（国家优质工程银质奖）等冷库。还利用自身制冷技术的优势和大场肉联厂冷库具备的 6 000 V 高压电机使用条件的优势，先后协助大连冷冻机厂和一冷厂分别完成了 8AS250 活塞式制冷压缩机和上海腈纶厂急需的 25CF 大型螺杆制冷压缩机 5 000 h 的工业性试验（当时制造厂试验室还不具备超大冷量和高压电机的试验条件）。

在 20 世纪 70 年代冷库建设的又一波高潮中，设计技术力量明显跟不上形势发展的需要，为此商业部基建司组织了以商业部设计院为主并牵头、抽调全国商业系统的技术力量参加的冷库标准设计大会战，从 1972 年 10 月—1973 年 1 月先到北京集中然后到河北省保定市设计完成了 500 t、1 500 t 和 5 000 t 冷库三套施工图的标准定型设计，被全国各地的众多冷库采纳应用。上海市食品公司设计室派员参加了 5 000 t 冷库的设计。

1997 年上海市食品公司、上海市冷冻食品公司、上海食品研究所联合组建为“上海市食品（集团）公司”。组建时，上海市食品公司设计室的一部分人员调入新改制的上海市食品（集团）工程设计所从事工程设计，另一部分人员调入新组建的上海市食品（集团）工程公司，从事制冷工程的安装。上海市食品公司设计室亦由此完美谢幕。

3. 上海市禽类蛋品公司设计室（现在的上海市食品（集团）工程设计所）

上海市食品（集团）工程设计所起源于 1972 年，历经上海市禽类蛋品公司企管科下的一个设计组、上海市禽类蛋品公司设计室，再至上海市食品（集团）工程设计所，最终转制为上海福利顺食品工程设计所，前后达 40 年之久。它的起源、发展和收尾均源于上海市的食品供应由计划经济向市场经济转化，以及体制改革发展的变化。

1979 年重建上海市第二商业局设计室时，将原设计室的建筑、结构和制冷工种的主要人员调出，由此设计室只能从社会和高等院校招聘技术人员充实，到 1984 年扩大至 30 人。经上海市基本建设委员会批准取得对外承担勘察设计任务的证书。

1994 年 6 月 18 日，上海市禽类蛋品公司归属农口三年后又回归到商口，和上海市食品公司、上海市冷冻食品公司、上海食品研究所联合组建为“上海市食品（集团）公司”。设计室也随体制的变更而更名为“上海市食品（集团）工程设计所”，2000 年 7 月经中华人民共和国建设部和上海市建委批准为商物粮行业（冷藏库、副食品与农副产品加工）主导工艺乙级以及建筑工程丙级；压力管道设计资质经上海质量技术监督局审查批准为 GC-2 级，可从事冷库氨制冷系统压力管道的设计。设计任务也从公司内部逐步转向社会。

2004 年，上海食品（集团）公司归属锦江集团，2 年后设计所也被改组为责任有限公司，更名为上海福利顺食品工程设计所，5 年后被晶雪集团收购，运转 2 年后因配制专业人员不足而停业。

上海市食品（集团）工程设计所 40 年来完成的设计任务主要有以下三类：①种禽场、机械化蛋鸡场及其设备的设计；②食品加工厂〈家禽屠宰、蛋品深加工〉和车间内低温空调的设计；③冷库建筑、超市及配送中心和相应的制冷工艺的设计。其中完成的主要设计任务自 1972 年起有 21 项，代表性项目有 1972 年黄渡填鸭场改建为上海禽蛋五厂，1973 年 10 月北宝兴路家禽批发部 1 300 t 冷库的制冷工艺设计，1975 年光复路蛋品批发部冷库的制冷工艺设计及其投产后的制冷系统自动化改造，1993 年上海市禽蛋公司投资的中日合资企业"上海申藤食品有限公司肉鸡加工厂"设计。从 1999—2004 年，对上海"9 600 t 龙华蛋品冷库"不间断的改造设计，使其成为现代化低温物流中心—上海新天天大众低温物有限公司，2003 年上海食品（集团）公司与香港五丰有限公司合资建设"五丰上食肉类加工中心"的屠宰加工工艺、冷库建筑隔热和制冷系统设计。

4. 上海市蔬菜总公司设计室（现上海绿食建筑设计有限公司）

上海市蔬菜总公司设计室成立于 20 世纪 70 年代初。成立初期主要为上海市蔬菜公司系统服务，设计储存蔬菜的冷库用于解决上海市蔬菜供应不均的问题。在此时间段设计并建成的冷库总量被称为万吨蔬菜冷库，解决了当时上海市部分蔬菜供求矛盾。

2004 年改制后更名为上海绿程建筑设计所。2010 年工商规定设计单位均要求改为有限公司，因此再次更名为现在的上海绿食建筑设计有限公司。随着改革开放，市场经济的发展，上海绿食建筑设计有限公司已从单一冷库设计拓展为工业厂房设计、民用建筑设计（涵盖建筑、结构、水电、制冷空调和概预算等多个工种），并成立上海绿成建筑装潢工程有限公司，承接建筑装潢、空调及冷库安装工程。在 40 多年的历程中，单位的规模由 8 人扩大为 24 人。单位的业务由单一的冷库设计发展到综合性的建筑工程设计及其相关工程安装。设计项目类型分别涉及大型交易市场、商场、物流中心、宾馆、餐厅、超市、大卖场和数百个上海市标准化菜市场。上海绿食建筑设计有限公司设计的冷库及冷藏链项目基本情况为：20 世纪 70 年代有 4 个项目、80 年代有 8 个综合性冷库或制冰厂、90 年代除了 5 个项目之外，还承担了上海市政府实事"菜篮子工程"，如庙行、中山西路和塘桥三个蔬菜交易市场的设计任务，在重点工程实事立功竞赛中做出优异成绩，受到上海市政府表彰。21 世纪以来至 2016 年又设计了上海和外地的 18 个项目。

2.2 上海空调工程技术的应用与发展

2.2.1 住宅建筑空调技术的应用与发展

1. 综述

中华人民共和国成立后的 30 年（1949—1978），由于经济发展比较落后，因此住宅建筑发展很慢，老百姓的住房条件普遍较差，人均面积很小，住房十分紧张，三代同堂居住的很多，更不用说设有空调。国家除了严寒和寒冷地区为了防止发生冻亡事故而统一设置集中供暖外，其他地区，包括上海地区的住宅建筑都没有设置供暖。上海属于夏热冬冷地区，夏季天气炎热，那时候绝大多数老百姓采用扇子进行降温，偶有家庭使用电风扇降温，也较为稀少。

20 世纪 80 年代开始，改革开放使得家庭住房条件逐步改善，老百姓生活水平也逐步得到了提高，改善生活环境的舒适性要求呼声渐高，也逐步受到了重视。初期，电风扇开始大量进入家庭使用，自 90 年代后，随着国家住宅建筑的大规模建设，住宅条件不断改善的同时，空调设备也开始大量在住宅中使用。

2. 空调末端设备与相关技术的应用发展

住宅建筑空调系统分为集中空调系统与分散空调系统。集中空调系统采用集中冷热源提供给末端空调设备使用，而对于上海地区住宅来说，更多的是采用分散式空调系统，通常用的是直接蒸发空调机。

集中空调系统采用的是集中冷热源，其空调末端设备绝大部分采用的是风机盘管类的设备，夏季采用的是常规的 7 ℃ /12 ℃冷水，将除湿和降温问题同时解决；冬季根据不同的热源条件，供水温度 45 ℃～ 60 ℃。集中空调系统在上海地区住宅建筑中非常罕见。

在 20 世纪 80 年代开始，上海地区住宅建筑开始有安装空调设备来改善生活环境。最初住宅用的是窗式空调机；随着改革开放，中外合资和国产品牌空调器生产厂家的逐步发展，市场上分体式空调机也逐步增多；直至目前，市场上几乎都用分体式空调机。21 世纪开始，国产品牌空调机厂家规模已发展很大，不仅大量占领了国内市场，也大量出口。

在国内分体式空调机发展的同时，随着人们对于舒适性要求的提高与国家节能大政的要求，变频空调技术也获得了飞速发展，变频技术同样也经历了一般变频到直流变频发展的过程。直流变频分体式空调的应用，提高了空调系统的舒适性和节能性。这一段时间，多联机空调系统也获得了飞速发展，适用于居住建筑使用的一拖多多联机也被广泛应用。

21 世纪开始，随着生活水平的提高，对住宅冬季供暖的需求越来越强烈，金属散热器供暖、地板辐射供暖和温湿度独立控制空调技术在上海开始逐步发展。

金属散热器供暖类似北方供暖地区的集中散热器供热系统，它也是以热水作为热源，主要通过对流方式向房间空气中散发热量。

地板辐射供暖是以温度不高于 60 ℃的热水作为热源，在埋置于地板下的盘管系统内循环流动，加热整个地板，通过地面均匀地向室内辐射散热的一种供暖方式，这是一种符合人体生理需求、舒适度非常好的供暖方式，目前已受到了众多家庭的青睐，很多新装修住宅采用了这种供暖方式。这类空调系统热源有采用每户独立的空气源热泵机组，也有采用大功率的燃气热水炉。

为了提高居住建筑的舒适度，温湿度独立控制空调系统也逐步在高档住宅中发展起来。温湿度独立控制空调系统是采用两套独立的系统分别控制和调节室内的湿度与温度，从而避免常规空调系统中热湿联合处理所带来的损失。室内湿度调节系统是利用新风机组进行的，夏季对新风进行降温除湿处理，冬季对新风进行加热加湿处理；新风机组在控制室内湿度与提供室内新风量的同时，还对空气颗粒物（和 VOC）含量进行处理。室内温度调节系统是利用干式空调末端设备，夏季利用高温冷水，冬季利用低温热水承担室内显热负荷；也有直接采用直接膨胀空调末端来解决显热负荷。干式空调末端设备通常采用干式风机盘管、辐射板、辐射顶（地板、墙）等设备。温湿度独立控制空调系统在提高了空气品质（包括室内温、湿度和新风需求）的同时降低了能源的消耗；但相对而言，这种空调设备系统复杂，投资会增加，因此该系统通常应用在一些高级住宅的楼盘中。

近年来，随着空调设备技术的发展，一种俗称“天氟地水”的户用分体式热泵空调设备开始在住宅中得到了推广应用。由于该机组冬夏季运行效率都比较高，结合独立新风处理机组的应用，一种在温度、湿度、新风和空气质量都能进行控制的住宅空调系统正逐步进入老百姓的生活空间。

3. 空调冷热源设备与相关技术的应用

1）集中式冷热源

提供住宅使用的集中冷热源的项目在上海地区应用较少，大多是在进入 21 世纪后开始建设。由于政府对于利用可再生能源提供补贴，因此结合可再生能源的集中冷热源的住宅项目有一些发展。大致有如下几种型式。

Ⅰ. 集中冷热源机房 A

大型制冷机组（螺杆式或离心式制冷机）提供冷水，燃气热水锅炉提供热水，水泵将冷热水送至各用户直接供用户或通过换热供用户。在这种形式中，制冷机可直接提供冷水，也有结合商业制冷机房采用部分蓄冰方式，夜间蓄冰供冷，白昼融冰供冷。

Ⅱ. 集中冷热源机房 B

采用埋管式地源热泵作为住宅空调的冷热源，夏天供冷水，冬天供热水，采用冷却水塔作为地源侧冬夏季热量平衡装置。部分项目采用了具有热回收功能的热泵机组，夏天供冷的同时供应生活热水，提高了机组效率。

有些项目采用了温湿度分控空调系统时，除了设置常规冷水机组外，还专设高温冷水机组供给干式空调末端设备高温冷水，解决室内显热负荷。

Ⅲ. 集中冷源机房、分散供热机房

大型制冷机组（螺杆式或离心式制冷机）提供冷水，分散燃气热水锅炉房提供热水，水泵将冷热水送至各用户。2007 年投入使用的安亭新镇住宅用户就是采用此类冷热源方式。

2）分散式冷热源

上海住宅建筑中，因涉及计费与使用的方便性，绝大多数住宅用户是采用分散冷热源的空调方式。通常有以下几种型式。

Ⅰ. 空气源热泵

上海市属于夏热冬冷气温条件，非常适宜使用空气源热泵，为此窗式空调机与分体式空调机使用非常普遍；由于分体式空调机在性能与噪声方面都优于窗式空调机，目前几乎都用分体空调机。

在分体式空调机中，大多数用户用的是一台室外机连接一台室内机的一拖一型式，但这种机组的室外机数量较多，影响建筑立面。也有采用一拖多的分体式空调机，其室外机只有一台，对建筑立面美观度影响小；大多用于别墅等高端住宅。

Ⅱ. 燃气（油）热水器

上海冬季湿度较高，属于湿冷，普通的空气源热泵空调机由于低温状态下热泵制热衰减及融霜问题难以满足冬季的高舒适性要求。为此，很多用户冬季另设供暖设备，采用散热器或辐射供暖方式，这些设备以热水作为热媒，由燃油热水器、燃气热水器或空气源热泵热水器提供。

Ⅲ. 空气源热泵冷热水机组

此类冷、热水装置冬季提供 35 ℃～ 45 ℃或更高温度的热水，夏季可以提供 7 ℃的冷水。由于该产品针对冬季供暖设计，制热效率高，且能在室外 –20 ℃的环境条件下正常使用，其运行费用远低于燃油或燃气。这类热水器往往结合风机盘管、散热器或地板敷设供暖末端使用。

Ⅳ. 地源热泵

以地埋管水系统作为机组的源水侧，为住宅用户夏季提供冷却水，冬季提供低温热源水，因此地埋管部分实际上是公用的，也有称为能源总线方法。住宅每家每户设置带有源水侧循环水泵的水源热泵机组，该机组夏季提供冷水、冬季提供热水通过管道为每个房间空调末端（包括地板辐射供暖装置）提供冷量或热量。

典型项目——长兴岛御皇苑居住建筑地源热泵项目。该项目集中设置地埋管，地埋管循环水采用一、二级泵循环系统，每户住宅设置美意（浙江）空调设备有限公司（Mammoth）三合一机组一台，提供冷热空调，并预热生活热水。每一户的机组制冷量从 12.6 ～ 45.2 kW，该项目总制冷量 4 000 kW。

V.“天氟地水”空调机组

该机组以空气作为热源热汇，冬夏季可以像一拖多空调机一样运行，但冬季还可以通过制冷剂—水热交换器提供地板辐射供暖用的热水；这样既避免了采用大功率的燃气热水炉造成的大气环境污染，又提高了住宅的舒适性。

2.2.2 公共建筑空调系统工程技术的应用与发展

1. 综述

中华人民共和国成立后的 30 年（1949—1978 年），由于经济发展比较落后，因此公共建筑发展很慢，上海的商业建筑主要集中在南京东路、淮海路、四川北路等几条主要商业街的沿街店面，文化体育建筑也是屈指可数。夏季通常依靠电扇解决降温问题，除了大光明电影院、上海体育馆等采用国产活塞式制冷机的集中空调系统外，其他建筑的极少数房间会采用一些直接蒸发式空调（常为窗式空调机）。供暖系统也仅仅在医疗建筑中设置。整体上来说，那个时期上海市公共建筑内的舒适度很差。

80 年代开始，上海的公共建筑建设速度开始加快，静安希尔顿宾馆是上海最早引入的中外合资超高层酒店建筑。此后，随着改革开放的深入，上海以浦东开发开放为龙头，进一步开放长江沿岸城市。大量的旅馆旅游建筑、办公建筑、商业建筑、城市商业综合体、文化体育娱乐建筑及上海的城市卫星城镇等在上海开始大规模建设，尤其是 2010 年的上海世博会的召开，更加快了上海市的城市建设步伐。建筑业的发展也促进了空调设备制造业的兴旺与技术进步。在此期间，世界著名品牌制冷设备制造公司如开利、约克、特灵、大金、克莱门特等也逐步进入中国市场，合资或独资成立生产企业；同时，国内自主品牌的制冷设备企业也借此建筑业大发展时期迅速壮大。

2. 办公建筑空调设备与相关技术的应用发展

1）办公建筑空调技术发展概述

上海 1949 年以前的办公建筑物大多是外国建筑师设计的。这些建筑物中除了具备必要的水电设备外，很多还设有暖气设备，极少部分建筑在公共部分设有直接蒸发式的空调装置。

中华人民共和国成立后的十几年期间所建的办公建筑多为多层建筑，部分建筑设有冬季供暖系统，而无夏季空调装置。70 年代，部分有条件和空调需求的办公建筑采用了窗式空调机或风冷、水冷柜式空调机。

改革开放后，外资公司大量进入，急需现代化办公建筑。1980 年后，办公建筑的环境设备已趋完善，上海联谊大厦、上海商城等全空调的办公建筑如雨后春笋般建起。原有的一些办公建筑因其环境的舒适度不能满足人们工作、生产的要求，所以也纷纷地加装了各种形式的夏季制冷空调系统，如原上海民用建筑设计院所在广东路17号大楼，原来只有暖气系统，夏季只有吊扇，每到室外气温高于35 ℃的日子，公司就放假，严重影响了正常的设计工作。

在空调末端系统方面，1960—1990年，办公建筑的制冷空调系统从无到有，逐步发展。特别是国产、合资大型冷水机组的产品推出和风机盘管空调器的大量生产，使其成为这一阶段办公建筑夏季空调的主要形式。后来人们认知到风机盘管有着水患和盘管宜滋生病菌等一些缺点后，逐步开始从国外引入各种形式的变风量空调（VAV）系统。并且在变风量系统的设计方面进一步细化及优化，如分区设置VAV系统、VAV加外区风机盘管或多联机系统、各类地板送风系统等，这些系统的改进进一步满足人们的个性化需要。1998年投入使用的88层金茂大厦首次采用了风机动力型变风量末端装置的空调系统，利用10 ℃低温送风，减小了送风管的尺寸。随着技术的进步，各种形式的变风量系统在大量新建的办公建筑中得到广泛的应用，2005年建成的上海财富广场和2010年建成的上海国际客运中心的空调系统采用了风机动力型变风量末端的地板送风系统，为办公室的空调末端系统又提供了一种选项。1982年日本大金公司推出了日本第一代变制冷剂流量多联机空调系统VRV智能化中央空调系统，开创了楼宇用多联空调系统的另一时代。该系统由于具有安装简单、使用灵活方便、能独立计量核算等许多优点，在各类办公建筑中得到广泛使用。2010年以后，水源变制冷剂流量多联机的出现，进一步促进了多联机系统的使用。

在冷源方面，60年代末采用国产往复式（氨制冷剂）制冷机作为办公建筑的空调冷源，到1970—1980年开始引进国外制冷设备，部分采用国产离心制冷机。1980—1990年代末，各类大型离心式冷水机组和螺杆机组、各类吸收式冷热水机组、风冷热泵式冷热水机组在上海办公建筑中被广泛使用。1995年建成使用的上海市政大厦，采用了离心式制冷机加蒸汽型溴化锂制冷机的方式（后改为全部离心式制冷机）。1997年，上海锦都大厦和上海家化大厦最早采用了冰蓄冷空调系统，这项技术在办公建筑中得到广泛的应用。90年代开始，为满足办公建筑中24小时均有各类供冷需求的用房，办公建筑的24小时冷却水服务系统也逐步发展，提高了为租户服务的水平。2010年以后建成的上海国际客运中心、上海国际航运中心等办公建筑采用了江水源冷却及热泵技术，随着2010年以后虹桥商务区的建设和后世博区块的建设，区域供能得到迅速发展，多个分布式能源站、大型蓄冷站相继建成。同时，随着绿色建筑的兴起，温度独立控制空调系统也在办公建筑中得到应用，包括了溶液除湿加湿控制新风系统，高温冷水机组处理室内显热负荷的系统。

2）办公建筑的空调系统型式

办公建筑的空调系统型式是随着人们对舒适度和节能的需求和空调制冷技术的发展而变化的。表 2.3 是上海地区部分办公建筑空调系统冷源和末端形式，由该表可见，自从改革开放以来，上海的办公建筑快速建设为制冷空调技术的发展和提高提供一个绝佳的发展机会，从简单的制冷空调系统发展到采用各种技术集成的优化组合。上海目前办公建筑中所采用的各类冷冻空调技术与世界上是同步发展的。

表 2.3　上海地区部分办公建筑空调系统冷源和末端形式

项目名称	冷源方式	空调末端形式	建成年份	备　注
上海联谊大厦	离心式制冷机	风机盘管加新风	1985	
上海国际贸易中心	离心式制冷机	周边区窗下立式暗装风机盘管，内驱全空气系统，新风排风集中处理，带余热回收装置	1990	
上海商城	离心式制冷机	办公区域采用变风量装置，外区带热水再热盘管	1990	
上海商务中心	离心式制冷机	办公区采用风机盘管加新风	1994	
上海港务大厦	螺杆式空气源热泵冷水机组	采用风机盘管加新风	1995	
上海新金桥大厦	离心式制冷机	采用风机盘管加新风	1996	
上海市政大厦	螺杆式制冷机加蒸汽型溴化锂吸收式制冷机（后改建为离心式制冷机）	采用风机盘管加新风	1996	
上海安泰大厦	螺杆式空气源热泵冷水机组	内区 VAV 系统，周边区 FCU	1997	上海地区最早采用 VAV 系统的建筑物之一
上海证券大厦	离心式制冷机	办公区采用风机盘管加新风	1997	
上海国际航运金融大厦	离心式制冷机	办公区采用风机动力型变风量系统	1997	
恒隆广场 1、2 号楼	离心式制冷机	办公区采用风机动力型变风量系统	1998	
上海震旦大厦	离心制冷机加直燃式溴化锂冷热水机组	办公区采用风机盘管加新风	1998	2014 年进行节能改造，采用了大金公司的 VRV X 系列中央空调系统

（续表）

项目名称	冷源方式	空调末端形式	建成年份	备　注
上海金茂大厦	离心式制冷机	办公区采用风机动力型变风量装置，10 ℃低温送风，外区带热水再热盘管	1998	
上海期货大厦	离心式制冷机	采用风机动力型变风量装置，外区带热水再热盘管	1998	
上海交通银行中山南路大楼	水环热泵系统，夏季冷却塔散热，冬季电锅炉辅助蓄热	内外分区设置全空气系统。内区 2 台机组，外区 4 台机组	1998	
上海浦东国际金融大厦	离心式、螺杆式制冷机、蒸汽吸收式制冷机	办公区采用风机盘管加新风	1999	
上海久事大厦	离心式制冷机、吸收式制冷机	内外分区 VAV 系统，周边区设置暗装 FCU	2000	采用了内呼吸幕墙体系
上海浦东发展银行大厦	离心式、螺杆式制冷机	采用风机动力型变风量装置，外区带热水再热盘管	2002	
上海外滩金融中心	离心式制冷机	内区采用单风道型变风量装置，外区采用带热水再热盘管的风机动力型变风量装置	2003	
上海花旗大厦	离心式制冷机、燃气直燃吸收式制冷机	办公层采用内外分区单风道变风量系统，周边另设置独立供暖系统	2005	
上海银行大厦	离心式制冷机、蒸汽吸收式制冷机	办公层采用单风道变风量系统，周边另设置窗台下风机单元	2006	是我国办公楼建筑中初次应用窗台下设置风机单元的方式，不设空调内外区
上海高宝金融大厦	离心式、螺杆式制冷机	单风道单冷型 VAV 系统，外区沿窗设置地板内暗装周边低矮型 FCU	2008	
上海越洋国际广场	离心式制冷机	单风道型 VAV 系统。内呼吸幕墙系统	2008	
上海环球金融中心	离心式制冷机、蒸汽吸收式制冷机	办公层采用内外区合用的单风道变风量系统加窗台下立式风机盘管系统	2008	
上海香港渣打银行大楼	变制冷剂流量多联机系统	每层设置室外机机房	2008	

（续表）

项目名称	冷源方式	空调末端形式	建成年份	备 注
上海港务国际大厦	螺杆式制冷机、燃气直燃吸收式制冷机	地板送风变风量系统	2009	
上海星展银行大厦	空气源热泵冷热水机组	辐射顶板 + 诱导型冷梁 + 独立新风系统	2009	
上海陆家嘴基金大厦	地源热泵系统	辐射顶板 + 诱导型冷梁 + 独立新风系统	2011	
上海东方汇金大厦	离心式制冷机	地板送风系统	2014	
上海中心大厦	电制冷及冰蓄冷系统、地源热泵系统、分布式供能系统	内区采用单风道型变风量装置，外区采用带热水再热盘管的风机动力型变风量装置	2015	

3. 商业建筑空调设备与相关技术的应用发展

1）商业建筑空调设备技术发展概述

商业建筑是一个人员众多的公共场所。中华人民共和国成立前，上海南京路就有全国闻名的四大公司，先施公司（现在的服装公司）、永安公司（后来的华联商厦）、新新公司（现在的食品公司）、大新公司（现在的中百一店）。而一般马路只有个体店为主的小商店居多，而且大部分都在店堂里装置一些吊扇（包括早期的四大公司商场也是吊扇，只有舞厅、餐饮有空调），后来发展到分体柜机，南京东路 80 年代末 90 年代初大批商场改造，为了看不到烟囱都选用了风冷热泵，解决了夏季制冷、冬季采暖的问题。

改革开放以后，人们生活水平提高，购买力增强，上海各大繁华路段，包括开发新区和卫星城镇都出现了不少大型商业建筑。这些建筑大多采用集中式的空调系统，采用大型制冷制热主机，也有采用多联式热泵空调机组。

2）商业建筑空调设备应用案例

Ⅰ. 第一八佰伴新世纪商厦

1992 年该项目由日本清水建设和上海建筑设计院联合设计，为中华人民共和国成立后上海新建的大型商场，1995 年竣工，总建筑面积 14.4 万 m^2，高 99.9 m，地下 2 层，地上 21 层，由一栋 11 层的百货商厦及一栋 21 层的办公楼组成。中庭高 5 层，1 ～ 7 层商场，8 ～ 11 层为餐饮、娱乐、溜冰，13 ～ 19 层办公，20 ～ 21 层高级展望厅。

空调冷源选用离心式冷水机组 1 000 RT[1] 5 台，700 RT 1 台，冷冻水供回水温度为

1　制冷量单位冷吨，1 RT ＝ 3.517 kW。

6 ℃～ 13 ℃，空调热源采用张杨路热网蒸汽，经减压供至各用汽点。每层设 4 ～ 5 个空调机房。考虑到办公楼冬天需要加热，商场由于人流多、光照大，有时还需供冷，故采用末端四管制，工程为蒸汽加热，因为有完善的加湿系统及性能优良的疏水器，保证室内空气不干燥，疏水畅通，板式换热器放置 10 层机房、冷水机组、冷冻泵、冷却泵均放置地下二层冷冻机房内。

Ⅱ. 南京路东方商厦（中百一店东楼）

由加拿大宝佳国际建筑师事务所和上海建筑设计院联合设计，1997 年 10 月竣工，总建筑面积 65 726 m^2，高 94.8 m，地下 2 层，地上 23 层，裙房 11 层。

空调冷源 1 ～ 9 层商场采用 700 RT 离心机组 3 台，375 RT 机组 1 台；热源采用 80 万 kcal/h 电锅炉 1 台，仅 1 ～ 2 层设采暖，3 ～ 9 层无采暖。10 ～ 23 层餐饮、娱乐和办公考虑到冬夏均需空调，选用 200 RT 6 台风冷热泵放在主楼屋面。新楼以位于三层的过街楼作为新老建筑的联系纽带，与老中百一店有分有合。

Ⅲ. 中信泰富广场

中信泰富广场由商场和高标准写字楼组成。由香港巴马丹拿国际公司和上海建筑设计院合作设计，建于 1994—2000 年，总建筑面积 139 178 m^2，高 180 m，地下 3 层，地上 45 层，5 层商业裙房沿南京西路布置，办公楼在江宁路单独出入，与裙房互不干扰。

空调冷源采用美国约克公司 1 100 RT 离心式制冷机组 3 台，1 100 RT 吸收式制冷机组 1 台，供暖及加湿选用 3 台德国燃油燃气蒸汽锅炉。

Ⅳ. 梅龙镇广场

由香港邓振威建筑设计事务所与上海建筑设计院联合设计，1994 年开工，1997 年竣工，总建筑面积 121 016 m^2，高 156.4 m，地下 3 层，地上 33 层，其中裙房 10 层内设商场、餐饮、电影院及大都会娱乐活动场所，11 层为设备层，12 层以上为高级办公楼。

选用离心式冷水机组 1 100 RT 4 台，550 RT 2 台，配 4 000 kW 燃油热水锅炉，提供 85 ℃的热水作为空调用热水和厨房生活用热水，冷冻机及锅炉均设于地下三层。

Ⅴ. 中环广场

由香港王欧阳有限公司设计，上海建筑设计院为顾问单位，1995 年开工，1999 年竣工，总建筑面积 69 450 m^2，高 150.9 m，地下 3 层为设备机房和停车场，地上 35 层。1 ～ 4 层裙房为商场、餐厅、美食广场，5 层为设备机房，设计中特别装修保留了沿淮海中路的优秀近代建筑，1905 年建成的法式建筑（原比乐中学），融入成为商场一部分，形象别树一帜。

工程选用了 700 RT 离心机组 3 台，350 RT 螺杆机组 2 台，1 800 kW 2 台燃油低压热水锅炉，锅炉房设在地下一层，热交换器 4 台分别连接冷却水及冷冻水系统，冬季运行冷却塔，以冷却水为冷媒，作为内区供冷之需。

Ⅵ. 香港新世界中心

加拿大 B + H 国际建筑师事务所和奥雅纳工程顾问香港有限公司合作设计，上海建筑设计院为顾问单位，1996 年开工，2002 年竣工。总建筑面积 12.3 万 m^2，高 217.1 m，地下 3 层，地上 58 层，南侧两翼为四层裙房抱合的下沉式入口广场庭院，有效组织了商场人流。

集中式供冷，冷负荷约 18 936 kW，冷冻机设置于 10 层及 57 层，热水锅炉供应采暖用热水。

Ⅶ. 仙乐斯广场

美国 H.L.W. 与上海建筑设计院合作设计，1999 年竣工。总建筑面积 94 500 m^2，高 150 m，地下 3 层，地上 37 层，1 ～ 6 层为商业用房，有商场、餐饮、多功能厅、娱乐等，8 ～ 36 层为高级办公楼。

裙房设 750 RT 2 台离心机组，设置于地下室，塔楼办公选用 800 RT 3 台离心式冷水机组，设置于 7 层避难层。商场娱乐采用吊顶式空调箱加新风机组，餐厅多功能厅采用空调机组。裙房采用 1 200 kW 2 台电热水器供暖。塔楼办公采用变风量 VAV 系统，新风处理机设在避难层内，每层分别设置一台 AHU。新风经处理后送至各层 AHU，与每层回风混合处理后，送至各层变风量末端。塔楼采用由外区带电加热器的 VAV 末端解决。

Ⅷ. 上海友谊商城

总建筑面积 19 615 m^2，高 19.5 m，地下 1 层，地上 4 层，功能为商场、中庭、大小餐厅。1994 年 2 月竣工。

选用 326 kW 风冷热泵 8 台，280 kW 风冷冷水机组 6 台。

Ⅸ. 新世界商场

华东建筑设计院合作设计，建设周期 1995—2012 年。总建筑面积 11.5 万 m^2，高 185 m，地下 2 层，地上 44 层。是现代化综合性大型建筑，由 3 栋独立建筑组成。12 层商业建筑包括商场、餐厅、各种娱乐设施；44 层综合大楼包括出租、办公、宾馆客房、辅助设施；另一栋为 7 层楼的机械停车库。地下为锅炉房。

冷源选用 1 200 RT 离心机组 5 台，一次水温 6 ℃～ 11 ℃，二次水温 8 ℃～ 13 ℃。热源采用 8 t 3 台燃油蒸汽锅炉，经汽水热交换器，采暖供回水温度 50 ℃～ 60 ℃。

Ⅹ. 恒隆广场（1 号塔楼）

由香港冯庆延建筑设计事务所有限公司，美国 F + K 顾问工程师（机电部分）设计，华东建筑设计院为顾问单位，该工程整体为两栋塔楼，1 号塔楼为首期工程，地上 60 层，总建筑面积 9 万 m^2，1998 年竣工，6 层以下为裙房，商业为主。

该工程（1 号楼）选用了 950 RT 5 台离心制冷机，安装在 9 层机房内，供热热源为电热。主加热器设在空调箱内。补充加热器在各层外区的 FPB 内。冷水供回水温度为 6.7 ℃～ 15.6 ℃，标准层采用 VAV 空调方式，大型 AHU 机组设于 1 号楼的 7F/8F/25F/

40F/55F。

Ⅺ. 上海世贸国际广场

该项目由德国IOKP设计事务所、华东建筑设计院合作设计。2002年开工，2007年竣工，总建筑面积13.6万 m^2，高333 m，地下3层（局部4层）、裙房10层，主楼60层。该建筑是一栋集高档百货商场、与五星级酒店于一体的综合性商业建筑。1～6层为上海百联公司高级百货商场，7～10层酒店餐饮会议等配套用房，11～57层为酒店客房，58～60层为高级会所。

空调冷源选用3台4 220 kW和2台2 460 kW离心式冷水机组，进出水温选用12 ℃～5 ℃，制冷设备设置在地下3层机房内。热源选用3台8 t/h蒸汽锅炉，经热交换器供至各用户，热水进出水温度50 ℃～60 ℃。

Ⅻ. 上海月星环球商业中心项目

上海月星环球商业中心项目，总面积约43万 m^2，其中地上面积28万 m^2，地下面积为15万 m^2。该综合体由一个面积23万 m^2 的大型购物中心和两座8万 m^2 的超高层塔楼组成，其中南塔楼低区为五星级酒店，其余部分和北塔楼为甲级写字楼。除酒店外，自2013年起，商业、办公均已投入使用。

裙房商业、办公、酒店的空调冷热源均独立设置。空调冷源均选用离心式冷水机组，冷冻水供回水温度为6 ℃～13 ℃。空调热源为锅炉提供的高温热水，经板式换热器产生的60 ℃～45 ℃的空调用热水。空调冷热水均采用一次泵变流量系统，空调水系统为四管制，塔楼水系统分低区和高区。冷水机组、空调冷冻水一次泵（变频泵）、闭式定压设备、空调水处理设备、板式换热器及热水循环水泵等设备均设在地下一层或地下二层的冷冻机房内。

裙房商业、酒店和办公的大堂、宴会厅等大空间公共区域采用全空气系统，气流方式为上送上回或上送下回。塔楼的办公区空调采用变风量空调系统，每层办公区设内、外区，空调内外区合用空调箱。外区采用带热水盘管的并联式风机动力型变风量末端，内区采用不带热水盘管的单风道变风量末端。

ⅩⅢ. 新世界大丸百货

上海新世界大丸百货位于上海市南京东路。地上7层，地下5层，地上建筑面积为60 849 m^2，地下建筑面积为48 590 m^2，总建筑面积为109 439 m^2。总建筑高度为57.2 m，于2015年正式投入使用。

空调冷源选用单台名义制冷能力为1 050 RT的离心式冷水机组5台，其中2台为变频机组，3台为定频机组，制冷剂采用R134a。冷冻水的供回水温度为6 ℃～13 ℃。空调热源为燃气热水机组提供的60 ℃～45 ℃的空调用热水。冷源机房位于地下5层，机房内的主要设备有，5台1 050 RT离心式冷水机组、冷却水板式换热器、全自动空调冷冻水系统加药处理装置、内磁式水处理器、空调冷冻水系统定压补水装置等。热源机房位于7层屋面，由3台燃气热水机组直接提供45 ℃～60 ℃的热水，供空调系统采暖使用。热水循环泵、内磁式水处理器，全自动空调温水系统加药处理装置、空调温水系统定压补水装置均置于7层屋面机房内。空调冷冻水泵置于地下4层，冷冻水泵流量460 m^3/h，扬程37 m，计6台，五用一备。空调冷冻水系统采用一次泵变流量（变频）节能技术。空调热水泵流量160 m^3/h，扬程29 m，计4台，三用一备。空调水系统自地下2层至7层采用异程式四管制。

大空间商场，采用全空气系统的空调方式，气流方式为散流器或条缝型风口顶送，机房侧集中回风，在过渡季节，当室外空气焓值小于夏季设计焓值时，可适当加大新风量（约总送风量的50%），以达到节能运行之目的。地下2层、地下1层、地上2层至地上6层的小店铺，采用全空气系统的空调方式，预留送风管接口，由后续租户自行装修改造。个别房间如办公、咖啡和餐饮等，按装修要求采用风机盘管的空调形式。底层的周边高档小商铺，均采用风机盘管的空调形式。

XIV. 新世界消费商圈

该项目为上海新世界消费商圈，位于上海市黄浦区。地上43层，地下2层，为一大型购物、娱乐及一五星级酒店组成的综合体。建筑形态上划分为由18层的新世界商场、43层的五星级酒店和10层的停车库组成。总建筑面积约为22万 m^2，总建筑高度为188 m。空调面积15.8万 m^2。于2005年全面投入使用。

根据所服务区域的特点，设置了如下3个空调站房。

站房1服务区域为9层以下新世界商场：位于新世界商场地下2层，空调冷源选用1 200 RT离心式冷水机组5台，冷冻水供回水温度为7 ℃～12 ℃。为二管制，常年循环冷水。

站房2服务区域为10～18层新世界商场：位于新世界商场13层，空调冷源选用800 RT离心式冷水机组3台，冷冻水供回水温度为7 ℃～12 ℃。空调系统主要为二管制，部分为四管制系统。空调热源为锅炉提供的高温热水，经板式换热器产生的60 ℃～45 ℃的空调用热水。分为两个水系统。一个常年循环冷水，另一个夏季循环冷水，冬季循环热水。

站房3服务区域为新世界大酒店：位于新世界大酒店汽车库10层，空调冷源选用750 RT燃气型双效吸收式冷热水机组3台和120 RT螺杆式冷水机组1台，空调系统为二管制，夏季循环冷水；冬季循环热水。热源750 RT燃气型双效吸收式冷热水机组3台提供。（750 RT燃气型双效吸收式冷热水机组3台为夏季供冷、冬季供热。）夏季循环冷水低区6 ℃/11 ℃，高区7.5 ℃/12.5 ℃，冬季循环热水低区55 ℃/60 ℃，高区53.5 ℃/58.5 ℃。空调水系统分为高、低两区。低区系统从1层至23层，高区系统从24层至42层。高低二系统之间由板式换热器相隔。

部分对供冷、热有特殊要求的场所，如游泳池，星空酒吧等设独立的供冷热系统。大空间商场，采用双风机全空气系统的空调方式，气流方式为散流器或条缝型风口顶送，机房侧集中回风，在过渡季节，当室外空气焓值小于夏季设计焓值时，可适当加大新风量（约总送风量的50%～100%），以达到节能运行之目的。酒店客房为风机盘管＋新风系统，公共区域为低风速全空气系统。

XV. 上海虹口区4街坊108地块（星荟中心）

项目为上海市虹口区四川北路4街坊108号地块综合开发。总建筑面积为248 515 m^2，由两座29层高国际甲级办公楼4层商业裙楼组成。地上29层，地下4层，建筑高度为147 m。地下部分共有4层，其中地下3、4层为停车库；地下1、2层为超市、商场、餐饮、管理用房、锅炉房、变电站房；地上1～4层为商铺、餐饮。5层以上东西塔楼均为办公。

空调冷源选用名义制冷能力为2 000 RT的离心式冷水机组3台，名义制冷能力为900 RT的离心式冷水机组1台。制冷剂采用R134a。冷冻水的供回水温度为6 ℃～12 ℃。空调热源为锅炉提供的高温热水（供80 ℃ / 回60 ℃），经板式换热器产生的65 ℃～55 ℃的空调用热水。空调冷水采用二次泵变流量系统，热水采用一次泵变流量系统，空调水系统为四管制。塔楼水系统分低区和高区，在F16避难层设置冷水及热水板换。大楼的冷冻机房设置在地下4层，冷却塔设置在塔楼屋面；锅炉房设置在地下1层。

裙房商业公共区、大空间商场、超市、办公的大堂等采用全空气系统的空调方式，气流方式为散流器或条缝型风口顶送，机房侧集中回风，在过渡季节，当室外空气焓值小于夏季设计焓值时，可适当加大新风量（约总送风量的80%），以达到节能运行之目的。裙房内小型商铺采用风机盘管 + 新风的空调形式，每户预留新风管、冷（热）水管接口及计费装置，由后续租户自行装修改造。

塔楼的办公区空调采用变风量空调系统，每层办公区设内、外区，空调内外区合用空调箱。外区采用带热水盘管的并联式风机动力型变风量末端，内区采用不带热水盘管的单风道变风量末端。

4. 旅馆建筑空调设备与相关技术的应用发展

1）旅馆建筑空调技术发展综述

旅馆建筑其发展过程漫长而复杂，在不同国家、地区之间亦存在差异。上海作为通商口岸的大城市，1906年首先在外滩建成了汇中饭店（现为上海和平饭店南楼），高6层，内装上海最早使用的电梯；1928年落成的和平饭店（原名沙逊大厦）高14层，客房252间，由英商沙逊投资、公和洋行设计，堪称当时国际一流水平的大饭店。在朝向黄浦江景观最好的一面，布置了9套豪华套间，每套由卧室、会客室、餐室、衣帽间及两套卫生间组成。室内设计分别表现中、英、美、法、德、印度等9个不同国家的风格，既迎合客人猎奇的心理，又显示饭店高贵的身份，如今仍是和平饭店的经营特色之一。

1931—1934年建成的上海国际饭店，总建筑面积15 650 m^2，总高83.8 m，建成后保持中国最高建筑的记录达34年之久，直至1968年才被总高86.51 m的广州宾馆打破。由匈牙利邬达克设计，地面以上22层，地下2层，客房168间。建造落成时仅在客厅、门廊、餐厅以及银行保险库中设置了冷藏设备和空调装置，客房无集中式空调，当时采用空气洗涤室与制冷系统蒸发器构成循环的是盐水盘管，当时整个大楼使用的冷量是 80 RT，由约克公司提供的双缸立式氨制冷机，采暖是采用的集中暖气系统，1978 年以后进行了改造，采用了一冷厂的 FLZ-1000A 型离心制冷机，1 163 kW，制冷剂为 R11，2 台 2 t 燃油卧式快装蒸汽锅炉。在这一阶段，上海还建成了著名的锦江饭店、华侨饭店等及高标准公寓，如百老汇大厦、毕卡地公寓等，中华人民共和国成立以后被改为上海大厦、衡山宾馆用来接待外宾。

1978 年改革开放政策给社会带来活力，对外贸易、旅游探亲、来华人数激增，1985 年抵华的外来客人数达 3 168.48 万人次，比 1979 年增加 6 倍以上，我国原有旅馆数量不足，蒸蒸日上的旅游业大大促进了我国旅馆建设，自此我国步入了现代旅馆的发展阶段。

2）旅馆建筑空调设备应用案例

Ⅰ. 上海宾馆

由上海市建筑设计研究院设计。1983 年 4 月建成。总建筑面积 44 608 m^2，26 层，总高 91.5 m，有 600 间客房，1 200 床位，是全部采用国产材料、国产设备的中等级别的旅游旅馆，是上海首先采用中庭空间的旅馆建筑，是中华人民共和国成立后上海建成的第一座高度超过国际饭店的旅游宾馆。

设置一冷厂 100 万 kcal/h[1] 离心冷水机组 4 台，4 t/h 燃煤快装蒸汽锅炉 3 台，宴会厅、餐厅、大堂等公用部分采用全空气系统，客房及附属办公采用风机盘管加新风系统。客房每层设一新风机房，考虑到南北向太阳辐射不一样，所以新风机房内设置南北向客房各一台新风机组。

Ⅱ. 上海华亭宾馆

香港王董国际有限公司规划、华东建筑设计研究院设计，总建筑面积 88 146 m^2，主楼 28 层，高 90 m，有 1 018 间客房，主要是标准双人间客房，另有 40 套双套间，在 7 个台阶层的端部有英国式、法国式、日本式、泰国式、罗马式、阿拉伯式等高级套房。主楼西侧有附楼一栋，部分为旅游局办公用房，部分接待国内客人。

当初选用溴化锂机组作为冷源，蒸汽锅炉作为热源。若干年后由于溴化锂机组冷量衰减严重进行了改造。

Ⅲ. 新锦江大酒店

香港王董国际有限公司与上海建筑设计研究院联合设计，为中华人民共和国成立后上海第一栋五星级大酒店。建设周期 1984—1989 年。总建筑面积 57 330 m^2，高 153.09 m，地上 43 层，地下 1 层。1 ～ 6 层为公共部分，8 层以上为标准客房，共 727 间，顶部 41 层 42 层为直径 40 m 的有两层高空间的旋转餐厅，建筑造型上凭借 9 m 高的空中花园把圆形旋转餐厅凌空托起。圆形塔顶与近似方形的塔身配以金属玻璃幕墙，挺拔而富有生气，

1 制冷量单位，1 kcal/h ≈ 1.163 W。

体现了个性与时代感，屋顶上有停机坪、游泳池和屋顶花园。

空调冷负荷是 1 800 RT，考虑供给老锦江北楼空调，适当考虑小礼堂和中楼临时供冷之需，所以增加了 700 RT，最终采用 500 RT 离心式冷水机组 5 台，其中 1 台带热回收，老锦江原锅炉房 6.5 t/h 2 台，4 t/h 1 台蒸汽锅炉，因新锦江后改为美国 BA 锅炉 10 t/h 3 台。

Ⅳ. 上海希尔顿酒店

该酒店总建筑面积 69 244 m^2，高 140.85 m，地上 43 层，地下 1 层，800 间客房，1988 年开业。由香港协建建筑师有限公司设计，上海建筑设计研究院为顾问单位。

空调系采用 4 台 550 RT 离心机组为空调冷源，2 台 20 t/h 蒸汽锅炉为空调、洗衣房与生活热水的热源。

Ⅴ. 上海锦沧文华大酒店

1990 年建成，该酒店由新加坡雅艺建筑设计公司设计，上海建筑设计研究院为顾问单位。总建筑面积 56 417 m^2，高 99.8 m，地上 30 层，地下 1 层，客房 567 间。

空调系统采用 3 台 550 RT 离心机组为空调冷源，2 台 7.8 t/h 蒸汽锅炉为空调、洗衣房与生活热水的热源。

Ⅵ. 上海商城波特曼酒店

由美国波特曼设计事务所、日本鹿岛建设株式会社联合设计，华东建筑设计院为顾问单位。该酒店是一座大型的集旅馆、公寓、办公、商业、展览、娱乐等多种功能的现代旅馆，总建筑面积 203 600 m^2。商城由 8 层高的裙房（用于展示、演出、停车等，有 1 000 座位的多功能表演剧场）与三栋高楼组成，立面成“山”字形，中间是 48 层高 164.8 m 的波特曼酒店，有客房 700 间，两侧是 32 层的公寓，有公寓 478 套可供居住和办公用。在现代化建筑与中国传统特点的结合上也独具一格。

该工程选用了 1 100 RT 3 台双级离心制冷机，供回水温度 5.6 ℃～ 13.3 ℃。热源为燃油全自动蒸汽锅炉，12 t 3 台。燃油锅炉房设置于 48 层最高处，突破了常规做法。

Ⅶ. 新亚汤臣大酒店

由美国台湾曹康建筑师事务所和上海建筑设计研究院合作设计。该酒店位于浦东张杨路，总建筑面积 4.5 万 m^2，高 88 m（连塔楼总高 98.8 m），地下 1 层，地上 24 层，自 3 层空中花园、餐厅直达 23 层采光屋顶，404 套客房环布在高大的中庭四周，可下眺空中花园，客房宽敞、舒适、造型新颖，富有时代气息。1996 年竣工投入使用。

采用 510 RT 离心机组 3 台，200 RT 螺杆机组 1 台。大空间采用 AHU 空气处理系统，客房及小办公均为四管制风机盘管加新风。

Ⅷ. 东锦江大酒店

由香港协建建筑师有限公司，奥雅纳工程顾问香港有限公司、礼信工程顾问有限公司合作设计，上海建筑设计研究院为顾问单位，该酒店五星级，总建筑面积 68 500 m^2，高 170.62 m，48 层，有客房 449 套，顶部有一个直径 40 m 的旋转餐厅，2000 年竣工。裙房平面呈不规则多角形，大堂的中庭宽敞明亮，半圆形楼梯盘旋连贯上下 4 层空间，裙房的北面、东面设下沉式花园。配置 2 525 kW 离心冷冻机 3 台，热源采用 4 台燃油蒸汽锅炉。

Ⅸ. 上海世纪酒店

该酒店五星级，由 HOK 公司和华东建筑设计院联合设计，上海建筑设计研究院为顾问单位，总建筑面积 71 728 m^2，高 165 m，地下 3 层，地上 38 层，439 套客房。

空调冷负荷 8 860 kW，热负荷 5 543 kW。制冷机房设在地下 3 层，选用 4 台离心式冷水机组（制冷量 1 998 kW），供回水温度 6 ℃～ 11 ℃，热源燃油蒸汽锅炉 4 台（总供热量 6 242 kW），供回水温度 60 ℃～ 50 ℃。

Ⅹ. 哈瓦那大酒店

同济大学建筑设计院设计，总建筑面积 88 194 m^2，地下 2 层，地上 28 层，1 至 3 层裙房主要功能为餐饮及会议，4 层以上为客房区。

该工程空调冷源选用 3 517 kW 离心冷水机组 2 台，1 759 kW 离心冷水机组 1 台，热源采用 7 t 燃气蒸汽锅炉 3 台。大堂、餐厅、大空间会议室采用全空气系统，小型办公、会议及客房均为风机盘管加新风。该工程选用一次泵变流量系统。

5. 医疗建筑空调设备与相关技术的应用发展

1）医疗建筑空调设备应用发展

20 世纪 80 年代前，上海的医疗建筑中几乎未见有空调设备的使用。当时医院建筑中通常仅设置供暖系统，满足冬季暖气要求。夏季一般都采用吊扇或台式风扇，少量设有窗式空调或分体空机，仅手术室设置集中的洁净空调。

80 年代开始，空调开始大量进入医疗建筑，新建医疗建筑，采用集中冷水机房提供 7 ℃冷水供风机盘管等末端设备使用，并设置锅炉房提供空调用热水，也有同时设置冬季进厅、楼梯间、公共走道等采用散热器的值班供暖系统。当时的冷水机组采用的是国内制冷机厂家的活塞式压缩机。随后随着改革开放，国外著名品牌制冷机逐步进入国内市场，纯国产压缩机逐步退出市场。同期，未采用集中空调的医疗建筑窗式空调机在国内市场上获得了发展，大量医疗建筑房间，尤其是一些分散布置的房间开始使用窗式空调机。

90 年代开始，我国医疗建筑开始逐步加快建设。进入 21 世纪，大型综合性医疗建筑项目开始大量增加，这段时间中积累了很多医院建设的经验，随着空调设备的成熟与发展，各种类型空调设备和冷热源设备在医疗建筑中得到了普遍的应用。2014 年制订了 GB51039《综合医院建筑设计规范》国家标准颁布，1988 年制订的行业标准同时作废。

2）医疗建筑的空调系统型式

各类空调、冷热源设备在医疗建筑中应用是遵循了“安全、高效、节能、适用”的原则。由于一般稍有规模的综合或专业医院大多有住院楼、急诊等 24 小时需要通过空调的要求，因此空调采用集中的冷热源的居多，都配置了较大型的离心机组、螺杆机组等，仅部分有特殊需要的房间会另外配置直接蒸发的空调设备，如分体空调机、单元机和多联式热泵空调系统。

普通综合医院的空调末端型式通常如表 2.4 所示。

表 2.4　上海普通综合医院空调末端和冷热源配置情况

区　　域	空调系统型式	冷热源
门诊候诊大厅、候诊室、急救急诊区域，输液室、留观等大空间	单风管定风量一次回风式全空气低速空调系统	集中冷热源
发热门诊病人区	全新风直流系统，维持区域内负压	集中冷热源
检验、化验、医技	全新风直流系统	集中冷热源
	多联机 + 新风系统	独立冷热源
	变风量空调系统	集中冷热源
手术室	洁净空调系统	集中冷热源 + 备用四管制风冷热泵
普通病房楼	风机盘管或变风量空调系统	集中冷热源
后勤楼	风机盘管或全空气空调系统	集中冷热源
	多联机 + 新风系统	独立冷热源

由表 2.5 可以看出，随着技术与产品的发展，医院空调系统方式越来越多，从常规冷热源向热回收机组，向节能型空调系统发展。目前具有热回收和湿度控制功能的独立新风机组结合节能效果好的高温冷水机组的高效空调系统型式已在工程项目设计设计中开始推广应用。

表 2.5　部分医院的冷热源配置情况

医院名称	建成年份	集中冷热源		其他冷热源
		冷　源	热　源	
华东医院扩建市民门急诊病房大楼	2009	水冷式离心式电制冷机组 + 水冷式螺杆机组	蒸汽锅炉	手术中心：空气源冷水热泵机组备用
复旦大学附属儿科医院	2008	燃气直燃吸收式机组 + 离心式机组	燃气直燃吸收式机组	医技、门急诊等：空气源热泵
第二军医大学第三附属医院安亭院区工程	2011	门诊等：水冷式离心制冷机组 + 水冷式螺杆机组；住院楼：地源热泵、污水源热泵	燃气蒸汽锅炉 + 燃气热水锅炉 住院楼：地源热泵、污水源热泵	医技：水冷型恒温恒湿空调机组； 手术区：空气源热泵
奉贤人民医院	2011	水冷式离心式电制冷机组 + 地源热泵螺杆机组 + 水蓄冷；冷热电	地源热泵 + 蓄热水槽	后勤用房：多联机

（续表）

医院名称	建成年份	集中冷热源		其他冷热源
		冷　源	热　源	
上海市第六人民医院临港新城医院	2011	燃气直燃式溴化锂冷热水机组制冷制热；门诊、手术部：空气源热泵冷热水机组		行政宿舍：多联机医技：多联机＋恒温恒湿空调机组
美兰湖国际妇婴保健院	2012	离心式水冷冷水机组＋螺杆式水冷冷水机组＋土壤源热泵机组	燃气热水锅炉	手术室过渡季：螺杆风冷热泵
长征医院浦东新院	2012	离心式冷水机组＋离心式热回收型冷水机组＋热回收型空气源热泵机组	燃气热水锅炉	北楼：河水源分体热泵型多联机 医技：多联机
复旦大学附属华山医院临床医学中心	2014	园区能源中心冷源，板式换热器换热供冷三联供	园区能源中心热源，板式换热器供暖＋蒸汽锅炉	医技：多联机＋独立新风系统 后勤：多联机
复旦大学附属肿瘤医院医学中心	2016	水冷式常温冷水机组＋水冷式高温冷水机组＋独立新风机组	燃气热水锅炉	医技：多联机＋独立新风机组

6. 学校建筑空调设备与相关技术的应用发展

1）学校建筑空调设备应用发展

20 世纪 80 年代，除高校的室内游泳池冬季需要设置暖气外，几乎所有的上海市学校建筑都没有设置空调设备，通常仅设置风扇解决夏季降温问题，冬季没有供暖系统。

从 90 年代开始，各学校根据自行条件与各建筑物的使用功能和使用时间逐步开始设置空调；新建学校也将空调系统同步建设。其中具有使用时间明确、使用频率高时间长的建筑，如行政办公楼、综合楼、教学楼中的教师办公室、图书馆、校医院、科研办公等，改善工作环境条件是最为迫切的，因此也是最先安装空调设备。其次，具有时间段变化断续使用，且对使用舒适性具有要求的建筑，如食堂，学生宿舍等，也随后逐步安装了空调。再次，对于寒暑假几乎不使用建筑，如教学楼的教室等，全年需要使用空调的时间较短的建筑是最后安装空调设备的建筑。当然，目前仍有不少学校教室没有设置空调。

学校生活热水在 21 世纪以前绝大多数采用的是锅炉供热方式，到了 21 世纪初，随着国家节能工作要求和企业降低运行成本的目的，开始逐步采用太阳能＋风冷热泵供热方式，目前已有很多学校的生活热水采用了这种方式。

2）学校建筑的空调系统型式

学校的空调系统型式很多，有集中冷热源机房提供空调冷热水型式，也有按建筑物设置空气源热泵机组冷热水机组的，但更多采用的是直接膨胀式的分体空调，有一拖一的，也有一拖多的多联机型式。

（1）空调系统型式主要根据各建筑物分布特点与使用时间特点确定。集中冷、热供应机房的供冷供热质量受气候条件影响小，适用于峰值负荷较大、建筑内各房间使用时间一致的大中型公共建筑，主要适用于高校中图书馆、综合楼及交流中心等单体建筑。

应用实例——同济大学教学科研综合楼

同济大学教学科研综合楼是一幢集教学、科研及办公等功能为一体的综合性建筑，由21层主楼和一层地下室组成，基地面积15 622 m^2，总建筑面积45 789 m^2，其中地上建筑面积37 808 m^2，地下建筑面积7 981 m^2。主楼空调冷源采用制冷主机加冰蓄冷装置，系统采用分量蓄冰方式，双工况水冷冷水机组与盘管蓄冰装置串联，主机上游设置。蓄冰装置采用6台塑料盘管蓄冰装置，蓄冰量为1.5万kWh，占设计日空调负荷总量的32%。主机采用2台双工况螺杆式冷水机组和一台常规螺杆式冷水机组；主楼空调热源采用两台燃气热水锅炉直接向空调末端提供空调供回水，单台燃气锅炉额定功率1 400 kW。

（2）学校中单体分散的建筑，往往使用时间需求不一致，同时对于夏热冬冷地区的学校建筑来说，寒暑假期会造成各类建筑或各个房间冬夏季空调使用时间明显不一致，因此对于这类建筑不适宜采用集中空调系统，通常采用空气源热泵机组或分散的直接膨胀式空调系统。直接膨胀式空调系统，不需要专门机房，布置方便，可以分别控制，独立计量，特别适合于房间数量多、区域划分细致的既有建筑。虽然这类空调室外机设置影响建筑立面，同时运行效率不如水源空调机组，但由于其使用方便灵活和便于用电计量的特性带来的人为节能的效果特别明显，因此在学校中有着广泛的应用，如教学楼、宿舍、医务室、食堂餐厅等几乎所有的建筑物。

空气源热泵机组应用实例——同济大学游泳馆

同济大学游泳馆位于四平路校区赤峰路校门东北区，总建筑面积5 500 m^2，其中地上一层建筑面积4 000 m^2，地下一层建筑面积1 500 m^2，包括池厅、浴室、健身房、接待室、办公室和辅助用房。该项目热回收型热泵系统，冬季以及过渡季节，机组均按照制热兼制生活热水运行模式工作。机组空调侧提供空调采暖以及泳池循环水的加热，热回收侧对沐浴用热水进行加热。夏季机组按照制冷兼制生活热水运行模式工作。机组空调侧提供空调制冷，热回收侧对沐浴用热水进行加热。同时考虑将太阳能加热装置作为辅助加热方式。

表 2.6 部分学校空调系统应用情况

学校名称	空调系统					
	普通教室	宿舍	办公综合	实训楼	食堂	生活热水
上海电子信息职业技术学校	风扇	风扇	分体空调	分体空调	分体空调	锅炉供热
上海城市管理职业学校	分体空调	分体空调	分体空调	分体空调	分体空调	太阳能 + 空气源热泵
上海农林职业技术学校	风扇	风扇	分体空调	分体空调 部分 VRV	分体空调 部分 VRV	锅炉供热、部分空气源热泵
上海工艺美术职业技术学校	分体空调	分体空调	分体空调 部分 VRV	分体空调	分体空调	燃气热水器
上海交通职业技术学校	风扇	风扇	分体空调	分体空调	分体空调	锅炉供热
上海健康医学院	分体空调	分体空调	分体空调	分体空调 部分 VRV	分体空调	锅炉供热
上海建峰职业技术学校	风扇	分体空调	分体空调	分体空调 部分 VRV	分体空调	太阳能 + 空气源热泵

7. 机场空调设备与相关技术的应用发展

1）上海航空港发展概述

上海航空港建设经历了初创、调整、曲折前进和新发展 4 个时期，改革开放后，随着我国民航业的快速发展，上海机场建设也进入了高峰期，成为我国三大国际航空港之一，到 2016 年底，上海拥有浦东和虹桥两大机场，4 座航站楼，7 条跑道，年旅客吞吐量超过 1 亿人次。

自 1999 年浦东 T1 航站楼及 T1 交通中心建成以来，在不到 20 年的时间里，先后建成了浦东 T2 航站楼及 T2 交通中心、虹桥综合交通枢纽（包含 T2 航站楼、交通中心、城际及高铁站）、浦东 T1 改造、虹桥 T1 改造及新建交通中心等项目，包括目前在建的浦东卫星厅和 T3 综合体，建筑总开发量达到 300 万 m^2。

上海机场建设的快速发展与我国空调行业的快速发展正好处于同步期，得益于空调技术、产品的发展，在虹桥和浦东建设中，采用了大量的新技术、新设备，创建了高效节能的示范案例，特别是大容量冷水机组和大型水蓄冷技术的应用，为我国机场能源中心设计树立了标杆。

机场建筑通常由航站区、工作区、空侧区三部分组成，航站楼是航站区内最重要、体量最大的建筑，也是设计关注的重点，由于旅客视觉和心理的需要，航站楼建筑一般均由大跨度、大空间、玻璃幕墙和漂亮的曲线形屋面组成，其建筑能耗占到整个航站楼能耗的

40% ～ 50%，研究航站楼空调方式具有重要意义。

2）机场建筑空调设备及相关技术的应用与发展

机场建筑的空调系统具有区域大，空调冷、热负荷大，水系统输送距离远，使用时间不一致等特点。在高速发展之前，各建筑物以设置独立冷源、集中热源为主，冷热源方式也以常规制冷机组 + 锅炉为主，楼内的末端空调以全空气系统和风机盘管 + 新风系统为主。随着航站楼体量增大以及航站楼屋面以钢结构曲面为主，在航站楼内设置冷热源无法解决冷却塔和烟囱的设置问题，在陆侧设置能源中心成为首选。浦东目前建成 2 个能源中心，分别服务于 T1 和 T2 航站楼及相应配套用房，规划中将建设 4 个能源中心，目前已开始实施第 3 个能源中心，虹桥目前建成 3 个能源中心，分别服务于 T2 航站楼、交通中心以及 T1 航站楼。在冷热源方式上，也从单一方式向多元化系统组合上转变。根据上海地区的能源政策和能源价格，在浦东的 1# 能源中心采用了基于天然气的分布式供能系统 + 电制冷机组，冷水机组采用了约克公司的 OM 型机组，单台容量达到 14 343 kW，发电机组采用燃气轮机，单台燃气轮机发电机组容量为 4 MW，同时采用了单台制冷量为 5 274 kW 的双效蒸汽溴化锂机组，这在 20 世纪 90 年代空调冷热源设备选用上是一个突破。在浦东 2# 能源中心的设计中，通过分析研究，采用了高压离心式冷水机组 + 水蓄冷的方案，单台冷水机组的容量为 7 032 kW，同时采用了蓄冷量为 2.8 万 RTh 的水蓄冷罐 4 个，单个直径为 26 m，高度为 22 m，实际容积为 11 600 m^3，这在当时是水蓄冷技术应用上的一个突破，随着水蓄冷技术的不断成熟和研究的不断深入，在虹桥能源站采用的单个蓄冷水罐直径达到 33 m，高度为 31 m，公称容积 2 万 m^3，蓄冷量达到 53 355 RTh 的水蓄冷罐。浦东机场卫星厅能源中心单个水蓄冷罐的容积更大，达到了 3 万 m^3。水蓄冷罐技术在机场项目的成功应用，是研究、设计、产品的有效结合。

由于机场总体布局的限制和航站楼建筑体型的特点，集中空调水系统呈现输送距离长，水系统平衡困难的特点。浦东 1# 能源中心建设时，由于水泵变频技术尚未成熟，所采用的二级泵和用户泵均为定频，在设计浦东 2# 能源中心时，采用了赛莱默公司（ITT）的水泵变频技术，将水泵和控制系统整合在一起招标，采用最不利端压差控制和流量控制相结合的方法，取得了很好的实际效果。在之后的机场水系统设计中，变频技术在水系统的应用上全面展开，使水系统的实际运行能耗有了实质性的降低。同时，还在设计上不断创新，在虹桥 T2 航站楼设计时，采用了空调冷水直供系统，取消了之前设计采用冷水水—水板换将空调一次水和二次水隔开的方法，降低了一次侧和二次侧的水泵能耗，且通过冷冻热力监控系统的有效控制，使水系统在平衡、节能方面效果显著，成为后续项目参考的目标。

航站楼是航站区内最重要的建筑，在浦东 T1 设计时，还没有大空间节能的体系性研究，在节能设计与研究以及产品方面还存在盲区，随着我国节能设计体系的完善以及研究方法的建立，建筑节能在研究方法、设计及产品上均有很大提升，在浦东 T2 的设计中，以科研为先导，将被动式节能与主动式节能的研究相结合，在围护结构、自然通风、遮阳、自然采光、大空间气流组织、能耗分析、航班联动、空调冷水大温差技术、敞开式车库自然通风等方面展开研究，为航站楼量身定做了一套适合项目特点的节能方法。同时，通过浦东 T2 的实践，在虹桥 T2 的设计中，增加了内区冬季供冷的处理方法，同时，在 VVIP 的设计中，采用独立空调系统，解决了使用中存在的缺陷。在 2016 年完工的虹桥 T1 航站楼设计中，随着变频器处理谐波的能力加强和价格的降低，在风系统上采用了大量的变频技术，使风系统的节能向前跨进了一步。同时，通过实际运行回访和分析，将原来通过空调水系统四管制方法解决内、外区供冷调整为空调二管制 + 内区独立空调水系统，既节约了初投资成本，又使系统方案更切合实际运行。

Ⅰ. 上海浦东国际机场 T1 航站楼

上海浦东国际机场 T1 航站楼建成于 1999 年，总建筑面积 28.1 万 m^2，总高度 40.0 m。

同期建设的 1# 能源中心设有约克 OM 型离心式冷水机组 4 000 RT × 4 台、YK 型离心式冷水机组 1 200 RT × 2 台以及一套功率为 4 000 kW，10.5 kV 油气两用的燃气轮机发电机组，一台 11 t/h 生产 0.9 MPa 蒸汽余热锅炉，外配总量为 110 t/h 油气两用辅助蒸汽锅炉和总产冷量 24 400 RT（其中电制冷 18 400 RT、双效蒸汽溴化锂制冷 6 000 RT）制冷设备，负责向机场 T1 航站楼、综合办公区、航空食品配餐区、货运区、商务设施区、磁悬浮车站及车站宾馆等 60 万 m^2 建筑物供应冷热源。航站楼主楼范围内共采用了 242 台立式、卧式的组合式空调箱，风量范围从 5 200 ～ 35 000 m^3/h，包括 22 台卧式全新风空气处理机组。其中位于 9.2 m 至 12.8 m 之间的技术夹层布置了 220 台卧式组合空调箱，循环处理 ± 0.000 层及 12.8 m 层大空间内的空气。位于主楼 16.10 m 层的空调机房，集中了主楼全部的新风处理机组，共 22 台。航站楼长廊范围内共采用了 185 台立式、卧式组合式空调箱。风量范围从 5 000 ～ 29 000 m^3/h，包括 20 台卧式全新风空气处理机组。所有空调箱主要位于 ± 0.000 的 21 个空调机房，以及 + 6 m 层的 20 个空调机房中，就近向相邻的区域送回风。

上海浦东国际机场 T1 航站楼改造是在原 T1 航站楼内为南卫星厅配套，提高原有 T1 枢纽与中转能力而进行的局部改造，分新建和改建两个部分，总建筑面积 116 070 m^2，改造后整个 T1 航站楼可承担年旅客吞吐量 4 000 万人次的需求。T1 改造的冷热源除利用 1# 能源中心的富余量外，在出发层以上区域设置了 4 台风冷热泵，单台容量为 745 kW。空调水系统采用了二管制系统，将内区过渡季节和冬季供冷的负荷由风冷热泵来承担。送风方式充分结合了改造的可行性和气流分布的合理性。同时，在不停航施工的条件下，通过排摸、临建等方式保证了 T1 航站楼在改造期间的高效运行。

Ⅱ. 上海浦东国际机场 T2 航站楼

上海浦东国际机场 T2 航站楼 2005 年开工，2008 年 3 月竣工，总建筑面积 54.6 万 m^2，建筑高度 42.16 m，满足年旅客吞吐量主楼 4 000 万人次，长廊 2 200 人次的需求。T2

航站楼分主楼、连接廊以及长廊三部分，T2 航站楼的冷、热源由 2# 能源中心提供，能源中心距离 T2 航站楼 1 500 m，除为 T2 航站楼服务外，还服务于交通中心，并预留了 T3 航站楼的供冷和供热能力。

T2 航站楼共设有 10 个热力交换站房，热力交换站房内设有冷水及热水板式换热器，主楼空调机房大部分设置于地下一层，长廊机房主要设置于地面一层，大空间以全空气系统为主，空调机组的送风量在 20 000 ～ 55 000 m^3/h，大空间送风方式以条形喷口为主。

8. 码头空调设备与相关技术的应用发展

1）上海客运码头发展概述

上海十六铺码头是上海外滩最著名的码头，拥有 150 年历史。进入 21 世纪，十六铺码头的部分功能逐步被上海港吴淞客运中心和上海港国际客运中心替代。

2003 年坐落于宝山区的上海港吴淞客运中心正式启用，吴淞客运中心地处黄浦江与长江出海口交汇处，承担了国内多条水陆客运的长途航线，是上海水上客运门户。

2004 年开始建设上海港国际客运中心（又称“一滴水”），该项目东起高阳路，西至虹口港，北沿东大名路，南到黄浦江。规划占地面积 15 万 m^2，总建筑面积 41 万 m^2，由 13 个单体建筑组成。整个工程包括 850 m 国际客运码头的景观岸线、新建国际客运综合楼及配套商业、办公建筑群，同时建设滨江绿化和开放空间 8 万 m^2。客运中心还将拥有一个 18.1 万 m^2 的超大型地下空间，可同时停放 1 000 多辆汽车。

上海港国际客运中心码头和国际客运设施投入使用后，可满足 3 艘 7 万吨的豪华邮轮同时停靠，并提供全天 24 小时的引航、拖轮和联检服务。

2008 年始，上海港国际客运中心及各配套用房逐步开始启用。

2）码头建筑空调设备及相关技术的应用

上海港国际客运中心码头采用黄浦江江水源热泵系统作为空调冷热源。整个河水冷却系统涉及的主要设备有江水输送水泵、热交换器、空调冷却水泵和中央水冷离心制冷机。冷却水系统采用 20% 乙二醇溶液，以确保冬季江水温度较低时热泵机组的正常工作。水泵采用变频调速控制系统，根据热交换器二次侧水温差来调节水泵转速，在部分负荷时可节约大量的水泵能耗。水泵的启动台数与板式热交换器一一对应。

在地下二层靠近黄浦江侧设置水源热泵机房，机房内布置有 2 台大型离心式冷水机组和 6 台螺杆式水源热泵机组。离心式冷水机组单台制冷量为 4 563 kW；螺杆式水源热泵机组中，单台制冷量为 2 572 kW，制热量为 2 522 kW，共有 5 台，一台制冷量为 1 286 kW，制热量为 1 261 kW。冷冻水供回水温度分别为 6.5 ℃ /12.5 ℃，空调热水供回水温度分别为 45 ℃ /40 ℃。水系统采用二级泵变流量系统，根据负荷变化进行变频调速控制。

9. 会展建筑空调设备的应用

此类建筑物的空调系统具有系统制冷量大、冷媒输送距离远、高大空间气流组织宜造成温度梯度失控的特点，对各类制冷空调设备提出了新的要求。对于博物馆建筑来说还有恒温恒湿的要求，针对不同建筑物的空调系统使用特点，设计安全可靠、节能适用的制冷系统是十分重要的。

中华人民共和国成立后，百废待兴，1955 年建成的上海中苏友好大厦是 1949 年后上海最早的会展场所。1984 年正式定名为上海展览中心。

Ⅰ. 上海博物馆新馆

1993 年 8 月开工，1996 年 10 月 12 日全面建成开放。建筑总面积 39 200 m^2，建筑高度 29.5 m，地下一层半，地面四层半。上海博物馆的平面布局，分开放区、库房区、学术区、科研区、管理区、设备区等 6 个区域，现开设 12 个专题陈列室，展示的珍贵文物以青铜器、陶瓷器、书画为其特色，此外尚有钱币、玉器、雕塑、查印、少数民族工艺等。空调系统总冷负荷为 5 814 kW，采用了当时美国顿汉布什公司的制冷量为 1 371 kW 立式螺杆式冷水机组 4 台；热源采用 2 台蒸汽量为 4 t/h 的蒸汽燃气锅炉；四管制空调水系统和末端装置，各主要展馆都做到了恒温恒湿的精密控制。

Ⅱ. 上海科技馆

1998 年 12 月 18 日开工，2001 年 4 月基本建成。建筑面积 8.8 万 m^2。是当时国内在建的最大的科普场馆。该项目采用了 4 台 550 RT 的约克双工况螺杆式冷水机组加蓄冰能力为 9 240 RTh 蓄冰槽的空调冷源方案，充分利用谷电的低价来制冰，而后白天放冷，取得了良好的经济效益。同时该项目使用了变频调速水泵、动态平衡阀等新技术，取得了较好的节能效果。

Ⅲ. 上海新国际博览中心

建于 2001 年。位于浦东新区，有 17 个展厅组成，总建筑面积 35.3 万 m^2。每个展厅为 70 m × 164 m 的展览厅，建筑净高度 11 m。其空调设计的特点为每个展厅采用独立分散的空调系统，以避免集中式空调系统造成的冷热输送能耗。每个展厅设 5 台约克的风冷热泵冷水机组，设置在展厅长边的外侧。展厅的空调送风系统没有采用传统的风管系统，而是在展厅每边侧壁设置 11 台非标组合式空气处理机组，空调箱出风段设 6 个喷口，直接进行侧送侧回的气流组织方式。这种空调系统对于分期建设、灵活使用都带来了极大的便利。热泵机组维修方便，系统输送能耗小。展览中心的门厅采用了高速地板喷口送风，解决了高大空间的温度梯度问题。

Ⅳ. 中国航海博物馆

于 2010 年 7 月建成开馆，建筑面积 46 434 m^2，其中室内展览面积 2.1 万 m^2，是一座国家级的以航海为主题的博物馆。该项目采用了螺杆式冷水机组加燃气直燃式溴化锂吸收式冷温水机组为冷热源。高大空间的展厅采用了分层空调喷口送风的气流组织。部分展厅设置了恒温恒湿的精密空调系统。

Ⅴ. 世博会各展馆

2010年在上海举办的世博会为冷冻空调设备提供了一次很好的展示机会，由于展会在春夏季举办，因此各种冷源系统在不同的场馆得到广泛地应用，例如在各临时场馆中采用离心式制冷机组、燃气直燃式冷水机组所做成的区域供冷系统；在最佳城市实践区、世博会主题馆等采用江水源热泵系统区域供冷系统；在中国馆采用了螺杆式冷水机组和冰蓄冷系统；在世博轴还部分采用了地源热泵系统。

Ⅵ. 上海自然博物馆新馆

于2015年竣工使用，该馆的空调制冷系统采用了螺杆式冷水机组加地源热泵系统，充分利用土壤的热量和冷量这一可再生能源，低碳环保。

10. 体育建筑空调设备的应用

Ⅰ. 上海体育馆

于1975年建成竣工。可容纳1.8万人，是国内最大的体育馆。该馆采用了一冷厂生产的活塞式冷水机组加水蓄冷空调系统，蓄冷水池容积1 200 m^3，具有设计方便、运行可靠、节约投资的特点。1999年上海体育馆改建为上海大舞台，并对原有的冷源系统进行改造。此次改造采用了3台上海一冷开利公司的30HXC3003双螺杆式冷水机组，单台制冷量为1 050 kW。系统仍利用了原有的蓄冷水池，并利用夜间谷电价运行蓄冷，使用时释冷，取得了良好的经济效益和使用效果。

Ⅱ. 上海国际体操中心

于1997年竣工，该中心47 090 m^2，观众座位4 330人。空调系统冷源采用了3台制冷量为1 583 kW的螺杆式冷水机组，空调末端形式采用了低速全空气系统，空调箱集中处理的空气经观众席上部喷口送出，座位下部回风。

Ⅲ. 上海浦东游泳馆

建成于1997年9月，位于浦东陆家嘴金融贸易区南端，占地面积26 600 m^2，建筑面积21 922.94 m^2。比赛池区域拥有可容纳1 500人的观众席，馆内设大小会议室、贵宾室、多功能厅、购物商场、休闲区域及观众疏散大厅等，是一个集健身、休闲、娱乐、竞赛、训练为一体的综合性体育场馆。原有冷热源配置方案为两台螺杆式冷水机组和两台燃气锅炉，提供游泳馆全部用冷用热需求。根据对历年用能数据分析可知，单位建筑面积总运行费用为112～150元/m^2、燃气费用为50.2～83.6元/m^2，加热费用占比例达50%以上。因此该项目2009年进行了节能改造，减少用热能耗及费用是此次节能改造的重点。结合原有冷热源现状，采用分步实施的节能改造方案，逐步优化游泳馆用能系统，提出采用土壤源热泵+空气源热泵+燃气锅炉的复合式能源系统。即泳池水采用地源热泵加热，生活用热水采用空气源热泵加热，池厅区的供暖由原有的燃气蒸汽锅炉供热。取得了良好的节能效果。

Ⅳ. 上海旗忠森林体育城网球中心

于 2005 年竣工。旗忠网球中心主馆共 4 层：1 层平面中央是以网球比赛为主的多用途比赛大厅和主席台、1 层固定看台及活动看台。周边为几个比赛功能区和日常使用区域组成，如竞赛用房、贵宾区、新闻发布区及日常办公用房、会议室、多功能厅等；2 层为包厢；3 层以上为观众席；4 层局部设有电视转播包厢。本工程看台区为碗形建筑，屋顶为快门式可开启屋顶。工程设置舒适性中央空调，具体使用根据屋顶的开合状态确定。冷源采用 3 台 2 110 kW 离心式冷冻机，1 台 1 365 kW 螺杆式冷冻机，2 台 602 kW 空气源热泵机组。本工程屋顶可开启，屋顶存在缝隙，而且缝隙的大小不可预计，而缝隙的大小，直接决定空气渗透量的多少，尤其是冬季。设计观众席采用看台静压箱椅下送风方式，送风直接作用与观众区，以确保使用效果，使这一不利因素的影响减至最小，同时也极大减小空调作用空间，节省了运行能耗。实际运行情况，与预期相同，比赛厅存在较大空气渗透量，而观众区温度均匀，舒适。

Ⅴ. 上海东方体育中心

于 2011 年竣工。总建筑面积 160 477 m^2，其中包括综合体育馆：拥有 1.8 万座观众席；77 243 m^2；跳水游泳馆：拥有 5 234 座观众席，47 479 m^2；室外跳水池：拥有 5 000 座观众席，7 472 m^2；新闻中心：15 加 3 层，28 645 m^2，高 77.9 m。综合游泳馆、游泳跳水馆和新闻中心设集中冷源，冷冻机房设于新闻中心 B1 层。冷源配置：两台螺杆机（热回收型），单台制冷量 1 334 kW，制热量 1 652 kW；利用景观湖，设两台湖水源热泵冷热水机组，可满足新闻中心等日常制冷需求；另设离心机 4 台：一台制冷量 2 637 kW，三台制冷量 4 747 kW；加入运行，可满足峰值负荷需求。分别采用了一级泵变冷冻机水流量和二级泵变流量系统。空调末端形式：综合体育馆：观众席采用座椅下送风置换送风方式，送风效果好，并可节省空调运行能耗；游泳馆观众席空调系统，因观众与运动员的着衣差别，冬季观众席存在供冷需求，设计利用新风供冷，充分利用自然能，节省空调运行费用；体育馆、游泳馆等高大空间，过渡季均可利用可自动开启的高位消防排烟窗进行自然通风，减少空调运行时间，节省能耗。

2.2.3 部分重大制冷空调工程项目介绍

1. 东方明珠——上海广播电视台

东方明珠广播电视台是上海的标志性建筑，高度 468.8 m，位于上海黄浦江畔陆家嘴，与外滩一江之隔，是上海市景观的高潮区。塔体总建筑面积近 7 万 m^2，是集旅游、观光、娱乐、购物、餐饮、广播电视、发射以及空中旅馆等多功能的大型公共建筑。施工时间 1988 年到 1995 年。

根据电视塔多层次、超高度的特点，空调系统采用了分段设置的方法，设有几套大小不同的系统，均采用的空气源热泵作为冷热源。在下球和塔座部分选用了开利 30GQ120

型 20 台；上球分工艺和旅游观光部分，分别设置 2 台和 3 台开利 30GQ120 型机组；太空舱是开利 30GQ025 型 1 台，其余部分则每个单元设置一台开利 30GQ020 型机组，共 6 台。下球以下的系统中设 5 个运行组，即每 4 台机组为一个运行单元，设置一台水泵；这样冷水循环泵共有 6 台，其中一台备用。冬季设 5 台热水循环泵，其扬程低于冷水循环泵。

2. 上海中心

上海中心位于上海浦东陆家嘴金融贸易区核心区，主体建筑总高度 632 m，地上 127 层（可使用楼层 121 层），地下 5 层，总建筑面积 57.6 万平方米，是一座集办公、酒店、会展、商业、观光等功能于一体的垂直城市。2016 年 3 月上海中心大厦建筑总体正式全部完工。

项目设有低区能源中心与高区能源中心。低区能源中心设于地下二层，供冷设备以约克制冷主机为主，其中制冷量为 3 900 kW 离心式主机 2 台，制冷量为 2 150 kW 离心式主机 1 台，空调工况制冷量为 6 329 kW 双工况离心式制冷机 3 台及蓄冰总容量为 26 400 RTh 的冰盘管内融冰蓄冰槽。供热设备配置了蒸发量为 12 t/h 的油气两用蒸汽锅炉 4 台。高区能源中心设于 82/83 层，配置了六台离心式冷水机组供应高区空调冷水。

3. 2010 上海世博会

世博中心、世博轴和世博文化中心都采用了江水源热泵，且这三栋建筑物都离黄浦江边比较近，相互距离也不远，为了节约投资，设计将黄浦江取水口合为一个。

1）世博轴

世博轴位于黄浦江边，南北长 1 045 m，东西宽 99.5 ～ 110.5 m，地下地上各二层，建筑膜顶高度约 22 m，基地面积约 13.6 万平方米，总建筑面积约 25.2 万平方米。

世博轴空调冷热源充分利用了靠近江边的地理条件和巨大的基地面积，采用了江水源和地埋管式地源热泵联合的冷热源系统。世博轴冷热源主要设备配置见表 2.7。

表 2.7　世博轴冷热源主要设备配置

设备名称	数量	制冷量 /kW	制热量 /kW	备　注
北区、中区约克地源热泵螺杆机组	各 3	1 100	1 200	共 6 台
南区约克地源热泵螺杆机组	4	1 200	1 250	
开利江水源热泵螺杆机组	5	1 200	1 100	会中用 2 台
开利江水源离心机式冷水组	3	3 800	—	

2）世博中心

世博中心是 2010 年世博会运营指挥中心、庆典会议中心、新闻中心、论坛活动中心，总建筑面积约 14.97 万 m^2，东西长约 350 m，南北宽约 140 m，2009 年 10 月竣工。

世博中心空调冷热源充分利用了靠近江边的地理条件，冷源采用了江水源热泵 + 冰蓄冷 + 水蓄冷系统；热源采用江水源热泵 + 2 台 2 800 kW 的燃气热水锅炉。机房中主机配置情况：江水源热泵采用开利制冷量为 1 869 kW、制热量为 2 022 kW 的螺杆机组 3 台；开利双工况螺杆机组空调工况制冷量为 2 480 kW，制冰工况制冷量为 1 720 kW，共 2 台。采用了蓄冰量为 3 122 kW · h 的蓄冰槽 8 台。水蓄冷是利用 900 m^3 消防水池进行。蓄冰装置采用了 2 台换热量为 3 875 kW 的板式换热器；水蓄冷采用了 1 台换热量为 1 758 kW 的板式换热器。冬季采用了江水免费供冷用板式换热器 1 台，换热量为 500 kW。

3）演艺中心

世博演艺娱乐中心位于浦江南岸的世博核心区，地上 6 层，地下 2 层，建筑高度约 41 m，总建筑面积约 14 万 m^2。2010 年 3 月竣工。2010 年 4 月 30 日，中国 2010 年上海世博会开幕式成功举办。2010 年 11 月 1 日起，演艺中心更名为梅赛德斯—奔驰文化中心。

世博文化中心空调冷源采用了水源热泵机组和江水源双工况（冰蓄冷）系统；热源采用江水源热泵和燃气热水锅炉组成。世博文化中心冷热源主要设备配置见表 2.8。

表 2.8　世博文化中心冷热源主要设备配置

设备名称	数量	制冷量 /kW	制热量 /kW	备　注
特灵江水源离心式冷热水机组	2	2 198	2 541	
特灵江水源离心式双工况机组	3	2 285（空调工况） 1 554（制冰工况）	—	
蓄冰供冷用板式换热器	3	4 000	—	
江水免费供冷用板式换热器	1	2 200		
蓄冰槽	13	2 989（kW · h）	—	分量蓄冰 主机上游
燃气热水锅炉	2	—	2 800	采暖用
燃气热水锅炉	1		1 050	生活热水用

4）世博会中国馆

中国馆位于世博轴东侧，总建筑面积约 15.3 万 m^2，地下 1 层（部分为 2 层），建筑高度为 69.9 m。

中国馆的项目空调冷源采用冰蓄冷 + 基载主机系统的形式，热源采用燃气热水锅炉的形式。

中国馆冷热源主要设备见表 2.9。

表 2.9　中国馆冷热源主要设备配置

	设备名称	数量	制冷量 /kW	蓄冰量 /kW·h	换热量 /kW
冷源	特灵三级压缩离心式制冷机（双工况）	3	2 856/1 897（空调 / 制冰）	—	—
	特灵三级压缩离心式制冷机（基载）	3	2 865	—	—
	BAC 钢制蛇形盘管蓄冰槽	14	—	3 250	—
	乙二醇板式换热器	3	—	—	3 930
热源	燃气热水锅炉	3	3 000（制热量）	—	—

5）城市最佳实践区能源中心

上海世博会的城市最佳实践区能源中心主要为满足浦西世博园 E 片区建筑物会展期间和会展后的空调需求。会展后总建筑面积将增加至 35 万 m^2。设计利用原南市发电厂黄浦江水的取水与排水管道，采用江水源作为热源热汇的区域集中冷热站，达到节能、环保、生态、美化环境的目的。

该冷热站主要设备配置情况见表 2.10。

表 2.10　E 片区能源站主要冷热源设备

设备名称	数量	制冷量 /kW	制热量 /kW	备　注
约克江水源螺杆式冷热水机组	2	2 096	2 272	
约克江水源离心式冷热水机组	1	9 103	10 101	
约克江水源离心式冷水机组	4	7 032	—	
燃气热水锅炉	4	—	2 800	冬季辅助加热

4. 漕河泾能源中心

漕河泾现代服务业集聚区二期（一）工程位于漕河泾开发区的中心位置，是以现代、时尚、生态、高科技为概念特征的商务办公区，总建筑面积约 48 万 m^2，分两期建设。地上有多栋高层建筑组成，地下 1 层，用作机动车库，设备用房及整个地块的区域能源中心。其冷源主要设备配置表见表 2.11。

表 2.11　冷源主要设备配置表

	设备名称	数量	制冷量 / 蓄冰量（kW）/（kW·h）	备　注
冷源	约克三级压缩离心式制冷机（双工况）	4	5 627（空调工况）	首期 2 台
	约克离心式制冷机（基载）	2	3 517	首期 1 台
	蓄冰槽	1	105 800	—
热源	燃气热水锅炉		2 800（制热量）	多栋建筑分散布置

2.2.4 建筑空调工程专业设计院所的建立和发展

上海1949年前，建筑设计业务几乎空白。1950—1952年为经济恢复时期，国家提出确定以发展工业为主的建设方向。上海市政府就着手筹建国营设计单位，1952年以上海市营造建筑工程公司设计组为基础，组建了上海市建筑设计公司（筹），1954年改为华东工业建筑设计院。进入第一个五年计划（1953—1957年），为适应国家重点建设工程需要，上海又组建了一批专业勘察设计机构。1953年成立了上海建筑工程局生产技术处设计科，这是上海第1家市属设计单位，也就是上海市民用建筑设计院的前身。“两院”筹建均得到了市政府的全力支持。此后，上海市各类建筑设计单位逐步发展壮大。

50年代，国家经济还非常困难，基本建设特别是楼堂馆所等非生产性建筑属严格控制项目。上海建设投资十分有限，就采用“充分利用合理发展”的方针和“改建为主新建为辅”的做法，完成了一大批老企业的扩建改建设计，解决了一部分城市居民的住房困难问题，也承担了很多内地的重点建设项目和国防工程。同时上海也抽调大批技术力量支援内地建设。

60年代上海地区勘察设计单位率先响应“在适用经济的条件下尽量做到美观”的建筑创作方针，承担了高等院校、大跨度车间焦炉仓储、冷藏库、生物试验基地等工业建筑与设施的设计任务。这段时期，上海派遣勘察设计人员奔赴边区，承担“大三线”、“小三线”和上海后方基地建设任务。

1966年开始的“文化大革命”，全国勘察设计行业受到严重影响，建设项目基本处于停顿。但上海的勘察设计人员怀着事业心和使命感仍然完成了一批重大工程的勘察设计任务，如梅山铁矿生活区、大屯煤矿等项目。进入70年代，上海设计完成了上海体育馆、上海电视发射塔、高层住宅建筑群、金山石化总厂等具有重大的政治文化和经济意义的项目。

1978年十一届三中全会后，全面实施改革开放政策，上海勘察设计行业进入高速发展时期。1982年上海闵行、虹桥、漕河泾三个开发区批准建设；1990年国家批准开发浦东。从此步入上海市建设和固定资产投资持续高速发展阶段，上海勘察设计市场也进一步对外开放，国内外、境内外勘察设计单位像雨后春笋的成长，上海勘察设计行业得到了迅速发展。

1. 华东建筑设计研究总院

华东建筑设计研究总院（以下简称“华东院”），是中国最具影响力的建筑设计机构之一，由原华东建筑设计研究院有限公司改制更名而来，是华东建筑集团股份有限公司中从事高端项目的核心设计主体。1952年5月19日，有200余人的“华东建筑设计公司”（华东院前身）在汉口路151号正式成立。这是第一个拥有建筑、结构、水暖电、预算、测量、钻探、地质等专业的综合性国营设计勘察公司，自初建起，就汇集了国内建筑界一大批精英人才，成为当时备受瞩目的实力雄厚的设计单位。60余年来，凭借雄厚的技术实力和持之以恒的创新发展，华东院始终屹立于行业前沿，成为中国本土最具国际竞争力的建筑设计企业。

秉承“设计时代精品，引领美好生活”的企业使命，华东院始终坚持客户导向、社会导向，密切关注并深刻理解设计行业最重要的发展趋势，集成并提升各专业和各专项技术的高端核心竞争能力，持续推进服务模式创新，致力于为客户提供涵盖项目全生命周期的全方位、多样化的价值需求，为客户量身定制优秀设计产品。多年来，凭借先进的设计理念、精湛的技术、丰富的经验和专业高效的服务管理，华东院在城市规划、城市综合体、超高层、办公、酒店、商业、交通枢纽、文化旅游、观演会展、轨交上盖、地下空间等众多产品领域内完成了一大批具有挑战性的重大工程实践；并通过不懈的努力，将常规的建筑设计推进到更高的层次，不断提升项目价值，进而实现客户价值的最优化和社会价值的最大化，稳步提升高端市场的占有率及美誉度，树立中国自主品牌的标杆。

华东院坚持“立足上海、服务全国、面向国际”的发展战略，60余年来硕果累累。在上海，华东院承担了上海一半以上的标志性建筑设计任务，是上海“四个中心”建设的骨干企业，并因对上海世博会做出的杰出贡献，被党中央、国务院授予“上海世博会先进集体”称号；在中国，华东院在31个省份都有地标性设计作品，是国家城乡建设的排头兵；在海外，华东院的设计作品遍及世界七大洲的23个国家和地区。完成或在建的工程设计及咨询项目数以万计，获得国家、建设部、省市级优秀设计奖、优秀工程奖、科技进步奖、优秀标准设计等各种奖项累计700余项，并培养了包括院士及国家设计大师在内的许多杰出专家人才。

尤其是进入21世纪，顺应专业化、国际化的行业发展趋势，华东院围绕“国际理念、中国实践”的定位，对标国际，着眼行业前沿，通过变革生产组织模式和创新发展理念，聚焦设计价值链的前端和高端，聚焦专业和专项技术高端核心竞争能力的提升，以“创意彰显价值，品质构筑未来”引领全院质量文化，专注成为行业的领跑者，致力于为客户提供国际品质的高端设计服务，打造“中国设计、国际品质、属地服务”的自主品牌形象。在参与众多项目的国际性设计竞争中，凭借国际水准的设计理念、创意和品质把控能力，对当地客户和项目需求的深刻理解，以及强有力的国际国内技术资源整合能力和设计总包管理能力，华东院有效推动了大批大型复杂项目的顺利实施，承接了中国博览会会展综合体、中央电视台新台址、苏州中南中心、中组部办公楼、港珠澳大桥珠海口岸工程、天津117大厦、武汉中心、世博中心、世博文化中心、虹桥综合交通枢纽等为代表的一系列国际国内具有重要影响力的自主品牌的原创项目，在超高层、高端酒店、交通枢纽、办公、会展、观演等建筑专项领域形成了领先的品牌竞争力，成为国内领先，并具有国际竞争力的国际化建筑设计企业。

近年来，随着中国城市发展从增量发展向盘活存量和增量并行，华东院敏锐捕捉行业发展新趋势，勇立潮头，引领市场新需求，创造客户新价值，倾力打造城市更新与城市设计、新兴产业园区、TOD 模式的城市综合功能区与地下空间综合开发、既有街区与建筑更新与保护、农村特色小镇的更新与活化、文化旅游、健康与养老产业等新兴重点专项领域的核心竞争力，不断满足客户和社会的新需求，致力于在新一轮的中国城市发展中发挥积极的行业引领作用。

目前在编暖通设计人员有 100 多名。除了设计完成各类建筑中的空调冷热源外，还完成较有规模与特色的项目主要如下。

1）冷库项目

➢ 1982 年设计了苏州市食品公司水产冷藏厂（水产食品公司）1 000 t 冷库；

➢ 1987 年设计了舟山海洋渔业公司冷库的万吨冷库。

2）冰蓄冷项目

➢ 1999 年设计了国家电力调度中心项目，建筑面积：8.3 万 m^2，冰蓄冷（盘管式内融冰），蓄冰量：6 800 RTh，选用螺杆式双工况主机容量 420 RT 3 台，首次在项目中设计冰蓄冷系统；

➢ 2003 年设计了中央电视台新台址工程项目，建筑面积：60 万 m^2，蓄冰量（盘管式外融冰）：22 800 RTh，选用双工况离心式主机容量 1 900 RT 2 台；

➢ 2004 年设计了江苏广电城项目，建筑面积：12.6 万 m^2，冰蓄冷（盘管式内融冰）：4 300 RTh 2 台，选用双工况螺杆式主机容量 410 RT 2 台；

➢ 2005 年设计了上海南站北广场工程项目，建筑面积：7.22 万 m^2，蓄冰量（盘管式内融冰）：5 300 kW・h，选用双工况螺杆式主机容量 530 RT 2 台；

➢ 2005 年设计了华能大厦，建筑面积 13 万 m^2，蓄冰量 12 600 RTh（44 100 kW・h）；

➢ 2006 年设计了南京会展中心现名为南京博览中心，建筑面积约 21 万 m^2，冰蓄冷空调冷源：采用离心式基载主机和双工况制冷主机，蓄冰量 3.9 万 kW・h；

➢ 2009 年设计了世博中心项目，建筑面积：14.2 万 m^2，蓄冰量（盘管式内融冰）：7 200 RTh，水蓄冷：2 150 RTh，选用双工况螺杆式主机容量 690 RT 2 台，该项目空调冷热源结合江水源热泵；

➢ 2014 年设计了上海虹桥国际机场 T1 航站楼改造，建筑面积：12.9 万 m^2，水蓄冷：26 340 RTh，选用离心机 1 100 RT 3 台、550 RT 2 台；

➢ 2014 年设计了森兰外高桥商业商务区区域供冷供热项目，总建筑面积 7 220.27 m^2，冷热源：冷源由蒸汽 / 天然气双源溴化锂吸收式冷热水机组，蒸汽溴化锂吸收式冷水机组，离心式双工况冷水机组（空调工况运行）、离心式基载冷水机组和外融冰蓄冰装置制备。采用外融冰供冷方式，蓄冰槽内冰盘管蓄冰总容量为 28 260 RTh；

➢ 2014 年设计了上海市虹桥国际机场扩建工程东航基地（西区）二期配套工程项目，

建筑面积 24.9 万 m^2，水蓄冷 9 600 RTh，选用离心机 1 300 RT 4 台，650 RT 2 台；

➢ 2016 年设计了上海浦东国际机场三期扩建项目能源中心，建筑面积 9 907 m^2，水蓄冷 142 900 RTh，选用离心机 2 000 RT 12 台。

2. 上海建筑设计研究院有限公司

上海建筑设计研究院有限公司（以下简称“上海院”）是一家具有工程咨询、建筑工程设计、城市规划、建筑智能化及系统工程设计资质的综合性建筑设计院，也是中国最具影响力的建筑设计机构之一，被评为建筑设计行业“高新技术企业”，通过国际 ISO9001 质量保证体系认证，在国内外享有较高的知名度。成立至今完成 2 万多项工程的设计和咨询，作品遍及国内 31 个省市自治区及全球 20 余个国家和地区，其中 700 多项工程设计、科研项目、规范标准获国家、建设部以及上海市优秀设计和科技进步奖。60 多年的积淀与发展将上海院的历史与国家、城市发展的各个时期紧紧联系在一起，在新中国建设史上留下了一页页骄人篇章。

1953 年 1 月，为迎接新中国第一个五年计划建设高潮的到来，上海市人民政府抽调了一些设计人员成立了“上海市建筑工程局生产技术处设计科”。这个小小的设计科就是如今上海院的根苗，之后她不断发展，不断吸收各方面的优秀工程技术人员，于 1956 年 5 月正式改名为“上海市民用建筑设计院”（简称“民用院”）。随着祖国建设的蓬勃发展，上海院的隶属关系经历了多次更迭和发展。1962 年 11 月曾更名为“上海市规划建筑设计院”，1975 年 6 月又恢复为“上海市民用建筑设计院”；1993 年 9 月，为深化改革，转换经营机制又更名为“上海建筑设计研究院”；1998 年与华东院合并，组建上海现代建筑设计集团，成为国内建筑设计行业第一家完全走向市场化的大型企业集团公司。1999 年，上海院经企业化改制为“上海建筑设计研究院有限公司”。

20 世纪 50 年代，上海院主要承担了上海市的住宅、学校、医院、文化建筑等与民生相关的建筑设计项目，如大舞台，天蟾舞台、中国大戏院、大光明电影院、大上海电影院等。60 年代，上海院对口机电局、手工业局、仪表局及若干郊县的建设项目，承担了各种大跨度车间、焦炉、仓储、冷库、生物试验基地等工业建筑与设施的设计项目。70 年代，虽然受“文化大革命”的影响，设计业基本处于停顿状态，但还是完成了上海市一些具有影响的重点项目，如上海体育馆、上海电视台演播楼等。80 年代开始，上海院加快了改革开放步伐，与境外合作交流开阔了视野，推动了设计水平上了新的台阶，逐步成为在国内外享有较高知名度的设计单位；设计完成了众多国内外瞩目的建设项目，如上海博物馆、上海金茂大厦、上海证券大厦、上海明天广场、上海科技馆、东方电视大厦、上海图书馆、上海市政府大厦、中信泰富广场、上海新世界博览中心、上海第一八佰伴、虹桥迎宾馆、上海新锦江大酒店、浦东新亚汤臣大酒店、静安希尔顿酒店、上海游泳馆、上海国际赛车场等。

进入21世纪，上海院致力于建筑设计的专项市场研究和创新，在着眼于体育建筑、医疗建筑、酒店建筑、文化建筑、办公建筑、商业建筑、会展与博览建筑、教育建筑、科研建筑、优秀历史及保护建筑、住宅建筑等核心设计领域的同时，依托雄厚的人才、技术积累实施多维度的技术开拓，不仅在大跨度空间结构及新型结构设计、超高层设计方面开展前瞻性技术研究，更致力于绿色与节能建筑设计、低碳和可持续发展的城市规划设计、数字建筑集成设计、智能化系统设计等专项技术研究与工程应用，形成专业研发团队与设计团队相互促进共同发展的格局，为国内外客户提供优质的一体化服务。完成了上海光源工程、上海市公共卫生中心、华山医院门急诊楼、上海市儿童医学中心、上海港国际客运中心、上海港国际服务中心、中国航海博物馆、世博中国馆、上海质子重离子医院、上海东方体育中心、和平饭店保护与扩建工程等众多著名项目。

目前，上海院在编暖通设计人员有80多名。除了设计完成各类建筑中的空调冷热源外，还完成如下较有规模与特色的项目。

➤ 60年代设计了上海外贸冷冻厂万吨冷库，当时其规模与设施属于历史之最；

➤ 1981年完成的上海宾馆，是中华人民共和国成立后自行设计建造的第一幢高度超过国际饭店的四星级国际旅游宾馆，总建筑面积4.3万m^2。采用了一冷厂第一代100万kcal/h离心式冷水机组4台；

➤ 1985年合作设计完成上海静安希尔顿酒店，总建筑面积7.3万m^2。当时视作中国内地的第一家世界级的酒店，采用4台开利1 937 kW离心式冷水机组；

➤ 1986年合作设计完成新锦江大酒店，采用5台三菱重工1 846 kW离心式冷水机组；

➤ 1991年合作设计完成上海国际贸易中心，采用5台离心式冷水机组，总制冷量8 790 kW；

➤ 2000年设计完成了上海科技馆项目，率先使用了冰蓄冷空调冷源项目，蓄冰量32 400 kW · h；

➤ 2004年设计完成了上海国际赛车场（F1）一期工程，该项目采用了3台2 461 kW离心式制冷机组，其中一台变频调速控制；

➤ 2008年设计完成漕河泾现代服务业聚集区采用了冰蓄冷区域供冷系统，采用2台800 RT基载离心机和4台1 600 RT双工况离心机，蓄冰量114 800 kW · h；

➤ 2009年设计完成的上海港国际客运中心，建筑面积40万m^2。该项目利用了黄浦江水作为可再生能源，采用离心式冷水机组＋江水源螺杆式热泵机组的作为区域使用的空调冷热源；

➤ 2009年设计完成的上海世博会中国馆，总建筑面积15.3万m^2。冷源采用4台制冷量为2 177 kW双工况螺杆式冷水机组和3台制冷量为2 813 kW离心式冷水机组，并设置14台容量为3 250 kW · h的整体式蓄冰槽。热源采用燃气热水锅炉；

➢ 2009 年设计完成的上海东方体育中心，2011 年第十四届国际泳联世界锦标赛主赛场馆，总建筑面积 16.1 万 m^2。冷冻机房设两台螺杆式湖水源热泵（热回收型），单台制冷量 1 334 kW，制热量 1 652 kW；4 台离心式冷水机组，其中 1 台制冷量 2 637 kW，另有 3 台单台制冷量 4 747 kW；热源采用真空锅炉；

➢ 2010 年设计完成的第二军医大学第三附属医院安亭院区工程，建筑面积为 17.7 万 m^2，总床位数 1 102 床。该项目空调主要冷源采用 2 台制冷量为 4 220 kW 的离心式机组和 2 台制冷量为 1 404 kW 的螺杆式机组；同时利用医院污水采用了土壤源热泵系统 + 污水源热泵系统；

➢ 2012 年设计完成的上海国际金融中心项目总建筑面积 51.3 万 m^2。整个基地设有 2 个独立的冷冻站：1 号冷冻站采用三台制冷量 3 000 kW 离心式冷水机组（单台）和一台制冷量为 1 400 kW 热回收型螺杆式冷水机组；2 号冷冻站采用 9 台制冷量为 3 700 kW 的离心式冷水机组（3 台为双工况机组），采用外融冰蓄冷系统，蓄冰容量为 57 300 kW · h；

➢ 2014 年设计完成上海国际航运服务中心项目，建筑面积 52 万多平方米。该项目利用了黄浦江水作为可再生能源，采用双工况冷水机组制冷与制冰 + 螺杆式热泵机组的作为区域使用的空调冷热源，蓄冰量为 13.3 万 kW · h；

➢ 2014 年设计完成的上海星港国际中心项目，总建筑面积 44.4 万 m^2，采用内融冰蓄冰系统，3 台双工况水冷离心式制冷机组，单台空调制冷量为 6 330 kW，采用常规工况主机 3 台，1 台螺杆式冷水机组，单台制冷量为 1 434 kW；2 台离心式冷水机组，单台制冷量为 3 165 kW。内融冰蓄冰系统总的蓄冷量为 9.6 万 kW · h。

3. 上海市建筑科学研究院有限公司

1）背景概况

上海市建筑科学研究院有限公司（以下简称“上海建科院”）成立于 1958 年。

上海建科院是一家从事以检验检测和技术咨询为主的国有科技服务企业，获“全国产品和服务质量诚信示范企业”“上海品牌”等荣誉。上海建科院始终坚持科技创新，引领行业技术发展，在建筑节能与绿色建筑等领域处于国内领先地位。

2）创建与成长

上海建科院的发展始终与国家建设紧密相连，1958 年 2 月 28 日，上海市人民政府决定将原属国家建工部华东工程管理总局的“材料试验所”和原属上海建筑工程局的“建筑施工技术研究所”合并，建立“上海市建筑施工技术研究所”，隶属于上海市建筑工程局。

1958 年 9 月，上海建筑工程局决定按学科专业分工，成立“上海市建筑材料研究所”和“上海市建筑施工技术研究所”实行统一管理。

1963 年 1 月，上海市建筑工程局再次将“上海市建筑材料研究所”和“上海市施工技术研究所”合并，更名为“上海市建筑科学研究所”，从此建科所的科学研究专注于

“面向生产、面向经济建设，为生产建设服务”。

1978 年，建科所由上海市建筑工程局划归上海市基本建设委员会领导，并建立党委建制，开始明确综合性建筑科研单位的发展定位，从而奠定了今天上海建科院发展的基础。

1980 年以来，建科所先后成为上海市科技改革试点单位、合同制改革试点单位、科研院所所长负责制改革试点单位。

1990 年，伴随着浦东开发开放的脚步，建科所开始走上持续发展的快车道。这个时期，上海的建筑业步入了高速发展阶段，浦东开发、旧城改造、重大市政和重点工程建设都对建筑科研工作提出更高的要求。建科所围绕建设领域的重点需求，进行学科整合，进一步向综合性建筑科研领域拓展。

1993 年，上海市建筑科学研究所更名为“上海市建筑科学研究院”，围绕重大建设项目和重点工程开展科技攻关，不断拓展科技研究领域。

从 1999 年起，我国大力推动科技体制改革，应用型科研院所纷纷转制为企业，上海 92 家科研院所也相继转制。2000 年 4 月，市政府批复“上海市建筑科学研究院”整体由事业单位转制为国有资产授权经营的科技型企业，名称为“上海市建筑科学研究院有限公司”。

2006 年 1 月，“上海市建筑科学研究院有限公司”更名为“上海市建筑科学研究院（集团）有限公司”。集团将科技创新与市场紧密结合，不断将科技创新成果通过工程实践进行转化应用，形成技术服务和系统服务能力，走上科技创新推动产业发展的良性轨道。

党的十八届三中全会以后，新一轮国资国企改革大幕开启。2015 年 4 月，集团按照市委、市政府和市国资委的部署，启动混合所有制改革，先后完成混改增资、引进战略投资者等工作。

3）综合服务能力

➢ 服务资质：上海建科院拥有 30 余项国家级、省部级技术服务平台和资质，在节能领域拥有包括国家绿色建筑质量监督检验中心、空调焓差综合实验室、半消声实验室、颗粒物实验室、电学实验室等国内一流的先进实验室；拥有国家级民用建筑能效测评机构、上海市碳排放核查第三方机构、上海市建筑能源审计机构、上海市节能量审核机构、上海市固定资产投资项目节能评审机构等服务资质，目前已形成公共建筑能效管理综合性服务平台，建立了国内一流的第三方检验检测和咨询服务机构；

➢ 服务人员：上海建科院现设建筑节能与能效提升等 6 个研究所、7 个子公司及 6 个驻外分公司 / 办事处，现有员工 900 余人，其中，国务院特殊津贴专家和上海市领军人才 4 名、教授级高工 32 名、博士和硕士 250 余名，中、高级职称人员占比超过 50%，其中节能领域的专业涉及建筑设计、建筑节能、暖通空调、智能控制、项目管理、技术经济等众多学科，汇聚了行业内综合性和专业性的优秀人才；

➢ 获奖情况：上海建科院始终坚持科技创新，引领行业技术发展，在高性能建筑材料与固废利用、建筑结构鉴定与加固、建筑节能与绿色建筑等领域总体处于国内领先地位。建院 60 多年来，共承担科研项目 1 000 余项，其中国家科技部项目 5 项、课题 30 项，部、市级课题 200 余项。获国家和部、市级科技奖励 330 余项，其中全国科学大会奖 19 项，国家科技进步奖 8 项，部、市级科技进步一等奖 12 项。主编或参编标准 300 余项，获专利授权 240 余项。

4）主要项目案例（空调）

2002 年浦东陆家嘴交银金融大厦室内环境与空调系统全年跟踪检测项目。对该大厦裙楼和南北办公塔楼的空调冷源机组性能、全空气系统及风机盘管新风系统运行工况以及各楼层典型房间和领导层房间空调参数进行检测。

2005 年英特尔新建集成电路研发中心舒适性空调系统调试：该项目位于闵行紫星路 800 号，为 4 层工业及配套用房，建筑面积约 22 600 m^2。主要工作包括：对空调风系统总风量、风系统平衡、风压，水系统冷冻冷却水总流量、水系统平衡、管道压力及输配系统平衡以及室内气流组织控制、空调自控系统进行调试。

2006 年受中国科学院上海微系统与信息技术研究所委托，对中科院上海微小卫星工程中心科研实验用房扩建工程中 2 台净化空调机组、2 台除湿空调机组、1 台变风量空调机组的综合性能以及净化等级 8 级的总装测试大厅和净化等级 7 级的精密测试间检测。

2008 年漕河泾开发区能源中心技术咨询：此项目 W19 地块位于漕河泾开发区的中心位置，采用冰蓄冷空调系统进行区域集中供冷。主要研究内容包括：双工况冷水机组性能测试、冷水一次泵、二次泵及冷却水泵的性能测试和分析、冷却塔风机运行功率测试、空调设备、空调系统及冷站夏季典型工况下的效率分析、系统运行经济性分析。

2009 年上海建科院 20 HP 空调焓差实验室联合军用空调生产厂家，对海军军用特种空调设备进行一系列研发试验，在实验室中模拟极限高低温工况，对特种空调的风量、制冷、制热量等参数进行检测确保该设备能在军用特种工况下稳定可靠地运行。

2009 年上海虹桥 T2 航站楼空调冷冻水三次泵直供系统特性研究项目。建立空调三级泵直供冷冻水系统的计算模型，对空调三级泵直供冷冻水系统指导调试，实现对空调水系统运行策略优化。

2009 年中国航海博物馆空调系统节能检测项目。对 23 套组合式空调和 1 套新风空调机组的总风量、电流与电压、噪声以及 200 个组合式空调机组末端风口风量、冷冻水总流量等参数检测。

2010 年受南通建工集团股份有限公司委托，根据规范要求，对中船长兴造船基地一期办公总部大楼的工程主楼、辅楼 1a1b、辅楼 4a4b 空调系统中风机盘管、组合式空调机组、新风空调机组进行抽检测试。

2014 年受上海市城乡建设和管理委员会委托，对上海市公共建筑空调冷热源系统进行节能改造技术研究，主要服务内容包括：对本市公共建筑中目前主要采用的空调冷热源系统形式进行调研，研究不同类型系统的主要特点。结合公共建筑能源审计工作成果，统计分析各类型冷热源系统的用能水平，剖析能耗影响以及能耗较高的系统主要存在的问题。针对实施节能改造的项目，统计在空调冷热源系统方面的主要节能改造技术，并分析其节能潜力以及针对主要节能改造技术进行经济性分析。

2015 年大型综合设施系统综合调适：迪士尼明日世界主题园区项目。对空调风系统、水系统平衡、管道压力及输配系统平衡、室内气流组织控制、空调自控系统进行调试以及室内热舒适性后评估。

2015 年中国博览会会展综合体项目，主要服务内容包括能效理论值测评、通风空调系统节能检测。

2017 年上海飞机设计研究院综合试验室厂房大厅新增中央空调项目，对风冷热泵机组制冷效率、室内温湿度进行现场检测。

2018 年上海市检测中心生物与安全检测实验楼空调风系统运行诊断及 BA 控制系统优化，服务内容：环境温湿度均匀性、空调机组（AHU）运行、室内外压差分布、排风机运行诊断以及空调风系统优化建议和自控系统控制与优化。

2019 年上海中外运长航上海世博办公楼空调系统诊断分析，服务内容：空调水系统一二次侧供给测试与评估、新风机组、组合式空调机组测试与诊断、自控系统控制与优化、系统运行能效评估。

2019 年星港国际中心风机盘管检测项目，依据国家现行标准要求，对 67 台风机盘管机组产品的供冷量、供热量、风量、出口静压、噪声、功率性能进行测试，并根据测试结果，最终形成检测报告。

2.3　上海运输业空调冷藏技术的发展

2.3.1　铁路运输业空调冷藏技术的应用和发展

1. 上海铁路运输冷藏技术的应用

1）上海铁路冷藏运输业的发展概述

铁路冷藏运输，是指采用铁路冷藏车运输易腐物品的一种物流方式，包括对易腐货物进行预冷和使易腐货物在运输过程中处于其适宜的冷藏温度环境之中。铁路冷藏运输是我国食品冷链的一个重要环节，上海则是我国办理冷藏运输最早地区之一。

20 世纪 50 年代，随着我国国民经济的发展和对外贸易的需要，我国开始发展食品冷藏运输。当时冷藏运输一大部分都是为出口苏联和供应中国港澳地区服务，上海又是全国主要的易腐货物运送基地，全国各地的易腐货物大部分都于上海进行转口。铁路冷藏运输发展的初始阶段，主要采用冰盐混合制冷的冰保车（盐冰保温车），然后依靠国外引进的

B20 型和 B19 型机械保温车，制冷效果较差。1952 年上海铁路总局建立了我国第一个铁路冷藏运输段——上海张华浜冷藏车段。1958 年我国铁路冷藏运输的重要基地杨浦车站建成。1959 年，上海交通大学、上海冷气机厂和铁道部青岛四方车辆研究所联合开发研制了制冷剂为 R12 的 JBS 型冷藏车。

在 20 世纪 80 年代至 90 年代期间，铁路冷藏运输业发展迅速，铁路承担的冷藏运输任务也越来越多，90% 的冷藏货物已经由铁路运输。1983—1985 年，上海承担了国家经委下达的“六五”科技攻关项目，成功地从舟山渔场由渔船运输冰鲜鱼至上海中转，再由冷板冷藏车直达北京市场，全程 1 700 余 km。使用 R22 制冷剂，制冷效果得到了提高。1979 年，我国开始自主研制冷板冷藏车，1981 年开始运行试验，1988 年正式研制出我国第一组四节式冷板冷藏车。为配合铁路冷板冷藏车的投产应用，上海于 1981 年建成我国第一座地面冷库附设的始发充冷站。自 1988 年起，铁路部门与上海市制冷学会合作，对提高 B6 型冷藏车制冷能力进行开发。1990 年初，上海铁路系统安装了我国自主研制的自动化管冰加冰机，并通过了 120 辆冷藏车装货试验。

2000—2010 年，是冷藏运输业快速发展的阶段。但重点是公路冷藏运输的发展，铁路冷藏运输的形势不容乐观。从 1996—2014 年，我国铁路承担的易腐货物运输量呈现下滑趋势。由 1 035 万 t 下滑至 40 万 t，市场份额不足 10%。铁路冷藏运输业的衰退，主要由于其运营成本高，运输速度受到限制，且无法满足灵活多变的运输站点，导致铁路冷藏业的衰退，我国铁路冷藏车辆的维护保养基地——上海机械保温车辆段已于 2007 年更改为中铁特货运输有限责任公司上海办事处。2011—2013 年，国家出台了 10 多项冷链物流相关政策规范。冷藏运输业成了热门的行业，但是以公路运输发展为主，铁路冷藏运输发展受到限制。

发展至今，上海地区铁路冷藏运输的主体单位为上海铁路局下属上海货运中心。上海承担铁路冷藏运输的货运站有我国铁路冷藏运输的重要基地——杨浦站、何家湾军工路水产专用线（冷藏海鲜与水产品的储运）、桃浦站上海食品加工有限公司专用线。

2）我国铁路冷藏运输的重要基地——杨浦站

上海铁路分局杨浦站地处上海市东北部的沪东工业区，占地面积 31.4 万 m^2，位于铁路何杨支线的终端。杨浦车站始建于 1958 年，1960 年 3 月建成，同年 7 月正式运营。而上海铁路局上海铁路分局 1953 年开办冷藏运输业务，前身业务办理点设在上海东站（现上海新客站位置），1960 年杨浦站建成后，布局调整将冷藏运输业务点由上海东站搬迁到杨浦站。至此，杨浦站的业务范围在整车货物、笨重零担基础上，还添设了上海铁路枢纽易腐货物运输发送和到达业务，承担着大批量辐射全国和港澳各地及经我国东北、西北口岸发往俄罗斯和东欧国家的鲜活易腐货物运输，一直保持着易腐货物无腐败责任事故的记录。为了更好地满足铁路冷藏运输要求以及加冰机械的机械化程度。1960 年起杨浦站开始进行多次技术改造。当年年底开始建造岛式加冰台，1962 年投入运用。1965 年又提出把岛式加冰台改建为跨线式加冰台，采用碎冰机、链斗输送机和加冰台上的双向移动皮带输送机相配合的加冰机械设计方案，经过半年多时间的施工，于 1965 年 10 月在杨浦站投入生产。这种跨线式加冰台是我国铁路冷藏运输加冰设备之首创，之后在全路普遍推广使用，1978 年获铁道部科技大会奖，被评价为：投资少、机械化程度高，能提高冰箱冷藏车冰盐制冷的效果，同时减少了 50% 劳动力，取得了显著的经济效益和社会效益。而后，冷藏加冰组又逐渐改建为冷藏运输和科学试验小组，到 1985 年升格为冷藏运输实验室。

1978 年 11 月中国制冷学会第四学组在济南举行的第三次学术交流会上，杨浦站作了“冷冻板制冷技术在保温车上应用的研究”学术报告。1979 年冷板冷藏车作为铁道部的科研项目，由部科技局主持，上海铁路分局杨浦站、武昌车辆工厂、上海铁道学院、青岛四方车辆研究所及上海市食品进出口公司联合组成了课题组，继续对铁路冷藏运输项目进行研制。1981 年第一套冷板制冷装置研制成功并安装在一辆新造的 B6 型冰箱冷藏车上进行试验，试验结果良好，1984 年通过了部级技术鉴定。1986 年又研制了五套冷板装置安装在五辆 B6 型冰箱冷藏车上进行扩大试验，为正式试制冷板冷藏车奠定了基础。1988 年 7 月，我国铁路第一组四节式冷板冷藏车在武昌车辆工厂试制出厂。遵照铁道部科技运〔1988〕120 号文和部科技局审定的技术要求，四节式冷板冷藏车在平均外温 30 ℃的条件下，车内温度应保持在 −8 ℃～ 5 ℃，使用地面专用充冷设施，一次充冷应可运行 100 h。1988 年 9 月该车组于杨浦站进行了静止试验，一次充冷试验成功。当月即投入上海至香港、广州的运行试验。试验中装运的冻肉、冻禽及冻鱼均达到 −10 ℃以下，鲜蛋及蔬菜保持在 0 ℃～ 6 ℃，所有运行试验都达到了设计要求；装运的易腐货物，特别是出口食品，质量好、换汇率高，得到外贸部门的好评。冷板冷藏车的经济效益尤为突出，一辆 B6 型冰箱冷藏车从杨浦站至九龙站的冰盐制冷费为 2 100 元，在相同的条件下，一辆冷板冷藏车的制冷费仅为 170 元。1989 年 10 月通过铁道部科技成果技术鉴定，1991 年荣获铁道部科技进步四等奖。

1990 年车站根据科研与生产相结合的需要，以杨浦站为基础成立了车间级的冷藏运输科技试验所。1992 年 7 月又派生设立冷藏运输服务公司，主要经营：制冰销售、代办铁路冷藏运输易腐货物发送前和到达后的接取送达服务、铁路冷藏车的清洗、消毒业务、易腐货物仓储及冷藏汽车运输等业务。1993 年 12 月与台商合资成立了上海二十一世纪冷藏运输服务有限公司，拥有一座 4 000 t 级冷库和 11 辆带制冷的箱式冷藏车，形成了集装卸、运输、仓储、短驳全方位门到门式的完整冷链服务。“冷冻板制冷技术在铁路冷藏车上应用的研究”和“四节式冷冻板冷藏车组”项目成果认证了冷冻板冷藏车是我国铁路冷藏运输有发展前途的新型运载工具。接着自带机组的第二代机械冷板冷藏车开始了研制工作，该车组由两辆车组成，每车自带制冷机组，保留了第一代冷板车节能、省钱、冷藏效果好、无腐蚀、无污染的优势，还对行驶途中采用专用的充冷装置进行了规避，具有运行灵活性和使广泛性、能在路网中自由通行的优点。而且自带机组可在有电源的任何车站装车，减少空载率，运用效率比第一代冷板车可提高50%左右。冷板冷藏车两次获得铁道部科技进步奖。

随着人民生活水平的不断提高，对食品保鲜的要求也越来越高，为了既满足深低温货物的运输要求，又能满足其他不同运输条件的冷冻、冷藏货物的需求，用冷板变温制冷系统来控制冷板车内的温度，既能使运输成本大大降低，又能保证货物运输质量良好。1998年杨浦站又开发了“冷板变温制冷系统的研究”项目。2000年3月通过上海铁路局技术鉴定，同年荣获上海市优秀科技成果发明选拔赛一等奖。

此外，杨浦站研制的自动化管冰加冰机，集制冰、加冰于一体，1992年1月通过铁道部技术鉴定，次年获铁道部科技进步二等奖，1994年编入高等学校教材《铁路冷藏运输》，为我国铁路加冰冷藏运输创造了相当可观的经济收益和社会效益。

随着我国市场经济的发展和铁路改革的逐步深入，铁路在计划经济下形成的冷藏运输经营模式无法及时适应市场的要求，与此同时，市场经济带来的地区产业结构调整，使鲜活易腐货物市场发生了很大变化，批量减少，由整化零。2002年原铁道部决定停造冰箱冷藏车，将既有的6 000多辆冰冷车，近一半改装成代棚车，剩余车辆到期后回送广州车辆厂再作改装处理。2004年9月，运行了14年多的杨浦站自动化管冰加冰机基于上述原因和本身设备老化、更新成本过高已无改造价值，做了报废处理。杨浦站冷藏运输业也随着铁路冷藏运输的萎缩而完成历史使命，但在我国铁路冷藏运输发展过程中还是保留着其辉煌的一页。其间取得的科技成果及所获奖项有：

➢“跨线式加冰台”获1978年铁道部科技大会奖；

➢“防止鲜蛋在冰盐冷藏车内湿损的制冷方法研究”获1983年铁道部科技成果四等奖；

➢“冷冻板制冷技术在铁路冷藏车上应用的研究”获1986年铁道部科技进步四等奖；

➢“海上保鲜技术和渔船冷藏冷冻工艺及设备研究”获1986年国家计委、国家经委、国家科委、财政部的“六五”公关成果奖；

➢“西兰花菜的气调冷藏运输”获1987年上海市人民政府科技成果三等奖；

➢“四节式冷冻板冷藏车组”获1991年铁道部科技进步四等奖；

➢“自动化管冰机配套在铁路冷藏车加冰系统上的研究”获1993年铁道部科技进步二等奖；

➢“机械冷板冷藏车”1997年4月通过部级技术鉴定，1998年获上海铁路局科技成果三等奖；

➢“冷板变温制冷系统的研究”获2000年上海市优秀科技成果发明选拔赛一等奖；

➢“自动化管冰厂水处理系统的研究”获2003年上海铁路局科技进步三等奖、上海市科技成果证书。

目前铁路冷藏运输已统一由中国铁路总公司特种货物运输中心管理，改革铁路冷藏运输的总体目标也日渐清晰，铁路冷藏运输的主打工具——铁路冷藏集装箱运输正在稳步推进，形成铁路冷藏运输的独特优势。

2. 上海铁路车辆空调技术的应用和发展

1）上海铁路车辆空调技术的发展

1949 年之前的中国铁路发展非常缓慢，铁道车辆上仅有简单的采暖设备。1955 年，滕兆武先生毕业于交通大学内燃机车专业并留校任教，开设了客车设备课程，讲授车辆空调内容，1964 年后课程改为车辆装备。1955 年江天箴先生毕业于交通大学内燃机车专业并跟随苏联专家攻读研究生，从事铁路冷藏车的研究，1958 年毕业分配到青岛四方机车车辆厂工作。1958 年，青岛四方机车车辆厂与上海交通大学合作，江天箴主持开发了低重心客车空调机组，这是中国开发的第一台轨道车辆空调机组。1960 年卢士勋车辆工程专业大学毕业后，师从滕兆武先生攻读研究生，从事轨道车辆空调系统研究工作，1965 年毕业，成为中国首位制冷专业的研究生。1964 年，京广线客车采用青岛四方机车车辆厂生产的空调客车，这是中国首次干线客车采用空调，采用开启式制冷压缩机。1965 年，北京—莫斯科客车采用空调，该空调列车是由青岛四方机车车辆厂生产的。这个阶段成为中国轨道车辆空调的开创时期。

20 世纪 70 年代初，南京冷冻机厂开发制造了轨道车辆空调机组，主要安装在餐车和高档卧铺车上使用，空调机组为分体式结构，采用 4SF7 系列半封闭式压缩机。20 世纪 70 年代末，青岛四方车辆研究所和石家庄车辆厂联合开发了采用螺杆式压缩机的空调机组，压缩机和空调机组都是由石家庄车辆厂生产，运行在北京至上海的 13/14 次列车上，这也是我国第一个全部装有空调的干线列车。1979 年，随上海交通大学起重运输系搬迁调到上海铁道学院的滕兆武先生组织西南交通大学、长沙铁道学院和大连铁道学院的有关人员合作编写了《车辆制冷与空气调节》教材，该教材于 1981 年正式出版并两次重印，曾经获得铁道部优秀教材二等奖，在业内非常有影响。

20 世纪 80 年代初，上海冷气机厂受北京铁路局的委托，广州冷冻机厂受广州铁路局的委托，相继开发了制冷量为 2 万 kcal/h 的 LCK20 型的车顶单元式空调机组，结构型式为平底前出风，石家庄车辆厂开发了 2.5 万 kcal/h 的 KLD25Y 型车顶单元式空调机组，结构型式为圆弧底下出风。这些是第一次采用了进口全封闭制冷压缩机，标志着应用全封闭压缩机的单元式空调机组成为轨道车辆空调机组的主流形式。随后，3 家轨道车辆空调厂都陆续开发了 KLD25Y 型和 KLD35Y 型空调机组，并成为当时 22 型铁路客车空调的主流产品。20 世纪 90 年代，铁道部开发了 25 型优质列车，空调机组的品种发展到几十种，应用空调的车辆包括硬座车、硬卧车、软卧车、餐车、发电车、邮政车、双层客车、机车等，KLD29、KLD35、KLD40、KLD9 系列型号为代表的产品。

1986 年，铁道部四方车辆研究所起草制订了第一个行业标准 TB/T 1804-1986《铁路客车空调机组》。1993 年，铁道部四方车辆研究所起草制订了 TB/T 2430-93《铁道客车车顶单元式空调机组型式与基本参数》、TB/T 2431-93《铁道客车车顶单元式空调机组技术条件》和 TB/T 2432-93《铁道客车车顶单元式空调机组试验方法》。2003 年，铁道部四方车辆研究所将上述 4 个标准进行了归并，制订了 TB/T 1804-2003《铁路客车空调机组》，并于 2009 年进行了修订，该标准是轨道车辆空调机组领域最重要的标准之一。1992 年，上海冷气机厂主持制订了机械工业部行业标准 JB/T 6420-92《单元式列车空调机组》，2005 年广州中车轨道交通装备股份有限公司主持制订了第一部轨道车辆空调的国家标准 GB/T 19842—2005《轨道车辆空调机组》。

1993 年 5 月 28 日上海轨道交通 1 号线正式运营，是中国最早的全列空调地铁列车。2002 年 12 月 31 日，世界第一条商业运营的高速磁悬浮线路在上海建成通车，空调系统是它的主要车载设备。

进入 21 世纪后，中国的轨道交通线路与装备发展迅速，青藏铁路、高速铁路、高速磁浮线、地铁线路不断开通，车辆空调作为车辆重要的车载设备得到了长足进步，上海地区的高校和企业做出了巨大的贡献。

2000 年 4 月，上海铁道大学与同济大学合并成立新的同济大学，轨道车辆制冷空调学科走上了快速发展的快车道，先后参与青藏铁路客车空调与供氧系统、高速列车空调系统、高速磁悬浮列车空调系统、地铁列车空调系统的设计支持，2016 年 11 月 10—11 日在同济大学成功举办了第一届轨道交通车辆技术研讨会，同济大学已经成为中国最主要的轨道车辆空调技术研究基地。

2）上海地区轨道车辆空调生产企业

上海地区及其周边是中国轨道列车空调机组与配件最重要的生产基地。目前开展轨道车辆空调业务的公司包括上海法维莱交通车辆设备有限公司、金鑫美莱克空调系统（无锡）有限公司、上海科泰运输制冷设备有限公司、上海加冷松芝轨道车辆空调有限公司、新誉集团、浙江利勃海尔中车交通系统有限公司等。

上海法维莱交通车辆设备有限公司成立于 1994 年，作为中国最早生产轨道车辆空调机组的厂家之一的上海冷气机厂，与德国哈格诺克车辆空调设备有限公司合资成立上海哈格诺克冷气机有限公司。此后，由于德国哈格诺克公司的母公司业务变更，公司更名为“上海法维莱交通车辆设备有限公司”。

金鑫美莱克空调系统（无锡）有限公司成立于 2008 年，是无锡金鑫集团与隶属于德国克诺尔集团下属的美莱克西班牙公司成立的一家合资企业。

上海科泰运输制冷设备有限公司成立于 2002 年，是一家专业化研发和制造运输制冷行业各类高端产品合资企业。

上海加冷松芝轨道车辆空调有限公司成立于 2002 年，是一家专业研发、制造、销售商用车和乘用车空调系统的外商独资企业。

新誉集团成立于2002年，是国家级高新技术企业，国家火炬计划轨道产业基地骨干企业，中国铁路总公司机车车辆配套重点生产企业。

浙江利勃海尔（LIEBHERR）中车交通系统有限公司成立于2006年，是一家中外合资企业。外方母公司是奥地利利勃海尔交通系统有限公司，中方母公司是广州中车轨道交通装备股份有限公司。

2.3.2 公路运输业空调冷藏技术的应用和发展

1. 上海公路冷藏运输技术的应用

中华人民共和国成立前直至20世纪50年代中期，我国公路冷藏运输实属空白。上海与其他省市同样，公路运输易腐货物是采用普通载货汽车，即使运输水产品也仅是添加碎冰来防腐。50年代后期为运输到苏联、东欧的出口冷冻肉禽类食品，开始用苏制“吉尔”中型汽车改装初级保温汽车作为公路运输工具。60年代初开始对大中城市居民实行肉类、水产和禽蛋等计划供应，商业部开始在全国重点地区布点改装保温汽车。1960年上海震旦机械厂以来料加工方式改装了约20辆，1964年和1965年又分别生产了189辆和100辆。随着震旦厂恢复为消防车和消防器材的主要生产企业，上海基本上没有再批量生产冷藏汽车。

改革开放后，我国开始引进国外先进技术生产冷藏汽车。镇江汽车厂1979年以技贸结合方式引进罗马尼亚罗曼（MOMAN）冷藏车车厢SKD件、罗曼载货车底盘和美国冷王（THERMO KING）牌制冷机组，组装冷藏汽车。首次采用了硬质聚氨酯发泡隔热层和分片组装隔热厢体，试制飞驰牌冷藏车。在1983年全国专用汽车改装汽车展评会上，样车从上海运送光明牌冷饮到北京展会现场引起轰动，优质冷饮口味也显出其冷藏车的卓越性能，飞驰冷藏保温车投产后很快居领先地位。接着又从美国引进“三明治”式厢板技术和装备，按国际标准建造冷藏车试验室。80年代后期和90年代初，通过与发达国家冷藏车企业合资合作生产或引进国外先进技术，我国冷藏保温车技术水平有很大提高，产能成倍增长。如济南汽车改装厂与德国考格尔（KOGEL）合资、北京与日本铃木（SUZUKI）合资组建北铃公司生产冷藏车；河南冰熊、河南红宇、北京天云、河南须河则先后引进关键技术和设备。

随着我国经济快速发展，人民生活极大改善，冷藏食品和冷藏运输结构也发生了极大变化。易腐食品消费数量和品种迅速增长，使食品结构及其经营业态发生很大变化。原来当日屠宰的鲜肉、鲜禽和各种点心逐步被速冻和冷鲜食品所取代；家乐福（CARREFOUR）、麦德龙（METRO）、乐购（TESCO）、沃尔玛（WALMART）等国际连锁品牌大卖场很快布点进入，联华、华联（包括吉买盛）、农工商等民族品牌大卖场及连锁超市兴起，极大改变了原有的食品经营业态；肯德基（KFC）、麦当劳（Mcdonald’s）、日本料理、韩国烧烤等外国品牌快餐集中生产、连锁经营的模式，也推动了传统快餐和各种点心集中烹饪、分散销售的连锁经营；上海等自产自供不足的大中城市由政府主导建设

“菜篮子工程”，在本地和外省市设立易腐食品生产供应基地。首先形成了由食品生产基地—配送中心—大卖场超市、新型菜场（包括驻场的销售网店）的新的冷藏运输模式，冷藏食品销售和冷藏运输季节性现象基本消失。其次，是公路冷藏运输组织架构的变化，逐步形成多种类型的冷链物流单位来从事公路冷藏运输。上海冷链物流企业的类型有：冷藏食品生产企业下属的运输机构，肉类加工上市公司五丰上食、光明乳业系统的领鲜物流、生产日式食品的日资企业雅玛多（YAMATO）运输公司等；专业公路运输企业从事冷藏运输的第三方物流企业有上海交运集团所属交荣冷链物流、与日本丸红（MARUBENI）合资的交运日红、交运沪北物流，中外运上海冷链物流，锦江集团旗下的锦江国际低温物流等第三方物流企业；还有一些民营企业进入公路冷藏运输领域。三是冷藏运输车辆结构的变化：对冷藏食品品质要求不断提高，促使冷藏汽车在冷藏保温车中所占比率从 10% 左右提高到 30% 以上；冷藏汽车中，用于运输冷鲜食品、厢内温度设定在 0 ℃以上的冷藏车增长较快，采用非独立制冷机组、适用配送的轻型冷藏车也增长较快；为满足实用需求，冷藏车结构也呈现多样化，除为方便卸货有双开后门外还有前开侧门，还有后门开有小门等多种开门型式，90 年代中期镇江飞驰集团与上海多家使用单位合作开发了一厢双温的冷藏车，隔热车厢内中间用自动放下的隔板形成两个设定温度不同的空间，开始前厢后厢各用一套蒸发器系统，后来在中隔板上开设自动启闭的风口，设定温度较高的后厢温度，是控制前厢通过中隔板风口流入的冷气来控制的，技术难度高但经济效益好。

据中国汽车年鉴统计，2000 年冷藏保温汽车的销量为 3 893 辆，2000 年到 2005 年平均我国冷藏保温汽车的产销量增长不足 5%。 2006 年后，我国冷藏运输进入一个较快的发展周期。特别是 2008 年北京奥运会和 2010 年上海世博会对国民经济发展有着强大拉动作用。我国高速公路长度已占世界第二，仅次于美国，使公路冷藏运输的发展远超水路，并占领了很多铁路运输的阵地；《食品安全法》和设立易腐食品绿色通道等法规和政策的出台，也大大推进了公路冷藏运输的发展。至 2012 年我国冷藏保温车年销量达 9 000 辆。2013—2015 年更是飞速发展的三年，年产销量达到 1.7 万～ 1.9 万辆，年均增长达 40%。得力于政策推动，2010 年国家发改委制订《农产品冷链物流发展规划》，2014 交通、公安、商业三部联合下发《关于加强城市配送运输与车辆通行管理工作的通知》，对冷链物流都提出明确要求。2015 年 10 月 1 日实施新《食品安全法》等都起到很大作用。另外，阿里巴巴（淘宝）等网络电商的兴起为我国物流业的发展注入新的动力，电商涌入冷藏食品经营领域也成为配送型的公路冷藏运输发展的推动力。

作为我国商业中心的上海，正在向国际大都市迈进，其冷链物流和公路冷藏运输始终处于领先低位。定承运车辆必须符合的技术要求，来确保承运食品、生物制品的安全卫生。据 2012 年度长三角低温冷藏物流（上海）年会上提供的《上海低温冷藏物流行业调研报告》，上海自营和第三方冷链物流企业 250 余家，冷藏库企业 150 多家，机械冷藏车约 6 000 辆。注册登记道路货物营运的冷藏专用车辆 3 733 辆，基本上都是机械冷藏车，年新增数量不断提高。另有运输食品的菜篮子工程车 1 478 辆（包括冷藏保温车、奶罐车、流动售卖车等）。

2012 年上海注册登记的道路货物营运冷藏专用车辆 3 733 辆，其注册年份和车厢温度可调范围见表 2.12（据上海交运部门的统计数据）。

表 2.12　2012 年上海注册登记道路货物营运的冷藏专用车辆　辆

厢内温度可调范围	注册登记年份				合计
	2002 年以前	2002—2006 年	2007—2009 年	2010—2012 年	
−10 ℃ < T ≤ 0 ℃	372	27	306	660	1 365
−18 ℃ < T ≤ −10 ℃	37	9	38	76	160
T ≤ −18 ℃	410	93	607	1 065	2 175
冷藏保鲜	6	6	12		24
未详细填写	1	2	1	5	9
总　计	826	137	964	1 804	3 733

1995 年上海冷气机厂与美国开利（Carrier Transicold）合资成立上海开利运输冷气设备有限公司，成为上海制造冷藏运输制冷设备的开始，2005 年该公司成为美国开利运输空调冷冻的独资企业。主要生产经营的冷藏车制冷机组有雪辉、雪山、雪峰、威那等系列，包括非独立式由底盘发动机直接驱动 / 交流电机两用机组。

上海加冷松芝股份有限公司于 2011 年联合中国国际海运集装箱（集团）股份有限公司共同投资创建超酷（上海）制冷设备有限公司，研发冷冻冷藏车制冷机组和冷链相关制冷设备，并积极与欧洲 LUMIKKO 合作，引进国外先进的全电驱动技术，应用于半挂车机组。

2. 上海汽车空调技术的应用

上海是我国最大的轿车工业基地，轿车空调也是上海汽车空调的发展重点，与此同时客车空调也有极大的发展。

计划经济时期，上海牌轿车是不装汽车空调的。1980 年根据市场需求上海汽车拖拉机公司于 7 月 5 日发文确定所属上海内燃机油泵厂定点生产轿车空调器。这是上海发展汽车空调的开始。1985 年上海汽车拖拉机工业联营公司与德国大众合资组建上海大众汽车公司，标志着上海汽车工业进入一个新的发展阶段。20 世纪 80 年代和 90 年代初，汽车工业列为国家优先发展的支柱产业，轿车国产化也成为上海各行各业重点支持的战略任务，上海市成立汽车工业领导小组，下设轿车国产化办公室，设置国产化基金。上海汽车拖拉机联营公司更名为上海汽车工业总公司，后又改名为上海汽车工业（集团）总公司、上海汽车集团股份有限公司（简称“上汽”或“上汽集团”）。上海轿车国产化的进展也拉动了上海汽车空调业的发展，上海内燃机油泵厂先是与泰国易初集团合资，引进日本三电技术生产轿车用空调压缩机及其他一些部件，再与三电公司合资，后又与德国贝洱合资，逐步成为全国汽车空调的骨干企业。按上汽发展战略现归入华域公司旗下。20 世纪 80 年代，上海航天局下属企业因国防工业任务不足而生产民品，新江机械厂曾生产“航天牌”冰箱，后又研发生产轻型客车空调，新新机器厂则在桑特钠轿车国产化开始时，研发生产轿车空调。1988 年上海汽车拖拉机联营公司曾组织这两家厂和内燃机油泵厂组建合作经营的汽车空调联合公司，后随着改革深化而解体。90 年代，新江机械厂曾与澳大利亚国际（ARI INTERNATIORMAL GROUP.）空调公司合资在闵行工业区成立上海国际汽车空调有限公司，生产轻型客车空调，后因企业结构调整不再经营。新新机器厂则通过为上海大众桑塔纳轿车配套汽车空调专门成立上海汽车空调器厂，后与美国德尔福（DELPHI）公司合资成立汽车空调系统公司，成为全国轿车空调系统的重点企业之一。1995 年 4 月成立的开利运输冷气设备有限公司，从事各类运输空调冷藏设备的生产销售，1996 年 7 月上海公交车首次安装该公司的空调机组，正式投入运行。其他还有：先生产客车空调和运输制冷机组，后又制造乘用车空调的加冷松芝、专业生产客车空调的金翅鹏公司和科泰公司。

20 世纪 90 年代，上汽设立汽车工业科技发展基金会，与上海和国内有关高校及科研机构设立汽车关键总成、部件和材料研发中心，这些举措推进了上海轿车国产化工作，也对上海建成为我国最大的汽车零部件工业基地起了很大作用。其中，汽车空调研发中心系上汽与上海交大合作并设在交大。交大陈江平团队，带领中心科技人员，投入产品研发和技术创新实践活动，取得很多重大成果。陈江平团队很多研究成果得到国家和部、市级奖励。

- “微通道管材与换热器制造技术及其应用”获 2014 年国家科学技术进步奖二等奖；
- “制冷空调装置多层次仿真平台构建及应用”获 2014 年机械工业科学技术奖一等奖；
- “微通道管材制备技术及在换热器中的应用”获 2014 年教育部科学技术奖一等奖；
- “大型客车空调相关技术的研究”获 2013 年机械工业科学技术奖二等奖；
- “节能高效低能耗新型汽车空调关键技术”获 2013 年上海市科学技术奖二等奖；
- “全新风节能客车空调”获 2015 年上海产学研合作优秀项目奖一等奖；
- “微通道换热器”获 2011 年中国国际工业博览会铜奖和同年上海工业博览会银奖。

特别因其在我国汽车空调采用新型制冷剂替代 CFC 工质过程中起到重要作用，从而对改善世界气候环境做出很大贡献，经机械部汽车司推荐荣获 2007 年诺贝尔和平奖（团体奖）[1]。

---

1 2007 年诺贝尔和平奖由美国前副总统戈尔和联合国政府间气候变化专家小组共同获得，奖励词：“在创造以及传递有关人为气候变化知识上所付出的巨大努力，以及在解决气候变化问题所需要的各种设置上所打下的坚实基础。”

3. 上海运输冷藏空调主要生产企业产品技术的发展

1）上海华域三电汽车空调有限公司

1980 年上海内燃机油泵厂接受了上海汽车拖拉机联营公司下达的上海牌轿车开发试制任务后，以日本大发公司“翔马牌”轿车空调装置为样机，试制为上海 SH760A 轿车配套的轿车空调装置。1983 年 1 月 21 日，中汽总公司在上海召开了“SH760A 上海轿车国产空调装置鉴定会”。1987 年 7 月 20 日，市经委批准上海内燃机油泵厂生产的汽车空调压缩机、桑塔纳储液罐横向配套。1990 年 7 月以该厂为基础，上汽、龙华乡工业公司和泰国正大集团易初投资合资成立“上海易初通用机器公司”(以下简称“易初公司”)。同年 8 月 31 日引进的日本三电公司的 SD 汽车空调压缩机装配线、离合器装配线、压缩机性能试验设备安装调试完成。1991 年 4 月首台 SD508 空调压缩机试制成功。1992 年易初公司在 5 辆桑塔纳轿车上改装 R134a 制冷剂，通过符合有关标准的道路试验，同年，SD-5 系列压缩机获得上海市赶超国际先进水平产品证书。1994 年 1 月获德国莱茵公司 ISO9002 质量认证证书和国家级质量认证证书。1995 年 10 月，适用 R134a 的压缩机获第三届市科技博览会金奖，1996 年获上海市经委颁发的市优秀产品一等奖。同年，“SE5H14 压缩机”荣获国家机械工业部科技进步三等奖、上海市科技进步三等奖，被国家经贸委评为“96 国家级新产品”。

2000 年 6 月易初公司重组为上汽和日本三电合资的企业，主要生产具有国际先进水平的 7V16 变排量压缩机和涡旋压缩机。2003 年上汽和德国贝洱公司合资成立上海贝洱热系统有限公司。2004 年该公司经资产重组成立由上汽、龙华工业公司和日本三电、德国贝洱合资的上海三电贝洱汽车空调有限公司。当年 12 月国内首套二氧化碳汽车空调系统通过了国家技术鉴定。2014 年，为上汽新能源轿车配套的 SEE27s-4 第四代电动压缩机搭载上汽 IP24 项目运行，EMC 特性与进口产品水平相当，得到认可正式进入产业化阶段。2015 年 5 月因股东方贝洱公司的退出进行股权变更，并改名为上海华域三电汽车空调有限公司（以下简称“华域公司”)，华域公司为上汽零部件板块的上市公司。10 月，华域公司取得了上汽通用 PHEV 插电式混合动力轿车 226、K227 项目定点，标志着其新能源汽车空调技术在我国合资品牌轿车上得到应用。

2）上海加冷松芝汽车空调股份有限公司

前身为 1988 年成立的上海松芝汽车空调有限公司（以下简称“松芝公司”)，是一家集运输空调和制冷机组及其零部件系统研发、制造、销售服务于一体的上市企业集团。在上海设有管理总部、技术研发中心和制造基地，在北京、重庆、武汉、合肥、成都、厦门、柳州等地建设 17 家生产基地，在国内设立近 20 家销售办事处及 248 个安装服务中心和特约维修网点。

2000 年松芝第一代大型客车空调产品 KFD 系列空调研发并装车成功，产品采用全玻璃钢迎风式壳体结构。2002 年，以 KFD 空调技术为基础，研发成功 SZA 系列大型客车空调产品，采用全玻璃钢壳体结构，蒸发器与冷凝器前后排列。同年，从环保及轻量化出发，全铝合金壳体的BBP系列空调及为高端公交客车配套的LUX系列空调研发成功。2004年为在长度上满足客户要求，采用铝合金底壳，玻璃钢顶盖的三体并联式HLA系列空调研发成功，蒸发器左右并联于冷凝器上，产品长度可缩短50%。2006年在BBP系列的基础上更进一步轻量化的SZC、SZD系列空调研发并装车成功，产品采用铝合金底壳、玻璃钢顶盖设计，冷凝器采用框架式结构，抛弃底壳，进一步减少重量。2007年，伴随纯电动大型客车的出现，松芝公司第一代纯电动新能源客车空调JLD-II-D研发并装车，该产品采用全变频技术、直流变频压缩机技术、铝制大涡壳风机技术和高效、轻量化换热器技术等5项新技术。2009年松芝公司客车空调获评为上海名牌产品。2011年松芝公司第一代适用于中型客车的SZH系列空调研发成功。2012年，采用平行流微通道冷凝器的SZG系列中型客车空调及同结构电动客车空调JLD-X问世，重量减少而性能提高，很快取代SZH系列成为中巴空调市场的主流产品。2013年以SZC系列为基础、改用平行流微通道冷凝器的SZQ系列空调问世，减少了制冷剂加注量，重量、成本下降，技术性能、可靠性提高。2014年采用迎风式结构的JLD-IIE电动客车空调系统研发成功，即大规模配装比亚迪纯电动客车。2015年产销各类客车空调4.8万台，其中新能源客车空调近1.6万台。

2004年设立上海研发中心，专职负责乘用车、商用车和工程机械空调系统的研发工作。2005年开始，陆续引进了日本大西热学株式会社的汽车空调系统性能试验台等具有国际先进水平的试验设备，建立起较完善的乘用车空调试验能力。2005年6月，在新建上海二期厂房内，乘用车空调生产线投产。随后与厦门金旅、南京依维柯、东南汽车、东风柳汽、江淮汽车、长安汽车等汽车厂商谈合作，接连获得了海狮等一批车型的空调系统开发任务。2008年，松芝公司获得上海市科学技术委员会高新技术企业认定，而上海研发中心则获得“上海市认定企业技术中心”称号。2009年通过并购为江淮配套空调Modine公司，成立江淮松芝。将Modine的乘用车、商用车空调技术与自有技术相结合，融合技术规范和标准体系，研发出为江淮瑞风乘用车配套的双蒸发器自动空调系统。并在此基础上开发了一系列具有国内先进水平的商用车空调系统。2011年，松芝股份制冷空调研究院成立，承担包括产品开发系统、标杆分析、制冷系统、管路和附件、虚拟工程、空气流动及模块、电子及控制系统、动力总成冷却、热交换器设计、试验和认证、样件制造、系统集成和应用12个领域的技术开发工作，并通过与上海交通大学等高校持续开展产学研合作、建立外部专家支持团队等方式，拓宽了技术来源、广泛获取相关领域先进技术。开发产品也从原先的空调系统，逐步拓展到包括前端冷却模块、电池热管理模块的新能源车热管理系统等。

2013年松芝公司开始启动三期厂房建设工作。主要进行乘用车空调系统及零部件生产，大量采用自动装配线等先进技术，2016年底建成后成为松芝集团的标杆工厂。在三期厂房内还在试验中心内建造整车模拟气候风洞（CWT）成为国内最先进的气候风洞之一。2014年12月，松芝公司与上海交大等多家单位联合申报的“微通道管材与换热器制造技术及其应用”项目获国家科学技术进步二等奖；同年，获批设立“上海新能源汽车空调工程技术研究中心（筹）”；2015 年，与上海交大联合申请并获批“上海张江国家自主创新示范区人才培养产学研联合试验室”。截至 2016 年初拥有国家专利 182 项。

3）上海开利运输冷气设备有限公司

1995 年 4 月上海冷气机厂与美国开利公司合资成立上海开利运输冷气设备有限公司（以下简称“上海开利”）。产品包括货车冷藏设备、半挂车冷藏设备以及客车空调设备。1996 年 7 月国内空调公交车在首次安装开利运输空调机组。1999 年工厂从闸北迁至嘉定区。2005 年 9 月，开利公司完成对上海开利的全部股权收购，上海开利成为开利运输空调冷冻在中国的独资企业。公司除提供各种客车空调机组、食品冷链全系列制冷机组外，还向国内市场提供开利公司的进口产品及配件，并在提供专业技术服务时，与国外相关公司进行出口和转口贸易。现已发展为国内最大的运输冷气设备生产销售企业之一。客车空调产品型式包括：独立底置式（单独动力驱动，热交换器置于车身底部）、独立车顶外置式（单独动力驱动，热交换器置于车顶外）、非独立车顶外置式（汽车发动机提供动力，热交换器置于车顶外）、后置组合式（热交换器置于车后，有独立和非独立式两种形式）、车顶内置式（蒸发器布置在车厢内顶棚上的制冷装置）等。

4）上海金翅鹏实业有限公司

上海金翅鹏实业有限公司于 1991 年开始组建。1992 年成为德国 SÜTRAK 车用空调在华独家代理商，为北京尼奥普兰和丹东黄海客车配套。随后曾为西安沃尔沃、安徽凯斯鲍尔、亚星奔驰、广州五十铃、常州佛莱西宝、沈飞客车和上海骏马等品牌大客车配套，以独立式空调为主。2002 年起，以改进设计为切入点，组装生产客车空调，主要是宽体非独立顶置空调，总高度 180 mm，并形成适用于公路旅行车的 AC 系列和适用于公交客车的 AB 系列。2008 年被认定为上海市科技企业。2010 年由合肥通用研究院按 GB/T 21361—2008《汽车用空调器》要求设计、承建了全天候汽车空调性能试验室及检测设备，又投入 3 000 多万元建设新的车用空调组装生产线，当年 12 月由国家质检总局授予“车用空调生产许可证”（2015 年 11 月再次获得）。2010 年开始以自主创新为主，将小管径平行流热交换器技术用于传统客车空调器，形成 ABxxxK 空调系列。2010 年至今还研发、生产采用电动涡旋压缩机、变频控制的 ACD 系列新能源全电动空调，以及后置空调 ACH 系列、燃气客车用 ABxxxY 系列。并在 2010 年承担上海市重点技术改造项目，2011 年起成为上海市高新技术企业，2014 年金翅鹏公司商标“凯希”被认定为上海市著名商标，连续多年被评为上海市“专精特新”中小企业。

2.3.3 船舶运输业空调冷藏技术的应用和发展

1. 船舶冷藏运输技术的应用发展概述

上海是我国船舶冷藏运输的发源地之一。中华人民共和国成立后，国家设立了上海、广州两个海运局和长江航运局，1951 年和 1958 年，先后成立中国波兰轮船公司和中国远洋运输公司，开展远洋运输业务。1958 年上海海洋渔业公司为开展我国东海、黄海渔业捕捞运输业务，曾组织上海鱼品厂、上海船舶设计院、上海船厂等部门联合设计改装了一条二次大战沉于上海长江口的轮船，由上海船舶设计院、上海船厂联合设计、配套制造了制冷装置。这条船成为我国第一艘我国自行设计、配备制冷装置及冻结设备的海洋冷藏加工运输船。该船装了一台 4 缸氨制冷压缩机，2 台 2 缸氨制冷压缩机（缸径 150 mm）组成双级压缩制冷循环，制冷蒸发温度可达到 –33 ℃。既保证了食品的速冻，更保证了鱼品的冷藏（–18 ℃）的低温，一直沿用到 20 世纪 70 年代后期才“退役”。

1962 年，沪东造船厂维修原苏联“伊里奇”号海轮，其中有 3 台冷冻机，上海冷气机厂根据市政府要求，立即组织力量进行测绘、加工、调试，3 个月就完成了任务（气缸直径 67.5 mm，后命名为 2F6.5）实行原型号调换。因为该型号冷冻机普遍使用于苏制舰艇上，六机部船舶设计院得知后，立即与上冷厂进行厂所合作，试制苏制舰艇专用к-5、уфб-1 冷冻机组。还以 2、4F10 配套民用船舶的空调和冷藏机组，压缩机都通过了摇摆、倾斜试验。新系列 100、70 投产后，均开发了船用空调和冷藏产品，船用空调设备有 HK-J（Z）40、J（Z）60、J130、J170 间接式冷却船用空调设备（散装的冷水机组）；船用冷藏设备有 CL-J（Z）1.5、CL-J（Z）3、CL-J（Z）4、CL-J（Z）14、CL-F32 等。这一期间上冷厂还与七〇四所进行了较长时期的合作，船用产品品种不断增加，到改革开放前已达到近 20 余种。

船舶制冷技术的推广应用与发展从 1967 年的上海开始。当时国内几家造船厂开始建造万吨级海洋客货轮。如 1.2 万 t“阳”字号轮——“朝阳”“岳阳”“庆阳”“向阳”“丹阳”“邵阳”等；又如 1.4 万 t 的“风”字号轮——“风庆”“风歌”“风驰”等。这些船均采用了国产制冷、空调设备，以保证船员舱室空调和船员伙食冷库的制冷。有力地促进了我国船用制冷技术的应用与发展，也为我国海上和内河冷藏运输奠定了技术基础。

船舶伙食冷库及空调制冷设备，20 世纪 70—80 年代均为上海冷气机厂、广州冷冻机厂和天津制冷机厂生产。一般大型船舶伙食冷库，多采用 2F10 型和 4FV10 型制冷压缩机，空调多采用 6FW10 型和 8FS10 型压缩机，采用 R12 或 R22 制冷剂。

我国海上国际冷藏运输是从 1967 年开始，当时我国从罗马尼亚进口了“长安”“新安”轮，船上设有冷藏舱。1971 年又向前南斯拉夫进口了“丰城”“盐城”“江城”轮，同样船上设有 600 t 冷藏货舱。1974 交通部上海远洋运输公司又向前南斯拉夫进口总吨位 1.3 万 t 的“江川”“银川”“汉川”“铜川”4 条万吨级杂货轮，船上亦设有冷藏货舱。这些船舶在我国海上食品运输和食品进出口贸易中发挥了很大的作用。因为这批进口船上多数采用国外制冷技术较先进的进口设备和自动控制系统，也为我国船用制冷空调设备的制造提供了经验。

1983 年上海船厂为中波轮船公司设计建造了我国第一艘设有冷藏货舱的远洋多用途

货船“华佗”号轮，建造成功后，继而又建造了“屈原”号、“张衡”号等。该型船按我国《钢质海船建造规范》设计，并符合国际船级社的技术要求。设计的冷藏货舱舱容为 2 400 m^3，选用丹麦萨伯罗伊（SABROE）公司 SMC10-8S 型活塞式制冷压缩机三台，采用 R22 制冷剂，总制冷量为 180 kW（40 ℃ /–28 ℃）。采用吹风式冷却。冷藏货舱温度可以自动调节与控制。具有较完善的安全监控系统和事故声光报警系统，能满足冷藏货舱 –20 ℃～ 8 ℃的使用温度要求。

我国内河和沿海冷藏运输，一直比较落后，内河冷藏运输基本上是空白。20 世纪 80 年代后期上海等地一部分内河客船设有伙食冷库或空调系统，但冷藏货运输量甚少，仅在非常必要时载运 1 ～ 2 只小型机械制冷式冷藏集装箱而已。在上海、青岛、福建、浙江等沿海省市有食品运输专用船及船队。如上海市的“沪冷”、浙江省的“浙冷”、山东省的“鲁冷”和“延安”号等。这些船对其本省市而言亦可以是食品冷链的一部分。

沿海省市地区渔业部门自建渔品冷藏库得到重视，一些中、小型渔业冷藏船开始建造并投入运行。1987 年上海船舶及海洋工程设计研究院为浙江粮油进出口公司设计了总吨位 299 吨的“越海”号冷藏船。该船设有 130 吨冷藏货舱。制冷系统为 R22 制冷剂的活塞式压缩机。冷舱温度在 –18 ℃～ 8 ℃调节与控制。该船航行于浙江沿海、日本中部港口和香港等地，完成海上渔业和其他食品的冷冻、冷藏运输。1991 年该院为大连黄海渔业公司设计了总吨位 775 t 的沿海和近洋冷藏运输船。该船设有 500 t 冷藏货舱，选用 R22 制冷剂，两台活塞式制冷压缩机，总制冷量为 54.5 kW。冷冻货舱温度可达 –30 ℃，这些船舶的设计、建造与应用，提高了我国冷藏船的设计能力、制造水平，也促进了我国沿海和近洋冷藏运输的发展。

1984 年上海远洋运输公司向日本三菱电机公司购买了 30 只 40 ft[1] 冷藏集装箱，并投入中美航线和中国地中海欧洲航线的冷藏集装箱运输，自此中国开始了冷藏集装箱远洋运输的新纪元。1985 年上海远洋运输公司又向日本大金公司进口了 200 只 40 ft 冷藏集装箱，不久再向美国开利公司进口一批 40 ft 标准冷藏集装箱，自此，多方位开始了中国至世界各国远洋运输中的冷藏集装箱运输。这批冷藏集装箱投入中美、地中海和欧洲航线运行。2006 年 6 月 6 日澜沧江—岨公河的国际冷藏集装箱运输航道开通，可通行 150 t 至 300 t 级船舶。

值得一提的是，上海沪东中华造船厂 21 世纪初还为德国设计建造了一艘 2 700 箱位的“柏林快航”号大型全冷藏集装箱船。这艘可载 2 700 箱集装箱的船，总长 234 m，航速 21 kn[2]。全船 7 个货舱采用导轨运送集装箱，80 根大型冷风风管直接安装在货舱内，并对船舱所载 544 只集装箱内的货物，直接进行冷风冷藏，自动调温，温差仅为 0.3 ℃。该船采用全新的制冷系统，设有两种供冷模式。舱内载运的集装箱为外置机组式，由船上集

1　英尺，长度的英制单位，1 ft = 12 in = 0.304 8 m。

2　节，速度的计量单位，只用于航行，1 kn = 0.514 444 m/s。

中供冷，保证每只箱内的温度达 −30 ℃。在甲板上载运的冷藏箱为内置机组式，由甲板电源集中供电，冷藏箱内制冷机自动运行，箱内温度可根据装载货物要求给定，并自动调节与控制。

2. 船舶冷藏技术应用成果

1974 年江南造船厂（以下简称“江南厂”）承接上海海运局申甬线上海港到宁波港客船，数量为 8 艘船，首批 4 艘客船无空调系统，其伙食冷藏设备为上海冷气机厂生产的 2F6.5-JZ 压缩冷凝机组 2 套，其中 1 套为备用，制冷剂为 R12，制冷量 4 000 kcal/h，冷库内配 R12 直接蒸发翅片盘管，鱼、肉库手控和自控的温度为 −8 ℃～ −10 ℃，蔬菜库手控和自控的温度为 4 ℃。第二批 4 艘客船因为航线扩展为申马线即上海港到福建马尾港，航行的港口温度改变了，所以为提高船员生活环境，仅在艇甲板和艇甲板以上的船员舱室增设空调装置，设备采用了南京冷冻机总厂的 L-50 水冷单元式空调机组三套，单套制冷量 5 万 kcal/h，订货时要求设备厂对机组的电制、冷凝器、蒸发器和风机的参数进行了适合船用条件的更改。

1978 年江南厂里成立了专业的生产小组，专门负责本厂承接的船舶上和其他工程项目的冷藏和空调工程，从此有了专业的生产、安装、调试和向船东、船检直接提交冷藏和空调项目的一条龙工作小组，很大地提高了工作质量，也合理、完善地调配专业人员的工作量。

1983 年江南厂承接建造天津远洋运输总公司 5 000 t 近洋干货船五艘，其伙食冷藏为上海冷气机的 2F10-JZ 机组 2 套，其中 1 套为备用，制冷剂为 R12，制冷量 1.4 万 kcal/h。5 个冷库内均配用直接蒸发式冷风机，鱼库和肉库自控的温度为 −10 ℃，乳品库自控温度为 2 ℃，蔬菜库自控的温度为 4 ℃，饮料库自控温度为 8 ℃。空调制冷压缩机组为上海冷气机厂（以下简称“上冷厂”）的 6FW10-JZ 机组 2 套，制冷剂为 R12，单套空调制冷量为 9 万 kcal/h，空调制冷压缩机带有吸气压力能量调节装置，空调制冷系统为直接蒸发式。空调配置了沈阳冷暖风机厂的空调器 2 台，制冷量 9 万 kcal/h，蒸汽加热加湿，加热量 9 万 kcal/h，空调采用中高速风管系统，末端为舱室布风器。

1986 年江南厂承接建造上海海洋渔业公司 600 HP 拖网渔轮数量为四 + 六艘（两 + 三对），配备福建闽江水产冷冻机总厂生产 2/6F-10-JZ 双级制冷压缩机组 2 套，其中 1 套为备用，制冷剂为 R22，制冷量 3.3 万 kcal/h，配有福建水产机械厂和福建渔业机械厂生产的平板冻结机 2 台，速冻能量为 4.32 t/d。该船设有冷藏库和冰鲜库，冷藏库和冰鲜库内均配有冷却盘管，冷藏库库温 −15 ℃；冰鲜库带冰量为 21 t，冰鲜库库温 0 ℃～ 4 ℃。

1988 年江南厂承接沈家门海洋渔业公司 600 HP 拖网渔轮数量为 10 艘（5 对），冷藏设备为上冷厂的 2F10-JZ 机组 2 套，其中 1 套为备用，制冷剂为 R22，制冷量 2.1 万 kcal/h，冷藏库内配有冷却盘管和空气循环风机，冷藏库库温 −10 ℃。

1989年江南厂承接建造上海海运局5 000 t油船数量为2艘，配备泰兴船舶设备厂生产的空调机2台，每台制冷量10万kcal/h。同年承接建造新加坡NOL公司300 TEU[1]集装箱船，数量为二艘，冷藏和空调设备由新加坡Nomilre公司整船配套提供，制冷剂为R22。

1991年江南厂承接建造天津海运公司412 TEU集装箱船，数量为2艘，冷藏和空调设备由泰兴船舶设备厂整船配套提供，制冷剂为R22。

1992年江南厂承接英国3 700 t成品油轮，数量为4艘，冷藏和空调设备由H&H公司整船配套提供，制冷剂为R22。

1993年江南厂承接南京油运公司1万t油轮，数量为2艘，冷藏和空调设备由泰兴船舶设备厂整船配套提供，制冷剂为R22。

1994年江南厂承接建造挪威8 300 t成品油兼化学品船，数量为2艘，冷藏和空调设备由ABB FLAKT公司整船配套提供，制冷剂为R404A。

1997年江南厂承接建造挪威11 500 t成品油兼化学品船，数量为2艘，冷藏和空调设备由H&H公司整船配套提供，制冷剂为R404A。

1999年江南厂承接建造冰岛3 500 ～ 5 100 t成品油船，数量为4艘，冷藏和空调设备由H&H公司整船配套提供，制冷剂为R407C。

1999年江南厂承接设计和建造桂林市旅游游览船12 m和14 m各一艘，空调设备由marine air公司生产，制冷剂为R404A。

80年代，七〇八所研制成功蒸发盘管和轴流风机等组成的冷风机，采用强对流形式，提高了热交换效率，缩小了体积，降低了船厂的工作量，高温冷风机用于高温库，低温冷风机用于低温库，部分国内船舶立即开始采用，但仍存在体积较大、效率较差等缺陷。

3. 船舶空调技术应用成果

以前的民用船舶很少有空调装置，20世纪60—70年代，我们建造的导弹驱逐舰、大型登陆舰等的空调装置，基本上都是船厂自己设计自己制造的。1979年，中华造船厂（以下简称“中华厂”）为马来西亚建造的3 000 t散装货轮，虽系我国建造的第一条出口船，也没有船用组装式压缩冷凝机组。船厂向上冷厂订购散装的制冷机组、海水冷却的冷凝器、储液器、蒸发器、干燥过滤器及其他配套件，从市场购买相关仪表和零件，船厂自行在机房内分散安装，有的安装在甲板上，有的安装在舱壁上，然后由钢管铜管连接成完整的制冷系统；国内没有集中式空调器，船厂向风机制造厂订购通风机，找加热器厂订购加热盘管等，再配上船厂自己设计制作的加湿器、挡水板等其他零部件，组装成集中式空调器。90年代初，中华厂设计了新型高效冷风机，外形体积和效率均与国外进口冷风机并

1　TEU是集装箱的国际标准量单位。一个20 ft集装箱相当于1 TEU。

驾齐驱，至今仍是国内军船的最佳选择。

80年代初期，国内第一台整体式船用集中式空调器，由七〇四所设计，泰州光明机械厂制造。90年代初期，中华厂参照最新丹麦进口产品，设计了一台8万kcal/h新型船用集中式空调器，由泰兴船舶机械厂制造，用于大连船厂建造的某油轮上。因性能比较优异，外形美观大方，后由泰兴船舶机械厂委托七〇四所按照该图形式，扩大设计成系列产品。从此以后，国内船舶几乎都采用了由专业生产厂制造的集中式空调器，提高了空调系统的质量。

随着国外船东节能意识的加强，个别船东要求空调系统具有节能功能。2002年，中华厂为瑞典Dag Engstrom Redei AB航运公司建造的1.1万t滚装船上，空调器内就安装有能量回收装置REGOTERM，以回收利用空调回风负荷。能量回收装置的蓄热体材料为铝，转轮型式，通过电机驱动，在其旋转过程中让回风与新风以相逆方向流过转轮，而各自释放和吸收能量，能量回收装置的有效率可达到85%以上，有效节约了能源。

冬天室外新风低温低湿，需在空调器内将室外新风通过加湿器进行加湿处理，通常加湿源是轮机的锅炉蒸汽。1982年初，中华厂承建的德国集装箱货轮，SBG规范规定不允许空调加湿使用锅炉蒸汽，认为蒸汽中可能含有危害人体健康的物质，于是临时配置了上海喷雾器厂的喷嘴，在国内船舶行业中首次使用淡水加湿。后来慢慢发展到利用船上的饮用水通过压缩空气对空气加湿，如今基本上都是通过空调器内专用的电加热蒸汽发生器对空气加湿。

2.3.4 冷藏集装箱技术的应用和发展

冷藏集装箱主要用于国际的冷藏、冷冻货物的运输。20世纪80年代以前，由于中国国际贸易较少，冷藏、冷冻货物的运输不多，一般都用冷藏船运输。但是到80年代初，集装箱运输在中国取得了长足的发展，同时，数量小、品种多的冷藏、冷冻货物越来越多，迫切需要一种新的冷藏运输方式来满足这一要求。冷藏集装箱运输就应运而出。

我国现有冷藏集装箱均为内置制冷机组式冷藏箱，箱内吹风冷却，冷风循环均匀。采用半封闭或全封闭制冷压缩机，制冷剂为R22、R134a、R404A。冷藏箱的使用温度可满足–16 ℃～–18 ℃的要求，并能进行33天的连续温度记录。新型冷藏集装箱可通过全自动化船舶进行远距离信息传输。例如美国约克公司的REFLON冷藏集装箱控制系列，就是一套用于检测、控制，适用于各种类型冷藏集装箱的监控装置。它根据冷藏集装箱的地址码来收集有效数据，并储存于数据库中，又通过微处理芯片来分析传输过来的数据。在故障或非正常运行状态下控制报警信号，并发送至中央报警系统，以达到监控冷藏箱的目的。该监控系统可以通过电力载波（PCT）原理远距离的监控冷藏箱制冷机的运行。这样，船舶所处控制中心就可以随时监控在世界任何航区、位置的船载冷藏集装箱的运行情况。

1984 年，上海远洋公司从日本订购了 30 个 40 ft 的铝质冷藏集装箱，采用日本三菱冷冻机，箱体由日本福禄好富公司制造。上海远洋公司的制冷工程师始终参与了这 30 个冷藏集装箱的监造过程。回国后迅速着手组织培训，集装箱运输船上的有关船员及上海港、青岛港、大连港等港口的堆场、码头有关技术人员和修理人员参加了培训。当年 8 月，上海远洋公司的“唐河”轮携带了十多个冷藏集装箱从上海开往欧洲，开启了我国冷藏集装箱运输的首次航行。

扬州通利冷藏箱公司首开了中国冷藏集装箱制造的先河，他们和新加坡南利公司合作，引进 SEABOX 的生产技术，于 1995 年 5 月 18 日生产出我国第一批铝质冷藏集装箱。尽管当时的产量并不高，每天仅产 2 台。但是，毕竟开启了冷藏集装箱的国产化，具有历史性的意义。

同年，位于上海嘉定新加坡独资的上海胜狮冷藏箱公司引进了意大利莫坦尔（MOTEL）公司的生产技术，于 1996 年 4 月生产了第一个不锈钢冷藏集装箱，当时的产量是每天 12 个 20 ft 箱，或者每天 8 个 40 ft 箱。

无独有偶，位于深圳的中国中集集团与中国香港佛罗伦公司（FLORENS）、日本住友商社（SUMITOMO）、德国格拉芙公司（GRAF）于 1995 年 1 月合资在上海成立了上海中集冷藏箱公司，通过引进德国格拉芙公司的先进生产技术，1996 年 6 月生产了第一个铝质冷藏集装箱，当时每天产量为 8 台。

随着冷藏集装箱制造业在中国的兴起，中国制造的冷藏集装箱以质优价廉而名扬全球，原生产冷藏集装箱的外国企业在与中国同类企业的竞争中纷纷败下阵来，停止生产冷藏集装箱。到 1999 年，全世界的冷藏集装箱生产几乎都转移到中国了。此外，1999 年以前以铝箱为主，1999 年开始转向以不锈钢箱体为主了。2000 年以后，上海中集冷藏箱公司进入了以高质量、低成本、扩产能为特征的高速发展阶段。冷藏集装箱的价格从 1996 年的 12 500 美元 /40 ft 降到 2008 年的 7 500 美元 /40 ft，其产量从 1996 年的 8 × 40 ft/d 增加到 2008 年的 132 × 40 ft/d。12 年来成本降低了 40%，产量增加了 16.5 倍。上海胜狮冷藏箱厂到 2008 年时其产量也达到 144 TEU/d，较开始生产时提高了 9 倍。扬州通利冷藏箱公司则扬长避短，另辟捷径，于 2006 年转而生产特种冷藏集装箱，2010 年上海地区生产的冷藏集装箱已超过全世界的一半。

随着市政建设的发展，上海地区的冷藏集装箱制造业不可避免地要转移到外省市去。上海中集冷藏箱公司转移到江苏太仓生产，于 2013 年正式投产，2015 年生产了 4.2 万箱。上海胜狮冷藏箱厂则转移到江苏启东生产，也于 2013 年正式投产，2015 年的日产量为 92 台箱。

运力方面，全球航运业冷藏集装箱总量约为 150 万 TEU，而中远集装箱运输有限公司冷藏集装箱保有量约为 5 000 TEU，占其总集装箱保有量的 3.4%，中海集装箱运输股份有限公司冷藏集装箱保有量约为 2.3 万 TEU。

2.4 上海低温工程技术的应用和发展

2.4.1 低温气体分离与液化技术发展

1. 上海是中国（深冷）气体工业的起源地

自 1843 年上海被辟为商埠后，英、美、法、德、日各国商人相继来上海开设洋行。到 19 世纪后期，上海的洋行已发展到第二代、第三代。1895 年，各国获得在中国开设工厂的特权后，上海的洋行迅速向棉纺、机器、造船、造纸、烟草、食品、公用航运、金融、房地产等社会经济各个部门投资。到 1914 年止，外国人在上海企业投资总额达到 2.91 亿美元（据上海地方志的统计数据）。

也就是从那个时候起，国外的工业气体公司开始进入中国。世界上最早的工业气体公司之一，法国液化空气集团（AIR LIQUIDE）于 1916 年进入中国上海，并于 1920 年在上海卢家湾徐家汇路 200 号开设氧气厂（东方修焊公司），还引进了法国溶解乙炔的技术和设备及乙炔瓶。直到 1933 年，这家法资公司一直垄断着上海的氧气市场，上海造船、机械、冶炼行业多数用该公司产品。

1933 年 5 月，民族资本家李允成、郭永恩、陈受昌等 7 人集资 25 万银元成立中国工业炼气股份有限公司。同年在辽阳路建造氧气车间，从德国进口每小时 30 m^3 制氧机，之后又从在上海的外资修船厂挖来熟悉氧气、乙炔生产及应用的技术工人。12 月，又从德国进口的每小时 30 m^3 制氧机投产，国产氧气问世打破了法商（东方修焊公司）独占市场的局面。

中国工业炼气股份有限公司是中国最早的民族资本家开办的氧气厂，中国最早的氧气注册商标“葫芦牌”也是该厂的。中国工业炼气股份有限公司早期的从业人员，可以说是中国最早的民族工业气体（深冷行业）的开拓者。

外资的工业气体公司首先登陆的就是中国上海，中国的民族工业气体公司最早也是在上海建立。可以说，上海是中国（深冷）气体工业的起源地。

2. 上海工业气体（深冷）发展历程

工业用氧气、氮气主要采用“深冷分离法”，即将空气在低温下液化，利用空气各组分沸点的差别，在精馏塔内进行精馏分离而制得氧、氮或同时提取一种或几种稀有气体（氩、氖、氦、氪、氙）。早年采用深度冷冻法的空气分离装置（制氧机）生产的氧气，主要用于小型的造船厂和修焊厂，使用氢—氧焰、氧—乙炔焰，对金属的切割和焊接。自 1952 年奥地利发明氧气顶吹转炉炼钢法（LD 法）后，世界钢铁工业进入了一个大飞跃，制氧机迅速向大型化方向发展，空分行业也与钢铁工业紧密地联系在一起了。上海是中国现代钢铁工业的发源地，上海的空分行业始终与上海的钢铁工业有着不解之缘。

1）起始于钢铁工业

从 1890 年至 1949 年，上海的钢铁工业曾经历过一个多难的初生期。但在 1949 年至 1979 年间，上海的钢铁工业迎来了一个曲折的成长期。1958 年 1 月，原属冶金部管辖的上海钢铁公司下放到上海，改建成上海冶金工业局。至 1960 年，上钢一厂新建了两个年产 40 万吨钢的侧吹转炉车间、上钢三厂新建第二转炉车间、新建的第五钢铁厂建起了一个侧吹转炉车间。1965 年，上钢一厂三转炉车间改成氧气顶吹转炉。在这段时期内，上海的空分行业也得到了迅速地发展，给上钢一厂提供氧气的上海吴淞化工厂建成 2 套 3 350 m^3/h 空分装置和 3 套 6 000 m^3/h 空分装置，上钢三厂自己建成 4 套 6 000 m^3/h 空分装置，上钢五厂自己建成 1 套 1 500 m^3/h 空分装置和 1 套 6 000 m^3/h 空分装置。

1979 年后，上海的钢铁工业进入了兴旺的壮大期。与上海钢铁工业息息相关的上海空分行业也因此得到了一个高速发展。1978 年 12 月 23 日，上海宝山钢铁建设工程在宝山破土动工，宝钢建设正式开始。为宝钢工程配套，宝钢氧气厂先后建成 2 套 2.6 万 m^3/h 空分装置、2 套 3 万 m^3/h 空分装置、1 套 6 万 m^3/h 空分装置和 1 套 7.2 万 m^3/h 空分装置。之后，宝钢气体（即原宝钢氧气厂）先后兼并了上钢三厂、上钢五厂和上钢一厂的制气车间，在上海宝山地区形成长距离区域联网集中供应氧气、氮气、氩气的联网管道系统，整个区域供气能力约氧气 50 万 m^3/h、氮气 57 万 m^3/h、氩气 1.2 万 m^3/h，低温液体生产能力 1 000 t/d，成为国内最大的氧气、氮气、氩气生产系统。

2）专业工业气体厂的历程

有着 80 年历史的上海中远化工有限公司氧气厂，从高压节流（林德循环）流程的 30 m^3/h 制氧机起家；到带中压透平膨胀制冷（克劳特循环）流程的 92 m^3/h 制氧装置，再到 150 m^3/h 制氧机；到高低压氨预冷（铝带蓄冷器）流程的 3 350 m^3/h 空气分离设备；再到全低压全板式带增压压缩机流程的 6 000 m^3/h 和 1 万 m^3/h 空分装置，上海中远化工有限公司氧气厂不但见证了上海的低温气体工业的发展史，也见证了整个低温气体分离与液化技术的发展历史。下面回顾一下上海中远化工有限公司氧气厂的历史。

1954 年 11 月，中国工业炼气股份有限公司公私合营，改名中国炼气厂。

1956 年 10 月，大华氧气厂并入中国炼气厂。

1957 年，在吴淞的张庙地区建新厂，由华东建筑工业设计院设计，上海第一建筑工程公司施工，次年氧气车间和乙炔工段建成。扩建时增添 2 台 150 m^3/h 制氧机。

1957 年，开始试制氖氦气，首先在德国造 30 m^3/h 小型制氧机上设计、安装氖氦浓缩塔。

1958 年，在德国造 150 m^3/h 制氧机上进行提取氖氦混合气，当年制得氖氦混合气 9 320 L。与上海化工研究院（蔡济道等参加）合作，在加拿大 92 m^3/h 制氧机上加粗氩塔、精氩塔等装置。

1959 年，在上海化工研究院协作下，采用低温吸附法，选用国产活性炭为吸附剂，得 99.99% 纯氖气、纯氦气。

1959 年 7 月，制得纯度为 99.5% 的工业氩气，并进行氪氙混合气的提取。

20 世纪 60 年代，又增添 2 套 3 350 m^3/h 空气分离设备，氧气产量猛增，并全面提取氩、氖、氦、氪、氙等稀有气体。

1962 年，采用分子筛低温纯化新工艺使工业氩气纯度提高到 99.99%。

1962 年 7 月，改名为上海吴淞化工厂。

1965 年，试制的氪气、氙气纯度也达到 99.99%。

1970 年，中国国产的第一套全低压、全板式 6 000 m^3/h 空分以上海市“地方会战”的形式即由杭州制氧机厂设计、上海市各个行业参加制造和建设在上海吴淞化工厂建成投产。

1974 年，第二套 6 000 m^3/h 空分在上海吴淞化工厂建成投产。

1976 年，第三套 6 000 m^3/h 空分在上海吴淞化工厂建成投产。

1984 年 11 月，第四套 6 000 m^3/h 空分在上海吴淞化工厂建成投产。这套空分设备是杭州制氧机厂引进技术后为用户设计制造的第一套全低压、稀有气体全提取的空分设备，运用了林德技术的工艺流程，应用电子计算机进行工艺流程和精馏工况计算。

1985 年，为上海市大规模集成电路制造项目配套，由俞昌年等人研制的 99.995% 的电子纯液氧和 99.9995% 的电子纯液氮的质量达到国际水平。

1987 年 9 月，在经历了两年多时间的合资谈判之后，上海吴淞化工厂与英国氧气（BOC）公司（集团）建立中外合资上海比欧西气体工业有限公司。这是中华人民共和国成立后中国第一个中外合资的专业气体工业公司。

1989 年 5 月，一套每小时 1 万 m^3 空分在上海吴淞化工厂建成投产。

1993 年 1 月，改名为上海吴淞化工总厂吴淞化工厂。

2001 年，改名上海中远化工有限公司氧气厂。

2013 年 4 月，由于中远化工有限公司产业结构调整，上海中远化工有限公司氧气厂宣布于 4 月 30 日上午 9 点正式停产，设备全部关闭。上海中远化工有限公司氧气厂（前身中国工业炼气股份有限公司）80 年的历史就此结束。

从中国工业炼气股份有限公司→公私合营中国炼气厂→上海吴淞化工厂→上海吴淞化工总厂吴淞化工厂→上海中远化工有限公司氧气厂，一路走过来，为中国的气体工业（深冷行业）做出过巨大的贡献，也留下了不可磨灭的印记。

3. 上海低温气体分离与液化技术发展

中华人民共和国成立后，产学研结合一直是推动我国科学进步、技术进步的重要组织形式。在产学研三结合中，企业、学校、研究院所各具有重要的、不可取代的作用。上海在产学研三结合中取得的成功，在全国起到了表率作用。

上海从事低温研究和教学的机构有上海交通大学、上海技术物理研究所、化工部上海化工研究院等。上海交通大学、上海技术物理研究所主要是进行低温技术和低温制冷机技术教学和研究；低温气体分离与液化技术主要由上海化工研究院承担。

上海化工研究院（以下简称“上海化工院”）成立于 1956 年，正值我国第一个五年经济发展计划的建设高潮，众多的不锈钢设备和铝合金构件，都需要氩弧焊接。鉴于上海化工院有一套 30 m^3/h 的制氧装置，化工部就将“空分制氩”的科研项目下达给上海化工院进行，由此开始了上海化工院的低温科研工作。这台 30 m^3/h 的制氧装置，原属于上海东方修焊公司，1949 年 5 月后，迁入上海天原化工厂。该装置于 1932 年，由法国液化空气公司制造，1935 年开始运行，氧气充瓶后供应市场，是一套依据高压节流制冷的早期空分设备，迁入天原化工厂后，又将分离的氮气，脱氧后作为合成氨生产的部分原料气，加以利用。

1956 年，化工部以天原化工厂的合成氨生产部分厂区为基础，扩建成立了上海化工研究院。

上海化工院的这套 30 m^3/h 的空分装置附设的粗氩塔，为筛板塔。受当时低温设备制造技术的限制，每一块塔板上的筛孔都是人工钻成的。1958 年春节，粗氩塔运行成功，粗氩中含 $Ar > 60\%$，并采用加氢 H_2 燃烧法脱氧 O_2，制得 $Ar + N_2$ 的混合气，但由于空分装置的系统冷量不足，不能再增设精氩塔，无法在低温下将氩 Ar、氮 N_2 混合气进行分离。

在上海市化工局的统筹安排下，将整套粗氩装置转移到位于辽阳路的中国炼气厂，安装在一套具有中压透平膨胀制冷的 92 m^3/h 制氧装置上，并增设了精氩塔，在低温下将 Ar、N_2 分离。

1959 年 4 月，正式生产焊接用氩，供应市场。在此期间，上海化工院的自动化仪表研究室试制了热导式氩分析仪，物理化学研究室开发了用于氩气生产的色谱分析方法，完善了“焊接用氩”的工业化生产。与此同时，由第一机械工业部设计总院、第二机械工业部（核工业部）和上海化工院组成联合推广小组，将这项“空分制氩”的科研成果推广到长春第一汽车厂、北京氧气厂、抚顺氧气厂等 300 m^3/h、600 m^3/h 的中型制氧装置。

1958 年，杭州制氧机厂成立后，成套供应以 50 m^3/h 和 150 m^3/h 制氧装置为基础的提氩设备，缓解了“焊接氩气”的供应。

1960 年，化工部在上海召开了全国稀有气体会议，决定在上海吴淞化工厂建立稀有气体试验基地，由上海化工院、杭州制氧机研究所、上海吴淞化工厂合作开展稀有气体等科研工作，并为该基地配备了小型液氮和液氢装置。

在有关单位的合作和共同努力下，上海化工院在低温科研方面取得了丰硕的成果，主要的业绩如下。

1）稀有气体方面

- 吸附法从空气中提取氖和氦；
- 吸附法从空气中提取氪和氙。1964 年起在上海吴淞化工厂开始小规模工业生产，

1966 年起由杭州制氧机厂配套吉林化肥厂 3 350 m^3/h 制氧装置 Ar、Ne、He、Kr、Xe 五种稀有气体的全提取装置投产运行；

➢ 1960 年因建设南京长江大桥和海军建设需要 $He + O_2$ 深水呼吸用气，国家下达了“从天然气中提取氦”的研制任务，由西南化工院、上海化工院和杭州制氧机研究所合作进行。在四川省自贡市建立试验基地，直接开展工业性试验。限于当时的低温设备制造条件，试验设备是将一套 50 m^3/h 制氧装置直接改造的，配置了 N_2/CH_4 复叠式制冷循环，利用天然气的节流制冷效应将天然气中的含 He 量，由 400×10^{-6} 浓缩到 55%He 以上的粗 He，然后仿效“空气中提取氦”的有关净化工艺，清除粗 He 中的 CH_4、N_2、O_2、H_2、Ne 等杂质组分，生产 4N 的纯氦，天然气处理量为 380 m^3/h。这个科研项目在 1965 年经国家级鉴定后，开始工业性生产；

➢ 1964 年，国家开始三线建设，但发现三线地区没有大型制氧装置（当时，攀钢还在建设中），缺少氩气供应。为此，化工部下达了“从合成氨尾气中提取氩”的工业性的科研任务，由西南化工院、上海化工院、杭州制氧机研究所合作进行。当时泸州天然气化工厂刚引进了一套以天然气为原料，年产 10 万吨合成氨的生产装置，厂址毗邻西南化工院。因此决定以该厂的尾气为原料，直接进行工业性试验。任务下达时，已是 1966 年的 5 月，由于某些原因，杭州制氧机厂也在筹划内迁，全厂处于半停产状态，不可能为这个项目进行专项设计。于是，根据“天然气中提氦”，将氧压机改成天然气压缩机，将空气压缩机改成氮气压缩机，组成了 N_2—CH_4 制冷循环，提供分离系统的冷量，将原料气脱氨、干燥后，以三塔串联、精馏的方式，将 H_2、CH_4、N_2、Ar 四个组分全部分离，氩产品质量达到 4N 焊接用纯氩标准，其余的 H_2、N_2、CH_4 返回合成氨生产系统。

该项目在 1969 年投产，1973 年经化工部鉴定验收。1974 年试验成果推广到南京化肥厂投产，合成氨生产规模为 18 万 t/ 年。1974 年后又推广到四川化工厂，1978 年投产，合成氨生产规模为 30 万 t/ 年；

➢ 1970 年，上海化工院在上海彭浦机器厂的氧气车间，建立了第二个试验基地，开展两个稀有气体生产新工艺的研究。合作单位有杭州制氧机研究所、上海彭浦机器厂、吉林化肥厂和四川化工厂。①等温吸附法分离氖氦，以 5A 分子筛为吸附剂，在常温下将 N_2 从 $N_2 + Ne + He$ 混合气中分离，可以使 N_2 含量降低到 2% 以下。在 80 K 低温下，制得纯 Ne + He 混合气；在 68 K 低温下，将 Ne 和 He 分离，制得 4N 的纯 Ne 产品。科研成果通过了化工部和一机部的联合鉴定，但因为武汉钢铁公司此时已经从德国林德（LINDE GROUP）公司引进了全套稀有气体生产装置，此科研成果没有得到推广的机会；②大型色谱法分离氪氙，该工艺类似于色谱分析，但在色谱柱出口，安排多个出口，可根据需要将色谱图像上的各个峰值部分气体，引入各个出口，将一个多组分样品气分离成多个二组分气体（实际上是载气 + 某一组分），再进行纯化或分离。载气则经过净化处理后循环使用。根据 1970 年的国外资料报道，该工艺已成功应用于多元有机组分的分离，色谱柱直径已放大到 2M，并开始工业化应用。在我们的试验中，色谱柱的直径为 50 mm，以 H_2 为载气，每次的进样量大约为 15 ～ 20 L，可将 $N_2 + O_2 + CH_4 + Kr + Xe$ 的 5 组分原料气一次分开，并制得 4N 的氪气和 4N 的氙气产品。试验成果通过化工部和一机部联合鉴定后，由于国家科研体制的改革，终止了扩大试验。

2）液氢生产

➢ 正一仲氢转换（也称 O—P 转换）是液氢生产中不可缺少的工序，需要试制在 20 K 低温下的催化剂。上海化工院在吴淞化工厂的配合下，1963—1964 年，完成了试验任务。1965 年通过鉴定后，将试验成果移交给了中科院大连化物所进行工业化生产。

➢ 1965 年，化工部组织有关科研设计单位，进行液氢精馏法浓缩氘（D2）的中间试验。上海化工院和西南化工院，配合大连光明化工研究所完成了氢气净化试验，对含 2% $N_2 + CH_4$ 的原料氢气进行 80 K 低温下的吸附净化试验，制备 8N 的纯氢，在 1966 年获得成功，这项净化试验中的吸附和再生温差仅为 50 K。

➢ 其他：①1970—1980 年由化工部第四化工设计院担任主编，化工部第五、第六化工设计院、华中理工大学、浙江大学、上海化工院、大连光明化工研究所参与编写《深冷手册》。其中的稀有气体提取和天然气液化这两章由上海化工院编写，氢气纯化部分由上海化工院和大连光明化工研究所共同编写；②1982 年编写和出版了《稀有气体的提取》一书；③改革开放以后，各外国气体公司纷纷进入中国市场，1987—1988 年间，上海化工院配合上海漕河泾微电子工业园区，和法国液化空气公司进行了合资项目的前期谈判；④关于 CO 低温精馏法生产 C13 稳定性同位素的科研项目。

4. 上海的低温气体分离与液化设备制造业的建立和发展

上海原先并没有低温气体分离与液化设备制造业，只有低温气体分离与液化的运行工厂。但上海毕竟是一个行业配套齐全、技术人才密集的工业城市，当国内的空分设备制造厂在供货时间上满足不了上海钢铁工业对氧气用量增长的速度时，上海当时采取了“全市会战”的形式，由上海自己制造大型空分装置。1969—1970 年，中国国产的第一套全低压、全板式 6 000 m^3/h 空分设备以上海市“地方会战”的形式（即由杭州制氧机厂设计、上海市各个行业参加制造和建设）在上海吴淞化工厂建成投产。当然，这样的制造方式，在时间进度上满足了建设的需求，但制造成本是很高的。之后，上海吴淞化工厂的第二套“六千”空分设备和上钢三厂的 4 套“六千”空分设备也都是由上海以“会战”的形式建造的。

到了 2001 年，上海启元空分技术发展股份有限公司成立，才有了真正意义上的上海唯一一家采用低温法分离气体的空气分离设备制造企业。

上海启元空分技术发展股份有限公司（以下简称“启元公司”）成立初期，主要经营空气分离设备、高纯设备等。公司拥有国内膨胀量规格最大的气体轴承膨胀机制造技术，并且产品质量稳定，可连续运行 5 年不进行检修。

启元公司于 2007 年着手研发氪氙气体精制装置。经过 4 年努力，在 2010 年与盈德气体签订装置供货合同，并成功于 2011 年提取出高纯氙、高纯氪，经过上海计量测试技术研究所分析，产品纯度达到国标“高纯氙一等品”、氪气国标“高纯氪”以上纯度，且产品质量与国外产品等同，属于国产氙、氪气中的精品。

2013 年，宝钢气体与启元公司签订了氪氙精制装置供货合同。该装置于 2014 年末安装完毕并调试成功，成为目前全球单体精制能力最大的装置。

2014 年初，德国工业气体行业老牌公司梅塞尔（Messer）集团公司与启元公司签订了氪氙气体精制装置供货合同。该装置于 2014 年底开始交付，2015 年中调试完毕并投产。

在氪氙精制方面，启元公司在短短 4 年内向国内外气体行业巨头交付了 3 套精制装置，使国内的精制中心从原来的 3 个增加到 8 个，并且运行稳定。

2011 年，启元公司在高纯氮装置的基础上开发了高纯氧产品，产品设计纯度为国标 99.999% 以上，实际产品达到 99.999% 左右，迄今为止，是国产高纯氧装置中品质最高的高纯氧产品。目前，启元公司的高纯氧产品不仅在国内四处开花，还出口到了韩国、中国台湾、新加坡等地区，在半导体行业得到了广泛认可。

2013 年初，启元公司启动了氖氦精制装置的研发和制造，并于 2015 年第三季度试车成功。装置的年产能量 3 万 Nm^3 以上，产品经上海计量测试技术研究所检测，杂质含量远低于国标规定值，是名副其实的“高纯氖”。在研发过程中，装置已经获得 4 项发明专利和多项使用新型专利。

5. 外资企业在上海气体工业中的作用与地位

20 世纪初，法国液化空气集团率先来到了中国上海，给上海、也给中国带来了深度冷冻法分离空气以制取氧气的先进技术。后来又有德国、加拿大及日本的工业气体公司来到中国。他们都曾为推进中国制氧业的发展，起到了一定的作用。这些外资的气体公司在 1949 年前夕撤离了中国大陆。

在 1978 年中国宣布改革开放后，尤其是 1984 年至 1987 年间，世界上主要的工业气体公司英国氧气公司、法国液化空气集团、美国空气制品与化学品公司（Air Products and Chemicals，Inc.），陆续重返中国寻求发展。1987 年底，由上海吴淞化工厂与英国氧气公司合资建立的上海比欧西气体工业有限公司成立，这是 1949 年后在中国出现的第一个中外合资的专业气体公司。1990 年初，法国液化空气集团独资建立的液化空气（上海）有限公司落户国家级高新技术开发区——上海漕河泾新兴技术开发区，这是 1949 年后在中国出现的第一个外商独资的专业气体公司。1998 年，为了上海华虹 NEC（909 工程）供应电子工业用气，上海仪表局与美国普莱克斯（PRAXAIR）公司成立上海普莱克斯仪电实用气体有限公司。

如今，世界上最具影响力的工业气体公司：法国液化空气集团、德国林德（集团）公司、美国普莱克斯（集团）公司、美国空气产品（集团）公司、德国梅塞尔公司，这些跨国集团公司对上海情有独钟，将总部设在上海。他们不仅带来了国际领先的技术，也带来了先进的管理理念和市场的竞争机制，为中国低温气体分离与液化行业的发展起到了举足轻重的作用（表 2.13）。

表 2.13　外资气体公司进入中国的时间表

外企名称	公　司　名　称	时　间
英国氧气公司	上海比欧西气体工业有限公司	1987 年 12 月
	比欧西（中国）投资有限公司［设在上海］	2002 年 1 月
美国空气产品公司	中宏工业气体（深圳）有限公司	1987 年
	空气化工产品（中国）投资有限公司［设在上海］	1997 年 11 月
	空气化工产品（上海）有限公司	2000 年 11 月
日本岩谷产业株式会社（IWATANI）	大连岩谷气体器具有限公司	1989 年 6 月
	大连（JCI）低温机器有限公司	1993 年 4 月
	上海石化岩谷气体开发有限公司	1994 年 11 月
法国液化空气集团	液化空气上海有限公司	1990 年 1 月
	上海化学工业区工业气体公司（与普莱克斯合资）	2001 年 11 月
	液化空气（中国）投资有限公司［设在上海］	2004 年 8 月
普莱克斯气体公司	北京普莱克斯实用气体有限公司	1992 年 11 月
	上海宝钢普莱克斯实用气体有限公司	1993 年 12 月
	普莱克斯（中国）投资有限公司［设在上海］	1998 年 5 月
日本酸素株式会社	大连日酸气体有限公司	1993 年
德国林德公司	林德气体（上海）有限公司	1995 年 8 月
	林德气体（厦门）有限公司	1995 年 11 月
	上海林德二氧化碳气体有限公司	1999 年 3 月
	比欧西公司被林德公司兼并	2006 年 9 月
	林德集团上海研发中心	2009 年 9 月
	普莱克斯公司与林德公司合并	2018 年 10 月
德国梅塞尔公司	梅塞尔在中国上海设立总部办事处	1995 年
	上海三钢梅塞尔气体产品有限公司	1996 年 3 月
	昆明梅塞尔气体产品有限公司	1996 年 3 月
日本大阳酸素	上海大阳东洋气体设备有限公司	2003 年
日本大阳日酸株式会社	上海大阳日酸气体有限公司	2004 年

1）法国液化空气集团在上海

法国液化空气集团（以下简称“法液空”）成立于1902年，是全球领先的工业和医用气体及相关服务的领军企业。法液空于1916年进入中国，在上海卢家湾徐家汇路200号开设氧气厂（东方修焊公司），还引进了法国溶解乙炔的技术和设备及乙炔瓶。1948年法液空离开了中国市场。之后，法液空曾在20世纪70年代又以提供空分设备的方式重新回到中国市场。

在中国改革开放后，法液空于1990年重返中国大陆投资并发展业务。尤其是2004年法液空在上海设立了液化空气（中国）投资有限公司之后，经过近十年来业务的加速发展，至2014年底法液空在中国设有超过85家工厂，遍布40多个城市，拥有约4 300名员工。其在华主要经营范围包括：工业及医用气体的运营，及由其全球工程技术业务单元所开展的工程技术业务。公司业务已覆盖中国重要的沿海工业区域，并继续向中部、南部和西部地区拓展。

2）法国液化空气集团在上海的大事记

➤ 返回中国（1990—2003年）

1990年1月，液化空气（上海）有限公司成立（电子气和通用工业业务启动）。液化空气（上海）有限公司是中华人民共和国成立后外资在中国建立的第一个外商独资的专业气体工业公司，也是上海漕河泾新兴技术开发区建成后区内的第一个外商独资企业。

1995年，液化空气（天津）有限公司成立（北方区启动）。液化空气的工程与制造中心在杭州成立（空分工程）。

1996年，第一台变压吸附空分装置（APSA）在上海投运（现场制气业务引入中国）。

2002年，液化空气亚太工程中心在上海成立（HYCO工程业务启动）。

2003年，上海化学工业区工业气体有限公司（SCIPIG）成立。采用天然气蒸汽转化法生产合成气，再用深冷分离法，采用低温甲烷洗涤合成气得到98%的H_2和99.3%的CO。98%的H_2经PSA进一步净化得到99.5%的H_2产品；

➤ 加速发展（2004—2006年）

2004年8月，液化空气（中国）投资有限公司成立。

2004—2006年，与日照钢铁、张家港浦项制铁、丽东化工、LG化工、拜耳聚氨酯、天津碱厂、海力士等签订长期战略合作。

2.4.2 低温技术在能源领域的应用——液化天然气（LNG）的发展

1. 绪论

1）液化天然气（LNG，Liquid Nature Gas）的概念

液化天然气（LNG）是天然气在零下162 ℃下形成的无色、无味的液体。其体积约为同量气态天然气体积的1/600，液化天然气（LNG）的密度在0.45 kg/m^{3}左右。其在空气中爆炸极限为5%～15%，所以导致相比起石油气不容易爆炸。由于天然气是一种优质洁净燃料，在能源、交通等领域具有十分诱人的应用前景。

自20世纪中期，英国建立起世界上第一个液化天然气接收站。美国第一艘液化天然气运输船“甲烷先锋号”建成以来，液化天然气在世界能源贸易当中所扮演的角色也日益重要。而在亚洲地区，液化天然气进口贸易于20世纪70年代从日本开始，随后，韩国于1986年开始进口液化天然气，而液化天然气在中国大陆的进口开始于2006年的大鹏接收站。

天然气的液化和储运是其开发利用的一项关键技术。如今，液化天然气技术是高科技的系统工程，已形成了一个产业链。近半个世纪以来，液化天然气技术作为世界上一门新兴工业正在飞速发展，目前继续保持着强劲的势头。我国有丰富的天然气资源，但大规模开发利用天然气，尤其是开发和应用液化天然气技术，相对起步很晚。

2）液化天然气（LNG）产业在上海的发展

上海作为中国最大的国际化大城市和经济中心，聚集着国内最先进的技术和人才，与此同时，能源需求不断提高，环境压力也不断增加，液化天然气LNG产业也得到了快速发展。早在1999年，上海就设置了五号沟液化天然气（LNG）应急储备站，以缓冲供气不足的情况。2007年又建设国内第三个LNG进口接收站——洋山港接收站。其间吸收了很多国内外LNG领域先进的技术，成为中国LNG产业的中心之一。

2. 硬件设施

上海液化天然气（LNG）产业基础设施如下。

➢ 五号沟应急储备站

1999年4月东海天然气早期开采，供应上海城市燃气工程建成投运。开始向上海浦东地区供应天然气，工程设计供气能力120万 m^3/d。根据上下游供气协议，因海上开采风险和台风等不可抗拒因素，上游一年内可能有10天的最大连续停供气期。为此，在下游工程中建设一座LNG事故气源备用站（如今的五号沟储备站），主要用于上游停产或长输管线事故时向输配系统提供临时应急气源，以保障输配系统可靠、安全、连续地向用户供气。

储备站于1999年11月建成后开始调试。2000年4月10日正式投运，并先后通过了液化能力、储罐自然蒸发率、气化能力等各项性能测试，达到了设计要求。LNG站位于浦东新区东面的长江岸边，总占地78 700 m^2，总投资约6.15亿元；

➢ 洋山港液化天然气（LNG）进口接收站

2007年1月洋山液化天然气LNG进口接收站项目开始建设。2008年，中国海洋石油总公司与马来西亚国家石油公司（Petronas）签订了上海液化天然气LNG项目为期25年的供气协议。

直至2009年10月，已经建成的一期项目拥有16.5万 m^3 储气罐三座，年输转量约40亿 m^3，可满足当时上海市50%的天然气需求，二期工程如今正在建设中，建成后该码头的LNG总储量可在目前基础上再增加一倍，可基本满足上海全市的用气需求。开始供气后，上海LNG进口接收站将成为上海天然气供应系统的主力气源；

➤ 港能公司洋山港码头加注设施

加气站建设和运营管理由上海燃气集团下属上海液化石油气经营有限公司承接，上港集团进行 LNG 集卡更新，为解决 2012 年第一批 50 辆 LNG 集卡加气，先在港区设临时 LNG 加气站，待正式加气站改建完毕后，拆除 LNG 临时加气站。

项目分为两个部分，LNG 临时加气站和 LNG 正式加气站。

LNG 临时加气站

为了解决上港物流先期投入的 50 台 LNG 集卡的加气问题，临时站采用 LNG 箱式撬装加气设备，租用了查特深冷工程系统（常州）有限公司 IMC 箱式 LNG 汽车加气设备，该设备系统已在北京、天津、杭州、苏州等地使用。临时加气站 LNG 储灌容积 30 m^3，1 台加气机，1 台潜液泵。

2013 年 2 月 5 日 LNG 临时加气站完成消防审核、车用气瓶充装许可、各类避雷接地检测、可燃气体报警仪检测、防爆检测、压力容器检测、压力管道检测；完成设备预冷和调试，加气站操作人员上岗培训和作业证书考核，取得市交通委（原交港局）LNG 临时加气站运行批复。

LNG 正式加气站（固定站）

LNG 加气站等级为二级；LNG 储罐总容积 120 m^3，单罐容积 60 m^3；4 台 LNG 低温泵，4 台 LNG 加气机；1 台 LNG 卸车泵，一个卸车台及相关站控设备等，能满足 4 台 LNG 集卡同时加气。

LNG 正式站于 2013 年 8 月完成项目建设，按上海市交通委危化品建设项目要求，完成了建设项目审批和工程建设，完成项目相关验收，进入 LNG 置换、加气站试运行。

2013 年 2 月 7 日洋山 LNG 临时撬装站投运，50 辆 LNG 内场集卡运行。

2013 年 9 月 1 日洋山 LNG 正式站试运行，150 辆 LNG 集卡运行。

2014 年 7 月 LNG 内场集卡 200 台，外场集卡 96 台，总量 296 台。

2014 年 8 月每天 LNG 加气量超过 20 t，单日最大加气量达到了 38 t。

至 2014 年 9 月 LNG 累计加注 6 500 t。

3. 液化天然气（LNG）的物流与燃料用途

1）LNG 物流模式

LNG 产业链中，运输物流是一个重要环节，它包括 LNG 的公路运输，铁路运输和内河近海船舶运输。LNG 的运营模式是把液化厂生产的 LNG 或由接收站进口的 LNG 通过专用汽车、火车或内河沿海的小型船舶运输到使用天然气的末端用户。

2）中国 LNG 船舶的进展

在建造 LNG 船舶基础设施条件方面，大连新船重工有限责任公司和上海江南造船集团等都具备 15 万 t 级船台和 30 万 t 级船坞，以及 580 t 和 900 t 的超重龙门吊，沪东造船厂已建成 360 m × 92 m 的船坞。这些都是建造大型 LNG 船的必备设施，为发展我国的大型 LNG 船工业提供了可靠的保证。

2009 年 4 月，全球首套 LNG 船用燃料储存供气系统，由张家港富瑞特种装备股份有限公司下属的控股子公司张家港韩中深冷科技有限公司研发试制成功，并顺利交付客户挪威汉姆沃斯（HAMWORTHY）公司。

沪东中华造船（集团）有限公司十年磨一剑，成功掌握了 LNG 船设计建造中的液货围护系统、低温液货驳运系统以及主推进系统等三大关键技术难点。LNG 首制船于 2008 年 4 月 3 日完工交船，打破了少数先进造船国家在 LNG 船建造上的垄断局面，标志着我国 LNG 造船的生产技术和能力跻身国际先进行列。到 2012 年底，沪东中华造船厂，已成功交付 6 艘 14.7 万 m^3LNG 船，成功实现了批量建造大型 LNG 船，填补了我国 LNG 船设计建造的空白。

沪东中华造船（集团）有限公司通过引进、消化、吸收、再创新，又自主开发设计了 16 万 m^3 电力推进 LNG 船、17.5 万 m^3LNG 船以及 22 万 m^3LNG 船，并成功推向国际市场，于 2011 年 1 月 15 日一举中标埃克森美孚 / 商船三井的 4 艘 17.2 万 m^3LNG 船造船项目。这是中国的造船企业首次承接到 LNG 船的出口合同，于 2012 年 6 月开工建造。

到目前为止，沪东中华造船（集团）有限公司已申请有关 LNG 船专利 44 项，授权 24 项，其中发明专利 12 项，实用新型专利 12 项，形成了一批具有自主知识产权的科技成果。近年来他们承接了多项相关科研项目，例如“大型液化天然气船（预研）关键技术研究”“大型薄膜型液化天然气（LNG）船关键制造技术开发”“大型薄膜型液化天然气船关键制造技术研究”“大型薄膜型 LNG 船首制”“大型薄膜型液化天然气（LNG）船绝热箱制造技术研究”“大型液化天然气船工程开发”“16 万立方米级薄膜型电力推进 LNG 船研制”等。这些科研项目的实施为该专项研究的开展奠定了坚实基础。

江南造船厂是中国历史最悠久的军工造船企业，中国的第一座炉钢、第一门钢炮、第一艘铁甲兵轮、第一台万吨水压机、第一艘潜艇、第一艘护卫舰、第一艘自行设计的远洋货轮、第一艘海洋考察通信船、第一艘石油液化气船、第一艘跨海火车渡轮等都是出自该厂。2008 年，江南造船集团整体搬迁至长兴岛的中船长兴岛船舶制造基地，同时拆分出上海江南造船厂直接隶属于中船集团，成为一家主营民用工程船舶的公司。

2014 年底，江南造船厂为一艘 3 万 m^3 液化天然气（LNG）液罐运输船“海洋石油 301”号正式命名，标志着该船进入了最后的试航交船阶段。该船全长 184.7 m，型宽 28.1 m，总吨位 25 041 t，设计服务航速为 16.5 节；采用双燃料电力推进系统（DFDE），并在艏部设置艏侧推以提高其操纵性能；机舱配备两台 360° 全回转推进器，三台双燃料发电机。该船主要服务于国内 LNG 二程转运和调峰需要，兼顾国际 LNG 短程运输。

3）上海交通大学 LNG 学科的建立和发展

➢ 1978 年上海交通大学建立低温学科，将 LNG 作为专业方向之一。申请国家自然科学基金，以基础研究为起步。结合多项工程实践，如：东海天然气事故调峰贮存工艺研究，上海五号沟LNG应急调峰工厂建设，上海通达能源多项LNG城镇燃气工程（江苏大丰、沭阳等），参与我国LNG标准和规范的制定。逐步形成了国内首个LNG技术团队，覆盖LNG全产业链——原料气净化处理、天然气液化工艺、LNG储存和运输、LNG再汽化以及LNG的应用技术；

➢ 2006年成立上海交通大学液化天然气与清洁能源技术发展中心，先后承担多项国家、上海市和地方企业委托的LNG研发项目；

➢ 由上海交通大学顾安忠教授发起创建中国液化天然气大平台，2011年5月，国家民政部注册登记“中国工业气体工业协会液化天然气分会”（CNLNG），由顾安忠教授任秘书长。2012年5月协会刊物“液化天然气”问世，在中国LNG产业界产生较大影响。协会除了每年举办全国性的展会、论坛、交流会外，还多次成功举办“海峡两岸液化天然气技术研讨会”，“中韩液化天然气燃料船论坛”，在国际LNG领域具有一定影响力；

➢ 被誉为液化天然气领域的“奥林匹克”—国际液化天然气大会（LNG年份）系列会议，是由美国燃气技术研究院（GTI）、国际燃气联盟（IGU）、和国际制冷学会（IIR）三大国际组织发起主办的大型国际会展。2012年由中国工业气体工业协会液化天然气分会牵头，联合中国燃气学会（CGS）、中国燃气协会（CGA）和中国制冷学会（CAR）向主办方提出第十九届国际液化天然气大会申办权。2013年4月在美国休斯敦举办的LNG2017上，中国与韩国、马来西亚角逐LNG2019的承办权，结果是中国胜出。中国申办委员会主席顾安忠教授代表中国与主办方共同签署了承办协议。2015年6月时任上海市市长杨雄批发，确定上海市政府为LNG2019的支持单位，并由上海市政府商务委牵头。2015年9月，LNG2019主办方高层工作小组到上海进行工作访问，受到时任商务委尚玉英主任会见。LNG2019承办委员会主席顾安忠和执行总监林文胜教授陪同会见。2016年4月，由上海市商务委和住建委组成的上海市政府代表团赴澳大利亚珀斯市参加了LNG2018大会，并在大会闭幕式上进行了大会承办方的交接，由此LNG年份进入中国时间。2017年10月19日，LNG2019新闻通气会在上海世博展览中心召开，来自国际燃气联盟、上海市商务委、上海市住建委、美国驻上海总领馆等单位代表出席；新华社、澎湃新闻等传媒参加。2019年4月1—5日，LNG2019在上海世博会展中心隆重举行。

2.4.3 低温技术在航天领域的应用和发展

航天的环境是一个冷黑空间，与低温技术紧密相关联，其中各种仪器、仪表和设备的环境模拟、高真空与超高真空的获得都离不开低温技术。另外、火箭燃料（如液氧、液氢）的制造与贮存也是低温技术最基本内容，而在这些方面，上海许多单位曾为我国的航天与航宇工程做出了贡献。这里重点介绍上海交通大学为航天领域所做的低温技术开发工作。

上海交通大学制冷与低温工程研究所是国内最早从事制冷与低温工程应用于空间技术研

究的单位之一，紧跟市场发展需要，以家电、能源与环境、国防军工等重要支柱产业为发展先导，积极与国内外企业合作，在人才培养、研究开发和基地建设方面发奋努力，取得了一系列成果，使其总体水平处于国内领先，部分处于国际先进，已被评为国家重点学科。

该研究所学科团队已从事航天低温技术研究近 40 年，曾参加过东方红卫星、尖兵卫星和风云卫星发射多项国家重点工程项目的有关低温工程研究，在低温液体贮存与运输、低温绝热技术、低温真空技术等方面有专长，并发表了 110 余篇论文，出版了多本专著，其中《低温容器—设计、制造与使用》《绝热技术》《低温绝热与贮运技术》等是国内有关低温绝热与贮运的少有的几本专著，为同行最重要的参考书。

上海交通大学曾完成过有关液氮供应与循环冷却、超导与高真空系统的项目如下。

- AMS-02 超导磁体超流氦冷却地面支持设备系统研制及关键技术研究（丁肇中教授领导的国际合作项目）（2007—2012）；
- 上海卫星工程研究所噪声试验设备气源系统设计、制作、安装调试；
- 上海科学仪器厂（原 539 所）热管传热测试台（液氮制冷系统及真空罐部分）；
- 航天部 101 所长三甲试验用液氮液氧容器及系统；
- 航天部 101 所液氢生产中 LN2 冷却闭式循环液化系统；
- 国防重大科研项目——潜艇液氧贮罐的研制；
- 国家上海同步装置中液氮循环冷却系统；
- 医院液氧供氧系统；
- 511 站 KM-6 文丘里管液氮补偿系统设计；
- 801 所高空模拟试验舱的传热与真空计算；
- 美国 ABB 公司核电站氮气保护系统设计；
- 淄博市液化天然气（LNG）工程低温设备；
- 淄博市运输公司 40 m^3LNG 运输槽车；
- 中集集团深冷液化气体储运设备的技术开发；
- 中科院高能所 4W2 真空内扭摆磁铁装置。

对接综合试验台温度环境模拟分系统是空间对接机构综合试验台的一个分系统，其作用是提供对接试验所需的高低温环境，试验和考核对接机构在高低温环境下的性能。对接机构综合试验台温度环境模拟分系统是我国载人航天 921-Ⅱ重点工程的重要组成部分，温度场内温度、压力特性分析和实现以及控制系统设计与分析方面的研究是环境模拟试验系统研制的关键问题，它的结果直接关系到空间对接机构地面仿真试验能否成功。

温度环境模拟分系统由上海交通大学承担设计、研制和调试，立项合同经费 849 万元，经长期使用考核，各项指标达标，并已为“神八”对接完成数百次相关试验，为确保“神八”飞船等飞行器发射与对接提供了技术支持。目前仅俄国与我国有这种试验台，俄国在这方面专家一致公认，我国的技术水平远超过他们，世界一流，并获 2012 年度上海市科技进步一等奖。

在此基础上，研制成功用于高低温运动性能试验系统，高低温展开性能试验系统，热变形综合测试间，弱碰撞式对接机构综合实验台温场系统，对接与样品转移机构整机特性测试台温场系统研制。在国家多个航天重点型号研制项目的持续支持下，攻克了高低温交变、高变温速率、大温差和大占位空间等技术难题，形成以下核心技术。

➢ 极端温区热环境模拟试验箱绝热与密封技术：提出真空多层绝热变密度优化配置方法，成功研制成直管部分漏热量小于 0.9 W/m 的液氦柔性输液管；发明嵌入式波纹管门封及柔性间隔屏，研制成功漏热低至 4 W/m^2，10 m^3 的液氢高压试验容器；

➢ 大型箱体及微重力吊挂结构热变形控制技术：发明内、外框架既独立承载又耦合连接的复合结构，提出采用波浪形内壁面等超大箱体热变形补偿方法，形成基于转接框架的微重力环境模拟吊挂弱变形技术，使变形量减少 97.4%；

➢ 超大空间温度场均匀性和超低露点实现技术：发明基于液氮 / 冷氦双介质耦合热沉的深低温模拟舱冷却结构及充分利用液氮全热创新循环流程，提出了高低温大空间气流组织设计方法，实现温度高均匀性、高变温速率及 −50 ℃超低露点温度。

基于此，创新研制出 −120 ℃～ 170 ℃、1 600 m^3 超大空间和 −205 ℃～ 100 ℃、8 m^3 深低温两个热环境模拟系统及 1.8 K 超流氦加注低温系统，使我国首次具备了开展 1∶1 超大型航天器热环境试验的条件。这些装备在 CE-3 月球车移动分系统、某 A/B 星 SAR 天线、某 B 星太阳电池阵、天宫问天大型伸展机构、CE-5 轨道器舱段等 29 批次的航天产品试验中获得应用，为国家多个重大工程航天器顺利发射升空和平稳在轨运行提供了保障。相关应用单位对该系统的评价是："使我国掌握了月球极端温度环境模拟试验技术""设备性能稳定，保障了相关型号试验成功""使得我国掌握了大型微重力模拟展开试验技术"等。

获发明专利 20 项，发表论文 25 篇，建成上海市低温技术与测试应用公共服务平台，培养了一支具有自主创新能力的研发队伍，形成了我国航天热环境模拟试验系统核心装备独立设计和研制能力。

2.4.4 低温制冷机技术发展

上海低温制冷技术主要由上海技术物理研究所为主承担开发。

中国科学院上海技术物理研究所（以下简称"上海技物所"）于 1958 年 10 月由中国科学院与复旦大学联合创办，是中国科学院首批知识创新工程试点单位、中国科学院知识创新工程全面推进阶段评估 A 类研究所和中国科学院"创新 2020"首批整体择优支持单位。上海技物所以红外光电遥感探测技术为定位，从事航空航天有效载荷、红外成像及信号处理、红外焦平面及遥感信息处理等领域的相关基础、工程化和产业化技术研究工作，目前建有虹口区玉田路 500 号和嘉定区绿意路 2398 号两个工作园区。

上海技物所是多学科研究所，由于研究半导体材料和器件低温性能的需要，成立之初即设立低温组，即空间制冷研究室（第四研究室）的前身，生产供试验用的液氮、液氢、液氦等低温液体。1962 年上海电子所红外研究室调整入所，当时有 3 个研究室和 6 个独立研究组，低温组是独立研究组之一。自组建第四研究室起，开始承担各项空间制冷及低温工程科研任务。

从“十五”开始，随着国家在科技方面的投入显著增加、技术不断的发展和技术成熟度的提升，上海技物所承担了更具有挑战性的空间制冷技术研制任务。辐射制冷技术和机械制冷技术均面临着新的挑战，研制周期越来越短、技术指标越来越高，项目数量逐年增多。

到“十二五”取得了明显的效果，辐射制冷技术新一代太阳同步轨道辐射制冷器完成了 B 星和 C 星的发射及在轨应用任务，成功实现了风云三号系列辐射制冷器产品的跨代式提升；三轴稳定地球静止轨道气象卫星风云四号辐射制冷器在进行了大幅度自主创新设计的基础上首次实现的在轨成功应用；机械制冷机生产线基本建成，且基本实现了设计和生产制造的分离，产品研制周期显著缩短，形成双驱动斯特林制冷机、气动制冷机和斯特林型脉管制冷机三大谱系，产品种类也有了大幅度的提升。“十三五”期间，陆续进入工程阶段的项目有 30 余项。

经过 60 余年发展的积累，上海技物所空间制冷研究室不断凝练面向需求的技术领域，包括辐射制冷器技术、机械制冷机技术、空间仪器热控技术、低温光学技术和相关电子学控制系统技术等，在职人员有 100 余名。秉承“实干见物”所风，始终坚持用户导向、创新导向，密切关注并深刻理解红外光电科技最重要的发展趋势，开展动力工程及工程热物理学科制冷低温工程技术研究，提升元部件技术的高端核心竞争能力，在辐射制冷、机械制冷等方面均取得重要突破和重大发展。在我国迄今为止已发射上天并成功运行了多台制冷装置，已成为我国研究空间制冷与低温空城技术发展的重要基地，完成多项较有创新与特色的项目。

进入 21 世纪，顺应系列化、型谱化和升级换代的需求发展趋势，上海技物所秉承“核心部件自主掌控”的理念，着眼专业技术前沿，聚焦专项技术高端核心竞争能力的提升，致力于为用户和国家提供高可靠高品质空间制冷产品和服务。在承担多项工程型号项目的过程中，凭借先进的设计理念和产品质量控制能力，贴近用户和项目需求的深刻理解，以及强有力的技术资源整合能力，上海技物所有效推动了太阳同步轨道和地球同步轨道辐射制冷器和三大谱系空间机械制冷产品复杂项目的顺利实施，承担了风云一号、风云二号、风云三号、风云四号、载人航天工程、海洋、环境、资源、国家重大专项等为代表的一系列具有重要影响力的项目的制冷产品研制，在空间制冷技术专项领域形成了特色竞争力，成为国家该领域产品的重要研制平台。获得国家、上海市、科学院、军队系统等各种奖项 10 余项，并培养了包括空间低温制冷领域的杰出专家人才。

1. 辐射制冷器

辐射制冷是一种被动制冷，利用具有高辐射率的辐射体，向宇宙深冷空间辐射能量，同时采用反射镜面屏蔽外来热流，而获得低温的一种制冷技术。上海技物所从20世纪70年代初，承担气象卫星遥感仪器研制工作同步开展了辐射制冷器研制，产品主要应用于太阳同步轨道和地球同步轨道两大类气象卫星。

1）风云一号气象卫星用辐射制冷器

1977年11月，承担研制的风云一号气象卫星（FY-1）扫描辐射计开始进入工程研制阶段，仪器中的红外探测器采用HgCdTe探测器采用辐射制冷器提供低温工作条件，开启了气象卫星辐射制冷器研制的历程。01星、02星、03星和04星分别于1988年9月7日、1990年9月3日、1999年5月10日和2002年5月15日随卫星入轨，辐射制冷器控制在105 K工作温度，在轨工作10余年，性能稳定，直至卫星寿命中止。

2）风云二号气象卫星用辐射制冷器

1982年开始研制地球同步轨道风云二号卫星（FY-2）用辐射制冷器，因应用卫星的轨道不同，辐射制冷器采用不同于风云一号的结构。风云二号卫星先后研制了三批。01批的A星、B星分别于1997年6月10日和2000年6月25日发射入轨。1999年初开始研制风云二号02批辐射制冷器，分别于2004年10月19日和2006年12月8日，发射成功C星和D星，辐射制冷器性工作稳定。

由于国家气象局用户对汛期提高探测灵敏度需要，对风云二号E星辐射制冷器提出了更高的需求，据此在D星辐射制冷器基础上进一步优化设计，改进的辐射制冷器于2008年12月23日、2012年1月13日和2014年12月31日随E星、F星和G星入轨，工作稳定。

2015年开始风云二号H星正样产品研制，至2017年10月31日完成了辐射制冷器所有试验，其性能指标满足任务要求，计划2018年6月发射。

3）风云三号气象卫星用辐射制冷器

风云三号卫星（FY-3）是我国新一代太阳同步轨道气象卫星，它具有三维的探测能力和更为优良的性能。01星～03星中分辨率光谱成像仪辐射制冷器采用G型结构，扫描辐射计和红外分光计采用抛物面W型结构；04星高光谱垂直探测仪和中分辨成像光谱仪辐射制冷器采用抛物W型结构。在辐射制冷器上采用了可翻转地球屏（兼防污罩）、柱状抛物反射屏、轻型光学反射地球屏、多措施防污染设计等多项创新技术，取得了一系列的科研成果。01星、02星、03星、04星分别于2008年5月27日、2010年11月5日、2013年9月23日、2017年11月15日，发射成功，辐射制冷器在轨工作稳定，2017年开始05星研制。

4）风云四号气象卫星用辐射制冷器

风云四号卫星是我国新一代地球同步轨道定量遥感气象卫星，它具有更多的成像通道和垂直方向高精度定量探测能力。主载荷扫描辐射计和大气垂直探测仪分别采用辐射制冷器为红外探测器和中继光路、后光路及干涉仪进行制冷。突破了大面积薄板太阳屏侧板镀膜抛光、太阳屏拼接、卷帘展开式防污罩。01 星两台辐射制冷器随卫星于 2016 年 12 月 15 日发生升空，2017 年 12 月 18 日辐射制冷器防污罩展开正常，工作稳定。目前进入 02 星研制阶段。

5）云海一号卫星辐射制冷器

云海一号 01 星主要用于大气海洋环境要素探测、空间环境探测、防灾减灾和科学试验等领域。云海一号卫星用辐射制冷器的工作从 2012 年开始，充分借鉴 FY-3 01 星～ 03 星扫描辐射计辐射制冷器的技术方案，于 2016 年 11 月 12 日 01 星发射上天，工作稳定。

2. 机械制冷机

自 1965 年起，上海技物所开始研制机械式微型制冷机。50 多年来，主要研制的机械式微型制冷机有：651 制冷机，GM、VM 制冷机、双驱动分置式斯特林制冷机、气动斯特林制冷机、斯特林型脉管制冷机等机型。自 20 世纪 90 年代后期开展进入空间应用领域，在经历了进口制冷机应用转化，自研空间长寿命制冷机技术的蓬勃发展，逐步全面走入空间应用阶段。

1）进口制冷机

2000 年左右，由于海洋卫星等小卫星对制冷系统的重量和功耗有严格限制，鉴于国内当时尚无合适产品可供应用，从法国 THALES 公司引进了相应产品。海洋水色仪 1A、1B 小卫星引进 LS5-7 型产品，经加固和工程化，随卫星于北京时间 2002 年 5 月 15 日和 2007 年 4 月 11 日在太原卫星发射中心升空；TXS-2 小卫星红外相机同样引进 LS5-7 型产品，经加固和工程化，于 2005 年 7 月 6 日随相机发射，成功在轨运行；环境一号小卫星红外相机引进 LS10-11 型制冷机，经加固和工程化，于 2008 年 9 月 6 日发射，成功在轨运行；TG-1 红外相机引进 LSF9189 型制冷机，经加固和工程化，于 2011 年 9 月 29 日在随卫星发射升空，在轨工作 7 年，于 2018 年 4 月 2 日最终进入大气层烧毁。

2）SZ-3 中分辨成像光谱仪机械制冷装置

1993 年神舟三号中分辨率成像光谱仪立项，开始将前期国家预研计划下研制的双驱动分置式牛津型斯特林制冷机（0.5W@80K），用于该仪器的红外焦平面探测器冷却。2002 年 3 月 25 日研制的对置式斯特林制冷机系统成功地随神舟三号中分辨率成像光谱仪发射入轨，卫星获得了清晰的红外通道图像。这是我国自主研制的机械制冷机在首次空间应用中就获得了成功，具有标志意义。

3）SXX-4 试验验证装置机械制冷装置

试验四号卫星是中国第四颗技术试验卫星，主要用于开展空间技术试验和环境探测。该项目论证之初采用进口法国制冷机（LSF9188）的方案。2009 年 8 月 7 日，明确必须使用国产制冷机。项目的技术基线为所三期创新轻量化制冷机关键技术 / 实用化技术研究的科研成果。2011 年 11 月 20 日发射入轨，国产轻量化气动斯特林制冷机首次在轨运行，依据总体工作策略进行开关机工作至今。

4）SXX-9B 红外相机机械制冷装置

实践九号（SJ-9B）卫星是中国民用新技术试验卫星系列规划中的首发星，重点支持的民用航天科研工程，在轨验证我国卫星发展急需的新原理、新技术、新设备和新材料。2012 年 10 月 14 日发射入轨，带主动平衡减振器的双对置活塞压缩机驱动的双驱动斯特林制冷机随 B 星长波红外相机首次在轨运行。依据总体工作策略进行连续开机工作，至 2017 年 12 月在轨工作已 6 年，累计工作 4 万余小时。

5）TXX-2 多角度宽波段成像仪机械制冷装置

多角度宽波段成像仪是集成化海洋和大气综合对地光学遥感仪器，具备可见近红外精细光谱成像、短波与热红外多光谱和多角度偏振探测成像功能。采用自研的轻量化制冷机方案，两台制冷机同时工作。2016 年 9 月 15 日发射入轨，工作稳定，依据总体工作策略进行开关机工作。

6）风云四号气象卫星大气垂直探测仪 01 星机械制冷装置

大气垂直探测仪是我国新一代气象卫星风云四号（FY-4）的关键有效载荷之一。采用 60 K 温区双驱动斯特林制冷机方案对探测器制冷，该项目的技术基线为所创新项目单机深低温分段蓄冷器理论与试验研究科研成果。2016 年 12 月 11 日随大气垂直探测仪发射入轨，2017 年 2 月 8 日制冷机开机，稳定连续运行。

7）XX-1 红外相机机械制冷装置

XX-1 地球静止轨道探测卫星两台红外相机，充分利用上海技物所在长寿命空间机械制冷机技术优势，在进行关键技术攻关的基础上，研制出符合工程应用的斯特林直线型脉管制冷机和同轴型脉管制冷机，设计寿命 8 年，考核 5 年。两台制冷机随 2017 年 1 月 5 日随卫星发射入轨，在轨工作正常，依据总体工作策略进行连续开机工作。

8）GXX-5 高光谱相机机械制冷装置

发展高光谱探测技术是我国高分辨率对地观测系统的迫切需求，该项目的技术基线为型谱 90 K 温区大冷量双驱动斯特林制冷机实用化技术研究的科研成果。已完成装机及正样阶段发射场前的研试工作，计划 2018 年初择机发射。

9）HXX 系列机械制冷装置

自 2009 年 2 月起，上海技物所开始承担国家核心电子器件项目重大专项任务，分两期项目开展平台能力打造和典型探测器杜瓦制冷机组件研制。制冷机的设计、制造、测试和可靠性保障技术平台的承研能力显著提高；通过专题研究，相继突破双驱动斯特林制冷机和斯特林型脉管制冷机等多项关键技术，制冷温度向中低温区、制冷量向十瓦量级拓展。形成了集中体现平台能力的五种制冷机序列机型：KLS06090、MG-T-02060、MG-LH-08095、MG-TH-04060、KLS04090。打造的平台和代表机型，作为技术储备，对后续工程任务具有极大的促进作用，成果直接在多个项目起到重要作用。

2.4.5 低温技术在超导领域的应用和发展

上海一直是我国超导科研工作的重点地区，特别是60年代～70年代，是中国最好的地区之一。它从超导材料的生产与研制（冶金所、有色所为代表）到超导应用，包括超导电机（发电成套所为主）、超导电缆、中小型超导磁体、超导贮能、超导磁流体发电、超导SQUID应用等全面展开，超导应用必不可缺的低温制冷技术获得快速发展，形成了由市科委组织的超导协作组，包括当时的复旦大学、上海交通大学、上海机械学院、上海科技大学、上海工学院、上海电动工具所、上海热工仪表所和冶金所、上海发电成套所、上海电器科学研究所、上海电缆所、上海有色金属研究所等、还特别邀请浙江大学参加。各项工作处在全国前列。之后由于液氦成本太高，其应用受到限制。而在1986年发现高温超导之后，全市又大热了一阵子，但由于材料制作原因，应用缓慢。近年来，随着材料水平提高，相关应用发展较快，为此市科委在2005年开始，由上海电缆所、上海交通大学、上海大学、上海电缆厂等单位组成攻关组，先后完成了“第二代高温超导带及CD绝缘超导电缆系统”“CD绝缘高温超导电缆系统及电力应用示范工程设计研究”等市科委重点与重大攻关项目，还完成了“35 kV高温超导电缆系统工程应用与示范研究”重大攻关项目，同时组建了“上海超导传输工程技术中心”和“上海市高温超导电缆产业化及工程应用产业技术创新战略联盟”。

低温技术为超导应用提供最基本的运行条件，是超导系统重要的组成部分，对超导电力传输中可靠性及动态稳定性等关键指标的保证有非常重要的意义，它涉及系统优化设计、冷源选择、制冷效率、冷源寿命、系统绝热以及成本等。高温超导电缆的低温传输系统涉及很多关键技术，包括杜瓦管设计，真空、焊接、漏热等机械，真空和动态传热学等学科的综合。目前电缆的传输管还靠从国外进口，造价成本很高，所以开发高效低成本具有自主知识产权的传输管，对于我国高温超导电缆的应用有着举足轻重的意义。直接冷却技术将已有的液体冷却固体模式转换为固体间冷却，为了提高冷却效率，用微结构低温工程学观点研究接触导热的三维界面热阻和最佳热耦合与优化，是直接冷却技术的重要科学问题，有待于进一步研究。超导磁体冷却过程的优劣直接影响到电流密度、磁场强度以及运行的可靠性。磁体冷却的有效性、稳定性和温度分布均匀性等有待于进行更深层次的理论分析和实验研究。从热动力学观点，冷却过程是一个动态的、随机的、非线性热力学系统。建立合理的模型，优化冷却过程并辅以必要的实验验证是非常必要的。自1987年发现临界温度92 K的钇钡铜氧高温超导材料以来，一些发达国家就开始进行高温超导技术和应用的研究开发。高温超导电缆是公认的最有可能实现大规模应用的项目。

20世纪70年代开始，由上海市科委直接领导，市科委新技术处具体组织进行，上海开展低温超导会战（攻关）的有关情况汇总如表2.14。

表 2.14　上海开展低温超导会情况

时间及主要内容	参加单位	主　要　贡　献
70 年代开始，低温超导攻关（制冷设备、超导材料、超导应用）	上海冶金所	攻关协作组组长单位。制订规划，研制了多个具有国内领先国际先进的超导磁体，首次在 CRYOGENICS 上介绍我国，特别是上海地区（含浙江大学，杭州制氧机厂）的研究动态，浙大研究，上海曙光厂生产的我国第一台贮存式液氦容器照片刊登在上面
	上海发电设备成套研究所	首次研制成功较大的氦液化器，首次研制成功百瓩级的超导电机（获上海市、一机部及全国科学大会奖），首次研制成功第一台磁流体发电机
	上海有色金属研究所	研制成功几种规格 NI3Sn 超导线材
	上海制冷设备厂	研制成功数十台（40—50）5 L/h 氦液化器，几乎满足了风起云涌低温超导热单位的液氦需求（研究所与大学）
	上海电器科学研究所	研制成功多个不同应用领域需求、高性能的超导磁体多次获得上海市、一机部和全国科学大会成果奖
	上海交通大学	参加超导电机优化设计，研制 100 升运输式液氦容器，获得国家科委好评
	上海电缆研究所	研制成功高性能超导电缆样品
	上海工业大学	长期派人参加协作组工作，超导电机磁场优化设计
	上海理工大学	长期派人参加协作组工作
	复旦大学	超导理论研究并定期参加协作组工作
	上海市通用机械研究所	长期派人参加协作组工作，研制低温真空相关技术
1986 年之后低温超导攻关	复旦大学	高温超导攻关协作组长单位，对高温超导机理研究，SQUID 的制备，核磁制冷等开展卓有成效的研究
	上海交通大学	无磁杜瓦研究，国内主要超导应用研究单位的无磁杜瓦供应单位（北大、清华、中科院电工所、物理所、计量所，物探所、长春地质所、烟台大学等），低温液氮降温仪，医院液氧集中供氧
	上海冶金所	高温超导材料研制，许多性能达到国际先进
21 世纪	上海大学	高温超导材料长带化学法制备取得巨大进步获上海市 1000 多万元支持
	上海电缆研究所等	超导电缆应用研究，系上海市重大攻关项目，已获得上海市 3000 多万支持，并完成验收。上海市科委在 2005 年开始，批准了由上海电缆所、上海交大、上海大学、电缆厂等单位组成攻关组。该攻关组先后完成了“第二代高温超导带及 CD 绝缘超导电缆系统”“CD 绝缘高温超导电缆系统及电力应用示范工程设计研究”等市科委重点与重大攻关项目。目前还在进行“35 kV 高温超导电缆系统工程应用与示范研究”重大攻关项目，同时组建了“上海超导传输工程技术中心”和“上海市高温超导电缆产业化及工程应用产业技术创新战略联盟”

2.4.6 低温生物医学领域的研究和应用发展

低温生物医学是研究低温对生物体产生的影响及应用的学科，低温生物医学是研究温度降低对人类生命过程的影响，以及低温技术在人类同疾病做斗争的应用的学科。

低温生物医学的开始在1949年，英国生物学家C.Polge和A.U.Smith在一次实验中，偶然发现加入了甘油的精子可以经历低温而不死亡。之后低温生物学的概念逐渐形成。由于低温对生命活动具有抑制作用，因而被应用在各类生物样本的保存中，比如各类细胞、精子、卵子及组织、器官等；同时低温对细胞的杀伤作用，使得其被运用于低温外科手术中。低温生物和医学的结合使得这门学科有更为广泛的发展前景。

我国的低温生物医学于20世纪70年代开始，近50年上海从事低温生物医学研究的单位主要是：上海理工大学、上海交通大学、华东理工大学、上海水产大学、上海技术物理研究所、上海医疗器械研究所、新华医院、瑞金医院、上海儿童医学中心、上海市胸科医院、上海组织工程研究与开发中心、上海手术器械一厂、上海手术器械六厂等。

1. 基础理论研究

1）理论研究

生物样本的低温冻存是指将活的生物样本采用一定的冷却方法冷却至低温（一般为 –80 ℃或 –196 ℃），并长期保存；待需要时，将生物体用一定的方法加热至正常温度，整个过程样本都能保持生物活性。细胞的低温保存是一个综合性的科学问题，需要低温技术、工程热物理和生物、医学等学科相结合。

70年代以来，上海的许多教学科研单位都开设了低温生物医学课程。1986年国务院批准上海理工大学为国内首批“低温工程”学科博士培养单位，华泽钊教授的博士生王德荣即开始低温生物医学技术方面的研究，他参加了国家自然科学基金项目“溶液的固化相变及其对细胞的损伤”，用低温显微镜系统进行了创新性的研究，1988年完成了博士学位论文《慢速冷冻时三元溶液的固化过程及其对白细胞损伤机理的探讨》，同年6月8日，王德荣通过了博士论文答辩，成为国内第一位“低温工程”博士学位获得者。此后的20多年，上海理工大学、上海交通大学，以及医学院的相关学科陆续培养了一大批低温生物医学领域的研究生，他们毕业后在低温、医学领域工作，为推动中国低温生物医学的发展做出了自己的贡献。

在学科建设和研究生培养的基础上，上海的相关高校和科研院所在低温保存的理论研究方面，都从不同的方面做出了自己的贡献，分述如下。

（1）首先提出了降温中细胞膜内外温度差及其对水分渗透的影响。细胞低温保存成功的关键之一是细胞膜的水渗透特性，它决定了胞内冰的生成、溶液损伤、升降温速率等一系列与细胞低温保存相关的后续问题。1982年上海理工大学华泽钊提出了在降温过程中细胞内外的温度差对于细胞膜水分的运输存在影响的理论，为后来的在低温生物学界颇具影响的细胞膜水渗透模型和胞内冰生成模型提供了部分理论基础。这一成果发表在国际杂志 *Cryo-letters* 上，多次被其他国内外学者引用。

（2）提出用亚稳态过冷液氮实现超快速冷却的方法。此外在利用液氮冷却生物样本过程中，由于液氮吸收样本中的热量而在样品表面产生一层气膜，大大地影响了传热过程，为了解决这一问题，1994 年上海理工大学韩润虎的博士论文研究了将小样品快速射入亚稳态过冷液氮的问题，消除了蒸汽层和膜态沸腾的不利影响，可以达到 1.4×10^6 W/m^2 的传热热流密度和 8 200 K/s 的冷却速率，成果被基金委选入优秀成果汇编。

（3）用低温显微技术研究低温保护液的冰晶形成和成长对细胞的损伤。冰晶是细胞在低温保存过程中损伤细胞的主要因素之一，如何抑制冰晶的形成和生长也是低温生物领域研究的重点之一。华泽钊团队系统地研究了降温速率、外加强电场、冰晶置核等因素对不同浓度的多种低温保护液的冰晶形成和成长规律，用低温显微技术非常直观地观察了冰晶对细胞和组织的损伤过程，并采用图像处理法计算了冻结溶液中未冻水的含量与细胞成活率的关系，为之后许多细胞和组织的低温保存打好了基础。低温保存液的过冷会造成胞内冰的大量生成，显著影响细胞的存活率。为了解决这一问题，提出在 −1 ℃左右进行“置核”的方法，即人工置入冰晶晶核，比如使用预先冷却的细丝接触溶液表面进行置核。“置核”技术可以大大降低溶液的过冷度，结合程序降温使得细胞的大大提高，应用该方法，上海市胸科医院与上海理工大学合作成功保存了狗的气管。

（4）研究了组织和器官在冻结过程中由于热应力产生低温断裂的问题。相对于细胞悬液而言，组织和器官的体积较大，在低温保存过程中，由于热容量等原因，会造成组织内部的温度分布不均及冰晶的形成，容易产生热应力，进而引起低温断裂，在组织和器官内部形成许多微小的裂纹，通过理论分析、模型计算及实验相结合的方法进行研究，在调节降温速率，改变保护剂溶液配方等方面进行改进成功保存了人体大动脉。

（5）系统地研究了细胞和组织的玻璃化保存技术。玻璃化被认为是保存生物样本的最理想方法，华泽钊团队系统地研究了玻璃化保存技术，主要的研究内容包括玻璃化溶液的热物性；高聚物抗冻肽、海藻糖等大分子物质载入细胞后，对细胞低温保存的影响；对保护剂溶液超快速冷却玻璃化转变进行了热物理分析；通过低温显微镜系统实时地观察了玻璃化转变的过程；研究了在玻璃化转变温度附近的热应力和热应变问题；为实现生物样本的玻璃化保存提供了理论基础。

（6）系统地研究了低温保护剂和冻干保护剂的热物性。在细胞和组织的低温保存技术中，保护剂是十分重要又不可缺少的，自从 1949 年 Smith 等人发现甘油可以用来成功保存精子以来，至今已有几百种保护剂被开发出来，其中很多为复合保护剂。运用低温显微镜、差式扫描量热仪（DSC）等设备，系统地研究了低温保护剂和冻干保护剂的热物性，用溶液三元相图分析冻结过程的组分变化，率先发现并研究了大分子非晶态水溶液的结构松弛效应，及其对人体细胞组织低温保存、药品和人细胞冷冻干燥的影响。

（7）研究了低温冷刀性能的实验测定、治疗过程中正常组织的保护等问题。低温技术可以保存细胞和组织，也可以杀死细胞，低温外科冷刀就是基于这一原理。上海导向医疗系统有限公司创建于2004年5月，公司产品定位于肿瘤微创伤治疗，主要产品靶向刀系统是全球第一且唯一一款采用工业标准氮气瓶作为工作气源的深部肿瘤冷冻消融系统，具有国际领先水平。公司系统地研究了低温冷刀的性能，优化了临床操作参数和程序，特别是治疗过程中正常组织的保护问题，解决了低温外科临床治疗方案确定与组织实施的问题。上海交通大学徐学敏团队在冷热交替热物理治疗肿瘤的研究领域探索10多年，培养了多名博士、硕士研究生，研究发现冷热交替热物理治疗不仅可以精准除瘤，还可以激发患者自身的免疫力，一种在治疗过程中被激发和保留的免疫力。

2）低温保存研究重要仪器设备的研发

在理论研究的基础上，针对存在的问题，开发了一批低温保存的重要仪器设备，这些设备为本行业的科技发展和技术进步做了较大的贡献。

（1）研制了国内首台低温显微镜。1986年华泽钊团队开发了国内第一台大型低温生物显微镜，也是世界上第二台。世界上最早的自动控温的低温显微镜是1970年麻省理工学院的Cravalho和Diller研制的，该机器以恒定的氮气流作为冷源，用镀在载物片上的氧化锡作为加热器来调节样品温度。之后的低温显微镜几乎都是采用该结构。该结构存在一些缺点，比如液氮的消耗量大，加热器容易烧坏，镀膜影响光学成像质量等。华泽钊团队研制的大型低温生物显微镜采用冷热气流为冷源和热源，工作时冷（热）气流通过工作台内腔的分布环吹在玻片上将冷量（或热量）传给样品。冷（热）气流量由微机控制的两个电磁阀体调节，通过调节电磁阀在工作中的开启时间便可调节样品的升降温速率。另外，该机器还在低温台上设置了氮气扩散通道，可以使氮气吹散在低温台的上下空间，使镜头附近形成氮气幕，同时显微镜保护罩内也充满氮气，这样可以防止光学元件因低温而结霜，影响成像质量。该低温显微系统控温范围为 −196 ℃～ 50 ℃，控温精度为0.1 K，升降温速率在1～100 ℃ /min，同时具有高分辨率的摄录像系统。该系统的成功研制为中国低温生物的发展做出了很大贡献，并获得1987年上海市科技进步二等奖。

（2）创新性地提出并开发了低温显微差示扫描量热系统。低温显微镜可以实时观察细胞在低温下的形态变化，而差示扫描量热仪可以用来研究物质的热特性，它们对低温保存都是非常重要的工具，但由于两套仪器不能同时对同一样品进行实时测量，得到的结果不能保证样品处于同一状态。将低温显微镜和差示扫描量热仪相结合，低温显微镜用以研究微观下的反应，差示扫描量热仪研究宏观反应的热事件。华泽钊团队创新性地提出了将二者结合的想法，并得到国家自然科学基金项目的资助，研制出了世界上第一台低温显微差示扫描量热系统，并运用该系统进行了溶液玻璃化转变温度的研究，得到了比较精确的结果。

（3）发明了新型的升降式自控程序降温仪。1989 年上海理工大学的团队发明了新型的升降式自控程序降温仪，最早的液氮式程序降温仪于 1979 年由 Baartz G. 等人设计，设计采用液氮喷射式，该装置主要采用低温电磁阀将液氮抽出至冷腔制冷，然后利用热电偶记录冷腔温度，并与预设的信号比较决定低温电磁阀的开闭，从而调节冷腔温度。该装置的缺点一是电磁阀在低温下工作，空气中水蒸气会在阀上结露、结霜，会损坏电磁阀的线圈和电路系统；也容易造成阀门关闭不严或无法动作等情况；二是面对需要极慢速降温的样品时，液氮的消耗量较大，补充液氮会干扰或破坏降温程序。上海理工大学团队设计的升降式自控程序降温仪利用杜瓦瓶内的自然蒸气，在瓶管内形成从室温到 –196 ℃的温度场，具有操作方便、价格便宜、液氮耗量低、便于置核和程序控温等特点。2000 年上海理工大学的团队又开发了内加热加压喷射式液氮程序降温仪，该仪器解决了升降式自控程序降温仪样品量较小、复温速率较慢的缺点。该仪器主要原理是加热密闭容器内的液氮使容器内部压力上升，加压后的液氮经输液氮管进入绝热箱进行制冷，通过改变加热丝的功率可以控制液氮容器的压力，从而控制液氮的输入量，另外在绝热箱顶部设置旋流器，使液氮由顶部旋流进入绝热箱，使冷量均匀分散。该仪器无须使用低温电磁阀，装置稳定性和可靠性比液氮喷射式程序降温仪器大大提高。

（4）研制了细胞、药物微胶囊化装置。利用不同的壁材，可以将细胞、药物包裹在直径达微米级的微胶囊内，不同的壁材只允许一部分物质进出微胶囊，从而实现细胞、药物的靶向输送，研制了应用强电场的微胶囊化装置，制备出尺寸均匀一致、形状为圆球形、表面光滑、大小适中、直径达微米级的微胶囊。装置具有结构紧凑，操作方便等优点，为细胞、药物的低温微胶囊化保存提供了技术支持。

3）低温保存技术的应用

随着低温生物医学的兴起，越来越多的人体细胞及组织实现了低温保存。组织保存的难点在于各类组织样本由于组成细胞以及结构不同，对应的生物以及物理性质不同，所以不同的组织要求不同的低温处理程序，包括在保存溶液中加入和取走某些特殊的抗冻剂和特殊的降温、复温程序。30 多年来，上海的生物材料低温保存及应用一直在全国处于领先地位。

（1）国内率先实现人骨髓细胞的低温保存。1989 年上海理工大学华泽钊教授研究团队首次实现了人骨髓细胞的低温保存。骨髓细胞从患者体内被取出，低温保存，待对患者实施化、放疗后，再将骨髓细胞复温，重返患者体内。许多病例证明，这种方法疗效较好，且患者的造血功能几近不受影响。1989 年 11 月 15 日《光明日报》对此成果做了报道。

（2）国内率先实现人皮肤组织的低温保存。1989 年 12 月 23 日《光明日报》以及 1989 年 12 月 15 日《上海科技报》均报道了瑞金医院烧伤研究所与上海理工大学低温生物工程研究室联合进行皮肤低温保存的研究。采用先预冷、后慢速降温、最后液氮内保存的新技术，皮肤存活率最高达 90% 以上。报道称“我国烧伤医学又上新台阶”“这一成果达国际先进水平”。

（3）人胰岛细胞的低温保存。90 年代华泽钊团队又与上海市第一人民医院糖尿病研究所合作实现了人胰岛细胞的低温保存，为胰岛细胞的临床移植、治疗糖尿病患者提供了技术基础。2003 年又开始胰岛的微胶囊化及其低温保存的研究，经过两年的时间，在国际上首先实现了微胶囊化胰岛及其低温保存，为胰岛的异种移植提供技术，研究成果在国际期刊发表。

（4）人体大动脉在低温保存过程中的主要问题是血管的低温断裂现象，1992 年华泽钊团队与上海第二医科大学上海儿童医学中心合作研究如何低温保存人体大动脉，通过降温速率、保护剂溶液、防止低温断裂等全方位的研究，成功低温保存了人体大动脉。截至 2003 年，低温保存的异体大动脉应用于临床救治各种小儿复杂性先天性心脏病 150 余例。在先心病手术方面填补了多项国内空白，并在其他医院进行推广应用，取得了良好的社会和经济效益。

（5）在国际上首先实现异体气管低温保存和移植。1998 年华泽钊团队与上海市胸科医院合作，在国际上首先实现异体气管低温保存和移植，动物（狗）实验表明，经过低温保存达两年的气管，植入动物体内替代缺失的气管仍可达到理想的要求。

（6）组织工程化体外构建的皮肤的 −196 ℃低温保存。2001 年起，参加了上海市重点科技攻关项目，负责“组织工程化的组织冻存与复苏条件的研究”子课题，经过三年多的研究，采用特殊的程序降温工艺，采用冰晶置核等措施，在国际上首次取得组织工程化体外构建的皮肤的 −196 ℃低温保存，获得了组织工程化皮肤冻存与复苏的成功，其存活率可达 80% 以上。

（7）实现了组织工程化骨的 −196 ℃低温保存。2001—2004 年，华泽钊团队与美国密歇根州立大学及亚利桑那大学的生物工程实验室合作，进行组织工程化骨的体外培养及低温保存的研究，经过三年的时间，采用特殊配制的玻璃化溶液及合理的预处理手段，低温玻璃化保存了组织工程化骨培养物。

（8）微胶囊化技术及装置的应用。自行研制了强电场微胶囊化装置、超临界 CO_2 快速膨胀微胶囊化装置两套设备，并应用超临界 CO_2 快速膨胀技术制取了微胶囊化的靶向性药物；利用强电场制成了胶囊化的生物膜系统，得到了生物相容性好、具有选择通透性、能起免疫隔离作用的微胶囊，可达到异种移植的基本要求。并与上海市第一人民医院糖尿病研究所、第九人民医院戴克戎院士的研究组联合进行了胰岛细胞、缓释靶向性细胞的微胶囊化研究，取得了很好的效果。

（9）实现了纤维蛋白原、靶向性和脂质体药物的冷冻干燥。热敏性药品是当今国际研究的热点和难点，运用自行设计的真空冷冻干燥设备，与上海第二军医大学合作，经过几年的潜心研究，实现了纤维蛋白原、靶向性和脂质体药物的冷冻干燥，研究成果在国外期刊发表。

（10）人脐血有核细胞冷冻干燥。人脐血干细胞对治疗绝症患者的疾病是非常有疗效的方法，除低温保存方法外，冻干也是当前研究的热点，因为冻干具有常温下保存、性能稳定、便于运输等特点。从2002年开始进行人体活细胞的冷冻干燥保存研究，2004年，在国际上首先取得了人脐血有核细胞冷冻干燥的初步成功，两篇研究论文在国际期刊*Cryo-letters*发表，审稿人给予了很高的评价。

长期低温生物医学的科研工作，产生了丰厚的成果，这些成果被先后整理出版，《低温生物医学技术》获得国家级教学成果二等奖。科研论文在国内外期刊发表上千篇。

4）低温外科

利用低温破坏病变的组织或细胞达到治疗的目的被称为低温外科。低温外科主要用于肿瘤的切除，有时也被称为低温肿瘤切除术，该技术已经被广泛应用于外科的许多部门，比如耳鼻喉部位肿瘤，妇科宫颈瘤，泌尿科的前列腺瘤等，此外低温外科还可用于美容、皮肤病治疗、扁桃体切除、痔疮切除、白内障摘除等。我国从20世纪60年代初开始发展低温外科。1965年上海新华医院首次报道了用冷冻摘除水晶体的办法来治疗白内障的病例。

低温生物医学的基础是针对不同病灶的各类低温医疗器械。从70年代开始，全国各大医院、科研院校以及手术器械厂开始互相合作自主生产不同低温医疗器械。我国自主生产的低温外科仪器按制冷方式可分为半导体、氟利昂循环、氧气节流、CO_2节流、干冰、脉冲管、液氮等。其中研发最多的是液氮制冷的冷冻治疗器。上海在整个低温生物医学仪器的开发过程中也起了极其重要的推动作用。1970年，上海华东物理研究所（上海技术物理研究所）研究制成氧气节流型低温医疗器，该装置利用氧气的节流等熵膨胀中制冷，且采用开式制冷循环，节流膨胀制冷后的气体，再将其引导到内管内壁和喷管外壁之间，利用肋片式热交换器预冷高压进气，充分利用冷量，然后排至大气中；同时由于我国各地医院不配备氮气及氮气钢瓶，故采用氧气作为工质。该装置具有便携、操作简单、成本低，降温速度快、易消毒等特点。1972年上海新华医院与上海手术器械一厂利用相变制冷原理又共同研制成真空绝热的金属软管式液氮冷冻治疗机。该机器是我国第一台自主研制成功的液氮冷冻治疗机，虽然因为冷头的温度最低不超过−70 ℃而被后来的冷冻治疗机取代，但是它的成功研制极大地推动了之后液氮冷冻治疗机的研发。1975年至80年代初期，上海手术器械一厂和上海手术器械六厂开发生产了YDZ-1（-2、-3、-4、-5）型液氮冷冻治疗机，具有真空隔热软管输液、定温、定时、控温、液面指示等功能。该系列机器备有各种形状的冷头二十余种，利用液氮相变进行制冷，主要的原理是利用电加热器加热杜瓦瓶的液氮使之汽化，使密封系统内部的压力升高，打开制冷电磁阀并关闭等压电磁阀使治疗枪头联通大气，液氮由于压力差被输送到治疗枪头部，与冷头进行热交换，气化的氮气从回气管到制冷电磁阀排入大气。YDZ-5型和6型液氮低温冷冻治疗器能自动控制浓氮流量。根据瘤的不同形态、大小和部位，特制成不同类型的冷冻探头。乳头状瘤为常见的良性肿瘤，因解剖部位深凹，常给手术带来不便，经采用液氮冷冻治疗后，避免了因手术后造成外貌变形或局部疤痕的后遗症。

自 1977 年起，上海市吴淞中心医院耳鼻咽喉科陆宝华和上海第二医科大学附属新华医院耳鼻咽喉科刘运章应用液氮低温冷冻治疗耳鼻咽喉部乳头状瘤病 50 例。

1982 年上海理工大学韩鸿兴等，研制成功 WDS-1 型微处理机生物降温仪，由液氮容器、生物降温仪、可控制的微处理机和恒温容器组成，用于本校低温生物研究。

1984 年上海手术器械六厂成功开发出不用电控的 YDZ-6 型内腔回流式液氮冷冻治疗机，该机器的特点是具有特制的冷头，在冷头内腔前臂使液氮盘旋回流，使其充分换热提高制冷效率。据不完全统计，我国已研制生产了 41 种适用于各种疾病或具有冷冻美容功能的低温医疗器械。其中上海手术器械六厂利用气膜隔热原理设计的回流式液氮冷冻治疗器在设计原理和制作上均有所突破。

1986 年上海技术物理研究所研制出由电磁阀控制输送液氮的 LD-2 型冷冻治疗机，其结构和性能都与上海产的 YDZ-3 型液氮冷疗机相类相似。

上海导向医疗系统有限公司生产的低温冷冻治疗系统是一种集“靶向”与“微创”两个最先进医疗方法于一身的高科技肿瘤治疗方法，近年来已被广泛应用于肿瘤治疗医学领域。低温冷冻治疗系统（靶向刀）于 2014 年 11 月通过中国国家食品药品监督管理局 SFDA 注册批准后进入市场，批准用于肿瘤科、介入科、骨科、普通外科、皮肤科、胸外科、耳鼻喉科、妇产科、泌尿科、神经科等科室全身实体肿瘤的低温冷冻手术治疗，靶向刀在影像（CT/B 超）引导下实施手术，靶向成像边界即是消融边界（病理边界），影像实时监测，可达到微创可视的最佳效果。这为临床治疗提供确切影像数据，可避免治疗不足造成肿瘤残留复发或过度治疗造成相邻组织损伤。

2.5 上海制冷空调技术在工业领域中的应用和发展

2.5.1 制冷空调技术在机械工业中的应用和发展

1. 上海机械工业的形成与发展概况

自 1843 年上海开埠至 1894 年甲午战争发生，这是上海近代工业产生的时期。上海开埠以后由于外国资本的进入，客观上从资金、市场、技术和劳动力等各个方面，为上海近代工业的诞生准备了条件。这一时期，外国资本为适应其对华贸易扩张的需要，船舶修造工业首先出现。接着利用我国廉价资源的优势出口加工工业和其他各种轻工业随之出现。

1850 年美国人开设了伯维船厂，它是上海开埠后由外商开办的最早的船舶修造厂。1862 年李鸿章创办上海洋炮局，它是上海最早的军械兵工厂。1865 年李鸿章命丁日昌购进美商旗记铁厂，易名为江南制造总局。1873年造出中国第一批车床、刨床、钻床以及开齿机、卷板机、磨齿机等。截至抗日战争全面爆发的1937年，以上海为中心的我国沿海沿江地区机械工业工厂总数也仅有800多家。这些机械工厂对上海以及我国其他地区的船舶修造和轻纺工业起到过一定的支持作用，但仍处于落后的仿制阶段。总之，其时机械工业发展速度缓慢，产品种类少，产量低，质量差。其后历经长期战争的摧残和日寇的疯狂掠夺，上海机械工业更是落得奄奄一息的境地。

1949年中华人民共和国建立后，为了建立完整的工业体系和维护国家独立，政府将机械工业视为一项重要产业，采取重点扶持和发展的方针，使该产业得到了跨越式发展。加之，工业生产在逐步恢复的同时，工人主人翁意识空前增强，生产积极性大大提高，采取劳动竞赛、联合攻关等方法，生产技术不断改进。到1955年上海已初步具有制造大型精密机器和成套机器设备的能力，为全国的工业建设供应了大批的工作母机、发电机、变压器、工程机械等。

上述呈现的只是概貌。如果细看作为上海机械工业典型代表上海机床厂的发展历程，图景显得更是透明、清澈、光辉。上海机床厂始建于1946年，曾经被誉为中国机床工业"两颗明珠"之一，是中国最大的精密磨床和精密量仪专业制造企业。上海机床厂是从一个小农具制造厂发展起来的，前身是中国农业机械公司（后称"虬江机器厂"），后经历多次改名，1953年正式改名为"上海机床厂"，并被确定为专业制造磨床的工厂。

1950年该厂仿制成功中华人民共和国成立后我国第一台磨床——虬13型万能及工具磨床；1958年试制成功我国第一台仿苏型高精度插齿刀磨床；1965年试制成功我国第一台能作镜面磨削的MBG1432型高精度半自动万能外圆磨床等。1971年上海机床厂已能批量化生产大型精密磨床。总之，在20世纪50—90年代，上海机床厂为我国机床行业发展高精度精密机床立下了汗马功劳。

自20世纪90年代起，上海机床厂经历了多次机构改革重组，1996年改制成立上海机床厂有限公司。2016年由上海机床厂有限公司制造的"MK8220/SD双砂轮架数控切点跟踪曲轴磨床"顺利下线，发运上汽通用汽车有限公司浦东金桥基地生产线投入生产，与德国造磨床同台竞技。这也是国内第一台能够进入汽车主机厂发动机生产线的磨床，也说明了上海机床厂制造的曲轴磨床的磨削精度与生产效率已达国际顶尖水平。

2. 机械工业生产对环境因素的要求

近代机械工业的发展离不开人们对其生产产品质量、数量，以及生产工艺先进程度、技术水平、生产效率等不断提高的要求。而这些却又在很大程度上取决于各种生产环境因素。这些环境因素主要如下。

1）温度

在讨论温度对生产环境、过程、产品等的影响时，基本上可从以下三个层次作出判断，并分别不同的要求，采取下列不同的措施。

首先，在一个封闭的生产环境里，由于室外温度的升高、室内机械设备的散热、照明灯具的散热以及人体本身的散热等，必然会导致厂房内温度的无序升高。过高的温度会引起操作工人的大量出汗，不仅会污染生产环境，还会影响人体健康。热得令人难以承受的环境，不仅会严重影响生产效率，降低产品质量，还会增加废品率。

其次，随着机械工业生产工艺的不断进步，数控机床、加工中心、自动化生产线的普及应用，其控制柜大量采用的印刷线路板和集成电路板中的半导体元器件，要求能确保其赖以正常运行的温度条件。

最后，就精密测量和精密机械加工、装配生产而言，温度更是绕不过去的关。热胀冷缩是物体的一项基本物理性质。既然物体长度会随温度的变化而变化，那么什么温度下的长度才能被认为是正确的呢？这就需要规定一个温度作为长度计量的标准温度。现在工业上世界各国统一把 20 ℃定为标准温度。所以，凡精密测量仪器或者精密加工机械的精度，指的都是要确保在这一温度下的精准度。

2）相对湿度

空气相对湿度对于人体的舒适感、身体健康，对生产过程、产品也是一项重要影响因素。过低的相对湿度往往易于导致静电积聚及其可能的诸多负面效应。过高的相对湿度则会加速金属材料表面的腐蚀。

3）空气含尘浓度

空气的含尘对于机械工业的清洁生产也是一项不容忽视的影响因素。根据机械工业厂房具体生产工艺对空气含尘状态适应性要求的不同，可有多种处理方式。一般粗放型的机械加工，对于空气含尘情况没有什么限制性要求，厂房建筑允许做成敞开式或者允许厂房全年开窗生产，室内环境可利用自然通风或机械通风予以保障；但如果生产工艺对某种粒径以上的含尘浓度有限制性要求时，厂房便必须建成密闭式，全年关窗闭门生产，室外空气需要通过粗效、中效过滤和加热或冷却处理后，形成有组织的送风气流进入；在精密量仪、精密机械加工、精密医疗器械等生产厂房，不乏对清洁度有更高级别要求场合，那就是以粒径等于大于 0.5 μm，甚至 0.3 μm 的尘粒数为控制对象的洁净室生产厂房。

4）振动

振动对于一般机械工业厂房的生产尚不致构成障碍因素，但是对于精密计量、精密机械加工等生产以及洁净室厂房保持洁净度，会带来不小麻烦。视这类厂房规模的大小、防振要求严格程度、振动振幅限值的大小等，可能采取的对策多种多样。如是规模大，防振要求苛严，涉及整个建设基地的选址大局，也绝非鲜见。多数情况下，设置防振、隔振沟，设置独立基础，减振基座等，那些大多超越了空调专业关注的范界。值得空调专业格外谨慎的倒是自身选用的那些水泵、通风机和制冷压缩机的运行振动可能对服务对象带来难以解决的麻烦，因为这些机械的安装位置与服务对象往往难以保持如愿的安全距离。

3. 制冷与空调技术在上海机械工业方面的应用

由上述可见，现代机械工业的发展离不开制冷与空调技术的应用与助力。根据机械工业生产厂房为满足上述各项因素要求所采取措施的性质、目的和功能的不同，大致可分成一般舒适性空调、恒温恒湿型空调、洁净室空调、人工气候实验室类型空调等。

1）一般舒适性空调

这类空调适用于对生产过程、生产设备、生产环境具有一定清洁度要求的封闭式厂房，或厂房内生产设备、生产线配备有由大量半导体元器件组成的数控装置等需要保持一定温度的场合，还有纯粹以提高生产率、确保产品质量、降低产品废品率为目的的应用场合。在这类应用场合下，全年室内温度一般要求保持于 16 ℃～ 26 ℃；相对湿度 30% ～ 70%。

2）恒温恒湿空调

恒温恒湿空调是精密计量、精密机械加工和装配生产不可或缺的环境保障措施。这类恒温恒湿空调工程要求确保的温度及其控制精度和相对湿度控制范围，一般为 20 ℃ ±1 ℃和 40% ～ 60%。不过，20 世纪 70 年代基于节能考虑，上海市机电设计研究院与北京精密机床研究所共同承担国家建委重点科研项目“恒温工程温度基准课题”，该项课题历时 3 年，最终得出结论：除精密计量计测外，一般精密机床、机械行业内的恒温恒湿空调室内温度夏季设定值可改为 23 ℃，即较原先的 20 ℃，提高 3 ℃。

3）洁净室空调

洁净室空调又俗称净化空调。它是除要求满足恒温恒湿空调环境外，还需确保一定洁净度的空调工程类型。要求具备洁净室空调生产环境的主要有精密光学机械，精密医疗机械，集成电路、微电子芯片等设备的生产制造厂房。一般情况下，机械工业洁净室空调要求保持的室内环境为：温度 23 ℃ ±0.5 ℃；相对湿度 45%±5%；洁净度，高者 1 000 级（老国家标准，每一立方英尺空气中粒径大于等于 0.5 μm 的尘粒数不超过 1 000，相当于 ISO N6），低者，更多的是 1 万级（ISO N7）和 10 万级（ISO N8）。对于集成电路、微电子芯片等生产设备的制造厂房要求达到的温度、相对湿度控制精度和洁净度级别，自当远高于上述标准，而应与其未来投入使用的厂房要求相对应。

4）人工气候试验室类空调

机械工业里有不少生产的产品属于高价值、长寿命、高安全性、高可靠性、高耐候性产品，需要经得起各种室外可能气象条件下的长时间考验；还有一些机械产品的研发以及批量化生产机械设备的主要技术性能指标，比如其能效指标、有害物质的排放指标等等，都必须是在符合相关国家或国际标准规定的环境条件下测试的结果。所以，为了准确、高效、可靠地模拟室外可能的气象条件，或者创造符合标准要求的产品性能试验环境，应用制冷与空调技术原理创建室内等同的试验环境，是现代机械工业为保障产品质量、性能、耐候性和使用寿命的有力手段。属于这一类型试验室的有诸如各种机械、电气设备产品的潮热试验室、盐雾试验室；汽车发动机的各种性能试验室：低温实验室、高温实验室、排放实验室等。

4. 不同历史阶段上海机械工业制冷与空调技术的发展

早期由于国民经济总体发展水平不高，社会对生产率水平的提高和人们劳动生活舒适度要求都未提上日程，加之制冷与空调技术的发展和普及程度的限制，机械工业生产厂房除为了满足生产工艺必须要求者外，客观上不容许、也不可能采用舒适性空调。上海机械行业生产厂房最早出现较大规模舒适性空调，可首推 20 世纪 70 年代部分需要全封闭生产的军工生产厂房和核电设备生产厂房。

中华人民共和国建国之初的前 6 年也许可视为上海近代工业的初创期，在这一时期上海的机械工业规模尚小、技术水平普遍不高，对机械加工精密度要求尚未被提到日程上来，所以对制冷与空调技术与设备需求的必要性、紧迫性都未能得到充分体现。不过，尽管如此，其时也不乏少数技术走在前头的机械工厂陆续建立起规模不等的中央计量室。这些计量室的建立，无疑在很大程度上对上海制冷与空调工业的发展起到了促进作用。于是以 2F6.3（后改 2F6.5）的立式活塞式压缩冷凝机组及在其基础上研发的分体式或整体式恒温恒湿空调机组（KD-3）的出现，适时地满足了迅速发展中机械工业的需要。

随着 20 世纪 50 年代中、后期上海机械工业的高速发展，上海市一方面不得不绕过西方国家的技术封锁和壁垒，从中立国家少量引进精密机械加工设备；另一方面，同时大力自主批量生产精密机床。这些都要求国产化的制冷与空调技术和设备与之配套发展。于是相继有了以容量稍大的 2F-10 和 4F-10 压缩机为主机的，分体式或整体式 KD-10 和 KD-20 等型号的恒温恒湿型空调机组。

1956 年完成设计并开始建设的上海汽轮机厂与哈尔滨汽轮机厂，其中的齿轮加工车间面积大达数千平方米，设有多台从瑞士引进的精密磨齿机。这些磨齿机的正常工作环境要求是温度 20 ℃ ±1 ℃和相对湿度 40% ～ 60%。其时囿于对空调技术认知水平的限制，为确保温度控制精度于 ±1 ℃，采用的原则方案是比较保守的大房套小间做法，即先在大车间里把温度稳定控制于 20 ℃ ±5 ℃，然后再把每个小间里温度控制于 ±1 ℃。每一小间安装一台或一套适当容量的分体式或整体式恒温恒湿空调机。

1960 年设计并开始建设的上海机床厂精密磨床生产车间面积 1.2 万 m^2，车间内设有载重能力 30 t 的行车。其中有大达数千平方米空间要求温度控制在 20 ℃ ±1 ℃，相对湿度 40% ～ 60%，振幅不大于 0.5 μm。工程建成投产后国家建工部发文建筑科学研究院空调研究所，联合设计单位第一机械工业部第二设计院和上海机床厂，进行了为期半年之久的全面测定、研究和总结。此项工作为我国后来恒温恒湿空调工程设计奠定了坚实基础，比如适用的空气处理方式、合理的送风温差、换气次数、合适的气流组织、送风口和回风口的布置、外窗的设置等等涉及恒温恒湿空调工程设计的诸多基本问题，通过这一工程设计总结得到了明确的结论。而且，此后随之由设计单位据此编制的内部设计参考资料《暂定设计规定》部分内容，也逐步成为日后国内建设行业相关设计规范条文和高校专业教材内容。

上海机床厂较大面积的恒温恒湿空调工程，囿于当时国产制冷机单机容量的限制，不得不采取化整为零的方略，即根据适用冷源设备单机容量的大小，估算出它可适用的空调面积，并据此把偌大一间厂房视作为等面积的若干个区域予以处置。所以，最后在该厂冷冻机房内看到的是一排排整齐划一、以一冷厂 6AW12.5 型压缩机为主机并配以相应规格直管式（蒸发器）冷水箱。而与之对应的是多台钢筋混凝土制作的喷水室（旧称“空气洗涤室”）空气调节器。由此构成的开式冷冻水循环系统及固定露点温度控制的空气处理模式，一直沿用了 10 多年，直到 70 年代出现以氟利昂为工质的 6FW12.5 型冷水机组、表面式空气冷却器、直接膨胀式空气冷却器等一系列新型制冷与空调设备时，才开始有所改观。

值得一提的是，几乎与上述工程同时建设的上海机床厂和上海光学仪器厂的光栅刻线室。这两个刻线室面积虽然不大，但由于对隔振、防振要求（振幅小于等于 0.2 μm）和温度控制精度高（20 ℃ ±0.1 ℃），采用沉井深埋方式并辅以弹簧减振基础。为进一步减小外围护结构层温度波动的干扰，刻线室外围护结构周边设有廻廊。另外，从空调技术角度，采用加大换气次数、减小送风温差、孔板送风等等一系列措施。在控制方面除一般常规末端的送风温度收敛式控制外，对维护管理人员出入所导致人体负荷的干扰，设计考虑采用一个功率与之相当的照明灯泡，借助其开 / 关予以补偿平衡。据日本相关专业出版物记载，与此同时的日本，有某类似的刻线室对此问题的处理，采取的却是迥然不同的另一种消极的对策，即随人员的出入，短暂容许温度控制精度由 ±0.1 ℃降低至 ±0.2 ℃。

早期空调冷冻水采用的开式循环系统，随着氨制冷工质冷源装置及其配套的直管式冷水箱（蒸发器）的弃用，也逐步隐退，而为采用管壳式蒸发器及水冷表面冷却器的冷水闭式系统所取代。

作为全空气式空调系统使用最为普遍的空气处理机组，其采用钢筋混凝土现场制作的方式，从 20 世纪 50 年代一直沿用了近 30 年之久，直到 80 年代初才逐步退出了历史舞台，尽管其间也曾有过数度小步改进，比如，组织编制并推行标准图现场制作、改钢筋混凝土结构为钢板焊接等，但这些措施都未能改变其现场就地制作的手工作坊式生产方式面貌。所以，若论工厂化生产的系列化、功能分段组装式空气处理机组的出现和推广，还只是 80 年代初的行业景象。

作为恒温恒湿空调工程中为确保室内恒湿效果，对新风与回风不加分别地一起进行处理，并采用的固定露点温度控制方式，被普遍认定为存在严重冷热抵消的非理想方式。业界内的这一共识尽管历经多年，但从 20 世纪 50 年代始直到 80 年代底，都未能从理论上和实践上找到可靠的替代方式。直到 90 年代初，随着大量合资企业的建设，这一方面相关新的设计理念和实践，也逐步为我国业内专业工程设计人员所接受和认可。GB 50019—2003《采暖通风与空气调节设计规范》在相关章节中，规定把对新风进行单独处理，以取消冷热抵消的新的空气处理方式，作为恒温恒湿空调的一项重大节能措施列入条款，即可被认为业内就此问题的总结性成果。

5. 典型工程实例简介

➢ 20 世纪 70 年代初上海 728（核电）工程上海锅炉厂管子清洗车间，要求厂房内保持相对清洁的生产条件，全年需闭门关窗生产。考虑到其对生产环境要求仅仅属于一般性清洁要求，并非无尘无菌的洁净室，所以考虑按一般舒适性空调模式设计。于此，全年室内温度和相对湿度控制目标值为 18 ℃～ 26 ℃，30% ～ 70%。设计选用的冷源设备是一套以一冷厂 6AW12.5 型为主机的氨制冷散装设备和部件。其相应冷冻机房设计之繁杂，却远非一般空调工程设计任务所能比拟。与此类似的还有几乎同一时期建设的上海电机厂某军工生产车间的空调工程等；

➢ 20 世纪 80 年代后期，上海医疗器械九厂从美国购进二手 CT X 光增强管成套生产线建设工程。其四层建筑的厂房除底层制冷机房外，全部要求空调。其中部分生产厂房约 500 m^2 为洁净室。其要求保持的洁净度为 10 万级（ISO N8）。考虑到洁净室生产区与制冷机房距离很近，而且直接位于其上方楼层，如果采用的两台较大功率制冷压缩机运行振动振幅超过容许限度，楼上洁净室内高效过滤器吊平顶体系，难免会有微尘因振动而坠落，影响洁净度的保持。所以，只能采用当时武汉冷冻机厂新研发、运行振动振幅以微米计的开式螺杆压缩机冷水机组。另外，所用大型空气处理机组，采用了时已普及、并配有南通昆仑空调公司良好减振措施的组装式空气处理机组。不过，对于为保障恒温恒湿环境采取的空气处理方式，其时还只能仍旧沿用老旧的新风与回风混合一起处理，采用固定露点温度控制方式。由于该项工程不同于一般恒温恒湿空调，作为洁净室采用的换气次数大，较之于一般恒温恒湿空调系统，其冷热抵消现象的十分严重。值得一提的是，在本项工程中所用空调自控仪表、调节、执行机构，除个别传感器外，均采用了国产化的电子式控制。其运行的可靠性得到了成功的验证；

➢ 1987 年中外联合设计的中澳合资上海普林印制线路板公司，其厂房中有多个房间要求保持恒温恒湿环境。由于该厂房是中外设计公司合作设计，外方设计公司在恒温恒湿空调系统设计中采用了不同于中方传统惯用的固定露点温度控制方式，而是采用了一种也许可称之为相对湿度的自动逻辑控制。经过中方设计单位仔细分析和研究，证明并确认新的控制方式在理论和理念上是正确、可行的，其应用在不同程度上可减少冷热抵消。这也可被视作为相关设计单位，在探求恒温恒湿空调工程节能设计长期努力中实践和认知水平提高的一小步；

➢ 20 世纪 90 年代初建设的上海中美合资施乐复印机厂中光导体车间是一项具有较高

洁净度要求的洁净室厂房工程，由中美双方委托的设计单位联合承担设计任务。该项工程主要包含两个性质和技术要求不同的生产区域；镀膜室（76 m^2）和清洗室（90 m^2）。前者要求控制的室内参数为：温度（23 ± 2）℃，相对湿度 45 ± 5%，洁净度 1 000 级（ISO N6），正压值 37 Pa；后者温度 23 ℃ ± 5 ℃，相对湿度（50 ± 20）%，洁净度 10 万级（ISO N8），正压值 0 Pa。由于相关的两个洁净室面积不大，从技术经济角度考虑，两室合并共设一个空调系统较为合理。但是，要把迥然不同性质与要求的两个生产区域合并于一个空调系统，若按国内一般设计规范条文，也属非同寻常，难获认可。不过，借助压力和压差的自动控制手段，圆满解决相关问题，成为空调自动控制技术的一项成功案例。更具意义的是本项工程恒温恒湿空调设计采用的新风空气独立处理方式，为日后国内恒温恒湿空调工程设计取消冷热抵消的节能新思维提供了有力的启示。由此，经进一步论证，确认在大、中型恒温恒湿空调系统设计中采用新风空气独立处理方式，可以避免冷热抵消。这一技术在之后修订的 GB 50019—2003《采暖通风与空气调节设计规范》中被作为一项重要节能措施列入相关条文；

➢ 起源于 20 世纪 80 年代的中德合资上海大众汽车厂房的建设，以及随之上海陆续兴建的中美合资上海通用汽车公司及众多大型汽车零配件工厂，基于清洁生产理念和改善生产环境，提高生产效率等考虑，在一些大面积、大空间厂房内，即使生产人员分布密度不大，也还是采取了全面舒适性空调；

➢ 20 世纪 90 年代后期设计和建设的中德合资上海联合汽车电子公司匹配试验中心，曾经是那个时期上海市，乃至国家的一项重大建设工程。其所谓“匹配试验”指的是汽车燃油电子喷射装置与发动机的匹配试验，承担汽车工业产品一项基础性、标准化节能减排性能的测试任务。它由低温试验室（−30 ～ +20）℃ ± 1 ℃、发动机试验室 10 ℃～ 40 ℃、排放试验室（−7 ～ +40）℃ ± 1 ℃和高温试验室（15 ～ 50）℃ ± 1 ℃等一系列人工气候试验室组成。这些试验室中的每个试验室内都设有多个并需同时运行的排风系统、新风系统、通风系统和空调系统。一方面，试验室内要求保持的环境参数设定值，可按试验工艺要求做出改变；另一方面，这些通风空调系统还必须结合实时室外温度，实施节能性、逻辑性、智能性自动控制，以满足环境试验设定值要求。其中的低温试验室和排放试验室要求的室内低温设定值变化范围较大，选用的制冷机组必须具备优异的变工况性能，与之相适配；加之所需中大型制冷压缩机的选型，还必须考虑到其运行振动振幅对楼下测试室仪表的不利影响；所以，最终设计决定采用国际最先进，内容积比自动多级可调的螺杆式制冷机组。值得一提的是，在该项工程中对于室内温度（± 1 ℃）的精度控制，虽然采用了直接膨胀式（蒸发器）空气冷却器，但却弃用了其数十年一以贯之的收敛控制方式（即先过冷，然后再用电加热器精调），而代之以精密脉冲阀供液量调节，获得了成功。

2.5.2 制冷空调技术在电子工业的应用与发展

1. 中华人民共和国成立后上海电子工业的建立与发展

与中华人民共和国成立前就占据全国半壁江山的其他工业不同，上海电子工业几乎空白。上海电子工业的建立和发展只是在中华人民共和国成立后才得到迅速发展，建立起众多无线电整机厂、无线电器材厂和无线电元件厂，为满足军用和民用及经济发展做出了不可磨灭的贡献。尽管发展速度飞快，但总体技术水平与世界先进水平相比差距巨大。

1958 年，美国得克萨斯仪器公司和仙童（Fairchild）公司分别研制成功半导体单块集成电路，在电子工业发展历程中具有划时代意义。紧接着 1965 年我国也有多家专业研究机构研制成功集成电路。1978 年上海仪表局决定将上海电子元件五厂五车间独立出来，搬离原址，成立新的专门生产集成电路的上海无线电十九厂。与此同时，上海无线电七厂和上海无线电十四厂也相继加入了集成电路的生产行列。至此，上海集成电路工业生产初步形成，自力更生地生产各种小规模集成电路（包括数字电路和线性电路）供应各工业部门和科学院各研究所研制和生产各种电子整机使用，包括工业应用和国防军工需求。

改革开放为上海电子工业摆脱落后，提高质量，加大速度，开辟了新的高速通道。上海集成电路生产企业走技术引进道路并开始探索和与国外和境外具有先进技术水平公司合资的模式。首先有上海无线电十四厂在漕河泾新建生产厂房过程中与比利时谈判成功，合资成立上海贝岭公司为上海贝尔电话设备公司配套提供程控交换机专用集成电路。1988 年上海贝岭公司建成中国大陆第一条 4 in（10.16 cm）芯片生产线，采用 2 ～ 3 μm mOS（metal oxide semiconductor 金属氧化物半导体，一种单极型集成电路）电路工艺，首先生产程控交换机所用集成电路。它曾创造中国半导体工厂中最好的经济效益，且是国内第一家上市的中外合资微电子制造企业。

1992 年，上海元件五厂、上无七厂和上无十九厂与荷兰飞利浦（PHILIPS）公司洽谈合资，成立了上海飞利浦半导体公司，也在漕河泾建成中国第一条 5 in（12.7 cm）芯片生产线，采用 3 μm 双极型模拟电路工艺，后更名为上海先进半导体制造股份有限公司。

1996 年，鉴于我国集成电路产业严重滞后的状况，国家投资 100 亿元实施 909 工程——在上海浦东建设一条 8 in（20.32 cm）0.5 μm 超大规模集集成电路芯片生产线。909 工程是迄今中国电子工业投资最大的工程，借此新成立的上海华虹公司，经过多方谈判，最后与日本电气公司（NEC）谈判成功，合资成立上海华虹 NEC 公司。1999 年 2 月 909 工程超大规模集成电路芯片生产线建成正式投产。这是中国第一条 8 in（20.32 cm）芯片生产线。

为了加速发展集成电路和软件产业，国家于 2000 年决定在上海浦东张江开发区先后建立了中芯国际和宏力两家公司，先是中芯国际建成3条8 in（20.32 cm）芯片生产线。紧随其后，宏力公司也建成1条8 in（20.32 cm）线。这两家公司都是在海外注册，吸引海外投资建设。其后不久，中芯国际又于北京亦庄经济技术开发区用两年时间建设中国第一条12 in（30.48 cm）芯片生产线，并于2004年9月投产。至此，我国大规模集成电路生产技术，进一步拉近了与世界先进水平的差距。从此，中芯国际成为中国集成电路制造业的领跑者。

2. 集成电路厂房生产环境要求

集成电路生产厂房室内环境与其生产设备及其生产的产品两个方面都有着至关重要的关系。首先就设备而言，集成电路的生产设备都是精密度很高、可靠性要求也很高的设备，只有保养好这些设备，让它们时时保持良好性能状态，正常的基本生产条件才能得到保障。再者，这类设备价值连城，据悉，我国中芯国际公司于2016向世界光刻机霸主荷兰阿斯麦（ASML）公司订购并预计2019年初交货的，最先进EUV光刻机售价就高达1.2亿美元（由于种种原因，迄今交货受阻），如此可堪称国宝级设备，不能因正常合适生产环境的缺失而受损。再从产品角度看，不容置疑的道理是，只有合适的生产环境，才能确保产品的质量、性能和合格率。在这一方面，上海的经验教训深刻令人难以忘怀。20世纪的60—70年代，上海早期建成的某些电子工业净化生产厂房的运行，生产规程和制度管理本就疏漏不严，又逢阶段性的"破规""废制"冲击，导致产品合格率益发降低，最终落得生产难以为继的地步。总而言之，电子工业生产环境的要求可归纳如下几点。

（1）室内必要空气洁净度等级的保持。所谓空气洁净度等级，是以1 m^3空气中大于或等于考量粒径的尘粒最大浓度限值做出划分的等级标准。空气洁净度从低到高共分为9级。比如，ISO N1，即指其1 m^3空气中受限考量的尘粒粒径计有：0.1 μm和0.2 μm；其空气中最大限值相应为：10 pc和2 pc。ISO N5（等同于原国家标准100级），即指其1 m^3空气中受限考量的尘粒粒径计有：0.1 μm、0.2 μm、0.3 μm和0.5 μm；其空气中最大限值相应为：100 000 pc、23 700 pc、10 200 pc和3 520 pc。集成电路生产厂房即根据其所承载任务、生产工艺和产品要求确定所需保持的空气洁净度等级。

（2）合适的温度并保持于一个容许的波动范围。室内温度的高低和波动范围的大小，对于电子产品的生产和产品的质量有着很大影响。温度过高，会引发室内工艺生产设备与仪器仪表中电子元件、器件温度系数的显著变化，进而导致其容易损坏，性能恶化，加工精度降低，甚至误动作；电机和变压器绕组温升高，易烧坏。再者，过高的室内温度还会使身着洁净工作服的操作人员加剧出汗，引起污染；影响操作人员的工作情绪，影响产品质量和生产效率。温度过低，也会因温度系数的变化，影响各类设备和仪器仪表电子元件器件的电气性能变化，进而影响其工作稳定性。如果温度偏离设定值过大，引起设备构件、工件材料的热胀冷缩，会导致尺寸变化、位置偏移、机构变形，影响加工精度、产品质量和成品率。

根据多年经验积累和多方面因素综合考量，电子工业生产厂房室内温度设定值一般多取用 23 ℃。其容许变化范围视生产工艺和产品精度要求，可分别取为 ±1 ℃、±0.5 ℃、±0.3 ℃，甚至 ±0.1 ℃。

（3）合适的室内空气相对湿度及其容许变化范围要求。室内空气相对湿度过高易导致电子元器件电路漏电、击穿；易引起绝缘材料受潮，影响绝缘性能；过高的空气相对湿度还会导致电子设备、精密机械、仪器仪表内部和表面结露，加速金属材料的腐蚀。室内空气相对湿度过低，却又容易引起静电积聚。而洁净厂房空调系统内大量空气通过各级过滤器过滤处理，与之摩擦产生并携带大量电荷，恰恰成为静电积聚充沛源泉。

通常，这类厂房合适的空气相对湿度设定值一般多是取 45%，其容许波动范围，视生产工艺和产品性能要求，可为 ±5%、±3%。

（4）防止任何有害化学物质的室内污染。由于电子产品生产厂房外部周围环境中往往会存在某些化学物质，而且其本身内部在生产过程中也需要采用多种化学物质，所以，如果控制和管理不当，这类化学物质就有可能进入厂房，污染生产区，影响产品生产。为避免这类污染，实际工程设计中不乏在所采用的空气处理过程中另外增加相应化学过滤器的做法。

（5）严格的防振要求。电子工业生产厂房可能涉及的振动源，可以是室内外，地面上下，行驶的车辆；周边建筑工程施工机械的操作；也可能是为其服务，满足厂房空气洁净度要求和恒温恒湿空调要求而安装的空调通风机、水泵和制冷压缩机。这些机械振动不管其振幅和频率大小，即使是小到几 μm 的振动速度，也会对精密电子机械设备的加工精密度和仪器仪表的测试、测量的精确度；影响产品合格率。如今对于超大规模集成电路生产厂房，不乏对建筑和设备防微振控制要求高达 0.1 μm 者。为避免这类微振的危害，建设工程中不得不采取多种隔振、防振措施，甚至不乏采取整个厂房结构悬吊于独立坚实基础的做法。

（6）防静电要求。正如上文述及，由于电子工业生产厂房所采用空气处理机组中巨大风量通过多级过滤器过滤的同时，与滤料摩擦而伴生电荷。电荷的积聚会导致静电电压的无序升高。过高的静电电压会导致电子设备频发故障，损坏设备内部元器件，引起设备误动作；静电吸附尘粒，附着于设备元器件表面，影响其散热而使之烧坏；产生电击现象，危及人身安全，甚至引起火灾和爆炸事故。所以，在电子产品生产厂房内采取适当的消除静电措施是十分必要的。

3. 空调制冷技术为上海电子工业步步进展保驾护航

（1）由上述电子工业对生产环境，特别是对空气洁净度、温度和相对湿度控制的种种特殊性要求，不难得出结论，电子工业生产绝对离不开空调与制冷技术的支撑。

（2）随着电子工业产品从最初分立式的元件到印刷线路板、小规模集成电路、大规模集成电路，再到超大规模集成电路，这一路走来，其对空气洁净度要求，也从主要基于以 0.5 μm 粒径尘粒为控制对象的 10 万级（ISO N8）～ 100 级（ISO N5），到主要基于以 0.1 μm 粒径尘粒为控制对象的 ISO N1，在我们国内经历了大约近 50 年时间。其间前后国家建筑工程部和建设部制定的适用建筑设计规范，从简到繁，从浅到深，从广到专，比如有从 GB J—19—87《采暖通风与空气调节设计规范》，到 GB 50073—2001《洁净厂房设计规范》，再到 GB 50472—2008《电子工业洁净厂房设计规范》和 GB 50472—2017《电子工业洁净厂房设计规范》的演变和发展，这些无一不印证了空调制冷技术与电子工业发展如影随形的紧密关系。可以说，电子工业，特别是微电子工业产品的生产，很大程度上依赖于洁净空调技术的发展。反之而言，洁净空调技术的发展是微电子产品不断升级换代的必然需要和促进的结果。所以，洁净空调技术和微电子产品生产技术的发展是相互依赖、相互依存、相互促进的关系。

（3）电子工业集成电路产业的高速发展，大大推动了空调技术的进步，催生了一大批新的空调设备和技术手段，从而确保了微电子产品生产环境，特别是大规模集成电路生产环境的更高级别空气洁净度的实现。其中有诸如高效过滤器（HEPA）、新风空气单独处理机组（FAHU）、风机过滤单元（FFU）、干冷却盘管（DCC）、垂直单向流气流组织技术等。通过多年工程设计和运行管理经验的积累，总结得出经济、适用、有效、可靠、节能，并充分具备随生产工艺可能变更、升级、换代的广泛适应性、灵活性的基本空气处理结构性、框架性模式：FAHU + FFU（送风上夹层）+ DCC（回风下夹层）。

（4）电子工业集成电路生产厂房的主要一大特点是面积大空间大。为满足如此大空间必要的洁净度要求，不得不采用较大截面风速（最大可达 0.45 m/s）的垂直单向流气流组织，从而导致高达每小时上百次的换气次数，空调风量往往高达数百万立方米 / 时之巨；加之，厂房内某些工部生产设备局部排风量巨大，新风补给、处理风量巨大；从而导致空调供冷负荷远非常人所想象。一条大规模集成电路生产线的用电负荷往往是十几万千瓦之巨。这些无不体现出，集成电路产业对空调制冷设备与技术的依赖程度之深、之大是任何其他工业无可比拟的。

4. 仪器仪表电子行业有代表性和先进水平的工程案例

（1）上海调节器厂是仪表局下属一个生产计算器的工厂，在 70 年代末和 80 年代初上海的电力供应非常紧张，往往不能满足基层工厂的用电需求，所采用的措施之一就是将常日班的工作时间分成早中晚三班制，工作时间让出高峰用电的指标改为低谷时段用电，当时把这种做法叫避峰填谷，在新建厂房时设计院就提出采用水蓄冷的方案解决白天空调系统的用电量改成夜间低谷时用电，将空调制冷系统预先制成 5 ℃冷水，储藏在大楼地下室，把大楼的地下室做成一个很大的地下冷水蓄水库，利于夜间低谷用电时段，预先制成 5 ℃冷水供白天空调使用，解决了该厂白天用电紧张的状况，经过运行证明改变了该厂白天用电指标不够的状况，该项目获得上海市优秀设计三等奖。

（2）80 年代上海广播电视有限公司和日本夏普电器有限公司建立合资公司，生产分体空调、冰箱、洗衣机。工程分两期，一期建造 4 万 m^2 空调器生产车间，二期建造 10 万 m^2 冰箱、洗衣机生产车间，坐落在上海金桥开发区，空调器冰箱洗衣机的生产车间都有空调的要求，夏季≤ 28 ℃，冬季≥ 20 ℃，一共分为三个单体，分别是 4 万 m^2 空调器生产车间，5 万 m^2 冰箱生产车间，5 万 m^2 洗衣机生产车间，车间高度为 10 m，若采用全室空调的方案，就需要有庞大的空调系统和制冷制热系统。投资和耗能会很大，当时设计院经过反复的设计方案比较最终采用了岗位送风系统（点空调）的空调形式就大大节约了投资和运行成本，降低了能耗。改变全室空调为岗位送风空调，送风采用可调节的球形风口，满足了操作人员对空调的要求，若工作岗位发生变化，能做到空调区域也发生变化，得到了非常满意的效果。该项目得到了电子工业部优秀设计一等奖。该项目也是我国第一批使用 R134a 制冷剂的离心式冷水机组，目前还在运行。

（3）英特尔 PD1 后道封装、测试、打印项目在 90 年代初比较早的进入上海的外资项目，选址在外高桥，厂房面积约为 4 万 m^2，空调厂房内温度为 24 ℃ ±2 ℃，相对湿度为 60%±10%，洁净度为 7 级（ISO 14644），局部为 6 级（ISO 14644），由于排风量较大，因此新风量也比较大，有抗微震要求，冷负荷量也较大约 400 W/m^2，要求常年制冷。因项目建设比较早，我国的洁净标准还没有完善，设计参照“洁净技术措施”的条文指导设计，属于边设计边摸索的阶段，项目建造完成后经测试所有参数均满足工艺的要求，该项目荣获上海市优秀设计三等奖，暖通专业为二等奖。

（4）华虹 NEC（909）工程建于浦东金桥地区，计划投资 100 亿元人民币，建造一条 8 英寸的 0.5 μm 的芯片生产线，该工程对生产环境要求很高，绝大多数的车间对室内温湿度的要求为 22 ℃ ±0.5 ℃，相对湿度为 40%±3%，洁净度的要求为 5 级（ISO 14644），气流组织以垂直平行流为主，以干盘管消除室内的冷负荷为主的手段，新风集中处理。该工程到 2000 年 11 月投产，8 in（20.32 cm）硅圆片 2 万片达到国际上经济水平，工艺为 0.24 μmCMOS 工艺技术。该工程荣获电子工业部优秀设计一等奖。

2.5.3 制冷空调技术在纺织业的应用和发展

1. 上海纺织业发展概述

上海纺织业源远流长，中华人民共和国成立前纺织业和航运业一直是上海两大经济支柱。1889 年上海机器织布厂建成投产。上海成为近代动力机器纺织业的发源地。1914 年第一次世界大战爆发后，上海民族纺织业得到迅速发展，申新、永安等纺织企业相继开办，上海地区的棉布不但行销全国，而且与陶瓷、茶叶、丝绸一起成为中国的主要出口产品，创汇大户。纺织系统产品从初期棉纺织品，逐步发展到印染、毛麻纺、丝绸、服装、产业纺织品、化纤以及纺织机械制造等品种齐全的行业。

中华人民共和国成立后50年代，经过公私合营实行社会主义改造，根据全国规划统筹安排、产品结构和专业调整。到60年代，重点抓技术改造，充分挖掘老企业生产潜力，纺织品的产量得以成倍增长，并开始发展化学纤维和纺织机械工业。70年代，技术改造的重点转移到品种开发，以适应扩大出口和人民群众对新品种的需求，化学纤维的使用，特别是涤纶的大量使用，有力地促进了纺织产品的开发，对上海纺织产品竞争力和附加值有所提高。

80年代，以1983年取消布票为显著标志，上海纺织工业总体发生深刻变化，长期困扰中国人民的穿衣问题得到解决。改革开放为上海纺织业注入新的活力，促使这个传统产业极大地解放了生产力，开始从计划经济向市场经济转化。80年代市纺织业每年棉纱产量达到40万t，棉布产量达16亿m，印染布产量达16亿m，针织品达10万t，呢绒产量在3 000万m左右，均位居全国纺织前列，成为上海出口创汇第一大户。纺织业利润，税金均创历史最高纪录，纺织业创造快速发展的历史辉煌，创利居全市各工业部门之首，被誉为上海的摇钱树。

90年代，上海纺织业以“名牌、名厂、名人”为核心，推进发展和资产重组，向社会推出三枪内衣、海螺衬衫、凤凰毛毯、民光被单等一系列著名品牌产品，产品立足高品位、精加工、新款式、配套化和时尚化、高附加值方向发展。

进入21世纪，纺织业积极从传统纺织品向产业用品，新型功能性化纤高端制造业转型。产业用品方向形成汽车内饰、地毯、安全气囊，膜结构的篷帐等；在新型功能性化纤高端产品方面，成功生产出广泛用于各行各业的碳纤维、绿色环保纤维——Lyocell纤维、耐高温芳砜纶纤维；以及采用特种化纤原料制作的宇航服、火箭返回舱的降落伞，以及仿生学中人造血管、人工肾等高科技产品。

上海纺织业鼎盛时期，具有规模以上企业达500多家，上海纺织业的纺锭占中国纺织纺锭47%，工业总产值占上海的62%，常年纺织职工55万人，是国内绝无仅有，在世界上也是罕见的。上海老市长徐匡迪曾经说过“黄浦江是上海的母亲河，纺织业是上海的母亲工业”。

然而从20世纪90年代到21世纪初期，随着上海从我国重要工业基地向国际经济中心、贸易中心、金融中心和航运中心发展，从工业化城市向国际化大都市转型，纺织业采用关、停、并、转、破、送、卖、剥，资产变现的方法，做出大规模艰苦调整，产业职工从55万人减到1.8万人，上海纺织业让出大批市中心土地、能源电力、成熟的劳动力，为上海城市“一年一个样，三年大变样”的发展、三废治理和世博会举办做出了贡献。

与此同时，纺织业积极探索发展的新路子，到市郊、外地，到国外开办新企业，由原来以生产为主逐步转型到工贸结合等多领域。在政府的决策下，上海纺织与外贸部门合并，成立上海东方国际集团，通过进一步调整结构、转变方式，把科技和时尚结合，以适应生存环境变化，走高端纺织发展之路。经过近多年努力，上海纺织业总产值，由最低谷开始，其总产值利润和创汇逐年得到恢复性增长。

纺织业并非夕阳工业，人们永远离不开纺织，因此是一个永恒的民生工业，随着其产业链延伸和科技含量提升，时尚元素增加，上海纺织正在像巴黎、米兰、伦敦、纽约等国际大都市一样，以高端纺织引领时尚潮流，在世界纺织中发出上海的声音。

2. 制冷空调技术在上海纺织业生产中的作用

1）纺织企业生产中需大量冷源用于车间降温

纺织企业厂房内生产机器密集，其中纺锭转速可高达 1 万 r/min，产生大量摩擦热量，纺织企业又是劳动密集，劳动强度大，人体发热量大，例如一个细纱挡车工每班 8 小时，车弄中要走将近 10 km。以 60—70 年代 5 万纱锭，1 500 台布机的中型棉纺织厂为例，主机装机电功率达 4 500 ～ 5 000 kW，夏天冷负荷高达 4 650 kW，都需要冷源来降温。

2）纺织生产中空调除尘任务繁重

纺织生产中，来自自然界棉花含有大量的棉尘，生产中又会产生极小的短纤维，这种细小的灰尘，甚至小于 5 μm，对人体危害极大，必须在空调系统中予以排除。细小的短纤维还会影响产品质量，因此纺织空调除尘任务相当繁重。空调系统一般采用水喷淋洗涤室除尘，通过喷淋手段达到预期的空气处理目标。

3）纺织空调中相对湿度要求高

纺织纤维中特别是棉毛、丝、麻化纤原料，由于吸湿性能差异，其回潮率大小，影响纤维的强力和纺织纤维加工性能及产品质量。

4）纺织空调必须考虑消除静电

纺织纤维制造加工过程中，易产生静电，防止静电积聚产生火花是一项防火安全的重大关切，特别是化纤原料在高速加工制造中会产生静电，因此在空调设计中必须充分考虑消除静电，以防其集聚产生火花，引发含棉尘空气的爆炸和火灾事故。

3. 纺织生产厂房温湿度的控制

纺织工业生产厂房内的环境要求随原料品种、纤维混纺比例及生产工序的不同而不同。由于纺织业中空调能耗较大，约占整个生产的 30% 左右，所以节能成为降低成本的一大因素。为此在制定温湿度标准时，原则上对室内温度按低标准设定，而对影响生产质量的相对湿度的控制则比较严格（表 2.15—2.17）。

表 2.15 棉纺织（包括针织）温湿度控制范围

工　序	相对湿度 /%		温度 /℃
	棉	混合纤维	
纺纱准备	45～65	50～70	30
纺　纱	45～60	40～65	30
织造准备	55～65	55～65	28
织　造	70～75	65～70	28
针　织	60～65	60～75	30

表 2.16 毛纺织温湿度控制范围

工　序	相对湿度 /%	温度 /℃
毛　条	70～80	30
条　粗	70～75	30
毛纺织造	60～70	30

表 2.17 麻纺温湿度控制范围

工　序	相对湿度 /%	温度 /℃
前　纺	65～75	30
精纺准备	70～80	30
织　造	70～80	30

4. 上海纺织业空调温湿度控制起源

中华人民共和国成立前，纺织业厂房内基本没有完整温湿度控制设施，主要是由于当时没有大型制冷空调设备可用等诸多方面原因。起初为满足纺织厂生产对提高相对湿度要求，往往采用地上洒水办法应对，而对丝织业则在经轴上覆盖湿布以加湿。到 20 世纪 20 年代日商公大第一厂（上棉十九厂）采用高压水冲式喷雾。1930 年日商裕丰纱厂（上棉十七厂）引进配有罗氏鼓风机的压缩空气喷雾给湿。后来上海各个纺织厂也采用旋盘式喷雾机，喷雾具有给湿功能外，雾中水分蒸发吸热也略有降温作用，冬季蒸汽管上设喷嘴，喷蒸汽也有加热给湿作用。

纺织生产工艺对相对湿度要求较高。纺织工人经常处于高温高湿状态工作，非常闷热。时有发生工人晕倒在车间里的情况。

中华人民共和国成立后，在大力发展纺织业同时，相当重视改善纺织厂的劳动条件。1954 年 4 月，纺织工业部提出逐步降低夏季车间高温要求。华东纺织工业局为此专门举办学习班，普及降温知识和温湿度调节。

1952 年，上棉六厂等组织自行设计施工安装井水喷淋送风装置（又称湿式中央空调）。它成为集加湿、通风、加热和冷却于一体的初级温湿度调节系统。之后纺织系统借鉴苏联经验，开始在纺织厂逐步推广采用喷淋式空气洗涤室，并大面积广泛在棉、毛、麻、针织等纺织行业，使用低温深井水作为空调冷源。

5. 上海纺织业冷源的应用和发展历程

上海纺织业发展较早，但是，一直到中华人民共和国成立初期，纺织业经常面临供电不足而临时拉电，再加上人工制冷设备的短缺，根本无法满足正常生产要求。因此，在 20 世纪 60—70 年代，上海纺织业一直处在苦苦探索空调的冷源问题。

1）深井蓄冷降温

纺织厂使用深井水较早。1949 年上海纺织印染厂有深度为 150 m 井 110 口，作为城市自来水生活用水补充。1953 年由于使用深井水作为冷源喷淋降温，井水用量迅速扩大，到 1963 年全系统 170 家纺织厂有深井 330 口，其中市区 220 口，年抽水量 3 109 万 m^3，占全市 27%。1964 年市区纺织业最高日抽水 18.2 m^3，占全市 41.95%。据勘测统计，中华人民共和国成立后 15 年中由此造成上海地势沉降已超过 1 m。为此，1965 年市政府紧急通知，要求自 9 月 1 日起，一律暂停使用深井水，并立即制订进一步压缩深井水使用规划。

在此前的 1964 年冬，上棉七厂、十五厂和三十一棉厂联合杨浦水厂进行深井回灌补充地下水试验，试验利用冬季自来水灌井，笠年夏季却可获得比天然井水降低 3 ℃的实际效果。于是在得到市领导支持下，纺织系统全面压缩深井水。用量从 18.2 万 m^3 下降到 10.5 万 m^3，同时采用深井冬灌夏用，解决纺织厂的降温冷源问题。到 1965 年此项技术又获得了进一步发展，即“夏井回灌冬用”，冬季取夏灌井水采暖，以节约热源。这也进一步使地下水得到平衡，上海地面下沉的趋势得到明显好转。

上海纺织工业局在深井水运行管理中总结得出“冬灌夏用，夏灌冬用，机冷打底，井水填峰”等一系列措施，充分发挥井水的最大效应。由于不遗余力宣传推广深井蓄冷降温，合理使用深井水，为上海纺织改善车间温湿度，节约能源做出了重大贡献。

然而深井水使用过程中，还是很难完全避免上海地面下沉，对深井水的保护也越来越严格；另外也由于深井水水温较高，上海地区黄梅季节雨天及晚上夜间，还不能像人工制冷那样的降温去湿的效果；因此随着我国供能条件改善，上海纺织业逐步进入使用蒸汽喷射式制冷、吸收式制冷及蒸汽压缩式制冷等机械制冷时代。

2）上海纺织业蒸汽喷射式制冷的应用和发展

在深井水严格控制使用的条件下，电力供应不富余的当时，纺织业探索夏季锅炉蒸汽富余，以及上海东区杨浦发电厂发电背压余热利用，自力更生采用蒸汽喷射制冷，来解决夏季空调冷源问题，取得了一定的成果。

1958年9月上棉二厂和华东纺织工学院（现东华大学）以及市纺织局科技人员，在参观学习丹阳纺织厂和青岛造纸厂的蒸汽喷射制冷设备后，由上棉二厂为主，利用报废汽轮机组冷凝器改装成350 kW蒸汽喷射式制冷机，制得水温13 ℃。

1964年上棉十二厂和上海合众冷气机厂（上海第一冷冻机厂）协作，试制仿苏5Q型单联蒸喷制冷机，自行设计制造适合纺织厂需要的三效蒸喷制冷机，设备置于10 m高屋顶，结构简单、管理方便，无须真空泵，制冷量达580 kW，冷水温度达到12 ℃。

从1966年开始，纺织行业通过发动群众，由棉纺公司组织两个蒸汽喷射制冷协作组。在棉纺毛纺、针织等企业自行制造，安装调试蒸汽喷射式制冷机32套，合计制冷能力达17 500 kW，为解决整个纺织业冷源问题发挥极大作用。

上海纺织业蒸喷制冷大规模推广应用成功经验，对全国蒸喷制冷技术起到推动作用。三效蒸喷制冷设备曾在武汉冷冻机厂形成系列产品。该厂为上海金山石化总厂维纶厂设计蒸喷制冷机时，还先期在上棉十九厂制造一台IV8-DZP-250/15样机，制冷量为2 900 kW，其用汽单耗领先国内水平，以后该厂成功为维纶厂利用热电厂余热，制造11台IV8-DZP-220/15蒸喷制冷机，每台制冷量为3 250 kW。

进入改革开放80年代，国内溴化锂吸收式制冷技术应用得到了蓬勃发展。由于其能效性能较高等多方面优点，蒸喷制冷逐渐被其取代淘汰。

3）上海纺织业吸收式制冷应用和发展

1965年上棉二十一厂提出研制1 160 kW双筒吸收式制冷机，并被列入纺织局科研项目，该厂从科研着手，先试制一台5.8 kW小样机，第二步制成一台700 kW吸收式制冷机。溴化锂制冷设备关键设备之一屏蔽泵是请上海第一水泵厂设计，上棉二十一厂自行制造。其后在此基础上，又大胆自己设计双筒3 500 kW机组，整个试制过程对溴化锂制冷机关键性技术严格把关，例如，为确保设备可靠的真空度，请高级电焊工对筒体进行高标准焊接；对热交换器近万个涨管接头一丝不苟制作，并进行反复气密试验等。该大型溴化锂吸收式机组成功使用五年后大修时，把热交换器钢管全部换上铜管，以提高设备的耐腐蚀性。这是上海纺织业首次独立完成溴化锂制冷机制造和应用的一次成功探索和实践。此后，溴化锂吸收式制冷机在整个纺织业得到了迅速推广应用。再后来随着双效溴化锂吸收式冷水机组的出现，更是把吸收式制冷机的应用推及各行各业。

上海纺织业从80年代开始使用溴化锂制冷机共28套，制冷量为4.3万kW；从设计制造、运行管理、维护保养、提高制冷效果、降低蒸汽消耗，都积累了相当丰富的经验；在业内拓展使用中，促使江阴溴化锂制冷设备厂，逐步发展成为全国规模最大的溴化锂制冷机制造厂。

6. 上海纺织化纤企业制冷空调技术应用和发展

上海纺织化纤企业制冷空调技术分为黏胶纤维和合成纤维两大部分。应用方面又包括生产工艺冷却调温及车间空调，空调包含温湿度调节及通风排毒。

1）黏胶纤维人造棉生产中制冷空调技术的应用

黏胶纤维生产是纺织业中最早大规模应用制冷空调设备的部门。

1938 年，上海安乐第二纺织厂（后改为安乐人造丝厂）业主邓仲和以 19 820 英镑从法国里昂人造丝厂购得古典式人造丝的整套生产线。其中除工艺生产设备外，还包含两套约克活塞式氨制冷设备，用于人造丝的工艺冷却和空调，压缩机主机用皮带传动，井字形控制阀。

60 年代初上海大力发展化纤，从棉纺印染等厂中改建多个黏胶纤维生产厂。化纤生产工艺中物料冷却有低温水及低温盐水夹套冷却。主要用于制备黏胶溶液过程中，使纤维素磺酸钠在低温条件下，溶解成为更均匀的黏胶溶液纺丝。

黏胶生产熟成车间一年四季须控制室温于 20 ℃左右，以调节黏胶溶液中聚合度。黏胶纺丝凝固溶液中物料平衡，把化学反应中产生的硫酸钠（芒硝 Na_2SO_4），从凝固溶液中冷却结晶出来。其低温氯化钙盐水温度必须保持低于 –10 ℃。黏胶纤维生产中会产生大量对人体有毒的二硫化碳气体，必须用通风排毒系统，把车间内的废气通过排毒塔高空稀释排放。有温湿度控制要求的车间，排气次数更大，特别是黏胶长丝纺丝车间，需采用直流式通风空调系统，既要排除车间有毒气体，又要严格控制室内温湿度，所以需要耗用大量的冷量。

2）合成纤维生产中制冷空调技术应用

1958 年，上海纺织工业局从各方面抽调技术力量，新组建上海合成纤维实验工厂（后改为上海合成纤维研究所）开始大力发展合成纤维。

合成纤维生产分为熔融纺和湿纺两种。涤纶、锦纶及丙纶等纤维采用熔融纺生产，是把涤纶、锦纶及丙纶在 260 ℃～ 280 ℃左右的熔融体，经计量泵喷丝板压出成丝束，在一定高度的丝束冷却装置内垂直冷却后，经纺丝拉伸、卷挠后处理成纤维产品。

合成纤维这套丝束冷却系统，对空调技术要求相当高，其设备也复杂。首先是空气在空调室内温湿度调节，严格的初过滤和精过滤，用环吹式或侧吹方式，以恒定的风量和气流速度，对丝束进行冷却成型。此中，对空气的温湿度，气流速度和洁净度的要求，随产品的品种、纤度及结构、常规纺速及高速纺（纺速达 5 000 m/min 以上）差异而不同。制成的纤维还要送恒温恒湿的空调平衡间，消除纺丝拉伸过程的内应力，再去后加工处理，合成纤维生产这套丝束冷却系统，必须配套较高水平的自动控制装置。

1981 年，腈纶凝固溶液直接冷却新工艺成功使用在腈纶纤维生产的湿纺中，腈纶凝固溶液冷却工艺过去一直是沿用英国腈纶生产线工艺，采用酒精溶液作为不冻冷媒，冷却硫酸氢钠凝固溶液。新工艺是革除酒精作为冷媒，直接把凝固溶液送到冷冻站冷却降温。其技求创新点主要在于自行设计制造耐硫氢酸钠螺旋管式蒸发器、搅拌器，以及玻璃钢与含钼不锈钢结合的蒸发水箱（用玻制钢可节省大量价格贵的含钼不锈钢）。其优点如下。

➢ 减少了一级中间冷却循环系统，革除酒精冷媒循环系统后，使制冷机蒸发温度由 -12 ℃提高到 0 ℃。这样制冷效果得以大大提高，显著降低了冷量的损耗，从而取得了极大的节能节电效果；

➢ 腈纶凝固浴液硫氢酸钠是用于离子水配制，在新的蒸发器内不会发生酒精对设备的锈蚀问题，从而避免了蒸发器传热效果的衰减现象；

➢ 年节约酒精 30 t（当时酒精是用相当紧张的粮食制造）；

➢ 制冷系统传热温差缩小后，为日后降低凝固溶液的温度，提高腈纶纤维的纺速增产和提高产品质量创造了有利条件。

该项“革除酒精”新工艺的成功实施，使其荣获中石化系统科技创新奖。

7. 纺织业中蒸气压缩式制冷机的应用和发展

从 60 年代开始，上海纺织业蒸气压缩式制冷机应用逐步扩大。业内化纤系统有 12.5 系列制冷机 75 台套，标准制冷量约 23 260 kW。棉纺系统有 12.5 系列制冷机 40 台套，空调制冷量 14 200 kW。其他针织服装行业有 12.5 系列制冷机 40 台套，空调制冷量 14 200 kW。

8. 纺织业恒温恒湿机组的应用和发展

上海纺织业科研院所有上海纺织科学研究院，上海合成纤维研究所，上海纺织工业技术监督所，上海纤维技术检验所，上海纺织节能环保中心，还有上海服装、毛麻纺织、色织科学、印染技术、织布技术、纺织装饰、针织技术、丝绸技术、纺机技术、纺器技术等专业研究所 20 多家。这些科研院所为满足开发新产品，提高产品质量，节约能源，环保测试等要求，内部都设有至少一个或多个恒温恒湿机组的试验室。上海大型棉纺织厂有 20 多家，都设有恒温恒湿中心试验室。上海化纤集团总公司下属 18 个单位，也有 24 个高精度的恒温恒湿试验室。其他专业公司及下属工厂也都有装备恒温恒湿机组的试验室，这些大大小小物理化学试验室，纺织业有近 100 多家。其使用的整体式、分体式恒温恒湿机组早期基本上都是出自上海冷气机厂的 KD-3，KD-10 或 KD-20 等系列化成套设备。

9. 上海纺织业离心式制冷机的应用

上海纺织系统空调是用冷大户，如果选用电制冷机，首选大型离心式制冷机最为经济。

1985 年，中外合资联华合纤股份有限公司，采用开利进口 19DM 离心式制冷机一台，随后上棉二十二厂也购置了三台这种开利离心机，联华合纤及上棉七厂以后又引进美国特灵公司多级离心式制冷机。这是上海纺织业采用现代化大型离心式制冷机组的开始，到 80 年代末，上海纺织系统已拥有开利和其他的厂家离心制冷机 24 台，制冷量 31 100 kW。

10. 上海纺织业新型温度分层式水蓄冷装置的应用

上棉十二厂迁建后，部分设备搬迁到市郊华漕的上海华新纺织品有限公司，由于生产发展供电严重不足，在没有条件安装电制冷设备，也没有锅炉可为吸收式制冷机提供蒸汽，而且又不能打深井情况下，车间夏季温度高达 42 ℃。2005 年夏季，工厂设计建造了一台利用夜电制冷供高峰时段使用的温度分层式水蓄冷装置，该装置直径 6.5 m，高 10 m，容积 250 m^3，投产后效果非常好。于 2006 年又建造了第二台相同容积的水蓄冷装置。2008 年该厂又因虹桥机场扩建迁址奉贤，同上海申孚纺织有限公司合并，决定再度设计制造了第三台直径 10 m，高 12 m，容积达 900 m^3 的温度分层式水蓄冷装置。这些水蓄冷装置的先后投产应用，为相关企业以较小的投入和较低运行费用解决了生产燃眉之需，得到了行业的高度评价和政府奖项。

2.5.4 空调制冷技术在医药工业中的应用和发展

1. 上海医药工业发展简史

1）旧中国上海制药工业的产生

1840 年鸦片战争后，清政府于 1842 年与列强签订了不平等的《南京条约》，被迫开放广州、福州、厦门、宁波、上海五处为通商口岸。上海于 1843 年开埠，设立租界。西医随着宗教进入中国，同时西医的传入开辟了西药市场。

上海最早的药厂是 1900 年英国人施德之（Star Talbot）开设的施德之药厂。1909 年，德商科发（KOFA）药房购地建立科发药厂，资本 100 万元，为当时上海规模最大、设备新颖的药厂。

上海最早由中国人自办的药厂系 1912 年成立的中华制药公司，专售“龙虎人丹”。稍后，1916 年爱华制药社成立、1925 年海普药厂成立、1926 年新亚药厂成立。一些药房的制药部则纷纷独立，较早和较有影响的有：1922 年成立的五洲药厂，1925 年成立的中西药厂，信谊药厂等。至 1948 年 9 月，参加上海市制药工业同业公会的会员共 107 家，其中制药厂 90 家。

2）新中国的建立为上海制药工业的发展带来了生机

1949 年 5 月上海解放后，政府成立了华东人民制药公司。另有诞生最早并获得较快发展的国营药厂 4 家，即第一、第二、第三和第四制药厂。中华人民共和国成立初期，西方国家对我国实行经济封锁，造成药品供应困难。但药厂投资少、收益快、技术性强，加上上海拥有较强的技术力量，因而药厂的发展很快。从中华人民共和国成立初期到 1952 年 7 月的 3 年中，上海的制药厂从 90 家发展到 281 家。1956 年公私合营后，经过裁并改组，到 1963 年 9 月为止，上海生产药品的工厂为 55 家。

3）国家实行改革开放政策后上海制药工业的大发展

据 1980 年的调查，全市有西药厂 77 家、脏器生化制药厂 5 家，综合利用兼产药品的工厂58家，胶丸厂3家，合计143家。1980年8月，国务院决定整顿全国药厂，经过两年多的整顿，上海保留了制药专业厂45家（包括原料药厂14家，制剂厂12家，原料兼制剂厂19家）；还有蜂乳厂1家，胶丸厂2家，脏器生化制药厂5家，合计53家。

从80年代开始至今40年的改革开放，中国制药企业无论从药企体制构成和数量、制药工艺的改进、机械设备的制造力、净化空调技术的发展、产品质量的安全保障，以及标准体系的完善等诸多方面都不懈努力追赶国际水平，取得了长足的进步，大大推动了医药工业的现代化快速发展。上海地区结合国家"十三五"规划对生物医药形成了"一个核心，五大基地"的产业布局，即形成浦东张江一周康、闵行和徐汇为中心的生物医药研发、临床服务外包和产业基地，以奉贤、金山、青浦为重点的生物医药制造基地。生物医药领域的跨国公司如辉瑞（Pfizer）、葛兰素史克（Glaxo Smithkline）、阿斯利康（Astra Zeneca）、诺华（Novartis）、罗氏（Roche）等均在张江设立了研发中心或总部机构，形成国际化的研发体系，同时依托上海优越的国际融资环境打造研发和制造新药的投资和创业平台。

2. 医药工业对制冷空调技术的要求

制药厂的生产环境对药品的生产质量、人体健康有重大关系。我国《药品生产管理规范》（即GMP）早已在全国范围内实施，对生产环境提出了相应于工艺过程的不同洁净级别要求。对于原料药制备、粉剂、针剂、片剂、大输液的生产、灌装等工艺，均已制定了洁净区和控制区的洁净标准。除了限定空气中尘埃粒子的含量外、对细菌数也有明确的限制。

净化空气调节系统（以下简称"HVAC"）是制药工厂的一个关键的系统，它对制药工厂能否实现其向患者提供安全有效的产品的目标具有重要的影响。如果药品生产环境得到妥善的设计、建造、调试、运转和维护，则有助于确保产品的质量，提高产品的可靠性，同时降低工厂初期的投资成本和后期的运转成本。

对于制药工厂而言，HVAC系统是企业能源消耗的一个重要组成部分，设计中必须将《药品生产质量管理规范》（以下简称"GMP"）和良好工程实践规范（GEP）融合在一起。同时还需要考虑其他方面的因素，特别是关于如何提供一个清洁、安全的空间环境。

在药品生产过程中，存在着各种各样的影响药品质量的因数，包括环境空气带来的污染，药品间的交叉污染和混淆，操作人员的人为差错等。为此，必须建立起一套严格的药品生产质量管理制度，最大限度地减少影响药品质量的风险，确保患者的用药安全。

作为药品生产质量控制系统的重要组成，药厂HVAC系统主要通过对药品生产环境的空气温度、湿度、悬浮粒子、微生物等的控制和监测，确保环境参数符合药品质量的要求，避免空气污染和交叉污染的发生，同时为操作人员提供舒适的环境。另外药厂HVAC系统还可起到减少和防止药品在生产过程中对人造成的不利影响，并且保护周围的环境。

3. GMP 与医药净化空调技术的同步发展

一个行业的发展和壮大，需要法规和标准体系的不断完善、生产设备的更新换代和各项技术水平的逐渐提升。我国的药品生产质量管理借鉴国际经验从无到有、再到与国际接轨，一步步地坚实前行。

中华人民共和国成立前，我国虽于 1930 年出版过《中华药典》，但药厂一般并不以此为生产依据，而多系按外国的药典规定，哪部药典规定的含量要求低，就按该药典的规定，有的甚至偷工减料。药品以中药丁香、广木香、豆蔻、大黄、鸦片原料药，及一些人丹等中成药为主，对制药生产环境也没有要求，基本以开窗通风为主，没有空调一说。

抗日战争胜利后，国民政府接收了在沪日商武田、福寿等药厂，且其行政院善后事业保管委员会保管着联合国救济总署拨给的大批物资器材，其中包括有生产抗生素、磺胺药、DDT 等制药器械设备。中华人民共和国成立初期，华东人民制药公司接管并利用这些条件，开始研制和生产该类药品。为了统一品种，上海市卫生局指示上海市制药工业同业公会整顿药品制剂。该会组织编写了《制剂规范》，1952 年由华东医务生活社出版。该书收载了上海生产的制剂 379 种，同年，由华东军政委员会卫生部颁布，作为当时华东区生产制剂的依据。统一药品的标准规格，编写《药品规范》的工作，于 1954 年春由上海市卫生局交中国药学会上海分会执行，并于 1956 年经上海市卫生局批准公布。该规范共收载药品 477 种，规定了统一的名称、规格、包装、说明等，对性状鉴别、各项检查、含量限度及含量测定等也结合实际情况作了规定。其特点是规定了标准规格，并对大多数品种增列了制法和应用范围等，但并未对制药器械和生产环境做出明确规定。制药设备以进口配套为主，药品生产环境大部分为自然通风、机械通风，环境参数要求较高的药品采用除湿机、恒温恒湿机，直至 70—80 年代才开始设计采用全空气式净化空调系统。

医药行业净化空调技术的发展是从改革开放开始真正起步。1982 年第一次颁布试行的药品 GMP 至今有 30 多年，其间经历 1988 年正式发布，1992 年、1998 年和 2010 年三次修订，并伴随着我国自己的《药品生产质量管理规范》面世，升级到法规化，净化空调技术的发展也一步步走向成熟。

1984 年，卫生部开始组织人员学习《药品生产质量管理规范》，与药品生产的相关单位都开始投入对 GMP 的研究和执行。1985 年第一部《药品管理法》正式实施。其第九条规定，药品生产企业必须按照国务院卫生行政部门制定的《药品生产质量管理规范》的要求，制定和执行保证药品质量的规章制度和卫生要求。第一次从法律高度提出 GMP，并规定药品生产企业应实施 GMP，这成为我国实施 GMP 的基础。制冷技术和净化空调技术在制药行业的应用开始起步，制药器械和净化空调设备厂家开始不断诞生和发展。当时上海冷气机厂是少有的几家可供选用的制冷主机和特殊制冷设备的厂家。

1988 年 3 月我国颁布了第一部，即中国药品生产史上首部《药品生产质量管理规范》

（1988 年版），从此药品生产质量管理作为法规，必须无条件执行，有法必依，有任何一个不合格项均无法获得 GMP 认证通过。这使得所有药企开启了一轮 GMP 适应性技术改造，同时也催生了净化空调技术、药品生产设备和制冷设备制造能力、设计和施工企业的发展和成熟。例如，80 年代靖江空调设备厂生产的净化组合式空调箱大规模运行于药厂的 1 万级、10 万级净化生产环境，取代了早先现场浇捣混凝土淋水室空调器；苏州净化设备厂研发的高效过滤器、层流罩、超净工作台等，用于各类不同要求的净化区域；后期上海新晃空调设备有限公司、上海通惠—开利空调设备有限公司、天加净化设备公司等相关医药净化设备生产厂家运用而生。这些净化空调设备生产企业不但能生产净化空调设备还能承接净化空调工程施工任务，大大推动和加速医药行业的发展；制冷主机主要采用蒸气压缩式制冷机型，产品主要来自上海冷气机厂、上海第一冷冻机厂、开利合资企业等。

2011 年国家食品药品监督管理局根据国家卫生部第 79 号令，发布公告，要求药品生产企业限期在两年内，按照《药品生产质量管理规范》（2010 年版）要求，建立和完善企业质量管理体系，建立和更新符合本企业实际的各类管理软件并验证和试运行，组织开展企业员工培训。至此，新一轮升级版的 GMP 改造又如火如荼地开始了。由于 2010 版 GMP 基本复制了当时 2005 版的欧盟 GMP 要求，尤其对无菌制剂的净化级别、监测要求等都提升至与国际水平接轨，一时间也给医药行业带来不小的骚动。在法规升级的指令下，无论是独资、合资还是国资、股份制、私有制的药企都需自查并做相应改造，否则必遭淘汰。随之，新一代净化空调设备制造企业，如苏净安发、安泰、AAF 等符合欧标产品要求的厂家纷纷脱颖而出；净化空调处理机组也逐渐被开利、爱柯、特灵等一些品牌空调制冷设备企业占领部分市场；作为制冷主机的供应商，开利、约克、特灵和麦克维尔等也逐步成为各大药企使用品牌。

净化空调技术的发展也随着三次 GMP 的制定、修订和升级在逐步前行。从最初通风 + 局部除湿机到全空气式净化空调系统；从混凝土淋水室空调器到基于表面式冷却器的金属标准化组合式空调箱；从定风量、变风量到多模切换式空气净化空调系统；冷冻水系统从定水量、变流量、一次泵再到二次泵技术等，医药行业的设计技术也随着空调技术的进展不断更新、提高。

4. 真空冷冻干燥装置和技术在医药、生物制品领域的应用和发展

真空冷冻干燥简称冻干，是将配制的药剂溶液，在冰冻状态下通过真空升华和解析吸附方法，使制品内水分减少到使其在长时间内无法维持生物学反应与化学反应的水平。冷冻干燥制冷温度一般在 –30 ℃～ –80 ℃，特殊情况最低至 –120 ℃左右。物料箱内最低真空度可达 1 Pa。生化药品最终含水率一般在 1% ～ 3% 左右。药品在真空冷冻干燥之后密封，在真空充氮条件下由于无氧化作用使药品能长久保存，药品的贮藏性质能得到很大改善。药品生产中的无菌制剂和生物制品大多采用真空冷冻干燥技术。

真空冷冻干燥装置主要由制冷系统、真空系统、换热系统、蒸汽灭菌与清洗系统和自动控制系统构成。其中前四者是装置的基本功能系统，而自动控制系统则是为确保装置运行和操作的可靠性和安全性所不可缺少的技术手段，包含必要的气动控制系统、液压控制系统、电子控制系统甚至微机控制系统。

20 世纪 80 年代前，由于国内工业发展水平较低，上海医药行业真空冷冻干燥设备基本上都是依靠进口，少量自行仿制。其时一套装置由若干主要部件分立安装，整个机器约由 5 ～ 6 台机架组成，占地面积较大，然后再用管件和阀门连接彼此，构成分体式系统。

制冷系统采用上海冷气机厂生产的 2F6.5 单级水冷式压缩冷凝机组（视机器大小一般采用 2 ～ 4 台），制冷剂 R22，最低蒸发温度 –55 ℃，机组体积较大。真空系统采用上海真空泵厂生产的 2X-15 泵组，真空度最低达 3 ～ 5 Pa，机组体积大。冻干机干燥箱内制品搁板采用直接制冷方式，由于制冷剂在搁板内制冷时有相变，搁板温差较大（最小也要 5 ℃），导致制品最终冻干品质有一定差异。由于制冷机组性能及传热温差原因，搁板温度最低仅能达 –45 ℃，搁板降温速率约 0.8 ℃ /min。捕水器温度最低达 –55 ℃，仅能满足大部分制品的冻干要求。控制系统为手动控制，用户根据冻干需要，手动控制各系统启停，直至冻干结束，其整体技术水平落后于国际先进水平约 30 年。

进入 90 年代，上海相关专业工厂开始基于国产部件，自行设计组装生产整体式真空冷冻干燥装置，整个机器将压缩机、真空泵和捕水器等设备安装在一个机架上，占地面积大大减少。这无疑是产品的一大进步。如制冷系统采用岳阳制冷机厂生产的 1/3FV7B 双级水冷式半封闭压缩冷凝机组（视机器大小一般采用 2 ～ 4 台），最低蒸发温度可达 –75 ℃，机组体积较小。冻干机干燥箱内制品搁板采用间接制冷方式，换热系统采用“424”液体（由 40% 的水、20% 乙醇和 40% 乙二醇混合而成）作为传热介质，将制品所需冻结冷量或升华所需的热量送至干燥箱内中空不锈钢搁板内。沸点为 98 ℃，冰点为 –64 ℃，由于在冻干温度范围内无相变，搁板温差大大减少（1 ～ 2 ℃），制品最终品质得以提高。

由于制冷机性能提高，搁板温度最低可达 –55 ℃左右，搁板降温速率提高到 1.2 ℃ / min。捕水机温度最低可达 –70 ℃左右，已能满足绝大多数制品的冻干要求。

控制系统采用程序控制形式，具备既能手动控制又能自动控制二套控制方式，用户可以根据需要方便切换。用户在进行冻干试生产时，可以先使用手动控制方式，根据温度、真空度的变化，不断调节各机组，从而获得一条较优的冻干曲线，然后根据此曲线，将曲线图卷入程序控制仪滚筒上，通过光电转化自动控制制品冻干全过程，从而大大节约了人工和时间，提高了生产效率。尽管如此，其整体技术水平还被认为落后于当时国际先进水平 10 余年。

新世纪初，上海各主要制造厂充分运用国际化采购平台，选用国际上最先进部件进行组装生产，以全面提高冻干机性能。其生产的产品与当时国际先进冻干机已基本上处于同一水平，有些指标略有领先，以致可替代进口并出口多个国家。如上海千山远东制药机械有限公司向俄罗斯索帕克夫国家制药厂出口冻干机 8 m^2（m^2 是指放置和生产制品的有效搁板面积）2 台、10 m^2 1 台、15 m^2 1 台，莫斯科胜利制药厂 10 m^2 2 台，圣彼得堡生物制药厂 10 m^2 2 台；印度德利制药一厂 10 m^2 1 台、15 m^2 1 台；越南贵人制药厂 8 m^2 1 台、10 m^2 1 台，胡志明市松仁制药厂 15 m^2 1 台，MP 制药厂 8 m^2 1 台、10 m^2 1 台，芽庄生化中药厂 8 m^2 2 台等。

制冷系统采用原装德国谷轮（后国产化）或意大利富士豪（Frascold）双级半封闭压缩机（视机器大小一般采用 2 ～ 4 台），制冷剂采用 R404A 替代 R22。真空泵采用日本爱发科（ULVAC）双级直联式真空泵（后也实现国产化），英国爱德华（EDWARDS）双级直联式真空泵，最低真空度可达 1 Pa。

换热介质采用硅油（液体）替代“424”介质，硅油比“424”有更高的沸腾温度和更低的冻结温度，在冻干温度范围内无相变。搁板温差进一步减少为 1 ℃左右，制品品质得到了保证。制品搁板温度最低可达 –60 ℃，搁板降温速率约为 1.5 ～ 2 ℃ /min，基本满足了所有制品的冻干要求。

在制冷系统上加装了具有自主知识产权低温保护（防压缩机烧毁）专利装置，捕水器温度最低可达 –85 ℃，这一温度超过了德国冻干机最低 –80 ℃的水平，达到了世界领先水平。

控制系统为原装日本三菱控制系统，控制系统采用电脑控制方式，对冻干全过程进行在线检测与控制，对反馈信号不断进行分析比较，通过逻辑运算输出信号进行控制，它能模拟制品特有冻干曲线，并自动修正冻干过程，实行真正意义上的智能化控制。

机器并具有在位清洗、在位蒸汽灭菌功能，冻干箱可以从冻干时的负压容器变成灭菌时正压容器，满足了 GMP 要求，并大大节约了清洗、灭菌的人工成本。

由于上海冻干机生产企业在国内冻干机生产上的领先水平，2004 年上海远东制药机械有限公司作为第一起草单位完成了行业标准 JB/T 20032-2004《药用真空冷冻干燥机》。2012 年又有上海千山远东制药机械有限公司（上海远东制药机械有限公司的合资企业）完成了该标准的修订。

与此同时，远东制药和千山远东共获得国家医药管理局、中国机械工业联合会、中国机械工程学会、上海市科学技术委员会、上海市经济委员会、上海质量技术委员会等奖项十余项。

2.5.5 空调制冷技术在轻工业的应用与发展

1. 概述

轻工业一般是指与重工业相对而言的另一大工业门类总称，主要是指生产生活消费品的工业部门，如食品、纺织、家具、造纸、印刷、日用化工、文具、文化用品、体育用品工业等。按其所使用原料的不同可分为两类：以农产品为原料的轻工业和以非农产品为原料的轻工业。以农产品为原料的，如棉、毛、麻、丝的纺织及缝纫，皮革及其制品，纸浆及造纸，食品制造等工业；以非农产品为原料的，如日用金属、日用化工、日用玻璃、日用陶瓷、化学纤维及其织品、火柴、生活用木制品及塑料制品等工业。轻工业产品大部分是属于消费品性质，也有一部分是作为原料和半成品用于生产，如化学纤维、工业用布、纸张、盐等。

尽管上述有关轻工业的定义，流传广泛，也可说是俗成公认。不过，在我国经济建设事业中，根据工作实际需要，轻工业的含义还是被赋予了更加大得多的范围。在我国一般把诸如自行车、缝纫机等家用机具和诸如洗衣机、冰箱、空调器等家用电器制造业也归类入轻工业部门。

总的说来，由于1949年后国家优先发展重工业，轻工行业占比较小，在其发展初期，规模比较小，以街道手工作坊为主，生产环境比较粗放，以自然通风为主要手段。改革开放后，轻工行业准入放开，由国营逐渐转向民营、外资等，尤其是外资制造业的大量进入，不仅带来了新工艺，还带来了新的建筑和机电设计理念，暖通空调专业技术水平显著提高，其应用范围得到了快速扩展。其在整个轻工业工厂设计中地位也逐渐由边缘专业转向核心。当然，这些只是就轻工业整个行业概貌而言，其中某些特定的生产工艺本身要求保持一定环境要求的，诸如罐头食品行业、肉类加工行业、巧克力糖厂以及啤酒厂等，当另作别论。

随后，改革开放后的90年代，白色家电制造行业在国内得到了高速发展。随着上海大量的冰箱、空调和压缩机生产项目，如：日立电器、华意电器、大金等中外合资企业厂房的设计和建设，一些新的设计理念逐步形成了行业的基本法则，比如，清洁生产、劳动环境、生产效率等生产要素，越来越受到重视。这些工厂对暖通空调的要求性质上基本上是舒适性空调：机加工区域以机械通风和供暖为主；装配车间为全空调；办公区采用集中式空调。于是，集中式空调装置开始全面进入轻工业各类生产厂房并逐渐成为其不可或缺的生产基本设施和要素。

由于轻工业涵盖范围很广，轻工业所涉产品品种繁多，细分之下，还可有纺织工业、食品工业、烟草工业、造纸工业等不一而足。这些工业类别众多，难以一一系统化细述，只能择其中部分加以分述。考虑到作为其中一大分类的纺织工业已另有专门章节论述，所以，仅拟选择食品工业类的酿酒工业和烟草工业为代表，而且即使是酿酒工业，也因其范围宽广，也只能局限于机械化、自动化程度较高的啤酒工业而已。

2. 酿酒工业

1）中国酿酒工业简史

酿酒工业主要包括啤酒、黄酒、葡萄酒、白酒、果露酒、发酵酒精6类产品。在中国的传统酒种中，黄酒、白酒、果露酒全都产自零星分散、自酿自卖规模较小手工操作的作坊。

我国近代葡萄酒厂创始于1892年华侨张弼士在烟台开设的张裕葡萄酿酒公司。此后北京、青岛、吉林通化等地相继建立了葡萄酒厂，但是规模都较小，年产量仅几百t，且大多是由外商经营的。

20世纪初，中国开始有了啤酒工厂。1900年俄国人在哈尔滨建立中国第一家啤酒工厂；1903年德国人在青岛建立英德啤酒公司；1910年法国人在上海建立国民啤酒厂。这是在中国建立最早的啤酒厂。1949年以前，中国共有10几家啤酒厂，大多建在沿海一带，最高年产量只4万t，1949年全国产啤酒7 000 t。

1949年后，酿酒工业发展较快。不仅酿酒工业产品产量、产值有了较快、较大的增长，而且酒类产品结构也有了显著的变化。酒类的生产结构是和人民的生活水平的提高和消费结构的变化紧密相关的。作为低度酒类的啤酒是1949年后发展最快的一个酒类。1957年全国生产啤酒4.5万t，开始超过1949年前历史上的最高产量4万t的水平。此后在各级政府的扶植下，啤酒工业取得了更大更快的发展。1978年产量为40.3万t，及至1990年整个啤酒生产能力达到600万t。

2）啤酒生产工艺流程简介

啤酒生产大致可分为制麦、糖化、酿造、灌装4个主要过程。

（1）制麦工序。麦芽主要取材于大麦。大麦必须通过发芽过程将其所含难溶性淀料转变为用于酿造工序的可溶性糖类。大麦首先进入洗麦槽洗麦，吸水后进入发芽箱发芽，成为绿麦芽。绿麦芽进入干燥塔/炉烘干，制成成品麦芽。从大麦到制成麦芽大约需要10天左右时间。

（2）糖化工序。麦芽、大米等原料由投料口或立仓经斗式提升机、螺旋输送机等送到糖化楼顶部，经过去石、除铁、定量、粉碎后，进入糊化锅、糖化锅糖化分解成醪液，经过滤槽或压滤机过滤，然后加入酒花煮沸，除去凝固物后，分离出的料液经冷却到所需的低温（8 ℃），进入发酵工序。

（3）发酵。在充分冷却后的洁净麦汁中加入啤酒酵母，使其发酵。这时，麦汁中的糖分分解为酒精和二氧化碳，大约一个星期后，即可生成“嫩啤酒”，然后，再经过20天左右时间，使其成熟。

（4）灌装。瓶装啤酒是最为大众化的包装形式，也具有最典型的包装工艺流程，即洗瓶、灌酒、封口、杀菌贴标和装箱。

3）啤酒生产过程中的温度控制因素及其特点

（1）从上述啤酒生产工艺过程的简介中可看到，其对温度的控制要求从高到低，一以贯之于始终。先是在糖化工序，不仅在糊化锅、糖化锅中的糖化过程要求得到外部高温热源予以加热，而且在其后的煮沸锅加工过程中更是要求高压高温蒸汽热源予以保障。

（2）在酿造工序对温度的控制要求更是严格。啤酒发酵是啤酒生产工艺流程中关键环节之一，也是一个极其复杂的，释放大量热量的生化发热反应过程。由于这一过程中不仅麦汁中糖分和氨基酸等营养物质被酵母细胞酶分解为乙醇（酒精）和二氧化碳，同时还产生一系列的发酵副产物，如：双乙酰、高级醇、醛、酸、酯等。这些代谢物的含量虽然极少，但它们对啤酒质量和口味的影响很大，而这些中间代谢产物的生成取决于发酵温度。因此，发酵过程是否正常和顺利，将直接影响到最终啤酒产品的质量。比如，发酵过程中温度若发生剧烈变化，不仅会使酵母早期沉淀、衰老、死亡、自溶，导致发酵异常，直接影响到酵母代谢副产物组成，从而对啤酒酒体和风味及啤酒胶体稳定性造成危害。整个发酵过程持续时间大约需要 20 天左右时间。因此，如何在这一段时间内控制好发酵的适宜温度及其升降速率，成为决定啤酒质量和生产效率的关键。

至于酿造过程中需要控制和保持的具体温度值，则是一个随发酵过程的进展，也即随着时间的延续而变化的数值，比如，在起始阶段的 2 天内，温度可允许从 8 ℃升高到 12 ℃，然后需连续 7 天保持恒温于 12 ℃，再后在随后的 7 天中逐步降低温度至 –1 ℃。

由此可见，为实现精确的温度控制，采取自动化、智能化的程序控制手段往往就成为现代化啤酒工业生产中不可或缺的一项重要技术措施。

（3）由上述可知，啤酒工业应用中的供冷温度，显然较一般空调工程低得多。这是其一方面。另一特点是其需要供冷的连续时间长，供冷负荷量大。

（4）由于要求的供冷温度低，必须采用不冻液作为供冷系统的循环工作介质。考虑到作为食品类饮料的啤酒生产的安全性，常用的乙二醇溶液基于其有毒、有害性，显然不适用，所以，酒精成为不二之选。

4）啤酒生产厂房对环境的要求

在现代化的啤酒生产厂房里，由于生产过程基本上都是在由各类锅、釜、罐等专用设备和输送管道组成的密闭式系统内自动连续进行，所以，一般的啤酒生产厂房，除自动控制机房或电子计算机房需要采用空调设施外，基本上对生产环境都无严格要求。唯独只有最后的灌装工序，按照相应设计规范，却必须满足无尘、无菌的洁净空调要求。这是因为如果从生产线上出口的纯生啤酒，达不到无有害菌的标准要求，轻则影响啤酒的保质期，重则导致啤酒容易发霉变质，危害消费者的身体健康。一般纯生啤酒无菌灌装洁净室分为 10 万级（ISO N8）、万级（ISO N7）和局部千级（ISO N6）三个级别。10 万级区域主要适用于输瓶间、洗瓶机出瓶至冲瓶机前；万级区域主要用于灌装间、冲瓶机至压盖机；局部千级主要用于灌装机后半段至压盖出口。

3. 烟草工业

1）上海烟草工业的形成和发展

明清时代上海地区主要吸用水烟和旱烟，也有鼻烟和嚼烟。随着上海开埠，19 世纪末，美制品海牌和英制绞盘（白锡包）、三炮台（绿锡包）牌等卷烟先后输入上海。美商上海茂生洋行便率先于1892年在上海浦东开设茂生烟厂。几年后，中国人范善庆创办了上海第一家名为范庆记的手工卷烟作坊。1903年，鸦片行老板陈广昌在上海横浜桥三元坊开设德伦烟厂，1904—1905年刘树森和盛宣怀合股创办三星烟公司。1916年，中国最有实力的由民族资本开设的南洋兄弟烟草股份有限公司在上海设厂，两年后将总公司从香港移至上海。此后几十年中，华商和外商先后在上海兴办数百家卷烟企业。

中华人民共和国成立前，上海卷烟业由外商企业、华商私营企业、政府与私人合办的官商企业以及个别由国民政府接管日伪敌产后经营的企业等几个方面组成，其中以外商和华商私营企业为主。在半个世纪中，国际烟草托拉斯—英美烟草股份有限公司将上海作为其向中国推销卷烟的中心，1903年即在上海成立分支机构。该公司在上海开设3家具有相当规模的卷烟厂及网络遍布全国的销售机构，并不断兼并其他外商企业，还在中国农村开拓烟叶原料基地。该公司凭借其雄厚的经济实力和烟税特权，百般抑制中国民族卷烟工业的发展，以图垄断上海卷烟生产及市场。1925年五卅运动前，上海卷烟销量中的90%为英美烟草公司所占，华商私营企业仅占10%。五卅运动后，上海华商私营企业迅速发展，1925—1927年由14家增至182家。1931年华商私营企业的产值一度占上海卷烟总产值中的58%，外商烟厂占42%，但为时极短。华商私营企业中除个别几家规模较大的能在竞争中立足外，大多数都因规模小、设备差、资金匮乏、产品滞销而缺乏竞争力。全面抗战期间，不少华商私营烟厂毁于战火，1938年私营企业的总产量仅为战前的2/3，次年实际开工的烟厂只有20家左右。1947年起，人民解放战争节节胜利，外商企业大量转移资金，卷烟产量大幅度下降。华商私营企业的产量占市总产量139万余箱中的82.33%。1949年5月上海解放时，上海卷烟工业企业有113家，实际开工仅20余家。

中华人民共和国成立后，上海卷烟企业在社会主义改造中经过关停并转，至1960年12月，只有国营上海卷烟厂一家，此外还有与之相配套的上海烟草工业印刷厂和上海烟草工业机械厂。中华人民共和国成立40余年来，上海卷烟行业的主管机构几经变更，但上海卷烟厂、上海烟草工业印刷厂、上海烟草工业机械厂始终严格按照国家计划组织生产。1984年2月，上海市烟草专卖局、中国烟草总公司上海市公司成立，执行国家烟草专卖管理法规，对上海烟草行业实行供产销、人财物和内外贸统一经营管理。1992年4月为进一步深化体制改革，提高经济效益，国家烟草专卖局和中国烟草总公司要求上海组织企业集团。上海烟草（集团）公司由原上海市烟草公司及所属企业共79家成员单位改制组建而成，并于1993年11月揭牌成立。该集团公司拥有一流水准的现代化卷烟工业及其烟草储运、印刷、机械、材料等配套企业，是一个以卷烟工业为主的多元化、集约化、现代化的大型企业。在2003年度中国工业企业利润总额排序中，名列烟草行业第一位、全国第十位；2004年度中国纳税百强排序中，名列烟草行业第一位、全国第三位；2005年，该公司实现税利212.6亿元，其中利润82.4亿元，净资产达到377.2亿元；出口创汇

9 785 万美元，其中利润 5 016 万元。卷烟产品远销五大洲 40 多个国家和地区。

2）烟草工业典型生产工艺过程简介

（1）制丝线。制丝线一般包括叶片线、白肋烟处理线、梗线、切丝线、烘丝线、切梗丝线、梗丝膨胀线、掺配加香线、储丝柜等几个工艺段。

制丝线设备主要包括筒类、皮带输送机、振动输送机、储柜、定量喂料系统等。其一般运行原理是：使用储仓来缓冲、储备物料；通过提升机提取物料，其速度受定量管内物料高度的控制。

（2）二氧化碳（CO_2）膨胀烟丝线。烟草膨胀技术的研究始于 20 世纪 60 年代末，70 年代开始应用于生产，在国际卷烟工业获得广泛应用。二氧化碳膨胀技术是美国菲利普·莫里斯（FM）烟草公司与阿尔考（Airco）于 70 年代联合研制的。我国自 1988 年开始引进此项技术，1991 年首先在上海、宁波两家烟厂投入使用。二氧化碳烟丝膨胀技术的主要功效在于能使烟丝细胞组织变得蓬松，并使燃烧性能得到改善，减少卷烟烟气中焦油等有害成分。

CO_2 膨胀烟丝线包括四大部分：烟丝制备段、冷端设备、热端设备和回潮段。其中浸渍装置、升华装置和回潮机是 CO_2 膨胀烟丝的主机部分。大量涉及制冷技术和设备的是冷端装置系统。

冷端设备主要包括浸渍器、工艺罐、工艺泵、高压回收罐、高压压缩机、低压压缩机、回收制冷机组、补偿泵、储罐停机制冷机组。其工作原理广泛涉及 CO_2 制冷技术和制冷压缩机的应用。

（3）卷接包生产。卷接包车间的设备主要有卷接机组、烟支输送与缓存设备、包装机组、烟丝回收设备嘴棒输送设备等。现代的卷接机组的生产能力越来越大，1 600 支 /min 的设备已在一些烟厂得到使用。

3）空调与制冷技术在烟草工业应用实例

在 20 世纪 70—80 年代，上海卷烟厂一方面由于电力供应紧缺；而另一方面生产工艺本身需要大量蒸汽供应，加之，某些车间，如制丝车间因排风量大，未用集中式空调，工厂总的供冷负荷量有限，所以，曾经一段时期，夏季采用一冷厂生产的以蒸汽为热源的双效溴化锂吸收式制冷机组作为空调冷源设备。从 20 世纪 90 年代起，上述情况在很大程度上有了改变，采用更加节能的离心式冷水机组作为空调冷源设备成了新的趋势。

上海卷烟厂经过"八五"期间的技术改造，其工艺线路、设施装备已处于国际 90 年代先进水平。其冷冻站先后共配置单机容量为约克 2 442 kW 的离心式冷水机组 4 台、1 744 kW2 台。从历年运行的情况来看，特别是制丝车间供冷后，由于冷负荷的增加，在高湿天气，对有条件的车间尽量减少新风量，对有除尘、排气的车间，由于无法减少新风量，故在采取加热器加热的同时，适当增加空调箱的表冷段排数或增加冷冻水流量以此增加空调冷负荷，因此制冷站增加了 2 443 kW 制冷机 2 台。"十五"技改后期配套工程完成后，制冷站扩建后的总制冷量达 18 140 kW。

2.5.6 空调制冷技术在钢铁工业的应用和发展

1. 上海钢铁工业的形成和发展概况

1）上海是中国现代钢铁工业的发源地

从晚清时期伴随洋务运动兴起，中国开始出现世界列强的冶炼技术，首先在上海出现了现代钢铁工业的雏形。1890 年清政府向英国购进 3 t 酸性炼钢平炉一座，并选择在上海的官办江南制造局建造中国第一家炼钢厂。1895 年又在上海城南高昌庙地区（今制造局路）辟地 1.8 万 m^2 建设新的炼钢厂。1913 年清朝的倒台促进了民族工业的兴起。民族资本家陆伯鸿集资合股在浦东周家渡西村（今上南路 300 号）创建上海第一家民营钢铁厂——和兴化铁厂，直到 1933 年被改建为新和兴钢铁厂。

1937 年，日军侵占上海后，强占了一批钢铁企业。另外，日商在吴淞地区强行占地 3.33 万 m^2 建立日亚钢业株式会社吴淞炼钢厂，置有 15 t 炼钢平炉一座，从事冶炼普碳钢。同时，日商亚细亚钢业株式会社在黄兴路圈地 3.33 万 m^2 建黄兴路轧钢厂生产铁丝、刺网等满足军需。

2）中华人民共和国成立前的上海钢铁工业

1946 年成立上海钢铁股份有限公司，将吴淞炼钢厂改为上钢一厂，黄兴路轧钢厂改为上钢二厂，并租赁新和兴钢铁厂改为上钢三厂。据统计，1949 年 5 月上海解放时，上海钢铁业共有冶炼、热轧钢铁企业 31 家，生产冷轧钢、焊接钢管、无缝钢管、冷拉型钢等小厂 34 家。当时的上海钢铁工业生产设备简陋，产品技术含量低，企业规模小，整个行业处于初始阶段。1949 年产钢仅 5 233 t，钢材 15 040 t。

3）中华人民共和国的成立为上海钢铁工业的发展打开了崭新局面

中华人民共和国成立后，政府十分重视上海钢铁工业的建设。1949 年 11 月华东工业部成立钢铁管理处，加快上海钢铁厂恢复生产的步伐。笠年，国家拨款在上钢一厂新建 20 t 转炉 2 座、增建 15 t 平炉 1 座。1952 年全市钢和钢材产量分别达到 7 万 t 和 14 万 t。1953 年第一个五年计划开始，上海地区钢铁工业进行整合，187 家小型钢厂分别并入上钢一厂、二厂、三厂、八厂、十厂、新沪钢厂等 9 家大中型钢厂，形成线材、型材、带钢等产品专业化生产。同时新建上钢五厂，增加上海钢铁的炼钢和轧钢能力，到 1957 年钢和钢材产量分别达到 49 万 t 和 60 万 t。

4）1958 年开始了上海钢铁工业大发展时期

1958 年为加快钢铁工业发展速度，党中央向全国人民提出了以钢为纲的发展方针，要求全国年钢产量由 535 万 t 翻一番达到 1 070 万 t。 1958 年 1 月原属冶金部管辖的上海钢铁公司下放到上海，改建为上海冶金工业局。至 1960 年上海冶金局新建扩建工程 50 多个，共完成基本建设投资 4.18 亿元，上海钢铁年产钢量达 215 万 t、钢材 180 多万 t，规模仅次于鞍钢。至1966年上海已成为年产钢250万t、钢材205万t的钢铁生产基地。

1966年之后的几年间，上海地区的钢和钢材产量有所下降，1968年产钢202万t、钢材174万t。1969年为解决上海铁源不足问题，在南京兴建年产100万t的炼铁基地——梅山冶金公司。1976年之后，上海钢铁工业经过整顿，生产得以回升。1978年上海的铁、钢、材产量回升分别达到148万t、450万t和352万t，上海钢铁业在钢材品种、产量和质量上均得到很大提高。

5）改革开放为上海钢铁工业巨大发展带来了新机

1978年党中央国务院决定在上海建设宝山钢铁总厂，1978年12月23日在党的十一届三中全会闭幕的第二天，标志着实现历史性跨越的上海宝山钢铁厂建设工程在宝山破土动工，上海钢铁工业进入了新的发展时期。宝钢工程分三期建设：一期工程由原料码头、原料场、烧结、焦化、炼铁、炼钢、初轧、无缝钢管、自备电厂等单元组成，计划年产生铁300万t、钢水312万t、商品钢坯122万t、无缝钢管50万t。其中炼钢单元同时建设300 t大型转炉3座，从日本新日铁（Nippon Steel Corp）公司成套引进，引进设备总重量达6万余吨，在产品方案、工艺流程、技术装备、操作技术、综合利用、环境保护等方面均达到70年代末世界大型转炉车间先进水平。一期工程经历了抢建——缓建——续建的磨难，终于在1985年9月15日迎来了1号高炉点火投产。1988年实际产量为生铁322万t、钢水351万t、商品钢坯274.96万t、无缝钢管18.56万t。二期工程由连铸、热轧、冷轧和增建的高炉、焦炉、烧结等单元组成。一、二期工程总投资300亿元人民币，于1991年6月全部完工。1993年实际产量为生铁657万t、钢水698万t，各种钢材438万t。三期工程由宝钢自筹资金，扩大产能，设计年产铁水325万t、钢水429万t（其中电炉钢100万t）、钢材291.4万t、商品钢坯96万t，决算总投资525.28亿元，于1993年12月23日动工，2000年6月建成投产。一、二、三期工程总设计能力为铁975万t、钢1 100万t、材713.6万t。1998年宝钢实际生产生铁1 207万t、粗钢1 612万t和钢材1 339万t，大大超过设计水平。宝钢工程的有序建设和顺利投产应验了邓小平在关键时刻对宝钢的题词“历史将证明，建设宝钢是正确的”。宝钢不仅为我国的经济发展、国防建设提供紧缺优质钢材，并推动了我国钢铁业的全面技术改造，提升整体装备和技术水平。

6）联合重组扩大规模绿色发展提高国际竞争力

1998年11月上海地区钢铁企业联合重组。以宝钢为龙头，联合上海市冶金工业局、梅山冶金公司组建宝钢集团有限公司（以下简称“宝钢集团”），规模仅次于鞍山钢铁基地，成为中国最具竞争力的大型钢铁联合企业。根据产品定位，原上钢一厂改为宝钢不锈钢公司，原上钢五厂改为宝钢特钢公司，形成普碳钢、不锈钢和特钢三大产品系列。

2007年1月为支援西部建设，宝钢集团控股新疆八一钢厂。

2008年宝钢集团和广东省国资委双方决定共同出资358.6亿元，利用宝钢的技术、资本优势和广东的钢市、区位优势联合组建广东钢铁集团有限公司。对广东省现有钢铁企业韶钢和广钢进行兼并重组，在湛江建设 1 000 万 t 钢铁生产基地。2013 年 5 月湛钢基地在东山岛开工，最终将形成年产 1 225 万 t 优质板材的生产规模。

2016 年 9 月宝钢集团与武汉钢铁实施联合重组，成立中国宝武钢铁集团有限公司，注册资本 527.9 亿元，资产规模 7 395 亿元，产能规模 7 000 万 t，成为世界第二的“全球钢铁引领者”。2017 年宝武集团共完成钢产量 6 539 万 t，营业收入 4 005 亿元，实现“超越自我、跑赢大盘”的目标，列 2018 年《财富》世界 500 强排行榜第 162 位。

2. 钢铁工业对制冷空调技术的要求

钢铁生产工艺有炼铁、炼钢、连铸和轧钢等各种生产车间。各生产车间的钢锭和钢坯生产和运输过程温度都在 700 ℃～ 850 ℃以上，都是高温车间。各生产线都布置有电气室、仪表室、计算机室、操作室、值班室以及会议室、调度室等各类辅助房间，安排作业人员维护管理，确保生产线正常运行。

钢铁工业对制冷空调的基本要求包括两个方面：一是工艺性空调，为生产线电气室、仪表室、计算机室等各类辅助房间制冷空调，确保各项空气参数条件满足机组正常生产要求；二是舒适性空调，为值班室、调度室、会议室等各类辅助房间冷暖空调，确保主要空气参数条件满足管理人员舒适性要求。

早期阶段，钢铁行业对制冷空调基本上没有专门要求，最多在高温作业岗位配置一些简易的通风降温设施。直到 20 世纪 70 年代开始，逐渐在主要操作室配置空调设备。

随着钢铁生产工艺技术水平的提高，电子元器件的广泛使用，生产节奏加快，在生产线的各类辅助房间，对空调制冷设备的需求量及功能要求逐步提高，在一些高精密仪表仪器分析室、试验研究室、集中监控中心，除了温湿度，还对空气洁净度等提出更多要求。如上海钢铁研究所工程实验楼高温力学试验室和综合试验室，要求恒温、恒湿、净化、防震和屏蔽。

至于空调室内设计参数，钢铁工业制冷空调以工艺性空调为主，有关具体室内空气设计参数，各类辅助房间也是不一样的。参照 GB 50019—2003《采暖通风与空气调节设计规范》，宝钢工程技术有限公司在 20 多年工程实践的基础上，综合考虑“确保生产线正常运行、满足作业人员舒适性要求、节省能源消耗”等多种因素，经过多次修订，确定冶金行业主要房间空调室内计算参数是：无人值守电气室、测量小室等于或低于 30 ℃；高温行车操作室 28 ℃～ 30 ℃；计算机室、检测化验室，夏季温度 24 ℃～ 26 ℃，冬季温度 18 ℃～ 20 ℃，相对湿度 40% ～ 60%。

3. 不同历史阶段钢铁工业采用制冷空调技术的发展过程

60 年代上钢五厂 750 初轧车间建成初期，钢坯车间电磁站（钢坯输送辊道电气控制室）因位置处于均热炉附近，四周又有高温钢坯堆放，使得电磁站和钢坯输送辊道操作室温度高达 40 ℃以上，生产线无法正常作业。当时因受各种条件限制，只能采用土办法解决。设计方案是在远离高温钢坯区的厂房外建造一个空气处理机房，直接取用室外空气经循环水喷淋绝热加湿降温后，送至电磁站和操作室。工程实施后达到了较好的降温效果。

70 年代上海钢铁研究所工程实验楼，生产工艺需要有恒温、恒湿、净化、防震和屏蔽等措施。个别房间洁净要求达到 100 级（ISO N5）和 1000 级（ISO N6）。设计确定在采用上海冷气机厂生产的 KD10/L-1 型恒温恒湿机组的基础上，结合高效过滤器技术应用，妥善解决了室内恒温、恒湿、洁净环境技术要求问题。

高温车间行车操作室，如炼钢车间和轧钢车间的行车操作室，温度要求 28 ℃～ 30 ℃，需要采用专用的吊车冷风机组降温。70 年代后期上海冷气机厂针对高温车间行车司机操作室研发成功的，采用低温制冷剂 R142 的特殊型风冷分体式冷风机组，为长年处于高空、高温作业环境下工人劳动条件的改善提供了可靠的保障。

从 80 年代开始，随着钢铁工业生产技术水平的提高，大量电子元器件的使用，职工舒适度要求逐渐提上日程，空调技术也得到快速发展，在工厂操作室、值班室、电气室，开始使用空调机，因当时钢厂冷却水系统较完善，而风冷柜机由于压缩机高温工况问题以及风冷冷凝器铝翅片的腐蚀问题，故这段时期的空调设备，大多还是采用单体水冷柜机为主。上钢一厂三转炉车间炉前操作室为改善工作环境最先安装了空调柜机，并带动了其他钢厂推广应用。

进入 90 年代，伴随国外空调厂商大举进入国内，空调合资企业大量涌现，空调设备的类型和产品质量有了极大的丰富及提高。钢铁企业随之在生产、生活区域配置各种类型的空调设备。恒温恒湿空调机组更在电子计算机房的空调工程中得到了普遍使用。中大型电气控制室开始使用以各种冷水机组为冷源设备的集中供冷空调系统。钢企的办公服务大楼开始采用大中型集中式空调系统。

宝钢技术中心是一座由 3 个独立构筑物组成的建筑群，包括：国际会议中心，信息中心，服务中心，建筑面积约 8 万 m^2，于 1998 年建成。其中国际会议中心为三层建筑，各种会议室、报告厅要求舒适性空调，设计采用 3 台制冷量共约 1 400 kW 螺杆式水冷冷水机组集中供冷，采用工厂余热高压蒸汽减压后通过热交换器供热。中央报告厅及大会场采用组合式空调机组全空气空调系统，中小会议室采用风机盘管 + 新风系统，而中心试验室部分房间配设恒温恒湿机；信息中心为 16 层高层建筑，要求舒适性空调。作为冷热源设备，设计采用 2 台容量 700 kW 的空气源热泵冷热水机组。在空调方式上，多功能厅、大会议厅等人群集聚大空间场所采用全空气式空调系统；小房间采用风机盘管 + 新风系统；二层建筑服务中心采用变频多联机组。在空调自控方面则配套采用楼宇自控系统实行全自动控制。

4. 现代化钢铁企业制冷空调系统和设备的设计选型特点

1）生产设备发热量大、空调负荷以冷负荷为主

钢铁企业机电设备能耗大、数量多，机械电气设备运行过程中散发热量多，因而空调负荷以冷负荷为主，且由于湿负荷小，空气处理过程以降温为主。

2）空调系统全年需按供冷模式连续不间断运行

现代化钢铁企业的生产特点是连续的工业大生产，全年昼夜连续不间断生产、工艺设备持续工作，因而制冷与空调系统需全年按供冷模式运行。冬季供冷负荷与夏季冷负荷相比相差不大。由于对空调系统的全年连续运行的严格要求，对设备质量和无障碍连续运行时间也提出了更高要求。为确保生产连续运行的可靠性，部分重要场合的空调制冷设备需要考虑设置备用机组。

3）作为空调冷源设备的制冷机组冷凝器冷却方式趋向于水冷方式为主

由于钢铁企业特别是炼铁、炼钢等冶炼区域，车间内部温度高、含尘量大，采用风冷冷凝器易堵塞以及铝翅片的腐蚀，影响换热效率，适宜以水冷为主。冷却水系统一般利用工厂净循环水处理系统，但现有净循环系统通常选用大型开放式混凝土冷却塔，水中悬浮物含量较高，进空调设备前需采取过滤措施，冷凝器尽量选用套管式，减少堵塞故障风险，也有换热器采用铜管铜翅片。

4）空调制冷设备从分散式风冷型机组趋向大型集中式水冷型供冷站的发展

在钢铁厂轧钢区域，由于轧线长、电气室数量多、发热量大，环境空气粉尘浓度高，空调制冷设备从原来的分散式风冷型机组逐渐向大型集中式的水冷型供冷站发展。其好处是便于集中管理和控制，减少空调设备故障对轧线生成的影响，同时可利用钢铁厂丰富的蒸汽热源。宝钢集团从2050热轧屋顶空调改造起步，在1998—2016年先后建成容量5 500～9 300 kW，主要以离心式冷水机组和溴化锂吸收式冷水机组为主的8个大型集中制冷供冷站。

5. 具有代表性、先进水平的典型工程实例

1）宝钢股份2050热轧线空调工程改造

（1）项目背景。宝钢股份2050热轧生产线属于宝钢二期工程项目，是宝钢股份的主要成材生产线之一，全长近2 km，沿线设有16个电气室和操作室，原设有屋顶式空调装置，是热轧生产线的动力源和控制中心，全部由德国设计成套引进。

空调设备能否正常运行是确保热轧线正常生产的必要条件。原16个电气室采用各自独立的屋顶式空调装置，配置风冷型冷源设备。因设计选型和环境条件等原因，投运后故障频繁，随时威胁着热轧线正常生产，仅1991年因空调原因，导致轧机停轧故障87次，计1 785 min。主轧线每停产1分钟，造成直接经济损失超过1万元。1992—1994年开始对电气室屋顶式空调器进行局部改造，并专门成立空调维修中心保驾护航，维修费用逐年

上升，至 1994 年超过 300 万元 / 年。电气室屋顶式空调独立冷源设备的劣根性问题不解决，对热轧线安全生产始终是一个制约因素。为此，在 1994 年宝钢确定对热轧厂电气室屋顶式空调进行立项改造。

（2）主要改造内容。新建集中式制冷、供冷站一座。其设计计算供冷容量为 8 400 kW，最大供冷管径 450 mm，供冷半径 1 200 m。对 SHA ～ SHY 等 16 个电气室及其 5 个附属测量小室的空调系统分两期进行全面改造。主要是根据空调对象房间对温度、湿度的控制要求，分别采用不同功能器件构成的国产化组装式空气处理机组，取代原先由德国供应的屋顶式配置直接膨胀式空气冷却器的空调器。

（3）要求达到的效果。电气室、测量小室：室内温度≤ 30 ℃；工作室、值班室：夏季温度≤ 26 ℃，冬季温度≥ 18 ℃，新风量≥ 10%；计算机室：温度（24 ± 2）℃，相对湿度 40% ～ 60%。

（4）改造效益。宝钢热轧电气室空调改造，从根本上解决了热轧生产线电气室屋顶式空调故障频繁的老大难问题，确保了热轧厂无故障连续生产并适应和满足了生产发展需求。1998 年夏季适遇百年少见高温，热轧线没有发生因空调故障而影响生产的事件，是热轧厂投产以来最为顺利的一年，提前实现年产 500 万吨的目标。自改造投运 20 多年来空调系统一直稳定运行，大大降低维护管理工作量和维修费用，经济效益十分显著。

2）广东宝钢湛江 2030 冷轧厂空调制冷工程简介

主要空调对象房间包括酸洗电气室、轧机电气室、酸洗操作室、轧机操作室、机组辅房等，合计空调面积 16 650 m^2，空调设计计算供冷负荷 1 350 kW，另有设备冷却供冷负荷 7 000 kW。为实现全厂供冷的集中管理和调控，设计确定在主厂房旁建设一座集中供冷站。供冷站既要为各条生产线电气室的集中空调系统提供冷源，也要为部分工艺设备的冷却提供降温冷源。

供冷站采用单机容量为 2 800 kW 的离心式冷水机组 3 台，总供冷容量 8 400 kW，供回水温度 7 ℃ /12 ℃，冷水量 1 450 m^3/h。机房内预留 1 台机组的安装位置。

2.5.7 空调制冷技术在电力工业中的应用与发展

1. 上海电力工业的形成和发展简介

作为上海第一家发电厂的上海电气公司创办于 1882 年，安装美国制造的 586 KPa 蒸汽压力卧管式锅炉、11.9 kW 单缸蒸汽机和转速 800 r/min、电压 100 V 的直流发电机，后改组为新申电气公司。

1893 年公共租界工部局收购申新电气公司并成立电气处。当时有锅炉 2 台，直流发电机 7 台，容量共 97 kW 和 3 台交流发电机、容量为 100 kW。到 1900 年随着电风扇、电梯及电动机的应用，电厂开始日夜发电，并逐步拆除皮带传动的直流发电机，安装直接传动的交流发电机。1904 年电厂的发电频率从 100 Hz 开始改为 50 Hz；电压从 100 V 升高到 200 V，后又升高到 220 V，设备容量提高到 1 600 kW。1907 年又安装了国内第一台 800 kW 的汽轮发电机组和当时远东最大、最先进的蒸发量为 11 t/h 链条炉排锅炉，设备容量达 4 400 kW。

创办于 1911 年的上海华商电车公司，除经营电车事业外，还提供照明用电。1918 年该公司与上海电灯公司合并组成上海华商电气股份有限公司，历经十多年相继添置 6 400 kW 汽轮发电机组 2 台，总容量达 1.6 万 kW，居全国民营电厂之首。

1937 年 8 月 13 日后，华商、闸北、浦东等电气公司被日本侵略军占领，发电设备被抢掠拆走。1945 年抗日战争胜利，原被日伪军占据的各电力公司由国民政府经济部接收，发还原主经营。截至中华人民共和国成立前夕的 1948 年底，全市发电设备容量为 25.55 万 kW。

1949 年 5 月上海解放后，在上海市委和市人民政府的领导下，全市电力设备保存完好。1953 年国民经济第一个五年计划开始，根据沿海地区不进行重点建设的方针，上海电业未建新电厂，主要靠南市、杨树浦、闸北三家老电厂挖掘潜力。随着上海闵行地区重型机械工业发展和开工建设、金山石油化工基地的建设，吴泾化工基地建设、这些工业区的发展对电力供需和蒸汽热源需求增加，1955—1978 年，上海对南市、杨树浦、闸北三家老电厂扩建基础上，在吴泾、高桥、闵行、金山等地新建了一批热电厂，满足这些工业基地的电力和蒸汽热源的需求。限于当时电力技术的水平，1978 年前的电厂单机装机容量最大为 120 MW。

1978 年改革开放后，随着上海工业的迅速发展及人民生活水平的大幅提高，对电力需求爆炸性增长，电厂单机装机容量也越来越大，目前上海电厂单机装机容量已达到 1000 MW。

伴随着上海电力工业的蓬勃发展，与之配套的电力设计能力也不断发展进步。坐落于上海的华东电力设计院，从 1953 建院初期承担一批拆迁、修复的 1 MW ～ 15 MW 小型机组开始，逐渐发展到承担国内开创性的首台 6 MW、12 MW、25 MW、50 MW、120 MW、300 MW、600 MW、900 MW、1 000 MW 机组工程，以及第一台 300 MW、600 MW 核电机组常规岛工程设计，华东电力设计院在中国电力建设史上创下了诸多第一，主要从事燃煤电厂、燃机电厂、核电厂及送变电等工程的设计和咨询。引领国内发电技术的发展。

2. 电力工业对生产环境的要求

电力工业也与其他工业生产部门一样，在早期乃至百余年的漫长发展历史过程中，生产设备和生产技术长期处于原始、低速、低效、粗放、小型、作坊型生产方式阶段，人们对生产环境的漠视，也正是生产发展水平低下的表现。随着现代社会生产技术的快速发展和提高，对产品质量、生产效率等工业化、机械化、自动化生产基本要素的要求，促使人们重视清洁生产和高效生产环境的建立和完善。在电力生产过程中一些本来可以开门开窗，靠简单自然通风或者机械通风即可解决室内设备散热问题的生产厂房，如今却会因这种无组织气流可能带来的污染，满足不了清洁生产条件要求，而不得不实施关门关窗，采用封闭空间生产的方式。另外，加之于越来越多生产设备自动化运行过程控制装置中的电子元器件，其正常运行在很大程度上有赖于环境合适温湿度的可靠控制。另一方面，作为现代化生产重要因素的工人劳动生产率的高水平，也有赖于室内舒适性环境的保障。故空调制冷技术在电力生产过程中的应用便成为这些方面的不二选择。

随着我国电厂装机容量的不断提高，电力设备的热工和电气控制装置在电力系统应用范围和规模越来越大，而控制装置对环境温度和湿度要求也随着提高，通风降温和空调技术在电力工业方面的应用范围和规模都随之增大。通风降温和空调技术在发电厂内的主要服务对象有：集中控制室、网络控制室、热工和电气电子设备室、免维护蓄电池室、励磁盘室、变频器室、高 / 低压配电室、各化学分析室、办公楼、宿舍食堂等。比如：电子计算机房、热工和电气设备室要求控制的室内温度和相对湿度参数为：夏季 26 ℃ ±1 ℃，相对湿度 50%±10%，冬季 20 ℃ ±1 ℃，相对湿度 50%±10%；集中控制室为：夏季 24 ℃～28 ℃，相对湿度 40%～65%，冬季 18 ℃～22 ℃，相对湿度 40%～65%；其他一些诸如蓄电池室、发动机励磁机房等也都要求全年降温降湿，温度≤ 30 ℃，相对湿度≤ 70%。

3. 空调制冷技术在上海电力工业的应用

由于 50 年代至 70 年代中期，电厂安装的发动机单机容量较小，自动化程度也不高，热工控制元件采用常规盘管仪表，对环境温湿度要求不高。炉 \ 机 \ 电（锅炉系统 \ 汽轮机系统 \ 发电机系统）均采用就地或在各自单独的控制室进行热工控制。电厂仅需针对这几处面积不大的控制室采取空调设施。一般是采用窗式空调器或小容量的水冷空调立柜机。在 20 世纪 70 年代，上海某些电厂还曾采用过蒸汽喷射式制冷机作为空调的供冷冷源设备。该段时期电厂的各电气配电设备的元件对环境温度要求不高，甚至很多配电柜就地设置在工业设备如工艺风机、水泵等附近。所用变压器均为油浸式而不是现在的干变型；蓄电池室为防酸隔爆型，而不是现在的免维护型；发电机整流采用整流柜，而不是励磁型等；一般配电柜要求环境温度不超过 40 ℃～45 ℃即可。所以，只需把电气设备设置在单独房间，夏季采用一般通风措施，排出室内余热或有害气体即可。这个年代社会生产和生活水平较低，电厂是严禁为人员设置舒适性空调设施的。

及至 70 年代后期，随着计算机技术的迅速发展，集散式控制系统（DCS）应用到自动化领域，电厂的容量规模和发电设备单机容量也不断增大，控制参数的数量和控制要求不断增大和提高，电厂炉 \ 机 \ 电从各自分散控制到集中控制，电厂设置了集中控制室和电子计算机室。于是，空调工程设计对象便从原来的分散设置，过渡到如今的集中设置，并在系统安全性和室内设计参数上有了更高的要求。集中控制室和电子计算机对环境温湿度要求较高。电子计算机室室内空气参数要求：夏季温度 26 ℃ ±1 ℃，相对湿度 50%±10%；冬季温度 20 ℃ ±1 ℃，相对湿度 50%±10%。这个时期，集中控制室空调设备多采用就地布置的水冷直接膨胀式空调机，也有采用蒸汽喷射制冷机 + 直流式淋水型空气处理机组方式。电子计算机室则采用水冷型恒温恒湿专用空调机。

80 年代中期，安装有 2 台从日本进口，当时上海单机容量最大的 350 MW 机组的宝山钢铁总厂自备电厂投运，该电厂的生产自动化水平比较高，空调和供冷系统规模也随之增大。其空调制冷系统在上海电力行业内，第一次采用了先进的自动化控制装置。电厂集中控制室和电子计算机室，采用了全空气集中式空调系统。作为空调和供冷主设备的空调器和制冷机，均由日本进口，分别采用的是：带直接膨胀式蒸发器（空气冷却器）的多功能、组装式空气处理机组和配置闭式冷却塔的水冷式制冷压缩冷凝机组。这无疑标志着空调制冷技术在上海电力工业应用方面跨上了一个新台阶。

80 年代末～ 90 年代初期，电厂各工艺系统自动化程度越来越高。在新建的外高桥电厂和闸北燃机电厂，相关厂房的空调工程主设备采用的配置模式，基本上都是全空气式空气处理机组 + 水冷冷水机组 + 闭式冷却塔。由于电厂集中控制室和电子计算机室空调系统需全天 24 小时不间断运行，空调主设备需要备用，所以当时多采用建立在全封闭活塞式压缩机与板式换热器技术基础上的模块式水冷冷水机组，在整机容量中除考虑满足计算负荷外，另外增加几组供备用。这时期随着社会经济和生活水平不断提高，电厂一般工作场所也可以设置空调了。闸北燃机电厂化水分析楼的空调工程首次选用多联机式空调装置，取得了较好的效果。此一时期，在全套引进美国单机容量为 600 MW 的石洞口第二发电厂，其集中控制室和电子计算机室空调工程，主设备采用带风冷式压缩冷凝机组和直接膨胀式蒸发器（冷却器）的屋顶式空气处理机组。

90 年代后期至 2010 年，上海新建和扩建了一批单机装机容量 600 MW 或 1 000 MW 大电厂，吴泾电厂八期、外高桥电厂二期、外高桥电厂三期、上海漕河泾电厂、上海石洞口二厂二期。计算机技术不仅在热工控制系统中应用，也广泛应用在电厂电气设备中。以前电厂的配电室只要通风，现设有 IO 控制元件，对环境温湿度要求就高了。其他电气设备的革新也对环境温度提出了要求：如油浸式变压器改为干变型、防酸隔爆型蓄电池改为免维护型、发电机整流柜改为励磁型，等等。为节能，对工艺系统单机几千阶（MW）大功率的水泵和风机采用变频运行，配置的变频机发热量很大，对环境温度也有要求。上述这些电气房间均需要空调制冷或降温通风，这就大大增加电厂空调通风制冷系统的规模。针对上海室外气候条件，冷水机组、屋顶空调机组、还是小容量的柜机一般采用风冷热泵型或单冷型。对集中布置的热工和电气电子设备室，空调系统主设备采用螺杆型风冷热泵冷水机组 + 空气处理机组；分散中型规模采用风冷热泵屋顶直接蒸发式空调机组；小型要求不高的采用就地柜机或挂壁机。针对湿度要求不高的中型规模采用多联空调系统。电厂行政办楼公及生活区域的空调系统，视规模而定，可以采用多联空调系统，也可以采用热泵冷水机组 + 风机盘管。吴泾电厂八期设立了全厂制冷加热站，设备配置：螺杆水冷冷水机组 + 冷却塔 + 汽—水热交换器 + 末端（组合式空气处理机组或风机盘管）。目前电厂全厂制冷（加热）系统和空调及降温通风系统均采用两级自动控制系统，有的是独立 HVAC 监控系统，有的是纳入全厂 DCS 监控系统。

2010 年左右上海还新建了两座燃机电厂：上海临港燃气电厂和上海崇明燃气电厂，为上海电力供应调峰而用。根据燃机电厂供电的特性，不是全年发电，即电厂不发电时运行设备停运，热控和电气设备大都不运行，所以对应配置的空调和降温通风系统要求考虑运行灵活性，而且燃机电厂运行和管理人员较少。这两燃机电厂控制室和热控设备间空调设备均采用风冷屋顶直接蒸发式空调机组，电气设备室降温通风采用多联空调机和单元风冷空调柜机。

4. 静安（世博）变电站通风空调工程实例

1）概况

2000 年，为满足上海中心城区电力负荷发展的需要，缓解中心城区供电压力，提高电网供电的安全可靠性，完善和加强上海电网 500 kV 及 220 kV 网架，确保 2010 年“世博会”的电力供应，提前规划建设 500 kV 静安（世博）输变电工程。该项工程于 2010 年 3 月建成投产。

静安（世博）变电站位于本市静安区北京西路、成都北路、山海关路、大田路所包围的地块。根据市政规划，该地块地上部分为绿地雕塑公园，因此变电站全部设于地下。为满足变电站通风排热要求，地上只考虑设置变电站出入口、地上监控值班室及通风所需的进风和排风建构筑物（将与绿地公园的环境相结合设置）。变电站主体为圆形，直径 130 m，地下共分 4 层，深达 31 m，变电站每层共分 4 个区域（1 号～ 4 号区域，上下对应）。变电站内设有控制设备室（I/O 机柜室）、继电器室、通信机房、GIS 室、高 / 低变压器室、电抗器室、蓄电池室（免维护）等电气设备室以及辅助设备室。为满足变电站内部各工艺设备和辅助设备的空调以及各层公共区域的新风冷却需求，变电站设置一套集中冷水系统，向各空调系统、通风降温系统和新风系统提供作为冷源的冷冻水。

2）地下变电站的特殊性及空调配置

由于变电站为地下布置，供冷冷水系统中的所有设备（包括冷却塔）全部设于地下，为此在设备选型时，考虑到地下安装空间的局限、环境的特殊及运行安全等要求，对系统中关键设备作了充分的调研、比选工作，并确定了如下关键设备的形式、数量及参数：

（1）制冷设备选型。系统设计计算供冷总容量为 1 860 kW，采用 3 台水冷开式双螺杆型冷水机组，每台冷水机组在设计工况下（冷冻水供 / 回水温度为 7 ℃ /12 ℃，冷却水

进 / 出水温度为 36 ℃ /41 ℃）制冷量为 620 kW。但考虑到工程项目的重要性和敏感性，增设同一容量和规格的冷水机组 1 台作为备用。4 台冷水机组集中布置于变电站底层的制冷机房内。冷冻水系统采用一次闭式循环系统。

（2）制冷机冷凝器冷却水的冷却设备选用。设计采用 4 台全封闭变频鼓风式喷淋循环冷却塔（其中 1 台为备用）与冷水机组一一对应配置。冷却塔在设计工况下（风量 86 400 m^3/h，进风空气湿球温度 28.3 ℃）冷却水进 / 出水温度为 41 ℃ /36 ℃。4 台冷却塔分别布置于变电站地下首层每个区域的冷却塔机房内（与工艺冷却塔合用机房），冷却塔的进风从机房侧的冷却塔进风室（为工艺冷却塔和空调冷却塔合用）吸入，经热湿交换后由排风管经各区域的排风竖井排至室外。冷却水系统同样采用闭式循环系统。

（3）冷却塔进风系统。为了确保必要的冷却塔进风风量及参数要求，工程中对应每台冷却塔设置了变频式新风进风过滤（卷绕式）机组。进风过滤机组由集中进风竖井吸入新风，通过风管送至各自对应区域的冷却塔进风室，以满足冷却塔的进风要求。每台进风过滤机组设计风量为 8.8 万 m^3/h。

（4）变电站运行管理的自动化监控。由于该变电站运行自动化水平要求较高，变电站设有辅助工业控制系统，并采用以太网络，覆盖变电站各工艺系统和辅助系统的监控。变电站集中冷水系统的控制作为分支监控系统也纳入变电站辅助工业控制系统。变电站集中冷水系统的控制，除了冷水机组自带的安保监控外，还设有机组群控和冷冻水系统差压旁路控制等功能，并通过以太网络，将系统中各设备运行状态及参数、系统运行参数及设备和部件的故障报警等信号传输到变电站辅助工业控制系统，实现对集中冷水系统的远程监控。

集中冷水系统分支监控系统具有根据系统实际运行参数，计算系统即时负荷、控制和调整设备运行台数以及设备运行时间、控制各设备之间运行时间平衡的联机群控功能；具有冷冻水系统差压旁路流量调节以平衡系统末端设备对于冷冻水量的变化；具有对系统中冷冻水、冷却水供水 / 回水温度、压力的监控及保安功能。

冷却塔的控制由变电站辅助工业控制系统完成，其控制分为两个部分：一是冷却塔运行台数控制；二是冷却塔出水温度控制。冷却塔运行台数控制，根据冷水系统的冷却塔运行台数指令，对 #1 ～ #4 区域内冷却塔的运行台数的选择。冷却塔出水温度控制，根据冷却塔的出水温度信号，控制冷却塔的风机（变频或工频）和喷淋水泵的运行。

冷却塔新风进风系统均设置自动监控装置。自动监控装置通过变电站以太通信网络与变电站辅助工业控制系统联网，并可在变电站辅助工业控制系统的上位机主监控盘上对系统进行实时监控。系统运行根据变电站冷却塔（包括工艺冷却塔和空调冷却塔）的运行台数和运行状态，由变电站辅助工业控制系统按已设定的启动和停机联动程序及系统运行参数，自动完成系统的运行。冷却塔新风系统控制主要有以下两部分：

➢ 每个区域进风过滤机组的运行台数与相应区域的冷却塔运行台数保持一致；

➢ 变频进风过滤机组内的风机转速控制，则根据冷却塔进风室内的压力信号进行控制。

2.5.8 空调制冷技术在造船工业的应用与发展

1. 上海造船工业的形成与发展概况

上海是中国最大的港口城市之一，有悠久的造船历史。早在春秋战国时期，吴越两国在吴淞江抗争时，已有舟师并造有军船。近代历史比较悠久的有 1865 年建立的江南机器制造总局，创建于 1902 年的求新机器制造轮船厂，还有早期建立，目前世界上在散货船建造等领域具有霸主地位的外高桥造船厂等。

1949 年 5 月 27 日上海解放，28 日中国人民解放军上海市军事管制委员会颁布接管第一号令，接管江南造船所。1949 年 10 月为解决上海粮食、煤炭和棉花等物资的急需，根据陈云指示，在以于眉、陈国栋、程望为负责人的船舶建造委员会领导下，40 多家船厂和 60 多家机械制造厂联手合作，在较短时限内突击建造了 200 艘内河拖船和机帆船，保证了物资的及时运输。

中华人民共和国成立伊始，国家就在上海成立了中央船舶工业局设计室，专门从事我国造船工业的基本建设、造船厂工厂设计，1953 年以后，行政领导机构几经变动，先是并入并归属第一机械工业部第二设计分局管辖，后又有第六机械工业部第九设计院的诞生。上海第九设计院早期先是从开展转让引进工程中的设计、工艺、技术等研究工作开始，并同时对 3 家船厂展开了新建、改建、扩建重要工程的基本建设工作，其间共改建船台 6 座，完成投资近亿元，增加重要设备数百台，新增厂房面积数万平方米，大大增强了工厂的造船生产能力。对工厂从图纸设计、工艺文件的制订，到生产场地，加工设备的配置；从劳动组织、管理制度的确立和建立，到人员的技术、管理、操作技能的培训，都有严格的规定和明确的要求，使造船生产开始走向正规有序的轨道。

1954—1960 年，上海船舶工业从以修船为主，开始转变为以造船为主，船用主机从以蒸汽机为动力转变为以柴油机为动力。这一期间上海共建造各种船舶 1 246 艘，40 余万吨，建造量以每年 30% 速度增长，修船 2 700 余艘。

1960—1965 年中国第一艘自行设计制造，材料和设备绝大部分立足于国内的万吨级远洋货船“东风”号在江南造船厂建成，从而结束了万吨船舶的材料、设备依赖进口的历史。

1969—1978 年，共建造万吨船舶 54 艘，支援了国家远洋运输所急需的船舶。截至 1975 年，中国远洋船队由 110 万载重吨增加到 500 万载重吨，成为中国外货海运的主力，从过去 70% 外货海运量靠国外承运，转为 70% 由国内承运，实现了以我为主，不受制于他人，由被动转为主动的局面。

特别是国家实行改革开放后，1981 年上海船舶工业公司成立，在六机部和上海市的领导下，抓住当时国际船舶市场的有利时机，通过各种渠道开拓市场，开创了船舶出口的新局面。据统计 1949—1995 年累计建造各类民用船舶 5 400 余艘，1 620 多万吨，修船 1.6 万余艘。

以上述及的仅是一般内河航运和远洋海运民用船舶，至于各种特殊功能和用途船舶以及各类军用方面研制建造的军用舰艇在数量、质量、品种和技术性能方面都是随着时代的变迁，呈现出突飞猛进的发展和进步。比如在特殊功能和用途船舶方面，有油船、液化气船、化学品船、火车渡船等；在海洋工程科研与生产方面，有浮式生产储油船、自升式钻井平台、半潜式钻井平台、坐底式钻井平台、石油勘探船等；在海军装备的各种舰艇更是数不胜数，如高速炮艇、两栖战舰艇、导弹护卫舰、导弹驱逐舰、航天测量船、海洋调查船、测量船、电子侦察船等。

2. 空调与制冷技术在造船工业领域的应用

作为造船工业领域中龙头企业的造船厂本身的规范化工程设计和建造，在 1949 年前自然是无从谈起的，在中华人民共和国成立之初，迅捷建立起船舶工厂设计室、设计院等专门从事各类船舶制造厂基本建设和工程设计任务后才有所改观。这些涉及海运、海事类产品生产厂房的环境要求，与一般机械工业生产厂房类似，采取的空调措施也基本类同，比如，对于生产工艺有一般性清洁要求，需要全年关门、关窗生产的厂房，采用舒适性空调，以保持全年室内温度处于 18 ℃～ 26 ℃的人体舒适条件即可。

对于某些精密机械加工、装配、测量室、计量室等要求室内保持恒温恒湿环境的厂房，则按照生产工艺要求保持的温湿度参数设定值及其控制精确度，分别采取相应的空气处理方式、气流组织、送风温差等予以应对。

至于航海仪表仪器厂之类厂房，由于其产品都是用于确保各种船舶、舰船及特殊功能海上平台，在全球海洋环境下长年安全航行，对其高质量、精确度、可靠性、耐候性等技术要求都十分苛严，通常要求生产环境类似电子工业生产厂房，保持 10 000 级（ISO N7）～ 1000 级（ISO N6）的空气洁净度，因此，相应的净化空调设施不可或缺。

再一方面，安装于舰船和海上移动平台的这些仪表仪器以及某些重要设备和机械，长年得随着其载体承受地球上一切可能出现的恶劣气象条件和高湿、高盐空气环境。因此，这类相关产品制造厂必须设计、建造多项人工气候实验室，以模拟北极、南极、热带、寒带等环球海洋多变的极端气候条件进行可靠性、耐候性试验，比如有高温（65 ℃）试验室、低温（–60 ℃）试验室、高低温交变实验室、潮热试验室和盐雾试验室等。这些试验室的设计和建造，一方面需要投入大量资金；另一方面，还必须具备特殊空调和制冷工程设计与运行、管理、维保技术和能力。

说到制冷技术最早在中国船舶工业领域的应用，不能不提到当年国内最早成立、技术力量最强的中国船舶工业集团第七〇八研究所冷藏科。其前身为上海约克洋行。解放初期根据国家当时所处形势需要，整体划归原船舶设计局船舶产品设计处。由于其时空调技术的应用尚未普及，船舶上自然也就无可奢求，但食堂冷库却是船舶船员生活所必不可缺的设施，所以取名冷藏科，由担任研究所副总工程师的国家二级工程师葛学煊先生兼职冷藏科科长。

由于国内缺乏完整的船用空调冷藏方面的设计资料，七〇八研究所冷藏科建有自己的暖通实验室，进行特殊通风附件的阻力测试，实验室还研制了国内第一台船用冷藏库冷风机。为充实船舶空调冷藏设计力量，除原约克洋行留用人员外，补充了上海交大夏安世老师带教的第一批研究生和交大 260 专业的第一届本科毕业生。与此同时，还分出部分人员进入造船厂技术部门，以带动和促进基层单位设计和维护、管理技术水平的提高。

制冷、空调、冷藏技术在上海船舶工程的规模化应用，可追溯到 20 世纪 50 年代，主要用于船舶冷库以及像“东风”号这样的万吨远洋货船。其时所用制冷系统比较简单，自动化程度低；空调通常采用直接膨胀式蒸发器去湿降温处理方式和单风管式系统。从 60 年代开始，设计建造科学考察船“实践”号，其集中式空调装置采用活塞式压缩机的冷水机组作为冷源设备。及至 70—80 年代，造船工业有了较大发展，随着制造船舶种类的多样化，空调的空气输送系统从中速单风管式发展到高速双风管式和高速诱导器式；作为冷源设备的制冷压缩机，也由早期单一采用开启型往复式，发展到采用离心式（如“远望”号）。总之，凡陆用空调所具有的，船上也一应俱全。当时基于外汇控制原因，采用的空调制冷设备均为国产。

从 20 世纪 70 年代起，国际劳工组织规定，为满足船员生活、工作环境要求，远洋船舶必须配备空调设施，由此空调设施在船舶上的应用获得了普及。国内的船舶空调制冷设备专业制造厂也在七〇四研究所、七〇八研究所等专业研究所的指导、帮助下纷纷建立，如 80 年代，由七〇四研究所扶持、指导的泰州光明机械厂，七〇八研究所二室冷藏科扶持、指导的泰兴船舶设备厂，以及 90 年代初同样在上海相关研究所和造船厂扶持、帮助下建立的专业制造船用空调设备的泰兴船舶机械厂、泰兴动力机厂等，在船舶空调制冷行业的大发展中起到了不可替代的作用，并建立了卓越的功勋。

船舶空调制冷技术和设施比较复杂的当推科考船和调查船。70—80 年代建造了“向阳红”“东方红”及“科学”号系列科考船以及供海军、地质等部门使用的调查船，大大促进和提升了船舶空调工程的设计、安装和施工水平。比如有一些特殊要求的空调器，往往不得不由七〇八研究所和沪东造船厂提供制造详图，由上海冷气机厂、上海通惠机器厂等专业制造厂加工制造。

当时伙食冷藏装置主机一般采用 2F-6.3、2F-10 等小型活塞式压缩冷凝机组；空调冷源设备则多采用容量稍大的 4F-10 等活塞式压缩冷凝机机组。由于船舶需长年航行在海上，为方便船员自己维修，基本上通常采用上海冷气机厂等国内厂家提供的开启型活塞式压缩机产品。但随着改革开放政策的实施，由国内外合资和国外独资空调制冷设备公司提供的技术和设备，也大大促进了船舶工业所用制冷设备迈向高可靠性、高效率化的步伐。于是，凡是在陆上得到成功应用的，诸如：先进的半封闭活塞式压缩机、转子式压缩机、涡旋式压缩机、半封闭和全封闭螺杆式压缩机等也都得到了广泛的应用。在空调领域，诸如变制冷剂流量机组等新技术、新设备也在这里找到了广泛的应用场所和市场。

特别是进入 21 世纪后，上海造船工业高速发展和技术进步成果令人目不暇接，眼花缭乱。由上海设计和制造、各具特色、品类繁多的船舶与海洋工程装置和设施平台的成功投产，频频为国内外、业内外所广泛瞩目。其中，如 30 万吨的 FPSO（海上浮式生产储卸油装置），其舱室内部采用的集中式空调空气处理机组高度有二层楼高；“和平方舟”号医院船采用三台不同制冷量的螺杆式压缩机冷水机组、总安装容量达 2 000 kW 的制冷站。不言而喻，这些都是上海船舶空调与制冷工程设计、设备制造和安装施工综合技术水平和能力的充分体现和展示。

3.“和平方舟”号医院船医疗区域空调工程设计

医院船是一种具有在海上收容、医疗和运送伤员能力的船舶。根据研究发现，第二次世界大战中海上死亡人员有 2/3 是在弃船后丧失生命的，其主要原因是淹溺、冻僵和救援不及时。对于海上突发性自然灾害和人道主义救援，海上医院船受到了各国的普遍重视。我国的“和平方舟”号医院船有普通病房和烧伤病房和手术区。手术区由 2 个标准洁净手术室、6 个一般洁净手术室、中心供应室及麻醉室、手术准备室、医护办公室等组成。另有 X 射线室和 CT 机室、供应和消毒中心、检验室、牙科和五官科、分类和预检、带 360° 翻身床的重症烧伤病房以及 ICU 重症监护病房等，是一个相当齐全的医疗救护中心。

制冷站全船设计计算供冷负荷为 1 600 kW，其中医疗区 800 kW。装机总容量 1 900 kW，采用 3 台螺杆式冷水机组、2 台单机容量 800 kW 和 1 台单机容量 300 kW。这一安排是基于对手术区负荷特性和该区域重要性的考虑而采取。300 kW 小机组可用于春秋季或环境温度较低时为手术区单独提供冷源，在夏季则可为整个系统提供适当的必要冗余。冷水机组和泵站安装于 3 甲板下制冷机组仓内。

2.5.9 工业领域涉及制冷空调技术主要设计院所的建立和发展

制冷、空调技术在我国最早开始和逐步增多应用于工业建设和工业建筑，从地域上说也是上海；从时间上看，则是新中国建立后 20 世纪 50 年代初期。随着国家基本建设工程规模的不断扩大和工业门类分工的深化、细化，作为承载各类工业工程建设任务主体的设计院所，纷纷根据国家和上海市政府指令建立了起来。这些工业建筑设计院所即成为数十年来上海制冷空调技术和设备的最大间接用户。

1. 上海市机电设计研究院

1）上海市机电设计研究院的前身——第一机械工业部第二设计院

（1）历史背景。1949 年中华人民共和国成立，国家百废待举，全国面临着恢复经济和规模经济建设的繁重任务。在国民经济建设中，国家很重视工程勘察设计在基本建设中的地位和作用。1951 年 1 月 27 日政务委员会财政经济委员会（中财委）在关于做好 1951 年基本建设计划的指标中指出：基本建设必须按照先设计后施工的步骤进行，要先有设计，并据以编制施工计划，经批准后方予拨款施工。

面对国家大规模经济建设需要，全国勘察设计力量十分薄弱。1952 年 10 月 22—23 日，中财委主任陈云主持基本建设工作会议，强调：我国建设任务非常复杂、繁重，目前基本建设中主要矛盾是任务十分之大，而力量十分薄弱，因此必须迅速建立和充实设计机构和施工机构，必须下定决心调集人员建立各部专业设计和施工组织。在这种新的历史条件下，迅速组建勘察设计队伍，成为当时基本建设战线的一项紧迫任务。

（2）创建与成长。按照中财委的要求与基本建设的需要，1952 年下半年在华东军政委员会工业部（简称华东工业部）机械工业管理局设计室和电器工业管理局基建科的基础上成立华东机械设计处和华东电工局设计处。1952 年冬华东机械工业部又调集上海若干国营大型机械工厂的总工程师、技术科长等技术骨干力量、部分基建科室人员及当年毕业的工程技术和经济专业学生，充实两个设计处，筹建第一机械工业部第二设计分局。

1953 年 3 月 10 日第一机械工业部发布〔1953〕机设秘第 19 号命令，根据中财委指示，决定成立设计总局。其下辖第二设计分局设于上海，由上海机器设计处（即一机部华东机械设计处）、华东电工局设计处（即一机部电器工业管理局华东设计分处）和中央船舶工业局设计室合并组成。原属基本建设局领导的上海建筑设计公司及工程地质勘测队（即华东土建设计公司及土测队），划归设计总局，由第二设计分局领导。

1953 年 4 月 20 日第二设计分局在大上海电影院召开第一次职工大会，宣布正式成立，局址在上海外白渡桥北苏州路的上海大厦（原上海百老汇大厦）。1954 年 5 月设计二分局办公地址由上海百老汇大厦迁至中山东二路 22 号。1958 年 4 月一机部（58）机基曹字第 18 号文决定，一机部第二设计分局更名为一机部第二设计院（以下简称“二院”）。1954 年 7 月二院院址由中山东二路 22 号迁至中山东二路 9 号（原法国航空公司旧址，现上海档案馆）。建院初期，二院集中了上海地区有关工程设计方面主要技术干部，力量比较充裕。从 1953 年下半年始，二分局向设计总局、土建设计公司、各设计分局输送技术干部数百人。其中有时任院电气专业科长、院工会主席的江泽民同志和著名制冷空调专家，哈尔滨建筑学院徐邦裕教授等。直到 1970 年二院奉命内迁遵义前，全院职工人数一直保持在 1 000 余人左右。

（3）一机部第二设计院分工承担的工厂工程设计任务类别。一机部下属各设计院在功能上，在承担工程设计任务的分类上是有较明确分工的。二院承担的工厂设计任务主要有下列几类：a. 动力机械类，如锅炉厂、汽轮机厂、柴油机厂等；b. 机床工具类，如机床厂、工具厂、硬质合金厂等；c. 通用机械和设备类，如压缩机厂、风机厂、水泵厂、制冷机厂、空分设备厂等；d. 仪器仪表类，如光学仪器厂、气体分析仪器厂、热工仪表厂等各种测量仪器厂。

（4）一机部第二设计院的内迁与拆分。1970 年根据一机部和上海市革命委员会命令，第二设计院开始实施分批内迁贵州遵义。由于上海驻院工宣队等干扰，对一机部关于“二院迁往遵义，上海设为分院”的决定，拒不执行，加之内部矛盾得不到解决，1970 年 8 月一机部与上海市有关领导商定并以〔1970〕一机基字 1145 号文决定：二院一分为二，大部分内迁遵义，仍属一机部领导，留在上海的二院分院职工共 385 人，下放上海市机电一局领导，易名为上海市机电设计院。1971 年 9 月上海市机电一局决定将原上海市机电产品设计院与上海市机电设计院合并，两院合并后仍旧定名为上海市机电设计院。

2）一机部第二设计院（1953—1970 年）完成的主要工程设计任务

➢ 1953 年 7 月上海电机厂、上海汽轮机厂的扩建工程工艺设计在捷克专家指导下开始进行；与此同时，上海浦江机器厂、上海工具厂、上海柴油机厂、上海机床厂的扩建工程由设计二分局自主设计；

➢ 1955 年 10 月进行长春客车厂初步设计，这是我国第一个自行设计和建设的新建铁路客车厂。同年配合国外设计的哈尔滨锅炉厂，完成施工图设计；

➢ 1956 年 10 月全部完成配合国外设计的哈尔滨汽轮机厂施工图设计；

➢ 上述各期间先后承担了上海电气科学研究所、上海汽轮机锅炉研究所等部属科研机构的设计任务；

➢ 1957 年 10 月完成我国第一个制造空分设备的骨干企业——杭州制氧机厂工程设计；

➢ 1958 年设计配备有 1.2 万 t 水压机的重型机械制造行业新建工厂——上海重型机器厂；

➢ 1959 年 10 月根据上海市科委给市委的报告，承担以核动力研究为目标的嘉定原子能研究所的建所设计任务。同期完成了广州热带机床研究所人工气候实验室工程设计；

➢ 1960 年完成上海机床厂精密磨床车间施工图设计任务。该厂房总面积 1.2 万 m^2，内含数千平方米的大面积恒温恒湿空调生产区域。其要求控制的温度设定值为（20±1）℃，相对湿度 40% ～ 60%，振动振幅小于等于 0.5 μm。该工程建成后受到国家建筑工程部的高度重视，指令建筑科学研究院空调研究所联合二院和上海机床厂进行全面测定总结。现场测定工作于 1965 年 4—11 月进行。其后的研究总结报告，为我国日后大面积恒温恒湿空调工程设计，奠定了坚实的理论与实践基础；

➢ 1961 年承担朝鲜热工仪表厂的援外工程建设设计任务，以及 1963 年开始的援朝熙川油泵油嘴厂；

➢ 1964 年 11 月开始着手柳州动力机厂、重庆仪表厂、重庆通用机器厂、江西光学仪器总厂、东方汽轮机厂、东方锅炉厂等大小三线工程的现场设计。

各个时期完成的工厂设计任务还包括诸如：上海光学仪器厂、上海鼓风机厂、上海华通开关厂、上海硬质合金厂、北京分析仪器厂、云南昆明机床厂、开封高压阀门厂、开封热工仪表厂、无锡油泵油嘴厂等。

3）上海市机电设计院在二院内迁后的分立和行政隶属关系的改变

根据一机部和上海市机电一局决定，1970 年二院内迁后留沪 385 位职工组成的二院上海分院，划归上海市机电一局领导并易名为上海市机电设计院。随后于 1971 年上海市机电一局又做出决定把原上海机电产品设计院并入，两院合并后员工总数 821 人，仍旧定名为上海市机电设计院。院部设于中山东二路 9 号，另有分部分布于福州路申达大楼若干层面。1987 年 1 月上海市政府正式发文批准，上海机电设计院行政级别正式升格为副局级单位。上海市机电设计院的经营业务包含两大部分：工厂工程设计和非标产品设计。直到国家实施改革开放政策，机构机制改革之前，机电设计院为上海和全国各地机械工业和公用、民用、商业，提供免费无偿设计服务。2002 年获得建设部颁发的甲级工程设计证书，业务范围：机械行业甲级、建筑行业工程甲级、轻纺行业甲级、化工石化医药行业（医疗器械）甲级。

4）上海市机电设计院（1970—2000 年）完成的主要民用建筑、工厂设计和特殊、重大装备。

（1）民用建筑类。

➢ 1966—1976 年为上海沪光电影院、大上海电影院、国际电影院、中兴影剧场、群众剧场、东海电影院、山西电影院等众多大众文化场馆加装空调设施；

➢ 1980 年起先后完成上海第一幢钢结构高层宾馆——金沙江大酒店、上海虹桥万豪大酒店（五星级）、上海淳大万丽酒店（五星级）、上海汇银广场、福州华榕广场等高层、高级酒店及多功能综合性高层建筑工程设计项目；

➢ 承担了上海佘山紫都晶园别墅区、恒联新天地花园等一系列住宅类建筑设计；

➢ 1979 年设计，1982 年 6 月竣工的上海瑞金医院实验大楼，曾被评定为上海市七大优质工程之一。

（2）主要新建工厂工程设计任务。

➢ 1970 年 10 月始援建罗马尼亚第米索拉电气测量仪表厂人造宝石轴承车间的工程设计；

➢ 1972 年 1 月受一机部指令，继续承担援建朝鲜熙川油泵油嘴厂工程设计任务。该厂生产纲领：年生产喷油泵 10 万台，喷油器 10 万只，配偶件 65 万对；

➢ 广泛参加 728 工程设计任务。承担上海重型机器厂、上海锅炉厂、上海汽轮机厂、上海电机厂、上海第一机床厂为制造我国第一套 30 万 kW 核电设备的生产厂房扩建工程设计；

➢ 完成援建阿尔巴尼亚冶金联合企业部分相关厂房的工程设计；

➢ 1970 年后期完成设计和建设的上海医用仪表厂是在各方面具有一定社会影响的建设项目。在该厂房内为控制汞的挥发，采取了降温空调措施；

➢ 1972 年 6 月受命国家建设部，联合机械部所属北京精密机械研究所共同承担重点科研项目《机械工业恒温恒湿空调工程温度基准》课题任务。持续工作 3 年，于 1974 年完成；

➢ 1977 年承接上海柴油机厂 135 车间迁建工程项目设计任务。该项工程设计中由于综合采用了多项新技术，使产品生产合格率有了大幅度提高，并使产品清洁度达到了国际标准，为工厂增产和创优创造了条件；

➢ 1978 年 8 月一机部和上海市联合向国务院报送了《关于引进轿车制造技术和改造上海轿车厂的报告》。9 月经国务院领导批示同意和外国厂商接触、谈判引进事宜。上海机电设计院积极参与了此项工作。这是机电院第一次参与为发展上海轿车工业的技术引进工作，为中德合资上海大众汽车有限公司所做的前期准备工作；

➢ 1981 年与上海纺织设计院（生产工艺）联合设计建成国产第一条涤纶长丝生产线——安徽铜陵化纤厂。其中的丝束侧吹风冷却空调系统设计，在多方面针对国外引进样板线做出了合理的改进。随后的江苏常州化纤厂、厦门化纤厂等多个涤纶长丝生产线循此顺利完成设计和建设；

➢ 1983 年 11 月，为上海机床公司和上海机床厂利用世界银行贷款进行全面改造，编制可行性报告。两个利用世界银行贷款项目总投资人民币 5.88 亿元，其中外汇 9 897 万美元。这是机电院第一次与外国咨询公司合作的国内最大的利用外资工程项目；

➢ 1984 年 2 月承担上海耀华皮尔金顿玻璃公司浮法生产线原料机械化运输、存储原料粉碎系统等工程的设计，及至 8 年后的 1992 年，又复获承担公司第二期的生产流水线全部工程设计任务；

➢ 1984 年 12 月承担上海摩托车引进日本本田 CG125 型年产 6 万辆，新厂区技术改造总体设计；

➢ 1985 年 7 月承担 614 厂（中国人民银行造币厂）引进加拿大雪利公司镍包钢专有技术及工厂工程设计任务；

➢ 1985 年 12 月开始承担上海大众汽车公司年产 3 万辆轿车和 10 万台发动机厂房工程设计任务。这是机电院为发展上海轿车工业所承接的第一个中外合资工程项目。该公司多数大面积生产厂房尽管工作人员分布密度不大，但为了确保清洁的生产环境和产品质量，提高生产效率，广泛采用了舒适性空调。该项目的成功设计和建设为以后轿车工业的快速发展打下了良好的基础，也为设计院在汽车工程技术培养了大批人才，积累了丰富经验；

➢ 此后的二期（1991 年）年产 9 万辆桑塔纳轿车项目和三期（2001 年）帕萨特轿车项目工程设计任务都相继取得了圆满成功；

➢ 1986 年 6 月承担上海易初摩托车有限公司年产 14.4 万台 CG125 型发动机的生产厂房设计任务，并对其所属上海动力机厂总厂及王家码头分厂进行技术改造总体设计；

➢ 1986 年承担中日合资上菱冰箱厂的工厂工程设计任务；

➢ 此后不久，承担利用原冰箱压缩机厂的旧厂房，改建成为空调压缩机的生产厂房任务，改建后的工厂称为上海空调压缩机厂；

➢ 完成了上海医疗器械九厂引进的二手全套 CT 用 X 射线影像增强管生产线的厂房工程设计。该厂房内建有一定规模洁净室的净化空调设施；

➢ 完成了上海中澳合资普林印制线路板公司生产厂房的工程设计。该厂房内少部分面积建有洁净室净化空调设施；

➢ 1990 年初完成设计的中美合资莱士血液制品公司是我国最早建成，利用人体血浆生产丙种球蛋白的工厂。该项目中有多个低温洁净生产区要求保持 −7 ℃和 1 万级（ISO N7）空气洁净度的低温洁净环境；有多个 100 级（ISO N5）洁净室灌装间和约 300 m^2 的 −30 ℃血浆冷库；

➢ 同一时期承担的中美合资施乐复印机公司生产厂房的总体设计任务中，其光导体生产车间部分区域为洁净室，要求恒温恒湿和净化生产环境。在中美设计单位联合设计过程中，外方提出新风空气单独处理方案，对恒温恒湿空调避免冷热抵消问题解决给出的启发，成为日后我国相关设计规范中一条重要节能条文形成的基础；

➢ 1993 年建成投产的上海汽车齿轮厂桑塔纳变速器联合厂房，是一个面积达 25 000 m^2，中间无隔断的空间，全部采用空调，成为机电院在本市设计汽车工业中面积最大的全空调车间；

➢ 1996 年开始承担设计的中德合资上海联合汽车电子公司，是由中联汽车电子有限公司与德国罗伯特 · 博世（Robert Bosch）有限公司在上海的合资公司。起初它包含上海总部及电子喷射匹配试验中心、西安工厂区、无锡工厂区，共三处厂区，后来又增建了芜湖、柳州生产基地和重庆、芜湖技术中心，主要生产并为客户提供先进的汽车动力总成和车身控制系统；

➢ 设于上海联合汽车电子公司总部的电子喷射匹配试验中心是一个集多种人工气候试验功能的特殊建筑物。其工艺主要由德国博世公司设计团队承担。建筑、暖通空调、电气、自控等专业由中方机电院承担。这是一项技术含量高、难度大，以暖通空调制冷专业为主导，并具有关键性、决定性意义的工程项目。其建设的质量上乘、一次投产的顺利成功，受到德国王牌企业的刮目相看。此项工程获得国家级工程设计银质奖；

➢ 1997 年 10 月开始进行中美合资上汽通用汽车公司设计。该项工程是其时国内规模最大的中美合资工程项目。其总投资为 12.5 亿美元，年产中高档轿车 10 万台，总建筑面积 22 万 m^2；

➢ 2001 年开始设计上汽通用东岳生产基地（山东烟台）。该基地由上汽通用东岳汽车有限公司与上汽通用东岳动力总成有限公司组成，总占地 166.7 万 m^2，总投资额 136 亿元；

➢ 除上述外，还有一些知名中外合资企业，如中瑞合资的上海迅达电梯有限公司、中日合资的上海三菱电梯有限公司、中德合资的中集冷藏集装箱有限公司、上海华都国际集装箱有限公司、中美德合资北京吉普汽车有限公司、德科国际蓄电池有限公司、上海法那科机器人有限公司、上海法雷奥汽车电器系统有限公司、上海阿尔斯通交通设备有限公司、上汽集团仪征汽车有限公司等。

（3）设计研制的特殊、重大装备。

➢ 1972 年一机部发文上海市机电一局，明确继续由上海机电设计院承担 4 类冶金机械设备设计、研发和试验任务：氧气转炉、拉丝制绳、锻造操作机和金属镀层；

➢ 承担为援建阿尔巴尼亚冶金联合企业重点设备——线材轧机组的施工图设计任务，然后交由上海建设机器厂制造；

➢ 1975 年完成中央军委、国家计委联合下达的国家重点项目——“708”工程（国产运十客机）03 ～ 05 段型架设计；

➢ 1976 年参考国外样机设计成功我国第一台电子分色机。设计图纸交由上海延安机器厂制造成功，填补了国内彩色印刷设备的空白。

➢ 1977 年根据李先念副主席和余秋里副总理批准的《关于在上海建造五万吨钢筋混凝土结构模锻水压机的请示报告》指示精神，机电院编制了《五万吨水泥结构模锻水压机工厂设计方案》，报送一机部。经一机部批复同意后，开始进行初步设计，后因故暂停建设；

➢ 1979 年完成北京重机厂委托设计的 20 t 锻造操作机和广州重机厂委托设计的 10 t 有轨锻造操作机设计任务；

➢ 完成杭州缝纫机厂成套四立柱震压式造型自动生产线的设计；

➢ 完成上海天文台 1.56 m 天体测量望远镜观测站工程设计；

➢ 为国防科工委设计并承包制造供风洞试验飞行器外挂物（导弹、炸弹或副油箱等）模型作六自由度运动的机构及其控制系统投入实际使用，为国防工业填补了空白；

➢ 完成中国有色金属工业总公司委托的铜连铸连轧生产线设计；

➢ 1992 年因研发的“1.2 m 高速风洞外挂物可控轨迹试验技术”荣获国防科工委科技进步一等奖；

➢ 设计的具有国际先进水平的活枕式数控铣床，安装于沪东机床厂试车一次成功；

➢ 1994 年为江西江铃汽车集团公司设计及总承包的新型汽车发动机总装配线全线试车成功。这是其时国内规模最大的发动机总装配线；

➢ 1996 年"挠性枢轴测试设备"研发项目，荣获中国航天总公司科技进步一等奖。

5）1970 年之前"老二院"时代对暖通空调专业的建设作出诸多贡献的专家

可以毫不夸张地说，在中国民用机械工业范围内从事空调制冷工程设计最早、承接相关任务最多、为行业作出了诸多重要贡献的，当首推原第一机械工业部第二设计院。这在很大程度上得归功于前华东工业局领导层的高瞻远瞩，在 20 世纪 50 年代初，创建第一机械工业部第二设计分局时，采取多项组织措施，硬是从上海及周边地区各大事业机关和机械工厂遴选、抽调优秀技术骨干组建，并从历届高校选拔优秀毕业生予以充实。比如，其中有从德国留学回国，后来又被选调支援东北哈尔滨建筑学院高教事业的徐邦裕教授；有中华人民共和国成立前在美国从事航空发动机维修工作的石崇一高级工程师；上海交通大学毕业，曾经远赴滇缅抗日战场受聘于美军中文翻译，其后服务于中国农业机械公司（后易名上海虬江机器厂，上海机床厂）的黄吟生高级工程师；1951—1953 年各高校机械制造专业优秀毕业生陈以煐、陈烈洪、秦锦铭、赵瑞祺、龚治巩、周平章等高级工程师。他们在承担中华人民共和国成立初期和第一、第二个五年计划中新建的上海汽轮机厂、哈尔滨汽轮机厂、上海机床厂、昆明机床厂、上海光学仪器厂、开封热工仪表厂、北京气体分析仪器厂、援朝热工仪表厂、江西光学仪器总厂等众多广泛涉及制冷空调技术的重大工程设计任务中作出了鲜有人知的开拓性贡献。他们的朴实、认真、刻苦钻研的学风和工作作风，共同铸就的"老二院"优良传统，不仅带教和传承给了其时一众刚刚走出校门的学生，并且还为其后分立的上海机电设计院和中国联合工程公司暖通空调专业的建设，提供了深深植根的厚土。

6）1970 年后在上海机电设计院历经 40 年勤奋工作，屡建硕果的暖通空调工程师队伍

第一机械工业部第二设计院的内迁和其后两个设计院的分立，无疑在很大程度上削弱了原暖通空调专业的力量。留沪于上海机电设计院部分的年轻技术人员在老一辈专家黄吟生、秦锦铭、陈烈洪等带领下，在历经众多重大工程设计锤炼中得以迅速成长，逐步形成了一支技术全面、过硬，甚至能胜任某些跨行业、高难度工程设计任务的团队。值得一提并值得纪念的是，长期团结合作，成果累累的这个团队主要成员有周祖毅、李锡冲、邱爱娜、程满枢、凌振发等高级工程师。

2. 上海电子工程设计研究院有限公司

上海电子工程设计研究院有限公司（以下简称"上海电子院"）创建于 1964 年，原为上海市仪表工业局设计室，现在是以电子信息与建筑工程设计为特色综合性设计研究院。公司总部设在上海，下设 7 个分院，即南京分院、苏州分院、西安分院、合肥分院、深圳分院、成都分院和海口分院，业务覆盖全国。

上海电子院是一座综合性设计公司，主要致力于为国际公司提供服务，能够紧密配合业主的工艺需求。公司员工总人数 350 人。许多员工来自 Bechtel、M + W、ARUP、EDRI

等国际著名公司，具有丰富的国际和国内工程经验，国际化的工程管理理念。熟悉国内建筑市场、分包商、供货商及当地设备材料供应情况。有超过50年历史和数以千计的大、中型工程项目设计经验，成为我国电子行业主要设计单位之一，完成主要工程业绩如下。

➢ 上海华虹-NEC电子有限公司，亦称“909工程”是国家重大工程项目，由中日双方共同投资组成的企业，项目设计生产能力为每年24万片8 in硅片。该项目总投资为人民币100亿元，占地面积约9.4万m^2，建筑面积为7.7万m^2。主要生产厂房洁净度要求分别为100级、1 000级和10 000级。该项目的可行性研究报告荣获全国优秀工程咨询成果一等奖；

➢ 英特尔科技（中国）有限公司（一期）。该企业为美国独资在华投资的企业，产品为集成电路封装，封装产品每年1.01亿块，占地面积15万m^2。第一期厂房面积为2万m^2。其中1 000级洁净车间有1 000多平方米，温湿度要求为（22 ± 1）℃和（45 ± 5）%，钢屋架跨度为36 m，该项目获得上海市优秀设计奖；

➢ 北京广微积电科技有限公司。半导体前道生产（8 in），位于北京亦庄，建筑面积约2.2万m^2。车间净化要求为100级、1 000级，洁净室面积共计4 000 m^2，还有抗微振要求；

➢ 烟台睿创微纳技术有限公司。半导体前道生产（6 in），位于烟台经济技术开发区，建筑面积约1.5万m^2。车间净化要求为10级、100级、1 000级，洁净室面积共计2 500 m^2；

➢ 上海松下等离子显示器有限公司（一期），为上海市2001年度重大工程项目之一，主要从事42 in和50 in等离子显示器件相关周边产品和配件的研究、开发、生产、销售。该项目共投资10亿元人民币，总建筑面积为4.2万m^2，厂房中净化要求达到1 000级。工程项目电子院编制可行性研究报告和工程设计，荣获信息产业部电子工业优秀工程设计一等奖；

➢ 上海三星真空电子器件有限公司，系由上海真空电子股份有限公司和韩国三星（SAMSUNG）电气株式会社合资，主要开发、生产VFD显示器件，设计生产能力为每年2 400万片。项目总投资为8亿元人民币，厂房建筑面积为2万多平方米。厂房内净化部分从100级、1 000级、5 000级和10 000级不等，仅100级净化厂房为500 m^2。该项目荣获信息产业部电子工业优秀工程设计奖；

➢ 上海索广映像有限公司。该公司主要产品为高清晰度显像管（CRT）和显示器（CDT），位于上海浦东，总建筑面积约3万m^2，由上海电子院承接并完成CRT与CDT车间和办公楼扩建的二期工程设计；

➢ 上海京瓷电子有限公司。该项目是日本京瓷（KYOCERA）公司为发展电子元件产业而在上海建造的工厂，位于上海浦东金桥开发区，总建筑面积12.7万m^2。洁净车间面积达5 000 m^2（100级、1 000级），还有1.2万m^2的防爆车间，温湿度设计参数为

（22±1）℃，（55±5）%。消防设计除了常用的水喷淋系统之外，还有气体喷淋、气体灭火系统。该项目工艺管道复杂，易燃易爆种类多，如氢、氧、甲苯、异丙醇等，建筑内装饰还有防腐、抗静电要求；

➢ 奥特斯（中国）有限公司。该项目为外商独资企业，生产用于移动电话产品的高密度互联机路 / 超微孔线路印刷电路板。生产能力为每天 755 m^2。项目投资总额为 1.45 亿欧元，折合人民币 10 亿元。项目位于上海莘庄工业区，工厂占地面积 13 万 m^2，建筑面积近 10 万 m^2，含 100 级、1 000 级、10 000 级洁净室；

➢ 上海朗讯科技通讯设备有限公司。该项目为中外合资企业，主厂房内设置 6 条 SMT 生产线。项目总投资 1.4 亿元人民币，占地面积 8 150 m^2，总建筑面积为 3.7 万 m^2。项目的弱电系统包括楼宇管理与信息管理两大系统。智能管理系统设计和规划符合通信制造业的发展，在技术上突出了先进性，成熟性和可靠性。项目荣获信息产业部电子工业优秀工程设计奖；

➢ 上海夏普电器有限公司。该项目包含机械制造和模具，工业控制系统等工程。总投资为 6 亿元人民币，工厂占地面积为 24 万 m^2，建筑面积 15 万 m^2。项目分别获得国家第七届优秀工程设计铜质奖、信息产业部优秀工程设计一等奖；

➢ 上海西门子移动通信有限公司。该公司主要产品为移动电话基站和手机。厂区建筑面积约 8 万 m^2，总投资约 6 亿元人民币。为了满足生产发展，调整生产布局，该公司多次进行扩建、改建。上海电子院承担了该公司所有的新建及改造、扩建工程的设计任务；

➢ 上海广电中央技术研究院。上海广电中央技术研究院是上海广电信息产业股份有限公司投资兴建的综合科研院。该工程位于上海市漕河泾新兴技术开发区，基地面积约 28 707 m^2，总建筑面积约为 16 707 m^2，由主楼、辅楼、辅助设备设施组成。主楼五层，长约 143.9 m；辅楼为两层。建成后将成为集中数字光学技术、数字信息技术、宽带网络数据通信技术、数字音频技术、网络传输技术、计算机技术、软件技术、基础技术等七大领域前瞻性技术开发基地。

3. 上海纺织建筑设计研究院

上海纺织建筑设计研究院的前身为上海纺织工业局设计室，创建于 1960 年 9 月 6 日，隶属上海市纺织工业局。为了适应上海纺织工业的发展和援外工程的需要，1964 年更名为上海纺织工业设计院，成为纺织工业部系统和上海市纺织工业的主要设计单位。当时设计任务的来源，由上级单位下达（包括纺织工业部、外省市及国外设计任务），其承接工程设计项目均为免费服务。20 世纪 70 代初，设计院承担国家重点工程上海金山石化总厂一期工程后，机制和规模迅速扩大。改革开放后，随着设计市场化的发展和拓展设计业务范围的需要，1995 年 7 月 14 日经上海编制委员会批准，更名为上海纺织建筑设计研究院。

上海纺织建筑设计研究院是上海市勘察设计系统第一批甲级设计单位，具有化工、石化、医药行业（有机化工）工程设计、轻纺行业工程设计、建筑行业工程设计、工程总承包和工程造价甲级资质，并且具有压力管道设计和压力容器设计资质，设有纺织、化纤、总图、建筑、结构、自控、电气、给排水、暖通、动力、设备、技经概预算、计算机、通信、环保等20多个专业。建院以来，共承接国内外大中型纺织、化纤、印染及针织等工程成套设计项目3 000余项，并承接各类民用建筑设计数百项。先后与美国、日本、德国、意大利、瑞士等国进行合作设计，承担亚、非、欧地区工程设计（包括援外工程）40余项，以及开展了国际招标项目的总承包业务。承担的化纤和纺织工程设计，在国内外有较高知名度和社会信誉。在工程设计中坚持技术进步，积极开展科学研究，取得了丰硕的成果。获得国家科技进步奖8项，以及部、省、市级优秀设计、优秀工程共100余项，其中国家级的全国优秀工程设计金质奖6项，全国优秀工程设计银质奖6项，铜质奖3项，联合国发明创新科技之星奖1项，纺织工业部及上海市科技进步奖一等奖各1项。

1）20世纪90年代前完成的主要工程项目

➢ 1979年承担设计上海市第八棉纺织厂扩建第三纺纱工场，规模为纱锭2.2万枚，生产涤棉纺纱。工艺设备成套引进联邦德国的开清棉机、DK2梳棉机、720/2并条机、FB11粗纱机、319SL细纱机、138—Ⅲ络筒机及瑞士的E7/4精梳机等。该工程设计特点是采用前纺清梳联高速大卷装，细纱机是长车每台1 000锭，带全自动落纱装置，因设备自动化程度高，棉纱条干均匀，产品质量优良。厂房设计为装配式钢筋混凝土结构三层厂房，并带有两个技术夹层，各种风道及管线均布置在技术夹层内，车间内整齐清洁美观，设备布置紧凑合理。前纺滤尘设备随主机引进瑞士的成套滤尘设备，除尘效率高，管理方便。空调系统在每层设置三个混凝土空调室，采用散流器全面送风。该工程设计1984年荣获纺织部优秀设计一等奖、1984年国家优秀设计金质奖；

➢ 1978年承担设计上海第二十二棉纺厂，利用原有车间改建为转杯纺车间，规模为8 400头。工艺设备采用国内自力更生制造的SQI转杯纺机，每台200头，转杯纺机与环锭相比，具有工艺流程短、产量高、质量好、成本低、飞尘少、劳动强度低等优点；

➢ 1979年承担设计上海第十九棉纺织厂扩建转杯纺工场，规模为5 712头。工艺设备引进联邦德国的开清棉机、720/2并条机、RU11转杯纺机及英国的MK3-80双联梳棉机，这些设备与国产设备比较，具有转速高、产量高、质量好，配棉等级可以减低、成本低、自动化程度高、劳动力省等优点。厂房建筑利用原钢筋混凝土三层厂房改建，每层均加建技术夹层，空调系统采用散流器全面送风。车间内比较清爽，曾获得老厂改造“旧貌换新颜”的好评；

➢ 1979年末承担设计上海景福针织厂的织造染整车间，规模为年产300万打汗衫、棉毛衫裤，原料为21支～100/2支全棉和混纱纱线。工艺设备引进日本、丹麦、联邦德国、美国及意大利等国先进针织、染整设备和缝纫设备。厂房建筑为新建 6 层楼房，为保证针织胚布质量，3 ～ 5 层设中央空调，吊平顶，满堂风道，孔板送风，上送下回，使车间达到气流稳定，温湿度均匀效果；

➢ 1982 年承接上海针织五厂迁建工程设计，上海针织五厂迁建工程，其规模为年产 95 打腈纶绒衫裤及涤棉混纺棉毛衫裤。其中成衣车间为 8 层大楼，底层拉毛，2 层整理，3 层棉纱库，4 ～ 5 层络筒、织造，6 层成品熨烫、包装，7 ～ 8 层缝纫、裁剪，工艺流程合理。为保证产品的质量，在 4 ～ 8 层设置中央空调：其中 4 ～ 5 层为满堂风道、孔板送风；6 ～ 8 层采用圆形散流器送风，上送下回，工作区气流稳定，温湿度均匀。漂染车间为单层锯齿形厂房，锯齿朝南，屋顶设置预制钢筋混凝土排雾井，双梁风道，岗位局部送风。坯布拉毛未沿用传统的沉降式除尘室，而采用纤维过滤器、纤维压缩器及布袋集尘器组合配套，使整个绒布拉毛能够连续化、设备化，改善了生产区域的劳动环境和安全性；

➢ 1984 年承担上海第一毛条厂分厂设计，其生产规模，洗毛 6 000 t/a、毛条 3 000 t/a。洗毛车间为单层南向锯齿形厂房，锯齿顶部设置排雾井，以利排雾和降温；制条车间锯齿朝北。空调系统设计：制条车间采用大梁风道条缝形送风口，拣毛间采用矩形送风口，洗毛、复洗为局部送风；为有效利用废热，节省冬季空调用汽量，将洗毛、复洗的烘燥机排风接入空调室回风。拣毛台除尘采用旋风除尘器，经滤料过滤及淋洗过滤后排放。

2）20 世纪 90 年代后完成的主要工程项目

➢ 上海金阳腈纶厂工程系 1991 年、1992 年度上海市重点工程，原属上海石化总厂腈纶厂扩建工程，后因资金困难改由上海市久事公司合资。建设规模为腈纶纤维年产 2 万 t、腈纶毛条年产 1 万 t。该工程原计划引进当时世界上质量最好的日本爱克斯纶工艺，后因日方不愿技术输出，而改由上海纺织建筑设计研究院自行设计并对工程设计和工艺技术总保证，关键机组由日、美等国引进。由于该工程依托上海石化腈纶厂，老厂原未预留扩建余地，周边又受已建现状限制，设计人员打破常规，利用拆除厂区值班宿舍楼等余地，因地制宜，集腈纶生产的聚合、原液、纺丝后处理、溶剂回收以及毛条等五大车间于一体，大大压缩了生产主体厂房的占地面积，毛条车间置于主车间顶层，并成功地设计采用了单跨跨度为 36 m 的预应力钢砼结构。该建筑经东南大学预应力技术开发中心 1992 年 5 月测试，被认为设计先进，其跨度之大创当时全国纺织行业和上海市同类之最。它不仅满足了工艺设备的灵活布置要求，而且比同类型工厂至少节省占地面积 2.6 ～ 3 万 m^2。投产后，产品质量跃居全国第一，完全可替代进口纤维。1996 年被评为 1995 年度上海市优秀设计一等奖；

➢ 上海联吉合纤公司年产 7 万 t 聚酯工程是中华人民共和国成立以来上海市纺织行业中基建投资规模最大的工程项目，并列为上海市 1992 年、1993 年度市重大工程建设项目之一。工程由德国吉玛（GEMMA）公司提供工艺软件包和主机设备，由上海纺织建筑设计研究院承担整个项目（包括工艺）设计及配套工程设计。在当时国内聚酯工程建设基本上依赖进口的情况下，只引进工艺软件包而自行设计，并全面承担了聚酯工程复杂的配管工程计算和设计，这在国内同行业中尚属首次。此外，设计院凭借丰富的设计经验，在外方确定初步设计原则后，即开展了土建工程设计，不仅赢得了建设施工时间，并且成为当时全国同时批准建设类同规模的几个聚酯工厂建设周期最短、投产最早、经济效益、还贷最好的工厂项目。在总体规划中充分考虑了发展趋势，通盘合理安排，在仅有的场地上满足了未来二期、三期工程的扩建要求，显著节约了用地。1996 年获上海市优秀工程设计二等奖，1997 年获全国纺织工业优秀设计一等奖；

➢ 上海三枪集团公司“高档针织面料生产基地”项目，原系上海三枪集团公司针织九厂三废治理易地迁建项目。20 世纪 90 年代后期，上海针织九厂连续兼并了 7 家亏损企业后，虽盘活了国有资产，但因各企业生产车间分散在市区居民稠密地带，三废影响和居民矛盾严重制约了企业发展前景，因此提出结合产品结构调整易地迁建，建设一家集针织、漂染、成衣于一体的现代化的全能企业。1999 年经上海市批准后迁往浦东康桥地区新建。

该工程实施后，工艺设备先进，生产流程合理，产品质量稳定，并加强了生产过程的物料和能源的综合利用，效果显著，三废治理大为改善。企业列入全国纺织系统 100 家大型企业行列，产品国内市场占有率保持在 20% 以上，企业的“三枪”商标被国家评为驰名商标。该工程设计 2004 年获全国纺织行业优秀设计一等奖，2005 年获国家优秀设计金质奖。

4. 中国石化集团上海工程有限公司（上海医药工业设计院）

在上海医药工业的发展史上有一家设计院一直站在行业的前端和高端，那就是当年的上海医药工业设计院，如今改制后更名为中国石化集团上海工程有限公司（以下简称“上海工程公司”）。

上海工程公司成立于 1953 年 5 月，曾名化工部上海化工医药设计院、国家医药管理局上海医药设计院，随着国家体制改革，2000 年 12 月年起始改制，由事业单位转为企业单位，隶属中国石油化工集团公司更名为中国石化集团上海医药工业设计院。

上海工程公司是国内历史最久，规模最大的医药工业专业设计院，也是国内最早从事石油化工和农药、化工的大型综合性设计院之一。2002 年 6 月中国石化集团上海医药工业设计院与中石化上海金山工程公司、上海高桥石油化工设计院合并。2003 年 4 月正式命名为中国石化集团上海工程有限公司（简称 SSEC），注册资本人民币 2 亿元。

上海工程公司仍持有医药、化工、石化、建筑、环保、轻纺、建筑智能化等国家甲级工程设计资格证书，可承担上述行业和食品、商品粮、冶金、电子、市政公用等行业的工程项目总承包和各类工程设计、环境影响评价、工程监理等服务，并具有一、二、三类压力容器设计证书、GB 类、GC 类压力管道设计证书并已多次被建设部评定为全国勘察设计单位综合实力百强单位。

1）SSEC 在医药工业设计领域拥有领先的地位

SSEC 质量管理体系已获得 GB/T 19001—ISO 9001：2000 标准认证证书。2002 年 1 月 20 日又获得了 2000 版升级认证。主要体现于下列诸多实绩。

➢ 中国《药品生产质量管理规范》（GMP）1982 年和 1998 年两个版本的主要编辑单位；

➢《药品生产质量管理规范实施指南》主要编辑单位；

➢《医药工业建设项目的可行性研究和工程设计规定》、《医药工业洁净厂房设计规范》主编单位；

➢ 拥有数名涉及工艺、建筑、洁净空调等专业的，国家药品食品监督局 GMP 咨询专家组成员；

➢ 承担了许多国内著名医药企业的工程设计；

➢ 承担过众多国际著名医药跨国公司在中国的独资 / 合资企业的工程设计；

➢ 长期与美、日、瑞士、德、英、法、意等国的国外工程公司进行不同类型合作设计和工程技术服务；

➢ 在承担的许多内资和中外合资医药工程设计项目中，有不少项目曾荣获国家或部级优秀工程设计奖；

➢ 为外资和内资医药企业提供工程承包服务或总承包服务，承担项目的设计、设备采购、工程实施等方面，积累了大量的工程项目的经验。

SSEC 现有工程技术人员 1 350 余人，其中拥有国家级设计大师 5 人、高级工程师 400 多人（含教授级高工）、工程师 700 余人，项目实施及工程管理人员 130 多人（具有国家建设部认可的一、二级项目经理 90 余人）并拥有一批国内外医药、石化、化工设计行业知名专家和具有丰富工程实践经验的专业技术骨干及管理人才。

目前 SSEC 的机构设置采用国际工程公司的管理模式，即专业室体制。项目实施推行以项目经理总负责的项目组，以及各专业室和生产管理部门横向支持的矩阵式管理形式。

项目经理代表公司对外全面履行合同，负责控制项目的质量进度和费用。项目经理可在公司公开组织最佳的工作班子，建立健康全面的激励机制，使得项目组成员具备良好的工作环境，发挥最好的工作效率。

SSEC 技术装备先进，工程设计全部采用计算机辅助设计（CAD），并根据具体需要采用 PDS 等设计手段，并配备先进的计算机软硬件和辅助生产机械设备，具备采用国际通行设计程序和方法的能力。工程设计项目获奖无数，其中近年来荣获的主要高等级奖项如下。

➢ 2001 年麒麟鲲鹏（中国）生物药业有限公司工程设计荣获中国药业工程设计协会颁发的优秀工程设计一等奖；

➢ 2002年华北制药集团年产1 500 t青霉素生产线工程设计荣获国家勘察设计协会颁发的国家优秀工程设计金质奖；

➢ 2004年桂林金科实业总公司基因工程项目设计荣获中国石油化工集团公司颁发的优秀工程设计一等奖；

➢ 2014年、2015年国家新药筛选中心上海新药安全评价研究中心建设项目工程设计，相继荣获中国医药工业勘察设计协会和中国勘察设计协会颁发的优秀工程设计一等奖和国家优秀工程设计银质奖；

➢ 2006年生物芯片上海国家工程研究中心建设项目工程设计，荣获中国医药工程勘察设计协会颁发的优秀工程设计二等奖。

2）真空冷冻干燥机

➢ 哈尔滨松鹤制药有限公司建于1989年，由原军工企业改制为股份制企业，因而制药沿袭历史军工技术，保持军工品质，被誉为业界的“生化药品专家”。其先后购买了上海医药工业设计院2套真空冷冻干燥生产线，包括2条西林瓶洗烘灌生产线；2台西林瓶自动进出料装置；1台40 m^2 真空冷冻干燥机；3台20 m^2 真空冷冻干燥机。该生产线已获欧盟CE认证，现共有8个冻干粉针产品，其中国内首研注射用卡尼汀冻干粉针剂药物稳定，安全性高，零不良反应发生率；

➢ GEROPHARM是俄罗斯一家有16年成长历史的药厂，该药厂年收入以35%速度递增。该公司成立之初即开始购买上海医药工业设计院设计制造的3台7 m^2 真空冷冻干燥机，后又两次追加购买10 m^2 和15 m^2 真空冷冻干燥机以满足不断扩大的市场需求；

➢ 黑龙江奥利达奈德药厂购入上海医药工业设计院真空冷冻干燥整体方案生产线，包括1条西林瓶洗烘灌生产线；4台西林瓶自动进出料装置；4台20 m^2 真空冷冻干燥机，以满足年产冻干粉针剂2亿支的产能；

➢ PYMEPHARCO药厂位于越南中部，为越南的一家上市公司。该公司先后购买了2台10 m^2 真空冷冻干燥机用于生产冻干粉针剂。

5. 中船第九设计研究院工程有限公司

中船第九设计研究院工程有限公司（以下简称“九院”）是由原中船第九设计研究院改制而成，隶属于中国船舶工业集团公司。九院是一家多专业、综合技术强的大型工程公司，是从事工程咨询、工程设计、工程项目总承包的骨干单位，能承担多类大型项目的工程总承包业务。在中国创建世界第一造船大国中，承担着践行环渤海湾地区、长三角地区、珠三角地区的船舶工业规划设计“国家队”的角色。

九院已取得了国家有关部委颁发的工程设计综合资质甲级、建筑工程施工总承包一级以及工程勘察、工程造价、城乡规划编制、工程咨询、建设项目环境影响评价、对外承包等资质，业务范围涉及工程总包、管理、规划、设计、咨询、造价、环评、设备制造等众多领域。

1）九院暖通专业的发展历程

九院暖通专业的发展，大体可划分为如下三个发展阶段。

第一阶段：20 世纪 50 年代至 70 年代初期，为成长和逐步发展阶段。主要承担以船舶工业的造船、造机、仪表工厂和相应的科研院所及大、中专院校等工程的暖通、制冷工程设计和测定调试任务。

第二阶段：从 20 世纪 70 年代中期至 80 年代初期，从单纯工程设计到设计与科研试制相结合，探索开发新阶段。这一时期，暖通设计人员在设计的同时，逐步走向设计与科研、生产相结合。根据工程需要，与生产制造单位相结合，锻炼了一批善于理论与实践相结合、勇于开拓进取的专业技术队伍。

第三阶段：80 年代初期至 2015 年，九院的设计任务除了保持在造船行业的优势之外，也开始面向其他工业建筑和民用市场，进入了多方位设计、研究阶段，产学结合，综合实力不断加强。

2）所获主要奖项及完成的重大项目如下。

➢ 13 $m^2$100 级装配式洁净室，获 1978 年第一次全国科学大会奖；

➢ 0.3 μm10 级装配式洁净室，获上海市科技进步二等奖、国家国防工办科技进步三等奖；

➢ S 系列、C 系列 100 级装配式洁净室，获上海市科技进步二等奖、国家国防工办科技进步三等奖；

➢ 编写了《中小冷库技术》一书，共有 87 万字，公开出版发行；

➢ 浦东机场二期能源中心供冷系统。作为课题“浦东国际机场扩建工程建设关键技术研究”主要研究单位之一，九院完成了能源中心的“节能水蓄冷以及供冷系统”的研究工作。该能源中心有制冷能力为 1 900 RT 的冷水机组 10 台，课题组对制冷系统和水蓄冷系统进行了水蓄冷的经济与技术比较、蓄冷关键技术计算仿真、水蓄冷的设计以及水蓄冷的运行控制设计等，设计了 4 只当时全国最大的蓄冷水罐：直径 26 m，高度 22 m，实际容积 11 600 m^3，蓄冷量 29 280 RTh。多年的运营效果表明，节能节资效果良好，每年可节约运行费用 800 多万元。课题“浦东国际机场扩建工程建设关键技术研究”，获上海市科技进步奖一等奖；课题“航站楼及能源中心节能研究与应用”，获上海市科技进步奖三等奖；

➢ 虹桥西区交通枢纽能源中心供冷系统。经过经济技术方案比较，采用初投资、运行费用都具有明显优势的水蓄冷系统。选用了 7 台电制冷离心式冷水机组（单台制冷量 1 900 RT）及蓄冷量 47 500 RTh 的水蓄冷罐 2 台；

➢ 中芯国际集成电路制造（上海）有限公司工程。该工程为超大规模、高级别的洁净厂房，特点是中间层为大面积的洁净生产区域（或称工艺层），区域内布置特定工艺区和中央走廊，关键处设置高洁净的产品走道和微环境装置（0.1 μ1 级超级净化工作台）；

➢ 计量、检测类实验室的空调设计。上海市检测中心一期项目是上海市政府为推动、提升本市计量检测、药品食品检测事业发展而设置，为 2004—2005 年市重点工程。该项目是目前国内最具现代化的检测基地之一。暖通专业设计有如下主要特点。

空调冷热源采用移峰填谷的冰蓄冷电蓄热。冰蓄冷采用双工况离心式冷水机组（空调工况冷量 675 RT，制冰工况冷量 407 RT）3 台加 BAC 冰盘管。蓄冰供冷率达 35%。蓄热采用 1 450 kW 电锅炉 2 台，另加蓄热水罐 6 台。输送系统为二管夏冷冬热，二管全年供冷。移峰填谷后控制中心的总安装容量避免了昂贵的 35 kV 变配电站的建设。机械量检测楼等一些高精度恒温实验室的最高温度要求为（20 ± 0.1）℃。药品、食品检验楼等物理 / 化学类的实验室，为创造国际水平的实验环境，采用了换气次数高达 6 ～ 8 次以上的直流式空调系统；

➢ CFD 计算机模拟技术在焊接类厂房通风设计的应用

该课题从工程应用的角度出发，针对某船厂将要建设的船体焊接车间，采用 CFD 计算机技术仿真模拟手段，并结合华南、华东以及华北地区的实际调查，研究了自然通风和辅助机械通风方式对造船厂焊接车间通风效果的影响。

6. 轻工业部上海设计院——中国海诚工程科技股份有限公司本部

原轻工业部上海设计院（以下简称“上轻院”）是现中国海诚工程科技股份有限公司本部之前身（以下简称“海诚股份公司本部”）

1）上轻院及海诚股份公司本部发展的历程

1953 年 4 月，国家轻工业部基本建设局在上海创建设计公司华东分公司，1956 年改为“轻工业部造纸设计院上海分院”，后更名为“轻工业部上海轻工业设计院”。

1956 年 1 月，轻工业部在上海建立食品工业设计室，同年 8 月该室扩编为轻工业部食品工业设计院。

1970 年 10 月，轻工业部上海轻工业设计院更名为“中国轻工业上海设计院”，隶属于中国轻工总会监管。

院属的中国轻工业上海工程咨询公司，成立于 1982 年，是中国国际工程咨询公司的成员单位。1988 年经上海市外经贸委批准为外商投资项目的咨询代理单位。1992 年 5 月经世界银行考核被认可为有资格担任世界银行贷款项目评估的咨询单位。

2002 年 12 月，经中华人民共和国财政部及中华人民共和国国家经济贸易委员会批准，由中国海诚国际工程投资总院，联合其他战略投资者，以其下属的中国轻工业上海设计院整体改制，设立中国海诚工程科技股份有限公司（简称“海诚股份公司”）。公司隶属于国务院国有资产监督管理委员会管理的中国轻工业集团公司。

海诚股份公司总部设在上海，并在北京、广州、武汉、南宁、成都、西安等地拥有

11 家全资或控股子公司。海诚股份公司成为我国最大的提供有关咨询、设计、监理、施工等工程总承包服务的综合性股份制工程科技公司之一，当时公司注册资本为 8 500 万元人民币。

2007 年 2 月，海诚股份公司在深圳证券交易所上市交易，中国海诚工程科技股份有限公司也成为国内第一家专业设计服务上市公司，目前控股股东为国务院国资委。

海诚股份公司本部现是我国综合性业务范围最广的咨询、设计、监理、总承包单位之一，持有国家建设部颁发的各类甲级证书。1992 年，当时上轻院经中国对外贸易经济合作部批准，就具有对外经营权，海诚股份公司本部可以从事工业与民用建筑、轻工及纺织、商物粮、市政公用、电子通信广电、化工石化医药、机械制造、建材、农林、节能环保、主题乐园、医疗保健等及其他相关行业的咨询、设计、工程建设监理、工程总承包、成套设备出口及劳务输出等业务，客户遍及亚、欧、非、美及大洋洲等地。

2）成就与荣誉

改制前，上轻院职工近千名，教授级高工及高级工程师有 250 余名，工程师 400 余名。建院以来承担的勘察设计项目，国内计 7 000 余项，其中外商投资项目 2 000 余项，海外工程设计 60 余项，引进国外 60 余项技术应用于工程设计。从 1977—1996 年，上轻院获得国家、部、省市级各种奖励近 260 项，其中国家级的优秀工程设计奖、科技进步奖及创造发明奖 28 项。

从 1953 年上轻院成立到改制为中国海诚工程科技股份有限公司（本部），至今已走过 68 周年，上轻院、海诚股份公司本部承担的勘察设计项目国内计有近万余项，海外计有近百余项，非标设备设计超 8 000 余台套。海诚股份公司一直致力于优秀设计、精品设计，上海本部共获得国家、部、省市级各种奖励超 300 余项，其中国家级优秀工程设计奖、国家科技创造发明奖等 40 余项。

在国家统计局编纂的《共和国之最（1949—1989 年）》一书中，当时上轻院已被列为“获国家优秀设计项目最多的设计院”，1992 年上轻院被中国建设部、国家统计局评为中国勘察设计综合实力百强单位。2009 年海诚股份公司本部被中国建筑施工企业联合会，全球领先的管理杂志《世界经济学人周刊》和中国资信评估中心联合评为“中国建筑 500 强”以及“中国工程设计咨询 50 强”荣誉称号，连续 13 年入围 ENR“中国工程设计企业 60 强”，并获得“上海服务企业 100 强”及蝉联 11 届“上海市文明单位”荣誉。

3）上轻院主要承担的工程设计

➤ 制浆造纸。主要承担大、中型制浆造纸厂的工程设计，遍布国内 20 余省市自治区。对机械木浆、硫酸盐法木浆、草浆和新闻纸、印刷纸、书写纸、加工纸、特种纸、板纸等整体工程设计有悠久历史和丰富经验，不断开拓新产品新技术和新设备。早在 50 年代即设计了国产第一台日产 50 t 造纸机和日产 75 t 圆网纸板机，先后建成的大、中型制浆造纸厂设计工程有 200 余项，日产 100 t 以上的纸厂有福建南平、芜湖东方、江西、镇江汉阳、嘉兴民丰、岳阳、宜宾、柳江、上海宏文、抚州和上海星火等工程，以及佳木斯、广州、福建青州等纸厂部分设计，都达到了国内较高水平，也为亚、欧国家提供30余项经援和成套项目工程咨询和设计，其中福建南平造纸厂第四期扩建工程获国家优秀工程设计银质奖；

➢ 罐头、糖果、饼干、冷藏。全国半数以上主要罐头厂工程设计均由上轻院承担，还开发了番茄酱、橘子、芦笋、桃子、玉米等连续化生产线和其他许多高水平的专业设备，促进了罐头工业的发展。如上海梅林、南京、奉化等罐头食品厂工程。巧克力、糖果、饼干等生产线工艺先进、设备新颖，被许多企业采用，提高了产品质量和经济效益。如上海泰康食品厂饼干生产线、上海食品厂等工程，其中马耳他巧克力公司项目获得国家优秀工程设计金质奖。

还承担各类食品速冻、冷藏项目100余项，设计冷冻专用设备数十台，为保持食品新鲜度，提高食品档次和出口创汇等提供了条件。如杭州罐头厂冷库、舟山食品厂冷库、上海金山肉类食品（集团）公司、太仓罐头食品厂连续快速冷冻装置等工程；

➢ 乳品与婴儿食品。国内大部分大、中型乳品厂均由上轻院设计，遍及20多个省市，并向国外提供成套设计。如联合国儿童基金会——上海儿童食品厂断奶食品车间、上海英特尔营养乳品厂、杭州娃哈哈营养食品厂、上海乳品二厂、内蒙古札莱诺尔乳品厂等。其中陕西富平乳品厂工程获国家优秀工程设计银质奖；

➢ 香料、发酵、饮料、淀粉。上轻院致力于香料工业设计近30年，大中型工程设计30余项，向社会提供大量天然与合成香料及食用、化妆、烟用、皂用等各种香型的香精，不断推出新工艺、新设备，使工厂生产出一系列符合国际质量标准的优质产品，国内第一套鲜花转动式浸提设备，新型连续式浸提设备等均为设计成果。如桂林香料厂的桂花浸膏、上海和南通薄荷厂的薄荷脑分别获得国家银质奖和金质奖，并享有国际声誉。昆明香料厂、杭州香料厂墨红花生产装置获轻工部重大科技成果奖。

设计的味精、柠檬酸、啤酒、黄酒、各类饮料、酵母、酶制剂等工程数十项，并开发设计了糖化、糊化、低压煮沸及露天发酵等专业设备系列，设计工程如香港天厨味精厂、杭州味精厂、上海益民啤酒厂、上海民乐啤酒饮料有限公司、淮阴江苏果葡糖有限公司、雀巢（上海）有限公司、上海申美饮料食品有限公司等项目。其中绍兴酿酒总厂年产一万吨黄酒机械及灌装车间获国家优秀工程设计金质奖；

➢ 卷烟。上轻院设计的卷烟厂遍及国内22个省市并为国外设计了6家工厂，均采用了国际先进技术和装备，声誉良好。已建成的有北京卷烟厂、澄城卷烟厂、海林制丝生产线、上海申花滤材公司、上海高扬国际烟草有限公司等。其中厦门华美卷烟有限公司工程获国家优秀工程设计银质奖；

➢ 照相机、手表、钟表、自行车、缝纫机。上轻院设计的上海照相机总厂是拥有10万m^2建筑的国内最大照相机厂，其产品是著名的海鸥牌DF系列和4型系列照相机与配套镜头。上轻院也是我国钟表工业首家设计院，具有丰富的工程设计和咨询经验，设计有上海手表厂、二厂、三厂、四厂、五厂、钟表元件厂等以及杭州、西安、南京等二十余家手表厂，其中上海手表二厂项目获国家优秀工程设计金质奖。

上轻院先后为上海凤凰、永久、金狮自行车厂，上海祭本自行车有限公司以及绍兴、合肥等自行车厂的新建和扩建工程承担了工程设计，还有海外多项工程，在工程中大力开发了污水处理新技术，其中上海自行车三厂技改工程获国家优秀工程设计金质奖。

上轻院承担了上海缝纫机工业大部分整机厂，零件厂和台板厂的工程设计，如上海工业缝纫机厂、上海缝纫机零件九厂等，也为国内其他地区重庆、徐州、陕西等地进行家用及工业缝纫机厂的工程设计。其中有生产名牌产品“标准牌”的陕西缝纫机厂；

➢ 日用化工、感光材料、洗涤用品、化妆品。上轻院设计的上海感光胶片厂、汕头感光材料总公司以及化工部第二胶片厂是我国感光工业由黑白走向彩色发展的新起点。通过技术改造和引进工程的设计，使工艺技术和产品达到了国际水平。上海感光胶片总厂片基车间项目获国家优秀工程设计金质奖。

60年代，上轻院为上海合成洗涤剂厂设计了第一套合成洗涤生产装置，填补了国内空白，率先用石油为原料，生产合成洗涤剂，获国家新产品一等奖。以后又设计了天津合成化学厂、兰溪化工总厂和南京表面活性剂厂等脂肪醇工程，生产技术达到新水平，其他工程还有上海联合利华有限公司、武汉、济宁洗涤剂厂等。

日用化妆品工程有上海日用化学品四厂、上海家用化学品厂、中美合资莊臣有限公司、上海新丽娜丝化妆品有限公司等；

➢ 塑料、皮革。承担大型塑料工程的总体设计，如上海石油化工总厂塑料厂工程获国家优秀工程设计金质奖，还设计了变幅聚氨酯软泡生产线。承担了上海、镇江、海口、济宁、淄博等塑料制品厂的工程设计；还有上海塑料制品一厂（PVC，泡沫人造革）、上塑制品二厂（拉伸薄膜）；在制革行业中设计了镇江制革厂、海宁制革厂、扬州皮毛服装厂等工程；

➢ 玻璃制品、干电池。承担的日用玻璃器皿、瓶罐、保温瓶、荧光灯、节能灯、玻璃制品等工程设计有20余项，如常州荧光灯厂、绍兴玻璃瓶厂、南京东方玻璃厂等。

上轻院致力于干电池工业技术改进方面工程设计已有二十多年历史。曾研制和设计了锌锰电池生产线及干电池密闭拌粉装置，在国内电池行业被广泛采用。80年代初，承担了高效纸版电池生产线的工程设计，达到先进水平，如上海电池厂引进松下公司的纸版电池生产线、嘉兴电池厂等工程；

➢ 家用电器。家用电器是我国80年代新兴行业，上轻院十分重视并积极开拓这方面工程的设计、咨询工作。如空调冰箱压缩机、空调器、微波炉磁控管等大、中型工程20余项，有北京、广州电冰箱压缩机、上海日立空调压缩机有限公司、嘉兴加西贝拉电冰箱压缩机有限公司、海尔梅洛尼（青岛）洗衣机有限公司，上海双鹿——中野冷机有限公司、杭州空调器厂、上海电视机一厂等。其中天津电冰箱总厂产品获莱比锡博览会金奖，广州电冰箱压缩机厂荣获国家优秀工程设计银质奖；

➢ 其他轻工业、行业工程。在文化体育用品方面种类繁多，生产工艺各异。如铅笔厂、金笔厂、铱粒厂、球厂、乒乓球厂。设计工程有上海乒乓球厂（红双喜品牌）、中国铅笔一厂和二厂（铅笔四色印花上光机）、上海火柴厂、上海伊都锦时装有限公司、上海广得利胶囊有限公司、上海志方箱包有限公司、上海液化空气有限公司（法国独资）、上海摩托罗拉寻呼产品有限公司、上海美亚金桥能源有限公司。其中唐山轻机厂荣获轻工业部优秀工程设计二等奖，天津铜丝铜网厂聚酯网扩建工程获国家优秀工程设计银质奖；

➢ 民用、公用建筑。设计工程如上海康兴花园、上海技术监督中心大楼、上海南京路立体车库、上海宝隆宾馆、上海瑞金宾馆商务楼、上海徐汇影剧场、上海欧登保龄球馆、宜家（中国）投资有限公司、中国建设银行上海四平路分行、上海金桥加工区标准厂房等；

➢ 海外工程。如古巴自行车厂、尼泊尔巴里克蒂造纸厂、缅甸代库味精厂、孟加拉米糠油厂、几内亚卷烟厂、马耳他巧克力有限公司、罗马尼亚盖尔拉火柴厂等。

4）海诚股份公司本部近年国内外主要承接的大型项目

大型项目有：江苏王子制纸有限公司新建年产 80 万吨版纸项目、越南安化纸浆厂项目、金光纸业 APP 集团、浙江华丰纸业集团、越南理文纸业、越南正隆纸业、巴斯夫聚氨酯特种产品（中国）有限公司项目、费列罗（杭州）食品有限公司项目、光明乳业股份有限公司日产 2 000 t 乳脂品项目、利拉伐（天津市空港经济区）总承包项目、上海迪士尼度假区主题乐园项目、南京卷烟厂、华意压缩机股份有限公司、汉高化学全球工程、宜家（中国）投资有限公司、沈阳米其林项目、陶氏化学（中国）控股有限公司、会稽山绍兴酒业股份有限公司、花王上海化工二期项目、强生（中国）股份有限公司、上海海立股份有限公司、双维伊士曼醋纤项目、常州伊索尔塔一期综合厂房工程、农夫山泉系列项目、罗氏药业有限公司、耐克中国物流中心扩建项目等。

近期获中国勘察设计协会中国工程咨询协会颁奖的主要项目有：常州伊索尔塔一期综合厂房工程（获铜钥匙奖）、越南安化纸浆厂项目（获铜钥匙奖）。

上海迪士尼度假区项目获建设部行业最高技术奖“詹天佑奖”，世界主题娱乐协会（TEA）“杰出成就奖·景点”奖杯，美国视觉效果协会（VES）“特殊项目最佳视觉效果奖”，中国勘察设计协会 BIM 设计特等奖。

5）2017 年公司重组情况

2017 年 9 月，国资委改革局在北京召开重组大会，要求保利集团、中轻集团（中国轻工业集团公司）和中国工艺集团三家企业重组整合。

2018 年 2 月，在海诚股份公司本部庆祝成立 65 周年大会上，公司董事长在报告中提到 2017 年公司本部年营业收入已越过 40 亿元，总承包收入超过 28 亿元，2018 年开门红，已签订多项国内外总承包和设计合同，如北京环球主题乐园等，要求本部需深耕传统行业，并确立行业领先地位。在主题乐园、医疗保健、节能环保、高科技园区和军民融合方面，继续拓展新的业务。在更好地服务“一带一路”方面不断开拓海外项目，增加海外收入，并寄语全体员工，不忘初心，方得始终，要以崭新的精神状态和奋斗姿态开启新的征程。

7. 上海冶金设计研究院——上海宝钢工程技术有限公司

1）初创和发展历程

1958 年华东工业部成立钢铁管理处，原属冶金部管辖的上海钢铁公司下放到上海，后改制成上海冶金工业局。1958 年 6 月原华东钢铁公司设计处（位于南京西路泰兴大楼和南京西路 966 号）搬迁到中山东路 1 号（原亚细亚大楼），更名为上海黑色冶金设计院（受上海冶金工业局领导），主要为华东地区钢铁工业发展需要，承担中小型钢铁工业设计任务。当时设计处仅 108 人，后得到东北钢铁工业基地技术骨干支援和上海团市委组织修海塘 58 名青年人员充实，全院人数增加达到 283 名。很多青年成为后来的各专业的技术骨干，为以后承担各项设计任务奠定了技术基础。

随着国家国民经济的高速发展，同属上海市冶金工业局管辖下的有色和稀有金属工业也同样在快速发展。上海市提出设计院除了承担钢铁厂的工程设计外，还要承担有色和稀有金属工程设计任务。经研究决定，1964 年 11 月 29 日起，上海黑色冶金设计院改名为上海冶金设计院，除了要承担上海钢铁厂设计外，同时还要肩负起上海的有色和稀有金属工厂设计任务。但是实际上后来由于种种原因，上海冶金设计院在业务上却始终未能摆脱原先的局限。

1978 年 10 月，上海冶金设计院为培养上海冶金行业设计的后继力量，在有关领导的支持下上海冶金设计院开办了上海冶金工业学校设计院分校（校址：台湾路 4 号）。分校招收学生 120 人，其中有电气自动化、工民建筑和环境保护专业。这批学生毕业后有 40 余名进院充实了设计队伍，其他学生进入各厂设计部门，成为钢铁工业工程设计的后继力量。

1978 年国务院决定在上海开始筹建宝山钢铁厂，上海冶金设计院 60 余名工程设计人员投入工程设计工作。

1980 年 7 月 1 日，上海冶金设计院更名为上海冶金设计研究院。11 月 12 日冶金局批准上海冶金设计研究院成立环保研究室，该研究室同时承担冶金局环境监测中心职责。

上海冶金设计研究院自 1958 年成立至 1988 年的 30 年间，共完成了 1 400 多项工程设计任务，结合设计完成科研项目约百项，不少重大项目荣获国家级、市级优秀工程设计奖。

1997 年 5 月，上海冶金设计研究院从中山东路 1 号搬迁到大统路 988 号。在职人员数量最终发展到745名。

2004年10月，上海冶金设计研究院合并入宝钢与宝钢设计院合并成立新的上海宝钢工程技术有限公司（BSEE）。

2）承担并完成的主要工程设计任务

上海冶金设计研究院是一个拥有专业门类较齐全的设计单位，具有冶金和建筑两项专业设计资质的甲级设计院，除工厂外还承担各类民用类建筑设计。

Ⅰ. 钢铁工业厂房工程

➢ 1958年设计院初创期间，分别为上钢一厂、上钢三厂和上钢五厂设计以8 t空气侧吹炉为基础的转炉车间；

➢ 同一时期，完成了上钢一厂第一座255 m^3高炉的设计与建造，从而结束了上海有钢无铁的历史；

➢ 1959年完成上钢五厂750 mm轧钢车间、第二电炉车间及上钢一厂第三转炉车间等重点工程设计任务，确保了当年上海全年180万t钢产量指标；

➢ 1964年10月，开始承担四川长城钢厂电炉车间、锻造车间、合金钢管车间高频焊管、镀锌和机修车间等工程设计任务。此项工作先后历时3年余后分批投产；

➢ 1965年为满足国家建设对钢产量增产的迫切需要，承担炼钢工艺一项重大技术改造任务，即改落后的空气侧吹转炉炼钢为先进的纯氧顶吹转炉炼钢，并加入未燃烟气回收利用技术的设计与研发。作为此项研发任务的成果，上钢一厂三转炉车间两座30 t纯氧顶吹转炉终于在1965年9月建成并投产。这是我国第一座自己设计、自己建造、自己施工的纯氧顶吹转炉车间。在该项工程中采用了微压差控制和无氮封未燃烟气净化回收等新技术，使我国炼钢技术迅速接近国际先进水平；

➢ 1969年承担梅山炼铁基地工程设计。该工程含炼铁、烧结、焦化等主要车间以及两座1 033 m^3高炉。建筑总面积达38 220 m^2。工程于1971年底建成出铁。其投产不到一年即达到设计指标。各项技术指标居全国领先地位，成为全国的红旗高炉；

➢ 1973年承担上钢一厂2300/1200半连轧钢板车间的工程设计任务。这是国内自行设计、自行制造的第一套带钢轧机，车间设备总重1.2万t，厂房建筑面积8万m^2，工程总投资达1.2亿元，装机总容量5万kW，其中直流电机占60%，直流传动全部采用可控硅系统新技术，是国内首先将大功率可控硅用于大型轧机的范例。该车间1975年建成投产；

➢ 70年代末80年代初，参加上海宝钢总厂炼钢厂外方设计方案中工艺流程、先进装备的选型和技术谈判，以及工程设计管理、设计联络、图纸转化、设备安装、调试、投产的全过程，消化掌握了现代化大型炼钢车间的先进技术。该工程于1985年9月建成投产；

➢ 1984年承担上海冶金修建安装公司结构加工厂引进工程设计。该工程引进美国西雅图爱萨克森钢结构加工厂全套设备，其中部分设备具有美国70—80年代水平。该工程建成投产后先后承接了上海新客站、静安希尔频饭店等大型和高层建筑的钢结构加工任务，为上海建筑业发展起到重要作用。该项目荣获国家经委 1984 年度引进项目一等奖；

➢ 1985 年 9 月上海冶金设计院宝钢现场设计队参与建设和设计，并经 8 年努力奋战的宝钢转炉炼钢厂顺利投入试生产；

➢ 1986 年 11 月上海冶金设计研究院参与承担设计的炼钢工程在内的宝钢总厂一期工程，经国家优质工程奖评审委员会评定授予 1986 年国家优质工程金质奖。

Ⅱ. 民用建筑工程

上海冶金设计研究院在所承担设计的大多数公共建筑工程项目属于大型群众室内集聚活动场所现代化改造性质。其对制冷空调技术和设备的要求，显然有别于冶金工业厂房。

➢ 上海卢湾体育馆改建工程，在设计上有独特之处，改建后对观众席空调、照明等都有很大程度改善，因而荣获"上海市优秀设计三等奖"。此后又相继承接了上海普陀区体育馆改造工程的设计、杨浦体育馆改造工程的设计等；

➢ 1984 年完成天鹅信谊宾馆工程设计。该宾馆为 17 层高层建筑，建筑面积 12 740 m^2，客房 208 间以及其他各种功能性房间；

➢ 1985 年后承接并完成上海市公安局大连路 30 层高层建筑等一系列高层民用建筑工程设计。

8. 华东电力设计院有限公司

中国电力工程顾问集团华东电力设计院有限公司（以下简称"电力院"）1953 年 3 月创建于上海，隶属于中国能源建设集团规划设计有限公司。电力院是获得国家质量管理体系、环境管理体系、职业健康安全管理体系认证证书，并具有工程设计综合资质甲级、工程勘察综合类甲级、电力工程监理甲级、工程咨询单位资格甲级、工程造价咨询企业甲级、测绘资质甲级、生产建设项目水土保持方案编制单位水平评价（4 星）等证书和对外经营权的独立法人。电力院主要承担电力系统规划、火电、核电、新能源和输变电项目的勘察、设计、监理、造价咨询、总承包等业务。

电力院始终紧跟能源发展战略，关注客户需求，推进绿色发展，在高效清洁火力发电、先进核电常规岛、特高压电网、可再生能源发电、电力系统规划等高端领域积淀了雄厚的技术品牌优势，在新能源、智慧能源、综合能源等新业务领域进行了卓有成效的探索拓展。凭借雄厚的技术实力，积极践行"一带一路"倡议，瞄准国内、海外两大市场，朝着打造国际一流的工程咨询公司的战略目标奋勇前进。

电力院视人力资源为企业第一资源，营造良好的人才成长环境，培养和打造技术力量雄厚、管理水平一流、能引领行业发展的人才队伍。截至 2019 年末，在职员工共 1 178 人，其中国家工程勘察设计大师 2 人，享受政府特殊津贴专家 18 人，大学本科及以上学历占 89%，具有高级专业技术资格 669 人，教授级高级工程师 186 人。各类注册职业资格

471 人次。

电力院坚持发展高新技术，在 300 ～ 1 250 MW 各容量等级核电厂常规岛，600 MW 级和 1 000 MW 级超临界 / 超超临界燃煤发电、洁净煤发电、天然气发电，超高压、特高压交直流输变电和大跨越高塔、同塔多回紧凑型线路、地下变电站、地下管廊等方面的设计技术水平处于国内领先地位。在电厂烟气脱硫 / 脱硝 / 脱碳、海水淡化、超大型冷却塔、大型直接空冷发电、复杂软土地基盾构隧道（60 多条总长度近 50 km）和顶管隧道（30 多条总长度近 30 km）的工程设计和煤矸石发电、生物质发电（垃圾发电）、风力发电、太阳能发电、地热发电以及余热发电等领域均取得了诸多业绩。

电力院在中国电力建设史上创下了诸多第一：率先设计了国内第一座单机容量分别为 6 MW、12 MW、25 MW、50 MW、125 MW、300 MW、600 MW、900 MW、1 000 MW 火电机组的电厂工程，设计了世界第一个 1 000 MW 超超临界二次再热机组工程，设计了国内第一座单机容量 300 MW、600 MW、1 150 MW（华龙一号）、1 250 MW（AP1000）机组核电常规岛工程，设计了我国在海外的第一座单机容量 300 MW、1 150 MW（华龙一号）机组核电常规岛工程，设计了国内第一座单线处理能力为 850 t/d 的生活垃圾焚烧发电项目，设计了当时世界上高度最高的 500 kV 长江大跨越工程（目前世界第二），设计了国内第一座全地下的 500 kV 变电站，参与设计了国内第一批 ±500 kV、±800 kV 直流输电工程，参与设计了国内首个最高电压等级、我国自主研发、设计和建设的具有自主知识产权的 1 000 kV 特高压交流输变电工程，参与设计了世界上首条 ±1 100 kV 特高压直流输电工程，负责设计了世界上首个特高压输电 GIL 管廊工程等。

电力院火电工程设计紧盯大容量、高参数、环保型的 600 MW、1 000 MW 等级燃煤机组和各种类型燃机电厂等，并致力于研发应用更高参数、更高效率、更低排放的设计技术。截至 2019 年底，由电力院勘测设计并已投产的火电厂达 214 座，已投产的机组总容量达 142 888 MW。电力院承担设计的 600 MW 级亚临界 / 超临界 / 超超临界火电机组共 88 台，900 MW 至 1 000 MW 级超超临界火电机组共 40 台。截至 2019 年底，由华东电力设计院承担设计并投产的百万机组超过全国已投产百万机组总数的 30%。

电力院全面参与核电业务，包括选址、设计、采购、建造、调试、运行技术支持等各阶段工作，积累了丰富的工程经验。电力院核电工程成果和业绩涵盖了不同技术路线、不同反应堆形式、不同容量等级，从沿海到内陆、从国内到国外。电力院作为国内第一个参与核电站常规岛工程设计的电力设计院，为秦山核电基地、福清核电基地、三门核电基地、海南核电、巴基斯坦核电等核电项目提供了常规岛勘测设计服务。截至 2019 年底，中国大陆内已投产的 47 台核电机组，电力院承担了 17 台核电机组常规岛设计和 4 台 BOP 设计。我国在海外建设并已投产的 4 台核电机组（巴基斯坦恰希玛核电）及华龙一号海外首堆（巴基斯坦卡拉奇核电 2 台机组）也全部由华东院设计。

电力院电网工程设计涵盖了从 110 kV 到 ±1 100 kV 等多个电压等级的交直流输变电

工程，在特高压、超高压交直流输变电和大跨越高塔、同塔多回紧凑型线路、地下变电站等方面的研究及设计技术水平处于国际领先地位，在地下综合管廊、超高压电缆、高压串联电抗器、串联补偿装置等方面的研究及设计技术水平处于国内领先地位。截至 2019 年底，电网工程输电线路设计完成并已投入运行 29 400 km，其中 500 kV 及以上交流线路 14 400 km，±500 kV 及以上直流线路 2 586 km，大跨越工程设计 20 项；交流变电工程完成并已投运的主变压器 281 组 569 相台，总容量 178 585 MVA，其中 500 kV 及以上变压器 155 组，总容量 162 100 MVA；直流换流站设计完成并已投运换流站 12 座，总容量 7.5 万 MW。电网工程全面参与了特高压输变电项目，包括选址、设计、采购、建造、调试、运行技术支持等各阶段工作，积累了丰富的工程经验。截至 2019 年底，参与设计并投产的特高压交流工程 9 个，特高压直流工程 12 个，如：晋东南—南阳—荆门 1 000 kV 交流试验示范工程、皖电东送淮南—上海 1 000 kV 交流示范工程、云南—广东 ±800 kV 直流示范输电工程、向家坝—上海 ±800 kV 直流示范输电工程、昌吉—古泉 ±1 100 kV 直流输电工程等特高压工程。同时公司积极开拓城市地下输变电工程、城市电力管廊等电网新兴业务方面，如：上海静安 500 kV 地下变电站工程、天津 220 kV 地下变电站工程、厦门湖滨南路 110 kV 地下变电站工程、江苏苏通 GIL 综合管廊工程、苏州乐园 220 kV 配套电缆隧道工程、福州东台—盖山 220 kV 电缆隧道工程等地下工程。

电力院在电力系统规划方面，积极发挥规划引领作用，紧跟科技发展潮流，积极为电力系统规划设计及智慧能源工程建设服务。主要业务涉及四个方面：一是能源（电力）、电网规划等高端咨询类业务，包括“一带一路”能源领域合作专题规划咨询、华东及各省市电力发展规划研究等；二是常规能源、新能源（风电 / 光伏 / 光热）、交直流送变电、调度楼工艺等电力工程系统方案研究、设计业务；三是能源互联网、智能电网、泛在电力物联网、增量配电、综合能源规划、电力市场、数据中心等创新类业务；四是保护自动化通信设备改造等单项工程总承包类业务。

电力院在工程勘察业务方面，先后完成数百项大中型发电、核电、输变电和新能源项目的岩土工程勘察设计与检测监测、工程测量、水文气象等工作。勘测分公司在巩固传统火电、电网、核电勘测市场基础上，大力开拓海上风电勘察、地下综合管廊勘测和水文专题、地质灾害治理的市场开发战略，先后完成大丰 H3# 300 MW 海上风电勘测、苏通 GIL 综合管廊勘测、福建盖山 220 kV 电力隧道勘测等一批技术难度很大的项目，成长为一支能提供全方位、全过程服务的勘测队伍。

电力院在环境工程方面，注重发挥特有的技术优势，多年来坚持为各发电集团、国网、南网和省市电网公司以及其他非电力企业提供高效优质的环保、水保、劳动安全、职业卫生、维稳、节能评估咨询，提供环保、水保监理、监测、验收等一条龙服务和环保管家服务并提供建设项目噪声治理、土壤治理、生态修复、环保水保专项设计和总承包服务。具有千余个相关项目业绩，包括全国最大单机容量的燃煤电厂、全国最高电压等级的特高压工程、全国第一个 500 kV 地下变电站工程、第一条 GIL 特高压管廊工程、城市地下综合管廊工程的环水保业务，获得了数百项优秀工程咨询成果奖，在行业内具有较强的影响力和良好口碑。

电力院在新能源、智能电网、能源互联网、多能互补、增量配电网、储能等新兴业务领域屡有建树。承接的申能青浦微电网和储能试验项目顺利投产，牵头主编了集团项目“2018—2020 年业务发展与投资方向——储能专题研究”，承担了安康国家高新区、河南三门峡、江西彭泽县、上海外高桥等增量配电网规划、大同装备城增量配电项目接入系统评审、安康国家高新区及阿拉善经济开发区增量配电区域划分项目、上海电网精准负荷控制系统工程、江苏镇江扬中面向新型城镇的能源互联网关键技术咨询服务项目、华东电网源网荷储多元协调的泛在调度控制平台建设项目和安徽信通新大楼数据中心建设项目工作。电力院积极参与生物质发电、风电、太阳能发电、余热利用、分布式能源站等新能源项目建设，主要业绩包括中广核江苏射阳 200 MW 风电场、甘肃永昌 100 MW 光伏发电、华电江苏兴化李中 80 MW 渔光互补发电、海南炼化 4 MW 卡琳娜循环氨水发电、上海国际旅游度假区核心区天然气分布式能源站、深圳能源潮安、华润郑州空港、华电江都天然气分布式能源站以及芜湖中电环保、深圳市东部环保、皖能长丰、中电贵州花溪等一批大型生活垃圾焚烧发电项目。深圳市东部环保电厂将成为低碳、生态环保和循环经济的典范。

电力院在工程总承包方面，具备雄厚的综合技术实力和良好的资源整合能力以及健全的现代化项目管理体系，业务涉及常规火电和水电、新能源、节能改造、输变电、光热、燃机以及非电项目总承包。已经完成和正在进行的总承包项目多达 40 余项。主要业绩包括安徽宿州钱营孜 2 × 350 MW 低热值煤发电工程总承包项目、皖能龙泉山垃圾发电 EPC 总承包项目、皖能利辛垃圾发电 EPC 总承包项目、兖矿鲁化动力升级改造 EPC 总承包项目、乐昌梅花风电场工程 EPC 总承包项目、中电洪泽生物质热电有限公司生物质发电项目 EPC 总承包工程、中电投常熟 9.8 MWP 屋顶光伏发电项目 EPC 总承包工程、甘肃华电民乐县 9 + 50 MW 光伏发电项目 EPC 总承包工程、江苏华电兴化李中 80 MW 光伏发电项目 EPC 总承包工程、淮南矿业新庄孜煤矸石综合利用自备电厂增容降耗改造 EPC 工程、谏壁发电厂 2 × 1 000 MW 机组扩建工程 1 号和 2 号圆煤仓总承包项目、谏壁发电厂煤场无组织排放治理及煤场改进 EPC 工程、福建联德 220 kV 变电站 EPC 项目、无锡 500 kV 利梅 5221 线升高迁改 EPC 工程和 500 kV 东峰 / 江陵线 EPC 改造工程、国电泰州发电有限公司 500 kV 升压站线路保护 EPC 改造工程、国网新源控股琅琊山抽蓄电站通信系统和调度数据网 EPC 改造工程等一批优质项目。

电力院积极推动国际业务发展，已形成了“火电、核电、电网、新能源”等各业务板块“共同走出去”的良好局面，为“一带一路”沿线国家能源电力发展和基础设施建设贡献了智慧和力量。截至 2019 年底，电力院累计跟踪了 40 多个国家 200 多个不同类型的海外项目。正在执行和已完成的海外项目主要有巴基斯坦塔尔 2 × 660 MW 煤电项目，土耳其胡努特鲁 2×660 MW 煤电项目，印度鼓达 2×800 MW 煤电项目，印尼巴厘岛煤电项目，孟加拉巴拉库利亚煤电项目，菲律宾马利万斯煤电项目等；巴基斯坦恰希玛核电 C1、C2、C3、C4 号机组项目，巴基斯坦卡拉奇核电 K2K3 机组（华龙 1 号）常规岛及 BOP 设计项目等；巴基斯坦拉合尔换流站项目，智利查考海峡大跨越项目，肯尼亚城网改造二期（Lot-1），委内瑞拉比西亚电厂配套输变电工程，委内瑞拉中西部电网加强之科赫德斯州项目等；全球规模最大的迪拜 950 MW 光热光伏混合发电项目，柬埔寨双燃料内燃机电站项目，马耳他德利马拉 3 电厂改造项目等。

电力院积极探索新业务发展和新商业模式，充分发挥在新能源、火电、输变电、智能微网等领域的勘察设计优势，通过投资拉动主营业务、拓展国内外潜在市场、增强价值创造能力。电力院积极探索通过参股、功能性并购、项目投资开发后转让等多种形式参与到国内外电力及非电项目的开发、建设、运营等全生命周期中，努力提高自身资本运作和资产运营能力，寻求专业设计院商业模式的多元化。同时，对于大型投资类项目或是需要控股投资的项目，充分利用各类投融资业务平台进行开发和项目运作。

电力院在圆满完成电力工程勘测设计任务的同时，各项工程和科技成果喜人。建院以来，共获得各类工程、科技和综合类奖项 1947 项，其中获省部级及以上优秀工程勘测、设计、咨询类奖 873 项，包括国家级 116 项（国家优秀勘测设计金奖 20 项、银奖 22 项、铜奖 11 项、其他国家级优秀勘测设计及咨询类奖 63 项）；获各类科技奖 314 项，包括国家级 21 项（特等奖 3 项，一等奖 2 项、二等奖 8 项、三等奖 2 项、其他 6 项）。电力院参与设计的“秦山三十万千瓦核电厂设计与建造”获 1997 年度国家科技进步奖特等奖；参与完成的“特高压交流输电关键技术、成套设备及工程应用”项目获得 2012 年度国家科学技术进步奖特等奖；参与完成的“特高压 ±800 kV 直流输电工程”获得 2017 年度国家科学技术进步奖特等奖；参与设计的“秦山 600 MW 核电站设计与建造”项目获得 2004 年度国家科学技术进步奖一等奖；参与完成的“超超临界燃煤发电技术的研发和应用”和“恰希玛核电工程技术研究设计”两个项目获得 2007 年度国家科学技术进步奖一等奖和二等奖，参与完成的“百万千瓦超超临界机组系统优化与节能减排关键技术”获得 2011 年度国家进步奖二等奖，参与完成的“大型超超临界机组自动化成套控制系统关键技术及应用”获得 2014 年度国家科学技术进步奖二等奖。电力院共获得国家优质工程金质奖 20 项，国家优质工程银质奖 20 项，中国建设工程鲁班奖（国家优质工程）6 项，中国土木工程詹天佑奖 1 项，新中国成立 70 周年“优秀勘察设计项目”1 项，新中国成立 60 周年“百项经典暨精品工程”3 项，FIDIC 百年工程项目奖提名奖 2 项，改革开放三十五年百项经典暨精品工程 1 项。

9. 中国船舶重工集团公司七〇四研究所

中国船舶重工集团公司第七〇四研究所（以下简称“七〇四研究所”）创建于 1956

年，是国内规模最大和最有影响的船舶特辅机电设备研究所。现有员工 2 000 余人，其中科技人员 733 余人，含正高级职称 60 余人，是国务院学位委员会批准的硕士、博士研究生培养单位。设有国家认定的试验检测中心、国防扭矩计量专业站、船舶标准化研究中心，是船舶标准化五个专业的归口管理单位和国际标准化组织 ISO/TC 8/SC4 秘书处和主席单位。编辑出版《船舶工程》、《机电设备》、《船舶标准化工程师》等专业期刊。

七〇四研究所占地面积 36 万 m^2，包括一个研发基地、一个试验基地、一个产业化基地和一个生产基地，总部位于上海市衡山路 10 号。主要的船舶产品及技术服务涉及船舶电站、特种机械、动力系统集成、电力推进系统、减摇装置、环境工程、甲板机械、液压系统、减振降噪、热工和制冷空调、扭矩计量、特种阀门、电源控制等 30 多个专业。迄今为国内外各型船舶及海洋工程配备了上万套产品设备。同时积极拓展非船产业，开发了纺织机械、工业生产流水线、空调工程、环保工程、电液控制系统成套设备，均得到了市场的广泛应用和认可。

七〇四研究所制冷空调专业成立于 20 世纪 60 年代，长期从事船舶冷水机组、冷藏装置、空调装置、换热器、制冷压缩机等设备的研制供货和冷藏、空调系统总承包工作。目前建有结合船舶特点的冷水机组性能试验室、空调装置性能焓差试验室、冷藏装置及冷风机性能试验室、变风量空调系统试验室（包含变风量末端、变风量控制、系统性能验证、噪声等试验）、精确控温冷藏系统试验室（包含控制、气流组织、温度场等试验）、离心压缩机气动性能试验室、冷凝和蒸发换热管性能试验室等。现有科研和调试服务人员 100 余人，是船舶辅机行业的一支重要骨干力量。

多年来，七〇四研究所制冷空调专业在船舶制冷空调领域研发了许多首台产品，开创了许多首次应用，主要业绩如表 2.18。

表 2.18　主要业绩

序号	时　间	设　备　名　称	获　奖　情　况
1	1964 年	5 000 kcal/h 船用空调装置	—
2	1965 年	4 000 kcal/h 船用制冷装置	—
3	1971 年	8 000 kcal/h 食品冷藏装置	—
4	1976 年	船用溴化锂吸收式制冷机	1978 年全国科学大会奖
5	1979 年	船用半封闭螺杆式空调制冷装置	1980 年国防工业重大技术改进二等奖
6	1979 年	半封闭螺杆式制冷压缩机	—
7	1979 年	RDK-6 热电空调器	—
8	1980 年	高压低噪声集中式空调装置	1980 年国防工业科研成果四等奖、1985 年中船总公司科技成果三等奖
9	1981 年	RDH-3 热电恒温装置	—

（续表）

序号	时　间	设 备 名 称	获 奖 情 况
10	1982 年	船用氟利昂离心式制冷机	—
11	1985 年	蒸汽双效溴化锂吸收式制冷机	1985 年中船总公司重大科技成果三等奖和 1986 年上海科技进步三等奖
12	1985 年	30 万 kcal/h 织造车间空调工程	—
13	1985 年	2 000 kcal/h 船用台式空调器	—
14	1986 年	2 000 ～ 12 000 kcal/h CHR 系列船用柜式空调器	国内首次 CCS 型式认可船用空调器系列产品
15	1988 年	1 万～ 3.9 万 kcal/h 船用 HK 系列活塞式冷水机组	国内首次 CCS 型式认可船用空调冷水机组产品
16	1989 年	2 000 ～ 8 000 kcal/h CFP 系列船用风机盘管	国内首次 CCS 型式认可船用空调风机盘管产品
17	1990 年	9 000 kcal/h、18 000 kcal/h 船用风冷分体空调器	国内首次 CCS 型式认可船用风冷空调产品
18	1991 年	船用容积式旋涡式制冷压缩机	—
19	1991 年	船用半封闭螺杆式制冷压缩机系列	—
20	1993 年	分体立柱式空调装置	中船总公司科技成果三等奖
21	1994 年	ZKZ（S）型系列组合式空调装置	—
22	1999 年	QSK-10 型全新风去湿空调装置	—
23	2003 年	新型船用溴化锂吸收式制冷机组	中船重工集团公司科技进步三等奖
24	2003 年	特种舱室换气空调器系列	—
25	2005 年	ZKZ（S）B 型变频调节组合式空调装置	—
26	2005 年	船用海水制冰机	—
27	2006 年	海上石油平台冷藏系统	—
28	2007 年	船用系列洁净空调器	中船重工集团公司科技进步三等奖
29	2008 年	设备冷却用螺杆式冷水机组	中船重工集团公司科技进步三等奖
30	2008 年	海上石油平台中央空调系统	—
31	2009 年	1.8 万 kcal/h 船用海水源热泵空调装置	—
32	2010 年	船用系列双风温组合式空调装置	—
33	2015 年	船用系列变风量空调产品（含组合式变风量空调装置、末端装置、控制系统等）	—
34	2015 年	船用系列精确控温冷藏装置（0 ～ 100% 可调）	—
35	2015 年	船用离心式冷水机组	中船重工集团公司科技进步二等奖
36	2016 年	全船空调、冷藏设备集中监控系统	—

10. 中国船舶工业集团公司第七〇八研究所——中国船舶及海洋工程设计研究院

中国船舶工业集团公司第七〇八研究所（又称“中国船舶及海洋工程设计研究院”，以下简称“七〇八所”）隶属于中国船舶工业集团公司，创建于1950年，是中国船舶行业内成立最早、规模最大、成果最多、技术力量雄厚的水面战斗舰艇、两栖战舰艇、电子战舰艇、反水雷战舰艇、特种舰船、军用辅助船、民用船舶及海洋工程设计研究开发机构，是船舶设计技术国家工程研究中心的依托单位，是国家高新技术舰船、船舶及海洋工程重大攻关项目的中坚力量和开发研究设计基地。建所以来，为国防建设、航天事业、船舶工业、海洋事业的发展和国民经济建设做出了重大贡献，在国内外享有较高的知名度。

1）完善的科研设计和保障管理体系

七〇八所设有多个研究室（中心），包括军用舰船设计研究中心、船舶设计技术国家工程研究中心、喷水推进技术工程研究中心、海洋工程及工程船舶设计研究室、近海及内河船舶设计研究室、船舶水动力试验研究室。

2）强大的科研设计队伍

七〇八所拥有一支献身国防事业、精通舰船先进设计技术、经验丰富的科研队伍。专业配置齐全，技术力量雄厚，拥有几十个工程专业技术门类。作为国内规模最大、专业从事舰船和海洋工程设计研究开发机构，七〇八所设有船舶及海洋工程、船舶流体力学等硕士及博士生培养站点。

3）先进的设计条件和完善的试验设施

七〇八所作为舰船设计研究开发总体所，高度重视基础设施建设，为舰船设计研究开发提供了强有力的保障。

在设计手段方面，硬件目前拥有各种图形工作站、服务器、微机等；软件目前拥有数百余套，其中引进了国外一批先进软件系统，如美国PTC公司全套CADDS.5软件、法国MATRA公司CAS、CAD软件系统、挪威DNV船级社的SESAM船舶结构有限元分析程序、瑞典Flow tech公司的Shipflow流体分析软件、芬兰Napa公司的总体、线型、性能等全套Napa软件、瑞典KSC公司全套TRIBON软件系统等。

此外，七〇八所还自行开发了船舶线型设计系统、计算机辅助海洋平台集成系统、冷藏集装箱船规范设计和船体结构有限元振动分析软件系统、海洋工程结构分析软件、结构有限元分析前后处理系统等软件，在船舶、海洋工程方面得到了广泛应用。如七〇八所开发的“船舶线型设计系统”已在100多型船舶设计中应用，并转让给上海船厂、厦门船厂等单位。“冷藏集装箱船规范设计和船体结构有限元分析软件系统”不仅应用于28万、45万、60万 ft^3 冷藏船的结构中，而且还应用于液化气罐、16 500 m^3 LPG船、5万t散货船、7万t货船及油船的设计中。“结构有限元分析前后处理系统”在船舶、海洋工程、机械和土木工程等结构优化设计分析中取得较好的成绩，现已转让给中国船级社、上海汽轮机厂等多家用户。“海洋工程结构分析软件”得到美国船级社（ABS）的认可，并转让给中国船级社，在与美国 EDI 公司的 SAES 软件作比较时，其功能和精度均超过对方，达到世界先进水平。

在试验条件方面，七〇八所拥有完善的船舶水动力、性能试验设施，包括中国第一座拖曳水池、中国第一座风浪流水池、低速风洞、螺旋桨空泡水筒、气垫技术实验室、亚洲最大的喷水推进综合性能试验室（在建）等大型试验设施，是国际拖曳水池会议（ITTC）和国际船舶结构力学委员会（ISSC）的成员之一。七〇八所的试验室从原来孤立的模型试验转化到利用计算机进行实时分析试验结果，缩短了试验周期，提高了预报的精确度，同时利用七〇八所建立的水池的数据库和专家系统的软包，模拟计算机对船的性能进行预报，有力地支持了船舶型号的设计工作，一流的试验条件为科研和课题开发、船型研究和优化、实船设计和方案论证提供了良好基础和先进手段，为中国船舶工业的发展技术进步和为船厂、船东的技术服务提供了坚实可靠的保障。

在基础设施方面，七〇八所具有良好的办公条件，装修一新办公室和会议室，为科研人员提供了舒适的工作环境。

4）宽广的业务范围

经过几十年几代人的不懈努力，七〇八所主要业务领域不断拓展，迄今已可按国际上各主要造船规范、航运国际公约等设计出具有当今世界先进水平的各类军用舰船、民用船舶和海洋工程，并开发了多种非标、非船产品，涉及了以下 7 个方面。

➢ 军用舰船研究设计：七〇八所设计开发了数百型军用舰船，占我军舰船型号的 80% 以上，形成了两栖战舰艇、水雷战舰艇、导弹护卫艇、护卫舰、高速炮艇、航天测量船、打捞救生船、海洋调查船、测量船、电子侦察船、综合补给船、综合试验船、训练舰、交通运输船、消磁船、地效翼船、气垫船、各类特种辅助舰船、陆军船艇及两栖装甲车辆喷水推进技术和水上性能研究等开发实力和研制成果；

➢ 民用船舶研究设计：集装箱船、油船、液化气船、化学品船、成品油船、火车渡船、车客渡船、客船、客货船、多用途货船、散货船、矿砂船、运木船、冷藏船舶、拖船、海监船、渔船、渔政船、鲜活渔船、散装水泥船、江海直达船、顶推船、科普船等；

➢ 海洋工程研究设计：浮式生产储油船、自升式钻井平台、半潜式钻井平台、坐底式钻井平台、固定式钻井平台、自升式组合钻井平台、坐底式采油平台、自升式修井采油平台、油田钻井生活、采油和动力模块、三用拖轮、平台守护船、多用途工作船、石油勘探船等；

➢ 工程船舶研究设计：布缆船、铺管船、浮船坞、起重船、半潜驳、物探船、水上工作船、航标工作船、油污水处理船、水面清扫船、洞库船、海洋生态监测船、混凝土搅拌船、海上转载平台、绞吸、耙吸、抓斗、链斗、斗轮、吸盘、反铲等各种挖泥船、开底泥驳、采盐船、采硝船等；

➢ 各种船舶水动力试验及船舶技术性能研究、喷水推进技术研究和试验、气垫技术试验研究；

➢ 运输船舶、海洋工程、军用舰船及其他工程的 CAD 开发研究；

➢ 非船产品设计和工程承包：陆上空调工程、电子显示屏、音乐喷泉、实验船模、展览船模、建筑模型、城市和厂矿模型、游乐设施、水上世界游乐设施、建筑设计、园景设计、内装设计、船用液位测量装置、船舶装载仪、净水和环保设备、自动控制应用等。

5）船舶设计的“摇篮”

七〇八所建所以来，为国防建设和我国航运事业做出了巨大的贡献，是我国造船业发展的一个缩影，被喻为我国船舶设计的“摇篮”，开发研制了许多“第一”号产品。其中为海军现代化建设开发研制的“第一”有：第一艘布雷舰、第一艘低磁钢扫雷舰、第一艘军用港作拖轮、第一代自行研制港湾扫雷艇、第一艘大型登陆舰、第一艘气垫登陆艇、第一艘中型登陆舰、第一艘远洋打捞救生船、第一艘远洋打捞船、第一艘综合补给船、第一艘深潜器母船、第一艘赴南极考察远洋综合科学调查船“向阳红 10 号”、第一艘航天综合测量船“远望号”、第一艘航海训练舰“郑和号”、第一艘直升机医疗训练舰“世昌号”、第二代 500 吨级导弹护卫艇等等一大批我军“第一”的舰船装备。

在“以军为本”的前提下，“寓军于民、军民结合”是七〇八所长期发展战略。七〇八所积极开展民用船舶和海洋工程的开发，专业范围覆盖了几乎所有的民用水上建筑物，先后成功开发了 700 多型各类民用船舶及海洋工程平台。中国各种民用船舶的新一代船型 70% 以上由七〇八所开发成功，创造了许多中国“第一”。如：第一艘万吨级远洋货船“东风号”、第一艘出口船 17 500 t 多用途货船“海建号”、第一艘长江高级客船“昆仑”号、第一艘海洋布缆船“邮电一号”、第一艘吸盘式挖泥船、第一艘风帆助航多用途货船、第一艘 900 t 起重船、第一艘国际招标三用工作船、第一座海上石油生产平台埕北油田 A 区动力 / 生活模块、第一座自升式海上钻井平台“渤海一号”、第一座半潜式钻井平台“勘探三号”、第一座浅海自升式组合钻井平台“港海一号”、第一艘海上浮式生产储油船“渤海友谊号”、第一艘全压式液化气船、第一艘全集装箱船、第一艘半冷半压式液化气船、第一艘浅吃水万吨级经济型散货船、第一艘 5 万 t 大开口货舱散货船、第一艘 15 万吨 FPSO、第一艘用货船改装成 1.2 万 m^3 耙吸挖泥船“新海象”号、第一艘琼州海峡火车渡轮、第一艘 15.9 万 t 原油船。

6）制冷技术在舰船上的应用

在舰船上制冷技术主要应用于舰船食品冷藏和舰船舱室的空气调节。为了保证舰船上人员的身体健康，舰船远航执行战斗训练任务时必须携带足够的粮食、蔬菜、水果和鱼肉类食品。现代舰船上都有冷藏库，用于保存易于腐烂变质的食品。

为了增强舰船的战斗力，保证舰船的机械设备和作战指挥仪器工作在适宜的温湿度范围内，必须对舰船居住舱室、武器弹药库进行空气调节。现代舰船上通常都装有空调装置对舱室空气进行必要的处理，然后以一定的方式送入舱室，使室内的温度、湿度、空气流速和清新度适应工作与生活的要求。

潜艇的隐蔽、潜航和战斗能力的发挥，在一定程度上也受到空气调节的完整程度的限制。

舰船航行在世界各个海域，由于各地区的气候条件差别很大，因此舰船所处的外界环境气候的变化是很复杂的。所以，舰船冷藏和空调装置有不同于一般陆用冷藏和空调的特点。

Ⅰ. 舰船冷藏装置的特点

舰船冷库的制冷工艺设计原则与陆地冷库基本一致，但又有不同之处，原因如下。

- 绝热结构要求高。由于船体基本上是用金属材料制造，金属骨架伸入绝热结构之中造成热流短路，使冷库的渗入热量增加；
- 与陆地冷库相比较，舰船冷库工作环境更为潮湿，水汽易于从绝热层表面渗入绝热结构层中。水分渗入绝热层会严重破坏绝热结构，减弱绝热效果。因此舰船冷库绝热层应有良好的防潮措施；
- 舰船航行途中，机组只允许进行简单的维修，因此舰船制冷系统的各种机组、设备应安全可靠，并且在符合体积小、重量轻的船用要求的同时，应根据造船规范的规定配有备用机组、设备和备件，以保证航行中的正常运转；
- 制冷装置应能适应舰船航行中的特点，即在船体剧烈摇摆和振动的条件下应能正常运转，自动控制系统可靠性要高；
- 舰船冷库负荷变化比较大，昼夜之间外界温度可能有 15 ℃～ 20 ℃的变化。这就对制冷装置的能量调节提出了较高的要求，设计时机组和设备的选用应留有余量，系统设计要有灵活性；
- 机械设备应能耐海水和盐雾腐蚀。

Ⅱ. 舰船空调装置的特点

舰船空调装置不仅关系到船员的身体健康而且影响到舰艇的战斗力，与一般陆用空调的不同之处在如下。

- 航行区域远，热、湿负荷变化大，现代舰船空气调节得到普遍重视。远航区域季节、气候条件的不同，外界空气温度、湿度的变化，必然导致舱室内空气温度、湿度的波动。目前舰船的主要航线基本在北纬 60° 至南纬 40° 之间，也就是处于地球的热带和亚热带海域。在此区域，最炎热的地方为红海和波斯湾，海上气温可达 40 ℃，较冷的地方为海参崴，冬季气温约为 –29 ℃。但舰船大多数时间并不在这些地方长期停留和航行。所以，一般都按夏季气温为 35 ℃、相对湿度 70%、冬季气温 –18 ℃作为环境条件进行设计；
- 生活空间小，对空气调节质量要求高。由于船员生活房间比较狭小，船员要长年在狭小的舱室内工作和生活，如果不能及时排除舰船上人员发出的二氧化碳、水蒸气和热量，并补充一定温度和湿度的新鲜空气，那么舱室内空气就会变得污浊；如果舱室内不能保证船员生活所必需的卫生条件，将会影响船员健康，减弱对舰船的操控力；

➢ 机械和武器装备热、湿负荷集中，装备对环境要求高。现代舰船机械和武器装备大多采用计算机和电子技术实施监控，环境的温度、湿度直接影响到电子元件和计算机的性能发挥和正常使用，而舰船机房设备布置集中、空间小，若不能及时排除机械、电子设备所散发的热量、水分和油蒸汽，将会影响机械设备和电子仪器的正常工作，增加故障率，直接影响舰船的功能性能；

➢ 潜艇在水下航行时空调装置是耗能大户，直接影响到潜艇水下续航力。由于常规潜艇蓄电池的容量有限，因此，可以采用蓄冷等技术节省水下航行时空调的能耗，提高潜艇水下续航力和待机时间，减少充电次数和潜艇暴露率。

三、高校篇

参编人员

统 稿 人： 吴兆林

编　　者（按姓氏笔画为序）：

刁永发　王如竹　龙惟定　冯劲梅　刘　刚　孙永明　张　华
张　旭　陈　曦　范存养　林文胜　周亚素　徐文华　黄　晨
葛懋泉　蒋能照　谢　晶　蔡颖玲

分 序

制冷空调技术与产业的发展，离不开一大批高水平的、掌握相关基础理论与工程技术的专业技术人才，离不开培养这些专业技术人才的高等院校。

1949年前，上海就有全国最早的从事国外品牌制冷产品服务的工程公司，所需技术依赖于留学生在国外学到的专业知识。1949年后，在国家的大力支持下，开始了中国热工专业教学，进而开始制冷专业的高等教育的建设。

自1956年上海交通大学成立制冷专业、1952年同济大学开设暖通专业、1958年上海水产大学冷冻专业正式招生始，上海制冷空调的高等教育至今已超过六十年历史。

如今，上海已有8所工科院校、十多家专科学校以及各类技工培训专业学校，每年有600名以上本科生，100名以上硕士生，40名以上博士研究生从各院校走向生产、科研、教育第一线，有力地支撑起了上海乃至全国制冷空调产业飞速发展过程中对人才的需求。上海各高等院校还解决了一大批国家重大工程中急需的技术难点，取得国家科技进步奖8项，省部级科技进步奖110项。

本篇中对于上海市高等学校制冷暖通专业的介绍涉及8所工科院校，他们是上海市高校在这一领域中的代表。

上海交通大学制冷与低温专业是全国最早获得博士学位授予权的三所学校之一，是最早获评全国重点学科的两所学校之一。同济大学供热供燃气通风与空调工程专业是国家重点学科，在全国专业评比中长期处于前二名。上海理工大学制冷与低温专业是全国最早获得博士学位授予权的三所学校之一，并且在国内最早培养毕业了制冷与低温专业的博士。上海海洋大学在食品冷冻冷藏和冷藏链技术方向特色明显。上海海事大学在船舶冷藏、冷藏运输、船舶空调热舒适性等方面取得特有的成绩。东华大学是国内较早具有供热供燃气通风及空调工程专业的高校之一。上海工程技术大学和上海应用技术大学在为中国制冷空调产业应用型人才的培养方面贡献巨大。

新形势下上海的制冷空调高校面临新的需求和挑战，本篇中反映了这些高校在学科发展中的与时俱进、不断创新。看到这些高校的学者们正在不断取得在全国和全球领先的先进成果，我们这些已经退休下来的老同志们为此感到骄傲；他们的成就，也足以告慰建立高校制冷专业的夏安世教授等老一辈学者。

陈芝久

2021年7月于上海交通大学

3 上海各高等院校制冷、暖通专业的建立、发展和重大科研成果

3.1 概述

3.1.1 上海市制冷、暖通专业高等教育对行业发展的作用

世间一切事物中，人是最可贵的因素。制冷、暖通专业发展的基本条件，需要由大批高水平的、掌握相关基础理论与工程技术的专业技术人才，才能得到长足发展。上海在制冷空调行业，无论设备制造技术的发展，以及建筑、空调、冷藏、冷冻行业的发展，都与上海的相关专业教育大量的培养一流人才紧密联系在一起。上海的制冷、暖通专业人才引领了上海乃至在一定程度上全中国的行业发展。

在积弱、积贫的旧中国，上海已开始具备了中国最早的制冷空调行业的维修厂商，最早的技术人员则是海外留学回归的工程师，是他们这一代的工程技术人员将海外学到的专业知识带回祖国，艰难地在“洋货”一统天下的市场中，开始了运行、维修和逐渐自主地建立起了自己的制冷设备制造厂商。中华人民共和国成立后，在国家的大力支持下，开始了中国热工专业教学，进而制冷专业的高等教育的建设，在半个世纪中，完成了从无到有，由大到强，如今上海已有近 8 所工科院校、十多家专科学校以及各类技工培训专业学校，每年约有 600 名以上本科生，100 名以上硕士生，40 名以上博士研究生从各院校走向生产、科研、教育第一线，有力地支撑起了上海乃至全国制冷空调行业飞速发展过程中对人才的急需，满足了适应我国在制冷、暖通行业超常规发展过程中相关人才的匹配。

上海高等院校制冷、空调专业源于工程热物理基础理论及机械制造专业，在现代化工业的发展过程中，特别是近年先进制造业生产过程，必须有相应的温、湿度控制，近几十年来，国内大量楼宇的建设，相应需要的建筑空调系统，对制冷空调设备的需求量达到前所未有的高峰。高技术装备、电子设备的冷却、军事装备的需要，对制冷空调提出了历史上从未有过的各种特殊需求。因建筑空调的大量使用，所产生建筑能源的大量消耗，对行业提出了节能减排的迫切要求。由于传统制冷工质的大量应用。产生了臭氧层减弱和温室

效应加剧的环保新问题。大量燃煤采暖引起的空气污染对人类的生存环境提出了严峻的考验，要求行业解决新的采暖办法，如空气源热泵和地源热泵的性能提高。随着食品行业流通和贮存领域的飞速发展，食品安全和保鲜已成为中国民生工程中的重要一环。大量的课题急需制冷和暖通专业人员去解决，上海市相关院校的科研力量为之发挥了不可或缺的作用。针对国家的需求，完成了大量的国计民生急需的科研项目，并及时地向生产厂商转移。为行业的发展作出了极大的贡献，各高校并取得了国家、上海市和各中央部委的科技进步奖项和自然科学奖项，得到了国家和地方政府的认同。

为推动行业的发展，上海市各高校积极参与国家和地方相关制冷、暖通行业标准的制定，从国外标准的翻译、引进，到今天制冷空调设备的齐全的、能满足我国制冷、暖通行业需求的标准体系，离不了上海各高校的教师们的努力和贡献。

教学与行业发展相结合，是上海高校制冷、暖通专业教育的一大特色，各高校相关制冷、暖通专业的师生普遍地紧密结合行业的发展，参与工厂的产品开发，专用设备的研制，生产工艺的安排，产品社会市场需求的调研研究，通过这类活动，开拓了教师专业领域的视野，提高了学生的社会实践的认知度，成为学校教学拓展的一股清泉和活水，有力地提高了各高校和教师在行业的知名度，拓展了学生的就业机会。

近年来，国家在财力充裕的条件下，加强了对教育的投入，上海市各高校制冷、暖通相关专业通过国家和地方重点学科建设，自然科学基金，专项经费等渠道，强化了科研、教育基地的实验室建设，形成了能满足基础理论教学研究需求、产品性能测试的完善的实验条件，并与行业紧密结合，进行产品第三方检测，配合国家商检、安全认证、产品第三方检测、工程第三方验收以及司法第三方鉴定做了大量的工作。

3.1.2 上海市高等教育对制冷、空调专业的贡献

上海市高等教育目前已有 8 所大学拥有较为完善的教学和科研的师资队伍及为之服务的相关实验装置和教学研究设施。

至 2017 年底，上海高等教育制冷专业自 1956 年由上海交通大学成立制冷专业，1952 年由同济大学开设暖通专业，1958 年上海水产学院水产品加工专业中的“制冷工艺学”“食品冷冻工艺学”招生始，至今已超过 60 年历史，经各高等学校老师的努力，行业对专业人才的需求，本专业的学科得到良性的发展。特别是改革开放四十年来，制冷、暖通行业的飞速发展，对人才的需求更达到高峰。上海各高校及时满足社会生产的大量需求，加速培养社会急需的专业人才，有力支持了上海乃至全国对制冷空调专业人才的需求。据不尽完善的统计，上海各高校总共向社会提供了约 2 万名本（专）科生，4 000 名硕士研究生，640 名博士研究生。这些毕业生在行业的发展中自身也得到了提高和锻炼，已成为上海乃至全国的行业领军人物和技术骨干。

上海各高等院校在培养高级技术人才的同时，经全体教师的共同努力，参与社会急需

的相关专业技术的研究。经国家研发基金、自然科学基金的资助，经产学研结合，与企业共同攻克技术的难关，有力推动了制冷空调行业的技术进步，上海各高校已根据社会需求，分别在专业的领域选择了相应的特色研究方向，并取得了极为显著的成果，得到了社会的认可，并在改革开放后科技奖项中取得了骄人的成果。

上海各高等院校历年来共取得国家科技进步奖 8 项，省部级科技进步奖 110 项，以及完成了其他国家重大工程中急需的技术难点。

上海市各高等院校根据本专业的特点，集中力量编写了本专业相关的各种教材，有力的支撑了上海及全国的工程技术力量的培训，及时将当今世界在制冷、暖通领域的经典原理和最新技术向学生及专业人员介绍，有力推动了制冷、暖通专业的理论和实践的进程。

据不完全统计，上海各高校向社会和学校贡献了本专业的相关专业著作或教材约 200 本。为推动制冷、暖通专业的教学向世界最新发展接轨。上海各高校及时利用了改革开放的大好形势，加强与发达国家的办学联系，并完善自身的教学体系，同时较早完善了制冷、暖通专业的本科、硕士、博士多层次的学位培养，以适应国家对人才不同层次的需求，历年来获教学成果奖约 40 项。现有专职专业在编教师约 200 名。

上海各高校在专业发展的同时逐步形成了各学校的专业特色，比如上海交通大学的制冷及低温基础及应用研究，同济大学的暖通应用技术、上海理工大学的制冷空调设备制造技术、上海海洋大学的冷冻食品加工技术以及上海海事大学的船用设备技术研究、上海东华大学的工业通风技术以及上海工程技术大学和上海应用技术大学的应用性技术等。

3.2 上海主要高等学校制冷、暖通专业的历史沿革和学科特色

3.2.1 上海交通大学制冷及低温工程专业

上海交通大学制冷低温方向学术型研究生培养二级学科为制冷及低温工程专业，隶属动力工程及工程热物理一级学科。

交通大学制冷专业创建于 1956 年，当年招收本科生，1962 年开始招收研究生，1981 年制冷及低温工程学科获硕士学位授予权，1986 年获博士学位授予权，是全国最早获得本学科博士学位授予权的三所学校之一。2002 年被评为国家重点学科，是本学科最早获评全国重点学科的两所学校之一。

1956 年，交通大学根据高教部决定，在苏联专家帮助下开设制冷专业，同年招收第一届本科学生。专业创建的最初工作在上海进行，随着交通大学西迁，专业建设的主要工作迁往西安，第一届学生在上海报到后赴西安就学。

1957 年，苏联制冷专家阿列克塞耶夫来华在西安讲课，中国第一位制冷博士（德国卡尔斯鲁厄工业大学）夏安世先生协助、领衔创建了全国最早的制冷专业师资培训班，为

期两年，培养了我国最早的制冷专业师资队伍。

1959 年，经国务院批准，交通大学分为上海交通大学和西安交通大学。夏安世先生返沪，上海交通大学船舶动力装置专业船舶辅助机械教学小组扩建为船舶辅助机械及其设备系统专业教研室，并成立相应的专业。当时，上海交通大学归口国防科委领导，以造船为主要办学方向。船舶辅机专业仍继续延续，但在课程设置上开始向制冷专业转移，该专业主要课程为：船舶与辅机、船舶制冷装置、船舶活塞式压缩机、船舶与辅机自动调节、泵与风机等。至 1966 年前培养出三届毕业生。除本科生教育外，1962 年还开始招收研究生。

从 1956 年创建至 1966 年的 10 年是专业的创业时期。经过约 10 年的建设，交通大学船舶辅机专业从无到有，成为一个稳定的专业，为后来的发展奠定了坚实的基础。

1966—1972 年，专业停止招生。1973—1976 年招收“工农兵”大学生和研究生。1977 年高考恢复，上海交通大学也恢复正常招生。

1977 年，船舶辅机专业更名为船舶制冷工程专业。1980 年，更名为制冷工程专业。

1981 年，制冷及低温工程学科获硕士学位授予权，1986 年，制冷及低温工程学科获博士学位授予权，2002 年，制冷及低温工程学科获评国家博士点重点学科。

1987 年，为了加强科学研究，原负责制冷专业教学的制冷工程教研室更名为制冷工程研究所，按教育部统一要求，本科专业更名为制冷设备与低温技术专业。1993 年，为了与制冷与低温工程博士点学科名称对应，制冷工程研究所更名为制冷与低温工程研究所。1997 年，按照学校一个本科专业对应一个系的要求，制冷与低温工程研究所更名为制冷与低温工程系。随着教育部在 1998 年新专业目录将多个相关专业合并为热能与动力工程专业，制冷设备与低温技术作为单独的本科专业不复存在（只是作为本科专业方向）。1999 年，制冷与低温工程系名称改回制冷与低温工程研究所，并沿用至今。制冷本科专业撤销后，继续以热能与动力工程专业（制冷方向）的名义运行至 2012 届。之后热能与动力工程专业不再分设具体方向，且专业名称从 2013 年起更名为能源与动力工程。

2001 年，教育部太阳能发电及制冷工程研究中心成立，该中心是教育部首批批准成立的部级工程研究中心，由物理系太阳能光伏技术研究方向与制冷所太阳能热利用及制冷方向组合而成，时任上海交通大学校长的谢绳武教授担任工程中心主任，王如竹教授担任常务副主任。

制冷与低温工程研究所在空调方向的基础上于 2004 年又获得了供热、供燃气、通风与空调工程专业获硕士学位授予权，并开始招收硕士研究生。2007 年，开始招收建筑环境与设备工程专业本科生。因学科调整需求，建环（暖通）专业本科生和研究生分别于 2011 年和 2012 年停止招生，2013 年开始招收新能源科学与工程专业本科生。

长期以来，上海交通大学制冷与低温工程学科在办学中注重开展国际化合作，与美国普渡大学开展了多年以“3 + 1”（大四年级赴对方学习并互认学分）形式为主的交换生项目，赴美的中方学生还可获得攻读硕士学位的机会。与挪威科技大学的合作从派出本科生赴挪威暑期实习，发展到硕士研究生双向留学并对参与学生授予中挪双方学位的双硕士项目。与瑞典皇家理工学院开展了长期卓有成效的合作，内容包括双边研讨会、学生交换、双学位项目和博士生暑期研讨班等。与瑞典皇家理工学院、荷兰埃因霍恩理工大学等大学联合举办了中欧工程教育平台（SEEEP）博士生高水平暑期学校。

上海交通大学制冷与低温工程研究所（含其前身系、教研室）办公地址长期散落于徐汇校区工程馆及其附近小楼。在世纪之交的2000年，制冷所专属办公楼落成，办公条件明显改善。2006年，在制冷专业创办50周年之际，制冷所随机械与动力工程学院从徐汇校区搬迁至闵行校区，在机械与动力工程学院A楼办公，实验室位于机械与动力工程学院C楼。2012年，由意大利政府捐建的中意绿色能源楼落成，为制冷所开展新能源、可再生能源在制冷空调与建筑能源系统中的利用等方向的研究提供了一流的实验条件。

曾在该专业工作的教职员工共76人，2017年底，制冷与低温工程研究所在职教职员工共29人，其中教授（含研究员）15人，副教授（含副研究员）8人，讲师1人，工程实验人员3人，技工2人。学科在一批治学严谨、造诣深厚、科研成果卓著的著名老教授打下的良好基础上，涌现出一批站在学科前沿、学术思想活跃的学科带头人。现有国家级人才计划“万人计划领军人才”1人、“长江学者奖励计划”特聘教授1人、“国家杰出青年科学基金”获得者2人、“国家自然科学基金委优青”3人、“青年长江”1人、“青年千人”1人。此外还有教育部新世纪人才6人、上海市教委曙光计划3人、上海市青年科技启明星6人。

截至2017年，制冷专业共培养本科生2 174人，学术型和全日制专业型硕士研究生（含硕博连读转为博士生的学生）637人，非全日制专业型硕士研究生100余人，博士研究生263人，为我国制冷低温和暖通空调领域培养了大批技术骨干和管理精英。

制冷与低温工程研究所始终以培养创新人才为己任，除培养出一大批杰出人才，还收获了多项教学成果。2002年和2008年2次获得全国优秀博士论文奖，另有6篇论文获得全国优秀博士论文提名奖和上海市优秀博士论文奖。制冷专业教师利用课余指导学生团队参加科技创新大赛，2009年以来获教育部节能减排大赛5个特等奖，6个一等奖；2017年获得“挑战杯”全国大学生课外学术科技作品竞赛特等奖。1998年“抓学科建设，借科研东风，培养制冷专业跨世纪人才”成果获上海市教学成果一等奖。2008年和2009年，“以‘创新型、国际化、研究性’教学为理念，培养中国制冷空调业创新人才”成果分别获得上海市教学成果一等奖和国家级教学成果二等奖。

制冷与低温工程研究所注重核心专业课程建设，在课程建设方面取得重要成绩。2005年，“制冷与低温原理”课程获评国家精品课程。2008年，“制冷装置自动化”课程成为上海市精品课程。2013年，“制冷与低温原理”“低温技术及其应用”被评为国家级视频公开课。

制冷与低温工程研究所承担了许多国家重点攻关、国家自然科学基金、国家重大基础研究项目“973”“863”计划、国防科研、部委级科技攻关以及大量企业委托项目任务，取得了多项处于国内领先和国际先进水平的研究成果。历年承担的标志性科研项目包括“十三五”国家重点研发计划项目 4 项，“十二五”国家科技支撑计划项目 1 项、国家自然科学基金创新研究群体 1 项、国家杰出青年科学基金项目 2 项、国家自然科学基金重点项目 5 项、国家自然科学基金联合重点项目 1 项、国家自然科学基金重点国际（地区）合作项目 2 项、优秀青年科学基金项目 3 项、500 万元以上产学研合作科研项目 9 项。近十年共承担国家自然科学基金面上项目 35 项、国家自然科学基金青年科学基金项目 18 项。截至 2017 年，累计发表国际索引（SCI）论文 1 195 篇，近 10 年年均发表 85 篇；有 14 篇论文入选工程国际索引（ESI）高被引论文。研究所在国际制冷学会主办的专业顶尖期刊《国际制冷学报》(*International Journal of Refrigeration*）上发表论文数量居世界第一。

在这些科研项目和成果支撑下，制冷与低温工程研究所收获了大量科技奖项，包括国家科技进步二等奖 4 项、省部级科技一等奖 10 项、省部级科技二等奖 14 项。

制冷与低温工程研究所注重服务社会，推进成果转化。研究所建立了上海市低温技术与测试应用专业技术服务平台，这是一家以低温专业技术检测、技术研发、技术合作为主的技术性服务平台，平台拥有一批国际先进的低温检测仪器设备和丰富的技术积累，是上海市乃至全国第一家以低温技术服务为导向的专业化平台。制冷所与上海航天八〇五所 2017 年建立了宇航系统低温动力技术联合实验室。研究所教授主持的某型号特种低温储罐成功应用于水下舰艇，为我国国防建设作出了重要贡献。制冷所坚持基础研究带动学科发展、产业需要引导研究方向，与国际和国内的著名企业有着广泛和长期的合作。拥有上海汽车工业总公司——上海交大车用空调工程中心、交大——海尔仿真研究中心、雷诺士培训中心（Lennox Training Centre）等校企合作机构。为加强科技成果转化，2000 年与南通昆仑空调设备有限公司合资组建了南通交大昆仑空调制冷股份有限公司，2003 年与江苏华扬合股成立了江苏华扬新能源有限公司。2010 年，与上海航天技术研究院（中国航天科技集团公司第八研究院）共建航天先进技术联合研究中心及联合实验室，开展包括空间低温技术在内的相关研发工作。2010 年，与山东力诺瑞特新能源有限公司合作共建上海交通大学力诺瑞特太阳能研究院，研究开发太阳能与建筑一体化和太阳能中高温利用等关键技术。2013 年，在江苏溧阳成立了上海交通大学江苏中关村研究院，开展电动汽车空调、电池热管理等方面研发与技术转化工作。制冷所与华为、日本大金、美的、格力、海尔在热设计、先进空调等方面开展了长期研究合作，取得了丰硕的成果。

制冷与低温工程研究所还是全国和国际制冷相关重要学术活动的发起人和组织者。1985 年举办低温工程国际学术讨论会，这是制冷低温领域在中国举办的第一次国际学术会议。2001 年举办第 5 届新能源系统与转化国际会议。2002 年举办第 7 届国际吸收 / 吸附热泵大会。 2003 年开始与浙江大学联合举办每五年一届的低温与制冷国际会议

（ICCR）。2010 年举办第 9 届可持续能源技术国际会议（SET）。研究所顾安忠教授曾担任 2019 年在上海举办的第 19 届国际液化天然气大会（LNG，2019）的国家组委会主席。制冷所 1999 年承办第 4 届全国低温工程大会，2001 年发起主办全国制冷空调新技术研讨会，每两年一届。自 2006 年起改在双数年份举办，与中国制冷学会学术年会隔年交替举办，已成为中国制冷空调领域最具影响力的系列化学术会议。2010 年承办中国工程热物理学会传热传质学学术年会。2020 年承办中国工程热物理学会工程热力学与能源利用学术年会。2012 年承办第 13 届全国热管会议。

为了促进制冷空调事业的发展，培养和造就一大批制冷空调专业优秀人才，制冷与低温工程研究所与上海市制冷学会、上海冷冻空调行业协会于 1996 年在夏安世教授逝世十周年之际成立了面向全国制冷空调专业的奖学和奖教的夏安世教授教育基金会。基金会于 1997 年开始颁发夏安世教授奖学金，当年向 4 所学校 4 名制冷专业本科生授奖。1998 年扩大至 7 所学校 7 名制冷、暖通专业本科生。1999 年增设 4 个研究生获奖名额。2000 年开始设夏安世杰出教授奖。2009 年扩大为面向全国 12 所学校，每年向 11 名本科生、4 名研究生、不超过 2 名教授授奖，这一规模沿袭至今。在有关企业的大力支持下，至 2017 年，夏安世教授奖学奖教金已颁奖 21 届，共有 182 名本科生、18 名硕士生、51 名博士生和 26 名教授获奖。夏安世教授奖学奖教金已成为本专业最有影响力的全国性专业奖学奖教金。

交通大学制冷学科创建已 60 余年，经历了由艰苦创业、到成长发展、再到走向辉煌的艰难而光荣的发展历程，形成了夏安世—尉迟斌—陈芝久—王如竹等为代表的学科带头人。目前，上海交通大学制冷与低温工程学科在热驱动制冷、制冷空调仿真优化等方面达到国际领先水平；在太阳能热利用与热泵、液化天然气等方面成为国际知名的研究力量；在航天环境模拟技术、潜艇 AIP 相关低温技术等方面的工作在我国具有不可替代性。

现学科带头人（1993 年 10 月起）王如竹教授是长江学者奖励计划特聘教授（2000 年）、国家自然科学基金委杰出青年科学基金获得者（2002 年）、国家自然科学基金委创新群体负责人（2015 年）。曾获国家级教学名师（2007 年）、全国模范教师（2009 年）、全国五一劳动奖章（2013 年）和全国先进工作者（2015 年）等荣誉奖励。此外他还获得了由英国制冷学会授予的 2013 年国际制冷 J & E Hall 金牌、中日韩制冷学会授予的 2017 年亚洲制冷学术奖、日本传热学会授予的 2018 年国际热科学 Nukiyama 纪念奖和国际制冷学会颁发的 2019 年国际制冷最高学术奖 IIR-Gustav Lorentzen Medal。

1. 近年来代表性科研成果

经过多年的努力，制冷与低温工程研究所在低品位热能制冷技术、太阳能空调与高效供热装置及应用、绿色建筑能源系统、制冷空调装置的仿真与优化、新能源车用热系统及替代工质研究、航天热环境模拟试验装备及关键技术、天然气液化工艺流程及装置研发、制冷空调系统测控与国防应用等方面取得了重要研究成果。

1）低品位热能制冷技术

针对低品位热能，利用复合吸附机理、回质循环及新型的热设计理论，实现了吸附制冷的稳定性与高效性。获得了2014年国家自然科学二等奖，成果撰写了中英文专著各一部，获得英国制冷学会金牌以及全国优博论文奖励。

吸附式制冷作为一种采用余热和太阳能等低品位热能驱动的天然工质制冷，具有节能环保、热源温区与制冷应用适应性好等优点。但该制冷方法长期以来没有得到有效发展，原因主要是缺少对高效稳定的吸附剂、高效的热力循环、吸附制冷系统传热与传质强化的热设计理论等的深层次研究，所以直接导致吸附制冷的制冷系数（COP）与单位质量吸附剂的制冷功率（SCP）处于较低水平。项目组针对这些问题，通过近20年的潜心研究，取得了以下成果。

- 提出了利用物理吸附剂等多孔材料丰富的微孔结构为基质与化学吸附剂相互嵌入来解决传质衰减的复合吸附机理，验证了这种复合吸附剂具有高效和稳定的吸附/解吸特性；
- 利用解吸床与吸附床之间的压力势差建立了回质循环，并在此基础上建立了回质和回热相结合的循环新方法，这些循环不仅降低了对驱动热源温度的要求，而且显著提升了循环热力性能；
- 建立了吸附床的耦合传热传质理论模型，并利用相变与毛细辅助蒸发换热机理优化了吸附制冷系统的热设计。

以上发现点形成了吸附式制冷的吸附/解吸机制、热力循环、传热传质等系统理论，所建立的吸附制冷实验系统实现了COP和SCP的显著提升。共发表的代表性论文20篇中有2篇应邀发表在顶级能源期刊《能源与燃烧科学进展》（*Progress in Energy and Combustion Science*），有3篇为ESI高引用论文，20篇核心论著SCI他引713次，8篇代表性论文SCI他引318次，完成了中文专著2本、英文专著1本。成果第一完成人王如竹11次受邀在国际会议上做大会主旨报告，并担任了《能源》（*Energy*）副主编等共10个国际期刊编委。

由于在制冷学科发展中做出了突出贡献，英国制冷学会在2013年授予了王如竹“国际制冷金牌”（J & E Hall Gold Meda），王如竹教授是该奖项设立35年来第一位华人获奖者；成果第二完成人王丽伟获得了国际制冷学会的James-Joule青年研究奖以及全国优秀博士学位论文等奖励。

王如竹团队的“吸附式制冷机理与传热传质特性及循环理论研究”成果2008年获得上海市自然科学一等奖，“吸附式制冷的吸附机理、循环构建及热设计理论”成果2014年获得国家自然科学二等奖。

2）太阳能空调与高效供热装置及应用

我国是太阳能热利用大国，太阳能集热器在民用建筑生活热水及采暖中获得了广泛应用，安装保有量超过 1.2 亿 m^2，占世界 80% 以上。但在解决太阳辐射间歇性和季节匹配性两方面一直没有突破，制约了太阳能综合应用水平的提高。太阳能空调能够利用集热器进行制冷，可解决热量过剩，还可缓解夏季建筑空调负荷，是提高太阳能综合利用水平的关键技术。

该项目经过多年攻关，突破了太阳能空调和供热装置技术瓶颈，取得研究成果如下。

➢ 突破了太阳能空调技术的瓶颈，发明了太阳能硅胶—水吸附制冷机和太阳能两级转轮除湿空调，解决了利用集热器产生 60 ℃～ 90 ℃热能实现稳定制冷空调过程的难题。针对太阳能热水系统夏季运行，独创了太阳能硅胶—水吸附式冷水机组，采用分离热管和毛细升膜蒸发原理以及回热回质循环方法，利用普通集热器所产生的 60 ℃以上热水驱动空调制冷，实现了太阳能空调在夏季可以 8 小时以上连续供冷，技术指标居国际领先水平。针对太阳能空气集热器，发明了太阳能两级转轮式除湿空调，采用基于硅胶和卤素盐耦合吸湿机理的复合吸附剂，利用等温除湿和中间冷却原理提高除湿循环的热力学完善度，实现利用 60 ℃～ 90 ℃热空气驱动空调除湿，热力 COP 达到 1.0 以上，能够把 40% 以上太阳辐射转变为空调能力输出；

➢ 发明了太阳能 / 空气源热泵装置。针对常规太阳能供热系统受太阳辐射低密度、间断性等因素影响大的难题，利用太阳能集热和热泵循环，有效吸收太阳辐射热以及环境中的热量，实现供热系统高效稳定工作。该技术已实现产业化，产品性能指标优于国内外同类产品，推动了行业的形成与发展。

获国家发明专利授权 17 项，实用新型专利授权 17 项；制定 2 项太阳能标准；出版了《太阳能制冷》专著，论文 63 篇，SCI 收录 20 篇。推动建筑结合太阳能供热、太阳能 / 空气源热泵技术形成产业，太阳能空调在江苏双良集团批量生产，太阳能除湿空调获得工程应用，项目成果入选“国际可再生能源推广应用范例”。发明成果在生态建筑、低温储粮、世博场馆、皇明太阳能集团等场合应用，取得重大社会和经济效益。全国推广太阳能空调项目 30 余个，空调面积超过 7 万 m^2。

2010 年，王如竹团队的“太阳能空调与高效供热装置与应用”成果获得国家技术发明二等奖。

3）绿色建筑能源系统

发明并实施了一系列的太阳能空调与热泵设备，实施了国际上第一个集采暖、空调、自然通风与热水供应功能于一体的太阳能复合能量系统。

集成创新了太阳能采暖、空调、自然通风与热水供应复合能量利用技术并获得规模应用。提出了太阳能结合建筑全年综合高效利用的新方法。夏季利用集热器产生 60 ℃以上热水驱动太阳能空调，冬季利用太阳能采暖供热，过渡季节利用集热循环产生热压效应强化室内自然通风，同时太阳能产生的热水可满足建筑全年生活热水供应，国际上首次实现了太阳能全年高效利用，使建筑太阳能系统保证率达到 60% 以上。

2006年，王如竹团队的“再生能源建筑一体化技术与系统”成果获得教育部科技进步（科技进步类）一等奖，2010年获得国家技术发明二等奖。建成中意绿色能源实验室，获得国际工业博览会银奖国际绿色建筑LEED金牌认证。出版专著2本，发表ESI论文2篇。

4）制冷空调装置的仿真与优化

制冷空调装置广泛应用于食物保鲜、舒适生活、快捷交通等领域，使人类的工作和生活方式发生了根本性的改变，制冷空调的资源与能源消耗巨大，仅空调就占城市峰值用电的40%。因此，制冷空调的优化设计极其重要。立项之初，国际的发展方向是计算机仿真。当时国际学术界尚未形成系统的仿真研究成果，国外企业的相关研究都作为核心机密不对外发表。我国要在制冷空调装置的设计技术上赶超国际企业，需要开发具有国际领先水平的制冷空调装置计算机仿真平台。该项目围绕制冷空调装置仿真平台构建中的仿真精度、计算速度和仿真平台构建方便等关键问题进行科研攻关，开发了制冷空调装置仿真多层次仿真平台，并实现了产业化应用。主要研究成果如下。

➢ 提出了制冷空调中复杂热物理过程建模技术：发明了可实现含油制冷剂实验的装置，开发了基于三维全息技术的流型可视化装置，研究了润滑油的影响、强化结构的影响以及流型的影响，在此基础上开发了含油制冷剂流动与传热模型。基于膜态冷凝理论模拟液滴形成，基于分子扩散理论模拟液滴生长，基于气液固三相界面力分析模拟液滴运动，建立了换热器表面析湿与传热耦合数学模型；

➢ 提出了制冷空调装置仿真的智能技术：通过数学模型与智能模块的结合，实现精度的自动改进；通过基础理论与样本实验一体化研究，减少实验量；高效地利用企业的技术积累；

➢ 提出了制冷空调模型稳定快速求解技术：针对制冷剂物性计算常用的状态方程存在非线性、高阶隐式的问题，提出了隐式拟合显式求解方法，对于原非线性的状态方程，通过坐标变换降低非线性；通过分相区的线面结合的物性描述，降低方程的复杂度；通过隐式拟合代替显式拟合以增加低次项，从而增加方程的精度；最终获得低次多项隐式拟合方程，从而可求分析解；

➢ 提出了制冷空调装置通用计算机描述技术：引入图论的方法，将多样化的制冷系统与换热器归结为若干种类的有向图，再转化为计算机可识别的数字矩阵，能够将多样性的制冷循环、多样性的换热器，用数字矩阵进行统一描述，从而提高了仿真技术的通用性。

经机械工业联合会组织成果鉴定，认为该项目总体技术达到国际先进水平，部分技术达到了国际领先水平。该项目获得授权发明专利13项，其中国外专利5项；实用新型专利10项，获软件著作权9项；发表SCI论文89篇；出版著作6部。项目成果在11家国内制冷企业中得到推广应用，取得了显著经济效益。项目成果促进了我国制冷空调行业设计方法现代化，支持了我国制冷空调产业发展。该项目也促进了全球制冷空调装置设计方法的现代化，为全球制冷空调行业的科技进步做出了贡献。

2014 年，丁国良等的“制冷空调装置多层次仿真平台构建及应用”成果获得中国机械工业科学技术奖一等奖，“基于模型和图论的制冷系统智能化仿真技术及应用”成果获得第六届中国制冷学会科学技术进步奖一等奖；“新一代环保空调器的高效设计与精密制造”获 2019 年上海市科技进步一等奖，珠海格力电器股份有限公司、广东美的制冷设备有限公司，中国家用电器研究院，金龙精密铜管集团股份有限公司，奥美森智能装备股份有限公司等单位是成果的共同获得者。

5）新能源车用热系统及替代工质研究

我国每年空调运行耗电达约占全国电力消耗的 20%，二氧化碳当量排放占全球三分之二。提高换热器效能，减少排放是中国乃至世界空调制造业面临的难题。采用微通道管制造空调换热器，可通过微尺度强化换热作用显著提高系统效能，同时减少换热器体积和制冷剂充注量，使排放显著降低。该项目历经十多年产学研持续攻关，围绕微通道换热器系统设计、微通道管材成形制备、换热器集成制造三方面关键技术进行科研攻关，取得如下创新成果。

➢ 提出了一种微通道换热器气液两相流计算方法，研究了微通道换热器内亚微观尺度下气液两相相互作用规律，考虑相间传热传质和液滴蒸发空化效应，建立了微通道换热器两相流与气液分配模型，开发了换热器系统设计软件，设计了系列微通道换热器，显著提高了换热器两相流分配和出风温度均匀性；

➢ 建立了连续塑性成形高效精确模拟方法，提出了基于空洞演化的管壁强度计算模型，研发了小圆弧成形与大平面回弹控制技术，实现了大挤压比和长区间成形的变形量合理分配；开发了承压高、耐磨损、精度高的组合式微通道挤压模具，自主研制了多孔微通道管辊弯成形工艺与装备，显著提高微通道管的承压能力与尺寸精度；

➢ 建立了温度场—变形量—钎焊组织的对应关系，自主研制了换热器无模折弯技术与装备；建设了微通道换热器组装—钎焊—折弯生产线，构建了微通道管与换热器质量检测平台，显著提高了换热器制造效率与质量。经教育部组织成果鉴定，认为“项目总体技术水平为国际先进，在管材焊合强度控制技术、辊弯成形工艺高效精确设计方法、换热器无模弯曲技术方面处于国际领先水平”。该项目获发明专利 20 项，实用新型专利 22 项，软件著作权 6 项。发表 SCI/EI 论文 68 篇；出版专著 3 部。成果在四川长虹、浙江盾安、上海加冷松芝、浙江银轮、上海邦德、湖北美标等单位应用。微通道管检测与换热器折弯技术推广到世界领先的丹麦丹佛斯换热器公司和挪威海德鲁（HYDRO）铝业公司。项目对于发展微通道管与换热器先进制造技术，形成我国微通道换热器产业链，推动空调产业升级和节能减排具有重要意义。

2013 年，陈江平团队的“微通道管材制备技术及其在换热器中的应用”成果获教育部科技进步一等奖，2014 年，“微通道管材与换热器制造技术及其应用”成果获国家科技进步二等奖。与两家上市公司分别共建上海市新能源车用空调技术工程中心及上海市高效冷却技术工程中心。

6）航天热环境模拟试验装备及关键技术

热环境模拟试验是预先暴露和排除航天器故障的必备技术手段。掌握核心技术、自主研发超大型航天器热环境模拟试验装备，是我国新一代航天器飞跃发展的迫切需要。近20年在国家多个航天重点型号研制项目的持续支持下，攻克了高低温交变、高变温速率、大温差和大占位空间等技术难题，形成以下核心技术。

➢ 极端温区热环境模拟试验箱绝热与密封技术：针对 –205 ℃～ 100 ℃常压高低温试验室及 1.8 K 绝热输液管与环境存在巨大温差问题，该成果采用创新的变密度真空多层绝热优化配置方法，大大提高绝热效率，使等效导热系数下降 44%；在明确超流氦流动传热机理的基础上，采用同轴嵌套式回气冷屏技术，实现超流氦输液管低至 0.9 W/m 的漏热率，解决了长距离绝热输送问题；采用嵌套波纹管和柔性间隔屏新型门封结构，实现了低导热与气体阻断，联合冷屏屏蔽与搭接技术，使得高低温试验容器的壁面漏热达到 4 W/m^2 以下；

➢ 大型箱体及微重力吊挂结构热变形控制技术：针对热变形量达 ±75 mm、承压达 400 Pa 的超大型高低温箱体，进行了承载强度、结构稳定性、微重力模拟精度、建造与运行费用等多目标优化，通过力学与热学分析，确定了系列创新结构：采用外框架作为箱体内部吊挂的主承载结构，发明内、外框架独立承载且柔性耦合连接方式，实现了内壁面垂直方向的自由伸缩；采用内框架方钢开槽、波浪形壁面等结构，实现了内壁面水平方向的热变形补偿；采用薄壁吊杆群连接外框架与箱体内数个转接框架为主体的微重力模拟吊挂机构，为其提供了稳定热边界，弱化了高低温条件的影响，使其变形量减小了 97.4%；

➢ 超大空间温度场均匀性和超低露点实现技术：空间尺寸和温度范围的增大给系统中气流组织的可控性大幅增大难度。该成果发明了基于液氮 / 冷氦双介质耦合热沉的深低温模拟舱冷却结构及充分利用液氮全热的创新循环流程。在原理性模化实验基础上，优化并验证了强浮升力 - 瑞利数大于 10^{12} 条件下的耦合湍流混合对流模型，揭示了高低温环境下大空间混合对流气流控制规律和热湿传递机理。创新性地提出了以能量利用效率和热质传递效率最大化、温度均匀度最佳化为目标的气流组织设计方法，实现了 ±3 ℃的高温度均匀性、大于 3 ℃ /min 的高变温速率及 –50 ℃超低露点温度。

项目创新研制出 –120 ℃～ +170 ℃、1 600 m^3 超大空间和 –205 ℃～ +100 ℃、8 m^3 深低温两套热环境模拟系统及 1.8 K 超流氦加注系统，使我国首次具备了开展超大型航天器热环境试验条件。这些装备在 CE-3 月球车移动分系统、XXA/B 星 SAR 天线、XXB 星太阳电池阵、天宫问天大型伸展机构、CE-5 轨道器舱段等航天产品试验中获得应用，为国家多个重大工程航天器顺利发射升空和平稳在轨运行提供了保障。

2016 年，吴静怡等的“航天器热环境模拟试验系统关键技术及核心装备”成果获得上海市科技进步一等奖。该项目获发明专利 20 项，发表论文 25 篇，建成上海市低温技术与测试应用公共服务平台，培养了一支具有自主创新能力的研发队伍，形成了我国航天热环境模拟试验系统核心装备独立设计和研制能力。

7）天然气液化工艺流程及装置研发

针对油田伴生气、煤层气、放空气等，研究开发出了新型系列天然气液化工艺流程及装置，实现了边缘、分散、小储量天然气的回收及利用。研发的小型撬装可移动式液化天然气装置已实现产业化，可用于油田、煤井等能源伴生气的收集和液化，有了它不仅能提高我国能源综合利用效率，也推动了能源装备国产化的步伐。

针对液化天然气（LNG）加气站蒸发气体（BOG）通常直接排放、带来环境问题，而 BOG 量相对较小、难于回收等实际情况，开发了利用低温制冷机提供冷量的 LNG 加气站 BOG 再液化回收装置。

相关研究开发工作获得 3 项国家自然科学基金项目、2 项 863 项目、以及多家相关企业的资助。

相关成果获得省部级科研奖励 3 项。撰写了中文专著 3 部，发表论文 40 余篇，获得中国发明专利 20 余项，已经转让 9 项专利。

8）制冷空调系统测控与国防应用

针对制冷空调系统开展测控、自动化、优化控制与评估、故障诊断等方面的研究，实现了建筑及系统的高效运行和节能。先后获得 4 项国家自然科学基金的资助。

研究成果在国防及民用方面得到广泛应用。其中测控技术及产品在航母辽宁舰、新型驱逐舰和护卫舰等海军舰船上成功应用。

2. 主要教学科研成果

1）主要科研成果奖项

主要科研成果奖项见表 3-1。

表 3-1　主要科研奖项

序号	奖　项　名　称	项　目　名　称	等　级	获奖时间
1	上海市科技进步奖	新一代环保空调器的高效设计与精密制造	一等奖	2019 年
2	教育部科技进步奖	空气源热泵高效供热系统与应用	一等奖	2019 年
3	国家自然科学奖	吸附式制冷的吸附机理、循环构建及热设计理论	二等奖	2014 年
4	国家科学技术进步奖	微通道管材与换热器制造技术及其应用	二等奖	2014 年
5	中国机械工业科学技术奖	制冷空调装置多层次仿真平台构建及应用	一等奖	2014 年
6	第六届中国制冷学会科学技术进步奖	基于模型和图论的制冷系统智能化仿真技术及应用	一等奖	2014 年

（续表）

序号	奖项名称	项目名称	等级	获奖时间
7	上海市科技进步奖	节能高效低能耗新型汽车空调关键技术（第2完成单位）	一等奖	2014年
8	教育部科技进步奖	微通道管材制备技术及其在换热器中的应用	一等奖	2013年
9	上海市科技进步奖	空间对接机构综合试验系统（第2完成单位）	一等奖	2013年
10	中国机械工业联合会机械工业科技进步奖	大型客车空调相关技术研究（第2完成单位）	二等奖	2013年
11	教育部自然科学奖	低温流体传热的基础热物理问题研究	二等奖	2011年
12	国家技术发明奖	太阳能空调与高效供热装置与应用	二等奖	2010年
13	上海市科技进步奖	基于图论与人工智能的空调热交换器数字化设计技术	二等奖	2009年
14	上海市自然科学奖	吸附式制冷机理与传热传质特性及循环理论研究	一等奖	2008年
15	教育部科技进步二等奖	基于复杂工况的冷藏集装箱海上运输安全与节能关键技术	二等奖	2008年
16	教育部科技进步（科技进步类）奖	再生能源建筑一体化技术与系统	一等奖	2006年
17	上海市科技进步奖	生态建筑关键技术研究与系统集成（第2完成单位）	一等奖	2006年
18	上海市科技进步奖（发明类）	高效太阳能、空气源热泵热水系统	二等奖	2005年
19	云南省科学技术奖（自然科学类）	基于太阳能驱动的吸附制冷装置理论与实验研究（第2完成单位）	二等奖	2005年
20	上海市科技进步奖（发明类）	中央空调系统中空气清洁灭病毒病菌装置研究	二等奖	2004年
21	教育部提名国家自然科学奖	吸附式制冷的理论与实验研究	二等奖	2003年
22	国家科学技术进步奖	环境控制通风系统优化技术研究开发	二等奖	2002年
23	上海市科技进步奖	房间空调器智能化仿真技术	二等奖	2002年
24	云南省科技进步奖（发明类）	太阳能固体吸附式制冷循环综合研究（第2完成单位）	二等奖	2000年
25	上海市科技进步奖	制冷装置（电冰箱）匹配特性研究	二等奖	1997年
26	国家教委科技进步奖（甲类）	过冷态超流氦中的稳态与非稳态传热研究	二等奖	1996年
27	国家教委科技进步奖	制冷装置动态分布参数特性研究	二等奖	1990年
28	上海市科技进步奖	制冷装置动态特性研究	一等奖	1990年
29	国家教委科技进步奖	新型热力膨胀阀研究	二等奖	1988年

2）主要教学成果奖项

主要教学成果奖项见表 3-2。

表 3-2　主要教学成果奖项

序号	奖　项　名　称	项　目　名　称	等　级	获奖时间
1	上海市教学成果奖	构建能源动力类基础课程国际化教学体系与特色化教学平台（第 2、3、5、9 完成人）	一等奖	2017 年
2	上海市教学成果奖	可再生能源新生研讨课的创新与实践	二等奖	2014 年
3	国家级教学成果奖	强化节能减排意识，提升创新实践能力，创建与推进全国大学生节能减排竞赛（第 7 完成人）	二等奖	2014 年
4	国家级视频公开课	制冷与低温原理—低温技术及其应用		2013 年
5	全国教育系统职业道德建设标兵	王如竹		2011 年
6	上海市教书育人楷模	王如竹		2011 年
7	全国模范教师	王如竹		2009 年
8	国家级教学成果奖	以“创新型、国际化、研究性”教学为理念，培养中国制冷业创新人才	二等奖	2009 年
9	全国优秀博士学位论文导师	王如竹		2008 年
10	上海市教学成果奖	以“创新型、国际化、研究性”教学为理念，培养中国制冷空调业创新人才	一等奖	2008 年
11	上海市精品课程	制冷装置自动化		2008 年
12	国家级教学名师	王如竹		2007 年
13	上海市教学名师	王如竹		2006 年
14	国家精品课程	制冷与低温原理		2005 年
15	全国优秀博士学位论文导师	王如竹		2002 年
16	上海市教学成果奖	抓学科建设，借科研东风，培养制冷专业跨世纪人才	一等奖	1998 年

3. 教材与专著

1.《Handbook of Energy Systems in Green Building》，Wang RZ，Zhai XQ. Springer，2018

2.《太阳能空调工程设计与实践》，代彦军主编，中国建筑工业出版社，2017

3.《能源转换与管理技术》，姚晔主编，上海交通大学出版社，2017

4.《Advances in Solar Heating and Cooling》，Wang RZ，Ge TS. Elsevier-Woodhead Publishing publications，2016

5.《Modeling and Control in Air-conditioning System》, Yao Y, Yu YB. Springer, 2016

6.《液化天然气技术》(第 2 版), 顾安忠主编, 机械工业出版社, 2015

7.《低温流体热物性数据》(第 2 版), 黄永华主编, 国防工业出版社, 2014

8.《Adsorption Refrigeration Technology: Theory and application》, Wang RZ, Wang LW, Wu JY. John Wiely & Sons Singapore Pte. Ltd., 2014

9.《Ultrasonic Technology for Desiccant Regeneration》, Yao Y, Liu SQ. New York: John Wiley & Sons, 2014

10.《绿色建筑能源系统》, 王如竹、翟晓强主编, 上海交通大学出版社, 2013

11.《集中空调系统状态空间建模及优化控制》, 姚晔著, 科学出版社, 2013

12.《实用制冷与空调工程手册》(第 2 版), 尉迟斌、卢士勋、周祖毅主编, 机械工业出版社, 2011

13.《热质交换原理与设备》(第 3 版), 连之伟主编, 中国建筑工业出版社, 2011

14.《制冷装置自动化》(第 2 版), 陈芝久、吴静怡主编, 机械工业出版社, 2010

15.《液化天然气技术手册》, 顾安忠主编, 机械工业出版社, 2010

16.《超流氦传热》, 张鹏、王如竹著, 科学出版社, 2009

17.《制冷空调装置数字化设计》, 丁国良主编, 中国建筑工业出版社, 2008

18.《Cryogenics and Refrigeration-Proceedings of ICCR'2008》, Wang RZ, Zhang P (Editor in Chief)., Science Press, 2008

19.《二氧化碳制冷技术》, 丁国良、欧阳华、李鸿光著, 化学工业出版社, 2007

20.《工业气体集输新技术》, 顾安忠主编, 化学工业出版社, 2007

21.《太阳能制冷》, 王如竹、代彦军编著, 化学工业出版社, 2007

22.《制冷学科进展研究与发展报告》, 王如竹主编, 科学出版社, 2007

23.《吸附式制冷理论与应用》, 王如竹、王丽伟、吴静怡著, 科学出版社, 2007

24.《低温真空技术》, 徐烈主编, 机械工业出版社, 2007

25.《热质交换原理与设备》(第 2 版), 连之伟主编, 中国建筑工业出版社, 2006

26.《低温流体热物理性质》, 陈国邦、黄永华、包锐, 国防工业出版社, 2006

27.《低温工程技术·数据卷》, 陈国邦、包锐、黄永华, 化学工业出版社, 2006

28.《下送风空调原理与设计》, 连之伟、马仁民著, 上海交通大学出版社, 2006

29.《英汉—汉英制冷空调辞典》, 徐德胜主编, 上海交通大学出版社, 2005

30.《液化天然气技术》, 顾安忠主编, 机械工业出版社, 2004

31.《氦-4 和氦-3 及其应用》, 张鹏、黄永华、陈国邦著, 国防工业出版社, 2004

32.《低温绝热与传热技术》, 陈国邦、张鹏, 科学出版社, 2004

33.《制冷原理与技术》, 王如竹主编, 科学出版社, 2003

34.《建筑物空调负荷计算分析》, 谷波著, 科学出版社, 2003

35.《制冷与低温工程》，周远、王如竹主编，中国电力出版社，2003

36.《制冷空调新工质——热物理性质的计算方法与实用图表》，丁国良主编，上海交通大学出版社，2003

37.《汽车空调实用技术》，阙雄才、陈江平主编，机械工业出版社，2003

38.《制冷空调装置智能仿真》，丁国良、张春路著，科学出版社，2002

39.《吸附式制冷》，王如竹、吴静怡、代彦军等著，机械工业出版社，2002

40.《最新制冷空调技术》，王如竹、丁国良等著，科学出版社，2002

41.《实用制冷与空调工程手册》尉迟斌主编，机械工业出版社，2002

42.《热质交换原理与设备》，连之伟主编，中国建筑工业出版社，2001

43.《制冷空调装置仿真与优化》，丁国良、张春路著，科学出版社，2001

44.《低温系统》，王如竹主编，上海交通大学出版社，2000

45.《低温绝热与贮运技术》，徐烈主编，机械工业出版社，1999

46.《半导体制冷与应用技术》(第 2 版)，徐德胜主编，上海交通大学出版社，1999

47.《制冷系统热动力学》，陈芝久主编，机械工业出版社，1998

48.《制冷装置自动化》，陈芝久主编，机械工业出版社，1997

49.《制冷空调原理与设备》，徐德胜、邬振耀主编，上海交通大学出版社，1996

50.《泵与风机》，杨惠宗主编，上海交通大学出版社，1992

51.《制冷与空调：原理·结构·调试·维修》，邬振耀等编，上海交通大学出版社，1991

52.《绝热技术》，徐烈、方荣生、马庆方编著，国防工业出版社，1990

53.《低温技术》，徐烈主编，上海交通大学出版社，1988

54.《制冷装置及其自动化》，邹根南参编，机械工业出版社，1987

55.《低温容器——设计、制造与使用》，徐烈、方荣生、马庆芳、鲁雪生编著，机械工业出版社，1987

56.《制冷工程技术辞典》，尉迟斌、徐德胜主编，上海交通大学出版社，1987

57.《船舶空气调节》，鲍士雄主编，国防工业出版社，1980

58.《制冷空调的自动调节》，石家泰主编，国防工业出版社，1980

59.《泵与风机》，杨惠宗主编，国防工业出版社，1980

60.《船舶制冷装置》，尉迟斌主编，国防工业出版社，1980

3.2.2 同济大学供热供燃气通风与空调工程专业

该专业目前的本科名称为“建筑环境与能源应用工程”。1998 年按国家教委专业目录修订要求，本科专业的“供热通风与空调工程”与“城市燃气工程”合并为“建筑环境与设备工程”专业，适当增加部分室内给排水和电气工程的内容，扩大了原有专业范围。

2012年根据建筑业的发展并与产业转型接轨，本科专业又更名为“建筑环境与能源应用工程”逐渐形成具有专业范围更宽、就业面更广的新工科专业。该专业主要为人类提供健康、舒适的室内空气热微环境，同时为诸如电子、医药、生物和生命科学等现代高新科技产业提供能满足高精度恒温、恒湿、净化、无菌等要求的工艺条件，也注重开发新能源，提高能源利用率。随着城市能源结构的调整与城市燃气事业的发展，城市燃气工程系统的规划与设计，天然气输配及应用设备的研究开发也是专业重要研究方向之一。此外，现代建筑的复杂功能对建筑环境调控设备与能源消耗提出了越来越高的要求，建筑设备对智能建筑等现代建筑的重要性日益显现，因此，专业还涉及如建筑电气、室内给排水与卫生、通讯与自动化等许多相关的专业知识与技能。专业主要培养具备建筑物室内环境设备系统及公共设施系统的设计、安装调试、运行管理及国民经济各部门所需要的特殊环境研究开发的基础理论知识和能力，能在设计研究院、建筑工程公司、燃气热力公司及相关的科研、生产、教学等单位从事工作的高级人才。

根据国务院学位委员会专业学科划分，“供热供燃气通风与空调工程”学科是土木工程一级学科所属二级学科之一，可授予硕士学位和博士学位的专业。同济大学“供热供燃气通风与空调工程”专业自1952年开始招收本科生以来，一直是同济大学土木类学科中的热门专业，在国内外有较高的知名度。经过近70年的建设，已具备本科学士、硕士研究生、博士研究生等全部学历教育环节和博士后流动站。1987年全国“暖通”专业评估中，同济大学与清华大学并列全国第一，2001年由国家建设部组织的本科专业教学质量评估中，在国内同类专业中名列前茅，2003年国家研究生学科评估同济大学土木工程一级学科排名第一，2007年同济大学供热、供燃气、通风及空调工程专业被遴选为国家重点学科，2016年教育部学位中心学科评估同济大学土木工程一级学科排名第一，2016年中国科学评价研究中心、武汉大学中国教育质量评价中心发布中国大学及学科专业评价报告，同济大学“建筑环境与能源应用工程”排名第二，2019年世界QS排名，同济大学“建筑环境”排名世界第18，全国高校第二。

同济大学巢庆临教授、吴沈钇教授创办建筑设备专业（供热供燃气及通风专业的前身）。同济大学建筑设备专业（暖通）最早设置在卫生工程系中。为了适应中华人民共和国成立后大规模的经济建设的需要，1952年学校开始着手筹办供热、供煤气及通风专业（简称“暖通专业”），依托当时上海金融、贸易和工业中心所集聚的建筑设备方面的人才，1953年建立了建筑设备教研室和热工教研室，1954年建筑设备教研室正式改为暖通教研室。1953年开始招收本科生，学制4年，1955年起学制由4年改为5年，直至1965年文革前进校的最后一届学生毕业。1978年后，学制又改为4年。

1960年卫生工程系与城市建设专业合并，成立城市建设系。1964年暖通专业与无线电、工业企业电气化与自动化和建筑机械专业组建了机电系。1976年后，学校整顿体制，又将暖通专业与给排水专业合并为水暖系。1982年在李国豪校长亲自过问下与机械专业成立机械系，1987 年由暖通专业、燃气专业和热能工程专业组建成热能工程系。根据国家建设需要，从 1960 年开始设置了“供热供煤气”和“采暖通风”两个专业方向。1965 年以后仍合为一个专业。1976 年筹建燃气教研室，同年建造了燃气实验室，建筑面积 1 800 m^2。1978 年开始招收“城市燃气工程”专业的学生。1978 年建立同济大学建筑工程分校（简称“同济分校”），设立“供热通风与空调工程专业”，巢庆临教授担任校长，主抓该专业的建设与发展工作。20 世纪 80 年代，同济分校独立、转制为上海市地方高校“上海城市建设学院”。1996 年上海城市建设学院并入同济大学，1999 年正式更名为“建筑环境与设备工程”专业。2000 年上海铁道大学机车车辆系制冷专业并入热工教研室。长期以来，几代教职员工发扬同济的优良传统和严谨作风，形成了专业特色。1976 年后，同济大学恢复了综合性大学，尤其是改革开放以来，学校暖通和燃气专业参与上海及全国的许多重大工程项目建设和科研项目，专业也得到了迅速发展和壮大。促进了教育，提高了教学效果，明确了教改的方向。在这个基础上 80 年代同济大学暖通燃气专业参编了全国暖通和燃气专业的几乎所有的统编教材，为暖通和燃气专业的教材建设做出了突出的贡献。根据同济大学的办学的精神，暖通空调与燃气专业自始至终将本科教学作为立学之本，研究生培养为强校之路。

至 2017 年，约有 8 000 余名暖通和燃气专业本科学生毕业（包括原上海城建学院），许多毕业生成为高层次的高级专门人才。自 1959 年开始在全国范围内招收暖通专业研究生，直至 1966 年有 12 名研究生毕业。1978 年恢复研究生招生，并于 1981 年获得硕士学位授予权。1991 年开始招收博士研究生（挂靠原哈尔滨建筑工程学院），1998 年获得博士学位授予权。至今已毕业硕士研究生近 800 人，博士生近 200 人。目前同济大学“暖通空调及燃气研究所”行政上隶属于机械工程学院，已逐步形成空调热湿交换过程、室内空气品质及污染物控制、建筑节能及燃气工程等主要研究方向。

曾在暖通燃气专业任教的专业教师（含原上海城市建设学院、上海铁道学院、上海建材学院）共有 61 人。目前在暖通燃气专业任教的专业教师共有 30 人，其中教授 8 人。

1. 近年来代表性科研成果

1）参与国家标准制定

标准是指导、监督和评价节能工作的依据。通过对公共建筑节能研究、上海市公共建筑能耗、物业管理和节能设计现状调查、上海市公共建筑节能设计标准细则制定等。主要研究成果已正式编入已颁布的国标 GB 50189《公共建筑节能设计标准》和 GB 50736《民用建筑供暖通风与空气调节设计规范》，GB 50019《工业建筑供暖通风与空气调节设计规范》、GB/T 32045—2015《节能量测量和验证实施指南》、GB/T 31349—2014《节能量测量和验证技术要求—中央空调系统》，行标 JG/T 281—2010《建筑遮阳制品隔热性能试验方法》等。

2）空调系统的节能

上海拥有大量的公共建筑，其空调能耗在夏季城市电力需求中占有不容忽视的地位，通过对空调系统形式、气流组织形式、空调系统的管网输配特性、冷热源形式和运行方案对建筑能耗的影响、能源和系统的安全可靠性等进行了全面系统的研究。具体研究内容为：公共建筑热特性的研究；公共建筑供热供冷系统能耗研究；提出公共建筑能源指标体系。研究工作为建筑能源预测、节能评价、建筑设计、空调系统选择、供冷设备选型、城市能源规划、能源优化、有关法规和经济调控措施的制定提供理论依据。

在国家“十一五”“十二五”和“十三五”科技支撑计划的支持下，围绕“长江流域住宅热湿环境低能耗控制技术”“建筑节能重大专项”和“超低能耗居住建筑关键技术”等开展深入的研究工作。得到了国家自然科学基金支持的项目有：城市各向异性散射辐射与遮阳对建筑得热的影响；东南沿海地区高层建筑遮阳一体化技术设计方法研究；东南沿海城镇高层高密建筑群辐射热过程及其对建筑得热影响。

3）空调蓄能技术

空调蓄能技术是夏季用电移峰填谷的最有效手段。目前常用的主要有冰蓄冷和水蓄冷两种形式。多年来与上海电网公司及有关企业合作，在市经委立项的科研项目有：住宅低谷电的应用研究；居民住宅蓄能技术经济分析；居民住宅蓄能中央空调的经济分析等。同时积极将冰蓄冷技术运用到工程中。水蓄冷系统虽然有蓄能密度低、占用空间大等缺点，但有条件的建筑可利用消防水池、原有蓄水设施或建筑物地下空间等场合作为蓄能池，具有投资少、见效快、可利用原有制冷设备及空调系统、没有释冷速率限制等优点，所以在国家标准《集中式空调系统经济运行》中也提出了“蓄冷空调应优先考虑采用水蓄冷，并充分利用建筑物的消防水池等设施”的条文。专业助力设计部门正在开展的浦东国际机场水蓄冷及其相关控制理论研究，如喷嘴出口速度斜温层厚度的影响，对小扰动条件下斜温层的响应及波动规律等研究结果对实际工程设计，提供了技术支撑。

4）现有空调系统的经济运行和节能改造

受有关部门和企业的委托对现有空调系统进行运行工况调研、分析、提出节能改造方案。如上海某大型国际博览中心是典型的高大空间建筑，屋顶采用轻型膜材料，室内热环境特殊，在夏季室外温度较高的情况，馆内热舒适性达不到要求，因而要求对空调系统进行故障诊断，提出合理节能的改造措施。研究工作包括对屋顶的 PVC 薄膜的热工性能测试，为空调的负荷计算提供参考；进行设计计算和能耗分析计算，得出较为准确的空调冷负荷；根据对空调冷负荷的计算和现有空调系统的调查、实测结果，对现有空调系统中存在的问题进行研究分析，找出问题的症结所在；结合大空间空调特点，利用 CFD 技术对展馆的空调系统进行模拟和优化，得到优化的空调系统和气流组织形式。上海浦东国际机场是目前国内设计客流量最多的现代化国际机场之一，能源供应采用区域供冷供热（DHC）形式。由于空调系统庞大，其能耗也很大；一个年度制冷系统的运行费用超过

1 000 万元，但是局部的空调区域反应过冷或过热，因此整个供冷系统的节能潜力非常巨大。从确保使用效果、有效利用能源、节约运行费用的目的入手，对机场供冷系统进行全年能耗分析，采用实测、理论分析及参考运行管理纪录等多方面结合的研究方法为国际机场供冷系统的经济运行提供理论指导。寻求一条结合浦东国际机场能源供应模式和国内管理特点的节能运行技术和管理模式。目前开展的大型制造厂房的综合节能诊断，企业能量的综合有效合理利用等研究工作，为企业节能降耗提供了技术支撑。

5）新能源开发利用

随着西气东输、西电东送、俄气南供、东海二期、LNG 进口等国家重点能源工程的实施，城市能源结构发生巨大变化。电力、天然气、氢能、太阳能等清洁能源及可再生能源将在城市能源结构中占主导地位，采用集中或分散式供能将有更多的选择。分布式能源系统可在“先功（电）后热”的基础上实现能量的梯级利用。热电联供系统（CHP）、冷热电（CCHP）三联供系统、发动机驱动空调系统（EDAS）及使用废热进行除湿的复合空调系统（EDHS）等，都属于分布式能源系统。利用动态分析方法实现城市供能系统的优化配置，具有十分迫切的现实意义。根据国家对能源与环保的战略发展，该专业的教职工及科研人员与时俱进，将科研工作的重心逐步转向以承担国家重大科研计划和上海市重大建设项目中关键技术的攻关、研究、开发为主，近几年研究所陆续承担了国家 863 重大科技专项“氢源基础设施前期研究”、国家重大科技攻关项目“小城镇基础设施建设关键技术研究—供热、燃气部分”、上海环保局重点科技攻关项目“公交车动力系统生态设计和生命周期评价”、国际合作项目“土壤源热泵及其相关基础研究”及“VAV 和 VRV 空调技术及应用”等，充分发挥同济大学的人才、信息、学科的综合优势，以重大项目促进了学科建设。

6）清洁能源高效利用

“天然气发动机直接驱动制冷与转轮除湿相结合的复合空调系统”项目是上海市重大科技攻关项目，现已完成了市科委项目通过理论和实验研究，已获得的阶段性成果表明采用除湿与机械制冷相结合的复合空调系统，可有效地提高系统的经济性，降低能耗。而采用天然气发动机直接驱动制冷与转轮除湿相结合的复合空调系统，一方面减少了对用电的需求，同时又可以利用发动机排气废热再生除湿装置，与常规冷冻减湿系统进行了比较，系统节电和经济性十分明显。空调系统的湿负荷越大，复合系统的优势越明显，所以特别适用于室内湿负荷大、新风量大的场所，如超市、运动场馆、医院等。复合空调系统将热、湿负荷分开处理，可实现与温度无关的、精确的湿度控制，在改善舒适性的同时，送风干燥，避免与病态建筑综合征相关的微生物和霉菌的生长。将热电联产机组的余热在夏季进行除湿设备再生并充分利用冷凝器排热补充再生热量。已经在天然气的高效应用（民用及工商业燃气具）、天然气的互换性研究、杂散电流对埋地金属管道的腐蚀与防护、燃气管道完整性分析和风险评价、天然气管道安全技术与新能源结合的可持续能源供应技术等形成特色，成为国内燃气研究领域的重要教学研究机构之一。

7）复杂通风系统及气流控制技术

复杂通风系统指系统扰量源多或通风量难以确定的通风系统，现有的设计规范和计算理论无法提供可供工程应用的计算方法并确定系统或设备的容量，近年来，专业教师分别针对上海外环线隧道，崇明越江隧道，长大公路隧道竖向通风、地铁隧道、站台气流和火灾控制等方面进行了大量的基础和应用研究工作，所得到的部分研究成果已应用于国家和上海市的重大工程中。特别是建立的可变参数的强扰动条件下有组织通风气流模拟实验系统及其配套测试系统，为复杂通风系统的实验研究提供良好的科研平台。

该专业进行的“空气幕隔断特性及其节能效果”“置换通风原理、设计及应用”“座椅送风系统特性研究”“汽车尾气烟羽的形成及排风方法”等研究工作的部分成果，已编入国家有关设计规范，为我国推广这些先进的送风及气流控制技术起到积极作用。

自然通风的节能性是显而易见的。例以上海某企业集团的一幢建筑总高 30.25 m 的地上 6 层中庭式建筑为研究对象，采用数值模拟的方法，分析了在过渡季节，该建筑物的室内热环境特征。条件适宜时利用夜间通风可以消除建筑与室内家具、物品的蓄热，降低白天的空调负荷。研究了针对具体对象的夜间通风模式（最佳通风时间和通风量）。鉴于上海地区的室外气象条件，在许多季节或时段里，室外空气的温、湿度不能满足通风降温或去湿要求，自然通风的运用受到一定限制，所以与机械通风相结合的多元通风模式受到重视。国际合作项目“中国都市住宅的室内环境与能源消费现状把握及可持续环境形成技术的开发”课题的主要内容包括：通过调查或实测，明确中国各气候区主要城市的住宅室内环境，能源消费，设备状况及生活习惯的实态；根据调查及实测的结果，对室内环境特性及住宅能源消费量的构造特性进行分析；根据空调换气设备的种类，使用状况等，用数值模拟的手段对建筑隔热、气密化、多元通风、综合型太阳能利用等手法的效果进行探讨；对住宅节能技术，可持续环境形成技术进行开发。

8）空气洁净技术

空气洁净技术的作用和对国民经济发展的意义已众所周知。空气洁净技术是学校负有盛名的研究方向，早在 70 年代学校就参加了电子大会战，是全国最早从事洁净技术的科研单位之一，也是全国最早开设洁净技术课程，最早建立洁净技术实验室，最早培养洁净技术方向的研究生。该专业完成了上海高教局课题“空气洁净屏送风系统”、国家自然科学基金课题：“洁净空间新型气流分布方式的机理和特性的研究”等纵向科研项目，参加了编制中国人民解放军工程建设行业标准《军队医院洁净手术部建筑技术规范》，国家标准《医院洁净手术部建设标准》，以及《医院洁净手术部建筑技术规范》。在丰富的科研与教学的基础上，“YGG 型亚高效空气过滤器”获得了 1987 年建设部科技进步二等奖，编写的《空气洁净技术应用》著作，获建设部第二届全国优秀建筑科技图书二等奖。

9）空气品质及低浓度污染物控制

随着我国对外开放，国民经济的飞速发展，空调普及率越来越高，使用时间越来越长，尤其是涉外的现代化的办公大楼越来越多。这些所谓的全年运行的“舒适性空调”，室内人员对舒适环境的投诉率反而越来越高，严重影响了室内人员的身心健康和工作效率，大楼业主和客户的纠纷也日益增多，已影响到上海的投资环境。近年来大量文献报道空调室内的建筑病综合征、大楼并发症和多种化学物过敏症的人数不断增加，并引起与之有关的过敏性肺炎，气喘病，加湿器热病，军团病，溶剂性脑病等病例，动摇了这种传统的空调思路。目前空调室内空气品质问题已经是十分严重，正在日益威胁着室内人员的健康水平。该专业主持的上海自然科学基金资助项目“室内空气品质及其对策”，按国际通用的研究方法，进行了大量的调研和检测。弄清了上海现代化办公大楼主要污染物及其污染水平，证实室内人员确实存在着世界卫生组织命名的“建筑病综合征”。参照国际上通用的研究方法和我国的室内污染特点，建立了一个既要符合国际的模式又符合我国国情的评价方法，以正确地反映室内空气品质，评价大楼的室内环境的等级。

目前在学校的济阳楼中，暖通空调专业有着崭新的实验室与实验设备，特别是“空气品质和污染控制”研究方向新建了新型气流实验室，净化实验室，空气品质实验室，以及配备了相应的先进测试和研究用的仪器和设备，为研究所开展研究提供了良好的实验条件。

10）厨房通风与污染物控制技术

根据现代住宅厨房多采用共用竖烟道排烟系统的运行特点，排烟动力主要来源于排油烟机提供的风压，为避免户间串味，该专业教师提出在排烟道用止逆阀和均流器的设想，提出了住宅厨房集中排烟系统的设计方法，搭建了国际一流的厨房排烟与污染物暴露实验平台。

2. 主要教学科研成果

1）主要科研成果奖项

主要科研成果奖项见表 3-3。

表 3-3　主要科研成果奖项

序号	奖项名称	项目名称	等级	获奖人	获奖时间
1	上海市科技进步奖	健康城市空间规划关键技术及应用	二等奖	高军	2020 年
2	上海市科技进步奖	大型公共建筑热力学调控节能关键技术及应用	二等奖	高军	2020 年
3	上海市科技进步奖	基于分布式能源站的综合能源系统互联互济关键技术与应用	二等奖	于航	2020 年
4	河南省水利创新成果奖	中科院江门中微子实验站深埋地下式超大空间洞室通风空调系统关键技术研究	一等奖	张旭 叶蔚	2020 年

（续表）

序号	奖　项　名　称	项　目　名　称	等　级	获奖人	获奖时间
5	国防科学技术进步奖	装载舱强扰动高温条件通风和降温技术研究及应用	二等奖	张　旭	2011 年
6	上海市科技进步奖	超大特长盾构法隧道设计关键技术	二等奖	张　旭	2011 年
7	上海市科技进步奖	超长特大隧道防灾体系设计关键技术	三等奖	张　旭	2009 年
8	华夏建设科学技术奖	城市长大隧道环控与防灾及节能综合技术研究与应用	三等奖	张　旭	2008 年
9	上海市科技进步奖	坞舱强扰动条件下气流组织关键技术研究及应用	三等奖	张　旭	2004 年
10	上海市科技进步奖	静止式空气—空气全热交换器	二等奖	陈沛霖	1993 年
11	上海市重大科技成果	标准毕托静压管的研制	三等奖	陈沛霖	1992 年
12	国家科技进步三等奖	建筑物冷热负荷设计计算新方法	三等奖	陈沛霖	1985 年
13	上海市科技进步奖	TKS-1 型试验研究测速管用的低速风洞的研制	三等奖	陈沛霖	1984 年

2）主要教学成果奖项

主要教学成果奖项见表 3-4。

表 3-4　主要教学成果奖项

序号	奖　项　名　称	项　目　名　称	等　级	获奖人	获奖时间
1	上海市育才奖			李峥嵘	2019 年
2	上海市教学成果奖	强化创新人才培养的机械专业基础教学体系建设与成效	二等奖	李峥嵘	2018 年
3	国家级教学成果奖	工科学生创新能力培养体系的建立与实践	二等奖	于　航	2009 年
4	上海市教学成果奖	机械专业基础实验教学体系研究与实践	二等奖	于　航	2009 年
5	上海市教学成果奖	工科学生创新能力培养体系的建立与实践	一等奖	于　航	2009 年
6	同济大学教学成果奖	中意国际合作工程教育平台构建的探索	一等奖	刘　东	2008 年
7	同济大学教学成果奖	关于国际化合作交流平台促进高校学科建设、复合型人才培养的探索与实践	特等奖	刘　东	2008 年
8	上海市育才奖			张　旭	2007 年
9	上海市育才奖			于　航	2007 年
10	上海市教学成果奖	土木工程及建筑环境与设备工程专业平台课程体系构建与教学实践	二等奖	张　旭	2005 年
11	宝钢教育奖	优秀教师奖		张　旭	2005 年

（续表）

序号	奖 项 名 称	项 目 名 称	等 级	获奖人	获奖时间
12	美国联合技术公司容闳科技教育奖（教师）	地源热泵设计理论	国际组织奖	张 旭	1999 年
13	上海市育才奖			刘传聚	1997 年
14	首届美国联合技术公司容闳科技教育奖（研究生）		国际组织奖	张 旭	1997 年

3. 教材与专著

1.《老年人热舒适和居住热环境研究》，焦瑜，于航编，同济大学出版社，2020

2.《Guidelines for Community Energy Planning》，Hang Yu，Zishuo Huang，Yiqun Pan，Weiding Long，中国建筑工业出版社，Springer，2019

3.《建筑能耗模拟前沿技术与高级应用》，潘毅群、黄森、刘羽岱编，中国建筑工业出版社，2019

4.《辐射供冷》，刘晓华、张涛、周翔、唐海达编，中国建筑工业出版社，2019

5.《空调与供暖科普读物》，周翔、包建强、顾建中编，中国建筑工业出版社，2019

6.《地铁车站高效空调系统设计方法与能效评价》，苏醒参编，中国建筑工业出版社，2019

7.《城市地下空间通风与环境控制技术》，张旭、叶蔚，徐琳编，同济大学出版社，2018

8.《城区需求侧能源规划实施指南》，于航，黄子硕，潘毅群编，中国建筑工业出版社，2018

9.《绿色生态村镇规划方法、理论与技术》，苏醒参编，中国建筑工业出版社，2018

10.《农村太阳能利用技术应用指南》，苏醒参编，中国建筑工业出版社，2018

11.《绿色生态村镇环境指标体系及评估标准》，苏醒编，同济大学出版社，2017

12.《新风对室内建材污染物控制的基础研究》，叶蔚编，同济大学出版社，2017

13.《城区需求侧能源规划和能源微网技术》(上册)，龙惟定编，中国建筑工业出版社，2016

14.《城区需求侧能源规划和能源微网技术》(下册)，龙惟定编，中国建筑工业出版社，2016

15.《医院建筑绿色改造工程案例集》，苏醒参编，中国建筑工业出版社，2015

16.《ESCO 与建筑节能改造—节能量核验方法与案例研究》，潘毅群编，中国建筑工业出版社，2013

17.《实用建筑能耗模拟手册》，潘毅群编，中国建筑工业出版社，2013

18.《能源环境技术》，杨昭、杨勇平，张旭编，机械工业出版社，2012

19.《美国建筑节能研究总览》，许鹏编，中国建筑工业出版社，2012

20.《低碳城市的区域建筑能源规划》，龙惟定编，中国建筑工业出版社，2011

21.《建筑遮阳与节能》，李峥嵘，赵群编，中国建筑工业出版社，2009

22.《空气调节》(第四版)，赵荣义、范存养等编，中国建筑工业出版社，2009

23.《热泵技术》，张旭编，化学工业出版社，2007

24.《空调蓄冷技术与设计》，于航编，化学工业出版社，2007

25.《建筑节能与建筑能效管理 / 智能建筑设施管理》，龙惟定编，中国建筑工业出版社，2005

26.《建筑环境与设备工程专业》(高等学校专业英语系列教材)，张寅平、潘毅群、王馨编，中国建筑工业出版社，2005

27.《全国勘察设计注册公用设备工程师执业资格考试复习教程》，蔡龙俊参编，中国建筑工业出版社，2004

28.《全国勘察设计注册公用设备工程师执业资格考试复习题解与模拟试题》，蔡龙俊参编，中国建筑工业出版社，2004

29.《建筑空调实用技术基础》，陈沛霖编，中国电力出版社，2004

30.《执业资格考试丛书》，徐文华编，中国建筑工业出版社，2004

31.《建筑空调实用技术基础》，徐文华编，中国电力出版社，2004

32.《空调技术问答》，陈沛霖编，同济大学出版社，2003

33.《大空间建筑空调设计及工程实录》，范存养编，中国建筑工业出版社，2001

34.《建筑设备》，刘传聚、吴喜平、李峥嵘编，同济大学出版社，2000

35.《蓄冷技术和蓄热电锅炉在空调中的应用》，吴喜平编著，同济大学出版社，2000

36.《城市基础设施规划手册》，蔡龙俊参编，中国建筑工业出版社，2000

37. 国家标准《医院洁净手术部建设标准》，沈晋明参编，卫生部主持审定，2000年1月通过

38. 国家标准《医院洁净手术部建筑技术规范》，沈晋明参编，卫生部主持审定，2000年1月通过

39.《地铁与轻轨》，张钦何、吴喜平等编，中国建筑工业出版社，1999

40.《中国土木建筑百科词典（设备工程卷）》，徐文华编，中国建筑工业出版社，1999

41.《家用空调》，陈沛霖编，上海科学技术出版社，1998

42.《简明空调设计手册》，赵荣义、范存养等编，建筑工业出版社，1998

43.《通风和空气调节工程》，曹叔维、周孝清、李峥嵘编，中国建筑工业出版社，1998

44.《燃气节能技术》，秦朝葵、吴念劬、章成骏编著，同济大学出版社，1998

45.《燃气脉冲燃烧技术》，周伟国、秦朝葵编著，同济大学出版社，1997

46.《制冷与空调实用技术手册》，范际礼、吴喜平等编，辽宁科学技术出版社，1996

47.《空气调节设计手册》，沈晋明参编，中国建筑工业出版社，1995 年

48.《锅炉及锅炉房设备》，吴味隆主编，中国建筑工业出版社，1995 年

49.《热环境》，魏润柏、徐文华编著，同济大学出版社，1994

50.《军队医院洁净手术部建筑技术规范》（中国人民解放军工程建设行业标准，总后勤部主持鉴定），1994.8

51.《燃气工程技术手册》，姜正侯编，同济大学出版社，1993

52.《房间热过程和空调负荷》，曹叔维编，上海科学技术文献出版社，1991

53.《空调与制冷技术手册》，陈沛霖、岳孝方编，同济大学出版社，1990

54.《高层建筑空调和节能》，钱以明编，同济大学出版社，1990

55.《空气洁净技术应用》，许钟麟，沈晋明编，中国建筑工业出版社，1989.8

56.《人 · 环境 · 服装》，魏润柏、徐文华编著，同济大学出版社，1988

57.《燃气燃烧与应用》，同济大学、重庆大学、北京建筑工程学院等，中国建筑工业出版社，1988

58.《空气调节负荷计算理论和方法》，陈沛霖编，同济大学出版社，1987

59.《人与室内环境》，（美）康兹（Konz，S.A.）、魏润柏编，中国建筑工业出版社，1985

60.《燃气燃烧理论与实践》，姜正侯编，中国建筑工业出版社，1985

61.《通风工程》，湖南大学，同济大学等合编，中国建筑工业出版社，1983

62.《通风工程空气流动理论》，魏润柏编，中国建筑工业出版社，1981

63.《空气调节》，同济大学，清华大学，重庆建筑工程学院等合编，中国建筑工业出版社，1981

64.《固体燃料燃烧与气化导论》，（苏）康托劳维奇，B.B. 著，闻望等译，中国工业出版社，1965

65.《工程热力学》，邱信立主编，中国工业出版社，1962

66.《升降设备》，吴沈钇编，科学技术出版社，1962

67.《锅炉及锅炉房设备》，奚士光主编，中国工业出版社，1961

68.《传热学》，梅飞鸣主编，中国工业出版社，1961

69.《泵与通风机　制冷机》，段渭主编，中国工业出版社，1961

70.《暖气工程学》，吴沈钇编，中国科学图书仪器公司出版社，1955.4

4. 2012 年以来承担的主要国际交流活动和学术会议

- 2015 年举办“第十一届国际通风技术大会”（Ventilation 2015）；
- 2015 年和 2017 年分别举办“中欧天然气技术研讨会”；

➢ 自 2013 年起每年举办两次“同济建筑能源学术日”；
➢ 自 2013 年起每年举办一次“科学实验室环境控制技术国际论坛”；
➢ 2012 年举办第一届亚洲建筑模拟大会（2012 ASim）。

累计邀请国内外知名专家来访做学术报告近 20 次。

3.2.3 上海理工大学

3.2.3.1 上海理工大学能源与动力工程

隶属于学校能源与动力工程学院的“能源与动力工程”专业名称，几经多年的历史发展与沿革。上海理工大学（原上海机械学院）在 1964 年建立“工业热工”专业，专业课程中含有制氧、制冷及采暖通风等内容。1970 年，由原“工业热工”专业改建为“制冷专业”。1978 年由国家专业归口部委第一机械工业部正式定名为“制冷设备及低温技术”专业，当时全国仅三所高校，另外两所大学为西安交通大学和华中科技大学（原华中工学院）设有该专业。1981 年获教育部批准招收第一批制冷及低温工程硕士研究生，1986 年获批国家首批制冷及低温工程专业博士点并招收第一批制冷博士研究生，1988 年国内第一位制冷及低温工程博士研究生毕业。

1994 年按照行业对人才的需求，学院专业学科调整为“制冷与低温工程技术”“供热通风与空调工程”“冷冻冷藏工程”三个方向。1999 年按教育部调整本科专业要求，将专业调整为“热能与动力工程”（覆盖能源与环境工程、动力机械工程、制冷与空调工程、工程热物理等 4 个专业方向）。2006 年学校建立医疗器械与食品学院，将“食品科学与工程”专业（含食品冷冻冷藏及冷冻干燥课程）划归到医疗器械与食品学院。2010 年，热能与动力工程专业覆盖能源与环境工程、动力机械工程、制冷与空调工程及工程热物理 4 个专业方向。2013 年根据教育部 2012 年 9 月文件，将热能与动力工程专业名称改为“能源与动力工程”（覆盖热能工程、动力机械工程、制冷与空调工程及工程热物理 4 个专业方向）。制冷专业从 1972 年招收三年制大专生，1977 年招收四年制本科生，自 1972 年至 2015 年，已培养本科毕业生 2 900 人，硕士研究生 770 人，博士研究生 120 人。

制冷与低温工程学科按照行业对人才的要求，培养了大批行业技术骨干和创业团队，为外资企业、国有企业和民营企业提供了人才保障，许多毕业生在工作多年后，成长为行业的骨干。

2015 年，上海理工大学制冷及低温工程学科现有教师 27 人，其中教授 9 人，副教授 8 人。

该学科通过几十年的发展和演变，逐渐形成了自身的学科特色，强化了在教学中加强学生的应用所学到的热力学、传热学、流体力学的基本理论来解决制冷和低温工程中实际问题的能力，因而该专业绝大部分毕业生正好赶上改革开放后，制冷空调行业的飞速发展，对我国制冷空调制造业的发展起到了很好的作用。

1. 近年来代表性科研成果

经几十年的努力，该专业在制冷设备热工性能测试和制冷系统各主要零部件的测试方法和装置的研究，有力地推动了行业测试手段的完善性和可操作性，并推动了相关标准的建立，为国家在制冷空调设备的质控标准建立和行业质管体系的建立，提供了有力保障。特别是在 80 年代末，90 年代初行业起步阶段起了十分重要的作用。该专业在结合国民经济和国防需要，拓展了各种新型产品的开拓和合作研发，有力地推动了军民融合、产学研结合工作在新产品的开拓取得了重要的研究成果。该专业结合低温和生物医药的需求，与相关单位合作，取得了一批较有开拓性的成果。

1）制冷设备热工性能测试及测试方法、测试标准的研究及测试装置的研究开发

上海理工大学结合教学需求及社会需求，在国内 70 年代就完成一批制冷设备热工性能测试装置，对中国的制冷行业的起步作出了较大贡献。

在 70 年代末 80 年代初，利用等湿球热温度线与等焓线近似重合的热工原理，实验室开发了风管热平衡家用空调测试装置。在当时，对中国刚起步的家用空调行业起到了重要的作用，帮助商检局检验进口小型空调器的制冷性能、帮助刚起步的国内早期的生产厂商完成空调器的开发和研究，提供了可靠的科学手段，并帮助江苏、浙江、广东等早期的空调器厂完成了几十套测试装置，有力地推动了该行业质检手段的建立和完善。

按国际标准（ISO）建造了具有第二制冷剂的量热器法压缩机测试装置，除用于制冷系统教学实验外，为国家对当时大量进口的冰箱和空调小型全封闭压缩机提供可靠的质检方法和手段，有力地支持了冰箱和空调生产厂的质量检查，也为国家商品检验作出重大贡献。

实验室的换热器性能测试风洞，成为国内 80 年代大量引进国外热交换器生产装置的产品验收手段，有力保证了行业在与国外谈判和引进设备时的先进性。

学校的热工性能测试装置在中国制冷空调发展史上起过的作用和影响在行业中是有目共睹的，也得到多项科技进步奖。在实验室已有技术的基础上，制冷专业的教师努力为社会服务，为国内空调器厂建设了超过上百套的风管热平衡测试台、制冷压缩机热工性能试验装置、基于模糊控制的全自动焓差法空调器性能试验台等，对国家全面采用 ASHRAE 和 ISO 国际标准所推荐的空调器和小型压缩机的试验方法提供了有力支撑，同时通过这些项目的实施，培养了大批的有理论、有实践的学生充实到行业发展中去。

2）制冷零部件的性能测试方法及测试装置的研究开发

该专业在国内最早开始研究制冷系统各类零部件的性能，并较早建成节流元件测试装置；调温调湿风洞，用于对蒸发器、冷凝器的管内沸腾相变换热条件下的传热性能研究，建成全自动的截止阀通流和泄漏试验台，并结合工厂的实际需求，为国内制冷元件，如膨胀阀、截止阀、蒸发器、冷凝器的生产厂商，建造成几十套研究和生产质量控制的测试装置，为我国成为制冷元件生产大国提供了有力的技术支持及可靠的质量保证体系。

3）高能效新产品的开发和研究

该专业教师与企业合作，根据市场需求，以技术咨询、设计等形式与企业共同合作、开发各类社会需要的制冷空调产品，获得社会较高评价，为推动行业发展取得了良好的成果，并获得多项国家有关部委、省市的科技进步奖项。

在改革开放初期阶段，该专业与企业合作完成了离心式制冷机新叶轮设计计算研究、XZ-150 溴化锂吸收式制冷机开发、离心式压缩机的设计、氟利昂热力性质通用计算程序的研究等。近年来在电站凝结泵的设计，热管技术的研究及在半导体冰箱上的应用，多级自动复叠制冷系统排气压力调节方法和应用技术，横流式蒸发冷凝器的关键技术研究及开发，高效节能冷却塔的研究和产品开发，低温医用冰箱系列产品的关键技术和产业化，天然制冷剂（CO_2）小型集成技术装置关键技术及产业化等“产学研”结合，走出了一条拓展专业活力的新路，在社会上赢得良好的声誉。

4）军民融合，为国防建设服务，特种制冷空调装备的研发和应用

近 20 年来，随国防建设的电子化，对各类电子设备的冷却成为国防建设必须解决的问题。该专业参与的军民融合项目主要如下。

90 年代国家大量引进俄罗斯的苏 27、苏 30 飞机，并自行制造各式战斗机预警机等新型机型，飞机落地后，电子设备须外接冷源快速冷却，该冷却设备起初由俄罗斯随飞机进口，性能差、体积大、噪声大。该专业受济南空军委托，与某修造厂合作，研制飞机地勤空调车，以替代原进口设备，经几年的合作，完全替代了进口产品，还完全独立自主的开发了液体冷却，通风冷却，空调 / 电源合一的各种不同用途的飞机空调地勤车系列，满足了对设备的可靠性、小型化、快速化要求，该专业也持续与济南空军良好合作了 20 余年。济南空军的装备已覆盖了全国和全部空军机型，该成果已获 6 项军队科技进步二等奖，2013 年获上海市科技进步二等奖。

随我国航天事业的发展，该专业教师与上海航天局合作完成国防科工委卫星罩特种空调系统的研制，并广泛应用于航天发射场，保障卫星发射在特定温湿度条件下正确无误地到达发射台架，该项目获上海科技进步奖三等奖。

随国家对方舱装备部队的要求，急需方舱的保温、导热、可靠性、温差变形等性能进行测试和试验，该专业教师与方舱和雷达车的生产厂合作，建造了国内首家 –60 ℃～ 100 ℃自动可调节温度及有光照模拟的大型测试装置。装置建成后，现已成为国家热工环境测试室，用于方舱、雷达、导弹的高低温测试中心。十多年来，为国防产品的环境检测，作出了很大的贡献，受到用户好评。

5）低温技术在生物医药研究中的应用

该专业教师结合生物医药、食品药品的要求，较早完成了低温医用生物材料保存，低温显微镜设备，并结合临床医药取得了一批较好的成果，多次获得政府相关部门的认可，获多项科技进步奖项。主要完成项目有：微处理机低温生物降温仪，大型低温生物显微镜，倒置式低温生物显微镜，医用生物材料低温保存的研究，临床医学中低温技术的研究，组织工程皮肤的体外构建，低温保存及临床应用，人体细胞低温保存及冷冻干燥技术，血站冷链关键设备开发，医用超低温保存箱的研制及应用。

2. 主要教学科研成果

1）主要科研成果奖项

主要科研成果奖项见表 3-5。

表 3-5　科研成果奖项

序号	奖　项　名　称	项　目　名　称	等　级	获奖时间
1	上海市科技进步奖	天然制冷剂二氧化碳小型集成式制冷装置关键技术及产业化	二等奖	2015 年
2	山东省科技进步奖	大型节能环保磁悬浮离心式中央空调关键技术及产业化	一等奖	2015 年
3	军队武器装备科学技术奖	飞机空调电源综合保障工程	二等奖	2014 年
4	上海市技术发明奖	生物材料冷冻干燥设备的关键技术、工艺及其应用	三等奖	2013 年
5	国家科技进步奖	低温冰箱系列化产品关键技术及产业化	二等奖	2013 年
6	上海市科技进步奖	飞机环控系统地面保障关键技术及产业化	二等奖	2012 年
7	上海市技术发明奖	高效节能冷却塔产品开发关键技术及应用	二等奖	2011 年
8	上海市技术发明奖	多级自动复叠制冷系统的排气压力调节方法与装置及应用	一等奖	2009 年
9	浙江省科技进步奖	JNC 横流闭式冷却塔关键技术研究及产品开发	二等奖	2009 年
10	军队科技进步奖	特种飞机环控地面保障工程	二等奖	2009 年
11	上海市科技进步奖	火核电等重大工程配套泵阀优化设计与实验研究及应用	三等奖	2009 年
12	上海市科技进步奖	核电火电等配套泵阀及其测试装置优化设计与应用	三等奖	2008 年
13	上海市科技进步奖	医用超低温保存箱的研制及推广应用	三等奖	2007 年
14	山东省科技进步奖	热管技术的研究及在半导体冰箱上的应用	二等奖	2007 年
15	山东省科技进步奖	超低温制冷关键技术研究及产业化	三等奖	2007 年

（续表）

序号	奖 项 名 称	项 目 名 称	等 级	获奖时间
16	中国机械工业科学技术奖	适用于农药残留现场检测的一种新型方法与装置	二等奖	2007 年
17	中国机械工业科学技术奖	基于通用平台的暖通空调系统与设备集成测试与控制技术	三等奖	2007 年
18	上海市科技进步奖	建筑环境和设备系统多功能测试装置	三等奖	2006 年
19	上海市科技进步奖	电站凝结泵设计	三等奖	2006 年
20	上海市科学技术进步奖	一种用于果蔬农药残留现场快速检测的新技术	三等奖	2006 年
21	上海市科技进步奖	卫星罩特种空调系统研制的应用与推广	三等奖	2005 年
22	中国机械工业科学技术奖	电动机—压缩机安全性能测试系统	三等奖	2005 年
23	上海市科技进步奖	组织工程皮肤的体外构建、低温保存及临床应用	一等奖	2005 年
24	上海市科技进步奖	临床医学中低温技术问题的研究	三等奖	2002 年
25	国家机械局科技进步奖	全自动焓差法空调器热工性能测试装置研制	三等奖	1999 年
26	国家自然科学奖	低温技术在生物医学中的应用	四等奖	1997 年
27	上海市科技进步奖	低温生物医学技术	三等奖	1997 年
28	机械部科技进步奖	低温技术在生物医学中的应用	一等奖	1996 年
29	机械部科技进步奖	全自动制冷热工测试系列设备	三等奖	1996 年
30	上海市科技进步奖	基于模糊控制的全自动制冷热工测试系列设备的研制及推广应用	二等奖	1995 年
31	机械部科技进步奖	风冷水冷冷凝器系列更新	三等奖	1991 年
32	国家教委科技进步奖	医用生物材料低温保存的研究	三等奖	1989 年
33	国家经委科技开发奖	废旧橡塑材料低温粉碎	科技开发奖	1988 年
34	机电部科技进步奖	废旧橡塑材料低温粉碎技术开发与设备研究	三等奖	1988 年
35	上海市科技进步奖	大型低温生物显微镜系统	二等奖	1987 年
36	机械部科技进步奖	SXZ-50 双效溴化锂吸收式制冷机	三等奖	1986 年
37	上海市科技成果奖	小型制冷压缩机性能试验装置	三等奖	1983 年
38	机械部科技成果奖	测定小型空调器冷量的风管热平衡装置	三等奖	1982 年
39	机械部科技成果奖	氟利昂热力性质通用计算系统的研究	三等奖	1982 年
40	上海市科技成果奖	GYHE-30 超导低温容器	三等奖	1981 年
41	机械部科技成果奖	空调器风管热平衡实验台	三等奖	1981 年
42	上海市科技成果奖	240 万大卡 / 时离心式制冷压缩机设计	三等奖	1981 年
43	机械部科技成果奖	调温调湿风洞传热试验研究装置	二等奖	1981 年
44	上海市科技成果奖	XZ-150 溴化锂吸收式制冷机	三等奖	1980 年
45	上海市科技成果奖	叶轮式制冷新叶轮设计计算研究	三等奖	1980 年

2）主要教学成果奖项

主要教学成果奖项见3-6。

表3-6　教学成果奖

序号	奖 项 名 称	项 目 名 称	等 级	获奖时间
1	上海市教学成果奖	加强学科交叉，探索“学科—科研—专业”一体化建设的研究与实践	一等奖	2014年
2	上海市教学成果奖	面向行业构筑制冷原理与装置精品课程体系，培育工程型创新型人才	二等奖	2014年
3	上海优秀教材	英文《制冷技术》	一等奖	2013年
4	国家级教学名师	华泽钊		2003年
5	上海市教学成果奖	《食品冷冻冷藏原理与设备》及其课程建设	二等奖	2001年
6	上海市优秀教材	《制冷压缩机》	二等奖	2001年
7	上海市教学成果奖	动力工程计算机系列课程教学模式的研究与实践	二等奖	1998年
8	教育部国家级教学成果奖	《低温生物医学技术》	二等奖	1997年
9	上海市优秀教材	《低温生物医学技术》	一等奖	1997年

3）研发平台、开放式试验台和国家级检测中心

- 中国机械工业联合会：环保制冷剂应用研究重点实验室（2010）；
- 机械工业部：低温生物医学技术（1994）。

3. 教材与专著

1.《低温工艺与装置》，王立、厉彦忠、张华主编，陈曦、祁影霞参编，机械工业出版社，2016.12

2.《制冷空调施工技术》，余克志主编，陈曦参编，机械工业出版社，2013.6

3.《食品冷冻冷藏学》，刘宝林著，中国农业出版社，2010.8

4.《流体工程实用技术研究》，余晓明主编，同济大学出版社，2010.11

5.《Refrigeration Technology》，华泽钊、张华、刘宝林、郇申义编著，科学出版社，2009.6

6.《Freeze-drying of Pharmaceutical and food products》，华泽钊、刘宝林、张华编著，由英国Headwood和美国CRC联合出版，2009.10

7.《水源，地源，水环热泵空调技术及应用》，蒋能照、刘道平主编，机械工业出版社，2007.3

8.《热能与动力机械制造工艺学》，陶正良主编，张华副主编，机械工业出版社，2006

9.《冷冻干燥新技术》，华泽钊著，科学出版社，2006

10.《流体输配管网》，龚光彩主编，柳建华参编，机械工业出版社，2005

11.《汽车空调实用技术》，阙雄才、陈江平主编，张华参编，蒋能照主审，机械工业出版社，2003

12.《家用中央空调实用技术》，蒋能照、张华主编，机械工业出版社，2002

13.《离心式/螺杆式制冷机组及应用》，董天禄主编，周启瑾、张华参编，姜尔宁、蒋能照、叶振邦主审，机械工业出版社，2002

14.《制冷压缩机》，缪道平、吴业正主编，机械工业出版社，2001

15.《制冷与空调技术问答》，卜啸华主编，秦明元、韩润虎、陈中、俞国新参编，冶金工业出版社、机械工业出版社，2000

16.《食品冷冻冷藏原理与设备》，华泽钊、李云飞、刘宝林编，机械工业出版社，1999

17.《小型制冷装置设计指导》，吴业正、周启谨主编，翁文兵、蒋能照参编，机械工业出版社，1998

18.《蓄冷技术及其在空调工程中的应用》，华泽钊、刘道平、吴兆林、邬志敏编，科学出版社，1997

19.《空调用热泵技术及应用》，蒋能照主编，姚国琦、周启瑾、吴兆林副主编，机械工业出版社，1997

20.《保护臭氧层为了子孙万代》，冯允恭主编，蒋能照副主编，上海科学技术文献出版社，1995

21.《低温生物医学技术》，华泽钊、任禾盛著，科学出版社，1994

22.《新制冷工质热力性质图和表》，蒋能照、吴兆林、翁文兵编，上海交通大学出版社，1992

23.《活塞式制冷压缩机》第2版，缪道平主编，机械工业出版社，1992

24.《制冷机工艺》，邬志敏主编，上海科学技术出版社，1989

25.《低温技术热力学基础》，（苏）布罗江斯基著，钱鸿章等译，蒋能照校，机械工业出版社，1988

26.《制冷装置及其自动化》，邹根南、郑贤德主编，蒋能照主审，机械工业出版社，1987

27.《吸收式与蒸汽喷射式制冷机》，茅以惠、余国和编，机械工业出版社，1985

28.《螺杆式制冷压缩机》，吴宝志编，卜啸华、邬志敏审，机械工业出版社，1985

29.《活塞式制冷压缩机》，缪道平主编，机械工业出版社，1983

30.《制冷工质热物理性质表和图》，沈志光编，机械工业出版社，1983

31.《氟利昂制冷机》，蒋能照、余有水等编，上海科学技术出版社，1982

32.《小型制冷机》,（苏）雅柯勃松著，王士华、周启瑾、蒋能照等译，机械工业出版社，1982

33.《离心式制冷压缩机》，叶振邦、常鸿寿编，机械工业出版社，1981

34.《制冷及低温技术（上，中，下册）》，张祉佑、石秉三主编，顾景贤、韩鸿兴、蒋能照、周启谨等审，机械工业出版社，1981

3.2.3.2 上海理工大学建筑环境与能源应用工程

上海理工大学“环境与建筑学院建筑环境与能源应用工程”专业，创办于1994年学校动力工程学院，当年开始招生，主要师资由动力学院制冷工程专业相关老师组成。创办以来，专业名称随着行业和社会的需要，以及教育部对专业的整合要求，先后起名有：1994年为“制冷空调工程类供热通风与空调工程方向”、1997年更名为“供热通风与空调工程”、1999年更名“建筑环境与设备工程”、2012年更名为“建筑环境与能源应用工程”。1999年、2012年次年便以更改的专业名招生。1997年本科专业从动力学院整建制调整至目前的环境与建筑学院建筑环境与能源工程系（曾名为供热通风与空调工程研究所、建筑环境与设备工程系）。

目前建筑环境与能源工程系（以下简称“建环系”）除承担“建筑环境与能源应用工程”本科专业（以下简称“建环专业”）教学工作外，还承担相关学科的硕博研究生的培养工作。1998年建环系获得供热、供燃气、通风及空调工程硕士点二级学位授予权，1999年起开始招收硕士研究生，2006年获得一级学科“土木工程”硕士点，2007年获得“建筑与土木工程”工程硕士专业学位领域授予权，次年2008年招收该领域在职工程硕士研究生，2010年开始招收全日制工程硕士研究生。2011年学院挂靠学校“动力工程及工程热物理”学科一级博士点，设立的“能源与环境工程”学科二级博士点获得通过。目前建筑环境与能源工程系承担：本科“建筑环境与能源应用工程”、工学硕士“供热、供燃气、通风及空调工程”、在职与全日制工程专业硕士“建筑与土木工程”、博士“能源与环境工程”的本、硕、博三个层次的教学和培养工作。

自1994年至2020年，已有本科毕业生1 337人，目前以平均每年约3个班的规模招生；自1999年招收硕士研究生以来，招收学科各类研究生近583人，已毕业研究生448余人，现每年招收各类研究生约50人；培养博士生10人、其中博士毕业生5人。

建筑环境与能源工程系现有在编专职教师21人，其中教授5人、副教授8人、具有博士学位18人，现有博导1人，硕导15人。

1. 近年来代表性教学科研成果

近十余年来，团队积极参加学校组织的本科与学科的内涵建设，现已承接并完成了3项中央财政部地方高校实验室建设。本科教学与学科实验室已初具规模。

借助实验室建设和学科建设，以结合本硕教学、科学研究为目的，利用学校实训中心和体育乒乓房建有2个规模较大的大空间建筑室内热环境实验基地（分别为500 m^2 和300 m^2），同时还建有大空间地源复合热泵创新实验系统、建筑多能源供热供冷计量实验台、建筑环境与设备系统综合实验室、建筑热回收变风量系统节能实验室、建筑太阳能一体化实验系统、太阳能发电和供热综合利用实验系统、冰蓄冷低温送风实验系统、超临界二氧化碳热泵实验系统、辐射空调环境研究实验室、地铁车站热环境盐水模拟系统、大空间缩尺模型实验室与盐水实验台、建筑设备特性与噪声实验室、风机性能实验室、层流＋乱流洁净室、空气净化设备性能实验系统，以及建筑环境测试实验室等基础实验室共计20余个。2012年“绿色建筑环境节能创新创业实践基地”获批为上海市第一批专业学位研究生实践基地，该基地由上海理工大学与上海汽车资产经营有限公司共同建设。2019年“机械工业厂房大空间健康环境与节能重点实验室”获批为中国机械工业联合会的重点实验室。

专业创办伊始，团队本着社会、行业所需的紧缺人才特点，结合学校情况与特点，进行了一系列的教学实践与改革，逐步确立了具有学校特色专业、面向社会和行业所需的建环人才培养体系，其主要特点是具有气、电、水三方向教学并行，电控能力为特色培养目标的课程与实践教学体系，同时依托实验室建设和学科建设平台，借助学生创新项目，加强了培养学生创新精神和分析解决问题的能力。截至目前，已有国家精品课程1门，上海市精品课程4门，上海市优质在线课程1门。获得大学生创新大赛省部级以上奖项30余项，其中获得国家级奖项近10项。另大学生团队参加全国CAR-ASHRAE设计大赛分别获得二等奖、三等奖近10次，2019年学校本硕学生在第三届世界暖通空调学生科技竞赛中获得冠军。2012年建环本科专业通过了国家住房和城乡建设部高等教育建筑环境与设备工程专业评估委员会的专业评估，2017年通过了国家住房和城乡建设部高等教育建筑环境与能源应用工程专业评估委员会的专业复评。

近十多年来，依托中央财政部地方实验室建设、上海市、校等一系列的内涵建设，发挥教师专长，学科逐渐形成了三个研究方向：①大空间建筑室内热环境与环境检测；②暖通空调设备系统集成与优化；③建筑新能源与设备环保节能技术。在上海形成了显著的特色，利用学科在建筑环境与建筑节能方面的研究特色和规模，2008年“建筑环境工程与节能”获得上海市教委重点学科建设项目。

在大空间建筑室内热环境与环境检测方面：通过理论、模型和现场实验研究，在大空间建筑室内热环境、负荷计算、气流组织方面建有多种理论模型与计算方法，提出了大空间分层空调非稳态负荷计算方法，并进行工程应用研究；与此同时，完成来自企业的科研项目和社会服务项目几十项，其中涉及了多项著名企业和著名建筑，如国家重点项目光源工程的储存环恒温控制方案与测定、世博国家馆与世博中心的室内热环境模拟与优化、世博轴喷雾降温系统实验研究与测定等；课题组在住宅室内环境与儿童健康方面的研究工作颇具规模与影响，发现了多项室内环境与儿童健康的关联因素，在国内同类研究中位于前列。

在暖通空调设备系统集成与优化方面：研究集成制冷空调技术、测试技术、控制技术、节能技术等技术，解决了许多诸如高温高湿环境、常温低湿环境、高精度测试环境、长期结霜环境、高品质居住环境等的工程难题，研发了百余项针对不同对象、不同测试要求的环境试验室，开发了为不同规模的居住建筑营造高室内环境品质的柔性智能环控系统。研究成果应用对象涉及了国内外多家知名企业、军事及高校等单位，如香港理工大学、上海工业技术学校、上海建筑科学研究院、中国船舶第七〇四和七〇三研究所、海尔、海信、格力、美的、上海日立、新飞、阿里斯顿、朗诗地产等，为本行业的技术发展作出了较大的贡献。

建筑新能源与设备环保节能技术方面，开展了太阳能与建筑一体化及蓄热系统研究，高密度蓄热材料与系统的研究、地源—热源系统以及空气源热泵、太阳能等多能源互补系统研究、冰蓄冷与低温空调结合研究、二氧化碳跨临界热泵、空气源热泵除霜等研究；提出了太阳能建筑一体化结构的动态分析方法，研发了多种太阳能与建筑一体化结构系统；开发了多种新型二氧化碳热泵蒸发器、气冷器形式以及热泵性能优化技术，拥有 30 多项发明专利的授权，其中多项专利完成转让，在工程中得到应用。

1）船用空调冷藏测试技术

随着我国海军军舰航行区域的扩展，舰用空调已成为军舰一项必不可少的设备。团队多年来与中船重工七〇三研究所、七〇四研究所合作，针对舰船冷冻空调设备的特点，研制了各类舰用冷水机组、空调机组、VAV 末端、冷藏设备等性能研究测试装置，这些装置运用最新的测控技术，测试范围覆盖广，检测精度高，全自动运行，在舰用空调、冷藏系统的测试与研究处于国内领先。该技术应用于我国各类最新舰船空调设备的研发，如研发的 001 型舰汽轮机驱动离心式冷水机组联调试验台，应用于“辽宁号”航母以及后续同级航母冷水机组的性能及变工况测试等。该技术 2010 年获得国防科技进步奖三等奖。VAV 空调系统陆上模拟联调系统正应用于我国某型万吨级驱逐舰等。

2）共建冷热型空气分布器性能实验室

2010 年起，通过多项上海市科协资助的联盟计划以及校企合作项目，团队和上海显隆通风设备有限公司合作研发了冷热型空气分布器性能测试装置，建立了我国首个冷热型空气分布器性能测试实验室。该测试装置可测定冷热型空气分布器射出气流射程、下降距离、上升距离和扩散宽度等，并可获得反映冷热型空气扩散的性能曲线，实验室空气流量测试精度 ≤ 3%，风速测定精度 3%；温度和压力控制精度分别为 ±1 ℃和 ±3 Pa。经上海市科学技术查新咨询中心查新结果表明，该装置综合技术达到国际先进水平。项目已获得授权发明专利 3 项、授权实用新型专利近 20 项，并利用该实验装置培养了 4 名研究生。该实验室不仅帮助企业提升产品的技术含量，还促进该领域产业的升级。

3）世博轴高压喷雾技术成功应用

2010 年上海世博期间正值 5 月至 10 月炎热的夏季高温气候，游客达每日 7 000 万人。团队与华东建筑设计研究院有限公司合作，进行了长达 4 年的理论和实验研究，在进行了 2007 年的景观喷雾、2008 年的高压喷雾、2009 年上海世博轴现场等一系列的实验研究后，结合理论研究提出了高压喷雾降温系统定量降温计算方法及其参数选取方法，与设计院合作成功地在上海世博轴上应用了高压喷雾技术，后经世博期间 40 ℃的极端高温气候下的现场实测结果表明，喷雾区 3 m 以内达到平均 3 ℃～ 8 ℃的降温效果，与理论研究结果完全吻合。世博后期该技术在世博园区得到了大面积的推广应用。学校建筑环境学科因此获得上海市教育系统“服务世博，奉献世博”争创教育先锋号先进集体的称号。

4）研发汽车空调制造车间的通风除尘系统及自动试压检漏测试装置

2004 年起与德尔福汽车中国投资有限公司合作，针对车间空气中有害物含量严重超标的现象，研发了车间钎焊炉冷却段通风系统，室内空气品质达到国标与 ISO 标准，降低车间室内温度 15 ℃，并使排放气体达标；同时研发了应用于汽车用换热器制造流水线自动试压检漏装置，以多台换热器同步自动检测替代以往的单台、人工检漏，在线检测精度达到国内外各项标准要求。使用该装置可使汽车换热器试压检漏的生产效率提高 30 倍以上，产品合格率提高约 2.5 个百分点。3 年来该项目为该公司产生的直接经济效益达 2 590 万元。并获得授权发明专利 2 项。

5）成功研发大型风冷机组检验装置

2012—2015 年与特灵空调系统（中国）有限公司合作，研发制造了 17 500 kW 风冷机组性能检验装置，其规模为当时国内首创，其精度、稳定性、自控系统完备性能好于当时业内同类产品。项目研发期间，从设计施工到安装调试，各司其职，通过多种软件模拟修正完善，达到了最优效果，项目期间多名教师和研究生参加，体现了“产学研”的成果。该项目获得国内与美国的专业认证。

6）低品位间隙热源驱动新型空调应用技术

团队与中船重工集团公司第七一一研究所合作研发的用低品位间歇热源驱动的新型空调应用技术，其关键技术是利用 50 ℃以下的低品位热能应用于溶液除湿系统，该技术在实际的冷热电三联供系统中，同时提供房间供冷，水加热（比如游泳池水）和发电三项用能需要。并推广到其他实际工程中。研发期间获国家高技术研究发展计划（863 计划）项目资助，上海市教委基金项目、研究生创新等 3 项纵向项目资助。获得 10 多项发明与实用新型专利，指导研究生 5 人，撰写论文十多篇。

2. 主要教学科研成果

1）主要科研成果奖项

主要科研成果奖项见表 3-7。

表 3-7 主要科研成果奖项

序号	奖项名称	项目名称	等级	获奖时间
1	中国机械工业科学技术进步奖	大型制造企业规模化分布式光伏利用与能源智慧管理关键技术及应用	三等奖	2020 年
2	上海市科技进步奖	基于多目标物联网控制的高品质居住环境复合换热柔性系统与应用	三等奖	2019 年
3	上海市科技进步奖	既有公共建筑节能与加固绿色改造技术	二等奖	2018 年
4	国防科学技术进步奖	001 型舰汽轮机驱动离心式冷水机组联调试验台研制	三等奖	2010 年
5	中国机械工业科学技术进步奖	大空间建筑多种气流组织液态缩尺示踪开放性实验平台	三等奖	2017 年
6	上海市科技进步奖	历史建筑可靠性检测鉴定与节能改造技术	三等奖	2015 年
7	中国机械工业科学技术进步奖	航空器地面环控系统关键技术及应用	三等奖	2013 年
8	上海市科技进步奖	既有综合性商办楼节能成套技术	二等奖	2008 年
9	中国机械工业科学技术奖	基于通用平台的暖通空调系统与设备集成测试与控制技术	三等奖	2007 年
10	上海市科技进步奖	建筑环境和设备系统多功能测试装置	三等奖	2006 年

2）主要教学成果奖项

主要教学成果奖项见表 3-8。

表 3-8 主要教学成果奖项

序号	奖项名称	项目名称	等级	获奖时间
1	上海市教学成果	以学生个性化需求为导向，践行工科专业教学过程的创新模式	二等奖	2017 年
2	上海市精品课程奖	通风工程	市级	2017 年
3	第四届全国高等学校自制实验教学仪器设备奖	模块化制冷空调系统教学实验装置	三等奖	2016 年
4	上海市高校优质在线课程	空调工程	市级	2016 年
5	上海市精品课程奖	空调工程	市级	2015 年
6	上海普通高校优秀教材奖	建筑设备工程 CAD 制图与识图（第 3 版）	优秀奖	2015 年
7	上海市教学成果奖	建筑环境与能源应用工程专业特色实践教学体系构建与示范	二等奖	2013 年
8	上海市精品课程奖	空调用制冷技术	市级	2009 年
9	国家精品课程奖	建筑环境学	国家级	2007 年
10	上海市精品课程奖	建筑环境学	市级	2006 年
11	上海市教学成果	建筑环境与设备工程应用型本科人才培养体系的改革与建设	三等奖	2005 年
12	上海市教学成果奖	变风量中央空调智能控制实验室	三等奖	2001 年

3）主要荣誉

主要荣誉见表 3-9。

表 3-9 主要荣誉

序号	奖 项 名 称	姓 名	等 级	获奖时间
1	2017—2018 年度上海市教育系统三八红旗集体	上海理工大学建筑环境与能源工程系		2019 年
2	上海市育才奖	于国清		2019 年
3	上海市五一劳动奖章	黄　晨		2011 年
4	上海市文明班组	上海理工大学建筑环境与设备工程系		2009 年
5	全国优秀教师	黄　晨		2007 年
6	上海市教学名师	黄　晨		2007 年

3. 教材与专著

1.《建筑设备工程 CAD 制图与识图》(第 4 版)，于国清主编，机械工业出版社，2020.4

2.《中国室内环境与健康研究进展报告》(2018—2019 年度)，孙婵娟、黄晨参编，中国建筑工业出版社，2020.4

3.《建筑环境学》(第 2 版)，黄晨主编，机械工业出版社，2015.12

3.2.4 上海海洋大学能源与动力工程

上海海洋大学的“能源与动力工程”本科专业，主要培养面向食品冷冻冷藏制冷装置工程设计和建设、冷藏链及各节点企业技术管理的科技人才。

该学科设有“制冷及低温工程”二级学科硕士学位授权点，挂靠“食品科学与工程”学科一级学科博士授权点、博士后科研流动站。

“能源与动力工程”专业具有制冷装置工程设计、食品冷冻冷藏工艺和食品冷藏链技术三位一体的突出特色，该特色是保障我国食品工业在保障食品安全条件下顺利发展重要条件。

该专业的形成和发展，经过了一个漫长的历史时期。1912 年成立的“江苏省水产学校”成为创建上海海洋大学的最前身。从创建到 1938 年，学校的学制和生源经过了数次调整。

1912—1914 年，学制四年（含一年预科）；1915 年改为两年预科，两年本科。1925 年，开始招收高中毕业生兼收部分初中毕业生，学制四年。1928 年，学校作为“中山大学农学院附设水产学校”对外招生；1929—1930 年，改为“国立中央大学农学院附设水产学校”对外招生；1931—1938 年，又恢复“江苏省立水产学校”的校名对外招生。“江苏省立水产学校”自成立 26 年中，共招生 21 届学生，为社会培养 800 多名水产及制冷行业的科技人才。

1938—1947 年因战乱停校。

1947 年，以“上海市吴淞水产专科学校”获准在上海复兴岛复校，设置五年制专科性质的制造科。

上海解放后，1949 年 8 月经上海市军事管制委员会批准，把“江苏省立水产职业学校”闵行部分并入“上海市吴淞水产专科学校”，成立职业部，续办三年制中专性质的制造科。

1951 年 3 月 10 日，教育部批准“吴淞水产专科学校”更名为“上海水产专科学校”，制造科招收三年制的高中毕业生。培养目标、专业课程设置与五年制的制造科相似。

1952 年教育部批准“上海水产专科学校”升格为“上海水产学院”，成为我国第一所本科建制的水产专业高等学校。

“上海水产学院”先后从“圣约翰大学”“东吴大学”“大同大学”等学校吸纳了一批师资，并与“山东大学”水产系合作，借鉴苏联的办学经验编制了水产类专业教学计划、课程大纲与教材，努力探索建立我国的水产专业高等教育体系，从而迈进一个崭新的历史时期。

1952 年 8 月，上海水产学院组建水产加工系，下设水产品加工本科专业。原上海水产专科学校五年制制造科二年级学生 21 人，转入水产加工专业本科一年级，加上当年全国统一考试招收的高中毕业生及部分调干共计 30 人，构成该专业第一批生源。1953 年又从“河北水产专科学校”和广东“暨南大学”水产品加工专业二年级学生转进 7 人，学生总数共计 58 人，至 1956 年有 55 名学生毕业。

此后，该专业名称屡有变更：1952—1956 年为水产品加工专业；1956—1970 年更名为水产品加工工艺专业。

在 1958 年之前，制冷工艺学和食品冷冻工艺学，在水产品加工专业一直以重要专业课形式存在。从 1958 年开始，除水产品加工工艺专业外，又派生出“冷冻工艺”和“罐头工艺”两个本科专业。

为培养新中国的制冷科学技术人才，国家城市建设部（商业部前身）在 1956 年与学校商定创建五年学制的“冷冻工艺”本科专业，并将 1958 年招收的水产品加工工艺本科专业新生的半数，划入新成立的冷冻工艺专业，又从广州暨南大学划入几名新生，启动了培养我国第一代食品冷冻冷藏本科专业专门人才的崭新建制。此后，正式开始按冷冻工艺专业名称招生。

1960 年，在学校成立的夜大学中，也设置制冷设备与制冷专业。

在该专业建立 60 年间，教育部曾多次修订全国高等学校的专业目录，该专业也经历多次易名：

1958—1963 年，定名为冷冻工艺专业，五年制学制；

1964—1971 年，定名为制冷与冷藏工艺专业，五年制学制；

1972—1976 年，定名为制冷工艺专业，三年制学制；

1972 年初，上海水产学院迁往福建省厦门市集美镇办学，更名为厦门水产学院。厦门水产学院期间（1972—1979 年），按学制划分为两个阶段：

1972—1976 年阶段：招收“工农兵学员”，学制三年，颁发厦门水产学院毕业证书。1977—1978 年阶段：恢复全国统一考试后招收的两届本科学生，学制四年，在 1979 年上海水产学院复校后随迁返沪，颁发上海水产学院毕业证书。到厦门后专业名称改为“制冷工艺”，专业属性仍为工学，学制三年，共招收“工农兵学员”五届，计 198 人；

1977 年恢复高等学校全国统一考试招生，定名为制冷工艺专业，四年制学制，本科学历。1977、1978 两届共招生 105 人。此两届学生是在厦门水产学院期间进校，在上海水产学院复校后毕业；

1986 年，定名为制冷与冷藏技术专业，四年制学制；

1994 年，定名为冷冻冷藏工程专业，四年制学制；

1998 年，教育部对高等学校本科专业目录再次进行修改，把冷冻冷藏工程专业归入能源类专业，定名热能与动力工程专业，四年制学制；

2008 年，经教育部批准，上海水产大学更名为上海海洋大学。并由军工路、学海路两校区迁至浦东新区沪城环路新建校区。

2012 年，教育部再次对专业目录进行了修改，更名为“能源与动力工程”专业，四年制学制。

该专业现有在编人员 23 人，其中教授 4 人、副教授 6 人、高级工程师 4 人、讲师 5 人、工程师 4 人。有博士生导师 2 人、硕士生导师 6 人，具有博士学位 11 人、硕士学位 6 人。拥有国家“千人计划”专家 1 人、国家“万人计划”创新领军人才 1 人。

从 1912 年到 2016 年统计，总毕业人数计 3 846 人。其中 1949 年前 893 人（三年制中专）；中华人民共和国成立后为 260 人（五年制专科），198 人（三年制专科），328 人（三年制高职）；223 人（五年制本科）；2 165 人（四年制本科）。

从 1985 年开始招收“制冷及低温工程”二级学科硕士研究生，至 2016 年已经有博士毕业生 8 人，硕士毕业生 90 人。

1. 近年来主要科研成果

1）为食品行业建立满足各种食品工艺要求的冷藏冷冻设备提供了技术设计和支持

1985 年，经国家建委和农业部批准，创建“上海水产大学”食品冷库研究设计所，具有部批工程设计丙级资质。多年来完成多项各种冷库的设计和建造。例如：1975 年福建省霞浦县 500 吨 / 次的肉类联合加工厂设计项目，1974 年厦门市 4 500 t/ 次自动化商业冷库工程设计项目，1979 年上海茶叶进出口公司扩建 1 500 t/ 次高温库设计，1981 年江苏镇江市 500 t/ 次水产冷库工程设计项目，1990 年江苏省苏州市 1 000 t/ 次的外贸冷库工程设计项目，1993 年江苏省泰兴市 1 000 t/ 次的银杏种子冷库工程设计项目，1994 年广东省茂名市 500 t/ 次装配式冷库工程设计项目，1995 年设计建造 1 000 t/ 次的江苏省启东水产综合加工冷库设计项目，1996 年承接江苏泰兴 1 000 t 气调库的设计，1997 年底承接上海绿全果蔬贮藏有限公司 500 t/ 次的果蔬气调库研究设计，该冷库 1999 年 9 月竣工，为上海市第一座气调冷库。

2）参与农业部相关食品行业的标准制定和研究

2005 年，农业部下达的生食金枪鱼标准课题，该项目与中国渔业协会远洋渔业分会、上海市出入境检验检疫局以及生产企业通力合作，课题圆满完成。生食金枪鱼的加工要求标准主要有：禁止使用一氧化碳保色工艺及加工车间的温度保持（10 ℃）；生食金枪鱼产品的感官指标、净含量负偏差要求、温度要求、理化指标和安全卫生指标；检验方法和检验规则及产品标签、包装、运输和贮存条件；金枪鱼产品的一氧化碳残留量的测定方法和寄生虫的测定方法。该标准的制订有利于正确引导我国金枪鱼生食产品的消费理念，对我国远洋渔业的发展也产生积极影响，生食金枪鱼标准（SC/T 3117-2006）获得 2006 年度上海标准化优秀科技成果二等奖。

3）食品加工及冷链技术的研究和应用

该专业结合食品产业特别是冷链相关领域的工艺与装备的研究，坚持走产学研紧密结合的道路，承担国家 863 重点项目、国家科技支撑计划项目、国家农业科技成果转化项目、国家自然科学基金面上项目、教育部博士点博导基金、上海科委重点项目、上海市科委国际合作项目、上海市科技兴农重点攻关项目等研究工作。多年的科学研究获得了丰硕的科研成果，如由谢晶教授领衔的“猪肉产品质量安全供给关键技术与设备创新”获 2012 年上海市技术发明一等奖，“农产品冷藏链中关键技术研究与设备创制”成果获 2008 年上海市技术发明奖二等奖，“虾类产后增值关键技术与装备的研发与产业化”“蔬菜低温流通技术和安全体系的研发和应用”分别获得 2011 年和 2007 年上海市科技进步奖三等奖，以上成果在食品行业中得到广泛的推广和应用，有些技术参数已列入国家食品安全规范和标准。

4）建立多功能试验室

多功能试验室除满足本校学生和教师教学科研需求外，还为社会服务，并为行业提供技术支持和第三方认证。1997 年通过国家计量机构认证和农业部机构审查认可，“农业部冷库及制冷设备质量监督检验测试中心”正式挂牌成立（以下简称“中心”）。该中心充分发挥学校制冷工程学科及相关专业的综合优势，在人员配备、管理体系、设施与环境等各方面都具备雄厚的实力，是全国唯一以冷库及制冷设备检测为主的部级检测中心，能承担 7 种制冷装置和 2 种保温材料的性能检测，是具有第三方公正地位的冷库及制冷设备产品质量监督检验测试机构，是为制冷行业产品质量检测提供技术服务的社会公益性、非营利性事业单位。该中心同时为学生教学实验和毕业论文提供有力支撑。

新建全夹套式低温恒温制冷设备性能测试实验室，该性能测试试验室可最大限度屏蔽外部环境温度对实验室内部环境温度的干扰，能在设定温度环境条件下，对制冷设备的制冷能力进行精确测定。该测试中心曾向全国众多制冷设备制造厂的产品及食品冷冻冷藏企业的制冷装置提供技术服务，承担监督、检验和测试任务，对推动我国制冷产业的健康发展发挥积极作用。

2. 主要教学科研成果

1）主要科研成果奖项（第一完成单位）

主要科研成果奖项见表3-10。

表3-10　主要科研成果奖项

序号	奖项名称	项目名称	等级	获奖时间
1	上海市科技进步奖	海产品质量安全控制与风险评价体系的构建及应用	二等奖	2017年
2	上海市技术发明奖	水产品低温物流关键技术研发与设备创新	三等奖	2016年
3	上海市技术发明奖	猪肉产品质量安全供给关键技术与设备创新	一等奖	2012年
4	上海市科技进步奖	虾类产后增值关键技术与装备的研发与产业化	三等奖	2011年
5	上海市技术发明奖	农产品冷藏链中关键技术研究与设备创制	二等奖	2008年
6	上海市科技进步奖	蔬菜低温流通技术和安全体系的研发和应用	三等奖	2007年
7	上海标准化优秀科技成果	生食金枪鱼标准	二等奖	2006年
8	国家农牧渔业部科技成果技术改进奖	8154（A）型热力膨胀阀供液平版速冻制冷工艺	二等奖	1983年
9	国家计划委员会工程建设优秀国家标准	国标GB50072—2010《冷库设计规范》	三等奖	1987年

2）主要教学成果奖项

主要教学成果见表3-11。

表3-11　主要教学成果奖项

序号	奖项名称	项目名称	等级	获奖时间
1	上海市优秀教材奖	《制冷空调施工技术》		2015年
2	上海市教学团队	食品冷冻冷藏系列课程		2010年
3	上海市优秀教材奖	《冷库建筑》		2010年
4	上海市精品课程	《食品冷冻冷藏原理与技术》		2008年

3. 教材与专著

1.《食品低温物流》，谢晶主编，普通高等教育农业部“十三五”规划教材，中国农

业出版社，2019.4

2.《海产品保鲜贮运技术与冷链装备》，谢晶编著，国家科学技术学术著作出版基金资助，科学出版社，2019.1

3.《食品冷冻冷藏原理与技术》，谢晶主编，中国农业出版社，2015.4

4.《中央空调系统操作员（四级）》，谢晶主编，中国劳动社会保障出版社，2014.4

5.《制冷工（四级）》，谢晶主编，中国劳动社会保障出版社，2014.3

6.《中央空调系统操作员（五级）》，谢晶主编，中国劳动社会保障出版社，2014.1

7.《热工测量》，万金庆主编，机械工业出版社，2013.9

8.《制冷工（五级）》，谢晶主编，中国劳动社会保障出版社，2013.11

9.《中央空调技师手册》，谢晶、陈维刚主编，上海交通大学出版社，2013.10

10.《制冷空调施工技术》，余克志主编，机械工业出版社，2013.6

11.《制冷与低温工艺》，程有凯主编，谢晶副主编，机械工业出版社，2012.8

12.《食品储运与物流学科的现状与发展》，谢晶主编，中国科学技术出版社，2011.4

13.《食品冷藏链技术与装置》，谢晶主编，机械工业出版社，2011.1

14.《中国食品冷藏链的现状与发展趋势》，谢晶、潘蓓蕾、张莉主编，中国轻工业出版社，2010.6

15.《建筑环境测试技术》，万金庆主编，华中科技大学出版社，2009.8

16.《食品储运与物流学科的现状与发展》，谢晶主编，中国科学技术出版社，2009.4

17.《上海发展农产品（食用）加工业研究报告》，谢晶、徐麟主编，上海财经大学出版社，2008.7

18.《水产辞典》，谢晶分科副主编，上海辞书出版社，2007.7

19.《制冷工（高级）》，陈维刚、谢晶主编，中国劳动社会保障出版社，2007.4

20.《制冷工（初级）》，陈维刚、谢晶主编，中国劳动社会保障出版社，2007.2

21.《食品储运与物流学科的现状与发展》，谢晶专家组成员，中国科学技术出版社，2007.4

22.《冷库建筑》，谈向东主编，中国轻工业出版社，2006

23.《制冷与空调技术（技师）》，谢晶、陈维刚主编，中国劳动社会保障出版社，2006.8

24.《制冷工（中级）》，陈维刚、谢晶主编，中国劳动社会保障出版社，2006.11

25.《食品物流学》，谢晶副主编，中国计量出版社，2006.11

26.《食品贮藏保鲜》，谢晶副主编，中国计量出版社，2006.11

27.《上海冷藏史》，徐世琼副主编，谢晶参编，同济大学出版社，2006

28.《食品冷冻冷藏原理与技术》，谢晶主编，化学工业出版社，2005.4

29.《制冷装置的安装、运行与维护》，谈向东主编，中国轻工业出版社，2005

30.《商业用制冷装置》，陈天及主编，天津科学技术出版社，2001

31.《食品冷藏学》，冯志哲主编，中国轻工业出版社，2001

32.《水产食品学》，沈月新主编，中国农业出版社，2001

33.《新编制冷技术问答》，徐世琼主编，中国农业出版社，1999.7

34.《水产冷冻工艺学》，冯志哲主编，中国农业出版社，1997

35.《食品冷冻工艺学实验指导》，沈月新主编，中国农业出版社，1995

36.《制冷原理与设备》，李松寿主编，徐世琼、朱富强参编，上海科学技术出版社，1988

37.《食品冷冻工艺学》，冯志哲主编，上海科学技术出版社，1984

38.《制冷技术问答》，徐世琼主编，王锡珩、冯志哲、朱富强、陈坚、陈邓曼、沈月新、葛懋泉、谢晶、潘起元等参编，中国农业出版社，1981

39.《制冷装置设计（上、下册）》，葛懋泉主编，陈邓曼等参编（全国水产院校统编教材），1980

40.《水产品冷藏工艺学》，冯志哲、张伟民主编，中国农业出版社，1961

41.《制冷技术》，翁斯鑑主编，中国农业出版社，1960

3.2.5 上海海事大学能源与动力工程专业

中国高等航海教育发源于上海，1909 年晚清邮传部上海高等实业学堂（南洋公学）船政科开创了我国高等航海教育的先河。1912 年成立吴淞商船学校，1928 年更名为吴淞商船专科学校。1950 年吴淞商船专科学校和上海交通大学航业管理系合并，成立上海航务学院。1959 年交通部在沪组建上海海运学院。从 2000 年开始，学校实行由上海市和交通部共建，以上海市管理为主的体制。2004 年教育部批准上海海运学院更名为上海海事大学。2008 年上海海事大学主体搬迁临港新城。上海海事大学是一所以航运、物流、海洋为特色，具有工学、管理学、经济学、法学、文学和理学等学科门类的综合性大学。

1972 年上海海运学院（现上海海事大学）轮机工程系设立热能与动力工程专业并开始培养船舶制冷与空调方向的本科生。

1985 年开始培养船舶制冷空调有关的硕士研究生。

1998 年经教育部批准成立热能与动力工程本科专业，2000 年开始招收第一批本科生。

2010 年在原有的热能与动力工程本科专业和制冷及低温工程二级硕士点的基础上，建立了“能源工程及自动化”本科专业、动力工程与工程热物理一级硕士点。

2013 年经教育部批准，专业名称由“热能与动力工程”改为“能源与动力工程”，并分为两个专业方向：制冷与空调工程、能源工程及自动化。并将能源与动力工程列入教育部“卓越工程师教育培养计划”试点专业。

至2015年7月，共培养本科生1 000余人，硕士研究生约300人。

该专业依托制冷及低温工程硕士点、轮机工程硕士点的船舶制冷、动力机械、工程热物理方向。经过十几年的发展，已形成以船舶运输及海洋技术为主线，包括“能源储存技术及应用”“综合节能技术”“冷藏运输技术方向”“传热传质及工程应用”4个成果突出、特色鲜明的研究方向，涌现出了多位有影响的学科带头人。能源与动力工程专业现设动力工程与热物理一级学科硕士点1个，工程热物理、热能工程、动力机械及工程、制冷及低温技术二级学科硕士点4个。

“能源与动力工程”专业通过“教学改革—实训基地—学科竞赛”的三维立体化模式为宗旨，选拔培养了大批学生参与到各类学科竞赛中去，获得了明显的人才培养效益，得到了社会的广泛认可和赞誉，取得辉煌成绩，获得各类奖项84项，其中国家级奖42项、上海市市级奖18项。先后在全国制冷空调大赛、交通科技大赛中获得全国一等奖；获第23届中国上海头脑奥林匹克创新大赛中国区总决赛冠军；在全国节能减排科技竞赛中，获得二等奖6项、三等奖18项；此外收揽全国交通科技大赛三等奖2项，全国制冷空调大赛二等奖5项、三等奖7项，中国世界头脑奥林匹克创新大赛第三名1项，上海市大学生课外学术科技作品竞赛暨“挑战杯”上海市二等奖1项、三等奖（1项），全国陈嘉庚杯青少年优秀发明（上海赛区）二等奖2项、三等奖8项，“上汽教育杯”上海高校学生科技赛一等奖2项、二等奖2项，上海市造船学会优秀学生论文一、二等奖多项。

“能源与动力工程”专业现有专业教师16人，其中教授2人，研究员1人，副教授7人，高级工程师1人，其他5人；博士12人，博士后3人，其中享受国务院政府特殊津贴3人、宝钢教育奖1人、上海市育才奖2人、上海市教学名师1人，形成了一支结构合理、团结协作、创新能力较强和研究水平较高的学术队伍，该学术团队2009年获得上海市首届“教育先锋号”、校优秀教学团队称号。

至2015年，共在国内外核心期刊发表论文268篇，其中SCI检索16篇，EI检索51篇，ISTP检索16篇。

完成国家自然科学基金8项、省部级研究项目6项以及与企业合作项目多项。

1. 近年来代表性科研成果

1）船舶冷藏与冷藏运输和真空制冷技术及应用

拥有船舶冷藏集装箱研究型实验室和制冷空调综合实验室。进行了船舶冷藏集装箱运输技术研究，开发了TLC“真空绝热板（VIP）的设计制作和测量技术，设计了聚酯基薄膜真空绝热板的分步制作和多块VIP连接成集装箱绝热箱体的制作工艺；针对真空绝热板（VIP）的导热系数的测试，采用稳态平板法，设计了测试装置。对采用VIP板与传统的聚氨酯板的冷藏集装箱保温性能进行了分析和计算；对集装箱的节能进行分析，进行冷藏集装箱上添加经济涂层、应用数码涡旋技术等。真空绝热材料及其保温装备获2008年教育部科技进步二等奖；冷藏集装箱远洋安全运输与节能关键技术研究及应用获2008年上海市科技进步三等奖。

2）蓄冷及制冰技术研究

开展了溶液吸收驱动下的二元冰真空制备特性研究，空调复合相变蓄热材料的制备及性能研究，二元冰制备、储存中的传热研究和二元冰真空制备的研究。建筑空调中的新型蓄冷技术获2008年上海市科技进步三等奖。

3）吸收式制冷及应用

进行了二元冰蓄冷技术，热泵系统燃气热泵技术和冷热电联产技术研究等项目的研究，开发了燃气机冷水机组、H2型溴化锂吸收式冷（热）水机组（直燃、蒸汽双效、蒸汽单效、热水、热水二段等7个系列产品）、溴化锂吸收式第一类、第二类热泵及小型溴化锂吸收式冷热水机组。

4）电子器件冷却及太阳能制冷

开展了多孔介质纳米流体热质迁移多场量耦合机理研究，含湿多孔蒸发制冷墙体分层传热及界面迁移机理研究，毛细驱动相变循环及界面特性的研究和重金属污染土壤中热质迁移及其生物修复环境因子机理研究。开展了太阳能光热利用、太阳能制冷、轮机余热制冷、太阳能制水等应用研究。

5）船舶空调热舒适性及溶液吸收除湿的研究

开展了船舶复杂热环境下动态热舒适优化及耦合的空调节能特性研究，对上海海事大学校船“育锋轮”舱室的环境热舒适度进行了现场调查和分析，采取现场测试与问卷调查得出有益的指导原则，开展了溶液除湿空调机节能研究。

2. 主要教学科研成果

1）主要科研成果奖项

主要科研成果奖项见表3-12。

表3-12　主要科研成果奖项

序号	奖项名称	项目名称	等级	获奖时间
1	上海市科技进步奖	移动蓄冷式冷链运输装备关键技术及应用	三等奖	2016年
2	教育部科技进步奖	真空绝热材料及其保温装备	二等奖	2008年
3	上海市科学技术奖	冷藏集装箱远洋安全运输与节能关键技术研究及应用	三等奖	2008年
4	上海市科技进步奖	建筑空调中的新型蓄冷技术	三等奖	2008年

2）主要教学成果奖项

主要教学成果奖项见表3-13。

表 3-13　主要教学成果奖项

序号	奖 项 名 称	项 目 名 称	等 级	获奖时间
1	上海市优秀论文成果奖（硕士）	移动供热中相变材料的研制及蓄放热特性研究		2015
2	上海市优秀论文成果奖（硕士）	真空制冰动态特性理论与实验研究		2012
3	上海市优秀论文成果奖（硕士）	利用昼夜温差的自然冷能储存技术的实验研究		2013
4	上海市教学成果奖	《热能与动力工程》专业创新教学平台的创建与实践	二等奖	2009 年
5	国家科技专著奖	《制冷与空气调节技术》	三等奖	1990 年

3. 教材与专著

1.《流体机械泵与风机》，刘红敏主编，上海交通大学出版社，2014

2.《实用制冷与空调工程手册》第二版，尉迟斌、卢士勋、周祖毅主编，机械工业出版社，2011

3.《工程热力学》，章学来主编，人民交通出版社，2011

4.《制冷技术及工程应用》，卢士勋主编，上海交通大学出版社，2010

5.《空气调节技术及工程应用》，卢士勋主编，上海交通大学出版社，2010

6.《船舶辅机》，韩厚德主编，人民交通出版社，2009

7.《轮机工程基础》，章学来主编，人民交通出版社，2009

8.《English of Marine Engineering》，韩厚德主编，人民交通出版社，2008

9.《空调蓄冷蓄热技术》，章学来主编，大连海事大学出版社，2006，

10.《冷藏运输制冷技术与设备》，卢士勋等主编，机械工业出版社，2006

11.《传热学：理论基础及工程应用》，曹红奋主编，人民交通出版社，2004

12.《实用制冷与空调工程手册》，卢士勋副主编，机械工业出版社，2002

13.《商业制冷设备安装与维修》，卢士勋等编著，辽宁科学技术出版社，1999

14.《制冷与空调》，韩厚德主编，上海交通大学出版社，1998

15.《空调器安装检修及电路分析》，韩厚德主编，上海交通大学出版，1996

16.《船舶辅机学》，卢士勋主编，科学出版社，1995

17.《制冷与空调实用技术手册》，卢士勋等编著，辽宁科学技术出版社，1995

18.《制冷与空气调节技术》，卢士勋主编，上海科学普及出版社，1992

3.2.6　东华大学建筑环境与能源应用工程

东华大学秉承“严谨、勤奋、求实、创新”的优良校风，以“崇德博学、砺志尚实”

为校训，推行“一切以学生的全面发展与成才为中心”的教育理念，以国际化的办学视野和严谨求实的教学管理，面向全球培养德才兼备的高质量专门人才。

东华大学建筑环境与能源应用工程专业在秉承了东华大学办学思想的同时，形成了具有本专业特色的办学指导思想。培养适应21世纪我国社会主义现代化建设和需要，德、智、体、美全面发展，基础扎实、知识面宽、能力强、素质高、有节能、环保、创新、人文意识的建筑环境与能源应用工程专业高级技术人才。

东华大学是国内较早具有供热供燃气通风及空调工程专业的高校之一，1951年，东华大学在原机械工程系的基础上成立了热工教研室。1956年在纺织学院设置动力专业，同年和次年招收2届动力专业本科生。1958年将原纺织系纺材教研室的纺织厂空调教学小组并入热工教研室，同时更名为热工空调教研室。1959年，在学生读至三年级时分流为“供热通风（热工空调）”专业和“工业电气化”专业。1966年热工空调教研组被解散，到1978年得到恢复，随后经纺织工业部批准恢复了“供热通风及空调工程专业”，并应纺织工业部要求主编了《纺织厂空气调节》教材。1982年教研室更名为供热通风与空调教研室，开始面向全国招收供热通风及空调工程专业本科生。每年招20～30人。1993年环境科学与工程系成立后，“供热通风及空调工程专业”专业亦扩大了招生范围，每年招收60名本科生。1998年根据国家教育部新修订的本科专业目录规定，原供热通风与空调专业调整更名为“建筑环境与设备工程”专业，同期该专业教师开始担任历届全国高等教育本专业指导委员会委员。2003年该专业通过国家建设部本科教育评估，成为全国率先通过本科专业评估的8所高校之一。

1984年开始在纺织机械系招收暖通空调方向硕士研究生，1986年5月该专业获得工学硕士学位授予权，陆续在该专业招收硕士研究生。1999年招收硕士研究生8人，2000年开始每年招收硕士研究生从17人逐渐增加到近30人。2003年获得土木与建筑工程领域（暖通空调）工程硕士授予权。2003年10月学院获得热能工程工学硕士学位授予权，该学科为动力工程与工程热物理学科下设的二级学科点。2005年顺利通过“供热供燃气通风及空调工程”工学博士授予权。2006年2月起学校成为全国为数不多的具有该专业本科、硕、博研究生完整人才培养体系的高校之一。

建筑环境与能源应用工程专业专职教师21人，其中：教授8人，副教授8人。教师中具有博士学位18人，硕士学位2人。专职实验室、学生工作教师各2人。该专业教师同时承担能源与环境系统工程专业的教学和科研工作，目前，正积极引进国内外高级技术人才进一步充实教学科研队伍，同时加快自身队伍的建设、提高水平。

至2015年本科毕业生人数为1 300余人，硕士生毕业人数为550余人，博士生毕业人数为50余人。

教材建设上，努力编好所承担的专业指导委员会推荐教材；优先选用国家“十五”重点教材、面向21世纪教材和专业指导委员会推荐教材；积极组织编写新教材。近年根据拓宽口径的专业教学要求，对主要专业基础课程、部分专业课程教材进行了重点建设，在“建筑环境与能源应用工程系列教材修订、扩展会议”“普通高等教育‘十一五’国家级规划教材”建设指标的基础上，进行了建环专业的系列教材的编写工作。该专业教师编写的系列教材中的6本教材入选“普通高等教育‘十一五’国家级规划教材”，为系列教材在全国的影响打下了牢固基础。系列教材中的大部分教材成为全国诸多高校的选用教材。

近5年来，学科团队共承担包括国家863项目、国家自然科学基金、国家“973”项目专题、上海市曙光计划项目、上海市优秀学术技术带头人项目、上海市科技创新重点项目、上海市自然科学基金项目、教育部留学回国人员科研启动基金等共计31项。

近5年来，学科团队在国内外专业期刊上发表论文300余篇，其中SCI论文62篇，主要发表在*Energy*，*Applied Energy*，*Fuels*，*Energy Conversion and Management*，*Building and Environment*，*Energy and Buildings*，*Indoor Air*和*HVAC & R Research*等主要刊物上；发表EI论文150余篇，参加国际会议20余次。申报各类专利120余项，授权发明和实用新型专利28项，出版学术专著以及参编国家标准或规范8本。

近几年学科团队一直保持着频繁的国际交流活动，通过邀请外籍专家来校讲学交流和派出师生出国参会、学习交流，促进了师生国际化水平的提高，这也是该专业国际化发展的一个特色。建设与国内外一流大学、科研机构进行教师高访、进修和联合培养研究生。赴香港、天津参加全国博导会议等。联合培养博士研究生的有：清华大学、英国诺丁汉大学、美国密歇根大学、美国普渡大学、美国爱克伦大学等，已毕业博士研究生3人，在读博士研究生3人。邀请国内外知名学者来校交流，有香港大学、香港理工大学、清华大学、哈尔滨工业大学、美国普渡大学、澳大利亚昆士兰技术大学、国际期刊、学会的知名学者等。先后邀请该学科主要科学期刊*Building & Environment*和*Energy & Buildings*主编美籍华裔学者陈清焰教授（普渡大学）和B.Tordoruovic教授（贝尔格莱德大学）来校访问交流；邀请国际IAQ主席L.Morawska（昆士兰技术大学）教授来校访问交流。这些活动的开展促进了该专业师生的国际交流能力的普及和提高。

在“请进来”的同时，学位点主要成员也“走出去”参加各项学术交流活动。近5年来，参加国内、外学术会议120人次，应邀出国赴美国、英国、瑞典、法国、澳大利亚、捷克等国访问与交流6次。主要成员在国际会议上做学术报告多次。

近年来，该专业师生也积极参加国内的学术交流活动。其中，两年一度的专业盛会——全国建筑环境与能源应用工程专业负责人会议在东华大学举行。

建筑环境与能源应用专业是培养学生能够适应21世纪我国社会主义现代化建设需要，德、智、体全面发展，基础扎实、知识面宽、能力强、素质高、有创新意识的建筑环境与能源应用工程专业高级技术人才。能够从事工业与民用建筑的暖通空调系统、燃气、制冷和建筑热能供应系统的设计、安装、调试、运行管理；建筑自动化系统的方案制定，具有初步的应用研究与开发能力。能够在设计、研究、安装、物业管理以及工业企业等单位从事技术与管理工作。学生要掌握建筑环境与设备的基础理论，具有多种建筑设备系统的设计、施工调试和运行管理的能力，同时具备一定的计算机、电子、机械和建筑方面的知识与技能。而建筑环境与能源应用专业的认识实习是在基础理论课教学内容完成前进行，是十分重要的实践教学环节，在本科基础理论课完成前进行，为学习专业基础课和专业课打下一定的基础，对该专业有一个感性认识，使学生热爱本专业，并为学好专业创造条件。

1. 近年来代表性科研成果

科学研究是学科建设和发展的生命线。搞好科学研究对提高学校声誉、教师素质及教学水平至关重要。建筑环境与能源应用工程专业围绕自身的专业特色，在过滤、除尘、通风、净化、热湿控制、建筑环境空气污染控制等方面开展了卓有成效的科学研究，取得了丰硕的成果，科研论文与成果突出。

建筑环境与能源应用工程专业实验研究中心现有各类实验仪器设备约 918 台套，价值约为 1 450 万。实验室面积达到 1 150.48 m^2，其中在东华大学综合实验楼新增实验室面积 581.1 m^2，并设置增加了暖通空调综合实验室、热工综合实验室等 4 处综合实验室。结合实验教学的发展需要，新增火力发电厂机组整体模型、循环电站整体仿真装置、循环流化床锅炉模型、垃圾焚烧发电模型、锅炉蒸汽发动机组模型等实验教学演示平台，同时增加煤质发热分析仪等教学实验操作设备。2013—2017 年，建筑环境与能源应用工程专业师生组织参与大学生创新创业训练项目共计 52 项，国家级项目 9 项，上海市级项目 14 项，学生创新创业技能得到极大提升，项目申报数量和质量也不断提高。结合科研工作及时改进并更新了实验设备及装置，购置了傅里叶红外光谱仪、激光粒度仪、气相色谱仪、空气品质检测仪、气溶胶粉尘仪、多参数水质测定仪、多点无线环境参数测试仪等先进的精密测量仪器，以及冷热水双型机组、卧式喷淋蒸发器、闪蒸器、全玻璃真空集热系统等大型实验配套设备。

1）建筑环境空气污染控制

城市人口快速增长，使得城市用地紧张，进而导致建筑密度大大增加；另外，随着城市机动车数量的持续增加，尾气排放增多，也在某种程度上驱使城市区域大气污染问题日益严重。最近 3 年来，该课题已经取得 3 项国家级、上海市级科研立项。分别为国家自然科学基金委员会的气溶胶云下雨洗过程中的动力学机制研究、室内环境中的霾污染延迟效应研究，上海市教育委员会的城市街区建筑群室内外空气污染物耦合关系的研究。

2）过滤技术

工业通风系统中过滤器最为重要，而过滤材料是过滤器的核心，其性能的优劣直接决定过滤器性能表现。研究过滤材料的特性，对于工业除尘十分重要。此领域上，最近先后建立了如下科研项目：上海市科学技术委员会的受控涡流喷吹配方型滤饼层烟气脱汞吸附再生关键技术及装备开发、贵阳铝镁设计研究院有限公司的用于电解铝行业袋式除尘器专用滤料技术研究、宝山钢铁股份有限公司的常用滤料对微细粉尘捕集特性测试分析及研究。

3）除尘

工业环境中易生成大量粉尘，经过除尘系统处理后，排至大气。排风污染物的浓度会直接影响大气环境的空气品质。并且室内工业环境，粉尘浓度也应该保持在合理范围内，否则影响工作人员的健康和人身安全。因此除尘系统最为重要。近年来，先后建立了如下科研项目：上海袋式除尘配件有限公司的电力行业环保标准经费资助、南京龙源环保有限公司的燃煤电厂锅炉排放 PM2.5 控制技术研究。

4）通风

合理的通风不但能营造良好的室内环境、减轻对室外环境的影响，而且能够节约能量。近年来，在通风领域建立的如下科研项目：国家自然科学基金委员会的大空间碰撞射流通风性能优化研究，国核电站运行服务技术有限公司的主控室核级通风管道维护管理技术研究，上海市教育委员会的大空间典型季节下碰撞射流通风性能优化研究。

5）地源热泵技术

地源热泵技术是电制冷，利用电能将地底的热量“搬运”至室内供人利用，地源热泵是十分节能、前景十分广阔的节能环保空调系统。先后与多家国内著名企业建立产学研合作，开展地源热泵系统研究及地埋管热响应测试技术研究。

2. 主要教学科研成果

1）主要科研成果奖项

主要科研成果奖项见表 3-14。

表 3-14　主要科研成果奖项

序号	奖 项 名 称	项 目 名 称	等 级	获奖时间
1	国家科技进步奖	纺织系统节能空调系统研制及其推广应用	二等奖	1995 年
2	国家科技进步奖	高效旋风除尘器及其理论	三等奖	1990 年
3	中国纺织总会科技进步奖	节能空调系统中试	二等奖	1993 年

2）主要教学成果奖项

主要教学成果奖项见表 3-15。

表 3-15　主要教学成果奖项

序号	奖 项 名 称	项 目 名 称	等 级	获奖时间
1	大学生创新性实验项目	微波诱导金属放电脱硝的实验研究	国家级	2018 年
2	大学生创新性实验项目	水循环窗的节能性能研究	国家级	2018 年
3	2018 年“创青春”上海市大学生创业大赛	2018 年“创青春”上海市大学生创业大赛	三等	2018 年

（续表）

序号	奖 项 名 称	项 目 名 称	等 级	获奖时间
4	“格力杯”第 12 届中国制冷空调行业大学生科技竞赛	“格力杯”第 12 届中国制冷空调行业大学生科技竞赛	三等	2018 年
5	上海市大学生创业决策仿真大赛	上海市大学生创业决策仿真大赛	三等	2018 年
6	第二十三届上海高校学生创造发明“科创杯”奖	中国城市环境雾霾污染物防治及个体防护技术研究	二等	2017 年
7	第二十三届上海高校学生创造发明“科创杯”奖	落地式热回收型高效净化新风机	三等	2017 年
8	大学生创新性实验项目	寒冷季节地源热泵地埋管周围土壤冻结特性研究	国家级	2017 年
9	中国纺织工业联合会纺织教育教学成果奖	本科教育与执业注册知识体系衔接培养方案研究及在建筑环境与能源应用工程专业中实施应用	二等	2017 年
10	中国纺织工业联合会纺织教育教学成果奖	基于工程教育专业认证理念的建环专业人才培养体系探索与实践	三等	2017 年
11	第二十二上海高校学生创造发明“科创杯”奖	防控 PM2.5 系列功能化产品的开发及应用	一等	2016 年
12	第二十二上海高校学生创造发明“科创杯”奖	干湿结合复合式冷却塔的研发	三等	2016 年
13	第十三届全国研究生数学建模竞赛	基于核心指标的学科评估	三等	2016 年
14	第九届“上汽教育杯”上海市高校学生科技创新作品展示评优活动	一种地下埋管式新风预冷（热）系统公交站台	一等	2016 年
15	运行策略与自动控制优秀奖	CAR-ASHRAE 学生设计竞赛	国家级	2016 年
16	优秀指导教师奖	CAR-ASHRAE 学生设计竞赛	国家级	2016 年
17	上海高校学生科技创新作品奖	一种低下埋管式新风预冷（热）系统公交站台	一等奖	2015 年
18	第七届知行杯上海市大学生社会实践大赛	上海地区典型建筑空气净化器使用调研及优化设计	省部级一等奖	2015 年
19	上海市大学生暑期社会实践活动优秀项目奖	PM2.5 污染控制技术调研与科技服务实践团	省部级	2014 年
20	上海高校学生创造发明“科创杯”奖	一种建筑健康环境 PM2.5 控制用低阻高效空气过滤技术	一等	2014 年
21	上海市研究生优秀论文成果奖（博士）	自然置换通风条件下室内空气污染的演化规律研究		2014 年
22	上海市研究生优秀论文成果奖（硕士）	煤与生物质混燃过程中碱金属对均相汞氧化影响的热力学与动力学研究		2014 年
23	大学生创新性实验项目	机械蒸汽再压缩蒸发技术在海水淡化中的应用研究	国家级	2014 年

（续表）

序号	奖项名称	项目名称	等级	获奖时间
24	上海市研究生优秀论文成果奖（硕士）	Bench-Scale 低成本高效联合脱除可吸入颗粒物及 HgO 装置总体设计与试验研究		2013 年
25	省部级工程实践基地	上海太平洋机电（集团）有限公司实践创新基地	省部级	2013 年
26	省部级工程实践基地	上海市职业培训中心制冷空调中级培训	省部级	2013 年
27	环境保护部工程技术中心	国家环境保护纺织工业污染防治工程技术中心	国家级	2011 年

3. 教材与专著

1.《全国勘察设计注册公用设备工程师暖通空调专业考试复习教材》，本书编委会，中国建筑工业出版社，2018

2.《工业通风》，沈恒根、孙一坚编，中国建筑工业出版社，2015

3.《纺织厂空气调节》，周亚素、赵敬德、甘长德编著，中国纺织工业出版社，2010 年

4.《传热学》，苏亚欣编，华中科技大学出版社，2009

5.《大气污染控制原理与技术》，沈恒根、苏仕军、钟秦编，清华大学出版社，2009

6.《工业通风与除尘》，马中飞，沈恒根编，中国劳动社会保障出版社，2009

3.2.7 上海工程技术大学能源与动力工程（含制冷与空调工程分方向）

上海工程技术大学能源类专业本科招生始于 1978 年，是该校最初招收本科的四个专业之一。早年是以培养电厂热能系统及设备工程师为主的热能工程专业，专业方向主要为“内燃机”“汽轮机”和“锅炉”，其间根据社会发展的需要，1987 年开始招收“制冷与空调”大专生，为适应社会经济发展的需要和国家教育部本科设置规划的要求，于 1998 年改名为热能与动力工程专业，2006 年经过广泛而深入的调研，由“热能与动力工程”将专业交叉拓展到能源与环境领域，专业调整更名为“能源与环境系统工程”，招生规模为 60 人，原来的热能与动力工程专业停止招生。然而，由于“能源与环境系统工程”专业不属于教育部专业目录内专业，毕业生在就业、深造、部分省份公务员报考以及注册公共设备师、注册动力工程师与建造师报考等环节受到许多限制，同时，为顺利开展工程教育专业认证工作，2016 年将“能源与环境系统工程”专业更名为“能源与动力工程”专业，当年招生人数为 90 人，2019 年招生规模为 120 人，迄今已为社会培养能源类本科毕业生近 3 000 人。

专业定位：适应我国节能减排基本国策对工程应用型人才培养的需求，体现现代化工程应用型特色大学的办学宗旨，体现动力工程与工程热物理、机械工程等学科的交叉和渗

透。以所属学科领域内的雄厚学科基础和产学研合作办学模式作为有力支撑，实现专业人才培养目标。

目前该专业专职教师 17 人，其中教授 4 人、副教授 7 人、讲师 6 人；其中具有博士学位 15 人、硕士学位 2 人，具有博士学位的教师比例为 88.2%。

该校“能源科学与工程”学科于 2005 年获得上海市重点学科专项资助。在学科建设方面，始终坚持“凝练方向、汇聚队伍、构建基地”的原则，通过学科团队的不懈努力，在新能源和清洁能源利用、制冷与空调新技术研究方向、天然气应用工程技术研究方向、多相流动及传热特性研究和应用方向、燃烧与污染控制研究方向开展了卓有成效的工作，学科已建成“可再生能源建筑应用试验平台”“地源热泵空调系统试验平台”“天然气加热试验平台”“天然气引射调峰试验平台”“气固两相流热态冲蚀风洞试验平台”“气固两相流传热风洞试验平台”“热风干燥试验平台”“可视滴管炉燃烧试验平台”“高压荷电试验平台和电站冷却塔模拟试验平台”9 个研究基地。至 2019 年，主持完成国家自然科学基金 2 项、上海市攻关项目 2 项，其他省部、市级项目十余项，发表论文近百篇。

近几年，学校主持完成国家自然科学基金 4 项、上海市攻关项目 6 项，其他省部级、市级项目 20 余项，企事业单位委托项目 60 余项，获得上海市科技进步三等奖一项，授权发明专利 20 余项，发表 SCI、EI 检索论文百余篇。近年来承担的高水平项目见表 3-16。

表 3-16　高水平项目

高水平项目名称	项　目　类　别	负责人	获批时间
冷等离子体催化 CH_4/CO_2 重整与油页岩干馏耦合制油规律及机理研究	国家自然科学基金青年科学基金项目	王莎	2018 年
天然气加热气化装置非稳态自然对流及介质参与性辐射耦合热流场研究	国家自然科学基金青年科学基金项目	郭韵	2017 年
介观尺度流固界面及动态毛细浸润现象的 DPD 研究	国家自然科学基金（合作）	陈煜	2013 年
量子流体氦黏度的粒子方法模拟研究	上海市自然科学基金	陈煜	2010 年
电晕荷电煤粉的强化燃烧机理与实验研究	国家自然科学基金面上项目	刘伟军	2005 年

1. 近年来代表性科研成果

1）天然气引射调峰系统的研究开发与应用

天然气引射调峰装置变工况性能的计算分析研究，可调节天然气引射器的理论、试验与设计研究，引射器内部流场数值分析研究，天然气引射调峰装置变工况性能的试验研究，天然气引射调峰技术的推广应用。该成果获 2005 年上海市科技进步三等奖。

2）一种基于快速充放电的冷风机节能除霜装置

薄膜电阻应用于冷库冷风机除霜，对比电热管除霜，热效率高，节约除霜耗电量约 15%。专利技术应用于一款出口东南亚高热高湿地区的冷风机，取得了比较好的经济效益和社会效益。

2. 主要科研教学成果

1）主要科研成果奖项

主要科研成果奖项见表 3-17。

表 3-17　主要科研成果奖项

序号	奖项名称	项目名称	等级	获奖时间
1	上海市技术发明三等奖	一种基于快速充放电的冷风机节能除霜装置	三等奖	2019 年
2	上海市科技进步奖	天然气引射调峰系统的研究开发与应用	三等奖	2005 年

2）主要教学成果奖项

主要教学成果奖项见表 3-18。

表 3-18　主要教学成果奖项

序号	奖项名称	项目名称	等级	获奖时间
1	上海市重点课程	工程热力学		2010 年
2	上海市重点课程	热工自动控制		2017 年
3	上海市重点课程	燃气应用工程		2019 年

3. 教材与专著

1.《流体输配管网精要分析及典型题精解》，刘伟军、匡江红、傅允准编，化学工业出版社，2009

2.《人工环境与设备工程专业英语》，蔡颖玲、陈帅、陈煜编，清华大学出版社，2008

3.2.8　上海应用技术大学建筑环境与能源应用工程专业

上海应用技术大学（原上海应用技术学院）暖通空调专业的形成和发展，经历了较长的时间。上海应用技术大学是由上海轻工业高等专科学校、上海冶金高等专科学校、上海化工高等专科学校以及原国家轻工业部所属上海香料研究所于 2000 年 4 月合并组建而成，2016 年 4 月更名为上海应用技术大学。学校暖通空调专业最早开始于 1997 年，在上海冶金高等专科学校建立，专业名称为“房屋设备安装”，从 2001 年起开始在土木工程本科专业下开设“建筑环境与设备工程”方向。从 2003 年开始独立招收本科专业“建筑环境与设备工程”。2012 年按照教育部《普通高等学校本科专业设置管理规定》正式更名为“建筑环境与能源应用工程”（以下简称“建环”）。

学校旨在培养具备采用人工环境与能源利用工程技术去创造适合人类生活与工作的舒适、健康、节能、环保的建筑环境和满足产品生产与科学实验要求的工艺环境，以及特殊应用领域的人工环境（如地下工程环境、国防工程环境、运载工具内部空间环境等）的基础理论知识及专业技术能力，从事建筑环境与能源应用工程领域的技术和管理岗位工作的复合型工程技术应用人才。

专业教师主持参与了国家自然科学基金、上海市科技发展基金以及多项企业横向课题项目，获得了上海市优秀青年教师、优秀教学成果奖等奖项。

学校“建环”专业人才培养定位：以“知识面广、基础扎实、专业实践能力强、综合素质高”的应用性人才为培养目标。专业定位在建筑环境与能源应用工程一线，主要面向各级各类建筑工程施工企业，建设监理企业、房地产开发企业、物业管理企业等一线工程技术与管理单位，培养面向生产一线的，动手操作能力强的应用型人才。因此在建设的过程中，在各个教学环节中都体现了培养目标的要求，无论是课程的设置还是在理论与实践的教学过程中，都充分注重学生动手能力的培养以及解决工程实际问题能力的培养，培养特色主要为建筑复合节能以及绿色建筑等。

至 2015 年，学校已毕业本专科学生 719 人。从 2007 年起招生规模为 2 个班，每年招 70 ～ 80 人。专业硕士研究生为“安全工程”专业硕士，2020 开始招收“资源与环境”类别专业硕士。本科专业就业率每年都在 95% 以上，就业地点基本都在上海及长三角地区，就业岗位大多数为各企、事业单位的工程或动力部门，设计院、机电设备安装公司、房地产开发公司、城镇物业管理公司等从事工程设计、智能化管理、设备开发与代理。

现有教工 11 人，其中教授 1 人，副教授 5 人，高级工程师 1 人，讲师 4 人。

1. 近年来代表性科研成果

“建环”专业多年来致力于应用型本科人才的培养，培养学生广泛分布在长三角的建筑施工企业，扎根施工安装一线，参与全国多项地标性建筑的暖通空调设备的施工安装，在应用成果转换等方面进行了有益的探索。

1）工业企业、公共建筑能源审计

参与上海地区多项上海市用能重点的工业企业、公共建筑的节能审计工作，并针对节能审计中出现的问题提出建议。与上海百特医疗用品有限公司合作，对企业净化空调、舒适性空调进行节能改造服务，对空调冷水机组、输送系统进行变频改造，同时对系统进行热回收设计改造，冷却塔水直接供冷的改造等，经测试，系统节能率达到 24.96%，效果显著。先后发表论文 8 篇，授权发明专利 2 项，获得 2 项上海市联盟计划的资助。

2）暖通空调、制冷设备能效检测

学科拥有上海应用技术大学能效检测与评估研究中心，具有 CMA 检测资质，主要从

事为各类企业的用能设备（特别是暖通空调、制冷设备）进行能效检测，并出具评估报告。多年来为宝钢等央企、大型国企以及公共建筑提供制冷空调设备的检测服务，为建筑设备节能提供数据支撑。先后发表了论文 6 篇，授权发明专利 1 项，获得 4 项上海市联盟计划的资助。

3）热质耦合传递及新能源利用

针对建筑设备的传热和传质的耦合传递，以及室内空气质量治理情况，结合城市建设的安全运行，运用超声波等多项新技术进行环保项目的污泥处理、室内空气品质控制等。先后发表了论文 11 篇，授权发明专利 2 项，获得了国家自然科学基金青年基金 1 项，上海市自然科学基金 1 项，上海市联盟计划 2 项。

2. 主要教学科研成果

主要教学科研成果奖项见表 3-19。

表 3-19　主要教学科研成果奖项

序号	奖项名称	项目名称	等级	获奖时间
1	上海应用技术大学教学成果奖	建环专业现代职业能力教学创新与实践	二等奖	2014 年
2	上海市优秀青年教师	冯劲梅		2006 年

3. 教材与专著

1.《流体力学》，冯劲梅主编，高建民、刘建兵参编，华中科技大学出版社，2010

2.《建筑环境测量》，冯劲梅副主编，机械工业出版社，2005

3.《水力学》，冯劲梅参编，人民交通出版社，2006

4.《室内环境空气治理》，冯劲梅主编，中国劳动社会保障出版社，2019

四、社会团体及专业活动篇

参编人员

统 稿 人：董天禄　邵乃宇　徐雪琴

编　　者（按姓氏笔画为序）：

于学顺　王如竹　刘龙昌　刘晓红　刘锡畅　孙中敏　佘晓明
宋　吉　张　旭　陈冬梅　陈兴全　高屹峰　龚伟明　龚青伟
薛海湧

❄分　序

《上海制冷史》的广大读者，大多生活、工作在 20 至 21 世纪，享受着近代科技成果。

据相关国际权威机构评定：20 世纪人类十大科技成就中，居于首位的是汽车，制冷与空调技术则居第七位。的确如此，制冷与空调技术的快速发展，已成为人类美好生活与工作的不可缺少部分，制冷与空调对现代交通、通信乃至航天、军事等领域，产生越来越深远的影响。

本篇全面而完整地撰写了上海地区的制冷空调所有学术和社会团体的建立与发展，以及与制冷空调产业发展密切相关的社会活动。

世界一切事物中，人是最宝贵的，而制冷空调技术的发展与成就，都是来自专业人员与其团队的智慧劳动。上海制冷空调的学术和社会团体正是在制冷空调产业发展的过程中不断成长、发展和壮大，从而促进了业内人士的相互交流与协作，推动了制冷空调技术的发展。

我本人数十年来一直参与并组织制冷空调的学术和社会团体活动，从中获益匪浅。

作为世界三大“国际制冷展”(上海展区)，我们不仅感受到中国制冷空调产业一步一步的发展和欣欣向荣，更能感受到上海制冷界在国际上的地位和影响。

在本篇中，还选编了夏安世教授教育基金会及上海制冷节内容，这是我国各省市制冷界活动中所独有的，这是上海制冷界的精神传承和文化魅力。

由上海市制冷学会主办的《制冷技术》期刊，不仅创刊早而且在制冷界影响大。该期刊于 2011 年下半年增加了中国制冷学会为联合主办单位，2014 年季刊改为双月刊，更扩大了影响面，及时介绍了制冷空调最前沿的技术动态。

统观本篇的内容，深感上海地区有关制冷空调学术和专业社会团体及其丰富多彩的专业活动，充分反映了上海制冷界的朝气蓬勃和团结协作，我相信，在中国制冷空调产业“由大转强”新的发展中，上海制冷界将会不断贡献新的智慧和创造新的成就！

蒋能照

2021 年 6 月于上海理工大学

4 社会团体及社会活动

4.1 上海地区主要制冷空调学术社会团体的建立和发展

上海既是中国制冷空调制造业的发源地，也是制冷空调应用技术的“体验者”，更是制冷空调高等教育的“实践者”，在几十年的探索和发展中，涌现了众多的具有行业背景的社会团体和形成了富有特色的专业活动。从最早成立的以学术研究为主的制冷学会和以制造业为主的冷冻空调协会，一直到以空调后市场服务为主的空调清洗协会以及铜产业背景的国际铜业协会；从双城的“国际制冷展”上海展区到上海地区 4 家协（学）共同发起的旨在制冷空调科普的“上海市制冷节”；还有为纪念夏安世教授设立的奖学奖教基金会和《制冷技术》杂志。依靠这些社会团体的专业活动，带动了上海地区制冷空调产业欣欣向荣的发展，形成了上海地区制冷空调产业特有的一道“亮丽风景线”。

4.1.1 上海市制冷学会的建立和发展

1. 上海市制冷学会（The Shanghai Society of Refrigeration）的成立

20 世纪 50 年代后期，在上海市机械工程学会领导下，由上海船舶研究所葛学瑄、禽蛋加工三厂张东叟和上海交通大学夏安世的发起下，在机械工程学会下设立“制冷与压缩机专业学组”。选举张东叟为组长，姜尔宁和夏安世为副组长。专业学组在科学会堂开展学术活动。学术活动以冷冻冷藏和制冷压缩机为主。专业学组还积极开展科普培训，尤其是 1961 年在上海业余机械学院开设的“制冷机及装置”专业五年制专修班。一些专业课程聘请制冷行业专家授课。参加学习的 30 多位学员后来都成为上海制冷机械制造行业各厂的技术骨干。

当时制冷与压缩机学组共会员约 44 人，是我国最早成立的一个制冷专业社会团体的学术组织。其主要成员后来大多成为 1981 年成立的上海市制冷学会的负责人和核心骨干。

1966 年学组基本上停止了活动。直至 70 年代后期改革开放，上海市机械工程学会开始恢复活动。1978 年“制冷与压缩机专业学组”也恢复活动，当时在机械工程学会副理事长夏安世教授的直接对口领导和具体负责下，选举董天禄为学组组长，姜尔宁、林修钺、蒋能照和戴永庆为副组长，伍伯阳为秘书。随着对外开放，国内外技术交流日益增多，当时的学组的学术活动也围绕国外技术考察和国外先进的制冷空调技术介绍为主。

1985 年在上海市机械工程学会下成立了“流体工程学会”，原“制冷与压缩机专业学组”分开为两个专业委员会，即制冷专业委员会和压缩机专业委员会。由于流体工程学会的制冷专业委员会和当时上海市制冷学会第二专业委员会的人员基本相同，曾在一段时间内，这两个组织开始联合举办学术活动。

在上海市科协领导下、中国制冷学会的关心指导下和挂靠单位上海市商业二局等单位的支持下，1980 年 4 月 16 日成立了上海市制冷学会筹备会，然后于 1981 年 4 月 29 日正式成立上海市制冷学会。夏安世任理事长，蔡东园、姜尔宁和孙格非为副理事长，黄瑞泉为秘书长，另设 4 位副秘书长。成立了组织、学术、编辑、技术咨询、普及培训和国际学术交流 6 个工作委员会。

2. 学会积极开展各项活动

三十多年来，学会始终以经济建设为中心，积极开展学术交流活动，除了专业委员会开展的日常技术交流活动外，学会每两年举办一次学术年会；为增进与世界各国制冷空调科技工作者的友谊和借鉴国际先进科技，学会重视和国外同行的交流活动，积极开展国际学术交流活动；学会还把开展科普培训工作作为对社会应尽的义务，并自 2004 年开始连续举办上海制冷节，面向广大人民群众宣传制冷科技知识，提高全民科学素质，使环保、低碳和节能思想能深入人民日常生活；学会在成立之初就重视传播制冷科技知识的编辑出版工作，创办了会刊《制冷技术》。

1）学术年会

上海市制冷学会是以学术为中心开展活动的团体，经常举办各种形式的国内外学术交流活动，其中规模与影响最大的是学术年会活动。学会每两年举行一次学术年会，大多在年底举行。会议向学会的所有二千多名会员发出参加邀请。学会的年会既是一次学术交流会，也提供了一个会员的信息交流机会。

学术年会交流的学术范围覆盖学会下属的各个专业委员会，包括：低温、制冷机械设备、冷藏冷冻、冷藏运输、空调热泵、小型冷机及低温生物与医学。为了解答覆盖整个制冷学科的共性的热点问题，同时便于开展分专业委员会的热点问题的探讨，在学术年会的组织形式中，既有全体大会报告，也安排分专业委员会的学术讨论，既有从会员递交的学术论文中择优选取的报告，也邀请国内外知名专家作大会报告。

每次学术年会前半年左右，开始向所有会员征集学术论文。所有论文由各个专业委员会先行评审，提出修改意见；经修改后的论文由学术委员会第二次评审，将符合要求的论文收入论文集。通过论文的评审与修改机制，提高了会员们科研能力与论文写作水平，论文的投稿形式，已由早期接受手写稿，到现在只接受电子版的投稿，并且在格式上已达到核心期刊的投稿要求。论文集的形式，也从早期的全文纸质印刷，发展到现在的纸质摘要集加上光盘论文集的形式。年会的会议交流与论文集，使会员们可以了解到制冷界的最新技术发展动向，增进会员之间的了解，增强学会的凝聚力。

2017 年学术年会于 2017 年 12 月 18 日在上海市建筑科学研究院召开。参会人员共 300 余人。会议的邀请报告有 11 个，收录论文 126 篇，并出版了论文集。2019 年学术年会于 2019 年 12 月 18 日在同济大学科学苑（逸夫楼）召开。参会人员共 300 余人。会议的邀请报告有 8 个，收录论文 113 篇，并出版了论文集。

2）科普培训

科普工作是普及科学技术、提高全民素质的一项重要工作，也是精神文明建设的重要内容。发展科普事业是国家的长期任务，也是全社会的共同责任；科协及其所属学会是科普工作的主要社会力量。上海市制冷学会把科普作为公益事业，在工作中坚持群众性、社会性和经常性，结合实际，因地制宜，采取多种形式，普及制冷科学技术知识、倡导科学方法、传播科学思想、弘扬科学精神；对制冷事业的蓬勃发展，对相应的经济发展和社会进步，对当今的节能环保和低碳生活均起到了积极的促进作用。

培训是学会最早开始的科普工作，早在 20 世纪 70 年代学会筹备阶段，根据我国冷库发展形势的需要，开始了制冷技术的培训工作，由当时的上海市机械工程学会制冷组会同上海业余机械学院举办了制冷技术培训班。学会成立后即由第三专业组牵头，连续多年举办了制冷技术培训班。根据改革开放形势的需要还举办过英语培训班和微处理机技术培训班。在我国冰箱制造业的起步和发展阶段，学会携手上海交通大学为华意阿里斯顿冰箱厂培养了首批技术骨干。在 20 世纪 90 年代和 21 世纪初，学会还与社会的职业培训机构联合办班，提供专业教师、承接专业课程和举办新技术讲座。这些面向社会培训班的举办或服务，为我国冷库首次高速发展和冰箱空调制造业起步腾飞起到了积极的促进作用，又为制冷空调行业的技术培训提供了长期服务，还为不少企业培养了技术骨干，普及了新技术，提高了制冷空调行业的整体水平，适应了各个时期的技术需求和经济发展的需要。学会的培训工作得到了上海市科协和中国制冷学会的重视和支持。

学会还十分重视对制冷空调未来之星的智育和德育培训，在每次夏安世教授教育基金会奖学奖教的颁奖仪式上都有学会的资深人士向全国多所著名院校制冷空调专业的获奖优秀师生和与会师生普及制冷空调的前沿技术和宣讲制冷前辈的敬业风范。

2001 年由国务院批准，把每年 5 月的第三周定为全国科技活动周。2002 年 6 月 29 日九届全国人大常委会第 28 次会议通过的《中华人民共和国科学技术普及法》又把发展科普事业作为国家的长期任务。全国包括上海每年都有科技活动周等重大活动，不但能切合主题积极参与而且还结合制冷空调的内容创办了制冷节、出版了科普小册子和专题宣传资料等与之呼应的活动内容。学会科普工作还积极配合中国制冷学会开展制冷工程师和高级工程师的资质认证工作，面向社会为广大制冷科技工作者的职称评定提供了符合国际惯例的通道，深得广大企业尤其是中外合资和独资企业科技人员的好评。

（1）2018年首期“空调高效换热器设计与应用”高级培训班。由上海市制冷学会主办，广东省制冷学会协办，国际铜业协会支持，上海市制冷学会换热器专委会、制冷空调换热器技术联盟承办的首期“空调高效换热器设计与应用”高级培训班在广州成功举办。培训内容围绕空调高效换热器的设计和应用的主题而展开，产学研相结合并得到了来自美的、格力、海信、约克、特灵、盾安、芬尼克兹等企业的近40位学员代表的热烈欢迎。

（2）2019年“储能技术及应用”高级研修班。由上海市浦东新区新能源协会及上海市能源研究会主办，上海市制冷学会等参与承办的“储能技术及应用”高级研修班在上海成功举办。22位知名专家为来自16所高校及11所企业的67名学员授课，授课5天。

3. 联合举办中国制冷展

中国制冷展由中国国际贸易促进会北京市分会、中国制冷学会和中国制冷空调工业协会联合主办。每轮到在上海举办，上海市制冷学会和上海冷冻空调行业协会都是作为主办单位。在历届上海展会中，上海市制冷学会负责提供技术交流会主持人、国外展团的多语种翻译、组织国外展商参观上海制冷空调企业，以及组织专业观众和学生观众等多方位服务。学会也有多人次专家应邀在中国制冷展（包括在北京和广州举办的制冷展）的各项论坛活动中作专题学术报告。通过中国制冷展这个平台，学会加强了与企业界和国际业界的联系，同时作为一个地方学会，也建立起与国际制冷学会IIR、美国ASHRAE、德国BIV等国际组织的交流合作关系。

作为2019中国制冷展的主办单位之一，上海市制冷学会在该届展会上共计组织了30余家设计院所，10所高等院校，近6 000余名专业观众参会。会议同期，还现场发放制冷与空调专业性刊物《制冷技术》期刊5 000余本。与此同时，上海市制冷学会还分别联合主办和承办了高性能建筑学术报告会、房地产—暖通空调绿色供应链论坛专题论坛、制冷空调中青年设计师高峰论坛、2019换热器发展论坛、冷藏车技术发展论坛等5场高端学术论坛。

4. 国际交流

上海市制冷学会自创设以来，结合地域和专家资源优势，积极开展国际学术和技术交流活动，成为全国各地方学会的佼佼者。

至今，已建立了与美国、欧洲、日本、韩国等国家、地区学会、高校、科研机构、产业的全方位密切合作与交流，为制冷相关行业领域的国际接轨、产学研联合提供了基础，为学会的团体会员、个人会员的可持续教育培训提供了良好的平台，为科研技术工作者提供了发展空间。同时，也大大提升了学会的社会影响力和学术地位。

学会的国际交流工作概括起来主要特色体现在以下几个方面。

1）加强与国外学会合作创设国际交流论坛

学会结合地域优势和产业发展需求，积极开展东亚地区的国际合作。作为制冷学会的一项具有特色的国际学术交流活动，与日本空调卫生工学会九州地区空调分会、韩国釜山地区空调学会，在2006年创设了“环黄海圈中日韩建筑环境及能源论坛”。该论坛由中日韩三地学会轮流主办，在每年的1月末举行。自2006年在日本九州举办首届论坛大会后，2007年在上海举办第二届，2008年度在韩国釜山举办第三届，至今已成功举办六届。每届大会都有来自中国上海地区、日本九州地区、韩国釜山地区的产、学、研各界约百名代表出席。这项国际交流活动得到了来自同济大学、上海交通大学、上海理工大学、上海市建筑科学研究院等高校、研究机关的研究者及博士硕士研究生的积极参与，为学会青年科研工作者搭建了良好的国际交流平台，促进了科研合作与交流。

该项目国际交流活动受到日本空调卫生工学会的表彰和专题报道，也引发了其他地区学会的积极参与。日本其他地区（大阪、名古屋等地区学会）也积极与本学会建立合作交流关系。国内其他地区高校也踊跃要求参与论坛活动。

至今，学会已与日本空调卫生工学会九州分会和近畿分会、韩国釜山地区空调学会，签署了正式交流协议。与美国ASHARE等国际学会建立了国际竞赛的参与合作关系。

学会结合地域、科研、产业优势的国际合作开拓了国际交流的新思路，形成了显著的社会影响力。

结合上海世博会筹建，学会积极组织相关国际学术研讨活动，为上海重大建设工程献计献策，2005年组织日本电源开发公司、环境技研公司来沪就上海世博的能源规划研究方面召开研讨会，邀请了“世博会园区清洁能源高效应用技术的系统和展示”课题组，世博总规划师、上海世博局，上海市政工程局、同济世博研究中心等部门共60人参加研讨。

2）结合需求组织国际学术交流

学会依托上海交通大学、同济大学、上海理工大学、上海海洋大学、东华大学等高校，积极开展国际学术交流活动。

主要国际学术交流活动如下：

1997年9月9—12日，由国际制冷学会（IIR）发起，中国制冷学会（CAR）和上海市制冷学会共同主办的“‘97国际高层建筑空调学术会议’（ACHRB 97）”在上海市科学会堂隆重召开。来自15个国家和地区的200余名空调、制冷界的专家和学者参加了此次会议，会议共录用中外学术论文110篇，并邀请中国建筑科学研究院吴元炜教授、德国Esscn大学Steimle教授、意大利Padova大学Albeto Cavallini教授、同济大学范存养教授、美国Pudue大学Victor Goldschmidt教授、斯洛文尼亚Ljubljana大学Peter Novak教授、日本名古屋大学中原信生教授等作了精彩的主题发言，从不同的侧面介绍了当前国际高层建筑空调与制冷的研究方向与最新成果。国际制冷学会大会主席Steimle教授、国际制冷学会学术委员会主席 Cavalini 教授、国际制冷学会秘书 Lucas 先生对此次会议作了高度评价。

2000 年 10 月 24—27 日在上海期货大厦举行了第二届国际高层建筑空调学术会议。该次会议也作为上海市科技论坛的活动之一。参加会议有来自 12 个国家和地区的代表共 150 人。会议共录用 105 篇论文，其中来自海外的论文约占三分之一，由中国建筑工业出版社出版了会议论文集和光盘。会议着重对各国高层建筑空调在设计、安装调试、运行管理与效果评价等方面的新技术信息和理念进行了交流，特别是对于城市能源有效利用和环境影响（节能减排）做了有益的探讨。会议对推动和促进上海高层建筑空调技术的发展起了重要作用。

学会连续三年邀请日本学者专家来沪做技术交流。2008 年 11 月邀请了日本空调学会前会长水野教授等对城市热岛问题研究、建筑节能研究等进行了交流讨论。

2008 年度借助“第十四届世界食品科技大会”和“全球冷链中国峰会”等科技大会平台，学会组织了多场学术会议和专题报告，扩大了制冷节影响力。

2010 年学会协办的由上海交通大学与英国诺丁汉大学和国际可持续能源技术学会共同主办了第九届国际可持续能源技术会议。会议得到了国家自然基金委的大力支持。学会理事长王如竹教授担任大会主席。来自世界 40 多个国家和地区的 410 多名代表出席了会议，会议正式录用论文 360 篇。

2010 年度学会还邀请前 ASHRAE 会长 Kentpeterson 先生来沪为会员作学术报告，报告内容紧密结合我国节能减排形势需求。同年，还邀请了美国普渡大学助理教授尹鸿玺博士在上海科学会堂作了关于可持续城市，社区能源系统及 LEED 绿色城区开发的学术报告。

5. 发挥学会专家资源优势，做好政府决策咨询参谋

1）2003 年 4 月“非典”时期安全使用空调建议

为了尽量减少和避免传染性非典型肺炎传播，保障人民群众身体健康，确保生产、工作和生活的正常进行，根据建设部、卫生部有关文件的规定，结合上海的实际情况，以“分类管理、重点指导”的原则，学会有关专家参与制定了《上海市防治传染性非典型肺炎期间学校、办公大楼安全使用空调技术建议》《上海市防治传染性非典型肺炎期间公共场所安全使用空调技术建议》《上海市防治传染性非典型肺炎期间公共交通工具及相关场所相关安全使用空调技术建议》和《上海市防治传染性非典型肺炎期间有关专家对家用空调的使用建议》等 4 项安全使用空调技术建议。对当时防治“非典”的空调使用和技术进步起了重要的作用。

2）2004 年 5 月举办“空调节电安全度夏”论坛

上海市政府的工作重点之一就是要顺利度过夏季用电高峰，解决上海市用电紧张问

题，为此学会与上海市政府有关部门联合举办了上海市“空调节电安全度夏”论坛，为市政府群策群力，出谋划策确保上海电力安全过夏。

3）2003 年 11 月举办中日建筑环境设备及世博能源的高级论坛

2003 年 11 月，学会举办了中日建筑环境设备及世博能源的高级论坛、借鉴日本大阪博览会的经验，为 2010 年上海举办世博会在能源规划区域供冷供热及相关设备应用等方面提供了极有价值的参考。

4）科技咨询

学会积极承接政府转移职能，拓展学会功能，强化学会职能，提升学会服务能力，发挥学会专家资源优势，紧跟时代需求做好上海市政府决策咨询、参谋。

（1）获得科技机构评价资格证书。2014 年 8 月 5 日上海市制冷学会已获得科技机构评价资格。2014 年 9 月正式开展科技评价专业业务，目前已有 15 个科研项目通过了评价和鉴定。学会科技评价机构由理事长张旭教授亲自挂帅，评价委员会由 9 位专职工作人员、150 人专家、大学团队及众多研究机构组成。

（2）拟定多项地方标准和团体标准。上海市制冷学会已在全国团体标准信息平台网上登记，并于 2019 年发布了学会的第一个团体标准：T/SSR 701—2019《房间空气调节器用热交换器长效节能评价值及试验方法》。2019 年开始立项的团体标准有：《室内人体健康舒适环境要求与评价方法》《多联式空调（热泵）机组用铜连接管和组件技术规程》和《房间空气调节器长效节能评价值及试验方法》3 项。

另外，上海市制冷学会牵头起草或参与的其他标准主要如下。

- DB 31/647—2012《商用冷柜经济运行》；
- DB 31/T646—2012《商用冷柜能效限定值及能效等级》；
- DB 31/T668.9—2012《制冷系统节能技术改造及合同能源管理项目节能量审核与计算方法》；
- DB 31/653—2012《通信基站空调能效限定值》；
- DB 31/929—2015《板式换热器能源效率等级与评价方法》；
- DB 31/915—2015《氨冷库安全生产规范》；
- T/SSR 701—2019《房间空气调节器用热交换器长效节能评价值及试验方法》。

6. 上海制冷节

“上海制冷节”是由上海市制冷学会牵头，上海冷冻空调行业协会、上海市冷冻食品行业协会、上海冷链协会等上海“冷”字头兄弟单位合作，由上海市科协技术协会作为活动的支持单位共同举办的品牌活动。该活动获得许多企事业单位的参与协办，在上海地区联合了最大的社会力量，在最大的范围内普及制冷空调及其相关技术。“上海制冷节”作为上海市制冷学会的品牌活动，自 2004 年开始已连续举办了 8 届。学会积极贯彻执行科普法，制定了学术和科普并举的政策；每逢单年定位学会的学术年，每逢双年定为学会的科普年；科普年的重头戏就是“上海制冷节”。

制冷节期间，以社会热点为抓手，以制冷科普进社区、进学校、进企业、进院所等活动为形式，以提高上海市民科学素质和公众节能意识为目标，以科普服务健康生活，提高节能意识为重点，积极拓宽科普领域，展示制冷科技成就、加强学术活动、启迪创新思维、促进自主创新、以高质量的品牌活动提高学会影响力。

上海市制冷学会大力开展科普宣传活动，向上海市科委申报的上海市 2020 年度“科技创新行动计划”科普专项项目已获批准，将与各兄弟协会一起再接再厉，服务社会！

7.《制冷技术》期刊

《制冷技术》ISSN：209J-4468，CN31-1492/TB 期刊是上海市制冷学会会刊，1981 年 12 月创刊。《制冷技术》是在上海市制冷学会首任理事长、我国制冷界先辈和制冷学科创始人夏安世教授的倡议下，首届理事会秘书长黄瑞泉亲自申办下诞生的。30 多年来，杂志的质量和水平有了很大的提高，已成为我国制冷与空调领域具有广泛影响力的核心刊物。

《制冷技术》为双月刊，国内连续出版刊物号：CN31-1492/TB，内芯 64 页。设置栏目有：专题综述、设计与计算、试验与研究、节能减排、应用技术发展概况、国外技术、空调市场、技术讲座、标准与规范、事故分析、安装运转、维修与保养、空调与冷冻技术问答、新产品信息、学会动态、会议信息、出版信息、制冷文摘等。并有较多的行业产品信息。

《制冷技术》杂志自 2000 年 7 月起加入《中国学术期刊（光盘版）》和《中国期刊网》全文数据库。

2019 年制冷展期间出版《中国制冷行业发展分析报告》增刊，发放《制冷技术》5 000 本；2020 年筹备《制冷技术》冬奥会专刊。

8. 专业委员会

目前学会为便于开展学术交流活动设 7 个专业委员会，会员可对口参与活动。7 个专业委员会按下列专业划分。

- 低温专业委员会（第一专业委员会）；
- 制冷机械设备委员会（第二专业委员会）；
- 冷藏冷冻专业委员会（第三专业委员会）；
- 冷藏运输专业委员会（第四专业委员会）；
- 空调热泵专业委员会（第五专业委员会）；
- 小型冷机、低温生物与医学专业委员会（第六专业委员会）；
- 换热器专业委员会（第七专业委员会）。

9. 学会现状及主要工作

目前学会拥有2 000多名个人会员及80余个团体会员，分布在全市大专院校、科研院所、设计单位和工厂企业，集中了上海制冷科技界的精英，是上海制冷科技人才库的主要来源。历年来多次荣获上海市科学技术协会“三星级学会”、中国制冷学会“先进集体”等荣誉称号。

学会理事会由会员代表大会选举产生，每四年换届改选。2019年12月会员代表大会选举产生58人第十届理事和3名第二届监事。第十届理事会理事长是张旭教授、秘书长是黄永华研究员。学会理事会设学术、编译、科普、国际交流、咨询、组织、专家7个工作委员会和学会办公室。

学会的主要工作包括：

➢ 每两年举办一次会员代表大会和学术年会，并出版学术论文集，迄今已举办18届；

➢ 各专业委员会分别定期开展各类学术活动；

➢ 举办不同层次的专业培训班，进行制冷空调知识科普讲座；

➢ 对外接受技术咨询委托；

➢ 定期编辑出版刊物《制冷技术》向全国发行，双月刊；

➢ 开展各类国际合作和学术交流活动，增进学会与国际学术团体、企业和专家间的合作联系。

10. 近期学会荣誉与优秀个人：

➢ 荣获2017—2018年度、2018—2019年度中国制冷学会优秀地方学会；

➢ 荣获2018年上海市三星级学会，2019年上海市三星级学会复审待定；

➢ 张旭教授在第二十一届暖通空调制冷学术年会上荣获吴元炜暖通空调奖；

➢ 2016年丁国良教授当选上海市优秀学术带头人；

➢ 2018年王如竹教授在第十六届国际传热大会（IHTC-16）上荣获国际热科学纪念奖Nukiyama Memorial Award；

➢ 2019年王如竹教授在第25届国际制冷大会上荣获国际制冷学会最高荣誉IIR Gustav Lorentzen奖章；

➢ 2019年顾安忠教授在中国制冷学会学术年会上荣获中国制冷学会科学技术奖——贡献奖。

附录：上海市制冷学会历届理事会成员

第一届理事会名单（1981—1986年）

理 事 长：夏安世

副理事长：蔡东园　姜尔宁　孙格非

秘 书 长：黄瑞泉

副秘书长：董天禄　谢晋康　林修钺　韩鸿兴
常务理事：蔡济道　郭　博　钱永年　陈沛霖　刘运章　单大可
理　　事：（31 人）
夏安世　蔡东园　姜尔宁　孙格非　黄瑞泉　董天禄　谢晋康　林修钺　韩鸿兴
程祖虞　尉迟斌　缪道平　戴永庆　丁　淇　冯子哲　张伟民　郎坚一　林泽柱
卢士勋　邹京生　斯颂声　陆廷玮　李连山　郁履方　荣佩芳　陈美朴　谢大业
张之庆　张肇范　石家泰　邵习勤

第二届理事会名单（1986—1989 年）
名誉理事长：夏安世
理 事 长：尉迟斌
副理事长：庄晓天　姜尔宁　孙格非　徐世琼
秘 书 长：邱嘉昌
副秘书长：林修钺　董天禄　卢士勋
理　　事：（41 人）
庄晓天　姜尔宁　韩鸿兴　顾安忠　蔡济道　郑克敏　尉迟斌　戴永庆　缪道平
董天禄　伍伯阳　黄炳桐　林修钺　林泽柱　邱嘉昌　丁　淇　柴慧娟　孔庆源
徐世琼　钱永年　邹京生　滕兆武　卢士勋　郑福麟　孙格非　陆廷玮　荣佩芳
郁履方　李连山　范存养　刘运章　陈美朴　谢大业　钟之海　关万里　张之庆
张肇范　邵习勤　苏士俊　陈芝久　李文立

第三届理事会名单（1989—1993 年）
名誉理事长：庄晓天
理 事 长：尉迟斌
副理事长：沈思明　徐世琼　陈沛霖　谢晋康
秘 书 长：邱嘉昌
副秘书长：林修钺　董天禄　卢士勋　缪道平
顾　　问：邵习勤　孙格非　姜尔宁
理　　事：（43 人）
蔡济道　韩鸿兴　谢晋康　顾安忠　傅其伦　董天禄　尉迟斌　缪道平　戴永庆
黄炳桐　曹渊明　伍伯阳　孔庆源　林修钺　林泽柱　柴慧娟　丁　淇　邱嘉昌
徐世琼　张伟民　沈思明　滕兆武　邹京生　郑福麟　卢士勋　章镛初　范存养
陈芝久　李连山　陈沛霖　郁履方　苏士俊　龙惟定　郭本初　夏仰玲　罗汉文
关万里　张之庆　张千松　陈国平　钟之海　王善昌　励世晟

第四届理事会名单（1993—1997 年）

名誉理事长：尉迟斌

理 事 长：谢晋康

副理事长：陈沛霖　董天禄　缪道平　卢士勋　徐世琼

秘 书 长：邱嘉昌

副秘书长：陈芝久　顾建中

荣誉理事：庄晓天　尉迟斌　林修钺　姜尔宁　孙格非

顾　　问：蔡济道　韩鸿兴

理　　事：（46 人）

奚永龙　王如竹　俞国新　谢晋康　顾安忠　傅其伦　董天禄　陆　震　缪道平
戴永庆　黄炳桐　姜克勤　伍伯阳　潘兆旺　孔庆源　顾建中　嵇美舫　柴慧娟
杨忠儒　邱嘉昌　徐世琼　张伟民　沈思明　郁春华　孙德潜　邹京生　郑福麟
卢士勋　章镛初　范存养　陈芝久　李永铭　陈沛霖　朱　聿　陈心良　龙惟定
江　锋　夏仰玲　朱乃钧　关万里　沈民强　肖永华　陈国平　杨乃庆　王善昌
裘家骥

第五届理事会名单（1997—2001 年）

理 事 长：谢晋康

副理事长：陈沛霖　陈芝久　徐世琼　卢士勋　沈建芳

秘 书 长：邱嘉昌

副秘书长：顾建中　王如竹　郁春华

荣誉理事：庄晓天　尉迟斌　林修钺　姜尔宁　孙格非　董天禄　缪道平

顾　　问：戴永庆　王善昌

理　　事：（41 人）

顾安忠　王如竹　谢晋康　傅其伦　魏建华　陆　震　邬志敏　王伟勇　华小龙
吕林泉　姜克勤　伍伯阳　孔庆源　邱嘉昌　顾建中　赵育川、嵇美舫　徐世琼
包建强　张振平　郑福麟　卢士勋　沈行德　章镛初　孙德潜　陈芝久　李永铭
陈沛霖　范存养　龙惟定　夏仰玲　郭　萍　王　磊　寿炜炜　关万里　陈国平
沈建芳　张乐安　张　瑛　周信达　郁春华

第六届理事会名单（2001—2007 年）

理 事 长：王如竹

副理事长：陈芝久　龙惟定　邱嘉昌　沈建芳　孔庆源

秘 书 长：龙惟定
副秘书长：顾建中　李永铭　潘毅群　郁春华
常务理事：王如竹　龙惟定　陈芝久　邱嘉昌　卢士勋　沈建芳　孔庆源　顾建忠
　　　　　李永铭　顾安忠　陆　震　赵育川　章镛初　华小龙　陈国平　潘毅群
理　　事：（43人）
顾安忠　王如竹　吴亦农　程玉芝　陆　震　王伟勇　张　华　卫　宇　伍伯阳
华小龙　邵乃宇　顾正斌　孔庆源　赵育川　包建强　谢　晶　王叶萍　李保国
邱嘉昌　顾建中　章镛初　沈行德　卢士勋　臧建彬　陈芝久　李永铭　龙惟定
夏仰玲　王　磊　寿炜炜　范存养　连之伟　张　旭　杨　光　陈国平　张乐安
沈建芳　周国瑜　张　瑛　刘黄炳　潘家兴　章学来　潘毅群

第七届理事会名单（2008—2011年）
理 事 长：王如竹
副理事长：龙惟定　沈建芳　孔庆源
秘 书 长：谭洪卫
副秘书长：李永铭　顾建中
常务理事：王如竹　龙惟定　孔庆源　顾建中　李永铭　赵育川　章镛初　陈国平
　　　　　谢　晶　沈建芳　丁国良　陈江平　巨永林　张　华　张　旭　杨利明
理　　事：（42人）
王如竹　巨永林　吴亦农　李品友　张　华　邵乃宇　杨利明　丁国良　吴献忠
贾　晶　王伟勇　赵育川　孔庆源　王叶萍　谢　晶　李保国　王增先　顾建中
包建强　章镛初　陈江平　臧建彬　章学来　邹　琼　张　旭　龙惟定　谭洪卫
李峥嵘　王　磊　叶明华　周亚素　李永铭　杨　光　连之伟　黄　晨　寿炜炜
潘家兴　陈国平　沈建芳　孙钟皓　周国瑜　张　瑛

第八届理事会名单（2012—2015年）
理 事 长：丁国良
副理事长：王如竹　谢　晶　龙惟定　张　华　王亦峰　沈建芳　葛亚飞
秘 书 长：张　旭
副秘书长：贾　晶
常务理事：丁国良　王如竹　龙惟定　谢　晶　张　华　葛亚飞　王亦峰　沈建芳
　　　　　张　旭　陈江平　谭洪卫　巨永林　包建强　臧建彬　刘宝林　寿炜炜
　　　　　杨利明　李　鉝　贾　晶

理　　事：（40人）

巨永林　黄永华　吴亦农　汪　晔　邵乃宇　王伟勇　殷光文　蔡小荣　李　鉝
李　强　宋晓炯　戴雪伟　包建强　李保国　王增先　田长荣　汪　庆　胡国威
杨　宁　徐美荣　臧建彬　吉宝智　黄允东　孙文哲　陈江平　谭洪卫　李峥嵘
黄　晨　周亚素　连之伟　寿炜炜　王　健　叶大法　周　翔　杨利明　李　威
刘宝林　孙钟皓　周于兴　李济宇

第九届理事会名单（2016—2019年）

理 事 长：丁国良

副理事长：张　华　张　旭　谢　晶　王亦峰　吴献忠　李　军　于　兵

秘 书 长：张　旭

副秘书长：杜志敏　胡海涛　周　翔　钟　鸣

常务理事：丁国良　巨永林　张　华　吴献忠　谢　晶　包建强　臧建彬　章学来
张　旭　李峥嵘　周亚素　代彦军　王亦峰　李　军　刘宝林　于　兵
邓　斌

理　　事：（50人）

巨永林　黄永华　吴亦农　王　莉　朱绍伟　丁国良　张　华　贾　晶　邓　壮
殷光文　李建明　吴献忠　邵乃宇　邓　斌　毛洪财　张春路　姚　峻　戴雪伟
谢　晶　包建强　李保国　王增先　田长荣　卓存真　胡国威　臧建彬　孙永明
黄允东　章学来　史文斯　张　旭　李峥嵘　黄　晨　周亚素　代彦军　周　翔
王亦峰　李　军　凌　泓　徐　桓　沈列丞　张蓓红　杜志敏　何　焰　刘宝林
胥　义　周学迅　孙钟浩　胡海涛　于　兵

监事会：王如竹（监事长）　龙惟定　寿炜炜

4.1.2　上海冷冻空调行业协会的建立和发展

1. 上海冷冻空调行业协会（Shanghai Air-Conditioning & Refrigeration Institute）成立

20世纪70年代末80年代初上海地区生产的冷冻空调机械产品主要是食品冷冻冷藏、人工气候调节、工业用制冷机械三个大类上千个品种，具备了门类齐全，配套齐全、品种繁多较完整的工业体系。许多产品被国家评为金质奖、银质奖和部市优质产品，在国内外享有较高的声誉。

随着经济体制改革和发展，政府与企业之间的纵向联系和企业与企业之间的横向交流不断加强，为了适应新形势的需要，建立行业协会，能在政府部门与企业之间架起桥梁和加强纽带作用，使企业与企业之间相互促进、相互协作，使行业更健康地发展。

1985年6月16日，原上海市经委冷冻空调机械协调办公室受市经委委托，根据沪经计（85）第331号文《关于筹建上海市冷冻空调机械协会的通知》精神，由市机电一局、商业二局、航空办、航天局、市集管办、农机局等有关人员组成协会筹委会，筹委会人员有朱铭勋、舒昌宁、葛景和、周文采、曹明华、劳锦良、陈兴全、俞福兴共 8 人。

筹委会根据国家经委第 895 号《关于行业协会若干问题的暂行规定（草案）》，明确协会的宗旨和性质，起草了协会《章程》，结合上海地区冷冻空调机械行业的实际情况，组织协会发起单位和会员发展工作，协商理事人选和办事机构。

在上海市经委和上海市机电工业管理局的关心下，经反复酝酿和协商，由上海市石油化工通用机械公司、上海第一冷冻机厂、上海商业冰箱厂、上海航空机械制造厂等 69 家单位作为协会组织的发起单位，其成员分别隶属于市机电一局、商业一局、商业二局、航空办、航天局、仪表局、高教局、交运局、手工业局、民政局、供销合作社、公用事业局、集管办和农机局共 14 个系统，还有部分高校、研究所和工程安装单位，工业总产值 3.6 亿元，职工人数 1.5 万人。在理事会的组成上，筹委会根据协会的性质、任务与发起单位充分协商、沟通，既保证重点骨干企业，又照顾各系统的代表面，确定了 28 家理事候选单位。

经过近半年时间的努力，筹备工作基本完成，成立协会的条件业已成熟。

1985 年 12 月 28 日，协会成立大会暨首届会员大会在上海社科院大礼堂召开。

出席会议的有市府汪道涵、朱宗葆、经委陆吉安、王国雄、计委杨志华、王龙道、机电工业管理局李嘉康、祁和俊、农机局姚友昌、上海交大夏安世、鲍士雄等。

首届会员大会经民主选举，产生 28 家理事单位。上海市机电工业管理局李嘉康局长为名誉理事长，上海市石化通用机械公司经理朱铭勋为协会第一届理事会理事长，舒昌宁为秘书长。

协会秘书处设办公室、技术咨询部、产品质量部、规划部，办公地址为南阳路 154 号（上海空调机厂金工车间内），1987 年，协会咨询部、质量部在康定路 716 弄 22—24 号办公。1990 年协会搬迁至重庆北路 212 号上海恒温控制器厂内，2004 年协会搬迁至共和新路 1346 号，2017 年协会搬迁到胶州路 699 号。

2004 年 3 月 5 日经理事会决议并报政府批准，协会名称由“上海市冷冻空调机械工业协会”变更为“上海冷冻空调行业协会”。

1986 年 1 月 20 日，上海交通大学教授夏安世召集 20 名专家学者座谈，筹备成立协会“智囊团”，1987 年 9 月 26 日以上海交通大学尉迟斌教授为首席顾问的协会“智囊团”成立，其成员都是为上海冷冻空调行业发展作出过重大贡献的资深专家，2008 年经协会七届一次常务理事会通过更名为“上海冷冻空调行业协会专家委员会”，相应的《上海冷冻空调行业协会专家委员会工作条例》同时颁布。

1986 年 7 月 15 日，协会内部交流刊物《上海制冷信息》创刊。

2. 协会积极开展各项活动

1）接受政府委托，积极发挥参谋助手作用

（1）1986 年 2 月 4 日，受市经委委托，组织对全市厨房冰箱和开启式制冷压缩机进

行质量普查。

（2）根据上海市经委、计委联合沪经计（87）第537号文通知“开展本市冷冻空调机械行业调整及开发市场适销新产品的调查”要求，协会组织专业人员，先后走访了60余家用户单位和40余家生产企业，在此调研的基础上，结合行业急待解决的结构调整，开发市场适销新产品等问题，提出积极的设想和建议。为使调研报告更具有权威性和操作性，协会专门邀请有关专家和常务理事进行评估和审议，多次修改和完善，于1988年3月正式呈报市经委和市计委，为政府部门制定政策提供依据。

（3）1988年8月，市经委委托协会对“小型滚动转子式空调压缩机引进项目”进行优选厂点调查并提出建议。协会当即组织力量，通过调研对6家备选企业的技术、装备、人员素质、偿贷能力以及引进意向、选点建设等进行综合评估形成书面报告，并经时任市经委副主任蒋以任等市领导出席的专家评估会议审查通过后呈报市经委、市计委、外经贸委决策。现上海日立电器有限公司就是该项目的中选单位。

（4）1989年6月，受上海市加强企业管理领导小组办公室、市财贸办、市二商局委托，组织制定《上海市冷藏柜市级先进企业标准》的起草、调研、认证、报批等工作。按市加强办、财贸办联合以沪财企（89）第055号文件批准的该产品标准条件，经企业申报、考评、审查，上海海鸥电器总厂、上海制冷设备厂、上海市商业冰箱厂等会员企业，先后步入了“上海市先进企业”行列，其中上海海鸥电器总厂在此基础上，根据商业部国家二级企业标准，经考核审定为“国家二级企业”。

（5）受市经委委托，先后参与编制制冷行业“八五”“九五”“十五”“十一五”和“上海市工业‘20 + 6’个重点产品的发展规划”，参加上海市工业产品的发展战略大讨论活动；组织开展“上海市本行业名牌产品调研”，“国内家用空调的发展状况及上海采取的对策调查和建议”，“上海市最佳工业企业形象单位”的评审，开展上海市冷冻空调机械行业基本状况的调查等工作。在上述工作中协会注重调研，综合分析，所提建议比较客观、切实，具有参考价值，多次受到政府部门的表彰和奖励。

（6）2005年，受市劳动和社会保障局、上海劳动职业培训中心委托，组织专业技术人员完成了《中央空调工》《制冷工》等级工职业标准评审及《中央空调工》《制冷设备维修工》等级工培训教材内容的开发和提升。

（7）为建设资源节约型，环境友好型社会，贯彻“节能减排”的科学发展观，加快推进HCFCs制冷剂替代转换工作，2008年8月，受上海市环保局委托，组织专门力量对本市家用、工商用制冷空调ODS消耗情况进行专题调研和评估，形成报告报市环保局，并顺利通过验收，并以此开始了与上海市ODS环境管理办公室的长期合作。

2）采取多种形式，竭诚为企业服务

（1）组织“冷冻空调机械产品标准宣贯学习班”。协会成立初，面对当时上海地区小作坊式的44家厨房冰箱和24家2F4.8开启式制冷压缩机生产企业管理落后、质量良莠不齐的状况，协会对上述产品进行质量调查、抽检测试，根据产品检测所暴露的问题，召开质量分析会，进行辅导，强化质量意识。针对上述企业普遍存在“无标生产”的状况，协会于1987年6月组织了“冷冻空调机械产品标准宣贯学习班”，参加宣贯的有26家企业的百余名代表，根据协会提供的有关产品的国标、部标等专业标准以及相关规范，请市标准计量局领导和行业有关专家进行了详尽的讲解，在行业内引起较大反响，促进了产品质量的提高。

（2）组织4种工业产品生产许可证实施工作。1987年为配合国家商业部开展的对全国“冷藏柜”“棒冰机”“冰激凌机”“小型装配式冷库”4种工业产品实施生产许可证制度，协会派出人员协助政府参与申证单位的检查和验收，同时协助申办企业完善技术文件、规范生产流程等，进行了大量的指导服务，由于准备充分，工作细致，结果上海地区获证企业32家，居全国之首。

（3）开展国际交流与合作活动。协会先后4次组织会员企业出国进行专业考察，共有30多家企业，41名企业领导和工程技术人员相继出国交流。在此基础上，经协会牵线，先后13家企业，分别与美、日、德等国及中国港台地区建立了技术引进或提供样机来料加工或定牌生产的合资、合作关系，为企业走向国际市场拓宽了渠道。

2017年12月10—19日，应日本（株式会社）前川制造所浅野英世常务董事的邀请，协会组团7人赴日考查，参观了前川守谷工厂，拜访了前川总部，实地考察了前川使用“NewTon”CO_2载冷剂系统和“PascalAir”超低温空气冷却系统的用户。这次考察不仅是技术上的交流和提升，更多的是应用上的学习和积累，特别是前川公司的绿色理念和环保技术给考察团留下了深刻的印象。在这之后，协会又多次邀请前川公司进行专业交流。

（4）举办各种专题培训班。2011年，协会与上海（维诚）山田律师事务所举办《劳动合同法》法律培训班，有20多家企业相关人员参加了培训。

2011年，协会根据市人事局有关文件的精神，在行业内开展技术职称申报受理服务，共有28家企业175人申报了高、中、初三类技术职称，按照市人事局有关工程技术类职称评定的相关规定与要求，特别对21名工程技术人员的申报进行专门指导，经考核有7名工程技术人员获得了市人事局颁发的技术职称证书，其中工程师6人，高级工程师1人。

2012年，协会与上海仁信保险经纪有限公司合作，向中小企业推出保险统保优惠业务，企业在原有各类保险业务的基础上，可以参加包括利润损失保险、信用保险、质量保险等15项保险业务，实行统一的优惠。

2012年，协会举办冷冻空调维修保养培训班，共有23家企业55名工程技术人员参加培训，专家们介绍了“变频空调常用故障判断和维修”“大容量功能水源VRV机组的维修”等专业知识。

此外，协会还联系银行向中小企业推出“项目融资”和“业务扩展融资”等项目；举办“项目招投标实务与操作方法”等专题培训；指导中小企业产品许可证申报、标准编撰和标准化建设、ISO 质量管理体系建设、制冷压力管道认证、专利申报和新产品成果转化等多种服务项目，利用协会广阔的资源努力为企业、特别是中小企业做好服务工作，收到一致好评。

3）举办“上海制冷展”和联合主办“中国制冷展”

1986 年 4 月 18—22 日，协会在上海展览中心举办首届“上海市冷冻空调产品展览会”。从 1986 年到 1997 年，协会在上海展览中心成功举办了九届“上海市冷冻空调产品展览会”。

从 1994—2019 年，协会与中国国际贸易促进会北京分会、中国制冷学会、中国制冷空调工业协会以及上海市制冷学会联合在上海国际展览中心举办了十三届“国际制冷、空调、供暖、通风及食品冷冻加工展览会”（两年一度在上海举办），为国内外同行提供了技术交流、新品展示、沟通信息、捕捉商机的良好舞台。“中国制冷展”现已成为世界规模第一，影响最大的制冷空调专业展览。

4）举办节能环保论坛，倡导可持续发展

我国国民经济的飞速发展，面临能源紧缺和环境污染的双重压力，如何满足日益增长的能源需求，合理利用有限的资源，减少对环境的破坏，成了保证经济稳定快速发展必须解决的当务之急。为此协会多次组织有关 CFCs 制冷剂禁用及替代研究的科技讲座，以及制冷技术培训和中外交流等专项活动；多次举办高层论坛及各种科普活动，宣传节能及新能源的替代应用。

2005 年 9 月，协会与中国社科院可持续发展中心、中国生态学会、中国节能协会、中国制冷空调工业协会共同在上海举办了“中国节能环保制冷和可持续发展高层研讨会”。研讨会对影响当前经济发展的能源、环保、生态等热点难点问题进行了深入讨论，并就如何合理有效利用能源，降耗增效、保护生态环境提出了建议，共有 300 多名代表参加。

2009 年 10 月 22 日，协会与上海市节能协会在新概念大厦共同举办首届“上海市制冷空调与节能减排应用论坛”，共有 200 多名代表参加了论坛。

2010 年 11 月 24 日，在协会七届四次常务理事会通过成立“上海冷冻空调行业协会节能减排工作委员会”的决议。2011 年 3 月 13 日“上海冷冻空调行业协会节能减排工作委员会”成立，以此开始了节能产品申报、节能减排示范项目的评审和节能宣传等工作。

2010 年 11 月 30 日，在上海复旦皇冠假日酒店举办了第二届“上海市制冷空调与节能减排应用论坛”，来自制冷空调行业的中外企业家、供应商、用能单位、相关协会的领导和行业专家 300 余人参加了论坛。该次论坛主题是“未来城市节能减排技术”，论坛研讨交流空调节能领域的技术趋势和成功经验，宣传政府对节能产业的政策扶持，促进企业节能减排工作，论坛发出了“科技节能、绿色低碳”的节能减排倡议书。

为了贯彻中国制造 2025 的精神，持续推进制冷空调制造业的升级换代和由大转强，协会会同上海市制冷学会和众多协会和企业，于2016年11月30日在上海市建筑科学研究院举办第三届“上海市制冷空调与节能减排应用论坛”，该届主题是“创新制造”，交大丁国良《高效和长效换热器设计技术》、汉钟邓壮《低GWP新制冷剂在高温热泵的应用研究》、海立周易的《转子式压缩机在轻商领域的应用突破》、前川公司浅野英世和钱振翼的《采用天然工质的新型制冷系统及其冷冻冷藏的应用》、美的赵春岩的《制冷空调节能减排的新抓手——论离心机在中小冷量区间的应用》、克莱门特卫宇的《六管制多功能热泵及其应用》等高质量、最前沿、新技术的报告博得到会近200名专家的一致好评。

2017年12月21日，协会与上海理工大学、上海市机械工程学会流体机械分会、上海通用机械行业协会以及国际铜业协会共同在上海理工大学举办“创新驱动、智能制造、人才培养”高端论坛活动，58家单位100多人参会。上午会议介绍了行业技术标准、换热器技术、智能制造、核电设备等新技术、新领域；下午进行两个圆桌会议交流，一是校企产学研提升与需求对接交流；二是校企高端人才培养合作交流，与会专家、嘉宾结合自身的需求和专业背景，进行了深入的交流和探讨，并就具体合作项目进行了对接。

2018年10月24日下午，在黄浦区工人体育馆综合楼6楼会议室，协会联合上海市物业管理行业协会共同举办了“上海市第四届制冷空调与节能减排应用论坛——现代物业与空调节能”，来自物业管理协会的沪上各大物业管理公司和冷冻空调协会的会员单位以及技术专家等220余人参加了会议。6位嘉宾分别发表演讲，5位专家围绕冷冻空调与物业管理行业两大行业结合点、发力点等诸多大家关注的话题进行交流。该次论坛，既有理论知识又有实际案例，既有应用操作又有宏观展望，让与会者受益匪浅，有力地推动节能减排理念在现代物业管理中的应用。

2018年11月28日，由协会牵头上海理工大学、产业在线、国际铜业协会以及马鞍山市含山县人民政府共同组织的“含山论剑　谁与争锋　长三角地区制冷空调产业高层”论坛在安徽马鞍山市含山经济开发区隆重举行。来自行业企业、协会的理事会员单位、协会专家、特邀嘉宾以及含山县政府有关部门领导、当地企业高官近200人出席了会议。活动由4个内容组成：早上，与会人员考察了含山具有代表性的三家制冷配件生产企业：安徽海立精密铸造有限公司、安徽三花智能管路件有限公司、安徽朗迪叶轮有限公司；开幕式后9个主旨报告部分，主要介绍了中国产业现状、长三角地区产业的方向、制冷剂替代技术、热泵技术、低温技术、压缩机铸造技术、高效传热技术、多联机发展技术等；第三个内容是嘉宾沙龙；最后由上海理工大学、中国制冷空调工业协会、合肥通用机电检测院有限公司、含山县人民政府和上海冷冻空调行业协会5家共同签署了《制冷空调行业人才培养上海理工大学制冷空调产业学院框架协议》。该次论坛，汇聚了制冷空调行业的领导和精英，分享探讨了行业发展、技术更新、人才培养的前瞻方向，提出了长三角一体化协同发展背景下制冷空调产业梯度转移及升级发展的新的观点。

针对北方地区“煤改电”成功的经验以及长江流域冬冷夏热地区的特点，2019年12

月 6 日，假座中环国际酒店，协会牵头上海理工大学、产业在线、国际铜业协会共同举办“长江流域冬季采暖应用技术”论坛。来自全国的行业领导、著名专家，协会的理事会员单位，上海设计院有关专家共 300 多人，欢聚一堂。上午开幕式、主题报告，下午两个分论坛，共有 24 个演讲报告，晚上是“美的之夜”闭幕式和晚宴，大家一起聆听、学习、交流、探讨，共同见证了《长江流域冬季采暖——上海宣言》的诞生！论坛揭示了长江流域地区气候特点及采暖要求，探讨采暖实现形式及节能环保的要点，交流了采暖设备的新技术和新产品，达成了有效提高热泵系统的实用性、可靠性和经济性的共识，为今后长江流域冬季采暖的健康发展打下基础。论坛现场还特别设置企业产品展示区，提供了品牌影响力提升和传播的机会。

2020 年 11 月 26 日，协会牵头上海理工大学、产业在线、国际铜业协会、上海市制冷学会、上海冷链协会和上海市冷冻食品行业协会在上海国际贵都大饭店共同举办“‘极冻冷芯’冷冻冷藏全链技术高峰论坛”，来自全国的行业领导专家，冷冻冷藏设备的制造商、工程商、运营商、最终用户，协会的会员单位、专家 250 人参加了活动。上午开幕式、主题报告，下午两个分论坛，20 个演讲报告围绕冷冻冷藏全链过程的行业数据、标准建设、产品研发、工程设计等展开，交流了新技术、新工艺和新产品。论坛还分别授予 15 家企业“优秀设备供应商”，5 家企业“优秀工程承包商”和 6 家企业“优秀冷链运营商”的称号，以表彰他们在造福民生、发展经济、做强行业方面的杰出贡献。该次论坛为冷冻冷藏系统服务商与冷链运营商以及最终用户的对接搭建平台，倡导健康、卫生、环保和节能的行业发展理念，打造服务于健康食品、生物医疗、交通运输、体育运动、工业和能源的新业态，旨在进一步推进我国冷链行业稳定、持续、健康的发展。

5）开展评选“诚信企业”活动

为庆祝协会成立 20 周年庆典活动，在 2005 年 12 月 29 日协会开展评选上海冷冻空调行业诚信企业活动，各企业踊跃参加，积极申报材料，协会经初选，推荐 54 家单位为候选单位，并在《解放日报》上公示征询社会意见，经综合评分并经协会常务理事会审定，确定 52 家企业为“上海冷冻空调行业诚信企业”单位，然后在《解放日报》以整版红色通栏进行告示。

2008 年 8 月，协会设立“上海冷冻空调行业协会诚信企业创建办公室”(创建办公室)。“创建办公室”是协会为建立完善行业“诚信企业”建设的长效机制，不断提高企业诚信体系建设的创建水平，使诚信企业的创建工作进一步规范化、制度化，为企业实现长效管理服务而设立的机构。2008 年 8 月，经上海市“知荣辱、讲文明、迎世博、建诚信”活动组委会授权同意，挂牌成立。该组委会由中共上海市委宣传部、上海市精神文明建设委员会、上海市人民政府新闻办公室和上海市互联网舆论宣传领导小组办公室等政府机构组成。

根据市府关于社会诚信体系建设的要求，结合“上海冷冻空调行业协会行业规定”，在行业内部开展“诚信企业”评选活动。协会根据“行业规约”的要求，分别制定了“上海冷冻空调行业诚信企业管理办法”和“评分细则”，采用企业自评申报，协会组织抽查，并通过媒体征询社会各方面意见，协会理事会综合评定等程序，对达到要求的单位授予“上海冷冻空调行业诚信企业”称号，并予以表彰。

6）进行职业培训，开展技能竞赛

为了更好地发挥协会服务职能，加强职业培训，协会与上海市家用电器高级技术学校、上海科技管理学校、上海华联家维有限公司三家会员单位，合作建立了“上海冷冻空调行业协会培训基地”，开办中央空调等级工及制冷维修工培训班。

2008年7月，受上海市劳动和社会保障局职业培训中心的委托，根据上海市劳动和社会保障局职业培训中心的要求，在原有《制冷设备维修工（三、四、五）》理论知识的题库基础上，将题库量翻了二番，特别是扩充了维护后的理论知识题，经协会培训部的精心组织，认真工作，该项目仅用一个月就按质按量地完成任务，并向社会公开。

协会还受上海市劳动职业培训中心委托，完成“中央空调工”“制冷设备维修工”两个工种的“一、二”级工和“三、四、五”级工的标准、教材的提升。

开发冷冻空调工程安装施工监控师培训，该项目经市经委批准，由市紧缺人才办公室立项并在其网站公示，面向社会招生。

开发制冷特种作业安全技术培训。协会参与了教材的编写等各项前期工作，协会的教育培训基地上海科技管理学校被市安监局定为上海市制冷特种作业安全教育培训基地，面向社会招生，2007—2015年经协会组织的培训人数达1 017人。

2010年5月，根据市人力资源和社会保障局、市总工会等6家单位联合开展的“2010上海市职业技能竞赛活动”文件精神，协会主办“2010上海市市级二类（制冷设备维修工、中央空调系统操作员）职业技能竞赛活动”。该活动由杨浦区人力资源和社会保障局、上海科技管理学校协办，上海技高职业技能培训中心承办。参加单位35家共151人经初、复赛后，获得中级工称号的有27人，其中8名选手晋升为高级工，获得高级工称号的有19人，其中3人晋升为技师，为此协会获“2010上海市职业技能竞赛活动优秀组织奖”。

7）共同发起成立“上海交通大学夏安世教授教育基金会”

为纪念我国制冷、低温工程专业的创始人夏安世教授，1996年4月协会与上海交通大学、上海市制冷学会共同发起成立了“上海交通大学夏安世教授教育基金会”。该基金会每年对全国知名高校的制冷、低温、暖通空调专业的优秀学生和杰出教授进行奖励，在全国制冷空调专业中有较大的影响。

8）《实用制冷与空调工程手册》的编辑和再版

为了更好地帮助业内技术人员掌握制冷空调专业知识和实际应用技术，协会组织行业内专家从2000年开始编撰《实用制冷与空调工程手册》(以下简称《手册》)，由机械工业出版社出版，《手册》是一本大型专业工具书，不仅有理论专业知识，更有反映当时制造企业产品的最新成果，也有工程实际应用方面的知识，全书244万字，成为一本很有价值的学科专著和实用参考手册，《手册》自2002年出版后，受到专业技术人员和社会的广泛欢迎。

2006年，在制冷空调行业日新月异发展的新阶段，协会再次组织专家进行《手册》的再版编辑，增加了制冷空调的新技术、新产品和新的工程应用，经过5年努力，于2011年付梓，《手册》再版字数250万字，2011年6月29日召开《手册》再版发行仪式，出席仪式的专家学者对再版的《手册》给予充分地肯定和赞赏，对《手册》参编人员的辛勤劳动给予衷心的感谢。

9）共同发起“上海制冷节”活动

2004年，协会会同上海市制冷学会、上海市冷冻食品行业协会和上海冷藏库协会（现为上海冷链协会）共同发起了“上海制冷节”活动，至2020年已举办了9届，活动形式从单日集会到贯穿全年，进学校下社区；活动内容也从宣传、竞赛和冷冻食品展销到研讨会、论坛、新产品介绍、发放科普小手册和各类趣味互动；活动主题除了民生，还涉及健康、卫生、安全和绿色低碳，此项活动已成为上海制冷界的一项品牌活动。

10）成立“上海冷冻空调行业协会冷冻空调工程专业委员会”

为了规范制冷空调设备工程安装维修行业的经营活动，加强行业管理和行业自律，维护市场秩序，保护制冷空调设备工程安装维修企业的合法权益，提高制冷空调工程安装维修质量，促进企业规范化发展。经协会六届理事会同意，在普陀区制冷工程学会的配合下，于2005年4月29日在华东师范大学会议厅成立“上海冷冻空调行业协会冷冻空调工程专业委员会”（工专委），上海市安装工程（集团）有限公司出任专业委员会主任。

“工专委”成立后，在协会理事会的领导下，与上海市设备管理行业协会共同开展对制冷空调工程安装维修企业的资质认定，取得了良好的社会效应，后因业务发展需要，增加了上海市安装行业协会共同作为认证单位，并在协会内设立由三家协会共同组成的“上海市冷冻空调工程安装维修企业资质认证管理办公室”。

为鼓励创建冷冻空调优质工程，从2010年起协会组织开展“优质工程奖”评比活动，由企业对至少运行一年的工程项目进行申报，由资深专家组成评议小组，根据项目施工规模、工程技术难度、“四新”技术应用、节能环保、绿色施工和提高效率6个方面的条件，经过初评、复评、实地考察和公示多项环节和程序，最终评选出“优质工程奖”。2010年7月“2009年度上海冷冻空调行业‘优质工程奖’评选”活动结束，20家企业的23个工程项目获奖，该奖项是上海冷冻空调行业反映冷冻空调工程质量的荣誉奖项，该奖项从2014年起变更为每两年评比一次。

根据行业工程企业多、规模小的特点，为贯彻《中华人民共和国安全生产法》，执行《上海市小企业安全生产评估导则》，适应冷冻空调工程安装维保市场发展的需要，进一步加强上海冷冻空调行业各类小企业安全生产监管，协会与安全生产监察机构联手，在行业内开展“小企业安全生产评估”工作，具体由协会“工专委”负责实施，此项工作从2009年开始启动，至2015年共完成评估267家，培训人员976人。

此外，工程委还根据制冷空调工程特点，与上海市普陀区制冷工程学会一起，多次组织举办制冷空调工程年会。

2017年1月6—8日，在安徽芜湖悦圆方酒店，举行了“科技创新　节能减排　共享双赢成果”年会，共有118家单位152人参加了会议，协会作了“中国制冷空调行业的现状及发展”报告，3家公司作了产品介绍，还进行了交流发言、先进表彰等。

2018年1月5—7日，在浙江嵊州举办了的“开创发展新机遇，谋求发展新动力”年会，共有142家单位196人参加了活动。会上，7家公司进行了产品介绍，协会工专委进行了“2015—2016年度优质工程”颁奖典礼，参观考察了浙江凯迪制冷设备有限公司、浙江三花制冷集团有限公司梅渚工业园。

2019年1月11—13日，在江苏高邮召开“科创驱动　抱团取暖　再创辉煌”技术交流研讨会，共有122家单位166人参加了该活动。活动交流了新产品、新技术，表彰了先进，参观了江苏吉祥空调设备有限公司。

2020年6月5—7日，“城市建筑空调系统防疫工作研讨会”在常州香格里拉酒店顺利举行，会议共有112家单位162人参加。会上6家企业做了产品技术方面的交流，参观考察了常州月仙冷藏设备有限公司。

11）编制行业标准，推动节能减排

为了实现可持续发展战略，推进行业的科技进步，增强社会的责任感，协会于2006年5月向市经委、市技术监督局、市能源标准化委员会提出，由协会组织多联式空调机企业编制《多联式空调（热泵）机组能效限定值及能源效率等级》上海市地方标准。在当时尚没有国家标准的情况下，经过努力完成了该标准的制订，并呈报市技术监督局并在网上公示，经广泛征询社会及专家意见后，该标准升格作为国家标准并促使“多联式空调（热泵）机组”产品标准的诞生。

2010年协会组织相关企业制订了SARI 01—2010《低温热水地面热泵供暖系统的应用设计与安装规范》行业标准，经市技术监督局备案后，于次年正式公布并予以实施，这项标准是国内对热泵地暖系统应用的首项标准。

从2011年开始，协会在市技术监督局、市能源标准化技术委员会的直接领导下连续制订了多项产品能效及能源管理的地方标准，2012年完成了DB 31/640—2012《水源多联式空调（热泵）机组能效限定值及能源效率等级》、DB 31/641—2012《水源高温热泵机组能效限定值及能源效率等级》二项上海市地方标准，并于2013年2月1日起实施。

2013年完成制订了DB 31/706—2013《风机盘管机组能效限定值及能源效率等级》、DB 31/T 668.13—2013《节能技术改造及合同能源管理项目节能量审核与计算方法第13部分：热泵替代锅炉系统》两项上海市地方标准，并于 2013 年 10 月 1 日起实施。《风机盘管机组能效限定值及能源效率等级》标准在国内首次提出了风机盘管能效指标，并将先进的直流无刷技术应用的指标体现在标准中。

2014 年 8 月完成了 DB 31/835—2014《组合式空调机组能效限定值及能源效率等级》和 DB 31/836—2014《制冷剂使用技术通则》两项上海市地方标准，《组合式空调机组能效限定值及能源效率等级》标准首次提出了组合式空调机组能效指标，并编制了风量、电机功耗所对应的能效等级查询软件。《制冷剂使用技术通则》则是国内首项制冷剂从销售、运输、使用、到回收、处理和销毁全过程规范化管理的标准，该两项标准规定从 2014 年 12 月 1 日开始实施。

2015 年，协会完成了 DB 31/943—2015《空气源冷热水变流量空调系统能效限定值及能效等级》的制订，该标准跳出原来产品能效的框框，首次提出了空调系统的能效指标和评判方法。

2019 年，协会受上海市能效中心委托，对 DB/T 255—2003《集中式空调（中央空调）系统节能运行和管理技术要求》进行修订，组织了设备商、运营商、高校、设计院和行业协会近 20 家单位，根据技术发展和运行要求进行了广泛地征求意见和修改，新标准于 2020 年 9 月 1 日正式发布。

这些标准的制（修）订极大地促进了行业技术进步，对产品的更新换代提出了新的发展思路。

12）技术鉴定与技术推广

长期以来，协会在推动技术进步、行业发展方面尽心尽责。

1992 年 12 月 12 日，协会组织了 7 位专家对上海俊乐制冷自控元件有限公司开发的“H20PS 系列压力控制器”进行新产品鉴定。

从 2009 年开始，协会与上海铝业协会携手，就“以铝代铜”课题进行了全面的合作，分别就风机盘管产品、微通道换热器和蒸发式冷凝器等产品的“以铝代铜”“以铝代钢”项目提出了技术方案和实施计划，2009 年 7 月和 9 月与铝业协会举办了两次“空调新技术新材料应用推广会”，特别是 2010 年 9 月 3 日，在上海振新铝业有限公司召开了“冷库用全铝蒸发式冷凝器”新产品鉴定会，该产品由上枫制冷设备有限公司和振新铝业有限公司合作完成，用复合铝合金管材替代蒸发式冷凝器的不锈钢管，使冷凝器传热效果提高，重量大大减轻。

2010 年，协会受上海申虹投资发展有限公司委托对虹桥商务区核心区（一期）能源中心供能项目有关空调制冷部分建设方案进行评估，经过半年多的工作，于 2011 年 1 月 13 日召开专家最终评审会，从五大方面对项目建设内容进行评价：①复核了项目总的供冷负荷；②评价了夏季供冷方案中采用的燃气发电余热回收溴化锂制冷机组、冰（水）蓄冷方案、大温差离心式制冷机组、新型环保制冷剂等技术方案，并提出了进一步完善的建议；③根据供冷大温差 8 ℃（5/13 ℃），供热高温度以及能源中心管线长的特点，对原方案中的管输技术和保温等内容提出了调整和补充建议；④对能源中心辅助设备进行了复核，给出调整和建议；⑤对项目综合经济效益和节能减排预期目标进行了最终评价。

2010 年 7 月 22 日，协会与盟立自动化科技（上海）有限公司举办了“暖通空调节能与先进技术研讨会”，50 多名设计院、制造商和工程商的专家参加了交流，龙惟定教授、张小力博士等专家做了专题演讲。

2010 年 9 月，协会受上海体育基建管理中心委托，组织专家对由莱佳冰雪运动有限公司承接的松江大学生体育中心真冰溜冰场工程项目进行验收，这是一个可以承接国际 A 级赛事的运动场。

2011 年，协会了解到会员单位的船用转轮去湿机被政府相关部门以产品无生产许可证查处，为此在 7 月 15 日协会邀请专家专门召开了“船用组合式转轮去湿机组”产品听证会，对船用组合式转轮去湿机组产品与许可证规定的“蒸气压缩循环制冷去湿”产品要求进行了对比分析，认定船用组合式转轮去湿机组不属于许可证要求的目录，并向有关部门提交了鉴定意见，从而避免了负面影响，维护了企业的权益。

2011 年 10 月 16 日和 11 月 28 日协会两次组织专家现场考察了理事单位浙江正理生能科技有限公司热泵热水机应用项目，并先后于 2012 年 9 月 16 日和 2013 年 5 月 29 日与上海市旅游行业协会饭店分会，在美丽园大酒店举办了两次热泵热水机的应用推广研讨会，介绍热泵热水机在替代锅炉方面的应用案例和推广前景，参会人数 500 多人，收到一致好评。

2012 年 3 月 15 日，受上海富田空调冷冻设备有限公司委托，协会组织专家委员会专家对其研制开发的“CFCX 系列新颖节能风机盘管”进行产品鉴定。4 月 17 日组织设计院、工程商和用户 100 多人，召开新产品介绍会进行推广。

2013 年 6 月 1 日，协会与埃迈贸易（上海）有限公司假座虹桥万豪大酒店举办“节能透视”研讨会，邀请设计院、制造商和工程商 30 多名专家就集中式空调水系统的水力平衡技术进行了深入的交流。

2013 年 6 月 18 日，协会组织设计院、大学和工程商的 30 多位专家赴华源复合材料有限公司召开“华源抑菌 Cu + 复合板应用推介会”，就集中式空调系统风管采用抑菌 Cu + 复合板技术进行了广泛的交流。

2015 年协会组织了“直流无刷电机技术在制冷空调领域的应用研讨会”，副会长单位常州祥明智控向 60 多名专家和主机厂技术人员介绍了直流无刷电机技术的新动态和新应用，帮助企业宣传新技术，推广新产品，开拓市场。紧接着协会又联手普陀区科协、普陀区制冷工程学会，与祥明智控共同举办了“制冷空调与现代服务经济”论坛，有 10 多位专家分别作了产品、标准、政策、互联网等多方面的演讲，近 60 位企业领导和技术人员、行业专家和政府管理人员参加了论坛，进行了广泛的交流，也为直流无刷电机在普陀区政府空调系统末端产品的替换和改造创造了条件，地方政府也为此节能减排的改造应用造势出策。

2015 年 12 月 20 日假座上海维也纳酒店协会与谛能（上海）制冷科技有限公司共同举办了“互联网 + 制冷工程技术”研讨会，交流了传统的制冷工程技术在互联网时代的新问题、新特征和新应用，有 50 多名专家和工程商的领导、技术人员参加了研讨会。

2015 年 4 月，协会申报上海市质量鉴定组织单位获得市质量技术监督局批准，协会在许多方面积极为行业服务，排忧解难。

2016 年春节前，协会受托为黑龙江牡丹江富通汽车空调机公司被诉“汽车空调压缩机轴承质量”的案件做第三方鉴定，协会组织专家冒着 −40 ℃的严寒赴东北紧张工作了 3 天，得出了正确的结论，春节后一场败诉的 700 多万元的质量纠纷迅速纠错，委托方得到圆满的结果。

2017 年 1 月 6 日，对环际低碳技术公司的列管式换热器强化换热系统进行分析论证。

2017 年 4 月，受上海国际经济贸易仲裁委员会的指派，协会对穆氏建筑设计（上海）有限公司诉欧文斯科宁复合材料（中国）有限公司上海分公司室内设计装修合同争议仲裁案进行鉴定，对力学分析实验室及化学实验室的空调系统的设计和安装是否符合合同以及相关法律法规所规定的标准做出技术评估。

2017 年 6 月 21 日，组织召开青岛三利集团给水泵产品技术和市场推广研讨会。

2018 年 8 月 19 日，协助理事单位上海互缘制冷工程有限公司召开了“科尼安洁新风净化产品技术交流会”，重点推出了“制氧杀菌有机分解空气净化系列”“暗藏室新风净化系列”等新产品。

2018 年，协会历经半年时间，与晶成电气公司的技术骨干编制了新产品的企业标准，就“JC2X 两线制温控器”申报了发明专利，组织邀请资深专家进行科技评价，结论为：该项发明具备新颖性，并具有重要的实际应用及市场价值，综合技术达到了国内领先、国际先进；11 月 21 日协会组织召开了 JC2X 型风机盘管机组温控器的节能创新产品推介会，该产品已被一些大项目配套使用，具有市场广泛应用的前景，有 20 多家企业、设计院共 40 多人参加了交流。

协会还为“十六铺地区综合改造一期工程通风空调系统检测和评估方案”，中山医院青浦分院“空调机房冷区管道爆裂”，郑明现代化物流有限公司的杭州萧山、上海南翔冷库项目，宝山区某仓库火灾造成空调机损坏评估，中国航空无线电电子研究所空调问题等项目，进行实地勘察，技术分析和综合评估。

2019 年 1 月 22 日，协会组织沪上 16 所设计院的 19 位专家，在上海国际贵都大酒店召开了上海设计院总工—河北神州集团制冷空调保温技术交流研讨会。3 月，受上海市静安区人民法院委托，协会对位于上海不夜城广场联通国际大厦 4# 冷冻机房中央冷冻水管爆裂的原因等进行鉴定；5 月，接受工商银行宝山支行的委托，就 3 台正在使用的某品牌风冷式热泵机组进行技术评估，为更新换代、节能改造提供依据；受虹口区法院委托，对万象城三星保险公司的空调项目进行技术评估；10月，受国家电网公司华东分部委托，对海光大厦（华东电网调度中心大楼）中央空调送风系统做运行现状的技术评估；11月，接受上海市静安区市场监督管理局的委托，针对某公司宣传内容不实、广告用词不当，做磁悬浮制冷离心式压缩机组产业发展与R134a制冷剂环保性分析的技术鉴定。

13）制冷剂长效管理机制的探索和实践

制冷剂破坏臭氧层及产生温室效应已是众所皆知，因此，制冷剂替代以及制冷剂严格管理正是制冷空调行业的头等大事，协会从2008年开始就与上海市环保部门携手共同探索制冷剂长效管理机制建设的课题，通过多年实践，取得了如下丰硕的成果。

（1）制冷剂使用管理工作研究，从一开始仅仅调研使用情况，逐步深入到制冷剂回收销毁管理，以及法律监督等方面的研究，提交了一批有质量、前瞻性、接地气的调研报告。

（2）工商制冷维修企业制冷剂备案工作的开展，根据上海市环保局沪环保防（2014）244号文《关于开展本市从事含消耗臭氧层物质制冷维修、回收、销毁等经营活动备案管理的通知》的精神，协会受环保局委托对申报备案企业从经营范围、管理制度、回收设备和人员培训4个方面进行技术审查，在完成审查的基础上正式上报环保局批准，2015年5月13日环保局正式发文批复第一批32家工商制冷维修企业备案，除了从事制冷空调安装和维保的企业，还有从事固体废弃物回收和处理的企业，至2019年底共完成6批共297家企业的审查和批复，同时工商制冷维修企业备案工作进入常态化，每年组织一次集中审查和批复。

（3）制冷剂良好操作培训，编写《消耗臭氧层物质管理条例》讲义和《消耗臭氧层物质管理条例宣传贯彻及使用制冷剂实务培训计划》，2014年1月16日协会在上海科技管理学校的配合下成功举办了“科学使用制冷剂”首届培训班，上海市环保局领导亲临培训现场做开班动员，培训班不仅有环保政策解读，制冷剂基本知识，更主要的是操作和回收实训，首期培训班38家企业64名学员通过了考试，取得了制冷剂操作证书，之后培训工作常态化，至2016年“制冷剂良好操作”培训班共完成4期85家企业165人。协会先后在4年中，组织了5次培训，共计187家企业304人参加学习并通过了考核。

（4）与环保局及上海市ODS环境管理办公室建立了工作例会制度，经常就共同关注的问题开展研究。

（5）组织开展研讨会和论坛。2014年11月协会专门组织召开制冷剂回收研讨会，邀请了环保局、大学、工程商、回收处理机构相关人员进行制冷剂回收处理专题研讨会。

2015年9月16日结合一年一度“9.16国际保护臭氧层日”宣传活动，由上海市ODS环境管理办公室、上海冷冻空调行业协会、上海市制冷学会、同济大学环境科学与工程学院共同举办上海市“2015年9.16国际保护臭氧层日暨《保护臭氧层维也纳公约》缔结30周年纪念活动”，有300多人参加了纪念大会。

2017 年 5 月，协会在四季酒店组织了环保局委托的“中国第二阶段 HCFCs 淘汰管理计划暨上海市 HCFCs 替代技术论坛”，邀请了制冷、家电、冷链、聚氨酯发泡、清洗、消防等行业协会和厂家，以及各区县环保部门共 120 多人参加，环保部对外合作中心的官员做了动员和政策解读。

（6）每年 9 月 16 日国际保护臭氧层日，协会组织专家进学校下社区，广泛宣传，2014 年，协会组织在上海理工大学和上海科技管理学校以及上海财经大学社区进行“保护臭氧层”宣传活动。2015 年协会组织上海市制冷学会和同济大学环境科学与工程学院在同济大学教工新村和校园进行“保护臭氧层”宣传活动。2016 年协会组织赴临港上海海洋大学和上海海事大学进行“保护臭氧层”宣传活动。2017 年协会与普陀区科协和普陀区制冷工程学会在普陀区万里街道和实验学校进行“保护臭氧层”宣传活动。2018 年协会与普陀区科协和普陀区制冷工程学会在普陀区长寿街道和同济二附中初中部进行“保护臭氧层”宣传活动。2019 年协会与上海空调清洗行业协会在唐镇中学、浦东新区塘桥街道、文建中学进行“保护臭氧层”宣传活动。2020 年协会在恒森大厦和浦东新区潍坊街道进行“保护臭氧层”宣传活动，受众人数 2 500 多人。

自 2019 年起，每年 6 月 5 日世界环境日，协会还来到大学，开展保护臭氧层宣传活动。2019 年到了上海第二工业大学，2020 年到了上海理工大学，受众人数 250 人。

（7）组织上海科技管理学校共同编辑《保护臭氧层 50 问》科普宣传手册，该手册近 1.4 万字，采用问答的形式，简述了制冷空调基本原理、设备概括、制冷剂使用回收替代以及环保政策法规，深入浅出，通俗易懂，不仅用于科普宣传，还经环保局推荐，发行至全国环保培训机构作为参考资料，发行量达 1 万册。

（8）与上海科技管理学校一起申报制冷剂良好操作国家级培训中心，2015 年，上海科技管理学校所属技高职业培训中心正式成为中国唯一两家由联合国环境署多边基金资助的国家级良好操作培训中心之一。

（9）2019 年 6 月 6 日，由协会主办，上海市固体废物管理中心指导，上海科技管理学校、上海技高职业技能培训中心承办的 2019“大金杯”工商制冷良好操作技能竞赛开赛，来自大金、开利、青岛海信等 16 家制造商、工程商和运营商共 32 名选手参加了竞赛，内容有理论知识考试和实际操作考核，设有个人奖和团体奖。这是制冷空调行业首次工商制冷维修企业良好操作竞赛，协会将安全、环保、先进、规范的良好操作理念进一步播撒出去，学习良好操作的知识，交流良好操作的经验，养成良好操作的习惯，为行业的节能减排作出贡献。

14）《上海制冷信息》及信息平台的建立

1986 年 7 月 15 日协会会刊《上海制冷信息》（简称《信息》）创刊，初期的《信息》是油印的，发行量只有上百份，只是内部交流资料，信息栏目很少，随着协会 30 年的发展，更是中国制冷空调产业的突飞猛进，杂志内容日渐增多，特别是 2000 年后，逐步增加了“节能减排”“保护臭氧层”“人物专访”等栏目，为配合“制冷史”的编辑又开辟了“制冷小故事”栏目，为及时介绍国外行业动态，《信息》每一期都登载九旬老专家董天禄摘译自日本《JRAN》杂志的文章，《信息》的发行量达到1 000份/月。除此之外，协会还建立了官网，电子版《信息》，2016年11月微信公众号正式上线，每月推送4次信息，全方位展示行业面貌，展现企业风采。

15）2011年10月29日，“上海冷冻空调行业协会大学生工作委员会”成立并在上海理工大学举行揭牌仪式

附录：

1. 上海冷冻空调行业协会专家委员会（顾问团）历届组成名单

第一届“智囊团”（顾问）名单（1987年9月）

尉迟斌　上海交通大学制冷专业　教授（首席顾问）
林修钺　上海市商业二局设计室　高级工程师
林泽柱　上海市商业二局设计室　高级工程师
缪道平　上海机械学院制冷教研室　教授
蒋能照　上海机械学院制冷教研室　副教授
周启瑾　上海机械学院制冷教研室　副教授
陈芝久　上海交通大学制冷专业　教授
蔡祖康　上海交通大学制冷专业　副教授
岳孝方　同济大学暖通专业　副教授
姜尔宁　上海第一冷冻机厂　高级工程师
董天禄　上海市通用机械技术研究所　高级工程师
李著琦　上海市通用机械技术研究所　高级工程师
孙格非　华东建筑设计院　工程师
卢士勋　上海海运学院　副教授
高学文　华东建筑设计院　工程师
戎恒富　上海市标准计量管理局

第二届理事会续（增）聘“智囊团”（顾问）名单（1989年8月）

尉迟斌　上海交通大学制冷专业　教授（首席顾问）
林修钺　上海市商业二局设计室　高级工程师
林泽柱　上海市商业二局设计室　高级工程师
缪道平　上海机械学院制冷教研室　教授
蒋能照　上海机械学院制冷教研室　副教授

周启瑾　上海机械学院制冷教研室　副教授
陈芝久　上海交通大学制冷专业　教授
蔡祖康　上海交通大学制冷专业　副教授
岳孝方　同济大学暖通专业　副教授
姜尔宁　上海第一冷冻机厂　高级工程师
董天禄　上海市通用机械技术研究所　高级工程师
李著琦　上海市通用机械技术研究所　高级工程师
孙格非　华东建筑设计院　工程师
卢士勋　上海海运学院　副教授
高学文　华东建筑设计院　工程师
戎恒富　上海市标准计量管理局

第三届理事会续（增）聘“智囊团”（顾问）名单（1992 年 10 月）
尉迟斌　上海交通大学制冷专业　教授（首席顾问）
林修钺　上海市商业二局设计室　高级工程师
林泽柱　上海市商业二局设计室　高级工程师
缪道平　上海机械学院制冷教研室　教授
蒋能照　上海机械学院制冷教研室　副教授
周启瑾　上海机械学院制冷教研室　教授
陈芝久　上海交通大学制冷专业　教授
蔡祖康　上海交通大学制冷专业　副教授
岳孝方　同济大学暖通专业　副教授
姜尔宁　上海第一冷冻机厂　高级工程师
董天禄　上海市通用机械技术研究所　高级工程师
李著琦　上海市通用机械技术研究所　高级工程师
孙格非　华东建筑设计院　高级工程师
卢士勋　上海海运学院　副教授
徐世琼　上海水产大学食品科学技术系　教授
周子成　上海市建筑学院制冷空调研究中心　教授
耿惠彬　中国船舶总公司七〇四研究所情报室　研究员
张之庆　原上海空调机厂设计科　高级工程师
陈沛霖　同济大学暖通教研室　教授
戎恒富　上海市技术监督局　干部

第四届理事会续（增）聘智囊团（顾问）名单（1996 年 12 月）
尉迟斌　上海交通大学制冷专业　教授（首席顾问）
林修钺　上海市商业设计研究院　教授级高级工程师
缪道平　华东工业大学　教授
蒋能照　华东工业大学　教授
周启瑾　华东工业大学　教授
陈芝久　上海交通大学　教授
蔡祖康　上海交通大学　副教授
岳孝方　同济大学　教授
姜尔宁　上海第一冷冻机厂　教授级高级工程师
董天禄　上海市通用机械技术研究所　教授级高级工程师
李著琦　上海市通用机械技术研究所　教授级高级工程师
孙格非　华东建筑设计院　高级工程师
卢士勋　上海海运学院　教授
耿惠彬　中国船舶总公司七〇四研究所情报室　研究员
徐世琼　上海水产大学　教授
张之庆　上海空调机厂　高级工程师
陈沛霖　同济大学　教授
范存养　同济大学　教授
戴永庆　中国船舶总公司七〇四研究所　高级工程师
董克麟　上海市技监局监督检验所　主任
朱铭勋　上海通用机械（集团）公司　高级工程师

第五届理事会续（增）聘智囊团（顾问）名单（2000 年 1 月）
董天禄　上海市通用机械技术研究所　教授级高级工程师（首席顾问）
林修钺　上海市商业设计研究院　教授级高级工程师
缪道平　华东工业大学　教授
蒋能照　华东工业大学　教授
周启瑾　华东工业大学　教授
陈芝久　上海交通大学　教授
蔡祖康　上海交通大学　副教授
岳孝方　同济大学　教授
姜尔宁　上海第一冷冻机厂　教授级高级工程师
李著琦　上海市通用机械技术研究所　教授级高级工程师

孙格非　华东建筑设计院　高级工程师
卢士勋　上海海运学院　教授
耿惠彬　中国船舶总公司七〇四研究所情报室　研究员
徐世琼　上海水产大学　教授
张之庆　上海豪申开利空调设备有限公司　高级工程师
陈沛霖　同济大学　教授
范存养　同济大学　教授
戴永庆　中国船舶总公司七〇四研究所　教授级高级工程师
董克麟　上海市技监局监督检验所　高级工程师
陆　震　上海交通大学　副教授
朱铭勋　上海通用机械（集团）公司　高级工程师

第六届理事会续（增）聘智囊团（顾问）名单（2004 年）
董天禄　上海市通用机械技术研究所　教授级高级工程师（首席顾问）
卢士勋　上海海运学院　教授
李著琦　上海通用机械技术研究所　教授级高级工程师
舒昌宁　上海通用机械（集团）公司　高级工程师
陈芝久　上海交通大学　教授
陆　震　上海交通大学　教授
王如竹　上海交通大学　教授
陈沛霖　同济大学　教授
范存养　同济大学　教授
龙惟定　同济大学　教授
徐世琼　上海水产大学　教授
缪道平　华东工业大学　教授
蒋能照　华东工业大学　教授
周启瑾　华东工业大学　教授
孙格非　华东建筑设计院　教授级高级工程师
寿炜炜　上海建筑设计研究院有限公司　教授级高级工程师
周祖毅　上海市机电设计研究院有限公司　教授级高级工程师
林修钺　上海市商业设计研究院有限公司　教授级高级工程师
邱嘉昌　上海市商业设计研究院有限公司　教授级高级工程师
顾建中　上海市商业设计研究院有限公司　教授级高级工程师
耿惠彬　中国船舶总公司七〇四研究所情报室　研究员

戴永庆　中国船舶总公司七〇四研究所　教授级高级工程师
姜尔宁　上海第一冷冻机厂　教授级高级工程师
张之庆　上海豪申开利空调设备有限公司　高级工程师

第七届理事会聘请专家委员会名单（2008年）
董天禄　上海市通用机械技术研究所　教授级高级工程师（主任）
卢士勋　上海海运学院　教授（副主任）
李著琦　上海市通用机械技术研究所　教授级高级工程师
舒昌宁　上海通用机械（集团）公司　高级工程师
陈芝久　上海交通大学　教授
陆　震　上海交通大学　教授
王如竹　上海交通大学　教授
陈沛霖　同济大学　教授
范存养　同济大学　教授
龙惟定　同济大学　教授
徐世琼　上海水产大学　教授
缪道平　华东工业大学　教授
蒋能照　华东工业大学　教授
周启瑾　华东工业大学　教授
孙格非　华东建筑设计院　教授级高级工程师
寿炜炜　上海建筑设计研究院有限公司　教授级高级工程师
周祖毅　上海市机电设计研究院有限公司　教授级高级工程师
林修铖　上海市商业设计研究院有限公司　教授级高级工程师
邱嘉昌　上海市商业设计研究院有限公司　教授级高级工程师
顾建中　上海市商业设计研究院有限公司　教授级高级工程师
耿惠彬　中国船舶总公司七〇四研究所情报室　研究员
戴永庆　中国船舶总公司七〇四研究所　教授级高级工程师
姜尔宁　上海第一冷冻机厂　教授级高级工程师
张之庆　上海豪申开利空调设备有限公司　高级工程师

第八届理事会聘请专家委员会名单（2012年）
董天禄　上海市通用机械技术研究所　教授级高级工程师（主任）
卢士勋　上海海事大学　教授（副主任）
蒋能照　上海理工大学　教授

李著琦　上海市通用机械技术研究所　教授级高级工程师
姜尔宁　上海第一冷冻机厂　教授级高级工程师
范存养　同济大学　教授
陈芝久　上海交通大学　教授
戴永庆　中国船舶总公司七〇四研究所　教授级高级工程师
耿惠彬　中国船舶总公司七〇四研究所情报室　研究员
陆　震　上海交通大学　教授
徐文华　同济大学　教授
吴兆林　上海理工大学　教授
周祖毅　上海机电设计研究院　教授级高级工程师
夏仰玲　上海轻工设计研究院　教授级高级工程师
谷　波　上海交通大学　教授
顾安忠　上海交通大学　教授
陈江平　上海交通大学　教授
王如竹　上海交通大学　教授
陈怀琴　上海现代建筑设计（集团）有限公司　教授级高级工程师
何广钊　上海市安装工程集团有限公司　教授级高级工程师
刘传聚　同济大学　教授
谢　晶　上海海洋大学　教授
寿炜炜　上海现代建筑设计（集团）有限公司　教授级高级工程师
张　华　上海理工大学　教授
龙惟定　同济大学　教授
顾建中　上海市商业设计研究院　教授级高级工程师
张　旭　同济大学　教授
王伟勇　中国船舶重工集团公司七〇四研究所　教授级高级工程师
孙文哲　上海海事大学　教授
曹渊明　双良节能系统股份有限公司　高级工程师
何　焰　上海现代建筑设计（集团）有限公司　教授级高级工程师
丁国良　上海交通大学　教授
吕林泉　上海冷气机厂　教授级高级工程师
吴　愷　美国纽约“三江”公所　主席

第九届理事会聘任专家委员会名单（2017 年）
龙惟定　同济大学　教授（主任）

吴兆林　上海理工大学　教授（副主任）
寿炜炜　上海现代建筑设计（集团）有限公司　教授级高级工程师（副主任）
范存养　同济大学　教授
周祖毅　上海市机电设计研究院　教授级高级工程师
徐文华　同济大学　教授
谷　波　上海交通大学　教授
夏仰玲　中国海诚工程科技股份有限公司　教授级高级工程师
董天禄　上海市通用机械技术研究所　教授级高级工程师
姜尔宁　上海第一冷冻机厂　教授级高级工程师
蒋能照　上海理工大学　教授
顾安忠　上海交通大学　教授
陈江平　上海交通大学　教授
王如竹　上海交通大学　教授
戴永庆　中国船舶总公司七〇四研究所　研究员
陈怀琴　上海现代建筑设计（集团）有限公司　教授级高级工程师
卢士勋　上海海洋大学　教授
何广钊　上海市安装工程集团有限公司　教授级高级工程师
刘传聚　同济大学　教授
陈芝久　上海交通大学　教授
耿惠彬　中国船舶总公司七〇四研究所情报室　研究员
谢　晶　上海海洋大学　教授
张　华　上海理工大学　教授
顾建中　上海市商业设计研究院　教授级高级工程师
张　旭　同济大学　教授
王伟勇　中国船舶重工集团公司七〇四研究所　研究员
孙文哲　上海海事大学　教授
曹渊明　双良节能系统股份有限公司　高级工程师
何　焰　上海现代建筑设计（集团）有限公司　教授级高级工程师
丁国良　上海交通大学　教授
吕林泉　上海冷气机厂　教授级高级工程师
吴　愷　美国纽约“三江”公所　主席
黄　晨　上海理工大学　教授
史伟勤　上海千山远东制药机械有限公司　教授级高级工程师
叶大发　华东建筑设计研究院　教授级高级工程师

谢晋康　中科院上海技术物理所　研究员
张小力　上海本家空调系统有限公司　教授级高级工程师
周亚素　东华大学　教授
周　易　上海海立电器有限公司　教授级高级工程师
马伟骏　华东建筑设计研究总院　教授级高级工程师

2. 上海冷冻空调行业协会历届理事会名单
第一届理事会（1985—1989 年）
名誉理事长：李嘉康
理 事 长：朱铭勋
秘 书 长：舒昌宁
副秘书长：葛景和　曹明华
理　　事：（40 人）
夏安世　李嘉康　朱铭勋　王国雄　王龙道　祁和俊　姚友昌　舒昌宁　葛景和
张龙根　曹渊明　张德荫　史仁良　张千松　戎良华　郁维昌　王季愚　张乐安
周如鹏　郭其纲　李文祥　曹　曙　曹志文　张亚明　胡简安　俞庆全　孙秀桐
严子愈　沈柏青　李颂成　鲍士雄　卜啸华　范存养　徐世琼　唐菁华　邱嘉昌
戴永庆　邹国清　陆发明　黄富康　王平源

第二届理事会（1989—1992 年）
名誉理事长：李嘉康
理 事 长：朱铭勋
秘 书 长：舒昌宁
副秘书长：曹明华
理　　事：（20 人）
朱铭勋　王国雄　王龙道　祁和俊　姚友昌　舒昌宁　葛景和　曹渊明　张得荫
史仁良　郭其纲　李文祥　周如鹏　邱嘉昌　孙秀桐　王建忠　韩绍贵　黄富康
张龙根　鲍士雄

第三届理事会（1992—1995 年）
名誉理事长：李嘉康
理 事 长：朱铭勋
秘 书 长：舒昌宁
副秘书长：曹明华

理　　事：（50 人）

李嘉康　朱铭勋　王国雄　王龙道　邱嘉昌　舒昌宁　龚学杰　龚学杰　郭其纲
周如鹏　孙秀桐　姜克勤　张德荫　龚正玄　陈浦生　莫家宝　宋彧辑　蒋世隆
张建仁　王建忠　朱德魁　黄福康　鲍士雄　唐汉清　戎良华　顾明怀　董荣镛
卞作信　韩传章　祝建民　沈民强　苏维新　丁志良　张乐安　曹志文　孙金根
李步才　樊明礼　严子愈　黄建明　傅正明　胡监安　卜啸华　范存养　朱福强
唐菁华　戴永庆　邹国请　舒昌宁　曹明华

第四届理事会（1995—2000 年）
名誉理事长：李嘉康
理 事 长：张国兴（1998 年姜克勤接任）
秘 书 长：舒昌宁
副秘书长：曹明华　彭志一
理　　事：（54 人）

李嘉康　张国兴　舒昌宁　曹明华　彭志一　王国雄　楼培鸿　邱嘉昌　梅建政
姜克勤　李文祥　沈建芳　孙文明　魏申喜　金伟明　张芝兰　谈柏芳　李明光
莫家宝　包衢来　葛文宾　陈德忠　赵风高　任　毅　陆翔华　张志清　王建忠
朱德魁　黄建华　鲍士雄　唐汉清　欧阳禾生　顾明怀　祝建民　沈民强　苏维新
张乐安　李步才　秦宏宁　曹志文　孙金根　严子愈　黄斌庚　陈　磊　黄福康
华小龙　王伟勇　朱福强　徐文华　卜啸华　缪双大　张道才　任尧森

第五届理事会（2000—2004 年）
名誉理事长：王国雄　李嘉康
理 事 长：邵乃宇
秘 书 长：舒昌宁　张瑞康（2001 年 1 月接任）
副秘书长：彭志一　曹明华
理　　事：（44 人）

王国雄　李嘉康　邵乃宇　沈建芳　金伟明　张芝兰　於树立　陆翔华　舒昌宁
朱永明　任　毅　赵风高　夏毓德　谢中荣　缪双大　潘家兴　毛华仁　卫　宇
王如竹　王理超　仇建民　孙钟锆　孙国华　冯永祥　李明光　沈伟勇　严子愈
周文明　张乐安　张道才　邬志敏　陈天及　胡鼎华　郑建东　祝建民　徐文华
郭家强　黄建华　曾维香　将昱昶　童杏生　曹明华　彭志一　欧阳禾生

第六届理事会（2004—2008 年）
理 事 长：叶富才　王心平（2005 年 3 月接任）

秘 书 长：张瑞康

副秘书长：刘俊飞

理　　事：（45 人）

叶富才　沈建芳　朱勤雄　张瑞康　李竹影　於树立　金和平　王心平　曹渊明
潘家兴　邵乃宇　朱永明　陆　霖　陆雪忠　张尔宁　张人俊　夏毓德　杨言荣
谢中荣　唐秋荣　沈荣发　孙钟锆　李中原　张火兴　李明光　林思江　王幼寅
金孝龙　童杏生　孙建勤　胡大林　沈文浩　冯国明　张乐安　郭家强　王理超
严子愈　谷　波　徐文华　陈天及　刘道平　王伟勇　潘国和　毛华仁　欧阳禾生

第七届理事会（2008—2012 年）

名誉理事长：潘家兴　张瑞康

理 事 长：王心平

秘 书 长：朱勤雄

副秘书长：刘俊飞

总工程师：邵乃宇（2009 年 3 月聘任）

理　　事：（56 人）

王心平　杭鹏飞　沈建芳　祝　成　金和平　沈荣发　朱宏清　潘家兴　江宏纶
张人俊　邵乃宇　张亚波　朱永明　夏毓德　杨言荣　谢中荣　唐秋荣　曾仲国
樊　灵　陈行素　薛恒荣　王国荣　张盟杰　林思江　金孝龙　赵顺年　孙建勤
冯国明　谷　波　徐文华　陈天及　刘道平　王伟勇　毛华仁　陈俊杰　唐晓芸
余茂庭　周欣贵　殷光文　徐　敏　谭志豪　余昱喧　吴志敏　刘黄炳　马　华
宣敬张　王鸿福　赖春发　陈嘉麟　李正林　吴明城　罗小星　王曙钟　朱建新
杨庆中　欧阳禾生

第八届理事会（2012—2017 年）

名誉理事长：潘家兴

理 事 长：王心平

秘 书 长：刘俊飞　邵乃宇（2013 年 9 月接任）

副秘书长：黄永正

总工程师：邵乃宇

理　　事：（60 人）

王心平　沈建芳　金和平　沈荣发　节连山　戴宏杰　倪永明　张人俊　陈亚标
张亚波　骆碧涛　傅其昌　焦文斌　蔡传鑫　赵欢荣　夏毓德　谢中荣　唐秋荣
曾仲国　陈行素　王　俊　张盟杰　樊　灵　潘亚平　何　伟　张小力　余昱喧

谭志豪　殷光文　宣敬张　钱　殷　孙建勤　冯国明　谷　波　徐文华　谢　晶
刘道平　王伟勇　王增先　陈俊杰　刘黄炳　马　华　赖春发　胡晓博　陶　帅
吴明城　李求宝　罗小星　王曙钟　朱建新　杨庆中　殷尧其　潘福明　彭建兵
黄道德　赵旭辉　陈国富　许巧龙　罗小星　闻人勇建

第九届理事会成员（2017—2020 年）
理 事 长：潘家兴
秘 书 长：邵乃宇
副秘书长：黄永正　龚青伟
理　　事：（85 人）
潘家兴　王　贤　毛华仁　陈行素　陈亚标　徐建国　沈建芳　张人俊　张小力
陈雨忠　张　敏　张蓓红　张盟杰　晋能龙　金和平　周卫民　杨利明　赵欢荣
宣敬张　唐利平　唐秋荣　傅其昌　焦文斌　谭建刚　戴宏杰　马　华　于启文
方　莹　王凤清　王　宇　王军明　王伟勇　王增先　冯国明　刘正标　刘剑平
刘黄炳　孙文哲　孙建勤　许巧龙　朱万祥　朱光明　朱学农　朱建新　陈国富
陈福泉　陈俊杰　李荣卿　谷　波　陆庆丰　沈华平　宋晓炯　汪耳洲　吴志敏
吴明城　吴齐冬　张卫红　张　旭　张　华　张　愈　房新定　罗小星　罗先宇
周　华　胡晓博　赵旭辉　钱　殷　徐伟雄　徐　里　殷光文　殷尧其　龚文官
黄礼明　黄素君　黄道德　彭德永　曾仲国　谭志豪　谢中荣　谢国杰　谢　晶
赖春发　潘福明　樊　灵　戴　梅
监　事：朱鳌春

4.1.3　上海市机械工程学会流体工程专业委员会和上海通用机械行业协会的建立和发展

1. 上海市机械工程学会流体工程专业委员会和上海通用机械行业协会的成立

上海市机械工程学会成立于 1953 年，涵盖机械工业 30 多个专业领域，其中 1984 年组建并挂靠在上海市通用机械技术研究所的流体工程专业委员会主要包括了泵、阀、风机、压缩机、密封、真空、制冷空调及空气分离等多个行业，随着行业不断扩展和发展，制冷空调、真空、通用机械等专业先后分别组建各自行业协会和学会。

流体工程专业挂靠单位——上海市通用机械技术研究所改制后，流体工程专业分会于 2010 年 5 月 6 日，经上海市民政局和上海市社会团体管理局批准变更登记，转为挂靠至上海理工大学能源与动力工程学院。

2013 年，经上海市经信委、上海市民政局、上海市社团局和上海市工经联等有关政府部门批准，以上海市机械工程学会流体工程专业委员会原班企事业会员为基础，注册登记成立了具有独立社会团体法人资格的上海通用机械行业协会（简称“上通协”；英文名称 Shanghai General Machinery Association，英文缩写 SGMA），上通协是以泵、阀、风机、压缩机、阀门、密封、空分、真空获得及应用设备等通用机械行业和相关配套行业的生产企业为主，以及有关科研设计院所、工程和贸易公司、社会团体和大专院校等自愿参加组成的大型工业行业组织。2013 年上半年，召开了上海通用机械行业协会成立大会，选举产生了首届协会理事会，全国政协常委、上海市工业经济联合会主席、原上海市常务副市长、市政协主席蒋以任，市社会团体管理局徐乃平局长、市工经联胡云芳书记和邹国华秘书长、上海理工大学主要领导，上海市经济和信息化委员会领导参加了成立会议。协会设科技与咨询部、学术与技术交流部、行业与组织发展部、宣传与培训部等机构。

上海市机械工程学会流体工程专业委员会和上海通用机械行业协会实行一个团队、双重品牌，本着为企业、社会和政府服务的工作宗旨，工作上各有侧重，互为支撑，努力搭建“政企之桥、会员之家”，共同推进通用机械行业技术进步与发展。学会协会的宗旨是：遵守和贯彻执行国家的法律法规及方针政策；发挥行业、企业及政府间的“桥梁”与“纽带”作用，以推动通用机械行业的发展为己任，为政府、会员服务；反映会员的意见、愿望和要求，维护行业和会员的合法权益。

2. 学会协会积极开展各项活动

30 多年来，学会协会围绕这个宗旨，在“政府建言”“促进经济”“节能减排”“技术进步”等方面做了许多有益的探索和工作。

1）开展调研工作，为政府制定行业发展规划决策提供依据

2010 年，流体工程分会承担了上海市科协下达的上海市科协 2010 年学科、产业技术与社会事业发展研究项目“通用机械行业发展与节能技术研究”，组织专项课题组围绕通用机械节能技术发展历史和现状及其工程应用的重大意义与前景分析和建议等，进行广泛的专题技术调研与分析研究，完成了 50 000 字的《通用机械行业发展与节能技术研究报告》，项目研究报告于 2011 年 5 月 13 日通过了市科协组织的专家审核验收。

2011 年，流体工程分会承担了上海市核电办委托的“核电辅助设备与行业发展调研”项目，组织专项课题组围绕核电辅助设备与行业发展现状及趋势等进行了广泛的专题技术调研与分析研究，完成了 45 000 字的《核电辅助设备发展状况分析报告》，并于 2012 年 12 月通过了市核电办组织的专家评审。

为了配合国家“十三五”规划研究与制定工作，2015 年学会协会承接了市经信委下达的“上海通用机械行业‘十三五’发展规划前期研究”项目，共同组织业内各企事业会员单位和相关科研院所，全面启动行业技术调研工作，通过行业走访并发出数百张企业调查问卷，进行了全面深入的行业技术调研与行业发展研究等工作，为课题顺利完成创造了良好的基础和条件。2015 年 5 月，在上海理工大学组织召开了以“上海通用机械行业

'十三五'发展规划前期研究"为主题的"上海通用机械行业现状与发展研讨暨2015会员与行业工作会议"，各会员单位代表70多人参加了会议，广泛听取行业专家和领导对研究报告的意见和建议。该项目于2015年底通过了市经信委组织的专家评审和验收。

2）对接区域产业规划，提供规划咨询、招商引资、经济发展评估等服务

2013年10月，学会协会在上海铭德大酒店与马鞍山市和县人民政府联合举办"工业园区项目推介、合作、互利共赢恳谈会"，马鞍山市和县政府及相关会员单位近百人参加了会议，双方本着优势互补、相互促进、互惠互利、共同发展的原则，达成共识并签订战略合作协议。

2016年8月，应江苏省阀门行业协会、浙江省泵阀协会邀请，学会协会组织多家会员单位代表，前往常州市参加江浙沪同行业发展对接交流会，针对行业发展处于放缓、产能过剩、需求疲软时局，围绕行业发展、环保、互联网+行业、"十三五"规划，探讨和交流有关技术发展和提升企业管理的经验，促进三省市行业沟通交流，共同发展，三省市的业内企事业单位专家学者200多人参加了会议。

3）开展规范化、标准化建设，不断提高通用机械行业的整体水平

2012年，流体工程分会泵和密封专业在上海、宁波和张家港等地，分别组织召开了"国家泵类产品检测要求与技术标准宣贯""泵用密封新技术研发""密封技术和标准讲习与应用"为主题的行业技术报告和学术交流会，其间还分别邀请和组织会员、业内专家及高校师生，赴上海七〇八所闵行试验基地和上海东方泵业，参观了国内最大的军用舰船拖曳试验水槽和上海市科普教育基地泵产品展。

2013年4月，学会协会与市质检院、市质监所等单位合作，在上海理工大学联合举办上海通用机械行业产品质量检验标准宣贯工作交流会，通用机械行业的有关泵阀制造企业200多位代表参加了会议。

2015年12月，学会协会阀门专业与国际标准化组织在上海联合主办阀门电动装置研讨会，国内外阀门专业专家40多人参加了研讨会。与此同时学会协会泵阀专业领导、全国泵阀标准化技术委员会负责人也分别赴美国、加拿大、韩国、法国参加国际泵阀技术标准工作会议。

4）围绕通用机械制造业的升级换代，加强行业之间的合作与交流

2010年11月18日，流体工程分会在上海理工大学主办了第五届上海机械科技论坛——流体工程实用技术研究为主题的国际流体工程学术年会，来自业内各企事业单位和高校师生150余人参加了学术年会，年会交流了泵阀风机压缩机等专业近百篇学术论文，其中20余篇优秀论文由国内核心期刊《流体机械》杂志录用并分别在2010年第9期和第10期发表，年会还编辑出版了由流体工程分会主编的《流体工程实用技术研究》(同济大学出版社，2010.11)。

2012年，流体工程分会分别进行了"液氧中氪氙提取设备"技术鉴定暨新产品发布会、“高炉喷煤球阀”项目验收会、“高性能低比转速离心泵系列水力模型的研究与开发”项目验收会、“国内最大军用舰船拖曳试验研究”项目验收会，以及上海市通用机械产品质量监督检测标准审核。参与主编出版了《上海市科协学科发展报告》(上海科学普及出版社，2013.9)。

2012年10月和11月，流体工程分会压缩机和风机专业在上海艾富顿酒店和上海七〇四所，分别参与组织召开了“第五届国际压缩机风机高峰论坛”和“压缩机和风机行业交流会”，国内外150多位业内专家学者参加了论坛和交流会。

2013年7月，学会协会与上海理工大学、上海核工院、上海电气、凯士比核电泵阀、凯士比泵、昌强重工、伊格尔·博格曼、凯泉泵业和良工阀门厂等单位，在上海电气重工集团公司联合举办“通用机械的核电火电工程应用学术年会”，会上专家们做了“AP1000正常余热排出泵数模与研究”“CAP1400压水堆RUV型反应堆冷却剂泵”“超超临界电厂用高压锅炉给水泵”“钍基熔盐核能系统高温熔盐泵研究”“电力行业关键部件：机械密封技术经济性分析”“核电设备生产与运作管理”“核级锻造波纹管截止阀技术改进”“屏蔽式核主泵进出口压力脉动特性研究”“核电用泵阀国产化与上海泵阀行业调研”“屏蔽电机主泵飞轮圆盘摩擦损失分析”等报告，与会代表还分别前往凯士比核电泵阀公司、上海电气上重集团、上海昌强重工等进行参观与交流。

2013年7月，学会协会在上海理工大学组织召开“常压烧结碳化硅新材料应用技术交流会”，上海市机械工程学会理事长、上海通用机械行业协会会长、上海理工大学能动学院院长等领导和各专业负责人及相关企事业单位领导出席了会议。

2014年1月，学会协会在南汇科技大厦召开以“智能制造与先进工艺技术发展”为主题的“2014’上海流体工程专业年会”，来自业内企事业单位的专家领导和会员代表近150人参加会议并进行现场参观交流。

2014年7月，学会协会在上海新国际博览中心，主办了第七届上海机械科技论坛——通用机械先进制造技术为主题的学术年会，业内各会员单位100多人参加了会议，年会交流了近20篇学术报告并组织编辑了学术报告专辑。

2015年10月，学会协会在华东理工大学主办了“水泵震动与噪声检测技术研讨与学术交流会”活动，相关企事业单位30多人参加了活动。

5）倡导绿色环保，推动节能减排

作为高能耗的通用机械产品，学会协会一直致力于将节能减排作为行业技术发展和产品升级换代的重点任务，开展了一系列的工作。

2012年6月6日，流体工程分会在上海世博展馆会议厅主办了第六届上海机械科技论坛——通用机械节能技术与应用为主题的学术年会，来自业内各企事业单位和高校师生200余人参加了年会，年会交流了十多篇学术报告并编辑出版了由流体工程分会主编的《通用机械设备与系统运行及节能》(同济大学出版社，2012.5)。

2014 年 12 月，学会协会与上海冷冻空调行业协会在上海理工大学综合楼报告厅共同联合举办“空调节能减排与行业规范和 2014’上海制冷节系列活动”，相关企事业单位和高校师生共计 200 多人参加了活动。

2015 年 11 月，学会协会邀请电气集团上海环保设备有限公司党委书记华小龙（教授级高级工程师）和上海冷冻空调行业协会秘书长邵乃宇（教授级高级工程师），在上海理工大学组织召开了以“通用机械与空调行业节能环保技术发展研讨”为主题的行业节能与环保技术发展报告会，业内各会员单位代表及高校师生 150 多人参加了报告会。

6）增强服务理念，加强产学研合作和人才培养，推动行业可持续发展

2013 年 5 月，学会协会与市工经联在上海理工大学组织召开通用机械行业工作座谈会。市工经联常务副会长胡云芳、上海理工大学能动学院马静波书记、张华院长等几十位同志参加了会议。会议围绕上海通用机械行业工作现状、存在问题和发展趋势进行了广泛的探讨和交流，对行业、企业、科研院所和高校与社会学术团体如何深入合作、互利共赢等达成了共识。

积极搭建高校与科研院所的科技成果与企业创新需求对接的产学研合作和人才培养平台，为会员提供对接服务。自 2016 年开始，学会协会在上海理工大学与上海冷冻空调行业协会、上海理工大学等多家高校共同组织举办了“行业、企业、高校人才与信息交流会”，先后共有 800 多家企事业单位领导和相关人员参加了活动。其间，协会学会与上海冷冻空调行业协会和高校牵头签订了“推进校企联合人才培养与就业战略合作协议”，通过建立“行业 + 企业 + 高校”人才培养合作平台和长效工作机制，以对接行业和企业发展需求和提升高校人才培养质量为目的，促进行业企业用人需求与高校人才培养对接，加强人才培养对先进制造业转型与发展的支撑作用。迄今为止，已先后五次主办“创新驱动 / 智能制造 / 人才培养”高端论坛暨校企产学研用技术合作与人才交流会，来自通用机械和制冷空调等相关行业企业领导、专家及各高校共计约 7 000 余人次参加了论坛与交流会。上海电气集团领导、上海理工大学党委书记吴松、副校长刘平和张华、上海机械工程学会华小龙副会长、蒋财根秘书长、上海冷冻空调行业协会邵乃宇秘书长等领导先后出席了论坛和交流会，并分别与参会的数百家企业技术和人力资源部门负责人，就产学研用技术合作及建立大学生、研究生实践培训教学和人才联合培养长效合作机制等问题进行了深度洽谈。

附录：

1. 上海市机械工程学会流体工程专业委员会历届理事会领导名单

第一届理事会（1984—1989 年）

主　　任：张久龄

秘 书 长：李岳甫

第二届理事会（1989—1994 年）
主　　任：张久龄
秘 书 长：李岳甫

第三届理事会（1994—1999 年）
主　　任：梁树真
秘 书 长：孔彪龙

第四届理事会（1999—2004 年）
主　　任：华小龙
秘 书 长：孔彪龙

第五届理事会（2004—2009 年）
主　　任：华小龙
副 主 任：孔彪龙　余晓明　童　弘　程广庆
秘 书 长：孔彪龙

第六届理事会（2009—2013 年）
主　　任：余晓明
副 主 任：杨　恒　陈德泉　程广庆　郭锡明
秘 书 长：倪　琼（代理）

第七届理事会（2013—2017 年）
主　　任：张　华
副 主 任：余晓明　杨　恒　陈德泉　程广庆　郭锡明　周邵萍
秘 书 长：倪　琼（代理）

第八届理事会（2017 年至今）
主　　任：张　华
副 主 任：余晓明　杨　恒　陈德泉　程广庆　郭锡明　周邵萍
秘 书 长：倪　琼

2. 上海通用机械行业协会历届理事会领导名单
第一届理事会（2013—2017 年）
理 事 长：吕亚臣

副理事长：余晓明　蔡精毅　杨　恒　陈德泉　程广庆　郭锡明
秘 书 长：倪　琼

第二届理事会（2017 年至今）
理 事 长：华小龙
副理事长：余晓明　蔡精毅　杨　恒　陈德泉　程广庆
执行监事：吕亚臣
秘 书 长：倪　琼

4.1.4　上海家用电器行业协会的建立和发展

1. 上海家用电器行业协会的成立

上海家用电器行业协会（Shanghai Household Electric Appliance Profession Association，以下简称"协会"），成立于 1985 年 8 月，其时，上海有轻工、手工业、机电、仪表等 8 个局参与，会员近 80 家，为全市白色家用电器行业企事业单位自愿组成的跨部门、跨所有制的非营利的行业性社会团体法人。

协会始终以政府有关方针政策为指导思想，以"服务政府，服务社会，服务会员企业"为宗旨，协助政府搞好行业管理，以服务会员企业为工作出发点，把握新形势下行业协会工作发展和要求，努力建立行业协会与产业发展的良性互动机制。35 年来，上海家电协会坚持以发展为主线，以发展促调整，不断推进深化协会各项工作。

协会现有各种所有制会员单位 530 余家，其中生产性和其他类型企业 82 家、中央空调企业 188 家、家电维修企业 191 家、水家电企业 69 家。包括了各类品牌家电产品的生产经销企业、设计安装、家电维修服务企业，会员包括上海、长三角及外地在沪企业。副会长单位 28 家，理事单位 97 家。协会秘书处设办公室、信息中心、会员工作部、科技咨询部、教育培训部。协会下设分支机构：家用中央空调专业委员会（主要服务于中央空调安装设计业务等）、家电维修委员会（主要服务于家电培训规范维修等）、水家电专业委员会（主要服务于净水企业产品研发技术交流政策解读融资等）以及专家委员会（由大学教授组成，主要服务于暖通技术咨询等）。

2. 协会积极开展各项活动

1）组织开展形式多样的活动，交流经验，拓展业务

协会历年由家用中央空调专业委员会、家电维修专委会和水家电专委会牵头组织了一系列活动，帮助解决会员企业经营中的疑虑或困惑并予以工作提升。

2001 年 11 月，家用中央空调专业委员会成立。2004 年由协会提出的 DB 31/T322—2004《家用中央空调工程技术规程》地方标准通过审定，并于当年 10 月 1 日起全面实施。

2005年6月由协会牵头落实的《上海家用中央空调行业维修服务规范》开始实施。2007年协会举办家用/商用中央空调工程设计实例大奖赛及家用/商用中央空调工程技术论坛。2014年组织举办“泽天杯”中央空调大奖赛并在协会中央空调专委会第四届代表大会上进行颁奖，共有22个项目荣获该届中央空调工程优秀设计实例大奖。2019年9月家用中央空调会员企业在江森自控进行“多渠道拓展冷暖水生态业务”活动，有30多家会员企业参加。

家电维修专业委员会成立于2002年9月27日，每年组织会员企业开展“家电维修售后经验交流”，每次吸引了60多家会员企业参与。2009年12月30日协会召开行业标准CD 17790—2008《家用和类似用途空调器安装规范》及上海地方标准DB 31/T460—2009《家电维修企业经营者服务规范》宣贯会议。在2019年家电维修委员会年会上，上海日立家用电器有限公司、大金空调技术（中国）有限公司作了进一步规范完善各售后网点制度，充分利用好协会平台开展为消费者服务的交流发言，上海蓝杰特环保科技有限公司在会上谈了家电清洗工作的探索创新思路。

2006年11月，水家电专业委员会成立，2009年4月协会召开水家电专委会标准化工作会议通过了《家用和类似用途水质软化器》和《家用和类似用途反渗透饮用纯水设备》两项行业标准，并提出编写《家用和类似用途净水器》和《上海水家电行业服务规范》两项标准，并于年内完成了标准的制订。2006年6月3日协会组织水家电专委会会员单位参展了在上海展览中心“阿姆斯特丹国际水处理展”。帮助上海聚蓝水处理有限公司首获欧盟质量标志证书。2011年4月，协会完成了DB 31/T532—2011《家用、商用饮用水设备安装维护服务规范》的制订，并由市质监局发布。2013年水家电专委会参与“上海市启动中小学校园直饮水工程”调研论证招标活动。2018年11月、2019年10月，水家电专委会假座上海科学会堂组织的“净水企业出口产品优惠及融资”“净水技术研发与维权”等会议，同样吸引了众多会员企业参加。2019年，协会邀请森乐净化公司交流了美国原装进口全屋净水解决方案等技术工作，上海聚蓝水处理科技有限公司邀请律师谈企业专利与维权实例，提升了会员单位经营工作。

2002年12月，协会《上海家电信息论坛》成立，市商委信息部门、家电流通业、家电生产企业和行业内相关专家参加论坛。所有这些活动的开展起到了两方面作用：一是提供行业政策咨询机会，会员企业集中提出问题，有关专家解答国家以及地方行业产品政策。二是会员企业相互学习，业务交流，意向合作。

2）传递国家相关政策和信息，当好桥梁和纽带

长期以来，协会依托《上海家电》《中央空调》以及协会网站、微信公众号等，做好信息宣传传递工作。2000年1月配合上海轻工（集团）公司开展“集团公司多元化、中小企业民营化、合资企业优质化、历史负担捆绑消化”改革调整活动。2001年6月配合市经委委托行业协会调查全行业及企业基本情况，关心关注双鹿股份公司资产重组、水仙股份退市等重大项目。2004年8月牵头上海日立等14家会员企业经评比进入“2003年上海工业企业500强”行列。2009年协会承担上海市家电下乡有关组织工作。同年5月协会正式实施财政部、国家发改委《节能产品惠民工程·高效节能房间空调推广实施细则》，建立相关机构组织执行上海地区实施家电“以旧换新”政策。2019年协会三家专委会分别在各自微信群传递了《关于开展2020年度上海市社会信用体系建设专项基金项目申报工作的通知》《关于开展2019年“上海设计100+”征集工作的通知》《家用电器安全使用年限系列标准》《中小型科技企业检测费创新券补贴》《关于企业标准“领跑者”评估方法的探讨》等，跟进与会员企业有关负责人取得联系，让企业真正了解这些通知的作用，受到了会员企业的一致好评。

3）提振发展理念，共谋长三角合作发展机遇

2008年1月配合宣传上海日立电器有限公司“两头在沪、中间在外”的战略，宣传日立电器压缩机工厂向南昌转移，压缩机铸件向安徽马鞍山转移的成功案例。

多年来协会一直为上海周边城市经济技术开发区提供“信息资源”，同时也为会员单位提供发展资源，为双方合作“搭桥铺路”，2016年，协会与江苏省宿迁市经济开发区达成合作意向，组织会员企业参加宿迁经济开发区的招商推介会，陪同宿迁招商局到多家会员企业洽谈招商引资事宜。

2019年7月1日，协会邀请来自江苏省、浙江省以及安徽省地区的家电协会同仁，访问上海进行交流。就长三角地区家电协会进一步服务政府，服务会员单位的社会作用以及协会自身优势，如何帮助当地经济发展，乃至互相助力家电企业家电市场的发展，如何进一步共享信息以及交流经验，继续推进合作交流，充分发挥各自优势，协同长三角地区家电行业发展进行了广泛交流，达成新的共识。

4）邀请会员企业提供市场信息统计数据

协会成立至今，除了组织每月的家电产销统计，并上报政府有关部门外，还专门组织部分会员企业开展大小家电市场情况分析活动，结合行业总体状况，积极配合政府部门，做好行业内的生产销售情况以及对家电市场的形势分析。2000年上海统计局以沪统字（2000号）第086号文件授权协会开展“行业统计、收集分析、发布行业信息”的职能工作。不少会员企业根据自身经营状况，结合市场发展趋势，提出了许多有益建议，提高了协会统计信息质量，在数据资源共享、应用方面有所突破，为上海家电市场发布各项统计信息，夯实了基础。另外，协会每季度按要求向市经信委都市产业处、市统计局递交季度统计运行分析，有效发挥了企业与政府部门之间的联系作用。

5）规范行业行为，落实社会责任

作为与民生息息相关的社会组织，协会一直很好地落实相关的社会责任，主要在以下方面进行了工作。

（1）组织落实“3·15”消费者权益保护日活动。20世纪90代以来，协会就积极参加市消保委组织的“3·15”消费者权益保护日活动，邀请苏宁云商、国美、中国移动、中国联通、大金、三菱电机、夏普、能率、林内、富士通将军、双鹿电器、红心、A.O.史密斯、开能等四五十家会员企业参与，现场发放宣传资料，解答消费者提问。2019 年 7 月 11 日，协会组织会员企业大金、三菱电机、富士通将军、三菱重工、志高、日立、苏宁等主要空调品牌生产销售商和中央商场维修有限公司，参加在淮海路街道社区文化活动中心街道举办的家电行业“迎服务高峰，保民生需求”动员大会和家电设摊咨询、维修服务活动，得到市民的好评。

2006 年 7 月 19 日协会牵头组织了 2006 年度上海地区家电市场诚信服务满意度调查及新闻发布会及颁奖活动。2007 年 9 月 18 日协会联合市质监局开展“上海空调产品顾客满意度”测评活动，上海市场家用空调产品和服务质量总体满意度为 77.46%。2010 年 3 月上海市质监局联合协会发布 2009 年度上海市场家用空调器顾客满意度测评结果，用户对质量评价最高 80.12 分，售后服务质量评价最低 67.24 分。同年 6 月上海质量协会联合协会召开“以质取胜，用户满意”为主题的上海家电企业质量研讨会。2015 年 4 月上海市质监局确定协会为上海市产品质量鉴定组织单位。协会共有 61 家会员企业获“年度信得过家电维修企业”称号。2019 年 12 月经上海市市场监管局评审，上海家用电器行业协会为“上海市消费维权联络点”。

（2）完善服务热线运作，更新家电售后电话。自成立之初，协会便推出了 65661637 热线服务电话。同时，协会每年配合市商委核实完成家电维修售后服务热线电话正式公示稿，截至 2019 年底，协会核实完成《2019 年品牌家电维修售后服务热线电话（正式公示稿）》，包括苏宁云商、国美、京东、百电通、中央商场等大型商业或综合类家电维修企业等服务热线 9 个，以及大金、三菱电机、松下、日立等空调品牌服务热线 29 个，伊莱克斯、西门子、海尔等冰箱品牌服务热线 25 个，林内、能率、樱花等厨卫电器服务热线 32 个，伊莱克斯、惠家、红心、小绵羊等小家电服务热线 27 个。对极个别热线无人接听或者停机情况，协会经过核实，及时回复了用户和商务委有关部门，并要求有关厂家做好变更公示。2011 年 9 月协会联合上海交家电协会、上海电子产品维修服务协会推荐本市有资质家电维修服务企业和热线电话，规范维修服务市场。

（3）规范家电安装维修市场，开展培训活动。协会每隔二年开展“上门服务证持证上岗”复审培训。以 2019 年为例，协会开办培训班 19 个，其中初训 12 个班计 430 余人，考核合格发证 368 人，复审 7 个班 200 余人，同时采用企业申报、协会复核、平台核实汇总的方法，当年完成复训 1 223 人。为确保维修服务员工无遗漏，协会还与苏宁云商、大金、三菱电机、能率、林内、广州松下、樱花等品牌企业联系核实尚未完成复训的单位和员工，新办上门服务证的员工必须申报，组织培训、考试合格。2005 年 8 月协会配合市人事局、市经信委、市职业能力考试院组织家电维修企业制冷专业技术人员工程师培训和考核工作，6 名工程师和 25 名助理工程师获得通过。2014 年 11 月协会参加上海市行业质量工作促进会。通过 46 个班的培训考试，共有 3 148 名企业维修人员获得上海市家电维修人员上门服务证。

（4）做好企业设计安装维修能力的审核年检工作。协会对申请加入中央空调专委会和家电维修专委会的企业有着严格的资质要求，包括公司注册资金、技术人员占比、业务培训、上门服务证复审等。每年，协会对获得中央空调设计安装维修能力的所有企业进行综合复审，及时将验审的通知送达各会员单位，按时逐一做好验审工作。对一些需要上门服务的会员企业予以细致周到的配合，保持每年走访会员企业，做好上门换发证和沟通协调工作，受到了很多会员企业的支持与好评。而发展和吸收新会员是协会和各专委会一项长期的工作，也是协会得以有序发展的一个重要方面。

（5）调整补充并推荐合格维修服务会员企业。从家电维修专委会成立之初，协会每年不断调整、补充推荐家电维修会员企业上报上海市商务委，迄今为止共有 213 家维修企业上报上海市商务委，列入《商务委和“一台三会”认定的合格企业名录》，登载在商务委和“一台三会”官网和协会微信公众号上，让消费者自己选择合格的家电维修服务商。以 2019 年为例，上报的名录中剔除已经不从事家电行业或者退出家电协会的 14 家维修公司。同年，核实家电维修专委会特种作业安全技术操作证培训，如“登高证”“焊工证”“制冷空调作业”“电工证”等，经协会推荐到相关学校培训统计，取得以上操作证的共 1 500 多人。

（6）做好职工安全生产教育工作。长期以来，协会把安全生产工作当作自己的本职工作，主动与会员企业互通信息，提醒切实做好安全生产教育工作，建议不仅提升职工技术、技能，更要重视安全保护，特别是安装维修家电工作中做好“安全第一”。三个专委会都注重各会员企业的安全生产状况，在高温季节，把宣教工作抓实抓好。每逢高温季节，协会都会准备一批香皂、毛巾等防暑降温用品，赶到会员企业，为现场职工送清凉，受到了会员企业的欢迎。

6）发挥行业优势，构建协会信息交流平台

发挥行业优势，构建协会信息交流平台，一直是多年来协会履行社会责任和服务企业的重要工作之一。从协会成立之初就创刊《上海家电》（月报），以后又根据业务发展创刊了《家用中央空调》（双月刊）和《上海水家电》（季刊）。同时，从 2004 年开始逐步创立信息网络管理平台。

（1）协会四大信息网络管理平台。协会于 2004 年 12 月创建了互联网络平台“上海家电网 http//www.shjd.org”，网站目前访问量达 133 万人次，成为行业内受关注度较高的行业网站平台。协会通过网络来实现管理信息化，充分发挥政府与企业之间的桥梁和纽带作用，进一步提高职能部门的工作。

“上海家电行业协会诚信体系建设平台 http//jydq.hycx.org.cn”于 2010 年底建立，在行业诚信会员企业的积极配合下，在协会领导的支持下，取得了较好的成绩，网络总体访问量已达 17 万余次，在行业平台互评中保持 A 类行业平台前三位置，在行业内具有一定知名度。

“上海家电微博 http//weibo.com/shjdxh” 于 2012 年 6 月正式开通，并通过了新浪加 V 认证，微博信息获取具有更强的自主性、选择性，提供用户发表个性评论，比传统网站更具互动性，能更及时地传递协会动态，提供各类家电信息，引导用户和消费者选择高效节能产品，成为协会和会员、家电企业与消费者之间的信息桥梁。

“上海家电微信公众号 shjdwx01” 于 2013 年底建立，能及时地为公众提供各类实用家电信息政策，更便捷的通过手机终端信息交流沟通管理。

依托这些信息平台向会员企业提供各类信息；组织与行业有关的信息发布会、研讨会、新品发布会、技术交流会；组织举办家用电器产品国际、国内各类展览会等。

（2）宣传报道参展大型会展活动会员企业。在历届中国国际进口博览会、上海国际时尚消费品博览会、上海国际水处理展览会上、上海设计之都活动周上，协会不少会员企业如海立股份、江森自控、海尔电器、蒂芬格恩、浩泽净水、开能健康、聚蓝水处理、SYR 汉斯希尔、森乐净水等参加。协会报纸杂志、微信公众号以及网络平台都做了跟踪报道，展示这些参展企业风采以及产品特色，在为会员企业提供信息、舆论服务、推进品牌建设方面发挥了宣传作用。

（3）主动采访有经营特色的会员企业。协会信息部会同中央空调等专委会，对有经营特色的会员企业采取主动联系，热情宣传的采访办法，既丰富了协会报纸的内容，又与这些会员企业建立了良好关系。主要有蒂芬格恩的新风设备工程、上海林内全国技能比武大赛采暖团体赛、聚蓝水处理专利权受侵害并打赢官司、上海枚蓝创业经营发展等主要报道。协会认识到，只要抱着真心服务的态度，就能做好做实任何事，是继续围绕“服务政府、服务社会、服务会员企业”这一理念，开展各项工作的出发点和根本点。

（4）及时报道跟踪行业热点。2002 年协会报道宣传大金空调进入家用空调市场，日本富士通将军生产基地向上海转移，上海家用空调器总厂新爱特产品连续 7 年获上海市名牌产品称号。2003 年 4 月报道宣传上海日立电器有限公司第 2 000 万台空调压缩机下线仪式，小绵羊电热毯获中国名牌产品称号。2005 年 4 月报道协会会长上海日立电器有限公司总裁沈建芳获“全国工业经济十大新闻人物”“全国优秀创业企业家”称号。2012 年报道上海市商委授予上海家用电器行业协会“上海市进出口公平贸易行业工作站”称号等行业热点。

2019 年协会还配合市档案局协助《关于改革开放 30 年上海家电发展篇》的编写。

附录：

1. 上海家用电器协会历届理事会会长、秘书长、理事名单

第一届理事会（1985—1990 年）

会　　长：林国安

秘 书 长：孙可通

第二届理事会（1991—1996 年）
会　　长：林国安
秘 书 长：梁国政

第三届理事会（1997—2002 年）
会　　长：林国安（接任祝均一、沈建芳）
秘 书 长：梁国政（接任陈航远　缪　根）

第四届理事会（2003—2008 年）
会　　长：沈建芳
秘 书 长：缪　根

第五届理事会（2009—2013 年）
会　　长：沈建芳
秘 书 长：李富春

第六届理事会（2014—2017 年）
会　　长：沈建芳
秘 书 长：李富春

第七届理事会（2018 年至今）
名誉会长：沈建芳
会　　长：李　黎
秘 书 长：李富春
监 事 会：周瑜瑾（监事长）　徐建平　程晋超
理　　事：（122 人）
王　伦　王　华　王　贤　王　玲　王志平　王纯英　王国俊　王怡嵘　王俪瑾
王晔超　王海斌　王鸿福　王琼峰　王蕙敏　尤维耀　方奇钟　方建慧　邓　浩
邓细贵　卢玉海　田维俊　代会会　邢向华　刘　军　刘步喜　许永堂　孙　强
孙春明　孙顺文　李　冰　李　剑　李　铭　李　黎　李正刚　李树葆　李海滨
苏　璠　杨　伟　杨　健　杨丽娟　杨学武　肖　述　吴彐峰　吴旭池　吴怀中
吴菊素　吴福康　何　震　何筱芳　余　峰　邹永康　沈　权　沈海军　宋子杨
张志敏　张建国　张晋良　张家勋　陆　辉　陈　健　陈　景　陈　瀚　陈光杰

陈治忠　陈宝才　陈泉苗　陈俊杰　陈德俭　邵智仁　范朝文　茅慧娟　林磊渊
郁晴飞　金陆平　金和平　周卫民　周伟民　周连均　周明华　周明钟　周蓓俊
郑华军　孟　晋　赵　云　赵　翔　赵　璧　赵春雷　姚根喜　夏旭东　徐　雷
徐万群　徐真理　徐健伟　徐海澜　徐焕平　徐遥亮　杨克忠　高长富　高源泉
郭代林　唐　鹏　唐正才　勒曾禄　黄　飞　黄礼明　黄跃峰　曹文龙　曹新亚
龚忆明　常海东　符永政　董　露　韩增光　焦文斌　谢建新　强　正　靳飞龙
蔡奇骑　谭　坚　潘嘉炜　戴永军　鞠骏鸣

2. 上海家用电器行业协会专家委员会成员名单

尤　骏	原中联·程泰宁建筑设计研究院总工程师	高级工程师
吴兆林	上海理工大学	教授
寿炜炜	上海建筑设计研究院副总工程师	教授级高级工程师
周祖毅	原上海机电设计研究院副总工程师	教授级高级工程师
范存养	同济大学	教授
蒋能照	上海理工大学	教授
童杏生	原上海三菱电机·上菱空调机公司总工程师	教授级高级工程师
李　梵	体育大学教师	副教授
陈汝东	同济大学制冷与热工程研究所所长	教授
徐文华	同济大学	教授
蒋曙东	上海市质量协会副秘书长	教授级高级工程师
齐晓斋	上海商务发展研究中心首席研究员	教授
李　虹	上海轻工业研究所有限公司副总经理	教授级高级工程师
方建慧	上海大学理学院副院长	教授
周于兴	上海尊贵电器有限公司总工程师	高级工程师
陈维刚	上海双鹿空调器总厂总工程师	高级工程师
谢　晶	上海海洋大学	教授
方恒和	上海海洋大学	高级工程师

4.1.5　上海冷链协会的建立和发展

1. 上海冷链协会的建立

上海冷链协会的前身是上海市冷藏库协会（Shanghai Association of Refrigerated Warehouses），成立于1987年12月19日，是全国第一家冷藏库专业协会，由上海市计划委员会、上海市商业委员会批准，上海市社团管理局核准登记的、具有社团法人资格的社会经济团体组织。1998年经上海市社团管理局“沪民社更〔1998〕第8号”批复更名为上海冷藏库协会。2017年7月17日经上海市商务委员会沪商运行批〔2017〕2号《市商务委关于同意上海冷藏库协会名称变更的批复》，并于2017年10月24日经上海市民政局登记更名为上海冷链协会，是专业性社会团体。2014年、2019年连续两次被评为“5A”级社会组织。

按照上海市政府的批示，市计委、市财办从1986年6月开始，组织市商业二局、水产局、市供销社以及食品、禽蛋、蔬菜、水产、果品等5个公司，着手筹建冷藏库协会。1987年10月14日召开第一次筹备会议，出席单位有上海市供销社，上海市商业二局，上海市计委贸易计划处，上海市财贸办基建生产处，上海市水产局市场处，上海市水产供销公司，上海市商业二局储运处，上海市商业二局设计院，上海市蔬菜公司，上海市食品公司，上海市果品公司，上海禽蛋公司，上海市烟糖公司，上海吴泾冷库。1987年11月14日召开第二次筹备会议，出席单位有：上海市友谊食品供应公司，上海市烟糖公司，上海市商业二局，上海市蔬菜公司，上海市商业二局设计院，上海市商业二局储运处。1987年11月22日召开第三次筹备会议，出席单位有：上海市财贸办，上海市食品公司，上海市友谊食品供应公司，上海市烟糖公司，上海市水产供销公司，上海市商业二局，上海市财贸办基建生产处，上海市蔬菜公司，上海市水产局市场处，上海市商业二局设计院，上海市禽蛋公司，上海市禽蛋公司北禽冷库，上海市蔬菜公司杨桥冷库，上海市果品公司龙华冷库，上海水产贸易公司冷冻厂，杨浦冷冻厂，上海江浦冷冻厂。三次筹备会议，商定了上海冷藏库协会开办费来源，办公地点，协会印章，协会开户行，会员单位名单，会费，理事会候选名单等内容。1987年12月19日上海冷藏库协会宣告成立并召开第一次会员大会，出席会议的有市财贸办王光俭、张广生、计委钱永康、市财办赵基渝、水产局顾惠庭、供销社朱宗耀、市二商局林修钺、葛根庆、制冷学会尉迟斌等。首届会员单位47家，首届理事会成员35人。

协会秘书处设办公室、技术咨询部、教育培训部、信息服务部，成立初期办公地点暂设东海大楼四楼制冷学会办公室内（南京东路353弄1号448室），1989年搬至南京西路1567号802室，1992年底迁入杨浦区飞虹路1047弄昌虹大楼48号101/102室（许昌路1273号）。

1993年协会经外交部复函，同意参加国际冷藏库协会IARW/世界食品物流组织WFLO（现今的全球冷链联盟GCCA）。2007年协会与IARW/WFLO在美国菲尼克斯签约，在上海设立IARW/WFLO上海联络处。

2007年协会与中国仓储协会合作，在上海设立中国仓储协会冷藏库分会，并经国家民政部和上海市民政局批准，把注册地点变更到上海，与上海冷藏库协会合署办公。

协会六届理事会现有会员单位100多家，其中理事单位25家，监事单位3家、副会长单位6家，会长单位1家。会员覆盖了本市相关的冷藏仓储、冷链运输、冷链配送、冷链设备、冷链工程设计、咨询等相关企业，会员中80%以上为民营企业。协会业务范围包括：冷链业管理，冷链技术信息交流与管理教育培训，冷链操作和相关规范制订，冷链相关资讯服务等。

2. 协会积极开展各项工作

1）服务会员，开展行业培训和评选，提高行业的管理水平

1988年根据原国家劳动部、原国内贸易部《商业行业技术工人等级标准》的要求，协会编写了《制冷工》《冷冻食品制作工》《冷藏工》初、中、高等级培训教学计划、教学大纲与应知、应会试题，获得市劳动局技工培训处认可并付诸实施。根据教学的需要编写了初级工教材《制冷基础知识》《食品冷加工》《数学》《钳工》；中级工教材《制冷技术》《冷库管理》《冷库企业全面质量管理》等教材，建立了上海市冷藏库职业技能培训中心办学机构，并与上海水产大学、上海水产学校合并建立了应知教学基地，1994年10月协会经市劳动局验收合格，与江浦冷冻厂合作建立了制冷工初级工、中级工、高级工应会技能考核站。

协会开展上海市系统冷藏企业上岗证的培训工作，20多年来协会培训了3 118人次上岗证学员，并为会员企业的员工进行了制冷上岗证的复证培训。

协助高校对本科生进行职前培训。协会多次应邀赴上海海洋大学、上海工程技术大学与上海立达职业技术学院，为本科生进行职前培训。

协会代表中国仓储与配送协会与上海郑明现代物流有限公司合作，于2013年1月18日组建了“中国仓储与配送协会冷链物流培训基地”，并负责培训基地工作的开展，通过有组织有计划的培训，不断提高行业的运作和管理水平，至2018年底，共举办了6期培训班，共培训了243名冷链行业需要的学员。其中培训了冷链方向的学员112人（其中通过冷链经理资格认证的82人），冷库方向的学员131人（其中通过冷库经理资格认证的50人）。这6期学员有来自全国各地知名物流企业的总经理、总监、仓储经理和知名院校的教师、研究生等。培训班的举办不仅取得了很好的效果，也在行业内引起了强烈反响。

2）以行业发展为主题，进一步做好上海和全国冷藏行业的统计工作

协会成立伊始，从1988年就开始对上海的冷库容量进行统计，2008年开始统计全国冷库容量。2009年4月16—17日，在山东省济南市山东银座泉城大酒店组织召开《统一冷库容量统计口径专题会议》。参加会议的有来自全国相关企业集团、高校、设计、研究单位和协会的代表。为了适应我国冷库业发展的新情况与新趋势，并与国际统计口径接轨，参照欧美、日本等发达国家的冷库统计计量单位，统一我国冷库容量的统计计算口径，以上海带动全国，以全国促进上海，从此，协会开始按统一的口径统计全国冷库的容量。20多年来协会对全国冷藏库的统计数据，不仅得到国家商务部和国家发改委的采信，同时也被相关国家层面的协会所引用，2012—2013年被权威的全球冷链联盟引用。

3）制订冷藏库有关的国家标准和地方标准

2014年，翁牌冷库泄氨事故发生后，协会高度重视由此带来的“质氨之询”，为此协会积极走访上海市安全生产监督管理局，并与上海市制冷学会、上海冷冻空调行业协会等专业协（学）会协商就氨冷库的安全生产规范达成一致意见，并积极组织地方标准的制订申请。

2014 年上海市质量技术监督局以沪质技监标〔2014〕316 号文《关于下达 2014 年上半年上海市地方标准制修订项目计划》的通知将《氨冷库安全生产规范》列入制定计划，该标准由上海市安全生产监督管理局提出，并由上海市安全生产标准化技术委员会归口。在接到编制任务以后，协会马上组织相关行业协（学）会、涉氨企业、高校以及工程安装等单位组织成立了《氨冷库安全生产规范》起草小组。在此期间，起草小组开展了调查研究，听取了冷库、涉氨企业的意见，查阅了相关国家、行业标准及法律法规，参与了对全市 20 余家冷库、涉氨企业的安全检查，掌握了冷库安全现状，经分析研究并结合本市冷库的安全实际，初步完成了《氨冷库安全生产规范》（讨论稿）第一稿。2014 年 11 月 12 日将再经修改后的《氨冷库安全生产规范》征求意见稿发送至上海市安全生产监督管理局听取该局其他相关处室的意见后形成《氨冷库安全生产规范》送审稿。2015-07-23 上海市质量技术监督局正式发布 DB 31/915—2015《氨冷库安全生产规范》，并规定从 2015 年 11 月 1 日实施。这项标准不仅给予氨冷库和涉氨企业实行氨生产运行安全操作的制度建立和管理规范提出了要求，同时也对安全管理机构依法管理提供了法律依据。2018 年，根据“沪质技监标〔2017〕454 号”的计划对标准进行了修订，并以 DB 31/915—2019《氨冷库安全生产规范》实行了升级。

多年来协会积极参加相关标准的制订，参与制订了国家标准 GB/T 31078—2014《低温仓储作业规范》（第一起草单位）和 GB/T 38375—2019《食品低温配送中心规划设计指南》（第二起草单位）。参与制订了由上海市质量技术监督局发布的上海市地方标准 DB 31/T 388—2007《食品冷链物流技术与管理规范》、DB 31/595—2012《冷库单位产品耗电量限定值及能源效率等级》、DB 31/T728—2013《食品冷库经济运行管理标准》等，推动了行业技术水平和管理规范的升级换代。

4）搭建为会员服务的信息平台

2007 年协会与中国仓储与配送协会建立合作关系，2008 年 4 月进行网站同步相互链接，增大了网站点击率，通过网站不断地为会员单位递送相关信息，并为会员单位做好宣传；纸质会刊《情况交流》从协会成立至 2012 年 6 月共印发 246 期，2012 年 8 月改版为电子版，每两个月推送一次，截至 2019 年底为 291 期，丰富了会刊内容，增强了可读性，为会员单位提供了更多的业务、技术与管理方面的信息。同时，也以中国仓储与配送协会冷链分会的名义创办了电子版会刊《会员通讯》。

5）承担政府安全监督检查工作，促进行业安全管理

1991 年组织起草制订了《上海市冷库管理办法》，多年来承担了政府委托的许多安全监督工作。

2016 年开始，根据上海市质量技术监督局委托，协会连续几年为市质监局与相关区市场监督管理局对全市氨制冷企业的特种设备安全管理工作进行核查。组织专家对上海市液氨制冷企业的特种设备安全管理水平进行综合量化评估，及时发现隐患，帮助企业整改，并撰写了2016年、2017年、2018年与2019年度的《上海市液氨制冷企业特种设备安全管理状况报告》，为政府制订液氨制冷行业的特种设备风险管控政策及法规提供了重要的依据。上海市质量技术监督局在“关于对本市重点行业（液氨制冷）基于风险的特种设备安全管理工作验收意见”中认为“经验收评估，上海冷链协会三年来在我局关于重点行业（液氨制冷）基于风险的特种设备安全管理工作中出色完成了各项委托任务，验收评价优秀”。

2017年12月协会协同松江区举办特种设备事故应急处置综合演练暨特种设备安全宣传展览观摩活动。12月21日上午，上海市质量技术监督局和松江区人民政府共同主办了松江区特种设备事故应急处置综合演练。该次演练由上海市松江区市场监督管理局、上海市松江区突发公共事件应急管理领导小组办公室和青岛啤酒（上海）松江制造有限公司共同承办，演练地点位于上海市松江区锦昔路9号的青岛啤酒（上海）松江制造有限公司，演练模拟液氨储罐突发泄露，企业开展应急处置并上报有关政府部门。根据上报情况，松江区启动区级特种设备突发事件应急处置预案，组成应急指挥部，统一指挥各相关部门按照各自职责有序开展现场调查、信息报送、封控疏散、应急处置、资源保障和善后等工作。

该次应急演练检验了政府、部门及企业应急预案的针对性、实用性和可操作性；磨合各单位之间的协调联动机制；提高市区特种设备应急处置能力，强化和锻炼应急处置队伍实战水平，探索特种设备事故应急处置的途径、技能、步骤和措施，全面提升特种设备事故情况的信息报送、应急响应、现场处置、政企联动、封控疏散等综合应急处置能力。

国家质检总局特设局相关领导、上海市质监局领导、上海市应急办和安监局领导、松江区政府领导出席了该次演练，同时还邀请了上海市质监局特种处、特检院的相关领导，各区市场监督管理局，松江区应急演练各参演单位、特种设备安全专家、涉氨类单位，共计270余人。

6）编写《上海冷藏史》，成立了“上海冷藏历史陈列馆”

2004年根据原上海市副市长庄晓天要求，协会牵头上海市制冷学会、上海上枫制冷设备有限公司组织编写了《上海冷藏史》，于2006年12月由同济大学出版社出版。《上海冷藏史》详细阐述了上海冷藏业在中华人民共和国成立前后各个不同历史阶段的发展情况，记述了中华人民共和国成立前上海天然冰、人造冰和食品冷冻加工的起源和发展，介绍了中华人民共和国成立后各个历史时期上海冷藏业在水产、肉禽、蛋品、果品、蔬菜等行业内的发展以及上海冷藏企业的变迁和食品冷藏链的发展，展示了近50年来上海冷藏科技进步的主要成果等，全书21.8万字。

与此同时，在编史的过程中，搜集了大量的历史资料，并成立了“上海冷藏历史陈列馆”（现设于上海海洋大学）。

“上海冷藏历史发展陈列馆”于2007年10月在上海海洋大学揭幕开馆。上海冷藏历史陈列馆展览以上海近百年来冷藏业发展的过程为主线，叙述了制冷科技在整个历程中所起的重要作用。展览分为四大部分：中华人民共和国成立前上海的冷藏业，可看到我国最早的食品冷冻加工厂冰蛋厂于1908年在上海诞生，我国首座冷饮厂海宁洋行（上海益民食品一厂前身）1928年在上海建成；第二部分为20世纪50—60年代上海冷藏业；第三部分为20世纪70—80年代上海的冷藏业；第四部分为20世纪90年代以来上海的冷藏业。

《上海冷藏史》的出版和“上海冷藏历史发展陈列馆”的开馆，不仅向社会公众展示冷藏业的起源、起步和发展的历史，同时也反映了这个与国计民生戚戚相关行业的艰苦创业、技术发展的文化传承。

7）加强与国内冷链社团组织的合作交流，促进全国冷链行业的发展

2004年与上海市制冷学会、上海冷冻空调行业协会和上海市冷冻食品行业协会共同发起组织的“上海制冷节”，至2018年已举办了8届，成为上海制冷空调行业的品牌活动。

“上海制冷节”的宗旨是应“国计民生”之需，围绕绿色环境和美好生活，以科学普及的形式和丰富多彩的活动普及制冷科技，倡导安全健康和低碳节能的生活。立足制冷行业的前沿，集本领域研究、制造和服务各环节的专业力量，面向大众宣传制冷科技知识、展示科技成就、介绍制冷行业新品、引导科技创新。为普及制冷科技、提高全民科学素质、提供企业展示平台，促进制冷事业发展而服务。

2007年5月由上海冷藏库协会发起、广东省物流协会冷链物流专业委员会、香港物流协会和中国台湾运筹发展协会在广州和香港共同举办了“粤港沪台冷链物流高峰论坛”，促进粤港沪台四地在冷链物流行业方面的合作，促进长三角与珠三角地区冷藏库的运行管理与冷链物流事业的建设与发展。

在这个基础上，2008年5月22—23日由中国仓储协会冷藏库分会、上海冷藏库协会、广东省物流行业协会、中国台湾运筹发展协会和香港物流协会联合主办的首届“亚洲冷链物流高峰论坛”在上海银河宾馆隆重召开。来自美国、澳大利亚、日本、新加坡和中国（包括香港特区和台湾地区）的冷链物流行业的代表共150多人参加了论坛会议。该次论坛也是为了通过加强深层次的交流来增强国内冷链物流行业间以及与国际同行的合作，加快研发适用于国内市场的冷链技术，进一步促进冷链物流行业的建设与发展。从2008年开始至2019年已连续12次合作主办“亚洲冷链物流高峰论坛”。

2010年3月25日，协会秘书长刘龙昌在广东省物流协会冷链物流专业委员会顾问杨祖惠等的陪同下赴香港特区，与香港物流协会签署了《关于推进我国冷链物流发展工作的框架协议》。

2017年7月27日，中国台湾冷链协会理事长、副理事长拜访协会。

2018年8月12—18日，应中国台湾冷链协会邀请，2018年8月12—18日，上海冷链协会会长特别代表刘龙昌随“上海工程技术大学 & 上海冷链联盟联合参访团”赴台湾地区考察。在台期间，参访团考察了台湾海洋大学、高雄科技大学并就冷链相关方面进行了交流。参访团还考察了台湾研华股份有限公司、永联物流共和国瑞芳园区、全日观音物流中心、云林祥圃等企业。在高雄科技大学，上海冷链协会与中国台湾冷链协会就今后的友好合作，签署了战略合作框架协议。

2019 年 4 月 23 日，中国台湾冷链协会理事长、秘书长拜访协会。

2019 年 8 月 12 日，上海冷链协会、中国台湾冷链协会和上海工程技术大学联合主办“冷链企业高管培训班”。

为了研究探讨我国冷藏库建设与运营中的热点课题，引导冷藏库的科学建设与良好运营、促进冷链物流事业的建设与发展，由中国仓储协会主办、中国食品工业协会、中国肉类协会、中国果品流通协会、上海冷藏库协会、上海锦江国际低温物流发展有限公司、中外运上海冷链物流有限公司支持的“全国冷藏库建设与运营研讨会”于 2007 年 12 月 4—5 日在上海召开。北京、上海、江苏、浙江、山东、辽宁等 22 个省、自治区、直辖市的肉类、水产、果蔬、食品加工与第三方物流商以及科研、设计、工程与设备等方面的 200 多名代表参加了该次会议。会议期间，召开了“中国仓储协会冷藏库分会”成立大会，参观了中外运上海冷链物流公司与上海锦江低温国际物流公司的吴泾冷库。

与会代表认为，该次会议我国是近年来召开的有关冷藏库方面的第一次专业会议，各位专家的演讲，不仅交流了行业的信息与管理经验，也介绍了国内外有关冷藏库建设的先进理念、先进技术和发展趋势，对于促进我国冷藏库建设与运营管理水平的提高，具有积极的引导与推动作用。与会代表希望每年召开一次这样的专业会议。

为此从 2007 年开始，协会与中国仓储协会冷链分会共同承办每年一次的“全国冷库建设与运营研讨会”，负责每年中国低温仓储业发展报告（冷库、冷链篇章）的撰写，以及全国冷藏库容量的统计、分析等，组织召开全国“冷库创新建设观摩研讨会”及“节能降耗研讨会”，进行现场学习、交流和研讨等活动。

协会还多次赴青海省参加该地区冷链企业的培训活动，与该地区冷链企业分享上海冷链行业的建设与发展成果，该活动是由全国冷链运营联席会议协同青海省商务厅与上海冷链协会，三家联手推动产销两区域冷链行业骨干企业业务对接，发挥双方优势、互补短板，共建冷链运营体系。2018 年 12 月 25 日，青海省商务厅与上海冷链协会深入探讨了沪青两地冷链协会合作事宜，并达成青海省商务厅与上海冷链协会合作备忘录。青海省 6 家骨干与上海郑明现代物流公司交流探讨了沪青两地冷链业务合作、农副产品产销对接合作推广相关事宜，并签署了上海郑明现代物流有限公司与青海省 6 家骨干企业间的合作意向协议书。

8）加强与国际相关组织的交流和合作，促进我国冷链行业的技术进步

1988 年 1 月 21 日，协会邀请日本株式会社东洋制作所冷冻专家大岛武先生光临“日本冷库技术管理报告会”作“关于日本冷库现代化趋势及节能”的报告。

1992 年 4 月协会首次派遣副理事长邱嘉昌参加国际冷藏库协会（IARW）在美国召开的第 101 届年会。

1996 年 4 月组团参加国际冷藏库协会在美国圣・安东尼沃召开的第 105 届年会，考察了美国冷库，编写了《美国冷库行业考察报告》。

1997 年 10 月应美国驻港领事馆农贸办公室与国际冷藏库协会的邀请，协会组团参加了在香港地区九龙召开的《亚洲冷冻食品发展与后勤》会议。

2004 年 6 月 9 日，美国农业部（USDA）协同国际冷藏库协会和世界食品物流组织 WFLO、上海冷藏库协会、上海市冷冻食品行业协会联合在上海国际会议中心举行了“改善上海易腐食品流通环节研讨会”。美国农业部多位专家在会上就发展上海食品冷藏链的有关问题作专题报告，并与上海同行进行了座谈。通过与海外同行的交流，及时了解国际冷藏冷冻业的最新发展动态和信息，有利于缩短与发达国家存在的差距，促使上海的食品冷藏链事业更迅速、科学地发展。

2007—2017 年多次应邀在美国马铃薯协会举办的“美国马铃薯进口商 / 分销商研讨会”等作演讲。

2008 年 4 月 9—16 日，受日本流通研究社邀请，协会随中国仓储协会对日本食品冷链进行了考察。

2008 年 4 月 18 日—5 月 1 日，参加美国 COCHRAN（柯克伦）冷链管理项目培训，世界食品物流组织与美国农业部通力合作确保了此次活动的圆满成功。这次活动主要包括三个部分。第一部分是参加一年一度在佛罗里达马可岛召开的冷链联盟大会；第二部分是世界食品物流组织组织有关专家对“柯克伦”项目成员作短期培训；第三部分是对迈阿密、奥兰多和杰克逊维尔等地的有关冷链物流中心进行学习考察。考察的冷链物流企业有 Fresh King 公司、迈阿密果蔬终端市场、Preferred Freezer 公司、USCold Storage 公司、Burris Refrigerated Logistics 公司、BJ’s Warehouse Club 公司等。

2008 年 5 月 21 日应邀参加由美国农业部和美国驻沪总领事馆农业贸易处（ATO）举办的“美国农业部中国冷链高层圆桌会议”，该次圆桌会议的主题是《冷链的准则与标准》。

2008 年 8 月 24—31 日组团赴日本进行了访问考察，为了协助国内贸易工程设计研究院等单位组成的《冷库设计规范》国家标准修订小组向日本冷藏库协会和行业相关单位学习，并进行考察和交流。赴日访问考察期间，拜会了日本冷藏库协会，并在冷库建设选址、冷库结构、制冷工艺、消防和防震等冷库设计的各个方面与日本同行进行了交流。

2008 年 10 月 24 日，日本冷冻食品协会、日本贸易振兴机构和日本东京大学等友人拜访协会，日本客人对中国冷藏库和冷链的发展情况进行了了解，并希望进一步加强与中国冷藏行业的联系与合作。

2010 年 11 月 30 日全球冷链联盟副会长和国际合作项目总监拜访协会。

2011 年 2 月 16 日协会陪同日本代表团考察会员企业，上海新天天大众低温物流有限公司和中外运上海冷链物流有限公司。

2011 年 9 月协会考察拜访全球冷链联盟总部。

2012 年 5 月 9 日协会邀请韩国水产冷藏协会来华考察了上海吴泾冷藏公司和新天天大众低温物流有限公司。

2013 年 6 月 3 日全球冷链联盟副总裁拜访协会。

2013 年 6 月 8—16 日协会应邀赴丹麦考察，在丹麦期间，中国考察团一行访问了丹佛斯公司总部，考察了丹佛斯公司全自动化流水线的制冷膨胀阀工厂、丹佛斯公司柯灵工厂（Kolding factory），并在丹佛斯公司总部参加了相关技术座谈会。考察团一行还参观了丹麦最大的屠宰加工厂（Danish Grown）和 Cold Star 全自动冷库。

2013 年 6 月 26 日全球冷链联盟总裁拜访协会。

2013 年 9 月 2—7 日协会组团赴韩国考察，拜会了韩国冷冻冷藏水产协会。韩国冷冻冷藏水产协会副会长朴炳彦、常务理事孙诚吉、金丙周和课长梁太荣等热情接待了上海冷藏库协会代表团，并就合作进行冷链物流的培训、举办冷链物流论坛、信息交流及互访等问题进行了交流。在韩期间，上海冷藏库协会代表团还考察了韩国东远集团冷藏库和东永冷藏库。

2014 年 4 月 26 日，协会组团参加国际冷藏库协会在美国圣地亚哥召开的国际冷藏库协会第 123 届年会，考察了美国冷库。

2017 年 7 月 19 日，全球冷链联盟主办，全球冷链联盟上海联络处、上海冷藏库协会协办的冷链操作指南咖啡吧在上海召开。全球冷链联盟的专家 Georg zhao 介绍了冷链操作指南讨论稿。来自上海各冷链相关单位的负责人从冷库仓储、冷链运输、冷链技术等方面对操作指南进行了分组讨论，气氛热烈。上海冷藏库协会及上海物流协会的部分会员近 50 多家企业 60 余人参加了座谈会。

2019 年 10 月 15 日，协会召开与日本阪和兴业株式会社的业务合作会议。双方分别介绍了中日两国冷藏库的现状，并就两国冷藏行业在冷藏库的保温、防水隔汽材料、建造施工工艺方面进行了深入的交流。

附录：

上海冷藏库协会历届成员名单

第一届理事会成员（1987—1997 年）

理 事 长：张广生（沈思明）

常务副理事长：葛根庆

副理事长：查 杰 顾惠庭 朱耀章

秘 书 长：吴 嘉

副秘书长：朱宗耀 孔庆源 蒋赐麟

理　　事：（35人）

万叶青　王树仁　王秀兰　孔庆云　孔庆源　乔本立　朱宗耀　吴有余　张　玮
张新甫　沈国民　杜联均　严瑞祥　吴　嘉　陈民华　周祥伦　周孟年　周福铨
陆新德　房家斌　杨诚华　邱嘉昌　钱永康　赵基渝　徐清华　查　杰　顾惠庭
黄长礼　戚其恒　葛根庆　蒋赐麟　路晋兴　褚胜良　蔡永清　霍培坤

第二届理事会成员（1997—2001年）

理 事 长：凌孔山

副理事长：周洪立　李克坚　沈少华　乔本立

秘 书 长：吴　嘉

副秘书长：嵇美舫　杨金贵　刘培雄

理　　事：（39人）

凌孔山　周洪立　李克坚　沈少华　乔本立　吴　嘉　嵇美舫　杨金贵　刘培雄
孔庆源　沈孜求　陆少庭　张忠华　刘利民　骆关先　周祥伦　刘宏奎　章金和
吴国钧　王叶萍　杨金贵　朱伟国　周重冶　张忠孝　许德成　王小马　刘利民
赵振忠　徐　伟　王连仪　钟国钧　李怡宪　张虎明　肖兆庆　陈富平　李之光
吴方奎　顾建中　邓锦龙

第三届理事会成员（2001—2007年）

理 事 长：凌孔山

副理事长：吴　嘉（谢长春）　张建新（张国美）　茹永华

秘 书 长：刘龙昌

副秘书长：王叶萍　吴唯忠　张盛福　赵建荣（赵永明）　姚松勤　徐国鸣　刘黄炳

常务理事：孔庆源　叶惠德　刘龙昌　吴　嘉（谢长春）　张建新（张国美）　茹永华　凌孔山　陶象海　袁忠民（薛克兴）

理　　事：（27人）

孔庆源　王叶萍　叶惠德　刘龙昌　吴　嘉（谢长春）　吴唯忠　张剑华　张虎明　张金福（江国良）　张建新（张国美）　张剑明　张盛福　周正生　周重冶　茹永华　赵　前（管伟庆　方大明）　赵建荣（赵永明）　姚松勤　凌孔山　徐国鸣　陶象海　袁忠民（薛克兴）　章金和（张金福）　傅　斌　傅福康（张丽华）　刘黄炳　张大瑞（殷海平）

第四届理事会成员（2007—2012年）

名誉理事长：凌孔山

理 事 长：周劲望
副理事长：张国美　殷海平　茹永华（冯戟）祁　艳　方奇钟
秘 书 长：刘龙昌
副秘书长：赵永明　王培忠　吴唯忠　张盛福（邬行华）何为光
理　　事：（28 人）
孔祥生　方大明　方奇钟　王晓弟　王培忠　刘龙昌　江国良（丁志良）祁　艳　何为光　张丽华　张虎明　张国美　张金福　张剑明（戚敏杰）张盛福（邬行华）吴唯忠　周正生　周劲望　范钦杰　茹永华　赵永明　倪淼根（黄雪平）殷海平　谢珮玲　谢　晶　傅　斌　蒋德良　林卫靖（李永翔）

第五届理事会成员（2012—2017 年）
会　　长：唐文华
副 会 长：张国美（金希令）殷海平（曹勇伟）邬行华（言宏伟）何国光　方奇钟
秘 书 长：刘龙昌
理　　事：（29 人）
丁志良（陈阳龙）方大明（张金福）方奇钟　毛华仁　王晓弟（曹卓桥　杨慧敏）王培忠（陈　洁）刘龙昌　邬行华（言宏伟）全忠兴　何为光　何国光　吴唯忠（李光集）张虎明　张国美　张金福（卢　杰）周正生（郑培季　魏安平）唐文华　赵永明　黄雪平　殷海平（曹勇伟）戚敏杰　谢珮玲　谢　晶　傅福康　蒋德良　陈新亮（陈茂忠）匡志强　柳忠祥

第六届理（监）事会成员（2017 年至今）
会　　长：黄郑明
顾　　问：李忠明
副 会 长：孙正夫　言宏伟（周　怡　周　颖）何国光　金希令　曹勇伟（路　磊　董国银）蒋超伟　刘龙昌　王　斌　丁　田　张　超　潘　炜
代理秘书长：毕雅锦
理　　事：（29 人）
毛华仁　匡志强　孙正夫　何为光　何国光　言宏伟（周　怡　周　颖）张虎明　张金福　陈茂忠　陈　洁　金希令　柳忠祥　奚　洁　黄礼明　黄郑明　黄雪平　章正勤　葛抗献　蒋超伟　傅福康　谢珮玲　谢　晶　戴伟民　魏安平（吴昔磊　黄　斌）王伟刚　林　斌　李　海　孔祥生　胡志刚
监 事 长：叶守建（魏安平　吴昔磊　黄　斌）
监　　事：李光集　刘龙昌（张金福）
注：括号内为届中接任

4.1.6 上海市冷冻食品行业协会的建立和发展

上海市冷冻食品行业协会（Shanghai Frozen Food Trade Association）成立于1994年12月12日，由上海市商务委员会主管、上海市社会团体管理局核准登记的国内首家地方性冷冻（冷藏）食品行业协会，是相关业务的企事业单位及其他组织自愿组成、实行行业服务和自律管理的非营利性社会团体法人。协会业务范围包括：冷冻与冷藏食品、冷冻饮品方面行业调研、技术培训、编辑出版、会展招商、产品推介、中介咨询服务。协会会员为调理食品、水产品、畜产品、果蔬品五大类冷冻冷藏（鲜食）食品和冷冻饮品（冰激凌、雪糕、雪泥、冰棍、食用冰、甜味冰）的制造、储藏、批发配送等企业，同时还吸收食品研究、设计、教学机构以及相关设备制造等厂商，是跨系统、跨所有制的社会团体法人，会员覆盖面已超过了行业的50%。其中外商独资、中外合资、民营经济的企业占了相当的比重，具有广泛的行业代表性。

协会宗旨是以政府经济发展战略为指导，为会员提供服务，维护会员合法权益和行业公平竞争，沟通会员与政府、社会的联系，促进冷冻与冷藏食品、冷冻饮品行业经济发展。协会最高权力机构为会员大会。在会员大会闭会期间，由理事会领导协会工作。下设秘书处为日常办事机构。协会成立以来，认真履行服务、协调、自律、维权四大职能，始终以会员需求为出发点，在当好政府参谋、反映行业诉求、人才培训、信息交流、技术推广、行业自律、信用评价、行业咨询等方面开展各项工作，推动冷冻食品企业和市场健康可持续发展。

协会作为上海冷冻与冷藏食品和冷饮饮品的行业组织，会员中拥有行业的著名企业，如专业生产调理食品类的有南翔、桂冠、海霸王、三全、南市乔家栅、安井等；畜禽、水产、蔬果类的有大江、新食品、大成、庞仕；冷冻饮品类的有光明；专业冷藏企业有锦江国际低温物流；专业配送企业有郑明、新天天大众；还包括了艾歌展览、海洋大学、食品研究所等展会、教学、科研等业态。

2018年3月协会由原四川北路49号102室迁移至外马路1218号A幢311室。2019年11月5日协会会长王钰宁向五届三次理事会提出辞去会长职务，理事会同意并以无记名投票方式选举黄郑明为上海市冷冻食品行业协会会长。2020年11月协会办公地点搬迁到北海路8号1015/1014室。

1. 协会积极开展各项工作

1）合作举办“上海国际冷冻冷藏食品博览会

从2010年开始，连续11年合作主办了“上海国际冷冻冷藏食品博览会暨上海国际餐饮食材展览会”。截至2020年已连续举办了11届。作为冷冻冷藏食品行业发展的风向标——上海国际冷冻冷藏食品博览会是目前国内综合性冷冻冷藏食品展览会之一，为会员单位提供了展示企业风采和产品风貌的机会，通过展会及相关活动，促进了冷冻食品行业和相关行业的互相联动和共同发展。规模一年比一年大，展商数量一年比一年多，比如2019年8月26—29日，第十届“上海国际冷冻冷藏食品博览会暨上海国际餐饮食材展览会”在上海新国际博览中心召开，国内外2 000多家企业参展，展览面积达10万m^2，参会观众达65 389人次，参展企业和观众数量再创新高，已经成为冷冻冷藏食品行业贸易洽谈及技术交流的首选平台。2020年虽然受到了“疫情”的影响和制约，但第十一届“上海国际冷冻冷藏食品博览会暨上海国际餐饮食材展览会”依然于8月26—29日在上海新国际博览中心顺利召开，有国内外1 503家企业参展，展览面积也达到了6万m^2，参会观众有56 493人次。协会搭建的平台上展现了行业的发展与企业的风采，很多会员单位的产品获得了专业观众的青睐。通过“采供对接”“产销见面”等活动，帮助会员单位不断开拓市场，重点拓展餐饮食材（配餐）市场，使冷冻冷藏食品生产企业成为快餐、餐饮、团膳的配餐供应商，以此推动上海冷冻冷藏食品、冷冻饮品行业朝着标准化、规范化方向发展。

2）积极搭建协会信息化平台

为会员单位提供行业最新动态、市场信息，使之成为会员交流的园地。编撰出版了《上海冷冻食品信息》内部刊物，每逢双月出刊。自1995年起至2019年底，共计出版了159期。作为内部刊物，仅向本协会会员和兄弟协会等发行，向各会员单位传递了有关食品安全、产业政策、行业趋势、市场动态、技术研发、业界经验以及其他相关信息；坚持扩大横向交流，学习同行的成功经验。协会还创办了微信公众号，及时报道行业信息和会员动态。

3）积极参与多项国家、行业、地方专业标准的编制工作

为规范行业、规范市场、规范产品，协会从标准化、规范化角度去审视行业健康发展需要，结合行业增长特点，致力于冷冻与冷藏食品行业的标准化建设，直接主持和参与多项国家标准、行业标准和地方标准的制（修）订工作。

1995年，在市商委的支持下，协会制订了上海地方标准DB 31/155—95《冷冻面米食品质量卫生要求》《准产证实施细则》等文件，这是行业同类产品的第一项标准。召开冷冻方便面食品大组交流会，介绍“标准”的制订背景和要求，督促会员单位制定完善企业质量标准与质量管理制度，对生产全过程进行自检自验，对申报企业有关人员开展培训工作。通过申报企业的质量体系评审和产品实物质量检验，上海市近60家企业、180类产品分别获得了冷冻面米食品“准产证”。通过冷冻面米食品与冷饮“准产证”的发放、管理，使生产企业建立了完整的质保体系，强化了企业的技术、卫生、工艺质量管理，使冷冻食品与冷饮行业纳入了健康、有序的发展轨道，使行业发展上了新台阶。

2003年，协会通过上海市商委向经贸委提出了《速冻调制食品》行业标准立项申请获得批准，由中国商业联合会按照国家经贸委批文，向协会下达了制定该行业标准项目的计划通知书（上商会行〔2003〕7号文）。随后协会组织主持了上海和国内13家冷冻食品生产企业、教学科研机构参加的标准起草小组，开展了大量的市场调研，检索参照美国FDA食品法规、CAC国际食品法典委员会和日本相关标准要求，并经过大量产品检测数据验证，我国第一部完整的SB/T 10379—2004《速冻调制食品》行业标准，通过国家发改委、国标委和商务部等部门批准颁布，于2005年2月1日正式实施，为速冻调制食品行业的更大发展提供了技术依据。2008年10月该项标准荣获“中国食品科学技术学会科技创新奖——技术进步三等奖”。

2004年5月国家卫生部发布的GB 19295—2003《速冻预包装面米食品卫生标准》实施后，行业生产企业普遍反映，该国家标准对速冻面米食品生制品的微生物指标要求过严难以执行。为此协会从2004年9月开始，多次召集生产企业开座谈会，走访会员企业，听取意见。在充分调研的基础上，先后分别向市有关质量卫生监督部门、国家相关部委及在全国行业相关标准的座谈会上，反映新标准高于国际上发达国家同类制品的指标，不利用行业发展的情况，诉求希望能尽快修订国家标准，并积极收集汇总会员产品的日常检验数据，提供给有关部门作为标准修订的参考依据。在该标准实施的一年半里，会员企业步履艰难，生产销售受到制约，市场抽查检验产品微生物不合格常被媒体曝光受罚。协会急企业所急，一方面不断联系市有关监管部门，说明情况争取理解宽容，另一方面主动向新闻媒体表明协会态度，消除消费者顾虑，较平稳地度过了这段困难期。在行业同仁的共同努力下，经国标委批准，GB 19295—2003《速冻预包装面米食品卫生标准》国家标准第1号修改单于2006年2月13日正式下达并同日实施。

2006年12月，协会提出了《冷藏调制食品》行业标准立项申请，2010年4月获得了中国商联会向协会下达了组织制定该行业标准项目的通知函。

2007年，协会按照上海市经委的指导意见，与上海市食品协会等合作，完成了上海地方标准DB 31/T388—2007《食品冷藏链技术与管理规范》，该标准自2007年正式实施后，对指导上海食品冷链企业运输作业、交接验收和政府监管等各方面发挥了良好的作用。

2008年，在研究构建上海国际物流中心的标准化支撑体系中，与上海市标准化研究院合作，完成了“上海构建国际物流中心的标准化体系及相关标准研究制定”的课题，形成了国家标准GB/T 24617—2009《冷冻食品物流包装、标志、运输和储存》，从全国范围内，指导规范冷冻食品的冷链物流，该标准于2010年3月1日起正式实施，同年10月该课题还获得了上海市质量技术监督局颁发的“2010年上海市标准化优秀学术成果三等奖”。

2011年，协会参与制订了DB 31/643—2012《速冻装置（流态状、螺旋式、平板式）能效限定值和能效等级》，这份标准也是全国业界首创，体现了“绿色低碳，可持续发展”，引导会员单位今后在购买或更新改造速冻设备时，参照此标准，选择能效比性能较优的设备。

2013年，协会积极参与国家法律法规与标准的制（修）订工作，在政府主管部门召开的《食品安全法》《食品添加剂使用标准》修订工作各类座谈会上，提出积极的修改建议，并与上海市食品添加剂行业协会一起，形成《关于速冻食品中食品添加剂使用情况》的专题报告，上报国家卫计生委，呼吁在GB 2760《食品安全国家标准食品添加剂使用标准》的修订过程中充分考虑在速冻食品中合理使用食品添加剂的因素。通过协会的不断呼吁和努力，修订后新发布的 GB 2760—2014《食品安全国家标准食品添加剂使用标准》有了较大修改，为行业健康发展提供了保障。

2014 年，协会应中国食品工业协会冷冻冷藏食品专业委员会力邀，在国家工信部立项申报《冷冻调制食品技术规范》《冷冻调制食品检验规则》与《冷冻食品分类》三项行业标准的初期，积极参与了标准制订前期的行业调研、资料收集、标准框架设置等项大量工作，形成了三项标准的工作稿。在标准的制订过程中协会与中国食品工业协会冷冻冷藏专业委员会、中国食品发酵工业研究院，以及上海光明集团、农业部食品质量监督检验检测中心（上海）保持了频繁的沟通，对标准审定稿提出了相关的修订意见，最终在 2014 年 8 月份通过了专家组的审定，完成了标准的制定工作，其中 QB/T 4891—2015《冷冻调制食品技术规范》、QB/T 4892—2015《冷冻调制食品检验规则》已于 2016 年 3 月 1 日起实施。

协会考虑到“现制现售”与工业化“预包装产品”的差异，制定科学的合理的判定标准，是行业健康发展的要求，积极参与了上海市《食品安全地方标准现制现售冷冻饮品》的编制工作。

通过组织或参与这些标准的制定工作，极大地提升了协会在行业中的话语权，也形成了行业协会在会员单位中的凝聚力。

协会积极为会员单位在冷冻食品网站发布企业产品新标准，2017 年 7 月，为会员单位——上海贺寿食品有限公司发布了品名为《湿制米面制品的食品安全卫生要求》的企业新标准。发布多项国家标准、行业标准的制（修）订工作简报并积极推进实施，协会在其中发挥了重要的作用，特别是修订后的 SB/T 10379—2012《速冻调制食品》，在行业中普遍应用率高达 70%，帮助会员单位更好地学习，科学准确地理解和实施标准。

协会先后组织了对《速冻调制食品》《速冻食品生产管理规范》和《加工食品销售服务要求——速冻食品》宣贯学习，并邀请上海市食品添加剂行业协会的相关负责人，对修订后的 GB 2760—2014《食品安全国家标准食品添加剂使用标准》进行了详细的讲解。标准宣贯讲座紧贴行业实际，应用实践性强，会员单位反映良好。

4）积极为会员单位提供服务，组织市场拓展

与新闻媒体一起采访会员企业，宣传企业文化，推介优质产品；邀集专业人士解决生产技术问题；发挥行业协会的中介作用，组织会员单位参加超市、卖场、商厦的招商恳谈会，介绍海外企业的定牌加工业务，帮助企业拓展海内外市场。

5）开展行业统计调查工作，掌握行业的发展动态

1995 年，与上海冷藏库协会共同制定了《上海市冷冻食品、冷库生产经营情况年报表》，并经市统计局批准，由市经委、商委、农委、外经贸委等六部委联合发文正式实施。自 1995 年以来，与冷藏库协会先后联合召开了六次会员单位统计工作会议。协会每年汇总了 100 多家冷冻食品、冷藏企业的生产、储存品种的年产量、年产值、年利润、能耗等大量经济技术指标，为行业发展资料积累打下了基础，为落实市府菜篮子工程和厨房工程建设提供了较为扎实参考数据。

协会还利用统计数据为会员单位提供服务，2017 年 5 月为上海益民食品一厂有限公司生产的“光明牌”冷冻饮品在 2014 年、2015 年、2016 年上海市场占有率出具了统计证明，2014 年为 12.46%；2015 年为 13.91%；2016 年为 14.57%，为企业经营活动提供市场信息。2017 年 5 月 17 日，根据上海商情信息中心“快速消费品”的数据统计，为上海南翔食品股份有限公司生产的“南翔”牌速冻调理食品提供证明，确认在 2016 年上海销售额市场份额为 1.8%。其中汤圆类占 0.7%，中式面点类占 3.5%，提升和扩大了会员单位的声誉和影响。

6）发挥协会的技术优势，积极为行业与企业开展技术咨询、技术培训等工作

2018 年 2 月 1 日，撰写了关于“南翔”品牌培育的推荐信，向上海市经济和信息化委员会进行了推荐。帮助南翔公司由嘉定区食品药品检验检测中心出具“南翔小笼包（熟）”检验检测报告。为会员单位出具有关产品市场占有率及相关添加剂标准的证明材料。为会员单位上海世达食品有限公司向上海市闵行市场监督管理局出具关于香肠类产品中添加“亚硝酸钠”的情况说明并进行调解，得到了较满意的结果。

由协会起草、国务院商务部发布的 SB/T 10379—2004《速冻调制食品》行业标准自 2005 年 2 月 1 日正式实施后，为使行业有关单位能正确掌握 SB/T 10379—2004《速冻调制食品》行业标准中规定的定义和各项指标，协会与中国商业联合会在 2005 年 6 月上旬组织举办了 SB/T 10379—2004《速冻调制食品》行业标准培训学习班，并经考核通过发给了“培训合格证书”。

2018 年 10 月 19 日，协会在上海黄浦区外马路 1218 号锦江国际低温物流上海尚海食品有限公司商务楼 A 幢底楼举办“食品安全、质量保鲜及冷链”的培训活动。共有近 30 家会员单位派员参加，活动邀请了上海海洋大学食品学院院长谢晶和锦江国际低温新天天物流有限公司总经理谢珮玲作为培训的主讲老师。首先谢晶教授作了《食品保鲜与冷链》的报告，她从食品变质及影响因素、食品保鲜技术、冷链对食品安全的意义、冷链全程监控方案、物联网技术与食品低温物流技术的融合五个方面进行了讲解。谢珮玲总经理作了《打造全产业链，实现冷链全程可控的食品安全管理》的报告，她从冷链产业链的内涵；冷链全程可控的食品安全管理；如何打造一站式冷链物流服务体系、仓配一体化、可视化物流管理体系三大方面进行了讲解。两位老师的讲课。得到了学员们的肯定和启迪，通过组织开展相关培训活动，强化了会员食品安全意识，帮助会员单位提高了产品质量管理技能。

7）组织举办“上海冷冻食品节”

每年的 1 月 18 日，协会组织举办“上海冷冻食品节”，广邀冷冻冷藏食品行业的生产、经销单位、餐饮团膳采购和新闻媒体等各界人士，集中展示、品尝会员单位新开发研制的冷冻冷藏新品，不仅促进广大消费者的购买，推动出口，从而在冷冻冷藏食品市场竞争中培育一批上海著名品牌和上海名优食品。随着冷冻冷藏食品在餐饮食材市场（配餐市场）的兴起，上海的一些冷冻冷藏食品加工单位也正逐渐成为餐饮、快餐和团膳单位的半成品配餐供应商，很多单位已成为餐饮单位的“中央厨房”。“上海冷冻食品节”已逐渐成为行业的品牌和对外交流与展示行业风采的窗口。

协会还积极开展质量和品牌建设活动，与上海市食品协会一起，开展“上海名优食品”活动，2017 年，会员单位中的上海南翔食品股份有限公司的小笼包、上海晓德食品有限公司的纯水（食用冰）、无锡安井食品有限公司的手抓饼三个产品被评选为市“名优产品”。2017 年由中国食品科学技术学会主办的方便食品创新产品推介活动，协会会长单位——上海世达食品有限公司申报的芝士年糕、牛肉丸两个产品被评为 2017 年中国方便食品创新产品。协会成员荣获上海市餐饮烹饪协会“最佳合作伙伴奖”“2019 年度优秀供应商奖”，以及众多行业荣誉。与此同时，协会还参与 2018 年度“长江三角洲地区名优食品”认定工作；参与打响四大品牌建设工作；参与 2018 年第十四届上海食用农产品畅销品牌推介筹备会工作。

8）召开市场讨论会以及参观考察活动，交流信息，商讨冷冻冷藏食品行业发展问题

在每年冷饮季节到来前，参与市冷饮价格协调委员会工作，开展冷冻饮品的价格协调；每年召开冷冻饮品新品的信息发布会，向新闻媒体和广大消费者推荐当年的冷饮新品，提倡冷饮健康消费的理念。

每年参与副会长单位——上海艾歌展览服务有限公司联合主办的“冷藏车节能减排及技术应用论坛”活动。

1997 年，协会与中国食品科技学会在上海共同主办了“中国冷冻食品技术与发展研讨会”，来自全国各地的大中型冷冻冷藏食品制造、批发、配送、连锁零售企业的企业家，高等院校的专家、学者，以及来自海外冷冻冷藏食品行业的同仁 100 多人，就我国冷冻与冷藏食品行业的发展方向、产业的市场导向、产品的市场开发、“冷藏链”的完善及新工艺、新技术、新包装、新设备的推介应用等内容，进行交流与研讨，编撰付印会议“论文集”，对推动我国冷冻与冷藏食品行业的发展具有重要意义。

2005 年 6 月 15 日至 17 日，由中国食品科学技术学会主办，中国冷冻与冷藏食品分会承办，上海市冷冻食品行业协会、河南省冷冻食品商会、台湾地区冷冻食品工业同业公会、日本冷冻食品协会协办的“第六届冷冻与冷藏食品产业大会”在北京友谊宾馆举行，参加会议的代表有近 200 人。大会的主题是：冷冻冷藏食品业与快餐业的对接。我国的冷冻冷藏食品走过了 15 年的历程，现仍在不断地增长，2004 年我国冷冻冷藏行业的销售额达到了 450 亿元，呈现了良好的发展态势。但是，我国的冷冻冷藏食品绝大部分还是通过超市、卖场等流通终端，用于城镇居民的个人消费业务用冷冻冷藏食品市场才刚刚有局部的尝试，与世界上发达国家相比，有着巨大的上升空间。因此，本届会议，就行业如何与快餐业对接，开展了多方位的研讨。应邀在会上作报告的有中国食品科技学会冷冻与冷藏食品分会理事长陆翔华、中国烹饪协会副会长阎宇、中国食品科学技术学会秘书长孟素荷及政府有关部门领导、业界精英等，中国台湾冷冻食品工业同业公会代表也在会上介绍了台湾冷冻食品业界为快餐业提供产品的一些经验。会议还进行了与会代表和著名企业家交流互动的“对话”，参观了北京东大食品有限公司。会议获得了圆满成功。

9）积极扩大国内和国际交流

协会成立以来，分别与日本的冷冻食品协会和检查协会，台湾地区的冷冻食品发展协会、冷冻食品工业同业公会等同业组织建立了良好的合作关系，不定期开展交流研讨活动，连续两年与上海冷藏库协会、美国农贸处合作，组织召开“改善易腐食品流通研讨会”，学习发达国家先进的“冷藏链”流通技术，推动与国际接轨。通过积极的内外交往，推进上海冷冻冷藏食品、冷冻饮品生产企业与海内外市场联系。

1995年5月，美国《现代食品冷冻、加工与销售》杂志主编索尼尔先生来沪，参观了南翔、福乐、日冷等冷冻食品生产企业，并进行了交流座谈。同年协会还与双鹿中野冷机有限公司举行“中日冷冻食品信息交流恳谈会”。

1996年初，协会与亚洲约克冷冻公司联合举办“约克食品冷冻技术与设备介绍会”。年中协会与荷兰DMV国际公司和丹麦丹尼斯克（DANISCO）公司共同举办了“国外冰激凌添加剂技术介绍会”。协会还与瑞典利乐拉伐（DELAVAL）食品机械公司联合举办了“方便面速冻食品研讨会”。

1997年8月，中美冷冻食品业界举行冷冻食品冷藏链研讨会。会上由美国农业部专家与协会秘书长分别就美国和中国的冷冻食品冷藏链现状和发展，作了专题介绍和交流。

1999年10月，协会组织部分会员企业参加了“迈向二十一世纪的东方食品”为主题的东方食品国际会议，并在“东方食品精品展示会”中展示了龙凤的“传统新品”、日冷的“微波炉生活”、冠生园的“速冻炒饭”等上海冷冻食品中的精品，引起了中外代表的兴趣。同年11月，日本冷冻食品协会代表团一行访沪，协会会长沈思明会见了日本代表团，他们参观了日冷食品有限公司、国福龙凤食品有公司，进行了中日冷冻食品行业间的交流。

10）承接政府委托，履行社会责任

协助政府有关部门实施行业“市场准入制度”，行业的速冻面米制品、冷冻饮品两大主产品与肉制品等10类食品一起，自2003年9月份起，实行国家质量检验检疫总局“食品质量市场准入”。此前，在市社会服务局的直接指导下，协会与市肉类协会、奶业协会一起联合发文，向市质量技术监督局提出了《关于在食品质量安全市场准入工作中发挥行业协会作用的几点要求》（沪冷食协〔2003〕03号文），申述行业协会在国家“市场准入”的工作中应发挥作用并提出了具体工作设想。协会还专门选派了两位人员，参加了“QS”审核的专业培训，获取资格证书。协会还组织会员企业学习“QS”的实施细则，指导会员单位填写申报表格，编制相关文件，调整生产工艺布局等，以符合“市场准入”的基本要求，为企业的规范化、标准化生产，确保产品质量和安全打下基础。在此基础上协会速冻面米食品和冷冻饮品生产企业全部按时申报并通过了国家“QS”的审核。

2010年完成上海市社会团体管理局布置的关于做好《上海市志·社会团体分志（1978—2010）》社会团体选介的资料收集工作。

参与制定法律法规规章，参与制定相关产业政策、行业发展规划，2018 年 3 月 31 日，参加了由上海市经济和信息化委员会召开的《上海市食品工业发展三年行动计划 2018—2020 年》编制座谈会。参与由经信委委托上海市食品协会牵头的有关项目和政府购买服务。

2018 年，协助政府推进行业劳资和谐，促进生产安全，加强劳动保护工作，参加了上海市商业联合会召开的“上海 2018 年诚信兴商宣传月”动员大会；组织协会会员学习国家和上海市发改委《关于大力配合开展本市“诚信建设万里行”主题宣传的通知》；参加了上海市食品药品安全委员会关于举行上海市 2018 年食品安全宣传周启动仪式活动；参与进一步贯彻《食品安全法》建设食品最安全的城市——上海市食品行业联合行动宣言；并在上海市食品协会纪念《食品安全法》颁布实施三周年大会上做了“推进朝阳产业科技进步，夯实行业健康发展基础”的发言。

针对一段时期市场上出现的无标散装卖速冻调制食品现象，协会会同上海市食品药品监督管理局和上海连锁经营协会认为：无标散装速冻面米、调制食品，违反了 GB 19295—2004《速冻预包装面米食品卫生标准》、SB/T 10412—2007《速冻面米食品》以及 SB/T 10379-2004《速冻调制食品》行业标准中“不经包装的产品不得销售”的规定，零售时不但无法正确判定产品的生产日期、保质期，侵害消费者的“知情权”，同时也极易造成产品的“二次污染”，食品安全与卫生不能保证，并影响食品的品质与风味，也为极少数厂商提供了弄虚作假的机会，直接坑害消费者，必须引导停止这种产销方式。

为此，上海市食品药品监督管理局、上海市冷冻食品行业协会、上海连锁经营协会共同召开“停止产销无标散装速冻面米、调制食品行业自律履约会议”。于 2007 年 4 月 17 日，在上海市黄浦区汉口路 398 号华盛大厦，联合召开了“停止速冻面米、调制食品无标散装产销行业自律会议”。参加会议的有上海市食品药品监督管理局、上海市冷冻食品行业协会及生产、经销速冻面米、调制食品会员企业以及上海连锁经营协会及连锁超市、卖场会员企业。会议达成共识：一是生产企业承诺不生产、不供应拆包零售无标散装速冻面米、调制食品；二是经营企业（超市、卖场）承诺不上柜、不销售无标散装速冻面米、调制食品；三是上海市食品药品监督管理局对停止产销无标散装速冻面米、调制食品提出加强监管的意见。并以上海市食品药品监督管理局、上海市冷冻食品行业协会、上海连锁经营协会三家机构名义联合发布了《关于停止产销无标散装速冻面米、调制食品行业自律履约会议》的新闻稿，在有关媒体上发表。各速冻面米、调制食品生产、连锁经营零售企业通过行业自律履约的形式，从 2007 年 6 月 1 日起在上海市场停止产销无标散装速冻面米食品、调制食品，上海市食品药品监督管理局将加强监管与协调，推进无标散装速冻面米食品、调制食品退市。

协会以行业自律的形式，与会员企业签订和履行《停止产销无标散装速冻面米、调制食品自律公约》，向社会公开承诺：坚决执行国家与行业标准中规定的“不经包装的产品不得销售”的规定，从 2007 年 6 月 1 日起生产企业停止生产和不向销售商供应拆包无标散装零售的各类速冻面米、调制食品；继续严格按产品标准和技术规范组织生产，严格落实各项管理措施，为市场提供安全、卫生、营养、方便的各类速冻面米、调制食品。

与此同时，上海连锁经营协会也作出《关于超市卖场停止无标散装速冻面米、调制食品供应的决议》，并坚决履行：拒绝拆包销售各类速冻面米、调制食品进入超市、大卖场；从 2007 年 6 月 1 日起，停止供应无标识、无包装的速冻面米、调制食品，原有散装裸卖的商品一律作撤柜处理，并向消费者做好宣传解释；向社会公开承诺，为确保消费者安全健康，不再销售任何无标散装、裸卖的速冻面米、调制食品，维护速冻食品市场声誉，保护消费者合法权益，共同构建上海食品市场的安全监管网络。该项行动获得社会的一致好评，从此“无标散装速冻面米、调制食品”退出了上海市场。

此外协会还配合有关部门打击假冒伪劣，维护消费者权益和行业整体利益。协会开展“食品安全进社区活动”及冷冻食品宣传活动。

附录：

历届理事会组成及会长、秘书长名单

第一届理事会组成（缺）

第二届理事会组成：

会　　长：沈思明

秘 书 长：陆翔华

理　　事（26 人）：

徐　伟　张惠明　张九泰　徐　容　李天工　严育新　张海婴　方达明　王勇梅
张宇平　李怡宪　李庆荣　鲁建民　程　军　王坤山　施亚龙　莫仁华　张　荣
葛茂泉　徐学平　王相道　王鸿英　王建华　蒋建国　徐崇耀　叶惠德

第三届理事会组成：

会　　长：沈思明

秘 书 长：陆翔华（兼）

理　　事：（19 人）

李　春　庞　龙　毛乾宗　王勇梅　王坤山　敖宏伟　薛克兴　马义康　吴景璟
何少锋　王佩珍　谢　晶　徐学平　吴家荣　叶惠德　张国美　王建华　李　英
陆翔华

第四届理事会组成：

会　　长：陆翔华

秘 书 长：金祖卫

理　　事：（19人）

王国锁　何雪芬　刘郭江　朱澄良　张宇平　吴家荣　吴景璟　金祖卫　曹　敏
谢　晶　谢珮玲　程星临　王坤山、王建华　叶惠德　李　春　何国樑　罗　丹
周宏峰

第五届理事会组成：

会　　长：王钰宁（黄郑明2019年11月接任）

秘 书 长：薛海湧

理　　事：（17人）

朱澄良　王心刚　吴俊雄　何晓伟　林茂辉　曹　磊　谢文峰　谢珮玲　谢　晶
韩有恒　金希令　王建华　李明灯　张启明　张贤东　周宏峰　熊付强

4.1.7　上海空调清洗行业协会的建立和发展

1. 上海空调清洗行业协会的成立

20世纪90年代中期，我国的空调风管清洗市场开始形成，但体量非常微小，政府和民众的认知也非常欠缺。直到2003年SARS爆发，政府和民众开始关注空调风管清洗，公共卫生管理部门强力介入，并于当年颁布了GB 19210—2003《空调通风系统清洗规范》，推动空调风管清洗市场迅速成形，规模急剧扩大。2006年3月1日，卫生部颁布了《公共场所集中空调通风系统卫生管理办法》《公共场所集中空调通风系统卫生规范》《公共场所集中空调通风系统卫生学评价规范》《公共场所集中空调通风系统清洗规范》一法三规，帮助市场进行规范化管理和发展。

当年的空调风管清洗市场，在冷冻空调领域属于新兴市场，市场较为混沌和杂乱，急需行业协会的引领和规范。上海冷冻空调行业协会关注到该市场的现状，准备将其纳入协会的自律管理体系。2006年9月，时任上海冷冻空调行业协会常务副秘书长刘俊飞、信息部主任周冠迎，先后三次邀请上海市疾控中心、同济大学、空调风管清洗企业的部分领导和专家召开座谈会，分析行业背景和技术现状，探讨管理模式和机构设置，并走访了多家清洗单位，决定成立"上海空调风管清洗工作组"。

2006年12月，"上海空调风管清洗工作组"正式成立，组长为上海华日电器公司总经理俞茂庭，副组长为上海城市美通工程有限公司总经理宣敬张，技术顾问为同济大学暖通空调及燃气研究所教授徐文华，相关的行业管理工作正式启动。2007年1月，刘俊飞副秘书长和周冠迎主任拜访了上海市疾控中心，双方就空调风管清洗市场的现状、管理、发展等内容进行探讨。鉴于空调风管清洗关乎民众健康安全，涉及公共卫生管理，且具有较强的专业性，市疾控中心建议将"上海空调风管清洗工作组"独立出上海冷冻空调行业协会，成立"上海空调风管清洗协会"。该项提议获得了上海市疾控中心和上海冷冻空调

行业协会的共同认可，并受到时任上海市疾控中心主任张胜年的大力支持，委派时任上海市疾控中心副主任仲伟鉴具体落实。

2007 年 2 月，“上海空调风管清洗协会”筹备工作正式启动。筹备工作由周冠迎主任具体负责，并受到上海市社团局、上海市经信委、上海市疾控中心、上海冷冻空调行业协会、上海市室内净化行业协会的大力支持和配合，并于 2007 年 4 月 28 日在上海科学会堂成立，同年 7 月 2 日获上海市社团管理局正式批准。上海空调风管清洗协会的成立在国内尚属首家，它的成立标志着上海的空调风管清洗服务率先进入行业自律管理阶段，拉近了与美国、日本、欧盟等发达国家的距离。

为提升空调清洗自律管理的全面性，更好地为上海空调清洗行业服务。上海风管清洗协会于 2011 年 11 月 9 日正式获批，更名为上海空调清洗行业协会。协会成立之初，秘书处办公室设在中兴路 1055 号，2010 年搬迁到东方路 8 号 17H，2012 年搬迁至现在的办公地点浦东南路 2157 号 503 室。

上海空调清洗行业协会（Shanghai Air Conditioning System Cleaning Industry Association）是从事空调清洗、净化、消毒、检测服务与相关设备、产品生产、经营以及技术研究开发的企业、事业单位自愿组成的跨部门、跨所有制的非营利行业性社会团体法人。协会的宗旨：遵照国家的法律、法规、规章和政策，遵守社会道德风尚，代表行业权益，为业内企业服务，进行行业自律管理，规范空调清洗市场，保障公众身体健康，开展空调科学清洗、净化、水处理服务，同时促进节能减排、环保事业发展。

上海空调清洗行业协会现有会员单位 210 余家，协会四届理事会理事单位 65 家，其中会长、副会长单位 18 家，监事单位 3 家。协会成立专家技术指导组和空调卫生检测评价指导组，设立空调水处理专业委员会。协会秘书处下设会员服务、行业宣传、培训教育、标准管理与安全质量控制、技术服务咨询等工作部门。协会现任会长为上海市安装工程集团有限公司总工程师张勤，现任秘书长为周冠迎。

2. 协会积极开展各项工作

协会成立十多年来，围绕空调清洗、保障健康这个中心在以下各方面做了大量有益的探索。

1）统筹协会组织构架，推进协会服务水平

（1）成立“水处理专业委员会”，拓宽空调清洗服务领域。空调水处理是空调清洗的重要组成部分，空调水处理可解决空调系统的腐蚀问题、结垢问题和菌藻问题；可提高换热效率、节能降耗；可保护设备、延长寿命，减少维修、保证运转。为拓宽空调清洗服务领域，“上海空调清洗行业协会空调水处理专业委员会”于 2014 年 2 月 25 日召开成立大会，上海现代服务业联合会周禹鹏会长和上海水资源保护基金会发来贺信，上海现代服务业联合会副会长兼秘书长赵效定和上海水资源保护基金会副理事长关壮民共同为“空调水

处理专业委员会”揭牌。

（2）设立“行业协会专家技术指导组”，关注行业技术发展。上海空调清洗行业协会的大量工作依赖于“专家技术指导组”的技术指导和技术支持，如安全质量控制活动、标准制定、展示工程、人员培训等。上海空调清洗行业协会于2014年设立“专家技术指导组”，四届理事会专家组成员为徐文华、邵乃宇、叶伟成、王晓东、陈健、刘燕敏、方晓青、陈中兴和刘俊飞。

（3）成立“空调清洗技术专家组”，提升行业技术水平。2020年8月成立“空调清洗技术专家组”，由上海空调清洗行业协会常务副秘书长王彬担任专家组组长，聘任8位从事集中空调清洗技术工作10年以上的技术能手为行业技术专家，努力提升行业技术水平，共同推动行业的技术迭代和突破。专家组成员为孙晓明、吕文祥、徐扣伟、姚春光、沈涛、沈红卫、陈杰、陈新艳。

2）构建标准化体系，完善标准化服务

（1）成立标准管理部，推进行业标准化管理。建立标准化体系，推进标准化管理，可有效规范行业的服务质量、规范市场的公平竞争、规范从业人员的服务水平。上海空调清洗行业协会秘书处于2015年10月正式成立标准管理部，对行业的服务内容进行重新梳理，制定标准化建设的总体规划，以及标准制定的规范化流程，并对涉及行业的各类标准进行统一管理，做好标准宣贯工作。

（2）T/KTS008888《集中空调循环水系统水质标准》发布。由水处理专业委员会提出的T/KTS008888《集中空调循环水系统水质标准》于2017年5月开始筹备，在华东理工大学陈中兴教授的大力支持下，以及相关会员单位的积极配合下，经过一年多的准备、讨论、评估、撰写，于2018年6月6日在上海市质量技术监督局备案，并于2018年8月1日正式发布，该标准的起草单位有19家，标准对于集中空调循环水系统的各项指标进行了明确规定，使得标准不但有技术性、规范性、政策性，还在国标的基础上提高了水质要求，以促进行业进步和发展。贯标会于2018年8月6日举行，19家起草单位全员参与，并颁发了标准起草证书。2019年2月该标准换版实施。T/KTF-2019《分体空调运维清洗操作规范》于2018年5月开始筹备，在相关会员单位的支持配合下，经过近一年的筹划、讨论、编制，2019年6月1日正式发布实施，并于2019年6月6日在上海市质量技术监督局备案。该标准共有23家企业参与起草，鉴于分体空调清洗需入户服务，故标准对于分体空调的清洗流程、防护流程、检验流程等进行了详尽的规定，能有效帮助清洗企业提升服务规范和服务质量。2019年7月2日举行了标准宣贯会。

（3）T/KTS032001《集中空调通风系统清洗消毒技术服务规范》发布。集中空调通风系统清洗和消毒涉及公共卫生和绿色健康，政府卫生管理部门对此相当重视，出台了相关条例和标准对其进行管控，并纳入公共卫生管理体系。但具体的、流程化的技术服务规范缺失，因其又涉及隐蔽工程，故急需一份服务标准对其进行规范。T/KTS032001《集中空调通风系统清洗消毒技术服务规范》2017年8月开始筹备，历经3年的调研、商讨、撰写，于2020年6月24日正式发布实施，2020年7月17日在上海市质量技术监督局备案。该标准对集中空调的清洗消毒全流程进行了规范，确保空调通风系统运行符合国家和上海市相关卫生标准要求，防止清洗过程中可能造成的二次污染，确保操作人员与施工现场的安全。标准中特别加入了“施工前准备”章节，对施工项目信息收集、信息评估、工程计划、方案编制、业主确认等进行了明确；还加入了清洗消毒流程的工时体系，可帮助清洗机构进行工时设定。该标准参编起草单位共42家，贯标会于2020年7月21日举行，协会65家理事单位全员参与，会上向42家起草单位颁发了证书。

3）强化行业自律管理，开展安全质量控制活动

（1）聚焦工程项目备案。工程备案是行业内开展自律管理的有效抓手，也是行业内进行数据统计分析的重要依据。协会于2013年5月开始，要求会员单位通过邮件的方式对集中空调通风系统清洗工程进行开工和完工备案。为提升工程备案的便利性和及时性，协会于2018年6月开设了手机扫码备案。近年来，备案数量显著提升，2016年项目备案数为478项，2017年项目备案数为598项，2018年项目备案数为865项，2019年项目备案数为988项，截至2020年9月底备案数已突破1 000项。通过备案数据的统计分析，为政府的卫生管理和行业的发展规范提供有效的数据支撑。

（2）强化安全质量控制。空调清洗和消毒涉及隐蔽工程，故项目的过程控制尤为重要。协会于2010年2月设立安全质量控制部，走访工程现场，开展现场质量控制，并逐步引入现场安全控制。对于部分重点项目，经与清洗单位和业主方协商后，进行全程质量控制。对于发现的问题，协会将向施工方和业主方及时反馈，并监督其整改的有效性。安全质量控制部对安全质量控制活动进行目标化管理，明确季度和月度的现场安全质量控制数量，建立了每周1次的现场安全质量控制制度。如，2016年11月，应上海果本如此环保科技有限公司和国家开发银行大厦要求，协会参与空调清洗项目的全程质量控制。施工前，协会参与确认了施工方案、施工设备、消毒药剂等，并对现场技术人员、管理人员和施工人员的资格进行了认定。施工中，依据工程的施工节点，先后4次对施工现场的安全状况、劳动防护、清洗质量、废弃物处理和文明施工等进行检查和跟踪。施工后，协会参与检测机构的认定，检测报告的核定，设备运行状况的确认等，并最终向清洗企业和业主方出具“安全质量控制报告”。通过全程安全质量控制，清洗单位的安全质量意识得到有效提升，项目的质量水平受到业主方的交口称赞，并向业内推广。

（3）突出工程视频报备。现场安全质量控制因其局限性，故质量控制的覆盖面有待提升。协会于2015年1月开始，要求会员单位每年依据“工程视频制作要求”进行制作的1～3个工程视频向协会秘书处报备，秘书处每季度组织专家，对工程视频进行核对，发现有质量问题的，及时反馈，并监督清洗单位提交整改报告。

（4）搭建工程展示平台。为了在行业内倡导阳光工程、优质工程、放心工程，协会搭建了“空调服务在线”工程展示平台。每年度，协会将联合专家组成员，对工程视频进行综合评判。选择部分工程质量可靠，制作优良的工程视频在平台上展示，树立榜样，并进行有效宣传，以此推动行业整体质量水平。

（5）加强检测机构管理。第三方检测机构作为空调清洗产业链中的重要一环，也是政府卫生管理部门对空调卫生进行管理的主要抓手，对构建行业诚信、检验工程质量、保障卫生健康至关重要。协会于 2019 年 10 月推出了“上海空调清洗行业协会检测机构管理办法”，强化信用承诺管理和检测备案管理，提倡诚信经营，杜绝恶意低价，规范卫生检测。

4）完善行业培训体系，推进多层次人员培训

（1）设立协会培训部，构建人员培训体系。如何提升行业的服务水平，如何推升行业的服务质量，人员培训尤为关键。协会于 2007 年 11 月成立之初就设立培训部，设定培训科目，完善培训教材，制定培训计划，协调培训资源，为行业构建起符合市场需求的人员培训体系。

（2）开设“空调清洗操作”培训。空调清洗操作工是空调清洗服务的一线员工，他们的服务能力将直接影响空调清洗的服务质量。开设“空调清洗操作”培训的目的就是要提升人员的服务能力，规范员工的服务流程，以此保障空调清洗的服务质量。“空调风管清洗操作工”第一期培训于 2008 年 1 月开班，学员 58 人，至 2012 年 12 月共开设 10 期，培训人数 320 人。为保证“空调清洗操作”的培训质量，协会于 2013 年 4 月 12 日成立了“上海空调清洗职业技能鉴定所”，推动“空调清洗操作”成为专项职业技能培训，并于 2013 年 7 月 29 日正式获得上海市人力资源和社会保障局批准。首期专项职业技能培训于 2013 年 4 月 22 日开班，学员 57 人。至 2020 年 9 月共开班 27 期，培训人数共计 665 人。

（3）开设“空调通风系统清洗工程技术（项目经理）”培训。项目经理负责空调清洗工程的方案核定、现场管理、人员组织、质量管控等，还须负责与业主方的沟通和协调。项目经理不但需要了解空调清洗的整个流程，还须具备一定的组织管理能力和协调沟通能力。2008 年 8 月，首期“空调通风系统清洗工程技术（项目经理）”培训开班，首期学员为 42 人。至 2020 年 9 月共开班 18 期，培训人数共计 482 人。

（4）开设“空调系统水处理技术”培训。空调系统水处理涉及绿色环境和公共卫生，是空调清洗的重要环节。其具备较高的技术含量，且需要一定的技术储备。2011 年 10 月 19 日，首期“空调系统水处理技术”培训开班，首期学员为 28 人。至 2020 年 9 月共开班 9 期，培训人数共计 218 人。培训期间，除了正常的授课，协会还依据当前的行业技术背景，邀请部分优秀企业介绍水处理的新技术和新工艺。

（5）开设“高级管理人员”培训。上海空调清洗行业协会的会员单位以小微企业、民营企业为主，它们更注重企业的业务和效益，但其管理和安全意识相对薄弱，企业的管理理念和管理模式急需提升和改变。为此协会面向企业的高级管理层开设了“高级管理人员”培训班，主要授课方向为安全和管理，帮助他们提升安全意识和管理意识。2014 年 5

月，首期“高级管理人员”培训开班，首期学员58人。至2020年9月共开班7期，培训人数共计389人。

5）搭建多层次宣传平台，推广空调清洗理念

（1）推广空调清洗理念。空调使用关乎民众的身体健康，空调定期、有效清洗和消毒，不但可阻碍病毒传播、保障公共卫生、提供绿色环境，还可降本增效、节能减排、延长机器寿命，对社会、对公众有百利而无一害。协会通过宣传平台，向社会各界宣传“空调需要清洗，而且必须清洗”的相关理念，并使其固化。

（2）建立协会官网。上海空调清洗行业协会于2011年10月建立协会官网，网址为WWW.SHADCA.CN和WWW.KTFWZX.COM。二个官网具有不同的宣传职能：其中WWW.SHADCA.CN宣传国家政策，宣传行业法规，宣传协会动态，宣传会员单位；WWW.KTFWZX.COM宣传工程质量，宣传工程展示。

（3）开通微信公众号。充分借助新媒体平台的宣传优势，协会于2013年12月正式开通“空调清洗”和“空调服务在线”两个微信公众号。通过微信公众号，不定期的推送冷冻空调、空调清洗、空调水处理、空调后市场等相关资讯，还推送行业协会和会员单位的动态信息。借助公众号平台，不但提升了行业协会的服务能力，还提升了宣传的便捷性和及时性。

（4）创办《空调服务》月刊。《空调服务》聚焦行业发展方向、关注行业创新技术、梳理行业最新动态，是面向政府、社会、会员的服务类交流刊物，于2013年1月创刊，以月刊形式发行。并于2018年6月上线电子月刊，与纸质月刊同步发行。至2020年9月共发刊93期，月刊的受众面不断提升。

（5）组建多层次微信交流平台。上海空调清洗行业协会对会员单位进行了梳理和细分，依据不同的功能服务和细分领域，组建了多个微信交流群，充分发挥微信群可交互的宣传优势，方便协会和会员单位在群内进行及时沟通和宣传，增强协会和会员的关联度。同时，协会对微信群进行有效的管理，对于微信群内的不当言论和广告及时清理和管控。

6）组织论坛交流，增进企业互动，投身社会公益

（1）走访会员，互通信息。上海空调清洗行业协会自成立起就制定了会员单位走访机制，保证每周1～2次的会员走访。通过走访交流，了解企业的经营状况，倾听企业的实际诉求，并帮助企业寻求解决方案。同时，协会也可向企业宣传行业政策，解读行业标准，帮助企业了解协会动态。

（2）组织行业论坛，寻求行业突破。上海空调清洗行业协会成立后，举办了多场行业论坛，如2008年5月的“中央空调清洗规范及室内空气质量研讨会”；2008年8月的“上海中央空调楼宇现状与未来讲座”；2008年10月的“上海空调风管清洗国际峰会”；2009年2月的“节能与清洗新技术推广会”；2009年5月的“公共场所卫生环境健康论坛”；2009年11月的“公共场所与标准化国际研讨会”；2010年11月的“2010中国室内环境节能环保健康产品展览会”；2011 年 11 月的“空调清洗、消毒、净化与节能、环保技术高峰论坛”；2015 年 11 月的“空调卫生机构的社会责任”；2016 年 12 月的“空调运维服务及室内空气品质提升创新发展论坛”；2018 年 4 月的“楼宇设备清洗运维”；2018 年 5 月的“构筑多元化楼宇服务体系论坛”；2019 年 4 月 26 日的“集中空调清洗产业向运维及提升服务质量发展主题论坛”；2019 年 12 月的“第二届全国暖通空调制冷产业后市场高峰论坛——上海站”等。通过组织行业论坛，宣传空调清洗理念，关注行业发展方向，寻求产业融合与技术迭代，并为会员单位提供交流平台。

2018 年 5 月的“构筑多元化楼宇服务体系论坛”，主题是“梦想启航”。论坛首次运用 AI 主持，面向创业创新型企业，聚焦多元化、高科技的楼宇服务。本次论坛的参会人员有 150 余人，有 5 家企业分享了空调清洗消毒、室内空气净化、空调智能管理、楼宇集成式服务等产品和服务，彰显了传统产业与高科技的结合，凸显了传统行业与新商业模式的叠加。

2019 年 12 月的“第二届全国暖通空调制冷产业后市场高峰论坛—上海站”。论坛由全国暖通空调制冷行业联席会议、上海冷冻空调行业协会和上海空调清洗行业协会共同主办，并有上海空调清洗行业协会承办，来自全国十多家地方暖通空调制冷行业协会以及众多企业共 200 多人参加了论坛。空调后市场是指空调销售以后，围绕空调使用过程中的各种服务，它涵盖了空调购买后的一切服务，市场巨大，并步入发展的快车道，正吸引各路资本和技术的介入。论坛由全国暖通空调制冷行业联席会议主席张中满致开幕词，8 位企业家分享了空调后市场的产品和服务的经验。通过此次论坛，与会嘉宾就空调后市场进行了有效梳理，并达成共识：后市场需建立服务标准、聚焦服务规范；需注重市场培育，创新经营模式；需发展空调技术，关注科技融合。共同推动空调后市场规范高效的发展和壮大。

（3）举办摄影大赛，宣传空调清洗。为了促进空调清洗行业的业内交流，让空调清洗服务更加形象化、生动化的予以呈现，协会于 2016 年 1 月开始举办摄影大赛，每年一届。首期主题为“你眼中的空调服务”，征集摄影作品 100 余件。至 2020 年 9 月共举办了五届摄影大赛，征集作品共计 400 余件，已成为行业内常办常新的主题活动。

（4）举办体育竞技，增进企业联谊。为鼓励会员单位多沟通多交流，协会开设了多项体育竞技活动，增进企业联谊。其中，第一届乒乓球赛于 2016 年 11 月举办，共举办了 2 届，参赛选手 150 人；第一届羽毛球赛于 2017 年 5 月举办，共举办了 3 届，参赛选手 200 人；2017 年 10 月举办了第一届桌球赛，参赛选手 70 人。通过体育竞技比赛，协会为会员单位搭建会员交流平台，为会员之间提供了彼此交流、联系的机会，增加行业协会的凝聚力。

（5）投身社会公益，提升行业素养。公益先行、爱心无限，协会联合会员单位共同投身于社会公益，致力于公益事业，以此提升行业的整体素养。比如：2018 年 9 月的“健康与爱心并行公益活动”；2018 年 10 月的“闪耀之星盲童之家爱心相连公益活动”；2020 年 6 月的“情暖端午，公益行，有你有我”等。会员单位踊跃参与，免费清洗空调，捐赠爱心物资，并增进会员单位的联系与互动。

附录：

上海空调清洗行业协会历届理事会会长、秘书长、理事名单

第一届理事会（2007—2011 年）

会　　长：张胜年

秘 书 长：刘俊飞（2009 年周冠迎接任）

副秘书长：周冠迎

理　事（缺）

第二届理事会（2011—2015 年）

会　　长：赵琦伟

秘 书 长：周冠迎

副秘书长：谢永水　江正湧

理　　事（缺）

第三届理事会（2015—2019 年）

会　　长：赵琦伟

秘 书 长：周冠迎

副秘书长：谢华樑　吴永英

理　　事：（50 人）

张　勤　宣敬张　王　炜　宋顺红　杨易霖　董荣生　房新定　沈　涛　孙晓明
章若海　邢绍军　朱万祥　阮明森　孙树林　胡晓博　赵阿桃　王关军　凌永富
金培毅　黄　震　高　杰　耿在勤　姚远璋　陶　华　任书颖　陈　赪　黎　昂
郭　庆　朱金元　王　宇　邓　钢　陈新艳　黄正丹　郭武君　林荣金　孙会峰
常　立　蒋敖龙　刘小进　陈益锋　聂梅云　许士明　徐扣伟　徐光南　陶　帅
颜　辉　孙海东　张晓兰　张舒赟　徐沙林

第四届理事会（2019 年—至今）

会　　长：张　勤

秘 书 长：周冠迎

副秘书长：王　彬　刘锡畅　吴永英

监 事 会：冯长春　刘春华　吴培莲

理　　事：（65 人）

张　勤　宣敬张　王　炜　宋顺红　杨易霖　董荣生　房新定　沈　涛　孙晓明

章若海 邢绍军 朱万祥 阮明森 孙树林 胡晓博 赵阿桃 王关军 凌永富
金培毅 黄 震 高 杰 耿在勤 姚远璋 陶 华 任书颖 陈 赪 黎 昂
郭 庆 朱金元 王 宇 邓 钢 陈新艳 黄正丹 郭武君 林荣金 孙会峰
常 立 蒋敖龙 刘小进 陈益锋 聂梅云 许士明 徐扣伟 徐光南 陶 帅
颜 辉 孙海东 张晓兰 张舒赟 徐沙林 徐 敏 王金龙 张春艳 王 群
孙建林 李 燕 朱 峰 张 鹤 韩秀军 冯晶骐 张树坚 袁龙灵 张柱许
董秀军 邱茹洁

4.1.8 国际铜业协会上海代表处

1. 国际铜业协会（中国）的建立及前期主要活动

国际铜业协会（中国）（International Copper Association Ltd. China）是全球主要推广和促进铜的合理使用的非营利性国际组织。其开展活动的各个领域都依托充分展现铜的优异特性，以尽善尽美的精神致力于铜的合理应用，让全世界充分享受铜为科技进步、生命健康和人类高品质生活所作出的贡献。1995 年，国际铜业协会进入中国，设立了北京代表处；1998 年，上海代表处正式设立。国际铜业协会（以下简称“协会”）扎根于中国的文化和市场，将丰富的领先技术、市场运作技能和国际经验等带入中国市场，并一直致力于铜与环境、铜与节能、铜与生活品质等科学研究和市场推广。1995—2003 年，协会的工作主要致力于推进铜优良的导电和环保等性能的综合应用。重要的活动包括：1996 年，高效变压器项目的设立，标志着协会开始进入能源与电力领域；1997 年，建筑导线项目的设立，标志着协会进入了第二个市场推广领域—建筑领域；1998 年，电能效益各项目协助原国家计委、国家科委及第一机械工业部出台了“淘汰 S7/SL7 变压器，推广 S9 节能变压器”的政策规定，并成功实施了对 S9 节能变压器的推广应用；1999 年，建筑导线项目积极协助国家建设部制定《住宅设计规范》，促使电气安全水平的极大提高；2000 年，协会设立环保项目，通过研究发现铜及铜合金产品的应用过程中对人体健康和生态环境的影响，将相关的研究成果提供给政府部门作为制定相关政策、法规和标准的依据；2001 年，协会和中国有色金属工业协会主办的旨在促进中国和世界各国同行探讨铜工业技术和市场的国际化合作、推进我国铜工业发展的“2001 年国际铜工业峰会”于上海期货大厦召开；2002 年，协会建筑导线项目开始了为期 3 年的“WTO 与中国电气设计全国巡回研讨会”，以推动中国设计水平向国际标准靠拢；2003 年 3 月，协会环保项目启动了在自然环境中不同金属表面对动物冠状病毒和 70% 类似于 SARS 冠状病毒存活时间的研究。

2. 国际铜业协会上海代表处制冷空调与技术创新领域各项目的设立

国际铜业协会上海代表处正式设立于 1998 年，制冷空调与技术创新领域设立于 2004 年，主要目标是利用铜良好的导热性、抑菌性等优势，最大限度地发挥铜在制冷空调和家电等领域中的优势，促进合理使用。各项目在技术研发，创造良好的标准法规和市场环境，支持和配合政府部门和其他相关机构活动，消费者教育，促进节能、抗菌、环保和健康的新产品、新技术的应用等方面积极大力开展工作，为促进中国制冷空调和家电市场的健康有序发展，促进铜材料在这些领域的合理有效利用，作出了贡献。

各项目活动开展中，积极和中国标准化研究院、全国能源基础与管理标准化技术委员会、全国锅炉压力容器标准化技术委员会热交换器分技术委员会、中国节能协会、上海市能效中心、上海市质量监督检验技术研究院、上海市疾病预防控制中心、上海市制冷学会、上海冷冻空调行业协会、上海交电家电商业行业协会、清华大学、上海交通大学、西安交通大学、同济大学、上海理工大学、上海电力大学、北京工业大学、重庆大学、广东工业大学、广州日用电器研究院、合肥通用环境控制技术有限责任公司、中铝洛阳铜业有限公司、珠海格力电器股份有限公司、广东美的制冷设备有限公司、青岛海尔空调器有限总公司、海信科龙（广东）空调有限公司、广东志高空调有限公司、TCL 空调器（中山）有限公司等组织、单位和学术机构积极合作，活跃于推进制冷空调和家电市场的技术、能效、标准和环保等领域的工作，带动铜工业和下游行业协同发展、共同进步。

3. 国际铜业协会上海代表处制冷空调与技术创新领域各项活动的积极开展

自 2004 年，国际铜业协会上海代表处制冷空调与技术创新领域各项目设立后，多年来，协会始终以铜行业和下游产业协同发展、共同进步为目标，以节能和健康环保为抓手，积极开展各项活动。

1）高能效制冷空调推进领域

2004 年，协会与中国标准研究中心和空调企业合作，进行了高能效空调器的研究。对市场主流品牌的 1.5P 热泵型空调器进行了技术分析和实验测试，为 GB12021.3—2000《房间空气调节器能源效率限定值及节能评价值》的修订提供技术支撑。其间，协会参与了标准修订的多次讨论会，和房间空调器生产企业一起，完成了 GB 12021.3—2004《房间空气调节器能效限定值及能源效率等级》。

2004 年，协会和上海交电家电商业行业协会合作，推进空调器能效限定值标识卡在上海全市家电行业中的实施，并参与制定了《上海市房间空调器能源效率限定值和节能产品的分类实施细则》，推动空调市场向高端发展。

2004 年 6 月 17 日，协会参加了在浙江上虞举办的“2004 铜加工技术论坛”，做了题为《房间空调市场情况介绍及其对空调管业的影响》的报告，向铜工业分享了房间空调器市场情况、空调管整体市场情况、以及节能和环保空调对空调管发展的影响。

2005 年，考虑到大多数销售房间空调器和家用冰箱的导购员都没受过能效标识专题培训，极少数的导购员在企业的组织下也只是简单地了解能效标识的相关信息，导购员无法正确、准确地向消费者提供能效标识相关含义的讲解，直接影响到能效标识的推广，协会和中国标准化研究院合作，于 11 月在上海开展了销售商能效标识与节能知识培训，并联合编制了《能效标识与节能知识宣传手册》，在北京、上海、广州等几个大城市的国美、苏宁等大型电器商场和社区街道等共发放了 2 万本。

2005 年，为更好地宣传节能理念和技术，普及节能知识，协会和上海市能效中心合作，在其筹备的展示厅展示高能效空调产品和宣传内容。展厅对各类节能专业人员、市民、学生实施免费开放。

2006—2007 年，随着房间空调器变频技术的发展，协会参与 GB 21455《转速可控型房间空气调节器能效限定值及能源效率等级》的编制。受起草小组委托，协会组织了房间空调器各温度开机时间的全国调研。根据各地区的气候条件以及空调器拥有量，选取了辽宁、黑龙江、山东、河南、北京、江苏、上海、湖北、四川、江西、广东、福建、海南等 13 个省市的 2340 个有效样本。通过本次规模调研，获得了全国房间空调的实际逐时开机一手数据，为标准编制和节能效益评价提供了扎实的数据支撑。2008 年，协会参编的 GB 21455—2008《转速可控型房间空气调节器能效限定值及能源效率等级》标准完成编制。

2009 年 6 月，协会和中国标准化研究院、全国能源基础与管理标准化技术委员会在北京召开了“2009 能效标准与节能市场转换机制国际研讨会暨第三届国际空调节能新技术研讨会”。协会参编了 GB 12021.3《房间空气调节器能效限定值及能效等级》标准的修订，提供技术和市场信息支撑。

2010 年，协会研究了家用电冰箱、远置式及自携式商用陈列柜等制冷设备能效水平和换热器发展趋势，了解了行业规模、能效发展、技术发展和制冷剂趋势等信息，并和行业分享。当年，协会参编的 GB 12021.3—2010《房间空气调节器能效限定值及能效等级》标准修订工作完成。

2010—2013 年，协会参与了中国标准化研究院牵头的 GB 21455《转速可控型房间空气调节器能效限定值及能源效率等级》标准修订工作，提供了技术和市场信息支撑。

2015 年，协会和上海市质量监督检验技术研究院合作，完成上海市地方标准 DB31/T 941.1—2015《节能消费领跑者评价方法（家电产品）第 1 部分：房间空气调节器》的编制。

2015 年，协会联合合肥通用环境控制技术有限责任公司，启动多联式空调（热泵）机组增加制热性能评价影响，空调压缩机市场状况及技术发展两项研究工作，为后续制冷空调相关产品标准的制定提供支撑。

2）抑菌空调技术开发和推广领域

2004 年，为更好地了解空调使用中的健康状况，提出应对措施，协会和上海市疾病预防控制中心等合作，对房间空调器和风机盘管的实际应用情况进行了细菌谱、病毒谱、真（霉）菌及尘螨中优势微生物的分析，并对铜、铝箔及抗菌镀层铝箔的抑菌性能进行了实验及结果对比分析，为空调的清洁健康和铜翅片空调的推出提供了科学依据。协会和上海交通大学制冷与低温工程研究所合作，对铜翅片房间空调器进行了设计和系统仿真，简化了空调企业设计的技术难度。

2004—2006年，为解决铜翅片表面亲水性的技术瓶颈，在Ralph L. Webb教授的推荐下，协会联合清华大学工程热物理研究所进行了全铜蒸发器亲水处理的工艺研究和耐久性评价。

2007年，协会联合换热器生产企业生产了铜翅片换热器，并和上海交通大学合作，对比分析了其在抗腐蚀、防霉变、抑菌性等方面优于铝翅片的长效性能。铜翅片样机在空调企业进行了样机测试。

2008—2009年，协会联合上海交通大学制冷与低温工程研究所，对同样结构尺寸的铜铝管片式蒸发器及全铜管片式蒸发器进行盐雾腐蚀实验、冷热交替实验及振动实验，模拟蒸发器在公交车中长期使用后的情况；并在北京运通110路、上海986路和576路两地进行公交空调实车测试，得到铜翅片抑菌性能测试的结果，将实验结果进行了对比。研究成果免费向行业分享，推进铜翅片蒸发器在客车空调中的潜在应用。

2010年，协会和空调企业通过合作铜翅片换热器样机的制造和性能测试，测试铜翅片换热器房间空调的性能和成本，并解决铜翅片房间空调器生产过程中的主要工艺问题；期间，为提升铜箔亲水性能，与上海电力大学和中铝洛阳铜业有限公司等联合进行了技术攻关。

2011年，在协会支持下，广东志高空调有限公司全球首发“非铜凡响，谁与争锋”志高铜抑菌三超王房间空调系列。

3）热泵热水器拓展领域

2006年，协会完成了对家用热泵热水器节能潜力的估算，配合国家发展和改革委员会能源所完成热泵热水器节能案例收集工作，并向发改委节能处提供推广这一产品的政策建议。同年9月，协会联合发改委节能信息传播中心、中国标准化研究院资源与环境研究所、广州日用电器研究院等在广州市远洋宾馆联合召开了“高效节能热泵热水器技术发展和市场前景研讨会”，对热泵热水器行业的发展起到积极的促进作用。

2007年，协会联合北京工业大学等高校对现有家用热泵热水器进行分析，向企业提供技术建议。并联合市场研究公司，对热泵热水器市场进行研究，了解消费者行为，估算市场总量，并将研究结果与行业分享。同年12月，“第二届热泵热水器前景与发展论坛”在广州远洋宾馆召开，全国热泵热水器主要生产企业，经销商及相关企业代表共110人参加了会议。

2008—2009年，协会联合中国节能协会以及空气源热泵热水器主要厂商发起了“节能万里行”活动，并于2009年7月28日在上海成立“中国热泵产业联盟”。先后在上海、杭州、广州、南京、深圳和南昌等举办全国巡回应用研讨会。共有近900名设计师、采购商、经销商以及79家主流媒体参与了此次系列活动，大幅提升了“空气源热泵热水器”的社会关注度。

2010年1月，协会联合中国节能协会、中国热泵产业联盟联合举办了“热泵产业发展座谈会”，共同讨论推进热泵产业发展的合作模式，推动热泵产业发展的行动方向。中国可再生能源学会、中国标准化研究院、中国农村能源行业协会、合肥通用机电产品检测院、建设部建筑节能专家委员会等行业组织、空气源热泵热水器企业及相关专业机构的代表出席了会议。

2010—2011 年，协会和广东工业大学李凡教授共同编辑出版《空气源热泵热水器》，填补了此领域专业书籍的空白。

2010—2011 年，协会参与了全国锅炉压力容器标准化技术委员会热交换器分技术委员会牵头的 NB/T 47019—2011（所有部分）《锅炉、热交换器用管订货技术条件》的制定工作，为标准制定提供了铜合金管材方面的专业技术支撑。

2010—2013 年，协会参与 GB 29541—2013《热泵热水机（器）能效限定值及能效等级》的制定工作，收集整理了日本热泵热水器市场等信息，为标准制定提供市场信息和技术支撑。

2011 年，协会对空气源热泵热水器冷凝器和水箱的技术发展进行了调研，提出了空气源热泵热水器冷凝器和水箱的技术发展方向，包括二氧化硅纳米涂层技术、强化管技术、相变材料预热技术等，为行业发展提供技术方向。

2013 年，协会参与制定了上海市地方标准 DB31 740—2013《热泵热水机（器）能效限定值及能效等级》。

2013—2014 年，协会受邀参与中国标准化研究院主编的《中国用能产品能效状况白皮书》之热泵热水器部分的编写。

2013—2016 年，协会联合中国节能协会等单位，申请并执行了由欧盟发起的 Switch Asia 中国热泵挑战计划项目。在合肥、武汉、长沙、南昌、南宁、重庆、成都、昆明积极推进热泵热水器在中国家庭的使用，降低温室气体排放量，项目圆满完成。

2014 年，协会启动多种热水器统一绩效评价方法的研究，经过多年工作，于 2019 年完成 T/CECA-G 0022—2019《家用和类似用途热水器能效测试计算方法》团体标准的制定。

2011 年 12 月开始，协会联合中国节能协会、中国热泵产业联盟举办“空气源热泵分论坛暨 2011 年中国热泵产业联盟年会”，延续至今，年会暨亚洲空气源热泵行业发展高峰论坛每年召开，逐渐形成了每年一度的行业大会。

4）小管径铜管换热器技术开发及推广领域

2006 年底开始到 2007 年，协会牵头联合上海交通大学、西安交通大学、金龙精密铜管集团股份有限公司、国际知名铜管企业 Wieland 以及国内空调企业开展小管径铜管换热器技术开发研究工作。首先，仿真分析了采用 5 mm 管径铜管后空调器的设计和优化方案；其次，对 5 mm 管径新型冷凝器和蒸发器的翅片进行了设计分析；此外，测试研究了 R22 和 R410A 制冷剂在 5 mm 光管与内螺纹管内的传热与压降特性，并总结归纳出关联式。为小管径铜管换热器在房间空调等领域的成功应用打下了基础。

2008 年，协会牵头上海交通大学、西安交通大学对两家空调企业各两款房间空调器进行优化设计，采用 5 mm 管径铜管换热器替代其原有 7 mm 和 9.52 mm 管径铜管换热器。经过样件试制和测试，采用 5 mm 管径铜管换热器的机型均起到了提效降本的作用。针对换热器在加工过程中出现的胀管合格率低的问题，协会组织专家研究走访国外先进企业，帮助空调企业提供了无收缩胀管的有效解决方案。此外，协会组织两家高校预研了采用 4 mm 管径铜管后空调器的设计和优化方案；设计分析了 4 mm 管径换热器的翅片；测试研究了 R22 和 R410A 制冷剂在 4 mm 和 3 mm 铜管管内的传热与压降特性，并总结归纳出关联式。

2009 年，为了帮助企业快速积累小管径铜管换热器这种新技术应用的经验，协会组织上海交通大学、西安交通大学总结前期研究成果，重点集中在小管径铜管换热器的翅片设计、流路优化和系统设计等几个方面，为空调企业提供指导性报告。此外，协会组织两个高校编写的换热器流路优化设计软件和空调系统仿真优化软件在经过实验对比修正后，正式提供给广大的空调企业免费使用，以帮助企业快速应用小管径铜管换热器这种新技术。同时，协会联合空调企业进行 5 mm 和 4 mm 两种管径铜管换热器的验证研究；并联合空调企业共同验证 5 mm 管径铜管换热器在窗式空调器上的应用。

2010 年，为了帮助空调企业提升小管径铜管换热器在制热工况下的性能，解决析湿、化霜、风阻等问题，协会组织高校对 5 mm 翅片管换热器的翅片设计方法进行研究，推荐优化的翅片结构，帮助空调企业了解 5 mm 管翅片设计的基本原则与可能可行的方案。并对采用新设计 5 mm 翅片的换热器样件进行测试，得出 5 mm 翅片的空气侧传热与压降关联式。依托协会的国际网络，协会将小管径铜管换热器技术这一方案推荐给世界上其他国家，如泰国、马来西亚和印度。

2011 年，协会牵头高校对两家空调企业的 5 mm 翅片进行优化设计，帮助企业将 5 mm 铜管换热器技术应用到更多的产品型号。同时，协会组织对换热器流路优化设计软件进行升级，以增加更多的 5 mm 铜管及翅片，进一步提高精度。8 月，项目团队参加了在布拉格举行的第 23 届国际制冷大会，向全世界介绍了小管径铜管换热器技术多年的研究成果。

2012 年，针对空调企业应用中出现的因换热器内气液两相分流不均而影响系统性能的问题，协会一方面牵头高校对现有分流器结构的特性进行研究，并提出分流器结构的改进方向，以提高系统分流的均匀性。另一方面，协会组织调研分析了空调制冷设备下一代制冷剂的发展方向，并着手开始对房间空调器可能采用的新制冷剂 R290、R32 进行相关研究。

2013 年，协会牵头联合高校和空调企业研究验证了 5 mm 管径铜管换热器在商用空调产品上的成功应用，使得小管径铜管换热器技术的应用范围进一步拓宽。与此同时，项目团队结合回热技术在 R290 制冷剂房间空调系统上进行 5 mm 管径铜管换热器的研究。

2014 年，协会牵头联合高校和制冷企业对 5 mm 管径铜管换热器在冷藏展示柜上的应用进行研究。经过优化设计、样件制造及测试，5 mm 管径铜管换热器完全满足原有机组的性能要求，且有效降低充注量和企业成本。项目团队成功将小管径铜管换热器技术的应用拓展至商用制冷领域。

2015 年，协会牵头联合高校和空调企业研究了房间空调用变管径换热器和 5 mm 管径铜管换热器在商用多联机空调系统应用的优化设计。与此同时，针对 APF 作为房间空调能效评价指标后，标准制热及低温制热工况性能对于机组能效影响增大，项目团队研究开发了结霜工况下的 5 mm 新翅片。在 11 月召开的年度项目组工作会议上，来自美国、德国、印度、泰国和国内的专家及企业代表 50 多人共同参与了小管径铜管换热器技术经验的分享及讨论，项目组会议已成为一个一年一度国际化的专业技术会议。

2016 年 5 月 11 日，基于协会多年来搭建的项目平台和工作成果，由协会与上海市制冷学会共同发起的“制冷空调换热器技术联盟”正式成立，创始成员包括：珠海格力电器股份有限公司、广东美的制冷设备有限公司、青岛海尔空调器有限总公司、海信科龙（广东）空调有限公司、广东志高空调有限公司、TCL 空调器（中山）有限公司等。制冷空调换热器技术联盟致力于整合及协调产业资源，牵头联盟成员联合研发换热器方面的共性技术，促进行业换热器技术的提高、产品的推广和应用，推动整个行业的健康发展。目前，5 mm 管径铜管换热器技术已成熟应用于房间空调、商用空调、商用制冷等领域的产品上，年用量达到 4 000 万套以上。该技术从中国的企业开始应用，逐步推广到了其他国家的企业。小管径铜管换热器技术是对原有铜管换热器技术的系统性创新应用，帮助企业提效降本，同时减少了制冷剂的充注量，为制冷行业的节能环保添砖加瓦。

4.2 国际制冷、空调、供暖、通风及食品加工冷冻展览会（中国制冷展）

4.2.1 中国制冷展的建立和发展

国际制冷、空调、供暖、通风及食品加工冷冻展览会（中国制冷展）（以下简称“中国制冷展”）由中国国际贸易促进委员会北京市分会、中国制冷学会和中国制冷空调工业协会联合主办。每轮到在上海举办，上海市制冷学会和上海冷冻空调行业协会作为主办单位参与。在历届上海展会中，上海市制冷学会与上海冷冻空调行业协会共同负责提供技术交流会主持人、国外展团的多语种翻译、组织国外展商参观上海制冷空调企业，以及组织专业观众和学生观众等多方位服务。在中国制冷展（包括在北京和广州举办的制冷展）的各项论坛活动中，学会与协会的多名专家应邀作专题学术报告。通过中国制冷展这个平台，加强了与企业界和国际业界的联系，同时也建立起与国际制冷学会 IIR、美国 ASHRAE、德国 BIV 等国际组织的交流合作关系。

中国制冷展始于 1987 年，为顺应制冷空调技术发展，展示行业发展面貌以及上下游产业与国际同行的联系，“国际制冷、空调、供暖、通风及食品冷冻加工展览会”应运而生。第一届中国制冷展1987年在北京举办，此后，中国制冷展每年一届，轮流在北京和上海举办。其中第十八届（2007年）和第二十届（2009年）在广州举办。2010年因恰逢上海世博会，中国制冷展改在北京举办。至2019年中国制冷展从一棵小树苗一步一步成长为一棵参天大树。三十多年的努力，三十多载的历练，主办方通过不断地吸收先进的办展经验，结合行业的实际情况，倾听参展商、观众和用户的心声，不断丰富完善展会的各个方面的组织工作，促进展会不断发展壮大。展览面积从第一届的5 000 m^2逐步发展到2019年的103 500 m^2，参展商数量从1987年的60家发展到2019年的1 175家，境外参展商国别从3个国家和地区发展到33个国家和地区，注册登记的专业观众来自全球100个国家和地区。展会目前跻身为全球制冷空调暖通行业规模最大的专业展览会之一。

通过主办方的艰辛努力，在相关政府部门的关注和业界同仁的支持下，中国制冷展无论从规模还是品质上都有了质的飞跃。中国制冷展不仅得到了国内业界的认可，更获得国际展览业协会（UFI）和美国商务部（USFCS）两项权威国际机构的认可和认证。目前展会形成了以展览、展示为基础，以高端论坛、会议为载体、以“互联网＋”理念的多元化宣传展示平台，将产、学、研、用、管、媒紧密融合为一体的大型专业展览会。

从展会可以看出，20世纪90年代初，我国制冷空调业的发展还限于以引进技术为主的单一模式。2000年后，中国成为全球最大制冷空调产品生产基地。今天，我国已开始发力，逐步形成制造新系列、节能换代产品的自主研发和设计能力，充分体现行业巨大的技术进步。中国制冷展三十多年来对我国制冷空调行业发展的引领作用功不可没，已成为推动行业技术进步的重要力量，在行业发展中的作用越来越显著。

4.2.2 中国制冷展主要内容

2011年，第二十二届中国制冷展在世博后再回归上海新国际博览中心。2011—2019年在上海举办的各届展会主题、相关数据及学术交流活动如下。

1. 2011—2019年展会主题

2011年主题：美好生活，共同创造

2013年主题：服务民生，建设生态文明

2015年主题：合作共赢　同护蓝天

2017年主题：匠心、智造、包容、共享

2019年主题：合作创新、共谋发展

2. 2011—2019年展会相关数据

展会相关数据见表4-1、4-2、4-3、4-4、4-5。

表 4-1　2011 年展会有关数据

	海　外	国　内	总　计
展览会总面积 /m^2	23 282	57 218	80 500
展览会净面积 /m^2	11 641	24 835	36 786
参展厂商 / 家	251	817	1 068
参观人数 / 人	3 772	47 070	50 842
参展国别 / 个			33
观众国别 / 个			103

表 4-2　2013 年展会有关数据

	海　外	国　内	总　计
展览会总面积 /m^2	27 930	65 170	93 100
展览会净面积 /m^2	12 540	30 314	42 854
参展厂商 / 家	231	916	1 146
参观人数 / 人	7 274	45 409	52 683
参展国别 / 个			30
观众国别 / 个			108

表 4-3　2015 年展会有关数据

	海　外	国　内	总　计
展览会总面积 /m^2	29 705	73 795	103 500
展览会净面积 /m^2	13 777	34 181	47 958
参展厂商 / 家	290	842	1 132
参观人数 / 人	5 507	48 595	54 102
参展国别 / 个			33
观众国别 / 个			105

表 4-4　2017 年展会有关数据

	海　外	国　内	总　计
展览会总面积 /m^2	34 155	69 345	103 500
展览会净面积 /m^2	15 965	32 413	48 378
参展厂商 / 家	378	839	1 217
参观人数 / 人	9 763	51 314	61 077
参展国别 / 个			33
观众国别 / 个			107

表 4-5　2019 年展会有关数据

	海　外	国　内	总　计
展览会总面积 /m^2	32 342	71 158	103 500
展览会净面积 /m^2	16 260	35 775	52 035
参展厂商 / 家	308	867	1 175
参观人数 / 人	6 203	55 383	61 586
参展国别 / 个			33
观众国别 / 个			106

3. 2011—2019 年展会学术交流

1）2011 年展会学术交流活动

2011 年展会学术交流活动见表 4-6、4-7、4-8。

表 4-6　2011 年展会主题论坛报告

序号	题　　目	报　告　人
1	我国经贸形势分析与展望	张志刚　原中国商业联合会会长
2	当前中国经济面临的反差与走势	魏加宁　研究员
3	新世纪我国食品冷藏业进步的回顾和展望	徐庆磊　教高工
4	The Influence of European Energy Saving and Environmental Protection Policy on（H）VACR Sector	Thomas Schrader　博士　德国机械设备制造商联合会空气处理技术协会主席

表 4-7　2011 年展会专题研讨会主题

序号	主　　题
1	当代冷链物流设施建造技术
2	合同能源管理
3	多联式空调（热泵）机组性能评价方法
4	制冷空调装置的能量回收与综合利用

表 4-8　2011 年展会技术交流

序号	单　位　名　称	主讲人	技术交流主题
1	广州市麒鸿环保科技有限公司		空气消毒净化交流
2	广东芬尼克兹节能设备有限公司		PHNIX 二维热泵技术及其应用
3	浙江盾安机电科技有限公司		10:10:13 最有效的节能、节约资源、节省成本的手段
4	比泽尔制冷技术（中国）有限公司		比泽尔低温螺杆压缩机及并联应用

（续表）

序号	单 位 名 称	主讲人	技术交流主题
5	卡乐电子（苏州）有限责任公司		蒸发冷却的节能效果：在西班牙马德里地铁站内的实际应用以及北京和上海办公室内的模拟应用
6	特灵空调系统（中国）有限公司		制冷机房的全线节能
7	广州华德工业有限公司		第三代板管蒸发式冷凝空调技术与应用
8	雷勃电气集团		空调制冷领域节能高效电机的最新技术成果
9	西门子（中国）有限公司		Climatix：面向 HVAC 制造商的新一代专业控制平台
10	珠海圣昌软件科技有限公司		AHU 与 FCU 联网控制产品及应用
11	昆明东启有限公司		CO_2 热泵低温环境应对技术
12	堃霖冷冻机械（上海）有限公司		堃霖高效节能产品交流会
13	三花丹佛斯（杭州）微通道换热器有限公司		微通道换热器在柜机蒸发器中的应用
14	丹佛斯自动控制（上海）有限公司		（1）绿色未来，丹佛斯与你同行智能控制器——HVAC/R 系统优化的实现 （2）从传统走向智能——关于换热器制冷剂分配的探索 （3）新制冷剂的应用——提高 HVAC/R 系统能效的探讨
15	珠海格力电器股份有限公司		从节能设备到节能系统
16	中国可再生能源学会地源热泵专业组		地源热泵技术在合同能源管理项目中的应用与创新模式研讨会
17	贺尔碧格压缩机技术有限公司		活塞压缩机阀门优化发展可能
18	萨帕铝热传输（上海）有限公司		铝钎焊换热器，HVAC 中的未来
19	比泽尔制冷技术（中国）有限公司		比泽尔第三代空调螺杆压缩机 CSH.3 及涡旋式空调压缩机
20	加拿大枫叶能源公司		2011 年中国—加拿大地源热泵产业论坛
21	国际空气运动控制协会		AMCA 关于鼓风机安装与系统影响介绍
22	大连葆光节能设备厂		原生污水源热泵技术大型城市综合体建筑绿色冷热能源解决方案
23	中国包装和食品总公司		板式制冰技术
24	丹佛斯自动控制（上海）有限公司		磁悬浮无油节能压缩机
25	约克（中国）商贸有限公司		百年传承　变频领先
26	上海日立电器有限公司		睿能 4X-POWERTM 热泵专用压缩机技术特点与应用

（续表）

序号	单 位 名 称	主讲人	技术交流主题
27	豪顿华工程有限公司		510 mm 转子直径的大型双螺杆压缩机在冷冻、热泵领域的应用
28	鲁科斯钎焊材料（苏州）有限公司		钎焊技术在制冷领域中的革新
29	中国制冷空调工业协会		第五届中国制冷空调行业大学生科技竞赛大金空调杯（京津冀赛区）、江森自控杯（沪苏浙赛区）推介会
30	中国制冷展组委会		全国设计院总工观摩团交流会
31	凯雷压缩机（美国）有限公司		Kerry 凯雷制冷空调螺杆压缩机——帮助您超过中国一级能效
32	浙江三花股份有限公司		变频子系统解决方案
33	丹佛斯自动控制（上海）有限公司		变频压缩机——要科技，更要获益
34	美国空调供暖与制冷工业协会		认证交流会

2）2013 年展会学术交流活动

2013 年展会学术交流活动见表 4-9、4-10、4-11。

表 4-9　2013 年展会主题论坛报告

序号	题　　目	报 告 人
1	题目：中国相关节能政策解读及制冷空调行业面临的挑战和机遇	韩晓平　中国能源网 CEO
2	第三次产业革命——由制造业向制造服务业迈进	陈超　研究员　上海图书馆副馆长、上海科学技术情报研究所副所长
3	建筑行业发展给制冷空调行业带来的新挑战、新机遇	吴德绳　教授，中国制冷展专家委员会主任
4	Opportunities in the Global Cold Chain（全球冷链发展机遇）	Bruce Badger，国际氨制冷协会（IIAR）主席

表 4-10　2013 年展会专题研讨会主题

序号	主　　题
1	新工质压缩机及其应用
2	热泵技术在供暖领域的应用
3	制冷空调设备新标准（制、修订）
4	冷链技术及发展趋势
5	数据中心机房 I

（续表）

序号	主　　题
6	液化天然气气化与冷能利用
7	自然制冷剂在中国的市场
8	数据中心机房Ⅱ
9	2013 臭氧与气候行业会议

表 4-11　2013 年展会技术交流

序号	单位名称	主讲人	技术交流主题
1	中国制冷展组委会		全国设计院总工观摩团与展商深度交流会
2	中国制冷展组委会		中国制冷展房地产总工观摩团与企业交流会
3	中国制冷空调工业协会	胡兆奎	第七届中国制冷空调行业大学生科技竞赛启动仪式及新闻发布
4		Bruce Li Kales Wang	喷气增焓在变频空调中的应用
5		金　亮	大型涡旋压缩机在冷水机组中的应用
6	艾默生环境优化技术	刘志经	环保制冷解决方案保障食品安全
7		Richard Hao	节能监控系统
8		张宏亮	单螺杆压缩机介绍
9	泰康产品公司	Alex Alvey Regis Leportier	全球制冷剂及其应用之当今与未来
10	上海汉钟精机股份有限公司	邓　壮	低温冷冻螺杆压缩机
11	南京国睿博拉贝尔环境能源有限公司	沈莉华	基于可再生能源的分布式能源系统
12	美国 ITW 集团 Electro Static Technology 公司	钟武凌	空调变频电机轴电压控制及解决方案
13	丹佛斯自动控制管理（上海）有限公司	Torben Funder Kristensen	服务民生，建设生态文明——丹佛斯绿色解决方案
14		Lin Sun Doug Bishop	使用磁悬浮技术的成本分析
15	佰世越管理咨询（北京）有限公司	彭　讴 于志慧	Global HVAC and Renewable Market
16	康斐尔法贸易（上海）有限公司	宋　云	确保空气品质，降低运营成本（空气过滤）
17	广东美的暖通设备有限公司	夏伦熹	超高效降膜式离心机技术讲解
18	科瑞文控制设备（北京）有限公司	Ellwein	压缩机智能保护发展趋势及 kriwan Diagnose 解决方案
19		Ellwein	Kriwan 光电液位控制技术及应用

（续表）

序号	单 位 名 称	主 讲 人	技术交流主题
20	萨帕铝热传输（上海）有限公司	王浩红，徐坤豪	具有优异抗腐蚀性能的新型微通道复合扁管在空调领域的应用
21	艾蒙斯特朗流体系统（上海）有限公司	Lex van der Weerd Brent Ross Peter Thomsen	Armstrong 绿色节能建筑解决方案技术交流会
22	特灵空调系统（中国）有限公司	席晓兰 刘子健 施敏琪 赵锡京 王 蔚 徐境岭	特灵 EarthWiseTM 地球圣者系百年荣耀
23	阿法拉伐（上海）技术有限公司	Harald Hoogendoorn	引领热交换技术的未来
24	珠海格力电器股份有限公司		直流变频离心机技术及应用
25	比泽尔制冷技术（中国）有限公司		比泽尔新一代 ECOLINE 活塞压缩机和跨临界循环二氧化碳压缩机
26	联合国环境规划署、中国制冷空调工业协会		臭氧气候行业圆桌会议——关于 HCFCs 淘汰和制冷剂替代
27	比泽尔制冷技术（中国）有限公司		比泽尔 GSD 系列涡旋压缩机 GSD8 和 GSD6 系列
28	美国空调供暖与制冷工业协会		AHRI 产品认证新规则交流会
29	捷联克莱门特商贸（上海）有限公司	王付立	克莱门特机组热回收应用和风冷高效热泵型热水机组
30	浙江盾安热工科技有限公司	施骏业	微通道换热器在模块机的应用研究
31	青岛海尔开利冷冻设备有限公司	张朝昌	绿色冷链 保障食安
32	丹佛斯自动控制管理（上海）有限公司		助您一臂之力，提升系统能效——丹佛斯电子膨胀阀控制解决方案有限公司
33		Henry Steffensen	丹佛斯超市全门店控制与监控解决方案
34	北京恩布拉科雪花压缩机有限公司	Ricardo Maciel	高能效丙烷压缩机——绿色制冷解决方案
35	佰世越管理咨询（北京）有限公司	彭 讴 于志慧	Global HVAC and Renewable Market
36	烟台冰轮股份有限公司 国内贸易工程设计研究院 中国制冷学会	姜韶明	二氧化碳制冷设备及系统的研发与应用
37	派克汉尼汾流体传动产品（上海）有限公司	张永光	Sporlan 产品在热泵系统及辅助热回收中的应用
38		徐美荣	Parker 工业制冷产品典型应用暨新产品推介

（续表）

序号	单 位 名 称	主 讲 人	技术交流主题
39	上海第科自动控制有限公司	John Tolta Sean O'Malley	为制冷压缩机选择正确的润滑油
40	上海凯雷压缩机有限公司	汤 炎 苑增之	CT 系列螺杆式制冷压缩机及其应用
41	霍尼韦尔（中国）有限公司（特性材料和技术集团）	Mark Spatz	家用空调低全球变暖潜值制冷剂的开发及应用
42			R407F 及低全球变暖潜值制冷剂在商业冷冻中的应用
43	思科普压缩机（天津）有限公司	Mr. Dirk Madeya Mr. Andres Hogh-Skov	（1）绿色压缩机——思科普环保制冷解决方案 （2）极致技术创造优异性能——思科普高能效X、DLX、NLU 系列压缩机
44	麦克维尔中央空调有限公司	Ray Good 姚建勋	（1）《美国空调技术发展趋势及麦克维尔磁悬浮技术运用》 （2）《地源热泵系统设计及运用》
45	爱科空气处理技术（苏州）有限公司	杨鑫华	解读洁净室空调箱设计及应用中欧标和国标的差异
46	浙江巨化股份有限公司		中国氟化工指数介绍及技术方案解读
47	江苏科立德制冷设备有限公司	蒋建忠	最新节能技术在制冷上的应用
48	卡乐电子（苏州）有限责任公司		蒸发冷却节能和卡乐新型加湿器发布
49	丹佛斯自动控制管理（上海）有限公司	黄志华	携手彼此，共创未来——丹佛斯工业制冷系统自动化控制技术交流会
50		Johan Rissler Mustafa Yanik	应用丹佛斯先进的微板换热器和微通道换热器来改善空调系统性能及可持续发展
51		顾丽敏	丹佛斯变频解决方案
52		沙 陆	丹佛斯大型涡旋压缩机并联技术在冷水机组方面的应用
53	依必安派特风机（上海）有限公司	何明睿	绿色科技 EC 技术在暖通空调的应用
54	广东美的暖通设备有限公司	黄国强	超高效多联机同时制冷、制热技术介绍
55	苏州舒瑞普科技有限公司	Björn Felgenhauer	未来冷媒的持续解决方案——适用于新冷煤的钎焊板式换热器
56	上海汉钟精机股份有限公司	邓 壮	螺杆 / 离心式高温热泵压缩机及应用
57	思科普压缩机（天津）有限公司	Mr. John Svane Christensen	思科普移动制冷解决方案
58	霍尼韦尔环境自控产品（天津）有限公司	Mario S. Rossi	Alerton 精彩应用
59	美意（上海）空调设备有限公司	陈建红	美意超高效大冷量降膜螺杆冷水（热泵）机组

其他特色报告及活动如下。

➢ 全国设计院总工观摩团技术交流会。全国各大设计院的近 60 位总工及专家、协办企业代表共 120 人参加；

➢ 中国制冷展房地产总工观摩团活动。全国 30 余家房地产企业的 57 位房地产企业的总工参观了展会；

➢ 中国制冷展冷冻冷藏总工观摩团活动。有来自北京、上海、浙江、山东、四川、福建、广东、山西、河南、陕西 10 个省市 11 余家从事冷冻冷藏工程专业设计和工程施工单位共 20 位总工参加；

➢ 第七届中国制冷空调行业大学生科技竞赛新闻发布。向来自全国 30 所相关院校的近 70 位代表报告了 2013 年的竞赛组织情况；

➢ 第四届 CAR-ASHRAE 学生设计竞赛颁奖典礼。该竞赛共来自全国 21 所院校的代表队参与，经初审、复审和最终答辩终审三个环节，最终结果：西南交通大学代表队获得一等奖，北京建筑大学、同济大学代表队获得二等奖，重庆大学、哈尔滨工业大学、中南大学代表队获得三等奖；

➢ 恩布拉科创新大赛颁奖典礼。以“创·未来（INnO-Future）”为主题的 2012 恩布拉科创新大赛，收到了全国 30 多所高校、100 多位学生和老师，以及行业研究机构和企业专业人士参赛，征集作品 57 项。经过严格的评选程序，共评出 8 个作品位列一、二、三等奖，其中来自上海理工大学的夏全刚、宋晓燕二人组及来自华中科技大学的王俊博、彭阳、陈平三人组分别荣膺专业组及学生组一等奖。该年度的 10 万美元特等奖空缺。

3）2015 年展会学术交流活动

2015 年展会学术交流活动见表 4-12、4-13、4-14。

表 4-12　2015 年展会主题论坛报告

序号	题　　目	报　告　人
1	中国雾霾问题的形成机理及控制建议	谢绍东　教授，北京大学（受中国工程院院士唐孝炎教授委托）
2	我国制冷空调行业发展展望	江亿　教授，清华大学、中国工程院院士
3	努力提高“工业化的文化”素养	吴德绳　教授，中国制冷展专家委员会主任
4	欧洲的节能环保政策发展及其对 HVAC&R 产业的影响	Andrea Viogt 女士，欧洲能源与环境合作组织（EPEE）秘书长

表 4-13　2015 年展会专题研讨会主题

序号	主　　题
1	CRAA-Eurovent 空气质量及能效论坛
2	制冷空调运行、管理和维护人才培养

（续表）

序号	主　　题
3	制冷空调设备新标准制 / 修订
4	冷链建设的发展方向
5	2015 臭氧气候工业圆桌会议
6	暖通空调设计师论坛——大空间空调系统设计
7	压缩机技术及应用
8	CAR-ASHRAE Workshop I：高层及超高层建筑设计
9	EPEE&CRAA Side-event：机遇与挑战——欧盟法规及其对中国企业的影响
10	制冷空调的创新技术及基础技术论坛
11	CAR-ASHRAE Workshop II：高性能建筑——辐射冷却及敷设供热

表 4-14　2015 年展会技术交流

序号	单　位　名　称	技术交流主题
1	中国制冷展组委会 赛尔传媒	2015 中国制冷展房地产总工观摩团与展商交流会
2	美国空调供暖与制冷工业协会	组合式空调全新 AHRI 标准技术研讨会
3	中国制冷空调工业协会	第九届中国制冷行业大学生科技竞赛启动仪式及新闻发布
4	中国新风行业联盟	新风系统应用技术交流会
5	艾默生环境优化技术（苏州）有限公司	艾默生高效节能及环保的冷冻解决方案；智能店解决方案
6		风冷模块机的市场发展趋势；艾默生变频解决方案；EVI 涡旋强热技术市场应用及案例分析
7	瑞福莱暖通设备（上海）有限公司	建立真正的暖通空调闭式系统循环
8	搏力谋（上海）商贸有限公司	暖通表冷器新一代全能控制方案
9	格朗吉斯铝业（上海）有限公司	HVAC&R 行业面临的腐蚀挑战及 Granges 解决方案
10	烟台冰轮股份有限公司	CO_2 自然工质的拓展应用及氨全热回收系统解决方案
11	派克汉尼汾流体传动产品（上海）有限公司	派克汉尼汾工业制冷热氨融霜解决方案及新产品介绍 派克汉尼汾商用制冷冷链解决方案及新产品介绍
12	广东美的暖通设备有限公司	绿色供热——可再生能源热泵
13	英特换热设备（浙江）有限公司	带分配器的高效新型壳管式换热器
14	瑞孚化工（上海）有限公司	低 GWP 的制冷润滑油解决方案
15	比泽尔制冷技术（中国）有限公司	BITZER 新一代 CRII 活塞压缩机能调系统
16	上海百年机械设备有限公司	太阳能直流电制冷解决方案
17	浙江三花股份有限公司	三花制冷与空调系统集成解决方案介绍（大型旋转四通阀、微通道换热器、变频控制器及自控元件）

（续表）

序号	单 位 名 称	技术交流主题
18	珠海格力电器股份有限公司	光伏直驱变频空调系统及其应用
19	丹佛斯自动控制管理（上海）有限公司	丹佛斯 MPHE 微板换热器，助您的冷水机组更上一层楼
20		革命性创新的丹佛斯 ETS Colibri 电子膨胀阀，灵便、高效与可靠的完美组合
21		板式换热器在暖通空调及制冷系统中的应用
22		空调水系统的高效平衡与控制方案及设计软件
23		丹佛斯用于北方地区采暖及生活热水的先进解决方案
24		氨亦可安，氨制冷系统的安全性
25		Turbocor 磁悬浮 VTT 系列压缩机的简介与应用
26	中国制冷学会、英国建筑服务研究与信息学会	“2014 年度中国制冷行业发展分析报告”发布会
27	中国制冷展组委会 中国勘察设计协会建筑环境与设备分会	全国设计院总工团技术交流会
28	Air Movement and Control Association International，Inc.	AMCA 认证技术交流会
29	上海市制冷学会	2015 夏安世教授——西克奖学奖教金颁奖仪式
30	中国制冷展组委会	2015 年中国制冷展创新产品发布会
31	广州迪森家用锅炉制造有限公司	分户冷暖——多热源节能供暖技术推广会
32	复盛实业（上海）有限公司	螺杆压缩机在高温热泵，低温热泵及冷却和速冻领域的超节能应用
33	CPI Fluid Engineering，A Division of The Lubrizol Corporation	针对你的冷冻压缩机设计而量身定制的冷冻机油
34	北京智信道咨询有限公司（产业在线）	2015 年中国制冷空调及配套产业发展趋势
35	广东芬尼克兹节能设备有限公司	复叠式空气源的几个应用场景 变频热泵的应用与智能化
36	大连冰山集团有限公司	物联网大数据时代的中央空调解决方案
37	天津三电汽车空调有限公司	微通道换热器耐腐蚀研究
38	上海意利法暖通科技有限公司	意利法模块式空调系统合作交流会
39	施耐德电气（中国）有限公司	制造和能源效率双提升助推“中国制造 2025”
40	比泽尔制冷技术（中国）有限公司	BITZER 变频螺杆压缩机 CSV 系列
41	福建亿林节能设备股份有限公司	暖通行业的发展瓶颈及互联网在暖通行业的应用
42	中国空气净化行业联盟	“健康呼吸品质对话”室内空气净化技术研讨会
43	《建筑环境》杂志编辑部	第二届低温空气源热泵采暖系统应用技术论坛

（续表）

序号	单　位　名　称	技术交流主题
44	福建雪人股份有限公司	新型螺杆压缩机原理
45		智能化 CO_2 制冷系统解决方案
46		现代冷链解决方案
47		智能化氨制冷系统解决方案
48	《暖通空调》杂志	分户冷暖论坛
49	丹佛斯自动控制管理（上海）有限公司	食品零售行业的技术前瞻
50		Turbocor@ 磁悬浮 VTT 系列压缩机的简介与应用
51		丹佛斯食品储存解决方案
52		应用于冷库冷凝压缩机组的丹佛斯整体解决方案
53		高效的直流变频涡旋压缩机对于轻型商用空调的解决方案
54		大容量涡旋压缩机和螺杆压缩机在冷水机组上的性能对比
55		并联机组变频应用
56		氨制冷系统中的气体探测
57	佰世越管理咨询（北京）有限公司	致辞；全球暖通空调市场趋势（中文场）
58		中国制冷市场介绍（中文场）
59		智能能源以及智能楼宇控制（中文场）
60		2020 展望；总结（中文场）
61	上海汉钟精机股份有限公司	低温冷冻螺杆压缩机产品介绍
62		高温热泵螺杆压缩机产品介绍
63		高能效螺杆压缩机介绍
64	富士豪制冷设备（上海）有限公司	富士豪压缩机产品推荐会暨 CO_2 技术交流会
65	汉默（上海）空调系统有限公司	汉默品牌产品汉风净化空调箱产品发布
66	克莱门特捷联制冷设备（上海）有限公司	克莱门特 ClimaPRO 冷水机组和热泵机房优控制系统及应用
67	大连冰山集团有限公司	物联网大数据时代的全程冷链解决方案
68	埃迈贸易（上海）有限公司	节能透视——水力系统的优化设计
69	妥思空调设备（苏州）有限公司	绿色节能空调系统末端
70	浙江丹特卫顿热泵有限公司	丹特卫顿新一代单元式地暖空调机组产品发布会
71	佰世越管理咨询（北京）有限公司	致辞；全球暖通空调市场趋势（英文场）
72		中国制冷市场介绍（英文场）
73		智能能源以及智能楼宇控制& 2020 展望；总结（英文场）
74	上海都凌压缩机销售有限公司	二氧化碳压缩机在制冷和热泵行业的运用
75	施乐百机电设备（上海）有限公司	ECO55 新品发布会

（续表）

序号	单位名称	技术交流主题
76	中国制冷学会、ASHRAE、住房和城乡建设部高等学校建筑环境与能源应用工程学科专业指导委员会	2014 年 CAR-ASHRAE 学生设计竞赛颁奖礼
77	丹佛斯自动控制管理（上海）有限公司	高效的直流变频涡旋压缩机对于轻型商用空调的解决方案
78		应用于冷库冷凝压缩机组的丹佛斯整体解决方案

其他特色报告及活动如下。

➢“制冷空调运行、管理和维护人才培养”专题研讨会。经专家委员会过认真讨论，认为运维管理是保证产品和系统高效运行的重要环节，也是节能减排过程中必须度重视的环节。要实现高效的运维管理，必须要有优秀的运维管理人才。因此，组委会自 2014 年开始设置运维管理及其人才培养的专题研讨会，以期让行业重视制冷空调系统的运维管理对节能减排的重要性。研讨会由“运维管理的需求与贡献”“运维人才培养”两个环节构成；

➢“制冷空调设备新标准制 / 修订”专题研讨会。“制冷空调设备新标准制 / 修订”是中国制冷展固定的（原“制冷空调设备新标准”）专题研讨，每年制冷展期间向行业发布“全国冷冻空调设备标准化技术委员会（SAC/TC238）”一年来的主要产品标准制 / 修订工作进展。该次会议主要向行业宣贯了 SAC/TC238 标委会在 2014 年完成的国家和行业标准中的几项重要标准。新标准的宣贯深受行业各界的欢迎；

➢“2015 臭氧气候行业圆桌会议”。联合国环境署（UNEP）、中国制冷空调工业协会及环保部对外合作中心联合举办了本届“臭氧气候技术路演及行业圆桌会议”，来自中国、美国、日本政府主管环境保护的项目官员、UNEP、CRAA、ICARHMA、ASHRAE、AHRI 以及来自全球行业领域的专家和代表到会发言，就该圆桌会议的议题“零 ODP、低 GWP 和高能效的 HCFCs 替代技术”展开全方位的交流和研讨。

各位专家的发言分别对零 ODP、低 GWP 替代品的政策框架、制冷剂的未来与选择、中国制冷空调行业 HCFCs 淘汰进展与替代技术选择、零 ODP 低 GWP 制冷剂的安全性、自然工质在家用空调和食品零售制冷系统中的应用、制冷剂气候影响的指标等重大问题进行了探讨。会议采用同声传译方式举行；

➢“制冷空调的创新技术及基础技术论坛”专题研讨会。制冷空调的新理念、新技术预示着行业未来的发展方向和增长动力。本届展会以前瞻性、创新性、开放性的姿态邀请行业内专家积极讨论，广泛交流，为行业的可持续发展提供有益的意见和建议。例如：“太阳能与热泵等能源系统在绿色建筑中的应用实践”的报告，提出利用太阳能和空气源热泵联合解决夏热冬冷地区全年冷热需求问题，并建议采用小温差末端满足舒适性供暖需求；“低温冰箱关键技术及工程应用”的报告，介绍了采用非共沸混合工质形成自复叠循环制造低温环境的工作原理和关键技术；“夏热冬冷地区建筑空调系统冷热源的探索与实践”的报告，建议夏热冬冷地区采用空气源热泵满足全年冷热需求，而冬季除霜是需要解决的关键技术；“CFD 在水机换热器性能优化方面的应用研究”的报告，介绍通过 CFD 建模优化蒸发器和冷凝器管路布置，增强了传热效果，降低了管材消耗；“变频空调节能舒适性技术简介”的报告，从压缩机、换热器、管路设计、控制管理等方面系统介绍了变频空调的技术进步和创新成果；

➢“压缩机技术及应用”专题研讨会。报告人详细讲解、全面分析近一年来的压缩机技术进展。分别对大中型涡旋压缩机并联使用遇到的技术问题及解决方案、大型磁悬浮离心压缩机和无油线性压缩机的技术特点进行了阐述；

➢ 2015 年中国制冷展创新产品发布会。申报的创新产品共有 120 多项，经过展商自愿申请、展会组委会形式审查和展会专家委员会评审，有 30 项产品获得 2015 年“中国制冷展创新产品奖”，其中“制冷设备”类有 13 项，“空调设备”类有 10 项，“冷冻冷藏设备”类有 4 项，“供暖通风设备与能量综合利用设备”类有 3 项获奖；

➢ 2015 年度第六届 CAR-ASHRAE 学生设计竞赛颁奖典礼。为推进我国建筑环境与设备工程专业教学改革，提高本专业学生实际设计水平，促进国际交流，ASHRAE（美国供暖制冷空调工程师学会）、中国制冷学会（CAR）和全国高等学校建筑环境与能源应用专业指导委员会共同举办了 CAR-ASHRAE 学生设计竞赛。经初审、复审和终审三个环节，最终确定了竞赛名次：同济大学团队获得一等奖，青岛理工大学、天津大学团队获得二等奖，清华大学、上海理工大学、西南交通大学团队获得三等奖。

4）2017 年展会学术交流活动

2017 年展会学术交流活动见表 4-15、4-16、4-17。

表 4-15 2017 年展会主题论坛报告

序号	题目	报告人
1	扩大和深化制造业合作，提高共建“一带一路”质量	侯永志 研究员，国务院发展研究中心发展战略和区域经济研究部部长
2	2017 年宏观经济形势及政策分析与展望	王远鸿 博士，国家信息中心经济预测部首席经济师、研究员
3	发扬工匠精神，促进行业发展	吴德绳 教授，中国制冷展专家委员会主任
4	Heating in Europe-A journey through the past, present and future	Felix Van Eyken，Eurovent 协会秘书长、欧洲 HVACR 制造商和协会代表

表 4-16　2017 年展会专题研讨会主题

序号	主　　题
1	CAR-ASHRAE Workshop："高性能建筑"研讨会（上）
2	CAR-ASHRAE Workshop："高性能建筑"研讨会（下）
3	热泵标准体系解读及新标准进展
4	清洁能源取暖工程和设备标准进展与思考
5	大空间气流组织技术
6	地下铁道环境控制节能技术与设备系统
7	2017 臭氧气候工业圆桌会议
8	轻型商用制冷设备创新发展论坛
9	"煤改电"热泵用压缩机技术
10	冷冻冷藏行业新技术、新产品
11	EPEE-CRAA SIDE-EVENT：欧洲能效立法与 F-Gas 法规进展
12	磁悬浮离心机在中国的发展
13	夏热冬冷地区供暖技术
14	基于 APF 标准的空调器设计
15	中国工商制冷空调行业第二阶段 HCFCs 淘汰管理计划实施启动会

表 4-17　2017 年展会技术交流

序号	单 位 名 称	主 讲 人	技术交流主题
1	中国制冷展组委会		冷冻冷藏业总工观摩团交流会
2	美国空调供热和制冷工业协会	薛桥生	板式换热器 AHRI 标准技术研讨会
3	中国制冷空调工业协会（仅限受邀人员参加）		第十一届中国制冷空调行业大学生科技竞赛启动仪式暨新闻发布会
4	丹佛斯自动控制管理（上海）有限公司	吴　岚	丹佛斯区域能源系统解决方案
5			热源端到末端及数据监控的空气源热泵采暖系统解决方案
6		刘红绍	丹佛斯无油机组解决方案
7		沙　陆	最简单高效的低温解决方案
8		刘云利	丹佛斯在商超零售市场的 CO_2 相关技术、解决方案和案列分析
9		黄志华	节能、环保、安全——丹佛斯工业制冷解决方案

（续表）

序号	单 位 名 称	主 讲 人	技术交流主题
10	上海日立电器有限公司	乐红胜	海立旋转式压缩机在冷冻冷藏领域的应用
11	乐金空调（山东）有限公司	曹成林	揭秘 LG 中央空调无油变频离心机
12	上海热泰能源技术有限公司	高 原	用 Therom-Maze 迷宫降膜换热器实现超高能效冷水机组
13	中国新风行业联盟《通风设备》商务专刊通风设备网	罗 斌 朱 伟 曹 阳	中国新风系统应用技术论坛
14	雷勃电气集团	聂 庆	打造智慧空气系统
15	派克汉尼汾流体传动产品（上海）有限公司	Andrew Tew	创新无焊接铜管连接技术
16	派克汉尼汾流体传动产品（上海）有限公司	徐美荣	提升工业制冷系统的效率及可靠性
17	阿自倍尔自控工程（上海）有限公司	徐国海 关口史 陈向阳	日本的最新绿建动态和 azbil 的节能控制技术
18	珠海格力电器股份有限公司		空气源热泵技术在寒冷地区供暖的应用
19	烟台冰轮股份有限公司	姜韶明	宽温区高效制冷供热耦合集成系统
20	大连冰山集团	周兴东 吴秀军	新一代 FXVB/CXVB/HXVB 蒸发式换热设备介绍及应用
21	大连冰山集团	李 军	螺杆膨胀发电机组
22	中国制冷学会		2018 年印度制冷展宣讲会
23	中国制冷学会（仅限受邀人员参加）		轻型商用冷冻设备创新发展联盟讨论会
24	科聚亚（中国）投资有限公司	施 超 于志慧	科聚亚合成冷冻油技术交流会 （中文场） 开幕词
25	佰世越管理咨询（北京）有限公司 中国制冷展组委会	初 琦 候雅薇 李春雷 苏 阳 林锦泰 于志慧	全球空调与通风趋势 全球采暖概况 全球可再生能源趋势 中国制冷行业发展 全球智能家居 闭幕词
26	中国勘察设计协会建筑环境与能源应用分会		全国设计院总工观摩团技术交流会
27	上海日立电器有限公司	周 易	海立高速压缩机的应用
28	意大利都凌压缩机	Giacomo Pisano	都凌新一代 CO_2 产品的推广应用
29	上海康跃化工科技有限公司	胡志强 刘小明	2017 年空调与地暖清洗维保技术交流论坛
30	上海泛赋化工科技有限公司	蒋世亮	泛赋化工制冷剂产品技术交流会

（续表）

<table>
<tr><th>序号</th><th>单 位 名 称</th><th>主 讲 人</th><th>技术交流主题</th></tr>
<tr><td>31</td><td>际高贝卡科技有限公司</td><td>罗辛斯基
史 勇</td><td>毛细管蓄冰设备及大温差系统应用
户式室内舒适系统</td></tr>
<tr><td>32</td><td>浙江三花智能控制股份有限公司</td><td>崔 凯 孟鑫洋</td><td>（1）微通道换热器在冷冻冷藏行业的应用
（2）全新电子膨胀阀 + 控制器整体解决方案在冷冻冷藏系统的应用</td></tr>
<tr><td>33</td><td>比泽尔制冷技术（中国）有限公司</td><td>王福波</td><td>速冻应用的解决方案</td></tr>
<tr><td>34</td><td>上海辛格林纳新时达电机有限公司</td><td>陈 伟</td><td>电机控制技术在 HVAC 行业的应用</td></tr>
<tr><td>35</td><td rowspan="5">丹佛斯自动控制管理（上海）有限公司</td><td>沙 陆</td><td>丹佛斯冷冻涡旋并联解决方案</td></tr>
<tr><td>36</td><td>苏祖坚 王 军</td><td>丹佛斯机房精密空调高能效解决方案</td></tr>
<tr><td>37</td><td>夏彦超</td><td>楼宇自控设备的互联互通；水力平衡与控制的最新实践</td></tr>
<tr><td>38</td><td>Pelletier
Pierre
Olivier</td><td>丹佛斯新型 Z 板微板换热器，助您的冷水机组更加高效和环保</td></tr>
<tr><td>39</td><td>李 华 李爱丽
王 军</td><td>高能效大涡漩冷水机组解决方案</td></tr>
<tr><td>40</td><td>佰世越管理咨询（北京）有限公司</td><td>于志慧 初 琦
侯雅薇 李春雷
苏 阳 林锦泰
于志慧</td><td>（英文场）
开幕词
全球空调与通风趋势
全球采暖概况
全球可再生能源趋势
中国制冷行业发展
全球智能家居
闭幕词</td></tr>
<tr><td>41</td><td>中国制冷学会
ASHRAE
住房和城乡建设部高等学校建筑环境与能源应用工程学科专业指导委员会</td><td></td><td>CAR-ASHRAE 学生设计竞赛颁奖礼</td></tr>
<tr><td>42</td><td>中国制冷学会
ASHRAE
住房和城乡建设部高等学校建筑环境与能源应用工程学科专业指导委员会</td><td></td><td>CAR-ASHRAE 学生设计竞赛教学研讨会</td></tr>
<tr><td>43</td><td>浙江盾安人工环境股份有限公司</td><td>陈 亮</td><td>制冷配件 HVAC&R 客户价值方案</td></tr>
<tr><td>44</td><td>搏力谋（上海）商贸有限公司</td><td>王 楠</td><td>搏力谋能量阀——水力失调的解决之道</td></tr>
</table>

（续表）

序号	单 位 名 称	主 讲 人	技术交流主题
45	北京冰山制冷空调成套设备有限公司	苏传霞	高效性、环保性、舒适性、经济性 SWC 斯图华纳三合一高能热泵舒适能源供应系统
46	卡乐电子（苏州）有限责任公司	程 立	中国多形态零售模式下，用于商用制冷高效环保解决方案——卡乐（CAREL）节能环保解决方案详解
47		蒋志玮	响应“一带一路”：卡乐绿色、节能、高效持续发展的蒸发冷却技术
48	大连冰山集团	周 丹	松下 CO_2 产品及系统应用
49	汉斯昆腾（上海）贸易有限公司	程文武 郭 玮	冷风机和板换的典型应用
50	泰州库宝制冷设备制造有限公司	李全富	台塑在空调制冷行业节能应用与解决方案
51	中国制冷学会		《2016 年度中国制冷行业发展分析报告》
52			数据中心冷却高峰论坛——暨《2016 中国数据中心冷却技术年度发展研究报告》

其他特色报告及活动如下。

➢ 数据中心冷却高峰论坛——暨《2016 中国数据中心冷却技术年度发展研究报告》发布会。清华大学江亿院士主持了此次会议并对中国制冷学会数据中心冷却工作组 2016 年工作情况及《2016 中国数据中心冷却技术年度发展研究报告》进行简单阐述；华中科技大学陈焕新教授对《中国数据中心冷却技术年度发展研究报告（2016）》进行了详细的分析与解读，主要从报告的编制背景、内容设置、内容亮点和 2017 版计划进行详细说明。

在主办方的精心组织安排下，发布会获得圆满成功并进行了《2016 中国数据中心冷却技术年度发展研究报告》签售活动；

➢《2016 年中国制冷空调产业发展白皮书》(以下简称《白皮书》) 发布会。《白皮书》是在中国制冷空调工业协会和产业在线倡导下，行业各大企业积极参与而产生的成果，是研究我国制冷空调行业市场形势、提升企业竞争力的平台，是把握行业发展趋势、开展前瞻性分析的重要渠道。此次发布的《白皮书》分为“综述篇”“现状篇”和“发展篇”三大篇章，共 8 个章节，主要依据中国制冷空调工业协会与产业在线的统计数据，以 2016 年的行业数据为基础，系统阐述了制冷空调产业的发展概况、产品标准和能效评价体系及产业技术进步的特点和趋势，从家用制冷空调设备、工商用制冷空调设备、零部件三大方面进行了详细梳理，并针对行业发展驱动力和运营方向进行了展望分析；

➢ 2016 年第八届 CAR-ASHRAE 学生设计竞赛颁奖典礼。由中国制冷学会（CAR）、ASHRAE（美国供暖制冷空调工程师学会）和全国高等学校建筑环境与能源应用专业指导委员会共同举办了 CAR-ASHRAE 学生设计竞赛。经过初审、复审和最终答辩终审三个环节，最终确定了竞赛名次。最终，华中科技大学团队获得一等奖，青岛理工大学、天津大学团队获得二等奖，上海理工大学、东华大学、重庆大学团队获得三等奖。

5）2019 年展会学术交流活动

2019 年展会学术交流活动见表 4-18、4-19、4-20。

表 4-18　2019 年展会主题论坛报告

序号	题　　目	报　告　人
1	我国经济发展形势分析	刘乃全　教授，上海财经大学城市与区域科学学院区域经济专业带头人
2	直流建筑和分布式蓄能——实现低碳能源的重要途径	江亿　教授，中国工程院院士，清华大学
3	发扬大国工匠精神	吴德绳　教授级高工，北京建筑设计研究院有限公司顾问总工程师，中国制冷展专家委员会主任
4	连通性、数字化及工业 4.0	Thomas Schräder　博士，德国机械设备制造业联合会，Eurovent 成员

表 4-19　2019 年展会专题研讨会主题

序号	主　　题
1	中丹氨制冷安全国际论坛座谈
2	制冷空调设备新标准宣贯
3	可持续供热探讨：中瑞经验谈
4	房地产—暖通空调绿色供应链论坛
5	2019 年中国制冷展创新产品论坛
6	资深工程师论坛
7	国际冷链技术论坛
8	热泵技术与应用发展论坛 I
9	夏热冬冷地区空气源热泵供暖技术与应用
10	低 GWP 制冷剂压缩机技术及应用
11	北方清洁取暖技术论坛
12	制冷空调中青年设计师高峰论坛
13	新能源汽车热管理
14	2019 年臭氧气候工业圆桌会议
15	制冷新技术、新产品报告会
16	制冷空调系统的施工、运行、维护与管理

（续表）

序号	主　　题
17	热泵与空调——低 GWP 与能效提升专题研讨会
18	蒸发冷却空调技术
19	冷冻冷藏装置及储运技术
20	欧洲立法及其对中国企业的影响
21	换热器发展论坛
22	轻型商用制冷产业创新发展论坛
23	冷藏车技术发展
24	中国—印度冷链论坛——印度的商业机会
25	热泵技术与应用发展论坛Ⅱ
26	第二届空气净化及新风产业技术论坛

表 4-20　2019 年展会技术交流会

序号	单　位　名　称	技术交流主题
1	中国制冷展组委会 《暖通空调》杂志社	地下铁道环境控制技术沙龙
2	前川迈坤国际贸易（上海）有限公司	前川的 CO_2 技术及新型机组“南极光”
3	中国制冷空调工业协会	第十三届中国制冷空调行业大学生科技竞赛启动仪式暨新闻发布会
4	派克汉尼汾流体传动产品（上海）有限公司	CO_2 制冷和热泵流体控制解决方案
5		NH_3/CO_2 产品在工业制冷领域的应用
6	丹佛斯自动控制管理（上海）有限公司	新一代智能网络执行器
7		丹佛斯产品应用案例——美国钢铁大厦
8		丹佛斯在数据中心冷却应用的制冷解决方案
9		丹佛斯工业制冷新产品介绍
10	乐金空调（山东）有限公司	LG 中央空调绿色节能解决方案
11		LG 多联机产品介绍
12	百尔制冷（无锡）有限公司	跨临界二氧化碳系统
13	福建雪人股份有限公司	CO_2 制冷产品 & 云监控技术的设计及行业应用
14	松下制冷（大连）有限公司	工业能源综合利用冷热解决方案
15	中国制冷空调工业协会 北京智信道科技股份有限公司（产业在线）	《2018 年中国制冷空调产业发展白皮书》发布会
16	皇家空调设备工程（广东）有限公司	Royal VAD 智慧变风量风口及其应用
17	江森自控日立万宝压缩机（广州）有限公司	日立直流变频涡旋压缩机的开发及应用

（续表）

序号	单位名称	技术交流主题
18	中国制冷学会	《2018年度中国制冷行业发展分析报告五周年特别版》发布会
19	瑞福莱暖通设备（上海）有限公司	缔造智能舒适家居新境界——瑞福莱暖通产品全系列发布会
20	珠海格力电器股份有限公司	永磁同步变频节能技术在轨道交通领域的应用与研究
21	中国制冷展组委会 中国勘察设计协会建筑环境与能源应用分会	全国设计院总工观摩团技术交流会
22	艾默生环境优化技术（苏州）有限公司	艾默生空调及热泵整体解决方案
23		艾默生冷链解决方案
24	中国制冷学会	中国制冷学会轻型商用制冷产业协同创新中心工作会议
25	佰世越管理咨询（北京）有限公司	2018年全球暖通空调行业发展趋势及市场数据分享会（中文场）
26	美埃（中国）环境净化有限公司	自然钟灵秀，净享深呼吸
27	卡乐电子（苏州）有限责任公司	博物馆加湿解决方案
28		卡乐住宅整体解决方案
29		冷冻以及零售商用制冷控制高效控制以及监控解决方案
30	丹佛斯自动控制管理（上海）有限公司	丹佛斯空调 & 热泵涡旋压缩机产品全介绍
31		丹佛斯新型板换技术交流
32		丹佛斯直流变频中温冷冻涡旋压缩机介绍
33	大连冷冻机股份有限公司	井口天然气液化及LNG冷能利用
34	武汉新世界制冷工业有限公司	水蒸气余热余压综合利用
35	大连富士冰山智控系统有限公司	能源管理系统 & 物流管理系统技术与产品介绍
36	复盛实业（上海）有限公司	复盛磁悬浮离心机及全新单机双级涡旋 + 螺杆压缩机应用介绍
37	贺氏（苏州）特殊材料有限公司	确保WHO要求的优质空气品质解决方案——IS016890标准解读 & 风盘净化全新方案
38	巴尔的摩冷却系统（苏州）有限公司	BAC在暖通空调领域的一站式解决方案
39	比泽尔制冷技术（中国）有限公司	比泽尔“你的绿色世界”CO_2会议
40	意大利都凌压缩机工厂	都凌二氧化碳压缩机制冷和热泵技术的应用
41	上海泛赋化工科技有限公司	上海海立冷冻冷藏变频压缩机技术宣讲
42	佰世越管理咨询（北京）有限公司	2018年全球暖通空调行业发展趋势及市场数据分享会（英文场）

（续表）

序号	单　位　名　称	技术交流主题
43	巴尔的摩冷却系统（苏州）有限公司	BAC 在工业及冷冻领域的一站式解决方案
44	北京伟拓嘉业科技有限公司	智能、简便——伟拓 X2 系统初探
45	中国制冷学会	《全球可持续用冷需求》报告发布会
46	中国制冷学会	数据中心冷却高峰论坛——暨《2018 中国数据中心冷却技术年度发展研究报告》发布会
47	阔盛管道系统（上海）有限公司	BIM 技术，成就建筑之美
48	科慕化学（上海）有限公司	低 GWP HFO 类制冷剂在空调、商业制冷的应用和发展
49	浙江丹特卫顿热泵有限公司	“触手可及”的全新三恒系统——丹特卫顿“我特牛 3G”产品推荐会

其他特色报告及活动如下。

➢ 第十三届中国制冷空调行业大学生科技竞赛启动仪式暨新闻发布会。“中国制冷空调行业大学生科技竞赛”是由中国制冷空调工业协会和教育部高等学校能源动力类专业教学指导委员会联合主办，联合国内多所知名高校和相关单位共同组织举办的。今年竞赛的主题为“自主创新、开创未来的制冷空调技术”。参加会议的各界领导与人士30 余人；

➢《2018 年度中国制冷行业发展分析报告五周年特别版》发布会。《2018 年度中国制冷行业发展分析报告五周年特别版》对中国制冷市场发展现状及未来发展趋势做了全面而又详细的梳理，其数据翔实可靠，对我国制冷企业的改革发展、行业的繁荣进步起到了积极的推动作用；

➢《2018 年中国制冷空调产业发展白皮书》发布会。此书总结分析了过去一年我国制冷空调产业发展概况，有助于行业厘清更加明确的政策方向、技术路线和发展战略，为产业的转型升级和持续健康发展发挥积极的引导和促进作用。发布会最后，组委会举行了赠书仪式，向现场来宾赠送了《2018 年中国制冷空调产业发展白皮》；

➢ 数据中心冷却高峰论坛——暨《2018 中国数据中心冷却技术年度发展研究报告》发布会。会议由清华大学江亿院士主持，他首先就中国制冷学会数据中心冷却工作组的情况向参会人员进行了详细的介绍，并分享了《2018 中国数据中心冷却技术年度发展研究报告》各章节的重点。他指出虽然报告还有欠缺的部分，但是在行业全体同仁的共同努力之下一定能够让这本书持续的地更新下去。会议最后，江亿院士进行了签售活动；

➢ CAR-ASHRARE 学生设计竞赛颁奖礼暨竞赛十周年纪念典礼。2018 年 CAR-ASHRARE 学生设计竞赛颁奖礼暨竞赛十周年纪念典礼在上海理工大学召开。竞赛由中国制冷学会、ASHRAE、教育部高等学校建筑环境与能源应用工程专业教学指导分委员会共同举办，江森自控提供赞助和支持，自2009年第一次举办，2018年竞赛已经成功举办十届。

2018年CAR-ASHRARE学生设计竞赛一等奖被青岛理工大学摘得，各位获奖选手代表纷纷上台领奖，来自业界的前辈为他们颁发了证书。青岛理工大学的于慧俐等老师获得了2018年竞赛的优秀指导教师奖荣誉称号。本次活动还为连续多年参加竞赛活动且为竞赛的发展做出重要贡献的单位和个人进行了表彰。

4.3 上海制冷节

上海制冷节由上海市制冷学会、上海冷冻空调行业协会、上海市冷冻食品协会和上海冷藏库协会（现上海冷链协会）共同发起，每届制冷节由4家单位共同主办，并结合当时形势和行业发展的需要，确定主题和承办的学（协）会。

4.3.1 上海制冷节的宗旨和沿革

1. 宗旨

上海制冷节的宗旨是：应“国计民生”之需，围绕绿色环境和美好生活，以科学普及的形式和丰富多彩的活动普及制冷科技，倡导安全健康和低碳节能的生活。立足制冷行业的前沿，集本领域研究、制造和服务各环节的专业力量，面向大众宣传制冷科技知识、展示制冷科技成就、介绍制冷行业新品、引导科技创新。为普及制冷科技、提高全民科学素质、提供企业展示平台，促进制冷事业发展而服务。

2. 沿革

上海制冷节是上述4家单位的品牌活动，由上海市制冷学会牵头，每2年举办一次。每逢双年的12月18日举办一次活动暨闭幕式，作为上海制冷节的一次大型活动，并出版一本文集。首届制冷节始于2004年，由上海市制冷学会和上海市冷冻食品行业承办，自2006起上海市科学技术协会作为活动的支持单位。至2018年已举办了8届上海制冷节。

4.3.2 上海制冷节主要活动形式与内容

1. 主题

第一届（2004）主题：发展冷藏链，确保食品安全

第二届（2006）主题：制冷与健康

第三届（2008）主题：节能减排、环保制冷

第四届（2010）主题：制冷空调与低碳生活

第五届（2012）主题：制冷供暖　健康节能

第六届（2014）主题：冷暖相依　健康环保

第七届（2016）主题：智慧冷暖，绿色创新

第八届（2018）主题：新时代、新制冷、新生活

2. 主要活动形式与内容

上海制冷节的活动坚持群众性、社会性和经常性，结合实际，因地制宜，采取了多种形式。2004 年和 2006 年制冷节以大型活动和集中进社区为主。从 2008 年第三届制冷节开始，特别注重了活动的常年化以及与上海科技节的配合，同时强化了大型活动的内容。具体的形式和内容可分为以下 5 方面。

➢ 进社区，深入家庭的科普宣讲。结合展板、宣传单、横幅形式，组织志愿者进小区，为市民宣传生活中如何提高认知确保食品安全和卫生；如何选择高效的节能环保产品并通过自身行为节能，特别是在制冷、空调相关方面采取措施，养成节约能源、低碳环保的生活习惯。活动形式可以由专家团队宣讲，也可与相关企业联合举办，开展各类知识和各种产品的认知宣传，传授实用经验、开展咨询服务，把真正的实惠带给老百姓；

➢ 制冷空调专业论坛和新产品新技术发布活动。以制冷、空调专业所涉及的产品制造、安装调试和具体应用等企业的需求为导向，召开各类主题的专业论坛，既有专家主题报告，又有企业新技术新产品发布，还有各类安装和使用技术研讨；活动面对行业内设计研究、生产制造、安装调试、技术服务和实际使用等单位的从业人员；

➢ 安全卫生、节能减排与低碳生活专家宣讲会。针对每届制冷节的主题，面向各类学校和基层企业，制定科普知识宣讲双向参与表，表中有众多内容可供选择。活动形式既可请学会有关专家们走进企业、大学或中小学作科普知识讲座，也可组织企业员工、高校学生和中小学生参观制冷空调领域的示范企业或科普基地，开阔眼界、交流经验；

➢ 召开新闻发布会，出版科普刊物资料；每届制冷节的具体情况，均制成宣传单页分发给有关方。每次大型活动之前，召开新闻发布会通过媒体向社会宣传。编制多样化的专业科普资料（科普小册子、专题科普资料、《制冷技术》《上海制冷信息》、制冷节专刊暨大会会刊）在各项具体活动中予以发放；

➢ 每逢双年 12 月 18 日为制冷节大型活动暨闭幕式。每逢双年 12 月 18 日为制冷节的大型活动日，是制冷节的高潮和谢幕日。活动内容包括制冷节各项活动总结汇报、科普专题报告、制冷界名人介绍、企业新产品新技术宣讲、表彰和闭幕仪式。同时还设置分会场，组织知识竞猜、专家咨询答疑和现场健康检查等活动，在场外还设有著名品牌冷冻食品展销。整个活动既隆重又活跃，在充满节日气氛中沐浴科普阳光。

1）首届（2004 年）文集的主要内容

➢ 食品冷藏链与食品安全；

➢ 冷冻食品的现状和消费者的选购；

➢ 上海冷藏史发展简史；

➢ HACCP（食品管理体系认证）与食品安全；

➢ 制冷与食品营养及品质的关系；

➢ 肉类食品安全与制冷的关系；

➢ 食品冷加工规范、标准和法规的制定和执行情况简介；

➢ 零售商场完善食品冷藏链，保证食品安全的措施；

➢ 制冷行业新技术、新产品介绍；

➢ 食品冷藏运输的现状和展望；

➢ 冷库食品贮藏；

➢ 节能和环保技术在制冷系统的应用；

➢ 家用冰箱的选购与使用维护。

2）第二届（2006 年）科普宣讲及会刊主要内容

➢ 科普宣讲主要内容：

a. 家用冰箱保鲜新技术使生活更健康（著名制造厂商协办）；

b. 脐带血冷冻保存，为孩子健康提供保证（上海交通大学药学院干细胞实验室主任，韩伟教授）；

c. 健康生活与医学冷冻（上海市第九人民医院主任医生周国瑜教授）；

d. 空气品质与生活健康（同济大学沈晋明教授）；

e. 通风空调系统清洗与健康保证（同济大学徐文华教授）。

➢ 文集主要内容：

a. 冷冻医疗与健康（普及知识，现状和展望）；

b. 空调与健康（空气品质、空调清洗、医院空调与洁净室）；

c. 家用空调与健康（选购与使用维护，清洗）；

d. 家用冰箱与健康（选购与使用维护）；

e. 制冷与食品营养及品质的关系；

f. 食品冷冻、冷藏保鲜与健康的关系；

g. 零售商场完善食品冷藏链，保证食品安全和百姓健康的措施；

h. 禽流感、口蹄疫和疯牛病小知识；

i. 制冷行业新技术、新产品介绍；

j. 汽车空调和车载冰箱的使用。

3）第三届（2008 年）专家讲座及专刊主要内容

➢ 专家讲座菜单：

第三届专家讲座及专刊主要内容见表 4-21。

表 4-21　专家讲座单

<table>
<tr><th>主题</th><th>题目或内容</th><th>主讲专家</th><th>服务对象</th></tr>
<tr><td rowspan="7">家居生活与节能环保
形式：专家市民零距离接触
免费咨询进入社区</td><td>电冰箱的基础知识
电冰箱的新技术
电冰箱的使用和节电知识</td><td>陈国平</td><td rowspan="7">社区、职校中小学校、超市大卖场</td></tr>
<tr><td>家用空调的基础知识
家用空调的新技术的应用
家用空调的使用和节电知识</td><td>谭洪卫</td></tr>
<tr><td>建筑节能和家庭用电节能</td><td>张　旭</td></tr>
<tr><td>节能减排从个人和家庭做起</td><td>周　翔</td></tr>
<tr><td>空调能耗标准宣讲</td><td>陈国平　童杏生</td></tr>
<tr><td>空调清洗与健康节能</td><td>徐文华</td></tr>
<tr><td>低温技术与日常生活的关系</td><td>巨永林</td></tr>
<tr><td rowspan="3">食品与制冷
形式：讲座／互动</td><td>食品冷藏链与百姓生活的关系</td><td>刘龙昌</td><td rowspan="3">社区、超市大卖场</td></tr>
<tr><td>冷链食品的选用</td><td>沈月新</td></tr>
<tr><td>冷链食品的品质保证</td><td>陆翔华</td></tr>
<tr><td rowspan="7">城市生活与制冷
形式：社区论坛讲座
学校科普课堂
组织科普参观</td><td>低温技术与日常生活的关系</td><td>巨永林</td><td rowspan="7">区县节能减排论坛、社区居民讲坛、学校科普课堂（包括职业学校、中小学）</td></tr>
<tr><td>节能减排从个人和家庭做起</td><td>周　翔</td></tr>
<tr><td>建筑节能和家庭用电节能</td><td>张　旭</td></tr>
<tr><td>食品冷藏链与百姓生活的关系</td><td>刘龙昌</td></tr>
<tr><td>居住环境与制冷空调科技</td><td>谭洪卫</td></tr>
<tr><td>城市生活与冷库科技</td><td>谈向东</td></tr>
<tr><td>上海海洋大学鲸鱼馆科普参观</td><td>谢　晶</td></tr>
<tr><td rowspan="9">制冷领域新技术
形式：专题讲座及咨询
面向企业服务</td><td>热泵热水器技术</td><td>王如竹</td><td rowspan="9">相关企业单位（根据企业需求量身定制内容）</td></tr>
<tr><td>多联机变频技术</td><td>童杏生</td></tr>
<tr><td>冷库技术</td><td>赵育川</td></tr>
<tr><td>低温技术的发展、应用和节能</td><td>巨永林</td></tr>
<tr><td>制冷剂和 CO_2 减排的协议规定和知识</td><td>张　华　蒋能照</td></tr>
<tr><td>汽车空调技术</td><td>陈江平</td></tr>
<tr><td>日本最新空调技术动态</td><td>谭洪卫</td></tr>
<tr><td>制冷空调设备与系统的节能减排</td><td>张　旭</td></tr>
<tr><td>建筑节能监管系统</td><td>龙惟定　谭洪卫</td></tr>
</table>

➢ 专刊主要内容：

a. 制冷历史名人介绍；

b. 低温制冷 ABC 及其节能减排；

c. 制冷设备的能效问题；

d. 空调设备的能效问题；

e. 食品冷藏链节能减排；

f. 制冷和空调系统的节能减排；

g. 空调环境的优化和环保；

h. 小型制冷装置及其系统的应用和节能减排；

i. 环保制冷剂和 CO_2 减排的协议规定和基础知识。

➢ 科普读物主要内容：

a. 低温制冷普及读物；

b. 制冷、空调设备普及读物；

c. 食品冷藏链普及读物；

d. 节能减排和环保普及读物；

e. 冰箱空调普及读物；

f. 城市和家居的空气品质及应对措施。

4）第四届（2010 年）主要活动内容

第四届主要活动内容见表 4-22。

表 4-22　专家讲座单

主　　题	题　　目	主讲专家	单　位
制冷空调与低碳家居生活 形式：社区论坛讲座 学校科普课堂	电冰箱的基础知识	陈国平	上海市质量监督检验技术研究院
	电冰箱的新技术应用		
	电冰箱的使用和节电知识		
	绿色生活及空调节能	张　旭	同济大学
	制冷改变了我们的生活	张　华	上海理工大学
	空调清洗与健康节能	徐文华	同济大学
	低温技术与日常生活的关系	巨永林	上海交通大学
	家庭冬季采暖与节能	周　翔	同济大学
制冷空调与节能减排技术 形式：社区论坛讲座 学校科普课堂	太阳能与自然能源 热泵热水器技术	王如竹	上海交通大学
	世博引领低碳城市	龙惟定	同济大学
	绿色校园与可持续社会	谭洪卫	同济大学
	低温技术的发展、应用和节能	巨永林	上海交通大学
	城市生活与冷库技术	谈向东	上海海洋大学
	家用变频空调技术	童杏生	上海三菱电机上菱空调机电器有限公司
	冷库技术	赵育川	上海市制冷学会

（续表）

主　　题	题　　目	主讲专家	单　位
食品与制冷 形式：社区论坛讲座 学校科普课堂	我国食品安全的现状	谢　晶	上海海洋大学
	冷链食品的品质保证	陆翔华	上海市冷冻食品行业协会
	食品冷藏链与百姓生活的关系	黄　净	上海冷藏库协会
制冷空调领域新 形式：专题讲座及咨询 面向企业服务	建筑节能监管系统	龙惟定	同济大学
	制冷空调设备与系统的节能	张　旭	同济大学
	环保制冷剂替代技术	陈江平	上海交通大学
	制冷剂和碳减排的协议规定和知识	张　华	上海理工大学
	低碳经济时代制冷空调设备的政府采购	吴兆林	上海理工大学

5）第五届（2012 年）主要活动内容

第五届主要活动内容见表 4-23。

表 4-23　专家讲座单

主　　题	题　　目	主讲专家	单　位
家庭供暖 形式： 社区论坛讲座 学校科普课堂 中学生创新论坛	集中分散供暖的技术方案分析	龙惟定	同济大学
	地板辐射采暖	张　旭	同济大学
	热泵采暖在南方地区的应用	陈晓波	大金公司
	家庭冬季采暖与节能	周　翔	同济大学
	家庭热泵采暖系统介绍	—	海立集团
	制冷片在制冷和加热中的应用	黄曾新	向明中学
健康生活与食品安全 形式： 社区论坛讲座 学校科普课堂	食品品质与能耗	包建强	上海海洋大学
	冷冻食品与城市生活	陆翔华　金祖卫	上海市冷冻食品行业协会
	如何选购冷冻食品	陆翔华　金祖卫	上海市冷冻食品行业协会
	我国食品安全的现状与思考	谢　晶	上海海洋大学
	冷库运行与节能管理	—	上海冷藏库协会
健康与空气品质 形式： 专题讲座及咨询 面向企业服务	绿色建筑技术集成	王如竹	上海交通大学
	办公环境的空气净化方法浅谈	徐　军	上海伽思电子科技有限公司
	上海市家庭室内环境与健康状况	连之伟	上海交通大学
	制冷系统仿真与优化	丁国良	上海交通大学
	CDQ™ 高效节能除湿系统	聂　庆	特灵公司
	空调节能新规范简介	施敏琪	特灵公司

（续表）

主　　题	题　　目	主讲专家	单　位
制冷空调节能新技术 形式： 冷冻空调行业专家下企业 专题讲座及咨询	暖通空调节能工程设计总师论坛	寿炜炜　马伟骏	同济大学
	螺杆冷水机组前沿技术	杨利明	开利空调中国机构
	制冷空调与节能减排应用高层论坛	—	上海冷冻空调行业协会
	《消耗臭氧层物质管理条例》制冷空调行业制冷剂管理规范	邵乃宇	上海冷冻空调行业协会
	空调负荷特点及解决方案	孙文哲	上海海事大学
	溶液除湿空调机节能控制	高文忠	上海海事大学
	氨、二氧化碳和氟氯烃制冷系统发展和比较	吴兆林	上海理工大学
	“西臣仕”新颖节能风机　盘管产品推介会	蔡传鑫	上海富田空调设备有限公司

6）第六届（2014年）主要活动内容

第六届主要活动内容见表4-24。

表4-24　专家讲座单

主　　题	题　　目	主讲专家	单　位
制冷空调与健康家居 形式： 社区论坛讲座 学校科普课堂	电冰箱合理使用与节电	陈国平	上海市制冷学会
	绿色生活及空调节能	张　旭	同济大学
	雾霾与室内空气品质	高　军	同济大学
	室内空气净化	李振海	同济大学
	制冷改变了我们生活	张　华	上海理工大学
	空调清洗与健康节能	徐文华	同济大学
	低温技术与日常生活的关系	巨永林	上海交通大学
	家庭冬季采暖与节能	周　翔	同济大学
制冷空调与节能减排 形式： 社区论坛讲座 学校科普课堂	绿色建筑能源系统	王如竹	上海交通大学
	绿色引导生活	龙惟定	同济大学
	低温技术的发展、应用和节能	巨永林	上海交通大学
	直流无刷电机技术在制冷空调领域的应用	邵乃宇	上海冷冻空调行业协会
	“科学使用制冷剂”实务培训	邵乃宇	上海冷冻空调行业协会
	“制冷空调与节能减排应用论坛”	邵乃宇	上海冷冻空调行业协会
	“保护臭氧层”科普宣传	邵乃宇	上海冷冻空调行业协会

（续表）

主　　题	题　　目	主讲专家	单　位
食品与制冷 形式： 社区论坛讲座 学校科普课堂	我国食品安全的现状	谢　晶	上海海洋大学
	冷库安全技术	赵育川	上海市制冷学会
	冰鲜鸡放心吃	包建强	上海海洋大学
	冷冻冷藏食品与配餐市场	金祖卫	上海市冷冻食品行业协会
	冷库安全现状	刘龙昌	上海冷藏库协会
制冷空调领域新技术 形式： 专题讲座及咨询 面向企业服务	区域能源微网	龙惟定	同济大学
	制冷空调现代设计方法	丁国良	上海交通大学
	空气源热泵空调、供暖与热水设计	王如竹	上海交通大学
	制冷空调设备与系统的节能	张　旭	同济大学
	环保制冷剂替代技术	陈江平	上海交通大学
	制冷剂和碳减排的协议规定和知识	张　华	上海理工大学
	载运工兵空调新技术	臧建彬	同济大学
	多功能 VRV 新技术	葛　虹	大金空调营业推进部
	空气净化新技术	葛　虹	大金空调营业推进部
	制冷空调设备的政府采购	吴兆林	上海理工大学

7）第七届（2016 年）主要活动内容

第七届主要活动内容见表 4-25。

表 4-25　专家讲座单

主　　题	讲　座　题　目	主讲专家	单　位
制冷空调与健康家具 形式： 社区论坛讲座 学校科普课堂	日常生活中的低温现象	巨永林	上海交通大学
	居家空调选择小常识	张春路	同济大学
	居家净化器选择小常识	林中平	同济大学
	居家窗户遮阳选择小常识	李峥嵘	同济大学
	空调保养和清洗	冯劲梅	上海应用技术学院
	冬季采暖与健康	周　翔	同济大学
	冰箱省电节能及使用技巧	胡海涛	上海交通大学
制冷空调与节能减排 形式： 社区论坛讲座 学校科普课堂	世界天然气发展状况	林文胜	上海交通大学
	物理学中的制冷低温技术	祁影霞	上海理工大学
	南方采暖的技术	张　旭	同济大学
	保护臭氧层系列宣传	邵乃宇	上海冷冻空调行业协会
	绿色建筑能源系统	王如竹	上海交通大学
	可再生能源技术与市场	王如竹	上海交通大学

（续表）

主　　题	讲　座　题　目	主讲专家	单　位
食品与制冷 形式： 社区论坛讲座 学校科普课堂	我国食品安全的现状与思考	谢　晶	上海海洋大学
	食品品质与能耗	包建强	上海海洋大学
	冷链与食品安全风险	王　欣	上海理工大学
	食源性致病菌的危害和家庭防范	李代禧	上海理工大学
	氨冷库技术	刘龙昌	上海冷藏库协会
	冷冻食品品质鉴定	薛克兴	上海市冷冻食品行业协会
制冷空调领域新技术 形式： 专题讲座及咨询 面向企业服务	暗物质是什么？如何探测	巨永林	上海交通大学
	国家大科学工程——上海光源	王　莉	中科院上海技术物理所
	超导与超流——极低温世界的奇迹	黄永华	上海交通大学
	空中看地球——漫谈红外遥感技术	吴亦农	中科院上海技术物理所
	环保制冷剂及替代进展	张　华	上海理工大学
	新常态下制冷空调行业科技发展	吴兆林	上海理工大学
	−20 ℃下电动汽车热泵系统研发	陈江平	上海交通大学
	蓄冷式冷链物流技术	章学来	上海海事大事
	地铁车辆空调节能最新进展	臧建彬	同济大学
	多孔材料绝热技术及其应用	阚安康	上海海事大事
	互联网对传统制造业的促进	龙惟定	同济大学
	制冷空调系统的数字化设计技术	丁国良	上海交通大学

8）第八届（2018 年）主要活动内容

第八届主要活动内容见表 4-26。

表 4-26　专家讲座单

主　　题	讲　座　题　目	主讲专家	单　位
制冷空调与健康家居 形式： 社区论坛讲座 学校科普课堂	日常生活中的低温现象	巨永林	上海交通大学
	居家空调选择小常识	张春路	同济大学
	居家净化器选择小常识	林忠平	同济大学
	居家窗户遮阳选择小常识	李峥嵘	同济大学
	空调保养与清洗	冯劲梅	上海应用技术学院
	冬季采暖与健康	周　翔	同济大学
	冰箱省电节能及使用技巧	胡海涛	上海交通大学

（续表）

主　　题	讲　座　题　目	主讲专家	单　位
制冷空调与节能减排 形式： 社区论坛讲座 学校科普课堂	天然气与制冷	林文胜	上海交通大学
	物理学中的制冷低温知识	祁影霞	上海理工大学
	南方住宅采暖的技术	张　旭	同济大学
	制冷与保护臭氧层	邵乃宇	上海冷冻空调行业协会
	绿色建筑能源系统	王如竹	上海交通大学
	可再生能源技术与市场	王如竹	上海交通大学
食品与制冷 形式： 社区论坛讲座 学校科普课堂	我国食品安全的现状与思考	谢　晶	上海海洋大学
	食品品质与节能	包建强	上海海洋大学
	冷链与食品安全风险	王　欣	上海理工大学
	食源性致病菌的危害和家庭防范	李代禧	上海理工大学
	冷链知识	刘龙昌	上海冷链协会
	冷冻食品品质鉴定	薛克兴	上海市冷冻食品行业协会
制冷空调领域新技术 形式： 专题讲座及咨询 面向企业服务	暗物质是什么？如何探测？	巨永林	上海交通大学
	国家大科学工程——硬X射线工程	何　焰	上海建筑设计研究院有限公司
	超导与超流——极低温世界的奇迹	黄永华	上海交通大学
	空中看地球——漫谈红外遥感技术	吴亦农	中科院上海技术物理所
	环保制冷剂及替代进展	张　华	上海理工大学
	新常态下制冷空调行业科技发展	吴兆林	上海理工大学
	-20 ℃下电动汽车热泵系统研发	陈江平	上海交通大学
	蓄冷式冷链物流技术	章学来	上海海事大学
	地铁车辆空调节能最新进展	臧建彬	同济大学
	多孔材料绝热技术及其应用	阚安康	上海海事大学
	互联网对传统制造业的促进	龙惟定	同济大学
	制冷空调系统的数字化设计技术	丁国良	上海交通大学

4.4 夏安世教授教育基金会

4.4.1 夏安世教授教育基金会的建立和发展

1996 年 4 月，上海交通大学、上海市制冷学会和上海冷冻空调行业协会联合成立了“夏安世教授教育基金会”，原上海市长汪道涵同志亲笔为基金会题词。基金会旨在发展我国制冷空调事业、培养制冷空调人才，缅怀已故的中国制冷与低温技术专业创始人夏安世教授。

夏安世教授于 1922 年赴德留学，1928 年毕业于德国卡尔斯鲁厄（KARLSRUHE）大学机械工程系，1931 年研究溴化甲烷离心式制冷工艺获德国机械工学博士学位。回国后夏安世教授为我国的教育、机械、与制冷事业倾注了毕生的精力，他对中国制冷空调专业的发展作出了卓越的贡献。他曾与苏联专家阿列克赛耶夫教授协作在西安交通大学创建了我国高校中第一个制冷专业，并在上海交通大学创建了制冷工程专业。夏安世教授致力于制冷学会工作，亲自筹建了上海市制冷学会，并于 1985 在上海主持召开了“低温工程国际学术讨论会”，为开拓我国与国外同行的国际交往做出了极大的努力。1979 年后，夏安世教授曾三次随团出访西欧、北欧等 11 国，在引进先进技术、寻求合作、建立联系等方面起了很大的作用，对密切中德经济、技术、文化交流合作做出了不可磨灭的贡献。由于夏安世教授一直在中国的教育事业耕耘，1981 年在他获得德国博士学位 50 周年之际，他荣幸地获得了母校卡尔斯鲁厄大学博士金年奖章。

夏安世教授教育基金会是我国制冷教育事业的专项基金会，基金会面向全国 13 所知名高校制冷低温、暖通空调（建环）专业评选出优秀的博士、硕士和本科生，以及在科研上取得突出成就的知名教授，为其颁发“优秀学生奖”和“杰出教授奖”。

夏安世教授教育基金会与雷诺士（Lennox Global LTD）、开利、双良、三花等著名企业有着良好的合作关系，基金会通过每年企业的冠名赞助而滚动发展。首届夏安世教授奖学金“上海一冷一开利奖”于 1997 年 6 月颁发，第二届夏安世教授奖学金“江苏双良一特灵奖”于 1998 年 5 月颁发。自 1999 年起，由美国雷诺士集团公司冠名奖励奖学金，从 2000 年第四届开始，基金会设立雷诺士奖教金，表彰在制冷专业培养人才方面做出突出贡献的专业教授。2006 年开始因业务发展需要，雷诺士冠名改由其子公司西克公司（Heatcraft Award）赞助，2018 年西克由瑞典百尔制冷（BEIJER REF）公司收购，当年奖励改为百尔制冷奖。2019 年开始奖学金和奖教金开始由浙江三花集团冠名。

评奖活动每年举行一次，至 2020 年已历 24 届，全国共有 13 所高校 216 名本科生、26 名硕士生、57 名博士生和 29 名教授获奖。可以说夏安世教授教育基金会把奖学金和奖教金授予了中国制冷空调界最杰出的学生和教授。

4.4.2 1997—2020 年历届夏安世教授教育基金会奖学金、奖教金获奖名单

1. 优秀学生奖学金获奖名单

第一届（1997 年）夏安世教授——上海一冷-开利奖

华中理工大学：张　巍

上海交通大学：寿海波

上海理工大学：张征鸿

西安交通大学：董　颖

第二届（1998 年）夏安世教授——江苏双良-特灵奖

华中理工大学：刘　莹

清华大学：杨建荣
上海交通大学：徐　艇
上海理工大学：沈　尧
同济大学：丁文婷
西安交通大学：唐承志
浙江大学：季益华

第三届（1999年）夏安世教授——雷诺士奖
华中理工大学：胡　伟
清华大学：陈华俊
上海交通大学：张　敏　张　鹏（博士研究生）　张春路（博士研究生）
上海理工大学：雷　鸣
同济大学：曾　艺
西安交通大学：李　悦　李世岗（博士研究生）
浙江大学：钟永芳　王剑峰（博士研究生）

第四届（2000年）夏安世教授——雷诺士奖
华中理工大学：刘　煜
清华大学：王宝龙
上海交通大学：司徒伟光　李　明（博士研究生）
上海理工大学：李　鹏
同济大学：周洁玫　初春玲（硕士研究生）
西安交通大学：朱朝辉　侯　予（博士研究生）
浙江大学：汤　珂

第五届（2001年）夏安世教授——雷诺士奖
华中理工大学：徐虹玲
清华大学：孟彬彬　康艳兵（博士研究生）
上海交通大学：景步云　曲天非（博士研究生）
上海理工大学：王文华
同济大学：何　婧
西安交通大学：米廷灿　刘井龙（硕士研究生）
浙江大学：翁　宇

第六届（2002 年）夏安世教授——雷诺士奖
清华大学：刘晓华
上海交通大学：陈　戈　孙志高（博士研究生）
上海理工大学：王芳芳
同济大学：蒋　骞
西安交通大学：包　涛　焦安军（博士研究生）　王　俊（硕士研究生）
浙江大学：包　锐
华中理工大学：邓芳芳

第七届（2003 年）夏安世教授——雷诺士奖
清华大学：张　颖
上海交通大学：张　洁　赵鹏程（硕士研究生）
上海理工大学：吴正贞
同济大学：沈列丞
西安交通大学：郝　亮　王　强（博士研究生）
浙江大学：陈国栋　蒋彦龙（博士研究生）
华中理工大学：朱金波

第八届（2004 年）夏安世教授——雷诺士奖
上海交通大学：陆　平　王丽伟（博士研究生）
西安交通大学：杨国用
清华大学：钱　科　林波荣（博士研究生）
浙江大学：李卓裴　欧阳录春（博士研究生）
同济大学：叶　盛
华中理工大学：张纪庄
上海理工大学：刘　鹏

第九届（2005 年）夏安世教授——雷诺士奖
哈尔滨工业大学：孙婷婷
清华大学：关　平　杨　瑞（博士研究生）
上海交通大学：沈　飚　倪久健（硕士研究生）
华中理工大学：刘璇斐
上海理工大学：庄　勤
同济大学：刘　倩

西安交通大学：孙善秀　林韶宁（硕士研究生）
浙江大学：赖碧翚　汤　珂（博士研究生）

第十届（2006年）夏安世教授——西克奖
哈尔滨工业大学：蒙建东
清华大学：王　闯　刘晓华（博士研究生）
上海交通大学：林　芃　邓　云（博士研究生）
华中理工大学：任　嘉
上海理工大学：刘美静　李　军（硕士研究生）
同济大学：黄艳玲
西安交通大学：陈　良
浙江大学：孟令翚　黄永华（博士研究生）

第十一届（2007年）夏安世教授——西克奖
哈尔滨工业大学：李　宁
华中科技大学：易　超
清华大学：严　玢
上海交通大学：赵　剑　杜志敏（博士研究生）
上海理工大学：李　蒙　肖　鑫（硕士研究生）
同济大学：邹　抒
西安交通大学：王　磊　任挪颖（硕士研究生）
浙江大学：鲍君香　包　锐（博士研究生）

第十二届（2008年）夏安世教授——西克奖
哈尔滨工业大学：唐勇辉
华中科技大学：罗思璇
清华大学：张海强　夏春海（博士研究生）
上海交通大学：白　伟（硕士研究生）　李廷贤（博士研究生）
西安交通大学：苏学美　赵　华（硕士研究生）
浙江大学：曹潇翚
同济大学：于　楠　梁　浩（硕士研究生）
上海理工大学：葛琪林

第十三届（2009）夏安世教授——西克奖
哈尔滨工业大学：孙　琼

华中科技大学：梅佩佩
清华大学：沈　启　莫金汉（博士研究生）
上海交通大学：胡晓晨　葛天舒（硕士研究生）
上海理工大学：张　林
西安交通大学：余庆华　祝银海（博士研究生）
同济大学：张　锐
浙江大学：周　正
东南大学：殷勇高（博士研究生）

第十四届（2010 年）夏安世教授——西克奖
哈尔滨工业大学：王　锐
华中科技大学：郭　斌
清华大学：周　欣
上海交通大学：殷礼鸣　兰　丽（博士研究生）
上海理工大学：耿　直
同济大学：苏　醒（博士研究生）
西安交通大学：沈九兵　陈二峰（博士研究生）
浙江大学：张楷浩
湖南大学：李叶红　李　靖（硕士研究生）
哈尔滨商业大学：史雪菲
上海海洋大学：赵嵩超
天津商业大学：张珊珊

第十五届（2011 年）夏安世教授——西克奖
哈尔滨工业大学：张辰公
华中科技大学：杜正健
清华大学：祝　侃　陈　淳（硕士研究生）
上海交通大学：陈　强　腊　栋（博士研究生）
西安交通大学：张　扬　王　凯（博士研究生）
同济大学：罗　平
浙江大学：姜　晓
东南大学：金　星（硕士研究生）
湖南大学：黎航欣
哈尔滨商业大学：张俊淼
上海海洋大学：王崇愿

天津商业大学：黄　璐

第十六届（2012年）夏安世教授——西克奖
哈尔滨工业大学：张　龙　董建锴（博士研究生）
华中科技大学：陈　瑶
清华大学：李　崎
上海交通大学：卢　军　高　婷（博士研究生）
浙江大学：刘东立　雷　田（硕士研究生）
上海理工大学：肖瑞雪
同济大学：徐小芬
湖南大学：曾　璟
西安交通大学：朱　康　陈双涛（博士研究生）
哈尔滨商业大学：姚　岚
上海海洋大学：王惠惠
天津商业大学：牛亚飞

第十七届（2013年）夏安世教授——西克奖
哈尔滨工业大学：唐胜楠　沈　朝（博士研究生）
华中科技大学：程　哲
清华大学：唐海达　周　斌（硕士研究生）
上海交通大学：白泽宇　沈　飚（博士研究生）
东南大学：杨　柳（博士研究生）
上海理工大学：李　佳
同济大学：王　璟
西安交通大学：马　原
浙江大学：管文洁
哈尔滨商业大学：叶　琴
上海海洋大学：王　宇

第十八届（2014年）夏安世教授——西克奖
哈尔滨工业大学：任　燕
华中科技大学：刘　东
清华大学：翟　上　张　伦（博士研究生）
上海交通大学：徐圣知　江　龙（博士研究生）　肖　鑫（博士研究生）
同济大学：汪郁露

西安交通大学：陈鹏玮　李霁阳（硕士研究生）
浙江大学：章　杰
湖南大学：周　岩
哈尔滨商业大学：于海峰
上海海洋大学：徐旻晟
天津商业大学：王亚男

第十九届（2015年）夏安世教授——西克奖
哈尔滨工业大学：王玉书
华中科技大学：王江宇
清华大学：柳　珺　吴　伟（博士研究生）
上海交通大学：许旭东　余　楠（博士研究生）
上海理工大学：李　萍
同济大学：毛嘉晨　袁　晗（硕士研究生）
西安交通大学：陈　晨　周媛媛（博士研究生）
浙江大学：孙　潇
哈尔滨商业大学：陈　静
上海海洋大学：唐　婉
天津商业大学：向　柳

第二十届（2016年）夏安世教授——西克奖
哈尔滨工业大学：王　斌
华中科技大学：张敬民
清华大学：刘效辰　施珊珊（博士研究生）
上海交通大学：王理楠　郑　旭（博士研究生）
同济大学：王如晗
西安交通大学：卢家伦　林　杰（硕士研究生）
浙江大学：曾昭赟　高　能（博士研究生）
上海理工大学：刘　畅
哈尔滨商业大学：李翠翠
上海海洋大学：兰　娇
天津商业大学：李　超

第二十一届（2017年）夏安世教授——西克奖
哈尔滨工业大学：赵文萱

华中科技大学：王小曼
清华大学：孙之炜　刘星如（硕士研究生）曹建平（博士研究生）
上海交通大学：张布衣　贺天彪（博士研究生）
上海理工大学：申　璐
同济大学：汤晟怡
西安交通大学：邢美波（博士研究生）
浙江大学：黄志远
哈尔滨商业大学：刘亚斌
湖南大学：张蔚林
上海海洋大学：祝　慧
天津商业大学：席肖桐

第二十二届（2018年）夏安世教授——百尔制冷奖
哈尔滨工业大学：马晨钰
华中科技大学：简亲平
清华大学：伍倩莹　沈　翀（博士研究生）
上海交通大学：鄢元波　许婧煊（硕士研究生）林灵楠（博士研究生）
同济大学：张勤灵　杜博文（硕士研究生）
西安交通大学：任建华
浙江大学：李晓阳
上海海洋大学：杨　迪
上海理工大学：赵晨阳
哈尔滨商业大学：闫淑晴
天津商业大学：王海丹

第二十三届（2019年）夏安世教授——三花奖
哈尔滨工业大学：田金乙（博士研究生）
华中科技大学：孟子丁
清华大学：陈其威　赵月靖（硕士研究生）
上海交通大学：常守金　马　非（博士研究生）
西安交通大学：袁恒川　宋昱龙（博士研究生）
浙江大学：王亚彬
同济大学：傅悦聪
东南大学：霍雅超
湖南大学：谢午豪

上海海洋大学：刘诗羿
上海理工大学：姚安琪
天津商业大学：崔　奇

第二十四届（2020年）夏安世教授——三花奖
哈尔滨工业大学：叶安琪、张　龙（博士研究生）
华中科技大学：刘　蕾
清华大学：王佳妮　施雨晨（硕士研究生）
上海交通大学：谢明熹　仵　斯（博士研究生）
西安交通大学：吴思远
同济大学：赵恒昕
浙江大学：王珞畅
东南大学：张佳钰
湖南大学：刘　杰
哈尔滨商业大学：孟庆瑶
上海海洋大学：姚能智
上海理工大学：胡茜芮　柳　毅（硕士研究生）

2. 杰出教授奖获奖名单

第四届（2000年）夏安世教授——雷诺士杰出教授奖
上海交通大学：陈芝久
上海理工大学：华泽钊
同济大学：陈沛霖
第五届（2001年）夏安世教授——雷诺士杰出教授奖
浙江大学：陈国邦
西安交通大学：陈纯正
华中科技大学：郑贤德
第六届（2002年）夏安世教授——雷诺士杰出教授
清华大学：江　亿
上海交通大学：顾安忠
西安交通大学：吴业正
第七届（2003年）夏安世教授——雷诺士杰出教授奖
西安交通大学：吴裕远
第八届（2004年）夏安世教授——雷诺士杰出教授奖

（空缺）
第九届（2005 年）夏安世教授——雷诺士杰出教授奖
西安交通大学：束鹏程
第十届（2006 年）夏安世教授——西克杰出教授奖
西安交通大学：李连生
第十一届（2007 年）夏安世教授——西克杰出教授奖
西安交通大学：邢子文
第十二届（2008 年）夏安世教授——西克杰出教授奖
同济大学：范存养
西安交通大学：何雅玲
第十三届（2009 年）夏安世教授——西克杰出教授奖
上海交通大学：王如竹
第十四届（2010 年）夏安世教授——西克杰出教授奖
（空缺）
第十五届（2011 年）夏安世教授——西克杰出教授奖
清华大学：张寅平
上海理工大学：张　华
第十六届（2012 年）夏安世教授——西克杰出教授奖
（空缺）
第十七届（2013 年）夏安世教授——西克杰出教授奖
东南大学：张小松
上海交通大学：代彦军
第十八届（2014 年）夏安世教授——西克杰出教授奖
上海海洋大学：谢　晶
第十九届（2015 年）夏安世教授——西克杰出教授奖
上海交通大学：丁国良
浙江大学：邱利民
第二十届（2016 年）夏安世教授——西克杰出教授奖
清华大学：付　林
上海交通大学：陈江平
第二十一届（2017 年）夏安世教授——西克杰出教授奖
上海交通大学：吴静怡
第二十二届（2018 年）夏安世教授——百尔制冷奖杰出教授奖
上海交通大学：王丽伟
第二十三届（2019 年）夏安世教授——三花奖杰出教授奖

浙江大学：金　滔

第二十四届（2020 年）夏安世教授——三花奖杰出教授奖

西安交通大学：曹　锋

4.4.3　夏安世教授逝世 30 周年缅怀会

2016 年是夏安世教授逝世 30 周年，也是夏安世教授教育基金会成立 20 周年，为了纪念这位中国制冷技术的先驱，由上海交通大学制冷与空调研究所、上海市制冷学会、上海冷冻空调行业协会以及夏安世教授教育基金会联合举办的以“专业先驱、业界楷模”为主题的夏安世教授缅怀会于 2016 年 12 月 22 日下午在交大中意绿色能源楼召开。

会议由交大王如竹教授主持，交大制冷所副所长林文胜教授作了夏安世教授生平介绍及夏安世教育基金 20 年的回顾。谢晋康研究员、董天禄教授级高工、陈之久教授、鲍士雄教授、韩厚得教授、夏老女儿夏仰玲教授级高工等都作了发言。

夏老是广东人，赴德国学习制冷技术，获德国机械工学博士学位，学成回来报效祖国，可当时 30 年代的中国，没有制冷专业，他只能改行，从事交通运输、机械制造方面的工作。直至新中国成立，第一个五年计划，国家设置制冷专业，才有机会让夏老创办我国第一个制冷专业学科，他是西安交大、上海交大两校制冷专业的创建者和上海市制冷学会的筹建者、也是上海冷冻空调行业协会专家顾问团的筹办者，他组织和参与过多种重要辞书的编写和修订工作，他为上海乃至中国制冷事业的发展、为中欧经济、技术和文化的交流与合作作出了不可磨灭的贡献。夏老一直说，一个人的业务专长发挥、发展是离不开国家与社会处境的发展的！夏老以 83 岁的高龄出差广东以至积劳成疾不幸离逝。

大家动情地回忆起夏老的许多“小事”，比如把用过的旧信封翻转过来继续使用，为筹备国际会议邀请外国专家亲自写信，贴邮票，每人 5 封信，对年轻科技人员不遗余力地提携等，这些都反映了夏老高尚的人品。

丁国良教授、张华教授、谢晶教授作为夏安世教授教育基金会颁发的年度最佳教授的受奖者也作了感言，他们讲得最多的是感恩和传承。由于夏老使他们和制冷结缘，并为此作为终身事业，表示要将夏老的精神代代传承下去的，为实现“制冷强国”梦而为之努力。

上海市建筑科学研究院副院长杨建荣，当年作为清华的本科生获得基金会第二届的颁奖，他也专门发来短文纪念夏老，他回忆说正是因为那次的获奖，让他一个北方学子第一次走进了大上海，毕业后选择了在上海工作，从事建筑节能相关工作，并继续受益于夏老一生的贡献。

作为基金会的长期合作伙伴美国雷诺士集团西克环球制冷亚洲有限公司曾昀昭经理也代表西克制冷在会上作了发言。

陈江平教授作为当年受奖教授时值出差在外，专门写来条幅纪念夏老：“夏师仙逝已三十，焉知桃李早成千。遥念先生桑竹意，恩泽后辈千百年。”

邵乃宇秘书长在会上表示目前中国正处于大国向强国转变的阶段，制冷行业也迎来了新的契机，因此弘扬老一辈制冷人的敬业精神十分必要，这也是举行缅怀会议的意义所在。

会议热闹非凡，你一句我一句，不知不觉天暗了下来，但大家依然意犹未尽，感慨万分：夏老虽然已经走了30年了，但他为人正直、勤奋、不计较个人得失，提携后辈不遗余力，为制冷行业的发展做出了不可磨灭的贡献的高贵品质让后人深深铭记于心，且为我辈之表率也。

会后大家济济一堂合影留念，许多同志还专门在夏老的塑像前合影。

4.5 制冷期刊

4.5.1 《制冷技术》期刊的创刊和发展

1. 期刊创刊及发展历程

《制冷技术》期刊是上海市制冷学会会刊，1981年12月创刊。《制冷技术》是在上海市制冷学会首任理事长、我国制冷界先辈和制冷学科创始人夏安世教授的倡议下，首届理事会秘书长黄瑞泉亲自申办下诞生的。30多年来，杂志的质量和水平有了很大的提高，已成为我国制冷与空调领域具有广泛影响的刊物。

《制冷技术》，期刊英文名称为 *Chinese Journal of Refrigeration Technology*，国内连续出版刊物号：CN31—1492/TB，国际连续出版刊物号：ISSN 2095—4468；2012年，内芯由64页拓展为80页；2014年，由季刊改为双月刊；设置栏目有：专题综述、设计与计算、试验与研究、节能减排、应用技术发展概况、国外技术、空调市场、技术讲座、标准与规范、事故分析、安装运转、维修与保养、空调与冷冻技术问答、新产品信息、学会动态、会议信息、出版信息、制冷文摘等，并有较多的行业产品信息。

《制冷技术》杂志自2000年7月起加入《中国学术期刊（光盘版）》和《中国期刊网》全文数据库。近年来已入选：《中国学术期刊影响因子年报》统计源期刊，中国核心期刊（遴选）数据库收录期刊，中国期刊全文数据库（CJFD）全文收录期刊，中文科技期刊数据库（维普网）全文收录期刊，万方数据—数字化期刊群收录期刊，中国学术期刊文摘收录期刊（CSAC），中国学术期刊综合评价数据库来源期刊（CAJCED），超星期刊域出版平台全文收录期刊，中国科学引文索引（CSCI）数据库收录期刊，中国期刊网全文上网期刊，中国学术期刊文摘收录期刊，中国学术期刊综合评价数据库来源期刊，中国人文社科数据库来源期刊。

《制冷技术》杂志在30多年中始终得到各大专院校、研究院所和制造厂商的支持，得到了全国广大读者的认可和欢迎。特别是上海市制冷学会的专家教授们，为促进我国制冷空调事业发展贡献力量，不计报酬，为广大读者传授自己的经验和心得。《制冷技术》杂志在经济上得到了国内制冷空调行业重点企业的帮助，包括联合开利（上海）空调有限公司、国际铜业协会、国家节能环保制冷设备工程技术研究中心、冰轮环境技术股份有限公司、青岛海尔智能技术研发有限公司、上海海立电器有限公司、东芝开利空调销售（上海）有限公司、福建雪人股份有限公司、艾默生环境优化技术（苏州）有限公司、大连三洋制冷有限公司、上海富田空调冷冻设备有限公司、江苏唯益换热器有限公司、丹佛斯换热器有限公司、杭州三花研究院有限公司和江苏双良空调设备股份有限公司等企业作为协办单位长期给予了支持，也为我国制冷与空调领域的研究人员、工程技术人员和大专院校师生提供了研究创作和交流的园地。

《制冷技术》杂志邀请行业内的重点企业，加入期刊理事单位，到目前为止，期刊理事单位共有 8 家：国际铜业协会、国家节能环保制冷设备工程技术研究中心、冰轮环境技术股份有限公司、青岛海尔智能技术研发有限公司、上海海立电器有限公司、东芝开利空调销售（上海）有限公司、福建雪人股份有限公司、艾默生环境优化技术（苏州）有限公司。

期刊投稿论文数量逐年增加，期刊论文质量逐年提升，影响因子也逐年提高。在 2015 年综合影响因子提升为 1.019，当年在全国所有工程技术类期刊中排名第 1 位。

2016 年度，期刊申请的项目“面向制冷行业中国创造转型需求的《制冷技术》期刊创新发展模式与品牌建设”获得上海新闻出版专项资金资助，资助金额 10 万元，项目已经顺利结题，期刊论文质量及行业影响力得到良好的提升。

2. 期刊主要内容

《制冷技术》杂志的内容努力做到紧紧围绕国内外制冷空调技术发展热点，以满足广大读者学习和了解新科技知识的需求。主要做了以下几项工作。

（1）为配合保护臭氧层国际公约的实施，《制冷技术》杂志在 1990 年第 10 卷第 2 期出版了“氯氟烃制冷剂对大气层的影响”的 CFCs 制冷剂专辑，并在以后各期开辟 CFCs 制冷剂专栏，传播 CFCs 制冷剂替代技术和回收技术，唤起各个方面的关注，起到积极的社会效果。随后，还着重报道了应用 CO_2 替代 R22 和 R134a 的制冷剂研究和应用的进展。

（2）当 1990—1994 年上海市制冷学会广大会员揭露伪科技“顾氏循环”时，《制冷技术》杂志开辟“顾氏循环”专栏，组织专家开展讨论，用科学的观点批驳了“顾氏循环”。

1994 年编辑部和上海科技报合作，在上海科技报上发表了揭示“顾氏循环”真相的文章，引起了国内制冷界极大的反响。在 2008 年第 28 卷第 3 期，还跟踪报道了科龙公司诉格林柯尔和顾雏军案的判决。

（3）从创刊开始就重视举办各种连载讲座和报道。先后刊登了小型冷库设计讲座、氟利昂配管设计讲座、美国 ASHRAE 标准新修订情况以及长达 33 讲的美国艾默生公司压缩机应用技术讲座等，都得到了广大读者的欢迎和好评。

（4）2005—2007 年，围绕国内制冷空调技术发展热点，配合 2004 年 11 月学会第 2

专业委员会举办的“2004螺杆制冷技术研讨会”、2005年10月学会第2专业委员会举办的“2005冷热电三联供技术研讨会”和2006年11月学会第2专业委员会举办的“变容量调节的制冷空调技术研讨会”，选登研讨会上发表的优秀论文。

（5）2010年9月出版《制冷技术》第30卷增刊，刊登上海各设计院所和大专院校关于“2010年上海世博会”空调冷热源和绿色节能技术的优秀论文。

（6）围绕节能与减排的技术发展热点，介绍喷射制冷和绿色空调等先进技术；在2010年6月出版的《制冷技术》杂志第30卷第2期“空调小管径换热器研究专栏”报道空调换热器采用小管径铜管的最新研究进展；在2010年12月出版的《制冷技术》杂志第30卷第4期“武汉空调会议专栏”，刊登“2010年第6届全国制冷空调研讨会”上发表的优秀论文。

（7）2014年第一期出版了空气源热泵专刊，2014年第三期出版了氨制冷专刊。

（8）2015年第二期出版了热泵专刊。

（9）2015年至今，每年出版一期中国制冷行业发展分析报告的增刊，得到行业内的广泛关注和好评。

（10）2017年申请了期刊微信公众号，建设和完善了期刊网页和在线投稿系统，及时推送期刊刊登的最新论文以及行业的最新进展。

（11）2020年第二期出版了“2022年北京冬奥会自然工质制冷技术”专刊，第四期出版“热泵干燥制冷技术”专刊。

4.5.2 《制冷技术》期刊编辑部开展的主要活动

《制冷技术》杂志编辑部在办好会刊的同时积极开展多种活动，主要做了以下几项工作。

1. 普及制冷空调科技知识

为普及制冷空调科技知识，在1988—1994年连续在《制冷技术》期刊上举办了7届知识竞赛。全国广大读者踊跃参赛，参赛者遍及全国23个省市，引起了很好的反响。

2. 发挥上海地区人才优势

为了推动我国制冷空调行业加快采用国际标准步伐，在机械部通用机械研究所的建议下，充分发挥上海地区人才优势，在1983—1988年会同上海市通用机械技术研究所组织专家教授在全国首次翻译出版了世界权威标准——美国ASHRAE标准和ARI标准共112项，达250万字。以后又在1998年组织翻译了ARI新版标准共73项达100万字。有力地促进了我国制冷界采用国际标准的进程。

3. 联合举办专业函授班

1991年起与上海城建学院联合举办《制冷空调与冷藏》专业刊授班，共两期。

4. 承办全国溴化锂吸收式制冷机和热泵技术展览会

1994—1997年参加中国制冷空调工业协会主办的全国溴化锂吸收式制冷机和热泵技术展览会的承办工作，为推广应用吸收式和热泵机组起到积极作用。

5. 举办优秀论文评选活动

"开利杯"《制冷技术》优秀论文奖由上海市制冷学会创立于2008年，由开利空调销售服务（上海）有限公司独家冠名赞助，旨在表彰《制冷技术》期刊上的优秀论文作者。评奖周期由原先的一年一次发展到现在的两年一次。

6. 报送期刊优秀论文参加评选

将《制冷技术》期刊优秀论文报送到中国制冷学会参加优秀论文评选，并取得不错的成绩。例如2017年度有8篇论文获得中国制冷学会优秀论文奖（一等奖2篇，三等奖6篇）。

7. 定期召开编委会会议

定期召开编委会会议（两年一次），讨论期刊的发展建议。

8. 参加中国制冷空调新技术研讨会

参加由中国制冷学会和上海交通大学主办的全国制冷空调新技术研讨会（每两年一次），并优选刊登会议论文作为期刊论文。如2008年《制冷技术》第6期撰写《全国制冷空调新技术会议反映的研究热点》。

9. 参加中国制冷展和中国制冷学会学术年会

每年在中国制冷展期间，在展会上免费发放5 000本期刊，扩大期刊影响力。参加中国制冷学会学术年会，对专题技术进行跟踪报道，并邀请专家撰写特邀论文。如在2017年《制冷技术》第2期撰写《中国国际制冷展反映的最新制冷技术进展》。

10. 服务于制冷行业骨干企业，在网站和微信公众号上报道行业及会员单位成果

《制冷技术》期刊对制冷行业骨干企业进行技术支持和服务，协助企业科研人员进行论文撰写和修改（期刊中约50%的论文为"产学研"合作论文或企业研发技术论文）；期刊编辑部及时与企业进行交流和沟通，在网站和微信公众号上报道行业及会员单位的技术和产品研发等成果。

五、资深专家篇

参编人员

统 稿 人：邵乃宇　徐雪琴

编　　者（按姓氏笔画为序）：

吴　恺　张　旭　陈芝久　林文兰　林　枞　夏仰玲　顾建中

徐先棣　黄永正　蒋能照　谢　晶

❄分 序

在《上海制冷史》最初规划时，我就考虑要讲一讲上海制冷空调资深专家的故事，他们其中有的是我的老师，有的是我担任协会会长、秘书长时结识的前辈，更多的是在长期工作中的同事，耳濡目染了他们为上海制冷空调技术进步和产业发展做出的贡献，《上海制冷史》应该记载他们的生平，叙述他们的事迹，留待后人铭记。

但在听取专家意见并予以落实时，进展并不顺利，不少老专家谦逊低调，认为他们所做的工作和成就微不足道，不值得宣传。

事实上，上海作为中国制冷空调技术的发源地，最早的应用地、最早的制造业、最早的专业学科，集聚了一大批卓有建树的专家。并由这批制冷界的先驱开创并代代相传的"敢为人先、精益求精"的传统和精神，才有了上海地区制冷空调行业的欣欣向荣和长盛不衰。为此，我做了不少的工作，其间也有多次反复，最后将此篇章确定了下来。

在这个篇章里，我们收录了30位基本年龄在80岁以上的专家。

其中有最早国外学成，回国报效祖国的翁斯鑑、夏安世老先生；有制造业的"大姜工小姜工兄弟俩"；有冷冻冷藏界的"大林工小林工"；也有我国制冷空调专业第一批的本科生和研究生；还有我国派苏留学生；平均年龄91.5岁，年龄最长者翁斯鑑教授还是19世纪的老人。

上海制冷界正是由这批前辈并由他们带出的一批批学生，撑起了上海地区及全国制冷空调行业的发展，今天我们在这里记叙他们的生平和成就，弘扬他们热爱祖国、不计名利、提携后辈的高尚品德，更重要的是传承制冷空调前辈们自力更生、奋发图强、开拓进取的精神。

上海地区制冷空调行业将会继续发展，中国制冷空调行业由大转强的步伐将会进一步加快，优秀人物亦会不断涌现。我也期待，将来在本书的第二版中把上海地区制冷界优秀专家们的故事继续讲下去，让"敢为人先、精益求精"的精神不断传承，使上海地区制冷空调行业不断做大做强。

2021年6月于上海

❄概　述

上海制冷空调产业的形成和发展，离不开众多制冷空调资深专家的辛勤劳动，他们中有最早国外学成回国，报效祖国，并开创制冷空调专业学科的先驱；有自力更生，在一穷二白的基础上，创造出无数个“第一”，奠定全国最早、最完整的制冷空调制造业的翘楚；有在制冷空调工程应用中屡献佳作、满足人民美好生活向往以及国民经济需要的大师；他们中也有新中国制冷空调专业培养的第一批的本科生和研究生；也有我国派苏留学生。正是由这批前辈并由他们带出的一批批学生，支撑了上海地区乃至全国制冷空调产业的发展，本篇记叙的不仅仅是他们的生平和成就，更重要的是传承“敢为人先、精益求精”的精神。

资深专家简介

翁斯鑑（1898 年 3 月—1973 年 6 月）

翁斯鑑，曾用名翁也鲁，男，浙江定海人，教授。

翁斯鑑先生 1915 年毕业于浙江宁波甲种工业学校金工科，1919 年自费赴日本东京学习日语，次年公费考入日本东京高等工业学校机械科学习。1924 年毕业。

1926 年回国后担任上海永新冷藏制冰厂技师，主管冷冻机械技术工作。在氨制冷系统方面知识渊博，曾发明冷库隔热半碳化板、无胶结剂软板等。1939 年舟山沦陷，日军数次诱其“合作”并以焚房相威胁，翁斯鑑先生无所畏惧，隐蔽海岛。1941 年重返上海，自营大成软木工业社，停业后任大德新榨油厂、新华薄荷油厂技师。1943 年，在出任华丰钢铁厂副厂长兼技师时，因反对接受侵华日军加工任务而愤然辞职。抗战胜利后，出任中华水产公司技师兼华济冷冻厂厂长，参与制定全国水产冷冻事业发展规划。

中华人民共和国成立后，翁斯鑑先生调至上海水产学院任教，主持水产加工专业冷冻技术课程的教学工作，曾任制冷教研室主任。1961 年起为上海机械工程学会制冷核心组成员。翁斯鑑先生致力于发展制冷学科，相继编著《冷冻学》讲义、《制冷技术》等教科书。在他的努力下，学校于 1958 年正式成立冷冻专业，为国内最早设置该专业的高等水产院校之一，培养社会急需的制冷人才。

翁斯鑑先生是我国冷冻工程教授，知名冷冻工程专家。

夏安世（1903 年 5 月 1 日—1986 年 4 月 13 日）

夏安世，男，广东新会人，教授。

夏安世先生于 1922 年赴德留学，1926 年毕业于德国卡尔斯鲁厄大学机械工程系，1931 年研究溴化甲烷离心式制冷工艺获德国机械工学博士学位。他的导师当时是国际制冷学会主席勃兰克（Prank）教授，他的博士论文被编入 1931 年德国科学年鉴。1981 年获母校德国卡尔士鲁厄工业大学授予“博士金年纪念证书”殊荣，赞誉并庆贺其获得学位五十周年仍工作在事业岗位上，及对两国科学技术交往所做的贡献，并授予其德国机械工程师学会荣誉会员称号。

夏安世先生从德国学成回来后，因当时 30 年代的中国没有制冷专业，只能改行，从事交通运输、机械制造方面的工作。直至中华人民共和国成立，第一个五年计划，国家设置制冷专业，夏安世先生创办了我国第一个制冷专业学科。

夏安世先生曾任华东工业部机械处副处长、中国机械工程学会常务理事、上海市机械工程学会理事长、中国制冷学会理事、上海市制冷学会理事长、上海交通大学制冷工程教研室主任等职。他是西安交大，上海交大两校制冷专业的创建者和上海市制冷学会的筹建者。他曾组织和参与过多种重要辞书的编写和修订工作。他为上海乃至中国制冷事业的发展作出了不可磨灭的贡献。

夏安世先生为开拓我国与英、法、日、美、联邦德国等国同行的国际交往作出了极大的努力。1979 年以后曾三次出访北欧、西欧等 11 个国家。在引进技术、寻求合作、特别是取得与联邦德国巴登—符腾堡州对我国 60 余人次留学人员的赞助起了极大的作用，对于密切中德经济、技术和文化交流合作起到了重要的作用。

夏安世先生致力于我国的制冷学会工作，倾注了大量心血。1978 年中国制冷学会成立时他当选为第一届理事会理事兼第一专业委员会委员，其后他又积极筹建上海市制冷学会，并于 1981 年当选为第一届理事会理事长。由于他对制冷事业作出的突出贡献，在上海市制冷学会第二届理事会上夏安世教授被推选为名誉理事长。1985 年在上海主持召开了“上海低温工程国际学术会议”，扩大了中国低温技术在国际上的影响。此外，他还被聘任为“中国大百科全书·机械工程·专业机械”栏目的主编。

夏安世先生著有论文《双氯乙烷的热力学性质》发表在德国制冷杂志 1931 年专刊。《双氯乙烷饱和蒸汽表》发表在德文制冷技术手册 1931 年第 4 卷。《溴化甲烷作为离心式制冷机制冷剂的研究》发表在德国制冷杂志 1931 年专刊及德文制冷技术手册第四卷。

巢庆临（1913 年 10 月—2015 年 1 月 24 日）

巢庆临，男，上海人，教授。

巢庆临先生 1936 年毕业于复旦大学土木系，留校任教；曾任复旦大学助教、讲师、副教授；院系调整后，曾任上海交通大学副教授；1952 年起进入同济大学任副教授、教授、系主任、研究生院副主任；是同济大学暖通专业早期创办人之一；1957 年夏至 1959 年冬，在苏联列宁格勒建筑工程学院进修并以副教授职称参加该校的教学工作；1978 年受组织委派创办同济大学分校，任副校长，校长直至 1987 年退休，退休后移居美国。

巢庆临先生在同济大学长期从事暖通空调的教育和科研工作，坚持为本科生授课并编写教材或讲义，直至退休，后在美国生活期间还经常与国内同行联系，了解行业发展，曾提出“我们中国国情与美国不完全一样，但是国内空调这些年发展起来了。不过采暖这方面，尤其是南方采暖没发展起来，这个是该关注的事，以后采暖用哪一种燃料，也是最主要应该研究的问题”，对工业通风特别是微电子与精密仪器的净化空调也特别关心。

巢庆临先生在积极投入教学和科研工作的同时，积极参与暖通空调行业及其他学术活动，曾任中国建筑学会暖通空调学术委员会副主任，原城乡建设环境保护部暖通专业教材编审委员会副主任，上海建筑学会暖通委员会主任，《通风除尘》编委会副主任，《辞海》编委会建筑分科主编。巢庆临先生还与其他专家共同主编了高校通用教材《空气调节》，译编了《建筑设备》《卫生工程》等著作。巢庆临先生为我国暖通空调行业及高等学校相关专业的发展和建设作出了积极贡献。

吴沈钇（1914 年—2017 年 3 月 25 日）

吴沈钇，男，浙江嘉善人，教授。

吴沈钇先生 1935 年毕业于浙江大学土木工程系。大学毕业后，在上海国际饭店负责大厦的设备运行、能源和水消耗监督以及应急维修工作。后去美国密歇根大学研究院留学，1949 年完成学业并获土木工程硕士学位。

吴沈钇先生长期从事建筑设备与暖通空调方面的科研与教学工作，20 世纪 60 年代，发表了“简介热泵供暖并建议济南市试用热泵供暖”的论文，是使用热泵供暖的先驱者之一。入职同济大学后，致力于空气洁净的研究，涉及军事工业、航天、电子、生物医药等各方面，让工业产品和科学实验活动进一步微型化、精密化、高纯度、高质量、高可靠性。出版了多本书籍。并主编多种刊物，在重要刊物上发表论文数十篇。培养了多名研究生。出版著作有《中国工程师手册 · 土木机械篇》《暖气工程学》《升降设备》《微 · 设备》《高层旅馆建筑中空调方式的选择》《图书馆的建筑设备》《手术室的净化空调及专用机组》等。并主编《英汉暖通空调专业词汇》《空气调节》《废气脱硫》等刊物。

吴沈钇先生曾任上海国际饭店经理兼大厦工程师，上海市政建设委员会工程师，大同大学教授，光华大学教授，同济大学教授，同济大学图书馆馆长，通风空调研究室主任。并曾任中国暖通空调学会副主委，上海图书馆学会理事，上海市欧美同学会常务理事，上海民主建国会文教组织主任，中国民主建国会中央委员，上海市人民代表，上海市政协委员。1985 年曾率团访欧，考察西德高等教育，并应瑞典斯德哥尔摩大学、皇家理工大学邀请，前往学术交流。退休后在美国组织同济大学校友会，任会长，名誉会长；并任上海同济大学校友会理事长。退休后他陆续访问加拿大、墨西哥、瑞典、东欧和亚洲各国。十几年中，他穿梭往返上海和中国、美国各地，他共写下了 6 册计 64 篇游记和百余首诗词，均在全国旅游杂志、上海欧美同学会会刊和《浙大校友》等刊物发表。这些充满爱国激情和抒发振兴中华雄心壮志的诗文，是吴沈钇先生热爱祖国的真实记录。

尉迟斌（1921 年 4 月 4 日—2003 年 12 月 13 日）

尉迟斌，男，祖籍江苏南京，教授。

尉迟斌先生 1950 年毕业于上海同济大学造船系并留校任教。1952 年调入上海交通大学任教，历任助教、讲师、副教授、教授、博士生导师；工作期间，先后担任过船舶动力系辅机实验室主任，辅机教研室主任，动力机械工程系制冷工程教研室主任，1993 年退休。1956 年加入中国民主同盟，曾任交大民盟委副主任委员职务。

尉迟斌先生在上海交大长期从事船舶辅机与制冷工程的教学与科研，工作 40 余年。为本科和研究生主讲“船舶辅机”“水力学和水力机械”“船舶空气调节”“船舶制冷装置”“能源利用”“吸收式制冷机”等 8 门课程；独立编写了《船舶空气调节》《船用活塞泵》《船舶制冷装置》等教材、著作 4 部；合编了《轮机学》《船舶辅机》《辞海》《船舶辞典》等教材、著作 8 部；主编专业著作 1 部。60 年代，为适应当时新专业而编写的教材《船舶制冷装置》，填补了国内该专业教材上的空白。1988 年主编的《制冷工程技术辞典》，成为国内第一部制冷专业辞典，1990 年获“华东六省一市高校出版社优秀图书奖”。2001 年，80 岁高龄的尉迟斌先生还组织上海市空调界合力编写了具有较高使用价值的《实用制冷与空调工程手册》。

尉迟斌先生参与筹建了交大低温制冷专业的前身——辅机专业和实验室，是交大低温制冷专业的前辈；长期担任专业教研室行政领导，领导和参与了本专业的建设与发展并作出了重要贡献，是交大低温制冷专业的学科带头人。他甘当人梯，积极培养下一代，在改革开放初就选派多名教师去联邦德国、美国、加拿大进修。在夏安世教授关心下，和联邦德国柏林自由大学克利宾教授一起，联合培养博士研究生。为教研室准备下一梯队学术和行政接班人。

尉迟斌先生曾协助夏安世教授一起组建了上海市冷冻空调机械工业协会，并受聘为上海市冷冻空调机械工业协会“智囊团”首席顾问，还曾先后担任中国制冷学会理事，国际制冷学会 B2 委员会委员，中国造船学会辅机学组副组长，上海市机械工程学会制冷专业组核心成员，上海能源研究会理事及节能专业委员会主任，上海市制冷学会理事长，上海工程热物理学会能源学组副组长等职，是我国制冷与低温工程领域的著名专家，也是目前已成为我国空调制冷专业在教育事业中最重要的奖学奖教金——夏安世教授教育基金会的创始人。

林修钺（1922 年 12 月—2010 年 11 月 5 日）

林修钺，男，浙江宁波人，教授级高级工程师。

林修钺先生 1946 年毕业于交通大学机械系。1992 年起享受国务院特殊津贴。

林修钺先生青少年时代正处抗日战争，在战火纷飞中求学立志报国。他先从故乡常山上中学，后历时一个月，一路步行途经江西、广西，到桂林后，考入尚在招生的重庆商船专科学校，后来学校并入了上海交通大学。1945 年抗日战争胜利，林修钺先生由重庆到上海，1946 年在上海交通大学机械系毕业。

林修钺先生毕业后先后在浙赣铁路局、冲绳岛办事处和航空公司工作。1949 年后调入上海市食品供应站，不久后调到上海肉类加工厂动力车间。其间，自行设计制造电锯减轻了屠宰工人的劳动强度、组建采用全套引进设备的炼油车间、自行设计制作血粉设备、组建生化制药厂生产“胰岛素”“促肾脏皮质激素”以及“胃酶素”等制剂。一年后调入上海市第二商业局，参与组建了上海市第二商业局设计室。设计室初期仅设计一些小规模的冷却、冷冻、制冰和冷库工程，1960 年参与了上海第一座新建江浦路万吨冷库的设计和建设，建成了当时远东最大的生产性冷库。冷库制冷系统与国际同步采用了当时最先进的氨泵强制循环供液系统，取得了很大的经济和社会效益。

林修钺先生在工作期间，还被临时抽调帮助一些局系统冷库建设的技术工作，例如 1973 年我国首批冷库全套引进项目的江桥脱水厂 500 t 装配式冷库和 1.2 t/h 螺旋连续冻结装置工程。70 年代后期重回上海市第二商业局，参与了恢复上海市第二商业局设计室的组建工作。之后参与了 30 余座大小冷库的设计，其中以 5.2 万 t 的吴泾冷库为最。该库直至 20 世纪末是我国最大的冷库群而且自动控制、节能效果亦全国领先并备受国际同行称赞，其中一期 2.6 万 t 冷库荣获 1984 年上海市优秀设计一等奖、国家优秀设计金质奖和国家优质工程银质奖。

参与了我国最早冷库设计规范的审定会议，是我国制冷行业的先行者之一。其参编的著作有 1979 年的《冷库技术》第八篇、1998 年 6 月的《上海市勘察设计志》的“冷冻篇”，还有 2001 年的《实用制冷与空调工程手册》第四篇第 18 章。1982 年在“中美能源、资源和环境技术交流会”上发表了《食品冷库应用自动控制的现状和节能效果》论文，还在《制冷技术》刊物上先后发表了多篇论文。

林修钺先生热心于制冷行业的社会工作，参与了上海市制冷学会的筹建工作，先后担任理事、常务理事，副秘书长和咨询委员会主任等职。

林泽柱（1923 年 12 月—1993 年 1 月 17 日）

林泽柱，男，祖籍福建省古田县罗坑村，教授级高级工程师。

林泽柱先生 1949 年毕业于浙江大学土木工程系。毕业后任中华卫理公会建筑部技术员；1950 年 9 月到上海第二印染厂工作；同年 10 月任上海失业工人救济委员会职训班教员；1951 年 9 月起先后在中央贸易部基本建设工程处华东分处、华东贸易部计划处、外贸部华东特派员办事处计划室等单位任技术员；1954 至 1958 年任华东区食品出口公司、食品公司上海食品供应站工程师；1958 年以后任上海市服务局第二商业局（后改名为上海市第二商业局设计室）工程师。1970 年被抽调参加上海龙华果品 6 000 t 冷库建设；1971 至 1978 年任上海禽类蛋品公司基建科工程师；1979 年任上海市第二商业局基建处副处长、副总工程师兼设计室主任；1984 年 6 月起退居二线任设计室顾问。1992 年病重期间仍然十分关心商业局的改革发展、设计所的业务拓展和年轻人的培养，再任上海市第二商业局设计所顾问，为我国的冷藏事业贡献了毕生精力。

林泽柱先生从事技术工作 40 多年，不但精通建筑和结构工程，同时深谙制冷工艺及其制冷系统技术，在我国的冷库和冷藏链建设中是一位不可多得的全面发展的技术人才。1982 年晋升为高级工程师、1989 年晋升为教授级高级工程师，1991 年荣获上海市第二商业局科技拔尖人才，1992 年起享受国务院特殊津贴。

林泽柱先生在工程设计中重视科技情报、学习国外先进技术并努力结合国内工程实际应用，在冷库结构设计和隔热构造方面有独到的建树。同时，还十分重视并亲自参与工程实测，由此取得一手资料并指导工程设计。在参与设计和施工指导的项目中，较具特色的有：禽蛋五厂改建、商业二局吴泾 5.2 万 t 冷库、禽蛋一厂拆迁和 9 000 t 冷库新建、禽蛋三厂 5 700 t 冷库、食品公司清真屠宰厂 2 000 t 清真冷库、泰州食品公司新建 5 000 t 冷库以及在不停产情况下与原有两座老冷库三合一的系统工程和龙华果品 9 000 t 冷库等工程。其中最具代表性的工程是其领衔设计的吴泾 5.2 万 t 冷库的一期工程，先后荣获上海市优秀设计一等奖、国家优质工程银质奖和国家优秀设计金质奖。吴泾冷库隔热构造的独到设计和早在 1982—1984 年采用小型计算机的制冷系统自控和仓储管理的应用，取得了显著的节能效果，冷库冻结物储存每吨日电耗远远低于冷库规定指标，在国内和国际上均处领先地位。

林泽柱先生曾任上海市制冷学会理事、第三专业委员会副主任和国际交流委员会委员、上海市第八届人民代表。其论文代表作为《上海吴泾 23 万立方米冷库设计经验和体会》。

姜尔宁（1925 年 3 月—2022 年 2 月 24 日）

姜尔宁，男，江苏常州武进人，教授级高级工程师。

姜尔宁先生 1947 年毕业于上海交通大学机械工程系。毕业后先后任职于上海中国农业机械公司总厂及柳州分厂等单位，1951 年受聘任合众冷气工程公司工程师，该公司 1954 年合营后改名为合众冷气机械厂和上海第一冷冻机厂，任技术科科长，1979 年任副总工程师，于 1985 年 11 月退休。

姜尔宁先生数十年来致力于制冷机的设计制造，对我国制冷技术的发展与应用作出一定的贡献，曾主持或参与开发了国内早期生产的活塞式制冷压缩机、R11 离心式冷水机组、溴化锂吸收式制冷机和螺杆式制冷机，填补了国内的空白。其中 8S-12.5 活塞式制冷压缩机过去存在气缸拉毛和油耗偏大等质量问题，经制订和实施 25 条创优规划，解决了质量关键，使该产品在行业同类产品中显示其特色，因而在 1978 年获得国家质量银质奖，也是国内制冷行业第一家获此殊荣的冷冻机厂。

1979 年姜尔宁先生主持对 FLZ-1000A 离心式冷水机组进行了较大的改进和提高，从三级压缩改为单级压缩，并省去了高速轴封等，荣获第一机械工业部和上海市重大科研成果奖。此外，在 12.5 系列活塞式压缩机的基础上，开发了 8 缸和 6 缸 R22 冷水机组，大大地节省了产品用材并缩小了产品的占地面积；还开发了 S8 和 S6 单机双级活塞式压缩机，改进了吸气阀的结构，提高了吸气效率，并采用浸没式油泵确保低压运转时的正常润滑，满足了低温的需要。

姜尔宁先生曾主持设计试制了二三〇研究所科研需要的 11.63 kW/–100 ℃复叠式低温设备，高温级采用 S-8 R22 压缩机，低温级采用 6W-12.5 R13 单级压缩机，测试结果良好。他主持建立了活塞式制冷压缩机为确保性能所必需的气体循环试验台，满足了空调制冷量达 1 163 kW 的性能测试要求。该试验台利用喷嘴和焓差法测出制冷量，测试便捷而准确，是制造厂必不可少的关键设备。

姜尔宁先生曾参与由上海市通用机械技术研究所和上海市制冷学会组织编译的美国供暖制冷空调工程师学会（ASHRAE）和美国空调和制冷协会（ARI）的制冷空调机械设备标准的译校工作，参加由徐世琼主编的《制冷技术问答》和《新编制冷技术问答》两书压缩机部分的编写工作以及《现代英汉制冷与空调词汇》的编审工作。历任第一、二届中国制冷学会理事，上海市制冷学会第一、二届副理事长，上海市制冷学会荣誉理事，中国制冷学会荣誉科技工作者和资深会员，上海冷冻空调行业协会专家委员会委员。

冯志哲（1925 年 12 月 25 日—2012 年 5 月 7 日）

冯志哲，男，祖籍山东昌邑县，教授。

冯志哲先生 1951 年毕业于山东大学，同年进入上海水产专科学校，后继续在上海水产学院任教。他在翁斯鑑教授带领下，倾力协作，建立起“冷藏工艺学”课程，逐步扩大教师队伍，于 1958 年建立起独立的制冷专业，是制冷专业和创建食品冷冻冷藏学的奠基人之一。

冯志哲教授在学校任教 44 年，在漫长教育生涯里，他全身心地耕耘于食品保鲜冷藏科学技术的教学事业中，可谓桃李满天下。他严以律己，宽以待人，关注青年教师的进步，为青年人搭建发挥积极性和创造性的平台，乐见学生赶超老师的活跃氛围。他培养的研究生广泛分布在国内外相关教学、科研或企业管理岗位上，为食品科学技术的发展贡献力量。冯志哲教授在“水产品气调保鲜”“冻菜烫漂工艺技术改进”“提高冻虾质量的研究”“贻贝冷冻保鲜技术”等课题研究中都取得了优异成就，其著述和论文也很丰满。主要有《食品冷藏学》《水产冷冻工艺学》《食品冷冻工艺学》《水产品冷藏工艺学》。

冯志哲教授在 44 年教育岗位上，除教学、科研工作外，还先后担任教研室主任、系党总支副书记以及系主任等职务，同样给教职员工留下深刻印象。

姜尔彬（1926 年 3 月 22 日—　）

姜尔彬，男，江苏常州武进人，教授级高级工程师。

姜尔彬先生 1950 年毕业于上海交通大学机械工程系，先后任职于沈阳第一机床厂、上海新业机器厂、上海合众冷气工程公司和上海第一冷冻机厂，担任设计科科长，于 1986 年退休，现居美国。

姜尔彬先生在第一冷冻机厂工作期间，主要是担负重大工程制冷机任务的设计者和负责人，取得了不凡的业绩。

1960—1961 年，参与了上海第一冷冻机厂与大连、武汉、烟台、广州等冷冻机厂联合设计氨压缩机及压力容器项目及标准制定。

1963—1964 年，负责 −100 ℃复叠式低温制冷装置和 −120 ℃小型活塞式乙烯制冷装置的研制工作，解决了有关流程、防爆运转中的技术难关。

1966—1971 年，主持上海第一冷冻机厂与上海汽轮机厂、上海高桥化工厂的联合设计，为年产 2 万 t 石油气体分离车间，主持设计 −43 ℃六级压缩丙烯透平压缩机，并参加了安装、调试等全过程，为石化行业采用国产透平压缩机创出了路子，还进行了对丙烯气体的模拟试验及每一级叶轮的测试。为 1970 年人民大会堂更新设计 100 万 kcal/h 离心式 R11 冷冻机，提供可靠的设计资料。

1974—1980 年，姜尔彬先生主持了由上海第一冷冻机厂、上海交通大学、西安交通大学、吴泾化工厂、合肥通用机械研究所、上海机械学院（现上海理工大学）、重庆通用机械厂参加的联合设计组工作，承担设计了国产第一套年产 30 万 t 合成氨配套用的 11 级 1 600 万 kcal/h 的氨透平压缩机，满足重点工程的需要。1976—1977 年，姜尔彬先生主持设计毛主席纪念堂使用的 50 万 kcal/h 离心式冷冻机任务，并与当时的上海机械学院合作，用计算机首次协助计算出主轴在高速运转时（1.3 万 r/min）的振动计算，为机组的安全可靠运转提供技术保证。

姜尔彬先生还根据设计要求，关心督导产品的制造和交货，按照进度，确保质量，出色完成和落实重点工程项目任务，用户满意。

几十年的技术设计工作和经验积累，姜尔彬先生为企业培养出一大批技术工程师（包括对越南实习生的培训）。由于他的贡献突出，曾被评为上海市先进工作者（劳动模范），也参与了第一冷冻机厂赴美考察与美国开利公司成立合资公司的业务谈判。

退休后，姜尔彬先生仍时刻关心中国制冷事业的发展，不断奉献他的才华。

李著琦（1927 年 10 月 28 日—2018 年 4 月 30 日）

李著琦，男，籍贯湖南长沙，教授级高级工程师，1992 年获享国务院颁发政府特殊津贴。

李著琦先生 1951 年毕业于上海交通大学机械工程系，同年进入上海第一冷冻机厂从事技术工作，任厂技术科设计组组长、质量管理科、工艺科工程师、工艺科科长。1981—1995 年，调上海市通用机械技术研究所，任冷冻空调技术研究室主任、工程师、教授级高级工程师，多次受到研究所以及上级公司表扬奖励。1996 年退休至 2006 年仍聘为上海市通用机械技术研究所技术顾问。

李著琦先生在第一冷冻机厂任职期间，主持设计开发我国第一台国家系列高速多缸活塞式制冷压缩机 125 型样机，在生产过程中，通过他不断完善改进和质量提高，1978 年获国家质量银质奖。20 世纪 60 年代初，李著琦先生代表第一冷冻机厂参加一机部组织的《中小型活塞式单级制冷压缩机型式与基本参数》标准的制订和相关典型产品样机的联合设计。该项工作在之后 20 余年指导着我国中小型制冷压缩机的发展。

李著琦先生还主持（参与）开发了 100 万 kcal/h 离心式冷水机组，100 万 kcal/h 螺杆式制冷机组，40 万 kcal/h 三效蒸喷式制冷剂组，CFCs 回收净化装置等。填补了行业空白，推动了行业技术进步，也极大地支援了国家的经济建设。

在研究所工作期间，李著琦先生主持或参与指导完成的主要项目有“35—350 kW R22 船用制冷压缩机型式试验台”，该试验台当时属容量覆盖范围最大，工况调节范围最宽，测量参数全面达到国际标准的试验台，1987 年通过市局级鉴定。“中小型活塞式制冷压缩机提高效率研究”及“双温包补偿式温度调节器”等。

李著琦先生还参加美国 ASHRAE 标准（美国供热制冷空调工程师学会标准）和 ARI 标准（美国空调和制冷协会标准）翻译和审稿，为我国制冷空调行业的标准化工作开创了新的局面。

1987 年和 1991 年李著琦先生年先后被评为上海市机电工业管理局“先进科技工作者”和“优秀科研工作者”。

退休后李著琦先生受聘为上海冷冻空调行业协会专家委员会委员，继续为上海制冷空调行业的发展贡献余热。作为老一辈的知识分子，他将青春和毕生的精力都贡献给了祖国和他热爱的制冷空调事业。

董天禄（1928 年 10 月—　）

董天禄，男，江苏省苏州市人，教授级高级工程师，1992 年起享受国务院专家特殊津贴。

董天禄先生 1951 年毕业于上海交通大学机械工程系动力专业。同年进入上海市合众冷气机械厂技术科，主要从事氨活塞式压缩机系列和成套氨活塞式制冷装置设计开发和制造技术工作，曾先后担任过技术、工艺和质量检查部门的负责人。1960 年上调上海市通用机械制造公司技术科，主要负责公司所属制冷行业各厂新产品和科研开发管理工作。经历了上海市制冷机械 1949 年以来包括主辅机自控元器件等各种类型新产品大开发高潮。经常深入基层实际和工厂技术人员一起共同研究攻克技术关键，积累了丰富和广博的技术经验。1980 年参加上海市通用机械技术研究所筹建并先后担任副所长，总工程师和技术顾问。

董天禄先生在研究所工作期间负责全所科研开发项目的技术管理工作。曾亲自主持或参与多项上海市科委下达重点科研开发项目，多次获得市经委和市机电局优秀科技工作者称号。其中主持，指导和直接参与的主要项目有“农机部 9NL5 直接式牛奶冷却罐”“制冷用 R12 热力膨胀阀性能规律的试验研究”“高温吸收式热泵模型样机性能试验研究”“蔬菜真空预冷设备研制”“CFCs 制冷剂回收净化装置”“新型大容量冷水机组性能试验装置研制”等。其中“农机部 9NL5 直接式牛奶冷却罐”1984 年获市科技进步二等奖，“新型大容量冷水机组性能试验装置研制”1999 年获市科技进步三等奖。

1982 年起，应机械部全国制冷机标准化技术委员会的委托，董天禄先生作为主审和主编负责组织上海市制冷学会和上海市通用机械技术研究所等 17 位制冷空调行业专家和 30 多位工程技术人员，前后历时 5 年，在国内首次编译完成美国供暖制冷空调工程师学会（ASHRAE）和美国空调和制冷协会（ARI）标准共 112 项，计 250 余万字的制冷空调机械设备标准中译本汇编，供全国制冷机械制造行业各厂参考。对当时推动全国制冷机行业加快采用国际标准起到了很大的促进作用。1985 年获得机械部通用总局嘉奖。个人被评上总局优秀标准工作者。其他主要著作出版物有主编《离心式 / 螺杆式制冷机组及应用》，参编《实用制冷与空调工程手册》等。

董天禄先生热心社会工作，历任上海市制冷学会理事、副秘书长、副理事长和编译委员会主任，并在 1981—2007 年担任会刊《制冷技术》主编；1986—2017 年先后担任上海市冷冻空调机械工业协会“智囊团”首席顾问、专家委员会主任；1983—1996 年先后担任第一、二届机械部全国制冷机标准化技术委员会副主任。

缪道平（1930 年 10 月—2015 年 6 月）

缪道平，男，祖籍广东中山，教授。

缪道平先生 1948 年 9 月至 1948 年 10 月在清华大学机械系就读，后转读于上海交通大学机械系汽车专业并于 1952 年毕业，毕业后留校。

1953 年 9 月至 1954 年 12 月缪道平先生在上海俄语专科学校进修俄语，进修后至上海交通大学内燃机教研室工作，并担任苏联专家的专业翻译。1956 年晋升为讲师，以后随校迁至西安交通大学工作。1962—1974 年担任内燃机实验室主任。

1974 年 5 月缪道平先生调到上海机械学院（现为上海理工大学）制冷教研室工作；1979 年 9 月晋升副教授，并于 1975 年起担任该校动力系制冷教研室副主任、主任。于 1986 年 12 月晋升为教授，1994 年 2 月退休。

缪道平先生是我国制冷学科知名学者、制冷压缩机著名专家，为我国和上海市的制冷空调行业科学研究和人才培养做出了重要贡献。1979 年担任第一机械工业部制冷、压缩机专业教学指导委员会副组长，1984 年担任国家工科院校教材编审委员会制冷、压缩机教材编审组副组长。他主编了《活塞式制冷压缩机》《内燃机原理》《制冷压缩机》等多部全国通用教材，其中《制冷压缩机》(缪道平、吴业正主编，机械工业出版社 2001 年出版）是国家“九五”规划教材中的重点教材，并获得上海市优秀教材二等奖。他致力于制冷压缩机领域科研工作，多次承担科技项目，工作出色，发表了许多学术论文。

缪道平先生为上海市机械工程学会流体工程分会、中国制冷学会、中国制冷空调工业协会、上海市制冷学会和上海冷冻空调行业协会建设发展贡献了智慧，他曾任上海市制冷学会副秘书长和副理事长，上海冷冻空调行业协会专家委员会委员，上海家用电器行业协会理事等学术职务。

缪道平先生在担任国际制冷学会 B2 专业委员会委员期间曾多次参加国际活动，1979 年 9 月赴意大利、1980 年赴比利时开会。1983 年 8 月在法国巴黎的第 16 届国际制冷大会上担任 B2 专业组组长，1988 年 3 月赴日本参加国际热泵会议并宣读论文。

范存养（1933 年—　）

范存养，男，江苏苏州人，教授，1993 年获国务院政府津贴。

范存养先生 1954 年毕业于同济大学建筑设备专业。毕业后留校任教，同时积极参与“供热供燃气与通风”专业的创立与学科建设。1987 年在日本早稻田大学井上宇市建筑设备研究室任客座研究员。1989 年任教授，1996 年底退休。

范存养先生曾任中国电子学会洁净技术委员会顾问委员、中国建筑学会暖通空调分会名誉理事、日本空气调和·卫生工学会国际名誉会员，并曾担任《暖通空调》《洁净与空调技术》《制冷与空调》期刊编辑委员会顾问委员。

范存养先生长期从事空气调节和空气洁净技术的教学与科研工作，研究领域主要包括空气洁净技术、室内空气品质、住宅环境设备、热泵应用技术、能源与环境等方面。20 世纪 70 年代初，结合教学，在校办工厂主持开发了 H-15 恒温恒湿空调机组的制造，成为当时国内高校最早在空调产品上的生产实践。80 年代起在上海率先将空气洁净技术应用于生物洁净领域，如华山医院、闸北区中心医院、新华医院等洁净手术室改造工程，作为发展生物洁净技术的科学实践，并为此开发了“手术室专用空调净化机组”“浮游细菌采样器”等。1988 年首先在高校中建立了水平单向流和非单向流的多功能洁净实验室。90 年代中期以后，关注面向地球环境保护的空调技术发展课题，在本专业相关刊物上发表以人居健康舒适、环境保护、能源有效利用为核心的专业文章。

范存养先生自 1981—1997 年培养了硕士研究生 20 人，并力求“产学研”结合，如与苏净集团长期合作，参与国家“七五”“八五”攻关项目等。退休后仍然积极参与教学、科研、社会服务及学会、协会的各项活动。他笔耕不辍，主编著作有《生物洁净技术的原理及应用》（上、下册）、《大空间建筑空调设计及工程实录》《高层建筑空调设计及工程实录》。参加编写了《简明空调设计手册》、大学统一教材《空气调节》（一、二、三版）、《实用制冷技术手册》《家用中央空调实用技术》。此外，还合作翻译了《空气调节手册》（日文）等。在国内外学术期刊及学术会议发表论文数十篇。

1987 年范存养先生在日本早稻田大学任客座研究员，此后与日本空气清净学会及空气调和·卫生工学会建立了紧密联系，先后十几次赴日本访问并参加各种学术交流活动。通过对外技术交流、引进日本的新技术，如协助江苏苏净集团与日本 Airtech 公司建立合资公司，推动了我国空调与洁净技术及相关产品的发展与提高。

范存养先生参编的教材《空气调节》（第二版）1990 年获科技部全国优秀建筑科技图书二等奖，2007 年获日本空气调和·卫生工学会国际名誉会员，2007 年获中国电子学会洁净技术分会及中国制冷空调工业协会洁净室技术分会所颁中国洁净室技术贡献奖，2015 年由中国制冷学会授予第七届中国制冷学会科学技术贡献奖。

陈沛霖（1933 年 10 月—2011 年 11 月 18 日）

陈沛霖，男，上海人，教授。

陈沛霖先生 1953 年毕业于南京工学院土木系，1956 年 7 月毕业于哈尔滨工业大学研究生班，是我国最早暖通空调教育的研究生之一。1956 年 9 月毕业后入职同济大学工作，1980 年任副教授，1986 年任教授，1990 年被国务院学科评审组聘为博士研究生导师。

陈沛霖先生无论在普通教师、学科带头人和院系领导等不同工作岗位上，都能以身作则，为人师表，兢兢业业，勤勤恳恳。几十年来他始终热爱教育事业，热爱教师职业，热爱学生，陈沛霖先生努力进取，积极从事科研工作，负责或参加多项国家重大科研项目，取得了许多重要科研成果，1992 年 10 月获国务院政府特殊津贴。

陈沛霖先生在近 50 年的职业生涯中，始终热爱教学和科学研究，长期坚持为本科生授课，是我国暖通空调专业最早的研究生导师，为国家培养了大批优秀的栋梁之材，其中包括 30 多名硕士研究生和 10 余名博士研究生。

在当时研究条件十分困难的特殊时期，他身体力行带领科研小组一起完成了国家和上海市科委多项重点课题，参与主持的“建筑物冷热负荷设计计算新方法”于 1985 年获得国家科技进步三等奖，主持的“标准毕托静压管的研制”于 1984 年获得上海市重大科技成果三等奖，主持的“TKS-1 型试验研究测速管用的低速风洞的研制”于 1992 年获得上海市科技进步三等奖，主持的“静止式空气—空气全热交换器”于 1993 年获得上海市科技进步二等奖。主编了《空调负荷计算理论及方法》《空调与制冷技术手册》《家用空调》《空调技术问答》《建筑空调实用技术基础》等多部专著。坚持数十年的蒸发冷却空调技术及其相关基础理论研究，发表了一系列高质量的学术论文，在国内外有较高的学术声誉。特别是针对空调系统节能相关基础理论和工程应用等关键性问题的探索，为发展暖通空调的理论体系提供了支撑。

陈沛霖先生在 20 世纪 80 年代初参与创建了上海市制冷学会和上海冷冻空调行业协会，并担任学会副理事长、协会专家委员会委员。1985—1997 年先后 5 次赴美国加州大学伯克利分校的劳伦斯·伯克利研究所做访问学者，合作从事科学研究。他在同济大学暖通空调专业引进和培养高水平青年人才方面倾注了大量心血，对年轻教师业务上关心，生活上爱护，培养了一大批学术上有成就的青年才俊和学术骨干，为该学科在国内始终领先，作出了重要的贡献。

徐世琼（1935 年 5 月—2009 年 5 月）

徐世琼，男，祖籍浙江海盐县武原，教授，1992 年起享受国务院政府特殊津贴。

徐世琼先生 1952 年 9 月至 1956 年 8 月就读于上海水产学院水产品加工专业。1955 年 12 月 30 日加入中国共产党。1956 年毕业后留校任教。曾任水产加工系副主任、食品科学技术系主任。1982 年作为访问学者赴美国华盛顿州立大学食品科学技术系进修。1986 年晋升教授，1999 年退休。

50 多年来，徐世琼先生用一生的心血，谱写了人民的教育事业。1958 年，上海水产学院正式成立冷冻专业，并开始向全国招生，这是国内高校中首次创办这样的专业。徐世琼先生结合学校的实际情况，编写与制定了学校冷冻专业的教学计划，拟订了“制冷机器与设备”“制冷技术”等课程的教学大纲，为学校首次开讲这些课程奠定了基础。徐世琼教授还和翁斯鑑教授一起主编出版了《制冷技术》教科书，以及制冷机讲义和实习指导书等。1972 年 5 月，他随学校迁往福建集美，迁校 8 年间，徐世琼先生的主要工作是筹备和建设厦门水产学院冷冻厂以及教学实验室，并负责制冷专业试点班的教学工作。通过这一阶段的教学实践，主编了《制冷技术问答》一书，用问答形式总结了国内外冷藏库技术的经验和成就，书稿受到冷冻界各方好评，不到 5 年时间再版了两次，取得了良好的社会效益。应广大读者的热切要求，该书于 1999 年 5 月又以新编的形式再次撰写出版。他先后还编写出版《制冷技术》《制冷原理与设备》《上海冷藏史》等专著，曾获上海市优秀职务发明三等奖和多项国家专利，徐世琼先生为高等院校冷冻专业教学打下了深厚的基础，作出了不可磨灭的贡献。

徐世琼先生十分重视各国制冷技术的发展，在促进国际学术交流、吸收和引进国外先进技术方面取得了很大的成绩。他在美国华盛顿州立大学食品科学技术系进修的两年期间，完成了“低势能源在食品冷冻中的应用”的课题，并进行了“回转式冻结器的性能及其效率提高的研究试验”。在美国期间徐世琼教授还考察了加州大学，俄勒冈州立大学等多所大学，多个食品加工企业、冷冻厂，掌握了大量第一手最新资料。他还结识了许多有名望的教授学者，为学校和华盛顿大学、加州大学戴维斯分校食品系建立学术交流奠定基础。回国后徐世琼先生为研究生开设制冷专题讲座，并参加了 3 次国际性学术会议。

此外，徐世琼先生热心专业学会的工作，先后担任上海市制冷学会的理事、常务理事、副秘书长、副理事长等职务，还被聘为上海冷冻空调行业协会专家委员会专家等，为上海乃至全国的食品冷冻冷藏事业作出了巨大的贡献。

卢士勋（1935 年 12 月 10 日—　）

卢士勋，男，祖籍安徽省怀远县，退休前任上海海事大学（原上海海运学院）轮机系教授。1992 年起享受国务院特殊津贴。

卢士勋 1955 年考入上海交通大学机械系铁道车辆设计与制造专业，1960 年本科毕业后留校攻读研究生。

1965 年 3 月卢士勋先生从交大制冷空调工程研究生毕业后，被分配到铁道部北京铁道科学研究院车辆研究室，从事铁道车辆动力学及铁路冷藏机械与客车空调技术工作，在研究中，首次提出国内客车空调、室内外设计计算参数标准。

1973 年随着海洋战略地位的日益突出，为了中国发展海洋军事和科学的需要，卢士勋先生调入上海海事大学，历任轮机工程系主任、研究生部主任兼院学术、学位和职称委员会委员，曾任交通部教师高级技术职称评委等职。

1983 年卢士勋先生作为中国制冷代表团成员出席在法国巴黎召开的第十六届国际制冷大会，并发表《高气温条件下风冷和蒸发——风冷式冷凝器的换热理论与试验》论文，被收入大会论文集。

上海市制冷学会成立后，卢士勋先生加入制冷学会并连续四年担任上海市制冷学会副理事长，常务理事及副秘书长，任中国制冷学会理事、《制冷技术》杂志编委、上海冷冻空调行业协会专家委员会委员和副主任、上海造船学会理事、上海研究生教育学会理事等职，并多次参加全国制冷空调学术年会和造船技术会议，发布论文多篇。

卢士勋先生从事铁路冷藏运输、客车空调及船舶制冷空调技术应用等方面研究多年，曾编写学院教材 4 本，获交通部内部教材一等奖。他主笔制订的《中国运输船舶舱室噪声标准》获交通部标准化研究成果二等奖。1990 年后，他主编、参编近 350 万字的专著，其中，《制冷与空气调节技术》获国家科技专著三等奖，另有《船舶辅机学》《制冷空调实用技术手册》《轮机员实用手册》《轮机工程手册》《制冷技术》《实用制冷与空调工程手册》等，发表论文数十篇，科研成果曾获国家科技进步奖。

耿惠彬（1936 年 1 月 7 日—　）

耿惠彬，男，祖籍上海崇明，研究员，1993 年获国务院特殊津贴。

耿惠彬先生初中就读于上海圣约翰青年中学（现和平中学），1951 年初中毕业，考入上海中学工科。后调整到上海机器制造学校（上海高机），后被分配至大连工业俄文专科学校（大连俄专）学习俄文。

1955 年，耿惠彬先生分配至中船重工集团第七〇四研究所任翻译。1960 年，被调到科技情报（信息）岗位，担任资料收集、翻译和相关的工作。他一边努力工作，一边发奋学习，先后完成了上海交通大学夜大学船舶动力装置专业（6 年制）和上海业余科技干部进修学院日文专业（2 年制）学习。

1963 年，耿惠彬先生参加了溴化锂吸收式制冷机的科技情报定题服务工作。他搜集了大量有关吸收式制冷技术方面的俄、英、日、德文标准、专利、期刊文献、会议论文等，加以有序整理和翻译出版。

耿惠彬先生独立或合作编写了《国内外溴化锂吸收式制冷机发展概述》《直燃吸收式冷水机组的发展与展望》《小型吸收式冷热水机组的发展》《三效溴化锂吸收式制冷机概述》等报告与论文。耿惠彬先生参与了七〇四所研制的溴化锂吸收式制冷机项目，并荣获全国科学大会奖。1990 年耿惠彬先生参编了由机械工业出版社出版的《双效溴化锂吸收式制冷机及应用》。参与组织全国制冷情报网，参加通用机械文摘制冷篇的编辑出版。担任《制冷技术》杂志副总编和七〇四所编辑出版的《机电设备》主编等工作。

耿惠彬先生独立翻译了日本高田秋一编著的《离心式制冷机》和合作翻译了《吸收式制冷机》，受到专业人员的一致好评。他翻译的德文热泵丛书四卷本（第一卷《导论和基础》、第二卷《电动热泵的应用》、第三卷《燃气机和柴油机热泵在建筑工业中的应用》、第四卷《电动热泵的安装、运转和保养》），由机械工业出版社在 1983—1990 年出版。

耿惠彬先生参与了上海远东冰箱厂引进意大利梅洛尼-阿里斯顿冰箱项目的技术谈判、技术考察、商务谈判、合约签订、技术培训、设备调试、产品试制全过程的翻译和技术工作，前后历时两年余。在 1997 年退休后，耿惠彬受聘江阴双良集团担任技术顾问。

耿惠彬先生多次出访波兰、日本、俄罗斯、法国、加拿大、美国、意大利、乌克兰等国，担任有关特种船舶、机械、制冷、可靠性等代表团的翻译。

耿惠彬先生 1986 年评为全国科技情报系统先进工作者，1988 年评为研究员，1989 年受聘为上海冷冻空调行业协会专家委员会委员，2004 年被评为江阴市引进专家，2006 年被授予资深翻译家称号。

蒋能照（1936 年 5 月—　）

蒋能照，男，祖籍浙江奉化，教授。

蒋能照先生 1954 年 7 月（国立）上海高机汽轮机专业毕业，后于 1962 年 7 月上海交通大学电机系本科毕业。1954—1959 年蒋能照先生在上海动力机械专科学校任教。1959—1996 年上海机械学院（现为上海理工大学）任教。在此期间蒋能照先生曾任热工教研室副主任、主任、制冷教研室主任、动力学院副院长。1970 年负责建立制冷专业，1997 年退休。

在教学方面，蒋能照先生曾为本科生及研究生开设的课程主要有：工程热力学、制冷原理、空气调节、制冷及空调中的 CFCs 替代技术等，培养多名硕士生并为博士生开设专业课程。

在科研工作方面，蒋能照先生历年来负责承担上海市及部级重点科研项目十余项，负责及参加来自企业项目 20 余项，其中主要有：①氟利昂热力性质通用计算系统研究，获机械工业部科技进步三等奖；②机械工业部重点科技项目“冷藏保温汽车热工性能试验研究”；③上海市科委重点项目“CFCs 替代工质在家用电冰箱中的探索研究”；④机电部重点项目“R123、R134a 热力性质计算及其图表研制”；⑤上海市科委重点项目“桑塔纳轿车空调系统应用 R134a 新工质探索研究”等。

蒋能照先生著作颇丰，主编出版的书有：《氟利昂制冷机》《新制冷工质热力性质图和表》《空调用热泵技术及应用》《家用中央空调实用技术》《水源 · 地源 · 水环热泵空调技术及应用》。此外还作为副主编及译、审、校专业书十余册。此外历年来在国内外杂志及学术会议上发表论文 60 余篇。

蒋能照先生热心社会工作，曾任中国制冷学会理事，上海市制冷学会学术委员会副主任、专家委员会委员，机械工业部制冷设备标准技术委员会委员，《制冷与空调》编委会顾问，上海冷冻空调行业协会与上海家用电器行业协会专家委员会委员。

蒋能照先生广泛参加国际专业交流，1985 年及 1994 年赴意大利参加国际制冷学术会议并宣读论文，1988 年及 1989 年应邀访问美国开利公司总部研究中心从事各为期 3 个月的合作科研，1989 年参加 ASME 在加拿大多伦多召开的国际学术会议，1993 年应日本冷冻协会邀请至日本参加国际制冷学术会议并应邀访问庆应大学，2007 年 7 月为 HCFCs 制冷剂禁用日程事，由国家环保局、中国制冷空调工业协会组团，赴美国访问 ARI、EPA、UTC 及开利公司以及霍尼韦尔制冷剂工厂。

谢晋康（1936 年 7 月—　）

谢晋康，男，上海人，研究员，享受国务院特殊津贴。

谢晋康先生 1961 年 9 月作为我国的第一批制冷机及深度冷冻专业的学生毕业于西安交通大学动力机械系。同年 10 月被分配到中国科学院上海技术物理研究所从事低温技术的研究工作。1998 年退休。

谢晋康先生在职期间主要从事“微型低温制冷技术”的研究。1964 年研制成功我国第一台往复式微型低温制冷机，从此开辟了我国低温制冷技术研究的新方向——微型低温制冷技术。1965 年，谢晋康先生参加了由国防科工委组织的研究工作。当时年仅 29 岁的谢晋康，是唯一从事过微型低温制冷机研究工作的科技人员，出任微型低温制冷机研究组的组长。经 3 个月的日夜奋战，不但搞清了斯特林循环的微型低温制冷机原理，复原其机器，恢复了 35K 的制冷温度，获得了良好的工作效果。在此基础上课题组又研制了新的微型制冷机交付使用。

随着我国红外遥感技术的发展，我国的微型制冷技术也进入了高速发展的大好时机。中科院上海技术物理所率先成立了我国第一个微型制冷技术研究室，谢晋康先生出任研究室主任。

为适应深低温大冷量红外列阵或面阵探测器件的需要，一种空中使用的工作温度 30 K“液氮——氖低温制冷器”被谢晋康先生领导的小组研制成功并投入了生产。该项目和低空红外相机一起于 1985 年获得国家科技进步二等奖。

1993 年谢晋康先生带领课题组成功研制了我国第一台“长寿命、高可靠性、分置式微型斯特林低温制冷机”，整台制冷机没有摩擦副，由板弹簧定位、永磁直线电机驱动、狭缝密封。项目获中科院科技进步一等奖，已由上海技术物理所研发并成功地用于我国的卫星中。

谢晋康先生大学期间是在助学金资助下读完五年的，工作后又两次去国外进修。1984—1986 年去西柏林自由大学，参加超流氦在太空应用中的相分离器的温度场分布的研究。他的成果已于 1988 年 3 月 3 日由《光明日报》报道，通栏大标题是“胸怀四化，顽强拼搏——记谢晋康在西柏林进修获得重大科研成果”。1989 年又以高级访问学者身份赴英国牛津大学学习交流微型制冷技术。

谢晋康先生还担任过两届上海市制冷学会的理事长，受聘上海冷冻空调行业协会专家委员会委员。

周祖毅（1936 年—　）

周祖毅，男，祖籍江苏省如皋，教授级高级工程师。

周祖毅先生，1954 年江苏省南通中学高中毕业被保送北京俄文专修学校（现北京外国语大学）留苏预备部学习。1955—1960 年在苏联列宁格勒建筑学院暖通调节专业学习。1960 年以全优成绩荣获红色标志的优等毕业证书。回国后被分配到甘肃省兰州市中科院西北分院兰州分院工作。1963 年 12 月调动工作至第一机械工业部第二设计院（上海）。1970 年二院一部分内迁后，留沪部分易名上海市机电设计研究院。历任工程师、高级工程师、教授级高级工程师、院副总工程师。2003 年退休。期间代表性工程设计项目如下。

- 国产第一条涤纶长丝生产线——安徽铜陵化纤厂空调工程；
- 中美合资上海施乐复印机公司光导体厂镀膜和鼓基生产洁净室空调工程；
- 上海医疗器械九厂 X 射线增强管生产厂房洁净室空调工程；
- 中美合资上海莱士血液制品公司 100 级常温洁净室和低温洁净室空调工程；
- 中德合资上海联合汽车电子公司匹配试验中心多种人工气候试验室空调工程。

上述各项工程设计都曾荣获上海市建设工程设计一等奖和二等奖，特别是最后一项的上海联合汽车电子公司项目荣获国家建设工程设计银质奖。

周祖毅先生不仅在工程技术上有丰富的经验，学术造诣也颇丰，主要著作有：《空气调节的自动控制》（俄译）、《高温水供热与采暖》（日、英、俄，编译）、《采暖通风和空气调节的控制系统》（英译）、《废热的回收和利用》（英，合译）、《建筑和建筑设备的节能》（日，合译）、《制冷与空气调节工程手册》（副主编）、《实用制冷与空气调节工程手册》（联合主编）、《机械工业采暖通风与空气调节设计手册》（参编）、《空调工程设计理论与实践》（著），此外，另有论文和译文数十余篇刊登于专业期刊和译文集。

周祖毅先生热心社会工作，曾兼任上海市暖通空调技术交流网（现上海市勘察设计协会暖通空调委员会）副理事长，创办并连续主编《空调暖通技术》（季刊）30 余年；中国建筑学会暖通空调委员会委员，上海市建筑学会暖通空调学术委员会主任委员，上海市建筑学会理事、常务理事、名誉理事；上海市建委科技委工程设计评审专家；上海建设系统正高职称评审委员会委员。退休后受聘为建设部建筑环境与设备专业高等教育评估委员会委员；上海市预防医学研究院卫生学评价技术顾问；上海勘察设计协会建筑环境与设备分会顾问；上海冷冻空调行业协会专家委员会委员；上海家用电器行业协会、上海空调清洗协会委员和技术顾问。

陈芝久（1936 年 12 月 27 日—　）

陈芝久，男，浙江天台人，教授。

1960 年上海交通大学船舶动力系蒸汽动力装置专业本科毕业，1963 年船舶动力装置自动化专业研究生毕业，1963—1981 年船舶动力系助教，讲师。1981 年 6 月—1983 年 10 月德国康茨坦大学高工、卡斯鲁厄尔工业大学测量控制研究所访问学者。回国后一直任职于上海交通大学，历任制冷空调教研室主任、制冷工程研究所所长，动力机械与能源工程学院副院长，上海交通大学制冷与低温工程学科教授、博士生导师，2007 年 1 月退休。

1990 年由国家人事部聘为中青年有突出贡献专家，国家教委全国高校先进科研工作者，1991 年获上海市科学技术协会上海市科技精英提名奖，1992 国务院特殊津贴获得者，1993 年被选为乌克兰科学院通信院士，获 1995 年上海市教委高校优秀导师、2000 年夏安世教授教育基金会授杰出教授奖、2000 年宝钢教育奖、2006 年故乡天台县授当代百天台名人；热心学会学术活动，担任上海市制冷学会学术委员会主任十余年，每年组织学术会议，倡导学术活动国际化，策划两届高层建筑空调国际会议，推动学会领导班子年轻化，促进学会发展；历任国家有突出贡献专家协会常务理事，中国家电协会理事，全国高校压缩机，低温教学指导委员会委员等职，1987 年受聘上海冷冻空调行业协会专家委员会委员。

陈芝久先生长期从事制冷系统热力学研究，提出了动态、分布参数、参数间定量耦合三个基本观点，开拓了制冷系统新型控制方法，并成功地应用于工业界，1996 年首先在电冰箱设计技术更新上获得成功，后推广至家用空调、汽车空调。使节能设计方法更新，CFCs 工质替代获技术突破，并取得了良好效益。曾培养博士研究生 23 人，博士后 4 人，硕士研究生 24 人，完成科研项目 20 余项，其中获奖情况如下。

- 制冷装置动态特性研究。1990 年获上海市科技进步一等奖，第一获奖人；
- 新型热力膨胀阀研究。1988 年获国家教委科技进步二等奖，第一获奖人；
- 制冷装置（电冰箱）匹配特性研究。1997 年上海市科技进步二等奖，第一获奖人；
- 制冷装置动态分布参数研究。1991 年国家教委科技进步二等奖，第一获奖人；
- 抓学科建设，培养制冷专业跨世纪人才。上海市教学成果一等奖，第一获奖人。

陈芝久先生专著颇丰，其代表性著作有《制冷系统热动力学》《制冷装置自动化》等 6 本专著。

戴永庆（1937 年 12 月—　）

戴永庆，男，江苏泰兴人，研究员。

戴永庆先生 1961 年毕业于西安交通大学动力机械系压缩制冷专业，系我国首届制冷专业本科毕业生。同年经毕业分配，参加了中国人民解放军，任职于中国船舶工业总公司第七研究院七〇四研究所特辅机研究室，从事船舶空调冷冻设备的研制工作。授中尉军衔，后随着单位体制改变而复员转业。历任专业科科长，研究室主任，主任工程师等职。享受国务院颁发的专家特殊津贴。

戴永庆先生从事溴化锂吸收式制冷机的研制 40 余年，是我国溴化锂吸收式制冷机的主要开拓者之一。先后进行了我国核潜艇空调装置用溴化锂吸收式制冷机的研制，以及民用溴化锂吸收式冷水机组与空调设备的开发，推广以热能为动力的溴化锂吸收式冷水机组的应用。参与上海与其他省份多家企业自行设计的设备研制与调试。并为原上海绒毯三厂研制利用低温热源的双效溴冷机组及空调系统，为国内首创，获中船总公司科技成果奖。1978 年作为全所唯一的科技人员代表参加了全国科技大会，并获“作出重大贡献的先进工作者”奖。获上海市、部、院级重大成果奖多项，荣获上海市科技系统优秀党员称号。

戴永庆先生退休后参加了江苏双良集团的创建工作，受聘担任高级技术顾问。在工作期间，申报的“直燃溴化锂吸收式热泵机组”专利，为国内首创，获“2001 年亚洲国际新技术新产品博览会金奖”等殊荣。鉴于对企业作出的贡献，2002 年被江阴市人民政府以第一名序列撰于“江阴市引进专家”称号。发表论文 20 余篇，如《BLZ01 溴化锂吸收式制冷机的试验研究》《溴化锂吸收式制冷机溶液喷射泵的无因次特性及设计方法》《溴化锂吸收式制冷机在船舶中的应用》等均在有关专业学术会议上宣读发表。

戴永庆先生专业著作颇丰，1975 年编写了国内首部行业专著《溴化锂吸收式制冷机》，由中国冷协组织主编了《溴化锂吸收式制冷技术及应用》《溴化锂吸收式制冷空调技术实用手册》《燃气空调技术及应用》等专著，并合作翻译了日本高田秋一著《吸收式制冷机》；承担了《制冷空调设备使用维修手册》中“吸收式制冷设备”章节的主编。

戴永庆先生曾担任中国制冷学会首届理事，第三届常务理事，现为资深会员；上海市制冷学会一至四届理事、第二专业委员会主任及顾问等。

戴永庆先生曾参加了上海市冷冻空调机械工业协会的筹建，担任协会理事，现为专家委员会委员。

戴永庆先生曾担任机电部制冷设备标准化技术委员会委员，全国家用电器标准化技术委员会制冷空调器具与技术委员会委员。曾担任中国制冷空调工业协会“溴化锂制冷技术应用服务中心”常务技术顾问，并兼任《溴冷信息报》主编。

2002 年在我国召开的第七届国际吸收式热泵大会上，获“突出贡献奖”中国唯一候选人提名。

陈怀琴（1938 年 7 月 14 日—　）

陈怀琴，女，祖籍江苏兴化，教授级高级工程师，1993 年起享受国务院特殊津贴。

陈怀琴先生 1961 年毕业于同济大学暖通空调制冷专业。同年进入上海民用建筑设计院。先后担任组长、主任工程师、副总工程师、职代会副主席、顾问总工。

陈怀琴先生在设计院工作期间曾参与和负责了大量工业与民用建筑的暖通空调设计，60 年代设计了仪表、机电系统的恒温室，电镀厂、荧光灯厂的通风除尘设计、–30 ℃～ +60 ℃的人工气候室设计。70 年代设计了上影厂的摄影棚、对白棚，上海电视台的演播室、录音室、洗印车间的暖通空调、消声系统设计（获市建委颁发的市优秀设计奖），作为主要设计人参加了中华人民共和国成立后上海第一幢高层——上海宾馆的空调通风设计（获建工部颁发国家级优秀设计一等奖），1989 年设计了中山医院 18 层病房大楼、16 层科研楼的采暖空调及消声系统设计，获上海市优秀设计二等奖。

陈怀琴先生还担任了多项与境外合作设计的专业负责人。

➢ 新锦江大酒店是中华人民共和国成立后上海第一幢与境外合作设计的五星级大酒店，全过程咨询、施工图审批，获中华人民共和国成立 50 年上海十大经典项目；

➢ 上海第一八佰伴新世纪商厦，与日本清水合作设计，获 1996 年上海市优秀设计一等奖；

➢ 新亚汤臣大酒店，与中国台湾天一工程公司合作设计，获上海市优秀设计二等奖；

➢ 六合路商业大厦（即南京路中百一店东楼），获上海市优秀设计二等奖；

➢ 中山东一路 12 号浦东发展银行，负责机电设计，该建筑是国家重点文物保护建筑（30 年代汇丰银行大厦，中华人民共和国成立后曾经是上海市政府所在地）；

➢ 上海科技馆，采用冰蓄冷及变风量送风系统，完成结构、机电全过程。其中冰蓄冷获上海市科技进步三等奖，暖通空调设计获第一届中国建筑学会一等奖；

➢ 先后参与并担任了复旦大学美国研究中心、陆家嘴招商广场、浦东龙阳路新国际博览中心场馆以及淮海中路中环广场中方专业负责人咨询、技术顾问工作；

➢ 上海音乐厅平面位移工程，采用了座椅下送风及原有平顶送风相结合的空调送风方式，获上海市保护建筑优秀设计奖。

陈怀琴先生在 2006—2018 年任现代设计集团海南分院顾问总工，参与了十几个重大项目，如台州会展中心、江苏宿迁医院、无锡瑞金医院等。

陈怀琴先生热心社会工作，曾兼职：上海市制冷学会空调专业委员会委员、上海市政府采购中心咨询专家、上海市节能中心专家顾问、上海市合同能源管理指导委员会专家顾问、上海市建设和管理委员会评标资深专家、上海冷冻空调行业协会专家委员会委员。

华泽钊（1938 年 11 月—2016 年 10 月）

华泽钊，男，祖籍福建福州，教授。

华泽钊先生 1961 年在清华大学热能专业毕业，后留校任助教，1965 年 7 月，清华大学工程热物理专业研究生毕业。同年分配到上海理工大学（原上海机械学院）任教，直至退休。

华泽钊先生 1980 年 1 月至 1982 年 12 月，先后赴美国圣母大学、美国麻省理工学院（MIT）等校任访问学者。1984 年在上海理工大学创建了国内第一个低温生物技术研究室（所）。1984 年 8 月任学校科研处处长。1986 年 2 月，由讲师破格晋升为正教授。1986 年 5 月，经国务院学位委员会决定，成为我国“低温工程”博士点的首批博士生导师。1990 年 12 月至 1991 年 12 月，应邀担任美国纽约州立大学访问教授和美国低温医学科学公司顾问。1992 年 12 月至 1995 年 9 月，担任学校动力工程学院院长。1996 年 4 月任制冷与低温技术研究所所长，2004 年 9 月起兼任上海理工大学医疗器械与食品学院首席教授。2009 年 4 月退休；2012 年学校为华泽钊教授设立国家教学名师工作室。

华泽钊先生在制冷、低温、食品、生物医学及其交叉学科颇有建树。在低温工程热物理与生物医学相结合的新兴交叉学科——低温生物医学科学方面，提出了系统的理论和实施技术。1987 年“大型低温显微镜”获上海市科技进步奖二等奖，1996 年“低温技术在生物医学中的应用”获机械部科技进步奖一等奖，1997 年“低温技术在生物医学中的应用”获国家自然科学奖四等奖，2005 年“组织工程皮肤的体外构建、低温保存及临床应用”获上海市科技进步奖一等奖。

华泽钊先生坚持为学生上课，培养了大量的本科、硕士、博士和博士后，先后被聘为中国科学院低温技术实验中心学术委员会委员，西安交通大学动力工程多相流国家重点实验室学术委员会委员，清华大学热能工程系兼职教授。担任国际学术期刊 *Cell Preservation Technology*（《细胞保存技术》）、*Cryo-Letters*（《低温通信》）、国内学术期刊《工程热物理学报》《制冷学报》编委等工作。1999 年创建了学校食品科学与工程本科专业。

华泽钊教授发表论文 200 余篇，出版著作和教材多部，其中《低温生物医学技术》获上海市优秀教材一等奖和国家教学成果二等奖，《食品冷冻冷藏原理与设备》获上海市教材二等奖，英文版《制冷技术》教材由国外出版社出版发行，并获得 2013 年度上海优秀教材一等奖。

华泽钊先生积极参加中国工程热物理学会、中国制冷学会、中国制冷空调工业协会、上海市制冷学会、上海冷冻空调行业协会等社会团体工作。

华泽钊先生 1997 年被授予“上海市劳动模范”称号，1989 年和 2001 年先后被授予“全国教育系统劳动模范”和“全国模范教师”称号，1997 年获上海市育才奖；2000 年获得夏安世教授教育基金会杰出教授奖；2003 年获教育部首届“国家级教学名师奖”。

邱嘉昌（1939 年 1 月—2009 年 7 月 8 日）

邱嘉昌，男，祖籍浙江省鄞县（现鄞州区），教授级高级工程师，1997 年起享受国务院特殊津贴。

邱嘉昌先生 1956 年 8 月，任轻工业部武汉食品工业学校工程力学系教师；1962—1967 年就读于上海水产学院水产加工系冷冻专业，1968 年毕业分配到上海市禽类蛋类公司；任上海市禽类蛋品公司科研所技术员、工程师；1981 年进上海市第二商业局设计室，先后担任工程师、室主任、高级工程师；1990 年 5 月，任上海市第二商业局副局长；1994 年 7 月，任上海东海商都筹建处总指挥；1995 年 2 月，任上海商业网点发展实业股份有限公司副总经理；1995 年 7 月，任上海商业网点发展实业股份有限公司董事长、上海市商业设计研究院院长；2002 年 12 月退休。

邱嘉昌先生参加过 40 多个项目的制冷设计，其中部分工程荣获国家级、商业部和上海市的优秀设计奖：1984 年，“吴泾冷库”荣获国家优秀设计金质奖、上海市优秀设计一等奖；1989 年，“北宝兴路家禽综合加工工程”荣获国家优秀设计银质奖、上海市优秀设计二等奖；1990 年，“大场肉类联合加工厂技术改造工程”荣获商业部优秀工程二等奖；1994 年，“深圳蛇口华南冷藏制冰工程”荣获上海市优秀设计三等奖。

1990 年 5 月邱嘉昌先生任上海市第二商业局副局长，从专业技术岗位转为行政管理工作，主持编制了原上海市第二商业局商办工业、科研与技术开发、基建与技术改造等“八五”发展规划，为发展上海的商业经济和“菜篮子工程”做出了贡献。

邱嘉昌先生任上海市商业设计研究院院长期间，狠抓科研队伍建设，拓展经营范围，推进重大工程的方案和工程设计，取得了显著的成果。许多项目荣获国家、部、市级优秀设计奖项，业务遍及全国 20 多个省市，还延伸到了中国香港和缅甸。

邱嘉昌先生曾兼任中国制冷学会理事，上海市制冷学会秘书长、副理事长，上海冷藏库协会副理事长，上海冷冻空调行业协会专家委员会委员，上海海洋大学兼职教授，上海合同能源管理指导委员会委员等职务。退休后担任上海石材行业协会理事会会长，是上海石材行业协会的创始人之一。

邱嘉昌先生曾参加《冷库制冷技术》《上海冷藏史》等书的编写工作，担任主编，在核心期刊上发表论文 30 余篇。与上海冷藏库协会、上海市制冷学会和上海上枫制冷设备有限公司一起研究上海冷藏历史发展陈列馆的筹建和上海首部冷藏史——《上海冷藏史》的编纂工作。同时，他还积极参加《中国制冷史》一书的编著。

顾安忠（1939 年 7 月 1 日—　）

顾安忠，男，籍贯江苏江都，教授。

顾安忠先生 1962 年毕业于上海交通大学并留校，在制冷专业任教 44 年，其中 1982—1985 年赴美国伊利诺理工学院（IIT）和美国燃气工艺研究院（IGT），以访问学者身份进修。1993 年起任教授，1994 年起任博士生导师，1996 年起享受国务院特殊津贴。

顾安忠先生曾兼任国际制冷学会低温委员会委员、中国制冷学会理事、上海市制冷学会常务理事、低温专业委员会主任，先后担任上海交通大学制冷工程研究所副所长、工程热物理和能源研究所副所长、制冷与低温工程系主任。

在学术上，顾安忠先生具有敏锐的学术洞察力，同时特别注重将科学研究与国防、国民经济实际应用相结合。领导课题组在长期以来形成的液化天然气、低温贮运、低温绝热与传热、工业气体应用等研究方向上，以理论与实践并重的风格，形成了自己鲜明的特色，为本专业学科建设作出了重要贡献。主持和承担科研项目 60 余项（包括国家自然科学基金、博士点基金、国家科技攻关项目、国防科技项目和上海市等地方科技发展基金项目，以及大量来自企业的合作项目）。发表论文约 250 篇（其中 SCI/EI 检索约 50 篇）；出版著作 8 部，获省部级科研奖励 4 项。

从 1996 年起，顾安忠先生带领课题组承担了我国特种液氧技术在国防工业的应用项目，获得国家国防科技奖励。2003 年起承担国际“阿尔法磁谱仪”项目。该项目是由诺贝尔奖获得者丁肇中教授领导的大型国际合作研究项目。课题组承担的低温地面支持设备系统研制，为我国开展超导磁体超流氦冷却及相关基础物理探测工作打下了良好基础。

近 30 年来，顾安忠先生主持或参与多项我国大型 LNG 设施的技术国产化和小型 LNG 装置的研发，取得显著的成绩。1989—2002 年参加了国家液化气运输船的研制开发，与上海江南造船集团紧密合作，完成多项国家“九五”和“十五”攻关项目。

顾安忠先生始终活跃在教学一线，承担从本科生到硕士生、博士生的大量教学工作。先后指导了 50 多名硕士、博士、博士后，并获得上海市、上海交通大学颁发的教学奖励。

顾安忠先生积极参加国内外行业协会和学会团体的活动。1992—2018 年，9 次参加每三年一届的国际权威液化天然气大会，是连续 9 次被大会录用论文的中国学者。他是中国制冷学会、中国机械工程学会、中国造船学会、中国工业气体工业协会、上海市造船学会、上海市气体协会、上海市能源研究会等组织的会员。2011 年创办中国工业气体工业协会液化天然气分会，并任秘书长。受聘上海冷冻空调行业协会专家委员会委员，2017 年获得中国工业气体工业协会授予的“推动行业发展贡献奖”。

曹渊明（1939 年 11 月 13 日—　）

曹渊明，男，祖籍江苏江阴市北三澀镇，高级工程师。

曹渊明先生 1958 年由上海市控江中学保送到西安交通大学，1963 年毕业后被分配到上海市第一冷冻机厂（以下简称“一冷厂”）工作。其间曾任厂长、党委书记兼上海合众——开利空调设备有限公司第一任董事长，直至 1990 年。

曹渊明先生从事技术工作，一冷厂是起点，又是平台。主要是围绕为国防军工服务的项目，在参与、投入和组织的不同层面上，开展设计和调试工作，成绩斐然。1963—1979 年获奖情况如下。

➤“填补国内空白”项目：−100 ℃、1 000 kcal/h 低温二元复叠试验装置，−120 ℃、1 000 kcal/h 低温三元复叠试验装置，“708 工程”飞机空调用水分离器；

➤“全国科技成果奖”项目：“09”工程、船用（核潜艇）溴化锂吸收式制冷机；

➤“上海市重大科技奖”项目：−80 ℃～150 ℃ / 真空 5 mmHg/127 m^3 二元复叠高真空模拟设备，用于国防工程；

➤“机电局军工重点工程成果奖”项目：“701 工程”，液氮冷却系统、6 m^3 液氮贮槽、2.5 m^3 液氮槽车，用于气象航天工程。

曹渊明先生 1990 年加盟双良集团公司，聘为终身总工程师。经过近 30 年的努力，将一个只有十几个人的小作坊发展成有 6 000 多人的国际大公司，为此得到双良集团的最高荣誉“钻石功勋奖”；并在 1999 年入选由人民日报出版社的《中国专家人才库》、2000 年入选由世界人物出版社、中国国际交流出版社出版的《世界优秀专家人才名典》殊荣。

在中国制冷空调事业的发展中，曹渊明先生为此发挥智慧和才干，作出积极贡献。他担任过中国制冷学会和中国制冷空调工业协会的常务理事、专家咨询委员会委员、标准委员会委员等职；曾担任过上海冷冻空调行业协会副会长和至今担任该协会的专家委员会委员；曾获得中国制冷学会的积极奉献奖和资深会员资格、中国制冷空调工业协会的特别贡献奖。

童杏生（1941 年 3 月—2014 年 5 月 26 日）

童杏生，男，籍贯浙江绍兴，教授级高级工程师。

童杏生先生 1963 年 8 月毕业于西安交通大学汽轮机及燃气轮机专业。

童杏生先生大学毕业后进入上海第三压缩机工作从事设计工作，任技术员、工程师。在十几年里开发了氮、氢、氧压缩机等 20 余种新产品，满足市场需要并积累了丰富的经验。针对仪表行业，自动化控制领域使用的气源要求，开发了无油润滑压缩机，改变了以往对气源层层滤油的工艺要求，深受用户欢迎。

1965 年，冶金部从日本神户制钢所购入了一套 6 000 m^3 纯氧顶吹炼钢设备，用氧气代替空气炼钢，生产优质钢。机械部组织有关企业现场观摩日本专业人员安装调试，准备自己制造供各钢厂使用。其中双螺杆转子式压缩机，我国还是空白。童杏生先生承担其中氧螺杆压缩机的试制，其间，攻克了众多技术难点，终于如期交予钢厂投入运行，填补了行业空白。

1980 年，童杏生先生进入上海空调机厂（上海冰箱厂和上海第三压缩机厂合并），任技术厂长，开发全封闭压缩机。最初是仿制美国特灵公司全封闭活塞式压缩机，从测绘、试验、制造仅用了一个月的时间。最终顺利地与美国特灵公司签订了双方技术合作协议。童杏生先生在美国特灵公司培训了 3 个月，掌握了全封闭压缩机制造标准和质量内控标准，加快了全封闭空调压缩机在中国自行制造的进程。

1992 年，童杏生先生进入上菱电器总厂任副总工程师，分管空调分厂技术工作，开发分体式空调机并参与三菱电机的合资谈判。上海三菱电机·上菱空调机电器有限公司成立，童杏生先生任总工程师。在此期间，他花费大量精力，通过各种途径将三菱变频空调机技术引入中国并不断向市场推出新的高效率空调产品。2004 年退休后，被日方总经理特聘为总经理技术顾问，直至 2013 年。

1996 年，童杏生先生担任上海家用电器行业协会的专家，参加编制由中国家用电器职业技能培训中心和轻工业行业特种职能鉴定组编制的《空调器装配工培训教程》一书，担任编审委员会委员、第一主审工作。

童杏生先生编制的《房间空调器》获得中国制冷学会颁布的突出贡献科技二等奖，由他任组长的标准组起草了上海市强制性地方标准《变速（变频）房间空调器能效限定值及能源效率等级》，他还受聘担任上海冷冻空调行业协会专家委员会委员，积极推广变频空调的市场应用。

童杏生先生曾连续多届担任全国冷冻空调设备标准化技术委员会委员、全国家用电器标准化技术委员会制冷空调器具分技术委员会副主任、全国家用电器标准化技术委员会家用电器主要零部件分技术委员会委员，为制冷空调产业的技术进步和标准化建设作出了积极的贡献。

顾建中（1943 年 10 月—　）

顾建中，男，上海人，教授级高级工程师，1993 年起享受国务院特殊津贴。

顾建中先生 1962 年 7 月考入上海师范学院物理专科、1965 年 7 月毕业。1962 年 11 月参加工作，先后在食品工厂、设计院、工程公司和设备制造厂商等单位工作。

曾任上海肉类加工厂制冷技工兼厂校教师、上海市食品公司设计室设备专业负责人。上海市第二商业局设计室设备组组长，上海南方制冷工程公司副总经理，上海市第二商业局设计室主任，上海市第二商业局设计所所长，上海市华东商业设计研究院院长，上海市商业设计研究院副院长，开利空调冷冻（上海）有限公司总经理顾问兼总工程师，全国注册公用设备工程师（暖通空调），国家监理工程师。

顾建中先生在设计院工作期间，积极开拓业务领域，在工程设计的基础上先后拓展了以设计为龙头的工程总承包、建筑装饰工程、工程监理及咨询等业务。率先应用多项冷冻冷藏新技术。1970—1979 年采用多种新型隔热材料的装配式冷库，冷库制冷系统自动控制；在 1980—1989 年率先应用了新型冷风机、蒸发式冷凝器、螺杆式制冷压缩机、建造了首座土建变温库；在 1990—2003 年实施了多项国外引进工程和先进制冷系统，先后在大中型冷库采用了新型氟制冷工质的分散式制冷系统和准集中式制冷系统。

顾建中先生参与或主持的百多项可行性论证、方案编制、工程设计和科研项目中荣获国家优秀设计金质奖一次，上海市优秀设计一等奖一次，上海市优秀设计三等奖二次，商业部优秀设计三等奖一次，上海市科技成果完成证书一项，上海市优质工程银质奖二次。还参与了我国最早的冷藏链建设工程，即 20 世纪末商务部批准，上海市商委实施完成的肉类、蔬菜和水产品三条食品冷藏链工程。服务的范围遍及全国众多省市、香港特区和非洲厄立特里亚的三个城市。

顾建中先生完成的著作论文和相关专业工作包括：专业论文、著作、地方志和科普书籍的编著（其中参编并由出版社公开发行的著作共 11 本）；为大专院校讲课和毕业论文评审，担任了同济大学 3 个硕士研究生的副导师；为社会职业培训工作讲课并编制和审核专业教材；为制冷空调等级工和技师考核评定把关；参加系统内外工程系列的中级和高级技术职称评定等。

顾建中先生热心社会工作，曾任中国制冷学会第四届理事，上海市制冷学会第四、第五、第六届常务理事兼副秘书长、第七届常务理事、副理事长，上海冷藏库协会理事，全国制冷技术标准化委员会委员，上海市建设委员会建设工程评标专家。现任中国制冷学会资深会员，上海市制冷学会、上海冷冻空调行业协会专家委员会委员，中国制冷空调工业协会和中国设备协会组建的制冷空调设备维修安装企业能力等级工作专家评审组成员。

六、优秀企业篇

参编人员

统 稿 人：邵乃宇　徐雪琴

编　　者（按姓氏笔画为序）：

王正根　吕雪红　朱进林　李学艳　杨　坚　吴海玲　宋丹丹
张文宇　张卫黎　陆东铭　孟鑫洋　姚慧琳　袁　明　晋能龙
陶　峰　谢安文　彭园媛　颜海云

分序

本篇介绍的18家优秀企业，虽然不能把我们行业中的佼佼者如数推荐，但是这些企业，基本上反映了我们行业改革开放前后30年的历史变迁之真实面貌。

改革开放前30年的制冷空调行业中的企业，基本上是国有企业一柱独撑的局面。尽管物质上贫穷落后，但是当时的历史条件之下，正是这些企业披荆斩棘、艰苦创业，为后30年的改革开放提供了弥足珍贵的解放思想、开放包容的点火之棒。

30多年来，上海及长三角地区改革开放引领了制冷空调行业市场的变化和发展，可以毫不夸张地说，是前无古人，后无来者的世界奇迹。

改革开放，首先是国有企业的改革，上海号称金刚企业的多家老牌工厂，如上海第一冷冻机厂、上海冷气机厂，上海海立（集团）股份有限公司等以市场换技术，出现了一大批中外合资企业。这些企业与国有企业取长补短，现在无论在专业技术、商业品牌和市场规模的国内外市场的风云际会之中，都有举足轻重的地位。

既有的国有企业，在市场经济的促进之下，其优秀者愈战愈强，逐步从单一的粗放经济模式发展成为集科研开发、设计、检测、施工等一系列全方位的新经营模式，如上海市安装工程集团有限公司等。

与国有企业几乎并驾齐驱的是民营企业，这支队伍的异军突起不仅是中国改革开放的生力军，尤其在制冷空调行业的敢为人先的魄力，几乎是怎么形容都不为过。本篇介绍的双良集团、三花制冷集团和祥明智能动力与俊乐自控公司等，无论在产业规模、科技发展、创新创业等方面都是我们行业内的翘楚。更难能可贵的是，他们已经成为我们行业产业链中的重要环节，是世界贸易领域内不可或缺的供应商。

纵观上海制冷空调行业发展史，清晰可见改革开放30年来风云变幻的时代轨迹！

古人曰，以铜为镜，可以整衣冠，以史为镜，可以知兴替。这里推荐介绍的优秀企业都有一个催人奋进、不畏艰险的奋斗精神，此乃我们宣传推荐的本意。

2021年7月于上海

概　述

上海地区是中国制冷空调产业的发源地，改革开放更促进了这个地区制冷空调产业的兴旺，是目前中国制冷空调产业的主要生产研发的基地。其中既有著名的国际跨国公司，他们凭借改革开放的东风，将先进的技术和管理带入中国，一跃成为市场的天之骄子；也有实力雄厚的国有企业，改革使之焕发了青春的活力，他们不断发力，屡创佳绩；而最引人注目的是民营经济，他们依托天然的地域因素，白手起家，奋发打拼，组建集团，成功上市，创造了空前的成就；他们的成长发展正是上海地区制冷空调产业发展的缩影。本篇将介绍部分优秀企业的发展历史和取得的成就。

上海市安装工程集团有限公司

上海市安装工程集团有限公司（以下简称“安装集团”）是上海建工集团旗下的专业子集团公司，创立于1958年，原名“上海市工业设备安装公司”，2000年8月改制更名为“上海市安装工程有限公司”，2013年5月再次更名为现名称。安装集团至今已完成了海内外数千个安装项目，涉及石油、化工、冶炼、电子、仪表、机电、医药、建材以及高级宾馆、办公楼宇、大型公用设施和市政交通工程等，具备工业工程EPC总承包、高级民用工程机电总承包、智能化系统工程总承包能力。

安装集团是全部参加建国50周年以来“上海市十大金奖经典建筑”机电设备安装的施工企业，也是唯一承担2010年上海世博会“一轴四馆”等永久性场馆机电设备安装的企业。中华人民共和国成立60周年“百项经典建设工程”中，安装集团承建的8个项目荣膺入选。

60余年来，安装集团承建的工程荣获鲁班奖、国家金奖、部优质奖、中国市政工程金杯奖和中国土木工程（詹天佑）大奖、白玉兰奖等400余项。两次获得全国“五一”劳动奖状；先后获得全国先进企业、全国思想政治工作优秀企业、全国先进施工企业、全国建设系统企业文化建设先进单位、上海市文明单位、上海市重大工程实事立功竞赛金杯公司等殊荣。

近年来，安装集团通过深入实施创新驱动发展战略，聚焦未来发展加强顶层设计，把加快推进新领域新业务拓展作为可持续发展的切入点，安装集团正在全面实现由传统技术应用型企业向科技集成创新型企业的转型，全面建立形成自主创新和集成能力相结合、科技创新环境适宜、科技人才结构合理、科技成果支撑作用明显的科技创新体系。

一、立足科技创新致力辐射带动促发展

2019 年度，安装集团全年科技投入近 3 亿元；继续保持上海市级企业技术中心，国家高新技术企业；申请专利 29 项，专利授权 19 项；获得中国安装协会科学技术进步奖 5 项，获得上海市优秀发明选拔赛优秀发明奖 2 项。重点围绕高科技装置、现代化厂房、城市更新改造、水处理、大数据中心、机电运维、固废处置、海洋水族馆维生系统等多项新领域，不断提高市场敏锐度和前瞻性，发挥科技创新对企业经营和施工支撑的辐射效应。

通过主动与中国科学院、同济大学、华东理工大学等一批一流的科研院所积极合作，安装集团在技术创新和科技项目上获得了一项又一项新领域的科研成果，也承接了一系列“有高度、有速度、有难度”的工程项目——中科院上海应用物理研究所 X 射线自由电子激光试验装置、中科院钍基熔盐、上海华力 12 in（30.48 cm）先进生产线建设、北京蓝厅数据中心、第一百货商业中心改造、白龙港污泥二期、珠海长隆海洋科学馆、山东东营区固体废弃物处置中心、第二届进博会机电运维保障、青岛高速磁浮调试线等近百项市内外新兴领域重点工程，经过这些项目的实施和锤炼，企业的安装技术水平提升到一个新的高度。

二、科技创新助推新领域发展迈上新台阶

安装集团不断发挥科技创新对新领域新业务提供强有力的支撑作用，为实现企业转型升级做出了新贡献。作为国内最早接触磁悬浮工程的施工企业，安装集团长期成立科研小组开展研究工作，从上海的高速磁浮到后续试验线工程、长沙中低速磁浮工程等，在工程实施中通过技术攻关及创新积累了丰富的项目管理和技术经验，逐渐形成了相对完备的专项施工创新技术。在中车青岛四方机车车辆股份有限公司高速磁浮调试线建设项目投标中，企业专业的施工、管理和技术优势，为该项目中标提供了有力保证。

在“中科院上海应用物理研究所 X 射线自由电子激光试验装置”投标过程中，安装集团就率先提出了 BIM 技术深度运用理念，并在深化设计、方案模拟、预制加工、项目管理、进度控制、工程算量、二维码物流跟踪管理等方面，真正实现了将 BIM 深化设计与项目管理糅合在一起，确立了技术领先优势，为实现该工程最终一举中标打下了扎实基础。

与此同时，安装集团进一步发挥专业和人才优势，在总结前滩、新虹桥、张江等分布式能源站项目实施的基础上，与新奥能源控股有限公司签订战略合作协议，参与项目投标及前期策划，承接了新奥能源在河南、安徽、浙江、江苏、湖南市场投资的全部 9 个项目。依托上海国际舞蹈中心项目，以专业舞台系统为目标，建立舞台机械技术小组，与舞台机械国际知名厂家 SBS 建立深入合作，在设备集成采购、钢结构件加工制作、现场安

装、配合调试、售后服务积累了丰富的经验，进一步提升了企业在专业舞台系统方面的竞争力。

三、科技成果转化应用服务新领域项目建设

安装集团十分重视科技创新及科技成果的转化应用，让科技创新更好地服务新领域新业务项目建设。在东方明珠广播电视塔、金茂大厦、环球金融中心、南京紫峰大厦、上海中心大厦等一大批超高层建筑的机电安装过程中，安装集团不断攻克超高层工程施工难关，实现了“高度”突破，并由此研究开发形成了一系列知识产权，可运用于今后超高层工程的建设。例如，经过实施过程的积累和及时进行的技术和管理总结，由安装集团主编的《超高层建筑机电工程施工技术与管理》已于2016年出版发行；《基于上海中心大厦工程的机电总承包管理模式实践与总结》荣获上海建工集团优秀工程项目管理创新成果一等奖，该项目还获得“鲁班奖”和“詹天佑奖”。

人工智能技术正在业内得到实例化的应用，通过机器人巡检替代人工巡检已成为智能化设施运维方向的重要技术拓展点。对此，安装集团不断加快建筑机电设施运维领域创新步伐，全力打造智能机电运维新模式。在研发推广应用集巡检、监控、维护、改造和决策于一体的FM建筑集智管理系统的基础上，“建筑设施运维机器人研究”课题取得技术性突破，由企业自主研发的智能巡检机器人惊艳亮相“2019上海城博会”，并在上海中心大厦冷冻机房机电运维中试点应用，属行业内首创。

与此同时，安装集团还在上海市白龙港污水厂污泥处理处置二期工程中，组建专项课题研究小组，分别对大型污泥焚烧装置设备集成技术、大型污泥焚烧装置专用设备安装技术及大型污泥焚烧处置装置系统联动调试关键技术等，开展研究及技术攻关，已形成系列化实用、创新、高效的科技成果。

上海市建筑科学研究院有限公司

上海市建筑科学研究院有限公司（以下简称“上海建科院”）成立于1958年。是上海市属国有企业——上海建科集团股份有限公司的核心子公司，2016年由上海建科集团下属建筑材料事业部、土木工程事业部和建筑新技术事业部合并组建，以土木工程领域建设、运维和更新的科技服务专家为发展愿景，承担行业发展共性技术科技创新研发，提供技术咨询、检测监测和建筑设计等多元化服务，具备资质56项，涵盖建筑、市政、交通、水利工程，贯穿规划、设计、施工与运维阶段，是中国绿色建筑竞争力十强设计咨询企业，上海地区规模最大的建设工程检验检测和环境影响评价机构之一，工程监理产值规模行业第一梯队，首个获“上海品牌”认证建设工程咨询服务企业，国家装配式建筑产业基地。

上海市建筑科学研究院有限公司建筑节能与能效提升研究所（以下简称“节能所”）是上海建科集团股份有限公司下属专业从事建筑节能技术服务的业务单位，下设节能技术部、信息技术部、能耗监测中心及一个子公司——上海建科节能技术有限公司。全所人员120余人，其中教授级高工9人，中、高级职称人员占比超过60%。下属子公司为高新技术企业，2020年度完成上海市“专精特新”复核工作。

节能所以建筑全生命周期能效提升系统服务为主线，深层次融合建筑节能与信息技术，聚焦城市节能重点领域，提供全过程技术服务和系统服务。拥有一支经验丰富的专业团队，配备高质量的测试仪器与实验室，“十三五”以来承担国家重点研发计划项目1项、课题13项；获省部级科技奖励13项，主编或参编标准50余项，获专利授权16项；是国家绿色建筑质量监督检验中心、上海市建筑节能工程技术中心、上海市公共建筑能效管理专业技术服务平台的依托单位。

作为国内最早启动建筑节能技术研发和工程实践的团队之一，节能所累计已为超过 1 亿 m^2 的建筑提供了节能专业技术服务，先后为上海世博园区、上海中心大厦、国家会展中心、迪士尼度假旅游区等重大项目提供技术服务；已完成约 20 个公共建筑节能改造项目，累计建筑面积 80 多万 m^2，每个项目均实现了综合节能率 20% 以上，每年实现节能量 9 000 多吨标准煤。在既有建筑节能改造技术研发和应用方面，团队具有领先水平。经过大量调研、测试工作，结合节能改造项目特点，在行业里率先在上海将磁悬浮离心机组、低氮真空热水机组、二氧化碳热泵机组等高效节能设备应用于改造项目，取得了很大成功，为这些高效节能设备的推广应用起到良好的示范效果。虹桥迎宾馆项目获得 2018 年度上海市既有建筑绿色更新改造铂金奖，兴国宾馆项目获得 2017 年度上海市既有建筑绿色更新改造金奖，上海紫金山大酒店获得上海市建筑节能和绿色建筑示范项目，成为建筑节能专业领域的领跑者和主力军。

节能所连续多年为公共机构领域的各级政府管理部门提供技术支撑，通过深入调研排摸、挖掘节能潜力，提升了被服务公共机构能源管理水平，推动了公共机构节能改造项目实施，切实降低能源资源消耗。节能所积极投身公共机构节能领域工作，为各级公共机构提供全方位节能技术支持，长期服务上海市公共机构能源审计项目、市机管局节约型公共机构创建服务项目。自 2013 年以来，上海市共组织过 4 次节约型公共机构示范单位创建活动，总计约 140 余家公共机构通过国管局的验收，作为第三方服务咨询单位对其中的 36 家机关单位及公共机构提供了全过程的创建咨询服务，并全部高分通过上海市及国管局检查组的验收，获得了所服务单位的高度评价。此外，节能所还致力于公共机构领域节能工作标准化研究、后评估等多项行业研究工作，在公共机构节能领域取得了丰硕成果，为推动行业发展发挥了重要作用。

节能所承担完成多个国家和上海市重点研发课题，充分发挥“上海建筑节能工程技术研究中心”和“上海市公共建筑能效管理专业技术服务平台”的作用，持续推动行业科技进步。“十三五”期间重点开展大型公共建筑节能调适、超低能耗和近零能耗等相关技术体系研究，承担“降低供暖空调用能需求的围护结构和混合通风适宜技术及方案”“近零能耗建筑性能检测及评价技术”“公共建筑能效调适提升关键技术研究与示范”等多个国家重点研发课题及上海市科研项目，首次建立了具有夏热冬冷地区气候适应性的超低能耗建筑技术体系，为上海市推广超低能耗建筑提供技术支撑；依托上海市公共建筑能效管理专业技术服务平台开展了大量节能工程实践和技术推广应用工作，为中小企业节能创新提供技术支撑，积极促进科研和技术成果向工程实际应用的转化；编制完成上海市“十三五”“十四五”建筑节能规划研究、上海2035光伏发展路径研究等市级层面规划，深入开展上海市公共建筑能效对标和碳核查工作，连续7年承担上海市建筑、航空、食品烟酒等近40家企业的碳核查工作，为全市碳交易履约期的配额清缴工作提供了技术支撑，助力全市低碳转型和碳达峰、碳中和目标的实现。

节能所受上海市住建委委托，全面负责上海市国家机关办公建筑和大型公共建筑能耗监测平台的建设和运维，通过不断创新服务机制，支撑政府节能管理，推动节能行业发展，践行企业社会责任。通过数据分析模型，进行能耗大数据深掘，连续7年编制《上海市国家机关办公建筑和大型公共建筑能耗监测及分析报告》。基于市级平台数据，相继编制了机关办公、医疗卫生、星级饭店、大型商业、综合建筑、大中型体育场馆和养老机构等7类建筑合理用能指南，指导行业建筑节能。专业团队深入挖掘平台功能，通过对相同建筑类型能耗排序，筛选、排摸行业高能耗建筑，积极开展能源审计和能耗公示，推动上海市超1 000万 m^2 公共建筑节能改造，同时，指导分析节能改造效果，提炼出适合上海市实际、技术成熟、经济合理、维护简便的节能改造技术，为上海市节能减排工作推进起到了技术支撑作用。2020年，市级能耗监测平台成功入选“30年来上海市节能重点领域十件大事”，该项活动是对上海历年节能工作的一次完整复盘，对进一步培育壮大上海节能环保产业，推进绿色发展起到了促进作用。

双良节能系统股份有限公司

双良集团有限公司位于中国江苏江阴，成立于1982年，经过30余年的专注与创新，以节能环保装备制造产业为核心，集清洁能源集中供热产业、水环境治理产业、碳基生物有机肥产业、化工新材料产业于一体，目前拥有22家全资和控股企业，其中双良节能系统股份有限公司（600481）为上市公司。

双良节能系统股份有限公司前身为江阴溴化锂制冷机厂，长期以来，一直专注于为客户量身定做安全可靠、节能环保、经济效益良好的溴化锂节能系统解决方案。

1985年，江阴溴化锂制冷机厂研制出第一台具有自主知识产权的溴化锂吸收式冷水机组。产品一上市，便赢得客户的认可。为了更好地满足不同能源条件的客户需求，工厂继续加大研发力度，又相继开发了热水型溴冷机组、直燃型溴冷机组和烟气型溴冷机组，形成完整的产品系列，产销量名列中国溴冷机行业前列。产品性能优良，单位制冷量的能耗指标达到国际同类产品的先进水平，节电效果显著，结构可靠，操作方便，被广泛应用于航天、电力、核能、石油、冶金、化工、纺织等工业领域，以及酒店、商场、写字楼、交通设施等民用领域。

1993年，工厂扩大规模成立江苏双良集团有限公司；

1995年，原江阴溴化锂制冷机厂业务划归更名为双良节能系统股份有限公司（以下简称“双良节能”）。

2003年，双良节能（600481）在上海证券交易所挂牌上市，双良中央空调被授予“中国名牌”；

2009年双良节能又成功将热泵系统应用到电厂余热回收领域，开启了城镇供热的新篇章；

2013 年，双良节能开发的大型全钢结构空冷塔，被央视聚焦纪录，誉为“造福人类，大国重器”；

2015 年，双良节能钢结构间冷塔获得 2015 工博会银奖；

2016 年，双良节能荣获国务院设立的中国工业最高奖项“中国工业大奖”；

2017 年，被工信部授予“服务型制造示范企业”称号，溴化锂吸收式冷 / 热水机组荣获“制造业单项冠军产品”，双良节能荣获中国分布式能源年度优秀项目特等奖。

双良节能通过了 ISO9001/ISO14001/OHSAS18001 等体系认证，取得美国 ASME、德国 TÜV、欧盟 EN133445 等全球主流压力容器制造资质及国际标准认证。

双良节能已成为世界大型溴化锂吸收式制冷（热）设备研发制造基地，主导中国溴化锂吸收式机组国家及行业标准的制订。

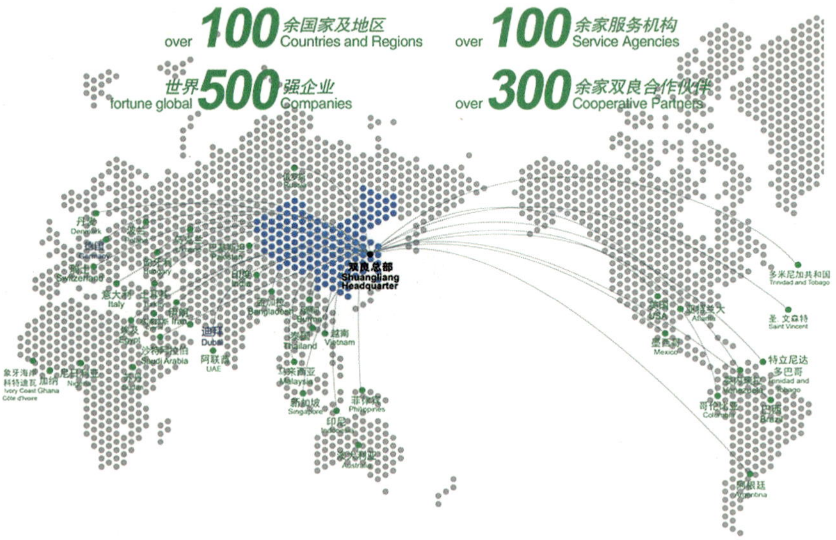

近 40 年来，双良节能拥有溴化锂授权专利 200 多项，为社会提供了节能设备 3 万台，相当于少建火力发电厂 15 × 600 MW，每年节约标准煤 2 250 万 t，减排二氧化碳 5 760 万 t，相当于种植森林 16 ha。

双良节能以科技创新为先导，以低碳产业研究院、国家认定的企业技术中心和博士后科研工作站为研发平台，集思广益、博采众长，双良节能谋求创新、不断发展，以实现节能减排、绿色环保为己任，致力于为在节能、节水、环保、智慧能源、智能制造、服务型制造领域逐渐形成核心竞争力，从中国走向世界。

双良人秉承“学习才能进取，创造方为永恒”的企业精神，遵循“多元化投资，专业化经营，精细化管理”的发展战略，进行绿色化产业升级，以智能化、服务化、高端化为引领，产业与资本双轮驱动，打造“资产优良、盈利能力优良”的新双良，朝着“健康化、国际化、始终做一家受人尊敬的企业”愿景不断迈进。

浙江三花制冷集团有限公司

浙江三花制冷集团有限公司（以下简称“三花”）是三花集团下从事商用制冷空调系统元器件解决方案的全资子公司。三花集团经过36年的发展，已经是一家集商用、家电、微通道、变频控制、汽车热管理，专注于冷热转换、温度控制解决方案的国际知名企业，各业务单元独立经营，均在各自的领域达到了全球领先的地位，各业务单元间又通过技术协同能够为客户提供全方面的解决方案。

一、三花发展的第一个十年“基础期”（1984.8—1994.10）

三花于1984年在浙江新昌成立。1988年成功开发的冰箱用二位三通电磁阀是国内大容积冰箱急需解决配套的关键部件，主要性能参数达到了国际20世纪80年代同类产品水平；1990年前后三花凭借广受欢迎的热力膨胀阀和干燥过滤器进入轻商制冷领域。

1994年，三花集团正式成立，用十年时间从一个作坊式的小厂，发展成为具有一定实力的制冷空调配件的生产基地。

二、三花发展的第二个十年“提高期”（1994.10—2004.10）

第二个十年，三花产品结构与层次有了新的突破，从原来的短、平、快转到了高、精、外，实现了高新技术产业规模。三花的第一个“拳头”产品——四通换向阀在1996年底产量突破10万只，在2004年三花成立20周年之际已超过2 000万只。1999年三花推出自主研发的第一代电子膨胀阀，后来成为三花第二个“拳手”产品。经过第二个十年的努力，形成了比较完整的制冷空调控制元器件系列产品。

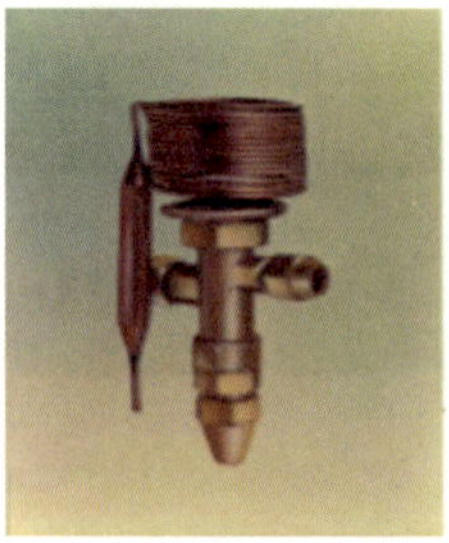
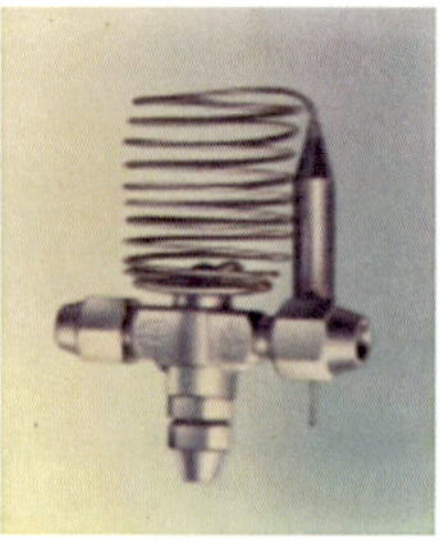

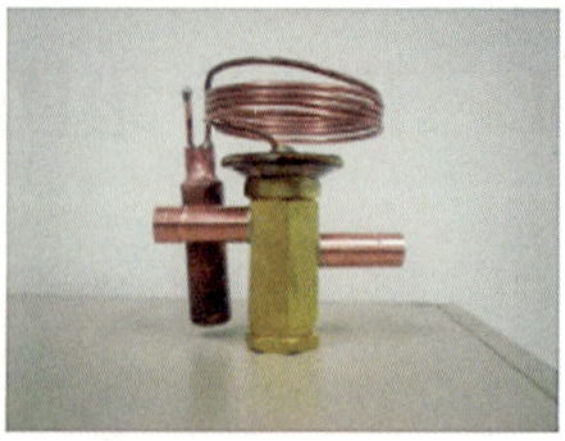
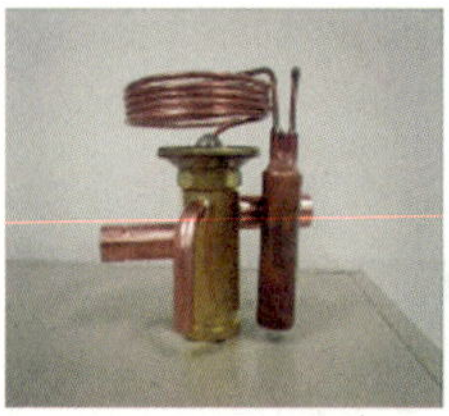
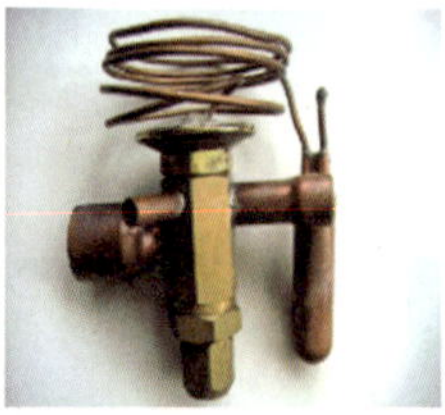

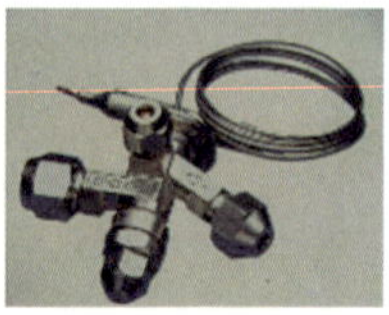

在产品方面完善了质量保证体系，通过了ISO9002，ISO10012，QS9000，ISO/TS16949，ISO14001的认证；产品通过CQC、CE、TUV、UL、VDE等多项安全认证。在贯彻ISO9000系列标准时期，三花现场销毁价值10多万元的1 790只不合格品，表明了重视质量的决心。

三花的营销战略始终是围绕着市场和客户展开，满足市场需求，让客户满意。为了让客户放心地购买和使用三花产品，除了在提高产品质量，完善质量体系，提高企业整体素质方面做了大量坚实的工作之外，在营销策略上也做了很多调整。为了更好地服务客户，处理客户日常问题，三花把事务所办到了客户家门口。自1998年后成立了青岛事务所，上海事务所，广州事务所，四川事务所，北京事务所，合肥事务所，珠海事务所等。同时也为走向国际市场做足了准备，2001年在日本大阪注册了三花贸易株式会社，2002年在美国俄亥俄州设立了三花国际（美国）有限公司，自此，三花在国际贸易的路上越走越远。

三花集团自1984年开始，经过近20年的艰苦创业，在制冷空调控制元器件中，已经成为“国内之首、国际一强”。

三、三花发展的第三个十年“发展期”（2004.10—2014.10）

第三个十年是三花高速发展的十年。这期间三花完成了从“成本领先”走向“技术领先”；三花销售总额超过20亿美元。

2004年，三花正式进入资本市场；2005年，三花股票（002050）在深圳证券交易所成功上市；2007年，三花收购兰柯公司四通阀全球业务。三花的制冷产业通过多年的发展已受到了全球制冷行业的普遍认可。

2008年11月6日，三花股份获得“全国质量奖”荣誉称号，这来源于三花早期为品牌维护做出的重大举措，即建立浙江三花制冷集团卓越绩效自评体系，建立了战略管理体系，同时继续强化全面质量管理。

2007 年三花回归商用制冷，成立三花国际（欧洲）有限公司，一系列的产品研发展开，包括升级热力膨胀阀、扩展电磁阀和电子膨胀阀，建立经销商渠道。2015 年 9 月，为了很好地服务于商用客户，体现三花迅速反应的作风，浙江三花制冷集团有限公司独立运营，以“做品质、树品牌、拓市场、促增长”的 12 字方针展开工作，意在打造全球商用领域的新领军品牌。

如今的三花，立足自主创新，持续推进“技术领先”战略，引进全球顶级研发人才，与全球一流制冷空调热泵主机厂建立了协同研发机制。拥有国际先进的制冷系统自控元件阀门制造、电磁控制、制冷剂流量控制、变频控制、节能和焊接等核心技术。负责起草或参与起草的国家和行业标准 20 余项，为制冷行业的发展和技术创新发挥了重大作用。

面向未来，三花以“发展节能低碳经济，营造绿色品质环境”为己任，不断超越，以资源有限智慧无限的境界，成为人类绿色品质生活环境的重要创造者和贡献者。三花将一如既往，以满足用户需求为出发点，共同营造双赢的局面！

上海俊乐制冷自控元件有限公司

上海俊乐制冷自控元件有限公司（以下简称“俊乐公司”）创建于1991年，地处上海市嘉定区，是一家专业研发、生产、销售自控元件产品的科技型民营企业。创建以来，以发展中国自控元件产品为己任，凭借一流的产品质量、具有市场竞争力的价格、良好的服务和信誉，在全国制冷行业及世界市场上树立了自己的俊乐品牌。

公司创始人张人俊先生多年从事制冷自控元件产品和工艺开发工作，他58岁开始创业。公司在他的领导下，勇于创新，广纳人才，注重质量，管理规范。经过近30年的努力，发展至今已成为员工200多名，拥有一座占地2万m^2，5 000余m^2的厂房和办公大楼，绿化面积30%的花园式工厂。产品结构由单一的压力开关产品发展到产品系列化、多样化，目前俊乐公司的主要产品有H20PS（M）系列压力控制器、PT系列压力变送器、KSW型液位控制器、PSB型排水泵、H50PS系列压力控制器、TS系列磁性温度开关、WDJ温度记录仪等产品。这些产品不仅广泛运用于空调制冷行业，而且还运用在医疗器械、轨道交通、船舶等众多领域。产品不仅拥有CQC、UL、PED、CE等国内外认证，还获得了多项发明和实用新型专利。产品受到海内外客户的广泛认可和信赖，国内客户有美的、格力、海尔、志高、海信等300多家，还出口到美国、瑞典、巴西、韩国、日本、泰国、印度、马来西亚、菲律宾、印度尼西亚、中国台湾等20多个国家和地区，产品品质在世界市场得到肯定。

“以质取胜，赢得用户”是俊乐公司一贯的经营理念，产品加工采用自动氩弧焊、自动钎焊等先进工艺，原材料采用真空热处理等技术作为产品质量的保障基础，并且按照企业发展进行不断更新。俊乐公司拥有齐全的试验设备及先进的检测技术如RoHS检测仪、氦质谱检漏仪、高精度数字影像测量仪、型式试验和出厂检验（无损检测）、焊接熔深检测技术等以保证合格的产品送达顾客。经过多年来对于新技术应用的不懈追求，产品质量不断提升。

“积极研发新品，增强企业后劲”是俊乐公司实现可持续发展的战略。1999 年下半年，经研发人员努力，一项为变频空调配套用的新产品直动式电子膨胀阀研发成功。在制订企业标准的基础上，俊乐公司接受全国冷冻设备标准化技术委员会委托，负责起草该产品的行业标准，经专家评审通过后，由国家机械工业局于 2000 年 8 月以 JB/110212-2000《制冷空调用直动式电子膨胀阀》正式公布。俊乐公司紧跟市场走，经过研发人员的努力，又陆续开发了 TS 系列磁性温度开关、KSW 型液位控制器、PSB 型排水泵、H50PS 系列压力控制器、WDJ 温度记录仪等产品。

随着制冷空调行业提升能效的趋势，变频空调正在逐步代替传统的定频空调。俊乐公司在 2005 年启动了压力变送器，2010 年 5 月，开发出俊乐特有的压力变送器结构，有效地解决了制冷空调行业制冷剂硬密封的问题；解决了行业特别介电强度 AC 1 500 V/1 min 的问题；产品结构设计确保了制冷行业规定的 17.6 MPa 爆破压力要求；产品结构适合长寿命的要求。据此，俊乐压力变送器已申请多项国家专利，其中已经获得授权发明专利 2 项，授权实用新型专利 3 项。2013 年 6 月，上海市科委创新基金项目立项，并于 2015 年通过上海市科委组织的专家评审。2014 年 9 月，通过“上海市高新技术成果转化项目”认定。

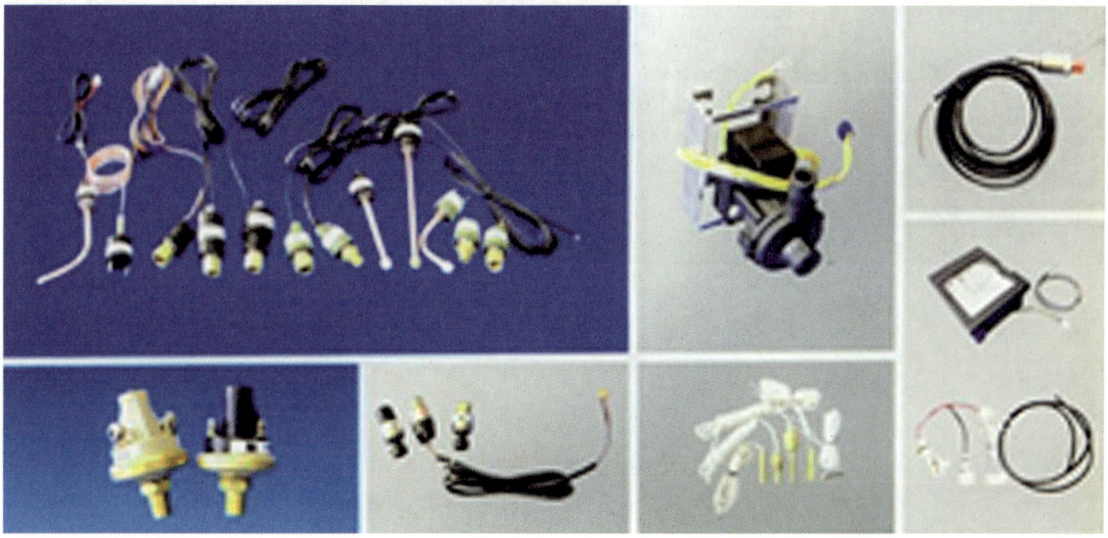

俊乐公司自 1997 年初建立质量管理体系，同年 12 月通过了挪威 DNV 审核机构的审核，获得 ISO9002 认证证书，是继上海大众之后嘉定区第二家获得 ISO9002 证书的企业。2002 年 12 月获得了 ISO9001 认证证书并年年通过复审。2011 年 12 月公司又获得了 ISO14001 环境管理体系认证。

俊乐公司在经营管理方面坚持以“诚信为本”，自 2002 年起，经上海市工商行政管理局评定为“上海市重合同守信用”AA级企业，2006年起至今每两年度一次连续都被评定为AAA级企业。除此之外，俊乐公司先后获得上海市和嘉定区的高新技术企业、上海市先进私营企业、上海市五星诚信创建企业、上海市安全生产信用程度A级企业、沪嘉经济城优秀企业、上海市劳动关系和谐达标企业等市、区级各种荣誉。

高质量的产品是俊乐永无止境的追求；竭诚服务满足客户需求是俊乐永远不变的承诺。

上海百富勤空调制造有限公司

1991年，奉贤空调设备厂与香港禧华空调机器有限公司合资组建了的上海百富勤空调设备有限公司。

1996年8月，以上海百富勤空调设备有限公司、上海百富勤机电工程有限公司为主体，成立了百富勤（集团）有限公司（以下简称“百富勤公司”）。乘着改革开放的大潮，发扬“百倍努力、富于创新、勤奋踏实、真诚服务”的企业精神，努力开拓奋进，实现了中央空调制造业、机电安装业、现代服务业等产业的联合发展。

一、依靠科技，开发节能产品

百富勤公司主要产品有组装式空调器、变风量空调器、风机盘管、消声器、调节阀、风口等系列产品。

围绕节能减排，百富勤公司投资成立了新产品研发中心和中央空调风机盘管测试中心，并通过了国家空调检测中心的测试认证。与华东设计院、上海交通大学等科研院校建立“产学研”合作关系，先后开发变风量空调器、超薄型风机盘管、变风量调节阀等52项国家授权专利，其中3项发明专利，多次荣获国家级新产品奖。直流无刷大温差风机盘管等新产品，经上海市建筑科学研究院检测鉴定，其技术水平达到国际水平，在不减冷（热）的情况下，降低用电量约50%，直接为节能减排做出了积极贡献。变风量空调机组等中央空调系列产品连续20年来蝉联上海市名牌产品荣誉称号，2014年10月被上海市名牌推荐委员会推荐为上海名牌辉煌之星。

产品广泛应用在上海东方明珠电视塔、上海金茂大厦、上海南站、上海国际金融中心、上海东方体育中心、国家商用大飞机、虹桥枢纽等大型宾馆、商场、体育馆等国家重点工程，以及电子、仪表、机械、化工、食品、烟草、能源等工业领域。

二、创新转型、产销融合

民营经济是创业就业的主要领域，又是技术创新的重要主体。百富勤公司在依靠科技、开发节能产品的同时，把生产与销售相结合，机电安装与空调生产一体化。拥有建设部机电设备安装的二级资质证书和二级消防资质证书，拥有精良的中央空调安装施工队伍，先后承接了上海中小企业总部、上海格致中学奉贤校区、上海悦华大酒店、红星美凯龙、中国电信奉贤电信大厦等十多项重大项目和重点工程。中国电信奉贤电信大楼、上海中小企业总部大楼、上海奉贤区人民法院大楼等多项工程，荣获中国建筑工程鲁班奖、上海建筑工程白玉兰奖。

三、瞄准工业制造2025、自强不息谋发展

30年来，百富勤公司坚定走实了创新转型、科技发展的步伐。

百富勤公司连续19年荣获上海市高新技术企业、上海市著名商标等荣誉称号，通过ISO9001-2000质量管理体系认证，获得全国工业产品生产许可证和安全生产许可证认证。现为中国制冷空调工业协会理事单位、上海冷冻空调行业协会副会长单位、上海市建筑施工行业协会委员单位。

围绕转型、创新、发展的理念，公司瞄准工业制造2025。近几年来，百富勤公司投入1 000多万元，强化技术研发、工艺改革、设备更新，长期与交大等大专院校“产学研”联合开发，2013年9月与中科华核电技术研究院有限公司合作开发核电厂用组合式处理器等项目，经过3年多的努力，自主研发的先进核电厂模块化空气处理机组项目成功，2017年11月27日经专家评审一致认为该产品结构设计新颖，整机抗震性能好，技术达到国际水平，满足了核电AP1000抗震1类空调机组的技术要求，为核电厂组合式空气处理机组国产化，促进第三代核电设备自主化、标准化、批量化做出了努力。同时，百富勤公司研发的互联网机房空调已批量生产，投入市场。

百富勤公司在发展生产的同时始终把生态文明建设作为一项重要工作，把环境建设得更美好、更和谐，2001年百富勤公司荣获上海市绿化先进单位。连续22年（11届）获上海市文明单位，百富勤公司通过自身的开拓创新、锐意进取，为上海的经济发展做出应有的贡献。

上海海立（集团）股份有限公司

上海海立（集团）股份有限公司（以下简称“海立”）可追溯至1954年的上海木箱厂，后几经产业变革，于20世纪80年代步入制冷行业，专业制造冰箱压缩机，并于1992年和1993年分别在上海证券交易所发行A、B股，以空调压缩机为核心产业快速发展，如今已经成长为全球领先的白色家电和新能源汽车核心零部件及冷暖关联产品研发制造商，拥有“压缩机及核心部件、汽车零部件、冷暖关联”三大产业板块，产品遍及全球165个国家和地区的亿万户家庭。

海立主营业务空调压缩机拥有国家级企业技术中心和国家认可实验室、博士后工作站、现代制造技术中心以及国际先进水平的工艺技术装备和智能制造系统，能够生产各种制冷剂、不同电压和频率的九大系列1 000多个高效节能机种，占有全球1/7的市场份额，在全球拥有4家世界级绿色工厂（上海、南昌、绵阳、印度）和8个技术服务中心（上海、南昌、广东、米兰、德里、东京、芝加哥、绵阳），为全球客户提供属地化的产品、优质的服务和技术支持。

海立旗下的全封闭式制冷压缩机电机产业，拥有浙江省重点企业研究院、浙江电机节能降耗工程技术研究中心、省级高新技术企业研发中心和企业技术中心、国家级博士后工作站，在杭州、眉山建立生产基地，居压缩机电机专业制造商行业领先地位，国内市场份额 20% 以上。

在汽车零部件产业领域，公司主要业务新能源车用压缩机为世界领先的驱动、泵体、电机一体化产品，在节能环保、舒适性、可靠性等方面达到国际领先技术水平，是国内新能源汽车厂家的主要配套供应商。

海立旗下的海立马瑞利主营业务为研发、制造、销售世界级汽车空调系统和新能源汽车热管理系统整体解决方案，致力于成为全球领先的汽车热管理系统供应商。公司目前在中国、日本、美国、泰国、马来西亚、印度、韩国、英国、西班牙 9 个国家拥有 28 家工厂以及 5 个研发中心和技术服务机构。

作为一个企业公民，海立始终秉承着“真心奉献”企业理念，把“改善人们的生活环境、保护人类的生存环境”使命贯穿到企业创新体系中，制订了“节能、环保和资源节约”产品发展方向，研发生产和销售变频、新制冷剂等绿色环保产品，为节能和舒适的生活提供源源绿色动力。海立秉承持续的创新是创造未来绿色世界的有力驱动，创新的海立将义不容辞地为人类的未来美好而持续努力。

上海一冷开利空调设备有限公司

上海一冷开利空调设备有限公司（以下简称“一冷开利”），是美国开利公司于1995年与上海电气集团通用冷冻设备有限公司合资设立的在中国的专业空调生产基地。美国开利公司由现代空调的发明者开利博士创建，是高科技暖通空调及冷冻解决方案的全球供应商。一冷开利在2006年还吸收合并上海合众开利空调设备有限公司和上海通惠开利空调设备有限公司，可以生产全系列空调机组。

一、丰富的产品线

开利空调产品涵盖离心式、螺杆式、涡旋式、活塞式水冷及风冷机组、热泵机组，以及主要空气末端产品和家用小型中央空调，丰富的产品种类可以充分满足不同客户的多样化需求，适用于大型综合建筑、机场、办公楼、酒店、数据中心、医院、餐饮及别墅等多种应用领域。

1922年，开利制造出第一台离心式冷水机组，并一直致力于离心机组的发展。

2005年，开利19系列离心机组，取得节能产品认证，处于行业杰出地位。为了达到更好的节能效果，开利陆续推出了19XRV变频离心式冷水机组、10 kV高压离心机组和大冷量的19XRD封闭型离心式冷水机组。自2013年起，陆续推出鼎酷系列19XRE、19XR6双级压缩离心机组。2015年，鼎酷系列离心机组冷量拓展至3 000 RT，满足客户对于多种冷量段、高效节能应用的需求。

2016年12月，开利推出创新产品——采用Greenspeed智能技术与环境平衡型PUREtec低全球变暖潜能（GWP）制冷剂的AquaEdge鼎酷19DV双级离心式冷水机组。此项突破性技术满足了客户对卓越性能与顶尖效率的需求，同时由于R1233zd（e）制冷剂的使用，助力企业实现其可持续发展目标。

开利30HXC螺杆式冷水机组堪称开利螺杆家族中的经典之作，凭借卓越的品质和稳定的运行，在中国历经15年客户使用，在全球各地数万台机组稳定运行，广受赞誉。2008年，开利推出创新的三螺杆变频机组23XRV凭借行业优秀的能效表现和先进的技术，获得过2012年“节能中国十大应用新技术奖”、2014年“中国节能协会节能减排科技进步三等奖”、2017年“中国制冷展创新产品奖”“23XRV节能减排科技进步奖”等众多奖项。2009年，30XW新型高效螺杆式冷水机组正式上市，经过多年的产品改进，拥有一级能效、二级能效、三级能效不同的产品线。2012年发布30XW-V变频螺杆式冷水热泵机组；2013年，发布30XW-HR全热回收机组；2014年发布61XW/61HXC系列水源热泵机组。健全的产品线和变频、全热回收、冰蓄冷、水源热泵等丰富的产品应用，能够满足客户不同工艺和舒适空调需求。

2006年，全球同步上市30XA螺杆式风冷冷水机组，产品获得了由中国建设部中国建筑文化中心颁发的“2006年中国建筑节能空调产品金奖”。2009年，上市30XQ螺杆式风冷热泵机组；2014年，推出30XQ全热回收机组；2015年，亚洲首发开利第一款AquaForce 30XAV变频螺杆式冷水机组；2016年推出30XQ四管制机组。

二、荣誉认证

一冷开利始终坚持质量第一、用户至上的信念。采用国际先进的管理模式，建立起一套开发、设计、制造、供应和服务的质量保证体系。一冷开利获得了ISO9001质量体系认证，ISO14001的管理认证，ASME授权的压力容器生产许可证、ARI 1 500RT（5275kW）以上认证和中国机械安全认证中心（CCMS）的安全认证等众多严苛认证，达到了高标准质量水平，并持续不断地努力。

三、制造优势

在制造方面，一冷开利按现代化生产方式对整个制造流水线进行了优化布局，并充分利用所拥有的先进设备，如大型机组试车台，柔性高精度加工中心、CNC龙门钻削中心、ZEISS三坐标测量仪、CNC数控火焰切割机、CNC数控等离子切割机、大型CNC钻铣床、8 m长的CNC轧圆机、8 m长的CNC折边机、弯管机和ABB焊接机器人，以及数量众多的进口MIG、TIG焊机，进口加工中心刀具等。另外，对每一套产品都制定了详细的制造规范，并对操作人员进行完善的技能培训和考核。已有先进的硬件设备，加上正在实施的 MRP Ⅱ生产资源计划管理系统的调节，是一冷开利实现快速、高质量生产的强有力保证。

四、获得众多客户信赖

在中国 30 多年的发展历程中，开利商用中央空调凭借其卓越的使用性能和显著的节能效果获得客户广泛认可，已先后服务于上海东方明珠电视塔、上海金茂大厦、上海环球金融中心、上海国金中心、上海新国际博览中心、天津高银 117 大厦、重庆环球金融中心、深圳福田科技广场等著名建筑场所，并获得万达、华润、世茂、绿地等众多知名地产集团认可。

此外，开利商用中央空调还积极投身于中国的交通设施建设。在北京首都国际机场、上海浦东国际机场、广州新白云国际机场等，以及全国超过 40 条城市地铁轨交线路、600 多个车站提供舒适空调解决方案。

在中国文化体育事业的发展中，开利空调同样贡献卓著，多次成功地服务于大型国际性、地区性的重大场馆，如 1999 年昆明世界园艺博览会、2002 年广州奥林匹克中心、2005 年上海 F1 方程式赛车和 ATP 大师杯网球总决赛场馆。值得特别自豪的是 2008 年北京奥运会，将近 70% 的体育场馆，包括“水立方”国家游泳中心、“鸟巢”国家体育场、五棵松体育馆等，均采用了开利空调产品。开利还特别建立北京奥运远程监控中心，确保空调系统在更佳条件下高效运行。还有，2010 年上海世博会，开利空调被选择在包括世博轴、世博中心和主题馆三个核心永久性场馆中使用。

近年来，开利为包括中国移动、中国电信、中国联通、百度在内的多个数据中心提供定制的绿色高效空调解决方案，为国内互联网发展贡献力量。

大金空调（上海）有限公司

大金空调（上海）有限公司（以下简称“上海大金”）坐落于上海市闵行区莘庄工业区申富路318—398号，由大金工业株式会社、上海轻工业对外经济技术合作有限公司、大金（中国）投资有限公司共同投资建立，创建于1995年11月18日，总投资9 900万美元，占地面积13万m^2，职工2 300多人。大金公司发展从租借外部仓库设立临时流水线至今已经拥有自动化、智能化相结合的柔性制造流水线14条，可以同时制造品种多达1 400多个。主要产品为家用中央空调，VRV多联机空调系统，SkyAir中小型商用空调，新风系统，家用分体空调，采暖系统等空调。采用先进的高效节能直流变速技术，使用对臭氧层无破坏的R410A等HFCs新型制冷剂。依托大金领先的空调专业技术和严谨独特的制造能力，25年来，大金产品在市场上、消费者心目中形成了良好的品牌声誉并得到了社会和政府肯定。上海大金先后被认定为“上海市高新技术企业”“先进技术企业”“双密集型企业”“上海市清洁生产示范企业”（空调制造企业唯一一家）、“上海市节水型企业”“上海节能先进集体”“上海市质量金奖”“上海市绿色工厂示范企业”等称号。近期，还荣获“中国环境标志优秀企业”“中国CQC绿色产品认证首批获证企业”“中国企业信用评价AAA级企业”“上海市守法经营示范企业”，连续九届（2003—2020年）被评定为“上海市文明单位”。

上海大金连续11年财务会计纳税信用等级达到A类水平。上海大金的产品质量、品牌、服务的社会知名度高，美誉度好。2013年度上海市纳税前100名中位居第8位，2019年，公司产品销售88亿元，交纳税款10亿元。从1996年至2020年6月累计纳税132亿元。

1995年，上海大金的创立拉开了大金中国事业的序幕，1996年率先引进了先进的天花板嵌入式空调，填补了当时中国市场此项技术的空白，1999 年上海大金生产了中国的第一代商用多联空调系统 SkyFree。2003 年为了满足现代化楼宇对空调系统的需求、积极推进空调行业对中国节能环保事业的贡献，上海大金融合各项尖端技术不断推出高性能、直流变频、高智能化 VRV 多联系统产品，成就了大金 VRV 空调系统在中国市场的一次次飞跃。2016 年研发出搭载了特有的高中压腔压缩机的 VRVX 系列，IPLV 达到 6 以上（国家一级能效标准）。

21 世纪中国进入节能、环保新时代，上海大金将先进的房间空调技术引进中国市场，2005 年继第一代变频家用机“三冠王”之后，大金直流变频家用空调【E-MAX】系列在中国上市，引领了整个空调行业推广家用变频空调的新风潮，以节能、高效、舒适赢得了众多拥护者，为中国家用空调市场变频空调占比的逐年上升做出积极贡献。

本着“保护地球环境是我们的神圣使命、挖掘消费者下一个需求”的重要经营理念，上海大金从人类感知的“温度”“湿度”“气流度”“洁净度”4 个维度，探索空气环境的奥秘，不断推出更环保、节能、舒适的生活、工作、学习环境的新产品系列。

2013 年上海大金推出 New Life Style 全效家用中央空调文化，在全行业首先推出家庭厨房、浴室、衣帽间专用空调；2018 年大金 VRV Intelligent 系列上市，开启了智能云多联机空调的新纪元；同时融合物联网与专属服务，大金金制全效家用中央空调上市；大金 Cleanlet 智能清扫空调上市，重新定义空调自清洁文化；2019 年大金 Air Mirror 黑奢系列上市，开启空调大屏时代，更符合中国消费者的需求；2020 年大金第七代家用中央空调再次突破创新，汇集最新智能 CO_2 联动控制、Dryshock 除菌自清洁技术及超能粒除菌净化组件，就后疫情时代空气的安全性及复杂性，用多重综合智能联动全方位守护居家空间，保障亿万家庭的健康生活。

经过 25 年的发展上海大金已经成为以 VRV 多联机系统为核心产品的差异化产品阵容

的先进制造基地、大金制造基地中国母工厂，也是目前世界最大的 VRV 生产基地。

上海大金的产品开发、经营管理和主要技术装备依托大金工业株式会社先进的技术和管理方式展开，所生产的系列产品，均使用大金的著名商标“DAIKIN”。上海大金在不断引进大金的先进的专业技术和制造经验的同时，着力于研究开发适合中国市场的具有差异性的节能、环保空调产品。2004 年 RHXY16MY1 型高效、智能化多联式变频空调机荣获上海市科学技术委员会颁发的“上海市重点新产品”称号；2004 年 RHXY16MY1 型高效、智能化多联式变频空调机荣获上海市人民政府颁发的“上海市科学技术进步奖二等奖”；2005 年 RHXY 型智能化多联式变频空调机荣获科学技术部、商务部、国家质量监督检验检疫总局，国家环境保护局颁发的“国家重点新产品证书”；2010 年 RHXYQ/NRZQB 大金 VRV 智能化中央空调系统荣获上海市节能产品评审委员会认定的“上海市节能产品”；2010 年空调热泵机组荣获国家质量监督检验检疫总局，国家标准化管理委员会颁发的“中国标准创新贡献奖三等奖”。2015 年低环境温度空气源多联式热泵空调机组荣获中国制冷学会颁布的“科学技术奖（进步奖二等奖）”；2019 年多联式空调热泵机组获得中国工程建设标准化协会颁发的“《工程建设》推荐产品证书”。2019 年多联式空调热泵机组获得中国质量认证中心颁发的“CQC 绿色产品认证首批获证企业”称号；在上海大金生产的主要产品均获得了国家节能认证证书。

上海大金始终坚持“以人为轴心”的经营理念。公司根据各个层级的员工特点，定制各类形式多样的培训项目，同时建设培训道场（安全道场、环境道场、QC 道场、一般技能道场、战略技能道场），原创训练设备，给予员工实际训练的场所。优秀员工不断涌现，多人先后被评选为“国家级技能大师”“三八红旗手”“上海市首席技师”“优秀农民工”“上海市人大代表”“区人大代表”等称号。公司先后被上海市总工会授予“工人先锋号”称号及上海市和谐劳动关系达标企业，被中华全国总工会授予“模范职工之家”称号。

上海大金积极吸纳残疾人就业，是上海市制造行业的第一家“上海市残疾青年职业见习基地”，荣获“上海市扶残助残先进企业”称号，2014 年被中国残联认定为第一批国家级残疾人培训基地。

上海大金在创业时确立的公司发展理念和目标是：“创建一个消费者所信赖的、人们值得为之辛勤工作的、在世界上也能引以为豪的企业”，凭借先进的技术和卓越的品质，大金已在中国构筑起了专业、高端的品牌形象，赢得了普遍的赞誉。上海大金将立足上海先进制造业发展，一如既往地致力于创造中国“新的空调文化”，积极履行社会责任，持续为相关方创造新的价值，为中国空调事业的发展作出新的贡献。

上海三菱电机·上菱空调机电器有限公司

上海三菱电机·上菱空调机电器有限公司（以下简称“上海三菱电机”）1995年12月在上海成立，是由日本三菱电机株式会社和上海电气实业有限公司共同投资1亿美元，其中注册资本5 800万美元，组建的中日合资企业。这是三菱电机空调在全球的七大生产基地之一，也是三菱电机在中国唯一的空调生产基地，坐落于上海市浦东新区陆家嘴金融贸易区的外圈，占地面积40 866 m^2，地理位置优越、交通便捷。公司前身为上海上菱电冰箱有限公司——空调分厂。

上海三菱电机始终坚持“以人为本”的经营原则，荟萃业界精英，将日本先进的家电技术、管理方法及企业经验与国内的具体实际相结合，以创新的技术和人性化的高品质领衔业内，致力于为人类创造更舒适的生活环境，全面进行空调产品的开发、生产、销售和售后服务，涵盖家用和商用的壁挂式空调、柜式空调、嵌入式空调、天埋式空调、多联式中央空调、全热交换器等系列，以出色的技术和卓越的性能和贴心的服务，成为中国家用空调行业高端品牌的突出代表。

1998年采用“三菱电机”商标，1999年率先在国内引入家用变频空调，2006年开始使用R410A制冷剂，2007年开始生产商用变频空调、变频多联机产品。

上海三菱电机不断追求产品性能的提高、追求技术的创新、不断用心研发能为消费者带来更多舒适享受的人性化空调。始终秉持着“品质造就信赖”的企业理念，一贯坚持“高品质、高性能、高品牌”的经营方针，依托三菱电机强大的技术研发能力和产品营销网络，借助一流员工队伍的支撑，生产出深受消费者欢迎的三菱电机空调。现有员工大专及以上学历占比70.6%；中高级以上职称占比12.4%。

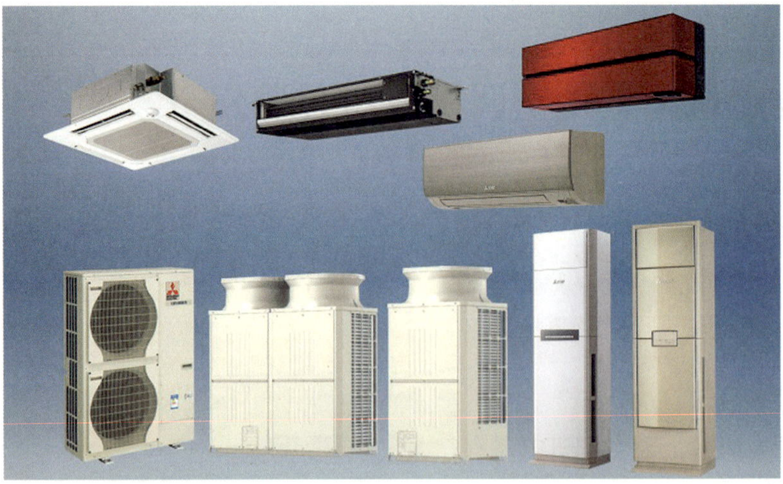

产品通过使用自有品牌的高效率压缩机、优化风机的设计、配合高效直流马达等方法提升空调产品的输出能力和效率，并以低噪声而领先行业。作为三菱电机的产品特色，在中高端产品中搭载利用红外影像技术的“全域慧眼”人感传感器，来感知人的活动，配合四片独立控制的导风板实现了“风对人”“风避人”功能，在发挥场景节能的同时增加舒适性。

作为一个制造型企业，上海三菱电机专注于制造队伍建设及生产现场持续开展 JIT 改善活动，通过对人力资本价值的提升和推进制造现场的改善来达到制造上的降本增效，为企业的可持续发展夯实基础。在生产方式上，推进小批量多循环的制造，缩短生产周期，紧贴市场需求；在现场管理上，从基础的 5S 活动开始，推进 5S3 定、可视化管理；在骨干培养上，针对基础作业技能、核心作业技能、基层管理队伍，制订不同的培养、培训计划，打造一支有活力有能力的制造队伍。

上海三菱电机始终坚守“以人为本、环保节能”的理念。一直以来，空调只是改变冷热环境的产品。而如今，时代却赋予了它对人、地球和环境的新思考。“精于节能，尽心环保”，开发生产让人舒适并感动的空调，这一理念早已渗入到三菱电机空调的基因之中。不断改变、不断追求，这就是三菱电机空调一贯所坚持的。Eco changes 是三菱电机集团的环保宣言，通过节能环保技术和优异的产品，努力成为构建富裕社会做贡献的“全球性环保先进企业”。公司自成立以来先后多次获得“上海市文明单位”“全国百佳质量诚信标杆示范单位”“用户满意企业”等荣誉称号，2019 年被评为国家级绿色工厂。

公司注重体系和能力建设，成立以来，先后取得 ISO9000 质量管理体系认证、ISO14001 环境管理体系认证、ISO50001：2011 能源管理体系认证、ISO45001 职业健康安全管理体系认证、CNAS 实验室认可、节能产品认证、CCC 国家强制性产品认证、欧盟 CB 认证、制冷空调行业 CRAA 产品认证。完善的质量管理体系和先进的检测能力为三菱电机“品质造就信赖”提供了强有力的保障。

常州祥明智能动力股份有限公司

常州祥明智能股份有限公司前身为常州祥明电机有限公司（以下简称“祥明公司”），成立于1995年，2016年公司股改为股份有限公司，主要从事微特电机、风机及智能化组件的研发、生产与销售。公司结合产品特点进行多领域的应用开发，具有丰富的产品线，为HVACR（采暖、通风、空调、净化与冷冻）、交通车辆、通信系统、医疗健康、智能家居等行业客户提供电机、风机、水泵等产品及智能化、模块化组件，并提供整体解决方案。

祥明公司经历了25年的发展，已成为“中国电子元件百强企业”“江苏省高新技术企业”“江苏省科技创新型企业”，是一家具有自主研发和创新能力的高新技术企业。

祥明公司自创立以来，始终致力于微特电机、风机及智能化组件的研发、生产和销售。由最初的单一空调用交流异步电机产品发展到目前多门类的电机和风机系列产品。

祥明公司业务发展轨迹大体可分为如下两个阶段。

自公司成立到2005年是第一阶段，产品从交流异步空调风机盘管电机开始，逐步研发、生产永磁直流无刷电机和直流有刷电机产品，产品系列不断丰富，规格逐步齐全。在此期间，祥明的“集成化永磁直流无刷电机”项目获得国家“科技型中小企业技术创新基金”的资助。2001年公司就开始了永磁直流无刷风机盘管电机的研发。2005年，公司80/90直流无刷电机被列入“国家重点新产品”计划。

2006年至今是公司发展的第二阶段。公司“立足电机发展风机，立足电机发展控制”。祥明公司的“全集成智能化永磁直流无刷电机”研发项目获得省部级科技进步二等奖。在此基础上，公司对产品线不断延伸，产品应用领域不断拓展，逐步向客户提供各类风机、水泵及定制化、智能化、模块化的组件产品及整体解决方案。先后承担了“江苏省的工业科技支撑”“江苏省科技成果转化专项资金”两项科技项目。

祥明公司掌握微特电机及风机产品的核心技术，特别是在永磁直流无刷电机的集成化、智能化技术、电机应用集成技术、电机控制及集群远程控制技术等方面处于行业前沿水平，参与10余项国家和行业标准的起草，是“全国信息产业用微特电机及组件标准化技术委员会”委员和“全国洁净室及相关受控环境标准化技术委员会（SAC/TC319）”委员。祥明公司建有“江苏省微特电机及应用集成与控制工程技术研究中心”“江苏省企业技术中心”“江苏省博士后创新实践基地（区域站成员单位）”等研发平台，拥有获得国家CNAS认可实验室。

目前，祥明公司的产品已广泛应用于暖通空调设备、洁净与净化、信息技术、交通车辆、冷链物流、医疗健康、智能制造等产业领域。通过多年的研发、创新，在所在的细分领域，产品已达到国际先进水平，特别是对于整体应用方案的设计和提供，具有一定的优势。

在暖通空调细分领域，祥明公司生产的产品应用于中央空调风机盘管系统、中央空调室外机冷却系统、新风处理系统等，产品配套国内外知名整机厂商。“直流无刷风机盘管电机”等产品被评为“上海市节能产品”。

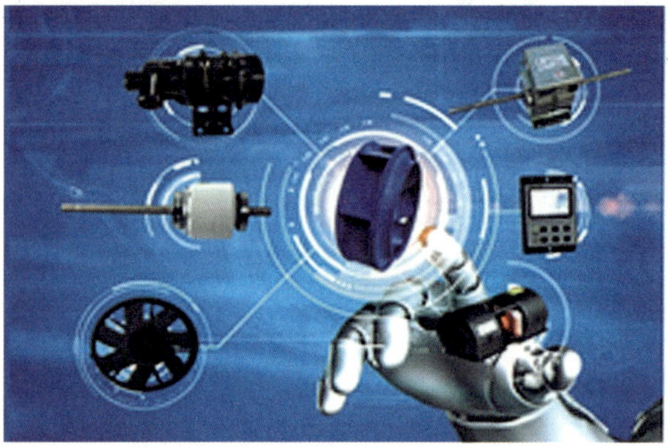

在数据中心、通信设备用冷却空调系统，祥明公司生产的电机及风机类新产品层出不穷，配套华为、中兴等通信数据设备，已经成为公司新的亮点。

在交通车辆应用领域，祥明公司生产的车用产品，主要用于商用客车空调系统、发动机冷却系统、加热循环系统、暖风机、除霜器、加热器、天窗、举升系统等，主要客户有欧美著名企业和国内宇通、比亚迪等。

祥明公司是国内提供完整FFU（空气洁净风机单元）风机集群远程监控系统（包含软件、硬件）解决方案的企业，公司的超净环境集成系统经中国电子学会洁净技术分会，全国洁净室及相关受控环境标准化技术委员会SAC/TC 319组织推荐，达到国际标准。配套与国家战略新兴产业发展相关度相当大的洁净技术领域，在高端装备制造、生物医药、微电子等行业有着广泛的应用。

祥明公司坚持“专精特新”的发展道路，在诸多细分产品市场，拥有较高的市场份额和市场占有率，在同行业中名列前茅。公司积极参与国际市场的竞争，进入国际品牌的供应链中，产品远销20多个国家和地区，产品出口销售占比30%左右。

祥明公司一直专注于节能产品的开发和应用，坚持对品质与性能的追求，研发、生产优质、安全、高效、环保的产品。赋能“碳达峰、碳中和”。凭借自主可控的核心技术和精良制程的优势，不断进行产品的迭代与创新，为下游产业链补链强链及关键领域补短板以及为下游整机产业创新、成本控制和国产化替代提供强有力的支撑。在数据中心、新能源车热管理系统、储能及电力逆变系统、充电桩、特种装备环控系统等产业领域，进行了一系列技术研发和产品布局，未来，公司将加快系统集成等技术的突破，立足行业发展，助跑我国新兴产业关键部件的国产化替代和微特电机产业升级。为下游产业提供更好的发展支撑，共谋未来！

上海嘉顿商业工程发展有限公司

上海嘉顿商业工程发展有限公司（以下简称“嘉顿公司”）是由原上海市商业设计研究院（现同济大学建筑设计研究院有限公司商业分院）和上海市制冷学会于1996年5月共同筹资组建成立，是一家具有20多年制冷系统和冷库设计与施工经验的专业公司。

上海嘉顿商业工程发展有限公司是中国制冷学会、上海冷链协会会员单位，也是上海冷冻空调行业协会副会长单位。公司是美国约克压缩机、德国比泽尔压缩机、丹麦丹佛斯工业制冷阀件和德国凯络文（KELVION）换热器的资深代理商。拥有建设部颁发的建筑业机电设备安装专业承包资质和国家技术质量监督局核发的承压类特种设备安装、修理、改造许可证，同时也获得了GC2压力管道的设计许可证，是国内为数不多的集设计、改造、安装及维护于一身的专业制冷公司。与此同时，公司还通过了GB/T19001—2016（ISO9001：2015）质量体系、GB/T45001—2020（ISO45001：2008）职业健康安全管理体系和GB/T24001—2016（ISO14001：2015）环境管理系认证。

嘉顿公司秉承“技术先进创新，施工精益求精，服务全心全意”的宗旨，努力吸收消化各种先进的制冷技术和安装工艺并在实践中加以运用。公司率先在冷库里运用中间带负荷并且具有经济器的双级螺杆制冷压缩机制冷系统；公司率先将聚氨酯现场发泡隔热、轧花铝皮外壳保护层运用在制冷系统的隔热工艺；公司率先设计制作布套空调风管并运用在食品加工工艺中；公司率先将水帘式板状蒸发器应用在制取0 ℃～2 ℃的冰水制冷系统里；公司率先采用制冷压缩冷凝热加热乙二醇液体作为冷库地坪防冻热源；公司率先安装能控制温湿度的大型乙烯催熟香蕉装置；公司率先在大型冷库里采用能极大减少冷库制冷系统氨充注量的氨直接蒸发、氨泵排液的制冷系统；公司率先在管道安装中采用氩弧焊打底工艺并接受劳氏船级社监督检查。

嘉顿公司工程项目已经遍布全国绝大部分省份并成功走向海外，与众多知名的食品加工企业、乳品企业、食用菌工厂化生产企业、水果进口储存加工企业、饮料啤酒企业、水产品加工企业、冷链企业、生鲜电商企业保持着密切良好的业务合作。

成立 25 年来，嘉顿公司建立了完备的服务体系，可以向客户提供涵盖项目各个方面的“一站式管家服务”。前期，可提供工程项目和产品销售的设计技术咨询；中期，规范施工直至系统调试和人员培训；后期，各类维护保养以及常年特约定点服务，近年来嘉顿公司更是推出了制冷机房托管服务。

嘉顿公司在制冷行业深耕 25 余年，积累了大量优质项目经验，并且在技术方面不断突破创新，公司先后获得美国绿色建筑委员会（USGBC）绿色建筑评估体系（LEED 认证）金奖、铂金奖、上海市建设工程“浦江杯”奖（参建单位）和上海冷冻空调行业协会 2017 年优质工程二等奖。

随着社会的进步与发展，随着产业升级的需求和国家对冷链行业的大力支持，随着节能减排要求的逐步提高和“碳达峰、碳中和”的提出，嘉顿公司继续紧跟时代的步伐，更加努力地吸收先进技术不断创新，大力提倡节能环保和自然工质在制冷系统中的运用，先后完成了湖北黄冈中粮 2 万吨高架立体自动堆垛冷库和上海临港同华 10 万吨冷库氟利昂 R507 加二氧化碳载冷剂冷库制冷系统，为制冷行业良性发展做出应有的贡献。

艾默生环境优化技术（苏州）有限公司

一、公司简介

艾默生（美国纽约证券交易所代码：EMR）是一家全球性的技术与工程公司，为工业、商业及住宅市场客户提供创新性解决方案。公司成立于1890年，总部位于美国密苏里州圣路易斯市，目前在全球拥有200家生产设施。艾默生自动化解决方案，帮助过程、混合和离散制造商通过优化其能效和运营成本，从而最大化生产，并保护员工和环境。艾默生商住解决方案帮助确保人类舒适度和健康，保障食品质量和安全，提升能效，创造可持续发展的基础设施。

二、公司发展

艾默生苏州工厂

20世纪70年代末期，艾默生通过首个技术转让项目进入中国，成为第一批进入中国的外资企业，并于1992年在上海成立了第一家独资企业——艾默生电气（中国）投资有限公司（简称"艾默生"）。

1996年3月，艾默生在苏州科技园区投资设立了下属子公司艾默生环境优化技术（苏州）有限公司，同时在上海设立办事处。

1999年，艾默生又投资人民币1.8亿元在苏州建成投产亚洲最大及最具竞争力的谷轮压缩机生产线。

2002年，艾默生又在苏州科技园成立了艾默生环境优化技术（苏州）研发有限公司，它是艾默生环境优化技术全球第二大研发基地。

2011年1月，艾默生收购了上海韦尔特冷冻系统有限公司，专业设计、生产工业冷冻压缩机系统和工业冷冻系统，气体压缩机系统。

2014 年 5 月，艾默生宣布与上海儒竞电子科技有限公司成立合资企业儒竞艾默生环境优化技术（上海）有限公司，致力于研发并销售变频驱动器、控制器，并为全球供暖空调制冷市场提供解决方案。

2017 年 11 月，总投资达 4 000 万美元的艾默生谷轮涡旋压缩机制造工厂二期项目在苏州顺利奠基。

2019 年 4 月，艾默生在苏州投资 1.15 亿元人民币新扩建的研发与整体方案中心正式启用，以进一步加强创新实力，并为中国和亚太、中东地区的空调、供暖及制冷领域的客户提供技术支持。

三、产品和技术发展

艾默生谷轮 TM 涡旋压缩机被广泛应用于家用及工商用空调系统、热泵热水制热行业、超市和餐饮服务制冷系统、冷链物流、高铁、公路运输行业空调系统、数据中心冷却及众多军用冷却应用等。艾默生谷轮独有的径向柔性和轴向柔性专利设计提供了前所未有的耐液击和容忍杂质的能力，确保了压缩机的高可靠性。

艾默生研发与整体方案中心

2002 年引入中国的谷轮数码压缩机具有谷轮数码涡旋技术，通过改变负载状态时间和卸载状态时间，使压缩机拥有宽广的容量调节范围（10% ～ 100%），与其他压缩机技术相比，具有高可靠性、高能效比、精确温控、极少电磁干扰等卓越性能优势。

艾默生谷轮 TMEVI 涡旋强热技术（喷气增焓），2005 年引进到中国，一举解决了多年来困扰行业的低环境温度制热效果不佳和能效不足等技术难题，为用户提供制热强劲、运行可靠、高效节能的供热解决方案。尤其在北方“煤改清洁能源供暖”的利国利民工程中，作为低温热泵供暖系统的关键技术，发挥了重要的作用。

2009 年，艾默生正式发布 ZW 系列热泵热水专用压缩机，为热泵高温制热系统提供解决方案，不仅广泛应用于生活热水、家庭采暖领域，还广泛应用于农产品业烘干和工业制热领域。搭载 ZW 压缩机的空气源热泵系统，可以在 −20 ℃的环境温度可靠制热，并将制热能力提高约 40%，能效提高 22%。

谷轮 TM 涡旋冷冻冷藏用压缩机和解决方案，种类丰富，规格 2 ～ 30HP。ZB 涡旋压缩机和 ZBD 谷轮数码涡旋压缩机适用于中高温制冷领域；ZSI 喷液涡旋压缩机是小型中低温冷库的最佳选择；ZFI 喷气增焓涡旋压缩机特别适用于低温制冷领域，小排量大冷量高效率，最低可达 –40 ℃。

同时，艾默生还注重低 GWP 环保制冷剂压缩机的研发和生产。2015 年，开发出专用 R32 制冷剂的涡旋式压缩机，以及研发 R744 和 R290 制冷剂的涡旋压缩机。2016 年，艾默生支持安徽红府超市成功申请并实施了环保部绿色低碳制冷剂项目，该项目采用艾默生 CO_2 全套解决方案——压缩机、阀件和控制系统。

近年来，艾默生适应市场发展和客户需求，大力研发谷轮™ 涡旋变频压缩机解决方案，产品规格 4 ～ 20 HP，采用 R410A 制冷剂。为获得更优化的性能和高可靠性，缩短整机制造商的产品开发周期，艾默生陆续推出压缩机、变频驱动器和主控整体解决方案，更好地服务客户和市场。

四、艾默生积极参与科研项目所获的荣誉及科研成果

- 苏州工厂和研发中心多次获得苏州市高新技术企业、科技创新十佳奖、优秀研发机构奖；
- 艾默生的新产品多次获得中国制冷展“创新产品”奖；
- 中国制冷空调工业协会企业信用等级评价中获得最高 AAA 级企业认证；
- 暖通空调行业和热泵行业优秀零部件供应商奖等。
- 与住建部合作的《空气热能纳入可再生能源范畴的技术路径分析》获得了华夏建设科学技术三等奖；
- 与合肥通用机械研究院合作进行的“寒冷及严寒气候区空气源热泵关键技术开发及应用”的项目获得中国机械工业联合会和中国机械工程学会颁发的科技进步奖一等奖。

证　书

为表彰你单位在促进建设事业科学技术进步中做出的突出贡献，特颁发二〇一八年“华夏建设科学技术奖”奖励证书，以资鼓励。

获奖项目：空气热能纳入可再生能源的研究与应用

获奖单位：艾默生环境优化技术（苏州）有限公司

奖励等级：三等奖

奖励年度：2018年

证 书 号：2018-3-13805

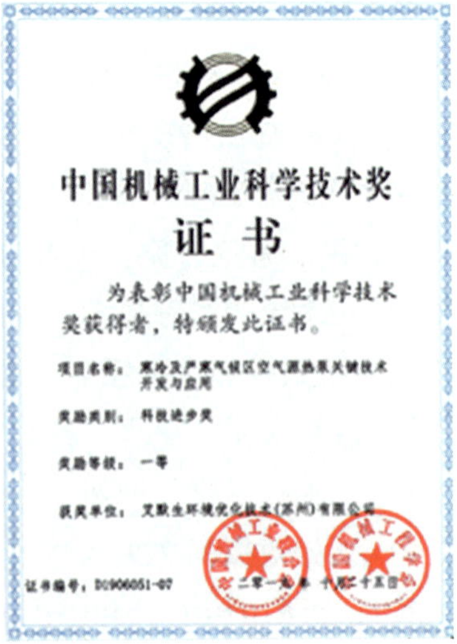
中国机械工业科学技术奖

证　书

为表彰中国机械工业科学技术奖获得者，特颁发此证书。

项目名称：寒冷及严寒气候区空气源热泵关键技术开发与应用

奖励类别：科技进步奖

奖励等级：一等

获奖单位：艾默生环境优化技术(苏州)有限公司

证书编号：D1906051-07

上海汉钟精机股份有限公司

上海汉钟精机股份有限公司（以下简称“汉钟”），坐落于自然环境优美的上海市金山区枫泾古镇，地处沪杭高速公路、沪杭高铁与320国道交会处，位居长三角中心位置、地理位置优越。公司注册资本5.3亿元，厂区占地面积9万余 m^2，拥有员工近1 000人。

一、“汉钟”由来

1993年11月廖哲男董事长第二次到上海来，到苏州寒山寺去听“夜半钟声到客船”。那天天气很好，他在寒山寺的钟楼边树下沉思了一个下午，想何去何从，其间听到寒山寺钟声，非常清脆、悦耳，中国人做的钟经过多少年了，敲起来还是那么响亮，外国人凭什么看不起我们？当时他就做了决定，一定要用中国人自己的力量，开发出一个可以和世界抗衡的压缩机。于是，公司起名“汉钟”，寓意着大汉民族之产业钟声。并于1994年在中国台湾桃园县正式成立汉钟公司。

二、公司沿革

汉钟于1996年9月在上海市嘉定区租厂房成立上海办事处；1998年1月至上海市金山区枫泾镇购买土地并新建厂房；2007年8月上海汉钟精机股份有限公司A股首发获通过，成为上海市第一家台商投资上市企业；2009年7月控股子公司上海柯茂机械有限公司成立，汉钟涉足离心压缩机冷水机组领域，扩大产品应用范围，提升综合竞争力；2010年6月全资子公司浙江汉声精密机械有限公司奠基开工，一年后正式投产，汉钟整合上下游资源，延伸产业链，完善供应链；2015年1月投资设立汉力能源科技股份有限公司，汉钟涉足螺杆膨胀机余热发电等绿色产业，迈向再生能源领域发展；2015年10月收购台湾汉钟精机股份有限公司，汉钟整合国际市场渠道和资源，2015年12月收购青岛世纪东元高新机电有限公司，汉钟开拓国外市场，提升产品全球市场份额。2017年，成立重庆分公司；2018年，设立韩国汉钟精机株式会社和安徽汉扬精密机械有限公司；2019年，成立上海汉钟真空技术有限公司；2020年，成立浙江柯茂节能环保工程设备有限公司。

三、产品简介

汉钟是一家专门从事螺杆式压缩机相应技术的研制开发、生产销售及售后服务，主要产品有螺杆式制冷压缩机和螺杆式空气压缩机，其中螺杆式制冷压缩机广泛应用于商用中央空调、工业制冷行业和保鲜冷冻储存及工业冷冻等领域设备，螺杆式空气压缩机广泛应用于工业自动化等领域。公司产品包括R系列（螺杆式制冷压缩机）、L系列（螺杆式冷冻压缩机）、A系列（螺杆式空气压缩机）、P系列（螺杆式无油真空泵）、RT系列（离心式制冷压缩机）、LT系列（低温/高温热泵单机双级压缩机）、S系列（涡旋压缩机），是工业生产中最重要的通用设备之一。

汉钟经历多年发展和积累，在螺杆、涡旋、离心等压缩机领域已拥有自己雄厚的技术实力，以技术创新达到行业世界领先水平为技术战略目标。公司通过高温热泵、ORC有机朗肯循环膨胀发电机组、闪蒸系统、电能管理系统、永磁无刷变频、离心式等节能环保产品，为市场提供更全面服务。不断加强研发投入和技术创新，取得了行业内领先的技术研发优势。

四、公司荣誉

在上海市金山区区政府、枫泾镇政府等有关部门的大力支持下，汉钟蓬勃发展，企业规模也日益壮大，注册资本增至5.3亿元。先后被评为上海市名牌产品、上海市重点新产品、上海市高新技术企业、上海市外商投资先进技术企业、中国上市公司中小板企业价值50强等称号。

2012年，获得上海市外商投资双优企业、上海市优秀台资企业、首届金山区区长质

量金奖个人奖等称号。

2013 年，获得国家重点新产品企业、2013 装备中国创新先锋·产品创新奖、上海市名牌企业、上海市企业管理现代化创新成果三等奖、上海市二星级诚信创建企业、金山区劳动保障诚信单位、金山区先进集体等称号。

2015 年被评为中国制冷行业压缩机领先企业、中国制冷学会科技进步奖二等奖、2015 中国制造业上市创造价值 100 强、苏浙皖赣沪名牌产品 50 佳企业等称号。

2016 年 2 月获得 2015 年度上海市质量金奖，获得 2015 年度工信部品牌培育示范企业，为入选名单内唯一压缩机企业。

堃霖冷冻机械（上海）有限公司

堃霖冷冻机械股份有限公司于1988年成立于中国台湾高雄市，是台湾地区最大的中央空调设备专业制造集团化公司。

2000年股票上市，成为迄今为止台湾地区唯一股票上市的中央空调制造企业。

2000年，堃霖集团首先在上海成立堃霖冷冻机械（上海）有限公司（以下简称“上海堃霖”）。公司位于上海市松江区九亭镇，上海堃霖一直坚持“追求卓越，永续经营，真诚关怀，专业服务”的经营理念，以为客户创造舒适环境为己任，致力于高效、节能、环保制冷设备的技术开发和生产，以科技为先导全力满足用户需要。公司投资设立水冷冷水（水源热泵）机组、风冷冷水机组、热泵热水机组、低环境温度空气源热泵（冷水）机组等实验室，均已通过合肥通用机电产品检测院及国家压缩机制冷设备质量监督检验中心进行的A类合格评定，其中水冷冷水机组实验室还通过了美国AHRI的认可。

2001年与多家欧、美、日国际品牌建立OEM合作，通过ISO14001、OHSAS-18001等国际体系认证，推出首款高效型满液式冷水机组，COP明显高于一般干式冷水机组，同年推出自主研发制造的首款螺杆式水/地源热泵机组（地下水式），该产品可选配部分热回收或全热回收机组，既能制取冷热水，供办公场所、医院、商场等舒适性空调场所制冷供暖使用，也可以提供40 ℃以上的卫生热水，满足建筑物生活热水需要。直接利用冷凝余热，环保性能好，回收了部分本来排放到大气中的废热，减少排放，同时热水系统水电隔离，无安全隐患。

2002—2003年，上海堃霖通过ISO9001质量体系认证及机械安全认证，取得BR1级

压力容器制造 / 设计许可证，水冷及风冷实验室通过国家压缩机制冷设备质量监督检验中心的认证。

2004 年，上海堃霖成功收购“杰美利”，成立蓄冰事业部，建立上海二厂，专业从事机组外箱钣金及翅片式热交换器的研发制造。2005 年自主研发国内首款风冷蓄冰一体机组，产品集制冷主机、蓄冰槽、水力模块、自控系统、风冷热泵、蒸发式冷凝器于一体，大大缓解由于空调用电负荷在用电峰谷时段的不均衡而造成的电网峰谷差的加大，具有很强的“移峰填谷”的潜力，转移电力高峰期用电量，平衡电网的峰谷差，提高发电机组效率，比使用常规空调系统每年节约运行费用 10% ～ 40%，同年推出首款 R410A 环保制冷剂风冷涡旋式模块机组及首款表面处理专用冷水机组。

2006 年，上海堃霖在苏州市吴江区建立苏州工厂，专业从事各类壳管式换热器、末端产品（组合式空调箱、风机盘管机组）的制造，获得末端产品的工业产品生产许可证及特种设备的制造许可证，推出 R410A 环保制冷剂的 KHAH-025D 风冷模块机组。获得上海市诚信企业称号，成为首批取得中国制冷设备维修安装企业资质证书的中央空调企业。

2007—2008 年，在越南胡志明市设立越南隆安厂，获得空调制冷行业十大民族品牌称号，水源热泵超高 COP 达 6.86，通过合肥通用机电产品检测院的目击测试认可，同时推出首款激光切割冷却专用冷水机组。

2009 年，上海堃霖推出首款冷热双效机并畅销市场，该产品能源利用率高，可以实现多种功能，极大限度地满足客户对生活热水、空调冷水、空调热水等分别或同时的冷热需求，在运行过程无二氧化碳排放。

2010—2011 年，上海堃霖获得“水地源热泵品牌企业”殊荣，荣获“松江区先进企业”殊荣，获得“制冷最具影响力十大品牌”，荣获“重合同守信用”称号。

2012—2013 年，堃霖集团荣获“台湾第一品牌”殊荣，获得“地源热泵行业十强企业”称号，获评暖通品牌“最佳用户满意奖”。

2014 年，在中国大陆推出直流变频磁悬浮离心式冷水机组，变频运行 COP/IPLV 值均

达到世界顶尖水平，年运行费用较普通离心式冷水机组节省 55%，其主要特点为：节能省电、无油运行、静音环保、稳定耐用。同时推出首款热泵热水机，该产品主要特点为：高效节能、性能卓越、体积紧凑、控制可靠、环保便利，可以极大限度地满足客户对生活热水、空调冷水、空调热水等分别或同时的冷热需求。有 26 款产品入选节能产品政府采购清单。

2015 年，32 款产品荣获上海市节能产品，推出“数据中心自然冷却风冷机组”，该产品在冬季及春、秋过渡季节，当室外环境温度较低时（低于室内环境温度），利用免费的自然冷源——室外冷空气直接冷却循环冷冻水，为室内提供所需冷量，通过部分减少或完全停止压缩机运行，实现显著减少制冷系统能耗的节能目的。

2016 年，CCTV《华商论见》栏目展播企业，堃霖集团旗下所有工厂正式申请 AHRI 认证，当选美国 ASHRAE 协会台湾区会长单位。

至 2018 年初，堃霖集团注册资金已达 4 190 万美元。

目前拥有四大制造基地（中国台湾、越南、上海、苏州），60 余个销售、服务网络全面覆盖中国各省、越南、菲律宾、印尼、泰国、马来西亚等地。

丹佛斯（上海）投资有限公司

丹佛斯公司1933年在丹麦创立，经过80多年的发展，已经成为丹麦最大的跨国工业集团之一和家族企业。丹佛斯集团设四个事业部：制冷部、供热部、传动部、动力部，在全球20个国家设有72家工厂，拥有近27 871名员工，2019年销售额63亿欧元。

丹佛斯的技术和解决方案广泛应用于民用和商用供暖、制冷和空调、食品冷冻和工业产品线自动控制，大大提高了现代生活的舒适度，推动了环保和清洁能源的发展。作为在气候和能源领域科技创新的全球领先的企业，在促进世界各国低碳经济的发展，尤其是在举世闻名的"丹麦绿色发展模式"的建设过程中，起到了积极作用。

丹佛斯和它们的产品，在20世纪50年代，就踏上了中国之路。当中国自己制造生产的第一台电冰箱——雪花电冰箱诞生时，它所使用的制冷压缩机，就是由丹佛斯生产提供的。追溯起来，有80余年历史的丹佛斯公司，与中国的渊源就达60个年头。

许多中国人都还记忆犹新，在20世纪80年代，中国家用电器中的头号名牌，即是雪花牌电冰箱，"雪花"在中国市场的占有率达到了60%。而当时多数使用"雪花"的人却仍然不知，雪花电冰箱的关键部件"压缩机"，是来自丹佛斯公司的产品。"丹佛斯"就这样装载在"雪花"之中，悄悄地走入了中国老百姓的生活。

1996年，丹佛斯一个重要的战略决定，就是加速在中国市场的扩张。当时的掌门人雍根·柯劳森先生说："丹佛斯决定增资扩建中国天津的一流生产基地，全部投资总额将达到6亿元人民币。这是我们在亚洲做过的最大投资，它反映了我们的信念，亚洲将继续成为丹佛斯的增长区。中国经济正在成功道路上继续迈进，我们为能与中国共同繁荣，推进发展而深感自豪"。2001年10月丹佛斯（上海）投资有限公司成立。

经过数年的努力，丹佛斯在中国的业务取得了可喜的成绩。其制冷单元在中国业务涵盖为食品零售、空调、工业和商业制冷行业提供相关产品和解决方案。丹佛斯研发、生产并提供完备的产品组合涵盖阀件、传感器、电子产品、泵、热交换器和压缩机，其中包括开创性的丹佛斯 Turbocor ®无油离心压缩机。根据丹佛斯极具代表性的蓝色压缩机命名的丹佛斯制冷业务产品被统称为“蓝色家族”。

仅就“蓝色家族”的制冷产品销售而言，2002 年销售的税前利润就达到了 1 380 万丹麦克朗，销售额较 2001 年增加了 43%。这一方面是由于丹佛斯根据自己产品的定位，制定了正确的市场销售战略；另一方面则是由于丹佛斯的理念、质量保证和良好的售后服务，渐渐为更多的中国用户认可。

2014 年 9 月，丹佛斯正式启动了主题为 Engineering Tomorrow（创想未来）的全球品牌新形象。通过为可持续发展的基础设施、食品供应、节能和应对气候变化等领域提供创新的产品和解决方案，丹佛斯将帮助城市和企业应对诸多发展中面临的挑战并提升其未来生活水平。

丹佛斯自 20 世纪 90 年代中正式进入中国市场以来，始终将中国视为“第二家乡市场”，在天津武清、辽宁鞍山、浙江海盐、江苏镇江及太仓设有五家生产基地。目前，随着中国各级政府和社会各界对节能环保的日益重视，丹佛斯在华增长势头强劲，中国已成为丹佛斯在全球的第二大市场，员工数量全球第二，同时也是全球最大的采购市场。

如今，丹佛斯的制冷产品已经在中国占有了很大的市场份额，中国的许多制冷设备上都使用了丹佛斯的产品，其收获不单单表现在盈利上，更开辟了让现有的和潜在的客户认知丹佛斯品牌的绝佳途径，反过来促进了市场的扩展。

目前，丹佛斯已在香港、天津、上海、沈阳、大连和广州设立了办事处和销售分公司，与此同时，还在中国天津、上海、广州建立 3 个全球采购中心，为丹佛斯全球的工厂进行采购。这都表明丹佛斯对在中国进一步拓展的信心和决心。

东芝开利空调销售（上海）有限公司

东芝始创于1875年，当时田中久重在东京的新桥开设电信设备厂，取名为白热舍。1899年改名为东芝电气株式会社，1935年东芝开始生产空调产品，1939年株式会社芝浦制作所和东京电气株式会社合并成为株式会社东芝。东芝秉持“领先创新”，为多个行业领域发展做出重要贡献。东芝于1961年推出分体式空调，1978年推出微电脑控制的空调。随着时代变迁，节能意识的提升，东芝开发出尺寸和重量更加轻巧的变频器，并且在1980年和1981年研发并量产了世界首台商用及家用变频分体式空调，大大提升空调的节能性。为此，IEEE（电气及电子工程师协会）在2021年3月授予东芝“IEEE里程碑”，这也是IEEE自1963年成立以来，在暖通空调行业颁发的第一个“IEEE里程碑”。

1999年4月，株式会社东芝将它的空调设备事业部门单独分离出来，与世界上最大的空调生产企业之一，美国开利公司合并，组成一个全新的公司：东芝开利株式会社（其中，株式会社东芝持股60%以下简称“东芝开利”）。东芝公司在制冷剂系统空调方面拥有先进的技术，而开利公司在水系统空调设备及冷冻方面极具优势。东芝开利株式会社结合两大集团在全球范围的产品开发、生产及销售网络等方面的优势。东芝开利空调于2003年进入中国，随着市场销量的提升，东芝开利株式会社于2006年10月成立了在中国的子公司：东芝开利空调销售（上海）有限公司，以推进在中国市场的发展。现上海销售总部坐落上海市黄浦区来福士办公楼，目前全国办事处有40余个，遍布全国各大中城市，最内陆已深入新疆乌鲁木齐市。

一直以来，东芝开利空调销售（上海）有限公司在中国市场坚持销售全变频多联机产品。所采用的全直流变频技术，包括三大核心电机都采用了功能强大的直流无刷电机，借助直流无刷电机的先天优势，并运用全变频技术，从而实现对机组运行的精准控制。

2018 年，东芝开利正式推出的“冷暖风水”一站式服务（全变频直流无刷空调 + 热泵采暖系统 + 新风系统 + CO_2 天然制冷剂热泵热水机），可为用户提供全方位的系统服务，简化安装沟通环节，解决售后服务问题。“芝匠”安装标准全面满足了用户的高端安装服务需求，标准科学严谨，流程顺畅高效，让广大用户安心、放心。

目前东芝开利在全球范围有五大工厂：日本富士、中国杭州、泰国、印度、波兰。2014 年初，东芝空调的中国杭州工厂正式投产，成功实现了产品价格竞争力的提升，同时，也能够针对中国市场研发出更适合的产品，为销售公司提供强有力的后盾。

为进一步强化东芝开利空调研发及生产能力，东芝开利株式会社和开利亚洲追加投资 4 亿多元人民币，在杭州新建东芝开利空调新基地。新基地集中国总部、研发、制造为一体，2020 年底正式落成。建成后的新基地，不仅拥有现代化高效节能的大型空调产品组装生产线，还将配备国内首屈一指的具备百米落差测试能力的空调研发测试中心。启用后，空调室内外机的初期年产能将达到 150 万台，为更多的国内外客户提供优质高效节能的空调产品。

新基地测试中心拥有 120 m 高低落差试验塔，以及完备的空调研发试验设备，包括空调性能（焓差、风量）、噪声、耐久、可靠性（冷热冲击、注水、燃烧、跌落、振动）、电气（安规、EMC）、部品评价等空调研发试验室，研发范围涵盖多联机、家用和商用空调等领域，是行业内为数不多的拥有空调全流程检测能力的空调研发中心。新基地的落成，将助力东芝空调中国研发中心成为东芝空调日本、泰国、中国三大核心研发中心之一，促进空调研发技术的新突破。

东芝开利空调的零售门店取名为 TCS 店，既有“Toshiba Central Station/ 东芝中央空调专卖店”的含义，也有“Technical Saving Cost/ 技术降低成本”的含义，旨在表达东芝

开利一直致力于通过技术的革新，在带给用户更好品质的家用中央空调产品的同时，有效降低其使用成本。

在行业内外，东芝开利空调都储存了良好的品牌口碑，获得了行业专家、设计师、甲方单位和广大用户的认可。东芝开利空调累计 30 次荣膺“全日本节能大奖”，并荣获国内多项表彰，如全国质量信得过产品、全国产品和服务质量诚信示范企业、暖通空调及舒适智能产业良工奖等。在大型公建项目领域，东芝开利为多个大型机场和多个城市的轨道交通保驾护航。在地产领域，东芝开利空调已连续多年蝉联融创、绿城、祥生等多家知名地产集团的优秀供应商，且至今已合作共计百余个高端楼盘项目。东芝开利坚守将“最好的专业产品带给中国消费者”的原则，赢得了诸多家庭用户的信任和青睐。

东芝开利空调进入中国市场以来在开拓市场、发展事业的同时，积极履行企业的社会责任，传递正能量。东芝开利空调多次捐赠偏远山区学校，为孩子们改善学习生活环境，鼓励孩子建设家乡、建设祖国。同时，东芝开利空调积极支持高校间的学术交流，多次举办学术沙龙，推动企业、高校交流合作，并且在上海交大设立专项奖学金，以激励学生更好发展，助力国内暖通行业人才的培养。除此之外，东芝开利空调自 2013 年起持续赞助绿城足球俱乐部，还多次赞助社区足球联赛以及少儿足球联赛，传递体育精神。

“为了人类和地球的明天”是东芝集团的口号，也是东芝集团不变的信念。东芝开利空调秉持同样的信念，并将“为中国的消费者用‘节能、环保、智能化’的方式创造‘舒适、安静、清洁’的室内空气和水”为使命，不断丰富产品阵容，为消费者带来更加安全、可靠、节能、舒适的空调产品。

金鑫美莱克空调系统（无锡）有限公司

金鑫美莱克空调系统（无锡）有限公司（以下简称“金鑫美莱克”）是德国克诺尔集团与无锡金鑫集团于2008年6月共同投资成立的中德合资企业，总投资9 000万元，其中，克诺尔集团占股51%，金鑫集团占股49%。克诺尔集团成立于1905年，是全球领先的轨道交通车辆制动系统、牵引系统、网络系统、空调系统、车门系统、雨刮系统和商用车刹车系统制造商。其旗下的空调品牌美莱克的历史可追溯到1963年，美莱克一直专注于轨道交通车辆空调系统的设计、生产和维修，其产品广泛应用于全球五大洲的各种轨道交通车辆和各种气候类型。无锡金鑫集团多年致力于为中国铁路车辆提供配套设备和服务，曾获得“工商免检企业”“无锡市名牌企业”等荣誉称号。

金鑫美莱克自成立以来，秉承克诺尔集团的“企业家精神、卓越技术、可靠性、激情和责任感”五项价值观，致力于为轨道交通车辆空调提供安全可靠、环保节能和智能化的解决方案，为乘客提供一个健康舒适的乘车环境，其业务范围涵盖高速列车、城际列车、城市轨道交通和机车车辆等，是唯一一家具有中国所有主流高铁平台供货资质的轨道交通车辆空调供应商。

金鑫美莱克空调的产品功能齐全，不仅仅是一个空调产品的供应商，更是一个健康舒适环境的创造者。整个空调系统包括客室空调机组及其消音风道和送风道、司机室空调机组及其送风道、废排机组及其废排风道、空调控制柜、压力波传感器、压力波保护阀、新回风混合箱和风扇电加热器等部件。通过这些部件的协同工作，可实现对车厢的降温、除湿、加热、通风、摄入新风、排出废气、空气净化和高速列车过隧道或会车时的压力波保护等功能，从而为乘客提供一个安全、健康、舒适的旅行环境。

金鑫美莱克非常注重新产品的研发，并在研发过程不断创新，从成立至今共有 30 多项发明和实用新型专利得到授权，并在 2016 年获得了“高新技术企业”荣誉称号。2018 年，公司提出了“3579 蓝天复兴计划”，旨在从全面节能技术，全空气品质的健康舒适管理技术、全天候全时速的高铁技术和智能化的全生命周期管理技术等方面对公司的研发方向进行规划。全面节能技术主要从降低空调负荷、提高空调能效和空调系统的轻量化等方面进行研究，其研发的 COP3.0 空调系统将轨道交通空调的制冷能效比从现有的 2.3 左右提升到了 3.0 左右。全空气品质的健康舒适技术除了关注温度和湿度等传统热舒适度的问题，还从室内噪声、CO_2 浓度、细菌病毒、$PM_{2.5}$ 可吸入颗粒物、甲醛等可挥发性物质 VOC 和异味等进行处理和控制，从而为乘客提供一个安全、健康、舒适的乘车环境，其研发的 MDBD 和 MIFD 空气净化产品远销国内外。全天候全时速的高铁技术旨在解决高速列车运行过程中经常碰到的高速、高温、高寒、高湿、高海拔、高风沙和高太阳辐射等运行环境问题。智能化的全生命周期管理技术从空调系统的制造、运营、检修等整个生命周期进行管理，从而提高整个生命周期的运营可靠性、降低运营能耗和维修成本。

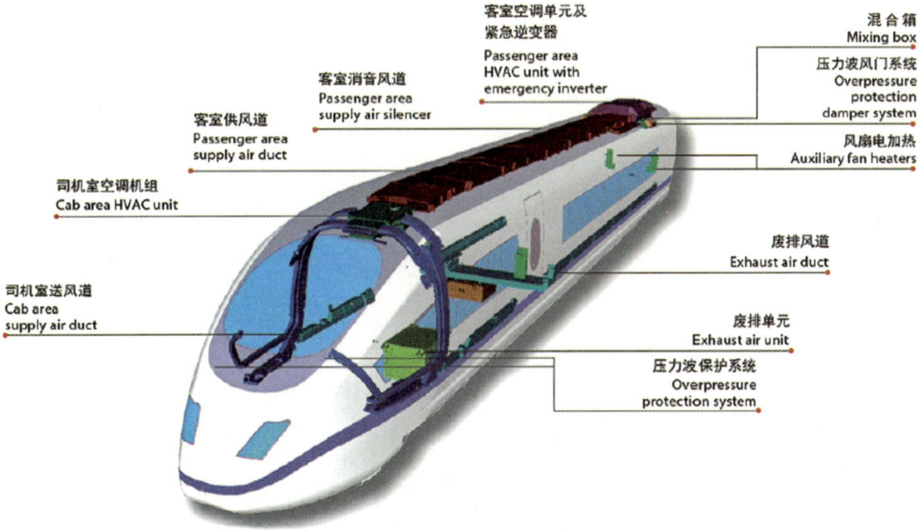

同时，金鑫美莱克也非常注重质量、生产和售后的管理。在质量认证方面，美莱克拥有 ISO/TS22163 铁路行业质量管理体系认证，EN15085 铁路行业焊接认证，ISO14001 环境管理体系认证，ISO9001 质量管理体系认证，OHSAS18001 职业健康安全管理体系认证等。美莱克在生产上采用克诺尔集团 TPS 精益生产体系和 SAP 管理工具，从质量、交期和成本等方面进行综合控制。

金鑫美莱克人专业，富有激情，勇于创新，充满生机和活力，他们将秉承“致力于为轨道交通乘客创造最舒适的绿色环境，成为最受尊重的轨道交通空调行业领导者”继续前行。

❄ 参考文献

1. 潘秋生．中国制冷史．北京：中国科学技术出版社，2008.

2. 邱嘉昌，刘龙昌，徐世琼．上海冷藏史．上海：同济大学出版社，2006.

3. 上海烟草志编纂委员会．上海烟草志．上海：上海社会科学院出版社，2010.

4. 中国联合工程公司．工业工程实例精选．北京：中国建筑工业出版社，2005.

5. 上海海洋大学百年志编纂委员会．上海海洋大学百年志（1912—2011）. 上海：上海人民出版社，2012.

6. 三花企业史志编委会．三花发展史（1984—2014）. 杭州：西泠印社出版社，2014.

后　记

谨以此书献给上海制冷界的前辈和正在不断创造成就的后浪们。

当我敲完最后一段文字，关闭电脑，长长舒了一口气，整整7年的时间，倾注了很多心血的工作，终于有了结果。

协会八届四次常务理事会决议组织编写《上海制冷史》，到正式开始启动编写至今已有7年，近千万字的浩瀚资料，凝聚了180多位专业人员的心血，开了上百次会议，走访组织了120余家企业和单位共同参与。

1978年，那是一个令人难忘的年份。十一届三中全会召开，中国开始进入了改革开放的年代。那年，全面恢复高考，我有幸成为其中一分子，考入上海机械学院制冷设备与低温技术专业。

从那时开始，我的一生就和制冷空调行业结下了缘分：在研究所搞过技术工作，在集团公司从事行业规划投资，参加并主持了近20多项制冷空调技术改造与引进项目、中外合资合作项目，担任过国企外企的高管，也下海经营过民营企业。与此同时，我还担任过上海冷冻空调行业协会的会长、副会长、总工和三届秘书长，见证和经历了这个行业翻天覆地的变化，为今天行业的成就感到自豪！

尽管在上海这个国际大都市中，制冷空调行业并不起眼，但这个行业的发展凝聚“敢为人先、精益求精”的精神。

掩卷回首，一位位活生生的形象展现在我们面前。

制冷空调行业的先驱夏安世先生的精神成为上海制冷空调行业发展的象征；在此部制冷史的编写中，董天禄先生90岁高龄，主持编写工作，不仅每一篇文章都认认真真地阅读、修改，还亲自撰写了有关章节；原上海机械学院叶振邦老师，八旬老人亲自撰写了《离心热潮》，讲述了中国制冷空调工业艰苦奋斗的历史；曾担任过国际制冷学会B2专委会委员，原上海制冷设备厂技术科长的姚子铭先生，多年前寒冬腊月专程来协会讨论编写稿件，不幸谢世；还有《制冷技术》原主编伍伯阳先生，上海第一冷冻机厂、一冷开利原副总工程师何开旦先生，上海市通用机械技术研究所原冷冻室主任李著琦先生，上海交通大学教授陆震先生，上海通惠机器厂技术科长翁琪先生，上海三菱电机原总工程师童杏生先生，化工部上海化学工业研究院章炎生先生，上海电子工程设计研究院有限公司周志刚先生都是在参与本书编写的这段时间离开了我们。这里我还要提起一位制冷界的老人刘黄炳老先生，他既不是专家，也不是领导，更不是大老板，经营了一家小小的冷却塔企业，但他创办制冷博物馆，还呼吁编史，建议举办“制冷节”，八旬老人把所有的积蓄全部投在公益上，一家人蜗居在老公房里。还有现年88岁的张人俊老先生，58岁创业，铸就了一家技术精湛、产品优异、团队优秀的“小巨人”企业，老先生竭力支持《上海制冷史》的编写，表态只要工作需要，人、财、物全提供。

正是他们无私的支持和奉献，才成就了《上海制冷史》这本著作的诞生，更是提炼和凝聚了上海地区制冷空调行业“敢为人先、精益求精”的精神，从而激励了一代代制冷人的奋发图强。

在此我要特别感谢协会八届理事会会长王心平先生、九届理事会会长潘家兴先生、十届理事会会长郑建东先生以及历届理事会的高度信赖和大力支持！感谢所有会员单位的支持和鼓励！感谢协会专家委员会各位专家的辛勤劳动！感谢各级部门的领导、同仁和社会各界的帮助！感谢陈江平教授为本书题写书名！相信只要我们齐心协力，不断攀登，中国制冷空调行业的明天会更好！

2021 年 7 月